Lecture Notes in Mathematics

Edited by A. Dold and B. Eckmann

Series: Institut de Mathématiques, Université de Strasbourg
Adviser: P. A. Meyer

721

Séminaire de Probabilités XIII

Université de Strasbourg 1977/78

Edité par
C. Dellacherie, P. A. Meyer et M. Weil

Springer-Verlag
Berlin Heidelberg New York 1979

Editors

C. Dellacherie
P. A. Meyer
Département de Mathématiques
Université Louis Pasteur de Strasbourg
7, rue René Descartes
F-67084 Strasbourg

M. Weil
Département de Mathématiques
Université de Besançon
F-25000 Besançon

AMS Subject Classifications (1970): 28-XX, 31-XX, 60-XX

ISBN 3-540-09505-5 Springer-Verlag Berlin Heidelberg New York
ISBN 0-387-09505-5 Springer-Verlag New York Heidelberg Berlin

CIP-Kurztitelaufnahme der Deutschen Bibliothek. Séminaire de Probabilités <13. 1977 – 1978, Strasbourg> : Séminaire de Probabilités XIII [Treize] / Univ. de Strasbourg 1977/78. Ed. par C. Dellacherie . . . – Berlin, Heidelberg, New York : Springer, 1979. (Lecture notes in mathematics ; Vol. 721 : Ser. Inst. de Mathématique, Univ. de Strasbourg) NE: Dellacherie, Claude [Hrsg.]; Université < Strasbourg>

Printing and binding: Beltz Offsetdruck, Hemsbach/Bergstr.
2141/3140-543210

SEMINAIRE DE PROBABILITES XIII

On trouvera en tête de ce volume les rédactions de plusieurs exposés présentés au colloque sur les théorèmes limites pour les variables aléatoires en dimension infinie, organisé à Strasbourg en Juin 1978 par X. Fernique et B. Heinkel, avec le concours de la Société Mathématique de France. Nous sommes heureux d'accueillir ces exposés, et nous espérons que ce sujet restera présent dans les volumes ultérieurs.

Comme nous l'avons dit dans l'introduction au volume XII, l'autre groupe des probabilistes strasbourgeois, celui qui travaille sur les martingales et la << théorie générale >>, se trouve réduit à des dimensions trop petites pour assurer désormais une activité publique régulière. Mais la mise en veilleuse du séminaire proprement dit ne signifie pas que la publication doive disparaître. Les volumes de cette collection sont, depuis longtemps, l'expression d'un groupe de mathématiciens qui dépasse largement les limites de l'université de Strasbourg, et qui se trouve dispersé dans plusieurs universités françaises, avec maintenant une forte prédominance du Laboratoire de Probabilités de Paris. C'est pourquoi nous avons trouvé logique, avec l'accord de notre éditeur, de transférer la rédaction des volumes[1] à Paris entre les mains de J. Azéma et de M. Yor, et d'autre part, d'élargir la liste des collaborateurs de la rédaction, qui seront désormais (outre les rédacteurs)

C. Dellacherie (Strasbourg ?), C. Doléans-Dade (Urbana), X. Fernique (Strasbourg), J. Jacod (Rennes), B. Maisonneuve (Grenoble), P.A. Meyer (Strasbourg ?) , M. Weil (Besançon).

Bien entendu, cet élargissement ne signifie pas que nous nous changeons en journal mathématique, avec une liste de << referees >>. Nous espérons bien continuer à laisser une place aux débutants à côté des mathématiciens déjà connus, à publier des articles de mise au point à côté des travaux originaux, et même, de temps à temps, à publier un article intéressant, mais faux.

C. Dellacherie
P.A. Meyer
M. Weil

1. Ce volume est encore préparé par l'ancienne rédaction.

SEMINAIRE DE PROBABILITES XIII

EXPOSES DU COLLOQUE << VARIABLES ALEATOIRES EN DIMENSION INFINIE >>

MARTINGALES, INTEGRALES STOCHASTIQUES

EXPOSES SUPPLEMENTAIRES*

* Ces exposés sont des membres du groupe " martingales et intégrales stochastiques", qui sont parvenus à monter dans le dernier wagon.

ON THE INTEGRABILITY OF BANACH SPACE VALUED WALSH POLYNOMIALS

Christer Borell

Department of Mathematics, Chalmers University of Technology,

Fack, 402 20 Gothenburg, Sweden

1. Introduction

In [2] the author claims that the integrability of Banach space valued Wiener polynomials follows from the Nelson hypercontractivity theorem [5]. Here, using a similar idea, we will study the integrability of Banach space valued Walsh polynomials. Our conclusion extends the familiar result of Khintchine-Kahane-Kwapień for the linear case [4].

To start with we introduce several definitions.

We let δ_a denote the Dirac measure at the point $a \in \mathbb{R}$ and set

$$\mu = (\delta_{-1} + \delta_{+1})/2 .$$

The functions $e_0(x) = 1$, $e_1(x) = x$, $x \in \mathbb{R}$, form an orthonormal basis for $L_2(\mu;\mathbb{R})$. We introduce the infinite product measure

$$\mu_\infty = \prod_{i\in\mathbb{N}} \mu_i \qquad (\mu_i = \mu)$$

on $\mathbb{R}^{\mathbb{N}}$ and define

$$e_\alpha(x) = \prod_{i\in\mathbb{N}} e_{\alpha_i}(x_i), \quad x = (x_i) \in \mathbb{R}^{\mathbb{N}}$$

for every $\alpha = (\alpha_i) \in M$, where

$$M = \{\alpha \in \{0,1\}^{\mathbb{N}} ; |\alpha| = \sum_{i\in\mathbb{N}} \alpha_i < +\infty\} .$$

Clearly, the e_α constitute an orthonormal basis for $L_2(\mu_\infty;\mathbb{R})$.

Suppose now that $E = (E, \| \ \|)$ is a fixed Banach space. The vector space of all functions

$$c : M \to E$$

such that

$$\# \{\alpha ; c_\alpha \neq 0\} < +\infty$$

is denoted by $\mathcal{F}(E)$. For every fixed positive integer d, we define

$$W_d(E) = \{\Sigma c_\alpha e_\alpha ; c \in \mathcal{F}(E),\ c_\alpha = 0,\ |\alpha| \neq d\}$$

and

$$\overline{W}_d(E) = \text{closure of } W_d(E) \text{ in } L_0(\mu_\infty, E),$$

respectively. The elements of $\overline{W}_d(E)$ are called E-valued d-homogeneous Walsh polynomials.

<u>Theorem 1.1</u>. <u>The vector space</u> $\overline{W}_d(E)$ <u>is a closed subspace of</u> $L_p(\mu_\infty,E)$ <u>for every</u> $p \in [0,+\infty[$. <u>Moreover, for every fixed</u> $1 < p < q < +\infty$, <u>the norm of the canonical injection of</u> $(\overline{W}_d(E),\|\cdot\|_{p,\mu_\infty})$ <u>into</u> $(\overline{W}_d(E),\|\cdot\|_{q,\mu_\infty})$ <u>does not exceed</u>

$$(1.1)_d \qquad [(q-1)/(p-1)]^{d/2} .$$

<u>In particular</u>, $\exp(\|f\|^{2/d}) \in L_1(\mu_\infty;\mathbb{R})$ <u>for all</u> $f \in \overline{W}_d(E)$.

In the special case $d = 1$, Theorem 1.1 essentially reduces to the Khintchine-Kahane-Kwapień result [4]. However, in the Banach space valued case the constant in $(1.1)_1$ is slightly better than in [4].

2. <u>Proof of Theorem 1.1</u>.

Let $1 < p < q < +\infty$ be fixed and choose the real number λ so that

$$|\lambda| \leq [(p-1)/(q-1)]^{1/2} .$$

Theorem 1.1 turns out to be a simple consequence of the elementary inequality

$$\left[\tfrac{1}{2}\left(|c_0 - \lambda c_1|^q + |c_0 + \lambda c_1|^q\right)\right]^{1/q} \leq \left[\tfrac{1}{2}\left(|c_0 - c_1|^p + |c_0 + c_1|^p\right)\right]^{1/p}, \quad c_0, c_1 \in \mathbb{R},$$

which is well-known ([3, Th. 3], [1, pp. 180]). To see this, we define

$$K(x,y) = e_0(x)e_0(y) + \lambda e_1(x)e_1(y), \quad x, y \in \mathbb{R},$$

and

$$\overline{K} f = \int K(\cdot,y)f(y)dy , \quad f \in \mathbb{R}^{\mathbb{R}},$$

respectively. Then

$$\|\overline{K}f\|_{q,\mu} \leq \|f\|_{p,\mu}, \qquad f \in \mathbb{R}^{\mathbb{R}},$$

and by applying the Segal lemma [1, Lemma 2] we also have

$$\|(\overset{n}{\underset{1}{\otimes}} \overline{K})f\|_{q,\ \overset{n}{\underset{1}{\otimes}}\mu} \leq \|f\|_{p,\ \overset{n}{\underset{1}{\otimes}}\mu}, \quad f \in \mathbb{R}^{\mathbb{R}^n}, \quad n \in \mathbb{N}_+,$$

that is

$$(2.1)\qquad \| \Sigma \lambda^{|\alpha|} c_\alpha e_\alpha \|_{q,\mu_\infty} \leq \| \Sigma c_\alpha e_\alpha \|_{p,\mu_\infty}$$

for every $c \in \mathcal{F}(\mathbb{R})$. Since $K \geq 0$ a.s. $[\mu]$ the inequality (2.1) remains true for every $c \in \mathcal{F}(E)$. In particular,

$$\|f\|_{q,\mu_\infty} \leq [(q-1)/(p-1)]^{d/2} \|f\|_{p,\mu_\infty}, \quad f \in W_d(E).$$

Letting $\mathcal{T}_p$ denote the topology of the metric space $(W_d(E), \| \ \|_{p,\mu_\infty})$ we now have that $\mathcal{T}_p = \mathcal{T}_q$ for all $p, q \in [0,+\infty[$ and Theorem 1.1 follows at once.

3. An unsolved problem

Assume $\varphi: E \longrightarrow [0,+\infty]$ is a Borel measurable seminorm, which may take on the value $+\infty$. Let $f \in \overline{W}_d(E)$ and suppose

$$\varphi(f) < +\infty \text{ a.s. } [\mu_\infty].$$

Does it follow that

$$\exp[(\varphi(f))^{2/d}] \in L_1(\mu_\infty; \mathbb{R}) \ ?$$

At present, we do not know the answer to this question for any $d \in \mathbb{Z}_+$. Note, however, that the corresponding question has an affirmative answer for Banach space valued Wiener polynomials if f is replaced by εf and $\varepsilon > 0$ is sufficiently small [2].

REFERENCES

1. Beckner, W., Inequalities in Fourier analysis. Annals of Math. 102, 159-182 (1975)

2. Borell, C., Tail probabilities in Gauss space. Lecture Notes in Math. 644, 71-82, Springer-Verlag, Berlin-Heidelberg-New York 1978.

3. Gross, L., Logarithmic Sobolev inequalities. Amer. J. Math. 97, 1061-1083 (1975).

4. Kwapień, S., A theorem on the Rademacher series with vector valued coefficients. Lecture Notes in Math. 526, 157-158, Springer-Verlag, Berlin-Heidelberg-New York 1976.

5. Nelson, E., The free Markoff field. J. Functional Anal. 12, 211-227 (1973).

LE PRINCIPE DE SOUS-SUITES DANS LES ESPACES DE BANACH

S.D. CHATTERJI

§1. Introduction.

Il y a quelques années, j'ai présenté un principe de sous-suites de la théorie des probabilités dans le cadre du Séminaire de Probabilités de Strasbourg [3(a)]. Ce principe peut s'énoncer ainsi: de toute suite de variables aléatoires (v.a.) réelles, bornée dans un espace L^p (ou une autre classe d'intégrabilité), on peut tirer une sous-suite telle que celle-ci satisfait des propriétés asymptotiques connues pour les suites de v.a. réelles, indépendantes, également réparties et de même classe d'intégrabilité. J'étais motivé par deux résultats dûs respectivement à Révész [13] et Komlòs [10]. Celui de Révész dit que de toute suite $f_n \in L^2$ t.q. $\sup_n \|f_n\|_2 < \infty$, on peut extraire une sous-suite $\{f_{n_k}\}$ et trouver une $f \in L^2$ t.q. $\sum_k a_k (f_{n_k} - f)$ converge p.s. dès que $\sum_k |a_k|^2 < \infty$. Le théorème de Komlòs dit que de toute suite de v.a. réelles, bornée dans L^1, on peut trouver une sous-suite telle que celle-ci (et tout autre sous-suite de celle-ci) converge (C,1) p.s. (où (C,1) veut dire la moyenne d'ordre 1 de Cesàro). Il est clair que le théorème de Komlos correspond à la loi des grands nombres de Kolmogorov pour les v.a. réelles, indépendantes et de même loi. Dans une série de travaux [3(c),(d),(e),(f)], j'ai vérifié le principe de sous-suites pour d'autres propriétés des suites de v.a. réelles, indépendantes et de même loi, notamment pour la loi limite centrale et la loi du logarithme itéré (voir aussi [9]). Récemment, Aldous [1] a donné un énoncé rigoureux du principe de sous-suites et démontré un théorème sur l'existence des sous-suites de v.a. réelles satisfaisant aux différentes propriétés des suites indépendantes et également réparties, en faisant simplement l'hypothèse que la suite donnée de v.a. réelles est telle que leurs lois forment une famille relativement compacte (équitendue). Ce théorème de Aldous contient comme cas particuliers les théorèmes cités précedemment car si une famille de v.a. réelles est bornée dans L^p, la famille de leurs lois est automatiquement équitendue. Ce dernier fait étant en défaut dans tous les espaces de Banach de dimension infinie, on ne peut pas appliquer le théorème de Aldous -

même si ce dernier reste valable dans tous les espaces polonais (comme noté par Aldous lui-même dans [1]) - aux v.a. à valeurs dans un espace de Banach E et satisfaisant des conditions de bornitude des normes dans L^p_E . Par ailleurs, on verra dans la suite que les propriétés structurelles de E jouent un rôle important dans l'affaire. Le but de cet article est de dégager un certain nombre de propriétés du type "sous-suites" et initier l'étude de ces propriétés pour différents espaces E.

Dans mon article [3(a)] présenté au Séminaire de Probabilités VI, j'ai déjà mentionné la possiblité d'étudier ces questions pour les v.a. à valeurs dans un espace de Banach E ; j'ai même écrit, un peu trop hâtivement sans doute, que ces propriétés sont vraies sans autre pour les espaces hilbertiens. Il se trouve effectivement que pour les espaces hilbertiens, certains cas particuliers du principe de sous-suites restent vrais mais les démonstrations sont loin d'être triviales. C'est Mme. A.M. Suchanek [14] qui a donné pour la première fois une démonstration complète pour l'analogue du théorème de Révész dans les cas des v.a. à valeurs dans un espace hilbertien. Dans la suite, je donne quelques généralisations de ce résultat. En ce qui concerne la démonstration de Mme. Suchanek du théorème de Komlòs dans le cas hilbertien, je l'ai trouvé erronnée. L'erreur est du même type que celle que j'ai commis moi-même ([3(b)] p.116) en essayant de donner une démonstration rapide du théorème de Komlòs dans un cas particulier; la démonstration correcte (dûe à Komlòs) se trouve aussi dans ([3(b)], p.117-122). Au moment de la composition de cet article, je ne sais pas si le théorème de Komlòs vaut dans les espaces hilbertiens.

Le présent article n'est qu'un début. Il est très incomplet du point de vue des résultats ; il a simplement l'ambition de présenter la position du problème, de donner quelques indications sur les techniques à utiliser et de faire un premier dessin du type de résultats à espérer.

§2. La position du problème.

Dans la suite, l'espace de probabilité (Ω,Σ,P) sera fixe mais quelconque; on pourra passer ensuite aux mesures P quelconques. Par L_E^p, $0<p<\infty$, E étant un espace de Banach (réel ou complexe), on notera l'espace (des classes de P-équivalences) des fonctions $f:\Omega\to E$, fortement mesurables et telles que $[f]_p = (\int \|f\|^p\, dP)^{1/p} < \infty$. Pour $p\geq 1$, L_E^p est un espace de Banach. Par L_E^0 on notera l'espace correspondant à toutes les v.a. (fortement mesurables) à valeurs dans E. Si $x'\in E'$, (E' = l'espace de Banach dual à E) on notera $x'(x) = \langle x, x'\rangle$ pour $x\in E$. Dans la suite, on aura besoin de la convergence faible dans les espaces L_E^p $(1\leq p<\infty)$ surtout lorsque E est réflexif. Les faits suivants donc sont à noter lorsque E est <u>réflexif</u> (ils sont vrais généralement sous les conditions plus larges sur E). D'abord, le dual $(L_E^p)'$ est isométriquement isomorphe à $L_{E'}^{p'}$ où $\frac{1}{p}+\frac{1}{p'}=1$; si $p=1$, $p'=\infty$ et l'on définit $L_{E'}^{\infty}$ comme l'espace (des classes de P-équivalences) des fonctions $f':\Omega\to E'$, fortement mesurables et telles que $[f']_\infty = \text{ess.sup.}_\omega \|f'(\omega)\| < \infty$. La dualité entre L_E^p et $L_{E'}^{p'}$ se réalise par la formule

$$\langle f, f'\rangle = \int \langle f(\omega), f'(\omega)\rangle P(d\omega) .$$

Une suite $f_n\in L_E^p$ converge faiblement vers $f\in L_E^p$ si et seulement si $\sup_n [f_n]_p < \infty$ et

$$\lim_{n\to\infty} \langle \int_A f_n\, dP , x'\rangle = \langle \int_A f\, dP , x'\rangle$$

pour tout $A\in\Sigma$ et $x'\in E'$. On peut montrer que L_E^p $(1\leq p<\infty$, E réflexif dans toute cette discussion) est faiblement séquentiellement complet (ce qui est évident pour $p>1$ car alors L_E^p est réflexif). A cause de la réflexivité de L_E^p, $p>1$, un sous-ensemble K de L_E^p $(p>1)$ est faiblement relativement compact si et seulement si K est borné dans L_E^p. Pour la relative compacité fiable de $K\subset L_E^1$ on a les conditions nécessaires et suffisantes suivantes: (i) K est borné dans L_E^1 et (ii) la famille $\{\|f\| : f\in K\}$ est uniformément intégrable c.à.d. $\int_{\|f\|>N} \|f\|\, dP \to 0$ lorsque $N\to\infty$ uniformément dans $f\in K$. Une condition nécessaire et suffisante pour (ii) est que

$$\sup_{f \in K} \int \psi(\|f(\omega)\|) \, P(d\omega) < \infty$$

pour une fonction $\psi : [0, \infty[\to [0, \infty[$ croissante, convexe, $\lim_{n\to\infty} \psi(x)/x = \infty$ avec $\psi(0) = 0$. Les propriétés de L^p_E citées ci-dessus sont bien connues; elles apparaissent exactement sous cette forme dans mon article [3(g)] qui est peut-être un peu inaccessible. On pourra consulter [5] ou [6] aussi.

Nous considérons maintenant les propriétés suivantes pour un espace E ; il est sous-entendu que ces propriétés doivent être valables par rapport à tous les espaces de probabilité (Ω, Σ, P) :

<u>$(P_p - \alpha)$</u> : $0 < p < \infty$, $0 < \alpha < \infty$; pour toute suite bornée $\{f_n\}$ de L^p_E il existe une sous-suite $\{f_{n_k}\}$ et $f \in L^0_E$ t.q. (avec $g_j = f_{n_j}$)

$$\lim_{N\to\infty} N^{-\alpha} \sum_{j=1}^{N} \{g_j(\omega) - f(\omega)\} = 0 \qquad \text{p.s.} \ldots\ldots\ldots\ldots (1)$$

(la limite étant toujours prise dans la topologie forte de E, sauf mention du contraire).

<u>$(P^*_p - \alpha)$</u> : $0 < p < \infty$, $0 < \alpha < \infty$; pour toute suite bornée $\{f_n\}$ de L^p_E, il existe une sous-suite $\{f_{n_k}\}$ et $f \in L^0_E$ t.q. pour toute sous-suite $\{g_j\}$ de $\{f_{n_k}\}$ on a la relation (1).

<u>(Q)</u> : Pour toute suite bornée $\{f_n\}$ de L^2_E, il existe une sous-suite $\{f_{n_k}\}$ et $f \in L^0_E$ t.q. $\sum_{k=1}^{\infty} a_k \{f_{n_k}(\omega) - f(\omega)\}$ converge p.s. dès que $\sum_{n=1}^{\infty} |a_n|^2 < \infty$, $a_n \in \mathbb{C}$.

On peut évidemment formuler d'autres propriétés de ce genre en s'inspirant du principe de sous-suites. Dans cet article, nous nous bornons seulement à ces trois propriétés.

Une question préliminaire qui se pose est la suivante : est-il-vrai que $(P_p - \alpha) \Rightarrow (P^*_p - \alpha)$ (l'inverse étant automatique) ? Pour certaines questions de convergence métrique (et non de convergence p.s.) ce genre d'implication est déduisible d'un théorème de Ramsay pour les ensembles infinis (cf.[7], [8]). Cette implication générale simplifie certaines considérations pour la démonstration des propriétés $(P_p^* - \alpha)$.

La propriété $(P_1^* - 1)$ correspond au théorème de Komlòs. En prenant pour $\{f_n\}$ une suite bornée des vecteurs non-aléatoires $x_n \in E$, on voit que $(P_p - 1) \Rightarrow BS$ (Banach-Saks) ou BS est la propriété suivante de E : toute suite bornée de E contient une sous-suite qui converge (C,1) fortement vers un élément de E. Pour la propriété BS voir [4], [3(f)]. On sait que BS entraîne la reflexivité de E (cf [15]; aussi [3(f)] pour une autre preuve simple). On démontrera par la suite (Prop.1) que tout espace E possède la propriété $(P_p^* - 1/p)$ pour $0 < p < 1$; une considération des v.a. réelles indépendantes et équiréparties (théorème de Marcinkiewicz) donne que aucun espace $E \neq \{0\}$ ne possède la propriété $(P_p - \alpha)$ pour $0 < p < 1$ et $0 < \alpha < 1/p$. Comme $(P_p - \alpha) \Rightarrow (P_p - \beta)$ pour $\alpha < \beta$ on voit que les propriétés $(P_p^* - \alpha)$ pour $0 < p < 1$ sont faciles à étudier. Ceci est essentiellement dû au fait que $\sum_n n^{-1/p} < \infty$ si $0 < p < 1$. Les mêmes considérations des v.a. réelles donnent que seules les propriétés $(P_p - \alpha)$, $1 \leq p < 2$, $\alpha \geq 1/p$ ou $p \geq 2$ et $\alpha > 1/2$ (de même pour $(P_p^* - \alpha)$) sont intéressantes; les autres cas pour $p \geq 1$ ne peuvent subsister dans aucun espace $E \neq \{0\}$. Par ailleurs, $(P_p - \alpha)$ avec $p \geq 1$ et $\alpha > 1$ est toujours vraie (de même pour $(P_p^* - \alpha)$) à cause de la relation

$$\int \sum_n n^{-\alpha} ||f_n|| \, dP = \sum_n n^{-\alpha} [f_n]_1$$

$$\leq \sum_n n^{-\alpha} [f_n]_p \leq M \sum_n n^{-\alpha} < \infty$$

(si $[f_n]_p \leq M$) d'où $\sum_n n^{-\alpha} ||f_n(\omega)|| < \infty$ p.s. et

$\lim_{n\to\infty} n^{-\alpha} \sum_{j=1}^{n} f_n(\omega) = 0$ p.s. En résumé, les seuls cas qui restent à étudier sont $(P_p - \alpha)$, $1 \leq p < 2$ et $\frac{1}{p} \leq \alpha \leq 1$ ou $p \geq 2$ et $\frac{1}{2} < \alpha \leq 1$ (de même pour $(P_p^* - \alpha)$). Notons aussi que $(\Omega) \Rightarrow (P_p^* - \alpha)$ avec $p \geq 2$ et $\alpha > 1/2$ et que

$$(P_p - \alpha) \Rightarrow (P_q - \alpha) \Rightarrow (P_q - \beta)$$

si $p \leq q$ et $\alpha < \beta$ (de même que pour $(P^*_p - \alpha)$).

Dans la suite on va montrer que l'espace hilbertien possède les propriétés (Q) et $(P^*_p - 1/p)$ pour tous p t.q. $1 < p < 2$. Le cas $(P^*_1 - 1)$ reste ouvert, comme nous avons déjà mentionné. Dans une autre publication nous établirons que (Q) et $(P^*_p - 1/p)$, $1 < p < 2$, restent valable pour un espace L^α, $2 < \alpha < \infty$.

Si E est tel que $(P_p - \alpha)$ est vraie pour un $\alpha \leq 1$, alors E doit avoir la propriété suivante : de toute suite bornée $\{x_n\}$ de E, on peut tirer une sous-suite $y_k = x_{n_k}$ et un $x \in E$ t.q.

$\lim_{N\to\infty} N^{-\alpha} \sum_{k=1}^{N} (y_k - x) = 0$. On voit ceci en prenant $f_n(\omega) = x_n$ et en s'assurant facilement que le seul choix de f dans ce cas est celui de $f(\omega) \equiv x$ pour un x convenable. De cette remarque on peut déduire deux choses: (1) il suffit de considérer les espaces E ayant la propriété BS ; (2) si $E = \ell^\alpha$, $1 < \alpha < 2$, et $p > \alpha$ alors E ne possède pas la propriété $(P_p - 1/p)$. Il suffit de prendre $x_n = (\delta_{k,n}) \in \ell^\alpha$ ($\delta_{k,n} = 1$ si $k = n$ et $= 0$ si $k \neq n$) et de se rendre compte que pour toute sous-suite x_{n_k}

$$N^{-1/p} \|\sum_{k=1}^{N} x_{n_k}\| = N^{\frac{1}{\alpha} - \frac{1}{p}} \to \infty \; .$$

De même, on voit que $E = \ell^\alpha$, $1 < \alpha < 2$, ne possède pas la propriété (Q) non plus.

Faisons une dernière remarque. La fonction f qui figure dans les propriétés $(P_p - \alpha)$ pour $p \geq 1$ et $\alpha \leq 1$ sont en fait dans L^p_E et celle dans (Q) est forcément un élément de L^2_E. C'est une conséquence du lemme de Fatou car dans tous ces cas, l'on a

$$f = \lim_{n\to\infty} \frac{1}{n} \sum_{j=1}^{n} g_j \quad \text{avec} \quad \sup_j [g_j]_p = M < \infty$$

$$\text{d'où} \int \|f\|^p \, dP \leq \liminf_{n\to\infty} \int \|\frac{1}{n} \sum_{j=1}^{n} g_j\|^p \, dP$$

$$\leqslant \liminf_{n\to\infty} \int \frac{1}{n} \sum_{j=1}^{n} ||g_j||^p \, dP \qquad \text{(car } p \geqslant 1)$$

$$\leqslant M < \infty .$$

Dans la section 3 nous démontrons les principaux résultats; les lemmes techniques nécessaires sont énoncés et prouvés dans la dernière section 4.

§3. Les principaux résultats.

Proposition 1.

La propriété $(P_p^* - 1/p)$, $0 < p < 1$, est valable (avec $f = 0$) pour tout espace de Banach E.

N.B. Comme noté auparavent, $(P_p^* - \alpha)$ avec $0 < p < 1$ et $\alpha \geqslant 1/p$ est alors valable pour tout E et $(P_p - \alpha)$ avec $0 < p < 1$ et $0 < \alpha \leqslant 1/p$ est valable pour aucun $E \neq \{0\}$.

Démonstration:

Soit $\{f_n\}$ une suite bornée dans L_E^p , $0 < p < 1$; grâce au lemme 2, §4, on peut choisir une sous-suite $\{f_{n_j}\}$ t.q. pour toute sous-suite $\{g_k\}$ de cette dernière on a :

(i) $\sum_k P\{||g_k|| > k^{1/p}\} < \infty$

(ii) $\sum_k k^{-1/p} \int_{\{||g_k|| \leqslant k^{1/p}\}} ||g_k|| \, dP < \infty$

De (i) et (ii) on a immédiatement que

$$\sum_k k^{-1/p} ||g_k(\omega)|| < \infty \quad \text{p.s.}$$

d'où

$$\lim_{N\to\infty} N^{-1/p} \sum_{k=1}^{N} g_k(\omega) = 0 \quad \text{p.s.}$$

Q.E.D.

Proposition 2.

La propriété $(P_p^* - 1/p)$, $1 < p < 2$, est vraie pour un espace hilbertien E.

Démonstration:

Soit $\{f_n\}$ une suite bornée dans L_E^p , $1 < p < 2$. En passant à une sous-suite, si nécessaire, on peut supposer que $f_n \to f$ faiblement dans L_E^p (cf §2). On peut ensuite trouver des fonctions simples $\{f_n'\}$ t.q. $[(f_n - f) - f_n']_p \leq 2^{-n}$; comme $f_n' \to 0$ faiblement dans L_E^p et $\sum_n ||(f_n - f) - f_n'|| < \infty$ p.s., il suffit de tirer une sous-suite convenable de $\{f_n'\}$. En d'autres termes, on peut supposer, sans perte de généralité, que la suite $f_n \to 0$ faiblement dans L_E^p et que chaque f_n est simple. Grâce aux lemmes 2 et 5 de §4, on peut trouver une sous-suite $\{f_{n_j}\}$ t.q. pour toute sous-suite $\{g_k\}$ de celle-ci on a :

(i) $\sum_k k^{-2/p} \int_{\{||g_k|| \leq k^{1/p}\}} ||g_k||^2 \, dP < \infty$

(ii) $\sum_k k^{-1/p} \int_{\{||g_k|| > k^{1/p}\}} ||g_k|| \, dP < \infty$

(iii) Si $\Theta_k = E(g_k | g_1, \dots, g_{k-1})$ alors

$\sum_k k^{-1/p} \Theta_k$ converge p.s.

Ecrivons $g_k = g_k' + g_k''$ avec $g_k' = g_k$ si $||g_k|| \leq k^{1/p}$ et = 0 autrement; aussi, posons $\Theta_k' = E(g_k' | g_1, \dots, g_{k-1})$, $\Theta_k'' = E(g_k'' | g_1, \dots, g_{k-1})$

On a alors

$$\sum_k k^{-1/p} (g_k - \Theta_k) = \sum_k k^{-1/p} (g_k' - \Theta_k') + \sum_k k^{-1/p} (g_k'' - \Theta_k'').$$

La première série à droite converge p.s. grâce au lemme 3, §4 et la condition (i) ci-dessus. La deuxième série a droite converge absolûment p.s. à cause de la condition (ii) car

$$\sum_k k^{-1/p} \int ||g''_k - \Theta''_k|| \, dP \leq 2 \sum_k k^{-1/p} \int ||g''_k|| \, dP < \infty$$

Ainsi, la série à gauche converge p.s. d'où la convergence de $\sum_k k^{-1/p} g_k$ à cause de la condition (iii). Du lemme de Kronecker, on conclut que

$$\lim_N N^{-1/p} \sum_{k=1}^{N} g_k = 0 \quad \text{p.s.}$$

Q.E.D.

Proposition 3. (Suchanek [14])

L'espace hilbertien E possède la propriété (Q)

Démonstration:

On procède comme dans la démonstration précédente; on suppose que la suite donnée $\{f_n\}$ est telle que $f_n \to 0$ faiblement dans L^2_E et que chaque f_n est simple. Passons à une sous-suite $\{f_{n_k}\}$ telle que $\sum_j a_j \Theta_j$ converge p.s. dès que $\sum_j |a_j|^2 < \infty$ où $a_j = E(f_{n_j} | f_{n_1}, \ldots, f_{n_{j-1}})$; ceci est possible grâce au lemme 5 de §4. Dans l'identité

$$\sum_j a_j f_{n_j} = \sum_j a_j (f_{n_j} - \Theta_j) + \sum_j a_j \Theta_j ,$$

la première série à droite converge p.s. à cause du lemme 3, §4 et la deuxième série à droite converge p.s. par le choix de la sous-suite dès que $(a_j) \in \ell^2$. Ceci donne la convergence p.s. de la série à gauche pour chaque suite $(a_j) \in \ell^2$.

Q.E.D.

N.B. Les démonstrations précédentes sont exactement comme dans le cas des v.a. réelles; elles sont empruntées de mon article [3(c)]. L'effort nouveau principal est contenu dans le lemme 5, §4; il est dû à Suchanek [14]. Lemme 3 du §4 se généralise de diverses manières aux espaces uniformément convexes (cf. [12]). Si pour ces espaces , l'on peut établir des analogues du lemme 5, alors les propositions 2 et 3 seront acquises pour ces espaces (pour des valeurs convenables de p, $1 < p \leq 2$).

§4. Lemmes techniques.

Dans ce paragraphe nous donnons tous les lemmes nécessaires pour les démonstrations précédentes; certains sont donnés dans une forme plus générale que celle dont on a besoin pour cet article en vue d'utilisation dans des études ultérieures.

Lemme 1.

Soit μ une mesure de probabilité sur $\mathbb{R}$ et $0 < p < \infty$. Alors les conditions suivantes sont équivalentes :

(0) $$\int_{-\infty}^{\infty} |x|^p \mu(dx) < \infty \quad ;$$

(i) $$\sum_n \mu\{|x| > n^{1/p}\} < \infty \quad ;$$

(ii) $$\sum_n \frac{1}{n^\alpha} \int_{|x| \leq n^\beta} |x|^\gamma \mu(dx) < \infty$$

pour tout (ou un) choix de $\alpha > 1$, $\beta > 0$, $\gamma > 0$ t.q.

$$\gamma\beta - \alpha + 1 = p\beta \quad ;$$

(iii) $$\sum_n \frac{1}{n^\alpha} \int_{|x| > n^\beta} |x|^\gamma \mu(dx) < \infty$$

pour tout (ou un) choix de $0 < \alpha < 1$, $0 < \gamma \leq p$, $\beta > 0$ t.q.

$$\gamma\beta - \alpha + 1 = p\beta \quad .$$

Démonstration:

Nous démontrons seulement l'équivalence de (0) et (ii); les autres équivalences se démontrent de la même manière. La série de (ii) s'écrit comme

$$\int_{-\infty}^{\infty} |x|^\gamma \Big(\sum_{n \geq |x|^{1/\beta}} n^{-\alpha} \Big) \mu(dx)$$

$$= \int_{-\infty}^{\infty} |x|^{\gamma} \cdot (|x|^{1/\beta})^{-\alpha+1} \cdot \Theta(x) \cdot \mu(dx)$$

avec $0 < c_1 \leqslant \Theta(x) \leqslant c_2 < \infty$ d'où l'équivalence entre (0) et (ii).

Q.E.D.

Lemme 2.

Soit $f_n \in L^p_E$, $0 < p < \infty$, $\sup_n [f_n]_p < \infty$, E étant un espace de Banach quelconque. Alors pour chaque choix de α, β, γ satisfaisant les hypothèses données ci-dessous il existe une sous-suite $\{f_{n_j}\}$ t.q. pour toute sous-suite $\{g_k\}$ de $\{f_{n_j}\}$ on a les propriétés suivantes :

(i) $\sum_k P\{||g_k|| > k^{1/p}\} < \infty$;

(ii) $\sum_k \frac{1}{k^{\alpha}} \int_{\{||g_k|| \leqslant k^{\beta}\}} ||g_k||^{\gamma} \, dP < \infty$

si $\alpha > 1$, $\beta > 0$, $\gamma > 0$, t.q. $0 < \gamma\beta - \alpha + 1 \leqslant p\beta$;

(iii) $\sum_k \frac{1}{k^{\alpha}} \int_{\{||g_k|| > k^{\beta}\}} ||g_k||^{\gamma} \, dP < \infty$

si $0 < \alpha < 1$, $\beta > 0$, $\gamma > 0$ t.q. $0 < \gamma\beta - \alpha + 1 \leqslant p\beta$.

(iv) La suite $\{||h_k||^p\}$ est uniformément intégrable où $h_k = f_{n_k}$ si $||f_{n_k}|| \leqslant k^{1/p}$ et $= 0$ autrement.

Démonstration:

Soit ν_n la loi de la v.a. (réelle) $\omega \to ||f_n(\omega)||^p$. La famille $\{\nu_n\}$ est équitendue (relativement compacte) car $\nu_n([0\ ,\ N]) = P\{||f_n||^p \geqslant N\} \leqslant \frac{1}{N} \int ||f_n||^p \, dP < \varepsilon$ pour tout n si $N \geqslant N_{\varepsilon}$. Donc (cf [2] pour les questions de convergence des lois) une sous-suite $\{\nu_{n_k}\}$ converge (étroitement) vers une loi ν sur $\mathbb{R}$ c.à.d. $\int f(x)\, \nu_{n_k}(dx) \to \int f(x)\, \nu(dx)$ pour toute fonction f continue et bornée sur $\mathbb{R}$; aussi

$$\int |x| \, \nu(dx) \leq \liminf_{k\to\infty} \int |x| \, \nu_{n_k}(dx)$$

$$= \liminf_{k\to\infty} \int ||f_{n_k}||^p \, dP < \infty$$

Pour simplifier l'écriture, on supposera que la suite $\{\nu_n\}$ elle-même converge vers ν. On va montrer que pour chacune des conditions (i)-(iv), il existe une sous-suite convenable.

Comme $\nu(F) \geq \limsup_{n\to\infty} \nu_n(F)$ pour tout fermé F, on a, pour tout $k = 1,2,\ldots$ un n_k t.q.

$$\nu\{|x| \geq k\} + 2^{-k} > \nu_n\{|x| \geq k\}$$

pour tout $n \geq n_k$; en prenant $n_1 < n_2 < \ldots$ on aura une sous-suite $\{n_k\}$ t.q.

$$P\{||f_n||^p \geq k\} = \nu_n\{|x| \geq k\} < \nu\{|x| \geq k\} + 2^{-k}$$

pour $n \geq n_k$, $k = 1,2,\ldots$. Pour cette sous-suite $\{f_{n_k}\}$, (i) sera vérifiée grâce au Lemme 1(i) (avec $p = 1$).

Les preuves pour (ii) et (iii) sont du même type ; donnons celle pour (ii). Notons d'abord que

$$\int_{|x|\leq A} |x|^t \, \nu(dx) \geq \limsup_{n\to\infty} \int_{|x|\leq A} |x|^t \, \nu_n(dx)$$

pour $\forall t > 0$, $A > 0$ d'où l'existence de $n_1 < n_2 < \ldots$ t.q. pour $n \geq n_k$, $k = 1,2,\ldots$

$$\int_{||f_n|| \leq k^\beta} ||f_n||^\gamma \, dP = \int_{|x| \leq k^{\beta p}} |x|^{\gamma/p} \, \nu_n(dx)$$

$$\leq \int_{|x| \leq k^{\beta p}} |x|^{\gamma/p} \, \nu(dx) + 2^{-k}$$

Lemme 1(ii) (pour le cas $p = 1$) conclut la preuve.

Pour (iv), choisissons une fonction $\psi : [0, \infty[\to [0, \infty[$ convexe, croissante, $\psi(0) = 0$, $\psi(t)/t \to \infty$ lorsque $t \to \infty$ et t.q. $\int \psi(|t|)\, \nu(dt) < \infty$; ceci est possible car $\int |t|\, \nu(dt) < \infty$. Montrons que pour un bon choix de $\{n_k\}$

$$\sup_k \int \psi(\|h_k\|^p)\, dP < \infty$$

ce qui établira (iv). Ici aussi, notons que

$$\int_{|x| \leq A} \psi(|x|)\, \nu(dx) \geq \limsup_{n\to\infty} \int_{|x| \leq A} \psi(|x|)\, \nu_n(dx)$$

pour tout $A > 0$; donc l'on peut trouver $n_1 < n_2 < \ldots$ t.q. pour $n \geq n_k$, $k = 1, 2, \ldots$

$$\int_{\|f_n\| \leq k^{1/p}} \psi(\|f_n\|^p)\, dP = \int_{|x| \leq k} \psi(|x|)\, \nu_n(dx)$$

$$\leq \int_{|x| \leq k} \psi(|x|)\, \nu(dx) + 1$$

$$\leq \int \psi(|x|)\, \nu(dx) + 1 < \infty$$

La suite $\{n_k\}$ donnera le résultat voulu.

Q.E.D.

N.B. Les énoncés de type (i)-(iii) du lemme 2 se trouvent dans [3(c)], [9], [10]. La propriété (iv) du lemme 2 était notée par [14] (aussi [10]); nous n'aurons pas besoin de celle-ci dans cet article. Les démonstrations présentées ici sont nouvelles; elles montrent que la vraie source de toutes ces propriétés est le fait qu'une certaine famille de loi est équitendue.

Lemme 3.

Soit $f_n \in L^2_E$, $n = 1, 2, \ldots$, E hilbertien; alors la convergence de

$\sum_n \int ||f_n||^2 \, dP$ entraîne la convergence p.s. de $\sum_n (f_n - \Theta_n)$ où $\Theta_n = E(f_n | A_{n-1})$ où $A_{n-1} \subset \sigma\{f_1, \ldots, f_{n-1}\}$, $A_0 = \{\phi, \Omega\}$.

Démonstration:

On note simplement que si $g_n = f_n - \Theta_n$ alors $M_n = \sum_{k=1}^{n} g_k$ est une martingale à valeurs dans E t.q.

$$\int ||M_n||^2 \, dP = \sum_{1 \leq j,k \leq n} \int (g_j | g_k) \, dP$$

$$= \sum_{k=1}^{n} \int ||g_k||^2 \, dP$$

$$\leq \sum_{k=1}^{n} \int ||f_k||^2 \, dP$$

car pour $j \neq k$, $\int (g_j | g_k) \, dP = 0$ et

$$\int ||g_k||^2 \, dP = \int ||f_k||^2 \, dP - \int ||\theta_k||^2 \, dP .$$

Comme E est hilbertien (donc réflexif) un théorème de convergence des martingales à valeurs dans E garantit l'existence p.s. de $\lim_{n \to \infty} M_n$ (cf [11]).

N.B. Ce lemme se généralise au cas ou $f_n \in L^p_E$ et E est p-lisse, $1 < p \leq 2$ (en anglais : p-smooth) de manière suivante :

$$\sum_n \int ||f_n||^p \, dP < \infty \implies \sum_n (f_n - \Theta_n) \text{ converge p.s.}$$

C'est une conséquence immédiate d'un théorème de Pisier [12] en notant simplement que pour $p \geq 1$

$$\int ||f_n - \Theta_n||^p \, dP \leq C(p) \cdot \int ||f_n||^p \, dP$$

pour une constante C(p). L'espace hilbertien est 2-lisse et un espace L^α, $\alpha > 1$, est p-lisse pour $p = \min(\alpha, 2)$.

Lemme 4. (Suchanek [14])

Soit $\{f_n\}$ une suite de fonctions simples dans L^1_E (E un espace de Banach quelconque) t.q. $\{||f_n||\}$ est uniformément intégrable. Il existe alors une sous-suite $\{f_{n_k}\}$ t.q. pour toute sous-suite $\{g_j\}$ de celle-ci on a

$$\sup_j ||E(g_j|g_1, \ldots, g_{j-1})|| \leq \sup_j E(||g_j|| \, |g_1, \ldots, g_{j-1}) < \infty \text{ p.s.}$$

Démonstration:

En passant à une sous-suite si nécessaire, l'on peut supposer, sans perte de généralité, que $||f_n|| \to \alpha$ faiblement dans L^1. Posons $n_1 = 1$ et définissons n_k inductivement comme $n_k > n_{k-1}$ et t.q.

$$E(||f_n|| \, |A) \leq E(\alpha|A) + 1 \text{ p.s.}$$

pour $n \geq n_k$ et A une α-algèbre quelconque contenue dans $\sigma\{f_{n_1}, \ldots, f_{n_{k-1}}\}$. Ceci est possible car cette dernière est une σ-algèbre finie (ainsi que A) et que pour $\omega \in A$ de A avec $P(A) > 0$,

$$E(||f_n|| \, |A)(\omega) = \frac{1}{P(A)} \int_A ||f_n|| \, dP \to \frac{1}{P(A)} \int_A \alpha \, dP = E(\alpha|A)(\omega)$$

La sous-suite $\{f_{n_k}\}$ satisfait la conclusion du lemme 4. Vérifions ceci pour $g_k = f_{n_k}$, le cas d'une sous-suite quelconque étant similaire. On a

$$\sup_j E(||g_j|| \, |g_1, \ldots, g_{j-1}) \leq \sup_j E(\alpha|g_1, \ldots, g_{j-1}) + 1 < \infty \quad \text{p.s.}$$

car $\lim_j E(\alpha|g_1, \ldots, g_{j-1})$ existe p.s.

Q.E.D.

Lemme 5. (Suchanek [14])

Soit E un espace hilbertien et $\{f_n\}$ une suite de fonctions simples dans L^1_E t.q. $f_n \to 0$ faiblement dans L^1_E. Il existe alors une sous-suite $\{f_{n_k}\}$ t.q. pour toute suite $(a_k) \in \ell^2$ et pour toute sous-suite $\{g_j\}$ de $\{f_{n_k}\}$ on a la convergence p.s. de $\sum_j a_j \Theta_j$ où $\Theta_j = E(g_j|g_1, \ldots, g_{j-1})$.

Démonstration:

Le raisonnement est comme dans la démonstration précédente. Mettons $n_1 = 1$ et définissons n_k inductivement comme $n_k > n_{k-1}$ t.q. pour $n \geq n_k$, on a (où $(\cdot|\cdot)$ est le produit scalaire de E)

$$|(\frac{1}{P(A)} \int_A f_n \, dP \mid x)| \leq 2^{-k} \quad .... \quad (*)$$

pour tout $A \in \sigma\{f_{n_1}, \ldots, f_{n_{k-1}}\}$ avec $P(A) > 0$ (une σ-algèbre finie) et tout $x \in E$ qui est de la forme $\frac{1}{P(B)} \int_B f_{n_j} \, dP$, $P(B) > 0$, avec $j \leq k-1$ et $B \in \sigma\{f_{n_1}, \ldots, f_{n_{j-1}}\}$; notons que l'ensemble de ces $x \in E$ est de cardinalité finie. Nous pouvons assurer de plus que les $\{n_k\}$ sont tels que l'affirmation du lemme 4 est vraie aussi. Vérifions que ce choix de $\{n_k\}$ est suffisant. Pour cela, nous prenons le cas de $g_k = f_{n_k}$; pour d'autres sous-suites de $\{f_{n_k}\}$ on peut procéder de même manière. En posant $\Theta_k = E(g_k | g_1, \ldots, g_{k-1})$ on voit que

$$|(\Theta_k(\omega) | \Theta_j(\omega))| \leq 2^{-k} \quad \text{p.s.}$$

si $1 \leq j \leq (k-1)$ grâce à la condition (*) et que $\sup_k ||\Theta_k(\omega)|| < \infty$ p.s. grâce au lemme 4. La convergence p.s. de $\sum_k a_k \Theta_k$ suit de la remarque élémentaire suivante : si $x_k \in E$ t.q. $b_{jk} = |(x_j | x_k)|$ satisfait $\sup_k b_{kk} < \infty$ et $\sum_{1 \leq j \neq k < \infty} b_{jk}^2 < \infty$ alors $\sum_k a_k x_k$ converge dans E pour tout choix de $(a_k) \in \ell^2$. Il suffit de majorer l'expression $||\sum_{k=M}^{N} a_k x_k||^2 = \sum_{M \leq j,k \leq N} a_j \bar{a}_k (x_j | x_k)$ par

$$\sum_M^N b_{kk} |a_k|^2 + \sum_{M \leq j \neq k \leq N} |a_j| \, |a_k| \, b_{jk}$$

et utiliser le lemme de Schwarz.

Q.E.D.

N.B. Les raisonnements utilisés dans les deux démonstrations précédentes étaient initiés par Komlos [10]. C'est la généralisation du lemme 5 aux espaces de Banach autres que les hilbertiens qui est une des pierres d'achoppement de la théorie si l'on veut la dévélopper par les techniques de cet article.

Références.

[1] Aldous, D.J.
Limit theorems for subsequences of arbitrarily-dependent sequences of random variables. Z. Wahrscheinlichkeitstheorie verw. Gebiete 40, 59-82 (1977)

[2] Billingsley, P.
Convergence of probability measures. Wiley, N.Y. (1968)

[3] Chatterji, S.D.
(a) Un principe de sous-suites dans la théorie des probabilités. Séminaire de Prob. VI, Univ. de Strasbourg; Lecture Notes in Maths. No. 258, 72-89, Springer-Verlag, Berlin (1972)

(b) Les martingales et leurs applications analytiques. Lecture Notes in Maths. No. 307, Springer-Verlag, Berlin (1973)

(c) A general strong law. Inventiones Math. 9, 235-245 (1970)

(d) A principle of subsequences in probability theory : the central limit theorem. Advances in Maths. 13,31-54 (1974); ibid. 14, 266-269 (1974)

(e) A subsequence principle in probability theory II: the law of the iterated logarithm. Inventiones Math. 25, 241-251 (1974)

(f) On a theorem of Banach and Saks. Linear operators and approximation II Ed. Butzer and Sz.-Nagy, 565-578 (1974)

(g) Weak convergence in certain special Banach spaces. MRC Technical Summary Report # 443, Madison, Wisconsin (1963).

[4] Diestel, J.
Geometry of Banach spaces - selected topics. Lecture Notes in Maths. No. 485, Springer-Verlag, Berlin (1975).

[5] Diestel, J. and Uhl, J.J. (Jr.)
Vector measures. Math. Surveys no. 15, American Mathematical Society, Providence (1977)

[6] Dinculeanu, N.
Vector measures. Pergamon Press, Oxford (1967)

[7] Erdös, P. and Magidor, M.
A note on regular methods of summability and the Banach-Saks property. Proc. Amer. Math. Soc. 59, 232-234 (1976).

[8] Figiel T. and Sucheston L.
An application of Ramsey sets in analysis. Advances in Maths. 20, 103-105 (1976)

[9] Gaposhkin, V.F.
Convergence and limit theorems for sequences of random variables. Theor. Prob. Appl. 17, 379-399 (1972)

[10] Komlòs, J.
A generalisation of a problem of Steinhaus. Acta Math. Acad. Sci. Hungar. 18, 217-229 (1967)

[11] Neveu, J.
Martingales à temps discret. Masson, Paris (1972)

[12] Pisier, G.
Martingales with values in uniformly convex spaces. Israel Jr. of Maths. 20, 326-350 (1975)

[13] Révész, P.
On a problem of Steinhaus. Acta Math. Acad. Sci. Hung. 16, 310-318 (1965)

[14] Suchanek, Ana Maria
On almost sure convergence of Cesaro averages of subsequences of vector-valued functions. Preprint (1977-78)

[15] Waterman, D. and Nishiura, T.
Reflexivity and summability. Studia Math. 23, 53-57 (1963)

S.D. Chatterji
Dépt. de Mathématiques
Ecole Polytechnique Fédérale
de Lausanne
61, av. de Cour
1007 Lausanne, Suisse

P.S. Je viens de reçevoir un "preprint" de D.J.H. Garling, St. John's College, Cambridge qui donne des résultats qui vont beaucoup plus loin que ceux de cet article. En particulier, il suit de ses résultats que si un espace E est p-lisse, $1 < p \leq 2$, alors E possède la propriété $(P_p^* - \alpha)$ pour $\alpha > 1/p$. Mais la démonstration d'une généralisation du théorème de Komlos pour les espaces E uniformément convexes souffre de même défaut que celui indiqué ci-dessus.

Domains of attraction in Banach spaces

Evarist Giné(*)
Instituto Venezolano de Investigaciones Científicas
and Universitat Autònoma de Barcelona

1. Introduction. In what Banach spaces can we obtain results on domains of attraction to stable measures that resemble those in the line or in R^n? This seems to be the first question upon which to start the theory of domains of attraction in Banach spaces. It is indeed a natural question given that Hoffmann-Jorgensen and Pisier [12] and Jain [13], Aldous [5] and Chobanian and Tarieladze [9] solved very neatly the same question for the domain of normal attraction to any Gaussian law. The problem has been recently studied by Araujo and Giné [7], Mandrekar and Zinn [4], Marcus and Woyczynski [17], [18], and Woyczynski [33]. In this note I will try to give a unified account of this theory (showing that apparently different formulations are aquivalent); for the sake of completeness there will be a non void intersection with some of the mentioned papers, but several proofs as well as some examples are new.

The present state of the theory of domains of attraction to non-Gaussian laws in Banach spaces, except for some preliminary results in C(S), is roughly as follows: 1) the "natural or classical" conditions for X to be in the domain of attraction of a stable law of order $\alpha\in(0,2)$ are necessary in general; 2) they are sufficient in type p-Rademacher spaces for $p>\alpha$ (thus in type α-stable spaces by a theorem of Maurey and Pisier [19]); 3) if they are sufficient in B then B is of type α-stable; 4) several sets of "natural" conditions used by different authors are equivalent; and 5) examples. I have chosen to base the proof of 1) and 2) on the general limit theorems in de Acosta, Araujo and Giné [4] (which contain other interesting less general theorems [16], [23], and are not too difficult to prove) and the proofs of 3) and 5) on some very nice work on series by Marcus and Woyczynski [17]. The proofs of 4) are essentially standard. Part of the work in [17] about series is generalized to the case of not necessarily normal attraction, thus providing new examples.

The theory on domains of normal attraction is presented separately

(*) Part of this work has been done while the author was visiting at the Université Louis Pasteur, Strasbourg.

and before the general case because it is somewhat neater, does not require slowly varying functions and may be more appropriate to teach in a course, eventually. Moreover, the general case, aside from the use of slowly varying functions, is very similar to the normal, both in results and techniques. The general domain of attraction to Gaussian laws is not treated; for a result in this direction the reader is referred to [7]. We will also give some preliminary results in C(S).

The notation is as follows. B will be a separable Banach space and $\mathcal{B}$ its σ-algebra; a measure on B will always mean a Borel measure. The notation $X \in DNA(\rho)$ (or DNA(Y)) (domain of normal attraction of ρ (or Y)) where X is a B-valued rv, ρ a stable p.m. (Y a stable rv) of order α on B, will mean that if X_i are independent copies of X, then there exist $b_n \in B$ such that $L(\Sigma_{i=1}^n X_i/n^{1/\alpha} - b_n) \to_{w^*} \rho\,(L(Y))$. We will write $X \in DA(\rho)$ (DA(Y)) (X is in the domain of attraction of ρ (of Y)) if there exist $a_n \in R_+$ and $b_n \in B$ such that the above limit holds with a_n instead of $n^{1/\alpha}$. If $\{a_n\}$ is known, we write $X \in DA_{\{a_n\}}(\rho)$. We will denote $S_B=\{x \in B: \|x\|=1\}$ and $B_\delta=\{x \in B: \|x\| \le \delta\}$. σ will usually be a finite measure on S_B, and $\mu=\mu(\alpha,\sigma)$ will denote the measure on B defined by $\mu\{0\}=0$, $d\mu(r,s)=d\sigma(s)dr/r^{1+\alpha}$, for all $s \in S$ and $r>0$. $d(x,F)$ will denote the distance from $x \in B$ to the set $F \subset B$; $\partial(W)$ will be the boundary of $W \subset B$, and $\mu|C$ will be the restriction to C of the measure μ. If X is a B-valued rv, then $X=XI_{\{\|X\| \le \delta\}}$, and if $S_n = \Sigma_j X_{nj}$, then $S_{n,\delta} = \Sigma_j X_{nj\delta}$.

If μ is a σ-finite measure on B with $\mu\{0\}=0$ and such that there exist $\mu_n \uparrow \mu$, μ_n finite, for which the sequence $\{\exp(\mu_n - |\mu_n|\delta_0)\}$ is shift tight, then we say that μ is a Lévy measure; in this case we denote by $c_\tau \mathrm{Pois}\mu$ (or cPoisμ if τ is not relevant, or Poisμ if μ is symmetric) the centered Poisson p.m. with Lévy measure μ, i.e. the measure $c_\tau \mathrm{Pois}\mu = w^*\text{-}\lim_n \delta_{c_n} * \exp(\mu_n - |\mu_n|\delta_0)$ where $c_n = -\int_{\|x\| \le \tau} x\, d\mu_n(x)$; this limit exists for every $\tau > 0$. See e.g. [4]. In this connection it is interesting to recall the following theorem ([2], [6], [7], [14], [20], [21], [22]).

1.1 Theorem. 1) If ρ is stable of order α in B, $\alpha \in (0,2)$, then there exists a finite measure σ on S_B and $x \in B$ such that

(1.1) $$\rho = \delta_x * c\mathrm{Pois}\mu(\alpha,\sigma),$$

2) B is of type α-stable if and only if every finite measure σ on S_B defines a Lévy measure $\mu(\alpha,\sigma)$, and therefore a stable p.m. by equation (1.1).

A triangular system of rv's $\{X_{nj}: j=1,\dots,k_n,\ n \in N\}$ is an infinitesimal array if for each n, the X_{nj} are independent, and if $\max_j P\{\|X_{nj}\|>\varepsilon\}\to 0$ for every $\varepsilon>0$. The result in [4] which we will need is as follows:

1.2. Theorem. Let B be a separable Banach space, X_{nj} a triangular array of B-valued rv's and $S_n=\Sigma_j X_{nj}$. Then $\{\mathcal{L}(S_n)\}$ is shift convergent if and only if

(1) there exists a σ-finite measure μ on B, $\mu\{0\}=0$, such that

$$\Sigma_j \mathcal{L}(X_{nj})|B_\delta^c \to_{w*} \mu|B_\delta^c \text{ for every } \delta>0 \text{ with } \mu(\partial B_\delta)=0;$$

(2) $\lim_{\delta\downarrow 0}\left\{\begin{matrix}\lim\sup\\ \lim\inf\end{matrix}\right\}_n \Sigma_j Ef^2(X_{nj\delta}-EX_{nj\delta})=\psi(f,f)<\infty$ for every $f\in B'$;

(3) there exists (for all) a sequence of finite dimensional subspaces of B, $F_m\uparrow$, $\overline{\cup F_n}=B$, such that $\lim_m \lim\sup_n Ed^p(S_{n,\delta}-ES_{n,\delta},F_m)=0$ for some (all) $p>0$.

In this case, ψ defines the covariance of a centered Gaussian p.m. γ, μ is a Lévy measure and $\mathcal{L}(S_n-ES_{n,\delta})\to_{w*}\gamma*c_\delta\text{Pois}\mu$ for every $\delta>0$ such that $\mu(\partial B_\delta)=0$. If B is of type p-Rademacher, condition (3) as a sufficient condition for shift convergence of $\{\mathcal{L}(S_n)\}$ can be replaced by

(3)' $\lim_m \lim\sup_n \Sigma_j Ed^p(X_{nj\delta}-EX_{nj\delta},F_m)=0$

((3)' is also necessary in some cotype p spaces).

For the definition and useful theorems on slowly and regularly varying functions, the reader is referred to Feller [10], Ch. VIII, Sections 8 and 9.

2. Domains of normal attraction. The theorem in the line is as follows: if ρ is a stable measure on R of order $\alpha\in(0,2)$ with associated Lévy measure $\mu=\mu(c_1,c_2,\alpha)$ defined as

$$d\mu(x) = \begin{cases} c_1 dx/x^{1+\alpha} & \text{for } x>0 \\ c_2 dx/|x|^{1+\alpha} & \text{for } x<0,\ \mu\{0\}=0, \end{cases}$$

then a random variable ξ belongs to the domain of normal attraction of ρ if and only if

$$\text{(2.1)}\qquad \begin{cases} xP\{\xi>x^{1/\alpha}\}\to c_1/\alpha \\ xP\{\xi<-x^{1/\alpha}\}\to c_2/\alpha \end{cases}$$

as $x\to\infty$. Condition (2.1) is obviously equivalent to

$$\text{(2.2)}\qquad n\mathcal{L}(\xi/n^{1/\alpha})|\{|x|>\delta\}\to_{w*}\mu|\{|x|>\delta\}$$

for every $\delta>0$. One of the several ways to prove this theorem is the following: by the general CLT in R, (2.2) is necessary for $\xi\in\text{DNA}(\rho)$, and (2.2) together with the condition

(2.3) $$\lim_{\delta\downarrow 0}\sup_n n^{1-2/\alpha}\int_{|\xi|\leq\delta n^{1/\alpha}}\xi^2\,dP = 0$$

is sufficient; but (2.3) is contained in (2.2) as the following simple computation shows: if $\nu=L(|\xi|)$, we have

(2.4) $$n^{1-2/\alpha}\int_{|\xi|\leq\delta n^{1/\alpha}}\xi^2 dP=2n^{1-2/\alpha}\int_0^{\delta n^{1/\alpha}}\int_0^x u\,du\,d\nu(x)$$

$$=2n^{1-2/\alpha}\int_0^{\delta n^{1/\alpha}}\int_u^{\delta n^{1/\alpha}} u\,d\nu(x)\,du\leq 2cn^{1-2/\alpha}\int_0^{\delta n^{1/\alpha}} u^{1-\alpha}du$$

$$=2c(2-\alpha)^{-1}\delta^{2-\alpha}\to 0 \quad \text{uniformly in } n, \text{ as } \delta\to 0,$$

where $c=\sup_{u>0}u^{\alpha}P\{|\xi|>u\}<\infty$ by (2.2). This is certainly a well known compute; it is written down here only because some analogous computations will appear along this exposition.

Condition (2.2), with Euclidean norm instead of absolute value, is also necessary and sufficient in R^n, and the same proof does it, however (2.2) cannot be expressed is such a nice way as (2.1). We thus have two main questions: (i) in what Banach spaces B is the condition

(2.2)' $$nL(X/n^{1/\alpha})|B_\delta^c \to_{w*} \mu|B_\delta^c \quad \text{for all } \delta>0,$$

necessary and in what sufficient for a B-valued rv X to belong to the domain of normal attraction of a stable p.m. ρ with Lévy measure μ? And (ii): is it possible to replace (2.2)' by simpler equivalent conditions?

Question (i) can be completely answered, and this is the subject of the main result in this section. Question (ii) is easier, but it is impossible to get conditions as simple as in R (even if $B=R^n, n>1$). These are the equivalences;

<u>2.1. Proposition</u>. If B is a separable Banach space, X a B-valued rv, σ a finite Borel measure on S_B, and $\mu=\mu(\alpha,\sigma)$; then the following are equivalent:

(1) X satisfies condition (2.2)',

(2) for each Borel set $W\subset S_B$ such that $\sigma(\partial W)=0$, and $r>0$,

$nP\{X/\|X\|\in W, \|X\|>rn^{1/\alpha}\}\to_{n\to\infty}\sigma(W)/\alpha r^{\alpha}$,

(3) X satisfies

(3i) $\pi(X)\in DNA(c\text{Pois}(\mu\circ\pi^{-1}))$ for every continuous linear π with finite dimensional range.

(3ii) there exists (for all) a family $\{F_m\}$ of finite dimensional subspaces of B such that $F_1=\{0\}$, $F_m\uparrow$, $\overline{\cup F_m}=B$ and $\lim_m \limsup_n nP\{d(X,F_m)>n^{1/\alpha}\}=0$ (where it is understood that all these lim $\sup_n$ are finite).

If moreover X and σ are symmetric, then (1)-(3) are equivalent to:

(4) X satisfies (3i) for $\pi=f\in B'$ and (3ii).

Remark. It is easy to check that $\mu\circ\pi^{-1}$ is the Lévy measure of a stable p.m. of order α in $\pi(B)$, and that if μ itself is the Lévy measure of a stable p.m. ρ on B, then $c\mathrm{Pois}(\mu\circ\pi^{-1})$ is a shift of $\rho\circ\pi^{-1}$. It is also easy to check that there is no loss of generality in assuming $\lim_m \sup_{t>0} t^\alpha P\{d(X,F_m)>t\}=0$ instead of the limit in (3ii).

Proof. (1)<=>(2) because the sets of the form $\{x/\|x\|\in W,\ r<\|x\|\le s\}$ are a convergence determining class in $S_B\times[\delta,\infty)$ for every $\delta>0$ (see e.g. [8], Theorem 1.3.1).

(1) =>(3). The particular form of μ implies that
(a) $\mu(tC)=t^{-\alpha}\mu(C)$ for every $C\in\mathcal{B}$ (change of variables), and
(b) $\mu\{x:\pi(x)=t\}=0$ and $\mu\{x:d(x,F)=t\}=0$ for every $t\neq0$, linear and continuous π and closed subspace F (by Fubini). Therefore, (2.2') implies:

$$(2.5)\qquad \begin{cases} nL(X/n^{1/\alpha})\circ\pi^{-1}|\{y\in\pi(B):\|y\|>\delta\}\to_{w*}\mu\circ\pi^{-1}|\{\|y\|>\delta\} \\ nP\{d(X,F)>tn^{1/\alpha}\}\to t^{-\alpha}\mu\{d(X,F)>1\}. \end{cases}$$

This already gives (3i) by the finite dimensional theorem on domains of normal attraction. To prove (3ii) just note that $\mu\{x:d(x,F_m)>1\}\downarrow0$ (as $\mu(B_1^c)<\infty$). This and (2.5) imply (3).

(3) =>(1). Condition (3ii) ensures that the family of finite measures $\{nL(X/n^{1/\alpha})|B_\delta^c\}_{n=1}^\infty$ is flatly concentrated for every $\delta\geq0$ (see [1] for the definition) and condition (3i) that the one dimensional marginals are tight (just apply (2.1) to $X\circ f^{-1}$, $f\in B'$). Hence, by [1], Theorem 2.3 $\{nL(X/n^{1/\alpha})|B_\delta^c\}$ is tight for each $\delta>0$. Let ν^δ be a limit of this sequence for some $\delta>0$; by a diagonal argument we can construct ν such that $\nu\{0\}=0$, $\nu|B_\delta^c=\nu^\delta$, and a subsequence $\{n_k\}$ such that $n_k L(X/n_k^{1/\alpha})|B_\tau^c\to_{w*}\nu|B_\tau^c$ for every $\tau<\delta$. By (3i) and the finite dimensional CLT, μ and ν coincide on all cylinder sets at a positive distance from zero; since these sets form a semi-ring which generates the σ-ring of all Borel sets not containing zero, we conclude that $\mu=\nu$ (note $\mu\{0\}=\nu\{0\}=0$). This proves (2.2)'.

(3)<=>(4) in case of symmetry. If (3i) holds for $\pi=f\in B'$, then by symmetry and the Cramér-Wold theorem, it also holds for every continuous linear π with finite dimensional range. □

Remark. In general, conditions (2), (3) or (4) are hard to verify. However (3), and particularly (4), are adequate in some particular situations, notably if $X=\Sigma\theta_i x_i$, θ_i real rv's and $x_i\in B$, as in this case there is a natural choice for F_m. This is always the case in spaces with a Schauder basis.

Part of the proof of the main theorem is based on some interesting properties of series of the form $\Sigma\theta_i x_i$ where the θ_i are truncations of stable variables. These results, collected in the next lemma, are due to Marcus and Woyczynski [16]. The proof of 2.2(i) departs slightly from [16].

<u>2.2. Proposition.</u> Let $\{x_i\}\subset B$ be such that $\Sigma\|x_i\|^\alpha<\infty$, $\{\phi_i\}$ independent symmetric stable rv's of order α with Lévy measure $d\mu(x)=dx/|x|^{1+\alpha}$, $x\neq 0$, $\mu\{0\}=0$ (i.e. with ch.f.'s $e^{-c|t|^\alpha}$ for some constant c), let $\phi_i''=\phi_i I_{\{|\phi_i|>c_i\}}$ with $c_i>0$ such that $\Sigma P\{|\phi_i|>c_i\}<\infty$, and $\rho_i=\phi_i'' I_{\{|\phi_i''|\leq d_i\}}$ for some sequence $\{d_i\}$.

Then,

$$\text{(i)}\quad \lim_{t\to\infty} t^\alpha P\{\|\Sigma_{i=1}^\infty \phi_i'' x_i\|>t\}=2\Sigma_{i=1}^\infty\|x_i\|^\alpha/\alpha,$$

and

$$\text{(ii)}\quad \lim_{t\to\infty} t^\alpha P\{\|\Sigma_{i=1}^\infty \rho_i x_i\|>t\}=0.$$

<u>Proof.</u> We first prove (i). By the Borel-Cantelli lemma, the series $\Sigma\phi_i'' x_i$ converges. Define

$$F(t) = P\{\|\Sigma_{i=1}^\infty \phi_i'' x_i\|>t\}.$$

We will show first that there exists $c>0$ and $t_o>0$ such that for $t>t_o$,

$$\text{(2.6)}\qquad F(t)\leq c\Sigma_{i=1}^\infty\|x_i\|^\alpha/t^\alpha.$$

If $G(t)=P\{\sup_i\|\phi_i'' x_i\|>t\}$, then a result of Hoffmann-Jorgensen [11] asserts that

$$F(3t)\leq G(t) + 4F^2(t).$$

The properties of the tails of ϕ_i (e.g.(2.1)) imply that given $\varepsilon>0$ there exists t_1 such that for $t>t_1$,

$$G(t)\leq\Sigma_{i=1}^\infty P\{|\phi_i''|>t/\|x_i\|\}\leq 2(1+\varepsilon)\Sigma_{i=1}^\infty\|x_i\|^\alpha/\alpha t^\alpha.$$

If $4F^2(t)>\frac{1}{2}F(3t)$ from some t on, then there exist $\beta,\gamma>0$ such that from some other t on, $F(t)<e^{-\beta t^\gamma}$ and (2.6) is satisfied. So we may assume that there exists a sequence $t_k\uparrow\infty$ such that $4F^2(t_k)\leq\frac{1}{2}F(3t_k)$.

This, together with the last two inequalities yields:

$$F(3t_k)\leq 2G(t_k)\leq 4(1+\varepsilon)\Sigma_{i=1}^\infty\|x_i\|^\alpha/\alpha t_k^\alpha.$$

$$F(9t_k)\leq G(3t_k)+4F^2(3t_k)$$

$$\leq 2(1+\varepsilon)\Sigma_{i=1}^\infty\|x_i\|^\alpha/\alpha(3t_k)^\alpha+64(1+\varepsilon)^2(\Sigma_{k=1}^\infty\|x_i\|^\alpha/\alpha t_k^\alpha)^2.$$

Hence, from some t_{k_o} on we will have

$$F(9t_k)\leq 4(1+\varepsilon)\Sigma_{i=1}^\infty\|x_i\|^\alpha/3^\alpha\alpha t_k^\alpha,$$

and by recurrence

$$F(3^j t_k)\leq 4(1+\varepsilon)\Sigma_{i=1}^\infty\|x_i\|^\alpha/(3^{j-1}t_k)^\alpha\alpha.$$

Now (2.6) follows by interpolation.

We will obtain (i) from (2.6) and the following obvious inequalities (used by Feller [10],p.278, and also in [2],[6] and [16]): if X_1,X_2 are independent, and $|||\cdot|||$ is a seminorm, then

$$(2.7)\quad \begin{cases} P\{|||X_1+X_2|||>t\}\geq P\{|||X_1|||>t(1+\varepsilon)\}\,P\{|||X_2|||<t\varepsilon\} \\ \qquad +P\{|||X_2|||>t(1+\varepsilon)\}P\{|||X_1|||<t\varepsilon\}, \\ P\{|||X_1+X_2|||>t\}\leq P\{|||X_1|||>t(1-\varepsilon)\}+P\{|||X_2|||>t(1-\varepsilon)\} \\ \qquad +P\{|||X_1|||>t\varepsilon\}P\{|||X_2|||>t\varepsilon\} \end{cases}$$

for every $t>0$ and $0<\varepsilon<1$. Repeated application of the first inequality together with (2.1) gives that for each $n\in N$ and $\varepsilon\in(0,1)$.

$$\begin{aligned}\liminf_{t\to\infty} t^{\alpha}P\{\|\Sigma_{i=1}^{\infty}\phi_i''x_i\|>t\} &\geq \\ \geq 2(1+\varepsilon)^{-\alpha}\|x_1\|^{\alpha}/\alpha+2(1+\varepsilon)^{-2\alpha}\|x_2\|^{\alpha}/\alpha &+\ldots \\ +2(1+\varepsilon)^{-(n-1)\alpha}\|x_{n-1}\|^{\alpha}/\alpha+(1+\varepsilon)^{-n\alpha}&\liminf_{t\to\infty} t^{\alpha}P\{\|\Sigma_{i=n}^{\infty}\phi_i''x_i\|>t\}.\end{aligned}$$

Letting $\varepsilon\downarrow 0$ we get that for each n,

$$(2.8)\qquad \liminf_{t\to\infty} t^{\alpha}P\{\|\Sigma_{i=1}^{\infty}\phi_i''x_i\|>t\}\geq 2\Sigma_{i=1}^{n-1}\|x_i\|^{\alpha}/\alpha.$$

The second inequality gives that for every $n\in N$ and $\varepsilon\in(0,1)$

$$\begin{aligned}\limsup_{t\to\infty} t^{\alpha}P\{\|\Sigma_{i=1}^{\infty}\phi_i''x_i\|>t\}&\leq 2(1-\varepsilon)^{-\alpha}\|x_1\|^{\alpha}/\alpha+\ldots+2(1-\varepsilon)^{-(n-1)\alpha}\|x_{n-1}\|^{\alpha}/\alpha \\ &+(1-\varepsilon)^{-n\alpha}\limsup_{t\to\infty} t^{\alpha}P\{\|\Sigma_{i=n}^{\infty}\phi_i''x_i\|>t\}.\end{aligned}$$

Since ε is arbitrary application of (2.6) gives

$$(2.9)\qquad \limsup_{t\to\infty} t^{\alpha}P\{\|\Sigma_{i=1}^{\infty}\phi_i''x_i\|>t\}\leq 2\Sigma_{i=1}^{n-1}\|x_i\|^{\alpha}/\alpha+C\Sigma_{i=n}^{\infty}\|x_i\|^{\alpha}.$$

But since n is arbitrary in (2.8) and (2.9), the limit (i) follows at once.

Finally we prove (ii). Note that $\Sigma_{i=1}^{\infty}\rho_i x_i$ exists also by Borel-Cantelli. Each ρ_i being bounded, for each $n\in N$ there exists M_n such that $\|\Sigma_{i=1}^{n-1}\rho_i x_i\|\leq M_n$.

Hence

$$\begin{aligned}P\{\|\Sigma_{i=1}^{\infty}\rho_i x_i\|>t\}&\leq P\{\|\Sigma_{i=1}^{n-1}\rho_i x_i\|>M_n\}+P\{\|\Sigma_{i=n}^{\infty}\rho_i x_i\|>t-M_n\} \\ &=P\{\|\Sigma_{i=n}^{\infty}\rho_i x_i\|>t-M_n\}.\end{aligned}$$

By symmetry, the variables $\Sigma\phi_i''x_i$ and $\Sigma\rho_i x_i-\Sigma(\phi_i''-\rho_i)x_i$ are identically distributed and therefore, using (2.6) we get

$$\begin{aligned}(2.10)\qquad P\{\|\Sigma_{i=n}^{\infty}\rho_i x_i\|>t-M_n\}&\leq 2P\{\|\Sigma_{i=n}^{\infty}\phi_i''x_i\|>t-M_n\} \\ &\leq C\Sigma_{i=n}^{\infty}\|x_i\|^{\alpha}/\alpha(t-M_n)^{\alpha}\end{aligned}$$

for t large enough. The last two sets of inequalities yield

$$\lim_{t\to\infty} t^{\alpha} P\{\|\Sigma_{i=1}^{\infty} \rho_i x_i\| > t\} \le K \Sigma_{i=n}^{\infty} \|x_i\|^{\alpha}$$

which gives the limit (ii) as $n\to\infty$. □

The next theorem, which is the main result in this section, determines exactly the Banach spaces where the "classical condition" (2.2)' is necessary and/or sufficient for $X\in DNA(\rho)$. The following observation is pertinent: $\rho=\delta_x$, $x\in B$, is a stable law of order α for every α; we will write $X\in DNA_\alpha(\delta_x)=DNA_\alpha(\delta_0)$ if there exists $\{b_n\}\subset B$ such that $\Sigma_{i=1}^{n} X_i/n^{1/\alpha}-b_n\to 0$ in probability.

<u>2.3. Theorem</u>. Let B be a separable Banach space, ρ a stable p.m. of order α on B, with associated Lévy measure μ, and X a B-valued rv. Then:

(1) If $X\in DNA(\rho)$ then

(2.2)' $\quad nL(X/n^{1/\alpha})|B_\delta^c \to_{w*} \mu|B_\delta^c$ for all $\delta>0$ (with no restrictions on B).

(2) If B is of type p Rademacher for some $p>\alpha$ then condition (2.2)' is also sufficient for $X\in DNA(\rho)$.

(3) If condition (2.2)' is sufficient for $X\in DNA_\alpha(\delta_0)$ then B is of stable type α.

(4) If condition (2.2)' is sufficient for $X\in DNA(\rho)$ for all B-valued X and stable non-degenerate p.m.'s ρ of order α, then B is of stable type α.

<u>Remarks</u>. 1. By Proposition 2.2 in Maurey and Pisier [19], B is of type p-Rademacher for some $p>\alpha$ if and only if it is of type α stable, $\alpha\in(0,2)$. Hence 2.3(2,3) characterize Banach spaces of stable type α.

2. In (3), it is enough to consider random variables X defined through series, as it will become apparent in the proof.

3. 2.1(1) was proved by Araujo and Giné [7] in general, and by Marcus and Woyczynski [17,18] in some particular cases; (2), by Araujo and Giné [7] in general and simultaneously and with different methods, by Woyczynski [23] in the symmetric case (although both rely on work of Le Cam [15] for their proofs; the relevance of Le Cam's work to this subject seems to have been first noticed by A. Araujo); [23] gives (2.2') in the form 2.1(2) and [7], in the forms 2.1(3 and 4). (3) and (4) are due to Marcus and Woyczynski [17]; Mandrekar and Zinn [16] have another proof. The proof of (3)-(4) here is borrowed from [16] and [17].

<u>Proof.</u> (1) is an immediate corollary of Theorem 1.2.

(2). We will prove that under the stated conditions, (1)-(3) in Theorem 1.2 are satisfied, and therefore that the conclusion in (2) holds. (2.2)' implies (2.5) (proof of Proposition 2.1). From the first limit in (2.5) we conclude that

$$\sup_{t>0} t^{\alpha} P\{|f(X)|>t\}=c_f<\infty$$

for every $f\in B'$. Then, as in (2.4) we get $\lim_{\delta\downarrow 0}\sup_n n^{1-2/\alpha}\int_{\|X\|\le\delta n^{1/\alpha}} f^2(X)dP$

$$\le\lim_{\delta\downarrow 0}\sup_n n^{1-2/\alpha}\int_{|f(X)|\le\delta\|f\|n^{1/\alpha}} f^2(X)dP\le\lim_{\delta\downarrow 0}2c_f(2-\alpha)^{-1}\delta^{2-\alpha}\|f\|^{2-\alpha}=0,$$

and this gives condition (2) in Theorem 1.2 with $\psi(f,f)=0$. Let now $F_n\uparrow$, $\overline{\cup F_m}=B$, F_m finite dimensional subspaces of B. Since B/F_m is of type p Rademacher with the same difining constant as B, C_p, if X_i are i.i.d. with $L(X_i)=L(X)$, we get by (3ii) in Proposition 2.1 (and the remark after it) that

$$\sup_n Ed^p[(S_{n,\delta}-ES_{n,\delta})/n^{1/\alpha},F_m]\le C_p\sup_n\Sigma_{j=1}^n En^{-p/\alpha}Ed^p(X_{j,\delta n^{1/\alpha}}-EX_{j,\delta n^{1/\alpha}},F_m)$$

$$\le 2^p C_p\sup_n n^{1-p/\alpha}Ed^p(X_{\delta n^{1/\alpha}},F_m)$$

$$\le 2^p C_p p(p-\alpha)^{-1}\delta^{p-\alpha}\sup_{t>0}tP\{d(X,F_m)>t^{1/\alpha}\}\to 0 \text{ as } m\to\infty$$

where the last inequality is proved with a computation similar to (2.4) (with p instead of 2). So (3) in Theorem 1.2 is also proved. This ends up this part of the theorem as (1) in 1.2 is precisely (2.2)'.

(3) Assume B is not of stable type α but satisfies the hypothesis in statement (3). Then there exists some sequence $\{x_i\}\subset B$ such that $\Sigma\|x_i\|^{\alpha}<\infty$ but $\Sigma\phi_i x_i$ does not converge a.s., and therefore, does not converge in probability either. (As in Proposition 2.2, ϕ_i are real i.i.d. rv's with ch.f. $e^{-c|t|^{\alpha}}$). So, for some $\varepsilon>0$ and sequence $n_k\uparrow\infty$ we have

$$P\{\|\Sigma_{i=n_k}^{n_{k+1}-1}\phi_i x_i\|\ge\varepsilon\}\ge\varepsilon.$$

If ϕ_i'' are as in Prop. 2.2, then the variables $X^k=\Sigma_{i=n_k}^{n_{k+1}-1}\phi_i''x_i$, symmetric, belong to the DNA of $\Sigma_{i=n_k}^{n_{k+1}-1}\phi_i x_i$ (as $\phi_i''\in DNA(\phi_i)$ and the sums are finite). Therefore, if $\phi_{i,r}$ are independent copies of ϕ_i, there exist $m_k\to\infty$ such that

$$(2.11)\qquad P\{\|\Sigma_{i=n_k}^{n_{k+1}-1}(\phi_{i,1}''+\ldots+\phi_{i,m_k}'')x_i/m_k^{1/\alpha}\|>\varepsilon/2\}\ge\varepsilon/2.$$

Take now $\rho_{i,r}=\phi_{i,r}''I_{\{|\phi_{i,r}''|\le d_k\}}$ for $n_k\le i<n_{k+1}$ $(\rho_i=\phi_i''I_{\{|\phi_i''|\le d_k\}})$ where $\{d_k\}$ is chosen so that

$$(2.12)\qquad P\{\rho_{i,r}=\phi_{i,r}'':n_k\le i<n_{k+1},r\le m_k\}>1-\varepsilon/4.$$

Then, (2.11) and (2.12) give

$$P\{\|\Sigma_{i=n_k}^{n_{k+1}-1}(\rho_{i,1}+\ldots+\rho_{i,m_k})x_i/m_k^{1/\alpha}\|>\varepsilon/2\}\ge\varepsilon/4.$$

By a symmetry argument just as in (2.10) we obtain

$$P\{\|\Sigma_{i=1}^{\infty}(\rho_{i,1}+\ldots+\rho_{i,m_k})x_i/m_k^{1/\alpha}\|\geq\varepsilon/2\}\geq\varepsilon/8$$

thus proving that the series $X=\Sigma_{i=1}^{\infty}\rho_i x_i$ does not satisfy $\Sigma_{i=1}^{n}X_i/n^{1/\alpha}\to 0$ in probability. However, by Proposition 2.2, $nP\{\|X\|>n^{1/\alpha}\}\to 0$. Hence (2.2)' is not sufficient for $X\in DNA_\alpha(\delta_0)$ in B.

(4) We will prove that if B satisfies the hypothesis in (4), then it satisfies that in (3).

Let X be a B-valued symmetric rv verifying (2.2)' for $\mu=0$, let ϕ be a standard real symmetric stable rv of order $\alpha(\phi(t)=e^{-c|t|^\alpha}$ as in 2.2) independent of X, and let $x\in B, \|x\|=1$. Define $Y=X+\phi x$. Apply inequalities (2.7) for a continuous seminorm $|||\cdot|||$ with $X_1=X$, $X_2=\phi x$, multiply by t^α and take limits as $t\to\infty$, to get

$$\lim_{t\to\infty}t^\alpha P\{|||Y|||>t\}=2|||x|||^\alpha/\alpha$$

(as $nP\{|||X|||>n^{1/\alpha}\}\to 0$, $nP\{|\phi|>n^{1/\alpha}\}\to 2/\alpha$). With $|||\cdot|||=d(\cdot,F_m)$, F_m as in Proposition 2.1(3), the last limit gives condition (3ii) in 2.1 because $d(x,F_m)\to 0$. It is easy to see that the following analogues of (2.7) also hold true (Feller [10]p.278): if ξ_1 and ξ_2 are real independent rv's then

$$(2.13)\quad\begin{cases}P\{\xi_1+\xi_2>t\}\geq P\{\xi_1>t(1+\varepsilon)\}P\{\xi_2>-t\varepsilon\}+P\{\xi_2>t(1+\varepsilon)\}P\{\xi_1>-t\varepsilon\}\\[2ex] P\{\xi_1+\xi_2>t\}\leq P\{\xi_1>t(1-\varepsilon)\}+P\{\xi_2>t(1-\varepsilon)\}+P\{\xi_1>t\varepsilon\}P\{\xi_2>t\varepsilon\}\end{cases}$$

and analogously for $P\{\xi_1+\xi_2<-t\}$. Applying these inequalities to f(Y), $f\in B'$, and proceeding as before, we get $\lim_{t\to\infty}t^\alpha P\{f(Y)>t\}=|f(x)|^\alpha/\alpha$ $= \lim_{t\to\infty}P\{f(Y)<-t\}$

which proves $f(Y)\in DNA(f(x)\phi)$. Hence, Y satisfies 2.1(4), and Proposition 2.1 implies that Y satisfies condition (2.2)' with μ defined as $d\mu(r,s)=d\sigma(s)dr/r^{1+\alpha}$ $(\mu\{0\}=0)$ and $\sigma=\frac{1}{2}(\delta_x+\delta_{-x})\neq 0$, which is the Lévy measure of the stable variable ϕx. Hence the hypothesis on B implies $Y\in DNA(\phi x)$. Therefore, if $Y_i=X_i+\phi_i x, X_i, \phi_i$ independent and distributed as X and ϕ, we get $L(\Sigma_{i=1}^{n}X_i/n^{1/\alpha}+\Sigma_{i=1}^{n}\phi_i x/n^{1/\alpha})\to L(\phi x)$. But since $L(\Sigma_{i=1}^{n}\phi_i x/n^{1/\alpha})=L(\phi x)$, this implies $\Sigma_{i=1}^{n}X_i/n^{1/\alpha}\to 0$ in probability, i.e. the hypothesis in (3). □

Theorem 2.3 in the case of symmetric variables takes a pleasant form if one uses Proposition 2.1, (1)<=>(4). We will give an application:

2.4. Proposition. (1). Let B be of type p-Rademacher for some $p>\alpha$ $(0<\alpha<2)$, let $\{\phi_i\}$ be real independent, symmetric stable rv's of order α as in Proposition 2.2 and let $\{\psi_i\}$ be real independent symmetric rv's such that $\psi_i \in DNA(\phi_1)$. Then if $X=\Sigma_{i=1}^{\infty}\psi_i x_i$ $(x_i \in B)$ exists and

(2.14) $\lim\sup_m \lim\sup_{t\to\infty} t^{\alpha}P\{\|\Sigma_{i=m}^{\infty}\psi_i x_i\|>t\}=0$,

we have that $\Sigma_{i=1}^{\infty}\phi_i x_i$ exists, $X\in DNA(\Sigma_{i=1}^{\infty}\phi_i x_i)$, and $\lim_{t\to\infty} t^{\alpha}P\{\|\Sigma_{i=1}^{\infty}\psi_i x_i\|>t\}=2\Sigma\|x_i\|^{\alpha}/\alpha<\infty$.

(2) If (2.14) implies that $\Sigma\phi_i x_i$ exists, then B is of type α-stable.

Proof. By (2.14), if F_m = linear span of $\{x_1,\ldots,x_m\}$, then

$$\lim_m \lim\sup_n nP\{d(X,F_m)>n^{1/\alpha}\}\leq \lim\sup_m \lim\sup_n nP\{\|\Sigma_{i=m+1}^{\infty}\psi_i x_i\|>n^{1/\alpha}\}=0$$

i.e. $X=\Sigma\psi_i x_i$ satisfies 2.1(3ii). By (2.7) and (2.1), for every $n,m>0$,

$$2\Sigma_{i=1}^{n}\|x_i\|^{\alpha}/\alpha \leq \lim\inf_{t\to\infty} t^{\alpha}P\{\|\Sigma_{i=1}^{\infty}\psi_i x_i\|>t\} \leq$$
$$\leq \lim\sup_{t\to\infty} t^{\alpha}P\{\|\Sigma_{i=1}^{\infty}\psi_i x_i\|>t\} \leq 2\Sigma_{i=1}^{m}\|x_i\|^{\alpha}/\alpha +$$
$$+ \lim\sup_{t\to\infty} t^{\alpha}P\{\|\Sigma_{i=m+1}^{\infty}\psi_i x_i\|>t\}$$

(as in the proof of Proposition 2.2, (2.8) and (2.9)). Hence letting first n and then m tend to ∞, we get that $\Sigma_i\|x_i\|^{\alpha}<\infty$ and that $\lim_{t\to\infty} t^{\alpha}P\{\|\Sigma_{i=1}^{\infty}\psi_i x_i\|>t\}=2\Sigma_{i=1}^{\infty}\|x_i\|^{\alpha}/\alpha$. In particular, by Theorem 1.1 $\Sigma\phi_i x_i$ exists.

The same argument using inequalities (2.13) for $f(\Sigma_i\psi_i x_i)$, $f\in B'$, gives us that

$$\lim_{t\to\infty} t^{\alpha}P\{f(\Sigma_i\psi_i x_i)>t\} = \Sigma|f(x_i)|^{\alpha}/\alpha = \lim_{t\to\infty} t^{\alpha}P\{f(\Sigma_i\psi_i x_i<-t\},$$

i.e. that $f(\Sigma_i\psi_i x_i)\in DNA(\Sigma_i\phi_i f(x_i))$, or 2.1(3i) for $\pi=f$.

Hence, Proposition 2.1 and Theorem 2.3 show that $\Sigma_i\psi_i x_i \in DNA(\Sigma_i\psi_i x_i)$.

(2). If B is not of type α stable, let $\{x_i\}\subset B$ be such that $\Sigma\|x_i\|^{\alpha}<\infty$ but such that $\Sigma\phi_i x_i$ is divergent, $\{\phi_i\}$ as in 2.2. Let ϕ_i'' be as in 2.2 too. Then $\phi_i''\in DNA(\phi_1)$ and by 2.2(i), $\lim_m \lim_{t\to\infty} t^{\alpha}P\{\|\Sigma_{i=m}^{\infty}\phi_i'' x_i\|>t\} = 2\lim_m \Sigma_{i=m}^{\infty}\|x_i\|^{\alpha}/\alpha=0$, i.e. (2.14) holds. □

Remark. 2.4 (1) is essentially contained in [7], and [17] has a slightly weaker version. 2.4 (2) is in [17].

The next natural question about domains of attraction is to obtain results on DNA in those spaces where this theory does not hold, in particular, in C(S), S compact metric. A first result in this direction can be found in Araujo and Giné [7] (see Section 4 in this paper).

3. General Domains of attraction. In this section we consider the same questions as in the preceding one, but for the general case. The main difference here is that we must borrow some results from the theory of regularly varying functions.

We start by giving several equivalent formulations of the classical conditions (Feller [10], p.313).

3.1. Proposition. Let σ be a finite Borel measure on $S_B, \sigma\neq 0$, $\mu=\mu(\alpha,\sigma)$, and let X be a B-valued rv. Then the following are equivalent:

(1) there exists $\{a_n\}\subset R_+, a_n\uparrow\infty, a_n/a_{n+1}\to 1$ such that

(3.1) $nL(X/a_n)|B_\delta^c \to_{w*} \mu|B_\delta^c$ for every $\delta>0$.

(2) there exists $\{a_n\}\subset R_+, a_n\uparrow\infty, a_n/a_{n+1}\to 1$ such that

(2i) $\pi(X)\in DA_{\{a_n\}}(c\mathrm{Pois}(\mu\circ\pi^{-1}))$ for every continuous linear π on B with finite dimensional range (or $f(X)\in DA_{\{a_n\}}(c\mathrm{Pois}(\mu\circ f^{-1}))$ for every $f\in B'$, if μ and X are symmetric).

(2ii) there exists also a sequence $\{F_m\}$ of finite dimensional subspaces of $B, F_m\uparrow, \overline{\cup F_m}=B$ such that

(3.2) $\lim_m \sup_n nP\{d(X,F_m)>a_n\}=0$.

(3) the function $t^\alpha P\{\|X\|>t\}$ is slowly varying and

(3.3) $P\{X/\|X\|\in W, \|X\|>t\}/P\{\|X\|>t\}\to\sigma(X)/\sigma(S)$

for every Borel set $W\subset S$ such that $\sigma(\partial W)=0$.

Proof. (1) =>(2). First note that if $|||\cdot|||$ is a continuous seminorm such that $\mu\{|||x|||=r\}=0$ for all $r>0$ (as is the case for $|||x|||=f(x)$, $f\in B'$, or $|||x|||=d(x,F)$, F a closed subspace -see proof of 2.1, (1) =>(3)), then (1) implies that the function $t\to t^\alpha P\{|||X|||>t\}$ is slowly varying: if n_t is the largest n such that $a_n\leq t$, then

(3.4) $[n_t/(n_t+1)](n_t+1)P\{|||X|||>a_{n_t+1}\}/n_tP\{|||X|||>a_{n_t}u\}\leq P\{|||X|||>t\}/P\{|||X|||>tu\}$

$\leq[(n_t+1)/n_t]n_tP\{|||X|||>a_{n_t}\}/(n_t+1)P\{|||X|||>a_{n_t+1}u\}$;

Since $\mu\{|||x|||>t\}/\mu\{|||x|||>tu\}=u^\alpha$ (change of variables) we get from (1) and the previous inequalities that

$$\lim_{t\to\infty}P\{|||X|||>t\}/P\{|||X|||>tu\}=u^\alpha,$$

i.e. that $P\{|||X|||>t\}$ is regularly varying with exponent $-\alpha$.

Suppose now that (1) holds. For $f\in B'$, consider $|||x|||=|f(x)|$. Then by [10] p.281, $\lim_{t\to\infty}t^2P\{|f(X)|>t\}/\int_0^t uP\{|f(X)|>u\}du=2-\alpha$, and therefore we can perform a computation analogous to (2.4):

(3.5) $\lim_{\delta\downarrow 0}\lim\sup_n na_n^{-2}\int_{|f(X)|\leq\delta a_n} f^2(X)dP$

$\leq\lim_{\delta\downarrow 0}\lim\sup_n 2na_n^{-2}\int_0^{\delta a_n}uP\{|f(X)|>u\}du$

$\leq \lim_{\delta\downarrow 0} \limsup_n 2na_n^{-2}(2-\alpha)^{-1}\delta^2 a_n^2 P\{|f(X)|>\delta a_n\}$

$=\lim_{\delta\downarrow 0} 2(2-\alpha)^{-1}\delta^{2-\alpha}\mu\{|f(X)|>1\}=0.$

Since, as in (2.5), we also have from (3.1) that

$nL(X/a_n)\circ\pi^{-1}|\{\|y\|>\delta\}\to_{w*}\mu\circ\pi^{-1}\{\|y\|>\delta\}$

for every $\delta>0$, we conclude by the f.d. CLT that $\pi(X)\in DA_{\{a_n\}}(c\mathrm{Pois}(\mu\circ\pi^{-1}))$. Finally, (2ii) follows also as in the proof of 2.1 ((1) =>(3)) with a_n for $n^{1/\alpha}$.

(2) =>(1). By (2ii) and (2i) for $\pi=f\in B'$, $\{nL(X/a_n)|B_\delta^c\}$ is flatly concentrated and has uniformly tight one dimensional marginals, hence it is a uniformly tight sequence. The unicity of the limit follows from (2i) as in 2.1 ((3 =>(1)). The symmetric case can be treated via Crámer-Wold as in 2.1.

(1) =>(3). We have already seen above that (1) implies that $t^\alpha P\{\|X\|>t\}$ is slowly varying. The rest is also easy: obviously for any integer k, $P\{X/\|X\|\in W, \|X\|>a_{n+k}\}/P\{\|X\|>a_n\}\to\sigma(W)/\sigma(S)$ by (1); therefore, if n_t is as in (3.4), we obtain (3.3) by taking limits in the obvious inequality

$$P\{X/\|X\|\in W,\|X\|>a_{n_t+1}\}/P\{\|X\|>a_{n_t}\}\leq P\{X/\|X\|\in W,\|X\|>t\}/P\{\|X\|>t\}$$

$$\leq P\{X/\|X\|\in W,\|X\|>a_{n_t}\}/P\{\|X\| a_{n_t+1}\}.$$

(3) =>(1). If $t^\alpha P\{\|X\|>t\}$ is slowly varying, and if

$a_n=\sup\{t: nP\{\|X\|>t\}\geq\sigma(S)/\alpha\}$

then the properties of slowly varying functions show that $a_n\uparrow\infty$, $a_n/a_{n+1}\to 1$ and $\lim_n nP\{\|X\|>a_n\}=\sigma(S)/\alpha$ (these properties of $\{a_n\}$ follow easily from the representation theorem for slowly varying functions, [10] page 282). Hence, by (3.3),

$P\{X/\|X\|\in W, \|X\|>ta_n\}\to t^{-\alpha}\sigma(W)/\alpha=\mu\{x/\|x\|\in W,\|x\|>t\}$

for all $t>0$ and σ-continuity set $W\subset S$. Now (1) follows as in 2.1((1)<=>(2)). □

<u>Remark.</u> (3) is interesting in that it does not presuppose knowledge of $\{a_n\}$, although in fact $\{a_n\}$ is implicit in the function $t^\alpha P\{\|X\|>t\}$. This condition appears first in Mandrekar and Zinn [16]. For a somewhat more complicated but equivalent condition of this kind, see Araujo and Giné [7],4.10 (i a and b) (Kuelbs and Mandrekar [14], (4.2), for the Hilbert space case).

<u>3.2. Theorem.</u> Let B be a separable Banach space, ρ a stable p.m. of order α on B with associated Lévy measure $\mu=\mu(\alpha,\sigma)$, $\sigma\neq 0$, and X a B-

valued rv. Then:

(1) If $X \in DA(\rho)$ then condition 3.1(3) holds (and also 3.1(1) and 3.1(2) for the sequence $\{a_n\}$ such that $X \in DA_{\{a_n\}}(\rho)$).

(2) If B is of type p Rademacher for some $p>\alpha$, then condition 3.1(3) is also sufficient for $X \in DA(\rho)$. 3.1(1) or 3.1(2) for $\{a_n\}$ imply $X \in DA_{\{a_n\}}(\rho)$.

(3) If condition 3.1(3) (3.1(2) or 3.1(1) for some $\{a_n\}$)is sufficient for $X \in DA(\rho)$ ($X \in DA_{\{a_n\}}(\rho)$), then B is of type α stable.

Proof. (3) is contained in Theorem 2.3(3). (1) is just condition (1) in Theorem 1.2. So we need only see (2). We will use Theorem 1.2.Condition 3.1(3) implies 3.1(1) for some sequence $\{a_n\}$ such that $a_n \uparrow \infty, a_n/a_{n+1} \to 1$, by the last proposition. Therefore, the triangular array $X_{nk} = X_k/a_n$, $n \in \mathbb{N}$, $k \leq n$, where the X_k are independent copies of X, is infinitesimal and satisfies condition 1.2 (1). Moreover, by (3.5), it also satisfies 1.2 (2) with $\psi(f,f)=0$. And if F_m is a sequence of f.d. subspaces of B, $F_m \uparrow$, $\overline{\cup F_m} = B$, and $K_m = \mu\{d(X,F_m)>1\}$, since $K_m \to 0$ and the function $t^\alpha P\{d(X,F_m)>t\}$ is slowly varying (take $|||x||| = d(x,F_m)$ in (3.4)), the theorem in [10] p.281 and (3.1) give, in analogy with (3.5), that

$$\lim_m \limsup_n Ed^p(\Sigma_{k=1}^n X_{nk\delta} - EX_{nk\delta}, F_m) \leq$$

$$\leq \lim_m \limsup_n C_p \Sigma_{k=1}^n Ed^p(X_{nk\delta} - EX_{nk\delta}, F_m)$$

$$\leq 2^p C_p \lim_m \limsup_n n a_n^{-p} Ed^p(X_{\delta a_n}, F_m)$$

$$\leq 2^p C_p \lim_m \limsup_n n a_n^{-p} p \int_0^{\delta a_n} u^{p-1} P\{d(X,F_m)>u\} du$$

$$= 2^p C_p \lim_m \limsup_n n a_n^{-p} p(p-\alpha)^{-1} (\delta a_n)^p P\{d(X,F_m)>\delta a_n\}$$

$$= 2^p C_p p(p-\alpha)^{-1} \delta^{p-\alpha} \lim_m \lim_n nP\{d(X,F_m)>a_n\}$$

$$= 2^p C_p p(p-\alpha)^{-1} \delta^{p-\alpha} \lim_m K_m = 0.$$

And this is condition 1.2(3). Hence $\{\Sigma_{k=1}^n X_n/a_n\}$ is shift convergent to ρ. □

Next we generalize the two propositions on series given in the previous section.

3.3. Corollary. Let B be of type α-stable, ψ_i symmetric independent, h a slowly varying function and $\{x_i\} \subset B$, such that $\Sigma_{i=1}^\infty \psi_i x_i$ exists and

(i) $\lim_{t\to\infty} t^\alpha P\{|\psi_i|>t\}/h(t) = 2$ for every $i \in \mathbb{N}$,

(ii) $\lim\sup_m \lim\sup_{t\to\infty} t^\alpha P\{\|\Sigma_{i=m}^\infty \psi_i x_i\|>t\}/h(t)=0$.

Then $\Sigma_{i=1}^\infty \phi_i x_i$ exists (where $\{\phi_i\}$ is as in 2.2), $\lim_{t\to\infty} t^\alpha P\{\|\Sigma_{i=1}^\infty \psi_i x_i\|>t\}/h(t)$ $= 2\Sigma_{i=1}^\infty \|x_i\|^\alpha/\alpha$, and $\Sigma_{i=1}^\infty \psi_i x_i \in DA_{\{a_n\}}(\Sigma_{i=1}^\infty \phi_i x_i)$ where $a_n=\sup\{t: nt^{-\alpha}h(t)\geq 1\}$.

<u>Proof</u>. By the definition of slowly varying function we have that, exactly as in 2.4,

$2\Sigma_{i=1}^n \|x_i\|^\alpha/\alpha \leq \lim\inf_{t\to\infty} t^\alpha P\{\|\Sigma_{i=1}^\infty \psi_i x_i\|>t\}/h(t)$

$\leq \lim\sup_{t\to\infty} t^\alpha P\{\|\Sigma_{i=1}^\infty \psi_i x_i\|>t\}/h(t) \leq 2\Sigma_{i=1}^m \|x_i\|^\alpha/\alpha + \lim\sup_{t\to\infty} t^\alpha P\{\|\Sigma_{i=m+1}^\infty \psi_i x_i\|>t\}/h(t)$

for arbitrary n and m in $\mathbb{N}$. Therefore, the tail behavior of $\Sigma_{i=1}^\infty \psi_i x_i$ is as stated and $\Sigma_{i=1}^\infty \|x_i\|^\alpha<\infty$; in particular, $\Sigma_{i=1}^\infty \phi_i x_i$ exists. The same type or argument shows that

$\lim_{t\to\infty} t^\alpha P\{\Sigma_{i=1}^\infty \psi_i f(x_i)>t\}/h(t)=\lim_{t\to\infty} t^\alpha P\{\Sigma_{i=1}^\infty \psi_i f(x_i)<-t\}/h(t)=\Sigma_{i=1}^\infty |f(x_i)|^\alpha/\alpha$ for every $f\in B'$. This implies that $f(\Sigma_{i=1}^\infty \psi_i x_i)\in DA_{\{a_n\}}(\Sigma_{i=1}^\infty \psi_i f(x_i))$ as $t^\alpha P\{\Sigma_{i=1}^\infty \psi_i f(x_i)>t\}$ is slowly varying and $a_n\uparrow\infty, a_n/a_{n+1}\to 1$ and $na_n^{-\alpha}h(a_n)\to 1$ by standard facts on slowly varying functions, as mentioned above.

Using the computation at the start of this proof and the properties of $\{a_n\}$, and setting F_m=linear span of $\{x_1,\ldots,x_n\}$, we obtain

$0 = \lim_m 2\Sigma_{i=m}^\infty \|x_i\|^\alpha/\alpha = \lim_m \lim_{t\to\infty} t^\alpha P\{\|\Sigma_{i=m}^\infty \psi_i x_i\|>t\}/h(t)$

$= \lim_m \lim_n nP\{\|\Sigma_{i=m}^\infty \psi_i x_i\|>a_n\} \geq \lim_m \lim\sup_n nP\{d(X,F_m)>a_n\}$.

Now, Theorem 3.2(2) gives the result. □

With the next corollary we obtain concrete examples of application of 3.2 with $a_n\neq n^{1/\alpha}$.

<u>3.4 Corollary.</u> Let B be of type α-stable, ψ real symmetric such that $\psi\in DA(\phi)$, ϕ symmetric stable of order α as usual, and let $h(t)=t^\alpha P\{|\psi|>t\}/2$. Let $c_i>0$ be such that $\Sigma_{i=1}^\infty P\{|\psi|>c_i\}<\infty$ and $\{x_i\}\subset B$ such that for some $t_o>0$,

(3.6) $\Sigma_{i=1}^\infty \|x_i\|^\alpha \sup_{t>t_o} [h(t/\|x_i\|)/h(t)]<\infty$.

Then, if ψ_i,ϕ_i are independent copies of ψ, ϕ, and $\theta_i=\psi_i I_{\{|\psi_i|>c_i\}}$, we have that $\Sigma_{i=1}^\infty \theta_i x_i \in DA_{\{a_n\}}(\Sigma_{i=1}\phi_i x_i)$, where the a_n are as in 3.3.

<u>Proof.</u> Note that by (3.6), $\Sigma_{i=1}^\infty \|x_i\|^\alpha<\infty$ and $\Sigma_{i=1}^\infty \|x_i\|^\alpha h(t/\|x_i\|)<\infty$ for all $t>0$. By the previous corollary it is enough to show that

(3.7) $\lim_{t\to\infty} t^\alpha P\{\|\Sigma_{i=1}^\infty \theta_i x_i\|>t\}/h(t)=2\Sigma_{i=1}^\infty \|x_i\|^\alpha/\alpha$

(then 3.3(ii) follows applying (3.7) to the tail sums). The proof is similar to that of 2.2(i). If $F(t)=P\{\|\Sigma_{i=1}^\infty \theta_i x_i\|>t\}$, then

(3.8) $F(t) \le C \Sigma_{i=1}^{\infty} \|x_i\|^{\alpha} h(t/\|x_i\|)/t^{\alpha}$:

just note that as in 2.2 we can obtain

$$F(3^j t_k) \le C \Sigma_{i=1}^{\infty} \|x_i\|^{\alpha} h(3^{j-1} t_k/\|x_i\|)/(3^{j-1} t_k)^{\alpha}$$

for some sequence $t_k \uparrow \infty$ and all natural j (the only additional fact needed to prove this, besides use of the definition of slow variation, is that $\Sigma_{i=1}^{\infty} \|x_i\|^{\alpha} h(t/\|x_i\|)/t^{\alpha} \to 0$ as $t \to \infty$; because of (3.6) and the fact that $h(t)/t^{\varepsilon} \to 0$ for all $\varepsilon > 0$ at $t \to \infty$, this follows by dominated convergence). Then, again as in 2.2, by (3.8),

$$\begin{aligned}
2\Sigma_{i=1}^{n} \|x_i\|^{\alpha}/\alpha &\le \liminf_{t\to\infty} t^{\alpha} P\{\|\Sigma_{i=1}^{\infty} \theta_i x_i\| > t\}/h(t) \\
&\le \limsup_{t\to\infty} t^{\alpha} P\{\|\Sigma_{i=1}^{\infty} \theta_i x_i\| > t\}/h(t) \\
&\le 2\Sigma_{i=1}^{m} \|x_i\|^{\alpha}/\alpha + C \limsup_{t\to\infty} \Sigma_{i=m+1}^{\infty} \|x_i\|^{\alpha} h(t/\|x_i\|)/h(t) \\
&\le 2\Sigma_{i=1}^{m} \|x_i\|^{\alpha}/\alpha + C\Sigma_{i=m+1}^{\infty} \|x_i\|^{\alpha} \lim_{t\to\infty} h(t/\|x_i\|)/h(t) \\
&= 2\Sigma_{i=1}^{m} \|x_i\|^{\alpha}/\alpha + C\Sigma_{i=m+1}^{\infty} \|x_i\|^{\alpha}
\end{aligned}$$

for every n, $m \in N$, and this proves (3.7). □

Remark. Here there are some examples for which condition (3.6) is satisfied.

1) If $h(t) \to c$ as $t \to \infty$, then (3.6) reduces to $\Sigma_{i=1}^{\infty} \|x_i\|^{\alpha} < \infty$ and Corollary 3.4, to 2.2 and 2.4.

2) If $\Sigma_{i=1}^{\infty} \|x_i\|^{\alpha-\varepsilon} < \infty$ for some $\varepsilon > 0$, then (3.6) is satisfied for any slowly varying function h. In fact, by the representation theorem [10], p.282, there exists t_o such that for $t > t_o$, $h(t/\|x_i\|)/h(t) \le 2\exp(\log(t/\|x_i\|) - \log t) = 2\|x_i\|^{-\varepsilon}$.

3) If h(t) is eventually decreasing as $t \to \infty$ (for instance if $h(t) \approx c(\log t)^{\beta}$ $\beta < 0$) then (3.6) reduces to $\Sigma_{i=1}^{\infty} \|x_i\|^{\alpha} < \infty$.

4) If $h(t) \approx c(\log t)^{\beta}$, $\beta > 0$, then (3.6) is equivalent to $\Sigma_{i=1}^{\infty} \|x_i\|^{\alpha} (\log \|x_i\|^{-1})^{\beta} < \infty$.

4. Preliminary results in the case B=C(S). The results obtained so far for B=C(S) still seem to be far from definitive. In general they are consequences of the Dudley-Fernique theory for sample continuous Gaussian processes. A first question is how to generate stable p.m.'s on C(S). The following theorem, obtained independently by A. Araujo and M.B. Marcus (private communication) and by this author, gives a way for this. We recall first a definition from [4]: a continuous pseudo-distance e on S is L.P.I (implies Lipschitz paths) if there exists a continuous pseudo-dis-

tance ρ on S such that every Gaussian process X on S with the property that $E(X(s)-X(t))^2 \leq C(e(s,t))^2$, $C>0$, $s,t\in S$, has a version with almost all its sample paths in Lip(ρ). For instance if $\int_0 H^{1/2}(S,e,x)dx<\infty$, where H is metric entropy or, more generally, if X satisfies the condition of "mesure majorante" of Fernique, then e is L.P.I. (see the references in [4]). We choose a point $a\in S$ and set $\|x\|_e=\sup_{s\neq t}|x(s)-x(t)|/e(s,t)+|x(a)|$ for all $x\in C(S)$. In what follows, S is a compact metric space.

4.1. Theorem. Let $U=\{x\in C(S):\|x\|=1\}$. Let $\{\sigma_i\}_{i\in I}$ be a family of finite positive measures on U and $\alpha\in(0,2)$ such that

$$\sup_{i\in I}\int_U \|u\|_e^\alpha d\sigma_i(u)<\infty. \tag{4.1}$$

Then for each $i\in I$ the measure $\mu_i=\mu(\alpha,\sigma_i)$ is the Lévy measure associated to a stable p.m. $\rho_{i,\delta}=c_\delta \text{Pois}\mu_i$ on C(S), and the family of p.m.'s $\{\rho_{i,\delta}\}_{i\in I}$ is relatively compact for every $\delta>0$.

Proof. By Theorem 4.10 in [4] it is enough to show that $\{\mu_i|\|x\|_e>1\}_{i\in I}$ is a relatively compact family of finite measures and that $\sup_{i\in I}\int\min(1,\|x\|_e^2)d\mu_i(x)<\infty$. But the hypothesis (4.1) easily implies these two conditions:

$$\sup_{i\in I}\mu_i\{x:\|x\|_e>m\}= \sup_{i\in I}\int_U\int_{m/\|u\|_e}^\infty r^{-1-\alpha}drd\sigma_i(u)$$

$$= \alpha^{-1}m^{-\alpha}\sup_{i\in I}\int_U\|u\|_e^\alpha d\sigma_i(u)\to 0 \quad \text{as } m\to\infty,$$

and this proves the first condition as the sets $\{x:\|x\|_e\leq m\}$ are compact in C(S); also,

$$\sup_{i\in I}\int\min(1,\|x\|_e^2)d\mu_i(x)\leq \sup_{i\in I}\int_U\int_0^{1/\|u\|_e} r^{1-\alpha}\|u\|_e^2 drd\sigma_i(u)$$

$$+\sup_{i\in I}\int_U\int_{1/\|u\|_e}^\infty r^{-1-\alpha}drd\sigma_i(u)$$

$$=[(2-\alpha)^{-1}+\alpha^{-1}]\sup_{i\in I}\int_U\|u\|_e^\alpha d\sigma_i(u)<\infty. \quad \square$$

An immediate corollary:

4.2. Corollary. If $\Sigma_{j=1}^\infty \|x_j\|_e^\alpha<\infty$ and $\{\phi_i\}$ are i.i.d. real symmetric rv's stable of order α, then the series $\Sigma_{j=1}^\infty x_i\phi_i$ converges a.s. in C(S) and is a stable of order α, symmetric, C(S)-valued rv.

Proof. Apply Theorem 4.1 to $\sigma=\Sigma_{j=1}^\infty\|x_j\|^\alpha(\delta_{x_j/\|x_j\|}+\delta_{-x_j/\|x_j\|})$. $\square$

A. Araujo and M.B. Marcus have stronger results for stationary stable processes (as stated by Marcus in this conference) and examples on 4.2.

Next we give a sufficient condition for a C(S)-valued rv X to be in the domain of normal attraction of a stable law of order $\alpha\in(0,2)$. It is taken from [7] and is based on some of the work in [4]. More general cases can be covered with the same technique.

4.3. Theorem. Let X be a C(S)-valued rv, e a L.P.I. pseudo-distance in S and M a non-negative real rv such that:

(i) the finite dimensional distributions of X belong to the domain of normal attraction of a stable p.m. of order α in Euclidean space,

(ii) $\lim\sup_{t\to\infty} t^{\alpha} P\{M>t\}<\infty$,

(iii) $|X(\omega,s)-X(\omega,t)|\le M(\omega)e(s,t)$ for every $s,t\in S$ and almost all $\omega\in\Omega$.

Then X is in the domain of normal attraction of a stable p.m. on C(S).

Proof. By (i) and considerations on centering as in [4], it is enough to prove that $\{L(S_n/n^{1/\alpha})\}$ is shift tight, where $S_n=\Sigma_{j=1}^n X_j$, X_j i.i.d. with $L(X_j)=L(X)$. Then, by Theorems 3.1 and 4.10 in [4] it suffices to check that the measures $\mu_n=\Sigma_{j=1}^n L(X_j/n^{1/\alpha})$ satisfy the requirements of μ_i in the proof of 4.1. But this follows as in previous proofs:

$$\lim\sup_n nP\{\|X\|_e/n^{1/\alpha}>m\}\le\lim\sup_n nP\{M>2^{-1}mn^{1/\alpha}\}$$
$$+\lim\sup_n nP\{|X(a)|>2^{-1}mn^{1/\alpha}\}\to 0$$

as $M\to\infty$; also, the computations (2.4) show that $\sup_n n\int\min(1,M^2/n^{2/\alpha})dP<\infty$ and therefore, using (i) we get $\sup_n n\int\min(1,\|X\|_e^2/n^{2/\alpha})dP<\infty$. □

Acknowledgement. The last part of Section 3 was motivated by a question of V. Mandrekar and M. B. Marcus.

References.

1. de Acosta, A. (1970). Existence and convergence of probability measures in Banach spaces. Trans. Amer. Math. Soc. 152, 273-298.

2. de Acosta, A. (1975). Banach spaces of stable type and generation of stable measures. Preprint.

3. de Acosta, A. (1977). Asymptotic behavior of stable measures. Ann. Probability 5, 494-499.

4. de Acosta, A., Araujo, A. and Giné, E. (1977). On Poisson measures, Gaussian measures and the CLT in Banach spaces. Advances in Probability, Vol. IV, M. Dekker, New York. (To appear).

5. Aldous, D. (1976). A characterisation of Hilbert space using the central limit theorem. J. London Math. Soc. 14, 376-380.

6. Araujo, A. and Giné, E. (1976). Type, cotype and Lévy measures in Banach spaces. Ann. Probability, 6. (To appear).

7. Araujo, A. and Giné, E. (1977). On tails and domains of attraction of stable measures in Banach spaces. Trans. Amer. Math. Soc. (To appear).(Also, IVIC Preprint series in Math., N°6).

8. Billingsley, P. (1968). Convergence of probability measures. J. Wiley and Sons, New York.

9. Chobanjan, S. A. and Tarieladze, V. I. (1977). Gaussian character-

izations of certain Banach spaces. J. Multivariate Analysis 7, 183-203.

10. Feller, W. (1970). An introduction to Probability Theory and its applications, Vol. II, 2nd. edition. J. Wiley and Sons, New York.

11. Hoffmann-Jorgensen, J. (1974). Sums of independent Banach-valued random variables. Studia Math. 52, 159-186.

12. Hoffmann-Jorgensen, J. and Pisier, G. (1976). The law of large numbers and the central limit theorem in Banach spaces. Ann. Probability 4, 587-599.

13. Jain, N. (1976). Central limit theorem and related questions in Banach spaces. Urbana Probability Symp., Amer. Math. Soc.

14. Kuelbs, J. and Mandrekar, V. (1974). Domains of attraction of stable measures on a Hilbert space. Studia Math. 50, 149-162.

15. Le Cam, L. (1970). Remarques sur le théorème limite centrale dans les spaces localement convexes. Les Probabilités sur les structures algébriques. CNRS, Paris. 233-249.

16. Mandrekar, V. and Zinn, J. (1977). Central limit problem for symmetric case: convergence to non-Gaussian laws. Preprint Dept. of Statistics and Probability, Michigan State U.

17. Marcus, M. B. and Woyczynski, W. (1977). Stable measures and central limit theorem in spaces of stable type.Trans. Amer. Math. Soc. (To appear).

18. Marcus, M. B. and Woyczynski, W. (1977). A necessary condition for the CLT in spaces of stable type. Proc. Conference on vector measures and appl., Dublin. (To appear).

19. Maurey, B. and Pisier, G. (1976). Séries de variables aléatoires vectorielles independentes et proprietés géometriques des espaces de Banach. Studia Math. 58, 45-90.

20. Mouchtari, D. (1976). Sur l'existence d'une topologie du type de Sazonov sur un espace de Banach. Séminaire Maurey-Schwartz 1975-76.

21. Paulauskas, V. (1976). Infinitely divisible and stable probability measures on separable Banach spaces. Goteborg University Preprint.

22. Tortrat, A. (1976). Sur les lois e(λ) dans les espaces vectoriels; applications aux lois stables. Z. Wahrscheinlichkeitstheorie verb. gebiete 27, 175-182.

23. Woyczynski, W. (1977). Classical conditions in the central limit problem. Preprint.

I.V.I.C.
Departamento de Matemáticas
Apartado 1827
Caracas 101, Venezuela.

CHARGES , POIDS ET MESURES DE LEVY

DANS LES

ESPACES VECTORIELS LOCALEMENT CONVEXES

par

Jean-Thierry LAPRESTE

Université de CLERMONT II
Département de Mathématiques Appliquées
Complexe Scientifique des Cézeaux
Boite Postale N° 45
63170 AUBIERE (France)

INTRODUCTION

On présente des notions de type ou cotype pour des espaces vectoriels localement convexes qui permettent de donner des conditions suffisantes (ou nécessaires) pour qu'une mesure F sur un tel espace soit de Lévy (ie. exposant d'une certaine loi de probabilité de Radon de type "Poisson généralisé").

Dans le premier paragraphe, on introduit la notion de charge sur l'ensemble des mesures boréliennes positives de $\overline{\mathbb{R}}^+$, notion proche de celle de poids due à L. Schwartz [6] et l'on développe quelques propriétés des charges et des poids qui serviront d'outils dans la seconde partie.

Dans cette seconde partie, après avoir défini en terme de charges et poids le type et le cotype d'un E.L.C.S., on rappelle les résultats les plus cruciaux concernant les lois indéfiniment divisibles. En particulier on démontre une généralisation, intéressante en soi, d'un théorème de Yurinskii sur l'intégrabilité d'exponentielles de semi-normes pour des lois de "Poisson généralisées" dont l'exposant a un support borné. Enfin ce cadre est utilisé pour retrouver des résultats de Giné, de Aranjo, Dettweiler, De Acosta et Mandrekar obtenus pour le (co)type-p Rademacher, ou les espaces de Badrikian.

Je remercie S. Chevet pour les conversations et l'aide qu'elle m'a apportés dans la mise au point de cet article.

I - CHARGES ET POIDS

§ 1

1.1. Définition : on appellera $\mathcal{M}^+(\overline{\mathbb{R}}^+)$ l'ensemble des mesures boréliennes positives sur $\overline{\mathbb{R}}^+$, ensemble qu'on munira de l'ordre ordinaire sur les mesures : si μ et $\nu \in \mathcal{M}^+(\overline{\mathbb{R}}^+)$,

$$\mu \leqslant \nu \iff \forall A \in \mathcal{B}(\overline{\mathbb{R}}^+) \quad \mu(A) \leqslant \nu(A)$$

1.2. Définition : on appellera charge sur $\mathcal{M}^+(\overline{\mathbb{R}}^+)$, toute application ϕ de $\mathcal{M}^+(\overline{\mathbb{R}}^+)$ dans $\overline{\mathbb{R}}^+$ telle que :

a) ϕ est croissante pour l'ordre ordinaire

b) $\forall \mu \in \mathcal{M}^+(\overline{\mathbb{R}}^+)$, $\forall \alpha \in \overline{\mathbb{R}}^+$, $\phi(\mu + \alpha\, \delta_o) = \phi(\mu)$

c) $\phi(\delta_o) = 0$

1.3. Exemples de charges

1) Soit φ une fonction croissante sur $\overline{\mathbb{R}}^+$ et nulle en 0 ; l'application

$$\mu \to M_\varphi(\mu) = \int_{\overline{\mathbb{R}}^+} \varphi(t)\, d\mu(t)$$

de $\mathcal{M}^+(\overline{\mathbb{R}}^+)$ dans $\overline{\mathbb{R}}^+$ définit une charge.

De même, si φ est croissante, positive sur $\mathbb{R}_+^*$,

$$\mu \to M_\varphi^*(\mu) = \int_{\mathbb{R}_+^*} \varphi(t)\, d\mu(t)$$

est une charge.

Des cas particuliers intéressants sont donnés par

$$M_p(\mu) = M_p^*(\mu) = \int_{\overline{\mathbb{R}}_+} t^p\, d\mu(t) \qquad 0 < p < +\infty$$

$$M_o(\mu) = M_o^*(\mu) = \int_{\overline{\mathbb{R}}_+} \min(1,t)\, d\mu(t)$$

2) $M_\infty(\mu) = \max(\operatorname{supp} \mu)$

3) $\lambda_p(\mu) = \sup_{t \in \mathbb{R}_+} t^p\, \mu(]t, +\infty])$ $\qquad 0 < p < +\infty$

4) $N_a(\mu) = \mu(]a, +\infty])$ $\qquad 0 \leqslant a \leqslant +\infty$

5) $J_\alpha(\mu) = \operatorname{Min}\{a \in \overline{\mathbb{R}}_+ \ ;\ \mu(]a + \infty]) \leqslant \alpha\}$

6) $\sup_{0<\alpha<1} \varphi(\alpha)\, J_\alpha$ $\qquad \varphi$ fonction positive sur $]0, 1[$

7) $N_C(\mu) = \mu(C)$ $\qquad$ où C est un borélien ne contenant pas l'origine

8) la somme, le sup, l'inf, l'intégrale de toute famille de charges est une charge.

Tous les exemples de (2) à (6) donnés ici et l'exemple (1), si l'on suppose de plus que φ est continue à gauche, jouissent d'une propriété supplémentaire : leurs restrictions à l'ensemble P ($\overline{\mathbb{R}}^+$), des probabilités de Radon sur $\overline{\mathbb{R}}^+$, sont des poids au sens de L. Schwartz [6] .

Rappelons les notions relatives aux poids (on renvoie également à [6]) L'ensemble P ($\overline{\mathbb{R}}^+$) des probabilités de Radon sur $\overline{\mathbb{R}}^+$ (et même $\mathcal{M}^+$ ($\overline{\mathbb{R}}^+$) peut être ordonné par la relation suivante : on dit que $\mu \ll \nu$ si les masses de μ sont plus rapprochées de l'origine que celles de ν , ie. si :

$$\forall a \in \mathbb{R}_+ , \mu (]a + \infty]) \leqslant \nu (]a + \infty]).$$

2.1. Définition : on appelle poids sur P ($\overline{\mathbb{R}}^+$) une application ϕ de P ($\overline{\mathbb{R}}^+$) dans $\overline{\mathbb{R}}^+$ telle que :

a) ϕ est semi continue inférieurement pour la topologie étroite,

b) ϕ est croissante pour l'ordre $\ll$ (ceci constitue la définition donnée en [6] et à laquelle on rajoutera par commodité)

c) $\phi (\delta_0) = 0$.

Propriétés relatives aux charges et aux poids

3.1. Charges sous-additives, homogènes, scalairement continues.

1) On dira qu'une charge est sous-additive si :

$$\forall \mu , \nu \in \mathcal{M}^+ (\overline{\mathbb{R}}^+) , \quad \phi (\mu + \nu) \lesssim \phi (\mu) + \phi (\nu) ;$$

(additive si on a égalité !)

Remarquons qu'une application sous-additive de $\mathcal{M}^+$ ($\overline{\mathbb{R}}^+$) dans $\overline{\mathbb{R}}^+$ vérifiant les propriétés (a) et (c) de la définition 1.2 vérifie automatiquement (b) et est donc une charge.

2) On dira qu'une charge est (positivement) homogène si :

$$\forall \mu \in \mathcal{M}^+ (\overline{\mathbb{R}}^+) , \forall \alpha \in \mathbb{R}^+ , \phi (\alpha\mu) = \alpha \phi (\mu).$$

Attention : $\alpha\mu$ est ici la mesure borélienne usuelle sur $\overline{\mathbb{R}}^+$ définie par $(\alpha\mu) (B) = \alpha.\mu(B)$, B borélien et l'homogénéité introduite ici n'a aucun rapport avec celle introduite en [6] pour les poids et dont nous ne nous servirons pas lans cet article.

Les charges (1), (3), (4) et (7) présentées dans l'exemple I.2.3 sont toutes positivement homogènes.

Les charges M_∞ et J_α ne le sont manifestement pas mais vérifient la propriété plus faible suivante :

3) On dira qu'une charge ϕ est <u>scalairement continue à gauche</u> si, pour toute mesure μ de $\mathcal{M}^+(\mathbb{R}^+)$ et toute suite $(\alpha_n)_n$ de réels positifs croissant vers 1, on a :

$$\lim_n \phi(\alpha_n \mu) = \phi(\mu).$$

Plus généralement :

4) On dira qu'une charge ϕ croit σ-continuement (ou vérifie la condition (σ-c.c)) si, pour toute suite croissante (μ_n) de mesures dans $\mathcal{M}^+(\overline{\mathbb{R}}^+)$, on a :

$$\phi(\sup_n \mu_n) = \sup_n \phi(\mu_n).$$

5) On dira qu'une charge ϕ croit τ-continuement (ou vérifie la condition (τ-c.c.)) si, pour toute famille $(\mu_i)_{i\in I}$ filtrante croissante de mesures dans $\mathcal{M}^+(\overline{\mathbb{R}}^+)$, on a :

$$\phi(\sup_{i\in I} \mu_i) = \sup_{i\in I} \phi(\mu_i)$$

Les poids M_φ, N_a et J_α vérifient la condition (τ-c.c). Les sommes et les sup. de charges vérifiant (τ-c.c) (resp. (σ-c.c)) vérifient aussi (τ-c.c) (resp (σ-c.c)). L'intégrale de charges vérifiant (σ-c.c) vérifie (σ-c.c).

3.2. Famille de poids plus forte ou plus faible que L°

1) On dira qu'une famille de poids $(\phi_i)_{i\in I}$ est <u>plus forte que L°</u>, si pour tout filtre (μ_α) de Probabilités sur $\overline{\mathbb{R}}_+$, la convergence pour tout indice $i \in I$ de $\phi_i(\mu_\alpha)$ vers 0 suivant le filtre entraîne la convergence étroite des μ_α vers δ_o.

2) $(\phi_i)_{i\in I}$ est dit <u>plus faible que L°</u> si la convergence étroite de μ_α vers δ_o entraîne la convergence de chaque $\phi_i(\mu_\alpha)$ vers 0.

3) Une famille de poids est dite équivalente à L° si elle est à la fois plus forte et plus faible que L°.

Chaque poids J_α par exemple est plus faible que L_o et la famille $(J_\alpha)_{\alpha \leqslant 1}$ est équivalente à L_o.

3.3. Famille compacte de poids

Une famille $(\phi_i)_{i \in I}$ de poids est dite <u>compacte</u> si, pour tout $(A_i)_{i \in I}$ $A_i \in \mathbb{R}_+$, l'ensemble

$$M_{(A_i)_I} = \{\mu \in P(\overline{\mathbb{R}}^+) \mid \forall i \quad \phi_i(\mu) \leqslant A_i\}$$

est compact dans $P(\mathbb{R}_+)$ (et non dans $P(\overline{\mathbb{R}}^+)$!), c'est-à-dire, d'après Prokhorov si et seulement si, pour tout $(A_i)_{i \in I}$ et $\varepsilon > 0$, il existe un réel > 0 $R_{\varepsilon,(A_i)_I}$ tel que :

$$(\forall i,\ \phi_i(\mu) \leqslant A_i) \Longrightarrow \mu(]R_{\varepsilon,(A_i)_I}, +\infty]) \leqslant \varepsilon .$$

Une famille plus faible que L° n'est jamais compacte. Les familles compactes usuelles sont plus fortes que L°. Le poids M_φ par exemple est compact si et seulement si $\varphi(+\infty) = +\infty$.

Les alinéas 3.2 et 3.3 généralisent légèrement les définitions données en [6]. En particulier, si l'ensemble d'indice I est réduit à un élément, on dira que le poids considéré est compact.

§ 4. <u>Familles compactes de fonctions</u>

4.1. Une famille $(\theta_i)_{i \in I}$ de fonctions sur un espace topologique X est dite compacte si les θ_i sont $\geqslant 0$ et si, pour toute famille $(M_i)_{i \in I}$ de réels positifs, l'ensemble $\bigcap_i \{\theta_i \leqslant M_i\}$ est compact.

Si l'ensemble d'indices est réduit à un élément, on dira que la fonction considérée est compacte [6] . Remarquons qu'une fonction compacte est semi-continue inférieurement et qu'une famille compacte de poids est une famille compacte de fonctions sur $P(\overline{\mathbb{R}}^+)$. Dans ce qui suit, les fonctions seront toujours supposées à valeurs dans $\overline{\mathbb{R}}^+$.

4.2. Proposition : Soit X un espace topologique séparé, $(\phi_i)_i$ une famille compacte de poids, θ une fonction compacte sur X.

L'ensemble des probabilités de Radon λ sur X vérifiant :

$$\forall i, \quad \phi_i\,(\theta\,(\lambda)) \leqslant A_i$$

est un compact équitendu de P(X) et cela pour toute famille (A_i) de réels positifs.

Preuve. Cet ensemble, d'abord, est relativement compact. En effet $(\phi_i)_i$ est compacte et donc, pour $\varepsilon > 0$ donné, il existe un réel $R > 0$ tel que, si $\mu \in P\,(\overline{\mathbb{R}}^+)$

$$(\forall i, \quad \phi_i(\mu) \leqslant A_i) \Longrightarrow \mu\,(\,]R + \infty]\,) \leqslant \varepsilon \;.$$

θ étant une fonction compacte, l'ensemble $\{\theta \leqslant R\}$ est un compact K de X. Si alors $\forall i \;\; \phi_i\,(\theta(\lambda)) \leqslant A_i$, on a :

$$\lambda\,(K^c) = \lambda\,\{\theta > R\}$$

$$= \theta(\lambda)\,(\,]R + \infty]\,) \leqslant \varepsilon\;,$$

Ainsi l'ensemble $\bigcap_i \{\lambda \in P(X) \mid \phi_i\,(\theta(\lambda)) \leqslant A_i\}$ est équitendu et donc, d'après Prokhorov, relativement compact dans P(X).

Reste à voir que l'ensemble est fermé. Cela résulte immédiatement de la Proposition (1,2 bis) de [6'] (ou (IV.6.1) de [6]) :

4.3. Si θ est une fonction $\geqslant 0$ s.c.i. sur un espace topologique séparé X et si ϕ est un poids, l'application $\lambda \to \phi\,(\theta(\lambda))$ est s.c.i. sur P(X).

Une autre proposition du même genre et de démonstration analogue nous servira également par la suite :

4.4. Proposition : Soit X un espace topologique séparé, $(\phi_i)_{i \in \mathbb{N}}$ une famille dénombrable de poids telle que chaque ϕ_i soit compact, $(\theta_i)_{i \in \mathbb{N}}$ une famille dénombrable compacte de fonctions s.c.i. sur X.

L'ensemble des probabilités de Radon λ sur X vérifiant

$$\forall i \in \mathbb{N}, \; \phi_i\,(\theta_i(\lambda)) \leqslant A_i$$

est un compact équitendu de P(X) et cela, pour toute famille $(A_i)_{i \in \mathbb{N}}$ de réels positifs.

Preuve : De même que pour (4.2), la fermeture résulte de 4.3. Montrons la relative compacité :

Pour ε donné, chaque ϕ_i étant compacte, pour tout i, il existe R_i tel que, si λ est une probabilité de Radon sur X,

$$\phi_i\ (\theta_i(\lambda)) \leqslant A_i \Longrightarrow \theta_i(\lambda)\ (\ ]R_i + \infty\ ])\ \leqslant \frac{\varepsilon}{2^i}$$

Si alors :

$$\forall\ i \in \mathbb{N}\ ,\ \phi_i\ (\theta_i(\lambda)) \leqslant A_i$$

$(\theta_i)_{i \in \mathbb{N}}$ étant une famille compacte, l'ensemble $\bigcap_{i \in \mathbb{N}} \{\theta_i \leqslant R_i\}$ est un compact K de X et $\lambda\ (K^c) \leqslant \sum_{i \in \mathbb{N}} \lambda\ (\ \{\theta_i \leqslant R_i\}) \leqslant \varepsilon$ Q.E.D.

§ 5. Ordre d'une mesure

5.1. Si ϕ est un poids, θ une fonction $\geqslant 0$ s.c.i. sur un espace topologique X et μ une mesure de probabilité de Radon sur X, il n'y a pas de difficultés à définir l'expression $\phi\ (\mu,\ \theta)$ comme $\phi\ (\theta(\mu))$, où $\theta(\mu)$ est la mesure image de μ, par θ , sur $\overline{\mathbb{R}}^+$ et on ne s'en est pas privé dans le paragraphe précédent. On donnera donc la définition suivante un peu différente de celle de [6] :

5.2. Définition : Soit $(\phi_i)_{i \in I}$ une famille de poids, $(\theta_i)_{i \in I}$ une famille de fonctions $\geqslant 0$ s.c.i. sur X, on dira qu'une mesure de Probabilité de Radon sur X est d'ordre $(\phi_i,\ \theta_i)_{i \in I}$ si :

$$\forall\ i \in I,\ \ \phi_i\ (\mu,\ \theta_i) < +\infty\ .$$

5.3. Dans le cas où ϕ est une charge et μ une mesure borélienne sur X , on donne la définition suivante tout à fait analogue.

5.4. Définition : Soit $(\phi_i)_{i \in I}$ une famille de charges et $(\theta_i)_{i \in I}$ une famille de fonctions $\geqslant 0$ s.c.i. sur X, on dira qu'une mesure μ sur X est d'ordre $(\phi_i,\ \theta_i)_{i \in I}$ si et seulement si

$$\forall\ i \in I,\ \ \phi_i\ (\mu,\ \theta_i) < +\infty\ .$$

II - TYPE, COTYPE ET MESURES DE LEVY

§ 1. Type et cotype

Dans tout ce paragraphe, les $(\theta_i)_{i \in I}$, η sont des fonctions $\geqslant 0$ semi-continues inférieurement sur un e.l.c.s. E.

1.1. Définition : Soit $(\phi_i)_{i \in I}$ une famille de charges et ψ un poids. On dira que l'espace L.C.S. E est de type $((\phi_i,\theta_i)_{i \in I}, (\psi, \eta))$ si et seulement si, pour toute famille $(A_i)_{i \in I}$ de réels positifs, il existe un réel positif B tel que, pour toute famille finie (X_k) de variables aléatoires(*) indépendantes symétriques (v.a.i.s.) à valeurs dans E, on ait :

$$(\forall\, i \in I,\ \phi_n\,(\sum_k \mathscr{L}(X_k),\ \theta_i) \leqslant A_i)$$

$$\Longrightarrow\ \psi\,(\mathscr{L}\,(\sum_k X_k),\ \eta) \leqslant B.$$

Il est immédiat qu'un e.l.c.s. E est de type $((M_1,\theta), (M_1,\theta))$, avec θ semi-norme s.c.i. sur E ; et qu'un espace nucléaire est de type $((M_2,\theta), (M_2,\theta))$ avec θ semi-norme continue sur E.

1.2. Définition : soit $(\phi_i)_{i \in I}$ une famille de points et ψ une charge. On dira qu'un e.l.c.s. E est de cotype $((\phi_i,\theta_i)_{i \in I}, (\psi,\eta))$ si et seulement si, pour toute famille $(A_i)_{i \in I}$ de réels positifs, il existe un réel positif B tel que, pour toute famille finie (X_k) de variables aléatoires indépendantes symétriques à valeurs dans E, on ait :

$$\forall\, i \qquad \phi_i\,(\mathscr{L}(\sum_k X_k)\ ,\ \theta_i) \leqslant A_i$$

$$\Longrightarrow\ \psi\ (\sum_k \mathscr{L}(X_k),\ \eta) \quad \leqslant B$$

(*) Les variables aléatoires considérées dans cet article seront toujours supposées Lusin-mesurables.

1.3. Le cas particulier le plus simple est celui où E est un espace de Banach, l'ensemble des indices I est réduit à un seul élément, θ et η coïncident avec la norme sur E et ϕ et ψ avec M_p (charge ou poids !).

On retrouve alors des définitions respectives équivalentes au type (cotype) p-Rademacher [4].

par exemple, dans ce cas, le type s'écrit

$$\sum_k E\,||X_k||^p \leqslant 1 \Longrightarrow E\,||\sum_k X_k||^p \leqslant B$$

ou encore, par homogénéité,

$$E\,||\sum_k X_k||^p \leqslant B \quad \sum_k E\,||X_k||^p .$$

1.4. Pour donner une idée de ce que peut représenter la notion de cotype, considérons le cas particulier suivant :

$(p_l)_{l\in L}$ étant une famille de semi-normes sur E engendrant la topologie de E et $(\phi_k)_{k\in K}$ une famille de poids équivalente à L° , on se place dans le cas où :

1) $I = L \times K$;

2) $\forall\ (l,k) \in L \times K$, $\quad \phi_{l,k} = \phi_k \quad$ et $\quad \theta_{l,k} = p_l$;

3) ψ est une charge additive et η est symétrique.

Si on prend un choix particulier de X_i : $X_i = \varepsilon_i\, x_i$ où $(\varepsilon_i)_{i\in\mathbb{N}}$ est une suite de Bernoulli et les x_i sont des vecteurs de E , on obtient que, si E est de type $((\phi_i,\theta_i)_{i\in I}, (\psi,\eta))$, la bornitude en probabilité des sommes partielles de la série aléatoire $\sum_1^n \varepsilon_i\, x_i$ implique l'appartenance de $(x_i)_{i\in\mathbb{N}}$ à un certain espace de suites qui s'exprime en fonction de ψ et η.

Evidemment cette dernière condition n'est pas en général équivalente au cotype ; c'est cependant vrai dans le cas classique évoqué en 1.3 (on renvoie à [4])

Etendons légèrement les définitions :

Si l'espace E est de (co) type $((\phi_i,\theta_i)_{i\in I}, (\psi_j\ \eta_j))$ pour tous les indices j d'une famille J, on dira qu'il est de co(type) $((\phi_i,\theta_i)_{i\in I}, (\phi_j\ \eta_j)_{j\in J})$.

§ 2 - Mesures de Lévy

2.1. Dans ce qui suit, E est un e.l.c.s. complet et F une mesure borélienne positive sur E vérifiant la condition suivante :

(c) $\left\{\begin{array}{l}\text{Pour tout voisinage ouvert de 0, } \Omega \text{ la mesure sur E} \\ \qquad F_{\restriction \Omega^c} : A \to F(A \cap \Omega^c) \\ \text{est finie et de Radon sur E}\end{array}\right.$

2.2. Remarques

1. Dans le cas où E est un espace de Banach, la condition (c) peut être remplacée par :

(c') $\left\{\begin{array}{l}\text{Pour tout réel } \varepsilon > 0, \text{ la mesure } F_\varepsilon \text{ définie sur E par} \\ \qquad F_\varepsilon(A) = F(A \cap \{\|\ \| \geq \varepsilon\}) \\ \text{est finie et de Radon.}\end{array}\right.$

2. On notera $\tilde{F}$ la mesure définie sur E à partir de F par $\tilde{F}(A) = F(A) + F(-A)$.

3. Si E est un Banach et $0 < \varepsilon < \alpha \leq \infty$, $F_{\varepsilon,\alpha}$ désignera la mesure, restriction de F à la couronne $\{\varepsilon \leq \|.\| < \alpha\}$.

2.3. Définition : soit F une mesure finie positive et de Radon sur E. La loi exponentielle associée à F n'est autre que la probabilité de Radon sur E :

$$e(F) = e^{-F(E)} \left(\delta_o + \sum_{k \geq 1} \frac{F^{*k}}{k!}\right).$$

Rappelons que

- $e(\lambda\, \delta_o) = e(0) = \delta_o$, $\lambda \geq 0$;
- $e(\lambda\, \delta_a)$ = loi de Poisson usuelle de saut a ($\lambda \geq 0$) ;
- $e(F+G) = e(F) * e(G)$, si G est également une mesure de Radon finie sur E.

Par suite

$$e(F) = e(F_o) ,$$

où $F_o = F - F\{o\}\ \delta_o$.

Ainsi dans le cas où F est une mesure positive vérifiant (c) avec $F_o(E) < \infty$ et $F\{0\} = +\infty$, on peut encore définir e(F) en posant :

$$e(F) = e(F_o).$$

2.4. Définition : on appelle <u>loi de Poisson</u> sur E toute probabilité de Radon sur E de la forme :

$$\mu = e(F),$$

avec F mesure de Radon finie positive sur E.

2.5. Définition : on appelle <u>mesure de Lévy</u> sur E toute mesure borélienne positive sur E vérifiant (c) et telle que la famille $\{e(F_{\restriction \Omega^c}),\ \Omega \in \mathfrak{G}\}$, où $\mathfrak{G}$ est la famille des voisinages ouverts de 0, est équitendue à une translation près.

2.6. Remarque : on sait que F est une mesure de Lévy sur E si et seulement si $\tilde{\check{F}}$ en est une, grâce à un lemme classique de Tortrat.

2.7. Définition : on appelle <u>loi de Poisson généralisée</u> sur E, toute probabilité de Radon μ sur E pour laquelle il existe une mesure de Lévy F sur E et une famille $(a_\Omega)_{\Omega \in \mathfrak{G}}$ de points de E tels que $\{e(F_{\restriction \Omega^c}) * \delta_{a_\Omega},\ \Omega \in \mathfrak{G}\}$ soit équitendue et tels que μ soit adhérent au filtre $(e(F_{\restriction \Omega^c}) * \delta_{a_\Omega})_{\Omega \in \mathfrak{G}}$. F sera appelé <u>exposant</u> de μ.

Il est bien connu que :

2.8.

1) Si μ et μ' sont deux lois de Poisson généralisées sur E ayant même exposant, alors

$$\mu = \delta_a * \mu' \quad \text{avec} \quad a \in E.$$

Ainsi si F est une mesure de Lévy symétrique, le filtre $(e(F_{\restriction \Omega^c}))_{\Omega \in \mathfrak{G}}$ converge.

2) Si μ est une probabilité de Radon indéfiniment divisible sur E, μ s'écrit de manière unique

$$\mu = \gamma * \nu,$$

avec γ gaussienne centrée et ν loi de Poisson généralisée (Tortrat [7]).

Ces deux résultats peuvent être d'ailleurs obtenus comme corollaire du théorème suivant dû à Dettweiler [3] qui caractérise les fonctions caractéristiques des lois indéfiniment divisibles.

2.9. Théorème : une probabilité de Radon μ sur E est indéfiniment divisible si et seulement si il existe :

α) un élément a de E,

β) une forme quadratique positive Q sur E,

γ) un compact convexe équilibré K et une mesure de Lévy F telle que $F(K^c) < +\infty$, tels que la transformée de Fourier $\hat{\mu}$ et μ s'écrive pour $y \in E'$

$$\hat{\mu}(y) = \exp\left[i < a,y > - Q(y) + \int_E h_K(x,y)\, dF(x)\right]$$

où $h_K(x,y) = e^{i<x,y>} - 1 - i < x,y > 1_K(x)$, $x \in E$, $y \in E'$ (le triplet (a,Q,F) associé à h_K étant alors unique).

Il est classique (c'est le théorème de Lévy-Khintchine) que si $E = \mathbb{R}^n$ (ou même E = H avec H espace de Hilbert séparable) qu'une mesure F vérifiant (c') est la mesure de Lévy d'une loi i.d. de Radon sur E ssi

$$\text{(O)} \qquad \int_{\{||x||\leq 1\}} ||x||^2 \, dF(x) < +\infty .$$

Cette condition permet évidemment dans le théorème précédent, quitte à modifier la partie Dirac de la représentation, de remplacer le noyau h_K par le noyau classique(*)

$$K_2(x,y) = e^{i<x,y>} - 1 - \frac{i < x,y >}{1 + ||x||^2}$$

Dans le cas d'un espace de Banach général, la condition (O) peut n'être ni nécessaire, ni suffisante pour que F soit une mesure de Lévy et le noyau n'est pas adapté dans tous les cas (cf. [1] pour un contre-exemple).

(*)Utiliser le noyau K_2 revient à prendre dans la définition 2.7

$$a_\varepsilon = \int_{\{||x||\geq\varepsilon\}} \frac{x}{1 + ||x||^2} \, dF(x).$$

(Rappelons que $e(F_\varepsilon)^\wedge(y) = \exp \int (e^{i<x,y>} - 1)\, dF_\varepsilon(x))$ comme utiliser h_K revenait à considérer

$$a_\varepsilon = \int_{\{||x||\geq\varepsilon\}} 1_K(x).x \, dF(x)) .$$

Dans ce qui suit, nous allons tout d'abord donner un dernier résultat sur les mesures de Lévy. Puis faisant intervenir les conditions de type et de cotype donner pour les E.L.C.S des conditions nécessaires ou suffisantes en termes de poids pour qu'une mesure soit de Lévy.

Le théorème suivant est principalement dû à Yurinskii [8] dans le cadre des espaces de Banach et décrit une propriété d'intégrabilité d'exponentielles de semi-normes pour des mesures de Poisson à support borné.

2.10. Théorème : soit E un e.l.c.s., μ une loi de Poisson généralisée sur E d'exposant F , K un borné mesurable symétrique de E et θ une semi-norme continue sur E. Notons $\tilde{\mu}_K$ la loi de Poisson généralisée symétrique d'exposant $\tilde{F}_{\restriction K}$. Alors

(1) Il existe un réel $\lambda > 0$ tel que

(*) $$\int \exp(\lambda \ \theta(x))\, d\tilde{\mu}_K(x) < \infty \quad ;$$

(2) de plus, si λ_θ (K) désigne le plus grand λ tel que (*) et si $(\Omega_i)_{i \in I}$ est une base de filtre de voisinages ouverts symétriques de l'origine,

$$\lim_i \lambda_\theta (K \cap \Omega_i) = + \infty .$$

Preuve de la partie (1) du théorème 2.10 : elle est basée sur le lemme suivant :

2.11. Lemme : Soit θ une semi-norme s.c.i. sur un e.l.c.s. E. Si $(X_i)_{i=1,\dots,n}$ sont n variables aléatoires indépendantes à valeurs dans E et telles que

$$\sup \theta(X_i) \leqslant c \qquad \text{p.s.} \qquad \text{avec} \qquad c < +\infty ;$$

alors, pour tout entier $l > 0$,

$$P\,[\sup_{k \leqslant n} \theta(\sum_{i=1}^{k} X_i) > 3\,lc] \leqslant (P\,[\sup_{k\leqslant n} \theta(\sum_{i=1}^{k} X_i) > c])^l \ ;$$

et donc, dans le cas où les X_i sont aussi symétriques,

$$P\,(\theta(\sum_1^n X_i) > 3\,lc) \leqslant (2\,P\,(\theta(\sum_1^n X_i) > c))^l .$$

Admettons un instant ce lemme.

Soit c un réel positif tel que $K \subset \{\theta \leqslant c\}$

et $\chi = 12\,\tilde{\mu}_K\ \{\theta > \frac{c}{2}\} < 1.$

Soit φ la fonction en escalier suivante :

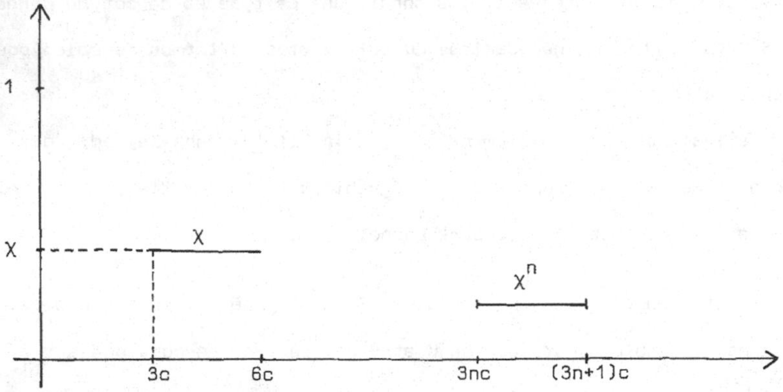

Nous allons montrer que sur $\mathbb{R}^+$

$$g(t) := \sup_{\Omega} e\,(\tilde{F}_{\restriction K\cap\Omega^c})\,(\theta > t) \leqslant \psi(t)$$

où Ω décrit une base de filtre de voisinage ouverts symétriques de l'origine dans E.

Ce qui impliquera l'assertion avec

$$\lambda < \frac{1}{3c} \operatorname{Log} \frac{1}{\chi} ,$$

par convergence étroite des mesures.

Pour cela introduisons, pour tout entier n et tout Ω , n variables aléatoires indépendantes symétriques à valeurs dans E et de loi $e\,(\frac{\tilde{F}_{\restriction K\cap\Omega^c}}{n})$,

Soit $Y^{\Omega}_{1n}, \ldots, Y^{\Omega}_{nm}$; puis posons

$$X^{\Omega}_{in} = Y^{\Omega}_{in}\, 1_{\{\theta(Y_{in}) \leqslant c\}} \qquad , \qquad 1 \leqslant i \leqslant n ;$$

et notons $\mu_{\Omega,n}$ la loi commune des variables aléatoires $X^{\Omega}_{1,n}, \ldots, X^{\Omega}_{nn}$.

Trivialement

$$\mu_{\Omega,n} = \left(e\,(\frac{\tilde{F}_{\restriction K\cap\Omega^c}}{n}) \right) 1_{\{\theta \leqslant c\}} + e\,(\frac{\tilde{F}_{\restriction K\cap\Omega^c}}{n})\,(\{\theta > c\})\ \delta_0$$

$$\text{et} \quad \sup_{i\leqslant n} \theta\,(X^{\Omega}_{in}) \leqslant c \qquad \text{p.s.}$$

Remarquons que $\mu^{*n}_{\Omega,n}$ converge étroitement vers $e\,(F_{\restriction K\cap\Omega^c})$ quand n tend vers + ∞, car :

$$e\left(\frac{1}{n}\tilde{F}_{\restriction K\cap\Omega^c}\right) = e^{-\frac{1}{n}\tilde{F}(K\cap\Omega^c)}\left(\delta_0 + \frac{1}{n}\tilde{F}_{\restriction K\cap\Omega^c}\right) + G_n ,$$

$$\mu_{\Omega,n} = e^{-\frac{1}{n}\tilde{F}(K\cap\Omega^c)}\left(\delta_0 + \frac{1}{n}\tilde{F}_{\restriction K\cap\Omega^c}\right) + G'_n ,$$

$$(K \subset \{\theta \leqslant c\} !)$$

avec $G_n(E) = G'_n(E) = O\left(\frac{1}{n^2}\right)$.

Par suite

$$g(t) \leqslant \sup_{\Omega,n} \mu^{*n}_{\Omega,n}(\theta > t)$$

$$= \sup_{\Omega,n} P(\theta(X^{\Omega}_{1n} + \dots + X^{\Omega}_{nn}) > t)$$

pour tout réel $t > 0$.

D'où, par le lemme 2.11,

$$g(3\, lc) \leqslant \sup_{\Omega,n} (2\, P(\theta(X^{\Omega}_{1n} + \dots + X^{\Omega}_{nn}) > c))^l$$

pour tout entier $l > 0$.

Mais $P(\theta(X^{\Omega}_{1n} + \dots + X^{\Omega}_{nn}) > c)$

$$\leqslant P(\theta(Y^{\Omega}_{1n} + \dots + Y^{\Omega}_{nn}) > c) + P(\sup_{1\leqslant n} \theta(Y^{\Omega}_{in} - X^{\Omega}_{in}) \neq 0)$$

et $P(\sup_{i\leqslant n} \theta(Y^{\Omega}_{in} - X^{\Omega}_{in}) \neq 0)$

$$\leqslant P(\sup_{i\leqslant n} \theta(Y^{\Omega}_{in}) > c)$$

$$\leqslant P(\sup_{k\leqslant n} \theta(Y^{\Omega}_{1n} + \dots + Y^{\Omega}_{kn}) > \frac{c}{2})$$

$$\leqslant 2\, P(\theta(Y^{\Omega}_{1n} + \dots + Y^{\Omega}_{nn}) > \frac{c}{2})$$

et donc

$$P(\theta(X^{\Omega}_{1n} + \dots + X^{\Omega}_{nn}) > c) \leqslant 3\, P(\theta(Y^{\Omega}_{1n} + \dots + Y^{\Omega}_{nn}) > \frac{c}{2})$$

$$= 3\, e(\tilde{F}_{\restriction K\cap\Omega^c})(\{\theta > \frac{c}{2}\})$$

$$\overset{(*)}{\leqslant} 6\, \tilde{\mu}_K(\{\theta > \frac{c}{2}\})$$

$$= \frac{\chi}{2} .$$

(*) cf. lemme II.4.2.

Par suite :

$$g\,(3\,lc) \leqslant \chi^{l}\ ,\ \text{pour tout entier } l > 0\ ;$$

et donc $g(t) \leqslant \psi\,(t)$ pour tout $t \geqslant 0$, Q.E.D.

<u>Preuve de la partie</u> (2) <u>du théorème 2.10</u> : D'après la démonstration de l'alinéa (1) du théorème, on a :

$$\forall\ i \in I\ ,\ \lambda_\theta\ (K \cap \Omega_i) \geqslant \frac{1}{3c}\ \text{Log}\ \frac{1}{12\ \tilde{\mu}_{K \cap \Omega_i}\ (\theta > \frac{c}{2})}$$

Alors $\lambda_\theta\ (K \cap \Omega_i) \xrightarrow[i]{} +\infty$, car

$$\lim_i\ \tilde{\mu}_{K \cap \Omega_i}\ (\theta > \frac{c}{2}) = 0$$

grâce à

2.12. Lemme : Soit G une mesure de Lévy symétrique sur un e.l.c.s. et ν_Ω la loi de Poisson généralisée (symétrique) d'exposant $G_{\upharpoonright \Omega}$. Alors, si Ω parcourt le filtre des voisinages ouverts symétriques de l'origine, ν_Ω converge étroitement vers δ_0.

Démontrons à présent les deux lemmes :

<u>Preuve du lemme 2.12</u> : en posant $\nu = \nu_E$ on a évidemment

$$\nu = \nu_\Omega * \nu_{\Omega^c}\ ,$$

Les mesures étant symétriques, un lemme classique de Tortrat nous indique que la famille $(\nu_\Omega)_\Omega$ est équitendue. Si alors μ est un point adhérent au filtre $(\nu_\Omega)_\Omega$, il vérifie :

$$\nu = \mu * \nu\ ,$$

ce qui prouve que $\mu = \delta_0$ (car $\hat{\nu}$ ne s'annule pas), QED.

<u>Preuve du lemme 2.11</u> : Soit l un entier, l > 1 et

$$\tau = \inf\ \{i\ ;\ \theta\,(X_1 + \ldots + X_i) > 3\,(l-1)\,c\}$$

On a

$$P\,(\sup_{k\leqslant n} \theta\,(X_1 + \ldots + X_k) > 3\,lc) =$$

$$= \sum_{1\leqslant i\leqslant n} P\,(\sup_{k\leqslant n} \theta\,(X_1 + \ldots + X_k) > 3\,lc\,,\ \tau = i)$$

$$\leqslant \sum_{1\leqslant i\leqslant n} P\,(\sup_{1\leqslant k\leqslant n} \theta\,(X_1 + \ldots + X_k) > 3\,lc,\ \tau = i)$$

$$(\cdot) \leqslant \sum_{1\leqslant i\leqslant n} P\,(\sup_{i+1\leqslant k\leqslant n} \theta\,(X_{i+1} + \ldots + X_k) > 2\,c\,,\ \tau = i)$$

$$= \sum_{1\leqslant i\leqslant n} P\,(\sup_{i+1\leqslant k\leqslant n} \theta\,(X_{i+1} + \ldots + X_k) > 2\,c)\,.\,P\,(\tau = i)$$

$$\leqslant \sup_{1\leqslant i<k\leqslant n} P\,(\sup_{i<k<n} \theta\,(X_{i+1} + \ldots + X_k) > 2\,c) \sum_{1\leqslant i\leqslant n} P\,(\tau = i)$$

$$\leqslant P\,(\sup_{k\leqslant n} \theta\,(X_1 + \ldots + X_k) > c)\ .\ P\,(\sup_{k\leqslant n} \theta\,(X_1 + \ldots + X_k) > 3\,(l-1)\,c).$$

Et par récurrence sur l on obtient le lemme 2.11.

2.13. Les assertions du théorème 2.10 sont encore vraies lorsque θ est une semi-norme (finie ou non) s.c.i. vérifiant

$$e\,(F_{\restriction K})\,(\theta = +\infty) = 0$$

et

$$K \subset \{\theta \leqslant c\} \quad \text{pour un certain réel } c > 0.$$

Donnons deux applications du théorème 2.10 :

2.14. Proposition : Soit F une mesure de Lévy symétrique sur un e.l.c.s. complet E. Alors il existe un compact disqué K de E tel que :

(1) $F_{\restriction K^c}$ est finie ;

(2) pour toute semi-norme continue θ sur E et tout réel $p > 0$, les lois de Poisson généralisée d'exposant $F_{\restriction K}$ sont d'ordre (M_p, θ).

Preuve : c'est une conséquence immédiate des théorèmes (2.9) et (2.10).

(·) $\tau = i \Longrightarrow \theta(X_1 + \ldots + X_i) \leqslant 3\,(l-1)\,c + c < 3\,l\,c$;

si $\theta\,(X_1 + \ldots + X_k) > 3\,lc$ avec $i \leqslant k \leqslant n$, et si $\tau = i$

$$3\,lc < \theta\,(X_1 + \ldots + X_k) \leqslant \theta\,(X_1 + \ldots + X_{i-1}) + \theta\,(X_i) + \theta\,(X_{i=1} + \ldots + X_k)$$

$$\leqslant 3\,(l-1)\,c + c + \theta\,(X_{i+1} + \ldots + X_k).$$

2.15. Proposition : Soit F une mesure de Lévy symétrique sur un e.l.c.s. E et B un borné mesurable symétrique de E. Alors :

(1) $\forall x' \in B'$, $\int |<x, x'>|^2 \, dF_{\restriction B}(x) = \int |<x, x'>|^2 \, d\mu_B(x)$,

où μ_B est la loi de Poisson généralisée symétrique d'exposant $F_{\restriction B}$;

(2) pour E Fréchet, il existe un compact disqué K de E tel que

$$\sup_{x' \in K^\circ} \int <x, x'>^2 \, dF_{\restriction B}(x) < +\infty$$

Preuve

(1) Tout d'abord, pour toute mesure finie (symétrique) positive G sur $\mathbb{R}$,

$$\int t^2 \, dG = \int t^2 \, d(e(G)).$$

Par suite, pour tout voisinage ouvert Ω de 0 dans E,

$$\int <x,x'>^2 \, dF_{\restriction B \cap \Omega^c} = \int <x,x'>^2 \, d(e(F_{\restriction B \cap \Omega^c}))$$

Maintenant, comme

$$\forall x' \in E', \quad \int <x,x'>^2 \, d\mu_B(x) < \infty$$

(cf théorème 2.9), on obtient (1) par passage à la limite suivant le filtre des voisinages de 0

(2) A cause de (1), (2) est satisfaite si et seulement si l'opérateur

$$L : x' \to <., x'>$$

est continu de $c(E', E)$ dans $L^2(\mu_B)$; où $c(E', E)$ est la topologie de convergence uniforme sur les parties compactes de E.

Mais, grâce au théorème 2.10, μ_B est une probabilité de Radon sur E d'ordre 2, i.e. :

$$\int \theta^2(x) \, d\mu_B(x) < +\infty$$

pour toute semi-norme continue θ sur E. Il est alors bien connu que, si E est un Fréchet, cela implique la continuité désirée de L. (on se ramène à E séparable et on utilise le théorème de Banach-Dieudonné et le théorème de convergence dominée).

§ 3 - La condition de type .

3.1. Proposition : Soit E un e.l.c.s. de type $[(\phi_i,\theta_i)_{i\in I}\ (\psi_j,\eta_j)_{j\in J}]$. Soit $\tilde{F}$ une mesure de Radon symétrique finie sur E ; alors la condition :

$$\forall i \quad \phi_i\ (\tilde{F},\ \theta_i) \leqslant A_i\ ,$$

implique :

$$\forall j \quad \psi_j\ (e(\tilde{F}),\ \eta_j) \leqslant B_j\ ((A_i)_{i\in I}),$$

où les B_j sont les constantes intervenant dans la définition du type relativement à chaque (ψ_j,η_j).

Preuve : pour chaque entier n, posons :

$$B_n = \exp\ (\frac{1}{n}\ \tilde{F}(E)) - 1 - \frac{1}{n}\ \tilde{F}(E)\ (= O\ (\frac{1}{n^2})),$$

$$\text{et} \quad \mu_n = \left[(1 + \beta_n)\ \delta_o + \frac{1}{n}\ \tilde{F}\right]\ \exp\ (-\ \frac{1}{n}\ \tilde{F}(E)).$$

Il est facile de constater que μ_n est une loi de probabilité de Radon sur E et que μ_n^{*n} converge étroitement vers $e(\tilde{F})$.

Supposons donc que :

$$\forall i \quad \phi_i\ (\tilde{F},\ \theta_i) \leqslant A_i\ .$$

Alors en utilisant les propriétés (a) et (b) des charges, on obtient

$$\phi_i\ (n\ \mu_n\ ,\ \theta_i) = \phi_i\ (\exp\ (-\ \frac{1}{n}\ \tilde{F}(E))\ \tilde{F}\ ,\ \theta_i)$$

$$\leqslant \phi_i\ \ (\tilde{F}\ ,\ \theta_i) \leqslant A_i\ .$$

Ainsi :

$$\forall i,\ \forall n,\ \phi_i\ (n\ \mu_n,\ \theta_i) \leqslant A_i.$$

La loi μ_n étant symétrique, il est clair que la condition de type entraîne alors :

$$\forall j,\ \forall n,\ \psi_j\ (\mu_n^{*n}\ ,\ \eta_j)\ \leqslant\ B_j\ ;$$

et enfin :

$\forall j \quad \psi_j\ \ (e\ (\tilde{F}),\ \eta_j) \leqslant B_j$, puisque les ψ_j sont des poids et que l'on a convergence étroite des mesures. (Cf. I.4.3).

De cette proposition, on ressort le premier résultat suivant :

3.2. Théorème : soit E un e.l.c.s. de type $((\phi_i\ \theta_i)_{i\in I}\ ,\ (\psi_j,\ \eta)_{j\in J})$ où :

(1) Les ψ_j , $j \in J$ forment une famille compacte de poids ;

(2) η est la restriction à E d'une fonction compacte η_1 sur un E.L.C.S. (E_1,τ) contenant E continuement.

Alors une condition suffisante pour qu'une mesure symétrique $\tilde{F}$ sur E, vérifiant la condition (c) (de l'alinéa II.2.1) soit de Lévy sur (E_1,τ) (*) est qu'il existe un ensemble mesurable, symétrique A de E tel que :

(α) $\tilde{F}_{\restriction A}$ soit d'ordre $(\phi_i,\ \theta_i)_{i\in I}$

(β) $\tilde{F}_{\restriction A^c}$ soit finie et de Radon

Preuve : il suffit évidemment de montrer que $\tilde{F}_{\restriction A}$ est dans ces conditions de Lévy sur (E_1,τ)

Soit pour cela $\mathfrak{S}_E$ (resp. $\mathfrak{S}_E$) le filtre des voisinages ouverts équilibrés de l'origine dans E (resp. dans (E_1,τ)). Par la croissance des ϕ_i , $i \in I$, la condition imposée implique que :

$$\forall\, i \in I,\ \forall\, \Omega \in \mathfrak{S}_E \qquad \phi_i\ (\tilde{F}_{\restriction \Omega^c \cap A,}\qquad \theta_i) \leqslant A_i < +\infty$$

et donc, par le biais de la proposition II.3.1, $\tilde{F}_{\restriction \Omega^c \cap A}$ étant une mesure de Radon finie et symétrique, on en déduit que :

$$\forall\, j \in J\ ,\ \forall\, \Omega \in \mathfrak{S}_E\ ,\quad \psi_j\ (e\ (\tilde{F}_{\restriction \Omega^c \cap A},\ \eta) \leqslant B_j\ .$$

A fortiori, si u désigne l'injection canonique de E dans E_1, on a :

$$\forall\, j \in J,\ \forall\, \Omega_1 \in \mathfrak{S}_{E_1}\ ,\quad \psi_j\ (e\ ((u\ (\tilde{F}_{\restriction A}))_{\restriction \Omega_1^c}\ )\ ,\ \eta_1) \leqslant B_j\ ;$$

car

$$\eta = \eta_1 \circ i\ ,\ e\ ((u\ (\tilde{F}_{\restriction A}))_{\restriction\ \Omega_1^c}\ ) = u\ (e\ (\tilde{F}_{\restriction A \cap \Omega_1^c}\ )).$$

A présent la famille ψ_j , $j \in I$, étant compacte l'ensemble des probabilités de Radon μ sur (E_1,τ) vérifiant

$$\forall\, j \in J\ ,\quad \psi_j\ (\mu,\eta_1) \leqslant B_j$$

est équitendu. Par suite u $(\tilde{F}_{\restriction A})$ est une mesure de Lévy sur (E_1,τ), QED.

(*) c'est-à-dire que l'image de F dans E_1 soit de Lévy

3.3. Remarques

1) L'ensemble mesurable symétrique A peut être choisi (s'il existe) compact à l'aide du théorème II.2.9.

2) A l'aide de la remarque II.2.6, on peut montrer facilement que la condition est encore valable si on ne suppose pas $\tilde{F}$ symétrique, mais à condition de supposer que les fonctions θ_i, $i \in I$, le sont et que les θ_i sont homogènes.

3.4. Exemple : la condition portant sur η est par exemple réalisée si E est un espace de Banach, η la norme sur E et (E_1,τ) l'espace E" muni de σ (E",E').

3.5. Corollaire : dans les conditions du théorème II.3.2, si E est un espace de Banach ayant la propriété de Radon Nikodym et si η est la norme sur E ; une condition suffisante pour que $\tilde{F}$ soit de Lévy sur E est qu'il existe un ensemble symétrique mesurable A de E et un compact faible K de E tels que :

(α) $\sup_{x' \in K^\circ} \int_A |\langle x, x' \rangle|^2 \, d\tilde{F}(x) < \infty$;

(β) $\tilde{F}_{\upharpoonright A}$ soit d'ordre $(\phi_i, \theta_i)_{i \in I}$;

(γ) $\tilde{F}_{\upharpoonright A^c}$ soit finie et de Radon sur E.

Preuve : en effet l'image de $\tilde{F}$ sur σ(E",E') est, par le théorème 3.4 l'exposant d'une mesure de Poisson généralisée symétrique λ sur σ(E",E'). De plus la condition (α) assure que λ provient d'une probabilité cylindrique μ sur E, celle dont la transformée de Fourier s'écrit

$$\forall x' \in E', \qquad \hat{\mu}(x') = \exp\left(- \int (1 - \cos \langle x, x' \rangle) \, d F_{\upharpoonright A}(x)\right),$$

et que λ est scalairement concentrée sur les parties disquées faiblement compactes de E (cf. proposition 2.15).

La propriété de Radon-Nikodym de E permet alors de dire que μ est une mesure de Radon sur E et donc que $\tilde{F}$ est de Lévy sur E, QED

3.6. Exemple : Soit $\mathcal{K}_E$ l'ensemble des compacts hilbertiens d'un espace de Badrikian E. Supposons les éléments de $\mathcal{K}$ métrisables. Alors E est évidemment de type $((M_2, p_K), (M_2, p_K))$ pour chaque K de $\mathcal{K}$. On retrouve ainsi la première partie du résultat de Tortrat [7], p. 324 :

3.7. Théorème : Une condition suffisante pour qu'une mesure F soit de Lévy sur E espace de Badrikian complet, dont les compacts sont métrisables, est qu'il existe un compact hilbertien K de E tel que

$$\int_K \; p_K^2 \,(x)\; dF(x) < +\infty$$

et

$$F_{\restriction K^c} \quad \text{finie et de Radon sur E.}$$

Donnons un autre énoncé analogue à 3.2 et utilisant les familles compactes de fonctions.

3.8. Théorème : soit E un e.l.c.s. de type $((\phi_i,\theta_i)_{i\in I} \; ; \; (\psi_n,\eta_n)_{n\in \mathbb{N}})$ où :

(1) chaque ψ_n , $n \in \mathbb{N}$ est compact ;

(2) la famille $(\eta_j)_{j\in\mathbb{N}}$ est la restriction à E d'une famille dénombrable compacte de fonctions sur un espace L.C.S. (E_1,τ) contenant E continuement.

Alors une condition suffisante pour qu'une mesure symétrique $\tilde{F}$ sur E, vérifiant la condition (C)(de l'alinéa II.2.1) soit de Lévy sur (E_1,τ) est qu'il existe un ensemble mesurable symétrique A de E tel que

(α) $\tilde{F}_{\restriction A}$ soit d'ordre $(\phi_i,\theta_i)_{i\in I}$,

(β) $\tilde{F}_{\restriction A^c}$ soit finie et de Radon .

Preuve : La démonstration est semblable à celle du théorème II.3.2, modulo la proposition I.4.4.

Le contenu de la Remarque II.3.3 s'applique en totalité à cet énoncé.

Nous allons à présent nous intéresser à une propriété légèrement plus forte que le type et qui permet dans certains cas d'éviter le passage par E_1.

3.9. Définition : on dira qu'un e.l.c.s. est de type fort $(\phi_i,\theta_i)_{i\in I}$, $(\psi_j,\eta_j)_{j\in J})$ s'il est de type $((\phi_i,\theta_i)_{i\in I}$, $(\psi_j,\eta_j)_{j\in J})$ et que la condition :

pour tout $i \in I$, A_i tend vers 0 implique que l'on peut choisir les B_j vérifiant pour chaque j la même condition.

3.10. Définition : soit X un espace topologique et (ϕ,θ) un couple formé d'une charge et d'une fonction ≥ 0 s.c.i. On dira que (ϕ,θ) possède la propriété de Beppo si, pour toute mesure ≥ 0, F sur X d'ordre (ϕ,θ) et toute famille décroissante $(\Omega_n)_{n \in \mathbb{N}}$ de Boréliens de X tels que $\phi(F_{\restriction \bigcap_n \Omega_n}, \theta) = 0$,

$$\lim_n \downarrow \phi(F_{\restriction \Omega_n}, \theta) = 0$$

On dira que ϕ a la propriété de Beppo si, pour toute fonction ≥ 0 s.c.i., (ϕ,θ) possède la propriété de Beppo.

Une charge additive et vérifiant (σ c.c.) a la propriété de Beppo. C'est le cas par exemple des charges M_φ.

3.11. Théorème : soit E un espace de Fréchet de type fort $((\phi_i,\theta_i)_{i\in I}, (\psi_j,\eta_j)_{j\in J})$ où :

(1) pour tout i de I, (ϕ_i,θ_i) est de Beppo ;

(2) pour tout j de J, ψ_j est plus fort que L° ;

(3) $(\eta_j)_{j\in J}$ est une famille de semi-normes engendrant la topologie de E.

Alors une condition suffisante pour qu'une mesure symétrique $\tilde{F}$ vérifiant la condition (c) (de l'alinéa II.2.1) soit de Lévy sur E est qu'il existe dans E un ensemble équilibré mesurable B (pour la topologie de E) tel que

(α) $\tilde{F}_{\restriction B}$ soit d'ordre $(\phi_i,\theta_i)_{i\in I}$;

(β) $\tilde{F}_{\restriction B^c}$ soit finie et de Radon .

Preuve : encore une fois, il suffit de considérer $\tilde{F}_{\restriction B}$.

Soit Ω_n un système fondamental de voisinages ouverts équilibrés de 0 dans E. On peut évidemment supposer la famille (Ω_n) décroissante et

$$F_{\restriction B \cap \bigcap_n \Omega_n} = F(o)\,\delta_o$$

Soit $(X_n)_{n=1}^{+\infty}$ des variables aléatoires indépendantes symétriques telles que

$$\mathcal{L}(X_1) = e(F_{\restriction \Omega^c}),$$

$$\mathcal{L}(X_i) = e\,(F_{\restriction \Omega_1^c \cap \Omega_{i-1}}) \qquad i \geq 2\ ,$$

les complémentaires étant pris dans B. Il est clair alors que $\mathcal{L}(\sum_1^n X_i) = e\,(F_{\restriction \Omega_n^c})$, de plus la condition de Beppo et le type fort impliquent que

$$\forall\, j \in J\ ,\ \lim_k \sup_{l>k} \psi_j\ (e\,(F_{\restriction \Omega_l^c \cap \Omega_k})\ ,\ \eta_j) = 0\ .$$

Chaque ψ_j , $j \in J$ étant plus fort que L° et les η_j engendrant la topologie de E , on en déduit que la série $\sum_{i=0}^{n} X_i$ est de Cauchy en probabilité et donc converge vers une v.a. dont la loi ne peut être qu'une loi de Poisson généralisée d'exposant $F_{\restriction B}$. QED.

Encore une fois le contenu de la remarque 3.3 s'applique à cet énoncé.

3.12. Remarque : si E est un espace de Banach de type p-Rademacher, le choix pour B de la boule unité de E redonne le résultat de [5], [2] (il est clair que ce choix est toujours possible dans le cas d'un espace de Banach : la boule unité est à la fois bornée et ouverte !) :

Si E est un espace de Banach de type p-Rademacher une condition suffisante pour qu'une mesure F sur E vérifiant (c') soit une mesure de Lévy sur E est que

$$\int_{\{||x||\leq 1\}} ||x||^p \; dF(x) < +\infty$$

3.13. Définition : on dira qu'un e.l.c.s. E est de type-p s'il existe une famille de semi-normes $(\theta_i)_{i\in I}$ engendrant la topologie de E et telles que E soit de type $((M_p,\theta_i)_{i\in I}\ ,\ (M_p,\theta_i)_{i\in I})$.

3.14. Corollaire : si E est un espace de Fréchet de type p , une condition suffisante pour qu'une mesure F vérifiant la condition (c) de l'alinéa II.2.1 soit de Lévy sur E est qu'il existe un ensemble mesurable, symétrique et métrisable (pour la topologie) de E, soit B tel que

(α) $\forall\, i\ ,\ \int_B \theta_i^p(x)\; dF(x) < +\infty$,

(β) $F_{\restriction B^c}$ est finie et de Radon ,

Les fonctions $(\theta_i)_{i\in I}$ étant les semi-normes intervenant dans la définition du type p de E.

§ 4 - La condition de cotype

Débutons par deux lemmes :

4.1. Lemme : soit ϕ une charge scalairement continue à gauche. Alors, si θ est une fonction $\geqslant 0$ s.c.i. sur un e.l.c.s. E et F une mesure de Radon finie sur E,

$$\phi\ (F,\ \theta) \leqslant \underline{\lim}_{n}\ \ \phi\ (n\ e\ (\frac{F}{n}),\ \theta)\ .$$

Preuve : par croissance de la charge ϕ, on a d'abord

$$\phi\ (n\ e\ (\frac{F}{n}),\ \theta) \geqslant \phi\ \ (\exp\ (-\ \frac{F(E)}{n}\ )\ F\ ,\ \theta)\ ;$$

puis, par continuité à gauche,

$$\underline{\lim}_{n}\ \ \phi(n\ e\ (\frac{F}{n}),\ \theta)\ \geqslant\ \phi\ (F,\theta).$$

Le lemme suivant est classique.

4.2. Lemme : soient μ et ν deux lois de probabilité de Radon sur un e.l.c.s. E. Alors si ν est symétrique, on a :

(1) $\mu\ (C^c) \leqslant 2\ \ \mu * \nu\ \ (C^c)$ si C est un borélien convexe ;

$\nu\ (C^c) \leqslant 2\ \ \mu * \nu\ \ (C^c)$ si C est un borélien disqué ;

(2) plus généralement si φ est une fonction positive sur E telle que :

$\forall\ x,\ y \qquad \varphi\,(x) \leqslant A\ (\varphi\,(x-y) + \varphi\,(x+y))$, on a

$$\int_E \varphi\, d\mu \leqslant 2\ A \int_E \varphi\, d\ \mu * \nu\ ,$$

et

$$\int_E \varphi\, d\nu \leqslant 2\ A \int_E \varphi\, d\ \mu * \nu$$

si φ est une fonction symétrique.

Preuve

(1) est un cas particulier de (2) et

(2) est trivial

4.3. Corollaire : soient μ et ν deux lois de probabilité de Radon sur un e.l.c.s. E avec ν symétrique. Si θ est une fonction réelle $\geqslant 0$, ν , quasi-convexe, symétrique, s.c.i. sur E, on a :

$$\theta\ (\nu) << 2\ \theta\ (\mu\ *\ \nu)\ .$$

4.4. Définition : on dira qu'une famille $(\phi_i,\theta_i)_{i\in I}$ où les ϕ_i sont des poids et les θ_i des fonctions s.c.i., $\geqslant 0$, (quasi-convexes) sur un e.v.t. X vérifie la condition (δ_2) si pour toute mesure de probabilité symétrique sur X d'ordre $(\phi_i,\theta_i)_{i\in I}$, il existe une famille $(A_i)_{i\in I}$ de réels > 0, tel que pour tout facteur symétrique ν de μ on ait :

$$\forall\ i \qquad \phi_i\ (\nu,\ \theta_i) \leqslant A_i\ .$$

4.5. Remarque : si les ϕ_i sont les restrictions à $P\ (\overline{\mathbb{R}}^+)$ de charges ϕ_i' sur $\mathcal{M}(\mathbb{R}^+)$, il est facile de voir à partir du corollaire 4.3 que la famille $(\phi_i,\theta_i)_{i\in I}$ vérifie (δ_2) dès que les ϕ_i' sont croissantes pour<< et la famille $(\phi_i')_{i\in I}$ vérifie la condition (Δ_2) i.e. : si pour tout $\lambda \in \mathcal{M}(\overline{\mathbb{R}}^+)$ tel que $(\forall\ i,\ \phi_i'(\lambda) < \infty)$ l'on ait $(\forall\ i,\ \phi_i'\ (2\lambda) < \infty)$.

Les charges M_φ, la famille de charges $(J_\alpha)_{\alpha<1}$ vérifient la condition (Δ_2).

Preuve du Corollaire 4.3

θ étant quasi-convexe, par définition les ensembles $\{\theta \leqslant a\}$, $a > 0$ sont convexes et le lemme 4.2 donne :

$$\mu\ (\{\theta\ \leqslant\ a\}^c) \leqslant 2\ \ \mu * \nu\ (\{\theta\ \leqslant\ a\}^c),$$

c'est-à-dire

$$\theta(\mu)\ (]a,\ +\infty]) \leqslant 2\ \theta\ (\mu\ \ *\ \ \nu)\ (]a,\ +\infty]).$$

4.6. Théorème : soit E un e.l.c.s. de cotype $((\phi_i,\theta_i)_{i\in I}\ ,\ (\psi_j,\eta_j)_{j\in J})$ où :

(1) les fonctions θ_i , $i \in I$ sont quasi-convexes ,

(2) la famille $(\phi_i,\theta_i)_{i\in I}$ vérifie (δ_2) .

(3) les charges ψ_j , $j \in J$ sont scalairement continues à gauche.

Supposons de plus que

(4) pour toute mesure de Lévy symétrique, G sur E, il existe un ensemble symétrique mesurable A tel que, si μ_A est la loi de Poisson généralisée symétrique d'exposant $G_{\restriction A}$, on ait :

(*) μ_A est d'ordre $(\phi_i,\theta_i)_{i\in I}$,

(**) $G_{\restriction A^c}$ est finie et de Radon.

Alors une condition nécessaire pour qu'une mesure borélienne symétrique $\tilde{F}$ soit de Lévy sur E est qu'il existe un ensemble A_1 mesurable symétrique tel que :

(α) $\forall j \quad \sup_{\Omega \in \mathcal{G}} \psi_j (\tilde{F}_{\upharpoonright A_1 \cap \Omega^c}, \eta_j) < +\infty$

où $\mathcal{G}$ est l'ensemble des voisinages ouverts équilibrés de 0 dans E ;

(β) $\tilde{F}_{\upharpoonright A_1^c}$ est finie et de Radon.

Preuve : soit donc $\tilde{F}$ une mesure de Lévy sur E, symétrique et A un ensemble mesurable symétrique tel que si μ_A est la loi de Poisson généralisée symétrique associée à $\tilde{F}_{\upharpoonright A}$ on ait :

$$\forall i \in I, \quad \phi_i (\tilde{\mu}_A, \theta_i) < +\infty$$

Comme $\forall \Omega \in \mathcal{G}$

$$\tilde{\mu}_A = \tilde{\mu}_{A \cap \Omega} * e(\tilde{F}_{\upharpoonright A \cap \Omega^c}),$$

l'hypothèse (2) nous offre l'existence d'une famille $(A_i)_{i \in I}$ de réels ≥ 0 tels que

$$\forall \Omega, \forall i, \quad \phi_i (e(\tilde{F}_{\upharpoonright A \cap \Omega^c}), \theta_i) \leq A_i ;$$

et donc la condition de cotype entraîne facilement :

$$\forall \Omega, \forall j, \quad \psi_j \left(n\, e\left(\frac{\tilde{F}_{\upharpoonright A \cap \Omega^c}}{n}\right), \eta_j\right) \leq B_j ;$$

et en passant à la limite à l'aide du lemme 4.1 :

$$\forall \Omega, \forall j, \psi_j (\tilde{F}_{\upharpoonright A \cap \Omega^c}, \eta_j) \leq B_j \qquad \text{Q.E.D.}$$

4.7. Remarques

(1) Comme d'habitude on peut se passer de l'hypothèse F symétrique à condition de supposer que les θ_j, $j \in J$ le soient.

(2) Si E est complet, si les ϕ_i sont des poids M_p et si les θ_i sont des semi-normes continues sur E, alors la propriété (3) est vérifiée avec A compact disqué de E (cf. proposition 2.14)

(3) La preuve ci-dessus permet de montrer que l'on a aussi :

$$\forall j \quad \sup_B \psi_j (F_{\upharpoonright A_1 \cap B}, \eta_j) < \infty ,$$

où B parcourt la famille des boréliens symétriques de E tels que $F_{\upharpoonright B}$ soit finie et de Radon sur E.

Evidemment dans l'énoncé du théorème 4.6 on serait tenté de remplacer la condition (α) par

(α') $\tilde{F}_{\restriction A_1}$ est d'ordre $(\psi_j, \eta_j)_{j \in J}$.

Il ne semble pas clair que cela soit toujours le cas. Cependant :

4.8. On peut remplacer (α) par (α') si les ψ_j croissent τ-continuement et sont croissantes pour la relation <<sur $\mathcal{M}^+(\overline{\mathbb{R}}^+)$. C'est le cas des charges M_φ .

Plus généralement :

4.9. Si les ψ_j croissent seulement σ-continuement, on peut remplacer (α) par (α') dès que l'on sait qu'il existe une suite croissante de boréliens symétriques B_n de E tels que

$$\bigcup_n B_n \supset A_1 \setminus \{0\}$$

et

$$\forall n , \quad F_{\restriction B_n} \text{ est finie (et de Radon sur E).}$$

4.10. Théorème : dans les conditions du théorème 4.4 en supposant de plus

(3') les charges $(\psi_j)_{j \in J}$ ont la propriété (σ-c.c.) ; et dans (4)

(***) A est métrisable.

Alors une condition nécessaire pour qu'une mesure borélienne positive symétrique $\tilde{F}$ soit de Lévy sur E est qu'il existe un ensemble A_1 mesurable symétrique (et métrisable) tel que :

(α') $\tilde{F}_{\restriction A_1}$ est d'ordre $(\psi_j, \eta_j)_{j \in J}$,

(β) $F_{\restriction A_1^c}$ est finie et de Radon.

Preuve : c'est immédiat : la métrisabilité de A_1 entraîne l'existence d'une suite décroissante $(\Omega_n)_n$ de voisinages ouverts équilibrés de 0 tels que

$$\bigcup_n \Omega_n^c \supset A_1 \setminus \{0\}$$

Il suffit alors d'appliquer (4.8) avec $B_n = \Omega_n^c$.

Bien entendu si les compacts de E sont métrisables, la condition (***) est automatiquement vérifiée (cf. théorème 2.9).

4.11. Théorème : soit E un e.l.c.s. de cotype $[(\phi_i,\theta_i)_{i\in I}\ (\psi_j,\eta_j)_{j\in J}]$ où

(1) les fonctions $\theta_{i,i\in I}$ sont quasi-convexes $\geqslant 0$,

(2) les charges $(\psi_j)_{j\in J}$ sont scalairement continue à gauche,

(3) les charges $(\psi_j)_{j\in J}$ ont la propriété (σ c.c.) .

Supposons de plus que pour toute mesure de Lévy symétrique G sur E, il existe un ensemble équilibré mesurable borné A tel que si μ_A est la loi de Poisson généralisée d'exposant $G_{\upharpoonright A}$ on ait :

(*) μ_A est d'ordre $(\phi_i,\theta_i)_{i\in I}$,

(**) $\forall\ \varepsilon > 0$, $G_{\upharpoonright(\varepsilon A)^c}$ est finie et de Radon .

Alors une condition nécessaire pour qu'une mesure borélienne symétrique $\tilde{F}$ soit de Lévy sur E est qu'il existe un ensemble A_1 mesurable équilibré et borné tel que

(α) $\forall$ j $F_{\upharpoonright A_1}$ est d'ordre $(\psi_i,\theta_i)_{i\in I}$.

(β) $\forall\ \varepsilon > 0$ $F_{\upharpoonright(\varepsilon A_1)^c}$ est finie et de Radon .

Preuve : il suffit d'appliquer (4.9) avec $B_n = \frac{1}{n} A_1^c$.

Ce dernier énoncé a l'avantage d'éviter toute référence à la métrisa bilité de l'espace, mais la condition (**) n'est pas facile à vérifier dans les applications.

A présent le théorème II.2.8 permet d'énoncer divers corollaires en particulier le résultat bien connu [2] , [5] pour les espaces de Banach de cotype p-Rademacher :

Une condition nécessaire pour qu'une mesure F sur un espace de Banach de cotype p soit de Lévy est que :

$$\int_{\{||x||\leqslant 1\}} ||x||^p \, dF(x) < +\infty .$$

4.12. Définition : soit E un e.l.c.s., on dira que E est de cotype p s'il existe une famille $(\theta_i)_{i\in I}$ de semi-normes sur E engendrant la topologie de E, telle que E

E soit de cotype $((M_p,\theta_i)_{i\in I}, (M_p,\theta_i)_{i\in I})$.

Alors, grâce à 4.8 et 2.14, le théorème 4.6 nous donne :

4.13. Proposition : soit E un e.l.c.s. complet de cotype p, alors pour toute mesure de Lévy F sur E il existe un ensemble (borné) mesurable A (et même un compact disqué A) dans E tel que :

(1) $F_{\restriction A}$ soit d'ordre $(M_p,\theta_i)_{i\in I}$,

(2) $F_{\restriction A^c}$ soit finie et de Radon sur E.

4.14. Proposition : si E est un espace de Fréchet nucléaire, une condition nécessaire et suffisante pour qu'une mesure F vérifiant la condition (c) (de l'alinéa II.2.1) soit de Lévy sur E est que pour toute semi norme hilbertienne continue sur E, soit θ et pour un compact équilibré K

(1) $\int_K \theta^2(x)\, dF(x) < +\infty$,

(2) $F_{\restriction K^c}$ soit finie et de Radon.

BIBLIOGRAPHIE

[1] A. ARAUJO, On infinitely divisible laws in C [01] , Proc. A.M.S. 51, (1975), 179-185.

[2] A. ARAUJO et E. GINE, Cotype and type in Banach spaces. Ann. of Prob., Vol. 6 n° 4, (Août 78), p. 637

[3] E. DETTWEILER, Grenzwertsäte für Wahrschenlichkeitmaße and Badrikianshen Raüme, Z. Wahrschenlichkeitstheorie verw. Gebiete 34, (1976), 285-311.

[4] J. HOFFMANN-JØRGENSEN, Probability in Banach spaces, preprint.

[5] G.G. HAMEDANI et V. MANDREKAR, Lévy-Khintchine representation and Banach spaces of type and cotype, (1977) (à paraître dans Studia Math. vol. 63).

[6] L. SCHWARTZ, Séminaire L. Schwartz, applications radonifiantes 1969-70, exposé IV.

[6'] L. SCHWARTZ, Probabilités cylindriques et applications radonifiantes, Journal of the Faculty of Science, University of Tokyo, vol. 18, n° 2, (1970), 139-286.

[7] A. TORTRAT, Sur la structure des lois i.d. dans les espaces vectoriels, Z. Wahrschenlichkeitstheorie verw. Gebiete 11, (1969), 311-326.

[8] V.V. YURINSKI, On infinitely divisible distributions, Theor. Prob. and its appl. 19, (1974), 297-308.

Random Fourier Series on Locally Compact Abelian Groups

M. B. Marcus and G. Pisier

In 1930 Paley and Zygmund [9] introduced the problem of whether the random series

$$(1) \qquad \sum_{k=0}^{\infty} a_k \varepsilon_k \cos(kt + \alpha_k), \qquad t \in [0,2\pi]$$

converges uniformly a.s., where $\{a_k\}$ and $\{\alpha_k\}$ are sequences of real numbers and $\{\varepsilon_k\}$ is a Rademacher sequence, that is, a sequence of independent, symmetric random variables taking on the values ± 1. This problem was subsequently studied by Salem and Zygmund [11], Kahane [6] and others (see [8], [10]). In [8] we give a necessary and sufficient condition for the uniform convergence of the series in (1). An interesting aspect of this result is that the condition remains valid when the sequence $\{\varepsilon_k\}$ is replaced by other sequences of random variables, for example, independent gaussian random variables with mean zero and variance 1 (N(0,1)). Our results in [8] are a consequence of the Dudley-Fernique [2], [3] necessary and sufficient condition for the continuity of stationary Gaussian processes and a line of approach initiated in [4] (see also [7]). In this paper, by adding some technical modifications we show that the results in [8] extend directly to the more general class of random series mentioned in the title. The case of compact abelian groups is included in [10].

Let G be a locally compact abelian group with identity

element 0. Let $K \subset G$ be a compact symmetric neighborhood of 0. Let Γ denote the characters of G and let $A \subset \Gamma$ be countable. Therefore, $\{\gamma | \gamma \in A\}$ is a countable collection of characters of G. (We only consider Fourier series with spectrum in A. Therefore, in all that follows, we may as well assume that Γ is separable, so that the compact subsets of G are metrizable.) We also define the following sequences of random variables indexed by $\gamma \in A$: $\{\varepsilon_\gamma\}$ a Rademacher sequence, $\{g_\gamma\}$ independent $N(0,1)$ random variables and $\{\xi_\gamma\}$ complex valued random variables satisfying

(2) $$\sup_{\gamma \in A} E|\xi_\gamma|^2 < \infty \text{ and } \liminf_{\gamma \in A} E|\xi_\gamma| > 0.$$

Let $\{a_\gamma\}$ be complex numbers satisfying $\sum_{\gamma \in A} |a_\gamma|^2 = 1$ and consider the random Fourier series

(3) $$Z(x) = \sum_{\gamma \in A} a_\gamma \varepsilon_\gamma \xi_\gamma \gamma(x), \qquad x \in K.$$

For each fixed $x \in K$ the series converges a.s. so the sum is well defined. We will give a necessary and sufficient condition for the series (3) to converge uniformly a.s. on K.

Define $K \oplus K = \{x + y | x \in K, y \in K\}$ and in a similar fashion define $\bigoplus_{i=1}^{n} K_i$. Let $\tau(x)$ be a non-negative function on $K \oplus K$ and let

(4) $$m_\tau(\varepsilon) = \mu(x \in K \oplus K | \tau(x) < \varepsilon)$$

where μ is the Haar measure on G. Define

(5) $$\overline{\tau(u)} = \sup\{y | m_\tau(y) < u\}$$

and let $\mu_n = \mu(\bigoplus_{i=1}^{n} K_i)$. Therefore $0 \le m_\tau(\varepsilon) \le \mu_2$ so that the domain of $\bar{\tau}$ is the interval $[0,\mu_2]$. Note that $\bar{\tau}$ viewed as a random variable on $[0,\mu_2]$ has the same probability distribution with respect to normalized Lesbesgue measure on $[0,\mu_2]$ that $\tau(x)$ has with respect to normalized Haar measure on $K \oplus K$. In keeping with classical terminology we call $\bar{\tau}$ the non-decreasing rearrangement of τ (with respect to $K \oplus K$). In terms of μ, τ and K we define the integral

$$(6) \qquad I(K,\mu,\tau(s)) = I(\tau(s)) = I(\tau)$$

$$= \int_0^{\mu_2} \frac{\overline{\tau(s)}}{s(\log \frac{4\mu_4}{s})^{1/2}} \, ds.$$

Finally, we define a translation invariant pseudo-metric σ on G by

$$(7) \qquad \sigma(x-y) = \Big(\sum_{\gamma\in A} |a_\gamma|^2 |\gamma(x)-\gamma(y)|^2\Big)^{1/2}$$

$$= \Big(\sum_{\gamma\in A} |a_\gamma|^2 |\gamma(x-y)-1|^2\Big)^{1/2}.$$

To see the motivation for this note that when $E|\xi_\gamma|^2 = 1$ for all $\gamma \in A$ then $\sigma(x-y) = (E|Z(x)-Z(y)|^2)^{1/2}$. We can now state our result

<u>Theorem 1</u>: Employing the notation and definitions given above let $\|Z\| = \sup_{x\in K} |Z(x)|$. If $I(\sigma) < \infty$ the series (3) converges uniformly a.s. and

$$(8) \qquad (E\|Z\|^2)^{1/2} \le C(\sup_\gamma E|\xi_\gamma|^2)^{1/2}\Big[\Big(\sum_{\gamma\in A} |a_\gamma|^2\Big)^{1/2} + I(\sigma)\Big]$$

where C is a constant independent of $\{a_\gamma\}$ and σ. Let $\{\gamma_k, k = 1,2,\ldots\}$ be an ordering of $\gamma \in A$ and let $\{a_k\}$, $\{\epsilon_k\}$ and $\{\xi_k\}$ be the corresponding orderings of $\{a_\gamma\}$, $\{\epsilon_\gamma\}$ and $\{\xi_\gamma\}$. If $I(\sigma) = \infty$ then for all open sets $U \subset K$

$$(9) \qquad \sup_n \sup_{x \in U} \left| \sum_{k=1}^{n} a_k \epsilon_k \xi_k \gamma_k(x) \right| = \infty$$

on a set of measure greater than zero. (Note that neither (2) nor (7) depend on the order of $\{\gamma_k\}$ so that the implications of $I(\sigma) < \infty$ are also valid for all orderings $\{\gamma_k\}$ of $\gamma \in A$.)

Proof: The first step is a adaptation of Dudley's theorem on a sufficient condition for continuity of the sample paths of a Gaussian process. It is well known that this theorem is also valid for processes with sub-gaussian increments. Let $\{Y(t), t \in T\}$, T an arbitrary index set, be a real valued stochastic process. The process is said to have subgaussian increments if there exists a $\delta > 0$ such that for all $s,t \in T$ and $\lambda > 0$

$$E\{\exp(\lambda(X(s)-X(t)))\} \epsilon \exp\{\lambda^2 \delta^2 E(X(t)-X(s))^2/2\}.$$

Let (S,ρ) be a metric (or pseudo-metric) space. We denote by $N_\rho(S,\epsilon)$ the minimum number of balls in the metric (or pseudo-metric) ρ that is necessary to cover S. The following theorem is an immediate consequence of Theorem 4.1 [7]; it is similar to a theorem of Fernique, [13].

Theorem 2: Let $\tilde{S} = \{\tilde{X}(t), t \in T\}$, T a compact topological space, be a stochastic process with subgaussian increments and let

$\rho(t,s) = (E(\tilde{X}(t)-\tilde{X}(s))^2)^{1/2}$ be continuous on $T \times T$. Define $\hat{\rho} = \sup_{s,t\in T} \rho(s,t)$ and assume that

$$(10) \qquad J(\tilde{S},\rho) = J(\rho) = \int_0^{\hat{\rho}} (\log N_\rho(\tilde{S},u))^{1/2} du < \infty.$$

Then there exists a version $S = \{X(t), t\in T\}$ of the process, with continuous sample paths, satisfying the inequality

$$(11) \qquad E[\sup_{t\in T}|X(t)|] \leq C'[E|X(t_0)| + \hat{\rho} + J(S,\rho)]$$

where $t_0 \in T$ and $C' = C'(\delta)$ is a constant independent of ρ. (Note that $N_\rho(S,u) = N_\rho(\tilde{S},u)$ so, in particular, $J(\tilde{S},\rho) = J(S,\rho)$.)

We will use this theorem in the special case in which ρ is translation invariant. In this case we can relate the integrals defined in (6) and (10). In order to do this we need the following lemma which is a generalization of Lemma 2.1 [4].

Lemma 3. Let τ be a translation invariant pseudo-metric on G then

$$(12) \qquad \frac{\mu_1}{m_\tau(\varepsilon)} \leq N_\tau(K \oplus K, \varepsilon) \leq \frac{\mu_4}{m_\tau(\varepsilon/2)}.$$

Proof: Since this lemma is the only ingrediant in the proof of Theorem 1 that is not supplied in [8] or [10] we will sketch the proof. Note that when G is compact we can take $K = G$. In this case the proof is elementary and (12) reduces to

$$\frac{\mu(G)}{m_\tau(\varepsilon)} \leq N_\tau(G,\varepsilon) \leq \frac{\mu(G)}{m_\tau(\varepsilon/2)}.$$

Let $B(t,\varepsilon) = \{x \in G | \tau(x-t) < \varepsilon\}$ and let $M_\tau(K \oplus K, \varepsilon)$ denote the maximal number of balls of radius ε in the τ pseudo-metric centered in $K \oplus K$ and disjoint in $\overset{4}{\underset{i=1}{\oplus}} K_i$. Then for all $t \in K \oplus K$ we have

$$\mu\{B(t,\varepsilon) \cap \overset{4}{\underset{i=1}{\oplus}} K_i\} \geq \mu\{B(0,\varepsilon) \cap K \oplus K\}$$

and

$$M_\tau(K \oplus K, \varepsilon/2) \geq N_\tau(K \oplus K, \varepsilon)$$

Denote the centers of the $M_\tau(K \oplus K, \varepsilon/2)$ balls of radius $\varepsilon/2$ centered in $K \oplus K$ and disjoint in $\overset{4}{\underset{i=1}{\oplus}} K_i$ by $\{t_j, j = 1, \ldots, M_\tau(K \oplus K, \varepsilon)\}$

then

$$\mu_4 \geq \mu\left(\bigcup_{j=1}^{M_\tau(K \oplus K, \varepsilon/2)} \{B(t_j, \varepsilon/2) \cap \overset{4}{\underset{i=1}{\oplus}} K_i\}\right)$$

$$\geq M_\tau(K \oplus K, \varepsilon/2)\mu(B(0,\varepsilon/2) \cap K \oplus K)$$

$$\geq N_\tau(K \oplus K, \varepsilon) m_\tau(\varepsilon/2)$$

This proves the right side of (12); the proof of the left side is similar.

We note two other standard results

(13) $$N_\tau(K,\varepsilon) \leq N_\tau(K \oplus K, \varepsilon)$$

(14) $$N_\tau(K \oplus K, 2\varepsilon) \leq N_\tau^2(K,\varepsilon)$$

and define the integral expression

(15) $$\tilde{I}(K,\mu,\tau(u)) = \tilde{I}(\tau(u)) = \tilde{I}(\tau)$$

$$= \int_0^{\mu_2} \frac{\int_0^s \overline{\tau(u)}du}{s^2(\log \frac{4\mu_4}{s})^{1/2}} ds$$

for $\overline{\tau}$ as defined in (5). The next lemma follows from (12), (13), (14) and integration by parts.

Lemma 5: Let $\hat{\tau} = \sup_{x \in K \oplus K} \tau(x)$ and assume that $J(K,\tau) = J(\tau) < \infty$, then the following inequalities hold:

$$(16) \qquad -C_1\hat{\tau} + I(\tau) \leq \tilde{I}(\tau) \leq 2I(\tau)$$

$$(17) \qquad -C_2\hat{\tau} + \frac{1}{2\sqrt{2}}I(\tau) \leq J(\tau) \leq C_2'\hat{\tau} + 2I(\tau)$$

$$(18) \qquad -C_3\hat{\tau} + \frac{1}{4\sqrt{2}}\tilde{I}(\tau) \leq J(\tau) \leq C_3'\hat{\tau} + 2\tilde{I}(\tau)$$

where $C_1, C_2, C_2', C_3, C_3'$ are all positive and finite.

The next step in the proof is a Jensen type inequality for the non-decreasing rearrangements of a family of random functions. Let $(\Omega, \mathcal{F}, P)$ be some probability space with expectation operator E and let $\tau(x,\omega)$, $x \in K \oplus K$, $\omega \in \Omega$ be a family of random non-negative functions such that $E|\tau(x,\omega)|^2 < \infty$ for $x \in K \oplus K$. Following (4) and (5) we define the random families $m_{\tau(\cdot,\omega)}(\varepsilon)$ and $\overline{\tau(\cdot,\omega)}$. We have

Lemma 6: For $0 \leq h \leq \mu_2$

$$(19) \qquad (E|\int_0^h \overline{\tau(u,\omega)}du|^2)^{1/2} \leq \int_0^h \overline{(E|\tau(u,\omega)|^2)^{1/2}}du.$$

This lemma is a generalization of Lemma 1.1 [7]. The proof is essentially the same as the one given in [8].

We can now obtain the implications of $I(\sigma) < \infty$ in Theorem 1. Let $(\Omega_1, \mathscr{F}_1, P_1)$ denote the probability space of $\{\xi_\gamma\}$ and $(\Omega_2, \mathscr{F}_2, P_2)$ denote the probability space of $\{\epsilon_\gamma\}$ and denote the corresponding expectation operators by E_1 and E_2. The series (3) is defined on the probability space $(\Omega_1 \times \Omega_2, \mathscr{F}_1 \times \mathscr{F}_2, P_1 \times P_2)$. We shall refer to this space as $(\Omega, \mathscr{F}, P)$ and denote the corresponding expectation operator by E (not to be confused with the space used to explain Lemma 6).

Without loss of generality we can assume $\sup_{\gamma \in A} E|\xi_\gamma|^2 \leq 1$; the second assumption of (2) is not used in this part of the proof. Fix $\omega_1 \in \Omega_1$ and consider

(20) $$Z(x,\omega_1) = \sum_{\gamma \in A} a_\gamma \epsilon_\gamma \xi_\gamma(\omega_1)\gamma(x), \qquad x \in K$$

as a random series on $(\Omega_2, \mathscr{F}_2, P_2)$. Note that

$Z_1(x,\omega_1) = \sum_{\gamma \in A} \epsilon_\gamma \mathrm{Re}[a_\gamma \xi_\gamma(\omega_1)\gamma(x)]$ and

$Z_2(x,\omega_1) = \sum_{\gamma \in A} \epsilon_\gamma \mathrm{Im}[a_\gamma \xi_\gamma(\omega_1)\gamma(x)]$ are both processes with sub-gaussian increments (see e.g. Chapter 2, Section 2 [5]) and both $(E_2|Z_1(x,\omega_1)-Z_1(y,\omega_1)|^2)^{1/2}$ and $(E_2|Z_2(x,\omega_1)-Z_2(y,\omega_1)|^2)^{1/2}$ are less than or equal to

(21) $$\sigma(x-y,\omega_1) = \Big(\sum_{\gamma \in A} |a_\gamma|^2 |\xi_\gamma(\omega_1)|^2 |\gamma(x-y)-1|^2\Big)^{1/2}.$$

By Theorem 2 with $t_0 = 0$ and (18) we have

(22) $$E_2[\sup_{x \in K}|Z(x,\omega_1)|] \leq D\Big[\Big(\sum_{\gamma \in A} |a_\gamma|^2 |\xi_\gamma(\omega_1)|^2\Big)^{1/2} + \tilde{I}(\sigma(u,\omega_1))\Big],$$

for some constant D, where we use the facts that

$$\hat{\sigma} = \sup_{x \in K \oplus K} \sigma(x) \leq 2\Big(\sum_{\gamma \in A} |a_\gamma|^2 |\xi_\gamma(\omega_1)|^2\Big)^{1/2}$$

and

$$E_2|Z(0,\omega_1)| \le (E_2|Z(0,\omega_1)|^2)^{1/2}$$
$$= (\sum_{\gamma\in A} |a_\gamma|^2|\xi_\gamma(\omega_1)|^2)^{1/2}.$$

The series (20) is a Rademacher series therefore by Kahane's inequality we have

$$(23) \qquad E_2[\sup_{x\in K}|Z(x,\omega_1)|^2]^{1/2} \le C\ E_2[\sup_{x\in K}|Z(x,\omega_1)|]$$

where C is a constant independent of the values of $\{a_\gamma\xi_\gamma(\omega_1)|\gamma\in A\}$. By Lemma 6 we have

$$(24) \qquad (E_1|\tilde{I}(\sigma(u,\omega_1))|^2)^{1/2}$$

$$\le \int_0^{\mu_2} \frac{(E_1|\int_0^s \overline{\sigma(u,\omega_1)}du|^2)^{1/2}}{s^2(\log \frac{4\mu_4}{s})^{1/2}} ds \le \tilde{I}(\sigma)$$

where σ is given in (7). Also

$$(25) \qquad (E_1 \sum_{\gamma\in A} |a_\gamma|^2|\xi_\gamma(\omega_1)|^2)^{1/2} \le (\sum_{\gamma\in A} |a_\gamma|^2)^{1/2}.$$

Using (23), (24), (25) and (16) in (22) we obtain (8).

We now show that the series (3) converges uniformly a.s. It follows from (24) and Lemma 5 that $I(\sigma) < \infty$ implies $J(K,\sigma(\cdot,\omega_1)) < \infty$ a.s. (P_1). Therefore by Theorem 2 there exists a set $\overline{\Omega}_1 \subset \Omega_1, P(\overline{\Omega}_1) = 1$, such that for $\omega_1\in\overline{\Omega}_1$, $Z(x,\omega_1)$ has a version which is continuous a.s. (P_2). Therefore by the Ito-Nisio theorem (Theorem 2.3.4 [5]) the series (20) converges uniformly a.s. (P_2)

for each $\omega_1 \in \overline{\Omega}_1$. This implies, by Fubini's theorem, that the series (3) converges uniformly a.s. (P).

We now obtain the implications of $I(\sigma) = \infty$. The major result in this direction is Fernique's necessary condition for the continuity of stationary Gaussian processes. Consider

$$(26) \qquad G(x) = \sum_{\gamma \in A} a_\gamma g_\gamma \gamma(x), \qquad x \in K.$$

We use the following version of Fernique's theorem.

<u>Theorem 7</u>. A necessary condition for the series (26) to converge uniformly a.s. is that $J(K,\sigma) < \infty$.

<u>Proof</u>: Fernique's theorem (Theorem 8.1.1 [3]) is proved for real valued processes on R^n but only minor modifications are necessary to adapt the proof to the case considered here. Instead of $G(x)$ it is sufficient to prove Theorem 7 for the real valued process

$$(27) \qquad Y(x) = \sum_{\gamma \in A} g_\gamma \mathrm{Re}(a_\gamma \gamma(x)) + \sum_{\gamma \in A} g'_\gamma \mathrm{Im}(a_\gamma \gamma(x)), x \in K,$$

where $\{g'_\gamma | \gamma \in A\}$ is an independent copy of $\{g_\gamma | \gamma \in A\}$, since $E(G(x)-G(y))^2 = E(Y(x)-Y(y))^2 = \sigma^2(x-y)$ and the series (26) and (27) either both converge uniformly a.s. or neither does.

The only point in the proof of Theorem 8.1.1 [3] that needs to be extended is Lemma 8.1.2. Let $H = \{x \in G | \sigma(x) = 0\}$ and form the quotient group $G' = G/H$. There exists a cannonical mapping of G onto G'; let K' be the image of K under this mapping. Denote by σ' the metric on K' that corresponds to the pseudo-metric σ on K.

<u>Lemma 8</u>: There exists a $\delta_0 > 0$ and a compact symmetric neighborhood of 0 $S \subset K$ such that if $s,t \in \bigoplus_{i=1}^{4} S_i$ then $\sigma'(s-t) \leq \delta_0$ implies $s-t \in S$.

<u>Proof</u>: Let S be a compact symmetric neighborhood of $0 \in K'$ such that $\bigoplus_{i=1}^{8} S \subset K'$. Let $\beta = \min\{\sigma'(x), x \in \bigoplus_{i=1}^{8} S_i/S\}$. Since 0 is the unique zero of σ' on K' we have $\beta > 0$. Let $s,t \in \bigoplus_{i=1}^{4} S_i$ then $s-t \in \bigoplus_{i=1}^{8} S_i$. Set $\delta_0 = \beta/2$ then $\sigma'(s-t) \leq \delta_0$ implies $s-t \in S$.

Consider S as given in Lemma 8 and let $T = \bigoplus_{i=1}^{4} S_i$. Following the notation of Theorem 8.1.1 [3] we define $B(S,\delta_0) = \bigcup_{s \in S} B(s,\delta_0)$ where $B(s,\delta)$ denotes an open ball of radius δ in K' with respect to the σ' metric. Let $s,t \in B(S,\delta_0) \cap T$, we show that for $\delta \leq \delta_0$, $B(s,\delta) \cap T = A_1$ and $B(t,\delta) \cap T = A_2$ are translates of each other, i.e. if $u \in A_1$ then $u + t - s \in A_2$. To do this we need only show that $u + t - s \in T$. Since $t \in B(S,\delta_0)$ there exists a $t' \in S$ such that $\sigma(t-t') < \delta_0$. Set

$$u + t - s = t' + (t-t') + (u-s).$$

Since $t,t' \in T = \bigoplus_{i=1}^{4} S_i$, by Lemma 8, $t-t' \in S$. Similarly $u-s \in S$ and since $t' \in S$ we have $u + t - s \in T$.

Consider the process

$$(28) \qquad Y'(x) = \sum_{\gamma \in A} g_\gamma \operatorname{Re}(a_\gamma \gamma(x)) + \sum_{\gamma \in A} g'_\gamma \operatorname{Im}(a_\gamma \gamma(x)), \quad x \in K'.$$

This is a real valued stationary Gaussian process with $(E|Y'(x)-Y'(y)|^2)^{1/2} = \sigma'(x-y)$ and an equivalent of Lemma 8.1.2 [3] holds for this process.

Assume that the series (28) converges uniformly a.s. on K'. By the Landau, Shepp, Fernique theorem (Corollary 2.4.6 [5]) we have $E(\sup_{x\in K'} Y'(x)) < \infty$. We refer to the second paragraph of 8.1.4 [3] with S and T as given above. This shows that there exists a $\delta' > 0$ such that

$$\int_0^{\delta'} (\log N_{\sigma'}(S,u))^{1/2} du < \infty$$

and since S is compact we also have $J(S,\sigma') < \infty$. Finally, since K' is compact, there exists a constant $C > 0$ such that $N_{\sigma'}(S,u) \geq C\, N_{\sigma'}(K',u)$. Therefore $J(K',\sigma') < \infty$. To obtain Theorem 7 for $Y(x)$, $x\in K$ we note that the series (27) and (28) either both converge uniformly a.s. or neither does. Furthermore

$$E(\sup_{x\in K'} Y'(x)) = E(\sup_{x\in K} Y(x))$$

and $N_{\sigma'}(K',u) = N_\sigma(K,u)$. Therefore we obtain Theorem 7.

Let $\{\gamma_k,\ k = 1,2,\ldots\}$ be an ordering of $A \subset \Gamma$. Our main result on necessary conditions for the convergence of random Fourier series is contained in the following lemma.

<u>Lemma 9</u>: In the notation established above we have

$$(29)\qquad (E\sup_n \| \sum_{k=1}^n a_k \varepsilon_k \xi_k \gamma_k \|^2)^{1/2}$$

$$\leq C(\sup_k E|\xi_k|^2)^{1/2} (E\sup_n \| \sum_{k=1}^n a_k g_k \gamma_k \|^2)^{1/2}$$

and

(30) $$(E \sup_n \| \sum_{k=1}^{n} a_k g_k \gamma_k \|^2)^{1/2} \le C'(E \sup_n \| \sum_{k=1}^{n} a_k \varepsilon_k \gamma_k \|^2)^{1/2}.$$

In particular, if $\sum_{\gamma \in A} a_\gamma \varepsilon_\gamma \gamma(x)$ converges uniformly a.s. then so does $\sum_{\gamma \in A} a_\gamma g_\gamma \gamma(x)$ and

(31) $$(E\| \sum_{\gamma \in A} a_\gamma g_\gamma \gamma \|^2)^{1/2} \le C''(E\| \sum_{\gamma \in A} a_\gamma \varepsilon_\gamma \gamma \|^2)^{1/2}.$$

(Here C, C' and C'' are finite constants independent of $\{a_k\}$).

Proof: Belyaev's dichotomy [1], states that a stationary Gaussian process on the real line either has continuous sample paths a.s. or else is unbounded on all intervals. This dichotomy also holds for G(x) and is a consequence of results of Ito and Nisio. (A proof can be made using Theorems 3.4.7 and 3.4.9 [5].) Consequently, we have that either $\sum_{k=1}^{\infty} a_k g_k \gamma_k(x)$ converges uniformly a.s. on K or else for all open sets $U \subset K$

(32) $$\sup_n \sup_{x \in U} | \sum_{k=1}^{n} a_k g_k \gamma_k(x) | = \infty \text{ a.s.}$$

We also note that by Levy's inequality and the Landau, Shepp, Fernique theorem, if $\sum_{k=1}^{\infty} a_k g_k \gamma_k$ converges uniformly a.s. then

(33) $$E(\sup_n \| \sum_{k=1}^{n} a_k g_k \gamma_k \|^2) < \infty.$$

Inequality (29) is a consequence of the closed graph theorem. Let B_1 be the Banach space of sequences of complex numbers $\{a\} = \{a_1, a_2, \ldots\}$ for which $\sum_{k=1}^{\infty} a_k g_k \gamma_k$ converges uniformly a.s. on K and $\|\{a\}\|_1 = (E \sup_n \| \sum_{k=1}^{n} a_k g_k \gamma_k \|^2)^{1/2} < \infty$. Let B_2 denote the

Banach space of sequences of complex numbers $\{a\} = \{a_1, a_2, \ldots\}$ for which $\sum_{k=1}^{\infty} a_k \epsilon_k \xi_k \gamma_k$ converges uniformly a.s. on K for all sequences of complex random variables $\{\xi_k\}$ satisfying $E|\xi_k|^2 \leq 1$ and $\|\{a\}\|_2 = \sup_{\{\xi_k\}} (E \sup_n \|\sum_{k=1}^{n} a_k \epsilon_k \xi_k \gamma_k\|^2)^{1/2} < \infty$.' Then $\|\{a\}\|_1 < \infty$ implies $I(\sigma) < \infty$ by Theorem 7, (33) and (17) and $I(\sigma) < \infty$ implies $\|\{a\}\|_2 < \infty$ by (8) of Theorem 1 (which we have already proved) and Levy's inequality. Therefore (29) follows from the closed graph theorem applied to the identity mapping of B_1 onto B_2.

To obtain (30) we write $g_k = g_k' + g_k''$ where $g_k' = g_k I[|g_k| < N]$ ($I[A]$) is the indicator function of the set A) and N is chosen so that $(E|g_k''|^2)^{1/2} = (2C)^{-1}$. Then, for all j

$$E(\sup_{n \leq j} \|\sum_{k=1}^{n} a_k g_k \gamma_k\|^2)^{1/2}$$

$$\leq (E \sup_{n \leq j} \|\sum_{k=1}^{n} a_k g_k' \gamma_k\|^2)^{1/2} + (E \sup_{n \leq j} \|\sum_{k=1}^{n} a_k g_k'' \gamma_k\|^2)^{1/2}.$$

By Theorem 5.3 [12]

$$(E \sup_{n \leq j} \|\sum_{k=1}^{n} a_k g_k' \gamma_k\|^2)^{1/2} \leq N(E \sup_{n \leq j} \|\sum_{k=1}^{n} a_k \epsilon_k \gamma_k\|^2)^{1/2}$$

and by (29)

$$(E \sup_{n \leq j} \|\sum_{k=1}^{n} a_k g_k'' \gamma_k\|^2)^{1/2} \leq \frac{1}{2}(E \sup_{n \leq j} \|\sum_{k=1}^{n} a_k g_k \gamma_k\|^2)^{1/2}.$$

Putting this together we have

$$(E \sup_{n \le j} \| \sum_{k=1}^{n} a_k g_k \gamma_k \|^2)^{1/2} \le 2N(E \sup_{n \le j} \| \sum_{k=1}^{n} a_k \varepsilon_k \gamma_k \|^2)^{1/2}.$$

Passing to the limit as $j \to \infty$ we obtain (30) with $C' = 2N$.

If $\sum_{\gamma \in A} a_\gamma \varepsilon_\gamma \gamma(x)$ converges uniformly a.s. the right side of (30) is finite by Kahane's theorem; therefore $\sum_{\gamma \in A} a_\gamma g_\gamma \gamma(x)$ converges uniformly a.s. by (30) and the extended Belyaev dichotomy.

By Lemma 9, and what we have already proved, we have that $I(\sigma) < \infty$ is a necessary and sufficient condition for the uniform convergence a.s. of $\sum_{k=1}^{\infty} a_k \varepsilon_k \gamma_k$. This, essentially, is all we need to complete the proof of Theorem 1. For instance, if $\{\xi_k\}$ is also independent (besides satisfying (2)) then by Theorem 5.1 [12], $I(\sigma) < \infty$ is a necessary and sufficient condition for the uniform convergence a.s. of the series in (3). Also, one can easily show that $I(\sigma) = \infty$ implies $E \sup_n \| \sum_{k=1}^{n} a_k \varepsilon_k \xi_k \gamma_k \|^2 = \infty$. For the actual completion of the proof of Theorem 1 we refer the reader to Lemma 2.5 [8] and the brief "Proof of Theorem 1.1" on page 2.11 [8]. This material, although written for the case $G = R$, extends immediately to the case considered here.

All the results of [8] have versions for the more general class of random series considered in this paper. These include a central limit theorem for $Z(x)$ and the identification of the uniformly convergent series of the type given in (3) with a Banach space of cotype 2. An application of random Fourier series to a non-random problem in the study of lacunary series is given in [10].

Note that it is not necessary to assume that $\sup_\gamma E|\xi_\gamma|^2 < \infty$ in

(3). Let $\{\xi_\gamma\}$ be simply a sequence of complex valued random variables on the probability space $(\Omega_1, \mathcal{F}_1, P_1)$. Then a necessary and sufficient condition of the series (3) to converge uniformly a.s. is that

$$(34) \qquad I((\sum_\gamma |a_\gamma|^2 |\xi_\gamma(\omega_1)|^2 |\gamma(s)-1|^2)^{1/2}) < \infty \text{ a.s. } (P_1).$$

From (34) we can obtain results even when the $\{\xi_\gamma\}$ do not have second moments. For example, let $\{\xi_\gamma\}$ be independent copies of ξ where $E[e^{it\xi}] = e^{-|t|^p}$. Then we have

$$I((\sum_\gamma |a_\gamma|^p |\gamma(s)-1|^p)^{1/p}) < \infty$$

implies $\sum_\gamma a_\gamma \varepsilon_\gamma \xi_\gamma \gamma(x)$ converges uniformly a.s. (see Theorem 2.9 [8]).

We plan to elaborate upon these remarks and to give a more detailed proof of Theorem 1 in a later paper.

References

[1] Belyaev, Yu. K., Continuity and Hölder's conditions for sample functions of stationary Gaussian processes, Proc. Fourth Berkeley Symp. Math. Statist. Prob. 2 (1961), 22-33.

[2] Dudley, R. M The sizes of compact subsets of Hilbert space and continuity of Gaussian processes, J. Funct. Anal. 1 (1967), 290-330.

[3] Fernique, X., Régularité des trajectories des fonctions aléatoires gaussiennes, Lecture Notes in Mathematics, 480, 1975, 1-96.

[4] Jain, N. C. and Marcus, M. B., Sufficient conditions for the continuity of stationary Gaussian processes and applications to random series of functions, Ann. Inst. Fourier (Grenoble) 24 (1974), 117-141.

[5] Jain, N. C. and Marcus, M. B., Continuity of subgaussian processes, Advances in Probability, Vol. 5, M. Dekker.

[6] Kahane, J. P., Some random series of functions, 1968, D. C. Heath, Lexington, Mass.

[7] Marcus, M. B., Continuity and the central limit theorem for random trigonometric series, Z. Warscheinlichkeitsth., 42 (1978), 35-56.

[8] Marcus, M. B. and Pisier, G., Necessary and sufficient conditions for the uniform convergence of random trigonometric series, Lecture Note Series, 1978, Arhus University, Denmark.

[9] Paley, R. E. A. C. and Zygmund, A., On series of functions (1) (2) (3), Proceedings of Cambridge Phil. Soc. 26 (1930),

458-474, 28 (1932), 190-205.

[10] Pisier, G., Sur l'espace de Banach des series de Fourier aleatoire presque surement continué, Exposé No. 17-18, Séminaire Maurey-Schwartz 1977-78, Ecole Polytechnique Paris.

[11] Salem, R. and Zygmund, A. Some properties of trigonometric series whose terms have random signs, Acta Math. 91 (1954), 245-301.

[12] Jain, N. C. and Marcus, M. B., Integrability of infinite sums of independent vector-valued random variables, Trans. Amer. Math. Soc. 212 (1975), 1-36.

[13] Fernique, X., Des résultats nouveaux sur les processus gaussiens, C. R. Acad. Sci. Paris Ser. A 278 (1974), 363-365.

UNE SOLUTION SIMPLE AU PROBLEME DE SKOROKHOD

par Jacques AZEMA et Marc YOR

1. Introduction :

Soient (X_t) un mouvement brownien à une dimension issu de l'origine et μ une loi de probabilité sur $\mathbb{R}$, centrée et admettant un moment du second ordre.

On appelle $\Psi_\mu(x)$ le barycentre de la restriction de μ à $[x,\infty[$, et on pose $S_t = \sup_{s \leqslant t} X_s$. L'objet principal de cet article est de montrer que le temps d'arrêt

$T = \inf\{t\,; S_t \geqslant \Psi_\mu(X_t)\}$ résout le problème de Skorokhod relatif à μ, c'est à dire satisfait aux conditions suivantes :

a/ La loi de X_T est μ.

b/ $E[T] = \int_{\mathbb{R}} x^2 \, d\mu(x)$.

Par rapport aux constructions antérieures (Skorokhod [11], Dubins [2], Root [10], Chacon - Walsh [1]), le procédé proposé ici présente l'avantage de ne pas être obtenu par un passage à la limite à partir de lois discrètes ; la solution est donc plus explicite. D'autre part on peut calculer, là encore explicitement, la loi des variables aléatoires S_T et T en fonction de μ.

Ce travail a été inspiré par la lecture (1) des articles de H.M. Taylor [12], D. Kennedy [4], J. Lehoczky [7], D. Williams [13], dont l'objectif était inverse : étant donnée une fonction Ψ continue et $T = \inf\{t\,; S_t \geqslant \Psi(X_t)\}$, quelle est la loi du couple (S_T, T) ?

En ce qui concerne les méthodes, nous avons usé de manière intensive du résultat suivant : Si f est de classe C^1, le processus $f(S_t) + (X_t - S_t)\, f'(S_t)$ est une martingale locale.

Ces martingales locales paraissent un peu simplettes mais suffisent dans de nombreux cas à obtenir des résultats d'accès difficile. Introduites en [18] de manière compliquée, elles ont déjà été utilisées par les auteurs en [19].

---

(1) Nous remercions vivement M. Basseville qui nous a fait connaître les travaux de Kennedy et Lehoczky.

Comme deuxième exemple d'application de ces méthodes, nous donnons une nouvelle démonstration d'un célèbre théorème dû à D. Ray [9] et F. Knight [5] sur le temps local du mouvement brownien.

Enfin, nous consacrons un appendice au théorème de Paul Lévy sur l'équivalence en loi des processus $(S - X, S)$ et $(|X|, L^\circ)$, où L° désigne le temps local en 0 du mouvement brownien X.

2. Quelques martingales simples associées au mouvement brownien

$(\Omega, \underline{F}, (\underline{F}_t), P)$ est un espace filtré vérifiant les conditions habituelles ; $X = (X_t)$ est une martingale locale continue (par rapport à la filtration $(\underline{F}_t)$) de processus croissant $(\langle X, X\rangle_t)$. On désigne par (L_t) le temps local en 0 de (X_t) : c'est le processus croissant continu tel que $|X_t| - L_t$ soit une martingale locale. Le temps local en a, (L_t^a), est (défini comme étant) le temps local en zéro de la martingale locale $(M_t - a)$. On pose enfin $S_t = \sup_{s \leq t} (X_s)$, et l'on a le résultat suivant

2.1. Proposition Soit $f : (x,y,t) \longrightarrow f(x,y,t)$ *une fonction réelle de classe* C^∞, *définie sur* $\mathbb{R}^3$, *qui satisfait aux conditions* :

$$\frac{1}{2} f''_{x^2} + f'_t = 0 \quad ; \quad f'_x(0,y,t) + f'_y(0,y,t) = 0$$

Les processus $f(S_t - X_t, S_t, \langle X,X\rangle_t)$ *et* $f(|X|_t, L_t, \langle X,X\rangle_t)$ *sont des martingales locales.*

Démonstration Appelons (Z_t) le processus $f(S_t - X_t, S_t, \langle X,X\rangle_t)$ et appliquons la formule d'Ito ; il vient

$$Z_t = Z_0 - \int_0^t f'_x(S_s - X_s, S_s, \langle X,X\rangle_s)dX_s + \int_0^t (f'_x + f'_y)(S_s - X_s, S_s, \langle X,X\rangle_s)dS_s$$

Dans la deuxième intégrale, on peut remplacer $S_s - X_s$ par 0 puisque dS_s est porté par $\{s \mid X_s = S_s\}$. Cette intégrale est donc nulle ; le résultat relatif au temps local se montre de la même façon.

2.2. Corollaires 1/ *Le processus* $(S_t - X_t)^2 - \langle X,X\rangle_t$ *est une martingale locale*

2/ *Si f est une fonction de classe* C^1, *les processus*

$f(S_t) - (S_t - X_t)f'(S_t)$ <u>et</u> $f(L_t) - |X_t|f'(L_t)$ <u>sont des martingales locales</u>.

3/ <u>Pour tout couple</u> (p,q) de $\mathbb{R}^2$, <u>les processus</u>

$$Z_t^{p,q} = [q \operatorname{ch} q\,(S_t - X_t) + p \operatorname{sh} q\,(S_t - X_t)] \exp\{-p S_t - \frac{q^2}{2} < X,X >_t\},$$

$$\tilde{Z}_t^{p,q} = [q \operatorname{ch} q\,|X_t| + p \operatorname{sh} q\,|X_t|] \exp\{-p L_t - \frac{q^2}{2} < X,X >_t\}$$ <u>sont des martingales locales</u>.

Nous aurons besoin d'une légère extension de 2/ qui s'obtient grace à un argument de classe monotone :

2'/ <u>Soit g une fonction borélienne bornée</u> ; <u>posons</u> $G(x) = \int_0^x g(u)\,du$; <u>le processus</u>

(1) $G(S_t) - (S_t - X_t)\, g(S_t)$ <u>est une martingale locale</u>.

(on remarquera que, contrairement aux apparences, le processus $((S_t - X_t)\, g(S_t))$ est à trajectoires continues.)

3. <u>Le problème de Skorokhod</u>

a/ <u>Préliminaires analytiques</u> Soit μ une probabilité sur $\mathbb{R}$ admettant un moment d'ordre 1, et centrée ; on pose

$$\Psi_\mu(x) = \begin{cases} \dfrac{1}{\mu[x,\infty[} \displaystyle\int_{[x,\infty[} t\, d\mu(t) & \text{si } \mu[x,\infty[> 0 \\ x & \text{si } \mu[x,\infty[= 0 \end{cases}$$

$\Psi_\mu(x)$ est le barycentre de la restriction de μ à $[x,\infty[$;
La fonction Ψ_μ possède les propriétés suivantes :

(2) Ψ_μ est une fonction croissante, continue à gauche, vérifiant : $\forall x, \Psi_\mu(x) \geq x$, et $\lim_{x \to -\infty} \Psi_\mu(x) = 0$. De plus, $\Psi_\mu(y) = y \Rightarrow \Psi_\mu(x) = x \quad \forall x \geq y$.

On remarque que l'on a $\lim_{x \to +\infty} \mu[x,\infty[\, \Psi_\mu(x) = 0$. On pose dans la suite $\bar{\mu}(x) = \mu[x,\infty[$; quand aucune confusion n'en résulte, on écrit Ψ pour Ψ_μ. La proposition suivante montre que Ψ_μ détermine μ.

3.1. Proposition On a la relation

(3) $$\bar{\mu}(x) = \exp\left(-\int_{-\infty}^{x} \frac{d\Psi^c(s)}{\Psi(s)-s}\right) \times \prod_{s<x} \frac{\Psi(s)-s}{\Psi(s_+)-s} ,$$

où l'on convient que $\frac{0}{0} = 1$ et où Ψ^c désigne, comme d'habitude, la partie continue de Ψ.

Démonstration Posons $a = \inf\{x\,;\,\bar{\mu}(x) = 0\}$; la formule (3) est évidente lorsque $x > a$; il suffit de la montrer pour $x < a$ après avoir remarqué que les deux membres définissent des fonctions continues à gauche.

Or, pour $x \in]-\infty, a[$, on a : $\Psi(x)\,\bar{\mu}(x) = \int_{[x,\infty[} t\, d\mu(t)$

D'où : $\Psi(x+)\, d\bar{\mu} + \bar{\mu} d\Psi = -x\, d\mu = x\, d\bar{\mu}$, sur $]-\infty,a[$.

Puisque la fonction $[\Psi(x+) - x]$ ne s'annule pas sur $]-\infty,a[$, il vient, sur cette demi-droite : $d\bar{\mu} = -\frac{\bar{\mu}}{\Psi(x+)-x}\, d\Psi$.

Cette "équation différentielle" (sur $]-\infty,a[$) est plus que classique ; connaissant la condition initiale $\bar{\mu}(-\infty) = 1$, elle se résoud par la formule

$$\bar{\mu}(x) = \exp\left\{-\int_{-\infty}^{x} \frac{d\Psi^c(s)}{[\Psi(s)-s]}\right\} \prod_{s<x} \left(1 - \frac{\Delta\Psi(s)}{\Psi_+(s)-s}\right),$$ dont découle la formule (3).

Le résultat précédent admet une réciproque :

3.2. Proposition Soit Ψ une fonction de $\mathbb{R}$ dans $\mathbb{R}_+$ vérifiant les conditions (2)

On pose $\bar{\mu}(x) = \exp\left[-\int_{-\infty}^{x} \frac{d\Psi^c(s)}{\Psi(s)-s}\right] \prod_{s<x} \frac{\Psi(s)-s}{\Psi(s_+)-s}$, (toujours avec la convention $\frac{0}{0} = 1$), et on suppose que

$$(*) \qquad \lim_{x\to+\infty} \Psi(x)\,\bar{\mu}(x) = 0.$$

$\bar{\mu}$ est alors une fonction décroissante continue à gauche vérifiant $\lim_{x\to-\infty} \bar{\mu}(x) = 1$ et $\lim_{x\to+\infty} \bar{\mu}(x) = 0$. Elle définit donc une probabilité μ sur $\mathbb{R}$, caractérisée par :

$\forall x,\ \bar{\mu}(x) = \mu([x,\infty))$.
μ admet un moment d'ordre 1, est centrée et $\Psi = \Psi_\mu$.

Démonstration Posons $a = \inf\{x\,;\, \Psi(x) = x\}$. Sur l'intervalle $]-\infty,a[$, on a :

$$d\bar{\mu}(x) = -\bar{\mu}(x)\ \frac{d\Psi(x)}{\Psi(x_+) - x}, \text{ soit encore : } [\Psi(x_+) - x]\ d\bar{\mu}(x) = -\bar{\mu}(x)\ d\Psi(x).$$

Le membre de gauche est nul sur $[a,\infty[$. Quant au membre de droite, il ne charge pas $\{a\}$, car Ψ est continue en a, ni $]a,\infty[$, car sur cet intervalle $\bar{\mu}(x) = 0$

L'égalité $[\Psi(x_+) - x]\ d\bar{\mu}(x) = -\bar{\mu}(x)\ d\Psi(x)$ a donc lieu sur tout $\mathbb{R}$.

Ceci s'écrit encore $d[\Psi\bar{\mu}] = t\,d\bar{\mu}$

- $\bar{\mu}$ étant décroissante, on en déduit, en particulier, pour $x > 0$, que :

$\Psi(x)\ \bar{\mu}(x) \leqslant \Psi(0)\ \bar{\mu}(0)$, et donc : $\bar{\mu}(x) \leqslant \dfrac{\Psi(0)\ \bar{\mu}(0)}{x}$, puisque $\Psi(x) \geqslant x$.

De là, on tire : $\lim\limits_{x\to+\infty} \bar{\mu}(x) = 0$.

D'autre part, d'après la convergence (pour $x < a$) de l'intégrale qui figure dans la définition de $\bar{\mu}$, on a : $\lim\limits_{x\to-\infty} \bar{\mu}(x) = 1$. Ces deux résultats entraînent l'existence de la probabilité μ telle que : $\forall x,\ \bar{\mu}(x) = \mu([x,\infty))$.

- De l'égalité $d(\Psi\bar{\mu}) = t\,d\bar{\mu}$, on déduit facilement que μ admet un moment d'ordre 1, et l'hypothèse $\lim\limits_{x\to+\infty} \Psi(x)\ \bar{\mu}(x) = 0$ entraîne alors l'égalité

$\Psi(x)\ \bar{\mu}(x) = \displaystyle\int_{[x,\infty[} t\, d\mu(t)$, pour tout x, d'où le résultat.

Remarques : 1/ Dans l'énoncé précédent, si l'on supprime l'hypothèse (*), la limite, ℓ, de $\Psi(x)\ \bar{\mu}(x)$, quand $x\to\infty$ existe toujours, et est positive ou nulle. μ admet un moment d'ordre 1, égal à $-\ell$, et on a : $\Psi(x) = -\dfrac{1}{\bar{\mu}(x)} \displaystyle\int_{]-\infty,x[} t\, d\mu(t)$, pour tout x tel que $\bar{\mu}(x) > 0$.

2/ La condition (*) peut paraître difficile à vérifier. Toutefois, une condition suffisante pour qu'elle soit vérifiée est que $\limsup\limits_{x\to\infty} \dfrac{\Psi(x)}{x} < +\infty$.
Ceci découle de la majoration : si $x > 0$, $\Psi(x)\ \bar{\mu}(x) \leqslant \left(\dfrac{\Psi(x)}{x}\right) \displaystyle\int_{[x,\infty)} t\, d\mu(t)$.

Enonçons enfin un résultat relatif au second moment de μ :

3.3. Proposition On a l'égalité : $(\Psi_\mu(x) - x)\ \bar{\mu}(x)\ d\Psi_\mu(x) = x^2 d\mu(x) + d(\Psi_\mu^2\ \bar{\mu})$.

En conséquence, on a :

(4) $$\int_{\mathbb{R}} x^2\, d\mu(x) = \int_{\mathbb{R}} (\Psi_\mu(x) - x)\, \bar{\mu}(x)\, d\Psi_\mu(x)$$

Démonstration Pour simplifier l'écriture, notons $\Psi = \Psi_\mu$.

On a : $$(\Psi(x) - x)\, \bar{\mu} d\Psi = -(\Psi(x) - x)(\Psi(x_+) - x)\, d\bar{\mu}$$
$$= x^2\, d\mu + [\Psi(x) + \Psi(x_+)]\, x d\bar{\mu} - \Psi(x)\, \Psi(x_+)\, d\bar{\mu}$$

D'autre part, on a : $$d\{\Psi^2\bar{\mu}\} = \bar{\mu}(x)\, d(\Psi^2) + \Psi^2(x_+)\, d\bar{\mu}$$
$$= \bar{\mu}(x)\{\Psi(x) + \Psi(x_+)\}\, d\Psi + \Psi^2(x_+)\, d\bar{\mu}$$
$$= (x - \Psi(x_+))\, (\Psi(x) + \Psi(x_+))\, d\bar{\mu} + \Psi^2(x_+)\, d\bar{\mu}$$
$$= [\Psi(x) + \Psi(x_+)]\, x d\bar{\mu} - \Psi(x)\, \Psi(x_+)\, d\bar{\mu},$$

d'où le premier résultat annoncé.

Le second en découle lorsque l'on remarque que $\Psi(-\infty) = \int_{-\infty}^{+\infty} t d\mu(t) = 0$.

Note : Dans le cas où μ n'est pas centrée, il faut remplacer (4) par (4') :

(4') $$\int_{\mathbb{R}} x^2\, d\mu(x) = \int_{\mathbb{R}} (\Psi_\mu(x) - x)\, \bar{\mu}(x)\, d\Psi_\mu(x) + \left(\int_{\mathbb{R}} t\, d\mu(t)\right)^2$$

b/ Une solution au problème de Skorokhod : Soit (X_t) une martingale locale issue de 0 telle que $\liminf_{t\to\infty} X_t = -\infty$, $\limsup_{t\to\infty} X_t = +\infty$ p s.

Note On sait que les conditions ci-dessus sont équivalentes à $\langle X, X\rangle_\infty = \infty$ p s. Cela résulte d'un théorème classique selon lequel toute martingale locale continue est un mouvement brownien changé de temps au moyen de $\langle X, X\rangle_t$. On notera que, compte tenu de ce théorème, on aurait pu, sans perte de généralité, traiter uniquement dans ce qui suit le cas du mouvement brownien.

Mais, puisque les méthodes employées faisaient qu'il n'était pas plus coûteux de traiter le cas des martingales locales, on a préféré éviter de recourir à ce résultat.

3.4. Théorème Soit μ une mesure de probabilité sur $\mathbb{R}$, admettant un moment d'ordre 2, et centrée.

On pose $T = \inf\{t ; S_t \geq \Psi_\mu(X_t)\}$.

X_T a pour loi μ et $E[<X, X>_T] = \int_{\mathbb{R}} x^2 \, d\mu(x)$.

Démonstration Remarquons tout d'abord que T est presque sûrement fini ; soit en effet b un nombre réel, $a = \Psi(b)$; on a $T \leq \inf\{t > T_a ; X_t = b\}$, où T_a désigne le temps d'entrée de (X_t) dans $\{a\}$. Montrons maintemant que X_T a pour loi μ ; pour cela nous prouverons l'égalité

$$P[X_T \geq x] = \exp\left[-\int_{-\infty}^{x} \frac{d\Psi^c(s)}{\Psi(s) - s}\right] \prod_{s < x} \frac{\Psi(s) - s}{\Psi(s_+) - s}$$

ce qui, avec la proposition 3.1., nous donnera le résultat.

Désignons par $[\![\Psi]\!]$ le graphe de Ψ dans $\mathbb{R}^2$ et par γ le fermé $[\![\Psi]\!] \cup \left(\bigcup_{x \in \mathbb{R}} \{x\} \times [\Psi(x), \Psi(x_+)]\right)$. Il est facile de trouver un paramétrage de γ, c'est à dire un homéomorphisme $h = (\alpha,\beta)$ de $\mathbb{R}$ sur γ, ayant les propriétés suivantes : α et β sont croissantes continues, $\lim_{x \to -\infty} \alpha(x) = -\infty$, $\lim_{x \to +\infty} \alpha(x) = +\infty$, $\lim_{x \to -\infty} \beta(x) = 0$, $\lim_{x \to +\infty} \beta(x) = +\infty$. On a alors $T = \inf\{t ; (X_t, S_t) \in \gamma\}$; on pose $Z = h^{-1}(X_T, S_T)$ et, dans une première étape, nous allons chercher la loi de Z. Nous aurons besoin pour cela d'introduire les fonctions $\alpha'(u) = \inf\{v ; \alpha(v) \geq u\}$ et $\beta'(u) = \inf\{v ; \beta(v) \geq u\}$ (qui sont continues à gauche). Soit Φ une fonction continue à support compact K contenu dans $]0, \infty[$; appliquons le corollaire 2.2.2'. à la fonction $g = \Phi \circ \beta'$; reprenant les notations de ce corollaire on sait que $M_t = G(S_t) + (X_t - S_t)\, g(S_t)$ est une martingale locale continue ; en fai[t] il est facile de voir que M^T est une martingale bornée : en effet, d'une part, G est bornée, et d'autre part, on a l'inégalité

$$(X_{t\wedge T} - S_{t\wedge T})\, g(S_{t\wedge T}) \leq \|g\| \sup_{\substack{(x,y)\in\gamma \\ y \in \beta(K)}} (y - x))$$

On a donc l'égalité $EM_T = EM_0$, qui s'écrit

$$E[G(\beta(Z)) + [\alpha(Z) - \beta(Z)]\, g(\beta(Z))] = 0$$

On remarque alors que $G \circ \beta(x) = \int_{-\infty}^{x} \Phi(v)\, d\beta(v)$ et que, si S_β désigne le support de $d\beta$, $g\circ\beta(x) = \Phi(\ell(x))$ où $\ell(x) = \sup\{s\,;\, s<x \quad s\in S_\beta\}$, de sorte que l'égalité précédente peut s'écrire $\int_{\mathbb{R}} \nu(dz)\int_{-\infty}^{z} \Phi(v)\,d\beta(v) + \int_{\mathbb{R}} \nu(dz)(\alpha(z)-\beta(z))\Phi(\ell(z)) = 0$, si ν désigne la loi de Z. Mais un instant d'attention montre que ν est porté par S_β ; on a donc, en posant $\bar{\nu}(z) = \nu[z,\infty[$

$$\int_{\mathbb{R}} \Phi(v)\,\bar{\nu}(v)\,d\beta(v) = \int_{\mathbb{R}} \nu(dz)(\beta(z)-\alpha(z))\,\Phi(z).$$

La fonction $\bar{\nu}$ vérifie donc "l'équation différentielle" $\bar{\nu}(x)\,d\beta(x) = -\,d\bar{\nu}(x)(\beta(x)-\alpha(x))$, qui se résoud comme précédemment par l'égalité

$$(5) \qquad \bar{\nu}(x) = \exp\Big(-\int_{-\infty}^{x} \frac{d\beta(u)}{\beta(u)-\alpha(u)}\Big)$$

Il est alors facile d'obtenir l'expression de la loi m de X_T. On a en effet

$$\bar{m}(x) = m[x,\infty[= P[\alpha(Z)\geq x] = P[Z\geq\alpha'(x)] = \exp\Big[-\int_{-\infty}^{\alpha'(x)} \frac{d\beta(u)}{\beta(u)-\alpha(u)}\Big]$$

On remarque maintenant

- que $\Psi = \beta\circ\alpha'$ et que l'image de $d\beta$ par α est $d\Psi$
- que, si S_α désigne le support de $d\alpha$, l'image de $d\beta/_{S_\alpha}$ par α est $d\Psi^c$.

On peut alors écrire, si $S_\alpha^c = \sum_n \,]a_n, b_n[$ et $\alpha(a_n) = x_n$

$$\int_{-\infty}^{\alpha'(x)} \frac{d\beta(u)}{\beta(u)-\alpha(u)} = \int_{(-\infty,\alpha'(x))\cap S_\alpha} \frac{d\beta(u)}{\beta(u)-\alpha(u)} + \int_{(-\infty,\alpha'(x))\cap S_\alpha^c} \frac{d\beta(u)}{\beta(u)-\alpha(u)}$$

$$= \int_{-\infty}^{x} \frac{d\Psi^c(u)}{\Psi(u)-u} + \sum_{b_n<\alpha'(x)} \int_{a_n}^{b_n} \frac{d\beta(u)}{\beta(u)-x_n}$$

$$= \int_{-\infty}^{x} \frac{d\Psi^c(u)}{\Psi(u)-u} + \sum_{u<x} \operatorname{Log} \frac{\Psi(u_+)-u}{\Psi(u)-u}$$

On a donc $\bar{m}(x) = \exp\Big[-\int_{-\infty}^{x} \frac{d\Psi^c(u)}{\Psi(u)-u}\Big] \prod_{u<x} \frac{\Psi(u)-u}{\Psi(u_+)-u}$ C.Q.F.D.

Il nous reste à montrer que $E[\langle X,X\rangle_T] = \int_{\mathbb{R}} x^2\,d\mu(x)$.

Supposons tout d'abord μ à support compact ; le processus $|X_{t\wedge T}|$ est alors borné.

Considérons la martingale locale $Z_t = X_t^2 - <X, X>_t$ et une suite $(T_p)_{p\geq 1}$ de temps d'arrêt réduisant (Z_t) ; on peut écrire $E[X^2_{T\wedge T_p}] = E[<X, X>_{T\wedge T_p}]$; si p tend vers l'infini, on a alors en appliquant le théorème de Lebesgue :

(6) $E[X_T^2] = E[<X, X>_T] = \int_{\mathbb{R}} x^2 \, d\mu(x)$.

Supposons maintenant μ quelconque, et introduisons les fonctions $(\Psi_n)_{n\in\mathbb{N}}$ définies de la manière suivante

$\Psi_n(x) = 0$ si $x \leq -n$

$\Psi_n(x) = \Psi_\mu(x)$ si $-n < x \leq n$

$\Psi_n(x) = \Psi_\mu(n)$ si $n < x \leq \Psi_\mu(n)$

$\Psi_n(x) = x$ si $x > \Psi_\mu(n)$

A l'aide de la proposition 3.2. on peut associer à Ψ_n une probabilité μ_n à support compact. On considère d'autre part le temps d'arrêt $T_n = \inf\{t ; S_t \geq \Psi_n(X_t)\}$; la suite T_n tend en croissant vers T et X_{T_n} a pour loi μ_n. En vertu de la formule (6), on peut écrire $E[<X, X>_{T_n}] = \int_{\mathbb{R}} x^2 \, d\mu_n(x)$, si bien que l'on est ramené à montrer que $\lim_{n\to\infty} \int_{\mathbb{R}} x^2 \, d\mu_n(x) = \int x^2 \, d\mu(x)$. Mais d'après la définition de $\bar{\mu}_n$, on voit immédiatement que l'on a

$$\bar{\mu}_n(x) = \frac{\bar{\mu}(x)}{\bar{\mu}(-n)} \times \frac{n}{\Psi(-n)+n} \qquad \text{si } -n < x \leq n$$

de sorte que l'on peut écrire, compte tenu de la formule (4)

$$\int x^2 \, d\mu_n(x) = n\,\Psi(-n) + \int_{]-n,n]} \bar{\mu}_n(x)\,[\Psi(x) - x]\, d\Psi(x)$$

$$= n\,\Psi(-n) + \frac{n}{\bar{\mu}(-n)[\Psi(-n)+n]} \int_{]-n,n]} \bar{\mu}(x)[\Psi(x) - x]\, d\Psi(x)$$

Le deuxième terme de cette somme tend vers $\int_{\mathbb{R}} x^2 \, d\mu(x)$ en vertu de (4).

Il reste donc à montrer que $\lim_{n\to\infty} n\Psi(-n) = 0$, ce qui est une conséquence des majorations suivantes :

$$|n \int_{-n}^{\infty} t\, d\mu(t)| = |n \int_{-\infty}^{-n} t\, d\mu(t)| \leq n\, E[|X_T| ; |X_T| \geq n] \leq \| |X_T|\, 1_{\{|X_T| \geq n\}} \|_2^2$$

de sorte que $\lim_n n\, \Psi(-n) = \lim_n n\, \bar{\mu}(-n)\, \Psi(-n) = 0.$

3.5. Remarque sur l'unicité Un peu plus de soin dans la rédaction des résultats 3.2. et 3.4. aurait permis de montrer le résultat d'unicité suivant

Proposition Soit μ une probabilité sur $\mathbb{R}$ admettant un moment d'ordre 1 et g une fonction réelle vérifiant les conditions (2) ; on pose $T = \inf\{t ; S_t \geq g(X_t)\}$ et on suppose que X_T a pour loi μ. On a alors $g(x) = -\frac{1}{\bar{\mu}(x)} \int_{-\infty}^{x} t\, d\mu(t)$; en particulier si μ est centrée, $g = \Psi_\mu$.

Démonstration. Reprenant la démonstration du théorème 3.4., on voit que l'on a nécessairement $\bar{\mu}(x) = \exp(-\int_{-\infty}^{x} \frac{dg^c(s)}{g(s)-s}) \prod_{s<x} \frac{g(s)-s}{g(s_+)-s}$.

On se reporte maintenant à la démonstration de 3.2. ; l'égalité précédente entraîne $d[g\bar{\mu}] = x\, d\bar{\mu}(x)$, ce qui, compte tenu de la condition initiale : $\lim_{x \to -\infty} g(x)\, \bar{\mu}(x) = 0$, montre que $g(x) = -\frac{1}{\bar{\mu}(x)} \int_{]-\infty, x[} t\, d\mu(t)$.

Faisons une dernière remarque : l'égalité (5) permet d'obtenir, non seulement la loi de (X_T) mais aussi celle de S_T.

Reprenons les notations du théorème 3.4. et appelons Φ la fonction définie de $\mathbb{R}_+ - \{0\}$ dans $\mathbb{R}$ par $\Phi_\mu(x) = \inf\{y ; \Psi_\mu(y) \geq x\}$; on a le résultat suivant

3.6. Proposition (7) $P[S_T \geq x] = \exp(-\int_0^x \frac{ds}{s - \Phi_\mu(s)})$.

En particulier, si $\Phi_\mu(x) = x - a$, on retrouve un résultat bien connu : S_T a une loi exponentielle.

4. Le cas des diffusions sur $\mathbb{R}$

a/ Le problème de Skorokhod

Supposons maintenant que (X_t) soit un processus à valeurs réelles, fortement markovien, homogène, nul à l'origine et continu. On suppose toujours (X_t) récurrent ; on sait alors qu'il existe une fonction u strictement croissante et continue, unique à une affinité près, telle que $X'_t = u(X_t)$ soit une martingale locale. Puisque (X_t) est récurrent, on a $\lim_{x\to+\infty} u(x) = +\infty$, $\lim_{x\to-\infty} u(x) = -\infty$; on choisira u de façon que $u(0) = 0$.

Donnons nous alors une probabilité μ sur $\mathbb{R}$ vérifiant

$$\int_{\mathbb{R}} u(s)\, \mu(ds) = 0 \quad ; \quad \int_{\mathbb{R}} [u(s)]^2\, \mu(ds) < +\infty ,$$

et définissons les fonctions h et θ de la manière quivante

$$h(x) = \begin{cases} \dfrac{1}{\mu[x,\infty[} \displaystyle\int_{[x,\infty[} u(t)\, d\mu(t) & \text{si } \mu[x,\infty[> 0 \\ u(x) & \text{si } \mu[x,\infty[= 0 \end{cases}$$

$\theta = u^{-1} \circ h$. On a le résultat suivant

4.1. <u>Proposition</u> <u>Posons</u> $T = \inf\{t\,;\, S_t \geq \theta(X_t)\}$; <u>X_T a pour loi</u> μ <u>et</u>

$$E[<X', X'>_T] = \int_{\mathbb{R}} [u(s)]^2\, d\mu(s).$$

<u>Démonstration</u> : Désignons par μ' l'image de μ par u, et posons $S'_t = \sup_{s\leq t} X'_s = u(S_t)$. On remarque alors que $\theta = u^{-1} \circ \Psi_{\mu'} \circ u$ de sorte que l'on a $T = \inf\{t\,;\, S'_t \geq \Psi_{\mu'}(X'_t)\}$. On applique alors le théorème 3.4. à la martingale locale (X'_t) et à la mesure μ' : il en résulte que X'_T a pour loi μ' ; X_T a donc pour loi μ, C.Q.F.D..

b/ Le problème de Lehoczky [7].

Nous terminerons ce paragraphe en donnant explicitement les formules résolvant le problème inverse : étant donnée une fonction θ satisfaisant aux conditions (2), et $T = \inf\{t\,;\, S_t \geq \theta(X_t)\}$, quelles sont les lois de X_T et de S_T ? Dans la proposition suivante nous avons appelé $\sigma(x) = \inf\{y\,;\, \theta(y) \geq x\}$. Les données de θ ou de σ sont équivalentes, et l'on a

4.2. Proposition

(8) $$P[X_T \geq x] = \exp[-\int_{-\infty}^{x} \frac{d(u\circ\theta)^c(s)}{(u\circ\theta)(s) - u(s)}] \times \prod_{s<x} \frac{(u\circ\theta)(s) - u(s)}{(u\circ\theta)(s_+) - u(s)}$$

(9) $$P[S_T \geq x] = \exp[-\int_0^x \frac{du(s)}{u(s) - (u\circ\sigma)(s)}]$$

Démonstration On se ramène au cas des martingales locales en remarquant que $T = \inf\{t\,;\, S'_t \geq u\circ\theta(X_t)\} = \inf\{t\,;\, S'_t \geq u\circ\theta\circ u^{-1}(X'_t)\}$. Posons $\Psi = u\circ\theta\circ u^{-1}$; on peut écrire $P[X_T \geq x] = P[X'_T \geq u(x)] = \exp(-\int_{-\infty}^{u(x)} \frac{d\Psi^c(s)}{\Psi(s) - s}) \prod_{s<u(x)} \frac{\Psi(s) - s}{\Psi(s_+) - s}$.

On fait ensuite le changement de variable $s = u(t)$ et l'on remarque que $\Psi\circ u = u\circ\theta$; on obtient alors la formule (8). Pour obtenir la formule (9), on pose $\Phi(x) = \inf\{y\,;\,\Psi(y) \geq x\}$ de sorte que $\Phi = u\circ\sigma\circ u^{-1}$; on écrit ensuite

$$P[S_T \geq x] = P[S'_T \geq u(x)] = \exp(-\int_0^{u(x)} \frac{ds}{s - \Phi(s)})$$ en vertu de (7). On a donc

$$P[S_T \geq x] = \exp(-\int_0^x \frac{du(s)}{u(s) - \Phi\circ u(s)})$$, d'où la formule (9), puisque $\Phi\circ u = u\circ\sigma$.

Remarque : Supposons que la diffusion (X_t) admette pour générateur infinitésimal un opérateur différentiel L de la forme

$$L f(x) = \frac{1}{2} [a(x)]^2 f''(x) + b(x) f'(x)$$

avec des hypothèses sur les coefficients a et b assurant la récurrence de la diffusion. Il est alors facile d'obtenir u, puisque

$$u'(x) = \exp(-\int_0^x 2\frac{b(y)}{[a(y)]^2} dy)$$

En remplaçant u par sa valeur dans la formule (9), on obtient la loi de S_T

en fonction des coefficients de la diffusion. On retrouve alors une formule découverte par Lehoczky[7] en utilisant d'autres méthodes, et qui est pour une part, à l'origine de ce travail. En fait, Lehoczky ne s'est pas arrêté là ; généralisant une formule donnée par Taylor [12] dans le cas du mouvement brownien, il s'est intéressé au cas où $\sigma(x) = x - a$ et il a donné dans ce cas, non seulement la loi de S_T, mais celle du couple (S_T, T).

C'est en nous inspirant de ces travaux que nous allons donner maintenant la loi du couple (S_T, T) dans le cas du mouvement brownien.

5. La loi du couple (S_T, T) Nous supposons dans ce paragraphe que (X_t) est un mouvement brownien. Rappelons (cf.2.2.) la définition du processus

$$Z_t^{p,q} = [q \operatorname{ch} q(S_t - X_t) + p \operatorname{sh} q(S_t - X_t)] \exp\{-p S_t - \frac{q^2}{2} t\}$$

Quels que soient les réels p, q, $(Z_t^{p,q})$ est une martingale locale ; ce résultat a été obtenu par Kennedy [4] en utilisant d'autres méthodes. Revenons aux notations du § 3, où la donnée est une mesure μ sur $\mathbb{R}$, centrée, admettant un moment d'ordre 2, et soit T le temps d'arrêt associé à μ.

Rappelons que l'on a posé $\Phi_\mu(x) = \inf\{y ; \Psi_\mu(y) \geq x\}$; dans l'énoncé qui suit on posera $\varphi(x) = x - \Phi_\mu(x)$ et $a = \inf\{x ; \mu([x,\infty[) = 0\}$; on a le résultat suivant

5.1. Théorème On a, quels que soient p et q positifs

(10) $$E[\exp(-p S_T - \frac{q^2}{2} T)] =$$

$$q \int_0^a \frac{dx}{\operatorname{sh} q\varphi(x)} \exp(-\int_0^x (q \coth q\varphi(s) + p)\, ds) + \exp(-\int_0^a (q \coth q\varphi(s) + p)\, ds)$$

En particulier

(11) $$E[\exp(-\frac{q^2}{2} T)] = q \int_0^a \frac{dx}{\operatorname{sh} q\varphi(x)} \exp(-\int_0^x q \coth q\varphi(s)\, ds) + \exp(-\int_0^a q \coth q\varphi(s)\, ds)$$

On dispose donc, au moins en principe, de la loi de T.

Démonstration

a/ On suppose tout d'abord μ à support compact. Le processus $(S_{t\wedge T} - X_{t\wedge T})_t$ est alors borné, de sorte que $(Z^{p,q}_{t\wedge T})$ est une martingale bornée ; on a donc, en reprenant les notations de la démonstration du théorème 3.4. :

$$q = E[(q\,\mathrm{ch}\,q(S_T - X_T) + p\,\mathrm{sh}\,q(S_T - X_T))\exp(-pS_T - \frac{q^2}{2}T)], \text{ ou encore}$$

$$(12)\quad q = E[(\mathrm{ch}\,q(\beta(Z) - \alpha(Z)) + p\,\mathrm{sh}\,q(\beta(Z) - \alpha(Z)))\exp(-p\beta(Z) - \frac{q^2}{2}T)]$$

Mais on dispose de la loi P_Z de Z ; on a en effet d'après (5)

$$(13)\quad P_Z(dx) = \frac{d\beta(x)}{\beta(x) - \alpha(x)}\,\bar{\nu}(x)\,1_{]-\infty,b[}(x) + \varepsilon_b\,\bar{\nu}(b)$$

quand on a posé $b = \inf\{x\,;\alpha(x) = \beta(x)\}$

Appelons alors F_q une fonction borélienne bornée telle que

$$F_q(Z) = E[e^{-\frac{q^2}{2}T} \mid Z]$$

D'après (12) et (13), F_q vérifie l'équation intégrale suivante, quelque soit p

$$(14)\quad q = \int_{-\infty}^{b} \frac{d\beta(x)}{\beta(x) - \alpha(x)}\,\bar{\nu}(x)(q\,\mathrm{ch}\,q(\beta(x) - \alpha(x)) + p\,\mathrm{sh}\,q(\beta(x) - \alpha(x))\,e^{-p\beta(x)}F_q(x)$$
$$+ q\,\bar{\nu}(b)\,e^{-p\beta(b)}F_q(b)$$

Nous allons en déduire F_q ; on va en effet montrer le lemme suivant

5.2. Lemme Posons

$$F_q^\circ(x) = \frac{q(\beta(x) - \alpha(x))}{\mathrm{sh}\,q(\beta(x) - \alpha(x))}\exp\int_{-\infty}^{x} d\beta(s)\,[\frac{1}{\beta(s) - \alpha(s)} - q\,\coth q(\beta(s) - \alpha(s))]$$

si $x < b$

et $$F_q^\circ(b) = \lim_{x \uparrow b} F_q^\circ(x) = \exp(\int_{-\infty}^{b} d\beta(s)\,[\frac{1}{\beta(s) - \alpha(s)} - q\,\coth q(\beta(s) - \alpha(s))]$$

Alors F_q° est, à une P_Z équivalence près, la seule fonction vérifiant (14) quel que soit $p > 0$

(Rappelons que P_Z est portée par $(-\infty, b)$)

Démonstration du Lemme Soit F une solution de (14) ; on pose $F = F_q^\circ G$ et l'on cherche l'équation intégrale vérifiée par G ; après simplifications, on trouve que G vérifie :

$$(15) \quad -\int_{-\infty}^{b} G(x)\, d(e^{-p\beta}\gamma) + G(b)\, e^{-p\beta(b)}\, \gamma(b) = 1$$

où l'on a posé $\gamma(x) = \exp(-\int_{-\infty}^{x} q \coth q(\beta(s) - \alpha(s))\, d\beta(s))$

Il est clair alors que $G = 1$ est une solution de (15). Montrons que c'est la seule.

On remarque que $\gamma = g \circ \beta$, avec $g = \exp(-\int_0^{\cdot} q \coth q\, \varphi(s)\, ds)$; de sorte que (15) s'écrit encore

$$(16) \quad -\int_0^a G \circ \beta'(x)\, d(e^{-p\cdot} g) + G \circ \beta'(a)\, e^{-pa}\, g(a) = 1 \qquad (1)$$

Des arguments de densité et de classe monotone montrent alors que, si f est une fonction de classe C^1, à support compact contenu dans $]0,a[$, on a

$\int_0^a G \circ \beta'(x)(\frac{d}{dx} f(x))\, dx = 0$; il en résulte que $H = G \circ \beta'$ est égale presque partout (pour la mesure de Lebesgue sur $[0,a[$) à une constante λ. Revenant à (16), on voit que

$$(17) \quad \lambda(1 - e^{-pa} g(a)) = 1 - H(a)\, e^{-pa}\, g(a)$$

Faisant tendre p vers l'infini, on constate que $\lambda = 1$; d'autre part si $P[S_T = a] > 0$, $g(a)$ est strictement positif et $H(a) = 1$. On vient donc de démontrer que $H = 1$ P_{S_T} p.s . Après avoir remarqué que l'image de P_{S_T} par β' est égale à P_Z, on en déduit que $G = 1$ P_Z p.s, ce qui termine la démonstration du lemme.

Suite de la démonstration du théorème 5.1. On a, pour toute fonction borélienne positive f :

$$E[f(Z)\, e^{-\frac{q^2}{2} T}] = \int_{-\infty}^{b-} f(x)\, F_q^\circ(x)\, P_Z(dx) + F_q^\circ(b)\, \bar{\nu}(b)\, f(b),$$

(1) attention : β' n'est pas la dérivée de β !

ce qui s'écrit encore, compte tenu de (13) :

$$(18)\quad E[f(Z)\,e^{-\frac{q^2}{2}T}] = q\int_{-\infty}^{b} \frac{d\beta(x)\ f(x)}{\mathrm{sh}\,q(\beta(x)-\alpha(x))} \exp(-\int_{-\infty}^{x} d\beta(s)\, q\coth q(\beta(s)-\alpha(s)))$$

$$+ f(b)\exp - \int_{-\infty}^{b} d\beta(s)\, q\coth q(\beta(s)-\alpha(s))$$

(Noter que l'intervalle d'intégration est compact, compte-tenu des hypothèses faites sur μ) : en particulier, pour $f = e^{-p\beta}$, on obtient :

$$(19)\quad E[e^{-pS_T - \frac{q^2}{2}T}] = q\int_{-\infty}^{b} \frac{d\beta(x)}{\mathrm{sh}\,q(\beta(x)-\alpha(x))} \exp - \int_{-\infty}^{x} [q\coth q(\beta(s)-\alpha(s)) + p]\, d\beta(s)$$

$$+ \exp - \int_{-\infty}^{b} d\beta(s)\,[q\coth(\beta(s)-\alpha(s)) + p]$$

d'où le résultat, par changement de variable.

b/ Supposons maintenant μ quelconque. Reprenons les fonctions Ψ_n introduites dans la démonstration du théorème 3.4., et associées à des mesures μ_n à support compact ; considérons également la suite de temps d'arrêt $(T_n) = (T_{\mu_n})$. On peut écrire

$$(20)\quad E[\exp(-pS_{T_n} - \frac{q^2}{2}T_n)] = q\int_0^{a_n} \frac{dx}{\mathrm{sh}\,q\varphi_n(x)} \exp - \int_0^x (q\coth q\varphi_n(s) + p)\, ds$$

$$+ \exp - \int_0^{a_n} (q\coth q\varphi_n(s) + p)\, ds$$

Sous cette forme il est malaisé de passer à la limite dans le membre de droite ; nous allons transformer cette égalité de la manière suivante : si f est de classe C^1 à support compact, on peut écrire

$$E[f(S_{T_n})\,e^{-\frac{q^2}{2}T_n}] = q\int_0^{a_n} \frac{f(x)dx}{\mathrm{sh}\,q\varphi_n(x)} \exp(-\int_0^x q\coth q\varphi_n(s)\, ds)$$

$$+ f(a_n)\exp(-\int_0^{a_n} q\coth q\varphi_n(s)\, ds)$$

Appliquons cette relation à la fonction $f = g\,\mathrm{ch}\,q\varphi_n$ où g est de classe C^1 à support compact ; il vient après une intégration par parties :

$$(21)\quad E\Big[g(S_{T_n})\,\mathrm{ch}\,q\varphi_n(S_{T_n})e^{-\frac{q^2}{2}T_n}\Big] = g(0)\int_0^{a_n}\exp\Big(-\int_0^x q\coth q\varphi_n(s)\Big)\frac{dg}{dx}(x)\,dx$$

Inversement si (21) est vérifiée pour toute g de classe C^1 à support compact, alors (20) est vérifiée. Nous pouvons maintenant faire tendre n vers l'infini. Il n'y a plus aucun problème de convergence à droite, en vertu du théorème de convergence monotone ; examinons le membre de gauche : pour tout ω, il existe un entier $N(\omega)$ tel que $T_n(\omega) = T(\omega)$ quelque soit $n \geq N(\omega)$; il est clair alors que $\varphi_n(S_{T_n}) \longrightarrow \varphi(S_T)$ presque sûrement. D'autre part $g\,\mathrm{ch}\,q\,\varphi_n$ est majorée par $g\,\mathrm{ch}\,q\,\varphi$, qui est bornée puisque g est à support compact. On peut donc appliquer le théorème de convergence dominée au membre de gauche et écrire

$$E\Big[g(S_T)\,\mathrm{ch}\,q\varphi(S_T)e^{-\frac{q^2}{2}T}\Big] = g(0) + \int_0^{a}\exp\Big(-\int_0^x q\coth q\,\varphi(s)\,ds\Big)\Big(\frac{dg}{dx}\Big)(x)\,dx,$$

égalité équivalente à (10).

<u>Remarque</u> : On peut en principe déduire de la formule (18) la loi du couple (X_T,T). Les formules sont compliquées et il ne vaut sans doute pas la peine de faire une théorie générale. Supposons que μ possède tous les moments exponentiels ; si l'on pose $h(x) = \exp\Big(-\int_{-\infty}^{x} d\Psi^c(s)\,q\coth q(\Psi(s)-s)\Big)\prod_{s<x}\dfrac{\mathrm{sh}\,q(\Psi(s)-s)}{\mathrm{sh}\,q(\Psi_+(s)-s)}\,e^{-px}$,

on a

$$(22)\quad E\Big[e^{-pX_T-\frac{q^2}{2}T}\Big] = q\int_{-\infty}^{a}\frac{d\Psi^c(x)}{\mathrm{sh}\,q(\Psi(x)-x))}\,h(x) + \sum_x \frac{\mathrm{sh}\,q\,\Delta\Psi(x)}{\mathrm{sh}\,q(\Psi_+(x)-x)}\,h(x) + h(a)$$

Cette formule se simplifie dans le cas où μ ne charge aucun point (ce qui entraine la continuité de Ψ). Dans ce cas on peut écrire

$$(23)\quad E\Big[e^{-pX_T-\frac{q^2}{2}T}\Big] = q\int_{-\infty}^{a}\frac{d\Psi(x)}{\mathrm{sh}\,q(\Psi(x)-x)}\exp\Big(-\int_{-\infty}^{x} d\Psi(s)\,q\coth q(\Psi(s)-s)\Big)e^{-px}$$

$$+\,e^{-pa}\exp-\int_{-\infty}^{a} d\Psi(s)\,q\coth q(\Psi(s)-s)$$

5.2. Exemples

a/ Supposons μ portée par deux points a et b avec $a > 0$ et $b < 0$. Il est clair alors que T est le temps de sortie de l'intervalle $[b,a]$. On peut appliquer les formules (11) et (7) et l'on retrouve des lois bien connues.

On a $\varphi(x) = x - b$ sur l'intervalle $]0,a]$; on obtient donc

$$(24) \quad E[e^{-\frac{q^2}{2}T}] = \frac{\operatorname{sh} q a - \operatorname{sh} q b}{\operatorname{sh} q(a-b)}$$

$$(25) \quad P_{S_T}(dx) = \frac{-b}{(x-b)^2} 1_{[0,a[}(x)\,dx - \frac{b}{a-b}\varepsilon_a$$

b/ μ est la loi uniforme sur $[-a, +a]$; $\varphi(x) = a - x$ sur $]0,a]$ et l'on obtient

$$(26) \quad E[e^{-\frac{q^2}{2}T}] = \frac{q a}{\operatorname{sh} q a} \qquad P_{S_T}(dx) = \frac{dx}{a} 1_{[0,a]}(x)$$

c/ $\mu(dx) = \frac{1}{a} e^{-(\frac{x}{a}+1)} 1_{[-a,\infty[}(x)\,dx \qquad (a > 0)$

$\varphi(x) = a$ et $P_{S_T}(dx) = \frac{1}{a} e^{-\frac{x}{a}} 1_{[0,\infty[}(x)\,dx$

$$(27) \quad E[e^{-\frac{q^2}{2}T}] = \frac{1}{\operatorname{ch} q a}$$ (Ce résultat est dû à H.M. Taylor)

On remarquera que, lorsque l'on prend $-b = a$, (24) est identique à (27) ; ce n'est pas une simple coïncidence : Dans l'exemple a/, T est le temps $\{\inf t\ ;\ |X_t| = a\}$ et dans l'exemple b/ $T = \inf\{t\ ;\ S_t - X_t = a\}$. Mais, un résultat bien connu de Paul Lévy affirme que le processus $(S_t - X_t)$ est équivalent en loi à $|X_t|$ (voir, à ce sujet, l'appendice) ; il n'est donc pas étonnant que ces deux temps d'arrêt aient même loi. Cela appelle une autre remarque ; la loi de X_T, nous l'avons vu, détermine Ψ (il serait facile à l'aide de (7) de montrer que Ψ est également déterminée par la loi de S_T) ; en revanche, Ψ n'est pas déterminée par la loi de T : deux fonctions Ψ distinctes peuvent donner lieu à la même loi pour T.

6. Les théorèmes de Ray sur le temps local

Nous supposons que $[(X_t),(P_x)_{x\in\mathbb{R}}]$ est le mouvement brownien canonique ; rappelons que l'on note $(L_t^a)_t$ le processus croissant associé à la sous-martingale $|X_t - a|$ et qu'on l'appelle "temps local en a" du mouvement brownien.

Pour tout a, c'est une fonctionnelle additive ; on écrira simplement (L_t) si $a=0$. Appelons S_b le temps d'arrêt $S_b = \inf\{t>0 \,;\, X_t = b\}$ et considérons le processus $(L_{S_b})_{b\geq 0}$; il est facile de voir que c'est un processus à accroissements indépendants inhomogène : on a en effet

$$E[e^{-\alpha(L_{S_{a+b}} - L_{S_a})} \mid \underline{\underline{F}}_{S_a}] = E_0[e^{-\alpha(L_{S_b} \circ \theta_{S_a})} \mid \underline{\underline{F}}_{S_a}] = E_a\, e^{-\alpha L_{S_b}}.$$

Pour caractériser complètement la loi de ce processus, il suffit donc de calculer $E_a\, e^{-\alpha L_{S_b}}$, ce que permet de faire rapidement une famille de martingales analogues à celles figurant au corollaire 2.2. : à l'aide de la formule d'Ito, on montre immédiatement que, pour toute $f\in C^1(\mathbb{R})$, le processus

$$(28) \quad \frac{1}{2} f(L_t^a) - (X_t - a)^+ f'(L_t^a)$$

est une martingale locale continue.

On prend alors pour fonction f une exponentielle et on applique le théorème d'arrêt au temps S_b ; il vient

$$(29) \quad \text{pour } \alpha\geq 0,\ E_a[e^{-\alpha L_{S_b}}] = \frac{1+2\alpha a^+}{1+2\alpha b}$$

En fait, le résultat le plus frappant de Ray et Knight (voir respectivement [9] et [5], ainsi que l'article de Williams [14]) est relatif à la dépendance en a du temps local (L_t^a) : il est montré que le processus $(\omega,a) \to L_{S_1}^{1-a}(\omega)$ est un processus de Markov. Pour établir le résultat de Ray-Knight, nous aurons besoin d'une généralisation de (28) pour des fonctions f de plusieurs variables. On a le résultat suivant, qui est valable si (X_t) est une martingale locale continue.

6.1. Proposition <u>Soient</u> $a_1, a_2 \ldots, a_n$ <u>n nombres réels tels que</u> $a_1 < a_2 \ldots < a_n$ <u>et</u> $f : \mathbb{R}^n \to \mathbb{R}$ <u>une fonction de classe</u> C^∞ <u>; on note</u> $f(L_t^a) = f(L_t^{a_1}, L_t^{a_2} \ldots, L_t^{a_n})$. <u>Alors, le processus défini par</u>

$$(30)\quad f(L_t^a) + \sum_{d=1}^{n} (-2)^d \sum_{i_1<i_2<\ldots<i_d\leq n} (a_{i_2}-a_{i_1}) \ldots\ldots\ (a_{i_d}-a_{i_{d-1}})(X_t - a_{i_d})^+ f^{(d)}_{i_1,i_2,\ldots i_d}(L_t^a)$$

<u>est une martingale locale</u>.

<u>Démonstration</u> Si deux processus (U_t) et (V_t) diffèrent d'une martingale locale, on notera $U \equiv V$; par exemple $(L_t^{a_i}) \equiv 2(X_t - a_i)^+$.

On écrit alors

$$f(L_t^a) = f(0) + \sum_i \int_0^t f_i'(L_s^a)\, dL_s^{a_i}$$

$$\equiv f(0) + 2\sum_i \int_0^t f_i'(L_s^a)\, d(X_s - a_i)^+,$$

ce qui se transforme par une intégration par parties en :

$$f(L_t^a) \equiv f(0) + 2\sum_i f_i'(L_t^a)(X_t - a_i)^+ - 2\sum_{i,j}\int_0^t (X_s - a_i)^+ f_{ij}''(L_s^a)\, dL_s^{a_j}$$

Puis, on recommence : dans le dernier terme, on remplace $(dL_s^{a_j})$ par $d(X_s - a_j)^+$, puis on intègre par parties. En itérant le procédé n fois, on trouve (30).

On en déduit sans difficulté la loi du processus $(L_{S_1}^a)_{a\in\mathbb{R}}$

(Dans ce qui suit, on a posé $S = S_1 = \inf\{t > 0 ; X_t = 1\}$)

6.2. <u>Théorème</u> <u>On pose</u> $a = (a_1, a_2, \ldots a_n)$, $\gamma = (\gamma_1, \gamma_2, \ldots \gamma_n)$ <u>avec</u> $a_1 \leq a_2 \ldots \leq a_n \leq 1$ <u>et</u> $\gamma_i \in \mathbb{R}_+$ $\forall i \in \{1, 2, \ldots n\}$.

<u>Définissons la fonction</u> $\Phi_a(x,\gamma)$ <u>par</u>

$$\Phi_a(x,\gamma) = 1 + \sum_{d=1}^{n} 2^d \sum_{i_1<i_2<\ldots<i_d\leq n} (a_{i_2}-a_{i_1}) \ldots(a_{i_d}-a_{i_{d-1}})(x - a_{i_d})^+ \gamma_{i_1}\gamma_{i_2}\ldots\gamma_{i_d}$$

<u>Alors</u> $E[\exp(-\sum_{i=1}^{n} \gamma_i L_S^{a_i})] = \dfrac{\Phi_a(0,\gamma)}{\Phi_a(1,\gamma)}$

Démonstration : il suffit d'appliquer le théorème d'arrêt à la martingale locale (30) au temps S.

6.3. Corollaires Soient $(r_2(t))_{t\geq 0}$ et $(r_4(t))_{t\geq 0}$ un processus de Bessel d'ordre 2 et un processus de Bessel d'ordre 4 indépendants de (X_t) ; notons $Y = \inf_{t\leq S} X_t$; alors

α/ Le processus $(L_S^{1-a})_{0\leq a\leq 1}$ a même loi que $(r_2(a))^2_{0\leq a\leq 1}$

β/ Le processus $(L_S^a)_{a\leq 0}$ a même loi que $(1-a)^2(r_4\{(\frac{1}{1-a} - \frac{1}{1-Y})^+\})^2$

Ces interprétations sont classiques ; la démonstration se résume au calcul des transformées de Laplace des lois des processus indiqués, que nous ne détaillerons pas ici. Notons simplement que la loi de Y se déduit simplement de l'exemple 5.2.a : il suffit, dans cet exemple de prendre $b=-1$ et de faire tendre a vers l'infini dans la formule donnant la loi de S_T : on trouve ainsi la loi de (-Y) ; on a donc $P[Y\leq x] = \frac{1}{1-x}$ quelque soit $x\leq 0$.

Appendice (nous conservons les notations générales de l'article)

Notre but principal ici est de donner une démonstration du théorème suivant, dû à Paul Lévy ([8], théorème 49.1, page 218).

Théorème A.1. Si $X = (X_t, t \geq 0)$ désigne le mouvement brownien réel issu de 0, les processus $(Y = S - X, S)$ et $(|X|, L^\circ)$ ont même loi.

De plus, on a, pour tout t :

$$(31) \quad S_t = \lim_{(\varepsilon \to 0)} \text{p.s} \ \frac{1}{2\varepsilon} \int_0^t 1_{(Y_s \leq \varepsilon)} ds.$$

Les démonstrations proposées ci-dessous sont simples, mais non originales nous empruntons beaucoup aux articles [15] et [3], pour le § 1 et le § 2 respectivement. Toutefois, une présentation complète ici nous semble justifiée, vu l'importance du théorème A.1.

1. Comme l'a remarqué Ch. Yoeurp [15], on peut calculer aisément le temps local en 0 d'une semi-martingale (1) continue et positive.

Proposition A.2. Soient (M_t) une martingale locale continue, nulle en 0, et (A_t) un processus adapté, continu, à variation bornée.

Si $Y = M + A$ est un processus positif, le temps local de Y en 0 est égal à

$$2\int_0^{\cdot} 1_{(Y_s = 0)} dA_s.$$

Démonstration : Soit Λ le temps local en 0 de Y.

D'après la formule de Tanaka, on a :

$$Y_t^+ = Y_0^+ + \int_0^t 1_{(Y_s > 0)} dY_s + \frac{1}{2} \Lambda_t$$

$$= Y_0 + M_t + \int_0^t 1_{(Y_s > 0)} dA_s + \frac{1}{2} \Lambda_t,$$

car l'intégrale $\int_0^t 1_{(Y_s = 0)} dM_s$ est nulle.

D'autre part, on a : $Y^+ = Y = M + A$, et de la comparaison de ces deux écri-

(1) Pour la définition de ce temps local, on adopte la convention de P.A. Meyer qui consiste à prendre sgn(0)=-1 dans la formule de Tanaka généralisée.

tures de Y^+, on tire : $\Lambda_t = 2 \int_0^t 1_{(Y_s = 0)} \, dA_s$.

Corollaire A.3. Si $X = (X_t)$ est une martingale locale continue nulle en 0, le temps local en 0 de $Y = S - X$ est égal à $2S$

Démonstration : On applique la proposition précédente, en remarquant que dS_s est portée par $\{s \mid Y_s = 0\}$.

Lorsque X est le mouvement brownien réel issu de 0, la formule (31) résulte alors de l'existence d'une version continue à droite (cf. [16]) du processus des temps locaux $(\Lambda_t^a)_{a \in \mathbb{R}}$ de Y, et de la formule de densité de temps d'occupation :

$$\forall\, h > 0, \qquad \int_0^t 1_{(Y_s \leqslant h)} \, ds = \int_0^h \Lambda_t^a \, da.$$

2. En [3], N. El Karoui et M. Maurel ont dégagé en toute généralité, le

Lemme A.4. : Soit $(z(t), t \geqslant 0)$ une fonction réelle continue, nulle en 0. Il existe un seul couple de fonctions continues $(y(t), \ell(t))$ telles que :

$$(R) \qquad \begin{cases} 1) & y(t) = z(t) + \ell(t)) \\ 2) & y(0) = 0 \\ 3) & \ell \text{ est une fonction croissante, et } d\ell_s \text{ est portée par} \\ & \{s / y(s) = 0\} \end{cases}$$

L'unique solution de (R) est donnée par :

$$(32) \qquad \ell(t) = \sup_{s \leqslant t} z(s)^- \quad \text{et} \quad y(t) = z(t) + \ell(t).$$

Appliquons ce lemme à la démonstration du théorème A.1. :

Les couples $(S - X, S)$ et $(|X|, L^\circ)$ sont respectivement solutions des problèmes de réflexion (R) associés à :

$$z_1(t) = -X_t$$

$$\text{et } z_2(t) = \int_0^t \operatorname{sgn}(X_s) \, dX_s \qquad \text{(d'après la formule de Tanaka).}$$

Or, z_1 et z_2 sont deux mouvements browniens réels, et ont donc même loi, ce qui entraîne l'équivalence en loi de $(S - X, S)$ et $(|X|, L^\circ)$, d'après (32).

Le théorème est maintenant complètement démontré.

Voici un exemple d'application de ce théorème :

Corollaire A.5. : Soit X le mouvement brownien réel issu de 0, et $a > 0$.

Notons $T_a = \inf\{t / S_t - X_t = a\}$, et $\tau_a = \inf\{t / |X_t| = a\}$.

Alors, les couples (S_{T_a}, T_a) et (L_{τ_a}, τ_a) ont même loi.

Remarque : On peut également démontrer ce résultat en utilisant les deux familles de martingales $(Z^{p,q})$ et $(\tilde{Z}^{p,q})$ du corollaire 2.2.

Soulignons que le théorème A.1. est souvent utilisé pour traduire sur L° des résultats portant sur S, et inversement (pour de nombreux exemples de ceci, voir l'article récent de F. Knight [6]).

3. D'après le théorème A.1., Y a la loi de la valeur absolue du mouvement brownien réel. Toutefois, on a le résultat négatif suivant :

Proposition A.6. : Il n'existe pas de mouvement brownien réel B (pour sa propre filtration $\mathcal{B}_t = \sigma\{B_s, s \leq t\}$ convenablement complétée) tel que : $Y = |B|$ et $\mathcal{B}_\infty \subseteq \mathcal{X}_\infty$

[où $\mathcal{X}_\infty$ est la tribu P-complète engendrée par $(X_s, s \in \mathbb{R}_+)$].

Démonstration : S'il existait un tel mouvement brownien B, on aurait, d'après la formule de Tanaka $Y_t = \int_0^t \mathrm{sgn}(B_s)\, dB_s + \mathcal{L}_t$, où $\mathcal{L}$ désigne le temps local de $Y = |B|$ en 0. D'où, $\mathcal{L} = S$, d'après le corollaire A.3.. On a donc :

$$- X_t = \int_0^t \mathrm{sgn}(B_s)\, dB_s .$$

Ainsi, si $|\mathcal{B}|$ (resp : $\mathcal{X}$) désigne la filtration associée au processus $|B|$ (resp : X), on a : $|\mathcal{B}| = \mathcal{X}$,

car, d'après [17] (proposition 14), $|\mathcal{B}|$ est aussi la filtration engendrée par $\int_0^\cdot \mathrm{sgn}(B_s)\, dB_s$. L'hypothèse $\mathcal{B}_\infty \subset \mathcal{X}_\infty$ entraînerait alors : $\mathcal{B}_\infty = |\mathcal{B}|_\infty$, ce qui n'est pas, car pour tout t, B_t n'est pas $|\mathcal{B}|_\infty$-mesurable.

De la démonstration précédente, découle également la :

Proposition A.7. : Soit B un mouvement brownien réel.

Il n'existe pas de solution (sous-entendu : adaptée à la filtration de B) de l'équation $X_t = \int_0^t \mathrm{sgn}(X_s)\, dB_s$.

Références :

[1]. CHACON, R., WALSH, J.B. One dimensional Potential Embedding. Sém. Probab. X, Lecture Notes in Math. 511, Springer (1976)

[2]. DUBINS, L. On a theorem of Skorokhod. Ann. Math. Statist. 39, 2091-2097 (1968)

[3]. KAROUI, N.EL., MAUREL, M. Un Problème de réflexion et ses applications au temps local et aux équations différentielles stochastiques sur $\mathbb{R}$. Cas continu. Astérisque, 52-53, 117-144 (1978)

[4]. KENNEDY, D. Some martingales related to cumulative sum tests and single-server queues, in : Stochastic processes and their applications 4, 261-269 (1976)

[5]. KNIGHT, F. Random walks and a sojourn density process of Brownian motion. Trans. Amer. Math. Soc. 109, 56-86 (1963)

[6]. KNIGHT, F. On the sojourn times of killed Brownian motion. Sém. Probab. XII, Lecture Notes in Math. 649, Springer (1978)

[7]. LEHOCZKY, J. Formulas for stopped diffusion processes, with stopping times based on the maximum. Ann. Probability, 5, 601-608 (1977)

[8]. LEVY, P. Processus stochastiques et mouvement brownien. Gauthier-Villars. Seconde édition. (1965)

[9]. RAY, D. Sojourn times of diffusion processes. Illinois J. Math. 7, 615-630 (1963)

[10]. ROOT, D.H. The existence of certain stopping times on Brownian motion. Ann. Math. Statist. vol. 40, n°2, 715-718 (1969)

[11]. SKOROKHOD, A. Studies in the theory of random processes. Addison-Wesley, Reading (1965)

[12]. TAYLOR, H.M. A stopped Brownian motion formula. Ann. Probability 3, 234-246 (1975)

[13]. WILLIAMS, D. On a stopped Brownian motion formula of H.M. Taylor Sém. Probab. X, Lecture Notes in Math. 511, Springer (1976)

[14]. WILLIAMS, D. Markov properties of Brownian local times. Bull. Amer. Math. Soc. 75, 1035-1036 (1969)

[15]. YOEURP, Ch. Compléments sur les temps locaux et les quasi-martingales. Astérisque, 52-53, 197-218 (1978)

[16]. YOR, M. Sur la continuité des temps locaux associés à certaines semi-martingales. Astérisque, 52-53, 23-35 (1978)

[17]. YOR, M. Sur les théories du filtrage et de la prédiction. Sém. Probab. XI, Lecture Notes in Math. 581, Springer (1977)

[18]. AZEMA, J. Représentation multiplicative d'une surmartingale bornée. (A paraître au Z.W.)

[19]. AZEMA, J., YOR, M. En guise d'introduction (à un volume d'"Astérisque" sur les temps locaux). Astérisque, 52-53, 3-16 (1978)

Université de Strasbourg
Séminaire de Probabilités 1977/78

DEMONSTRATION ELEMENTAIRE D'UN RESULTAT D'AZEMA ET JEULIN

par M. EMERY et C. STRICKER

Dans [1], Azéma et Jeulin déduisent de la théorie de la mesure de Foellmer le résultat suivant :

<u>Si</u> (X_t) <u>est un potentiel</u>, <u>alors pour tout</u> $h>0$ <u>le potentiel</u> $(E[X_{t+h}|\underline{\underline{F}}_t])$ <u>appartient à la classe</u> (D).

La démonstration par la mesure de Foellmer est tout à fait naturelle, mais un résultat d'allure aussi simple doit admettre une démonstration plus élémentaire. Nous en donnons une, vraiment très simple, que nous adaptons ensuite pour établir un résultat un peu plus général d'Azéma-Jeulin.

1. Pour simplifier les notations, nous prendrons $h=1$. Considérons alors le potentiel discret $(X_n)_{n\in\mathbf{N}}$. Définissons le processus croissant prévisible (A_n) (à temps discret) par $A_0=0$, $A_{n+1}-A_n = E[X_n-X_{n+1}|\underline{\underline{F}}_n] \geqq 0$. Alors la v.a. A_∞ est intégrable, car $E[A_\infty]=E[\Sigma_n (A_{n+1}-A_n)]=E[X_0] < \infty$, et on a $E[A_\infty - A_k|\underline{\underline{F}}_k] = E[\Sigma_{n\geqq k} (A_{n+1}-A_n)|\underline{\underline{F}}_k] = X_k$. Nous venons de retrouver le résultat bien connu, qu'en temps discret tout potentiel appartient à la classe (D).

Soit maintenant $t\in\mathbb{R}_+$, et soit n le plus petit entier tel que $n\geqq t$ (de sorte que $n\leqq t+1$). On a

$$E[X_{t+1}|\underline{\underline{F}}_t] = E[X_{t+1}|\underline{\underline{F}}_n|\underline{\underline{F}}_t] \leqq E[X_n|\underline{\underline{F}}_t] \leqq E[A_\infty|\underline{\underline{F}}_n|\underline{\underline{F}}_t]$$
$$= E[A_\infty|\underline{\underline{F}}_t]$$

En choisissant des versions continues à droite, on voit que le potentiel $(E[X_{t+1}|\underline{\underline{F}}_t])$ est majoré par une martingale uniformément intégrable. Il appartient donc à la classe (D).

2) Plus généralement, montrons que <u>si</u> T <u>est un temps d'arrêt</u> >0, <u>le potentiel</u> $Y_t=E[X_{T+t}|\underline{\underline{F}}_t]$ <u>appartient à la classe</u> (D).

Nous commençons par vérifier que $E[X_{nT}] \to 0$ lorsque $n\to\infty$. A cet effet nous écrivons

$$E[X_{nT}] = E[X_{nT}I_{\{T<a/n\}}]+E[X_{nT}I_{\{nT\geqq a\}}] \leqq E[X_T I_{\{T<a/n\}}]+E[X_a] .$$

Nous choisissons d'abord a tel que $E[X_a] \leqq \varepsilon$ (X est un potentiel) puis n assez grand pour que $E[X_T I_{\{T<a/n\}}] \leqq \varepsilon$. Alors $E[X_{nT}] \leqq 2\varepsilon$, et le résultat désiré est vérifié.

Le processus (X_{nT}) est donc un potentiel par rapport à la famille $(\underline{\underline{F}}_{nT})$, et il existe donc une v.a. intégrable A_∞ telle que $X_{nT} \leq E[A_\infty | \underline{\underline{F}}_{nT}]$ pour tout n, comme plus haut. Il nous reste à vérifier que

$$Y_t = E[X_{T+t} | \underline{\underline{F}}_t] \leq E[A_\infty | \underline{\underline{F}}_t] \quad \text{pour tout } t .$$

Il nous suffit de vérifier cela sur chaque ensemble $\{nT \leq t < (n+1)T\} = H_n$. Or H_n appartient à $\underline{\underline{F}}_{t\wedge(n+1)T}$, et l'on a $T+t \geq (n+1)T$ sur H_n. Donc

$$Y_t I_{H_n} = E[X_{T+t} I_{H_n} | \underline{\underline{F}}_t] = E[X_{T+t} I_{H_n} | \underline{\underline{F}}_{(n+1)T} | \underline{\underline{F}}_t] \leq E[X_{(n+1)T} I_{H_n} | \underline{\underline{F}}_t]$$
$$\leq E[A_\infty I_{H_n} | \underline{\underline{F}}_{(n+1)T} | \underline{\underline{F}}_t] = E[A_\infty | \underline{\underline{F}}_t] I_{H_n} . \quad \square$$

[1]. J. AZEMA et T. JEULIN. Précisions sur la mesure de Foellmer. Ann. Inst. H. Poincaré 12, 1976, p.257-283.

SAUTS ADDITIFS ET SAUTS MULTIPLICATIFS DES SEMI-MARTINGALES

Chantha YOEURP

Chou [1] et Lépingle [4] ont donné, indépendamment l'un de l'autre, une condition nécessaire et suffisante pour qu'un processus optionnel mince soit le processus des sauts d'une martingale locale. En s'appuyant sur ce résultat, on donne une caractérisation du processus des sauts d'une semi-martingale spéciale.

Comme application, on obtient une construction des semi-martingales (spéciales) ayant des "sauts multiplicatifs" donnés, ce qui généralise l'article de Garcia, Maillard, Peltraut [3].

Enfin, on dégage, en appendice, une caractérisation des processus optionnels de projection prévisible donnée.

Notations :

$(\Omega,\mathcal{F},P)$ est un espace probabilisé complet muni d'une filtration $(\mathcal{F}_t)$ vérifiant les conditions habituelles. On identifie toujours deux processus indistinguables. On note :

$\mathcal{L}$: ensemble des martingales locales (non nécessairement nulles en 0)

$\mathcal{L}^c$ (resp. $\mathcal{L}^d$) : ensemble des martingales locales continues (resp. sommes compensées de sauts).

$\mathcal{V}$: ensemble des processus càd-làg adaptés, à variation finie sur tout compact, nuls en 0.

$\mathcal{V} = \mathcal{V}^c + \mathcal{V}^d$: décomposition canonique en partie continue et en partie purement discontinue des éléments de $\mathcal{V}$.

$\mathcal{S} = \mathcal{L} + \mathcal{V}$: ensemble des semi-martingales.

$\mathcal{S}^c = \mathcal{L}^c + \mathcal{V}^c$: ensemble des semi-martingales continues.

$\mathcal{S}^d = \mathcal{L}^d + \mathcal{V}^d$

$\mathcal{S}_p = \{X = M+A \in \mathcal{S} \ / \ A$ soit prévisible$\}$: ensemble des semi-martingales spéciales.

Pour tout processus càd-làg $X = (X_t)$, on note $\Delta X_t = X_t - X_{t-}$, pour $t > o$, et on pose $\Delta X_o = X_o$. On convient que $\mathcal{F}_{o-} = \mathcal{F}_o$.

Rappelons d'abord que si on se donne un processus mesurable $\alpha = (\alpha_t)$ vérifiant $E\{|\alpha_R| / \mathcal{F}_{R-}\} < \infty$ p.s., pour tout t.a. prévisible fini R, alors la projection prévisible $\dot{\alpha} = (\dot{\alpha}_t)$ existe et est unique ([2] chapitre VI, 2e partie, remarque f du théorème 4 3). En particulier, on peut donc parler de projection prévisible d'un processus mesurable $\alpha = (\alpha_t)$, localement borné dans L^1 (i.e. il existe une suite de t.a. $T_n \uparrow +\infty$ telle que $\sup_T E(|\alpha_{T_n \wedge T}|) < +\infty$, T parcourant l'ensemble des t.a. finis).

Voici une condition nécessaire et suffisante pour qu'un processus optionnel mince soit un processus de sauts d'une semi-martingale spéciale :

Théorème 1 :

Soit $\alpha = (\alpha_t)$ un processus optionnel.

Pour qu'il existe une semi-martingale spéciale $X = (X_t)$ vérifiant $\Delta X = \alpha$, il faut et il suffit que :

1°) $\left(\sum_{o<s\leq t} \alpha_s^2 \right)^{1/2}$ soit localement intégrable (alors, la projection prévisible $\dot{\alpha}$ de α existe).

2°) pour tout $t \in \mathbb{R}_+$, $\sum_{o<s\leq t} |\dot{\alpha}_s| < +\infty$.

De plus, l'équation (σ) : $\Delta X = \alpha$ admet une solution unique $X^o = (X_t^o) \in \mathcal{S}_p^d$, et l'ensemble des solutions de (σ) est $X^o + \mathcal{S}^c$.

Remarque :

Dans le cas particulier où $\dot{\alpha} = 0$ sur $]o,\infty[$, le théorème de Chou - Lépingle affirme que X est une martingale locale.

Démonstration :

a) condition nécessaire :

Soit $X = M+A$ la décomposition canonique de X. Par hypothèse, on a : $\alpha_t = \Delta X_t = \Delta M_t + \Delta A_t$

En prenant les projections prévisibles des deux membres de l'égalité, on obtient :

$$\dot{\alpha}_t = M_o I_{\{o\}} + \Delta A_t$$

La condition 2°) est donc vérifiée. La condition 1°) découle du fait que X est une semi-martingale spéciale ([5]).

b) condition suffisante :

On pose $A_t = \sum_{o<s\leq t} \dot{\alpha}_s \in \mathcal{V}$ et $\beta_t = \alpha_t - \Delta A_t = \alpha_t - \dot{\alpha}_t + \dot{\alpha}_o I_{\{o\}}$

Il est immédiat que $\beta = (\beta_t)$ est un processus optionnel tel que $\dot{\beta} = 0$ sur $]o,\infty[$; on a, de plus :

$$\left(\sum_{o<s\leq t} \beta_s^2\right)^{1/2} \leq \left(\sum_{o<s\leq t} \alpha_s^2\right)^{1/2} + \left(\sum_{o<s\leq t} \dot{\alpha}_s^2\right)^{1/2} \leq \left(\sum_{o<s\leq t} \alpha_s^2\right)^{1/2} + \sum_{o<s\leq t} |\dot{\alpha}_s|$$

La dernière somme est un processus croissant prévisible, elle est donc localement intégrable. Par conséquent, compte tenu de la condition 1°), $\left(\sum_{o<s\leq t} \beta_s^2\right)^{1/2}$ est localement intégrable. D'après Chou [1] ou Lépingle [4], il existe alors une martingale locale $M = (M_t)$ telle que $\Delta M = \beta = \alpha - \Delta A$.

On a donc $\Delta M + \Delta A = \alpha$. Il suffit alors de poser $X = M+A$.

c) Unicité :

Supposons qu'il existe deux semi-martingales $X = M+A$ et $Y= N+B$ appartenant à $\mathcal{S}_p^d$ telles que $\Delta X = \Delta Y = \alpha$. En prenant les projections prévisibles, on obtient :

$$\alpha_o I_{\{o\}} + \Delta A = \dot{\widehat{\Delta X}} = \dot{\widehat{\Delta Y}} = \alpha_o I_{\{o\}} + \Delta B.$$

Donc, $A = B$. Il en résulte que $M = N$, car ce sont deux martingales locales sommes compensées de sauts ayant mêmes sauts ; donc $X = Y$.

Appelons $X^o = (X^o_t) \in \mathcal{S}^d_p$ cette unique solution de (σ). Il est clair que $X = (X_t) \in \mathcal{S}_p$ est solution de (σ) si et seulement si $X - X^o$ est continue. Donc, $X - X^o \in \mathcal{S}^c$. ∎

2- Définition 2.

Soit $X = (X_t)$ un processus càd-làg adapté. On appelle saut multiplicatif de X en t, toute variable aléatoire $\mathcal{F}_t$-mesurable U_t, s'il en existe, telle que $X_t = X_{t-} U_t$.

Si $X_{t-} = X_t = 0$, la valeur de U_t est indéterminée ; si $X_{t-} = 0 \neq X_t$, U_t n'est pas définie.

Rappelons d'abord que, si $X = (X_t)$ et $H = (H_t)$ sont deux semi-martingales données, alors l'équation différentielle stochastique de C. Doléans - Dade :

$$Z_t = H_t + \int_o^t Z_{s-}\, dX_s$$

admet une solution unique dans $\mathcal{S}$, notée $\varepsilon_H(X)$. Pour son expression explicite, un peu compliquée, nous renvoyons à [6]. Dans le cas où $H = 1$, on note $\varepsilon(X)$ au lieu de $\varepsilon_1(X)$.

On donne maintenant une condition suffisante pour qu'un processus optionnel soit un processus de sauts multiplicatifs d'une semi-martingale spéciale :

Théorème 3 :

Soit $U = (U_t)$ un processus optionnel tel que :

1°) $\left(\sum_{o<s\leq t} (U_s-1)^2\right)^{1/2}$ soit localement intégrable (alors, $\dot{U}$ existe)

2°) $\sum_{o<s<t} |\dot{U}_s - 1| < \infty$, pour tout t fini.

Notons $X = (X_t)$ une semi-martingale spéciale vérifiant $\Delta X = U - 1$.

Alors, une semi-martingale (spéciale) $Z = (Z_t)$ est solution de $(\sigma_m) : Z = Z_- U$, si, et seulement si $Z = \varepsilon_H(X)$, où $H = (H_t) \in \mathcal{S}^c$.

Démonstration :

D'après le théorème 1 appliqué au processus optionnel $\alpha = U - 1$, il existe $X = (X_t) \in \mathcal{S}_p$ tel que $\Delta X = U - 1$.

Pour tout $Z = (Z_t) \in \mathcal{S}$, on a les équivalences suivantes :

$$\begin{aligned} Z = Z_- U &\Longleftrightarrow \Delta Z = Z_-(U-1) \\ &\Longleftrightarrow \Delta Z = Z_- \Delta X \\ &\Longleftrightarrow \left(Z_t - \int_0^t Z_{s-} dX_s\right) \in \mathcal{S}^c \\ &\Longleftrightarrow Z_t = H_t + \int_0^t Z_{s-} dX_s, \text{ où } H = (H_t) \in \mathcal{S}^c \end{aligned}$$

D'où le résultat désiré. ∎

Remarques :

1°) Soit $U = (U_t)$ un processus optionnel tel qu'il existe une semi-martingale spéciale $Z = (Z_t)$ solution de $(\sigma_m) : Z = Z_- U$, et Z ne s'annulant pas. Alors, les conditions 1°) et 2°) du théorème 3 sont vérifiées.

2°) On indique ici comment retrouver la construction faite en [3] :

Soit T un t.a. totalement inaccessible et soit k une v.a. $\mathcal{F}_T$-mesurable, intégrable. Alors, il existe une martingale locale $Z = (Z_t)$ continue en dehors de $[\![T]\!]$, vérifiant $Z_0 = 1$ et $\frac{Z_T}{Z_{T-}} = k$, sur $\{T < \infty\}$.

On pose, en effet, $U_t = 1 + (k-1) I_{[\![T]\!]}(t)$. C'est un processus optionnel vérifiant les conditions du théorème 3, avec de plus $\dot{U} = 1$. Il existe donc une martingale locale purement discontinue unique $X^o = (X^o_t)$ telle que $\Delta X^o = U - 1 = (k-1) I_{[\![T]\!]}$ (théorème de Chou ou de Lépingle).

Il suffit alors de prendre $Z = \varepsilon(X^o)$.■

Appendice :

Soit $H = (H_t)$ un processus prévisible. On se propose de caractériser l'ensemble des processus optionnels $U = (U_t)$ admettant H pour projection prévisible. En remplaçant U par $(U-H)$, on se ramène au cas où $H = 0$.

Si l'on fait l'hypothèse : $\left(\sum_{o<s\leq t} U_s^2\right)^{1/2}$ est localement intégrable, la réponse a été donnée par Chou [1] et Lépingle [4] : U est le processus des sauts d'une martingale locale nulle en 0.

Ici, on suppose seulement que U est localement borné dans L^1, ce qui permet de définir sa projection prévisible.

Théorème 4 :

Soit $U = (U_t)$ un processus optionnel, localement borné dans L^1.

Pour que la projection prévisible de U soit nulle, il faut et il suffit qu'il existe une suite de martingales locales nulles en 0 ${}^nQ = ({}^nQ_t)$ et une suite de t.a. $T_k \uparrow +\infty$ telles que : pour tout $k \in \mathbb{N}$ et pour tout t.a. fini T, $\Delta({}^nQ)_T^{T_k}$ converge dans L^1 vers $U_T^{T_k}$, lorsque n tend vers ∞.

Démonstration :

1°) condition nécessaire :

On suppose, par hypothèse, que $\dot{U} = 0$. Donc, l'ensemble optionnel $\{U \neq 0\} = \{U \neq \dot{U}\}$ est mince. Alors, il existe une suite de t.a. (S_n) de graphes disjoints qui sont soit totalment inaccessibles, soit prévisibles telle que $\{U \neq 0\} \subset \bigcup_n [\![S_n]\!]$.

Quitte à arrêter U, on suppose que U est borné dans L^1. On définit $M_t^n = U_{S_n} I_{\{S_n \leq t\}} - \widetilde{U_{S_n} I_{\{S_n \leq t\}}}$, où le signe $\sim$ désigne la projection duale prévisible d'un processus à variation localement intégrable.

Rappelons en passant que $\widetilde{U_{S_n} I_{\{S_n \leq t\}}}$ est continu ou nul suivant que S_n est totalement inaccessible ou prévisible.

On pose :

$${}^nQ_t = \sum_{k=1}^{n} M_t^k$$

C'est une suite de martingales uniformément intégrables. Pour tout t.a. fini T, on a :

$$\Delta^n Q_T = \sum_{k=1}^{n} \Delta M_T^k = \sum_{k=1}^{n} U_{S_k} I_{[\![S_k]\!]}(T)$$

$$= \sum_{k=1}^{n} U_T I_{[\![S_k]\!]}(T) = U_T I_{\bigcup\limits_{k\leq n} [\![S_k]\!]}(T)$$

Montrons que $\Delta^n Q_T$ converge dans L^1 vers U_T. On a :

$$\Delta^n Q_T - U_T = U_T \left(I_{\bigcup\limits_{k\leq n} [\![S_k]\!]}(T) - 1 \right)$$

Cette suite, que nous appelons α_n, converge presque sûrement vers 0, en effet :

si $(T(\omega),\omega) \notin \bigcup\limits_{n\in\mathbb{N}} [\![S_n]\!]$, alors $U_{T(\omega)}(\omega) = 0$, et $\alpha_n(\omega) = 0$,

si $(T(\omega),\omega) \in \bigcup\limits_{n\in\mathbb{N}} [\![S_n]\!]$, alors il existe $n\in\mathbb{N}$ tel que $T(\omega) = S_n(\omega)$ et $\alpha_n(\omega) = 0$.

De plus, on a $|\alpha_n| \leq 2\ |U_T| \in L^1$. Donc, α_n converge vers 0 dans L^1.

2°) <u>condition suffisante</u> :

Quitte à arrêter les processus considérés on peut supposer que U est borné dans L^1 et on peut supprimer les T_k pour alléger les notations.

Pour tout t.a. prévisible fini R, on a :

$$\dot{U}_R = E\{U_R / \mathcal{F}_{R-}\} = E\{\lim_{L^1} \Delta^n Q_R / \mathcal{F}_{R-}\}$$

$$= \lim_{L^1} E\{\Delta^n Q_R / \mathcal{F}_{R-}\} = 0$$

Donc, $\dot{U} = 0$.

BIBLIOGRAPHIE.

(1) C.S. CHOU : Le processus des sauts d'une martingale locale. Sémi. de Proba. XI, Lecture Notes in Math 581 (1975/76).

(2) C. DELLACHERIE & P.A. MEYER : Probabilités et Potentiel. Théorie des martingales (chapitre VI) A paraître chez Hermann.

(3) M. GARCIA P. MAILLARD & Y. PELTRAUT : Une martingale de saut multiplicatif donné, Sémi. de Proba. XII, Lecture Notes in Math 649 (1976/77).

(4) D. LEPINGLE : Sur la représentation des sauts des martingales, Sémi. de Proba. XI, Lecture Notes in Math 581, (1975/76)

(5) P.A MEYER : Un cours sur les intégrales stochastiques, Sémi. de Proba X, Lect. Notes in Math 511 (1974/75).

(6) CH. YOEURP & M. YOR : Espace orthogonal à une semi-martingale. Application. A paraître au Z. für Wahr.

(7) M. YOR : En cherchant une définition naturelle des intégrales stochastiques optionnelles (dans ce volume).

Université de Strasbourg
Séminaire des Probabilités

1978/79

LE SUPPORT EXACT DU TEMPS LOCAL D'UNE MARTINGALE CONTINUE

par Maurizio PRATELLI

La théorie du temps local d'une martingale continue est exposée en [1] : on montre dans cet article que le support du temps local est contenu dans l'ensemble des zéros de la martingale.

Dans le cas du mouvement brownien le support du temps local coïncide avec l'ensemble des zéros: on montre dans cette note que pour toute martingale continue le support du temps local est déterminé par l'ensemble des zéros de la martingale (même s'il ne coïncide pas forcément avec lui).

On montre ensuite que le temps local peut se calculer " trajectoire par trajectoire ", en connaissant seulement l'ensemble des zéros et le processus croissant $\langle M,M\rangle$.

1. DETERMINATION DU SUPPORT DU TEMPS LOCAL.

Soit $(\Omega,\underline{\underline{F}},\mathbb{P})$ un espace probabilisé muni d'une filtration $(\underline{\underline{F}}_t)_{t\geq 0}$ satisfaisant aux conditions habituelles. Soit $(M_t)_{t\geq 0}$ une martingale continue, et supposons que $M_0=0$ (si elle n'est pas nulle en zéro, on considère le temps d'arrêt $T = \inf\{ s\geq 0 : M_s=0 \}$ et la martingale $M'_t = M_{T+t} - M_T$).

On désigne par H l'ensemble aléatoire $\{ (\omega,t) : M_t(\omega) = 0 \}$: H est un ensemble parfait, c'est-à-dire que pour presque tout ω la coupe $H(\omega)$ définie par $H(\omega) = \{ t : M_t(\omega)=0 \}$ est un ensemble parfait (voir [1], pag.5-4).

On appelle <u>temps</u> <u>local</u> (en zéro) de la martingale M_t l'unique processus croissant L_t, continu, adapté et nul en zéro, tel que $|M_t| - L_t$ soit une martingale.

On montre en [1],pag.6,que la mesure dL_t est portée par H :montrons qu'elle est portée par $H-\mathring{H}$,où $\mathring{H}$ est l'intérieur de H. Soit h un nombre positif et soit $S_h = \inf\{ t>h : M_t \neq 0 \}$. La martingale M est constante sur l'intervalle stochastique $[\![h,S_h]\!]$ et,puisque le temps local vérifie l'équation de Tanaka ([1],pag.13) $M_t = \int_{[0,t]} \operatorname{sgn}(M_s)dM_s + L_t$,il en résulte que $L_h = L_{S_h}$ p.s. Le résultat découle alors du fait que $\mathring{H} = \bigcup_{h \in \mathbb{Q}_+}]\!]h,S_h[\![$.

On rappelle que toute partie fermée K de $\mathbb{R}$ est union d'un ensemble dénombrable et d'un ensemble parfait : ce dernier ensemble (qui peut être caractérisé comme le plus grand ensemble parfait contenu dans K) est appelé le noyau parfait de K. Puisque le support de la mesure dL_t est un ensemble parfait et est contenu dans $H-\mathring{H}$,il est évidemment contenu dans le noyau parfait de $H-\mathring{H}$:nous montrerons qu'il coïncide avec lui.

LEMME *Soit M une martingale continue nulle en zéro,de temps local L. On a alors,pour presque tout ω, $L_t(\omega)>0$ dès que $\langle M,M\rangle_t(\omega)>0$.*

DEMONSTRATION Soient S et T les temps d'arrêt

$S = \inf \{t>0 : \langle M,M\rangle_t >0 \}$ $\qquad$ $T = \inf \{t>0 : L_t >0 \}$

On rappelle que p.s. les applications $t \to M_t$ et $t \to \langle M,M\rangle_t$ ont les mêmes intervalles de constance ([4],pag.437) ; donc $T \geq S$ p.s.. Le processus $|M|_{t \wedge T}$ est alors une martingale ; mais il est bien connu qu'une surmartingale positive garde la valeur zéro dès qu'elle l'atteint,et donc M est constamment nulle sur l'intervalle stochastique $[\![0,T]\!]$. Mais alors $\langle M,M\rangle$ aussi est constamment nul sur $[\![0,T]\!]$, et on peut conclure que $T=S$ p.s. Le lemme est ainsi établi.

Soit maintenant K le parfait aléatoire des points de croissance de $\langle M,M\rangle$ (c'est-à-dire le support de la mesure $d\langle M,M\rangle$) : il est immédiat de vérifier que $H-\mathring{H} = H \cap K$ (puisque si la fonction $M_t(\omega)$ est constante sur l'intervalle (a,b), alors (a,b) est contenu ou bien dans $\mathring{H}$, ou bien dans le complémentaire de H).

THEOREME <u>Le support de la mesure</u> dL_t <u>coïncide avec le noyau parfait de</u> $H-\mathring{H}$.

DEMONSTRATION Soit W le noyau parfait de $H-\mathring{H}$; on sait déjà que la mesure dL_t est portée par W. Puisque le complémentaire du support de dL_t est l'union des intervalles à extrémités rationnelles (a,b) tels que $L_a=L_b$, il suffit de montrer que pour tout $t_1<t_2$ on a

$$\mathbb{P}\{ L_{t_1}=L_{t_2} , (t_1,t_2) \cap W \neq \emptyset \} = 0 .$$

Supposons qu'il existe t_1,t_2 et $\varepsilon>0$ tels que

$$\mathbb{P}\{ L_{t_1}=L_{t_2} , (t_1,t_2) \cap W \neq \emptyset \} = \varepsilon .$$

Soit T le temps d'arrêt $T = \inf\{ t\geq t_1 : M_t=0 \}$, et considérons la martingale $M'_t = M_{T+t}$ sur l'espace $\Omega' = \{ T<\infty \}$, muni de la probabilité $\mathbb{P}'(A) = \mathbb{P}(A\cap\Omega')/\mathbb{P}(\Omega')$ et de la filtration $\underline{\underline{F}}'_t = \underline{\underline{F}}_{T+t}$. On remarque que $\langle M',M'\rangle_t=\langle M,M\rangle_{T+t}-\langle M,M\rangle_T$ et que, si L' est le temps local de M', $L'_t=L_{T+t}-L_T$.
Soit $S'=\inf\{t>0:\langle M',M'\rangle_t>0\}$. Sur l'ensemble $\{(t_1,t_2)\cap W\}\neq\emptyset$, on a p.s. $T<t_2$ et $S'<t_2-T$. Le lemme, appliqué à la martingale M'_t , permet de conclure que $L'_{t_2-T}>0$ p.s. sur $\{(t_1,t_2)\cap W\neq\emptyset\}$, donc que $L_{t_2}>L_{t_1}$ p.s. sur cet ensemble.

2.UNE AUTRE METHODE.

Introduisons maintenant le changement de temps qui permet de transformer toute martingale (locale) continue en un mouvement brownien. Soit C_t le processus croissant $\langle M,M\rangle_t$ et soit K l'ensemble des points de croissance de C. Notons D_t le temps d'arrêt $D_t = \inf\{ s>t : (s,\omega) \in K \}$. Appelons i et j respectivement l'inverse à gauche et à droite de C_t:

$$i_t = \sup \{ s: C_s<t \} \qquad j_t = \inf \{ s: C_s>t \}.$$

Le processus $\overline{M}_t=M_{j_t}$ est,par rapport à la filtration $\underline{\underline{F}}_{j_t}$,un mouvement brownien arrêté au temps d'arrêt $C_\sigma = \sup_t C_t$. On a en effet que $M_t=M_{D_t}$ p.s. (toujours puisque les fonctions $t \to M_t$ et $t \to C_t$ ont les mêmes intervalles de constance) et $\overline{M}_t$ est par conséquent une martingale continue (voir par exemple [3],lemme I.2) dont le processus croissant est $C_{j_t}=t\wedge C_\infty$. Le temps local de $\overline{M}_t$ est $\overline{L}_t=L_{j_t}$. Puisque M est constante sur l'intervalle $[\![t,D_t]\!]$,on a aussi que $L_t=L_{D_t}$ p.s. : les processus L_t et L_{D_t},ainsi que M_t et M_{D_t},sont indistinguables.

Comme $j_{C_t}=D_t$,on peut reconstruire M et L à partir de $\overline{M}$ et $\overline{L}$ par les formules suivantes:

$$M_t=M_{D_t}=\overline{M}_{C_t} \qquad L_t=L_{D_t}=\overline{L}_{C_t}$$

Il est bien connu que le support du temps local d'un mouvement brownien coïncide avec l'ensemble des zéros ([2],pag.44) et ceci permet de donner une autre démonstration du théorème précédemment énoncé. Si a et b sont deux fonctions croissantes continues définies sur $\mathbb{R}_+$ avec a(0)=b(0)=0,et si F et G désignent respectivement les points de croissance des fonctions a et b,on vérifie facilement que l'ensemble des points de croissance de a∘b coïncide avec le noyau parfait de $b^{-1}(F) \cap G$. Dans notre cas $a=\bar{L}_t$, $b=C_t$; F est l'ensemble $\bar{H}$ des zéros de $\bar{M}$ et G=K. Alors $C^{-1}(\bar{H}) = H$ et $C^{-1}(\bar{H}) \cap K = H-\overset{\circ}{H}$.

Mais le changement de temps qu'on a introduit permet d'avoir des renseignements plus intéressants. Soit $\bar{H}$ l'ensemble des zéros de $\bar{M}$: $\bar{H} = j^{-1}(H)$. Pour tout ω, le complémentaire de $\bar{H}(\omega)$ est l'union d'une famille dénombrable d'intervalles ouverts disjoints $A_n, n\geq 1$. P.Lévy a montré (voir [2],pag.45) que pour presque tout ω on a, pour tout t, les formules suivantes :

$$\bar{L}_t = \lim_{\varepsilon\downarrow 0} (\pi\varepsilon/2)^{1/2} \times \text{le nombre des intervalles } A_n \subset [0,t] \text{ de longueur} \geq \varepsilon$$

$$= \lim_{\varepsilon\downarrow 0} (\pi/2\varepsilon)^{1/2} \times \text{la longueur totale des intervalles } A_n \subset [0,t] \text{ de lõgueur} < \varepsilon.$$

Jointe à l'égalité $L_t=\bar{L}_{C_t}$, la formule de Lévy montre qu'on peut calculer le temps local d'une martingale continue " <u>trajectoire par trajectoire, en connaissant seulement l'ensemble des zéros</u> $H(\omega)$ <u>et le processus croissant</u> $\langle M,M\rangle_t(\omega)$ ", même si la formule qui en résulte est évidemment assez compliquée.

BIBLIOGRAPHIE

[1] J.AZEMA et M.YOR — En guise d'introduction.Temps locaux. Astérisque n.52-53 (1978) pag.3-17

[2] K.ITO et H.McKEAN — Diffusion processes and their sample paths. Springer-Verlag (1965)

[3] B.MAISONNEUVE — Une mise au point sur les martingales locales continues définies sur un intervalle stochastique. Séminaire de Probabilités XI. Lecture notes n.581

[5] Y.LE JAN Martingales et changements de temps.
Dans ce volume.

SCUOLA NORMALE SUPERIORE
Piazza Dei Cavalieri.
56100 PISA. Italie

Université de Strasbourg
Séminaire de Probabilités 1977/78

MARTINGALES LOCALES A ACCROISSEMENTS INDEPENDANTS

par R. SIDIBE

Soit $(\Omega,\underline{\underline{F}},P)$ un espace probabilisé complet, muni d'une filtration $(\underline{\underline{F}}_t)$ qui satisfait aux conditions habituelles, et soit $X=(X_t)$ un processus continu à droite et adapté, à accroissements indépendants par rapport à cette filtration : pour tout couple (s,t) tel que $s<t$, X_t-X_s est une v.a. indépendante de $\underline{\underline{F}}_s$. Nous supposerons aussi que $X_0=0$, ce qui est une normalisation triviale.

Il est naturel de se demander à quelle condition X est une <u>martingale locale</u> par rapport à $(\underline{\underline{F}}_t)$. Par exemple, un processus à accroissements indépendants et symétriques (tel que le processus de Cauchy) est il une martingale locale ?

Une réponse est suggérée par l'étude du problème analogue en temps discret : si $X=(X_n)$ est une martingale locale par rapport à la famille discrète $(\underline{\underline{F}}_n)$, on sait que

$$E[X_{n+1}|\underline{\underline{F}}_n] \text{ existe } \quad (\text{ i.e., } E[|X_{n+1}||\underline{\underline{F}}_n] < \infty \text{ p.s. })$$

$$E[X_{n+1}|\underline{\underline{F}}_n] = X_n \text{ p.s.}$$

Mais alors, il existe un ensemble $A\in\underline{\underline{F}}_n$, de probabilité non nulle, tel que $\int_A |X_{n+1}-X_n|P < \infty$; comme $|X_{n+1}-X_n|$ est indépendante de $\underline{\underline{F}}_n$, cela entraîne que $E[|X_{n+1}-X_n|]<\infty$; comme $X_0=0$, X_n est intégrable pour tout n, et le processus est une vraie martingale. Autrement dit, en temps discret, il n'y a pas de martingales locales à accroissements indépendants qui ne soient pas de vraies martingales.

Nous nous proposons d'étendre ce résultat au temps continu, sous l'hypothèse simplificatrice (sans doute assez facile à lever) que X est un processus à accroissements indépendants et <u>homogènes</u> (paih). Nous en donnons alors deux démonstrations : la première ne s'applique qu'au cas où $(\underline{\underline{F}}_t)$ est la <u>filtration naturelle</u> de (X_t) (rendue continue à droite et convenablement complétée). La seconde (due à M. Jacod) est plus générale.

PREMIERE DEMONSTRATION : REDUCTION DU PROBLEME

Le processus X étant càdlàg. , il n'admet dans un intervalle fini $[0,t]$ qu'un nombre fini de sauts dont l'amplitude dépasse 1. Posons

$$Y_t = \Sigma_{s\leq t} \ \Delta X_s 1_{\{|\Delta X_s|\geq 1\}} \quad ; \quad Z_t = X_t-Y_t$$

Les résultats suivants sont classiques dans la théorie des processus à accroissements indépendants :

1) Y et Z sont tous deux des paih par rapport à la famille $(\underline{\underline{F}}_t)$
2) Y et Z sont indépendants

3) Le paih Z a des sauts bornés par 1 en valeur absolue (sa mesure de Lévy est portée par l'intervalle [-1,1]), et cela entraîne que $E[|Z_t|] < \infty$ pour tout t .

Puisque Z est un paih, il existe une constante a telle que $E[Z_t]=at$. Nous pouvons alors décomposer X en les deux paih indépendants

$$X_t = X_t^1+X_t^2 \qquad X_t^1=Y_t+at \qquad X_t^2=Z_t-at$$

Comme X est une martingale locale, X^2 une vraie martingale, X^1 est une martingale locale, et il suffit de démontrer que X^1 est une vraie martingale.

Nous désignons par $\underline{\underline{F}}_t^o$ (resp. $\underline{\underline{F}}_t^1$, $\underline{\underline{F}}_t^2$) la tribu engendrée par les v.a. X_s , $s\leq t$ (resp. X_s^1, $s\leq t$, X_s^2 , $s\leq t$). Il est facile de vérifier que $\underline{\underline{F}}_t^o = \underline{\underline{F}}_t^1 \vee \underline{\underline{F}}_t^2$.

SECONDE REDUCTION

Le processus (X_t^1) est une martingale locale par rapport à $(\underline{\underline{F}}_t)$, adaptée à la famille $(\underline{\underline{F}}_t^1)$. Néanmoins, l'étape la plus délicate de la démonstration est le lemme suivant :

LEMME 1. (X_t^1) est une martingale locale par rapport à sa famille naturelle $(\underline{\underline{F}}_{t+}^1)$.

DEMONSTRATION. Désignons par W l'ensemble de toutes les applications càdlàg. de $\mathbb{R}_+$ dans $\mathbb{R}$, nulles en 0 , et par $\overline{W}$ l'ensemble W×W. Si $\overline{w}=(w^1,w^2)$ appartient à $\overline{W}$, posons

$$\xi_t^1(\overline{w}) = w^1(t) \ , \quad \xi_t^2(\overline{w}) = w^2(t)$$

Introduisons pour i=1,2 les tribus $\underline{\underline{K}}_t^i$ engendrées par les v.a. ξ_s^i , $s\leq t$, et les tribus $\underline{\underline{K}}_t^o = \underline{\underline{K}}_t^1 \vee \underline{\underline{K}}_t^2$.

Soit $f=(f^1,f^2)$ l'application de Ω dans $\overline{W}$ qui associe à $\omega\in\Omega$ le couple des trajectoires

$$f^1(\omega) = X_.^1(\omega) \quad , \quad f^2(\omega)=X_.^2(\omega)$$

L'application f est mesurable. Plus précisément, on a $f^{-1}(\underline{\underline{K}}_t^o)=\underline{\underline{F}}_t^o$, $f^{-1}(\underline{\underline{K}}_t^i)= \underline{\underline{F}}_t^i$. Nous notons $\overline{P}$ la loi image f(P) : l'indépendance des paih X^1 et X^2 signifie que $\overline{P}$ est une loi produit $P^1\otimes P^2$.

Nous aurons besoin du résultat auxiliaire suivant : soit T un temps d'arrêt de la famille $(\underline{\underline{F}}_{t+}^o)$ sur Ω ; il existe alors un temps d'arrêt S de la famille $(\underline{\underline{K}}_{t+}^o)$ sur W tel que $T=S\circ f$. Nous laisserons au lecteur la démonstration, qui n'est pas difficile (on part des t.d'a. étagés, puis on fait un passage à la limite).

Puisque (X_t^1) est une martingale locale de $(\underline{\underline{F}}_t)$, il existe des temps d'arrêt T_n de $(\underline{\underline{F}}_t)$ tels que $T_n\uparrow\infty$ p.s., et que l'on ait pour tout n

$$E[\ \sup_t |X^1_{t\wedge T_n}|] < \infty$$

Associons à T_n un temps d'arrêt S_n sur $\overline{W}$ tel que $T_n = S_n \circ f$. Nous avons que $S_n \uparrow \infty$ p.s. et que

$$E[\ \sup_t |\xi^1_{t\wedge S_n}|] < \infty$$

Plus explicitement

$$\int_{W^1\times W^2} \sup_t |\xi^1_{t\wedge S_n}(w^1,w^2)(w^1)| P^1(dw^1)P^2(dw^2) < \infty$$

D'après le théorème de Fubini, nous avons pour P^2-presque tout w^2

$$S_n(.,w^2)\uparrow\infty \quad P^1\text{-p.s.} \qquad \int_{W^1} \sup_t |\xi^1_{t\wedge S_n}(.,w^2)| P^1(dw^1) < \infty$$

Posons sur Ω $R_n(\omega) = S_n(d^1(\omega),w^2)$; on vérifie aussitôt que $R_n\uparrow\infty$ p.s., que R_n est un temps d'arrêt de la famille $(\underline{\underline{F}}^1_{t+})$ et que

$$E[\ \sup_t |X^1_{t\wedge R_n}|] < \infty$$

Le processus $(X^1_{t\wedge R_n})$ est une martingale par rapport à $(\underline{\underline{F}}_t)$, adaptée à $(\underline{\underline{F}}^1_{t+})$, donc une martingale par rapport à $(\underline{\underline{F}}^1_{t+})$; donc (X^1_t) est une martingale locale par rapport à $(\underline{\underline{F}}^1_{t+})$, à accroissements indépendants. Il nous reste à montrer que c'est une vraie martingale.

Nous omettons maintenant l'exposant 1 de (X^1_t) et $(\underline{\underline{F}}^1_t)$: nous sommes ramenés au même problème qu'au début, mais avec la propriété supplémentaire que le paih (X_t) ne possède qu'un nombre fini de sauts dans tout intervalle fini.

ETUDE DU PROCESSUS $X=X^1$

Nous désignons par $T_1, T_2, \ldots, T_n ..$ les instants de saut successifs de X , et par $\Delta X_1, \ldots \Delta X_n$ les sauts correspondants. Nous posons

$$Y_t = \Sigma_i\ \Delta X_i 1_{\{T_i \leq t\}}$$

de sorte que $X_t = Y_t + at$ est une martingale locale. Nous admettons provisoirement le lemme suivant :

LEMME 2. <u>Les v.a.</u> T_1, T_2-T_1, $\ldots T_n - T_{n-1} \ldots$; $\Delta X_1, \ldots, \Delta X_n \ldots$ <u>sont toutes indépendantes</u> ; <u>celles du premier groupe ont une même loi exponentielle</u> ; <u>celles du second groupe ont toutes la même loi</u>.

L'étape fondamentale de la démonstration est la suivante :

LEMME 3. ΔX_1 <u>est une v.a. intégrable</u>.

DEMONSTRATION. Nous commençons par vérifier que ΔX_1 et $\underline{\underline{F}}_{T_1-}$ sont indépendantes. La famille $(\underline{\underline{F}}_t)$ étant la filtration naturelle de (X_t) ou de (Y_t), $\underline{\underline{F}}_{T_1-}$ est engendrée par les ensembles de la forme

$$A = \{\ Y_{s_1} \leq a_1, \ldots, Y_{s_k} \leq a_k,\ t < T_1\} \text{ avec } s_1, \ldots, s_k \leq t$$

Comme Y est constant sur $[0,T_1[$, ou bien $A=\emptyset$ (donc indépendant de ΔX_1), ou bien $A=\{t<T_1\}$, et l'indépendance résulte du lemme 2.

Soit alors S un temps d'arrêt de $(\underline{\underline{F}}_t)$ réduisant la martingale locale $X_t=Y_t+at$; $S\wedge T_1$ la réduit aussi, et la v.a. à l'infini $Y_{S\wedge T_1}+a.S\wedge T_1$ est intégrable. Comme T_1 est intégrable, $Y_{S\wedge T_1}$ l'est aussi. Donc

$$\int_\Omega |\Delta X_1| 1_{\{T_1\leqq S\}} dP < \infty$$

Or $\{T_1\leqq S\}$ appartient à $\underline{\underline{F}}_{T_1-}$, et sa probabilité est non nulle si S est assez grand. Il est indépendant de $|\Delta X_1|$, donc

$$E[|\Delta X_1|]P\{T_1\leqq S\} < \infty$$

et le lemme est établi.

Le lemme suivant achève alors la démonstration :

LEMME 4. <u>Le processus</u> (X_t) <u>appartient à la classe</u> (D) <u>sur tout intervalle borné</u> (<u>et c'est donc une vraie martingale</u>).

DEMONSTRATION. Comme $X_t=Y_t+at$, il suffit de démontrer le même résultat pour Y_t, ou encore de démontrer que le processus croissant

$$A_t = \Sigma_i |\Delta X_i| 1_{\{T_i\leqq t\}}$$

est tel que $E[A_t]$ pour tout t. Or on a d'après l'indépendance mentionnée dans le lemme 2

$$E[A_t] = \Sigma_i E[|\Delta X_i|]P\{T_i\leqq t\} = E[|\Delta X_1|]E[N_t]$$

où N_t est le nombre des $T_i\leqq t$. Or il est bien connu que N_t obéit à une loi de Poisson, donc $E[N_t]<\infty$, et le théorème est établi.

SUR LA DEMONSTRATION DU LEMME 2

Soit (X_t) un paih dont les sauts sont bornés inférieurement en module par 1. Comme dans l'énoncé du lemme 2, nous désignons par $T_1,\ldots$ les instants des sauts et par $\Delta X_1,\ldots$ les amplitudes des sauts. Le lemme 2 est "classique", mais nous n'en avons pas trouvé de référence commode. Aussi allons nous le rattacher à d'autres résultats "classiques" sur les paih, qui figurent dans les exposés courants.

Nous prouvons d'abord l'indépendance de T_1 et ΔX_1 . Pour cela il suffit de montrer que $P\{a\leqq\Delta X_1\leqq b,\ t<T_1\}= P\{a\leqq\Delta X_1\leqq b\}P\{t<T_1\}$ pour tout $t\in\mathbb{R}_+$ et tout couple (a,b). Nous décomposons X en Y+Z où

$$Y_t = \Sigma_{s\leqq t}\, \Delta X_s I_{\{a\leqq\Delta X_s\leqq b\}} \quad , \quad Z_t=X_t-Y_t$$

Les processus Y et Z sont des paih par rapport à la filtration naturelle de X, et n'ont pas de sauts communs : <u>ils sont donc indépendants</u>. Désignons par U et V les instants de premier saut de Y et Z respectivement : ce sont des v.a. exponentielles indépendantes, de paramètres λ,μ. On a

$$T_1=U\wedge V \quad ; \quad \{a\leqq\Delta X_1\leqq b\} = \{U<V\}$$

Ainsi la formule à établir est

(*) $P\{U<V,\ t<U\wedge V\} = P\{U<V\}P\{t<U\wedge V\}$ ($= P\{U<V\}P\{t<U\}P\{t<V\}$)

Or on a, U et V étant indépendantes

$$P\{U<V\} = \int_{\{(u,v)\in\mathbb{R}_+\times\mathbb{R}_+,\ u<v\}} \lambda\mu e^{-\lambda u}e^{-\mu v}dudv = \frac{\lambda}{\lambda+\mu}$$

donc le côté droit de (*) vaut $\frac{\lambda}{\lambda+\mu}e^{-(\lambda+\mu)t}$. D'autre part

$$P\{U<V,\ t<U\wedge V\} = P\{t<U<V\}$$

$$= \int_{\{t<u<v\}} \lambda\mu e^{-\lambda u}e^{-\mu v}dudv = \frac{\lambda}{\lambda+\mu}\, e^{-(\lambda+\mu)t}$$

et on a bien l'égalité (*).

Pour établir ensuite le lemme 2 dans toute sa force, on raisonne par récurrence : admettant que $T_1,..T_n-T_{n-1}$; $\Delta X_1,\dots,\Delta X_n$ sont des v.a. toutes indépendantes, de même loi dans chacun des deux groupes, on utilise la propriété de Markov forte à l'instant T_n : le processus $(X'_t)=(X_{T_n+t}-X_{T_n})$ est un paih de même loi que (X_t), indépendant de la tribu $(\underline{\underline{F}}_{T_n})$. Donc les v.a. correspondantes $T'_1= T_{n+1}-T_n$, $\Delta X'_1=\Delta X_{n+1}$ sont indépendantes entre elles, et indépendantes de $\underline{\underline{F}}_{T_n}$, et ont même loi que T_1 et ΔX_1 respectivement. Comme $T_1,\dots T_n-T_{n-1},\Delta X_1,\dots,\Delta X_n$ sont $\underline{\underline{F}}_{T_n}$-mesurables, la récurrence gagne une unité, et le lemme en découle.

SECONDE DEMONSTRATION

M. J. Jacod, ayant été mis au courant des résultats qui précèdent, a suggéré la méthode suivante, qui repose sur la notion de mesure de Lévy d'une martingale locale

Considérons la mesure aléatoire suivante sur $\mathbb{R}_+\times\mathbb{R}^*$ (positive)

(1) $\mu(\omega,\ ds,dz\ ) = \Sigma_{\{t>0\ :\ \Delta X_t\neq 0\}}\ \varepsilon_{t,\Delta X_t(\omega)}(ds,dz)$

Alors le processus croissant $A_t=\int_{[0,t]\times\mathbb{R}^*} (z^2\wedge|z|)\mu(ds,dz)$ est égal à $\Sigma_{s\leq t}\ \Delta X_s^2 I_{\{|\Delta X_s|\leq 1\}} + |\Delta X_s| I_{\{|\Delta X_s|\geq 1\}}$, et on sait, X étant une martingale locale, qu'il est localement intégrable. Il admet donc un compensateur prévisible $\tilde{A}_t$, et la mesure aléatoire μ admet une compensatrice prévisible ν . La représentation des martingales locales comme somme d'une partie continue et d'une somme compensée de sauts peut alors s'écrire symboliquement

(2) $X_t = X_t^c + \int_{[0,t]\times\mathbb{R}^*} z.(\mu-\nu)(ds,dz)$

Ces résultats figurent dans les articles [1] et [2] (sous une forme beaucoup plus générale), et sont cités explicitement dans [3].

Voici le principe de la démonstration de M. Jacod : tout d'abord, si la martingale locale X est un p.a.i., il est facile de voir que X^c en est un aussi . Or tous les p.a.i. à trajectoires continues sont gaussiens, et X^c est une vraie martingale. Nous pouvons donc supposer X purement discontinu. Comme X est un p.a.i., le compensateur prévisible ν est une mesure <u>non aléatoire</u> , de sorte que la condition

$$\tilde{A}_t = \int_{[0,t]\times\mathbb{R}^*} (z^2 \wedge |z|)\nu(ds,dz) < \infty \text{ p.s.}$$

entraîne $E[\tilde{A}_t]<\infty$, donc $E[A_t]<\infty$. On peut alors voir que X_t est intégrable, et que X est une vraie martingale.

Le principe étant ainsi exposé, voici comment on peut faire la démonstration en détails, de la manière la plus élémentaire possible. Ici encore, pour simplifier, nous supposons que X est un paih.

Comme dans la première réduction du début de l'exposé, on peut se ramener au cas où $X=X^1$, autrement dit, les sauts de X sont tous $\geqq 1$ en valeur absolue, et X est la somme compensée de ses sauts. Cette réduction nous débarrasse de la partie continue, et de la difficulté relative aux petits sauts. La mesure $\mu(\omega, ds,dz)$ ne charge pas $\mathbb{R}_+\times]-1,1[$. La mesure non aléatoire $\nu(ds,dz)$ est égale à $ds\times\bar{\nu}(dz)$, où $\bar{\nu}$ est la mesure de Lévy usuelle, et elle ne charge pas $\mathbb{R}_+\times]-1,1[$. Dans ces conditions, l'intégrabilité de $\tilde{A}_t$ expliquée plus haut s'écrit, puisque $|z|\leqq z^2$ ν-p.s.

$$\int_{[0,t]\times\mathbb{R}^*} |z|\nu(ds,dz) < \infty \qquad \text{ou } \int|z|\bar{\nu}(dz) < \infty$$

et en revenant à μ , $E[\Sigma_{s\leq t}|\Delta X_s|] < \infty$ pour tout t. La représentation (2) de X s'écrit alors de manière élémentaire

$$X_t = \Sigma_{s\leqq t}\, \Delta X_s \; - at \qquad \text{où } a = \int_{\mathbb{R}} z\bar{\nu}(dz)$$

et le théorème est établi. La réduction du début nous a évité les difficultés de la mesure de Lévy près de 0.

REFERENCES

[1]. <u>J. Jacod</u> : Multivariate point processes : predictable projection, Radon-Nikodym derivatives, representation of martingales. ZfW 31, 1975, p. 235-253.

[2] <u>J. Jacod et J. Mémin</u> : Caractéristiques locales et conditions de continuité absolue pour les semi-martingales. ZfW 35, 1976, p. 1-37.

[3] <u>M. Yor</u> : Sur les intégrales stochastiques optionnelles et une suite remarquable de formules exponentielles. Sém. Prob. X, LN 511, Springer 1976.

Institut de Rech. Math. Avancée
Strasbourg

DECOMPOSITION DE MARTINGALES LOCALES
ET RAREFACTION DES SAUTS

par

Rolando REBOLLEDO

Il est bien connu que toute martingale locale se décompose localement en somme d'une martingale de carré intégrable et d'une martingale à variation intégrable. C'est une propriété essentielle dans la théorie de l'intégrale stochastique (c.f. [2], chap. IV). MEYER présente dans [3] une meilleure version de cette décomposition, dûe à YEN : toute martingale locale se décompose en somme d'une martingale locale localement à variation intégrable et d'une martingale locale à sauts uniformément bornés par 2 ; cette dernière est donc une martingale locale localement de carré intégrable. On remarque que pour tout $\varepsilon > 0$ la méthode de [3] permet de trouver une décomposition où l'une des martingales locales de la somme est à sauts uniformément bornés par 2ε (ε-décomposition). Cette propriété est fondamentale dans l'étude de la convergence en loi des suites de martingales locales. Elle permet de définir une notion de "raréfaction asymptotique des sauts" voisine de la "condition de Lindeberg" classique. Lorsqu'une telle condition est vérifiée, on peut se ramener à considérer des suites de martingales locales (M_n) où $\sup_{t\in\mathbb{R}_+} |\Delta M_n(t)| \leq C_n$ et $C_n \downarrow 0$ quand $n \uparrow \infty$.

Dans [4] et [5] nous avons exposé la ε-décomposition comme un résultat auxiliaire mais l'énoncé que nous y donnons présente une difficulté : il n'est vrai que pour les martingales locales quasi-continues à gauche. Or le Théorème Central Limite présenté dans [4] ne nécessite pas une telle hypothèse supplémentaire, sa démonstration repose sur la propriété d'approximation que nous developpons dans la 2è partie du Lemme 5 ci-dessous, qui est vraie sans hypothèse de quasi-continuité à gauche.

Le but de cette note est de donner quelques précisions supplémentaires sur la ε-décomposition et de démontrer le lemme fondamental sur la raréfaction des sauts.

1. NOTATIONS. Tout le long de cet article nous considérons un espace probabilisé complet $(\Omega, \underline{\underline{F}}, \mathbb{P})$. $\mathbb{F} = (\underline{\underline{F}}_t; t \in \mathbb{R}_+)$, $\mathbb{F}_n = (\underline{\underline{F}}_{n,t}; t \in \mathbb{R}_+)$ ce sont des filtrations satisfaisant aux conditions habituelles de DELLACHERIE et telles que $\underline{\underline{F}} = \underline{\underline{F}}_\infty = \underline{\underline{F}}_{n,\infty}$ $(n \in \mathbb{N})$.

Nous adoptons toutes les notations et conventions de [2] précisant (lorsqu'il y aura lieu) la filtration que l'on considère.

Nous rappelons la définition de la relation de domination entre deux processus étudiée par LENGLART dans [1] :

Un processus X, $\mathbb{F}$-adapté, positif, à trajectoires continues à droite est dominé par un processus croissant $\mathbb{F}$-prévisible A si pour tout $\mathbb{F}$-temps d'arrêt fini T, $\mathbb{E}(X(T)) \leqslant \mathbb{E}(A(T))$.
On note $X \prec A$.

Si X est un processus continu à droite on note X^* le processus $(\sup_{s \leqslant t} |X(s)|; t \in \mathbb{R}_+)$.

Soit M une $\mathbb{F}$-martingale locale nulle en 0, $\varepsilon > 0$. On considère les processus croissants suivants :

$$\alpha^\varepsilon(M) = (\alpha^\varepsilon(M,t); t \in \mathbb{R}_+), \quad \sigma^\varepsilon(M) = (\sigma^\varepsilon(M,t); t \in \mathbb{R}_+)$$

où

$$(1) \quad \alpha^\varepsilon(M,t) = \sum_{s \leqslant t} |\Delta M(s)| \, I_{[|\Delta M(s)| > \varepsilon]}$$

$$(2) \quad \sigma^\varepsilon(M,t) = \sum_{s \leqslant t} (\Delta M(s))^2 \, I_{[|\Delta M(s)| > \varepsilon]} \quad , \quad (t \in \mathbb{R}_+).$$

On montre comme dans [3] que $\alpha^{\varepsilon}(M)$ est localement intégrable. Cette propriété nous permet de définir le processus à variation localement intégrable $A^{\varepsilon} = (A^{\varepsilon}(t); t \in \mathbb{R}_+)$, où

$$(3) \qquad A^{\varepsilon}(t) = \sum_{s \leq t} \Delta M(s)\, I_{[|\Delta M(s)| > \varepsilon]}, \quad (t \in \mathbb{R}_+)$$

et son compensateur $\mathbb{F}$-prévisible $\widetilde{A}^{\varepsilon}$, ainsi que le compensateur $\mathbb{F}$-prévisible $\widetilde{\alpha}(M)$ de $\alpha(M)$.

On pose

$$(4) \qquad \overline{M}^{\varepsilon} = A^{\varepsilon} - \widetilde{A}^{\varepsilon}, \quad \underline{M}^{\varepsilon} = M - \overline{M}^{\varepsilon}$$

Si M est localement de carré intégrable, alors $\sigma^{\varepsilon}(M)$ est localement intégrable et on peut définir son compensateur $\mathbb{F}$-prévisible $\widetilde{\sigma}^{\varepsilon}(M)$.

2. LEMME (ε-décomposition). 1) <u>Soit M un martingale locale (relative à $\mathbb{F}$) nulle en 0 et soit $\varepsilon > 0$. Alors les sauts de $\underline{M}^{\varepsilon}$ sont uniformément bornés par 2ε, $\underline{M}^{\varepsilon}$ et $\overline{M}^{\varepsilon}$ sont orthogonales (au sens que $[\underline{M}^{\varepsilon}, \overline{M}^{\varepsilon}] = 0$), et</u>

$$(1) \qquad (M - \underline{M}^{\varepsilon})^{*} = (\overline{M}^{\varepsilon})^{*} \prec 2\, \widetilde{\alpha}(M).$$

2) <u>Si M est une martingale locale, nulle en 0, quasi-continue à gauche, alors les sauts de $\underline{M}^{\varepsilon}$ sont uniformément bornés par ε, $\underline{M}^{\varepsilon}$ et $\overline{M}^{\varepsilon}$ sont orthogonales et nous avons (1) et</u>

$$(2) \qquad [\overline{M}^{\varepsilon}, \overline{M}^{\varepsilon}] = \sigma^{\varepsilon}(M)$$

3) <u>Si M est une martingale locale, nulle en 0, localement de carré intégrable $\underline{M}^{\varepsilon}$ et $\overline{M}^{\varepsilon}$ vérifient 1) et en outre</u>

$$(3) \qquad (M - \underline{M}^{\varepsilon})^{*} = (\overline{M}^{\varepsilon})^{*} \prec 2\, \widetilde{\alpha}(M) \prec \frac{2}{\varepsilon}\, \widetilde{\sigma}^{\varepsilon}(M)$$

$$(4) \qquad 0 \leq \langle M, M\rangle - \langle \underline{M}^{\varepsilon}, \underline{M}^{\varepsilon}\rangle = \langle \overline{M}^{\varepsilon}, \overline{M}^{\varepsilon}\rangle \prec 3\widetilde{\sigma}^{\varepsilon}(M).$$

DEMONSTRATION. 1) La première partie a été entièrement démontrée (pour $\varepsilon=1$) par MEYER dans [3]. On se ramène par arrêt au cas où M est une martingale uniformément intégrable nulle en 0 et A^{ε} est à variation intégrable. $\widetilde{A}^{\varepsilon}$ est alors à variation intégrable et $\underline{M}^{\varepsilon}$ est une martingale uniformément intégrable.

On remarque que en un temps totalement inaccessible T on a

(5) $\Delta \overline{M}^{\varepsilon}(T) = \Delta A^{\varepsilon}(T) = \Delta M(T)\, I_{[|\Delta M(T)| > \varepsilon]}$

(6) $\Delta \underline{M}^{\varepsilon}(T) = \Delta M(T)\, I_{[|\Delta M(T)| \leq \varepsilon]}$

En un temps prévisible T on a

(7) $\Delta \overline{M}^{\varepsilon}(T) = \Delta(A^{\varepsilon}-\widetilde{A}^{\varepsilon})(T) = \Delta M(T) I_{[|\Delta M(T)| > \varepsilon]} - \mathbb{E}^{\underline{\underline{F}}_{T-}}(\Delta M(T) I_{[|\Delta M(T)| > \varepsilon]})$

(8) $\Delta \underline{M}^{\varepsilon}(T) = \Delta M(T) I_{[|\Delta M(T)| \leq \varepsilon]} - \mathbb{E}^{T-}(\Delta M(T)\, I_{[|\Delta M(T)| \leq \varepsilon]})$

Il est alors facile de voir que $\underline{M}^{\varepsilon}$ et $\overline{M}^{\varepsilon}$ n'ont pas de discontinuité commune et puisque $\overline{M}^{\varepsilon}$ est une somme compensée de sauts il s'en suit l'orthogonalité de $\underline{M}^{\varepsilon}$ et $\overline{M}^{\varepsilon}$.

Définissons les processus $A^{\pm}$ par

$$A^{\pm}(t) = \sum_{s \leq t} (\Delta M(s))^{\pm}\, I_{[|\Delta M(s)| > \varepsilon]} \qquad (t \in \mathbb{R}_+)$$

Alors,

$$A^{\varepsilon} = A^{+} - A^{-} \qquad \text{et} \qquad \alpha^{\varepsilon}(M) = A^{+} + A^{-}$$

Par conséquent

$$|\widetilde{A}^{\varepsilon}| = |\widetilde{A}^{+} - \widetilde{A}^{-}| \leq \widetilde{A}^{+} + \widetilde{A}^{-} = \widetilde{\alpha}^{\varepsilon}(M)$$

et puisque $|A^{\varepsilon}| \leq \alpha^{\varepsilon}(M)$, nous avons

$$|A^{\varepsilon} - \widetilde{A}^{\varepsilon}| \leq |A^{\varepsilon}| + |\widetilde{A}^{\varepsilon}| \leq \alpha^{\varepsilon}(M) + \widetilde{\alpha}^{\varepsilon}(M)$$

Or $\alpha^{\varepsilon}(M) + \widetilde{\alpha}^{\varepsilon}(M)$ est un processus croissant, il s'en suit que

$$(\overline{M}^{\varepsilon})^{*} = (A^{\varepsilon} - \widetilde{A}^{\varepsilon})^{*} \leq \alpha^{\varepsilon}(M) + \widetilde{\alpha}^{\varepsilon}(M)$$

De cette relation et de la définition du compensateur prévisible d'un processus on obtient

$$(\overline{M}^{\varepsilon})^{*} \prec 2\, \widetilde{\alpha}^{\varepsilon}(M).$$

2) Si M est quasi-continue à gauche, M ne possède que des sauts totalement inaccessibles et $\widetilde{A}^{\varepsilon}$ est continu. Donc les expressions (5) et (7) (resp. (6) et (8)) coïncident et l'on déduit que $|\Delta \underline{M}^{\varepsilon}(t)| \leq \varepsilon$ pour tout $t \in \mathbb{R}_+$.

Par ailleurs,

$$[\bar{M}^\varepsilon,\bar{M}^\varepsilon](t) = \sum_{s\leq t} (\Delta\bar{M}^\varepsilon(s))^2 = \sum_{s\leq t} (\Delta M(s))^2 I_{[|\Delta M(s)|>\varepsilon]} \quad , \quad (t \in \mathbb{R}_+)$$

c'est-à-dire $[\bar{M}^\varepsilon,\bar{M}^\varepsilon] = \sigma^\varepsilon(M)$.

3) Montrons d'abord que

$$\tilde{\alpha}(M) \prec \frac{1}{\varepsilon}\tilde{\sigma}^\varepsilon(M)$$

Nous avons l'inégalité élémentaire suivante

$$\frac{|\Delta M(s)|}{\varepsilon} I_{[|\Delta M(s)|>\varepsilon]} \leq \frac{|\Delta M(s)|^2}{\varepsilon^2} I_{[|\Delta M(s)|>\varepsilon]} \quad , \quad (s \in \mathbb{R}_+)$$

d'où l'on déduit

$$\frac{1}{\varepsilon}\alpha^\varepsilon(M) \leq \frac{1}{\varepsilon^2}\sigma^\varepsilon(M)$$

et par conséquent $\tilde{\alpha}^\varepsilon(M) \prec \frac{1}{\varepsilon}\tilde{\sigma}^\varepsilon(M)$.

L'inégalité (4) est un peu plus longue à démontrer. On se ramène par arrêt au cas M de carré intégrable et nulle en 0.

Soit $(T_n; n\in\mathbb{N})$ une suite de $\mathbb{F}$-temps d'arrêt à graphes disjoints, épuisant les sauts de M, chaque T_n étant soit prévisible, soit totalement inaccessible. Nous décomposons $[\bar{M}^\varepsilon,\bar{M}^\varepsilon]$ sous la forme

$$[\bar{M}^\varepsilon,\bar{M}^\varepsilon] = S^p + S^i \quad , \quad \text{où}$$

$$S^p(t) = \sum_{T_n \text{ prévisibles}} \Phi(T_n) I_{[T_n \leq t]}$$

$$S^i(t) = \sum_{T_n \text{ tot. inacc.}} \Phi(T_n) I_{[T_n \leq t]}$$

$$\Phi(T_n) = (\Delta\bar{M}^\varepsilon(T_n))^2 \qquad (n \in \mathbb{N},\ t \in \mathbb{R}_+)$$

D'après (5), on déduit que

$$0 \leq S^i \leq \sigma^\varepsilon(M)$$

D'où

$$0 \leq \tilde{S}^i \prec \tilde{\sigma}^\varepsilon(M)$$

Si T est un temps prévisible, remarquons que

$$\mathbb{E}^{\underline{\underline{F}}_{T^-}}(\Delta \bar{M}^{\epsilon}(T))^2 = \mathbb{E}^{\underline{\underline{F}}_{T^-}}(\Delta M(T))^2 I_{[|\Delta M(T)|>\epsilon]} - (\mathbb{E}^{\underline{\underline{F}}_{T^-}}(\Delta M(T) I_{[|\Delta M(T)|>\epsilon]}))^2$$

$$\leq 2\,\mathbb{E}^{\underline{\underline{F}}_{T^-}}(\Delta M(T))^2 I_{[|\Delta M(T)|>\epsilon]} = 2\,\mathbb{E}^{\underline{\underline{F}}_{T^-}} \Delta\sigma^{\epsilon}(M,T)$$

Or, pour tout $t \in \mathbb{R}_+$,

$$\hat{S}^{p}(t) = \sum_{T_n \text{ prev.}} \mathbb{E}^{\underline{\underline{F}}_{T_n^-}} \phi(T_n) I_{[T_n \leq t]} \leq 2 \sum_{T_n \text{ prev.}} \mathbb{E}^{\underline{\underline{F}}_{T_n^-}} \Delta\sigma^{\epsilon}(M,T_n) I_{[T_n \leq t]} \leq$$

$$\leq 2\,\tilde{\sigma}^{\epsilon}(M,t)$$

Par conséquent,

$$<\bar{M}^{\epsilon}, \bar{M}^{\epsilon}> \prec 3\,\tilde{\sigma}^{\epsilon}(M). \quad \blacksquare$$

3. DEFINITION. Soit (M_n) une suite de processus telle que pour tout $n \in \mathbb{N}$, M_n est une $\mathbb{F}_n$-martingale locale, localement de carré intégrable, nulle en 0.

Nous dirons que (M_n) <u>vérifie la condition de raréfaction asymptotique des sauts</u> si pour tout $t \in \mathbb{R}_+$,

(1) $\quad <\bar{M}_n^{\epsilon}, \bar{M}_n^{\epsilon}>(t) \xrightarrow[n\uparrow\infty]{\mathbb{P}} 0 \quad$ (convergence en probabilité).

Nous dirons que (M_n) <u>vérifie la condition forte de raréfaction asymptotique des sauts</u> si pour tout $t \in \mathbb{R}_+$,

(2) $\quad \tilde{\sigma}^{\epsilon}(M_n,t) \xrightarrow[n\uparrow\infty]{P} 0$

Nous dirons que (M_n) <u>vérifie la condition de Lindeberg</u> si pour pour tout $t \in \mathbb{R}_+$,

(3) $\quad \mathbb{E}(\sigma^{\epsilon}(M_n,t)) \xrightarrow[n\uparrow\infty]{} 0.$

4. DEFINITION. Soient f,g deux fonctions c.à.d.l.à.g. sur $\mathbb{R}_+$, à valeurs réelles. On pose $\rho_N(f,g) = \sup_{t\in[0,N]} |f(t)-g(t)|$, $(N \in \mathbb{N}^*)$ et

$$\rho(f,g) = \sum_{N=1}^{\infty} \frac{1}{2^N} \frac{\rho_N(f,g)}{1+\rho_N(f,g)}.$$

Soient (X_n), (Y_n) deux suites de processus à trajectoires c.à.d.l.à.g. . Nous dirons que (X_n) et (Y_n) sont <u>C-contigües</u> si $\rho(X_n,Y_n) \xrightarrow[n\uparrow\infty]{\mathbb{P}} 0$ (ce qui est équivalent à $\mathbb{E}(\rho(X_n,Y_n)) \xrightarrow[n\uparrow\infty]{} 0$, car $0 \leqslant \rho(X_n,Y_n) \leqslant 1$).

Voici maintenant le lemme fondamental sur la raréfaction des sauts, dont la démonstration est assez élémentaire.

5. LEMME. <u>Soit (M_n) une suite de processus telle que chaque M_n soit une $\mathbb{F}_n$-martingale locale localement de carré intégrable, nulle en 0.</u>

<u>1) La condition de Lindeberg entraîne la condition forte de raréfaction asymptotique des sauts et celle-ci entraîne la condition de raréfaction asymptotique des sauts. Si les M_n sont quasi-continues à gauche, ces deux dernières conditions coïncident.</u>

<u>2) Si (M_n) vérifie la condition de raréfaction asymptotique des sauts, alors pour toute suite $(C_k; k \in \mathbb{N})$ de constantes positives décroissant vers zéro, existent une sous-suite (M_{n_k}) et une suite (N_k) telle que chaque N_k est une $\mathbb{F}_{n_k}$-martingale locale nulle en 0 à sauts uniformément bornés par C_k et les suites (M_{n_k}) et (N_k) (resp. $(<M_{n_k},M_{n_k}>)$ et $(<N_k,N_k>)$) sont C-contigües.</u>

DEMONSTRATION. 1) Puisque $\mathbb{E}(\sigma^\varepsilon(M_n, t)) = \mathbb{E}(\tilde{\sigma}^\varepsilon(M_n, t))$ $(n \in \mathbb{N},\ t \in \mathbb{R}_+)$, la première implication est claire.

Supposons $\tilde{\sigma}^\varepsilon(M_n, t) \xrightarrow[n\uparrow\infty]{\mathbb{P}} 0$, $(t \in \mathbb{R}_+)$.

Comme $<\bar{M}_n^\varepsilon, \bar{M}_n^\varepsilon> \prec 3\,\tilde{\sigma}^\varepsilon(M_n)$, le Corollaire I du § 1 de [1] s'applique et

$$<\bar{M}_n^\varepsilon, \bar{M}_n^\varepsilon>(t) \xrightarrow[n\uparrow\infty]{\mathbb{P}} 0 \qquad (t \in \mathbb{R}_+)$$

La dernière assertion de la première partie est évidente d'après 2.2).

2) Soit $C_k \downarrow 0$ quand $k \uparrow \infty$ et posons $\varepsilon_k = C_k/2$. Pour tout $k \in \mathbb{N}$, tout $N \in \mathbb{N}^*$

$$\rho_N(<M_n,M_n>, <\underline{M}_n^{\varepsilon_k}, \underline{M}_n^{\varepsilon_k}>) = <\bar{M}_n^{\varepsilon_k}, \bar{M}_n^{\varepsilon_k}>(N) \xrightarrow[n\uparrow\infty]{} 0$$

et

$$\rho_N(M_n, \underline{M}_n^{\epsilon_k}) = (\bar{M}_n^{\epsilon_k})^*(N) \xrightarrow[n\uparrow\infty]{\mathbb{P}} 0$$

en vertu de la Proposition I du §3 de [1].

Donc pour tout $k \in \mathbb{N}$,

$$e(k,n) = \mathbb{E}(\rho_N(M_n, \underline{M}_n^{\epsilon_k})) + \mathbb{E}(\rho_N(< M_n, M_n >, < \underline{M}_n^{\epsilon_k}, \underline{M}_n^{\epsilon_k} >)) \xrightarrow[n\uparrow\infty]{} 0$$

Choisissons une suite d'entiers $(n_k; k \in \mathbb{N})$ telle que

$$e(k,n_k) \leq \frac{1}{2^k}$$

Posons $N_k = \underline{M}_{n_k}^{\epsilon_k}$, $(k \in \mathbb{N})$.

(M_{n_k}) et (N_k) satisfont alors les propriétés requises dans l'énoncé. ∎

6. REMARQUES. Voici une illustration sur l'utilisation de ce lemme. Appelons D l'espace des fonctions c.à.d.l.à.g. de $\mathbb{R}_+$ dans $\mathbb{R}$ muni de la topologie de Skorokhod sur tout compact ; $\underline{\underline{B}}(D)$ désigne sa tribu borélienne. Supposons que la suite (M_n) du lemme 5 vérifie la condition de raréfaction asymptotique des sauts et que la suite $(\mathcal{L}(M_n))$ des lois respectives est tendue sur $(D, \underline{\underline{B}}(D))$. Alors toute probabilité P sur $(D,\underline{\underline{B}}(D))$ qui est un point d'adhérence (au sens de la topologie étroite) de $(\mathcal{L}(M_n))$ sera également la limite étroite d'une suite $(\mathcal{L}(N_k))$ où (N_k) vérifie 5.2). Or il est facile de démontrer qu'une telle limite doit être portée par C, (l'espace des fonctions continues de $\mathbb{R}_+$ dans $\mathbb{R}$ muni de la topologie usuelle). Il en résulte que le point d'adhérence P est porté par C.

Grâce au lemme 5 nous avons pu démontrer le Théorème Central Limite pour les martingales locales dont voici l'énoncé :

Soit (M_n) une suite de processus telle que pour tout $n \in \mathbb{N}$, M_n soit une $\mathbb{F}_n$-martingale locale localement de carré intégrable, nulle en 0. Soit A une fonction réelle définie sur $\mathbb{R}_+$, continue, croissante et $A(0) = 0$.

Si (M_n) vérifie la condition de raréfaction asymptotique des sauts et si $< M_n, M_n > (t) \xrightarrow[n\uparrow\infty]{\mathbb{P}} A(t)$ pour tout $t \in \mathbb{R}_+$, alors (M_n) converge en loi vers une martingale continue (canonique), gaussienne, de processus croissant associé A.

Une démonstration succincte est présentée dans [4], une démonstration plus détaillée paraîtra dans [6].

Dans [5] nous avons énoncé la ϵ-décomposition sous la forme 2.2) sans faire explicitement l'hypothèse de la quasi-continuité à gauche. Cependant nous l'appliquons aux martingales locales qui s'écrivent comme des intégrales stochastiques par rapport à une suite de processus ponctuels compensés, dont les compensateurs prévisibles sont continus. Autrement dit, ce sont des martingales locales quasi-continues à gauche, et l'omission faite dans l'énoncé de la ϵ-décomposition n'a pas de conséquence sur le reste de l'article [5].

REFERENCES

[1] LENGLART, E. Relation de domination entre deux processus. Ann. Inst. Henri Poincaré 13 (1977), 171-179.

[2] MEYER, P. A. Un cours sur les Intégrales Stochastiques. Sém. de Proba. X, Lect. Notes in Math. 511, (1976), 245-400.

[3] MEYER, P. A. Le théorème fondamental sur les martingales locales. Sem. de Proba. XI, Lect. Notes in Math. 581 (1977), 463-464.

[4] REBOLLEDO, R. Remarques sur la convergence en loi des martingales vers des martingales continues. C. R. Acad. Sci. Paris 285, sér. A, (1977), 517-520.

[5] REBOLLEDO, R. Sur les applications de la théorie des martingales à l'étude statistique d'une famille de processus ponctuels. Proceedings du Colloque de Statistique de Grenoble, Lect. Notes in Math. 636 (1978), 27-70.

[6] REBOLLEDO, R. La méthode des martingales appliquée à l'étude de la convergence en loi de processus. A paraître.

Rolando REBOLLEDO
Département de Mathématiques
Faculté des Sciences de Reims
Moulin de la House-B.P. 347
51062-REIMS-CEDEX.

UN CRITERE PREVISIBLE POUR L'UNIFORME

INTEGRABILITE DES SEMIMARTINGALES EXPONENTIELLES

J. MEMIN et A.N. SHIRYAYEV

I - INTRODUCTION

Soit X une semimartingale et $\mathcal{E}(X)$ la semimartingale exponentielle de C. Doléans-Dade [1] , solution de l'équation différentielle stochastique :

$$Z_t = 1 + \int_0^t Z_{s-}\, dX_s \quad .$$

Soit (α,β,ν) le triplet des caractéristiques locales de X supposée spéciale, et soit $\tau = \inf\{t : \mathcal{E}(X)_t = 0\}$ avec la convention $\inf \phi = \infty$.

Nous montrons dans cet article le résultat suivant :

I - 1. THEOREME

S'il existe une constante C telle que :

$$V(\alpha)_\tau + \beta_\tau + \frac{x^2}{1+|x|} \bullet \nu_\tau \leq C$$

(où $V(\alpha)$ désigne le processus "variation de α")

alors la famille $\varepsilon(X)_t$, $t \in R^+$ est uniformément intégrable.

Ce théorème généralise un résultat de Kabanov-Litpzer-Shiryayev [6] obtenu quand X est une martingale locale, $\varepsilon(X)$ étant supposée positive ou nulle et un résultat analogue de Mémin [8], où cependant les hypothèses faites n'étaient pas traduites en termes de caractéristiques locales de X ; par contre il n'y avait pas dans ce dernier travail de condition de positivité imposée à $\varepsilon(X)$.

La méthode suivie consiste à se servir de certaines décompositions multiplicatives introduites dans [8] pour les semimartingales exponentielles et à utiliser des critères d'uniforme intégrabilité de $\varepsilon(X)$ lorsque X est soit une martingale de carré intégrable, soit une martingale à variation intégrable, figurant dans [6] et dans [7].

II - NOTATIONS ET RAPPELS

Soit $(\Omega,\mathfrak{F},(\mathfrak{F}_t),P)$ un espace probabilisé filtré remplissant les conditions habituelles ; tous les processus sont définis sur cet espace et sont à valeurs réelles. Si X est un processus et T un temps d'arrêt on note X^T le processus arrêté à l'instant T. Si X est continu à droite et admet des limites à gauche ΔX est le processus défini par :

$$\begin{aligned} \Delta X_t &= X_0 && \text{si } t = 0 \\ &= X_t - X_{t-} && \text{si } 0 < t < \infty \\ &= 0 && \text{si } t = \infty \end{aligned}$$

La notation X_∞ désigne la limite presque sure finie ou infinie de X_t lorsque t tend vers l'infini si cette limite existe.

On note $\mathcal{M}_{loc}$ l'ensemble des martingales locales M ; $\mathcal{V}$ est l'ensemble des processus continus à droite, adaptés, nuls à l'origine, à variation finie sur tout compact de R^+ ; quand A est élément de $\mathcal{V}$, on note $V(A)$ le processus "variation totale de A". $\mathcal{A}_{loc}$ est l'ensemble des éléments A de $\mathcal{V}$ à variation localement intégrable ; on notera alors $\tilde{A}$ le compensateur prévisible de A ; rappelons que tout élément prévisible de $\mathcal{V}$ appartient à $\mathcal{A}_{loc}$. On notera A^c la partie continue d'un élément de $\mathcal{V}$. Quand M est élément de $\mathcal{M}_{loc}$ et M^2 localement intégrable, on note $<M,M>$ le processus croissant prévisible unique tel que $M^2 - <M,M>$ appartienne à $\mathcal{M}_{loc}$.

Une semimartingale X est spéciale si X peut être décomposé en :

(2.1) $X = X_0 + M + A$ où $M \in \mathcal{M}_{loc}$, $M_0 = 0$, $A \in \mathcal{V}$ et est prévisible, X_0 étant une variable aléatoire P.p.s finie. Une telle décomposition est unique et constitue la décomposition canonique de X ; on note X^c la partie continue de la martingale locale entrant dans une décomposition de type (2-1), malgré l'ambiguité de cette notation lorsque X est élément de $\mathcal{V}$.

Soit X et Y deux semimartingales, $[X,X]$ est le processus variation quadratique de X égal à

$[X,X]_t = <X^c,X^c>_t + \sum_{0<s\leq t} \Delta X_s^2$ et $[X,Y]$ est défini par

$[X,Y] = 1/4\ [X+Y,X+Y] - [X-Y,X-Y])$; $[X,X]$ et $[X,Y]$ sont éléments de $\mathcal{V}$. H étant un processus prévisible localement borné on peut définir l'intégrale stochastique de H par rapport à X ; on notera $H.X$ le processus obtenu : $H.X_t = \int_{[0,t]} H_s\, dX_s$.

On note enfin $\mathcal{E}(X)$ la semimartingale solution de l'équation stochastique : $Z = 1 + Z_- \cdot X$; cette solution est unique et donnée par la formule :

$$(2.2) \qquad \mathcal{E}(X)_t = \exp[X_t - X_0 - 1/2 \langle X^c, X^c \rangle]_t \prod_{0<s\leq t} (1 + \Delta X_s) \exp(-\Delta X_s), \ t<\infty$$

L'expression (2.2) permet d'obtenir facilement la relation :

$$(2.3) \qquad \mathcal{E}(X)\, \mathcal{E}(Y) = \mathcal{E}(X + Y + [X,Y])$$

Pour toutes les questions touchant les notions introduites ci-dessus, martingales locales, semimartingales, intégrale stochastique, on peut se reporter au cours sur l'intégrale stochastique de Meyer ([9] p.245-400).

On note μ la mesure aléatoire à valeurs entières associée aux sauts d'une semimartingale X ; μ peut être défini par la relation :

$$(2.4) \qquad \mu(\omega,dt,dx) = \sum_{0\leq s} I_{\{\Delta X_s(\omega) \neq 0\}}\, \varepsilon_{(s,\Delta X_s(\omega))}(dt,dx)$$

, ε_a mesure de Dirac. μ est une mesure de transition positive de $(\Omega,\mathcal{F})$ dans $[0,\infty[\times E$ muni de la tribu $\mathcal{B}_{[0,\infty[} \otimes \xi$ où $E = R - \{0\}$ et ξ désigne la tribu des boréliens de E. Si y est une fonction définie sur $\Omega \times [0,\infty[\times E$, $\mathfrak{B} \otimes \mathcal{B}_{[0,\infty[} \otimes \xi$ mesurable, à valeurs positives, $y \cdot \mu$ est le processus croissant à valeurs dans $R^+ \cup \infty$ défini par

$$y \cdot \mu_t(\omega) = \int_0^t \int_E y(\omega,s,x)\, \mu(\omega,ds,dx).$$

Soit $\mathcal{P}$ la tribu prévisible sur $\Omega \times R^+$; on note ν le système de Lévy de X, c'est-à-dire la mesure aléatoire unique telle que : pour tout y $\mathcal{P} \otimes \xi$ mesurable positif, le processus $y \cdot \nu$ est croissant prévisible et lorsque $E[y \cdot \mu_t] < \infty$ pour tout t fini on a : $E[y \cdot \mu_t] = E[y \cdot \nu_t]$, ce qui revient à dire que le processus

$y \cdot \nu$ est le compensateur prévisible de $y \cdot \mu$. (ν est encore appelée plus généralement la projection prévisible duale ou compensateur de μ).

Pour les questions touchant les mesures aléatoires et leurs projections prévisibles duales on peut se reporter à Jacod [4] et à [6]

On appelle caractéristiques locales d'une semimartingale spéciale X le triplet (α,β,ν) unique où :

α est le processus prévisible élément de $\mathcal{A}_{loc}$ intervenant dans la décomposition canonique $(X = X_0 + M + \alpha)$

$\beta = \langle X^c, X^c\rangle$

ν système de Lévy de $X - X_0$

(voir [5], ou les articles de Grigélionis [2], [3]).

III - DEMONSTRATION DU THEOREME

Soit X une semimartingale spéciale de décomposition canonique

$$X = X_0 + M + \alpha$$

Faisons une remarque préliminaire : ayant $\mathcal{E}(X_t) = 0$ pour $t \geq \tau$, l'uniforme intégrabilité de la famille $\mathcal{E}(X)_t, t \in \mathbb{R}^+$ est équivalente à l'uniforme intégrabilité de la famille $\mathcal{E}(X)_{t\wedge\tau}$, $t \in \mathbb{R}^+$ donc à celle de la famille $\mathcal{E}(X^\tau)_t$, $t \in \mathbb{R}^+$. Il est facile de voir que X^τ admet comme caractéristiques locales le triplet $(\alpha^\tau\ \beta^\tau\ \nu^\tau)$ où α^τ et β^τ désignent les processus α et β arrêtés en τ, et ν^τ le système de Lévy de X^τ lié à ν par :

$$\nu^\tau(\omega,[0,t] \times F) = \nu(\omega,[0,t_\wedge\tau] \times F) \quad \text{pour tout } t \text{ fini et}$$

$F \in \xi$. On a donc à montrer l'uniforme intégrabilité des $\mathcal{E}(X^\tau)_t$ à partir des hypothèses :

$$V(\alpha^\tau)_\infty + \beta^\tau_\infty + \frac{x^2}{1+|x|} \cdot \nu^\tau_\infty \leq C$$

Dans la suite, pour ne pas alourdir les notations, on écrira X, α, β, ν au lieu de $X^{\tau}, \alpha^{\tau}, \beta^{\tau}, \nu^{\tau}$.

La démonstration proprement dite est découpée en plusieurs lemmes. On notera X^0 la semimartingale nulle en 0 définie par $X^0 = X - X_0$; on a la relation :

(3-1) $\qquad \mathcal{E}(X)_t = \mathcal{E}(X^0)_t$

Soit X^1 la semimartingale définie par :

$X^1_t = \sum_{s \leq t} \Delta X^0_s \, I_{\{|\Delta X^0_s| \geq 1/2\}}$ et soit $Y = X^0 - X^1$, on a alors le lemme

III - 1. LEMME

a) Y est une semimartingale spéciale de décomposition canonique

$Y_t = N_t + A_t$ où $N \in \mathcal{M}_{loc}$, $N_0 = 0$

A est prévisible et appartient à $\mathcal{A}_{loc}$

b) On a les majorations suivantes pour les sauts des processus Y,N,A : Pour tout $t < \infty$ $|\Delta Y_t| < 1/2$; $|\Delta A_t| < 1/2$; $|\Delta N_t| < 1$.

c) Sous l'hypothèse du théorème I-1., on a :

$V(A)_\infty \leq 3C$ et $\langle N,N\rangle_\infty \leq 6C$.

Démonstration :

Comme pour tout $t < \infty$, il y a un nombre fini de sauts de X^0 d'amplitude supérieure ou égale à 1/2, le processus X^1 appartient à $\mathcal{V}$; donc Y est une semimartingale ; mais par définition on a $|\Delta Y_t| < 1/2$, et une semimartingale à sauts bornés est spéciale ([9] théorème 32) ; on peut donc considérer la décomposition canonique $N + A = Y$.

Soit une suite $(T_n)_{n\in\mathbb{N}}$ de temps d'arrêt, localisante pour N et A. En un temps d'arrêt T totalement inacessible on a :

$$\Delta A_T^{T^n} = 0 \quad \text{et} \quad \Delta N_T^{T^n} = \Delta Y_T^{T^n} \quad \text{et} \quad |\Delta N_T^{T^n}| < 1/2 .$$

En un temps d'arrêt T prévisible, on a :

$\Delta A_T^{T^n} = E[\Delta A_T^{T^n}|\mathcal{F}_{T-}] = E[\Delta Y_T^{T^n}|\mathcal{F}_{T-}]$ car $E[\Delta N_T^{T^n}|\mathcal{F}_{T-}] = 0$, de sorte que $|\Delta A_T^{T^n}| < 1/2$ et $|\Delta N_t^{T^n}| \leq |\Delta A_T^{T^n}| + |\Delta Y_T^{T^n}| < 1$ d'où le résultat b) en faisant tendre n vers l'infini.

Pour le c) on a
$$X^0 = X^1 + Y = X^1 + N + A = X^1 - \tilde{X}^1 + M + A - \tilde{X}^1$$

($\tilde{X}^1$ désignant le compensateur prévisible de X^1)

ainsi $\alpha = A + \tilde{X}^1$

par conséquent $V(A) \leq V(\alpha) + V(\tilde{X}^1)$.

$\tilde{X}^1$ admet la représentation

$$\tilde{X}_t^1 = x\, I_{\{|x|\geq 1/2\}} \cdot \nu$$

et $V(\tilde{X}^1)_t \leq |x|\, I_{\{|x|\geq 1/2\}} \cdot \nu_t \leq 3\, \dfrac{x^2}{1+|x|} \cdot \nu_t$

par conséquent $V(A) \leq V(\alpha) + 3\dfrac{x^2}{1+|x|} \cdot \nu$

d'où la première majoration du c).

Maintenant de $N = Y - A$ on déduit :

$[N,N] \leq 2[Y,Y] + 2[A,A]$ et donc

$<N,N> \leq 2<Y^c,Y^c> + 2x^2 I_{\{|x|<1/2\}} \cdot \nu + 2V(A)$,

d'où la majoration de c) .

Le lemme suivant est un cas particulier de la proposition II-1. de [7] ; étant donné sa simplicité nous le démontrons directement.

III - 2. LEMME

Soit V élément de $\mathcal{A}_{loc}$ et $\tilde{V}$ son compensateur prévisible avec $\Delta\tilde{V}_t \neq -1$ pour tout t fini, alors :

$$\varepsilon(v) = \varepsilon(L)\ \varepsilon(\tilde{V}) \quad \text{où} \quad L = \frac{1}{1+\Delta\tilde{V}} \cdot (V - \tilde{V})$$

<u>Démonstration</u>

Comme $\Delta V \neq -1$, $\frac{1}{1+\Delta\tilde{V}}$ est un processus prévisible localement borné ([9] p.314) ; on peut donc considérer l'intégrale stochastique

$$L = \frac{1}{1+\Delta\tilde{V}} \cdot (V - \tilde{V}) \quad \text{et}$$

$$\varepsilon(L)\ \varepsilon(\tilde{V}) = \varepsilon(L + \tilde{V} + [L,\tilde{V}]) \quad \text{d'après (2-3)}$$

Mais $$L_t + \tilde{V}_t + [L,\tilde{V}]_t = \frac{1}{1+\Delta\tilde{V}} \cdot (V - \tilde{V})_t + \tilde{V}_t + \sum_{s<t} \Delta L_s\ \Delta\tilde{V}_s \ ;$$

et il est clair que ce processus, comme processus à variation finie, a même partie continue que V et mêmes sauts :

en effet $\left(\frac{1}{1+\Delta\tilde{V}} \cdot V\right)^c = V^c$ et $\left(\frac{1}{1+\Delta\tilde{V}} \cdot \tilde{V}\right)^c = \tilde{V}^c$

enfin $\Delta V = \frac{1}{1+\Delta\tilde{V}} \cdot (\Delta V - \Delta\tilde{V}) + \Delta\tilde{V} + \frac{1}{1+\Delta\tilde{V}} (\Delta V - \Delta\tilde{V})\Delta\tilde{V}$.

$L_t + \tilde{V}_t + [L,\tilde{V}]_t$ est donc égal à V_t , d'où le résultat.

III - 3. LEMME

Soit A élément de $\mathcal{A}_{loc}$

sous l'hypothèse $\widetilde{V(A)}_\infty \leq K$ on a les inégalités :

$$E[\sup_t |\mathcal{E}(A)_t|] \leq E[\sup_t \mathcal{E}(V(A))_t] \leq \exp(2K).$$

Démonstration :

On peut écrire $|\mathcal{E}(A)_t| = \exp(A_t^c) \, |\prod_{s\leq t} (1+\Delta A_s)|$; comme $\exp(A_t^c) \leq \exp(V(A_t^c))$ et que $V(A)_t = V(A^c)_t + \sum_{s\leq t} |\Delta A_s|$ on obtient :

$$|\mathcal{E}(A)_t| \leq \exp(V(A^c)_t) \prod_{s\leq t} (1+|\Delta A_s|) = \mathcal{E}(V(A))_t \ .$$

Comme évidemment $V(A^c) \leq \widetilde{V(A)}$, on déduit de l'hypothèse que

$$|\mathcal{E}(A)_t| \leq \exp(K) \prod_{s\leq t} (1+|\Delta A_s|).$$

Maintenant $\prod_{s\leq t}(1+|\Delta A_s|) = \varepsilon(\sum_s |\Delta A_s|)_t$; d'après le lemme III-2 on a l'égalité $\varepsilon(\sum_s |\Delta A_s|)_t = \varepsilon(L)_t\ \varepsilon(\widetilde{\sum_s |\Delta A_s|})_t$ où

$$L = \frac{1}{1+\Delta(\widetilde{\sum_s |\Delta A_s|})} \cdot (\sum_s |\Delta A_s| - \widetilde{\sum_s |\Delta A_s|}) \quad ;$$

$\varepsilon(L)$ est alors une martingale locale positive telle que $\varepsilon(L)_0 = 1$ car $L_0 = 0$; on a donc $E[\varepsilon(L)_t] \leq E[\varepsilon(L)_0] = 1$.

D'un autre côté $\widetilde{\sum_s |\Delta A_s|} \leq \widetilde{V(A)}$ et

$\varepsilon(\widetilde{\sum_s |\Delta A_s|})_\infty \leq \varepsilon(\widetilde{V(A)})_\infty \leq \exp(K)$ d'où

$E[\prod_s (1+|\Delta A_s|)] \leq \exp(K)$, et par conséquent

$$E[|\varepsilon(A)_t|] \leq E[\varepsilon(V(A))_t] \leq \exp(2K)$$

d'où le résultat puisque $t \rightsquigarrow \varepsilon(V(A))_t$ est croissant.

Comme corollaire de la proposition I-1. de [8] on peut obtenir le lemme suivant que nous démontrons encore ici directement.

III - 4. LEMME

Soit Z une semimartingale ayant une décomposition $Z = L + V$ où L est élément de $\mathcal{M}_{loc}$ avec $\Delta L_s \neq -1$ pour tout s fini, V étant élément de $\mathcal{V}$.

On a alors la décomposition

$$\varepsilon(Z) = \varepsilon(L)\ \varepsilon(W) \quad \text{où} \quad W_t = V_t - \sum_{s\leq t} \frac{\Delta L_s\ \Delta V_s}{1+\Delta L_s}$$

Démonstration :

Nous montrons d'abord que le processus $\sum_s \frac{\Delta L_s \, \Delta V_s}{1+\Delta L_s}$ est élément de $\mathcal{V}$. Comme pour tout s fini $\Delta L_s \neq -1$ et qu'il y a un nombre fini de sauts de L tels que $\Delta L_s \in [-3/2, -1/2[$, pour $s \in]0,t]$, $t < \infty$ on a :

$$\sum_{0 \le s \le t} \frac{\Delta L_s \, \Delta V_s}{1+\Delta L_s} I_{\{\Delta L_s \in]-3/2, -1/2[\}} < \infty \quad \text{P.p.s.}$$

D'autre part,

$$\sum_{0 \le s \le t} \frac{\Delta L_s \, \Delta V_s}{1+\Delta L_s} I_{\{\Delta L_s \notin]-3/2, -1/2[\}} \le$$

$$\le 2 \sum_{0 \le s \le t} |\Delta L_s \, \Delta V_s| = 2\, V([L,V])_t < \infty \quad \text{P.p.s.} \;;$$

W est donc élément de $\mathcal{V}$.

Montrons maintenant que $Z = L + W + [L,W]$;

$$W_t + [L,W]_t = V_t - \sum_{s \le t} \frac{\Delta L_s \, \Delta V_s}{1+\Delta L_s} + \sum_{s \le t} \Delta L_s \, \Delta W_s$$

$$= V_t - \sum_{s \le t} \frac{\Delta L_s \, \Delta V_s}{1+\Delta L_s} + \sum_{s \le t} \Delta L_s \, \Delta V_s - \sum_{s \le t} \frac{\Delta L_s \, \Delta V_s}{1+\Delta L_s} \Delta L_s$$

$$= V_t \quad \text{d'où le résultat.}$$

Reprenons la semimartingale X du début du paragraphe III, et $Y = N + A$ du lemme III-1. Appliquant le lemme III-4. à $X^0 = N + A + X^1$ on a la décomposition $\mathcal{E}(X^0) = \mathcal{E}(N)\,\mathcal{E}(B)$

où $B_t = A_t + X_t^1 - \sum_{s \le t} \frac{\Delta N_s(\Delta A_s + \Delta X_s^1)}{1+\Delta N_s}$;

comme dans le cadre de la démonstration du lemme III-3. on a :

$|\varepsilon(B)_t| \leq \varepsilon(V(B))_t$ et par conséquent on obtient

(3.2) $\quad |\varepsilon(X^0)_t| \leq \varepsilon(V(B))_t \; \varepsilon(N)_t$.

Rappelons que $|\Delta N_s| < 1$ pour tout s fini et que $\langle N,N\rangle_\infty \leq 6C$.

Nous avons maintenant besoin du théorème suivant que l'on peut tirer de [6] lemme 5 pour la partie a) ou de [7] théorème II-2. et proposition I-5.

III-5. THEOREME

Soit M élément de $\mathcal{M}_{loc}$

a) Si M est de carré intégrable et si $\langle M,M\rangle_\infty$ est borné, alors $\varepsilon(M)_\infty$ est de carré intégrable. De plus si $\Delta M_s > -1$ pour tout s fini, on a $\varepsilon(M)_\infty > 0$ P.p.s .

b) Si M est à variation intégrable et si le compensateur prévisible de $\sum_s |\Delta M_s|$ est borné, alors $\varepsilon(M)$ est à variation intégrable.

D'après ce qui précède on peut appliquer la partie a) de ce théorème à la martingale locale N ; comme $N_0 = 0$ on a donc $E[\varepsilon(N)_\infty] = 1$ et on peut définir sur $(\Omega,\mathcal{F})$ une probabilité P' équivalent à P par

$$\frac{dP'}{dP} = \varepsilon(N)_\infty \quad .$$

On a alors le

III - 6. LEMME

Le P'-compensateur prévisible de $V(B)$ est égal au P-compensateur prévisible de $V(A + X^1)$.

Démonstration :

Comme $B^c = (A + X)^c$ et que $V(B^c) = (V(B))^c$, ce processus continu étant prévisible, on a seulement à montrer que le P'-compensateur prévisible de $\sum_s |\Delta B_s|$ est égal au P-compensateur prévisible de $\sum_s (|\Delta A_s + \Delta X_s^1|)$.

Soit C le compensateur prévisible de $\sum_s (|\Delta A_s + \Delta X_s^1|)$. Soit H un processus prévisible positif tel que :

$E_{P'}[\int_0^\infty H_s \, dC_s] < \infty$ ($E_{P'}$ désignant l'espérance relative à P')

$$E_{P'}[\int_0^\infty H_s \, dC_s] = E[\int_0^\infty \varepsilon(N)_\infty H_s \, dC_s] = E[\int_0^\infty \varepsilon(N)_{s-} H_s \, dC_s] =$$

$$= E[\int_0^\infty H_s \, \varepsilon(N)_{s-} \, d(\sum_u |\Delta A_u + \Delta X_u^1|)_s] = E[\sum_s \varepsilon(N)_{s-} H_s |\Delta B_s| (1 + \Delta N_s)] =$$

$$= E[\sum_s \varepsilon(N)_s H_s |\Delta B_s|] = E[\varepsilon(N)_\infty (\sum_s H_s |\Delta B_s|)] = E_{P'}[\sum_s H_s |\Delta B_s|]$$

d'où le résultat.

Notons $D = \widetilde{V(B)}^{P'} = \widetilde{V(A + X^1)}^P$

($\sim P'$ désignant le P'-compensateur prévisible), on a la majoration :

$D_\infty \leq 6C$

En effet, $D_\infty \leq V(A)_\infty + \widetilde{V(X^1)}^P_\infty$ et d'après le lemme III-1. $V(A)_\infty \leq 3C$; mais $V(X^1) = |x| \, I_{\{|x| \geq 1/2\}} \cdot \mu_\infty$

donc $\widetilde{V(X^1)}^P = |x| \, I_{\{|x| \geq 1/2\}} \cdot \nu_\infty \leq 3 \dfrac{x^2}{1+|x|} \cdot \nu_\infty \leq 3C$.

On peut maintenant terminer la démonstration du théorème. D'après le lemme III-2. on a la décomposition :

(3.3) $\qquad \mathcal{E}(V(B))_t = \mathcal{E}(U)_t \, \mathcal{E}(D)_t$

où U est une P'-martingale locale, à variation localement intégrable définie par $U = \dfrac{1}{1+\Delta D} \cdot (V(B) - D)$; $\mathcal{E}(U)$ est alors une martingale locale positive ; de plus U satisfait aux hypothèses de la partie b) du théorème III-5. ; en effet

$$\sum_s |\Delta U_s| = \sum_s \frac{1}{1+\Delta D_s} |\Delta V(B)_s - \Delta D_s|$$

$$\leq \sum_s \Delta V(B)_s + D_\infty$$

et $\quad \sum_s |\Delta U_s|^{P'} \leq 2 \, D_\infty \leq 12 \, C$

$\mathcal{E}(U)$ est donc une P'-martingale à variation intégrable ; on en déduit que $\mathcal{E}(N) \, \mathcal{E}(U)$ est une P-martingale uniformément intégrable. D'après (3-2) et (3-3) on a donc

$$|\mathcal{E}(X^0)_t| \leq \mathcal{E}(N)_t \, \mathcal{E}(U)_t \, \mathcal{E}(D)_t$$

et comme $\quad \mathcal{E}(D)_t \leq \exp(D)_t \quad$ on en déduit :

$$|\mathcal{E}(X^0)_t| \leq \mathcal{E}(N)_t \quad (D)_t \, \exp(12 \, C)$$

mais $\mathcal{E}(N) \, \mathcal{E}(D)$ est une P-martingale uniformément intégrable ; on a donc le résultat voulu.

REFERENCES :

[1] C. DOLEANS-DADE : Quelques applications de la formule de changement de variable pour les semimartingales. Z.Wahr. 6 (1970).

[2] B. GRIGELIONIS : Random Point processes and martingales. Litovski mathem. sb. XV, 3 (1975).

[3] B. GRIGELIONIS : On representation of random measures as stochastic in tégral with Poisson measure. Litovski mathem. sb. XI, (1971).

[4] J. JACOD : Multivariate point processes : predictable projection, Radon-Nikodym dérivatives, representation of martingales. Z. Wahr. 3 Z. Wahr. 3 (1975).

[5] J. JACOD et J. MEMIN : Caractéristiques locales et conditions de continuité absolue pour les semimartingales. Z. Wahr. 35 (1976).

[6] Y. KABANOV, R. LIPTZER et A. SHIRYAYEV : Continuité absolue et si singularité des probabilités localement absolument continues (à paraître).

[7] D. LEPINGLE, J. MEMIN : Sur l'intégrabilité uniforme des martingales exponentielles. Z. Wahr. 42 (1978).

[8] J. MEMIN : Décompositions multiplicatives de semimartingales exponentielles et application. Sem. de Prob. XII, Lect. Notes in Maths. 649, Springer Verlag.

[9] P.A. MEYER : Un cours sur les intégrales stochastiques. Sem. de Proba. X Lect. Notes in Maths. 511, Springer-Verlag.

Université de Strasbourg
Séminaire de Probabilités 1977/78

SUR LA CONVERGENCE DES MARTINGALES INDEXEES PAR $\mathbb{N} \times \mathbb{N}$

par R. Cairoli

§1. INTRODUCTION

Il est bien connu qu'une martingale uniformément intégrable M indexée par $\mathbb{N} \times \mathbb{N}$ n'est pas nécessairement p.s. convergente.

Nous démontrons dans cette note que, si pour tout ensemble aléatoire prévisible A, la transformée de Burkholder M^A de M par I_A est uniformément intégrable, alors la martingale M converge p.s. . L'outil principal de la démonstration est l'inégalité maximale de Walsh, originellement conçue pour les martingales fortes et adaptée ici aux martingales.

Dans le cas où l'ensemble des indices est $\mathbb{N}$, Meyer a démontré qu'une martingale remplit la condition que nous avons posée si et seulement si sa variation quadratique est intégrable, autrement dit, elle appartient à H^1 (cf. [4]).

Nous ne savons pas si cette équivalence est également vraie dans notre cas. Par le lemme de Khintchine il est cependant facile de constater que si $M^A_{m,n}$ est uniformément intégrable par rapport à (m,n) et à A, alors la variation quadratique de M est intégrable, mais l'inverse de cette assertion reste aussi à prouver (faute d'inégalités du type Burkholder-Davis-Gundy).

En attendant que les problèmes indiqués trouvent une solution, prenons simplement note qu'une martingale indexée par $\mathbb{N} \times \mathbb{N}$ converge p.s., si elle satisfait à une sorte de condition d'appartenance à H^1.

§2. NOTATION ET PREMIERES DEFINITIONS

L'ensemble des entiers non négatifs sera désigné par $\mathbb{N}$. Le produit $\mathbb{N} \times \mathbb{N}$ sera noté $\mathbb{N}^2$. Entre les éléments de $\mathbb{N}^2$ est définie la relation d'ordre $(i,j) \prec (m,n)$, qui signifie $i \leq m$ et $j \leq n$. Si $(m,n) \in \mathbb{N}^2$, nous désignerons par $R_{m,n}$, $R_{m,\infty}$ et $R_{\infty,n}$ les sous-ensembles de $\mathbb{N}^2$ $\{(i,j) : (i,j) \prec (m,n)\}$, resp. $\{(i,j) : i \leq m\}$, $\{(i,j) : j \leq n\}$, et par $D_{m,n}$ l'ensemble $R_{m,\infty} \cup R_{\infty,n}$. Nous poserons en outre $D_{m,\infty} = D_{\infty,n} = D_{\infty,\infty} = \mathbb{N}^2$.

Nous supposerons donnés un espace probabilisé $(\Omega,\mathcal{F},P)$ et une famille croissante $\{\mathcal{F}_{m,n}, (m,n) \in \mathbb{N}^2\}$ de sous-tribus de $\mathcal{F}$. L'adjectif "adapté" adjoint à un processus signifiera "adapté à cette famille". Nous poserons $\mathcal{F}_{m,\infty} = \bigvee_{n \in \mathbb{N}} \mathcal{F}_{m,n}$, $\mathcal{F}_{\infty,n} = \bigvee_{m \in \mathbb{N}} \mathcal{F}_{m,n}$ et $\mathcal{F}_{\infty,\infty} = \bigvee_{(m,n) \in \mathbb{N}^2} \mathcal{F}_{m,n}$. Les processus que nous allons considérer étant nuls sur les bords de $\mathbb{N}^2$ (c'est-à-dire si m ou $n = 0$), nous admettrons que $\mathcal{F}_{0,n} = \mathcal{F}_{m,0} = \{\emptyset,\Omega\}$. De même, nous poserons $\mathcal{F}_{-1,n} = \mathcal{F}_{m,-1} = \mathcal{F}_{-1,-1} = \{\emptyset,\Omega\}$.

Nous appellerons <u>martingale</u> un processus adapté $M = \{M_{m,n}, (m,n) \in \mathbb{N}^2\}$ nul sur les bords de $\mathbb{N}^2$ et qui est une martingale ordinaire relative à $\{\mathcal{F}_{m,\infty}, m \in \mathbb{N}\}$ pour tout $n \in \mathbb{N}$ fixé, et une relative à $\{\mathcal{F}_{\infty,n}, n \in \mathbb{N}\}$ pour tout $m \in \mathbb{N}$ fixé. On remarquera que toute martingale ainsi définie est une martingale au sens usuel du terme et que l'inverse de cette assertion est vraie si et seulement si la famille de tribus satisfait à l'hypothèse d'indépendance conditionnelle (F4) de [1]. Au vu de la convergence, l'hypothèse que M est nulle sur les bords ne représente pas une réelle restriction. On peut en effet toujours remplacer M par M', définie par $M'_{m,n} = M_{m,n} - M_{m,0} - M_{0,n} + M_{0,0}$. Si la martingale M est uniformément intégrable, nous savons qu'elle converge dans L^1 quand m ou n ou les deux convergent vers l'infini. Nous supposerons, dans ce cas, que M est fermée à droite par les limites respectives $M_{\infty,n}$, $M_{m,\infty}$ et $M_{\infty,\infty}$. Pour tout $(m,n) \succ (1,1)$ nous poserons $d_{m,n} = M_{m,n} - M_{m,n-1} - M_{m-1,n} + M_{m-1,n-1}$. Nous appellerons <u>martingale forte</u> un processus $M = \{M_{m,n}, (m,n) \in \mathbb{N}^2\}$ nul sur les bords de $\mathbb{N}^2$, adapté, intégrable et tel que $E\{d_{m,n} \mid \mathcal{F}_{m-1,\infty} \vee \mathcal{F}_{\infty,n-1}\} = 0$ pour tout $(m,n) \succ (1,1)$. Une martingale forte est évidemment aussi une martingale.

Un <u>ensemble prévisible</u> est un sous-ensemble A de $\mathbb{N}^2 \times \Omega$ tel que $\{(m,n) \in A\} \in \mathcal{F}_{m-1,n-1}$ pour tout $(m,n) \in \mathbb{N}^2$. Ici $\{(m,n) \in A\}$ dénote la coupe de A suivant (m,n). La coupe de A suivant ω sera notée $A(\omega)$.

Nous appellerons <u>région d'arrêt</u> un ensemble prévisible D tel que, pour tout $\omega \in \Omega$,

(a) $\inf D(\omega) \in D(\omega)$, si $D(\omega) \neq \emptyset$,

(b) si $(m,n) \in D(\omega)$, alors $(i,j) \in D(\omega)$ pour tout (i,j) tel que $\inf D(\omega) \prec (i,j) \prec (m,n)$.

Un <u>point d'arrêt</u> est une application (S,T) de Ω dans $\mathbb{N}^2 \cup \{(\infty,\infty)\}$ telle que $\{(S,T) \prec (m,n)\} \in \mathcal{F}_{m,n}$ pour tout $(m,n) \in \mathbb{N}^2$. Si (S,T) est un point d'arrêt, alors $D_{S,T}$ est une région d'arrêt.

Si M est une martingale et A un ensemble prévisible, le processus M^A défini, pour tout $(m,n) \in \mathbb{N}^2$, par

$$M^A_{m,n} = \sum_{i,j=1}^{m,n} (I_A)_{i,j} d_{i,j}$$

est également une martingale. On l'appelle <u>transformée de Burkholder de M par</u> I_A.

§3. UNE INEGALITE MAXIMALE

Dans [5], Walsh démontre que l'inégalité maximale de Doob vaut pour les martingales fortes. Ce résultat, il l'obtient par une décomposition préliminaire suivant une région d'arrêt, qui joue le rôle de premier temps d'atteinte, et par application successive de l'inégalité maximale de Doob.

Nous allons suivre ici ce procédé, en nous arrêtant cependant à une inégalité , qui n'est pas une inégalité maximale à proprement parler, mais qui a l'avantage de s'appliquer aussi aux martingales non fortes.

Soient $M = \{M_{m,n}, (m,n)\in\mathbb{N}^2\}$ une martingale, (S,T) un point d'arrêt et $\lambda \in \mathbb{R}_+$. Posons

$$D^+=\{(m,n;\omega):(m,n)\in\mathbb{N}^2-D_{S,T}(\omega),\ \sup_{(S(\omega),T(\omega))\prec(i,j)\prec(m-1,n-1)}|M_{i,j}(\omega)|\leq\lambda\},$$

$$D = D_{S,T} \cup D^+.$$

Les deux ensembles D et D^+ ainsi définis sont des régions d'arrêt. Nous savons en effet déjà que $D_{S,T}$ l'est, donc tout revient à constater que D^+ est prévisible, puisque (a) et (b) du paragraphe 2 sont manifestement remplies. Or, si m ou $n = 0$, $\{(m,n)\in D^+\} = \emptyset$ et si $(m,n)\succ(1,1)$, nous pouvons écrire

$$\{(m,n)\in D^+\}=\bigcup_{h,k=0}^{m-1,n-1}\Big(\{(S,T)=(h,k)\}\cap\{\sup_{(h,k)\prec(i,j)\prec(m-1,n-1)}|M_{i,j}|\leq\lambda\}\Big),$$

qui est $\mathcal{F}_{m-1,n-1}$-mesurable, donc D^+ est bien prévisible.

Nous appellerons D^+ <u>région d'atteinte de</u> (λ,∞) <u>postérieure à</u> (S,T).

L'inégalité suivante servira de base à la démonstration du théorème de convergence au paragraphe suivant.

<u>Lemme 1</u>. Les données et la notation étant celles introduites précédemment, nous avons

$$\lambda P\{\sup_{(m,n)\in\mathbb{N}^2,(m,n)\succ(S,T)} |M_{m,n}|>\lambda\} \leqslant 9 \sup_{(m,n)\in\mathbb{N}^2} E\{|M^D_{m,n}|\}.$$

<u>Démonstration</u>. Désignons par L l'ensemble $D\cap\{(i,j;\omega)$: $(i+1,j+1;\omega)\in\mathbb{N}^2-D(\omega)\}$. Pour tout $(i,j)\in L\cap R_{m,n}$, $M_{i,j}$ peut être décomposé de la manière suivante :

$$M_{i,j} = M^D_{i,n} + M^D_{m,j} - M^D_{m,n}.$$

Il s'ensuit que

$$\{\sup_{(i,j)\in L\cap R_{m,n}} |M_{i,j}| > \lambda\} \subset$$

$$\{\sup_{i\leqslant m}|M^D_{i,n}| > \frac{\lambda}{3}\} \cup \{\sup_{j\leqslant n}|M^D_{m,j}| > \frac{\lambda}{3}\} \cup \{|M^D_{m,n}| > \frac{\lambda}{3}\}.$$

Si maintenant $|M_{i,j}(\omega)| > \lambda$ pour un indice $(i,j)\in R_{m,n}$ tel que $(i,j)\succ(S(\omega),T(\omega))$, alors il en est de même pour un indice $(i,j)\in L(\omega)\cap R_{m,n}$, ce qui entraîne

$$\{\sup_{(i,j)\in R_{m,n},(i,j)\succ(S,T)} |M_{i,j}| > \lambda\} = \{\sup_{(i,j)\in L\cap R_{m,n}} |M_{i,j}| > \lambda\}.$$

Il ne reste donc plus qu'à prendre la probabilité de ces événements et appliquer l'inégalité maximale de Doob aux martingales ordinaires $\{M^D_{i,n}, i\leqslant m\}$ et $\{M^D_{m,j}, j\leqslant n\}$ pour déduire l'inégalité

$$\lambda P\{\sup_{(i,j)\in R_{m,n},(i,j)\succ(S,T)} |M_{i,j}| > \lambda\} \leq 9E\{|M^D_{m,n}|\}$$

et donc l'inégalité du lemme.

Si M est une martingale forte, le théorème d'arrêt (cf.[5],[2]) s'applique et permet de conclure que $E\{|M^D_{m,n}|\} \leq E\{|M_{m,n}|\}$ pour tout $(m,n) \in \mathbb{N}^2$. L'inégalité qui en résulte est l'inégalité maximale de Walsh, telle qu'elle figure dans [5] (dans le cas où l'ensemble des indices est $\mathbb{N}^2$ et M s'annule sur les bords):

<u>Théorème</u>. Soit $M = \{M_{m,n}, (m,n) \in \mathbb{N}^2\}$ une martingale forte. Alors, pour tout $\lambda \in \mathbb{R}_+$,

$$\lambda P\{\sup_{(m,n)\in\mathbb{N}^2} |M_{m,n}| > \lambda\} \leq 9 \sup_{(m,n)\in\mathbb{N}^2} E\{|M_{m,n}|\}.$$

Pour terminer ce paragraphe, nous allons nous écarter un peu de l'objectif que nous nous sommes préfixés et donner une démonstration de ce théorème qui ne fait pas appel à la notion de région d'arrêt.

Fixons $(m,n) \in \mathbb{N}^2$ et posons $T = \inf\{j\colon j \leq n, \sup_{(i,k)\in R_{m,j}} |M_{i,k}| > \lambda\}$ si $\{\ \} \neq \emptyset$, $T = \infty$ si $\{\ \} = \emptyset$. Il est clair que T est un temps d'arrêt de la famille $\{\mathcal{F}_{m,j}, j \in \mathbb{N}\}$. En outre, par définition de T,

$$P\{\sup_{(i,j)\in R_{m,n}} |M_{i,j}| > \lambda\} = P\{\sup_{i\leq m} |M_{i,T}| I_{\{T<\infty\}} > \lambda\} = P\{\sup_{i\leq m} |M_{i,T\wedge n}| > \lambda\}.$$

Mais puisque nous pouvons écrire $M_{i,T\wedge n} = M_{i,n} - (M_{i,n} - M_{i,T\wedge n})$, nous voyons que le dernier membre multiplié par λ est majoré par

$$\lambda P\{\sup_{i\leq m} |M_{i,n}| > \tfrac{\lambda}{2}\} + \lambda P\{\sup_{i\leq m} |M_{i,n} - M_{i,T\wedge n}| > \tfrac{\lambda}{2}\}.$$

Or, en vertu de l'inégalité maximale de Doob, le premier terme de cette somme est majoré par $2E\{|M_{m,n}|\}$. Si nous démontrons que $\{M_{i,n} - M_{i,T\wedge n}, i \leq m\}$ est une martingale, le deuxième terme sera majoré par $2E\{|M_{m,n} - M_{m,T\wedge n}|\} \leq 4E\{|M_{m,n}|\}$ et l'inégalité de Walsh s'ensuivra, avec pour constante 6 à la place de 9. Désignons par $\mathcal{G}_i$ la tribu des $F \in \mathcal{F}_{m,n}$ tels que $F \cap \{T\wedge n = j\} \in \mathcal{F}_{i,n} \vee \mathcal{F}_{m,j}$ pour tout $j \leq n$. Manifestement, $M_{i,n} - M_{i,T\wedge n}$ est $\mathcal{G}_i$-mesurable et intégrable. En outre, si $F \in \mathcal{G}_i$ nous avons, compte tenu du caractère fort de la martingale,

$$E\{M_{m,n} - M_{m,T\wedge n} ; F\} = \sum_{j=0}^{n} E\{M_{m,n} - M_{m,j} ; F \cap \{T\wedge n = j\}\}$$

$$= \sum_{j=0}^{n} E\{M_{i,n} - M_{i,j} ; F \cap \{T\wedge n = j\}\} = E\{M_{i,n} - M_{i,T\wedge n} ; F\},$$

ce qui prouve que $\{M_{i,n} - M_{i,T\wedge n}, i \leq m\}$ est une martingale.

§4. UN THEOREME DE CONVERGENCE

Soit $M = \{M_{m,n}, (m,n) \in \mathbb{N}^2\}$ une martingale et soit $\varepsilon > 0$. Posons:

$S_0 = 0$;

D_0^+ = région d'atteinte de (ε,∞) postérieure à (S_0,S_0);

$D_0 = D_{S_0,S_0} \cup D_0^+$.

Définissons ensuite par récurrence :

S_n = premier temps d'atteinte de $\mathbb{N}^2 - D_{n-1}$ sur la diagonale, c'est-à-dire, pour tout $\omega \in \Omega$,

$$S_n(\omega) = \begin{cases} \inf\{i : (i,i) \in \mathbb{N}^2 - D_{n-1}(\omega)\} & \text{si } \{\ \} \neq \emptyset, \\ \infty & \text{si } \{\ \} = \emptyset; \end{cases}$$

D_n^+ = région d'atteinte de (ε,∞) postérieure à (S_n,S_n);

$D_n = D_{S_n,S_n} \cup D_n^+$.

Il est évident que (S_n, S_n) est un point d'arrêt (et même un point d'arrêt prévisible), que $S_n \leqslant S_{n+1}$ et que $\lim_{n\to\infty} S_n = \infty$.

Posons, en outre :

$$A = \bigcup_{n=1}^{\infty} D_n^+ ,$$

$$A' = A \cap \{(i,j;\omega) : i \leqslant j\};$$

$$A'' = A \cap \{(i,j;\omega) : i > j\}.$$

Lemme 2. Supposons que M, $M^{A'}$ et $M^{A''}$ sont uniformément intégrables. Alors M^{D_n} l'est aussi et $M^{D_n}_{\infty,\infty}$ converge dans L^1 vers $M_{\infty,\infty}$, quand $n\to\infty$.

Démonstration. Commençons par remarquer que si (S,T) est un poir d'arrêt, alors S et T sont des temps d'arrêt relatifs à $\{\mathcal{F}_{m,\infty}, m \in \mathbb{N}\}$, resp. $\{\mathcal{F}_{\infty,n}, n \in \mathbb{N}\}$, et

(1) $\quad E\{M_{\infty,\infty} | \mathcal{F}_{S,\infty}\} = M_{S,\infty}, \quad E\{M_{\infty,\infty} | \mathcal{F}_{\infty,T}\} = M_{\infty,T}$,

où $\mathcal{F}_{S,\infty}$ et $\mathcal{F}_{\infty,T}$ sont les tribus formées des $F \in \mathcal{F}_{\infty,\infty}$ tels que $F \cap \{S \leqslant m\} \in \mathcal{F}_{m,\infty}$ pour tout $m \in \mathbb{N}$, resp. $F \cap \{T \leqslant n\} \in \mathcal{F}_{\infty,n}$ pour tout $n \in \mathbb{N}$. De même, si nous désignons par $\mathcal{F}_{S,T}$ la tribu formée des $F \in \mathcal{F}_{\infty,\infty}$ tels que $F \cap \{(S,T) \prec (m,n)\} \in \mathcal{F}_{m,n}$ pour tout $(m,n) \in \mathbb{N}^2$, nous avons

(2) $$E\{M_{\infty,\infty} | \mathcal{F}_{S,T}\} = M_{S,T}.$$

Cela étant établi, écrivons, pour tout $(i,j) \in \mathbb{N}^2$,

$$M_{i,j}^{D_{S_n,S_n}} = M_{S_n \wedge i,\infty} + M_{\infty,S_n \wedge j} - M_{S_n \wedge i, S_n \wedge j} .$$

En raison de (1) et (2), nous voyons que la martingale $M^{D_{S_n,S_n}}$ est uniformément intégrable et que

$$M_{\infty,\infty}^{D_{S_n,S_n}} = M_{S_n,\infty} + M_{\infty,S_n} - M_{S_n,S_n} .$$

Mais encore en vertu de (1) et (2), chacun des trois termes du deuxième membre converge dans L^1 vers $M_{\infty,\infty}$, quand $n\to\infty$, donc aussi $M_{\infty,\infty}^{D_{S_n,S_n}}$. Nous pouvons en outre écrire, pour tout $(i,j) \in \mathbb{N}^2$,

$$M_{i,j}^{D_n^+} = M_{S_n\wedge i,\infty}^{A'} - M_{S_{n-1}\wedge i,\infty}^{A'} + M_{\infty,S_n\wedge j}^{A''} - M_{\infty,S_{n-1}\wedge j}^{A''} ,$$

d'où nous déduisons que $M^{D_n^+}$ est uniformément intégrable, $M^{A'}$ et $M^{A''}$ l'étant, et que $M_{\infty,\infty}^{D_n^+}$ converge dans L^1 vers 0, quand $n\to\infty$, puisque cette v.a. est la somme de $M_{S_n,\infty}^{A'} - M_{S_{n-1},\infty}^{A'}$ et $M_{\infty,S_n}^{A''} - M_{\infty,S_{n-1}}^{A''}$, qui convergent dans L^1 vers 0, en raison de (1). Pour conclure, il ne reste plus qu'à écrire $M^{D_n} = M^{D_{S_n,S_n}} + M^{D_n^+}$.

Dans le prochain théorème nous ferons l'hypothèse que si A est un ensemble prévisible, la transformée de Burkholder M^A de M par I_A est uniformément intégrable. Cette hypothèse est remplie si la martingale M appartient à H^p, $p > 1$. En effet, d'après les inégalités de Burkholder (cf.[3]),

$$E\{\sup_{(m,n)\in\mathbb{N}^2} |M_{m,n}^A|^p\} \leq cE\{(\sum_{(m,n)\in A} d_{m,n}^2)^{p/2}\} \leq cE\{(\sum_{(m,n)\in\mathbb{N}^2} d_{m,n}^2)^{p/2}\},$$

ce qui implique l'intégrabilité uniforme de $M_{m,n}^A$ non seulement par rapport à (m,n), mais aussi par rapport à A. Comme déjà annoncé dans introduction, nous n'avons pas été capables d'établir si l'hypothèse est également satisfaite lorsque M appartient à H^1.

<u>Théorème</u>. Soit $M = \{M_{m,n}, (m,n) \in \mathbb{N}^2\}$ une martingale. Si pour tout ensemble prévisible A la transformée de Burkholder M^A de M par I_A

est uniformément intégrable, alors $M_{m,n}$ converge p.s. vers $M_{\infty,\infty}$, quand $(m,n) \to (\infty,\infty)$.

<u>Démonstration</u>. Pour tout $k \in \mathbb{N}$, posons $M^k = M^{R_{k,k}}$. En outre, $\varepsilon > 0$ étant donné, définissons D_n et (S_n,S_n) comme au début du paragraphe, mais en prenant $M - M^k$ à la place de M. En vertu du lemme 1, nous avons, pour tout $n \in \mathbb{N}$,

$$\varepsilon P\{\sup_{(i,j)\in\mathbb{N}^2,(i,j)\succ(S_n,S_n)} |M_{i,j}-M^k_{i,j}| > \varepsilon\} \leqslant 9 \sup_{(i,j)\in\mathbb{N}^2} E\{|(M-M^k)^{D_n}_{i,j}|\}.$$

Si $n \geqslant k$, $(M^k)^{D_n}_{i,j} = M^k_{i,j} = M_{k\wedge i,k\wedge j}$ et donc le supremum du deuxième membre de l'inégalité est égal à $E\{|M^{D_n}_{\infty,\infty} - M_{k,k}|\}$, qui converge vers $E\{|M_{\infty,\infty} - M_{k,k}|\}$, quand $n \to \infty$, en vertu du lemme 2, puisque la condition d'intégrabilité uniforme requise par ce lemme est manifestment remplie par M^k, donc par $M - M^k$. Il s'ensuit que

$$\varepsilon P\{\limsup_{(i,j)\to(\infty,\infty)} |M_{i,j}-M^k_{i,j}| > \varepsilon\} \leqslant 9E\{|M_{\infty,\infty}-M_{k,k}|\}.$$

Le deuxième membre convergeant vers 0 quand $k \to \infty$, nous pouvons choisir une suite croissante d'entiers positifs k_n telle que

$$E\{|M_{\infty,\infty}-M_{k_n,k_n}|\} \leqslant \frac{1}{n^3}, \text{ pour tout } n \in \mathbb{N}.$$

Par ce choix nous obtenons

$$\sum_{n=1}^{\infty} P\{\limsup_{(i,j)\to(\infty,\infty)} |M_{i,j} - M^{k_n}_{i,j}| > \frac{1}{n}\} \leqslant 9 \sum_{n=1}^{\infty} \frac{1}{n^2} < \infty,$$

et le lemme de Borel-Cantelli nous permet d'en déduire que

$$\limsup_{n\to\infty} \limsup_{(i,j)\to(\infty,\infty)} |M_{i,j} - M^{k_n}_{i,j}| = 0 \text{ p.s.}$$

Ecrivons maintenant

$$|M_{\infty,\infty} - M_{i,j}| \leq |M_{\infty,\infty} - M_{k_n,k_n}| + |M_{k_n,k_n} - M_{i,j}^{k_n}| + |M_{i,j}^{k_n} - M_{i,j}|$$

et passons à la limite supérieure. Il résulte que

$$\limsup_{(i,j)\to(\infty,\infty)} |M_{\infty,\infty} - M_{i,j}| \leq \limsup_{n\to\infty} |M_{\infty,\infty} - M_{k_n,k_n}| + \limsup_{n\to\infty} \limsup_{(i,j)\to(\infty,\infty)} |M_{i,j}^{k_n} - M_{i,j}|.$$

Le premier terme du deuxième membre est nul p.s., puisque $\{M_{k_n,k_n}, n \in \mathbb{N}\}$ est une martingale ordinaire uniformément intégrable et le second terme est nul p.s., par ce que nous avons démontré, donc $M_{i,j}$ converge p.s. vers $M_{\infty,\infty}$, quand $(i,j) \to (\infty,\infty)$, et le théorème est démontré.

L'hypothèse d'intégrabilité uniforme des transformées n'intervient que pour démontrer la convergence dans L^1 de $M_{\infty,\infty}^{D_n}$ vers $M_{\infty,\infty}$. Dans le cas où l'ensemble des indices est $\mathbb{N}$, cette convergence a lieu sans hypothèses supplémentaires (outre l'intégrabilité uniforme de M). Il apparaît donc que, même dans des problèmes de convergence dans L^1, il peut y avoir une différence de comportement entre les martingales indexées par $\mathbb{N}^2$ et celles indexées par $\mathbb{N}$. Il serait par ailleurs intéressant de savoir si la cause de cette différence est due à l'absence d'intégrabilité uniforme, ou au manque de convergence en probabilité des $M_{\infty,\infty}^{D_n}$, ou aux deux ensemble. N'étant malheureusement pas parvenus à répondre à cette question, il n'est peut-être pas inutile de faire remarquer que si la convergence en probabilité avait lieu, les martingales de la classe (D) convergeraient p.s. (la classe (D) étant définie comme dans le cas où l'ensemble des indices est $\mathbb{N}$, avec toutefois les régions d'arrêt à la place des temps d'arrêt).

BIBLIOGRAPHIE

[1] R. Cairoli et J.B. Walsh: Stochastic integrals in the plane. Acta mathematica, 134, 1975, p. 111-183.

[2] R. Cairoli et J.B. Walsh: Régions d'arrêt, localisations et prolongements de martingales. Z. Wahrsch. 44, 1978, p. 279-306.

[3] Ch. Métraux: Quelques inégalités pour martingales à paramètre bidimensionnel. Séminaire de probabilités XII, Lecture Notes in Math., Springer, vol. 649, p. 170-179.

[4] P.A. Meyer: Un cours sur les intégrales stochastiques. Séminaire de probabilités X, Lecture Notes in Math., Springer, vol. 511, p. 245-400.

[5] J.B. Walsh: Martingales with a multi-dimensional parameter and stochastic integrals in the plane. Cours de 3ème cycle, Université de Paris VI, Paris.

Département de mathématiques
Ecole polytechnique fédérale
Avenue de Cour 61
1007 Lausanne, Suisse

Université de Strasbourg 1977/78
Séminaire de Probabilités

ARRET DE CERTAINES SUITES MULTIPLES DE VARIABLES ALEATOIRES INDEPENDANTES

par R. Cairoli et J.-P. Gabriel

§1. INTRODUCTION

Le présent article étudie deux procédés d'arrêt appliqués à certaines suites multiples de variables aléatoires. Ces deux procédés se distinguent par le type de "passé" sur lequel ils se basent: passé large ou passé étroit. Chacun des deux donne lieu à un point aléatoire dans $\mathbb{N}^d$ qui est non anticipatif relativement au passé considéré.

Les résultats obtenus étendent ceux de Davis, McCabe et Shepp contenus dans [3] et [5] et peuvent se résumer ainsi: si $\{X_{n_1, \ldots, n_d}, (n_1, \ldots, n_d) \in \mathbb{N}^d\}$ est une suite multiple de variables aléatoires indépendantes et toutes réparties comme une variable aléatoire X, alors la condition

$$\text{(a)} \quad E\{\frac{|X_{\nu_1, \ldots, \nu_d}|}{\nu_1 \cdot \ldots \cdot \nu_d}\} < \infty \text{ , pour tout } (\nu_1, \ldots, \nu_d),$$

équivaut à la condition

$$\text{(b)} \quad E\{|X|(\log^+|X|)^d\} < \infty,$$

ou

$$\text{(c)} \quad E\{|X|\log^+|X|\} < \infty,$$

suivant que $(\nu_1, \ldots, \nu_d)$ désigne un point d'arrêt relatif au passé large ou un point d'arrêt relatif au passé étroit; en outre, l'équivalence des conditions (a) et (b) est conservée si la somme partielle arrêtée $S_{\nu_1, \ldots, \nu_d} = \sum_{j_1 \leq \nu_1, \ldots, j_d \leq \nu_d} X_{j_1, \ldots, j_d}$ remplace $X_{\nu_1, \ldots, \nu_d}$, et (c) est aussi équivalente à

$$\text{(d)} \quad E\{ \sup_{(n_1, \ldots, n_d) \in \Gamma} \frac{|X_{n_1, \ldots, n_d}|}{n_1 \cdot \ldots \cdot n_d} \} < \infty , \text{ pour tout chemin}$$

aléatoire croissant Γ.

Nous n'avons pu établir en toute généralité si (c) implique (a), avec $S_{\nu_1, \ldots, \nu_d}$ à la place de $X_{\nu_1, \ldots, \nu_d}$, lorsque le point d'arrêt est pris relativement au passé étroit. Pour cette raison, la question de l'équivalence de ces deux conditions n'a pas été traitée ici.

§2. NOTATION, PREMIERES DEFINITIONS

Dans ce qui suit, d est un nombre entier positif qui désigne la dimension de l'ensemble des indices. Cet ensemble sera le produit $\mathbb{N} \times \ldots \times \mathbb{N}$ (d fois), noté plus brièvement $\mathbb{N}^d$. Ici $\mathbb{N}$ désigne l'ensemble des entiers positifs. Les éléments de $\mathbb{N}^d$ seront notés par les lettres soulignées $\underline{n}$, $\underline{m}$ ou $\underline{i}$ et appelés points. Lorsque l'introduction des coordonnées s'avérera nécessaire, nous poserons $\underline{n} = (n_1, \ldots, n_d)$; $\underline{1}$ sera le point $(1, \ldots, 1)$. Le produit $n_1 \cdot \ldots \cdot n_d$ sera toujours noté $|\underline{n}|$. L'ensemble $\mathbb{N}^d$ sera supposé muni de l'ordre $\underline{n} < \underline{m}$, qui signifie $n_1 \leq m_1, \ldots, n_d \leq m_d$; $\underline{\infty}$ désignera un point à l'infini de $\mathbb{N}^d$, c'est-à-dire un élément supérieur à tous les points de $\mathbb{N}^d$; $|\underline{\infty}|$ sera posé égal à ∞.

Nous supposerons qu'un espace probabilisé $(\Omega, \mathfrak{F}, P)$ est donné et fixé tout le long du travail. Nous noterons X une variable aléatoire de référence. La donnée de base sera constituée d'une suite multiple

$\{X_{\underline{n}}\ ,\ \underline{n} \in \mathbb{N}^d\}$ de variables aléatoires indépendantes et réparties comme X. L'adjectif "multiple" sera par la suite omis. Pour tout $\underline{n} \in \mathbb{N}^d$, nous désignerons par $\mathcal{F}_{\underline{n}}$ et $\mathcal{G}_{\underline{n}}$ les tribus $\sigma(X_{\underline{i}}\ ,\ \underline{i} \leq \underline{n})$, resp. $\sigma(X_{\underline{i}}\ ,\ \underline{n} + \underline{1} \not\leq \underline{i})$. Pour tout $\underline{n} \in \mathbb{N}^d$, nous poserons $S_{\underline{n}} = \sum_{\underline{i} \leq \underline{n}} X_{\underline{n}}$. Pour tout $\omega \in \Omega$, nous poserons $X_{\underline{\infty}}(\omega) = |X_{\underline{\infty}}(\omega)|/|\underline{\infty}| = |S_{\underline{\infty}}(\omega)|/|\underline{\infty}| = 0$.

Nous écrirons toujours $\sup_{\underline{n}}$, $\sum_{\underline{n}}$, $\sum_{j}$,... au lieu de $\sup_{\underline{n} \in \mathbb{N}^d}$, $\sum_{\underline{n} \in \mathbb{N}^d}$, $\sum_{j \in \mathbb{N}}$,...

Les deux notions suivantes ne sont pas nouvelles. La première apparaît, par exemple, déjà dans [2] et la deuxième dans [8]. Les deux coïncident avec la notion de temps d'arrêt dans le cas où d = 1.

<u>Définition</u>. Nous appellerons <u>point d'arrêt</u> (resp. <u>point d'arrêt au sens large</u>) toute variable aléatoire $\underline{\nu}$ à valeurs dans $\mathbb{N}^d \cup \{\underline{\infty}\}$ telle que

$$\{\underline{\nu} \leq \underline{n}\} \in \mathcal{F}_{\underline{n}} \text{ (resp. } \{\underline{\nu} \leq \underline{n}\} \in \mathcal{G}_{\underline{n}}\text{) pour tout } \underline{n} \in \mathbb{N}^d.$$

A noter que nous aurions pu prendre $\{\underline{\nu} = \underline{n}\}$ à la place de $\{\underline{\nu} \leq \underline{n}\}$ dans la définition, sans en altérer le contenu. Pour le constater, il suffit d'écrire

$$\{\underline{\nu} = \underline{n}\} = \{\underline{\nu} \leq \underline{n}\} \cap \{\underline{\nu} \not\leq (n_1 - 1, n_2, \dots, n_d)\} \cap \dots$$
$$\cap \{\underline{\nu} \not\leq (n_1, \dots, n_{d-1}, n_d - 1)\},$$

où seuls les termes correspondant aux indices j tels que $n_j - 1 \geq 1$ apparaissent dans l'intersection.

§3. ESPERANCE D'UNE SUITE ARRETEE DE VARIABLES ALEATOIRES INDEPENDANTES ET EGALEMENT REPARTIES

Si $\{X_{\underline{n}}, \underline{n} \in \mathbb{N}^d\}$ est une suite de variables aléatoires indépendantes et réparties comme X, alors $E\{\sup_{\underline{n} \succ \underline{i}} |X_{\underline{n}}|\} = E\{\sup_{\underline{n}} |X_{\underline{n}}|\}$, donc $\sup_{\underline{n} \succ \underline{i}} |X_{\underline{n}}| = \sup_{\underline{n}} |X_{\underline{n}}|$ p.s., pour tout $\underline{i} \in \mathbb{N}^d$. Il s'ensuit, en vertu de la loi (0,1), que $\sup_{\underline{n}} |X_{\underline{n}}| = c$ p.s., où c est une constante pouvant être infinie. Cette constante est finie si et seulement si

(3.1) $X \in L^\infty$.

Ces considérations élémentaires sont bien connues et peuvent se faire indépendamment de l'ordre $\prec$ en énumérant les point de $\mathbb{N}^d$. La condition qui va suivre, équivalente elle aussi à (3.1), fait par contre intervenir l'ordre $\prec$ de $\mathbb{N}^d$:

(3.2) $E\{|X_{\underline{\nu}}|\} < \infty$ pour tout point d'arrêt $\underline{\nu}$.

Néanmoins, l'équivalence de (3.1) et (3.2) peut être ramenée au cas d'une dimension. En effet, (3.1) implique clairement (3.2) et, inversement, si $\tilde{\nu}$ est un temps d'arrêt relatif à la suite $\{\tilde{X}_n, n \in \mathbb{N}\}$, où $\tilde{X}_n = X_{(n, 1, \ldots, 1)}$, alors $\underline{\nu}$, défini par

$$\underline{\nu} = \begin{cases} (\tilde{\nu}, 1, \ldots, 1) & \text{si } \tilde{\nu} < \infty, \\ \underline{\infty} & \text{si } \tilde{\nu} = \infty, \end{cases}$$

est un point d'arrêt, puisque

$$\{\underline{\nu} \prec \underline{n}\} = \{\tilde{\nu} \leq n_1\} \in \sigma(\tilde{X}_n, n \leq n_1) \subset \mathcal{F}_{\underline{n}},$$

et de ce fait (3.2) implique

$$E\{|\tilde{X}_{\tilde{\nu}}|\} < \infty \text{ pour tout temps d'arrêt } \tilde{\nu},$$

donc (3.1), étant admis que l'implication a lieu dans le cas d'une dimension.

Nous nous restreindrons donc au cas $d = 1$.

Théorème. Soit $\{X_n , n \in \mathbb{N}\}$ une suite de variables aléatoires indépendantes et réparties comme X. Les deux conditions suivantes s'équivalent:

(a) $E\{|X_\nu|\} < \infty$ pour tout temps d'arrêt ν;

(b) $X \in L^\infty$.

Bien qu'il semble improbable que ce résultat soit nouveau, nous avons été incapables de le trouver dans la littérature. C'est la raison pour laquelle nous en donnons ici une démonstration. Voici d'abord un résultat auxiliaire.

Lemme. Si $X \notin L^\infty$, il existe une fonction réelle f, définie sur $\mathbb{R}_+$, telle que $E\{f(|X|)\} < \infty$ et $E\{|X| f(|X|)\} = \infty$.

Démonstration. Pour chaque $n \in \mathbb{N}$, désignons par I_n l'intervalle $[n-1 , n)$ et par $\{I_{n_j} , j \in \mathbb{N}\}$ la suite des I_n tels que $P\{|X| \in I_n\} > 0$, énumérés dans l'ordre croissant. Définissons la fonction f par

$$f(t) = \begin{cases} \dfrac{1}{j^2 \, P\{|X| \in I_{n_j}\}} & \text{pour tout } t \in I_{n_j} \text{ et } j \in \mathbb{N}, \\ 0 & \text{ailleurs.} \end{cases}$$

Nous avons alors

$$E\{f(|X|)\} = \sum_j \frac{P\{|X| \in I_{n_j}\}}{j^2 \, P\{|X| \in I_{n_j}\}} = \sum_j \frac{1}{j^2} < \infty ,$$

ainsi que

$$E\{|X|f(|X|)\} \geq \sum_j \frac{(n_j-1)\, P\{|X| \in I_{n_j}\}}{j^2\, P\{|X| \in I_{n_j}\}} \geq \sum_j \frac{j-1}{j^2} = \infty ,$$

et le lemme est donc démontré.

<u>Démonstration du théorème</u>. Il est clair que (b) implique (a). Inversement, supposons que $X \notin L^\infty$ et montrons qu'il existe un temps d'arrêt ν pour lequel l'espérance sous (a) est infinie. Nous pouvons admettre que $E\{|X|\} < \infty$, sinon $\nu \equiv 1$ serait le temps d'arrêt cherché. Sans restreindre la généralité, nous pouvons aussi admettre que $P\{|X| < 1\} > 0$. Soit f la fonction du lemme et soit ν le temps d'arrêt défini par

$$\nu = \begin{cases} \inf\{j : f(|X_n|) \geq n\} & \text{si } \{\ \} \neq \emptyset , \\ \infty & \text{si } \{\ \} = \emptyset . \end{cases}$$

En raison de l'indépendance des variables aléatoires X_n , nous pouvons écrire

$$\begin{aligned} E\{|X_\nu|\} &= \sum_n E\{|X_n| \ ;\ \nu = n\} \\ &= \sum_n E\{|X_n| \ ;\ f(|X_1|) < 1, \ldots, f(|X_{n-1}|) < n-1, f(|X_n|) \geq n\} \\ &= \sum_n P\{f(|X_1|) < 1, \ldots, f(|X_{n-1}|) < n-1\}\ E\{|X_n| \ ;\ f(|X_n|) \geq n\} \\ &\geq \sum_n P\{\nu = \infty\}\ E\{|X_n| \ ;\ f(|X_n|) \geq n\}. \end{aligned}$$

Désignons par ρ la répartition de X et supposons que nous ayons pu démontrer que $P\{\nu = \infty\} > 0$. Alors

$$E\{|X_\nu|\} \geq P\{\nu = \infty\} \sum_n \int_{\{f(|x|) \geq n\}} |x|\ d\rho(x)$$

$$\geq P\{\nu = \infty\} \int_{-\infty}^{\infty} |x| (f(|x|) - 1) \, d\rho(x)$$

$$= P\{\nu = \infty\} \big(E\{|X| f(|X|)\} - E\{|X|\}\big) = \infty ,$$

en raison du lemme et du fait que $E\{|X|\} < \infty$. Pour compléter la démonstration, il ne nous reste donc plus qu'à vérifier la supposition. Nous avons

$$P\{\nu = \infty\} = \prod_n P\{f(|X_n|) < n\} = \prod_n P\{f(|X|) < n\} .$$

Or, puisque $P\{|X| < 1\} > 0$, tous les facteurs du dernier produit sont positifs, si bien que la convergence de celui-ci équivaut à celle de la série $\sum_n P\{f(|X|) \geq n\}$. Mais la somme de cette série est majorée par l'espérance $E\{f(|X|)\}$, qui est finie, par le choix de f. La démonstration du théorème est ainsi achevée.

§4. ARRET AU SENS LARGE DE $X_{\underline{n}}/|\underline{n}|$ et $S_{\underline{n}}/|\underline{n}|$

Soit $\{X_{\underline{n}} , \underline{n} \in \mathbb{N}^d\}$ une suite de variables aléatoires indépendantes et réparties comme X. Dans le cas où d = 1, un résultat bien connu, dû à Burkholder [1], établit que les trois conditions suivantes sont équivalentes:

(4.1) $$E\{\sup_{\underline{n}} \frac{|X_{\underline{n}}|}{|\underline{n}|}\} < \infty ;$$

(4.2) $$E\{\sup_{\underline{n}} \frac{|S_{\underline{n}}|}{|\underline{n}|}\} < \infty ;$$

(4.3) $$E\{|X| (\log^+ |X|)^d\} < \infty .$$

Le résultat de Burkholder a été étendu aux dimensions supérieures à 1 dans [4]. Par ailleurs, encore dans le cas où d = 1, Davis [3] , McCabe et Shepp [5] ont posé deux conditions supplémentaires et démontré que chacune d'elles est équivalente aux trois conditions précédentes. Ces deux conditions comportent l'arrêt de X_n/n et S_n/n, et il est naturel de se demander quel pourrait être leur analogue dans les dimensions supérieures à 1 . Une réponse à cette question est donnée par le théorème suivant. Dans le cas d = 1 , ce théorème coïncide avec le théorème de Davis, McCabe et Shepp.

Théorème. Soit $\{X_{\underline{n}} , \underline{n} \in \mathbb{N}^d\}$ une suite de variables aléatoires indépendantes et réparties comme X. Chacune des deux conditions suivantes est équivalente à (4.1) - (4.3) :

(4.4) $E\{\frac{|X_{\underline{\nu}}|}{|\underline{\nu}|}\} < \infty$, pour tout point d'arrêt au sens large $\underline{\nu}$ (ou seulement pour tout point $\underline{\nu}$ fini de cette nature);

(4.5) $E\{\frac{|S_{\underline{\nu}}|}{|\underline{\nu}|}\} < \infty$, pour tout point d'arrêt au sens large $\underline{\nu}$ (ou seulement pour tout point $\underline{\nu}$ fini de cette nature).

Démonstration. Nous pouvons supposer d > 1. Manifestement, (4.1) implique (4.4) et (4.2) implique (4.5). Il reste donc à démontrer, par exemple, que (4.4) implique (4.3) et que, de même, (4.5) implique (4.3). La démonstration sera faite en suivant la méthode employée par McCabe et Shepp dans [5]. La variante entre parenthèses sera traitée en fin de démonstration.

La première des deux implications s'établit par récurrence sur d. Elle est vraie pour la dimension 1 , en vertu du résultat précité de Davis, McCabe et Shepp. Pour effectuer le pas de d - 1 à d , nous pouvons supposer, sans restreindre la généralité, que $P\{|X| < 1\} > 0$. Munissons $\mathbb{N}^d$ d'un ordre total quelconque $\lhd$, qui ait toutefois la propriété que $\underline{n} \lhd \underline{m}$ si $\sum_{k=1}^{d} n_k < \sum_{k=1}^{d} m_k$. Désignons par $\underline{\nu}$ le premier $\underline{n}$ (pour l'ordre qui vient d'être introduit) tel que $|X_{\underline{n}}| \geq |\underline{n}|$, autrement dit, posons

$$\underline{\nu} = \begin{cases} \inf\{\underline{n} : |X_{\underline{n}}| \geq |\underline{n}|\} & \text{si } \{\ \} \neq \emptyset , \\ \underline{\infty} & \text{si } \{\ \} = \emptyset . \end{cases}$$

Alors $\underline{\nu}$ est un point d'arrêt au sens large, car

$$\{\underline{\nu} = \underline{n}\} = \bigcap_{\substack{\underline{i} \lhd \underline{n} \\ \neq}} \{|X_{\underline{i}}| < |\underline{i}|\} \cap \{|X_{\underline{n}}| \geq |\underline{n}|\} \in \mathcal{G}_{\underline{n}} ,$$

du fait que $\underline{i} \lhd \underline{n}$ implique $\underline{n} + \underline{1} \not\lhd \underline{i}$. Désignons par ρ la répartition de X. Nous pouvons écrire, grâce à l'indépendance et à l'égale répartition des $X_{\underline{n}}$,

$$\infty > E\{\frac{|X_{\underline{\nu}}|}{|\underline{\nu}|}\} = \sum_{\underline{n}} E\{\frac{|X_{\underline{n}}|}{|\underline{n}|} ; \underline{\nu} = \underline{n}\}$$

$$= \sum_{\underline{n}} \frac{1}{|\underline{n}|} P\{\underline{n} \lhd \underline{\nu}\} E\{|X_{\underline{n}}| ; |X_{\underline{n}}| \geq \underline{n}\}$$

$$\geq P\{\underline{\nu} = \underline{\infty}\} \sum_{\underline{n}} \frac{1}{|\underline{n}|} \int_{|x| \geq |\underline{n}|} |x| \, d\rho(x) .$$

Montrons que $P\{\underline{\nu} = \underline{\infty}\} > 0$. Puisque

$$P\{\underline{\nu} = \underline{\infty}\} = \prod_{\underline{n}} P\{|X_{\underline{n}}| < |\underline{n}|\} = \prod_{\underline{n}} P\{|X| < |\underline{n}|\} ,$$

cela revient à prouver que la série $\sum_{\underline{n}} P\{|X| \geq |\underline{n}|\}$ converge. Or, il est démontré dans [6] que cette série converge dans le cas où $E\{|X|(\log^+|X|)^{d-1}\} < \infty$. Mais cette espérance est bien finie. En effet, la suite $\{\tilde{X}_{\underline{m}} , \underline{m} \in \mathbb{N}^{d-1}\}$, avec $\tilde{X}_{\underline{m}} = X_{(\underline{m}, 1)}$, est formée de variables aléatoires indépendantes et réparties comme X et si $\tilde{\underline{\mu}}$ est un point d'arrêt au sens large relatif à cette suite, $\underline{\mu}$ défini par

$$\underline{\mu} = \begin{cases} (\underline{\tilde{\mu}}, 1) & \text{si } \underline{\tilde{\mu}} \text{ est fini,} \\ \underline{\infty} & \text{sinon,} \end{cases}$$

est un point d'arrêt au sens large relatif à la suite $\{X_{\underline{n}}, \underline{n} \in \mathbb{N}^d\}$ et

$$E\{\frac{|X_{\underline{\mu}}|}{|\underline{\mu}|}\} = E\{\frac{|X_{\underline{\tilde{\mu}}}|}{|\underline{\tilde{\mu}}|}\}.$$

En raison de (4.4), la première espérance est finie, donc aussi la deuxième, ce qui implique, par hypothèse de récurrence, que $E\{|X|(\log^+|X|)^{d-1}\}$ est fini. Il ne reste maintenant plus qu'à établir l'inégalité

$$\sum_{\underline{n}} \frac{1}{|\underline{n}|} \int_{|x| \geq |\underline{n}|} |x| \, d\rho(x) \geq \frac{1}{d!} E\{|X|(\log^+|X|)^d\} .$$

La somme au premier membre est manifestement minorée par

$$\int_1^\infty \cdots \int_1^\infty \frac{1}{t_1 \cdot \ldots \cdot t_d} \Big(\int_{|x| \geq t_1 \cdot \ldots \cdot t_d} |x| \, d\rho(x) \Big) \, dt_1 \ldots dt_d$$

$$= \int_{-\infty}^{\infty} |x| \Big(\int_1^\infty \cdots \int_1^\infty \frac{1}{t_1 \cdot \ldots \cdot t_d} I_{\{t_1 \cdot \ldots \cdot t_d \leq |x|\}} \, dt_1 \ldots dt_d \Big) \, d\rho(x) ,$$

et il n'est pas difficile de constater que l'intégrale itérée entre parenthèses est égale à $(\log|x|)^d/d!$, si $|x| \geq 1$, donc l'inégalité s'ensuit.

Pour terminer la démonstration du théorème, il nous faut encore prouver que (4.5) implique (4.3). A cet effet, nous allons encore suivre McCabe et Shepp et montrer que (4.5) implique $E\{|X_{\underline{\nu}}|/|\underline{\nu}|\} < \infty$ pour le point d'arrêt au sens large défini dans la première partie de la démonstration. Cette partie entraînera (4.3). Puisque sur $\{\underline{\nu} \neq \underline{\infty}\}$,

$$|X_{\underline{\nu}}| \leq |S_{\underline{\nu}}| + \sum_{\underline{i} \precneqq \underline{\nu}} |X_{\underline{i}}| ,$$

il nous suffit de prouver que

$$(4.6) \quad E\{\frac{1}{|\underline{\nu}|} \sum_{\underline{i} \precneqq \underline{\nu}} |X_{\underline{i}}| \; ; \; \underline{\nu} \neq \underline{\infty}\}$$

$$= \sum_{\underline{n} \, : \, P\{\underline{\nu} = \underline{n}\} > 0} \left(\frac{P\{\underline{\nu} = \underline{n}\}}{|\underline{n}|} \sum_{\underline{i} \precneqq \underline{n}} E\{|X_{\underline{i}}| \;\big|\; \underline{\nu} = \underline{n}\}\right)$$

est fini. Pour cela, nous pouvons encore supposer que $P\{|X| < 1\} > 0$. Si $\underline{i} \prec \underline{n}$, alors $\underline{i} \lhd \underline{n}$ et si de plus $\underline{i} \neq \underline{n}$, nous avons, compte tenu de l'indépendance et de l'égale répartition des $X_{\underline{i}}$,

$$E\{|X_{\underline{i}}| \;\big|\; \underline{\nu} = \underline{n}\} = E\{|X_{\underline{i}}| \;\Big|\; |X_{\underline{i}}| < |\underline{i}|\} \leq \frac{E\{|X|\}}{P\{|X| < 1\}} ,$$

qui est fini, par hypothèse, puisque $E\{|X|\} = E\{|S_{\underline{1}}|\}$. La conclusion s'ensuit aisément.

Passons maintenant à la variante du théorème qui figure entre parenthèses. Supposons que l'espérance dans (4.3) soit infinie. En suivant l'indication donnée par McCabe et Shepp à la fin de [5], nous allons produire un point aléatoire fini $\underline{\tau}$, $\mathcal{F}_{\underline{1}}$-mesurable et tel que

$$(4.7) \qquad E\{\frac{|X_{\underline{\nu} \Delta \underline{\tau}}|}{|\underline{\nu} \Delta \underline{\tau}|}\} = \infty \qquad \text{et} \qquad E\{\frac{|S_{\underline{\nu} \Delta \underline{\tau}}|}{|\underline{\nu} \Delta \underline{\tau}|}\} = \infty ,$$

où $\underline{\nu}$ est le point d'arrêt au sens large introduit dans la première partie de la démonstration et où $\underline{\nu} \wedge \underline{\tau}$ désigne l'infimum de $\underline{\nu}$ et $\underline{\tau}$ relativement à l'ordre $\lhd$ (par convention, $\underline{n} \wedge \underline{\infty} = \underline{n}$ pour tout $\underline{n} \in \mathbb{N}^d$). Le théorème sera alors entièrement démontré, car $\underline{\nu} \wedge \underline{\tau}$ sera un point d'arrêt au sens large, fini, mettant en défaut (4.4) et (4.5). D'après ce qui a été déjà démontré, $\sum_{\underline{n}} E\{|X_{\underline{n}}|/|\underline{n}| \; ; \underline{\nu} = \underline{n}\} = \infty$. Il est donc possible de choisir une suite croissante $\{\underline{n}(j)\;,\; j \in \mathbb{N}\}$ de points de $\mathbb{N}^d$ à coordonnées égales, telle que

$$\sum_{\underline{n}:\; \underline{n}(j) \underline{\lhd} \underline{n} \lhd \underline{n}(j+1)} E\{\frac{|X_{\underline{n}}|}{|\underline{n}|} \; ; \underline{\nu} = \underline{n}\} \geq 1 \;, \quad \text{pour tout } j \in \mathbb{N}.$$

Posons $\underline{\tau}$ égal à $\underline{n}(j)$ sur $\{\sqrt{j-1} \leq |X_{\underline{1}}| < \sqrt{j}\}$. Nous avons alors

$$E\{\frac{|X_{\underline{\nu} \wedge \underline{\tau}}|}{|\underline{\nu} \wedge \underline{\tau}|}\} \geq \sum_{\underline{n} \neq \underline{1}} P\{\underline{n} \lhd \underline{\tau}\} \; E\{\frac{|X_{\underline{n}}|}{|\underline{n}|} \; ; \underline{\nu} = \underline{n}\} \geq$$

$$\sum_j P\{\underline{n}(j+1) \lhd \underline{\tau}\} \sum_{\underline{n}\,:\, \underline{n}(j) \underline{\lhd} \underline{n} \lhd \underline{n}(j+1)} E\{\frac{|X_{\underline{n}}|}{|\underline{n}|} \; ; \underline{\nu} = \underline{n}\} \geq$$

$$\sum_j P\{\underline{n}(j+1) \lhd \underline{\tau}\} = \sum_j P\{|X_{\underline{1}}| \geq \sqrt{j}\}.$$

Mais le dernier membre est minoré par $E\{X^2\} - 1 = \infty$, donc la première espérance dans (4.7) est infinie. Pour démontrer que la deuxième l'es aussi, il suffit de considérer le cas où $E\{|X|\} < \infty$. En raison de l'inégalité

$$E\{\frac{|X_{\underline{\nu} \wedge \underline{\tau}}|}{|\underline{\nu} \wedge \underline{\tau}|}\} \leq E\{\frac{|S_{\underline{\nu} \wedge \underline{\tau}}|}{|\underline{\nu} \wedge \underline{\tau}|}\} + E\{\frac{1}{|\underline{\nu} \wedge \underline{\tau}|} \sum_{\underline{i} \lneq \underline{\nu} \wedge \underline{\tau}} |X_{\underline{i}}|\} \;,$$

nous voyons qu'il est suffisant de prouver que le dernier terme est fini. Ce terme est majoré par

$$\sum_{\underline{n}} \frac{1}{|\underline{n}|} E\{\sum_{\underline{i} \nleq \underline{n}} |X_{\underline{i}}| \; ; \underline{\nu} = \underline{n}\} + \sum_{\underline{n}} \frac{1}{|\underline{n}|} E\{\sum_{\underline{i} \prec \underline{n}} |X_{\underline{i}}| \; ; \underline{\tau} = \underline{n}\}.$$

Or, la première somme est égale au premier membre de (4.6) qui est fini, et la deuxième est majorée par

$$\sum_{\underline{n}} \frac{1}{|\underline{n}|} (E\{|X_{\underline{1}}| \; ; \underline{\tau} = \underline{n}\} + P\{\underline{\tau} = \underline{n}\} \; |\underline{n}| \; E\{|X|\}) \leq 2E\{|X|\} < \infty \; ,$$

ce qui achève la démonstration.

§5. ARRET DE $X_{\underline{n}}/|\underline{n}|$

L'espérance de la suite $|X_{\underline{n}}|/|\underline{n}|$ arrêtée peut être comparée à l'espérance du supremum de $|X_{\underline{n}}|/|\underline{n}|$ sur un chemin aléatoire croissant. Commençons donc par donner la définition d'un tel chemin.

Définition. Nous appellerons chemin croissant une suite $\gamma = \{\underline{n}(j) \; , j \in \mathbb{N}\}$ de points de $\mathbb{N}^d$ telle que

(a) $\underline{n}(1) = \underline{1}$;

(b) $\underline{n}(j) \prec \underline{n}(j+1)$, pour tout $j \in \mathbb{N}$;

(c) $\sum_{k=1}^{d} (n_k(j+1) - n_k(j)) = 1$, pour tout $j \in \mathbb{N}$;

(d) $\lim_{n \to \infty} \min(n_1(j), \ldots, n_d(j)) = \infty$.

Définition. Nous appellerons chemin aléatoire croissant une fonction $\Gamma = \{\Gamma(\omega) \; , \omega \in \Omega\}$ telle que

(a) $\Gamma(\omega)$ est un chemin croissant pour tout $\omega \in \Omega$;

(b) $\{\underline{n} \in \Gamma\} \in \mathcal{F}_{\underline{n}}$, pour tout $\underline{n} \in \mathbb{N}^d$.

A noter qu'une expression du type $\{\underline{n} \in \Gamma\}$ tient place de $\{\omega : \underline{n} \in \Gamma(\omega)\}$.

Si Γ est un chemin aléatoire croissant, conformément à la notation des deux définitions, nous devrions poser $\Gamma(\omega) = \{\underline{n}(j;\omega), j \in \mathbb{N}\}$. Toutefois, pour éviter d'indiquer à chaque fois la dépendance de ω sans prêter à confusion, nous utiliserons la lettre ν à la place de n et écrirons

$$\Gamma = \{\underline{\nu}(j), \; j \in \mathbb{N}\}.$$

Ce changement de lettre est aussi dicté par le fait que $\underline{\nu}(j)$ ainsi défini est, pour tout j , un point d'arrêt. En effet,

$$\{\underline{\nu}(j) = \underline{n}\} = \{\underline{n} \in \Gamma\} \in \mathfrak{F}_{\underline{n}} \;, \text{ pour tout } \underline{n} \in \mathbb{N}^d.$$

A relever aussi que, pour tout $j \in \mathbb{N}$ et tout $\omega \in \Omega$,

$$\underline{\nu}(j;\omega) = \Gamma(\omega) \cap \{\underline{n} : \sum_{k=1}^{d} n_k = d + j - 1\}.$$

Nous sommes maintenant prêts à étudier le problème de l'arrêt de $X_{\underline{n}}/|\underline{n}|$. Le théorème suivant établit, en particulier, que l'intégrabilité de la suite arrêtée équivaut à un degré d'intégrabilité de X inférieur à celui qui apparaît dans la condition (4.3).

<u>Théorème</u>. Soit $\{X_{\underline{n}} , \underline{n} \in \mathbb{N}^d\}$ une suite de variables aléatoires indépendantes et réparties comme X. Les conditions suivantes sont équivalentes :

(5.1) $E\{\frac{|X_{\underline{\nu}}|}{|\underline{\nu}|}\} < \infty$, pour tout point d'arrêt $\underline{\nu}$ (ou seulement pour tout point d'arrêt fini $\underline{\nu}$) ;

(5.2) $E\{\sup_{\underline{n}\in\Gamma} \frac{|X_{\underline{n}}|}{|\underline{n}|}\} < \infty$, pour tout chemin aléatoire croissant Γ ;

(5.3) $E\{|X|\log^+|X|\} < \infty$.

Dans le cas où $d = 1$, l'équivalence des trois conditions du théorème se réduit à l'équivalence de (4.1), (4.3) et (4.4). Nous supposerons donc, dorénavant, que $d > 1$.

Avant de passer à la démonstration du théorème, il est peut-être utile d'observer qu'il n'est pas possible de remplacer, dans (5.2), les chemins aléatoires croissants Γ par des chemins croissants déterministes γ, bien que l'intégrabilité du supremum de $|X_{\underline{n}}|/|\underline{n}|$ sur γ équivale à un degré d'intégrabilité de X variant entre L^1 et L log L. La raison de cela est que le degré L log L n'est pas atteint. Il en irait autrement, par ailleurs, si (d) était supprimé dans la définition de chemin croissant. La proposition suivante donne quelques précisions à ce sujet. Elle sera démontrée en fin de paragraphe.

<u>Proposition</u>. Soit γ un chemin croissant. Il existe une fonction réelle ϕ définie sur $\mathbb{R}_+$, positive, non décroissante, remplissant la condition

$$\phi(t) = o(t \log t), \text{ pour } t \to \infty,$$

et telle que si $\{X_{\underline{n}}, \underline{n} \in \mathbb{N}^d\}$ est une suite de variables aléatoires indépendantes et réparties comme X, alors

$$E\{\sup_{\underline{n}\in\gamma} \frac{|X_{\underline{n}}|}{|\underline{n}|}\} < \infty \text{ si et seulement si } E\{\phi(|X|)\} < \infty.$$

Pour démontrer le théorème, nous aurons besoin d'un lemme. Pour tout $\ell \in \mathbb{N}$, nous désignerons par π_ℓ le sous-ensemble

$$\{\underline{n} : \sum_{k=1}^{d} n_k = d + \ell - 1\} \text{ de } \mathbb{N}^d.$$

<u>Lemme</u>. Soit $\ell \geqslant 2$ et soit $\{F_{\underline{n}}\ ,\ \underline{n} \in \pi_\ell\}$ une famille d'événements deux à deux disjoints, telle que $F_{\underline{n}} \in \mathcal{F}_{\underline{n}}$ pour tout $\underline{n} \in \pi_\ell$. Il existe alors une famille $\{H_{\underline{n}}\ ,\ \underline{n} \in \pi_\ell\}$ d'événements deux à deux disjoints, telle que $H_{\underline{n}} \in \bigvee_{\underline{i} \in \pi_{\ell-1}} \mathcal{F}_{\underline{i}}$ et que $F_{\underline{n}} \subset H_{\underline{n}}$ p.s., pour tout $\underline{n} \in \pi_\ell$.

<u>Démonstration</u>. Désignons la tribu $\bigvee_{\underline{i} \in \pi_{\ell-1}} \mathcal{F}_{\underline{i}}$ par $\mathcal{H}$ et posons $H_{\underline{n}} = \{P\{F_{\underline{n}} | \mathcal{H}\} > 0\}$ pour tout $\underline{n} \in \pi_\ell$. Soient $\underline{m}$ et $\underline{m}'$ deux points quelconques de π_ℓ. En raison du fait que $\mathcal{F}_{\underline{m}}$ et $\mathcal{F}_{\underline{m}'}$ sont conditionnellement indépendantes relativement à $\mathcal{H}$, nous avons

$$P\{F_{\underline{m}} \cap F_{\underline{m}'} | \mathcal{H}\} = P\{F_{\underline{m}} | \mathcal{H}\}\ P\{F_{\underline{m}'} | \mathcal{H}\} \text{ p.s.}$$

Mais le premier membre est nul p.s., donc

$$\{P\{F_{\underline{m}} | \mathcal{H}\} > 0\} \cap \{P\{F_{\underline{m}'} | \mathcal{H}\} > 0\} = \emptyset \quad \text{p.s.,}$$

ce qui prouve que les événements $H_{\underline{n}}$ sont p.s. deux à deux disjoints. D'autre part, si $\underline{m} \in \pi_\ell$,

$$P(F_{\underline{m}}) = \int_\Omega P\{F_{\underline{m}} | \mathcal{H}\}\, dP = \int_{H_{\underline{m}}} P\{F_{\underline{m}} | \mathcal{H}\}\, dP = P(F_{\underline{m}} \cap H_{\underline{m}}),$$

ce qui prouve que $F_{\underline{m}} \subset H_{\underline{m}}$ p.s. Il ne reste alors plus qu'à rendre les événements $H_{\underline{n}}$ deux à deux disjoints en les modifiant convenablement sur un ensemble négligeable.

<u>Démonstration de l'équivalence des conditions (5.1) et (5.3)</u>. Supposons que (5.1), dans sa variante entre parenthèses, soit remplie. Soit $\tilde{\nu}$ un temps d'arrêt fini relatif à la suite $\{\tilde{X}_n\ ,\ n \in \mathbb{N}\}$, où $\tilde{X}_n = X_{(n\,,\,1\,,\,\ldots\,,\,1)}$. Alors $\underline{\nu} = (\tilde{\nu}\,,\,1\,,\,\ldots\,,\,1)$ est un point d'arrêt fini et

$$E\{\frac{|X_{\underline{\nu}}|}{|\underline{\nu}|}\} = E\{\frac{|X_{\tilde{\nu}}|}{\tilde{\nu}}\}.$$

La première espérance étant finie par hypothèse, la deuxième l'est aussi, et le résultat de Davis, McCabe et Shepp cité au §4 nous permet de conclure que (5.3) a lieu.

Inversement, supposons que (5.3) soit satisfaite. Pour tout point d'arrêt $\underline{\nu}$ nous avons

$$E\{\frac{|X_{\underline{\nu}}|}{|\underline{\nu}|}\} \leq 1 + \sum_j P\{\frac{|X_{\underline{\nu}}|}{|\underline{\nu}|} \geq j\} =$$

$$= 1 + \sum_j \sum_\ell \sum_{\underline{n}\in\pi_\ell} P\{|X_{\underline{n}}| \geq j|\underline{n}| \ ; \ \underline{\nu} = \underline{n}\}$$

$$\leq 1 + \sum_j \sum_\ell \sum_{\underline{n}\in\pi_\ell} P\{|X_{\underline{n}}| \geq j\ell \ ; \ \underline{\nu} = \underline{n}\} ,$$

le dernier passage ayant utilisé l'inégalité élémentaire $|\underline{n}| \geq \sum_{k=1}^{d} n_k - d + 1$. Pour $\ell \geq 2$, nous appliquons maintenant le lemme aux événements $F_{\underline{n}} = \{\underline{\nu} = \underline{n}\}$ et concluons qu'il existe une famille $\{H_{\underline{n}}, \underline{n} \in \pi_\ell\}$ d'événements deux à deux disjoints, telle que $H_{\underline{n}}$ est indépendant de $\{|X_{\underline{n}}| \geq j\ell\}$ et que $\{\underline{\nu} = \underline{n}\} \subset H_{\underline{n}}$ p.s., pour tout $\underline{n} \in \pi_\ell$. En posant $H_{\underline{1}} = \Omega$, nous voyons donc que le dernier membre des inégalités qui précèdent est majoré par

$$1 + \sum_j \sum_\ell \sum_{\underline{n}\in\pi_\ell} P\{|X| \geq j\ell\} \, P(H_{\underline{n}})$$

$$\leq 1 + \sum_j \sum_\ell P\{|X| \geq j\ell\} ,$$

ce qui prouve que la condition (5.1) est remplie, puisque la dernière série double converge si $E\{|X| \log^+ |X|\} < \infty$.

Démonstration de l'équivalence des conditions (5.2) et (5.3). Supposons que (5.3) ait lieu et considérons un chemin aléatoire croissant $\Gamma = \{\underline{\nu}(j)\ , j \in \mathbb{N}\}$. Nous avons déjà remarqué que $\underline{\nu}(j;\omega) \in \pi_j$, donc, en vertu de l'inégalité élémentaire utilisée dans la démonstration précédente, $|\underline{\nu}(j;\omega)| \geq j$. Par conséquent, nous avons

$$E\{\sup_{\underline{n}\in\Gamma} \frac{|X_{\underline{n}}|}{|\underline{n}|}\} = E\{\sup_j \frac{|X_{\underline{\nu}(j)}|}{|\underline{\nu}(j)|}\} \leq E\{\sup_j \frac{|X_{\underline{\nu}(j)}|}{j}\},$$

et nous voyons ainsi que (5.2) découle du résultat de Burkholder cité au §4, si nous montrons que $\{X_{\underline{\nu}(j)}\ , j \in \mathbb{N}\}$ est une suite de variables aléatoires indépendantes et réparties comme X. Puisque $\underline{\nu}(1) = \underline{1}$, $X_{\underline{\nu}(1)}$ est répartie comme X. D'autre part, si $\ell \geq 2$, nous avons $\sigma(X_{\underline{\nu}(1)}, \ldots, X_{\underline{\nu}(\ell-1)}) \subset \mathcal{H} = \bigvee_{\underline{i}\in\pi_{\ell-1}} \mathcal{F}_{\underline{i}}$ et il nous suffit donc de prouver que

$$P(\{X_{\underline{\nu}(\ell)} \in B\} \cap H) = P\{X \in B\}P(H),$$

pour tout $H \in \mathcal{H}$ et tout borélien B de $\mathbb{R}$. En vertu du lemme, appliqué aux événements $F_{\underline{n}} = \{\underline{\nu}(\ell) = \underline{n}\}$ avec $\underline{n} \in \pi_\ell$, il existe une famille $\{H_{\underline{n}}\ ,\ \underline{n} \in \pi_\ell\}$ d'événements deux à deux disjoints, telle que $H_{\underline{n}} \in \mathcal{H}$ et que $\{\underline{\nu}(\ell) = \underline{n}\} \subset H_{\underline{n}}$ p.s., pour tout $\underline{n} \in \pi_\ell$. Mais $\bigcup_{\underline{n}\in\pi_\ell} \{\underline{\nu}(\ell) = \underline{n}\} = \Omega$, donc en fait $\{\underline{\nu}(\ell) = \underline{n}\} = H_{\underline{n}}$ p.s., pour tout $\underline{n} \in \pi_\ell$. Par conséquent,

$$P(\{X_{\underline{\nu}(\ell)} \in B\} \cap H) = \sum_{\underline{n}\in\pi_\ell} P(\{X_{\underline{n}} \in B\} \cap \{\underline{\nu}(\ell) = \underline{n}\} \cap H)$$

$$= \sum_{\underline{n}\in\pi_\ell} P(\{X_{\underline{n}} \in B\} \cap H_{\underline{n}} \cap H) = P\{X \in B\} \sum_{\underline{n}\in\pi_\ell} P(H_{\underline{n}} \cap H)$$

$$= P\{X \in B\}P(H),$$

ce qu'il faillait démontrer.

Supposons, inversement, que la condition (5.2) soit remplie. Pour conclure que (5.3) l'est également, il nous suffit de démontrer, en vertu du résultat de Davis, McCabe et Shepp déjà utilisé, que pour tout temps d'arrêt fini $\tilde{\nu}$ relatif à la suite $\{\tilde{X}_n , n \in \mathbb{N}\}$ définie par $\tilde{X}_n = X_{(n, 1, \ldots, 1)}$, nous avons

$$E\{\frac{|\tilde{X}_{\tilde{\nu}}|}{\tilde{\nu}}\} < \infty .$$

A cet effet, considérons un tel temps d'arrêt $\tilde{\nu}$ et posons, pour tout $\omega \in \Omega$,

$$\underline{\nu}(j;\omega) = \begin{cases} (j, 1, \ldots, 1) & \text{si } j \leq \tilde{\nu}(\omega), \\ (\tilde{\nu}(\omega)+\ell, \ell+1, \ldots, \ell+1) & \text{si } j = \tilde{\nu}(\omega)+\ell d, \ell \in \mathbb{N}, \\ (\tilde{\nu}(\omega)+\ell, \ell+2, \ldots, \underset{(k+1)^e \text{ coordonnée}}{\ell+2}, \ell+1, \ldots, \ell+1) & \text{si } j = \tilde{\nu}(\omega)+\ell d+k, \\ & \ell \in \mathbb{N}, 1 \leq k \leq d-1. \end{cases}$$

Alors $\Gamma = \{\underline{\nu}(j), j \in \mathbb{N}\}$ est un chemin aléatoire croissant, car $\{\underline{n} \in \Gamma\}$ est vide si $\underline{n}$ n'est pas de l'une des formes $(n, 1, \ldots, 1)$, $(n, \ell+1, \ldots, \ell+1)$ ou $(n, \ell+2, \ldots, \ell+2, \ell+1, \ldots, \ell+1)$, et $\{\underline{n} \in \Gamma\}$ est égal à $\{n \leq \tilde{\nu}\}$, $\{n = \tilde{\nu}+\ell\} \cup \{n = \tilde{\nu}+\ell+1\}$ ou $\{n = \tilde{\nu}+\ell\}$, suivant que $\underline{n}$ est de la première, deuxième ou troisième forme indiquée, ce qui prouve que $\{\underline{n} \in \Gamma\} \in \mathcal{F}_{\underline{n}}$. En outre, $(\tilde{\nu}(\omega), 1, \ldots, 1) \in \Gamma(\omega)$ pour tout $\omega \in \Omega$, donc

$$E\{\frac{|X_{\tilde{\nu}}|}{\tilde{\nu}}\} \leq E\{\sup_{\underline{n}\in\Gamma} \frac{|X_{\underline{n}}|}{|\underline{n}|}\} .$$

Mais la deuxième espérance est finie par hypothèse, donc la première aussi, et la démonstration est ainsi achevée.

Passons maintenant à la démonstration de la proposition. Nous aurons besoin des lemmes suivants.

Lemme. Si $\gamma = \{\underline{n}(j)\ ,\ j \in \mathbb{N}\}$ est un chemin croissant, la suite $\{h(j)\ ,\ j \in \mathbb{N}\}$ définie par

$$h(j) = \frac{|\underline{n}(j)|}{j}$$

est non décroissante et tend vers l'infini.

Démonstration. En raison de la définition de chemin croissant, pour tout $j \in \mathbb{N}$, il existe $k_j \in \{1\ ,\ \ldots,\ d\}$ tel que

$$|\underline{n}(j+1)| = (n_{k_j}(j) + 1) \prod_{k \neq k_j} n_k(j) = (1 + \frac{1}{n_{k_j}(j)})|\underline{n}(j)|.$$

Il s'ensuit que

$$h(j+1) - h(j) = \left(\frac{j}{j+1}\ (1 + \frac{1}{n_{k_j}(j)}) - 1\right)h(j)$$

$$= \left(\frac{j - n_{k_j}(j)}{(j+1)n_{k_j}(j)}\right)h(j)\ ,$$

donc que la suite des $h(j)$ est non décroissante, puisque $n_{k_j}(j) \leqslant j$. Montrons que $h(j)$ tend vers l'infini. Si $n_d(j)/j$ tend vers 1, il n'y a rien à démontrer. Dans le cas contraire, il existe $\varepsilon > 0$ et une sous-suite j_k tels que $n_d(j_k)/j_k \leqslant 1 - \varepsilon$ pour tout $k \in \mathbb{N}$. Or, $n_1(j_k) + \ldots + n_{d-1}(j_k) = d + j_k - 1 - n_d(j_k)$, donc en divisant par j_k, nous voyons que, pour tout $k \in \mathbb{N}$,

$$\frac{n_1(j_k) + \ldots + n_{d-1}(j_k)}{j_k} \geqslant \varepsilon\ .$$

Par conséquent, pour k suffisamment grand nous avons

$$\frac{n_1(j_k)\cdot\ldots\cdot n_{d-1}(j_k)n_d(j_k)}{j_k}$$

$$\geq \frac{(n_1(j_k)+\ldots+n_{d-1}(j_k))}{j_k}\, n_d(j_k) \geq \varepsilon\, n_d(j_k)\ ,$$

qui tend vers l'infini avec k.

Lemme. Soit $\{h(j)\ ,\ j \in \mathbb{N}\}$ la suite définie dans le lemme précédent et soit ϕ la fonction définie sur $\mathbb{R}_+$ par

$$\phi(t) = \begin{cases} \text{Card}\{(\ell, j) \in \mathbb{N}^2 :\ \ell j h(j) < t\} & \text{si } t > 1\ , \\ 1 & \text{si } t \leq 1\ . \end{cases}$$

Pour toute variable aléatoire réelle X, les deux conditions suivantes sont alors équivalentes :

(a) $E\{\phi(|X|)\} < \infty$;

(b) $\sum_\ell \sum_j P\{|X| > \ell j h(j)\} < \infty$.

Démonstration. Elle sera faite par une méthode déjà employée par Smythe dans [7]. Pour tout $k \in \mathbb{N}$, posons $p(k) = \text{Card}\ \{(\ell, j) \in \mathbb{N}^2 :$ $\ell j\, h(j) = k\}$. Alors

$$\phi(t) = I_{\{t \leq 1\}} + \sum_k p(k) I_{\{k < t\}}$$

et, par conséquent,

$$\begin{aligned} E\{\phi(|X|)\} &= P\{|X| \leq 1\} + \sum_k p(k) P\{|X| > k\} \\ &= P\{|X| \leq 1\} + \sum_k \sum_{(\ell,j):\, \ell j h(j)=k} P\{|X| > \ell j h(j)\} \\ &= P\{|X| \leq 1\} + \sum_\ell \sum_j P\{|X| > \ell j h(j)\}\ , \end{aligned}$$

ce qui démontre le lemme.

Lemme. Soit la fonction ϕ définie comme dans le lemme précédent et soit $k \in \mathbb{N}$. Pour t suffisamment grand

$$\phi(t) \leqslant k(k+1)(2\phi(\tfrac{t}{k}) + 1).$$

Démonstration. Tout au long de la démonstration, nous supposerons que $t > 1$. Par définition de ϕ, nous avons

$$(5.4)\quad \phi(t) = \sum_{j<t} \left[\frac{t}{jh(j)}\right] \qquad ([a] = \text{partie entière de } a)$$

et donc

$$(5.5)\quad \phi(\tfrac{t}{k}) \geqslant \frac{1}{k} \sum_{j<\frac{t}{k}} \frac{t}{jh(j)} - \frac{t}{k} .$$

Par conséquent,

$$(5.6)\quad \phi(t) \leqslant k\phi(\tfrac{t}{k}) + t + \sum_{\frac{t}{k}\leqslant j<t} \left[\frac{t}{jh(j)}\right] .$$

D'autre part, si t est suffisamment grand pour que $k(\frac{t}{k} - 1) \geqslant t - \frac{t}{k}$, nous avons

$$\sum_{\frac{t}{k}\leqslant j<t} \left[\frac{t}{jh(j)}\right] \leqslant (t - \tfrac{t}{k})\left[\frac{t}{[\frac{t}{k}]h([\frac{t}{k}])}\right] \leqslant k[\tfrac{t}{k}] \left[\frac{t}{[\frac{t}{k}]h([\frac{t}{k}])}\right] .$$

Mais par définition de $\phi(t)$, le dernier membre est majoré par $k\phi(t)$, donc, compte tenu de (5.4) et (5.5), par

$$k \sum_{j<\frac{t}{k}} \frac{t}{jh(j)} \leqslant k^2\phi(\tfrac{t}{k}) + kt.$$

En substituant dans (5.6), nous obtenons l'inégalité, valable pour t suffisamment grand,

$$\phi(t) \leqslant (1 + k)(k\phi(\tfrac{t}{k}) + t) ,$$

et, pour conclure, il suffit d'observer que $\phi(\frac{t}{k}) \geqslant \frac{t}{k} - 1$.

Démonstration de la proposition. Soit $\gamma = \{\underline{n}(j),\ j \in \mathbb{N}\}$ un chemin croissant et soit $\{h(j),\ j \in \mathbb{N}\}$ la suite définie dans le premier lemme. Nous savons que

$$E\{\sup_{\underline{n}\in\gamma} \frac{|X_{\underline{n}}|}{|\underline{n}|}\} = E\{\sup_{j} \frac{|X_{\underline{n}(j)}|}{jh(j)}\} < \infty$$

si et seulement si

$$\sum_{\ell} P\{\sup_{j} \frac{|X_{\underline{n}(j)}|}{jh(j)} > \ell\} < \infty \quad .$$

Par ailleurs, pour tout $\ell \in \mathbb{N}$, nous avons

$$P\{\sup_{j} \frac{|X_{\underline{n}(j)}|}{jh(j)} > \ell\} = P\{|X_{\underline{n}(1)}| > \ell\} +$$

$$+ \sum_{j\geq 2} P\{\frac{|X_{\underline{n}(1)}|}{1h(1)} \leq \ell, \ldots, \frac{|X_{\underline{n}(j-1)}|}{(j-1)h(j-1)} \leq \ell, \frac{|X_{\underline{n}(j)}|}{jh(j)} > \ell\} =$$

$$= P\{|X_{\underline{n}(1)}| > \ell\} + \sum_{j\geq 2} \prod_{k=1}^{j-1} P\{|X| \leq \ell kh(k)\} P\{|X| > \ell jh(j)\}$$

Pour minorer le produit contenu dans le dernier membre, nous supposerons que $P\{|X| \leq 1\} > 0$. Cette restriction sera levée en fin de démonstration. Les termes du produit en question sont alors tous positifs et, si $E\{|X|\} < \infty$, sa limite est positive, puisque dans ce cas $\sum_{k} P\{|X| > \ell kh(k)\} \leq E\{|X|\} < \infty$. Il est clair, en outre, que la limite décroît avec ℓ et qu'elle est donc minorée par la limite c correspondante à $\ell = 1$. Ainsi nous avons

$$c \sum_{\ell} \sum_{j} P\{|X| > \ell jh(j)\} \leq E\{\sup_{\underline{n}\in\gamma} \frac{|X_{\underline{n}}|}{|\underline{n}|}\} \leq 1 + \sum_{\ell} \sum_{j} P\{|X| > \ell jh(j)\},$$

où c peut être posé égal à 1 dans le cas où $E\{|X|\} = \infty$. Définissons

ϕ comme dans le deuxième lemme. D'après ce lemme, la double série
est finie si et seulement si $E\{\phi(|X|)\}$ est fini, donc il nous reste à
démontrer que ϕ est $o(t \log t)$, quand $t \to \infty$. Pour tout $t \in [1, \infty)$,
nous avons

$$\phi(t) \leqslant \sum_{j=1}^{[t]} \frac{t}{j h(j)} \leqslant 1 + t \int_1^t \frac{du}{u \tilde{h}(u)} \, ,$$

où $\tilde{h}$ est la fonction définie sur $[1, \infty)$, continue et linéaire par
morceaux, telle que $\tilde{h}(j) = h(j)$ pour tout $j \in \mathbb{N}$. Si
$\int_1^\infty (1/u\tilde{h}(u)) \, du < \infty$, le dernier membre est manifestement $o(t \log t)$,
quand $t \to \infty$. D'autre part, si cette intégrale n'est pas finie, la
règle de l'Hospital s'applique et donne

$$\lim_{t \to \infty} \frac{1}{\log t} \int_1^t \frac{du}{u \tilde{h}(u)} = \lim_{t \to \infty} \frac{1}{\tilde{h}(t)} \, .$$

Mais d'après le premier lemme, $\tilde{h}(t)$ tend vers l'infini, donc la limite
est nulle et la propriété est démontrée. Pour compléter la démonstra-
tion, il nous reste à lever la restriction. Si $P\{|X| < 1\} = 0$, nous
considérons un $k \in \mathbb{N}$ tel que $P\{\frac{|X|}{k} < 1\} > 0$. En raison de ce qui a été déjà
établi, si $E\{\sup_{\underline{n} \in \gamma} \frac{|x_{\underline{n}}|}{|\underline{n}|}\} < \infty$, alors $E\{\phi(\frac{|X|}{k})\} < \infty$. Mais
$3 k (k + 1) \phi(\frac{t}{k}) \geqslant \phi(t)$ pour t suffisamment grand, d'après le troisième
lemme, donc $E\{\phi(|X|)\} < \infty$.

Bibliographie:

[1] Burkholder, D.L., Successive conditional expectations of an integrable function. Ann. Math. Statist. 33, 887-893 (1962).

[2] Cairoli, R. et Walsh, J.B., Régions d'arrêt, localisations et prolongements de martingales. Z. Wahrscheinlichkeitstheorie verw. Gebiete 44, 279-306 (1978).

[3] Davis, B., Stopping rules for $\frac{S_n}{n}$ and the class L log L. Z. Wahrscheinlichkeitstheorie verw. Gebiete 17, 147-150 (1971).

[4] Gabriel, J.P., Martingales with a countable filtering index set. Ann. Probability 5, 888-898 (1977).

[5] McCabe, B.J. et Shepp, L.A., On the supremum of $\frac{S_n}{n}$. Ann. Math. Statist. 41, 2166-2168 (1970).

[6] Smythe, R.T., Strong laws of large numbers for r-dimensional arrays of random variables. Ann. Probability 1, 164-170 (1973).

[7] Smythe, R.T., Sums of independent random variables on partially ordered sets. Ann. Probability 2, 906-917 (1974).

[8] Walsh, J.B. Martingales with a multidimensional parameter and stochastic integrals in the plane. Cours 3e cycle Univ. Paris VI.

Département de mathématiques
Ecole polytechnique fédérale
Avenue de Cour 61
1007 Lausanne (Suisse)

Université de Strasbourg
Séminaire de Probabilités 1977/78

UNE REMARQUE SUR LE CALCUL STOCHASTIQUE DEPENDANT D'UN PARAMETRE

par P.A. Meyer

Considérons un espace probabilisé $(\Omega,\underline{\underline{F}},P)$ muni d'une filtration $(\underline{\underline{F}}_t)$ satisfaisant aux conditions habituelles, et un espace mesurable $(U,\underline{\underline{U}})$. Ce que nous appellerons processus, dans cette note, est ce que l'on appelle d'habitude un processus dépendant du paramètre u , c'est à dire une fonction réelle $(u,t,\omega)\longmapsto X(u,t,\omega)$ sur $U\times\mathbb{R}_+\times\Omega$, et nous ne considérerons en fait que des processus mesurables (par rapport à $\underline{\underline{U}}\times\underline{\underline{B}}(\mathbb{R}_+)\times\underline{\underline{F}}$), en omettant le mot " mesurable ". Un processus est dit prévisible (optionnel) s'il est mesurable par rapport à la tribu $\underline{\underline{U}}\times\underline{\underline{P}}$ ($\underline{\underline{U}}\times\underline{\underline{O}}$) sur $U\times(\mathbb{R}_+\times\Omega)$. Le processus X est dit évanescent (ou totalement évanescent s'il est nécessaire de préciser) si pour presque tout $\omega\in\Omega$ la fonction $X(.,.,\omega)$ est identiquement nulle sur $U\times\mathbb{R}_+$.

Dans un travail récent, qui reprend un article antérieur de C.Doléans-Dade, Stricker et Yor développent un calcul stochastique dépendant d'un paramètre, qui repose sur des théorèmes du type suivant : soit Y un processus dépendant mesurablement de u (i.e. un processus au sens indiqué plus haut) et supposons que Y soit positif ou borné. Il existe alors un processus prévisible X dépendant mesurablement de u (i.e. un processus prévisible dans notre terminologie) tel que pour tout $u\in U$ $X(u,.,.)$ soit projection prévisible de $Y(u,.,.)$. Si X et X' sont deux processus possédant cette propriété, le processus N=X-X' n'est pas nécessairement évanescent : on peut seulement affirmer que $N(u,.,.)$ est évanescent pour tout u fixé, ce qui est beaucoup plus faible.

Or supposons que Ω soit un bon espace : par exemple, que $\underline{\underline{F}}$ soit la P-complétée d'une tribu lusinienne. Alors d'après un théorème de L. Schwartz, approfondi depuis par F. Knight, il existe pour chaque t un noyau markovien π_t de $(\Omega,\underline{\underline{F}}_t)$ dans $(\Omega,\underline{\underline{F}})$, tel que pour tout processus mesurable borné $Y(t,\omega)$ le processus

$$X(t,\omega) = \int\pi_t(\omega,dw)Y(t,w)$$

soit mesurable en (t,ω), et soit une projection prévisible de Y. Dans ces conditions, il existera aussi un noyau Π donnant une projection prévisible des processus Y dépendant de u : ce sera

$$X(u,t,\omega)= \Pi Y(u,t,\omega) = \int\pi_t(\omega,dw)Y(u,t,w)$$

Or ici l'indétermination a été réduite : si nous modifions Y sur un ensemble évanescent, nous ne modifions X que sur un ensemble évanescent, et non sur un ensemble à coupes évanescentes en (t,ω) pour u fixé. Il est naturel de se demander si cette construction a un sens intrinsèque, ou s'il s'agit d'un hasard. En utilisant une idée de J. Jacod, nous montrons que dès que l'espace des paramètres $(U,\underline{\underline{U}})$ - et non plus l'espace $(\Omega,\underline{\underline{F}})$! - est raisonnable, il existe bien des projections prévisibles ou optionnelles définies de manière naturelle à un ensemble totalement évanescent près.

Nous étudierons le cas prévisible : le cas optionnel (ou même accessible) se traite de manière identique.

MESURES ALEATOIRES

Nous appelons <u>mesure aléatoire intégrable</u>, ou mesure aléatoire, ou même simplement mesure lorsqu'il n'y a pas d'ambiguité, un noyau μ de $(\Omega,\underline{\underline{F}})$ dans $(U\times\mathbb{R}_+,\underline{\underline{U}}\times\underline{\underline{B}}(\mathbb{R}_+))$, positif, tel que $\mu(\omega,.)$ soit bornée pour tout ω et que $E[\mu(1)]<\infty$. La mesure aléatoire sera dite <u>prévisible</u> si, pour tout $H\in\underline{\underline{U}}$, le processus croissant au sens usuel

(1) $\quad B_t^H(\omega) = \mu(\omega,H\times[0,t])$

est prévisible. Deux mesures aléatoires μ et μ' sont <u>indistinguables</u> si pour presque tout ω on a $\mu(\omega,.)=\mu'(\omega,.)$ sur $U\times\mathbb{R}_+$.

PROPOSITION 1 (Jacod). <u>Supposons que</u> $(U,\underline{\underline{U}})$ <u>soit radonien. Pour toute mesure</u> λ <u>il existe une mesure prévisible</u> μ <u>telle que l'on ait</u>

(2) $\quad E[\lambda(X)]=E[\mu(X)]$ <u>pour tout processus prévisible borné</u> X ,

<u>et toute mesure prévisible possédant cette propriété est indistinguable de</u> μ. (On appellera μ la <u>projection prévisible</u> de λ, notée λ^p).

DEMONSTRATION. Supposons d'abord que $(U,\underline{\underline{U}})$ soit $[0,1]$ muni de sa tribu borélienne. Pour tout u, soit $A_{ut}(\omega)=\lambda(\omega,[0,u]\times[0,t])$, processus croissant en t, dont nous désignons par $(B^1_{ut})_t$ une projection duale prévisible. Si $u<v$, le processus $(A_{vt}-A_{ut})_t$ est croissant, donc il en est de même pour $(B^1_{vt}-B^1_{ut})_t$. De plus, on a $E[B^1_{v\infty}-B^1_{u\infty}]=E[A_{v\infty}-A_{u\infty}]$, qui tend vers 0 lorsque $v\downarrow u$. Soit L l'ensemble des ω tels que, pour t rationnel (y compris pour $t=+\infty$), la fonction $u\mapsto B^1_{ut}(\omega)$ sur les rationnels de $[0,1]$ soit croissante et continue à droite, finie pour $u=1$. Puis nous posons

$$\text{si } \omega\notin L\ ,\ B_{ut}(\omega)=0 \text{ pour tout couple } (u,t)$$

$$\text{si } \omega\in L\ ,\ B_{ut}(\omega) = \lim_{\substack{v \text{ rationnel } \downarrow u \\ r \text{ rationnel } \downarrow t}} B^1_{vr}(\omega)$$

Il est très facile de voir que

- pour chaque u, $(B_{ut})_t$ est projection duale prévisible de $(A_{ut})_t$
- si $u<v$, le processus $(B_{vt}-B_{ut})_t$ est croissant, et $B_{v\infty}-B_{u\infty} \to 0$

lorsque $v\downarrow u$.

Pour chaque ω, $\mu(\omega, du,dt)$ est alors la mesure $dB_{ut}(\omega)$.

Vérifions que μ est prévisible. Lorsque $H=[0,u]$, le processus croissant B_t^H de (1) vaut B_{ut}, et il est prévisible par construction. On passe de là au cas général par classes monotones.

Pour établir (2), on raisonne par classes monotones à partir du cas où

$$X(u,t,\omega) = I_{[0,v]}(u)Z(t,\omega)$$

$Z(t,\omega)$ étant prévisible borné.

Enfin, si μ et μ' sont deux mesures prévisibles telles que $E[\mu(X)]= E[\mu'(X)]$ pour tout X prévisible, introduisons les processus croissants

$$B_{vt}(\omega) - \mu(\omega,[0,v]\times[0,t]) \ , \ B'_{vt}(\omega) = \mu(\omega,[0,v]\times[0,t])$$

prévisibles par hypothèse. Prenant des X de la forme ci-dessus, on voit que $B_{v.}$ et $B'_{v.}$ sont indistinguables pour v fixé, donc $B_{vt}(\omega)=B'_{vt}(\omega)$ p.s. pour v et t rationnels, et $\mu(\omega,.)=\mu'(\omega,.)$ p.s..

Si l'espace mesurable $(U,\underline{\underline{U}})$ est radonien, nous pouvons considérer U comme une partie universellement mesurable de $[0,1]$, munie de la tribu induite par $\underline{\underline{B}}([0,1])$; alors λ peut être considérée comme mesure aléatoire à valeurs dans $[0,1]\times\mathbb{R}_+$, et la construction précédente fournit une mesure aléatoire μ à valeurs dans le même espace. Le problème consiste à montrer que μ est en fait portée p.s. par $U\times\mathbb{R}_+$. Or soit θ la mesure sur $[0,1]$ $H\mapsto E[\mu(H\times\mathbb{R}_+)]=E[\lambda(H\times\mathbb{R}_+)]$; tout borélien disjoint de U étant θ-négligeable, U^c est intérieurement θ-négligeable, donc θ--négligeable, et il existe un borélien $V\subset U$ portant θ . On vérifie alors immédiatement que V porte $\mu(\omega,.)$ pour presque tout ω .

Dans l'énoncé suivant, nous désignons par π la projection de $U\times\mathbb{R}_+\times\Omega$ sur Ω .

PROPOSITION 2. <u>Supposons que</u> $(U,\underline{\underline{U}})$ <u>soit soulinien</u>.

a) <u>Soit</u> L <u>un ensemble prévisible. Il existe une mesure aléatoire prévisible</u> μ <u>portée par</u> L, <u>telle que</u>

$$E[\mu(H)] \leq P(\pi(H)) \quad \text{pour tout ensemble prévisible } H$$
$$E[\mu(L)] = P(\pi(L))$$

b) <u>Soit</u> X <u>un processus prévisible borné. Si l'on a</u> $E[\mu(X)]\geq 0$ <u>pour toute mesure prévisible</u> μ, <u>l'ensemble</u> $\{X<0\}$ <u>est évanescent</u>.

DEMONSTRATION. a) $U\times\mathbb{R}_+$ est isomorphe à une partie analytique de $\mathbb{R}_+$. D'après le théorème de section classique, il existe une application $\underline{\underline{F}}$-mesurable ℓ de Ω dans $U\times\mathbb{R}_+$, telle que $(\ell(\omega),\omega)\in L$ pour presque tout $\omega\in\pi(L)$. Soit alors λ la mesure aléatoire $\varepsilon_{\ell(\omega)}(du,dt)I_L(u,t,\omega)$, et soit μ sa projection prévisible construite dans la proposition 1 ; il est immédiat que μ satisfait à a).

b) On vérifie très facilement que, si μ est une mesure prévisible, et f est un processus prévisible positif borné, la mesure $f\mu$ est prévisible (raisonner par classes monotones à partir de générateurs de la tribu prévisible). Si nous avons $E[\mu(X)]\geqq 0$ pour toute mesure prévisible μ, nous avons donc aussi $E[\mu(fX)]\geqq 0$, f désignant $I_{\{X<0\}}$, donc $\{X<0\}$ est négligeable pour toute mesure prévisible μ, donc évanescent d'après a).

REMARQUE. La partie a) de l'énoncé est une sorte de théorème de section prévisible, assez faible. On peut préciser un peu la forme de μ de la manière suivante : un argument de capacitabilité montre que L contient un ensemble prévisible K, tel que pour tout (u,ω) la coupe $K(u,.,\omega)$ soit compacte, et que $P(\pi(K))\geqq P(\pi(L))-\varepsilon$. Alors le début de $K(u,.,\omega)$ est un temps d'arrêt $T(u,\omega)$, prévisible, et dépendant mesurablement de u[1] et le graphe $G=\{(u,t,\omega) : t=T(u,\omega)\}$ est prévisible. Appliquant le résultat précédent à G au lieu de L, on aboutit à une mesure prévisible μ portée par G telle que $E[\mu(L)]\geqq P(\pi(H))-\varepsilon$. Une telle mesure est entièrement déterminée par son image $M(\omega,du)$ par la projection de $U\times\mathbb{R}_+$ sur $\mathbb{R}_+$, mesure aléatoire à valeurs dans U possédant les propriétés suivantes :

- Pour tout ensemble prévisible H
$$E[\int M(\omega,du)I_H(u,T(u,\omega),\omega)] \leqq P(\pi(H))$$
- Pour tout $J\in\underline{U}$ le processus croissant $\int M(\omega,du)I_{\{t\geqq T(u,\omega)\}} = B_t^J(\omega)$ est prévisible.

Nous résolvons maintenant le problème de construction de projections à un ensemble évanescent près, posé au début de cette note :

PROPOSITION 3. <u>Soit</u> Y <u>un processus borné</u>. <u>Il existe un processus prévisible borné</u> X <u>tel que</u>

(3) $$E[\mu(Y)]=E[\mu(X)] \text{ pour toute mesure prévisible } \mu$$

<u>et</u> X <u>est unique à un processus évanescent près</u> (on l'appellera la <u>projection prévisible</u> de Y, notée $X={}^pY$).

DEMONSTRATION. On commence par le cas où Y est de la forme
$$Y(u,t,\omega)=h(u)y(t,\omega)$$
où $h=I_H$ $(H\in\underline{U})$ et $y(t,\omega)$ est un processus mesurable borné ordinaire. Soit $x(t,\omega)$ la projection prévisible usuelle de $y(t,\omega)$. Alors
$$X(u,t,\omega) = h(u)x(t,\omega)$$
répond à la question. Soit en effet μ une mesure prévisible, et soit $B_t^H(\omega)=\mu(\omega,H\times[0,t])$; on a
$$E[\mu(Y)] = E[\int y(t,\omega)dB_t^H(\omega)] \text{ , } E[\mu(X)]=E[\int x(t,\omega)dB_t^H(\omega)]$$
et le processus croissant B^H est prévisible par hypothèse. L'unicité découle de la proposition 2, et le passage au cas général se fait par

1. Voir l'article de Dellacherie, Séminaire IX, p. 344-349. Toutefois, il y aurait beaucoup de détails à vérifier, et la remarque est à considérer un peu comme de la science-fiction.

classes monotones, toujours grâce à la proposition 2.

UNE INEGALITE MAXIMALE

Rappelons d'abord une inégalité classique de théorie générale des processus (sans paramètre) : si (A_t) est un processus croissant intégrable brut, (B_t) sa projection duale optionnelle ou prévisible, on a

(4) $$E[B^p_\infty] \leq p^p E[A^p_\infty] \quad (1 \leq p < \infty)$$

Rappelons aussi que si A_∞ est borné par 1, on a $E[B^p_\infty] \leq p!$ pour p entier.

Ces résultats se transposent aussitôt à la situation avec paramètre :

PROPOSITION 4. Soit λ une mesure, et soit μ sa projection optionnelle ou prévisible. Alors on a

(5) $$E[(\mu(1))^p] \leq p^p E[(\lambda(1))^p]$$

(et si $\lambda(1) \leq 1$, $E[(\mu(1))^p] \leq p!$ pour p entier).

DEMONSTRATION. Le processus croissant $B_t = \mu(U \times [0,t])$ est projection duale optionnelle (prévisible) de $A_t = \lambda(U \times [0,t])$; on applique alors (4).

Cela va nous permettre d'étendre l'inégalité de Doob aux projections de processus. Si X est un processus (dépendant de u), défini à un processus évanescent près, et si U est souslinien, la fonction sur Ω

(6) $$X^*(\omega) = \sup_{u,t} |X(u,t,\omega)|$$

est une v.a., définie à une v.a. négligeable près. Cela donne un sens à l'énoncé suivant :

PROPOSITION 5. Soit X un processus, et soit Y sa projection optionnelle ou prévisible. Alors on a pour $1 < p < \infty$

(7) $$\|Y^*\|_p \leq q \|X^*\|_p$$ où q est l'exposant conjugué de p.

DEMONSTRATION. Soit ξ la v.a. X^* ; nous désignerons aussi par ξ le processus $\xi(u,t,\omega) = \xi(\omega)$, et par η sa projection prévisible. L'inégalité $|X| \leq \xi$ entraîne $|Y| \leq \eta$ à un ensemble évanescent près, et il suffit donc de montrer que $\|\eta^*\|_p \leq q\|\xi\|_p$. Or le théorème de section usuel montre que $\|\eta^*\|_p = \sup_\lambda E[\lambda(\eta)]$, λ parcourant l'ensemble des mesures positives telles que $\|\lambda(1)\|_q \leq 1$. Comme η est prévisible, on peut remplacer λ par $\mu = \lambda^p$, puis (μ étant prévisible), η par ξ . D'autre part, $\mu(\xi) = \xi\mu(1)$, puisque ξ dépend seulement de ω. Finalement

$$\|\eta^*\|_p = \sup_\lambda E[\xi.\mu(1)] \leq \|\xi\|_p \sup_\lambda \|\mu(1)\|_q \leq q\|\xi\|_p \quad \text{(d'après (5))}$$

qui équivaut à (7).

BIBLIOGRAPHIE

J. Jacod. Multivariate point processes : predictable projection, Radon-Nikodym derivatives, representation of martingales . ZfW 31, 1975, p.235.

Université de Strasbourg
Séminaire de Probabilités 1977/78

UN PETIT THEOREME DE PROJECTION POUR PROCESSUS A DEUX INDICES

par Catherine Doléans-Dade et P.A. Meyer

Cet exposé (qui pose plus de problèmes qu'il n'en résout) a été présenté au séminaire de Strasbourg, et discuté avec R. Cairoli à Lausanne. Pour la rédaction définitive, nous avons utilisé aussi un travail non publié de E. Merzbach et M. Zakai. Nous remercions tous ceux qui ont contribué à améliorer ce travail.

L'exposé se rattache, d'une part à l'exposé antérieur (une remarque sur le calcul stochastique dépendant d'un paramètre), et d'autre part aux exposés généraux de ce volume sur la théorie des processus à deux indices. Nous avons cependant cherché à rédiger de telle sorte, que l'exposé puisse être lu de manière à peu près indépendante.

Nos notations sont celles de Cairoli et Walsh, à quelques détails près. Sur un espace probabilisé $(\Omega,\underline{\underline{F}},P)$ complet, on se donne deux filtrations $(\underline{\underline{F}}_s^1)_s$, $(\underline{\underline{F}}_t^2)_t$ satisfaisant aux conditions habituelles (nous conviendrons que pour $s<0$, $t<0$, $\underline{\underline{F}}_s^1 = \underline{\underline{F}}_t^2$ est la tribu triviale). Nous posons $\underline{\underline{F}}_{st} = \underline{\underline{F}}_s^1 \cap \underline{\underline{F}}_t^2$. Il est aussi commode de convenir que $\underline{\underline{F}}_\infty^1 = \underline{\underline{F}}_\infty^2 = \underline{\underline{F}}$, de sorte que $\underline{\underline{F}}_{s\infty} = \underline{\underline{F}}_s^1$, $\underline{\underline{F}}_{\infty t} = \underline{\underline{F}}_t^2$.

Nous faisons l'hypothèse fondamentale de commutation de Cairoli-Walsh

<u>Les opérateurs</u> $E_s^1 = E[\,.\,|\underline{\underline{F}}_s^1]$ <u>et</u> $E_t^2 = E[\,.\,|\underline{\underline{F}}_t^2]$ <u>commutent</u>

L'opérateur $E_s^1 E_t^2$ est alors l'opérateur d'espérance conditionnelle $E[\,.\,|\underline{\underline{F}}_{st}]$. Si l'on introduit les opérateurs $E_{u-}^1 = E[\,.\,|\underline{\underline{F}}_{u-}^1]$, $E_{v-}^2 = E[\,.\,|\underline{\underline{F}}_{v-}^2]$, tous les opérateurs E_s^1, E_t^2, E_{u-}^1, E_{v-}^2 commutent, et $E_{u-}^1 E_t^2$, par exemple, est égal à $E[\,.\,|\underline{\underline{F}}_{u-}^1 \cap \underline{\underline{F}}_t^2]$. Cette tribu, que nous noterons $\underline{\underline{F}}_{\underline{u}t}$ pour des raisons typographiques évidentes, est aussi égale à $\bigvee_{s<u} \underline{\underline{F}}_{st}$. On définit de même $\underline{\underline{F}}_{s\underline{v}}$, $\underline{\underline{F}}_{\underline{u}\,\underline{v}}$.

Les éléments de $\mathbb{R}^2$ sont désignés par des lettres <u>grasses</u> , la notation canonique étant $\mathbf{z}=(s,t)$, utilisée sans autre commentaire. On pose $\mathbf{0}=(0,0)$, $\boldsymbol{\infty} = (\infty,\infty)$. Un processus $(X_\mathbf{z})$ sur $\mathbb{R}_+^2$ est identifié à un processus sur $\mathbb{R}^2$, nul hors du premier quadrant. Un processus $(X_\mathbf{z})$ à deux paramètres est dit <u>évanescent</u> si pour presque tout ω on a identiquement $X_.(\omega)=0$.

La notion de <u>processus adapté</u> se comprend d'elle même. La tribu <u>prévisible</u> sur $\mathbb{R}^2\times\Omega$ est engendrée par les processus de la forme

(1) $$X_\mathbf{z}(\omega) = I_{]\mathbf{a},\boldsymbol{\infty}[}(\mathbf{z})I_H(\omega) \quad \text{avec } \mathbf{a}\in\mathbb{R}^2,\ H\in\underline{\underline{F}}_\mathbf{a}$$

et par les ensembles évanescents. Les processus adaptés continus à gauche sont prévisibles[1].

Désignons par $\mathcal{P}^2$ la tribu prévisible sur $\mathbb{R}_+\times\Omega$ (ou $\mathbb{R}\times\Omega$) associée à la filtration $(\underline{\underline{F}}_t^2)$. Nous appelons tribu 2-prévisible sur $\mathbb{R}^2\times\Omega$ la tribu engendrée par les ensembles évanescents, et par les processus $(X_{\mathbf{z}})$ tels que $(s,(t,\omega)) \mapsto X_{st}(\omega)$ soit $\underline{\underline{B}}(\mathbb{R})\times\mathcal{P}^2$-mesurable. On définirait de même les tribus 2-optionnelle, 1-prévisible, 1-optionnelle. Un processus qui est à la fois 1-prévisible et 2-prévisible est dit biprévisible (on définit de même les processus bioptionnels[1], mais nous ne nous en servirons guère).

Comme d'habitude, une mesure aléatoire est un noyau positif $\mu(\omega,d\mathbf{z})$ de Ω dans $\mathbb{R}^2$. Nous ne considérerons ici que des mesures aléatoires portées par $\mathbb{R}_+^2$, et intégrables, i.e. telles que $E[\mu(1)]<\infty$. Ce mot sera omis désormais. Le processus croissant associé à μ est donné par

$$A_{\mathbf{z}}(\omega) = \mu(\omega, [0,\mathbf{z}]) \text{ si } \mathbf{z}\in\mathbb{R}_+^2 \quad ; \text{ sinon, } A_{\mathbf{z}}(\omega) = 0 .$$

Il n'est peut être pas inutile de rappeler que le sens du mot croissant est plus fort que le sens usuel de croissance au sens de l'ordre sur $\mathbb{R}^2$. La mesure aléatoire μ est dite adaptée si le processus $(A_{\mathbf{z}})$ est adapté. On dit que $H\subset\mathbb{R}^2\times\Omega$ est μ-négligeable si $E[\mu(H)]=0$.

DEFINITION. La mesure aléatoire μ est dite prévisible si
$\forall s$, le processus $(A_{st})_t$ est prévisible par rapport à $(\underline{\underline{F}}_{\infty t})_t$,
$\forall t$, le processus $(A_{st})_s$ est prévisible par rapport à $(\underline{\underline{F}}_{s\infty})_s$.

Comme A est continu à droite, cela revient à dire que le processus croissant A associé à μ est biprévisible. Noter que A_{st} est mesurable par rapport à $\underline{\underline{F}}_{\infty t}$ et $\underline{\underline{F}}_{s\infty}$, donc par rapport à $\underline{\underline{F}}_{st}$. Nous verrons plus loin que A est en fait prévisible, mais ce n'est pas un résultat évident, et il ne vaut que sous l'hypothèse de commutation.

EXEMPLE 1. Soit $\sigma\in\mathbb{R}_+$, et soit T un temps d'arrêt prévisible de la famille $(\underline{\underline{F}}_{\sigma t})_t$. Alors $\mu=\varepsilon_{(\sigma,T)}$ est une mesure aléatoire prévisible. En effet, $A_{st}=I_{\{s\geq\sigma,\, t\geq T\}}$; pour s fixé, on a $A_{st}=0$ si $s<\sigma$, $A_{st}=I_{\{t\geq T\}}$ si $s\geq\sigma$, et dans les deux cas $(A_{st})_t$ est prévisible par rapport à $(\underline{\underline{F}}_{\infty t})_t$. Pour t fixé on a $A_{st}(\omega) = I_{[\sigma,\infty[}(s)I_H(\omega)$ avec $H=\{t\geq T\}\in\underline{\underline{F}}_{\sigma\infty}$, qui est de même prévisible par rapport à $(\underline{\underline{F}}_{s\infty})_s$.

Voici quelques propriétés élémentaires des mesures prévisibles.

1) Le processus $(A_{st})_t$ est en fait prévisible par rapport à $(\underline{\underline{F}}_{st})_t$, et on a bien sûr la même propriété vis à vis de l'autre indice. En effet, soit Y une v.a. $\underline{\underline{F}}_{s\infty}$-mesurable bornée, et soit (Y_t) une version càdlàg. de la martingale $E[Y|\underline{\underline{F}}_{st}]$; il s'agit de vérifier que

1. Nous ne définirons pas la tribu optionnelle.

$$E[YA_{s\infty}] = E[\int_{[0,\infty[} Y_{t-}dA_{st}]$$

Mais d'autre part on a $Y=E^1_{\underline{s}}[Y]$, donc $Y_t=E_{\underline{st}}Y = E^2_t E^1_{\underline{s}}Y = E^2_t Y$, et cette relation se déduit alors du fait que $(A_{st})_t$ est prévisible par rapport à $(\underline{\underline{F}}_{\infty t})_t$.

2) Si μ est une mesure aléatoire prévisible, et si X est un processus prévisible borné, la mesure aléatoire $X.\mu$ est prévisible.

En effet, on se ramène par classes monotones à traiter le cas des processus prévisibles de la forme (1), pour lesquels le résultat est évident.

Nous arrivons maintenant à une propriété importante, pour laquelle nous devons introduire les opérateurs de projection 1-prévisible et 2--prévisible Π^1 et Π^2, définis dans l'exposé précédent. Comme nous ne voulons pas imposer la lecture de cet exposé, nous nous placerons sous des hypothèses un peu plus restrictives, où tout peut se faire de manière élémentaire. Supposons que $(\Omega,\underline{\underline{F}},P)$ soit un bon espace (par exemple, que $\underline{\underline{F}}$ soit la P-complétée d'une tribu lusinienne). Il existe alors une famille (p^1_s) de noyaux de $(\Omega,\underline{\underline{F}})$ dans $(\Omega,\underline{\underline{F}})$ telle que, pour tout processus (X_s) - à un seul paramètre - mesurable et borné, le processus

$$(s,\omega) \mapsto \int p^1_s(\omega,dw)X_s(w)$$

soit une version de la projection prévisible de X par rapport à $(\underline{\underline{F}}^1_s)_s$. Nous pouvons aussi supposer que l'application $(s,\omega)\mapsto p^1_s(\omega,.)$ est mesurable (sans adjonction des ensembles évanescents en (s,ω)). Pour tout processus mesurable borné $(X_{\mathbf{z}})$ à deux indices, désignons alors par Π^1X le processus mesurable borné à deux indices

$$(s,t,\omega)\mapsto \int p^1_s(\omega,dw)X_{st}(w) \ .$$

On définit de même le noyau Π^2. On a alors

PROPOSITION 1. Pour que la mesure aléatoire μ soit prévisible, il faut et il suffit que l'on ait pour tout processus mesurable borné X

$$(2) \qquad E[\mu(X)] = E[\mu(\Pi^1X)] = E[\mu(\Pi^2X)] \ .$$

DEMONSTRATION. Il suffit de traiter le cas où X est de la forme $X_{\mathbf{z}}(\omega) = I_{]\zeta,\infty[}(\mathbf{z})Y(\omega)$, où Y est bornée, et $\zeta=(\sigma,\tau)\in\mathbb{R}^2$. Le processus Π^1X est alors indistinguable de

$$X'_{\mathbf{z}}(\omega) = I_{]\zeta,\infty[}(\mathbf{z})Y_{s-}(\omega)$$

où (Y_s) est une version càdlàg. de la martingale $E[Y|\underline{\underline{F}}^1_s]$. Dans ces conditions, on peut écrire sans hypothèse sur μ

$$E[\mu(X)] = E[\int_{[0,\infty[} YdB_s] \quad \text{où} \quad B_s=(A_{s\infty}-A_{s\tau})I_{\{s\geq\sigma\}}$$

et de même $E[\mu(X')] = E[\int_{[0,\infty[} Y_{s-} dB_s]$.

Si μ est prévisible, on voit que (B_s) est prévisible par rapport à $(\underline{\underline{F}}_{s\infty})_s$, donc $E[\mu(X)]=E[\mu(X')]$. Inversement, si $E[\mu(X)]=E[\mu(X')]$ quels que soient Y et ζ, le processus $(A_{s\infty}-A_{s\tau})$ est compatible avec la projection prévisible par rapport à $(\underline{\underline{F}}_{s\infty})_s$, donc prévisible. Prenant $\tau<0$, on voit que $(A_{s\infty})_s$ est prévisible. De même pour l'autre indice.

Sous une forme un peu différente, la proposition suivante (qui est la clef de cette note, malgré sa simplicité) a été aussi remarquée par Merzbach et Zakai, à qui nous empruntons l'important corollaire.

PROPOSITION 2. <u>Soit</u> X <u>un processus mesurable borné</u>. <u>Alors le processus</u> $\Pi^2\Pi^1X$ <u>est</u> (<u>indistinguable de</u>) <u>prévisible</u>.

DEMONSTRATION. Nous commençons par le cas où X est de la forme

$$X_{st}(\omega) = X_s(\omega) = I_{]\sigma,\infty[}(s)Y(\omega) \quad (\sigma\in\mathbb{R},\ Y\ \underline{\underline{F}}_\sigma\text{-mesurable bornée})$$

Désignons alors par $Y_t(\omega)$ une version càdlàg. de la martingale $E[Y|\underline{\underline{F}}_{s\infty}]$. Le processus Π^2X est égal (à un processus évanescent près) à

$$X'_{st}(\omega) = I_{]\sigma,\infty[}(s)Y_{t-}(\omega)$$

Ce processus est adapté et continu à gauche, donc prévisible. Utilisant un raisonnement de classes monotones, nous en déduisons

> Si $X_{st}(\omega)=X_s(\omega)$, où (X_s) est prévisible par rapport à $(\underline{\underline{F}}_{s\infty})_s$ et borné, alors Π^2X est prévisible.

Ce résultat s'étend alors aussitôt à $X_{st}(\omega)=I_{]\tau,\infty[}(t)\xi_s(\omega)$, où (ξ_s) est prévisible par rapport à $(\underline{\underline{F}}_{s\infty})_s$. Un nouveau raisonnement de classes monotones étend cela à tous les processus mesurables par rapport à $\underline{\underline{B}}(\mathbb{R})\times\mathcal{P}^1$, c'est à dire tous les processus 1-prévisibles. Il ne reste plus qu'à noter que, si X est mesurable borné, Π^1X est 1-prévisible.

COROLLAIRE. <u>Tout processus biprévisible</u> X <u>est</u> (<u>indistinguable de</u>) <u>prévisible</u>.

En effet, X est indistinguable de Π^2X, puis de $\Pi^1\Pi^2X$.

Il faut ici faire une remarque : nous avons établi ce corollaire sous l'hypothèse de commutation. Mais sa validité (contrairement à celle de l'hypothèse de commutation) n'est pas altérée si l'on remplace la loi P par une loi équivalente.

REMARQUE. Il est instructif de regarder ce qui se produit dans le cas <u>optionnel</u>. Partons d'un processus élémentaire de la forme

$$X_{st}(\omega) = X_s(\omega) = I_{[\![S,\infty [\![}(s,\omega)$$

où S est un temps d'arrêt de la famille $(\underline{\underline{F}}_{s\infty})_s$. Désignons par (σ_t^2) la famille des noyaux donnant sur $\mathbb{R}\times\Omega$ la projection optionnelle par rapport à la famille $(\underline{\underline{F}}_{\infty t})_t$. La projection 2-optionnelle de X est alors

$$X'_{st}(\omega) = \int \theta_t^2(\omega,dw)X_s(w)$$

Pour t fixé, ce processus est croissant et continu à droite en s (sans ensemble exceptionnel). Pour s fixé, c'est une martingale en t , indistinguable d'un processus continu à droite. Mais par ailleurs, ce processus ne jouit d'aucune propriété évidente qui montrerait qu'il est càdlàg., ou même simplement 1-optionnel. Voir toutefois la dernière page.

Voici le résultat principal de cette note. Pour l'énoncer, il nous faut une définition :

DEFINITION. <u>Un sous-ensemble de $\mathbb{R}_+^2\times\Omega$ est dit</u> prévisiblement évanescent <u>s'il est prévisible, et négligeable pour toute mesure aléatoire prévisible.</u>

L'exemple de mesure prévisible que l'on a donné plus haut montre que, si H est prévisiblement évanescent, pour tout σ fixé, l'ensemble aléatoire $H(\sigma,.,.)$, prévisible par rapport à $(\underline{\underline{F}}_{\sigma t})_t$, est évanescent. Autrement dit, un ensemble prévisiblement évanescent est <u>séparément évanescent</u>.

PROPOSITION 3. <u>Soit</u> $(Y_z)_{z\in\mathbb{R}_+^2}$ <u>un processus mesurable borné. Il existe un processus prévisible borné</u> $(X_z)_{z\in\mathbb{R}_+^2}$, <u>unique à un processus prévisiblement évanescent près, tel que l'on ait</u>

$$E[\mu(Y)] = E[\mu(X)]$$

<u>pour toute mesure aléatoire prévisible</u> μ.

DEMONSTRATION. L'existence est immédiate : il suffit de prendre $X=\Pi^2\Pi^1Y$, et d'appliquer les propositions 1 et 2.

Reste à établir l'unicité. Soient X et X' deux processus prévisibles bornés tels que $E[\mu(X)] = E[\mu(X')]$ pour toute mesure prévisible μ, et soit f l'indicatrice de l'ensemble prévisible $\{X<X'\}$; la mesure $f.\mu$ étant prévisible, on a aussi $E[f\mu(X)]=E[f\mu(X')]$, ou encore $E[\mu(fX)]=E[\mu(fX')]$, donc $\{X<X'\}$ est μ-négligeable. De même pour $\{X>X'\}$, et finalement $\{X\neq X'\}$ est prévisiblement évanescent.

Nous dirons que X est «la» projection prévisible de Y, et nous écrirons $X={}^pY$.

Le raisonnement de la proposition 3 donne aussi le résultat suivant : si X et X' sont prévisibles bornés, et si $E[\mu(X)]\leqq E[\mu(X')]$ pour toute mesure prévisible μ, alors on a $X\leqq X'$ hors d'un ensemble prévisiblement évanescent. On en déduit aussitôt les propriétés suivantes :

- Si Y et Y' sont mesurables bornés, et $Y\leqq Y'$, alors ${}^pY\leqq {}^pY'$ à un ensemble prévisiblement évanescent près.

- Si des Y^n positifs uniformément bornés tendent en croissant vers Y, alors $^p(Y^n)$ tend en croissant vers ^pY hors d'un ensemble prévisiblement évanescent.

Nous examinons maintenant les projections de mesures. Pour cela, nous devons étendre un peu la terminologie de la théorie générale des processus au cas bidimensionnel. Nous appellerons P-mesure une mesure bornée ≥ 0 sur $\mathbb{R}^2_+\times\Omega$ (ou sur $\mathbb{R}^2\times\Omega$ portée par $\mathbb{R}^2_+\times\Omega$) qui ne charge pas les ensembles évanescents. Comme pour les processus à un paramètre, il y a correspondance biunivoque entre P-mesures et mesures aléatoires, toute P-mesure Λ étant de la forme

$$\Lambda(X) = E[\mu(X)]$$

pour X mesurable borné, où μ est une mesure aléatoire. Nous dirons que Λ et μ sont associées, et nous noterons en général $\overline{\mu}$ la P-mesure associée à une mesure aléatoire μ.

PROPOSITION 4. Soit λ une mesure aléatoire. Pour qu'il existe une mesure aléatoire prévisible μ telle que $\overline{\mu}=\overline{\lambda}$ sur la tribu prévisible, il faut et il suffit que λ néglige les ensembles prévisiblement évanescents.

DEMONSTRATION. La condition est évidemment nécessaire. Inversement, si λ néglige les ensembles prévisiblement évanescents, l'application $Y \mapsto E[\lambda(^pY)]$ est bien définie, et on voit sans peine que c'est la P-mesure $\overline{\mu}$ cherchée.

Si la condition de la proposition 2 est satisfaite, nous dirons que la mesure aléatoire λ admet la projection prévisible $\mu=\lambda^p$ (ou que la P-mesure $\overline{\lambda}$ admet la projection prévisible $\overline{\mu}$).

COROLLAIRE. Pour que toute P-mesure admette une projection prévisible, il faut et il suffit que les ensembles prévisiblement évanescents soient évanescents.

DEMONSTRATION. La condition est évidemment suffisante. Inversement, supposons que toute P-mesure admette une projection prévisible, et soit H un ensemble prévisiblement évanescent. Alors H est négligeable pour toute P-mesure, et cela entraîne que H est évanescent (d'après le théorème de section ordinaire, sans adaptation : noter que $\mathbb{R}^2_+$ et $\mathbb{R}_+$ sont isomorphes en tant qu'espaces mesurables).

COROLLAIRE. Pour que les ensembles prévisiblement évanescents soient évanescents, il faut et il suffit que l'on ait $\Pi^1\Pi^2Y=\Pi^2\Pi^1Y$ aux ensembles évanescents près, pour tout processus mesurable borné Y.

DEMONSTRATION. Si Y est un processus mesurable borné, $\Pi^1\Pi^2 Y$ et $\Pi^2\Pi^1 Y$ sont deux versions de ${}^p Y$, et ne diffèrent donc que sur un ensemble prévisiblement évanescent ; si les ensembles prévisiblement évanescents sont évanescents, on a donc $\Pi^1\Pi^2 Y=\Pi^2\Pi^1 Y$ aux ensembles évanescents près. Inversement, si cette propriété est satisfaite, soit λ une mesure aléatoire ; on définit une mesure aléatoire μ en posant $\overline{\mu}(Y)=E[\lambda(\Pi^1\Pi^2 Y)]=E[\lambda(\Pi^2\Pi^1 Y)]$; $\overline{\mu}$ coincide avec $\overline{\lambda}$ sur la tribu prévisible, et $\overline{\mu}$ est prévisible, donc λ admet une projection prévisible, et on conclut par le corollaire précédent.

REMARQUE. Plus précisément, une mesure qui ne charge pas les ensembles de la forme $\{\Pi^1\Pi^2 Y\neq\Pi^2\Pi^1 Y\}$ admet une projection prévisible, donc ne charge pas les ensembles prévisiblement évanescents. Supposons que la tribu $\underline{\underline{F}}$ soit séparable aux ensembles de mesure nulle près, et soit (Y^n) une suite de v.a. bornées engendrant $\underline{\underline{F}}$ par classes monotones, aux ensembles de mesure nulle près. Identifions chaque v.a. Y^n à un processus dépendant seulement de ω, non de s et t. Il est facile de voir, par classes monotones, que tout ensemble $\{\Pi^1_1\Pi^2 Y\neq\Pi^2\Pi^1 Y\}$ est contenu dans $H=\bigcup_n \{\Pi^1\Pi^2 Y^n\neq\Pi^2\Pi^1 Y^n\}$ aux ensembles évanescents près. On peut montrer aussi que H est (aux ensembles évanescents près) le plus grand ensemble prévisiblement évanescent non évanescent.

PROJECTIONS DUALES

On aborde les problèmes de cet exposé de manière plus concrète en étudiant, non pas les projections de processus, mais les projections duales de processus croissants.

Soit α une mesure aléatoire, et soit $(A_{\mathbf{z}})$ le processus croissant associé à α. Pour tout s, le processus $(A_{st})_t$ est un processus croissant intégrable, qui admet une projection duale prévisible par rapport à la famille $(\underline{\underline{F}}_{\infty t})_t$. Notons la provisoirement $(B^1_{st})_t$. Si l'on a s<s', la différence $(A_{s't}-A_{st})_t$ est un processus croissant ; par projection duale sur la filtration $(\underline{\underline{F}}_{\infty t})_t$, nous voyons que $(B^1_{s't}-B^1_{st})_t$ est encore un processus croissant.

Soit **D** l'ensemble des $\mathbf{z}\in\mathbb{R}^2$ à coordonnées rationnelles. Soit H l'ensemble des ω de Ω possédant la propriété suivante :

<u>Pour tout couple</u> $(\mathbf{u},\mathbf{v})$ <u>d'éléments de</u> **D** <u>tel que</u> $\mathbf{u}<\mathbf{v}$, <u>on a</u> $\Delta_{\mathbf{uv}} B^1 \geqq 0$,

H est un ensemble de mesure pleine, d'après ce qui précède. Remplaçant B^1 par O si $\omega\in H^c$, nous pouvons supposer que la propriété ci-dessus a lieu partout. Nous posons alors pour tout $\mathbf{u}\in\mathbb{R}^2$

$$B_{\mathbf{u}} = \lim_{\mathbf{v}\in\mathbf{D},\mathbf{v}\to\mathbf{u}\ ,\mathbf{v}>\mathbf{u}} B^1_{\mathbf{v}}$$

et nous obtenons un vrai processus croissant à deux indices. On vérifie aussitôt que pour s fixé, les processus $(B_{st})_t$ et $(B^1_{st})_t$ sont indistinguables, donc

pour s fixé, $(B_{st})_t$ est prévisible par rapport à la famille $(\underline{\underline{F}}_{\infty t})_t$

Du point de vue des P-mesures, ce qu'on a construit est clair : soient α et β les mesures aléatoires associées à A et B, $\overline{\alpha}$ et $\overline{\beta}$ les P-mesures correspondantes. Alors $\overline{\beta} = \overline{\alpha}\Pi^2$: pour vérifier que $\overline{\beta}(X)=\overline{\alpha}(\Pi^2 X)$ pour tout processus mesurable borné X, il suffit en effet de traiter le cas où $X(s,t,\omega)= I_{]-\infty,r]}(s)x(t,\omega)$, de sorte que $Y=\Pi^2 X$ est indistinguable de $I_{]-\infty,r]}(s)y(t,\omega)$, y désignant la projection prévisible de $x(t,\omega)$ sur $(\underline{\underline{F}}_{\infty t})_t$, et sous cette forme on exprime que $(B_{rt})_t$ est projection duale prévisible de $(A_{rt})_t$.

On notera que tout ceci s'étend très facilement au cas optionnel.

Une dernière remarque avant de revenir à notre problème : supposons que A soit 1-adapté , autrement dit que A_{st} soit $\underline{\underline{F}}_{s\infty}$-mesurable pour tout s. Alors le processus $(B_{st})_t$ est adapté à la famille $(\underline{\underline{F}}_{st})_t$, et même prévisible par rapport à cette famille. En effet, soit Y une v.a. bornée, soit $Y'=E[Y|\underline{\underline{F}}_{s\infty}]$, et soit $Y'_t = E[Y'|\underline{\underline{F}}_{\infty t}]=E[Y|\underline{\underline{F}}_{st}]$ (version càdlàg.). On a pour tout u

$$E[\int^u Y dA_{st}] = E[\int^u Y' dA_{st}] = E[\int^u Y'_{t-} dB_{st}]$$

et ceci exprime que(B_{st}) est la projection duale prévisible de (A_{st}) par rapport à $(\underline{\underline{F}}_{st})_t$. Même remarque avec la famille $(\underline{\underline{F}}_{st})$.

Poursuivons maintenant l'opération un cran de plus : construisons un processus croissant (C_{st}), de mesure associée γ ,tel que pour tout t $(C_{st})_s$ soit projection duale prévisible de $(B_{st})_s$ sur $(\underline{\underline{F}}_{s\infty})_s$. Il résulte des remarques qui précèdent que $\overline{\gamma} = \overline{\beta}\Pi^1 = \overline{\alpha}\Pi^2\Pi^1$. D'autre part, $(C_{st})_s$ est projection duale prévisible de $(B_{st})_s$ sur $(\underline{\underline{F}}_{st})_s$, donc C_{st} est prévisible en s, et un peu mieux qu'adapté en t (pour parler de manière imprécise, car cela n'a pas beaucoup d'importance). Et nous voyons maintenant que

dire que α ne charge pas les ensembles prévisiblement évanescents, ou dire que α admet une projection prévisible, revient à dire que le processus croissant (C_{st}) est prévisible.

Plus précisément : $(C_{st})_s$ est $(\underline{\underline{F}}_{s\infty})_s$-prévisible par construction, mais la prévisibilité de $(B_{st})_t$ par rapport à $(\underline{\underline{F}}_{\infty t})_t$ a pu se perdre par 1-projection duale.

Nous allons maintenant donner un critère naturel pour l'absence de toute pathologie :

PROPOSITION 5. <u>Si les martingales bornées admettent des versions pourvues de limites à gauche</u>, <u>toute P-mesure admet une projection prévisible</u>, <u>et les ensembles prévisiblement évanescents sont évanescents</u>.

DEMONSTRATION. Nous allons faire un calcul, avec les notations B,C ci-dessus, et de plus les notations suivantes : $\sigma=(u_i)$, $\tau=(v_j)$ seront des partitions dyadiques de $\mathbb{R}$, la première suivant l'axe des s, la seconde suivant l'axe des t. La notation $\lim_\sigma$, par exemple, désignera la limite d'une fonction de σ, lorsque σ parcourt la suite des subdivisions dyadiques.

Soit Y une v.a. bornée . Nous avons[1]

$$(1^1)\qquad E[YC_{\infty\infty}] = E[\int Y dC_{s\infty}] = E[\int Y_{\underline{s}\infty}\, dC_{s\infty}] = E[\int Y_{\underline{s}\infty}\, dB_{s\infty}]$$

Nous désignons ici par $(Y_{s\infty})$ une version càdlàg. de la martingale $E[Y|\underline{\underline{F}}_{s\infty}]$, et nous utilisons le fait que $(C_{s\infty})_s$ est projection duale prévisible de $(B_{s\infty})_s$ par rapport à $(\underline{\underline{F}}_{s\infty})_s$. Poursuivons les égalités (1) : on a $Y_{\underline{s}\infty} = \lim_\sigma \Sigma_i Y_{u_i\infty} I_{\{u_i<s\leq u_{i+1}\}}$, donc

$$(1^2)\qquad \ldots = \lim_\sigma E[\Sigma_i Y_{u_i\infty}(B_{u_{i+1}\infty}-B_{u_i\infty})]$$
$$= \lim_\sigma E[\Sigma_i \int Y_{u_i\underline{t}}\, d(B_{u_{i+1}t}-B_{u_i t})]$$

où $(Y_{u_i t})$ désigne une version càdlàg. de la martingale $E[Y_{u_i\infty}|\underline{\underline{F}}_{\infty t}]$, $(Y_{u_i\underline{t}})$ est le processus de ses limites à gauche, et nous utilisons le fait que $(B_{st})_t$ est, pour tout s, prévisible par rapport à $(\underline{\underline{F}}_{\infty t})_t$.
On a $Y_{u_i\underline{t}} = \lim_\tau \Sigma_j Y_{u_i v_j} I_{\{v_j<t\leq v_{j+1}\}}$, donc

$$(1^3)\qquad \ldots = \lim_\sigma \lim_\tau E[\Sigma_{ij} Y_{u_i v_j}(B_{u_{i+1}v_{j+1}}-B_{u_{i+1}v_j}-B_{u_i v_{j+1}}+B_{u_i v_j})]$$

Posons $\mathbf{w}_{ij}=(u_i,v_j)$, $\bar{\mathbf{w}}_{ij}=(u_{i+1},v_{j+1})$, et introduisons le processus

$$U^{\sigma\tau}_{\mathbf{z}} = \Sigma_{ij} Y_{\mathbf{w}_{ij}} I_{\{\mathbf{w}_{ij}<\mathbf{z}\leq\bar{\mathbf{w}}_{ij}\}}$$

évidemment prévisible. Alors la récapitulation des égalités (1) est

$$(1^4)\qquad E[YC_{\infty\infty}] = \lim_\sigma \lim_\tau E[\int\int U^{\sigma\tau}_{st}\, dB_{st}] = \lim_\sigma \lim_\tau E[\int\int U^{\sigma\tau}_{st}\, dC_{st}]$$

la dernière relation, parce que U est un processus 1-prévisible. De la même manière, nous avons

$$(2)\qquad E[\int Y_{\infty\underline{t}}\, dC_{\infty t}] = \lim_\tau \lim_\sigma E[\int\int U^{\sigma\tau}_{st}\, dC_{st}]$$

1. Les formules ne suivent pas le numérotage général de l'exposé.

Soulignons que nous n'avons utilisé encore aucune version de la martingale $E[Y|\underline{\underline{F}}_{st}]$ à deux dimensions : mais si une telle version existe, qui admet des limites à gauche le long des rationnels(même simplement hors d'un ensemble C-négligeable), alors nous avons en désignant ces limites par $Y_{\underline{st}}$

$$\lim_{\sigma\tau} U_{st}^{\sigma\tau} = Y_{\underline{st}} \quad \text{C-p.p.}$$

et par conséquent, par convergence dominée

(3) $$E[YC_{\infty\infty}] = E[\iint Y_{\underline{st}} dC_{st}] = E[\int Y_{\infty \underline{t}} dC_{\infty t}]$$

que veut dire l'égalité extrême ? Que le processus croissant $(C_{\infty t})_t$, qui est, nous le savons, adapté à $(\underline{\underline{F}}_{\infty t})_t$, est prévisible par rapport à cette filtration. Faisant le même raisonnement pour $(C_{st})_t$ au lieu de $(C_{\infty t})_t$ nous obtenons que C est projection duale prévisible de A, et nous pouvons conclure d'après la proposition 2.

Le même raisonnement, avec des hypothèses un peu différentes (C supposé prévisible dès le départ, donc C=B) montre

COROLLAIRE. Si la martingale $Y_{st} = E[Y|\underline{\underline{F}}_{st}]$ admet des limites à gauche le long des rationnels de $\mathbb{R}^2$, notées $Y_{\underline{st}}$ (même seulement hors d'un ensemble prévis. évanescent), le processus $(Y_{\underline{st}})$ est la projection prévisible du processus constant égal à Y.

UNE CONJECTURE

Au cours des discussions que nous avons eues au sujet de cet article, R. Cairoli nous a signalé le résultat suivant (non publié ; la démonstration de Cairoli figure dans un exposé de P.A.Meyer dans ce volume[1]).

PROPOSITION 6. Toute martingale bornée admet des limites à droite et à gauche hors d'un ensemble séparément évanescent.

Il est naturel de conjecturer que l'ensemble où les limites à gauche n'existent pas est en fait prévisiblement évanescent.

UN « PROCÉDÉ ALTERNÉ »

On peut aussi dire quelque chose sur la théorie des processus à deux paramètres, sans la relation de commutation . Désignons par $\mathcal{P}^i$ la tribu i-prévisible sur $\mathbb{R}^2_+\times\Omega$ (i=1,2), et par Π^i l'opérateur de projection correspondant. Soit μ une mesure aléatoire prévisible, à laquelle est associée une P-mesure $\overline{\mu}$:

$$\overline{\mu}(X) = E[\mu(X)] \qquad (\text{ X mesurable borné })$$

Nous avons alors, les espérances conditionnelles étant relatives à $\overline{\mu}$

$$\Pi^i X = E_{\overline{\mu}}[X|\mathcal{P}^i] \qquad (i=1,2) \quad \overline{\mu}\text{-p.s. .}$$

1. Note sur les épreuves : cet exposé paraîtra ultérieurement.

Si nous prenons X borné, et que nous formons les espérances conditionnelles alternées $(\Pi^2\Pi^1)^n X$, nous savons qu'elles convergent $\bar{\mu}$ -p.s. vers une v.a. Y (un processus à deux paramètres) qui est une version de l'espérance conditionnelle $E_{\bar{\mu}}[X|\mathcal{P}^1\cap\mathcal{P}^2]$. Ainsi, si nous posons

$$Y^{21} = \liminf_n (\Pi^2\Pi^1)^n X$$

Y^{21} est $\mathcal{P}^2$-mesurable, et pour toute mesure prévisible μ il est égal $\bar{\mu}$-p.s. à une v.a. $\mathcal{P}^1\cap\mathcal{P}^2$-mesurable. Plus précisément, si l'on définit de même Y^{12}, Y^{12} est $\mathcal{P}^1$-mesurable, et l'ensemble $\{Y^{12}\neq Y^{21}\}$ est négligeable pour toute mesure aléatoire prévisible μ.

Dans la situation de l'exposé, nous avons vu que $\Pi^2\Pi^1 X$ et $\Pi^1\Pi^2 X$ sont des processus prévisibles (à ensemble évanescent près), de sorte que ces procédés alternés sont en fait stationnaires. Une différence importante est l'existence d'un lemme maximal pour les projections dans cette situation, qui disparaît lorsque le procédé alterné exige une infinité de passages (cf. l'exposé précédent, prop. 5).

RETOUR SUR LE << CAS OPTIONNEL >>

Nous revenons à l'hypothèse de commutation, et à la remarque suivant la proposition 2 et son corollaire. Nous reprenons la notation X'_{st} introduite à cet endroit, et montrons que ce processus est <u>progressif</u>. Fixons $\zeta=(\xi,\eta)$, et vérifions que si $h(s,\omega)$ est $\underline{\underline{B}}([0,\xi])\times\underline{\underline{F}}^1_\xi$-mesurable, alors le processus

$$Y_{st}(\omega) = \int \sigma^2_t(\omega,dw)h(s,w) \qquad (s\leqq\xi, t\leqq\eta)$$

est mesurable par rapport à $\underline{\underline{B}}([0,\xi]\times[0,\eta])\times\underline{\underline{F}}_\zeta$. Il suffit de traiter le cas où $h(s,\omega)=a(s)b(\omega)$, b $\underline{\underline{F}}^1_\xi$-mesurable. On a alors $Y_{st}(\omega)=a(s)\int\sigma^2_t(\omega,dw)b(w)$ et le second terme est une version (continue à droite aux ensembles évanescents près) de la martingale $E[b|\underline{\underline{F}}^2_t]$, qui coincide avec $E[b|\underline{\underline{F}}_{\xi t}]$ d'après la relation de commutation, et qui est donc pour $t\leq\eta$ mesurable par rapport à $\underline{\underline{B}}([0,t])\times\underline{\underline{F}}_{\xi\eta}$. D'où aussitôt le résultat annoncé.

Par classes monotones, on en déduit alors que pour tout processus 1-optionnel X (positif ou borné), le processus X'_{st} est progressif. Puis, que pour tout processus <u>mesurable</u> X (positif ou borné), le processus

$$X^{21} = \Omega^2\Omega^1 X$$

(Ω^i est l'opérateur de projection sur la tribu i-optionnelle de $\mathbb{R}^2_+\times\Omega$: $\Omega^2 X$ est la fonction $(s,t,\omega)\mapsto\int\sigma^2_t(\omega,dw)X_{st}(w)$, par exemple)est progressif, et l'on a $E[\mu(X)]=E[\mu(X^{21})]$ pour toute mesure aléatoire adaptée μ. On construit de même X^{12}, et l'on vérifie, comme pour le cas prévisible, que l'ensemble aléatoire progressif $\{X^{12}\neq X^{21}\}$ est négligeable pour toute mesure aléatoire adaptée.

On peut même dire un peu plus : le processus X'_{st} de la remarque est optionnel en t pour s fixé, par rapport à la famille $(\underline{\underline{F}}_{st})_t$, et optionnel en s pour t fixé, par rapport à $(\underline{\underline{F}}_{st})_s$. On en déduit que pour X mesurable (positif ou borné) le processus X^{21} possède les propriétés suivantes :

- pour s fixé, il est projection optionnelle de $(X_{st})_t$ p.r. à $(\underline{\underline{F}}_{st})_t$
- pour t fixé, il est projection optionnelle de $(X_{st})_s$ p.r. à $(\underline{\underline{F}}_{st})_s$

On a la même chose pour X^{12}. Mais alors, l'ensemble $\{X^{12} \neq X^{21}\}$ est séparément évanescent (ce qui n'était pas évident sur les propriétés de la page précédente, la progressivité étant un résultat insuffisamment précis).

Nous pourrions dire que les processus ainsi construits sont <u>séparément optionnels</u> si ce mot ne prêtait pas à confusion : en effet, on a bien une mesurabilité par rapport à la tribu $\underline{\underline{O}}^2$ pour s fixé, mais on n'a pas prouvé de mesurabilité jointe par rapport à $\underline{\underline{B}}(\mathbb{R}_+)\times\underline{\underline{O}}^2$. Ces résultats sont bien minces !

Université de Strasbourg
Séminaire de Probabilités 1977/78

QUASIMARTINGALES ET FORMES LINEAIRES ASSOCIEES

par G. LETTA

Le but de cet exposé est de montrer que la notion de quasimartingale devient plus naturelle, et ses propriétés plus faciles à démontrer, si l'on remplace la définition habituelle (fondée sur la notion de "variation") par une définition plus "fonctionnelle", fondée sur la dualité des espaces de Riesz.

De façon précise, on définit une quasimartingale comme un processus X adapté, tel que X_t soit intégrable pour tout t et que la <u>forme linéaire associée</u> à X, c'est à dire la forme linéaire ℓ définie par

$$\ell(H) = E[\int_0^\infty H_t dX_t]$$

sur l'espace de Riesz $\underline{\underline{H}}$ des processus prévisibles étagés, soit relativement bornée.

On étudie ensuite, dans l'espace de Riesz $\underline{\underline{H}}'$ de toutes les formes linéaires relativement bornées sur $\underline{\underline{H}}$, le sous-espace constitué par les formes linéaires associées aux quasimartingales, et l'on démontre que ce sous-espace est une bande. Ce résultat, qui entraîne comme corollaire immédiat la décomposition de Rao, est à son tour un cas particulier d'un théorème général concernant la dualité des espaces de Riesz.

Enfin, en utilisant les décompositions de Doob-Meyer et de Ito-Watanabe, on caractérise les quasimartingales pour lesquelles la forme linéaire associée est une mesure de Daniell.

1. NOTATIONS ET TERMINOLOGIE. Etant donné un espace de Riesz E, on dit qu'une forme linéaire ℓ sur E est <u>relativement bornée</u> si, pour tout élément positif x de E, ℓ est bornée dans l'ensemble des y tels que $|y| \leq x$. On désigne par E' le <u>dual</u> de E, c'est à dire l'espace des formes linéaires relativement bornées sur E. On rappelle que E' est un espace de Riesz complètement réticulé, dans lequel le cône des éléments positifs est constitué par les formes linéaires positives sur E (cf. [1], chap. II, § 2).

Conformément à la terminologie de [4] (Déf. 17.1), un sous espace vectoriel F de E est appelé

- un <u>sous-espace de Riesz</u> de E s'il est stable pour les opérations $(x,y) \mapsto \sup(x,y)$ et $(x,y) \mapsto \inf(x,y)$ (il suffit pour cela qu'il soit stable pour l'opération $x \mapsto |x|$) ;
- un <u>idéal</u> de E si, pour tout couple (x,y) d'éléments de E, les relations $|y| \leq |x|$, $x \in F$ entraînent $y \in F$;

- une <u>bande</u> dans E si F est un idéal et si tout élément de E qui est la borne supérieure (dans E) d'un ensemble d'éléments (positifs) de F appartient à F.

On dit qu'un espace vectoriel ordonné E est <u>somme directe ordonnée</u> de n sous-espaces vectoriels $E_1,\dots,E_n$ si l'on a $E=E_1+\dots+E_n$ et si, pour tout élément $(x_1,\dots,x_n)$ de $E_1\times\dots\times E_n$, la relation $x_1+\dots+x_n\geq 0$ entraîne $x_i\geq 0$ pour tout i. Les deux propositions suivantes sont immédiates.

(1.1) PROPOSITION. <u>Si l'espace de Riesz</u> E <u>est somme directe ordonnée des n sous-espaces vectoriels</u> $E_1,\dots,E_n$, <u>alors tout idéal</u> F <u>de</u> E <u>est somme directe ordonnée des sous-espaces vectoriels</u> $E_1\cap F,\dots,E_n\cap F$.

(1.2) PROPOSITION. <u>Dans un espace de Riesz</u> E <u>complètement réticulé, soit</u> F <u>un sous-espace vectoriel, somme directe ordonnée des sous-espaces vectoriels</u> $F_1,\dots,F_n$. <u>Si chacun des</u> F_i <u>est une bande dans</u> E, <u>il en est de même de</u> F.

Le langage concernant les processus est celui de [2]. On se donne un espace probabilisé complet $(\Omega,\underline{\underline{F}},P)$, une partie $\mathbb{T}$ non vide de $[0,\infty]$, une famille croissante $(\underline{\underline{F}}_t)_{t\in\mathbb{T}}$ de sous-tribus de $\underline{\underline{F}}$.

On désigne par $\underline{\underline{X}}$ l'espace constitué par les processus réels X définis dans $\mathbb{T}\times\Omega$, adaptés à la filtration $(\underline{\underline{F}}_t)_{t\in\mathbb{T}}$ et tels que X_t soit intégrable pour tout t.

On désigne en outre par $\underline{\underline{H}}$ l'espace de Riesz constitué par les processus réels H, définis dans $]0,\infty]\times\Omega$, qui sont des sommes finies de processus de la forme

$$(1.3)\qquad (t,\omega)\longmapsto V(\omega)I_{]r,s]}(t)$$

où r,s sont des éléments de $\mathbb{T}$ (avec r<s), et où V est une variable aléatoire $\underline{\underline{F}}_r$-mesurable bornée.

Si F est une partie finie de $\mathbb{T}$, et si l'on modifie la définition précédente en imposant aux instants r,s d'appartenir à F, on obtient un sous-espace de Riesz de $\underline{\underline{H}}$, que l'on désignera par $\underline{\underline{H}}_F$. Il est clair que, lorsque F parcourt l'ensemble des parties finies de $\mathbb{T}$, les sous-espaces $\underline{\underline{H}}_F$ forment un recouvrement de $\underline{\underline{H}}$, filtrant pour la relation d'inclusion.

On remarquera enfin que, si H et H' sont deux processus de la classe $\underline{\underline{H}}$, tels que H' soit une modification de H, alors H et H' sont indistinguables.

2. LA NOTION DE QUASIMARTINGALE. Pour tout élément (H,X) de $\underline{\underline{H}}\times\underline{\underline{X}}$, on peut définir l'<u>intégrale stochastique élémentaire</u> $\int_0^\infty H_t dX_t$: dans le cas particulier où H est de la forme (1.3), on pose

$$\int_0^\infty H_t dX_t = V(X_s-X_r)$$

et on étend ensuite cette définition au cas général par linéarité.

Les espaces $\underline{\underline{H}},\underline{\underline{X}}$ sont alors mis en dualité par la forme bilinéaire

$$(H,X) \longmapsto E[\int_0^\infty H_t dX_t]$$

Cette forme prend évidemment la même valeur en deux points (H,X),(H',X') de $\underline{\underline{H}}\times\underline{\underline{X}}$ tels que H' soit une modification de H et que X' soit une modification de X. Par conséquent, pour tout élément X de $\underline{\underline{X}}$, la forme linéaire ℓ définie sur $\underline{\underline{H}}$ par

$$\ell(H) = E[\int_0^\infty H_t dX_t]$$

est nulle sur les éléments évanescents de $\underline{\underline{H}}$. On l'appellera la <u>forme linéaire associée</u> à X.

Il est clair que, pour que X soit une sousmartingale pour la filtration $(\underline{\underline{F}}_t)_{t\in\mathbf{T}}$, il faut et il suffit que la forme linéaire ℓ associée à X soit positive. En particulier, pour que X soit une martingale, il faut et il suffit que ℓ soit nulle.

(2.1) DEFINITION. On appelle <u>quasimartingale</u> (pour la filtration $(\underline{\underline{F}}_t)_{t\in\mathbf{T}}$) tout processus X de la classe $\underline{\underline{X}}$ tel que la forme linéaire associée à X soit relativement bornée.

(2.2) REMARQUES. (a) Si l'on munit $\underline{\underline{H}}$ de la topologie de la convergence uniforme, on voit que toute forme linéaire continue sur $\underline{\underline{H}}$ est relativement bornée. La réciproque est vraie si l'on suppose que l'ensemble $\mathbf{T}$ possède un plus petit et un plus grand élément. Dans ce dernier cas, toute quasimartingale X est bornée dans L^1. En effet, désignons par u le plus grand élément de $\mathbf{T}$. Pour tout élément t de $\mathbf{T}$ et pour toute variable aléatoire V $\underline{\underline{F}}_t$-mesurable telle que $|V|\leq 1$ on a

$$E[VX_t] = E[VX_u] - E[V(X_u-X_t)]$$

L'assertion résulte alors du fait que $E[V(X_u-X_t)]$ est la valeur que prend la forme linéaire associée à X sur le processus $H(s,\omega)=V(\omega)I_{]\!]t,u]\!]}(s,\omega)$.

(b) Soit $(\underline{\underline{E}}_t)_{t\in\mathbf{T}}$ une famille croissante de tribus, telle que l'on ait $\underline{\underline{E}}_t\subset \underline{\underline{F}}_t$ pour tout t, et soit X une quasimartingale pour $(\underline{\underline{F}}_t)$, adaptée à $(\underline{\underline{E}}_t)$. Alors X est aussi une quasimartingale pour $(\underline{\underline{E}}_t)$ (cf. [8], Th.1.2). En effet, lorsqu'on remplace $(\underline{\underline{F}}_t)$ par $(\underline{\underline{E}}_t)$, la forme linéaire associée à X est remplacée par sa restriction à un sous-espace.

(2.3) PROPOSITION. <u>Supposons que l'ensemble</u> $\mathbf{T}$ <u>soit fini</u>. <u>Tout processus de classe</u> $\underline{\underline{X}}$ <u>est alors une quasimartingale</u>. <u>En outre, dans l'espace de Riesz</u> $\underline{\underline{H}}'$ <u>de toutes les formes linéaires relativement bornées sur</u> $\underline{\underline{H}}$, <u>le sous-espace</u> $\underline{\underline{I}}$ <u>constitué par les formes linéaires associées aux quasimartingales est une bande</u>.

DEMONSTRATION. Supposons que l'ensemble $\mathbf{T}$ soit constitué par les éléments $t_o,\ldots,t_n$, avec $t_o<\ldots<t_n$. L'espace $\underline{\underline{H}}$ est alors somme directe ordonnée

des sous-espaces $\underline{\underline{H}}_{\{t_{i-1},t_i\}}$ $(1\leq i\leq n)$. Par conséquent, si dans l'espace dual $\underline{\underline{H}}'$ on désigne par $\underline{\underline{L}}_i$ la bande constituée par les formes linéaires relativement bornées sur $\underline{\underline{H}}$ qui s'annulent sur chaque espace $\underline{\underline{H}}_{\{t_{j-1},t_j\}}$ avec $j\neq i$, on voit que $\underline{\underline{H}}'$ est somme directe ordonnée de $\underline{\underline{L}}_1,\dots,\underline{\underline{L}}_n$. Considérons dans $\underline{\underline{L}}_i$ la bande $\underline{\underline{I}}_i$ constituée par les formes linéaires du type

$$(2.4) \qquad \ell_i(H) = E[H_{t_i} Y_i] ,$$

avec Y_i variable aléatoire intégrable et $\underline{\underline{F}}_{t_{i-1}}$-mesurable.

Soit ℓ la forme linéaire associée à un processus X quelconque de la classe $\underline{\underline{X}}$. On a alors, pour tout élément H de $\underline{\underline{H}}$

$$\ell(H) = \sum_{i=1}^{n} E[H_{t_i}(X_{t_i}-X_{t_{i-1}})] = \sum_{i=1}^{n} E[H_{t_i}Y_i]$$

où Y_i désigne une version de l'espérance conditionnelle $E[X_{t_i}-X_{t_{i-1}}|\underline{\underline{F}}_{t_{i-1}}]$

La forme linéaire ℓ appartient donc à $\underline{\underline{I}}_1+\dots+\underline{\underline{I}}_n$. Réciproquement, soit ℓ un élément de cette somme directe : $\ell=\ell_1+\dots+\ell_n$, où ℓ_i est donnée par (2.4) ; ℓ est alors la forme linéaire associée à la quasimartingale X définie par $X_{t_i} = \sum_{k=1}^{i} Y_k$.

Il en résulte que le sous-espace $\underline{\underline{I}}$ de $\underline{\underline{H}}'$, en tant que somme directe ordonnée des bandes $\underline{\underline{I}}_1,\dots,\underline{\underline{I}}_n$, est une bande dans $\underline{\underline{H}}'$ (cf. (1.2)).

Nous appellerons <u>mesure de Daniell</u> sur $\underline{\underline{H}}$ une forme linéaire relativement bornée sur $\underline{\underline{H}}$ telle que, pour toute suite décroissante (H_n) d'éléments de $\underline{\underline{H}}$, la relation $\inf_n H_n = 0$ entraîne $\lim_n \ell(H_n)=0$.

La bande $\underline{\underline{I}}$ de la proposition précédente peut alors être caractérisée ainsi :

(2.5) PROPOSITION. <u>Supposons que l'ensemble $\mathbb{T}$ soit fini. Pour qu'une forme linéaire sur $\underline{\underline{H}}$ soit la forme linéaire associée à une quasimartingale, il faut et il suffit qu'elle soit une mesure de Daniell sur $\underline{\underline{H}}$, nulle sur les éléments évanescents de $\underline{\underline{H}}$.</u>

DEMONSTRATION. Reprenons les notations employées dans la démonstration de la proposition précédente. Désignons en outre par $\underline{\underline{M}}$ la bande constituée dans $\underline{\underline{H}}'$ par les mesures de Daniell sur $\underline{\underline{H}}$ qui s'annulent sur les éléments évanescents de $\underline{\underline{H}}$. Il s'agit de prouver que $\underline{\underline{M}}$ coïncide avec $\underline{\underline{I}} = \underline{\underline{I}}_1+\dots+\underline{\underline{I}}_n$. D'autre part, puisque $\underline{\underline{H}}'$ est somme directe ordonnée des bandes $\underline{\underline{L}}_i$, $\underline{\underline{M}}$ est somme directe ordonnée des bandes $\underline{\underline{M}}\cap\underline{\underline{L}}_i$ (cf. (1.1)). Il suffit donc de vérifier que l'on a $\underline{\underline{M}}\cap\underline{\underline{L}}_i = \underline{\underline{I}}_i$ pour tout i. Or ceci résulte immédiatement du théorème de Radon-Nikodym.

3. LA DECOMPOSITION DE RAO. Supposons maintenant que l'ensemble $\mathbb{T}$ (non nécessairement fini) possède un plus grand élément u. Toute quasimartingale X admet alors une décomposition de la forme

$$X = M + Y$$

où M est une martingale, et Y une quasimartingale nulle en u (pour construire M, il suffit de choisir, pour tout t, une version M_t de l'espérance conditionnelle $E[X_u|\underline{\underline{F}}_t]$). En outre, cette décomposition est "unique" au sens suivant : si X = M'+Y' est une autre décomposition du même type, M' est nécessairement une modification de M, Y' une modification de Y.

Ces simples remarques permettent d'obtenir la proposition suivante :

(3.1) PROPOSITION. Supposons que l'ensemble $\mathbb{T}$ possède un plus grand élément u. Pour qu'une forme linéaire ℓ relativement bornée sur $\underline{\underline{H}}$ soit la forme linéaire associée à une quasimartingale, (il faut et) il suffit que, pour toute partie finie F de $\mathbb{T}$, la restriction de ℓ à $\underline{\underline{H}}_F$ soit la forme linéaire associée à une quasimartingale (pour la filtration $(\underline{\underline{F}}_t)_{t\in F}$).

DEMONSTRATION. Supposons que cette condition soit satisfaite. Pour toute partie finie F de $\mathbb{T}$ contenant l'élément u, la restriction de ℓ à $\underline{\underline{H}}_F$ est la forme linéaire associée à une quasimartingale X^F, que l'on pourra supposer nulle en u d'après la décomposition précédente. L'unicité de cette décomposition montre que, si G est une partie finie de $\mathbb{T}$ contenant F, la restriction de X^G à $F\times\Omega$ est une modification de X^F. On voit alors qu'il existe un processus X de la classe $\underline{\underline{X}}$ tel que, pour toute partie finie F de $\mathbb{T}$ contenant u, la restriction de X à $F\times\Omega$ soit une modification de X^F. La forme linéaire associée à X coïncide avec ℓ sur chacun des sous-espaces $\underline{\underline{H}}_F$, donc sur l'espace $\underline{\underline{H}}$ tout entier. En d'autres termes, X est une quasimartingale, et ℓ est la forme linéaire associée à X.

(3.2) COROLLAIRE. Si l'ensemble $\mathbb{T}$ possède un plus grand élément u, toute mesure de Daniell sur $\underline{\underline{H}}$ qui s'annule sur les éléments évanescents de $\underline{\underline{H}}$ est la forme linéaire associée à une quasimartingale (nulle en u).

(C'est une conséquence immédiate de la proposition précédente et de (2.5)).

(3.3) THEOREME. Supposons que l'ensemble $\mathbb{T}$ possède un plus grand élément. Alors, dans l'espace de Riesz $\underline{\underline{H}}'$ de toutes les formes linéaires relativement bornées sur $\underline{\underline{H}}$, le sous-espace $\underline{\underline{I}}$ constitué par les formes linéaires associées aux quasimartingales est une bande.

Grâce à (3.1) et (2.3), le théorème énoncé n'est qu'un cas particulier du théorème suivant, concernant le dual d'un espace de Riesz quelconque.

(3.4) THEOREME. Soient E un espace de Riesz, $\mathfrak{R}$ un recouvrement de E, filtrant pour la relation d'inclusion et constitué de sous-espaces de Riesz de E. Pour tout élément F de $\mathfrak{R}$, soit B_F une bande dans F'. On suppose que, pour tout couple F,G d'éléments de $\mathfrak{R}$ avec $F\subset G$ et tout élément ℓ de B_G , la restriction de ℓ à F appartient à B_F. Dans ces conditions, l'ensemble B constitué par les éléments de E' dont la restriction à F pour tout élément F de $\mathfrak{R}$ est une bande dans E'.

DEMONSTRATION. Il est clair que B est un sous-espace vectoriel de E' et que, pour tout ensemble non vide A d'éléments positifs de B, majoré dans E' et filtrant pour la relation $\leq$, la borne supérieure de A dans E' appartient à B. Il est aussi évident que tout élément positif de E' majoré par un élément de B appartient à B.

Il reste à vérifier que, pour tout élément ℓ de B, l'élément $|\ell|$ de E' appartient à B.

Fixons un élément F de $\mathfrak{R}$ et montrons que la restriction de $|\ell|$ à F appartient à B_F. Pour tout élément positif x de F, on a

$$|\ell|(x) = \sup_{y\in E,|y|\leq x} \ell(y) = \sup_{F\subset G\in\mathfrak{R}} \sup_{y\in G,|y|\leq x} \ell(y) = \sup_{F\subset G\in\mathfrak{R}} |\ell_G|(x)$$

où ℓ_G désigne la restriction de ℓ à G, et où $|\ell_G|$ est calculé dans G'.

En d'autres termes, la restriction de $|\ell|$ à F coïncide avec la borne supérieure dans F' de l'ensemble (filtrant pour la relation $\leq$) constitué par les restrictions à F des éléments $|\ell_G|$ avec $F\subset G\in\mathfrak{R}$. Puisque ces restrictions appartiennent à B_F, l'assertion est prouvée.

Le théorème (3.3) admet un corollaire important :

(3.5) COROLLAIRE (Décomposition de Rao). Supposons que l'ensemble $\mathbb{T}$ possède un plus grand élément u. Alors toute quasimartingale (nulle en u) est différence de deux sousmartingales (nulles en u).

DEMONSTRATION. En effet, puisque $\underline{\underline{I}}$ est une bande, tout élément de $\underline{\underline{I}}$ est différence de deux éléments positifs de $\underline{\underline{I}}$.

Enfin la proposition suivante (dont la démonstration est immédiate) permet d'étendre les résultats précédents au cas où l'ensemble $\mathbb{T}$ ne possède pas de plus grand élément.

(3.6) PROPOSITION. Supposons que l'ensemble $\mathbb{T}$ ne possède pas de plus grand élément, et posons $\mathbb{T}^*=\mathbb{T}\cup\{\infty\}$, $\underline{\underline{F}}_\infty=\underline{\underline{F}}$. Pour tout processus X de la classe $\underline{\underline{X}}$, les conditions suivantes sont équivalentes

a) Le processus Y défini dans $\mathbb{T}^*\times\Omega$ par

$$Y_t = X_t \text{ pour } t\in\mathbb{T} \quad , \quad Y_t=0 \text{ pour } t=\infty$$

est une quasimartingale pour la filtration $(\underline{\underline{F}}_t)_{t\in\mathbb{T}^*}$.

b) X <u>est une quasimartingale pour la filtration</u> $(\underline{\underline{F}}_t)_{t\in\mathbb{T}}$, <u>et l'on a</u> $\sup_{s\leq t\in\mathbb{T}} E[|X_t|] < \infty$ <u>pour tout élément</u> s <u>de</u> $\mathbb{T}$.

La proposition énoncée permet par exemple de déduire de (3.5) le corollaire suivant :

(3.7) COROLLAIRE. <u>Toute quasimartingale bornée dans</u> L^1 <u>est différence de deux sousmartingales négatives</u> (<u>ou, si l'on préfère, de deux surmartingales positives</u>)

4. LES DECOMPOSITIONS DE DOOB-MEYER ET DE ITÔ-WATANABE.

Supposons maintenant que l'on ait $\mathbb{T}=[0,\infty]$ et que la filtration $(\underline{\underline{F}}_t)_{t\in\mathbb{T}}$ vérifie les conditions habituelles. Etant donnée une quasimartingale X, nous nous proposons d'étudier les conditions sous lesquelles la forme linéaire associée à X est une mesure de Daniell.

La proposition suivante montre qu'il est <u>nécessaire</u>, pour cela, que X admette une modification continue à droite.

(4.1) PROPOSITION. <u>Soit</u> λ <u>une mesure de Daniell sur</u> $\underline{\underline{H}}$, <u>nulle sur les éléments évanescents de</u> $\underline{\underline{H}}$. <u>Parmi les quasimartingales nulles à l'infini admettant</u> λ <u>comme forme linéaire associée</u> (<u>cf. (3.2)</u>), <u>il en existe une</u> (<u>et à indistinguabilité près une seule</u>) <u>qui est continue à droite</u>.

DEMONSTRATION. L'unicité est immédiate. Pour démontrer l'existence, on peut supposer λ positive. Désignons alors par λ_o la restriction de λ au sous-espace $\underline{\underline{H}}_{\overline{\mathbb{Q}}_+}$, et choisissons une sousmartingale Y (pour la filtration $(\underline{\underline{F}}_t)_{t\in\overline{\mathbb{Q}}_+}$) nulle à l'infini et admettant λ_o comme forme linéaire associée (cf. (3.2)). Le processus $X=Y_+$ (défini par $X_t = \lim_{s\downarrow\downarrow t} Y_s$ pour $0\leq t<\infty$, $X_\infty=0$) est une sousmartingale continue droite (pour la filtration $(\underline{\underline{F}}_t)_{t\in[0,\infty]}$) . Désignons par ℓ la forme linéaire associée à X, et montrons qu'elle coïncide avec λ . Il suffira de vérifier que la coincidence a lieu sur chaque processus H de la forme

$$H(t,\omega) = V(\omega)I_{]r,s]}(t)$$

où r,s sont des nombres tels que $0\leq r<s\leq\infty$, et où V est une variable aléatoire $\underline{\underline{F}}_r$-mesurable bornée.

A cet effet, choisissons deux suites décroissantes (r_n), (s_n) d'éléments de $\overline{\mathbb{Q}}_+$, telles que l'on ait

$$\inf_n r_n=r \ , \ r_n>r \quad ; \quad \inf_n s_n=s \ , \ s_n>s \text{ si } s\neq\infty ,$$

et posons pour tout n

$$H_n(t,\omega) = V(\omega)I_{]r_n,s_n]}(t)$$

Les suites $(Y_{r_n}),(Y_{s_n})$ sont alors uniformément intégrables, et convergent respectivement vers X_r, X_s. Il en résulte

$$\ell(H) = E[V(X_s - X_r)] = \lim_n E[V(Y_{s_n} - Y_{r_n})] = \lim_n \lambda(H_n) = \lambda(H) ,$$

ce qui prouve l'assertion.

(4.2) PROPOSITION. Soit X une quasimartingale continue à droite (et nulle à l'infini). Alors X est différence de deux sousmartingales continues à droite (et nulles à l'infini).

DEMONSTRATION. D'après (3.5), la restriction Y de X à $\overline{\mathbb{Q}}_+ \times \Omega$ est différence de deux sousmartingales U,V (pour la filtration $(\underline{\underline{F}}_t)_{t \in \overline{\mathbb{Q}}_+}$), qui peuvent être prises nulles à l'infini, si X est nulle à l'infini. On a alors (à indistinguabilité près)

$$X = Y_+ = U_+ - V_+$$

ce qui prouve l'assertion, puisque U_+, V_+ sont des sousmartingales continues à droite.

Une première réponse à la question posée plus haut est donnée par le théorème suivant (cf. [3]).

(4.3) THEOREME. Soit X une sousmartingale continue à droite, appartenant à la classe (D). La forme linéaire ℓ associée à X est alors une mesure de Daniell.

Nous exposerons très sommairement une version "fonctionnelle" de la démonstration de C. Doléans. Elle est fondée sur les deux lemmes suivants (dont le deuxième découle aussitôt du premier).

(4.4) LEMME. Soit ℓ la forme linéaire associée à une sousmartingale X continue à droite. Pour tout élément positif H de $\underline{\underline{H}}$ et pour tout $\varepsilon>0$, il existe un élément K de $\underline{\underline{H}}$ tel que l'on ait

$$0 \leqq K \leqq H , \qquad \ell(H-K) \leq \varepsilon ,$$

et que, pour tout ω, la trajectoire $H(.,\omega)$ majore la régularisée semi-continue supérieurement de $K(.,\omega)$.

(On notera que les processus H et K sont définis sur $]0,\infty]\times\Omega$; on les prolongera à $[0,\infty]\times\Omega$ en leur donnant la valeur 0 à l'origine).

(4.5) LEMME. Soit ℓ la forme linéaire associée à une sousmartingale X continue à droite. Pour toute suite décroissante (H_n) d'éléments de $\underline{\underline{H}}$ telle que $\inf_n H_n = 0$, et pour tout $\varepsilon>0$, il existe une suite décroissante (K_n) d'éléments de $\underline{\underline{H}}$ telle que l'on ait

$$0 \leqq K_n \leqq H_n \quad , \quad \ell(H_n - K_n) \leqq \varepsilon ,$$

et que, pour tout ω, la suite $(K_n(.,\omega))$ converge uniformément vers zéro.

Voici l'idée de la démonstration de (4.3). Il s'agit de prouver que, pour toute suite décroissante (H_n) d'éléments de $\underline{\underline{H}}$, la relation $\inf_n H_n=0$ entraîne $\inf_n \ell(H_n)=0$. Grâce au lemme (4.5) on peut supposer que, pour tout ω, la suite $(H_n(.,\omega))$ converge uniformément vers zéro. Fixons ε>0 et posons

$$T_n(\omega) = \inf \{ t : H_n(t,\omega)>\varepsilon \} , \quad c=\| H_1 \| .$$

On a alors pour tout n

$$\ell(H_n) = \ell(H_n I_{]\!]0,T_n]\!]}) + \ell(H_n I_{]\!]T_n,\infty]\!]})$$

$$\leqq \varepsilon E[X_\infty - X_0] + cE[X_\infty - X_{T_n}] ,$$

d'où la conclusion.

(4.6) REMARQUE. Soit A un processus continu à droite, nul en 0. Les conditions suivantes sont équivalentes

(a) A est un processus croissant intégrable (non nécessairement adapté) ;

(b) A est une sousmartingale pour la filtration constante $\underline{\underline{G}}_t=\underline{\underline{F}}$.

En outre, si ces conditions sont satisfaites, A appartient automatiquement à la classe (D), de sorte que la forme linéaire ℓ associée à A en tant que sousmartingale (pour la filtration constante) est une mesure de Daniell sur l'espace des processus mesurables étagés (sommes finies de processus de la forme $(t,\omega)\longmapsto V(\omega)I_{]r,s]}(t)$, avec $0\leqq r<s\leqq\infty$ et V variable aléatoire bornée); ℓ peut donc être identifiée avec une mesure sur la tribu $\mathcal{B}(]0,\infty])\otimes\underline{\underline{F}}$ des ensembles mesurables : c'est la "mesure associée au processus croissant A" au sens de [2] (noter cependant que l'on considère ici l'intervalle]0,∞] et non pas [0,∞[comme dans [2]).

Dans le cas particulier où le processus croissant A est adapté, il peut être aussi considéré comme une sousmartingale pour la filtration $(\underline{\underline{F}}_t)$ (cf. (2.2), (b)) : la forme linéaire correspondante est une restriction de la forme linéaire associée à A en tant que sousmartingale pour la filtration $\underline{\underline{G}}_t=\underline{\underline{F}}$ (elle est donc, <u>a fortiori</u>, une mesure de Daniell).

Ces considérations s'étendent aussitôt au cas d'un processus à variation intégrable. On voit alors que le théorème (4.1) contient comme cas particulier le résultat bien connu suivant lequel toute mesure sur la tribu des ensembles mesurables, qui s'annule sur les ensembles évanescents de la tribu $\mathcal{B}(]0,\infty])\times\underline{\underline{F}}$, est la mesure associée à un processus (continu à droite) à variation intégrable.

Le théorème (4.3) ne répond que partiellement à la question posée au début du paragraphe : d'abord il concerne une <u>sous</u>martingale ; en outre il affirme simplement que l'appartenance de X à la classe (D) est une condition suffisante pour que la forme linéaire associée à X soit une mesure de Daniell.

Une condition nécessaire et suffisante est donnée par la proposition suivante (qui concerne une quasimartingale).

(4.7) PROPOSITION. Soit X une quasimartingale continue à droite. Les conditions suivantes sont équivalentes :

(a) La forme linéaire associée à X est une mesure de Daniell.

(b) X admet une décomposition (nécessairement unique) de la forme

$$X = M + A,$$

où M est une martingale, et où A est un processus continu à droite, à variation intégrable, nul en 0, prévisible (décomposition de Doob-Meyer).

DEMONSTRATION. (a) => (b) : Puisque la forme linéaire associée à X est une mesure de Daniell, elle peut être prolongée (de façon unique) en une mesure de Daniell λ sur l'espace de tous les processus prévisibles bornés, nulle sur les évanescents. Posons, pour tout processus H mesurable borné

$$\mu(H) = \lambda({}^pH) ,$$

où ${}^pH$ désigne la projection prévisible de H. La mesure de Daniell μ ainsi définie est la mesure associée à un processus A nul en 0, continu à droite, à variation intégrable (cf. (4.6)).

En outre, d'après la construction de μ, A est prévisible.

Enfin, puisque la forme linéaire associée à X est identique à celle associée à A (en tant que quasimartingale pour la filtration $(\underline{\underline{F}}_t)$), la différence X-A est une martingale.

(b)=>(a) : Puisque X-A est une martingale, la forme linéaire associée à X est identique à celle associée à A (en tant que quasimartingale pour la filtration $(\underline{\underline{F}}_t)$) : c'est donc une mesure de Daniell (cf. (4.6)).

Il résulte en particulier de (4.3), (4.7) que toute sousmartingale continue à droite appartenant à la classe (D) admet une décomposition de Doob-Meyer. On en déduit facilement (cf. [7], p. 293) que toute sous-martingale X continue à droite admet une décomposition de la forme X=M+A, où M est une martingale locale, et où A est un processus continu à droite, croissant, prévisible.

En utilisant la décomposition de Rao (4.2), ce résultat s'étend aussitôt au cas d'une quasimartingale :

(4.8) THEOREME. Soit X une quasimartingale continue à droite. Alors X admet une décomposition (unique) de la forme

$$X = M + A ,$$

où M est une martingale locale et où A est un processus continu à droite, à variation intégrable, nul en 0, prévisible (décomposition de Itô-Watanabe)

On peut alors terminer par le théorème suivant (cf. [5], th. 5' ; [6], 22.3) qui donne une réponse complète à la question posée au début du paragraphe (et qui contient tous les résultats partiels déjà obtenus)

(4.9) THEOREME. Soit X une quasimartingale continue à droite. Les conditions suivantes sont alors équivalentes :

(a) La forme linéaire associée à X est une mesure de Daniell.

(b) X appartient à la classe (D).

(c) Dans la décomposition de Itô-Watanabe de X, M est une martingale (i.e. la décomposition de Itô-Watanabe est une décomposition de Doob-Meyer).

DEMONSTRATION. L'équivalence entre (a) et (c) figure déjà dans (4.7). Démontrons l'équivalence entre (b) et (c).

Soit X=M+A la décomposition de Itô-Watanabe de X. Puisque A appartient automatiquement à la classe (D), pour que X appartienne à la classe (D), il faut et il suffit que la martingale locale M appartienne à la classe (D), c'est à dire qu'elle soit une martingale (cf. [2], chap. VI, 30,f).

BIBLIOGRAPHIE

[1]. N. BOURBAKI. Intégration, chap. I-IV. Hermann A.S.I. 1175 (1952).

[2]. C.DELLACHERIE - P.A.MEYER. Probabilités et potentiel. Edition refondue. Hermann 1976.

[3]. C. DOLEANS. Existence du processus croissant naturel associé à un potentiel de la classe (D). Z.f.W., 9, 1968, p. 309-314.

[4]. W.A.J. LUXEMBURG - A.C. ZAANEN. Riesz spaces I. North Holland (1971).

[5]. M. METIVIER - J. PELLAUMAIL. On Doléans-Foellmer's measure for quasimartingales. Illinois J. of Math. 19, 1975, p. 491-504.

[6]. M. METIVIER. Reelle und vektorwertige Quasimartingale und die Theorie der stochastichen Integration. Springer Lect. Notes 607 (1977).

[7]. P.A. MEYER. Un cours sur les intégrales stochastiques. Séminaire de prob. X, Springer Lect. Notes 511 (1976).

[8]. C. STRICKER. Quasimartingales, martingales locales, semimartingales et filtrations naturelles. Z.f.W. 39, 1977, p. 55-64.

G. Letta
Istituto di Matematica
Via Derna 1
56100 PISA, Italie.

Université de Strasbourg
Séminaire de Probabilités 1977/78

SUR LA p-VARIATION D'UNE SURMARTINGALE CONTINUE

par Michel BRUNEAU

On sait que si $X=(X_t)$ est une surmartingale continue, les trajectoires de X sont p.s. à p-variation localement bornée ($p>2$). Etant donné un nombre $\lambda>0$, désignons par $T_\lambda(\omega)$ le premier instant $t\geqq 0$ où $|X_t(\omega)-X_0(\omega)|\geqq\lambda$; nous obtenons une majoration de l'espérance mathématique de la p-variation de X entre les instants 0 et T_λ. Les remarques de C. Stricker nous ont été précieuses ; nous l'en remercions.

I. p-VARIATION DES TRAJECTOIRES D'UNE SURMARTINGALE

A) Condition de Lipschitz d'ordre α et p-variation. I est un intervalle de $\mathbb{R}$. Une fonction $f : I \longrightarrow \mathbb{R}$ est dite lipschitzienne d'ordre α ($0<\alpha\leqq 1$) s'il existe un nombre $\gamma\geqq 0$ pour lequel

$$(1)\qquad |f(y)-f(x)| \leqq \gamma|y-x|^\alpha \qquad (x,y \in I)$$

L'ensemble de ces fonctions est noté $\Lambda_\alpha(I)$ (Λ_α si $I=\mathbb{R}_+$).

Une fonction $f : I \longrightarrow \mathbb{R}$ est dite à p-variation bornée ou brièvement à p-v.b. ($p\geqq 1$) si le nombre

$$(2)\qquad v_p(f) = \sup \sum_{i=1}^{n-1} |f(t_{i+1})-f(t_i)|^p ,$$

où la borne supérieure est prise sur l'ensemble de toutes les suites $t_1<t_2\ldots<t_n$ dans I, est fini ; l'ensemble de ces fonctions est noté $\mathcal{B}_p(I)$ ($\mathcal{B}_p$ si $I=\mathbb{R}_+$).

Une fonction $f : \mathbb{R}_+ \longrightarrow \mathbb{R}_+$ est dite localement à p-v.b. si, pour tout $t\geqq 0$, la fonction $f|_{[0,t]}$ appartient à $\mathcal{B}_p([0,t])$; l'ensemble de ces fonctions est noté $\mathcal{B}_p^{loc}$. Pour tout $p\geqq 1$ il est clair que $\Lambda_{1/p} \subset \mathcal{B}_p^{loc}$. Plus précisément

PROPOSITION 1. - Une c.n.s. pour qu'une fonction continue $f : \mathbb{R}_+ \to \mathbb{R}$ soit localement à p-v.b. ($p\geqq 1$) est qu'il existe un homéomorphisme φ de $\mathbb{R}_+$ tel que $f\circ\varphi^{-1} \in \Lambda_{1/p}$.

Il suffit de prendre

$$(3)\qquad \varphi(t) = t + v_p(f|_{[0,t]}) \qquad (t\geqq 0) \quad .$$

Notation. - Soit une fonction : $: \mathbb{R}_+ \longrightarrow \mathbb{R}$. Pour tout intervalle I de $\mathbb{R}_+$ et tout nombre $p\geqq 1$, on pose

$$(4)\qquad v_p(f,I) = v_p(f|_I) \quad .$$

B) Temps d'arrêt T_λ .- $(\Omega,\mathcal{F},P)$ est un espace de probabilité complet, muni d'une filtration continue à droite $(\mathcal{F}_t)_{t\in\mathbb{R}_+}$; $\mathcal{F}_0$ contient les parties négligeables. $X=(X_t)$ est un processus réel défini sur $\mathbb{R}_+$, adapté à $(\mathcal{F}_t)$, à trajectoires continues. Pour tout temps d'arrêt T de la famille $(\mathcal{F}_t)$, il est clair que l'application

(5) $\quad v_p(X, [0,T]) : \omega\in\Omega \longrightarrow v_p(X_{\cdot}(\omega), [0,T(\omega)]\cap\mathbb{R}_+)$

est une v.a. $\mathcal{F}_T$-mesurable. Nous allons appliquer cette remarque à la famille des temps d'arrêt $(T_\lambda)_{\lambda\geqq 0}$ définis comme suit :

(6) $$T_\lambda(\omega) = \inf \{ t\geqq 0 \mid |X_t(\omega)-X_0(\omega)|\geqq\lambda \} \qquad (\omega\in\Omega)$$

avec la convention que $\inf \emptyset = +\infty$.

C) p-VARIATION D'UNE SURMARTINGALE CONTINUE.- Le but de cet article est de prouver :

THEOREME.- Soit X une surmartingale continue. Quels que soient $\lambda\geqq 0$, $p>2$, on a

(7) $$E[v_p(X, [0,T_\lambda])] \leqq \frac{16\ 8^{\frac{p}{2}}}{(1-2^{1-\frac{p}{2}})^2}\ \lambda^p$$

Nous allons voir que ce résultat est une conséquence du théorème d'arrêt de Doob, et plus précisément des inégalités de Doob portant sur le nombre des montées d'une surmartingale. La démonstration se fera en deux étapes dont la plus importante, la première, sera déterministe.

II - NOMBRES DE MONTEES ET p-VARIATION.

A) Appartenance à $\mathcal{B}_p^{loc}$ et nombre de montées.- Soient $f : \mathbb{R}_+\longrightarrow\mathbb{R}$ une fonction, I un intervalle de $\mathbb{R}_+$, a<b deux nombres. Le nombre de montées de $f|_I$ sur [a,b] est la borne supérieure des nombres $n\in\mathbb{N}$ tels qu'il existe une suite dans I

$$t_1 < t_2 \dots < t_{2n-1} < t_{2n}$$

telle que

(8) $$f(t_{2i-1}) < a \quad , \quad f(t_{2i}) > b \quad \text{pour } 1\leqq i\leqq n .$$

Ce nombre est noté $M(f,I, [a,b])$. On pose $M_t(f,[a,b])$ pour $M(f,[0,t],[a,b])$ On définit semblablement les nombres $M_t(f,]a,b[)$ en remplaçant dans (8) les inégalités au sens strict par des inégalités au sens large. Maintenant, pour tout h>0 et tout t, on pose

(9) $$M_t(1,h) = \sum_{k\in\mathbf{Z}} M_t(f,]kh, (k+1)h[)$$

Nous nous proposons d'établir :

PROPOSITION 2. Soient $f : \mathbb{R}_+ \to \mathbb{R}$ une fonction continue, p un nombre ≥ 1. La condition suivante est nécessaire pour que $f \in \mathcal{B}_p^{loc}$, et suffisante pour que $f \in \mathcal{C}_{p+\varepsilon}^{loc}$ pour tout $\varepsilon > 0$:

il existe une fonction (continue et monotone croissante) $c : \mathbb{R}_+ \to \mathbb{R}_+$ telle que

(10) $$M_t(f,h) \leq \frac{c(t)}{h^p} \qquad (t \geq 0,\ h > 0) .$$

Montrons d'abord que la condition (10) est nécessaire pour que $f \in \mathcal{B}_p^{loc}$. Pour tout homéomorphisme φ de $\mathbb{R}_+$ on a naturellement

$$M_{\varphi(t)}(f \circ \varphi^{-1}, h) = M_t(f,h) \qquad (t \geq 0,\ h > 0\ )$$

On peut donc supposer que $f \in \Lambda_{1/p}$. Il existe un nombre $\gamma > 0$ pour lequel

$$|f(y)-f(x)| \leq \gamma |y-x|^{1/p} \qquad (x,y \in \mathbb{R}_+\ )$$

Choisissons maintenant $h > 0$ et $t \geq 0$. Posons $\ell = (\frac{h}{\gamma})^p$. On désire majorer les termes de la suite

(11) $$n_k = M_{t \wedge k\ell}(f,h) \qquad (k \in \mathbb{N}) .$$

Compte tenu de la condition de Lipschitz, on a $n_k \leq k$. Ainsi, k_0 désignant la partie entière de t/ℓ

$$M_t(f,h) = n_{k_0+1} \leq k_0+1 \leq \frac{t}{\ell}+1 \qquad ;$$

soit

$$M_t(f,h) \leq (\frac{\gamma}{h})^p\ t + 1$$

Or si $h > \gamma t^{1/p}$, $M_t(f,h)=0$, et si $h \leq \gamma t^{1/p}$, on a $1 \leq (\frac{\gamma}{h})^p t$. On peut donc choisir

$$c(t) = 2\gamma^p t .$$

La réciproque occupera le sous-paragraphe suivant.

B) Une majoration effective de la p-variation.

LEMME 1. Soient une fonction continue $f : \mathbb{R}_+ \to \mathbb{R}$ et des nombres $t \geq 0$, $1 \leq q \leq p$. On a

(12) $$v_p(f,[0,t]) \leq \frac{2^{p+q+1}}{1-2^{q-p}}(\ 2c_{q,\lambda}+1)\lambda^p$$

où

(13) $$\lambda \geq \sup_{0 \leq s \leq t} |f(s)-f(0)|$$

et

(14) $$c_{q,\lambda}(t) = \sup_{k \in \mathbb{N}} 2^{-kq} M_t(f,\ \lambda 2^{-k}) \quad .$$

On peut pour simplifier supposer que $f(0)=0$ et poser $c_{q,\lambda}(t)=c$. On peut admettre tout de suite que $\lambda \neq 0$ et $c < +\infty$, car sinon il n'y a rien à démontrer. Pour tout $k \in \mathbb{N}$, on construit la suite

$$t_{k,0} < t_{k,1} < \dots < t_{k,n_k}$$

définie par

$$t_{k,0}=0$$

$$t_{k,1}=\inf\{\, s \mid |f(s)| = \lambda 2^{-k} \,\}$$

$$t_{k,2}=\inf\{\, s \mid s \geqq t_{k,1} \ ,\ |f(s)-f(t_{k,1})| = \lambda 2^{-k} \,\}$$

$$\ldots$$

$$t_{k,i}=\inf\{\, s \mid s \geqq t_{k,i-1},\ |f(s)-f(t_{k,i-1})| = \lambda 2^{-k} \}$$

$$\ldots$$

et

$$\sup_{t_{n_k} \leqq s \leqq t} |f(s)-f(t_{n_k})| < \lambda 2^{-k} .$$

On sait que

(15) $$n_k \leqq 2M_t(f,\lambda 2^{-k}) + 2^k \leqq c\ 2^{kq+1} + 2^k .$$

Il existe alors un homéomorphisme φ_k de $\mathbb{R}_+$ tel que $\varphi_k(t)=2t$ et

(16) $$\varphi_k(t_{k,i}) = \frac{it}{n_k} \qquad (\ 1 \leqq i \leqq n_k) .$$

Considérons alors deux points $x<y$ de $[0,t]$. On suppose que k est le plus petit entier tel qu'il existe un indice $1 \leqq i \leqq n_k$ pour lequel

(17) $$x \leqq t_{k,i-1} < t_{k,i} \leqq y .$$

On a

$$|f(y)-f(x)| \leqq \lambda 2^{-k+2}$$

donc, en utilisant (15) et (16),

$$|f(y)-f(x)|^p \leqq (\lambda 2^{-k+2})^p \leqq 4^p 2^{-k(p-q)} \frac{2c}{n_k} \lambda^p + 4^p 2^{-k(p-1)} \frac{\lambda^p}{n_k}$$

$$\leqq \frac{4^p}{t}(2c+1)\lambda^p 2^{-k(p-q)} \frac{t}{n_k}$$

$$= \frac{4^p}{t}(2c+1)\lambda^p 2^{-k(p-q)} (\varphi_k(t_{k,i})-\varphi_k(t_{k,i-1})) .$$

Ainsi, d'après (17)

(18) $$|f(y)-f(x)|^p \leqq \frac{4^p}{t}(2c+1)\lambda^p 2^{-k(p-q)} (\varphi_k(y)-\varphi_k(x))$$

Dans ces conditions

(19) $$\varphi(s)= \frac{1}{2}\ \frac{1-2^{-(p-q)}}{2^{-(p-q)}} \sum_{k=1}^{\infty} 2^{-k(p-q)} \varphi_k(s) \qquad (0 \leqq s \leqq t)$$

est un homéomorphisme de $[0,t]$ pour lequel $f \circ \varphi^{-1} \in \Lambda_{1/p}([0,t])$. De façon précise, quels que soient x,y dans $[0,t]$,

(20) $$|g(y)-g(x)| \leqq \gamma |y-x|^{1/p}$$

où $g=f\circ\varphi^{-1}$ et

(21) $$\gamma = \left(\frac{2^{p+q+1}}{1-2^{q-p}} \ \frac{2c+1}{t} \lambda^p \right)^{1/p}$$

Finalement

$$v_p(f,[0,t]) = v_p(f\circ\varphi^{-1},[0,t]) \leqq \gamma^p t = \frac{2^{p+q+1}}{1-2^{q-p}} (2c+1)\lambda^p .$$

III. INEGALITES DE DOOB ET p-VARIATION

A) Nombre de montées pour une surmartingale continue. Soit $X=(X_t)$ un processus adapté à $(\mathcal{F}_t)$, à trajectoires continues. Pour tout temps d'arrêt T de la filtration $(\mathcal{F}_t)$ et tout $h>0$, l'application

(22) $$M_T(X,h) : \omega\in\Omega \longrightarrow M_{T(\omega)}(X_{\cdot}(\omega),h)$$

est une v.a. $\mathcal{F}_T$-mesurable. Alors

LEMME 2. Soit $X=(X_t)$ une surmartingale continue. Quels que soient $\lambda\geqq 0$, $q>2$, on a

(23) $$E[c_{q,\lambda}] \leqq \frac{2^{3-q}}{1-2^{2-q}}$$

où

(24) $$c_{q,\lambda} = \sup_{k\in\mathbb{N}} 2^{-kq} M_{T_\lambda}(X,\lambda 2^{-k})$$

Fixons $\lambda\geqq 0$ et $q>2$. L'inégalité classique de Doob (*) sur les nombres de montées permet, pour tout $k\in\mathbb{N}$ et tout i, $-2^k<i\leqq 2^k$, de majorer

$$E[M_{T_\lambda}(X,](i-1)\lambda 2^{-k},i\lambda 2^{-k}[)] \leqq \frac{(-\lambda - (i-1)\lambda 2^{-k})^-}{\lambda 2^{-k}} = 2^k+i-1$$

Ainsi, pour tout $k\in\mathbb{N}$,

$$E[M_{T_\lambda}(X,\lambda 2^{-k})] = \sum_{-2^k+1}^{2^k} E[M_{T_\lambda}(X,](i-1)\lambda 2^{-k},i\lambda 2^{-k}[)] \leqq 2^{2k+1}$$

Alors

$$E[2^{-kq}M_{T_\lambda}(X, \lambda 2^{-k})] \leqq 2^{1-k(q-2)}$$

et finalement

$$E[c_{q,\lambda}] \leqq \sum_{k\in\mathbb{N}} E[2^{-kq}M_{T_\lambda}(X,\lambda 2^{-k})] \leqq \frac{2^{3-q}}{1-2^{2-q}} .$$

B) Preuve du théorème. Fixons $\lambda\geqq 0$ et $p>q>2$. Il résulte du lemme 1 que

(25) $$v_p(X, [0,T_\lambda]) \leqq \frac{2^{p+q+1}}{1-2^{q-p}} (2c_{q,\lambda}+1)\lambda^p$$

Or, compte tenu du lemme 2,

$$E[c_{q,\lambda}] \leqq \frac{2^{3-q}}{1-2^{2-q}} .$$

Par conséquent

(26) $$E[v_p(X, [0,T_\lambda])] \leqq \frac{2^{p+q+3}}{(1-2^{q-p})(1-2^{2-q})} \lambda^p$$

d'où l'on déduit (7) en prenant $q= \frac{p}{2}+1$.

REFERENCES

(*) P.A. MEYER. Probabilités et Potentiel. Hermann, Paris, 1966.

Michel Bruneau
Département de Mathématiques
Université Mohammed V
Avenue Ibn Battouta
RABAT (MAROC).

Université de Strasbourg
Séminaire de Probabilités 1977/78

SUR LA p-VARIATION DES SURMARTINGALES

par C. Stricker.

L'objet de cet article est d'étendre à toutes les semimartingales la méthode de Bruneau [1] pour l'étude de la p-variation des martingales continues. Ainsi nous retrouvons certains résultats de Lépingle [2], sans utiliser le plongement des martingales dans le mouvement brownien (Monroe [3]). Le seul résultat dont nous avons besoin est connu depuis longtemps, il s'agit de l'inégalité de Doob sur le nombre de montées d'une surmartingale. Auparavant, nous donnons une autre démonstration de la proposition 2 de Bruneau [1], qui établit un lien entre le nombre de montées d'une fonction déterministe et sa p-variation.

1. NOMBRE DE MONTEES ET p-VARIATION

Rappelons d'abord quelques notations et définitions. Soient f une fonction de $\mathbb{R}_+$ dans $\mathbb{R}$, et a,b deux nombres tels que a<b. Le <u>nombre des montées de</u> f <u>sur</u>]a,b[est la borne supérieure des entiers n tels qu'il existe une suite $(t_i)_{1\leq i\leq 2n}$ d'éléments de $\mathbb{R}_+$ avec

$$t_1<t_2\ldots<t_{2n-1}<t_{2n}\ ,\quad f(t_i)\leq a \text{ pour i impair, } f(t_i)\geq b \text{ pour i pair}$$

Ce nombre est noté $M_a^b(f)$. Nous poserons pour tout h>0

$$M(f,h) = \Sigma_{k\in\mathbb{Z}}\ M_{kh}^{(k+1)h}(f)$$

Soit p un nombre ≥ 1. La fonction est dite <u>à p-variation bornée</u> si le nombre

$$v_p(f) = \sup \sum_{i=1}^{n-1} |f(t_{i+1})-f(t_i)|^p$$

est fini, la borne supérieure étant prise sur l'ensemble de toutes les suites croissantes $(t_i)_{1\leq i\leq n}$ d'éléments de $\mathbb{R}_+$.

Enfin, nous poserons $\Theta=\Theta(f)= \sup_s f(s)-\inf_s f(s)$, l'oscillation de f.

Bruneau a établi dans [1] la proposition suivante lorsque f est continue. Nous l'étendrons ici au cas général.

PROPOSITION 1. <u>On a pour tout</u> h>0

(1) $$h^p M(f,h) \leq v_p(f)$$

<u>et inversement, il existe pour tout</u> r>p <u>une constante</u> $c=c_{r,p}$ <u>telle que</u>

(2) $$v_r(f) \leq c(\ \Theta^r + \Theta^{r-p}\sup_{h=\lambda 2^{-i}} h^p M(f,h))$$

<u>où</u> λ <u>est un nombre</u> $\geq\Theta$, <u>et</u> i <u>est entier positif</u>.

DEMONSTRATION. Nous allons d'abord supposer f continue. Comment calculer alors $M_a^b(f)$? Définissons $v_0=0$, puis posons par récurrence

$$v_1 = \inf\{s\geqq 0 : f(s)\leqq a\} , \quad v_2= \inf\{s\geqq v_1 : f(s)\geqq b\}$$

$$v_{2i+1} = \inf\{s\geqq v_{2i} : f(s)\leqq a\} , \quad v_{2i+2} = \inf\{s\geqq v_{2i+1} : f(s)\geqq b\}$$

Alors $M_a^b(f)$ est le plus grand entier i tel que $v_{2i}<\infty$. Appelons <u>intervalles de montée</u>, pour $i\leqq M_a^b(f)$, les intervalles (s_i,t_i), où

$$t_i=v_{2i} \quad , \quad s_i = \sup\{s\leqq t_i : f(s)\leqq a\}$$

Le nombre des intervalles de montée est égal à $M_a^b(f)$; on a $f(s_i)=a$, $f(t_i)=b$, et $a<f(s)<b$ pour $s_i<s<t_i$. On a donc

$$M_a^b(f) = \frac{1}{(b-a)^p}\Sigma_i |f(t_i)-f(s_i)|^p$$

la sommation étant prise sur tous les intervalles de montée (s_i,t_i) relatifs à a,b. Sommons maintenant sur les couples (a,b) de la forme (kh, (k+1)h) : les intervalles de montée correspondants sont tous disjoints, et par conséquent

$$M(f,h) \leqq \frac{1}{h^p} v_p(f)$$

c'est à dire (1) lorsque f est continue. Passons au cas général. Lorsque $v_p(f)=+\infty$, il n'y a rien à démontrer. Supposons donc $v_p(f)<\infty$; il est bien connu qu'alors la fonction f a des limites à droite et à gauche. Enumérons en une suite (d_n) l'ensemble des points de discontinuité de f , et posons

$$\rho(t) = t + \sum_n 2^{-n} I_{\{d_n\leqq t\}}$$

$$\sigma(t) = \inf\{ s : \rho(s)\geqq t \}$$

σ est croissante, continue, telle que $\sigma(0)=0$, $\sigma(+\infty)=+\infty$. Nous définissons une nouvelle fonction g en posant

- si s n'est pas dans un intervalle $[\alpha,\beta]$ où σ est constante, $g(s)= f(\sigma(s))$;

- si s appartient à $[\alpha,\beta]$, alors nous prenons

$$g(\alpha) = f(\sigma(s)-) , \quad g((\alpha+\beta)/2)=f(\sigma(s)) , \quad g(\beta)=f(\sigma(s)+)$$

et aux autres points nous procédons par interpolation linéaire. Il n'est pas très difficile de voir que g est continue, que

$$M_a^b(f) = M_a^b(g) \quad , \quad v_p(f)=v_p(g)$$

donc la formule (1) pour g entraîne la même formule pour f.

Passons à la formule (2). Soit $\lambda\geqq\Theta$, et soit $(t_i)_{i=1,\dots,n}$ une suite croissante d'éléments de $\mathbb{R}_+$. On a $|f(t_{i+1})-f(t_i)| \leqq \Theta$, donc il existe un plus grand entier $m(i)\geqq 0$ (ou $+\infty$) tel que $|f(t_{i+1})-f(t_i)|\leqq \lambda.2^{-m(i)}$. A chaque entier m nous associons l'ensemble I_m des $i\in\{1,\dots,n\}$ tels que $m(i)=m$; ces ensembles sont disjoints, et nous avons

$$(3) \qquad \Sigma_{i=1}^{n-1} |f(t_{i+1})-f(t_i)|^r\leqq \Sigma_{m=0}^{\infty} \operatorname{Card}(I_m)\lambda^r 2^{-mr}$$

D'autre part, si $m(i)=m$ on a $|f(t_{i+1})-f(t_i)| > \lambda 2^{-m-1}$. Partageons I_m en deux ensembles I'_m et I''_m suivant le signe de $f(t_{i+1})-f(t_i)$.

- S'il est positif, il existe un entier k tel que $f(t_i)<k\lambda 2^{-m-2}<(k+1)\lambda 2^{-m-2}<f(t_{i+1})$, et par conséquent

$$\mathrm{Card}(I'_m) \leqq \Sigma_k M_{k\lambda 2^{-m-2}}^{(k+1)\lambda 2^{-m-2}}(f) \leqq M(f,\lambda 2^{-m-2})$$

- S'il est négatif, on trouve des descentes au lieu de montées. Mais le nombre D_a^b de descentes sur (a,b) est majoré par M_a^b+1, et le nombre des k sur lesquels on doit sommer, i.e. tels que $[k\lambda 2^{-m-2},(k+1)\lambda 2^{-m-2}]$ soit contenu dans l'intervalle de variation de f, est au plus 2^{m+2}. Ainsi $\mathrm{Card}(I''_m) \leqq 2^{m+2}+M(f,\lambda 2^{-m-2})$.

Soit $H = \sup h^p M(f,h)$, où h parcourt la suite $\lambda 2^{-i}$. Nous avons $M(f,\lambda 2^{-m-2}) \leqq H\lambda^{-p}2^{p(m+2)}$, donc

$$\mathrm{Card}(I_m) \leqq 2^{m+2} + 2H\lambda^{-p}2^{p(m+2)}$$

Revenant alors à (3), nous obtenons

$$v_r(f) \leqq 4\lambda^r \Sigma_m 2^{m(1-r)} + 8H\lambda^{r-p}\Sigma_m 2^{m(p-r)}$$

d'où l'on tire aussitôt l'inégalité (2).

REMARQUE. Il est assez facile de donner des exemples de fonctions f telles que (pour $p>1$)

$$\sup_{h>0} h^p M(f,h) < +\infty \quad \text{et} \quad v_p(f) = +\infty$$

Ainsi, considérons la fonction f sur $[1,\infty[$ dont le graphe est une ligne brisée joignant les points $(i,0)$ (i entier impair) et $(i,\sqrt{2/i})$ (i entier pair). On vérifie aussitôt que $v_2(f)=+\infty$. D'autre part, $M_{kh}^{(k+1)h}(f)=M_0^{(k+1)h}(f)$ est le nombre des entiers pairs 2j tels que $j\geqq 1$, $\sqrt{j} \leqq 1/(k+1)h$, il vaut donc au plus $h^{-2}/(k+1)^2$, et on a

$$M(f,h) \leqq h^{-2}\Sigma_1^\infty n^{-2} \quad .$$

2. LA r-VARIATION DES SEMIMARTINGALES, $r>2$.

Soit $(X_t)_{t\geq 0}$ un processus réel, défini sur un espace probabilisé filtré $(\Omega,\underline{\underline{F}},(\underline{\underline{F}}_t),P)$ satisfaisant aux conditions habituelles. Nous désignerons par $v_p(\omega,X)$, $M(\omega,X,h)$ les quantités définies dans la première partie de cette note, relatives à la fonction réelle $f(t)=X_t(\omega)$.

La p-variation d'une fonction sur un intervalle fini, au lieu de $\mathbb{R}_+$ tout entier, se définit de manière évidente. Notre but ici est de démontrer la proposition suivante, due à Lépingle, à partir de la proposition 1.

PROPOSITION 2. Soit X une semimartingale, et soit $r>2$. Alors pour presque tout $\omega\in\Omega$, la trajectoire $X_{\bullet}(\omega)$ est à r-variation finie sur tout intervalle borné.

DEMONSTRATION. 1) L'énoncé étant local, nous pouvons supposer, sans perdre de généralité, que le processus X est constant pour $t \geqq t_0$, et considérer alors sa r-variation $v(\omega,X)$ sur $\mathbb{R}_+$ tout entier.

2) Nous avons aussi le droit de remplacer la loi P par une loi équivalente : en effet, X reste alors une semimartingale, et les ensembles de mesure nulle sont les mêmes. Comme X est arrêté à t_0 , nous pouvons choisir (Stricker [5]) une telle loi, pour laquelle X est une quasimartingale, c'est à dire la différence de deux surmartingales positives. Il n'y a aucun inconvénient à conserver la notation P pour la nouvelle loi.

3) Comme on a $v_r(f+g)^{1/r} \leqq v_r(f)^{1/r} + v_r(g)^{1/r}$, nous pouvons ramener l'étude des quasimartingales à celle des surmartingales positives, que nous traitons maintenant.

4) Soit donc X une surmartingale positive. D'après la forme donnée par Dubins aux inégalités de Doob (Neveu [4], p.27), on a pour tout couple (a,b) tel que a<b

$$E[M_a^b(.,X)] \leqq \frac{E[X_0]}{b-a}$$

et par conséquent

$$E[\ M_{kh}^{(k+1)h}(\omega,X)] \leqq \frac{1}{h}E[X_0]$$

Supposons d'abord que X soit bornée par une constante λ . Le nombre des entiers k tels que $M_{kh}^{(h+1)h}(\omega,X)\neq 0$ est au plus λ/h. Nous avons donc

$$E[M(\omega,X,h)] \leqq \frac{\lambda}{h^2}E[X_0]$$

Cela ne suffit pas pour affirmer que $\sup_{h=\lambda 2^{-i}} h^2M(\omega,X,h)$ est p.s. finie, ce qui entraînerait, d'après la proposition 1, que $v_r(\omega,X)$ est p.s. finie pour tout r>0. Mais soit p tel que r>p>2. On a la majoration très grossière

$$E[\ \sup_{h=\lambda 2^{-i}} h^pM(\omega,X,h)] \leqq \Sigma_{h=\lambda 2^{-i}} E[h^pM(\omega,X,h)]$$

$$\leqq (\ \sup_h E[h^2M(\omega,X,h)])\ \Sigma_{h=\lambda 2^{-i}} h^{p-2}$$

Cette série étant convergente, l'espérance au premier membre est finie, donc la variable aléatoire $\sup_{h=\lambda 2^{-i}} h^pM(\omega,X,h)$ est p.s. finie, et la proposition 1 permet de conclure lorsque X est bornée.

Supposant toujours X bornée par λ, on a en fait une inégalité un peu plus précise : comme $E[X_0] \leqq \lambda$,

$$E[v_r(\omega,X)] \leqq c_r[\lambda^r + \lambda^{r-p}.\lambda E[X_0].\lambda^{p-2}.\Sigma_i 2^{-i(p-2)}]$$

$$\leqq c_r'\lambda^r$$

Pour passer au cas général, nous introduisons le temps d'arrêt

$$T_\lambda = \inf\{t\ :\ X_t>\lambda\ \}$$

et la surmartingale positive $Y_t=X_tI_{\{t<T_\lambda\}}$, bornée par λ. L'événement $\{T_\lambda<\infty\}$ est égal à $\{X^*>\lambda\}$, où X^* désigne $\sup_t X_t$ comme d'habitude.

On a alors

$$E[v_r(.,X)I_{\{X^*\leq\lambda\}}] \leq E[v_r(.,Y)] \leq c'_r\lambda^r$$

Faisant tendre λ vers $+\infty$, on voit que $v_r(\omega,X)$ est finie pour presque tout $\omega\in\Omega$.

REMARQUE. Au lieu de considérer des différences de surmartingales positives, on aurait pu utiliser la définition même des semimartingales, comme somme d'une martingale locale et d'un processus à variation finie. L'étude de celui-ci étant triviale, on se trouve ramené au cas des martingales locales, donc (par arrêt) des martingales uniformément intégrables, et finalement, à l'inégalité de Doob comme on l'a fait ci-dessus. Mais il est assez naturel de faire intervenir la notion de quasimartingale dans ces problèmes, et la démonstration ci-dessus n'est pas plus compliquée.

3. SUR L'INTEGRABILITE DE LA p-VARIATION

Lépingle établit dans [2] le résultat suivant : soit X une martingale ; alors on a, pour p>2 et toute fonction Φ à croissance modérée

$$E[\ \Phi(\ v_p(.,X)^{1/p})] \leq cE[\Phi(X^*)]$$

La démonstration de Lépingle ([2], p.305) utilise les inégalités de Burkholder et la décomposition de Davis, et les méthodes élémentaires utilisées ci-dessus ne permettent pas (semble-t-il) d'atteindre un résultat aussi fin. Nous voudrions simplement faire remarquer que le résultat de Lépingle, combiné avec la proposition 1, donne aussitôt

$$E[\ \Phi(\ h.M(.,X,h)^{1/p})] \leq cE[\Phi(X^*)] \quad \text{pour tout } h>0 .$$

BIBLIOGRAPHIE

[1]. M. Bruneau. Sur la p-variation des trajectoires d'une surmartingale. Dans ce volume.

[2]. D. Lépingle. La variation d'ordre p des semi-martingales. ZW 36, 1976, p. 295-316.

[3]. I. Monroe. On embedding right continuous martingales in brownian motion. Ann. M. Stat. 43, 1972, p. 1293-1311.

[4]. J. Neveu. Martingales à temps discret. Masson, Paris, 1972.

[5]. C. Stricker. Quasimartingales, martingales locales, semimartingales et filtration naturelle. ZW 39, 1977, p.55-64.

C. Stricker
Département de Mathématiques
Université Mohammed V
Rabat, MAROC

Université de Strasbourg
Séminaire de Probabilités 1977/78

UNE REMARQUE SUR L'EXPOSE PRECEDENT

par C. Stricker

Les notations et les références sont celles de l'exposé précédent. Nous voudrions ici préciser les rapports entre les résultats de cet exposé et ceux de Lépingle [2], et ajouter un complément. Comme on l'a déjà dit, l'exposé précédent n'apporte pas de résultat nouveau par rapport à [2] : seule la méthode de démonstration, due à Bruneau dans le cas des surmartingales continues, puis généralisée aux surmartingales continues à droite, peut être considérée comme nouvelle. Il faut ajouter à cela que le cas des surmartingales se ramène aisément à celui des martingales (mais notre démonstration n'est pas plus compliquée pour les surmartingales !). En effet, si X est une surmartingale positive avec $X^* \varepsilon L^p$, $p>1$, X admet une décomposition de Doob $X=M-A$, où M est une martingale bornée dans L^p, A un processus croissant tel que $A_\infty \varepsilon L^p$; on a alors

$$v_p(X)^{1/p} \leqq v_p(M)^{1/p} + v_p(A)^{1/p}$$

et comme A est croissant, il est facile de voir que $v_p(A)= A^p_\infty$. On est donc ramené à l'étude de M. Cette remarque nous a été communiquée par un "referee" de l'article de Bruneau.

Nous voudrions montrer ensuite que la démonstration de la convergence p.s. telle qu'elle est faite dans l'article [2] peut se simplifier, dès que l'on sait que la p-variation est finie pour $p>2$. Nous employons des notations probabilistes. mais en réalité nous allons travailler trajectoire par trajectoire, la loi de probabilité n'intervenant pas.

Soit X_t une trajectoire càdlàg. à q-variation finie sur $[0,t]$, où q est $<p$. Nous allons montrer que pour toute subdivision $S=(t_i)_{i=1,..,n}$ de $[0,t]$ suffisamment fine, on a

$$(1) \quad \Sigma_s |\Delta X_s|^p - 2\varepsilon \leqq \Sigma_i |X_{t_{i+1}} - X_{t_i}|^p \leqq \Sigma_s |\Delta X_s|^p + 2\varepsilon$$

où $\varepsilon>0$ est arbitrairement choisi.

Nous écrivons d'abord que

$$(2) \quad \Sigma_i |X_{t_{i+1}} - X_{t_i}|^p 1_{\{|X_{t_{i+1}} - X_{t_i}| \leqq h\}} \leqq h^{p-q} v_q(X)$$

où nous choisissons h assez petit pour avoir à la fois

$$(3) \quad h^{p-q} v_q(x) < \varepsilon$$

$$(4) \quad \Sigma_s |\Delta X_s|^p 1_{\{|\Delta X_s| \leqq h\}} < \varepsilon$$

ce qui est possible puisque $\Sigma_s\ |\Delta X_s|^p \leq v_p(X)<+\infty$. Soit $(s_j)_{j=1,..,k}$ la suite finie des points tels que $|\Delta X_{s_j}| \geq h$. Il existe $\delta>0$ tel que la condition $\sup_i\ |t_{i+1}-t_i| \leq \delta$ entraîne que chaque intervalle $]t_i,t_{i+1}]$ contienne au plus un s_j, et que si $t_i<s_j\leq t_{i+1}$ on ait

$$(5)\qquad \big|\ |X_{t_{i+1}}-X_{t_i}|^p-|\Delta X_{s_j}|^p\ \big| \leq \frac{\varepsilon}{k}$$

Soit $N_s = X_s - \Sigma_1^k\ \Delta X_{s_j} 1_{\{s\geq s_j\}}$, fonction càdlàg. dont tous les sauts sont $<h$. On peut trouver δ' tel que la condition $\sup_i\ |t_{i+1}-t_i|\leq\delta'$ entraîne $\sup_i\ |N_{t_{i+1}}-N_{t_i}|<h$. Supposons alors $\sup_i\ |t_{i+1}-t_i| \leq \delta\wedge\delta'$. La condition $|X_{t_{i+1}}-X_{t_i}|>h$ entraîne que $]t_i,t_{i+1}]$ contient un s_j, et d'après (5)

$$\Sigma_i\ |X_{t_{i+1}}-X_{t_i}|^p\ 1_{\{|X_{t_{i+1}}-X_{t_i}|>h\}} \leq \Sigma_1^k\ |\Delta X_{s_j}|^p+\varepsilon$$

Comparant cela à (2) et (3), nous obtenons

$$\Sigma_i\ |X_{t_{i+1}}-X_{t_i}|^p \leq \Sigma_1^k|\Delta X_{s_j}|+2\varepsilon \leq \Sigma_s\ |\Delta X_s|^p+2\varepsilon$$

D'autre part, nous avons d'après (5)et (4)

$$\Sigma_i\ |X_{t_{i+1}}-X_{t_i}|^p \geq \Sigma_j|\Delta X_{s_j}|^p-\varepsilon \geq \Sigma_s\ |\Delta X_s|^p - 2\varepsilon$$

Nous avons donc établi les deux moitiés de (1), et la démonstration est achevée.

Si l'on revient aux semimartingales, où l'on sait que la p-variation est p.s. finie pour $p>2$, il suffit de choisir $q\in]2,p[$ pour obtenir le résultat désiré de convergence p.s., également pour $p>2$.

Université de Strasbourg
Séminaire de Probabilités 1977/78

REPRESENTATIONS MULTIPLICATIVES DE SOUSMARTINGALES

d'après J. Azéma, par P.A. Meyer

1. Sur un espace probabilisé filtré $(\Omega,\underline{\underline{F}},P,(\underline{\underline{F}}_t))$ habituel, considérons une sousmartingale positive et continue à droite $Y=(Y_t)_{0\leq t\leq\infty}$. Soit (B_t) le processus croissant prévisible, nul en 0, pouvant sauter à l'infini, qui engendre la surmartingale $X_t=E[Y_\infty|\underline{\underline{F}}_t]-Y_t$; alors on a aussi $Y_t=E[U_t|\underline{\underline{F}}_t]$, où U est le processus $B_t+Y_\infty-B_\infty$, qui est croissant, mais non adapté, et non positif en général. Il est naturel de se demander si Y est projection optionnelle d'un processus croissant (C_t), également non adapté, mais positif, et majoré par Y_∞. C'est ce que l'on montre dans les articles [3] et [4], sous une forme explicite un peu bizarre. On est donc amené à se demander si les processus étranges que l'on construit ainsi peuvent être caractérisés par une propriété intrinsèque. Azéma vient de démontrer dans l'article [1], entre autres choses, qu'il en est bien ainsi. Nous nous proposons ici d'exposer le résultat d'Azéma dans le langage habituel de la théorie générale des processus, autrement dit, sans opérateurs de meurtre. Non pas que les opérateurs de meurtre présentent un inconvénient quelconque, mais simplement à titre d'exercice.

2. Nous allons commencer par une longue introduction, pour présenter les différentes notions. La plus ancienne présentation du sujet est celle de [3]. On y considère le cas particulier d'une sousmartingale Y telle que $Y_\infty=1$, et on y obtient une représentation de la surmartingale X=1-Y sous la forme

(1) $$X_t = E[C_{\infty\infty}-C_{t\infty}|\underline{\underline{F}}_t] \qquad (C_{\infty\infty}=1)$$

où le processus croissant $(C_{t\infty})$, non adapté, est défini de la manière suivante. On désigne par B le processus croissant prévisible engendrant X, par $\dot{X}$ la projection prévisible de X. On sait qu'alors $\Delta B=X_- -\dot{X} \leq 1-\dot{X}$. Pour tout couple (s,t) tel que $0\leq s<t\leq\infty$, on peut alors poser

(2) $$C_{st} = \exp\Big(-\int_{]s,t]}\frac{dB^c_u}{1-\dot{X}_u}\Big)\prod_{s<u\leq t}\Big(1-\frac{\Delta B_u}{1-\dot{X}_u}\Big)$$

où B^c est la partie continue de B. On convient que $C_{st}=1$ si $t\leq s$. Les propriétés suivantes sont, ou évidentes, ou établies dans [3],[4] :

(3a) $C_{st}C_{tu}=C_{su}$ si $s<t<u$, $C_{st}=1$ si $s\geq t$.

(3b) Pour tout s, $(C_{st})_t$ est un processus décroissant prévisible

(3c) Pour tout t, $(C_{st})_s$ est un processus croissant continu à droite (non adapté).

Une idée importante du travail d'Azéma consiste à déplacer l'attention du processus usuel $(C_{t\infty})_t$ qui intervient dans (1), vers le processus à deux indices (C_{st}). Nous poserons la définition suivante :

DEFINITION. Un processus (C_{st}) à deux indices satisfaisant aux propriétés (3) sera appelé système multiplicatif dans cet exposé (en abrégé, SM).

En toute rigueur, on devrait dire SM prévisible, mais nous n'en rencontrerons pas d'autre ici, et nous omettrons ce mot. Il va de soi que deux processus à deux indices (C_{st}) et (C'_{st}) sont dits indistinguables si, pour presque tout ω , on a identiquement $C_{\cdot\cdot}(\omega)=C'_{\cdot\cdot}(\omega)$; les assertions d'unicité ci-dessous seront à prendre en ce sens. On notera avec soin que le processus croissant (3b) n'est pas nécessairement continu à droite (ou à gauche) : nous y reviendrons.

Revenons à (1) . Au lieu de l'écrire sous cette forme, rappelons nous que $X=1-Y$, avec $Y_\infty=1$, et écrivons (1) de la manière suivante, qui jouera un grand rôle dans la suite

(4) $$E[C_{t\infty}Y_\infty|\underline{\underline{F}}_t] = Y_t$$

D'une manière générale, étant donnés un SM (C_{st}) et une sousmartingale positive (Y_t), nous dirons que ces deux processus sont associés si l'on a (4). Nous allons un peu renforcer cette propriété, de manière à éliminer le rôle particulier de l'infini. Le processus $(C_{t\infty}Y_\infty)$ étant continu à droite d'après (3c), majoré par Y_∞ puisque le SM est borné par 1, sa projection optionnelle est continue à droite, et (4) exprime qu'elle est égale à (Y_t). Autrement dit, pour tout t.a. T

(5) $$E[C_{T\infty}Y_\infty|\underline{\underline{F}}_T] = Y_T \text{ (1)}$$

Soit $s\in[0,\infty]$, et soit $R=T\vee s$. Dans la relation $E[C_{R\infty}Y_\infty|\underline{\underline{F}}_R]=Y_R$, multiplions les deux membres par C_{sR} , $\underline{\underline{F}}_R$-mesurable d'après (3b), remplaçons $C_{sR}C_{R\infty}$ par $C_{s\infty}$, conditionnons par $\underline{\underline{F}}_s$ en tenant compte à nouveau de (4). Il vient

(6) $$E[C_{sR}Y_R|\underline{\underline{F}}_s] = E[C_{s\infty}Y_\infty|\underline{\underline{F}}_s] = Y_s \quad \text{si } s\leqq R$$

Introduisons le nouveau SM

$$C'_{st}(\omega) = C_{s,t\wedge T(\omega)}(\omega)$$

(dit arrêté à T) et la sousmartingale $Y'=Y^T$ arrêtée à T. Nous avons $C'_{s\infty}=C_{sT}I_{\{s<T\}}+I_{\{s\geqq T\}} = C_{sR}I_{\{s<R\}}+I_{\{s\geqq R\}}$, et la relation (6) s'écrit

$$E[C'_{s\infty}Y'_s|\underline{\underline{F}}_s] = Y'_s$$

c'est à dire une relation de même forme que (4), exprimant que le SM arrêté (C'_{st}) est associé à la sousmartingale arrêtée Y'. Lorsque T est une constante t, nous avons simplement

1. Ainsi Y est projection optionnelle de $(C_{t\infty}Y_\infty)_t$, croissant et $\leqq Y_\infty$

(6') $\quad E[C_{st}Y_t|\underline{\underline{F}}_s] = Y_s$ si $s\leq t$.

Soit T un temps d'arrêt tel que $s\leq T\leq t$. De la même manière que nous avons établi (6) , nous déduisons de (6')

(6") $\quad E[C_{Tt}Y_t|\underline{\underline{F}}_T] = Y_T$

Multiplions des deux côtés par C_{sT} , qui est $\underline{\underline{F}}_T$-mesurable, et utilisons la relation $C_{sT}C_{Tt} = C_{st}$; il vient

(7) $\quad E[C_{st}Y_t|\underline{\underline{F}}_T] = C_{sT}Y_T$ si $s\leq T\leq t$ [1]

Le processus $(C_{st}Y_t)_{t\geq s}$ est donc une martingale optionnelle, qui satisfait au théorème d'arrêt. Elle est donc continue à droite, bien que le processus $(C_{st})_{t\geq s}$ ne soit pas continu à droite a priori.

3. Précisément, nous poursuivons cette description des SM en étudiant la continuité à droite des processus décroissants prévisibles $(C_{st})_t$.

Soient s et t tels que s<t, et supposons que $C_{s,t+}>0$. Choisissons v>t tel que $C_{sv}>0$, et écrivons que $C_{su}=C_{sv}/C_{uv}$ pour s<u<v. D'après (3c), $(C_{uv})_u$ est continu à droite, donc $(C_{su})_u$ est continu à droite au point t. Autrement dit, le processus prévisible $(C_{st})_t$ est "presque" continu à droite : il possède au plus un point où la continuité à droite est en défaut, et l'on a en ce point

$$s\leq t \quad , \quad C_{s,t+} > 0 \ , \ C_{st}>0 \ ^{(2)}$$

(cela peut se produire aussi pour t=s, avec $C_{ss}=1$,$C_{s,s+}=0$). Posons alors

$$D_s = \inf\{t>s : C_{st}=0\}$$

avec la convention que $\inf(\emptyset)=\infty^+>\infty$, un "second infini" que nous devons introduire du fait que nos processus sont indexés par $[0,\infty]$. Si r est un rationnel tel que $s<r<D_s$, on a $D_s=D_r$, donc la réunion des graphes $[D_s]$ est aussi la réunion des graphes $[D_r]$, r rationnel. Et l'ensemble des "points de discontinuité" ci-dessus peut être énuméré par les temps d'arrêt de la forme T_A , où $T=D_r$ (r rationnel) et $A=\{C_{r,D_r}>0\}$.

Voici un exemple de SM qui illustre bien le défaut de continuité à droite. Soit H un ensemble prévisible contenu dans $]0,\infty]$. Nous posons pour $0\leq s<t\leq\infty$

$$C_{st}(\omega)=0 \text{ si } H(\omega)\cap]s,t] \neq \emptyset \quad , \quad C_{st}=1 \text{ sinon}$$

(3a) et (3c) sont très faciles à vérifier. D'autre part, on a pour t>s

$$C_{st}(\omega) = I_{]s,\delta_s]\setminus H}(t,\omega) \ , \text{ avec } \delta_s(\omega)= \inf\{u>s : (u,\omega)\in H\}$$

et l'ensemble $]s,\delta_s]\setminus H$ est prévisible.

---

1. Inversement, cela entraîne (4) lorsque $t=\infty$, T=s.
2. Une petite étude séparée est nécessaire pour le cas s=t.

4. Nous démontrons rapidement le théorème d'existence, qui était déjà contenu dans [3] et [4] (au vocabulaire près).

THEOREME 1. Toute sousmartingale positive $(Y_t)_{0\leq t\leq\infty}$ admet un SM associé.

DEMONSTRATION. Nous désignons par B le processus croissant prévisible, nul en 0, pouvant sauter à l'infini, engendrant la surmartingale $X_t = E[Y_\infty|\underline{\underline{F}}_t]-Y_t$ ($X_\infty=0$). Nous reprenons le processus (2) sous la forme plus générale

$$C_{st}= \exp(-\int_{]s,t]} \frac{dB^c_u}{\dot{Y}_u}) \prod_{s<u\leq t} (1 - \frac{\Delta B_u}{\dot{Y}_u})$$

On vérifie d'abord que les termes du produit sont tous ≤ 1, de sorte que ces v.a. sont bien définies. Ensuite, on raisonne dans le cas où Y est minorée par $\varepsilon>0$; il est alors évident que (C_{st}) est un SM. Posons $\mu_t=\exp(-\int_{]0,t]}\ldots)\prod_{0<u\leq t}(1-\ldots)$, de sorte que $C_{t\infty} = \mu_\infty/\mu_t$. La mesure $d\mu_t$ sur $]0,\infty]$ est prévisible, et $\frac{d\mu_t}{\mu_{t-}} = -\frac{dB_t}{\dot{Y}_t}$. Nous avons alors

$$E[C_{t\infty}Y_\infty|\underline{\underline{F}}_t] = \frac{1}{\mu_t}E[\mu_\infty Y_\infty|\underline{\underline{F}}_t] = \frac{1}{\mu_t}E[Y_\infty\mu_t+ \int_t^\infty Y_\infty d\mu_s|\underline{\underline{F}}_t]$$

La mesure $d\mu_s$ étant prévisible, nous pouvons remplacer Y_∞ par n'importe quel processus ayant même projection prévisible. Or $E[Y_\infty|\underline{\underline{F}}_u]=E[B_\infty|\underline{\underline{F}}_u]+Y_s-B_s$, donc le processus $\dot{Y}_s+B_\infty-B_s$ possède cette propriété. Intégrant par parties, nous obtenons

$$\ldots = \frac{1}{\mu_t}E[Y_\infty\mu_t+ \int_t^\infty\dot{Y}_s d\mu_s + \int_t^\infty(B_\infty-B_s)d\mu_s\,|\underline{\underline{F}}_t]$$
$$= \frac{1}{\mu_t}E[Y_\infty\mu_t + \int_t^\infty \dot{Y}_s d\mu_s + \int_t^\infty \mu_{s-}dB_s -(B_\infty-B_t)\mu_t\,|\underline{\underline{F}}_t]$$

les deux intégrales disparaissent, μ_t sort, et il reste $E[Y_\infty-B_\infty+B_t|\underline{\underline{F}}_t] =Y_t$.

Pour passer au cas général, nous remplaçons Y par Y+ε (ce qui ne change pas B). Les processus correspondants (C^ε_{st}) tendent en décroissant vers (C_{st}) lorsque $\varepsilon\downarrow 0$, et les propriétés (3a, 3b,3c) passent bien à la limite, ainsi que la relation $E[C^\varepsilon_{t\infty}(Y_\infty+\varepsilon)|\underline{\underline{F}}_t] = Y_t+\varepsilon$.

5. Nous passons à l'unicité, qui est beaucoup plus délicate. Nous allons prouver d'abord un résultat partiel, amélioré plus loin (th.3).

THEOREME 2 . Soient (C_{st}) et $(\overline{C}_{st})$ deux SM associés à la même sousmartingale (Y_t). Alors les processus à deux indices $(C_{st}Y_t)$ et $(\overline{C}_{st}Y_t)$ sont indistinguables.

Il suffit de montrer que $C_{s\infty}Y_\infty=\overline{C}_{s\infty}Y_\infty$ p.s. pour s rationnel. En effet, en conditionnant par $\underline{\underline{F}}_t$ nous avons d'après (7) $C_{st}Y_t=\overline{C}_{st}Y_t$ p.s. pour $s\in\mathbb{Q}$, $t\in\mathbb{Q}$, $t>s$, puis pour $s\in\mathbb{Q}$, $t\in\mathbb{R}$, $t>s$ par continuité à droite (dernières lignes de 2), et enfin pour $s\in\mathbb{R}$, $t\in\mathbb{R}$ d'après (3c), puis (3a).

Ensuite, nous nous ramenons à traiter le cas où Y est comprise entre 0 et 1, avec $Y_\infty=1$. En effet, supposons le théorème 2 établi dans ce cas, et démontrons le dans le cas général. Introduisons la martingale $M_t=E[Y_\infty|\underline{\underline{F}}_t]$, et la loi $Q=Y_\infty P/E[Y_\infty]$. Il est bien connu que pour toute v.a. Z on a

$$E_Q[Z|\underline{\underline{F}}_t] = E_P[ZY_\infty|\underline{\underline{F}}_t]/M_t \quad Q\text{-p.s.}$$

La relation $E[C_{t\infty}Y_\infty|\underline{\underline{F}}_t]=Y_t$ entraîne donc

$$E_Q[C_{t\infty}|\underline{\underline{F}}_t] = Y_t/M_t \quad Q\text{-p.s.}$$

Introduisons la sousmartingale $Y'_t=Y_t/M_t$, $Y'_\infty=1$, pour la loi Q ; d'après le cas particulier admis plus haut, la relation $E_Q[C_{t\infty}|\underline{\underline{F}}_t]= E_Q[\overline{C}_{t\infty}|\underline{\underline{F}}_t]=Y'_t$ entraîne l'égalité Q-p.s. des v.a. $C_{s\infty}$ et $\overline{C}_{s\infty}$, i.e. l'égalité P-p.s. des v.a. $C_{s\infty}Y_\infty$ et $\overline{C}_{s\infty}Y_\infty$.

<u>On suppose donc que</u> $Y_\infty=1$ <u>dans la suite de la démonstration, et on pose</u> $X=1-Y$

LEMME 1. <u>Si la v.a.</u> $C_{0\infty}$ <u>est</u> >0 <u>P-p.s., la relation</u>

(8) $$E[C_{t\infty}|\underline{\underline{F}}_t] = Y_t \quad (t>0)$$

<u>caractérise uniquement le processus</u> $(C_{t\infty})_t$.

DEMONSTRATION. Pour simplifier les notations, nous posons $C_{t\infty}=c_t$, $C_{0t}=m_t$. Le processus (m_t) est prévisible, et la relation $C_{0\infty}=m_tc_t$ nous donne

$$0 = m_{t-}dc_t+c_tdm_t$$

de sorte que la mesure $dc_t/c_t = -dm_t/m_{t-}$ est prévisible. Ecrivons la relation (8) sous la forme

$$E[1-c_t|\underline{\underline{F}}_t] = 1-Y_t = X_t = E[B_\infty-B_t|\underline{\underline{F}}_t]$$

Les processus croissants (c_t) et (B_t) ont donc même projection duale prévisible, et l'on a pour tout processus prévisible positif φ_s indexé par $]0,\infty]$

(*) $$E[\int_0^\infty \varphi_s dc_s] = E[\int_0^\infty \varphi_s dB_s]$$

Introduisons d'autre part la mesure prévisible $dA_s=\dot{Y}_s dc_s/c_s$. D'après (8), le processus $m_tY_t = E[C_{0\infty}|\underline{\underline{F}}_t]$ ne s'annule jamais, sa projection prévisible $m_t\dot{Y}_t$ non plus, et le processus $c_t/\dot{Y}_t$ a une projection prévisible égale à 1. On a donc

(**) $$E[\int_0^\infty \varphi_s dA_s] = E[\int_0^\infty \varphi_s \frac{c_s}{\dot{Y}_s} dA_s] = E[\int_0^\infty \varphi_s dc_s]$$

Rapprochant (*) de (**), nous voyons que dA=dB , donc (c_t) est tel que

$$dc_s/c_s = dB_s/\dot{Y}_s \quad \text{sur }]0,\infty] , \quad c_\infty=1$$

Cette équation a une solution unique sur $]0,\infty]$, et la valeur en 0 s'en déduit par continuité à droite.

LEMME 2 . Soient (C_{st}) et $(\overline{C}_{st})$ deux SM associés à la même sousmartingale Y, avec $Y_\infty=1$. Supposons qu'il existe un temps d'arrêt T tel que

- pour $t<T$, $C_{t\infty}=\overline{C}_{t\infty}=0$
- pour $t>T$, sur $\{T<\infty\}$, $C_{t\infty}>0$ et $\overline{C}_{t\infty}>0$

Alors les processus $(C_{t\infty})$ et $(\overline{C}_{t\infty})$ sont indistinguables.

DEMONSTRATION. On reprend le raisonnement précédent entre $T+\varepsilon$ et ∞. L'égalité s'étend à $[T,\infty]$ par continuité à droite, puis à gauche de T puisque tout y est nul. Nous ne donnerons pas les détails.

Voici l'idée de la fin de la démonstration : on pose

(9) $$L = \sup\{\, s>0 : C_{s\infty}=0 \,\} \qquad (\sup\emptyset = 0)$$

On va montrer que L peut être caractérisé en termes de Y, autrement dit, que L est le même pour (C_{st}) et $(\overline{C}_{st})$. On voudrait appliquer le lemme 2 à L, mais L n'est pas un temps d'arrêt. Qu'à cela ne tienne : on va montrer que L est une « v.a. honnête » , autrement dit la fin d'un ensemble optionnel, et adjoindre L comme temps d'arrêt à la famille $(\underline{\underline{F}}_t)$, ce qui nous donnera une famille élargie $(\underline{\underline{G}}_t)$. Puis l'on montrera que les deux SM (C_{st}) et $(\overline{C}_{st})$ sont encore associés à la même sousmartingale relativement à la nouvelle famille $(\underline{\underline{G}}_t)$, et le lemme 2 permettra de conclure la démonstration.

6. Il nous reste donc à décrire de manière assez approfondie la manière dont un SM s'annule. A côté de L, nous introduirons les v.a.

(9') $$L_t = \sup\{\, s>0 : C_{st}=0 \,\}$$

On a $L_s \leq L_t$ si $s\leq t$ (en particulier, $L_s \leq L_\infty = L$), et aussi $L_s \leq s$. D'autre part, L_t est $\underline{\underline{F}}_t$-mesurable.

Sur l'ensemble $\{L<t\}$, on a $C_{t\infty}>0$, donc les relations $C_{s\infty}=0$ et $C_{st}=0$ sont équivalentes pour $s<t$. Autrement dit, on a $L=L_t$ sur $\{L<t\}$, et comme L_t est $\underline{\underline{F}}_t$-mesurable, on tombe sur la définition des v.a. honnêtes (voir [2] par exemple). Il est connu (même réf.) qu'une v.a. est honnête si et seulement si elle est la fin d'un ensemble optionnel.

LEMME 3. Le processus croissant $(L_t)_{t>0}$ est prévisible.

DEMONSTRATION. Soit A^s l'ensemble prévisible $\{(t,\omega) : t>s,\ C_{st}(\omega)=0\}$. L'intersection des A^s pour s rationnel est un ensemble prévisible U, qui s'écrit $U=\{(t,\omega) : \forall s<t\ ,\ C_{st}(\omega)=0\}$. Il est très facile de voir que

$$L_t = L_{t-}I_{U^c} + tI_U$$

qui est bien prévisible. En effet, si l'on a $L_{t-}<L_t$, soit $a\in]L_{t-},L_t[$;

Pour tout s tel que $a<s<t$ on a $C_{as}>0$ puisque $a>L_{s-}$, et $C_{at}=0$, donc $C_{st}=0$, donc $t\in U$, et $L_t=t$.

Le lemme suivant est le point crucial de la démonstration.

LEMME 4. Soit (C_{st}) un SM associé à Y, avec $Y_\infty=1$. Considérons les ensembles

(10)
$$H = \{(t,\omega) : t>0,\ Y_{t-}=0\}$$
$$\hat{H} = \{(t,\omega) : t>0,\ Y_{t-}=0 \text{ ou } Y_t=0\}$$

Alors H est (à un ensemble évanescent près) le plus grand ensemble prévisible contenu dans $]0,L]$, $\hat{H}$ est de même le plus grand ensemble optionnel contenu dans $]0,L]$, et L est la fin de $\hat{H}$.

Pour tout processus prévisible $(\varphi_s)_{s>0}$ on a $E[\varphi_L c_{L\infty} I_{\{L>0\}}] = E[\int_0^\infty \varphi_s H_s dC_{s\infty}]$, où $(H_s)_{s>0}$ est l'indicatrice de H.

DEMONSTRATION. Nous écrivons $c_s=C_{s\infty}$. Nous démontrons successivement

1) H est à gauche de L : soit F la fin de H, soit $U_t=I_{\{t\geq F\}}$, soit (V_t) . la projection duale prévisible de (U_t). On a $Y_t=E[c_t|\underline{\underline{F}}_t]$, et on en déduit que Y_- est projection prévisible de c_- . Alors
$$E[\int_0^\infty c_{s-}dV_s] = E[\int_0^\infty Y_{s-}dV_s\ ] = E[\int_0^\infty Y_{s-}dU_s] = E[Y_{F-}I_{\{F>0\}}]=0$$
Donc la fonction c_{s-} est nulle p.p. pour la mesure dV_s . L'ensemble fermé à gauche $\{c_{s-}=0\}$ contient donc le support gauche Σ de dV_s ; Σ étant prévisible et portant dV_s porte aussi dU_s , donc contient [F]. Autrement dit, [F] (graphe dans $]0,\infty]$) est contenu dans $]0,L]$, i.e. $F\leq L$, ce qu'on cherchait.

2) Soit J prévisible à gauche de L, alors $J\subset H$. Il suffit de montrer d'après le théorème de section prévisible, que pour tout temps prévisible T à valeurs dans $]0,\infty]$ on a $Y_{T-}=0$ p.s. sur $\{T\in J\}$. Or
$$E[Y_{T-}, T\in J] = E[c_{T-}, T\in J] = 0$$
puisque $c_-=0$ sur $J\subset]0,L]$.

3) En particulier, l'ensemble prévisible $\{ t : L_t=t\}$ (lemme 3) est à gauche de L, donc contenu dans H.

4) $\hat{H}$ est à gauche de L . Il suffit de montrer que $\hat{H}\backslash H$ est à gauche de L. Or $\hat{H}\backslash H$ est contenu dans une réunion dénombrable de graphes de t.a., et il suffit donc de montrer que , pour tout t.a. T, on a p.s. $T\leq L$ sur $\{T\in\hat{H}\backslash H\}$. Or c'est évident, car
$$E[c_T I_{\{T\in\hat{H}\backslash H\}}] = E[Y_T I_{\{T\in\hat{H}\backslash H\}}]=0$$

5) Soit K optionnel à gauche de L, alors $K\subset\hat{H}$. Il suffit de montrer que pour tout t.a. T à valeurs dans $]0,\infty]$, l'événement $A=\{T\in K\backslash H\}$ est p.s. contenu dans $\{T\in\hat{H}\}$. Or soit $\omega\in A$; puisque $T(\omega)=t\notin H$, nous avons $L_t<t$ d'après 3), donc il existe $s<t$ tel que $C_{st}>0$. Mais alors on a $C_{t\infty}=0$,

car le contraire entraînerait $C_{s\infty}=C_{st}C_{t\infty}>0$, absurde puisque $s<L$. Autrement dit, on a $c_T=0$ p.s. sur A, et alors

$$E[Y_T,A] = E[c_T,A] = 0$$

et $Y_T=0$ p.s. sur A .

6) L est une v.a. honnête, donc la fin d'un ensemble optionnel, donc la fin du plus grand ensemble optionnel situé à sa gauche, donc la fin de $\hat{H}$

7) Notons que H est fermé à gauche, $\hat{H}$ fermé, et $\hat{H}\setminus H$ est réunion de graphes de temps d'arrêt T_n . Le graphe d'un tel T_n est un optionnel situé à gauche de L, mais pas dans H, et il résulte de 5) ci-dessus que $C_{T_n}=0$. Autrement dit

Le graphe de L est situé dans $\hat{H}$, et là où il n'est pas dans H on a $c_L=0$.

Mais alors, comme la mesure dc_s est nulle sur $]0,L]$, on a pour tout processus $(\varphi_s)_{s>0}$ (prévisible ou non)

$$E[\varphi_L c_L I_{\{L>0\}}] = E[\int_0^\infty \varphi_s \hat{H}_s dc_s] = E[\int_0^\infty \varphi_s H_s dc_s]$$

où (H_s), $(\hat{H}_s)$ sont les indicatrices des ensembles correspondants.

Nous pouvons maintenant achever d'établir le théorème 2. Considérons deux SM (C_{st}) et $(\overline{C}_{st})$ tels que

$$Y_t = E[c_t|\underline{\underline{F}}_t] = E[\overline{c}_t|\underline{\underline{F}}_t] \quad , \text{ avec } c_t=C_{t\infty} \text{ , } c_t=\overline{C}_{t\infty}$$

Nous avons alors pour tout processus prévisible $(\varphi_s)_{s>0}$

$$(11) \qquad E[\int_0^\infty \varphi_s dc_s] = E[\int_0^\infty \varphi_s d\overline{c}_s]$$

(intégrales avec 0 exclu, ∞ compris, $c_\infty=\overline{c}_\infty=1$).

Il résulte du lemme 4 que la variable aléatoire L <u>est la même pour les deux SM</u> (puisqu'elle est la fin de $\hat{H}$, qui ne dépend que de Y). De plus, si φ est prévisible, il en est de même de $\varphi_s H_s$ et l'on a donc

$$(12) \qquad E[\varphi_L c_L I_{\{L>0\}}] = E[\varphi_L \overline{c}_L I_{\{L>0\}}]$$

Soit maintenant $(\underline{\underline{G}}_t)$ la plus petite famille de tribus contenant $(\underline{\underline{F}}_t)$ et pour laquelle L est un temps d'arrêt. On montre très aisément que tout processus prévisible par rapport à $(\underline{\underline{G}}_t)$ s'écrit sur $]0,\infty]$

$$(13) \qquad \varphi_s = a_s I_{\{s<L\}} + b_s I_{\{s\geq L\}}$$

(a_s) et (b_s) étant prévisibles par rapport à $(\underline{\underline{F}}_t)$. Voir par exemple [2] . Mais alors il résulte de (11) et (12) que (c étant nulle sur $]0,L[$)

$$E[\int_0^\infty \varphi_s dc_s] = E[\int_0^\infty \varphi_s d\overline{c}_s]$$

Autrement dit, $E[1-c_s|\underline{\underline{G}}_s]=E[1-\overline{c}_s|\underline{\underline{G}}_s]$, et les deux SM sont associés à une même sousmartingale par rapport à $(\underline{\underline{G}}_t)$, et L est à présent un temps d'arrêt. On conclut alors par le lemme 2.

7. Nous allons maintenant perfectionner le théorème 2, en caractérisant de manière unique un SM (C_{st}) associé à Y .

THEOREME 3. Il existe un SM (C_{st}) unique, associé à Y et possédant la propriété suivante : si $s<u$, et si $Y_{u-}=0$, alors $C_{su}=0$ (donc si $s<t$, et s'il existe $u\in]s,t]$ tel que $Y_{u-}=0$, on a $C_{st}=0$).

Pour établir l'existence, nous partons d'un SM quelconque (γ_{st}) associé à Y , nous posons $k_{st}=0$ si $s<t$, et s'il existe $u\in]s,t]$ tel que $Y_{u-}=0$, $k_{st}=1$ sinon (de sorte que (k_{st}) est un SM d'après 3), et nous posons enfin $C_{st}=\gamma_{st}k_{st}$. Il s'agit de vérifier que (C_{st}) est associé à Y , ou encore, comme on l'a remarqué en 2 , que le processus $(C_{st}Y_t)_t$ est une martingale continue à droite sur $[s,\infty]$. Or le processus $(\gamma_{st}Y_t)$ est une martingale continue à droite sur cet intervalle. Tant qu'il n'y a sur $]s,t]$ aucun point u où $Y_{u-}=0$, elle est égale à $(C_{st}Y_t)$. Soit $v=\inf\{u : Y_{u-}=0\}$; à partir de l'instant v, la martingale $(\gamma_{st}Y_t)$ garde la valeur 0, et elle est alors égale aussi à $(C_{st}Y_t)$. Pour finir, les deux processus $(C_{st}Y_t)$ et $(\gamma_{st}Y_t)$ sont donc indistinguables.

Pour établir l'unicité, considérons deux SM (C_{st}) et $(\overline{C}_{st})$ satisfaisant à l'énoncé. Comme on l'a déjà remarqué, il suffit de vérifier que pour tout s rationnel les processus $(C_{st})_{t\geqq s}$ et $(\overline{C}_{st})_{t\geqq s}$ sont indistinguables, et nous traiterons le cas où s=0.

Posons $T = \inf\{t>0 : Y_t=0 \text{ ou } Y_{t-}=0\}$, $A=\{Y_{T-}>0\}$, $B=\{Y_{T-}=0\}$.
Nous pouvons affirmer que $C_{0t}(\omega)=\overline{C}_{0t}(\omega)$

- pour t=0 (les deux membres sont égaux à 1)
- pour $0<t<T$ (indistinguabilité des processus $(C_{0t}Y_t)$ et $(\overline{C}_{0t}Y_t)$, Y étant >0 sur $]0,T[$).
- pour $t\geqq T$ sur B, car sur B $Y_{T-}=0$ (hypothèse faite sur C et $\overline{C}$).
- pour $t>T$ sur A ; en effet, si $Y_{T-}>0$, c'est que $Y_T=0$. Ou bien Y_t est nulle sur un intervalle $[T,T+\varepsilon[$, Y_{t-} y est nulle aussi, et donc $0 = C_{su}=\overline{C}_{su}$ pour $u>T$ d'après l'hypothèse . Ou bien il existe des $t_n\downarrow T$ tels que $Y_{t_n}>0$; mais $(C_{0r}Y_r)_r$ est une martingale positive, qui garde la valeur 0 à partir de r=T, donc $C_{0t_n}=0$ pour tout n, et $C_{0t}=0$ pour t>T. De même pour $\overline{C}$.
- Reste donc seulement à vérifier que $C_{0T}=\overline{C}_{0T}$ sur A. Nous reprenons la démonstration classique d'unicité. Posons $C_{0t}=c_t$, et écrivons que c_tY_t est une martingale M_t , et que $Y_t=N_t+B_t$, où N est une martingale.

$d(c_tY_t) = c_tdY_t+Y_{t-}dc_t= dM_t$ (formule d'intégration par parties due à Yoeurp, le processus décroissant (c_t) étant prévisible). Donc

$$c_tdB_t + Y_{t-}\, dc_t = dM_t-c_tdN_t$$

Le côté droit est une martingale, le côté gauche est prévisible, donc

$c_t dB_t + Y_{t-} dc_t = 0$. Appliquant cela à l'instant T sur A, nous obtenons

$$(c_{T-}+\Delta c_T)\Delta B_T + Y_{T-}\Delta c_T = 0 \quad \text{ou } \Delta c_T = -c_{T-}\Delta B_T / Y_{T-}+\Delta B_T$$

Comme on a $c_{T-}=\bar{c}_{T-}$, on a aussi $\Delta c_T=\Delta\bar{c}_T$, et enfin l'égalité cherchée $c_T=\bar{c}_T$.

BIBLIOGRAPHIE

[1]. AZEMA (J.). Représentation multiplicative d'une surmartingale bornée. ZfW 45, 1978, p.191-212.

[2]. DELLACHERIE (C.) et MEYER (P.A.). A propos du travail de Yor sur le grossissement des tribus. Séminaire de Probabilités XII. Lecture Notes in M. 649, Springer 1978.

[3]. MEYER (P.A.). Une représentation de surmartingales. Séminaire de Probabilités VIII. Lecture Notes in M. 381, Springer 1974.

[4]. MEYER (P.A.) et YOEURP (C.). Sur la décomposition multiplicative des sousmartingales positives. Séminaire de Probabilités X. Lecture Notes in M. 511, Springer 1976.

NOTE APRES LA REDACTION

Azéma m'a fait remarquer que le théorème d'unicité 3 est à la fois plus fort et moins fort que celui qui figure dans [1] : plus fort, parce qu'on établit une indistinguabilité à deux indices ; moins fort, parce que le théorème (3.3) de [1] ne suppose pas donné un système multiplicatif, mais seulement un processus décroissant (m_t) à un indice tel que $(m_t Y_t)$ soit une martingale. Le lecteur qui veut étudier la question de près fera donc bien de regarder les deux articles, celui d'Azéma et cet exposé. Il est d'ailleurs toujours préférable de se reporter à l'article original !

Université de Strasbourg
Séminaire de Probabilités 1977/78

CARACTERISATION D'UNE CLASSE DE SEMIMARTINGALES

par CHOU Ching-Sung

Considérons un espace probabilisé $(\Omega,\underline{\underline{F}},P)$ filtré par une famille $(\underline{\underline{F}}_t)$ qui satisfait aux conditions habituelles. Rappelons qu'une semimartingale X appartient à la classe H^1 si elle admet une décomposition $X=\overline{M}+\overline{A}$, où la martingale $\overline{M}$ appartient à la classe H^1 usuelle ($E[[\overline{M},\overline{M}]_\infty^{1/2}]<\infty$) et $\overline{A}$ est un processus à variation intégrable. Alors X est spéciale, et la décomposition canonique $X= M+A$ de X possède les propriétés ci-dessus. La classe H^1 est un espace de Banach pour la norme

$$\|X\|_{H^1} = E[\ [M,M]_\infty^{1/2}+ \int_0^\infty |dA_s|\ ]$$

La classe H^1 de semimartingales (et plus généralement la classe H^p) est due à M. Emery. M. P.A. Meyer a proposé l'étude de la classe (Σ) des semimartingales X qui possèdent la propriété suivante :

(Σ) <u>Il existe un processus prévisible</u> J, <u>partout</u> $\neq 0$ <u>sur</u> $\mathbb{R}_+\times\Omega$, <u>tel que l'on ait</u> $J\cdot X \in H^1$.

Nous remercions MM. P.A. Meyer et C. Stricker, qui nous ont aidé à obtenir les résultats sur la classe (Σ).

Voici un critère commode pour l'appartenance à la classe (Σ).

LEMME. <u>Pour qu'une semimartingale</u> X <u>appartienne à la classe</u> (Σ), <u>il faut et il suffit qu'il existe des processus prévisibles</u> J^n <u>tels que</u> $0\leqq J^n\leqq 1$, $J^n\uparrow 1$ <u>partout, et</u> $J^n.X \in H^1$ <u>pour tout</u> n.

DEMONSTRATION. Supposons que X appartienne à la classe (Σ) et soit J un processus prévisible tel que $J\cdot X \in H^1$, $J\neq 0$ partout. Comme on a $|J|\cdot X= (\mathrm{sgn}\, J)\cdot(J\cdot X) \in H^1$, on peut remplacer J par $|J|$, et supposer $J \geqq 0$. Alors on peut prendre $J^n=(nJ)\wedge 1$.

Inversement, s'il existe des J^n comme dans l'énoncé, nous prenons $J = \Sigma_n a_n J^n$, où les a_n sont des nombres >0 tels que $\Sigma_n a_n \| J^n.X \|_{H^1} < \infty$, $\Sigma_n a_n < \infty$.

<u>Conséquences</u> : La classe (Σ) est un espace vectoriel.

Toute martingale locale, tout processus à variation localement intégrable appartient à (Σ) (dans ce cas les processus J^n sont de la forme $I_{]\!]0,T_n]\!]}$ avec des temps d'arrêt $T_n\uparrow\infty$).

Toute semimartingale spéciale appartient à la classe (Σ), car elle est la somme de deux processus des types précédents.

Voici la caractérisation de la classe (Σ) :

THEOREME. Pour que X appartienne à la classe (Σ), il faut et il suffit que l'on ait pour tout temps d'arrêt T borné (prévisible ou non)

(1) $$E[|\Delta X_T||\underline{\underline{F}}_{T-}] < \infty \text{ p.s..}$$

DEMONSTRATION. On convient comme d'habitude que pour $t<0$, $\underline{\underline{F}}_t=\underline{\underline{F}}_0$, $X_t=0$. Alors il n'est pas nécessaire de s'occuper de 0.

Supposons d'abord que X appartienne à (Σ) et soit J prévisible >0 tel que $Y=J\cdot X \in H^1$. On a $J_T|\Delta X_T| = |\Delta Y_T| \leq 2Y^* \in L^1$. D'autre part la variable aléatoire J_T est $\underline{\underline{F}}_{T-}$-mesurable et partout >0 . Alors

$$E[|\Delta X_T||\underline{\underline{F}}_{T-}] = \frac{1}{J_T}E[J_T|\Delta X_T||\underline{\underline{F}}_{T-}] < \infty \text{ p.s..}$$

Inversement, supposons que la condition (1) soit satisfaite. Décomposons X sous la forme $X=M+A$, où A est un processus à variation finie nul en 0 et M est une martingale locale. Comme M est spéciale, M appartient à la classe (Σ) et vérifie la condition (1). Il en résulte que

(2) $$E[|\Delta A_T||\underline{\underline{F}}_{T-}] \leq E[|\Delta X_T|+|\Delta M_T||\underline{\underline{F}}_{T-}] < \infty \text{ p.s. .}$$

Choisissons des temps d'arrêt $T_n\uparrow\infty$ bornés et tels que

$$E[\int_{[0,T_n[}|dA_s|] < \infty$$

(par exemple $T_n=n\wedge\inf\{ t : \int_0^t|dA_s| \geq n \}$). Fixons n et écrivons T au lieu de T_n . D'après (2) il existe une variable aléatoire $\underline{\underline{F}}_{T-}$-mesurable H, partout >0 , telle que $E[H|\Delta A_T|] < \infty$, et on peut supposer $H\leq 1$. D'après le théorème IV.67 , p.200 de "probabilités et potentiel" de Dellacherie et Meyer, il existe un processus prévisible $Z=(Z_t)$ tel que $H=Z_T$, et on peut supposer que $0\leq Z\leq 1$. Si l'on remplace Z par $Z+I_{\{Z=0\}}$ on ne change pas Z_T puisque $H>0$ partout, donc on peut supposer $Z>0$ partout. On a alors

$$E[\int_{[0,T]}Z_s|dA_s|] \leq E[\int_{[0,T[}|dA_s|]+E[Z_T|\Delta A_T|] < \infty$$

Remettons l'indice n et notons c_n cette espérance. Choisissons des constantes $a_n>0$ telles que $\Sigma_n c_n a_n < \infty$, $\Sigma_n a_n<\infty$

$$J = \Sigma_n a_n Z^n I_{[\![0,T_n]\!]}$$

J est un processus prévisible partout >0, et $J\cdot A$ est un processus à variation intégrable, donc appartient à la classe H^1. Donc A appartient à la classe (Σ) et $X=M+A$ aussi.

Parmi les semimartingales de la classe (Σ), il y en a qui ressemblent aux martingales locales. Ce sont les processus de la classe

(Σ_m) : $(X \in (\Sigma_m))$ $\Longleftrightarrow$ (il existe J prévisible >0 tel que $J.X$ soit une martingale de H^1).

Toute martingale locale appartient à la classe (Σ_m), mais nous pensons que la classe (Σ_m) est plus large que celle des martingales locales. Toutefois, il est difficile de donner des exemples concrets, en raison des deux propositions suivantes :

PROPOSITION 1. Toute semimartingale spéciale X de la classe (Σ_m) est une martingale locale.

DEMONSTRATION. Puisque X est spéciale, X admet une décomposition canonique $X=M+A$, où A est à variation finie prévisible nul en 0. Soit J prévisible partout >0 tel que J.X soit une martingale de H^1 , ou même seulement une martingale locale ; alors $(J\wedge 1).X = (J\wedge 1/J)\cdot(J\cdot X)$ est une martingale locale, et on peut donc supposer que J est borné. Alors J.A est un processus à variation finie prévisible, nul en 0, et en même temps $J\cdot A=J\cdot X-J\cdot M$ est une martingale locale. Donc $J\cdot A=0$. Remplaçant J par le produit JH, où H est un processus prévisible borné par 1 en valeur absolue tel que $H_s dA_s=|dA_s|$, on voit que la mesure $J_s|dA_s|$ est nulle. Comme J>0 partout, on a A=0, et enfin X=M est une martingale locale.

D'autre part, on ne peut pas tirer d'exemples du cas discret, car

PROPOSITION 2. En temps discret, toute semimartingale de la classe (Σ_m) est une martingale locale.

DEMONSTRATION. Soit (J_n) un processus prévisible tel que J.X soit une martingale de la classe H^1. Alors $J_n(X_n-X_{n-1}) \in L^1$ et $E[J_n(X_n-X_{n-1})|\underline{\underline{F}}_{n-1}]=0$. Comme J_n est $\underline{\underline{F}}_{n-1}$-mesurable et partout >0, on en déduit que

$$E[|X_n||\underline{\underline{F}}_{n-1}] < \infty \text{ p.s.} \quad E[X_n|\underline{\underline{F}}_{n-1}] = X_{n-1} \text{ p.s.}$$

Il est connu que cela caractérise les martingales locales en temps discret (voir P.A. Meyer, Martingales and stochastic integrals, Lecture Notes in M. 284, p. 47).

M. Meyer avait posé la question de savoir si une semimartingale de la classe (Σ_m) par rapport à $(\underline{\underline{F}}_t)$ restait de la classe (Σ_m) par rapport à sa filtration naturelle. Si cette propriété était vraie, d'après la proposition 2 elle serait vraie pour les martingales locales dans le cas discret. Mais à la page 57 du Z. fur W-theorie, Vol.39 (1977), C.Stricker a donné un contre exemple dans le cas discret. La réponse à la question de M. Meyer est donc négative.

Université de Strasbourg
Séminaire de Probabilités 1977/78

SUR LES INTEGRALES STOCHASTIQUES DE L.C. YOUNG

par Jean Spiliotis

Il y a quelques années, L.C. YOUNG a publié deux articles ([1] et [2]) sur la définition d'intégrales déterministes du type $\int_0^u f(t)dg(t)$ ou d'intégrales stochastiques du type $\int_0^u Y(t)dX(t)$. La lecture des ces deux articles est difficile, surtout celle du second, qui n'est pas écrit dans le langage usuel des probabilistes, et cela explique pourquoi le travail de YOUNG n'a jamais été analysé dans ce séminaire. Nous nous proposons d'en rendre compte partiellement ici.

Au sujet du premier article, nous nous bornerons à quelques lignes : il est bien connu que l'on sait définir $\int_{]0,u]} f(t)dg(t)$ lorsque g est une fonction à variation bornée, f une fonction borélienne bornée. Lorsque g est continue, f à variation bornée, on peut alors définir

$$\int_{]0,u]} f(t)dg(t) = f(u)g(u)-f(0)g(0) - \int_{]0,u]} g(t)df(t)$$

Nous dirons dans ces deux cas que nous avons affaire à des intégrales de Stieltjes ordinaires. Ce que montre YOUNG, c'est que l'on peut définir $\int_{]0,u]} f(t)dg(t)$ lorsque f et g satisfont toutes deux à des conditions du type de Hölder, par rapport à des fonctions croissantes convenablement liées. De plus, les intégrales généralisées ainsi définies peuvent être approchées par des intégrales de Stieltjes ordinaires, de la manière suivante. Posons $f^n(t) = n\int_{t-1/n}^t f(s)ds$ (en convenant que f est nulle pour $t<0$) ; alors $\int_{]0,u]} f(t)dg(t) = \lim_{n\to\infty} \int_{]0,u]} f^n(t)dg(t)$, où le côté droit est pour chaque n une "intégrale de Stieltjes ordinaire", puisque f^n est à variation bornée.

Dans le second article, on établit de même l'existence de certaines intégrales stochastiques $\int_{]0,u]} Y_s dX_s$, par rapport à des processus qui ne sont pas nécessairement des semimartingales, et on établit une approximation $\int_{]0,u]} Y_s dX_s = \lim_{n\to\infty} \int_{]0,u]} Y^n_s dX_s$, où Y^n est un processus défini comme f^n ci-dessus, et où le côté droit est donc une intégrale de Stieltjes ordinaire.

Notre travail a consisté à récrire entièrement le second article dans le langage usuel des filtrations, sous une forme d'ailleurs beaucoup plus condensée. En fin de compte, le résultat est un peu décevant, car la théorie manque d'exemples concrets autres que l'intégrale stochastique classique d'Ito - c'est pourquoi nous nous sommes abstenus de rédiger la dernière propriété d'approximation mentionnée plus haut, bien que nous l'ayons vérifiée dans le nouveau langage. On pourra constater sur cette rédaction que l'introduction du langage probabiliste moderne est loin de "trivialiser" les résultats de Young, et il se peut fort bien que la construction des intégrales stochastiques sous les conditions de Young, ou sous des conditions voisines, s'avère utile un jour.

1. NOTATIONS

$(\Omega,\underline{\underline{F}},P,(\underline{\underline{F}}_t)_{t\in T})$ est un espace probabilisé filtré, où T est un intervalle compact - l'intervalle $[0,1]$ pour fixer les idées. On suppose que les conditions habituelles sont satisfaites.

On se propose de définir des intégrales stochastiques $\int_0^1 Y_s dX_s$, sous les hypothèses suivantes :

A) $Y=(Y_t)_{t\in T}$ est un processus <u>progressif</u> par rapport à $(\underline{\underline{F}}_t)_{t\in T}$, tel que

$$E[\int_0^1 Y_s^2 ds] < \infty$$

On ne perd aucune généralité essentielle en supposant que $Y_0=0$ (ce qui supprime la distinction entre les intégrales sur $]0,1]$ et $[0,1]$) et l'on convient que $Y_t=0$ pour $t<0$.

B) $X=(X_t)_{t\in T}$ est un processus <u>adapté</u> à $(\underline{\underline{F}}_t)_{t\in T}$, <u>continu à droite</u>[1] ; on a $X_t\in L^2$ pour tout $t\in T$, et pour $0\leqq s<t\leqq 1$

$$|E[X_t-X_s|\underline{\underline{F}}_s]| \leqq a(t-s) \text{ p.s. } ; \quad E[(X_t-X_s)^2|\underline{\underline{F}}_s] \leqq b^2(t-s) \text{ p.s.}$$

où a et b sont des fonctions croissantes sur $]0,1]$, telles que $a(0+) = b(0+)=0$.

On impose donc dès le départ certaines conditions "de Hölder" sur X ; si $a=0$, X est une martingale ; si $a(t)\leqq ct$, où c est une constante, X est une quasimartingale (Young appelle nigh-martingales les processus X satisfaisant à B). Par ailleurs, nous serons amenés, pour définir l'intégrale stochastique, à compléter la condition A) par des conditions de Hölder sur Y de type un peu différent (condition C) plus bas).

Passons aux notations relatives aux partitions. Soit $h>0$ tel que $N=\frac{1}{h}$ soit un entier . Nous pouvons lui associer la partition de $]0,1]$ en les intervalles

---

1. Cette hypothèse n'est là que pour fixer les idées, mais n'intervient pas de manière essentielle.

$$\Delta_i^h =]ih,\ (i+1)h] \qquad (0 \leqq i \leqq N-1)$$

et nous conviendrons que $\Delta_{-1}^h =]-h,0]$.

D'une manière générale , si Δ est un intervalle, nous noterons $g(\Delta)$ et $d(\Delta)$ ses extrémités gauche et droite, et nous poserons $\Delta X = X_{d(\Delta)} - X_{g(\Delta)}$. Ainsi $\Delta_i^h(X) = X_{(i+1)h} - X_{ih}$ pour $i \geqq 0$, et pour $i=-1$ nous conviendrons que cela vaut 0.

Nous posons aussi

$$(1) \qquad Y^h = \sum_{i=0}^{N-1} \left(\frac{1}{h} \int_{\Delta_{i-1}^h} Y_s ds \right) I_{\Delta_i^h}$$

Sous l'hypothèse A), ces intégrales sont bien définies, et le processus Y^h est un processus étagé prévisible indexé par T. Comme Y^h est étagé, il n'y a aucune difficulté à définir l'intégrale $\int_0^1 Y_s^h dX_s$, qui vaut

$$(2) \qquad I(Y^h) = \sum_{i=0}^{N-1} \left(\frac{1}{h} \int_{\Delta_{i-1}^h} Y_s ds \right) \Delta_i^h X$$

DEFINITION. On dit que l'intégrale stochastique du processus Y (satisfaisant à A)) par rapport au processus X (satisfaisant à B)) existe, si les variables aléatoires $I(Y^h)$ convergent dans L^2 lorsque h parcourt la suite $h_n = 2^{-n}$, et l'on pose alors

$$\int_0^1 Y_s dX_s = I(Y) = \lim_{n \to \infty} I(Y^{h_n})$$

Pour éviter d'alourdir les notations, nous sous-entendons désormais que h est de la forme 2^{-n} , et nous écrivons $\lim_{h \to 0}$ au lieu de $\lim_{n \to \infty}$, etc, en mentionnant le moins souvent possible l'entier n.

2. QUELQUES MAJORATIONS ELEMENTAIRES

LEMME 1. <u>Soit un intervalle</u> $\Delta =]u,v]$, <u>et soit une v.a.</u> $\underline{\underline{F}}_u$<u>-mesurable</u> $f \in L^2$. <u>Alors on a</u>

$$E[f^2(\Delta X)^2] \leqq b^2(v-u)E[f^2].$$

DEMONSTRATION. Comme f est $\underline{\underline{F}}_u$-mesurable, on a d'après l'hypothèse B)

$$E[f^2(\Delta X)^2 | \underline{\underline{F}}_u] \leqq b^2(v-u).f^2$$

d'où l'inégalité du lemme en intégrant.

LEMME 2. <u>On a pour</u> $\theta=1,2$ <u>si</u> Y <u>satisfait à</u> A)

$$(3) \qquad \left\| \frac{1}{|\Delta|} \int_\Delta Y_s ds \right\|^\theta \leqq \frac{1}{|\Delta|} \int_\Delta \|Y_s\|^\theta ds$$

<u>où</u> $\|\ \|$ <u>désigne la norme de</u> L^2, $|\Delta|$ <u>la longueur de l'intervalle</u> Δ .

DEMONSTRATION. Pour $\theta=1$, (3) est l'inégalité de Minkowski sous forme intégrale. Le cas $\theta=2$ s'en déduit en appliquant l'inégalité de Jensen du côté droit.

LEMME 3. <u>Soit</u> Y <u>un processus satisfaisant à</u> A), <u>constant sur les intervalles</u> Δ_i^h (<u>de sorte que</u> $Y=Y^h$). <u>Alors on a</u>

$$(4) \qquad \|I(Y)\|^2 \leq \frac{b^2(h)}{h} \int_0^1 \|Y_s\|^2 ds + \frac{a(h)b(h)}{h^2} \left(\int_0^1 \|Y_s\| ds\right)^2$$

DEMONSTRATION. Puisque Y est étagé par rapport à une subdivision dyadique, l'existence de l'intégrale stochastique ne pose aucun problème ($I(Y)=I(Y^h)$ dès que $h=2^{-n}$ est assez petit), d'où la notation I(Y). Nous pouvons écrire

$$Y = \sum_{i=0}^{N-1} f_i I_{\Delta_i^h} \quad , \quad I(Y) = \sum_{i=0}^{N-1} f_i \Delta_i^h X$$

avec $f_i \in L^2$, f_i $\underline{\underline{F}}_{g(\Delta_i^h)}$ -mesurable. Alors nous avons

$$\|I(Y)\|^2 = E[\sum_{i,j} f_i f_j \Delta_i^h X \Delta_j^h X] = \Sigma_i E[f_i^2(\Delta_i^h X)^2] + 2\sum_{i<j} E[f_i f_j \Delta_i^h X \Delta_j^h X]$$

La première somme du côté droit se majore grâce au lemme 1 : en omettant h pour simplifier

$$\Sigma_i E[f_i^2(\Delta_i X)^2] \leq b^2(h)\Sigma_i E[f_i^2] \leq \frac{b^2(h)}{h} \Sigma_i \int_{\Delta_i} \|f_i\|^2 ds$$
$$= \frac{b^2(h)}{h} \int_0^1 \|Y_s\|^2 ds$$

Pour la seconde somme, posons $g(\Delta_i)=u_i$; si $i<j$ on a $\underline{\underline{F}}_{u_i} \subset \underline{\underline{F}}_{u_j}$, donc

$$|E[f_i f_j \Delta_i X \Delta_j X | \underline{\underline{F}}_{u_i}]| = |E[f_i \Delta_i X \, E[f_j \Delta_j X | \underline{\underline{F}}_{u_j}] \, | \underline{\underline{F}}_{u_i}]|$$
$$\leq (E[f_i^2(\Delta_i X)^2 | \underline{\underline{F}}_{u_i}])^{1/2} (E[(E[f_j \Delta_j X | \underline{\underline{F}}_{u_j}])^2 | \underline{\underline{F}}_{u_i}])^{1/2}$$
$$\leq |f_i| b(h) (E[\; f_j^2 \, E[\Delta_j X | \underline{\underline{F}}_{u_j}]^2 \;\; | \underline{\underline{F}}_{u_i}])^{1/2}$$
$$\leq |f_i| b(h) (E[f_j^2 | \underline{\underline{F}}_{u_i}] a^2(h))^{1/2}$$
$$\leq b(h)a(h) |f_i| E[f_j^2 | \underline{\underline{F}}_{u_i}]^{1/2}$$

Intégrons, il vient

$$|E[f_i f_j \Delta_i X \Delta_j X]| \leq a(h)b(h) \|f_i\| \, \|f_j\|$$

La seconde somme est donc majorée par

$$2a(h)b(h) \sum_{i<j} \|f_i\| \|f_j\| \leq a(h)b(h)(\Sigma_i \|f_i\|)^2 \leq \frac{a(h)b(h)}{h^2} \left(\int_0^1 \|Y_s\| ds\right)^2$$

Par addition, on obtient alors la formule (4).

3. LA CONDITION C)

Nous allons maintenant compléter la condition A) en imposant les deux conditions suivantes au processus Y, où p et q désignent deux fonctions sur [0,1], croissantes, continues, nulles en 0, sous-additives

$$C) \qquad \int_0^1 \|Y_t - Y_{t-h}\|^2 dt \leq p^2(h) \quad ; \quad \int_0^1 \|Y_t - Y_{t-h}\| dt \leq q(h) \qquad (h \in [0,1])$$

On rappelle que $Y(t)=0$ par convention pour $t \leqq 0$. D'autre part, la condition C) n'est pas en elle même une restriction. En effet, on peut toujours prendre

$$q(h)=p(h)= \sup_{0 \leqq u \leqq h} \left(\int_0^1 \|Y_t-Y_{t-u}\|^2 dt\right)^{1/2}$$

fonction évidemment croissante, qui tend vers 0 en 0 d'après des résultats classiques, et dont la sous-additivité est facile à vérifier. La restriction que nous aurons à imposer pour l'existence de l'intégrale stochastique, ce sera une relation entre les fonctions p et q relatives à Y, et les fonctions a et b relatives à X.

LEMME 4. Sous les conditions A) et C) sur Y, on a

$$(5) \quad \int_0^1 \|Y_t-Y_t^h\|^2 dt \leqq 2p^2(2h) \quad ; \quad \int_0^1 \| Y_t-Y_t^h\| \, dt \leqq 2q(2h)$$

DEMONSTRATION. Pour $t \in \Delta_i^h$ on a $Y_t-Y_t^h = \frac{1}{h} \int_{\Delta_{i-1}^h} (Y_t-Y_s)ds$. Par conséquent on a d'après le lemme 2, pour $\theta=1,2$

$$\| Y_t-Y_t^h\|^\theta \leqq \frac{1}{h} \int_{\Delta_{i-1}^h} \|Y_t-Y_s\|^\theta ds$$

Puisque $t\in\Delta_i^h$, on a $\Delta_{i-1}^h \subset]t-2h,t]$, et on en déduit

$$\|Y_t-Y_t^h\|^\theta \leqq \frac{1}{h}\int_{t-2h}^t \|Y_t-Y_s\|^\theta ds = \frac{1}{h}\int_0^{2h} \|Y_t-Y_{t-u}\|^\theta du$$

Intégrons sur Δ_i^h, puis sommons sur i, il vient

$$\int_0^1 \|Y_t-Y_t^h\|^\theta dt \leqq \frac{1}{h}\int_0^1\int_0^{2h} \|Y_t-Y_{t-u}\|^\theta dudt$$
$$= \frac{1}{h}\int_0^{2h} \left(\int_0^1 \|Y_t-Y_{t-u}\|^\theta dt\right)du$$

Prenons par exemple $\theta=2$; le second membre est majoré par $\frac{1}{h}\int_0^{2h} p^2(u)du \leqq 2p^2(2h)$. De même pour $\theta=1$.

En utilisant des inégalités triangulaires évidentes, on déduit de (5) que, si $h<k$

$$(6) \quad \int_0^1 \|Y_t^h-Y_t^k\|^2 dt \leqq 8p^2(2k) \quad ; \quad \int_0^1 \|Y_t^h-Y_t^k\| dt \leqq 4q(2k)$$

4. CONDITION D'EXISTENCE DE L'INTEGRALE STOCHASTIQUE

Nous parvenons maintenant au résultat principal. La condition analytique D) que nous allons introduire maintenant relie les quatre fonctions a,b,p,q des conditions B) et C), relatives à X et Y.

Rappelons que h est de la forme 2^{-n} . Nous dirons que la condition D) est satisfaite s'il existe des $h_k \downarrow 0$ tels que les deux séries

$$(7) \qquad \Sigma_k \frac{b(h_k)}{\sqrt{h_k}} p(h_{k-1}) \qquad\qquad \Sigma_k \frac{\sqrt{b(h_k)a(h_k)}}{h_k} q(h_{k-1})$$

soient convergentes.

Cette condition est évidemment inutilisable. Aussi en indiquerons nous d'après Young une forme plus simple. Introduisons les fonctions

(8) $\tau(u)= b(u)\sqrt{u}$ $\qquad \varphi(u)=\sqrt{a(u)b(u)}$

qui sont croissantes, continues, nulles en 0. Les deux conditions D) prennent alors la même forme, qui est l'existence d'une suite $h_k=2^{-n_k}$ telle que

$$\Sigma_k \frac{1}{h_k}\tau(h_k)p(h_{k-1})<\infty \quad , \quad \Sigma_k \frac{1}{h_k}\varphi(h_k)q(h_{k-1}) <\infty .$$

Nous faisons une hypothèse simplificatrice : nous dirons qu'une fonction j sur [0,1] est <u>régulière</u> si, pour $0<u<v$ on a

$$\frac{j(v)}{v} \leqq 2\frac{j(u)}{u}$$

et nous supposons que p,q,τ,φ sont régulières - pour p et q, cela résulte d'ailleurs automatiquement de l'hypothèse de sous-additivité. Alors Young montre que la condition

(9) $\int_0^1 \frac{\tau(u)}{u}dp(u) < \infty$ $\qquad$ (resp. $\int_0^1 \frac{\varphi(u)}{u}dq(u) < \infty$)

est <u>équivalente</u> à l'existence d'une suite $h_k=2^{-n_k}$ telle que $\Sigma_k\frac{1}{h_k}\tau(h_k)p(h_{k-1})$ $<\infty$ (resp. $\Sigma_k \frac{1}{h_k}\varphi(h_k)q(h_{k-1})<\infty$). Mais il reste à exprimer qu'il existe une même suite faisant converger les deux séries à la fois, et Young montre que cela est possible si les fonctions p et q ont des croissances comparables[1]. Les conditions du type (9) sont évidemment beaucoup plus satisfaisantes que D). Pour les détails, voir [1], p.174-175 et [2], p. 122-123.

Après cette digression sur la condition D), revenons à l'intégrale stochastique, en supposant que les fonctions a,b,p,q satisfont à D).

THEOREME 1. <u>Supposons que le processus</u> X <u>satisfasse à</u> B), <u>que le processus</u> Y <u>satisfasse à</u> A) <u>et</u> C). <u>Alors l'intégrale stochastique</u> $I(Y)=\int_0^1 Y_s dX_s$ <u>existe.</u>

DEMONSTRATION. Nous désignons par (h_k) la suite qui figure dans la condition D), par I^k l'intégrale stochastique du processus étagé $Y^k=Y^{h_k}$.

Nous avons d'après le lemme 3

$$\|I^{k-1}-I^k\|^2 = \|I(Y^{k-1}-Y^k)\|^2 \leqq \frac{b^2(h_k)}{h_k}\int_0^1 \|Y^{k-1}_t-Y^k_t\|^2dt$$

$$(10) \qquad + \frac{b(h_k)a(h_k)}{h_k^2}\left(\int_0^1 \|Y^{k-1}_t-Y^k_t\|dt\right)^2$$

Nous appliquons la formule (6)

$$\int_0^1 \|Y^{k-1}_t-Y^k_t\|^2dt \leqq 8p^2(2h_{k-1}) \ , \ \int_0^1 \|Y^{k-1}_t-Y^k_t\| dt \leqq 4q(2h_{k-1})$$

Comme p et q sont sous-additives, on a $p(2h_{k-1})\leqq 2p(h_{k-1})$, et de même pour q. Finalement, on aboutit à

$$\|I^{k-1}-I^k\| \leqq c\ (\ b(h_k)p(h_{k-1})/\sqrt{h_k} + \sqrt{b(h_k)a(h_k)}q(h_{k-1})/h_k\ )$$

---

1. Nous ne donnons pas de détails sur ce point.

qui est le terme général d'une série convergente. Par conséquent, $I^k = I^{h_k}$ converge dans L^2 vers une v.a. I.

Il reste à démontrer que lorsque $h=2^{-n} \to 0$, $\|I-I^h\| \to 0$. Pour cela, on encadre h entre h_k et h_{k-1}, et on refait le raisonnement du début de la démonstration :

$$\|I^{h_k}-I^h\| \leq c\,(b(h_k)p(h)/\sqrt{h_k} \;+\; \sqrt{b(h_k)a(h_k)}q(h)/h_k\,)$$

Comme p et q sont croissantes, on peut remplacer p(h),q(h) par $p(h_{k-1})$, $q(h_{k-1})$. Lorsque $h \to 0$, $k \to \infty$, et on a alors du côté droit le terme général d'une série convergente, qui tend donc vers 0. On en déduit que I^h a la même limite que I^{hk}, c'est à dire I.

EXEMPLE. Supposons que le processus X satisfasse à B) avec a=0, $b(u)=c\sqrt{u}$ (cas du mouvement brownien). Alors la condition D) est satisfaite pour <u>toutes</u> les fonctions sous-additives p et q, et l'intégrale stochastique $\int_0^1 Y_s dX_s$ existe sans autre restriction sur Y que la condition A). On retrouve la théorie d'Ito.

En revanche, dès que l'on ajoute à un mouvement brownien un terme linéaire ($X_t=B_t+\alpha t$), on obtient une théorie de l'intégrale stochastique très peu maniable. La raison en est peut être la suivante : dans tous les raisonnements précédents, on a tenu à prendre des limites <u>dans L^2</u> . Or la théorie de l'intégrale stochastique par rapport aux semimartingales repose sur un mélange de convergences dans L^2 et dans L^1. De plus, on n'a jamais localisé le problème au moyen de temps d'arrêt.

Il semble donc que la méthode de Young ne présente d'intérêt que lorsqu'on cherche à intégrer par rapport à des processus qui ne sont pas des semimartingales.

REFERENCES

[1] L.C.YOUNG. Some New Stochastic Integrals and Stieltjes Integrals, Part I. Advances in Probability 2, p. 161-239. Edited by P. Ney. M. Dekker Inc. New York 1970.

[2] L.C. YOUNG. Some New Stochastic Integrals and Stieltjes Integrals. Part II : Nigh-Martingales. Advances in Probability 3, p. 101-177. Edited by P. Ney and S. Port. M. Dekker Inc., New York 1974.

Institut de Recherche Mathématique
Avancée, Strasbourg

Université de Strasbourg
Séminaire de Probabilités

UNE TOPOLOGIE SUR L'ESPACE DES SEMIMARTINGALES

par M. EMERY

L'étude de la stabilité des solutions des équations différentielles stochastiques a conduit Protter à énoncer dans [9] un résultat de continuité des solutions par rapport à la convergence des semimartingales au sens local dans $\underline{\underline{H}}^p$. Mais cette convergence ne provient pas d'une topologie, et cela alourdit les énoncés: il faut extraire des sous-suites. Dans cet exposé, nous munirons l'espace des semimartingales d'une topologie métrisable liée aux convergences localement dans $\underline{\underline{H}}^p$, dont nous montrerons qu'elle est complète, et qu'elle est conservée par quelques-unes des opérations qui agissent sur les semimartingales. Nous réservons pour un exposé ultérieur des résultats (inspirés de ceux de Protter) de stabilité des solutions des équations différentielles stochastiques par rapport à cette topologie.

ESPACES $\underline{\underline{D}}$ ET $\underline{\underline{S}}^p$; CONVERGENCE COMPACTE EN PROBABILITE.

Tous les processus seront définis sur un même espace filtré vérifiant les conditions habituelles $(\Omega,\underline{\underline{F}},P,(\underline{\underline{F}}_t)_{t\geq 0})$; deux processus indistinguables seront considérés comme égaux. On notera $\underline{\underline{T}}$ l'ensemble des temps d'arrêt, $\underline{\underline{D}}$ l'ensemble des processus càdlàg adaptés, $\underline{\underline{SM}}$ celui des semimartingales.

DEFINITION. <u>Pour</u> $X\in\underline{\underline{D}}$, <u>on pose</u>

$$r_{cp}(X) = \sum_{n>0} 2^{-n}\, E[\,1\wedge \sup_{0\leq t\leq n}|X_t|\,] \quad ,$$

<u>et on appelle</u> distance de la convergence compacte en probabilité <u>la distance sur</u> $\underline{\underline{D}}$, <u>bornée par</u> 1, <u>donnée par</u> $d_{cp}(X,Y) = r_{cp}(X-Y)$.

Dans la suite, par abus de langage, nous désignerons aussi par $\underline{\underline{D}}$ l'espace topologique ainsi obtenu. Les instants constants n qui apparaissent dans la définition de d_{cp} peuvent être remplacés par des temps d'arrêt:

Pour qu'une suite (X^n) converge dans $\underline{\underline{D}}$ vers une limite X, il faut et il suffit qu'il existe des temps d'arrêt T_k qui croissent vers l'infini p.s. et tels que, sur chaque intervalle $[\![0,T_k[\![$, X^n tende vers X uniformément en probabilité.

Pour $X\in\underline{\underline{D}}$ et $T\in\underline{\underline{T}}$, on définit de nouveaux processus de $\underline{\underline{D}}$ par

$$X_t^* = \sup_{s\leq t} |X_s| \ ,$$

$$X^T = X\, I_{[\![0,T]\!]} + X_T\, I_{]\!]T,\infty[\![} \quad \text{(arrêt à T)} \ ,$$

$$X^{T-} = X\, I_{[\![0,T[\![} + X_{T-}\, I_{[\![T,\infty[\![} \quad \text{(arrêt à T-)} \ ;$$

par convention, $X_{0-}=0$ et $X^{T-}=0$ sur $\{T=0\}$. L'arrêtée à T ou à T- d'une semimartingale est une semimartingale. Le mot <u>localement</u> peut avoir deux sens, suivant que l'on s'intéresse à des phénomènes ayant lieu sur des intervalles stochastiques fermés ou ouverts à droite. Ici, sauf dans l'expression <u>martingale locale</u> et sauf mention du contraire, nous dirons qu'une propriété a lieu <u>localement</u> s'il existe des intervalles stochastiques $[\![0,T_n[\![$ qui croissent vers $\mathbb{R}_+\times\Omega$ et sur lesquels la propriété a lieu. Par exemple, tout processus X de $\underline{\underline{D}}$ est localement borné (prendre $T_n=\inf\{t: |X_t|\geq n\}$). On peut même dire mieux ([2]):

LEMME 1. <u>Soit</u> (X^n) <u>une suite de processus càdlàg adaptés. Il existe des temps d'arrêt</u> T_m <u>qui croissent vers l'infini tels que chacun des processus</u> $(X^n)^{T_m-}$ <u>soit borné</u>.

<u>Démonstration</u>. Posons $S_k^n = \inf\{t: |X_t^n|\geq k\}$. Pour chaque n, $(S_k^n)_{k\geq 0}$ est une suite de temps d'arrêt qui croît vers l'infini. Il existe donc un entier k(n,p) tel que $P(S^n_{k(n,p)}<p) < 2^{-n-p}$. Posons $T_m = \inf_{n\geq 1, p\geq m} S^n_{k(n,p)}$. Pour chaque n, T_m est majoré par $S^n_{k(n,m)}$, donc $(X^n)^{T_m-}$ est borné. D'autre part, la suite T_m est évidemment croissante. Sa limite est infinie, car

$$P(T_m<m) \leq \sum_{n\geq 1, p\geq m} P(T^n_{k(n,p)}<m)$$

$$\leq \sum_{n\geq 1, p\geq m} P(T^n_{k(n,p)}<p) \leq 2^{-m+1} \ . \ \blacksquare$$

Meyer a déduit de ce lemme le résultat suivant (qui ne sera pas utilisé dans la suite):

COROLLAIRE. Soit (X^n) une suite dans $\underline{\underline{D}}$. Il existe alors des réels strictement positifs c_n tels que la série $\Sigma c_n X_n$ (et même la série $\Sigma c_n |X_n|$) converge dans $\underline{\underline{D}}$.

Démonstration. D'après le lemme, il existe des temps T_m croissant vers l'infini et tels que, pour tout n, $a_m^n = \sup |X^n| I_{[\![0,T_m[\![}$ soit fini. Posons maintenant $c_n = 1/(2^n a_n^n)$. Pour chaque m, on a, sur $[\![0,T_m[\![$,

$$\forall n \geq m \quad c_n |X^n| \leq c_n a_m^n \leq c_n a_n^n \leq 2^{-n} ,$$

d'où, toujours sur $[\![0,T_m[\![$, la convergence uniforme de la série $\Sigma c_n |X^n|$. Il est alors clair que les limites ainsi obtenues pour chaque m se recollent en un processus $Y \in \underline{\underline{D}}$. ∎

Remarque: Une autre démonstration, moins directe mais pouvant s'étendre à $\underline{\underline{SM}}$, déduit ce résultat de ce que $\underline{\underline{D}}$ et $\underline{\underline{SM}}$ sont des e.v.t. complets (voir plus loin).

DEFINITION. Soit $1 \leq p < \infty$.

a) On appelle $\underline{\underline{S}}^p$ l'espace de Banach des processus $X \in \underline{\underline{D}}$ tels que

$$\|X\|_{\underline{\underline{S}}^p} = \|X_\infty^*\|_{L^p} < \infty .$$

b) On dit qu'une suite (X^n) de processus de $\underline{\underline{D}}$ converge localement dans $\underline{\underline{S}}^p$ vers $X \in \underline{\underline{D}}$ s'il existe des temps d'arrêt T_m qui croissent vers l'infini et tels que, pour chaque m, $\|(X^n - X)^{T_m-}\|_{\underline{\underline{S}}^p}$ tend vers zéro quand n tend vers l'infini.

Remarquons que, s'il en est ainsi, le lemme 1 permet, quitte à diminuer les T_m, de les choisir tels que, de plus, X^{T_m-} et tous les $(X^n)^{T_m-}$ soient dans $\underline{\underline{S}}^p$.

La topologie de $\underline{\underline{D}}$ est liée aux convergences localement dans $\underline{\underline{S}}^p$ par le résultat suivant, dont une démonstration figure dans [3], et qui illustre la souplesse de l'arrêt à T−.

PROPOSITION 1. Soient $1 \leq p < \infty$, (X^n) une suite dans $\underline{\underline{D}}$, X un élément de $\underline{\underline{D}}$.

a) Si la suite (X^n) converge vers X dans $\underline{\underline{D}}$, il en existe une sous-suite qui converge vers X localement dans $\underline{\underline{S}}^p$.

b) Si la suite (X^n) converge vers X localement dans $\underline{\underline{S}}^p$, elle converge vers X dans $\underline{\underline{D}}$.

Cette proposition sera d'un usage constant dans la suite: elle fournit une caractérisation de la topologie de $\underline{\underline{D}}$ parfois plus maniable que la distance d_{cp}. On peut la reformuler ainsi: Pour que X^n converge vers X dans $\underline{\underline{D}}$, il faut et il suffit que, de toute sous-suite $X^{n'}$, on puisse extraire une sous-sous-suite $X^{n''}$ qui converge vers X localement dans $\underline{\underline{S}}^p$. Elle entraîne en particulier que les convergences localement dans $\underline{\underline{S}}^p$ dépendent moins de p que l'on ne pourrait le croire: si une suite converge localement dans $\underline{\underline{S}}^p$, on peut en extraire une sous-suite qui, pour tout q fini, converge localement dans $\underline{\underline{S}}^q$ vers la même limite.

Avant d'en venir aux semimartingales, mentionnons encore deux propriétés de l'espace $\underline{\underline{D}}$. La topologie de $\underline{\underline{D}}$ ne change pas si l'on substitue à P une probabilité équivalente (car la convergence en probabilité n'en est pas affectée). Enfin, $\underline{\underline{D}}$ est complet:

PROPOSITION 2. <u>L'espace métrique</u> $(\underline{\underline{D}},d_{cp})$ <u>est complet</u>.

<u>Démonstration</u>. Soit X^n le terme général d'une série dans $\underline{\underline{D}}$ telle que la série $\sum_n r_{cp}(X^n)$ converge. Nous allons établir que $\sum_n X^n$ converge dans $\underline{\underline{D}}$. Pour tout t entier, la série $\sum_n E[1\wedge(X^n)^*_t]$ converge, donc les sommes partielles de la série $\sum_n (X^n)^*_t$ forment une suite de Cauchy pour la convergence en probabilité. On en déduit que, hors d'un ensemble évanescent, la série $\sum_n (X^n)^*$ converge vers un processus croissant $A\in\underline{\underline{D}}$. Posons $T_k = \inf\{t\geq 0: A_t\geq k\}$. La série des $(X^n)^{T_k-}$ converge, pour tout k, dans l'espace complet $\underline{\underline{S}}^1$, puisque

$$\sum_n \|(X^n)^{T_k-}\|_{\underline{\underline{S}}^1} = \sum_n \|(X^n)^*_{T_k-}\|_{L^1} = \sum_n E[(X^n)^*_{T_k-}] \leq k < \infty .$$

Soit Y^k sa somme. Les processus Y^k se recollent en un processus Y, et la convergence de $\sum_n X^n$ vers Y a lieu localement dans $\underline{\underline{S}}^1$, donc dans $\underline{\underline{D}}$. ∎

ESPACE $\underline{\underline{SM}}$; CONVERGENCE DES SEMIMARTINGALES

Le but de ce paragraphe est de munir l'espace $\underline{\underline{SM}}$ des semimartingales d'une topologie qui soit en un sens compatible avec l'intégration stochastique: elle ne devra pas seulement prendre en compte les valeurs M_t prises par les semimartingales, mais aussi, en quelque sorte, les accroissements infinitésimaux dM_t.

DEFINITION. Pour $M \in \underline{\underline{SM}}$, on pose

$$r_{sm}(M) = \sup_{|X| \leq 1} r_{cp}(X \cdot M) ,$$

où le sup porte sur l'ensemble des processus prévisibles bornés par 1. On appelle topologie des semimartingales la topologie sur $\underline{\underline{SM}}$ définie par la distance bornée par 1 $d_{sm}(M,N) = r_{sm}(M-N)$.

Ici et dans la suite, le point symbolise l'intégration stochastique:

$$(X \cdot M)_t = \int_0^t X_s \, dM_s \quad .$$

Comme pour $\underline{\underline{D}}$, nous appellerons encore $\underline{\underline{SM}}$ l'espace topologique ainsi obtenu.

La topologie de $\underline{\underline{SM}}$ est très forte, plus forte encore que la topologie de la convergence compacte en probabilité (prendre $X=1$ dans la définition de r_{sm}). Si, par exemple, Ω ne comporte qu'un seul point, les semimartingales sont les mesures de Radon sur $\mathbb{R}_+$, et la convergence des semimartingales s'identifie à la convergence des mesures en norme sur tout compact. Remarquons cependant que pour les processus indépendants du temps, les topologies de $\underline{\underline{D}}$ et $\underline{\underline{SM}}$ s'identifient à la convergence en probabilité.

LEMME 2. La distance d_{sm} fait de $\underline{\underline{SM}}$ un espace vectoriel topologique.

Démonstration. Soient λ un réel et M une semimartingale. Si $|\lambda| \leq 1$, il est clair sur la définition de r_{sm} que $r_{sm}(\lambda M) \leq r_{sm}(M)$. On en déduit que, pour λ quelconque, $r_{sm}(\lambda M) \leq r_{sm}(|\lambda| M) \leq (1+e(\lambda))r_{sm}(M)$, où $e(\lambda)$ est la partie entière de $|\lambda|$ (utiliser l'inégalité triangulaire).

Soient maintenant (λ_n) une suite de réels et (M^n) une suite de semimartingales, de limites respectives λ et M. Il s'agit de vérifier que $\lambda_n M^n$ tend vers λM. On écrit

$$r_{sm}(\lambda_n M^n - \lambda M) \leq r_{sm}(\lambda_n (M^n - M)) + r_{sm}((\lambda_n - \lambda)M).$$

Le premier terme est majoré par $\sup_m (1+e(\lambda_m))r_{sm}(M^n - M)$, et tend donc vers zéro. Il reste à voir que, pour M fixée, $r_{sm}(\mu_n M)$ tend vers zéro si les réels μ_n tendent vers zéro. Mais si l'on avait $\overline{\lim}_n r_{sm}(\mu_n M) > \varepsilon > 0$, il existerait des processus prévisibles X^n bornés par 1 tels que $\overline{\lim}_n r_{cp}(X^n \cdot \mu_n M) > \varepsilon$, donc que $\overline{\lim}_n r_{cp}(\mu_n X^n \cdot M) > \varepsilon$. Or ceci est incompatible avec le lemme suivant, qui achève donc la démonstration.

SOUS-LEMME. Soit M une semimartingale. L'application linéaire $X \longmapsto X\cdot M$ est continue de l'espace des processus prévisibles bornés (muni de la convergence uniforme) dans $\underline{\underline{D}}$.

Démonstration. Nous utilisons l'espace $\underline{\underline{H}}^2$ de semimartingales (voir [6]). Il existe des temps d'arrêt T arbitrairement grands pour lesquels M^{T-} est dans $\underline{\underline{H}}^2$. On écrit l'inégalité (démontrée dans [6])

$$\|(X\cdot M)^{T-}\|_{\underline{\underline{S}}^2} = \|X\cdot(M^{T-})\|_{\underline{\underline{S}}^2} \leq 3\,\|X^*_\infty\|_{L^\infty}\,\|M^{T-}\|_{\underline{\underline{H}}^2} ,$$

et on en déduit que si des processus prévisibles X^n tendent vers zéro uniformément, les $X^n\cdot M$ tendent vers zéro localement dans $\underline{\underline{S}}^2$, donc dans $\underline{\underline{D}}$. ■

Passons maintenant à une propriété importante de l'espace $\underline{\underline{SM}}$:

THEOREME 1. L'espace $\underline{\underline{SM}}$ est complet.

Démonstration. Soit (M^n) une suite de Cauchy pour d_{sm}. Pour tout processus X prévisible borné, $(X\cdot M^n)$ est une suite de Cauchy dans l'espace complet $\underline{\underline{D}}$. Appelons $J(X)$ sa limite, et posons $M = J(1)$.

Soit $\varepsilon > 0$. Il existe k tel que, pour $n \geq k$, $r_{sm}(M^n - M^k) < \varepsilon$; il existe $\eta \leq 1$ tel que, pour tout processus prévisible X borné par η, $r_{cp}(X\cdot M^k) < \varepsilon$ (il s'agit simplement du sous-lemme ci-dessus appliqué à la semimartingale M^k). On en déduit, toujours pour X prévisible borné par η, que, pour $n \geq k$,

$$\begin{aligned} r_{cp}(X\cdot M^n) &\leq r_{cp}(X\cdot(M^n - M^k)) + r_{cp}(X\cdot M^k) \\ &\leq r_{sm}(M^n - M^k) + r_{cp}(X\cdot M^k) < 2\varepsilon , \end{aligned}$$

d'où, à la limite, $r_{cp}(J(X)) \leq 2\varepsilon$. L'application linéaire J est continue de l'espace des processus prévisibles bornés muni de la convergence uniforme dans $\underline{\underline{D}}$; d'autre part, elle coïncide, sur les processus prévisibles élémentaires $I_{A\times]s,t]}$ (où $A \in \underline{\underline{F}}_s$), avec l'intégration stochastique par rapport à M. Un théorème de Dellacherie et Mokobodzki ([11]) permet alors d'affirmer que M est une semimartingale, et que $J(X)$ vaut $X\cdot M$ pour tout X prévisible borné.

Posons $N^n = M^n - M$. Nous savons que, pour tout X prévisible borné, $X\cdot N^n$ tend vers zéro dans $\underline{\underline{D}}$. Pour achever la démonstration, il suffit d'établir que N^n tend vers zéro dans $\underline{\underline{SM}}$, c'est-à-dire que la limite, soit $4a$, de la suite de Cauchy dans $\mathbb{R}_+$ $r_{sm}(N^n)$, est nulle. Si elle ne l'est pas, il existe un entier m tel que, pour tout $n \geq m$, $r_{sm}(N^n - N^m) < a$; on en tire

$$r_{sm}(N^m) > r_{sm}(N^n) - a ,$$

et, à la limite, $r_{sm}(N^m) \geq 3a$. Il existe alors X prévisible borné par 1 tel que $r_{cp}(X \cdot N^m) \geq r_{sm}(N^m) - a \geq 2a$. On peut maintenant écrire, pour $n \geq m$,

$$\begin{aligned} r_{cp}(X \cdot N^n) &\geq r_{cp}(X \cdot N^m) - r_{cp}(X \cdot (N^m - N^n)) \\ &\geq 2a - r_{sm}(N^m - N^n) \geq 2a - a = a . \end{aligned}$$

Ainsi, $X \cdot N^n$ ne tend pas vers zéro dans $\underline{\underline{D}}$, ce qui est absurde. ∎

ESPACES $\underline{\underline{H}}^p$ DE SEMIMARTINGALES

Soit $1 \leq p < \infty$; si N est une martingale locale et A un processus à variation finie, on pose

$$j^p(N,A) = \| [N,N]_\infty^{\frac{1}{2}} + \int_0^\infty |dA_s| \|_{L^p} .$$

Rappelons que $\underline{\underline{H}}^p$ désigne l'espace des semimartingales M telles que

$$\|M\|_{\underline{\underline{H}}^p} = \inf_{M=N+A} j^p(N,A)$$

est finie (l'inf porte sur toutes les décompositions de M en une martingale locale N et un processus à variation finie A). Toute semimartingale de $\underline{\underline{H}}^p$ est spéciale. Comme nous ne nous intéressons qu'aux exposants p finis, on obtient une norme équivalente en prenant simplement $j^p(\bar{N},\bar{A})$, où $M = \bar{N} + \bar{A}$ est la décomposition canonique de M (sur tout ceci, voir [6]).

LEMME 3. <u>Soit</u> $1 \leq p < \infty$. <u>L'espace</u> $\underline{\underline{H}}^p$ <u>est un espace de Banach</u>.

<u>Démonstration</u>. D'après ce qui précède, $\|M\| = \|\bar{N}\|_{\underline{\underline{H}}^p} + \|\bar{A}\|_{\underline{\underline{A}}^p}$ est une norme équivalente à la norme $\underline{\underline{H}}^p$, où $\bar{N} + \bar{A}$ est la décomposition canonique de M et où $\underline{\underline{A}}^p$ est l'espace des processus prévisibles à variation dans L^p (muni de la norme $\|A\|_{\underline{\underline{A}}^p} = \| \int_0^\infty |dA_s| \|_{L^p}$). Il est classique que l'espace $\underline{\underline{H}}^p$ des martingales est complet. Il reste à vérifier que $\underline{\underline{A}}^p$ l'est aussi.

Lorsque p = 1, $\underline{\underline{A}}^p$ s'identifie à l'espace des P-mesures bornées sur la tribu prévisible (avec la norme des mesures), d'où le résultat. Pour p quelconque, soit (A^n) une suite dans $\underline{\underline{A}}^p$ telle que $\sum_n \|A^n\|_{\underline{\underline{A}}^p} < \infty$. La série $\sum_n A_n$ converge dans $\underline{\underline{A}}^1$ vers une limite A, et, lorsque m tend vers l'infini, la v.a. $\sum_{n\geq m} \int_0^\infty |dA_s|$, qui tend vers zéro dans L^1 en restant dominée par la v.a. de L^p $\sum_n \int_0^\infty |dA_s^n|$, tend aussi vers zéro dans L^p: $\sum_n A_n$ converge donc vers A dans $\underline{\underline{A}}^p$. ■

On peut remarquer, avec Yor, que ce résultat est aussi une conséquence immédiate du théorème 4 de [10].

Pour énoncer la proposition 1, il a fallu donner un sens à la notion de convergence localement dans $\underline{\underline{S}}^p$. Les lignes qui suivent visent à introduire la convergence localement dans $\underline{\underline{H}}^p$, en montrant en particulier (lemme 4 b) que les deux définitions naturelles de cette convergence sont équivalentes.

DEFINITION. Soit $1 \leq p < \infty$, et soit T un temps d'arrêt. On appelle $\underline{\underline{H}}^p(T-)$ l'espace des semimartingales M pour lesquelles

$$\|M\|_{\underline{\underline{H}}^p(T-)} = \inf_{L^{T-}=M^{T-}} \|L\|_{\underline{\underline{H}}^p}$$

est fini, où l'inf porte sur toutes les semimartingales L qui coïncident avec M sur $[\![0,T[\![$.

LEMME 4. Soient $1 \leq p < \infty$, $T \in \underline{T}$, $M \in \underline{\underline{SM}}$. Alors

a) $\|M^T\|_{\underline{\underline{H}}^p} \leq \|M\|_{\underline{\underline{H}}^p}$; $\|M^{T-}\|_{\underline{\underline{H}}^p} \leq 2\,\|M\|_{\underline{\underline{H}}^p}$;

b) $\|M\|_{\underline{\underline{H}}^p(T-)} \leq \|M^{T-}\|_{\underline{\underline{H}}^p} \leq 2\,\|M\|_{\underline{\underline{H}}^p(T-)}$;

c) $\|M\|_{\underline{\underline{H}}^p(T-)} = \inf_{M=N+A} j^p(N^T, A^{T-})$.

Dans le c), l'inf porte sur les décompositions de M en une martingale locale et un processus à variation finie A; remarquer l'arrêt à T de N et à T- de A. Le b) entraîne en particulier que si $\|M\|_{\underline{\underline{H}}^p(T-)} = 0$, M est nulle sur $[\![0,T[\![$.

Démonstration. a) La première inégalité résulte de $j^p(N^T,A^T) \leq j^p(N,A)$; la seconde de $\|M^T - M^{T-}\|_{\underline{\underline{H}}^p} \leq j^p(0, M^T - M^{T-}) = \|\Delta M_T\|_{L^p} \leq \|M\|_{\underline{\underline{H}}^p}$.

b) La première inégalité est évidente, la seconde résulte de

$$\|M^{T-}\|_{\underline{\underline{H}}^p} = \inf_{L^{T-}=M^{T-}} \|L^{T-}\|_{\underline{\underline{H}}^p} \leq 2 \inf_{L^{T-}=M^{T-}} \|L\|_{\underline{\underline{H}}^p} .$$

c) Soit $M=N+A$ une décomposition de M, et notons Σ l'ensemble des processus de la forme $\varphi I_{[\![T,\infty[\![}$, où φ est une v.a. $\underline{\underline{F}}_T$-mesurable (T est toujours le temps d'arrêt fixé dans l'énoncé). On peut alors écrire la suite d'égalités, dont la première est une conséquence du a):

$$\|M\|_{\underline{\underline{H}}^p(T-)} = \inf_{L^{T-}=M^{T-}} \|L^T\|_{\underline{\underline{H}}^p} = \inf_{B\in\Sigma} \|M^T+B\|_{\underline{\underline{H}}^p}$$

$$= \inf_{B\in\Sigma} \inf_{M^T=N+A} j^p(N,A+B)$$

$$= \inf_{B\in\Sigma} \inf_{M=N+A} j^p(N^T,A^T+B)$$

$$= \inf_{M=N+A} \inf_{B\in\Sigma} \| [N,N]_T^{\frac{1}{2}} + \int_0^{T-} |dA_s| + |\Delta(A+B)_T| \|_{L^p}$$

$$= \inf_{M=N+A} \| [N,N]_T^{\frac{1}{2}} + \int_0^{T-} |dA_s| \|_{L^p} \quad . \quad ▬$$

L'analogue, pour les semimartingales, du lemme 1 est le résultat suivant:

LEMME 5. Soit (M^n) une suite de semimartingales. Il existe des temps d'arrêt T_k croissant vers l'infini tels que, pour tout n et tout k, $M^n \in \underline{\underline{H}}^p(T_k)$.

(Pour une analogie complète avec le lemme 1, il faudrait vérifier — et cela ne présente aucune difficulté — que c'est encore vrai pour p infini.)

Démonstration. Une conséquence du théorème de Doléans-Dade et Yen ([7]) est que toute semimartingale se décompose en une martingale locale à sauts bornés par 1 et un processus à variation finie. On choisit une telle décomposition N^n+A^n de chaque semimartingale M^n, et il ne reste alors qu'à choisir (grâce au lemme 1) les T_k tels que, sur $[\![0,T_k[\![$, les processus $[N^n,N^n]$ et $\int_0^{\cdot} |dA_s^n|$ soient tous bornés. Comme le saut en T de $[N^n,N^n]$ est borné par 1, le lemme 4 c) permet de conclure que chaque M^n est dans $\underline{\underline{H}}^p(T_k-)$. ▬

DEFINITION. Soit $1 \leq p < \infty$. On dit qu'une suite (M^n) de semimartingales converge localement dans $\underline{\underline{H}}^p$ vers $M \in \underline{\underline{SM}}$ s'il existe des temps d'arrêt T_k croissant vers l'infini tels que, pour tout k, $\|M^n - M\|_{\underline{\underline{H}}^p(T_k-)}$ tende vers zéro.

Nous pouvons maintenant énoncer, pour les semimartingales, une propriété semblable à la proposition 1 pour les processus càdlàg:

THEOREME 2. Soient $1 \leq p < \infty$, (M^n) une suite de semimartingales, M une semimartingale.

a) Si la suite (M^n) converge vers M dans $\underline{\underline{SM}}$, il en existe une sous-suite qui converge vers M localement dans $\underline{\underline{H}}^p$.

b) Si la suite (M^n) converge vers M localement dans $\underline{\underline{H}}^p$, elle converge vers M dans $\underline{\underline{SM}}$.

Comme pour la proposition 1, les deux assertions de l'énoncé peuvent se regrouper en une condition nécessaire et suffisante de convergence dans $\underline{\underline{SM}}$.

La démonstration du théorème fait appel à deux lemmes. Le premier démontrera le théorème lorsque $\underline{\underline{SM}}$ est muni d'une autre distance; nous verrons ensuite qu'elle est équivalente à d_{sm}.

LEMME 6. Si, pour $M \in \underline{\underline{SM}}$, on pose

$$r^p(M) = \inf_{M=N+A} \left[\sup_{T \in \underline{\underline{T}}} \|\Delta N_T\|_{L^p} + r_{cp}([N,N]^{\frac{1}{2}} + \int |dA_s|) \right] ,$$

la quantité $d^p(M,N) = r^p(M-N)$ est une distance sur $\underline{\underline{SM}}$, et le théorème 2 est vrai lorsque la distance d_{sm} sur $\underline{\underline{SM}}$ y est remplacée par la distance d^p.

Démonstration.

1) La fonction r^p est à valeurs finies (et même ≤ 1). En effet, on peut (théorème de Doléans-Dade et Yen: [7]) choisir une décomposition $N+A$ de M telle que les sauts de N soient bornés par ε, et r_{cp} est bornée par 1.

2) L'inégalité triangulaire résulte facilement de

$$[N+N',N+N']^{\frac{1}{2}} \leq [N,N]^{\frac{1}{2}} + [N',N']^{\frac{1}{2}} .$$

3) Avant de finir de vérifier que d^p est une distance, montrons que si $r^p(M^n - M)$ tend vers zéro, une sous-suite $(M^{n'})$ de (M^n) tend vers zéro localement dans $\underline{\underline{S}}^p$. Grâce au lemme 5, on peut, par translation, se ramener au cas où $M=0$. Il existe alors des décompositions $N^n + A^n$ de M^n telles que

$$\sup_{T \in \underline{\underline{T}}} \|\Delta N^n_T\|_{L^p} + r_{cp}([N^n,N^n]^{\frac{1}{2}} + \int |dA_s|) \longrightarrow 0 .$$

La proposition 1 permet d'extraire une sous-suite (que nous noterons encore M^n) telle que $[N^n,N^n]^{\frac{1}{2}} + \int |dA^n_s|$ tende vers zéro localement dans $\underline{\underline{S}}^p$: pour des T arbitrairement grands, $[N^n,N^n]^{\frac{1}{2}}_{T-} + \int_0^{T-} |dA^n_s|$ tend vers zéro dans L^p.

On en déduit

$$\|M^n\|_{\underline{\underline{H}}^p(T-)} \leq \| [N^n,N^n]_T^{\frac{1}{2}} + \int_0^{T-} |dA_s^n| \|_{L^p}$$

$$\leq \| [N^n,N^n]_{T-}^{\frac{1}{2}} + \int_0^{T-} |dA_s^n| \|_{L^p} + \|\Delta N_T^n\|_{L^p} \quad ,$$

donc M^n tend vers zéro dans $\underline{\underline{H}}^p(T-)$.

4) Pour montrer que d^p est une distance, il reste à vérifier qu'elle sépare les points. Mais si $r^p(M) = 0$, le point 3) ci-dessus entraîne que la suite constante $M^n = M$ converge vers zéro dans $\underline{\underline{H}}^p(T-)$ pour des T arbitrairement grands; d'où $\|M\|_{\underline{\underline{H}}^p(T-)} = 0$, et $M^{T-} = 0$. Donc M est nulle.

5) Pour terminer la démonstration du lemme, il reste à voir que si M^n converge vers zéro localement dans $\underline{\underline{H}}^p$, $r^p(M^n)$ tend vers zéro. Soient t un entier et ε un réel strictement positifs. Il existe un temps d'arrêt T tel que $\|M^n\|_{\underline{\underline{H}}^p(T-)} \longrightarrow 0$ et assez grand pour que $P(T \leq t) < \varepsilon$. On choisit une décomposition $N^n + A^n$ de chaque semimartingale M^n telle que $j^p((N^n)^T,(A^n)^{T-})$ tende vers zéro; par recollement, on peut aussi la supposer choisie telle que les sauts de N^n sur $]\!]T,\infty[\![$ soient bornés par 1/n (théorème de Doléans-Dade et Yen).

Posons maintenant

$$B^n = [(N^n)^T,(N^n)^T]^{\frac{1}{2}} + \int |d(A^n)_s^{T-}| \quad ,$$

$$C^n = [N^n,N^n]^{\frac{1}{2}} + \int |dA_s^n| \quad .$$

La suite B^n tend vers zéro dans $\underline{\underline{S}}^p$, donc $r_{cp}(B^n)$ tend vers zéro; $B^n - C^n$ étant nul sur $[\![0,T[\![$, $r_{cp}(B^n - C^n)$ est majoré par $\varepsilon + 2^{-t}$ (définition de r_{cp}), et $\overline{\lim_n}\, r_{cp}(C^n) \leq \varepsilon + 2^{-t}$. D'autre part, $\sup_{S \in \underline{\underline{T}}} \|\Delta N_S^n\|_{L^p}$ tend vers zéro, car

$$\sup_{S \in \underline{\underline{T}}} \|\Delta N_S^n\|_{L^p} \leq \sup_{S \leq T} \|\Delta N_S^n\|_{L^p} + \sup_{S > T} \|\Delta N_S^n\|_{L^p}$$

$$\leq \| [N^n,N^n]_T^{\frac{1}{2}} \|_{L^p} + \frac{1}{n} \quad .$$

De $r^p(M^n) \leq r_{cp}(C^n) + \sup_S \|\Delta N_S^n\|_{L^p}$ (définition de r^p), on déduit alors que $\overline{\lim_n}\, r^p(M^n) \leq \varepsilon + 2^{-t}$, qui est arbitrairement petit. ∎

Avant de montrer que les distances d^p et d_{sm} sont équivalentes, ce qui achèvera la démonstration du théorème 2, un second lemme est consacré à l'étude de la distance d^p.

LEMME 7. La distance d^p fait de $\underline{\underline{SM}}$ un espace vectoriel topologique complet.

Démonstration. Pour montrer que d^p fait de $\underline{\underline{SM}}$ un e.v.t. (seule la continuité de $(\lambda,M) \longrightarrow \lambda M$ n'est pas évidente), on se ramène au cas de $\underline{\underline{H}}^p$ grâce au critère de convergence établi dans le lemme 6: une suite (M^n) tend vers M pour d^p si et seulement si de toute sous-suite $M^{n'}$, on peut extraire une sous-sous-suite $M^{n''}$ qui tend vers M localement dans $\underline{\underline{H}}^p$.

Passons maintenant à la complétude. Il s'agit, étant donnée une suite de Cauchy (M^n) pour d^p, d'en extraire une sous-suite qui converge. Quitte à la remplacer par une sous-suite, on peut supposer que $r^p(M^{n+1}-M^n) \leq 2^{-n-1}$, donc $M^{n+1}-M^n$ admet une décomposition $N^n + A^n$ telle que, en posant

$$B^n = [N^n,N^n]^{\frac{1}{2}} + \int |dA^n_s| \quad ,$$

on ait

$$\sup_{T\in\underline{\underline{T}}} \|\Delta N^n_T\|_{L^p} \leq 2^{-n} \quad ; \quad r_{cp}(B^n) \leq 2^{-n} \quad .$$

La série $\sum_n B^n$ est alors convergente dans l'espace complet $\underline{\underline{D}}$, et son reste, le processus croissant $R^n = \sum_{m\geq n} B^m$, tend vers zéro dans $\underline{\underline{D}}$. Il existe donc, d'après la proposition 1, des temps T_k croissant vers l'infini et une sous-suite f(n) tels que $\lim_n \|R^{f(n)}_{T_k-}\|_{L^p} = 0$ pour tout k. Grâce au lemme 5, on peut, quitte à diminuer un peu les T_k, supposer que tous les M^n sont dans $\underline{\underline{H}}^p(T_k-)$. Le procédé diagonal de Cantor nous donne une sous-sous-suite $h(n)=g\circ f(n)$ telle que, pour tout k, $\sum_n \|R^{h(n)}_{T_k-}\|_{L^p} < \infty$.

On en tire, en omettant désormais l'indice k,

$$\sum_n \| \sum_{m=h(n)+1}^{m=h(n+1)} B^m_{T-} \|_{L^p} = \sum_n \|R^{h(n)}_{T-} - R^{h(n+1)}_{T-}\|_{L^p} < \infty \quad .$$

Comme $\|\Delta N^n_T\| \leq 2^{-n}$, on en déduit, puisque

$$\begin{aligned}
\|M^{h(n+1)} - M^{h(n)}\|_{\underline{\underline{H}}^p(T-)} &\leq j^p\Big(\sum_{h(n)+1}^{h(n+1)} (N^m)^T, \sum_{h(n)+1}^{h(n+1)} (A^m)^{T-} \Big) \\
&\leq \| \Sigma \big([N^m,N^m]^{\frac{1}{2}}_T + \int_0^{T-} |dA^m_s|\big) \|_{L^p} \\
&\leq \| \Sigma \big([N^m,N^m]^{\frac{1}{2}}_{T-} + \int_0^{T-} |dA^m_s|\big) + \Sigma|\Delta N^m_T| \|_{L^p} \\
&\leq \| \Sigma B^m_{T-} \|_{L^p} + 2^{-h(n)} ,
\end{aligned}$$

que la série $\sum_n \|M^{h(n+1)} - M^{h(n)}\|_{\underline{\underline{H}}^p(T-)}$ est convergente.

La sous-suite $(M^{h(n)})$ est donc de Cauchy dans $\underline{\underline{H}}^p(T-)$, et les semimartingales $(M^{h(n)})^{T-}$ forment une suite de Cauchy dans $\underline{\underline{H}}^p$. Quand T croît vers l'infini, les limites de ces suites se recollent en une même semimartingale M, et la convergence de $M^{h(n)}$ vers M a lieu localement dans $\underline{\underline{H}}^p$, donc (lemme 6) pour la distance d^p. ■

<u>Démonstration du théorème</u> 2. (Le principe nous en a été suggéré par Dellacherie). Compte tenu du lemme 6, il ne reste qu'à vérifier que les distances d_{sm} et d^p sont équivalentes. Ces deux distances font chacune de $\underline{\underline{SM}}$ un espace vectoriel topologique complet, et elles sont plus fortes que la restriction à $\underline{\underline{SM}}$ de d_{cp} (pour d^p, cela résulte du lemme 6 et de la proposition 1, avec le fait que la norme $\underline{\underline{H}}^p$ est plus forte que la norme $\underline{\underline{S}}^p$). Soit $\delta = d^p + d_{sm}$. Toute suite de Cauchy pour δ est une suite de Cauchy pour d^p et d_{sm}, avec la même limite (car dans les deux cas, c'est la limite pour d_{cp}); elle est donc convergente pour δ, et δ fait aussi de $\underline{\underline{SM}}$ un espace vectoriel topologique complet. Le théorème du graphe fermé ([1]) permet alors d'affirmer que les distances comparables δ et d^p (respectivement δ et d_{sm}) définissent la même topologie, d'où, par transitivité, le résultat. ■

ETUDE D'UN CONTRE-EXEMPLE

Avant de passer à l'étude des propriétés de la topologie de $\underline{\underline{SM}}$, donnons, à l'aide d'un exemple emprunté à Kazamaki ([4]), des propriétés qu'elle ne possède pas.

Soit, sur $(\Omega,\underline{\underline{F}},P)$, (T_n) une suite indépendante de v.a. de lois exponentielles d'espérances $E[T_n] = \mu_n$; on munit Ω de la plus petite filtration qui satisfasse aux conditions habituelles et fasse de chaque T_n un temps d'arrêt. On supposera que les μ_n croissent suffisamment vite vers l'infini pour que $S_n = \inf_{m \geq n} T_m$ tende vers l'infini (ceci a lieu dès que $\sum_n 1/\mu_n < \infty$). Soient A le processus croissant défini par $A_t = t$, et M^n la martingale obtenue en compensant un saut d'amplitude $-\mu_n$ à l'instant T_n:

$$M^n = A\, I_{[\![0,T_n[\![} + (T_n - \mu_n)\, I_{[\![T_n,\infty[\![} .$$

Fixons n. Sur l'intervalle $[\![0,S_n[\![$, on a, pour $m \geq n$, $M^n = A$. Les martingales M^m tendent vers le processus croissant A dans $\underline{\underline{H}}^p(S_n-)$ pour chaque n, donc aussi dans $\underline{\underline{SM}}$.

Cet exemple permet de répondre par la négative à trois questions sur l'espace $\underline{\underline{SM}}$.

1) L'espace des martingales locales n'est pas fermé dans $\underline{\underline{SM}}$. (L'espace des processus à variation finie non plus: déjà dans l'espace $\underline{\underline{H}}^2$ des martingales, des processus à variation finie peuvent tendre vers une limite qui ne l'est pas.)

2) La décomposition canonique des semimartingales spéciales n'est pas une opération continue pour la topologie des semimartingales.

3) La quantité $r(M) = \inf_{M=N+B} r_{cp}([N,N]^{\frac{1}{2}} + \int|dB_s|)$, que l'on obtient en supprimant le terme de sauts dans la définition de r^p (voir le lemme 6), et dont on pourrait se demander si elle ne définit pas la même topologie que d^p et d_{sm}, n'est pas une distance: elle en sépare pas les points. En effet, toujours avec $A_t = t$, on peut écrire

$$r(A) \leq r_{cp}([M^n,M^n]^{\frac{1}{2}} + \int|d(A-M^n)_s|) .$$

Comme les processus $[M^n,M^n]$ et $A-M^n$ sont nuls sur $[\![0,S_n[\![$, ceci entraîne $r(A) = 0$, et la fonction r ne sépare pas A de 0.

QUELQUES RESULTATS DE CONTINUITE

Un théorème de stabilité dans $\underline{\underline{SM}}$ pour les équations différentielles stochastiques, qui constitue la principale application (et justification!) de la topologie de $\underline{\underline{SM}}$, sera démontré dans un prochain exposé; nous regroupons ici d'autres énoncés en relation avec cette topologie.

Dans l'énoncé qui suit, on suppose Y borné sur des intervalles <u>fermés</u> $[\![0,T_k]\!]$ (sinon, on ne saurait pas définir les intégrales stochastiques).

PROPOSITION 3. Soient X un processus prévisible, (X^n) une suite de processus prévisibles qui tendent vers X en restant dominés par un même processus (prévisible) Y localement borné. Alors, pour toute semimartingale M, les intégrales stochastiques $X^n \cdot M$ tendent vers $X \cdot M$ dans $\underline{\underline{SM}}$.

Démonstration. Le processus X étant dominé par Y, $X^n - X$ est dominé par $2Y$; on peut donc supposer que $X=0$. Par arrêt (à $T+$), on peut supposer que Y est une constante.

Soit alors $\varepsilon > 0$. Il existe une décomposition $N+A$ de M telle que les sauts de N sont plus petits que ε/Y. On écrit alors, pour un p quelconque,

$$r^p(X^n \cdot M) \leq r_{cp}\left([X^n \cdot N, X^n \cdot N]^{\frac{1}{2}} + \int |X^n_s| \, |dA_s| \right) + \sup_T \|X^n_T \, \Delta N_T\|_{L^p} .$$

Le terme de sauts est plus petit que ε; il reste à vérifier que les processus $\int (X^n_s)^2 d[N,N]_s$ et $\int |X^n_s| \, |dA_s|$ tendent vers zéro dans $\underline{D}$. Démontrons-le pour le premier, l'autre se traitant de manière analogue. Par arrêt (à $T-$), on peut supposer $[N,N]_\infty$ borné, auquel cas, par convergence dominée, les v.a. $\int_0^\infty (X^n_s)^2 \, d[N,N]_s$ convergent vers zéro dans L^1. Les processus $\int (X^n_s)^2 d[N,N]_s$ tendent donc vers zéro dans $\underline{S}^1$, et a fortiori dans $\underline{D}$. ∎

PROPOSITION 4. L'application de $C^2 \times \underline{\underline{SM}}$ dans $\underline{\underline{SM}}$ qui à (f,M) fait correspondre $f \circ M$ est continue.

Dans cet énoncé, l'espace C^2 des fonctions deux fois continûment dérivables doit être muni de la topologie de la convergence uniforme sur tout compact de la fonction et de ses dérivées jusqu'à l'ordre 2. Cette proposition, ainsi que le lemme ci-dessous, se généralisent sans difficulté au cas vectoriel.

Voici un avatar de la formule du changement de variable:

LEMME 8. Soient f une fonction C^2, M une semimartingale. Alors

$$f(M_t) = f(M_0) + \int_0^t f'(M_{s-}) \, dM_s + \int_0^t \left(\int_0^1 x f''(M_s - x\Delta M_s) \, dx\right) d[M,M]_s .$$

Démonstration. On décompose dans cette formule le processus croissant $[M,M]$ en sa partie continue $\langle M^c, M^c \rangle$ et sa partie de sauts $\Sigma \, \Delta M_s^2$. Nous laissons le lecteur vérifier que l'on retrouve ainsi le terme du second ordre et le terme de sauts de la formule usuelle. ∎

<u>Démonstration de la proposition</u> 4. Nous supposons que M^n tend vers M dans $\underline{\underline{SM}}$, et f_n vers f dans C^2. Nous voulons montrer que $f_n \circ M^n$ tend vers $f \circ M$ dans $\underline{\underline{SM}}$. Par identification de la limite, il suffit de le démontrer pour une sous-suite. D'autre part, la convergence dans $\underline{\underline{SM}}$ étant une notion locale, on a le droit de se restreindre à des intervalles $[\![0,T[\![$ arbitrairement grands.

Par arrêt à $T-$, nous supposons donc que M et $[M,M]$ sont bornées, et, quitte à extraire une sous-suite, que M^n tend vers M dans $\underline{\underline{H}}^2$ (et a fortiori dans $\underline{\underline{S}}^2$). Les v.a. $(M^n - M)^*_\infty$ tendent alors vers zéro dans L^2. Une nouvelle extraction de sous-suite les fait tendre vers zéro p.s. Les temps d'arrêt

$$T_k = \inf\{t \geq 0 : \exists n \geq k \quad |M^n_t - M_t| \geq 1\}$$

tendent maintenant vers l'infini, et, en s'arrêtant à T_k- et en se restreignant à la sous-suite $(k, k+1, k+2, \ldots)$ de $\mathbb{N}$, on est ramené au cas où toutes les M^n sont bornées par une même constante $c = \sup|M| + 1$. En multipliant f et les f_n par une même fonction C^2 à support compact qui vaut 1 sur $[-c,c]$, on peut supposer que f, f' et f'' sont bornées et uniformément continues, et que f_n, f'_n et f''_n tendent vers f, f' et f'' uniformément sur $\mathbb{R}$.

Nous allons maintenant établir la convergence de chacun des trois termes apparaissant dans la formule du lemme 8.

<u>1er terme</u>: Comme f_n tend vers f uniformément et M^n_0 vers M_0 p.s., $f_n \circ M^n_0$ tend vers $f \circ M_0$ p.s. donc en probabilité.

<u>2me terme</u>: En remarquant que

$$|f'_n \circ M^n - f' \circ M| \leq \sup_{\mathbb{R}} |f'_n - f'| + \sup_{\mathbb{R}} |f''| \, |M^n - M| ,$$

on obtient la convergence de $f'_n \circ M^n$ vers $f \circ M$ dans $\underline{\underline{S}}^2$, puis, grâce aux inégalités démontrées dans [6], que

$$\|f'_n \circ M^n_- \cdot M^n - f' \circ M_- \cdot M\|_{\underline{\underline{H}}^1}$$

$$\leq \|f'_n \circ M^n - f' \circ M\|_{\underline{\underline{S}}^2} \|M^n\|_{\underline{\underline{H}}^2} + \|f' \circ M\|_{\underline{\underline{S}}^2} \|M^n - M\|_{\underline{\underline{H}}^2} .$$

Ainsi, la convergence du 2me terme a lieu dans $\underline{\underline{H}}^1$, donc dans $\underline{\underline{SM}}$.

<u>3me terme</u>: Posons $N^n = M^n - M$, $X^n_t = f''_n(M^n_t - x\Delta M^n_t)$, $X_t = f''(M_t - x\Delta M_t)$.

La différence à étudier,

$$\int_0^t\int_0^1 x\, X_s^n\, dx\, d[M^n,M^n]_s \ - \ \int_0^t\int_0^1 x\, X_s\, dx\, d[M,M]_s \quad ,$$

se décompose en la somme $A_t + B_t$ de deux processus à variation finie, où

$$A_t = \int_0^t\int_0^1 x\, X_s^n\, dx\, d(2[M,N^n] + [N^n,N^n])_s \quad ,$$

$$B_t = \int_0^t\int_0^1 x\, (X_s^n - X_s)\, dx\, d[M,M]_s \quad .$$

Comme f_n'' converge uniformément vers la fonction bornée f'', la variation totale de A est majorée, à une constante près, par $2\int_0^\infty |d[M,N^n]|_s + [N^n,N^n]_\infty$. Mais, N^n tendant vers zéro dans $\underline{\underline{H}}^2$, $[N^n,N^n]_\infty$ tend vers zéro dans L^1, et, $[M,M]_\infty$ étant borné, l'inégalité de Kunita-Watanabe entraîne que $\int_0^\infty |d[M,N^n]_s|$ tend vers zéro dans L^2. Par conséquent, A tend vers zéro dans $\underline{\underline{H}}^1$, donc dans $\underline{\underline{SM}}$.

Passons à B. La converge uniforme de f_n'' vers la fonction uniformément continue et bornée f'' implique que, pour ω, x et s fixés, $X_s^n(\omega)$ tend vers $X_s(\omega)$ en restant borné (rappelons que $(M^n - M)_\infty^*$ tend vers zéro p.s.). Par convergence dominée, $[M,M]$ étant borné,

$$E\left[\int_0^\infty\int_0^1 x\, |X_s^n - X_s|\, dx\, d[M,M]_s\right]$$

tend vers zéro; il s'ensuit que $\int_0^\infty |dB_s|$ tend vers zéro dans L^1, et B tend vers zéro dans $\underline{\underline{H}}^1$ donc dans $\underline{\underline{SM}}$. ■

Remarques. 1) Au cours de la démonstration, nous avons rencontré la continuité de l'application qui, à N, associe $[M,N]$. On vérifierait de même que $[M,N]$ et $\langle M^c,N^c\rangle$ dépendent continûment du couple (M,N), et que $[M,M]^{\frac{1}{2}}$ et $\langle M^c,M^c\rangle^{\frac{1}{2}}$ tendent vers zéro avec M. L'application linéaire $M \longmapsto M^c$ est donc continue de $\underline{\underline{SM}}$ dans $\underline{\underline{SM}}$.

2) Nous laissons le lecteur qui s'intéresserait aux intégrales multiplicatives stochastiques ([3]) démontrer que les applications qui à (f,M) associent $\int f(dM_s)$ et $\prod(1+f(dM_s))$ sont continues (f décrit l'espace des fonctions C^2 nulles en 0).

Nous allons maintenant étudier l'influence, sur la topologie de $\underline{\underline{SM}}$, de deux types de transformations qui laissent stable l'ensemble $\underline{\underline{SM}}$: les changements de temps et les changements de probabilité.

Rappelons qu'un changement de temps est un processus croissant brut C_t tel que, pour chaque t, C_t soit un temps d'arrêt. Nous noterons d'une barre l'opération de changement de temps: $\overline{X}_t = X_{C_t}$; $\overline{\underline{\underline{F}}}_t = \underline{\underline{F}}_{C_t}$; pour un temps d'arrêt T, $\overline{T} = \inf\{t: C_t \geq T\}$; $\overline{\underline{\underline{SM}}} = \underline{\underline{SM}}(\Omega, \underline{\underline{F}}, P, (\overline{\underline{\underline{F}}}_t)_{t\geq 0})$; etc...

PROPOSITION 5. <u>Soit C_t un changement de temps. L'application $M \longmapsto \overline{M}$ est continue de $\underline{\underline{SM}}$ dans $\overline{\underline{\underline{SM}}}$.</u>

<u>Démonstration</u>. On suppose que M^n converge vers M dans $\underline{\underline{SM}}$, et il s'agit, quitte à extraire une sous-suite, de vérifier que $\overline{M}^n$ converge vers $\overline{M}$ dans $\overline{\underline{\underline{SM}}}$. On peut supposer que la convergence de M^n vers M a lieu localement dans $\underline{\underline{H}}^1$: pour des temps d'arrêt T arbitrairement grands, $N^n = M^n - M$ tend vers zéro dans $\underline{\underline{H}}^1(T-)$. Le temps $\overline{T}$ tend vers l'infini avec T; en outre, en sous-entendant l'indice n,

$$(\overline{N})^{\overline{T}-} = \overline{N^{T-}} + (\overline{N}_{\overline{T}-} - N_{T-})\, I_{[\![\overline{T},\infty[\![} \quad ,$$

de sorte que

$$\|\overline{N}\|_{\underline{\underline{H}}^1(\overline{T}-)} \leq \|\overline{N^{T-}}\|_{\underline{\underline{H}}^1} + 2\,\|N^{T-}\|_{\underline{\underline{S}}^1} \quad .$$

Puisque la norme $\underline{\underline{S}}^1$ est contrôlée par la norme $\underline{\underline{H}}^1$, il suffit, pour conclure, d'établir l'inégalité $\|\overline{X}\|_{\overline{\underline{\underline{H}}}^1} \leq c\,\|X\|_{\underline{\underline{H}}^1}$. Mais ceci résulte facilement du fait que les changements de temps conservent les martingales uniformément intégrables et du fait que la norme $\|M\| = \inf_{M=L+A} E[L^*_\infty + \int_0^\infty |dA_s|]$ est équivalente à la norme $\underline{\underline{H}}^1$. ∎

PROPOSITION 6. a) <u>La topologie de $\underline{\underline{SM}}$ ne change pas lorsqu'on remplace P par une probabilité équivalente Q.</u>

b) <u>Plus généralement, si Q est absolument continue par rapport à P, la projection canonique de $\underline{\underline{SM}}(P)$ dans $\underline{\underline{SM}}(Q)$ (qui à toute semimartingale fait correspondre elle-même) est continue.</u>

<u>Démonstration</u>. a) On reprend exactement la démonstration du théorème 2: les topologies de $\underline{\underline{SM}}(P)$ et $\underline{\underline{SM}}(Q)$ sont toutes deux plus fortes que la topologie de $\underline{\underline{D}}$ (qui est la même pour P et Q); on en déduit que la distance $d^P_{sm} + d^Q_{sm}$ est complète, d'où le résultat.

b) Quitte à remplacer P par la probabilité équivalente $\frac{P+Q}{2}$, on peut supposer $Z_\infty = \frac{dQ}{dP}$ bornée. On notera Z_t la P-martingale $E[Z_\infty|\underline{\underline{F}}_t]$, $<Z,Z>$ le crochet prévisible de Z calculé pour P. Il existe des temps d'arrêt S qui croissent vers l'infini Q-p.s. tels que, sur $[\![0,S[\![$, $\frac{1}{Z}$ soit borné.

Soit M^n une suite de semimartingales convergeant vers zéro dans $\underline{\underline{SM}}(P)$. Nous cherchons à en extraire une sous-suite qui tende vers zéro dans $\underline{\underline{SM}}(Q)$. Quitte à remplacer M^n par une sous-suite, on peut trouver des temps d'arrêt R arbitrairement grands (pour P, donc aussi pour Q) tels que M^n tend vers zéro dans $\underline{\underline{H}}^4(R-;P)$. Les temps $T = \inf(R,S)$ sont arbitrairement grands pour Q et tels que M^n converge vers zéro dans $\underline{\underline{H}}^4(T-;P)$. Ecrivons la décomposition canonique $N^n + A^n$ de chaque $(M^n)^{T-}$ pour P.

Les v.a. $\int_0^T |dA_s^n|$ tendent vers zéro dans $L^4(P)$ donc dans $L^4(Q)$; ainsi, A^n tend vers zéro dans $\underline{\underline{H}}^4(Q)$, donc dans $\underline{\underline{SM}}(Q)$.

Pour vérifier que N^n tend aussi vers zéro dans $\underline{\underline{SM}}(Q)$, posons

$$B^n = \frac{1}{Z_-}\cdot<Z,N^n>$$

(où le crochet est calculé pour P). Le processus B^n est à variation finie, et est, comme N^n, arrêté à T. Le théorème de Girsanov-Lenglart([5]) dit que $(N^n - B^n) + B^n$ est pour Q la décomposition canonique de N^n. L'inégalité de Kunita-Watanabe entraîne

$$\left(\int_0^T |dB_s^n|\right)^2 \leq <N^n,N^n>_T \int_0^T \frac{1}{Z_{s-}^2}\, d<Z,Z>_s \quad .$$

Comme N^n tend vers zéro dans $\underline{\underline{H}}^4(P)$, le premier facteur tend vers zéro dans $L^2(P)$ donc dans $L^2(Q)$; le second est borné dans $L^2(P)$, donc dans $L^2(Q)$. On en déduit que $\int_0^T |dB_s^n|$ tend vers zéro dans $L^2(Q)$, puis, à l'aide de l'inégalité

$$[N^n-B^n,N^n-B^n]_T^{\frac{1}{2}} \leq [N^n,N^n]_T^{\frac{1}{2}} + \int_0^T |dB_s^n| \quad ,$$

que N^n tend vers zéro dans $\underline{\underline{H}}^2(Q)$ donc aussi dans $\underline{\underline{SM}}$. ■

Donnons, pour finir, une dernière propriété, qui nous sera utile dans l'étude des équations différentielles. On sait, grâce à un théorème de Jacod et Meyer ([8]), que l'ensemble des lois de probabilité, sous lesquelles un processus donné $M \in \underline{D}$ est une semimartingale, est dénombrablement convexe.

L'énoncé suivant, dans lequel on suppose toujours donné l'espace filtré $(\Omega,\underline{\underline{F}},P,(\underline{\underline{F}}_t)_{t\geq 0})$, montre que cela s'étend à la convergence des semimartingales:

PROPOSITION 7. Soient (M^n) une suite de semimartingales, M une semimartingale. Supposons donnée une suite (P_k) de probabilités telles que $\sum_k \lambda_k P_k = P$ (avec $\sum_k \lambda_k = 1$), et que, pour chaque k, M^n tende vers M dans $\underline{\underline{SM}}(P_k)$. Alors M^n tend vers M dans $\underline{\underline{SM}}(P)$.

Remarque: Le théorème de Jacod-Meyer permet d'affaiblir l'hypothèse: on pourrait supposer seulement que M^n et M sont des semimartingales pour les probabilités P_k.

Démonstration. On appellera Ω_k l'événement $\{dP_k/dP > 0\}$, et on notera d_k la distance d_{sm} calculée pour P_k.

Nous voulons montrer que $d_k(M^n-M) \to 0\ \forall k$ entraîne $d_{sm}(M^n-M) \to 0$. La réciproque étant vraie (proposition 6), il s'agit de vérifier que les topologies comparables définies sur $\underline{\underline{SM}}$ par les distances d_{sm} et $d = \sum_k 2^{-k} d_k$ sont les mêmes (d est bien une distance: elle sépare les points car elle est plus forte que $\sum_k d_{cp}^{P_k}$). Il suffit pour cela de vérifier que d est complète.

Soit donc N^n une suite de Cauchy pour d. Elle converge, pour chaque d_k, vers une semimartingale limite L^k. Mais, d_k étant plus forte que $d_{cp}^{P_k}$, il est clair que $L^k = L^{k'}$ sur $\Omega_k \cap \Omega_{k'}$. Le processus L qui, pour chaque k, coïncide avec L^k sur Ω_k est une semimartingale (théorème de Jacod et Meyer), et, comme $d_k(L,L^k) = 0$, L est limite pour chaque d_k, donc pour d, de la suite N^n. ■

REFERENCES

[1] N. BOURBAKI. Espaces vectoriels topologiques, chapitre 1. Hermann, Paris, 1966.

[2] Cl. DELLACHERIE. Quelques applications du lemme de Borel-Cantelli à la théorie des semimartingales. Séminaire de Probabilités XII, p.742.

[3] M. EMERY. Stabilité des solutions des équations différentielles stochastiques. Z. Wahrscheinlichkeitstheorie 41, 241-262, 1978.

[4] N.KAZAMAKI. Change of time, stochastic integrals, and weak martingales. Z. Wahrscheinlichkeitstheorie 22, 25-32, 1972.

[5] E. LENGLART. Transformation des martingales locales par changement absolument continu de probabilités. Z. Wahrscheinlichkeitstheorie 39, 65-70, 1977.

[6] P.A. MEYER. Inégalités de normes pour les intégrales stochastiques. Séminaire de Probabilités XII, p. 757.

[7] P.A. MEYER. Le théorème fondamental sur les martingales locales. Séminaire de Probabilités XI, p. 463.

[8] P.A. MEYER. Sur un théorème de C. Stricker. Séminaire de Probabilités XI, p. 482.

[9] Ph. PROTTER. $\underline{\underline{H}}^p$-Stability of solutions of stochastic differential equations. Z. Wahrscheinlichkeitstheorie 44, 337-352, 1978.

[10] M. YOR. Inégalités entre processus minces et applications. C. R. Acad. Sci. Paris, t. 286 (8 mai 1978).

[11] Théorème de Dellacherie-Mokobodzki. Dans ce volume.

IRMA (L.A. au C.N.R.S.)
7 rue René Descartes
F-67084 STRASBOURG-Cedex

Université de Strasbourg
Séminaire de Probabilités

EQUATIONS DIFFERENTIELLES LIPSCHITZIENNES
ETUDE DE LA STABILITE

par M. EMERY

Cet exposé est consacré à l'étude de la stabilité de la solution de l'équation différentielle stochastique de Doléans-Dade et Protter

$$X_t = H_t + \int_0^t [F(X)]_{s-}\, dM_s$$

lorsqu'on perturbe simultanément les trois paramètres H, F et M. Les méthodes sont celles employées par Doléans-Dade et Protter pour résoudre l'équation; les résultats seront énoncés relativement à la topologie de la convergence compacte en probabilité et à la topologie des semimartingales étudiée dans l'exposé [3]. Pour éviter de renvoyer le lecteur à Protter [12], qui fait lui-même référence à l'article parfois obscur [4], nous reprendrons le sujet à son début; nous redémontrerons en passant le théorème d'existence et d'unicité de Doléans-Dade et Protter.

Les notations sont celles du "Cours sur les intégrales stochastiques" de Meyer, ainsi que de l'exposé [3] "Une topologie sur l'espace des semimartingales", dont nous supposerons connus les résultats. Rappelons que les conditions sont habituelles, que le mot localement est pour nous relatif à des arrêts à T- et que $\underline{\underline{D}}$ désigne l'espace des processus càdlàg adaptés, muni de la topologie de la convergence compacte en probabilité, et $\underline{\underline{SM}}$ l'espace des semimartingales, muni de la topologie introduite dans [3]. Toutefois, pour $Z \in \underline{\underline{D}}$, la notation Z^* désignera ici la variable aléatoire finie ou non $\sup_t |Z_t|$ (et non un processus croissant).

DEFINITION. Soit $a > 0$. On appelle Lip(a) l'ensemble des applications F de $\underline{\underline{D}}$ dans $\underline{\underline{D}}$, non nécessairement linéaires, mais

1) non anticipantes: pour tout temps d'arrêt T, et pour tous X et Y de $\underline{\underline{D}}$ tels que $X^{T-} = Y^{T-}$, on a $(FX)^{T-} = (FY)^{T-}$;

2) a-lipschitziennes: $(FX - FY)^* \leq a\,(X-Y)^*$.

Par exemple, si $f(\omega,t,x)$ est une application de $\Omega \times \mathbb{R}_+ \times \mathbb{R}$ dans $\mathbb{R}$

$\underline{\underline{F}}_t$-mesurable en ω pour t et x fixés,

càdlàg en t pour ω et x fixés,

et a-lipschitzienne en x pour ω et t fixés,

la fonctionnelle F donnée par $FX_t(\omega) = f(\omega,t,X_t(\omega))$ est dans Lip(a) (voir [1], [2]). Mais, plus généralement, F peut faire intervenir tout le passé de X avant t.

Si F est dans Lip(a), on n'a pas nécessairement $(FX)^{T-} = F(X^{T-})$; on conviendra des notations $FX_- = (FX)_-$, $FX^{T-} = (FX)^{T-}$, etc ...

Voici les énoncés que nous avons en vue:

THEOREME 0. Soit $a > 0$.

a) Pour $H \in \underline{\underline{D}}$, $F \in$ Lip(a), $M \in \underline{\underline{SM}}$, il existe un et un seul $X \in \underline{\underline{D}}$ tel que

$$X = H + FX_- \cdot M ;$$

si de plus $H \in \underline{\underline{SM}}$, $X \in \underline{\underline{SM}}$.

b) Les deux applications ainsi définies de $\underline{\underline{D}} \times \text{Lip}(a) \times \underline{\underline{SM}}$ dans $\underline{\underline{D}}$ et de $\underline{\underline{SM}} \times \text{Lip}(a) \times \underline{\underline{SM}}$ dans $\underline{\underline{SM}}$ sont continues.

THEOREME 0'. Les résultats du théorème 0 restent vrais lorsqu'on y remplace la constante de Lipschitz a par une variable aléatoire $\underline{\underline{F}}$-mesurable p.s. finie.

Dans le b), la topologie dont est muni Lip(a) est la topologie de la convergence simple associée à la topologie de $\underline{\underline{D}}$.

Avant d'attaquer les démonstrations, rendons à César ce qui est à César. Lorsque FX est du type $f(\omega,t,X_t(\omega))$, le a) est dû à Doléans-Dade ([1],[2]) et à Protter ([10],[11]) — chez Protter, H ne dépend pas de t ni f de ω — . C'est Meyer qui a remarqué que l'hypothèse plus faible $F \in$ Lip(a) est suffisante; une méthode différente est employée par Métivier et Pellaumail ([6]). Pour le b), le cas continu a été abordé par Protter ([10]), le cas où M est fixe a été étudié dans [4]; Protter, dans [11], a obtenu, en perturbant M, le résultat de stabilité localement dans $\underline{\underline{H}}^p$; c'est lui qui a observé que la solution est stable en tant que semimartingale. La généralisation de l'existence et de l'unicité au cas où la constante de Lipschitz dépend de ω se fait, selon une idée de Lenglart ([5]), à l'aide d'un théorème de Jacod et Meyer([9]).

Tout ce que nous ferons subir à l'équation de Doléans-Dade et Protter reste vrai pour des systèmes d'équations

$$X^j = H^j + \sum_{i=1}^{m} (F^{ij}X^i)_- \cdot M^i \ , \quad 1 \leq j \leq n \ ;$$

ceci peut se voir par exemple à l'aide du formalisme des matrices carrées développé dans [4].

LE LEMME FONDAMENTAL

Rappelons tout d'abord quelques inégalités, relatives aux espaces $\underline{\underline{S}}^2$, $\underline{\underline{H}}^2$, $\underline{\underline{S}}^\infty$ et $\underline{\underline{H}}^\infty$ définis dans [7], d'utilisation constante dans la suite: Pour X et Y dans $\underline{\underline{D}}$, M dans $\underline{\underline{SM}}$, F dans Lip(a) et T dans $\underline{\underline{T}}$,

(1) $\|M\|_{\underline{\underline{S}}^2} \leq 3\,\|M\|_{\underline{\underline{H}}^2}$ (inégalité de Doob) ;

(2) $\|X_-\cdot M\|_{\underline{\underline{H}}^2} \leq \|X\|_{\underline{\underline{S}}^\infty}\,\|M\|_{\underline{\underline{H}}^2}$;

(3) $\|X_-\cdot M\|_{\underline{\underline{H}}^2} \leq \|X\|_{\underline{\underline{S}}^2}\,\|M\|_{\underline{\underline{H}}^\infty}$;

(4) $\|X_-\cdot M\|_{\underline{\underline{S}}^2} \leq 3\,\|X\|_{\underline{\underline{S}}^2}\,\|M\|_{\underline{\underline{H}}^\infty}$;

(5) $\|FX - FY\|_{\underline{\underline{S}}^2} \leq a\,\|X - Y\|_{\underline{\underline{S}}^2}$;

(6) $\|FX^{T-}\|_{\underline{\underline{S}}^2} \leq \|F0\|_{\underline{\underline{S}}^2} + a\,\|X^{T-}\|_{\underline{\underline{S}}^2}$ (ici, 0 est le processus nul).

Les quatre premières sont dans [7], (5) répète la définition de Lip(a), et la dernière résulte de (5) et de

$$\|FX^{T-}\|_{\underline{S}^2} = \|F(X^{T-})^{T-}\|_{\underline{S}^2} \leq \|F(X^{T-})\|_{\underline{S}^2} \ .$$

LEMME 1. *Soient* $H \in \underline{\underline{S}}^2$, $F \in \mathrm{Lip}(a)$ *telle que* $F0 = 0$, *et* $M \in \underline{\underline{H}}^\infty$ *telle que* $\|M\|_{\underline{\underline{H}}^\infty} \leq \frac{1}{6a}$. *L'équation*

$$X = H + FX_- \cdot M$$

admet alors dans $\underline{\underline{S}}^2$ *une solution et une seule. Celle-ci vérifie*

$$\|X\|_{\underline{\underline{S}}^2} \leq 2\,\|H\|_{\underline{\underline{S}}^2} .$$

Démonstration. L'application de $\underline{\underline{S}}^2$ dans lui-même qui à X associe $H + FX_- \cdot M$ est $\frac{1}{2}$-lipschitzienne en vertu des inégalités (4) et (5), d'où (théorème du point fixe) l'existence et l'unicité. Elle envoie 0 sur H, d'où l'estimation. ■

Ce lemme est à l'origine de l'idée suivante, clé de la méthode de Doléans-Dade: Puisqu'on sait contrôler l'équation quand M est petite, on va découper le temps en intervalles sur lesquels M varie peu, et résoudre l'équation par petits morceaux que l'on recollera ensuite.

DEFINITION. *Soit* $\varepsilon > 0$. *On dit qu'une semimartingale* M peut être découpée en tranches plus petites que ε, *et l'on écrit* $M \in D(\varepsilon)$, *si* M *est dans* $\underline{\underline{H}}^\infty$, *et s'il existe une suite finie de temps d'arrêt* $0 = T_0 \leq T_1 \leq \dots \leq T_k$ *tels que* $M = M^{T_k -}$ *et que, pour* $1 \leq i \leq k$,

$$\|(M - M^{T_{i-1}})^{T_i -}\|_{\underline{\underline{H}}^\infty} \leq \varepsilon .$$

Remarquer que l'expression dont on prend la norme n'est autre que l'accroissement de M sur l'intervalle $]\!]T_{i-1}, T_i[\![$. Cette définition exige que les sauts de M aux instants T_i soient bornés ($M \in \underline{\underline{H}}^\infty$), mais ils peuvent être grands.

PROPOSITION 1. *Soit* M *une semimartingale*.

a) *Si* $M \in D(\varepsilon)$, *pour tout temps d'arrêt* T, $M^T \in D(\varepsilon)$ *et* $M^{T-} \in D(2\varepsilon)$.

b) *Pour tout* $\varepsilon > 0$, *il existe des temps d'arrêt* T *arbitrair ment grands tels que* M^{T-} *soit dans* $D(\varepsilon)$.

Démonstration. Le a) résulte facilement des inégalités

$$\|M^T\|_{\underline{\underline{H}}^\infty} \leq \|M\|_{\underline{\underline{H}}^\infty} , \quad \|M^{T-}\|_{\underline{\underline{H}}^\infty} \leq 2\,\|M\|_{\underline{\underline{H}}^\infty} .$$

Pour le b), remarquons d'abord que, si M^1 et M^2 sont deux semimartingales respectivement découpées en tranches plus petites que ε par des suites T^1_i et T^2_j de temps d'arrêt, le a) entraîne que M^1+M^2 est découpée en tranches plus petites que 2ε par la suite obtenue en réordonnant les points T^1_i, T^2_j.

Décomposons M en une martingale locale N à sauts bornés par ε et un processus à variation finie A (théorème de Doléans-Dade et Yen: [8]). Il suffit de démontrer séparément la proposition pour N et A. Pour A, pas de difficulté: on définit la suite T_k par $T_0=0$,

$$T_{k+1} = \inf\{t\geq T_k : \int_{]T_k,t]} |dA_s| \geq \varepsilon \text{ ou } \int_0^t |dA_s| \geq k\},$$

et, pour tout k, A^{T_k-} est dans $D(\varepsilon)$. Pour N, c'est à peine plus délicat: on définit la suite T_k par $T_0=0$,

$$T_{k+1} = \inf\{t\geq T_k : [N,N]_t - [N,N]_{T_k} \geq \varepsilon^2 \text{ ou } [N,N]_t \geq k\} ;$$

pour tout k, N^{T_k-} est dans $\underline{H}^\infty$. Comme la semimartingale $(N-N^{T_k})^{T_{k+1}-}$ peut être décomposée en

$$(N^{T_{k+1}} - N^{T_k}) \quad - \quad \Delta N_{T_{k+1}} \, I_{\{T_{k+1}>T_k\}} \, I_{[\![T_{k+1},\infty[\![} \quad ,$$

sa norme dans $\underline{H}^\infty$ est majorée par

$$\| ([N,N]_{T_{k+1}} - [N,N]_{T_k})^{\frac{1}{2}} \quad + \quad |\Delta N_{T_{k+1}}| \, \|_{L^\infty}$$

$$= \quad \| (\Delta N^2_{T_{k+1}} + [N,N]_{T_{k+1}-} - [N,N]_{T_k})^{\frac{1}{2}} \quad + \quad |\Delta N_{T_{k+1}}| \, \|_{L^\infty}$$

$$\leq \quad (\varepsilon^2 + \varepsilon^2)^{\frac{1}{2}} \; + \; \varepsilon \quad .$$

Donc, pour tout k, N^{T_k-} est dans $D((1+\sqrt{2})\varepsilon)$. ▬

LEMME 2 (Lemme fondamental). <u>Soient</u> $H\in \underline{S}^2$, $F\in \mathrm{Lip}(a)$ <u>telle que</u> $F0=0$, <u>et</u> $M\in D(\frac{1}{6a})$. <u>L'équation</u> $X = H + FX_-\cdot M$ <u>admet alors dans</u> $\underline{S}^2$ <u>une solution</u> X <u>et une seule, et on a l'estimation</u> $\|X\|_{\underline{S}^2} \leq b\,\|H\|_{\underline{S}^2}$, <u>où</u> b <u>ne dépend que de</u> a <u>et</u> M.

<u>Démonstration</u>. Nous noterons $m = \|M\|_{\underline{H}^\infty}$, $h = \|H\|_{\underline{S}^2}$, et nous supposerons que M est découpée en k tranches plus petites que $\frac{1}{6a}$ par une suite de temps d'arrêt $0 = T_0 \leq T_1 \leq \ldots \leq T_k$. L'idée est très simple: résoudre successivement l'équa-

tion sur les intervalles $[\![0,T_i[\![$, $[\![0,T_i]\!]$, $[\![0,T_{i+1}[\![$, en obtenant de proche en proche une estimation de la solution. Le passage de $[\![0,T_i[\![$ à $[\![0,T_i]\!]$ se fera par un calcul explicite du saut, le passage de $[\![0,T_i]\!]$ à $[\![0,T_{i+1}[\![$ à l'aide du lemme 2. Un petit détail: il ne faudra pas oublier les ω pour lesquels $T_{i+1} = T_i$.

Nous allons donc étudier successivement les équations

$$E_i : \qquad X = H^{T_i-} + FX_-\cdot M^{T_i-} \qquad (0 \leq i \leq k) \quad .$$

Pour $i = 0$, pas de problème: l'équation s'écrit $X = 0$, elle admet une solution et une seule, de norme dans $\underline{\underline{S}}^2$ $x^0 = 0$. Supposons que l'équation E_i admette, dans $\underline{\underline{S}}^2$, une solution et une seule, X^i, de norme x^i. Nous allons montrer qu'il en est de même de E_{i+1} et calculer x^{i+1} en fonction de x^i. Pour simplifier les notations, nous poserons, pour tout processus U de $\underline{\underline{D}}$, $D_iU = (U - U^{T_i})^{T_{i+1}-}$.

L'équation $X = H^{T_i} + FX_-\cdot M^{T_i}$ a, dans $\underline{\underline{S}}^2$, une solution et une seule Y^i, qui vaut $X^i + (\Delta H_{T_i} + FX^i_{T_i-}\Delta M_{T_i})I_{[\![T_i,\infty[\![}$, et dont la norme y^i est majorée par $x^i + 2h + ax^im$ (inégalité (6)). Comme toute solution X de E_{i+1} doit doit vérifier $X^{T_i} = Y^i$ sur $[\![0,T_{i+1}[\![$, le changement d'inconnue $Z = X - (Y^i)^{T_{i+1}-}$ transforme E_{i+1} en l'équation

$$Z = D_iH + F(Y^i+Z)_-\cdot D_iM \quad .$$

Celle-ci s'écrit, en posant $G^i = F(Y^i + \cdot) - FY^i$,

$$Z = (D_iH + FY^i_-\cdot D_iM) + G^iZ_-\cdot D_iM \quad .$$

Puisque G^i est dans Lip(a) avec $G^i0 = 0$, et que $\|D_iM\|_{\underline{\underline{H}}^\infty} \leq \frac{1}{6a}$, le lemme 1 permet de résoudre cette équation: Elle admet, dans $\underline{\underline{S}}^2$, une solution Z^i et une seule, de norme $z^i \leq 2\,\|D_iH + FY^i_-\cdot D_iM\|_{\underline{\underline{S}}^2} \leq 2(2h + 3ay^i\frac{1}{6a}) = 4h + y^i$ (inégalités (4) et (5)).

On en conclut que l'équation E_{i+1} admet, dans $\underline{\underline{S}}^2$, une solution et une seule, $X^{i+1} = Z^i + (Y^i)^{T_{i+1}-}$, de norme

$$x^{i+1} \leq z^i + y^i \leq 4h + 2y^i \leq 8h + 2(1+am)x^i \quad .$$

En itérant ceci de $i = 0$ à $k-1$, on obtient, en tenant compte de $x^0 = 0$, que E_k a, dans $\underline{\underline{S}}^2$, une solution et une seule, X^k, dont la norme vérifie

$$x^k \leq 8\,\frac{(2+2am)^k - 1}{1+2am}\,h \quad .$$

Il reste à remarquer que, puisque $M = M^{T_k-}$, l'équation $X = H + FX_- \cdot M$ a, dans $\underline{\underline{S}}^2$, une solution et une seule, $X = X^k + H - H^{T_k-}$; sa norme est majorée par $x^k + 2h$, d'où le lemme, avec $b = 2 + 8\,\frac{(2+2am)^k - 1}{1+2am}$. ▬

EXISTENCE, UNICITE, STABILITE.

THEOREME 1 (Doléans-Dade, Protter). Soient H dans $\underline{\underline{D}}$, M dans $\underline{\underline{SM}}$, F dans Lip(a) pour un $a > 0$. L'équation $X = H + FX_- \cdot M$ admet, dans $\underline{\underline{D}}$, une solution et une seule.

Démonstration. En réécrivant l'équation sous la forme

$$X = (H + FO_- \cdot M) + GX_- \cdot M$$

on se ramène à étudier le cas où $FO = O$.

On choisit des temps T arbitrairement grands tels que H^{T-} soit dans $\underline{\underline{S}}^2$ et M^{T-} dans $D(\frac{1}{12a})$. On peut alors résoudre dans $\underline{\underline{S}}^2$, à l'aide du lemme précédent, chacune des équations ${}^T X = H^{T-} + F({}^T X)_- \cdot M^{T-}$. Grâce à l'unicité dans $\underline{\underline{S}}^2$, les solutions sont compatibles: il existe un processus càdlàg adapté X tel que, pour chaque T, $X^{T-} = {}^T X$. Ceci fournit une solution de l'équation.

Si Y est une autre solution, il existe des temps d'arrêt S arbitrairement grands tels que $(X-Y)^{S-}$ soit borné. Les temps $R = \inf(S,T)$ sont arbitrairement grands; X^{R-} et Y^{R-} sont solutions dans $\underline{\underline{S}}^2$ de l'équation en Z $Z = H^{R-} + FZ_- \cdot M^{R-}$. Mais (proposition 1) M^{R-} est dans $D(\frac{1}{6a})$. L'unicité dans le lemme 2 donne $X^{R-} = Y^{R-}$, d'où, en fin de compte, $X = Y$. ▬

LEMME 3. Soient a et c deux réels positifs. On considère l'équation E: $X = H + FX_- \cdot M$ et la suite d'équations E_n: $X^n = H^n + F^n X^n_- \cdot M^n$.

On suppose que

1) H et, pour tout n, F^n sont dans $\underline{\underline{S}}^2$ (respectivement $\underline{\underline{H}}^2$); H^n tend vers H dans $\underline{\underline{S}}^2$ (respectivement $\underline{\underline{H}}^2$);

2) F et, pour tout n, F^n sont dans $\mathrm{Lip}(a)$; pour tout $Z \in \underline{\underline{D}}$ et tout $n \in \mathbb{N}$, $(F^nZ)^* \leq c$; F^nX tend vers FX dans $\underline{\underline{S}}^2$ (où X est la solution de E);

3) $M \in D(\frac{1}{6a})$; pour tout n, M^n est dans $\underline{\underline{H}}^2$; M^n tend vers M dans $\underline{\underline{H}}^2$.

Alors la solution X^n de l'équation E_n converge vers X dans $\underline{\underline{S}}^2$ (respectivement $\underline{\underline{H}}^2$).

Démonstration. Posons

$$K^n = (FX - F^nX)_- \cdot M + F^nX^n_- \cdot (M - M^n) \quad ,$$

$$G^n(\cdot) = F^nX - F^n(X - \cdot) \quad .$$

Les semimartingales K^n sont dans $\underline{\underline{H}}^2$ et tendent vers zéro dans $\underline{\underline{H}}^2$, puisque

$$\|K^n\|_{\underline{\underline{H}}^2} \leq \|FX - F^nX\|_{\underline{\underline{S}}^2} \|M\|_{\underline{\underline{H}}^\infty} + \|F^nX^n\|_{\underline{\underline{S}}^\infty} \|M - M^n\|_{\underline{\underline{H}}^2}$$

(inégalités (3) et (2)) et que les F^nX^n sont uniformément bornés. D'autre part, pour tout n, G^n est dans $\mathrm{Lip}(a)$ et nul en 0.

L'identité

$$X - X^n = H - H^n + (FX - F^nX)_- \cdot M + (F^nX - F^nX^n)_- \cdot M + F^nX^n_- \cdot (M - M^n)$$

montre que $X - X^n$ est la solution de l'équation E', où Z est l'inconnue:

$$Z = (H - H^n + K^n) + G^nZ_- \cdot M \quad ;$$

le lemme fondamental entraîne donc $\|X - X^n\|_{\underline{\underline{S}}^2} \leq b\,\|H - H^n + K^n\|_{\underline{\underline{S}}^2}$, où b ne dépend pas de n. On en déduit que, si H^n tend vers H dans $\underline{\underline{S}}^2$, X^n tend vers X dans $\underline{\underline{S}}^2$, et la première assertion du lemme est établie.

Si, en outre, H et les H^n sont dans $\underline{\underline{H}}^2$, X et les X^n sont des semimartingales; FX et les F^nX^n étant bornés et M et les M^n étant dans $\underline{\underline{H}}^2$, X et les X^n sont dans $\underline{\underline{H}}^2$. Dans le cas où H^n tend vers H dans $\underline{\underline{H}}^2$, l'équation E' entraîne

$$\|X - X^n\|_{\underline{\underline{H}}^2} \leq \|H - H^n\|_{\underline{\underline{H}}^2} + \|K^n\|_{\underline{\underline{H}}^2} + a\,\|X - X^n\|_{\underline{\underline{S}}^2} \|M\|_{\underline{\underline{H}}^\infty}$$

(inégalités (3) et (5) avec $G^n0 = 0$), et l'on voit que X^n tend vers X non seulement dans $\underline{\underline{S}}^2$, mais aussi dans $\underline{\underline{H}}^2$. ■

THEOREME 2. Soit $a > 0$. On considère l'équation E: $X = H + FX_- \cdot M$ et la suite d'équations E_n: $X^n = H^n + F^nX^n_- \cdot M^n$, où H et les H^n sont dans $\underline{\underline{D}}$ (respectivement dans $\underline{\underline{SM}}$), F et les F^n dans $\mathrm{Lip}(a)$ et M et les M^n dans $\underline{\underline{SM}}$.

On suppose que H^n tend vers H dans $\underline{\underline{D}}$ (respectivement $\underline{\underline{SM}}$), que F^nX tend vers FX dans $\underline{\underline{D}}$ et que M^n tend vers M dans $\underline{\underline{SM}}$.

Alors X^n tend vers X dans $\underline{\underline{D}}$ (respectivement $\underline{\underline{SM}}$).

Les théorèmes 1 et 2 donnent un résultat un peu plus fin que le théorème 0 annoncé au début: on n'exige pas que F^nZ tende vers FZ pour tout $Z \in \underline{\underline{D}}$, mais seulement pour la solution X de l'équation E (cette amélioration est due à Meyer).

Démonstration. La règle du jeu est simple: compte tenu de la proposition 1 et du théorème 2 de [3], il s'agit, par arrêt à $T-$ et par extraction d'une sous-suite, de se ramener au cas où les hypothèses du lemme 3 sont réalisées; par identification de la limite le théorème sera alors établi. Nous utiliserons les opérateurs de troncation $B^x \in \mathrm{Lip}(1)$ définis pour $x \geq 0$ par
$B^xX = \inf[x, \sup(-x,X)]$.

Par arrêt, on peut se ramener au cas où $|FX|$ est borné par un réel c, H et H^n sont dans $\underline{\underline{S}}^2$ (respectivement $\underline{\underline{H}}^2$), M est dans $D(\frac{1}{12a})$ et M^n tend vers M dans $\underline{\underline{H}}^2$. On considère la nouvelle équation

$$Y^n = H^n + B^{a+c+1}F^nY^n_- \cdot M^n \quad ;$$

grâce au lemme 3, Y^n tend vers X dans $\underline{\underline{S}}^2$ (respectivement $\underline{\underline{H}}^2$). Par extraction d'une sous-suite, on se ramène maintenant au cas où $(Y^n - X)^*$ et $(F^nX - FX)^*$ tendent vers zéro p.s. Posons

$$T_k = \inf \{ t \geq 0 : \exists m \geq k \ |Y^m_t - X_t| + |F^mX_t - FX_t| \geq 1 \} \quad .$$

Les T_k forment une suite croissante de temps d'arrêt telle que $P\{T_k = \infty\} \to 1$. Par arrêt à T_k-, on peut supposer que, pour n assez grand $(n \geq k)$, $(Y^n - X)^*$ et $(F^nX - FX)^*$ sont bornés par 1. (Toutes les autres propriétés ci-dessus restent vraies, à ceci près que M n'est plus nécessairement dans $D(\frac{1}{12a})$ mais dans $D(\frac{1}{6a})$; l'emploi du lemme 3 est encore justifié.) Nous écrivons maintenant

$$\begin{aligned} |F^nY^n| &\leq |F^nY^n - F^nX| + |F^nX - FX| + |FX| \\ &\leq a\,(Y^n - X)^* + (F^nX - FX)^* + (FX)^* \leq a + 1 + c \quad . \end{aligned}$$

Donc $B^{a+c+1}F^nY^n = F^nY^n$, et Y^n est la solution de $Y^n = H^n + F^nY^n_- \cdot M^n$; d'où, toujours pour n assez grand, $Y^n = X^n$, ce qui permet de conclure. ▬

COROLLAIRE. L'exponentiation de Doléans-Dade, qui à $M \in \underline{\underline{SM}}$ fait correspondre la solution de l'équation $X_t = 1 + M_0 + \int_{]0,t]} X_{s-}\, dM_s$, est continue de $\underline{\underline{SM}}$ dans $\underline{\underline{SM}}$.

RESOLUTION APPROCHEE

Dans [4] figure un résultat de résolution approchée de l'équation de Doléans-Dade et Protter par la méthode des différences finies. Nous allons nous intéresser à la méthode des itérations successives, et généraliser un résultat qui n'est donné dans [4] que dans le cas particulier de l'équation exponentielle.

THEOREME 3. On considère l'équation $X = H + FX_-\cdot M$, où H est dans $\underline{\underline{D}}$, F dans $\mathrm{Lip}(a)$ et M dans $\underline{\underline{SM}}$. Pour tout $Y^0 \in \underline{\underline{D}}$, la suite (Y^n) de processus de $\underline{\underline{D}}$ définie par la relation $Y^{n+1} = H + FY^n_-\cdot M$ converge dans $\underline{\underline{D}}$ vers la solution X de l'équation. Plus précisément, $X - Y^n$ tend vers 0 dans $\underline{\underline{SM}}$.

Le théorème 3 justifie la définition de la topologie de $\underline{\underline{SM}}$: il fournit des suites pour lesquelles $\underline{\underline{SM}}$ est un cadre naturel de convergence.

Démonstration. Par arrêt, on se ramène au cas où Y^0 est borné, où M est découpée en tranches plus petites que $\alpha = \frac{1}{10a}$ par une suite de temps d'arrêt $0 = T_0 \leq \ldots \leq T_k$, et où $H = H^{T_k-}$. Posons $m = \sup(\|M\|_{\underline{\underline{H}}^\infty}, 3\alpha)$.

Les processus $V^n = X - Y^n$ vérifient l'équation

$$V^n = (Y^{n+1} - Y^n) + G^n V^n_-\cdot M ,$$

où $G^n \in \mathrm{Lip}(a)$ est la fonctionnelle $F(\cdot + Y^n) - FY^n$. Le lemme fondamental donne $\|V^n\|_{\underline{\underline{S}}^2} \leq b\, \|Y^{n+1} - Y^n\|_{\underline{\underline{S}}^2}$, où b ne dépend pas de n. Nous allons établir que $Y^{n+1} - Y^n$ tend vers zéro dans $\underline{\underline{S}}^2$. La première partie du théorème en découlera, et la seconde résultera de

$$\|Y^{n+1} - X\|_{\underline{\underline{H}}^2} = \|(FY^n - FX)_-\cdot M\|_{\underline{\underline{H}}^2} \leq a\, \|Y^n - X\|_{\underline{\underline{S}}^2}\, \|M\|_{\underline{\underline{H}}^\infty} .$$

Soit donc Z^n le processus $Y^{n+1} - Y^n$; posons $z_i^n = \|(Z^n)^{T_i-}\|_{\underline{\underline{S}}^2}$ et, pour tout $U \in \underline{\underline{D}}$, $D_i U = (U - U^{T_i})^{T_{i+1}-}$. On a

$$z_{i+1}^{n+1} \leq z_i^{n+1} + \|\Delta Z_{T_i}^{n+1}\|_{L^2} + \|D_i Z^{n+1}\|_{\underline{\underline{S}}^2} .$$

Mais les Z^n vérifient la relation de récurrence $Z^{n+1} = G^n Z^n_- \cdot M$, d'où

$$\Delta Z_{T_i}^{n+1} = G^n Z^n_{T_i-} \Delta M_{T_i} \quad ; \quad D_i Z^{n+1} = G^n Z^n_- \cdot D_i M .$$

Les inégalités (6) et (4) permettent d'établir la relation de récurrence

$$z_{i+1}^{n+1} \leq z_i^{n+1} + a\, z_i^n\, m + 3\, a\, z_{i+1}^n\, \alpha .$$

Pour terminer la démonstration, nous allons montrer que cette relation implique la convergence vers zéro de z_k^n ($= \|Z^n\|_{\underline{\underline{S}}^2}$) quand n tend vers l'infini. Posons $p = am$, $q = 3a\alpha = \frac{3}{10} \leq p$ (définition de m), $v_i^n = 3^{n+2i}\, p^i\, q^{n-i}$. Avec ces notations, la suite double v_i^n satisfait une relation de récurrence analogue à celle vérifiée par z_i^n, mais dans l'autre sens:

$$v_i^{n+1} + pv_i^n + qv_{i+1}^n = (3q + p + 9p)v_i^n < 27pv_i^n = v_{i+1}^{n+1} .$$

Soit alors c un réel tel que, pour tout i de 0 à k, on ait $z_i^0 \leq cv_i^0$. Comme z_0^n est nul, la relation $z_i^n \leq cv_i^n$ a lieu pour tous les couples (n,i) tels que $n = 0$ ou $i = 0$. D'autre part, si elle a lieu pour (n,i), (n,i+1) et (n+1,i),

$$z_{i+1}^{n+1} \leq z_i^{n+1} + pz_i^n + qz_{i+1}^n \leq c(v_i^{n+1} + pv_i^n + qv_{i+1}^n) \leq cv_{i+1}^{n+1} ,$$

et elle a lieu pour le couple (n+1,i+1). Elle a donc lieu pour tous les couples (n,i) tels que $0 \leq i \leq k$ et en particulier pour les couples (n,k):

$$z_k^n \leq c\, 3^{n+2k}\, (am)^k\, (3/10)^{n-k} = c\, (30am)^k\, (9/10)^n ,$$

et z_k^n tend vers zéro lorsque n tend vers l'infini. ▬

CAS OU LA CONSTANTE DE LIPSCHITZ a DEPEND DE ω

La définition de Lip(a) peut être généralisée en y remplaçant la constante a par une variable aléatoire:

THEOREMES 1', 2', 3'. <u>Les théorèmes 1, 2 et 3 restent vrais lorsque l'on y substitue au réel</u> a <u>une variable aléatoire</u> $a(\omega)$ <u>$\underline{\underline{F}}$-mesurable finie p.s.</u>

<u>Démonstration</u>. On emploie la méthode de localisation de Lenglart ([5]). Rappelons que si (Ω_k) est une suite d'événements non négligeables de $\underline{\underline{F}}$ de réunion Ω, en appelant P_k la probabilité P conditionnée par l'événement Ω_k,

1) tout processus $M \in \underline{\underline{D}}$ qui est une semimartingale pour chaque P_k est une semimartingale pour P (théorème de Jacod et Meyer, [9]);

2) si une suite (M^n) de semimartingales tend vers une même limite M dans tous les espaces $\underline{\underline{SM}}(P_k)$ simultanément, la convergence a aussi lieu dans $\underline{\underline{SM}}(P)$ (proposition 7 de [3]).

En appliquant ceci à $\Omega_k = \{\omega : a(\omega) \leq k\}$ (non négligeable pour k assez grand), et en utilisant le fait ([5]) que les intégrales stochastiques conservent la même valeur lorsqu'on les calcule pour P_k, les théorèmes 1', 2' et 3' se déduisent immédiatement des théorèmes 1, 2 et 3. ▬

REFERENCES

[1] C. DOLEANS-DADE. On the existence and unicity of solitions of stochastic integral equations. Z. Wahrscheinlichkeitstheorie 36, 93-101, 1976.

[2] C. DOLEANS-DADE et P.A. MEYER. Equations différentielles stochastiques. Séminaire de Probabilités XI, p. 581.

[3] M. EMERY. Une topologie sur l'espace des semimartingales. Dans ce volume.

[4] M. EMERY. Stabilité des solutions des équations différentielles stochastiques; application aux intégrales multiplicatives. Z. Wahrscheinlichkeitstheorie 41, 241-262, 1978.

[5] E. LENGLART. Sur la localisation des intégrales stochastiques. Séminaire de Probabilités XII, p. 53.

[6] M. METIVIER et J. PELLAUMAIL. On a stopped Doob's inequality and general stochastic equations. Rapport interne N° 28, Ecole Polytechnique de Paris, Fevrier 1978.

[7] P.A. MEYER. Inégalités de normes pour les intégrales stochastiques. Séminaire de Probabilités XII, p. 757.

[8] P.A. MEYER. Le théorème fondamental sur les martingales locales. Séminaire de Probabilités XI, p. 463.

[9] P.A. MEYER. Sur un théorème de C. Stricker.
Séminaire de Probabilités XI, p. 482.

[10] Ph. PROTTER. On the existence, uniqueness, convergence and explosions of solutions of systems of stochastic integral equations.
Ann. of Prob. 5, 243-261, 1977.

[11] Ph. PROTTER. Right-continuous solutions of systems of stochastic integral equations. J. Multivariate Analysis 7, 204-214, 1977.

[12] Ph. PROTTER. $\underline{\underline{H}}^p$-Stability of solutions of stochastic differential equations.
Z. Wahrscheinlichkeitstheorie 44, 337-352, 1978.

IRMA (L.A. au C.N.R.S.)
7 rue René Descartes
F-67084 STRASBOURG-Cedex

FONCTION MAXIMALE ET VARIATION QUADRATIQUE DES MARTINGALES
EN PRESENCE D'UN POIDS

par A. BONAMI et D. LEPINGLE

----

§ 1. Introduction. Soit $(\Omega, \mathfrak{F}, (\mathfrak{F}_t)_{t \geq 0}, P)$ un espace probabilisé complet filtré, la filtration $(\mathfrak{F}_t)$ étant continue à droite, contenant les ensembles négligeables de $\mathfrak{F}$, et engendrant $\mathfrak{F}$. Pour toute martingale uniformément intégrable X, on note

$$X^* = \sup_t |X_t|$$

la fonction maximale associée. Les inégalités de Doob affirment que si $p > 1$, il existe une constante c_p telle que

$$(1.1) \qquad E[(X^*)^p] \leq c_p \quad E[|X_\infty|^p] .$$

Soit Z une variable aléatoire strictement positive d'intégrale égale à 1, et soit $Z_t = E[Z| \mathfrak{F}_t]$ la martingale associée. On note $\hat{P}$ la probabilité $Z.P$, et on s'intéresse à la question suivante : à quelle condition sur Z existe-t-il une constante c_p indépendante de X telle que

$$(1.2) \qquad \hat{E}[(X^*)^p] \leq c_p \quad \hat{E}[|X_\infty|^p] \quad ?$$

Ce problème a été entièrement résolu dans le cas des martingales dyadiques (c'est-à-dire pour $\Omega =]0,1]$, $dP = dx$, $\mathfrak{F}_n$ la tribu engendrée par les intervalles $]k2^{-n}, (k+1)2^{-n}]$, $k = 0,1,\ldots,2^n-1$) par Muckenhoupt ([8], voir également [3]) . S'inspirant de ce cas particulier, Izumisawa et Kazamaki ont dans [6] introduit la classe de poids (A_p) .

<u>Définition 1</u>. On dit que le poids Z <u>satisfait à la condition</u> (Ap) , où $p > 1$, s'il existe une constante C_p telle qu'en dehors d'un ensemble de probabilité nulle, pour tout $t > 0$,

$$Z_t(E[Z^{-\frac{1}{p-1}} | \mathcal{F}_t])^{p-1} \leq C_p \ .$$

Ils ont montré que si $Z \in (A_{p_0})$, l'inégalité (1.2) a lieu pour tout $p > p_0$ et pour toute martingale uniformément intégrable X . En même temps, ils donnent une condition assez technique pour que, si $Z \in (A_p)$, il existe $\varepsilon > 0$ tel que $Z \in (A_{p-\varepsilon})$.

Le point de départ de ce travail était de montrer que si $Z \in (A_p)$ et s'il existe une constante C telle que $\sup_t Z_{t-}/Z_t \leq C$, alors il existe $\varepsilon > 0$ tel que $Z \in (A_{p-\varepsilon})$: il en résulte que dans ce cas l'inégalité (1-2) a lieu pour toute martingale X uniformément intégrable.

Cette propriété des poids $Z \in (A_p)$ tels que $\sup_t(Z_{t-}/Z_t) < \infty$, qui avait été signalée dans [1] , a été également remarquée par C. Doléans-Dade et P.A. Meyer ([4]).

Nous renvoyons donc le lecteur à leur excellente rédaction, et nous nous contentons de montrer dans le § 3, à l'aide d'un contre-exemple déjà donné dans [1], qu'il existe des poids $Z \in (A_p)$ n'appartenant à aucune classe $(A_{p-\varepsilon}), \varepsilon > 0$. Toutefois, dans le contre-exemple étudié, l'inégalité (1.2) a encore lieu. La question est donc encore ouverte de savoir si la condition (A_p) entraîne en toute généralité l'inégalité (1-2).

Dans le § 2, nous étudions les inégalités à poids pour la variation quadratique. Rappelons que si X est une martingale locale, sa variation quadratique $[X]$ est le processus défini de la manière suivante : X admet une décomposition unique en $X^c + X^d$, où X^c est une martingale locale continue, X^d une somme compensée de sauts nulle en zéro ; on pose

$$[X]_t = \langle X^c\rangle_t + \sum_{0 < s \leq t} (\Delta X_s)^2 ,$$

où $\langle X^c\rangle_t$ est l'unique processus croissant continu adapté A_t tel que $(X^c)^2 - A$ soit une martingale locale nulle en zéro. Il est bien connu [7] que si X est uniformément intégrable, $[X]_\infty$ est fini p.s., et que si $p > 1$

$$E[[X]_\infty^{p/2}] \leq c_p \, E[|X_\infty|^p] . \tag{1.3}$$

Nous montrons que si Z vérifie la condition (A_p) et si $0 < c \leq Z_{t-}/Z_t \leq C$, l'inégalité à poids

(1.4) $\hat{E}[[X]_\infty^{p/2}] \leq c_p \ \hat{E}[|X_\infty|^p]$

a également lieu. Pour ce faire, nous établissons diverses inégalités à poids entre $[X]_\infty$ et X^* qui généralisent celles de [6] .

Dans ce qui suit, lorsque p est pris > 1 , nous poserons $V = Z^{-\frac{1}{p-1}}$ et $V_t = E[V|\mathcal{F}_t]$. Nous supposerons avoir choisi des versions continues à droite, pourvues de limites à gauche des processus Z_t et V_t , et si $Z \in (A_p)$, telles que l'inégalité

$$Z_t V_t^{p-1} \leq C_p$$

ait lieu pour tout t , en dehors d'un ensemble négligeable de Ω . Nous avons par ailleurs $Z_t V_t^{p-1} \geq 1$ comme conséquence de l'inégalité de Hölder appliquée à $1 = E[Z V^{p-1} | \mathcal{F}_t]$. Rappelons que sur $\mathcal{F}_t$, $\frac{d\hat{P}}{dP} = Z_t$, et que l'on a

$$\hat{E}[X| \mathcal{F}_t] = E[\frac{Z}{Z_t} X| \mathcal{F}_t] = \frac{1}{Z_t} E[ZX| \mathcal{F}_t] \ .$$

Citons enfin le lemme suivant ([4], § 6) :

Lemme (ou inégalité de Hölder inverse) : *Si* $Z \in (A_p)$ *et s'il existe une constante* C *telle que* $\sup Z_{t-}/Z_t \leq C$, *il existe* $\delta > 0$ *et* C' *tels que, quel que soit* t.,

$$E[V^{1+\delta} | \mathcal{F}_t] \leq C' V_t^{1+\delta} \ .$$

§ 2. Fonction maximale et variation quadratique

Izumisawa et Kazamaki ont également obtenu dans [6] des conditions pour que les inégalités de Burkholder-Davis-Gundy qui relient fonction maximale et variation quadratique soient encore vérifiées pour la probabilité $\hat{P}$, mais ils se sont restreints aux martingales à trajectoires continues.

Nous reprenons cette question par une méthode différente valable pour des martingales quelconques.

Rappelons qu'une fonction ϕ sur $\mathbb{R}_+$ est dite <u>à croissance modérée</u> si : $\phi(0) = 0$, ϕ est convexe et croissante , $\phi(2\lambda) \leq C\,\phi(\lambda)$ pour tout $\lambda > 0$.

A côté de la condition (A_p) $(p > 1)$, il est naturel d'introduire la condition $(\hat{A}_p)$ obtenue en permutant les rôles de P et $\hat{P}$. Nous dirons que $Z \in (\hat{A}_p)$ si en dehors d'un ensemble de probabilité nulle,

$$\frac{1}{Z_t}\,(\hat{E}[Z^{\frac{1}{p-1}} \mid \mathcal{F}_t])^{p-1} \leq C_p \quad \text{pour tout} \quad t > 0 \ .$$

Remarquons qu'une forme équivalente de cette condition est

$$E[Z^{\frac{p}{p-1}} \mid \mathcal{F}_t] \leq c_p\, Z_t^{\frac{p}{p-1}}$$

Nous dirons de plus que $Z \in (\hat{A}_\infty)$ s'il existe un $p > 1$ tel que $Z \in (\hat{A}_p)$.

<u>Lemme.</u> *Si* $Z \in (\hat{A}_p)$, $\forall A \in \mathcal{F}$, $\forall t \geq 0$,

$$(\hat{E}[1_A \mid \mathcal{F}_t])^p \leq c_p\, E[1_A \mid \mathcal{F}_t]$$

Preuve. D'après l'inégalité de Hölder

$$(\hat{E}[1_A(\tfrac{Z}{Z})^{1/p} \mid \mathcal{F}_t])^p \leq \hat{E}[1_A/Z \mid \mathcal{F}_t](\hat{E}[Z^{\frac{1}{p-1}} \mid \mathcal{F}_t])^{p-1}$$

$$= E[1_A \mid \mathcal{F}_t]\,\frac{1}{Z_t}\,(\hat{E}[Z^{\frac{1}{p-1}} \mid \mathcal{F}_t])^{p-1}$$

$$\leq C_p\, E[1_A \mid \mathcal{F}_t] \ .$$

<u>Proposition 1.</u> *Soit* M *une martingale uniformément intégrable vérifiant* $|\Delta M_t| \leq S_{t-}$ *pour tout* $t > 0$ *, où* S *est un processus croissant adapté. Supposons que* Z *vérifie la condition* $(\hat{A}_p)$ *. Il existe alors deux*

constantes c_1 *et* c_2 *ne dépendant pas de* M *telles que si* $\beta > 1$,

$0 < \delta < \beta - 1$, $\lambda > 0$,

$$\hat{P}([M]_\infty^{1/2} > \beta\lambda \ , \ M^* \vee S_\infty < \delta\lambda) \leq c_1 \left(\frac{\delta^2}{\beta^2-\delta^2-1}\right)^{1/p} \hat{P}([M]_\infty^{1/2} > \lambda)$$

$$\hat{P}(M^* > \beta\lambda \ , \ [M]_\infty^{1/2} \vee S_\infty < \delta\lambda) \leq c_2 \left(\frac{\delta}{\beta-\delta-1}\right)^{2/p} \hat{P}(M^* > \lambda)$$

<u>Preuve.</u> Bornons-nous à démontrer la première de ces inégalités de distribution, à l'aide de la méthode habituelle [2] . Posons

$$T = \inf\{t : [M]_t > \lambda^2\}$$

$$S = \inf\{t : \sup_{s<t} [M_s] \vee S_t > \delta\lambda\}$$

$$M'_t = M_{(t+T)\wedge S} - M_{T\wedge S} \ ;$$

M' est une martingale adaptée à la filtration $(\mathcal{G}_t = \mathcal{F}_{t+T})$, et sur l'ensemble $A = \{[M]_\infty^{1/2} > \beta\lambda \ , \ S = \infty\}$,

$$[M']_\infty = [M]_\infty - [M]_T = [M]_\infty - \Delta M_T^2 - [M]_{T-} \geq (\beta^2 - \delta^2 - 1)\lambda^2$$

et par conséquent

$$E[1_A | \mathcal{G}_0] \leq E[1_{\{[M']_\infty \geq (\beta^2 - \delta^2 - 1)\lambda^2\}} | \mathcal{G}_0]$$

$$\leq \frac{E([M']_\infty | \mathcal{G}_0)}{(\beta^2-\delta^2-1)\lambda^2}$$

$$= \frac{E(\Sigma(M'_\infty)^2 | \mathcal{G}_0)}{(\beta^2-\delta^2-1)\lambda^2}$$

$$\leq \frac{9\delta^2}{\beta^2-\delta^2-1}$$

D'après le lemme,

$$\hat{E}\left(1_A \mid \mathcal{G}_0\right) \leq (9\ C_p \frac{\delta^2}{\beta^2-\delta^2-1})^{1/p} \quad ;$$

comme $\{T < \infty\} = \{[M]_\infty^{1/2} > \lambda\} \in \mathcal{G}_0$ et que de plus $A \subset \{T < \infty\}$,

$$\hat{P}(A) \leq c_1 (\frac{\delta^2}{\beta^2-\delta^2-1})^{1/p} \ \hat{P}(T < \infty) .$$

La seconde inégalité de distribution se démontre de manière analogue.

Proposition 2. *Si* $Z_{t-}/Z_t \leq c_1$ *pour tout* $t > 0$ *et si* B *est un processus croissant adapté, nul en zéro, de compensateur prévisible* A *, alors pour toute fonction* ϕ *à croissance modérée,*

$$\hat{E}\left[\phi(A_\infty)\right] < c\ E\left[\phi\ (B_\infty)\right]$$

Preuve. D'après l'inégalité de Neveu-Garsia [5,7] , il suffit de démontrer que pour tout temps d'arrêt T ,

$$\hat{E}\left[A_\infty - A_T \middle| \mathcal{F}_T\right] \leq C\ \hat{E}\left[B_\infty \middle| \mathcal{F}_T\right]$$

et en fait (en posant $B'_t = 1_D(B_t - B_{t\wedge T})$, $A'_t = 1_D\ (A_t - A_{t\wedge T})$, où $D \in \mathcal{F}_T$) il suffira de démontrer que $\hat{E}[A_\infty] \leq C\ \hat{E}[B_\infty]$. Or

$$\hat{E}[A_\infty] = E\left[\int_0^\infty Z_{s-}\ dA_s\right] \leq c_1\ E\left[\int_0^\infty Z_s\ dA_s\right] = c_1\ E\left[\int_0^\infty Z_s\ dB_s\right] = c_1\ \hat{E}[B_\infty] .$$

Théorème 1. *Si* $Z \in (\hat{A}_\infty)$ *et si* $Z_{t-}/Z_t \leq c_1$ *, alors pour toute fonction* ϕ *à croissance modérée, il existe deux constantes* c *et* C *telles que*

$$c\ \hat{E}\left[\phi(X^*)\right] \leq \hat{E}\left[\phi([X]_\infty^{1/2})\right] \leq C\ \hat{E}\left[\phi(X^*)\right]$$

pour toute martingale uniformément intégrable X .

Preuve. Nous suivons la démarche de la décomposition de B. Davis (voir pa exemple [2]) en posant

$$S_t = \sup_{s<t} |\Delta X_s|$$

$$N^1_t = \sum_{s<t} \Delta X_s \; 1_{\{|\Delta X_s| > 2\, S_{s-}\}}$$

N^2 le compensateur prévisible de N^1

$$N = N^1 - N^2$$

$$M = X - N .$$

On vérifie qu'alors $\int_0^\infty |dN^1|_t \leq 2\, S_\infty \leq 4\, X^*$ et $|\Delta M_t| \leq 4\, S_{t-}$

Il résulte alors de la proposition 1 ci-dessus et du lemme 7.1 de [2] que

$$\hat{E}\left[\phi([M]_\infty^{1/2})\right] \leq c\, \hat{E}\left[\phi(M^*)\right] + c\, \hat{E}\left[\phi(S_\infty)\right]$$

$$\leq c\, \hat{E}\left[\phi(X^*)\right] + c\, \hat{E}\left[\phi(N^*)\right]$$

$$\leq c\, \hat{E}\left[\phi(X^*)\right] + c\, \hat{E}\left[\phi(\int_0^\infty |dN|_s)\right] ,$$

où c varie de place en place ; la proposition 2 montre que

$$\hat{E}\left[\phi(\int_0^\infty |dN|_s)\right] \leq c\, \hat{E}\left[\phi(S_\infty)\right] < c\, \hat{E}\left[\phi(X^*)\right] ,$$

et comme $[N]_\infty^{1/2} \leq \int_0^\infty |dN|_s$, nous avons la deuxième inégalité

$$\hat{E}\left[\phi([X]_\infty^{1/2})\right] \leq c\, \hat{E}\left[\phi(X^*)\right] ,$$

la première se démontrant de façon analogue.

Théorème 2. *Si* Z *vérifie la condition* (A_p) *et s'il existe deux constantes* c_1 *et* c_2 *telles que* $0 \leq c_1 \leq Z_{t-}/Z_t \leq C_2$ *pour tout* $t > 0$ *, il existe alors deux constantes* c *et* C *telles que pour toute martingale uniformément intégrable* X *,*

$$c\,\hat{E}\left(|X_\infty|^p\right) \leq \hat{E}\left([X]_\infty^{p/2}\right) \leq C\,\hat{E}\left(|X_\infty|^p\right) .$$

Preuve. En utilisant le théorème 1 , nous obtenons le résultat si Z vérifie (A_p) , $(\hat{A}_\infty)$ et si $Z_{t-}/Z_t \leq c_2$. Supposons maintenant que Z vérifie (A_p) et $Z_t/Z_{t-} \leq \frac{1}{c_1}$. Alors, si p' est le conjugué de p $(\frac{1}{p}+\frac{1}{p'}=1)$, on peut vérifier que V satisfait à $(A_{p'})$, et que $Z = V^{-\frac{1}{p'-1}}$. Le lemme préliminaire du § 1 prouve que Z vérifie l'inégalité de Hölder inverse, ce qui est équivalent au fait que $Z \in (\hat{A}_\infty)$.

§ 3. Etude d'un exemple. Nous avons dit que si Z appartient à la classe (A_p) et si $Z_{t-}/Z_t \leq C$, il existe $\varepsilon > 0$ tel que Z appartienne à la classe $(A_{p-\varepsilon})$. La condition $Z_{t-}/Z_t \leq C$ est évidemment satisfaite lorsque la martingale Z_t est continue. Si $Z \in (A_p)$, elle est équivalente à la condition $V_t/V_{t-} \leq c$. En particulier, soit $(\mathfrak{F}_n)$ une suite croissante de tribus atomiques pour lesquelles il existe une constante K telle que, si A est un atome de $\mathfrak{F}_n$ et $\tilde{A}$ l'atome de $\mathfrak{F}_{n-1}$ contenant A , $P(\tilde{A})/P(A) \leq K$. Alors, si V_n est une martingale positive, $V_n/V_{n-1} \leq k$ puisque sur l'atome $A \in \mathfrak{F}_n$,

$$V_{n-1} = \frac{1}{P(\tilde{A})}\int_{\tilde{A}} V_n\,dP \geq V_n\,\frac{P(A)}{P(\tilde{A})}$$

. Dans ce cas (et c'est le cas des tribus dyadiques sur $]0,1]$), la condition supplémentaire $Z_{n-1}/Z_n \leq C$ est conséquence du fait que $Z \in (A_p)$.

Soient par contre $\Omega =]0,1]$, $\mathfrak{F}_n$ la tribu engendrée par les intervalles $\left]\frac{1}{(k+1)!}, \frac{1}{k!}\right]$, $k = 1,\dots,n$, P la mesure de Lebesgue.

Nous allons montrer qu'il existe un poids Z qui satisfait à la condition (A_2) sans satisfaire à la condition $(A_{2-\varepsilon})$, et ceci quel que soit $\varepsilon > 0$. Comme $\mathfrak{F}_\infty$ est la tribu engendrée par les intervalles $\left]\frac{1}{(k+1)!}, \frac{1}{k!}\right]$, $k \in N^*$, Z est entièrement défini par la suite z_k de ses valeurs sur $\left]\frac{1}{(k+1)!}, \frac{1}{k!}\right]$. Prenons

$$z_k = b2^k/k! \quad , \text{ où } \quad b^{-1} = \sum_1^{\infty} 2^k/k! \left(\frac{1}{k!} - \frac{1}{(k+1)!}\right) .$$

Soit $V = Z^{-1} = b^{-1} \sum_1^{\infty} k!\, 2^{-k}\, 1_{\left]\frac{1}{(k+1)!}, \frac{1}{k!}\right]}$. On calcule que

$$E\left[V^\gamma\right] > \frac{1}{2} \sum_1^{\infty} (k!)^{\gamma-1}\, 2^{-k} = +\infty \quad \text{si} \quad \gamma > 1 .$$

Donc, si $\varepsilon > 0$, $Z \notin (A_{2-\varepsilon})$. Montrons cependant que $Z \in (A_2)$. Il suffit de montrer que pour tout n,

$$\left(n! \int_0^{1/n!} V\,dx\right)\left(n! \int_0^{1/n!} Z\,dx\right) \leq C .$$

Mais $b^{-1}\int_0^{1/n!} Zdx = \sum_{k>n} 2^k/k! \left(\frac{1}{k!} - \frac{1}{(k+1)!}\right) \leq \sum_{k>n} \frac{2^k}{(k!)^2} \leq 2\,\frac{2^n}{(n!)^2}$

De même,

$$b \int_0^{1/n!} V\,dx \leq \sum_{k>n} 2^{-k} = 2^{-n+1} .$$

D'où l'inégalité cherchée avec $C = 4$.

On peut néanmoins montrer dans cet exemple que, quelle que soit la martingale uniformément intégrable X, l'inégalité

(4.1) $\hat{E}\left[(X^*)^2\right] \leq C\ \hat{E}\left[X^2\right]$

est satisfaite. En effet, si $X = x_k$ sur $\left]\frac{1}{(k+1)!}, \frac{1}{k!}\right]$,

$$\hat{E}\left[X^2\right] \geq \frac{1}{2} \sum x_k^2 \frac{2^k}{(k!)^2} .$$

Posons $y_k = x_k\ 2^k/k!$. Alors, si $Y = \sum y_k\ 1_{]2^{-k-1},\ 2^{-k}]}$,

$$2\int_0^1 X^2\ Z\ dx \geq \int_0^{1/2} Y^2\ dx .$$

Soit $(\mathcal{G}_n)$ la famille de tribus sur $\left]0,\frac{1}{2}\right]$ telle que $\mathcal{G}_n$ soit engendrée par les intervalles $\left]2^{-k-1}, 2^{-k}\right]$, $k \leq n$. Soit Y^* la fonction maximale associée à Y pour cette famille de tribus. Il résulte du théorème de Doob que

(4.2) $\displaystyle\int_0^{1/2} (Y^*)^2\ dx \leq C \int_0^{1/2} Y^2\ dx .$

Nous aurons démontré l'inégalité (4.1) si nous montrons que sur $\left]\frac{1}{(k+1)!}, \frac{1}{k}\right]$, X^* prend une valeur x_k^* majorée par $k!\ 2^{-k} y_k^*$, où y_k^* désigne la valeur de Y^* sur $\left]2^{-k-1}, 2^{-k}\right]$. En effet, nous aurons alors

$$\int (X^*)^2\ Z\ dx \leq \sum x_k^{*2} \frac{2^k}{(k!)^2} \leq \sum y_k^{*2}\ 2^{-k} \leq \int_0^{1/2} (Y^*)^2\ dx \ ;$$

On conclut ensuite en utilisant (4.2) . Montrons donc que

$$x_k^* \leq k!\ 2^{-k}\ y_k^* .$$

Mais $x_k^* = \sup \{x_k , \sup_{n<k} n! \int_0^{1/n!} X\, dx\}$.

Or

$$x_k = k!\, 2^{-k} y_k \leq k!\, 2^{-k} y_k^* ,$$

et

$$n! \int_0^{1/n!} X\, dx \leq n! \sum_{j>n} y_j 2^{-j} \leq n!\, 2^{-n} y_k^* .$$

Comme la suite $n!\, 2^{-n}$ est croissante, on en déduit l'inégalité cherchée.

Remarque. Plus généralement, si $p > 1$, si l'on choisit $z_n = b(\frac{2^k}{k!})^{p-1}$,

on peut montrer que $Z \in (A_p)$ tandis que $z \notin \bigcup_{\varepsilon>0} (A_{p-\varepsilon})$, et que

l'inégalité

$$\hat{E}[(X^*)^p] < c\, \hat{E}[|X_\infty|^p]$$

est satisfaite quelle que soit la martingale uniformément intégrable X .

REFERENCES

[1] D. BEKOLLE et A. BONAMI. *Inégalités à poids pour le noyau de Bergman.* Note aux C.R.A.S. Paris - t. 286, 775-778 (1978)

[2] D.L. BURKHOLDER. *Distribution function inequalities for martingales.* Annals of Prob., 1, 19-42 (1973) .

[3] R.R. COIFMAN et C. FEFFERMAN. *Weighted norm inequalities for maximal functions and singular integrals*, Studia Math., 51, 241-250 (1974).

[4] C. DOLEANS-DADE et P.A. MEYER : *inégalités de normes avec poids.*

[5] A. GARSIA. *Martingale inequalities.* Benjamin 1973

[6] M. IZUMISAWA et N. KAZAMAKI. *Weighted norm inequalities for martingales.* Tôhoku Math. Journal, 29, 115-124 (1977).

[7] P.A. MEYER. *Un cours sur les intégrales stochastiques.* Séminaire de Probabilités X. Lecture Notes n° 511. Springer 1976.

[8] B. MUCKENHOUPT . *Weighted norm inequalities for the Hardy maximal function.* Trans. Amer. Math. Soc., 165, 207-226 (1972).

WEIGHTED NORM INEQUALITIES FOR MARTINGALES

M. Izumisawa and T. Sekiguchi

In this note we extend THEOREM 4 in M. Izumisawa and N. Kazamaki [1], to the case when the weight is not continuous as a martingale.

1. Theorem.

Let $(\Omega, \underline{\underline{F}}, P)$ be a probability space with an inceasing right continuous family $(\underline{\underline{F}}_t)_{t \geqq 0}$ of sub-σ-fields of $\underline{\underline{F}}$ such that $\underline{\underline{F}} = \bigvee_{t \geqq 0} \underline{\underline{F}}_t$. We use the same notations $[X, Y]$, X^* and so on as in P. A. Meyer [2]. Let Z be a uniformly integrable martingale with $E[Z_\infty] = 1$ and $Z_\infty > 0$ a. s. . We put $\hat{P} = Z_\infty \cdot P$ and

$$(1) \qquad \hat{M} = - \int_{]0,\cdot]} Z_{s-} \, d(Z_s^{-1}) \ .$$

Then $\hat{M}$ is a local martingale with respect to $\hat{P}$ as is shown later.

THEOREM. Let X be any local martingale with respect to P. Then we have the inequalities

$$(2) \quad (1/2)\{1 - (2\sqrt{2}+1)\|\hat{M}\|_{B(\hat{P})}\}\hat{E}[[X, X]_\infty^{1/2}] \leqq \hat{E}[X^*]$$

$$\leq \sqrt{2}(4+5\|\hat{M}\|_{B(\hat{P})})\hat{E}[[X, X]_\infty^{1/2}],$$

where $\hat{E}[\ ]$ and $\|\ \|_{B(\hat{P})}$ denote the expectation and the BMO-norm with respect to the probability measure $\hat{P}$ respectively.

By applying Garsia's lemma (see [2] V.24, p. 347) to the above theorem, we obtain the following corollary.

COROLLARY. Let Φ be a continuous increasing convex functio on $[0, \infty[$ with $\Phi(0) = 0$ and satisfy the growth condition, that is, there exists a constant A such that $\Phi(2t) \leq A\Phi(t)$ for all t. Assume that $\|\hat{M}\|_{B(\hat{P})} < (2\sqrt{2} + 1)^{-1}$. Then for any local martingale X with respect to P.

$$c\hat{E}[\Phi(X^*)] \leq \hat{E}[\Phi[X, X]_\infty^{1/2})] \leq C\hat{E}[\Phi(X^*)]. \tag{3}$$

Here, the choice of c and C depends only on the growth parameter A of Φ.

2. Proof of the Theorem.

For a local martingale X with respect to P we define

$$\hat{X} = X - \int_{]0,\cdot]} Z_s^{-1}\, d[X, Z]_s. \tag{4}$$

Then $\hat{X}$ is a local martingale with respect to $\hat{P}$ (see [2] VI. 22-26, p. 376). We put

(5) $$M = \int_{]0,\cdot]} Z_{s-}^{-1}\, dZ_s .$$

We apply Ito's formula to $1 = Z_t Z_t^{-1}$ obtaining

$$M_t + \int_{]0,t]} Z_{s-}\, d(Z_s^{-1})$$

$$= - \int_{]0,t]} d[Z,\ Z^{-1}]_s$$

$$= \int_{]0,t]} d\langle Z^c,\ \frac{1}{Z_{\cdot-}^2}\cdot Z^c\rangle_s - \sum_{0<s\leqq t} \Delta Z_s \Delta(Z^{-1})_s$$

$$= \int_{]0,t]} Z_{s-}^{-1}\, d\langle M^c,\ Z^c\rangle_s + \sum_{0<s\leqq t} Z_s^{-1} \Delta M_s \Delta Z_s$$

$$= \int_{]0,t]} Z_s^{-1}\, d[M,\ Z]_s .$$

Therefore $\hat{M}$ defined in (1) is a local martingale with respect to $\hat{P}$.

We proceed to prove the following relations:

(6) $\hat{X} = X - [X,\ \hat{M}]$,

(7) $(1-\|\hat{M}^d\|_{B(\hat{P})})[X,\ X]^{1/2} \leqq [\hat{X},\ \hat{X}]^{1/2} \leqq (1+\|\hat{M}^d\|_{B(\hat{P})})[X,\ X]^{1/2}$

(8) $(1/2)\hat{E}[[\hat{X},\ \hat{X}]^{1/2}] \leqq \hat{E}[\hat{X}^*] \leqq 4\sqrt{2}\hat{E}\,[[\hat{X},\ \hat{X}]^{1/2}]$,

and

(9) $\hat{E}[\int_{]0,\infty]} |d[X, M]_s|] \leqq \sqrt{2}\hat{E}[[X, X]_\infty^{1/2}]\|\hat{M}\|_{B(\hat{P})}$.

From (4)

$$\hat{M}_t = \int_{]0,t]} Z_{s-}^{-1}\, dZ_s - \int_{]0,t]} Z_s^{-1}\, d[Z_{\cdot-}^{-1}\cdot Z, Z]_s,$$

we have

$$[X, \hat{M}]_t = \int_{]0,t]} Z_{s-}^{-1}\, d\langle X^c, Z^c\rangle_s - \sum_{0<s\leqq t} \Delta X_s \{\Delta Z_s/Z_{s-} - Z_s^{-1}(\Delta Z_s/Z_{s-})\Delta Z_s$$

$$= \int_{]0,t]} Z_s^{-1}\, d\langle X^c, Z^c\rangle_s + \int_{]0,t]} Z_s^{-1}\, d[X^d, Z^d]_s$$

$$= \int_{]0,t]} Z_s^{-1}\, d[X, Z]_s$$

and so we obtain the equality (6). According to the equalities $\langle\hat{X}^c\rangle = \langle X^c\rangle$ (see [2] VI. 25, p. 378) and $\Delta\hat{X}_t = \Delta X_t - \Delta X_t \Delta\hat{M}_t = \Delta X_t(1-\Delta\hat{M}_t)$, we get easily the inequality (7). The inequality (8) is nothing but Davis' inequality (see [2] V. 29, P. 349). The last inequality (9) is of Feffermann's type.
The proof of [2] V. 9, p. 337 is still valid in our case where X is a semi-martingale with respect to $\hat{P}$.

Now it follows from the above equation and inequalities (6) - (9) that

$$\hat{E}[X^*] = \hat{E}[(\hat{X} + [X, \hat{M}])^*]$$

$$\geqq \hat{E}[\hat{X}^*] - \hat{E}[\int_0^\infty |d[X, \hat{M}]_s|\ ]$$

$$\geqq (1/2)\hat{E}[[\hat{X}, \hat{X}]_\infty^{1/2}] - \sqrt{2}\|\hat{M}\|_{B(\hat{P})}\hat{E}[[X, X]_\infty^{1/2}]$$

$$\geqq (1/2)(1-\|\hat{M}^d\|_{B(\hat{P})})\hat{E}[[X, X]_\infty^{1/2}] - \sqrt{2}\|\hat{M}\|_{B(\hat{P})}\hat{E}[[X, X]_\infty^{1/2}]$$

$$= (1/2)\{1 - (2\sqrt{2}+1)\|\hat{M}\|_{B(\hat{P})}\}\hat{E}[[X, X]_\infty^{1/2}]$$

and

$$\hat{E}[X^*] = \hat{E}[(\hat{X} + [X, \hat{M}])^*]$$

$$\leqq \hat{E}[\hat{X}^*] + \hat{E}[\int_0^\infty | d[X, \hat{M}]_s |]$$

$$\leqq 4\sqrt{2}\hat{E}[[\hat{X}, \hat{X}]_\infty^{1/2}] + \sqrt{2}\|\hat{M}\|_{B(\hat{P})}\hat{E}[[X, X]_\infty^{1/2}]$$

$$\leqq 4\sqrt{2}(1 + \|\hat{M}^d\|_{B(\hat{P})})\hat{E}[[X, X]_\infty^{1/2}] + \sqrt{2}\|\hat{M}\|_{B(\hat{P})}\hat{E}[[X, X]_\infty^{1/2}$$

$$= \sqrt{2}(4 + 5\|\hat{M}\|_{B(\hat{P})})\hat{E}[[X, X]_\infty^{1/2}]$$

Finally we remark that, even though M is not continuous, for each continuous local martingale X with respect to P the constants of the inequalities (2) $(1/2)\{1 - (2\sqrt{2}+1)\|\hat{M}\|_{B(\hat{P})}\}$ and $\sqrt{2}(4 + 5\|\hat{M}\|_{B(\hat{P})})$ can be replaced by $(1/2)(1 - 2\sqrt{2}\|\hat{M}\|_{B(\hat{P})})$ and $\sqrt{2}(4 + \|\hat{M}\|_{B(\hat{P})})$ respectively, which are the same constants as in M. Izumisawa and N. Kazamaki [1].

[1] M. Izumisawa and N. Kazamaki, Weighted norm inequalities for martingales, Tôhoku Math. Journ. 29(1977), 115-124.

[2] P. A. Meyer, Un cours sur les intégrales stochastiques, Séminaire de Probabilités X, Univ. de Strasbourg, Springer Verlag, Berlin, (1976), 246-400.

Mathematical Institute
Tôhoku University
Sendai, Japan

Université de Strasbourg
Séminaire de Probabilités 1977/78

INEGALITES DE NORMES AVEC POIDS

par C. Doléans-Dade et P.A. Meyer

Cet exposé doit être considéré uniquement comme un travail de mise au point, sans aucune originalité : il a été commencé en 1976, rédigé deux fois, abandonné deux fois, et depuis lors ce qu'il pouvait contenir de nouveau (et qui n'était pas bien considérable) a été découvert par d'autres auteurs. En revanche, nous avons essayé dans cette dernière rédaction d'être aussi complets que possible.

Les inégalités de normes avec poids ont une longue histoire en analyse, où elles sont largement utilisées dans les travaux sur les fonctions maximales et les opérateurs intégraux singuliers. Citons les noms de Muckenhoupt, Hunt, Wheeden, Coifman, Fefferman... En probabilités, les principaux résultats ont été obtenus, soit par N. Kazamaki et ses élèves (M. Izumisawa, T. Sekiguchi, Y. Shiota), soit par A. Bonami et D. Lépingle. Nous ne sommes pas remontés aux sources en ce qui concerne l'analyse, mais nous nous sommes servis de l'excellente monographie de Reimann et Rychener [1] sur BMO.

1. DEFINITIONS FONDAMENTALES

Nous travaillons sur un espace probabilisé complet $(\Omega,\underline{\underline{F}},P)$ muni d'une filtration $(\underline{\underline{F}}_t)_{t\geq 0}$ satisfaisant aux conditions habituelles (nous supposons que $\underline{\underline{F}} = \bigvee_t \underline{\underline{F}}_t$, et que $\underline{\underline{F}}_{0-}$ est dégénérée). Notre donnée principale est un processus $Z=(Z_t)_{t\in\overline{\mathbb{R}}_+}$ adapté, à trajectoires càdlàg., strictement positif ainsi que le processus Z_- de ses limites à gauche. Dans la plupart des applications , Z sera une martingale $Z_t=E[Z_\infty|\underline{\underline{F}}_t]$, mais il est commode de traiter le cas général.

<u>On dit que</u> Z <u>satisfait à la condition</u> b_λ, <u>où</u> λ <u>est un nombre</u> $\neq 0$, <u>s'il existe un nombre</u> $K \geq 1$ <u>tel que l'on ait pour tout</u> t (<u>y compris</u> t=0-)

$$(1)\qquad \frac{1}{K}Z_t \leq E[Z_\infty^\lambda|\underline{\underline{F}}_t]^{1/\lambda} \leq KZ_t \quad \underline{\text{p.s.}}$$

<u>On dit que</u> Z <u>satisfait à la condition</u> b_λ^- (b_λ^+) <u>s'il satisfait à la demi-inégalité de gauche</u> (<u>de droite</u>).

Nous commenterons ces inégalités plus loin. Il est commode d'utiliser des notations abrégées telles que "$Z\in b_\lambda^+(K)$", pour exprimer que Z satisfait à la condition b_λ^+ avec la constante K.

Nous introduirons une autre condition, que nous n'utiliserons cependant que tout à la fin de l'exposé. Elle concerne les sauts de Z .

On dit que Z satisfait à la condition (S) s'il existe $K>0$ tel que

(2) $$\frac{1}{K}Z_- \leq Z \leq KZ_- \quad \text{(à ensemble évanescent près)}.$$

Comme pour (1), on dédouble cette condition en sa moitié gauche (S^-), et sa moitié droite (S^+).

Ici encore, nous utiliserons des notations abrégées : $Z\varepsilon(S^+)$ ou $Z\varepsilon S^+(K)$.

2. COMMENTAIRES

a) Nous introduirons aussi la condition (moins importante)

$$B_\lambda \iff (b_\lambda \text{ et } (S))$$

notée avec une majuscule, pour la raison suivante : les conditions multiplicatives que nous étudions sur Z sont (lorsque Z est une martingale) liées à des conditions additives portant sur le "logarithme stochastique" $M_t = \int_0^t dZ_s/Z_{s-}$ de Z. Par exemple, (S) équivaut à dire que M est une martingale locale à sauts bornés ; la condition B_λ est étroitement liée à l'appartenance de M à BMO, tandis que la condition b_λ est analogue à l'appartenance de M à l'espace noté maintenant $\underline{\underline{bmo}}$ (avec des minuscules) en théorie des martingales locales. Notre emploi des majuscules et des minuscules est donc conforme à l'usage de la théorie des martingales.

Dans les situations de l'analyse, en revanche (martingales dyadiques), les distinctions s'estompent, car toutes les martingales positives satisfont, sinon à la condition (S), du moins à (S^+)

b) Pourquoi a t'on pris $\lambda \neq 0$? En fait la condition b_0 existe, mais nous ne l'étudierons pas : c'est la condition

(3) $$\frac{1}{K}Z_t \leq \exp(\, E[\log Z_\infty | \underline{\underline{F}}_t]) \leq KZ_t$$

où l'espérance conditionnelle a un sens si $Z_\infty \varepsilon L^1$ (mais peut valoir $-\infty$).

c) Supposons $\lambda>0$. Alors la condition $b_\lambda(K)$ s'écrit aussi

$$\frac{1}{K^\lambda} Z_t^\lambda \leq E[Z_\infty^\lambda | \underline{\underline{F}}_t] \leq K^\lambda Z_t^\lambda$$

donc $Z\varepsilon b_\lambda(K) \iff Z^\lambda \varepsilon b_1(K^\lambda)$, et plus précisément $Z\varepsilon b_\lambda^\pm(K) \iff Z^\lambda \varepsilon b_1^\pm(K^\lambda)$. On a des résultats analogues pour $\lambda<0$.

On notera que si Z est une martingale, Z^λ n'en est plus une en général. C'est pour cela qu'il est intéressant de sortir du cas des martingales.

d) Même si la v.a. Z_∞^λ n'est pas intégrable, le processus $E[Z_t^\lambda | \underline{\underline{F}}_t]$ est la limite d'une suite croissante de martingales, et par conséquent admet une version càdlàg. Nous supposerons dans la suite qu'une telle version a été choisie ; alors les inégalités b_λ, $b_\lambda^\pm$ peuvent être interprétées comme des inégalités entre processus càdlàg., vraies hors d'un ensemble évanescent.

e) On peut aussi s'étonner du rôle particulier joué par Z_∞ dans (1). En réalité, il n'est pas bien grand - du moins, tant qu'on ne sépare pas b_λ^+ de b_λ^-. En effet, nous avons la petite propriété suivante :

<u>Si</u> $Z \in b_\lambda(K)$, <u>pour tout t. d'a.</u> S <u>le processus arrêté</u> Z^S <u>satisfait à</u> $b_\lambda(K^2)$.

DEMONSTRATION. Posons $Y=Z^S$. D'après c) nous pouvons supposer $\lambda=1$. Nous avons d'après b_1^- et la remarque d) ci-dessus

$$\frac{1}{K}Z_S \leq E[Z_\infty|\underline{\underline{F}}_S]$$

Le côté gauche vaut Y_∞. Conditionnons par rapport à $\underline{\underline{F}}_t$ et appliquons b_1^+

$$\frac{1}{K}E[Y_\infty|\underline{\underline{F}}_t] \leq E[Z_\infty|\underline{\underline{F}}_S|\underline{\underline{F}}_t] = E[Z_\infty|\underline{\underline{F}}_{S\wedge t}] \leq KZ_{S\wedge t} = KY_t$$

nous avons donc établi que $Y \in b_1^+(K^2)$. On raisonne de même pour l'autre demi-inégalité.

f) [sans grande importance pour la suite] . Revenons à la remarque a) ci-dessus. Si l'on a B_λ, on a aussi pour tout t. d'a. T une inégalité de la forme suivante (noter l'analogie avec la définition de BMO)

(4) $$\frac{1}{C}Z_{T-} \leq E[Z_\infty^\lambda|\underline{\underline{F}}_T] \leq CZ_{T-} \text{ p.s.}$$

où C ne dépend que des constantes figurant dans b_λ et (S). Inversement, supposons (4) satisfaite, et introduisons le processus càdlàg. $M_t = (E[Z_\infty^\lambda|\underline{\underline{F}}_t])^{1/\lambda}$ (remarque d)). Alors (4) s'écrit $\frac{1}{C}Z_- \leq M \leq CZ_-$, d'où $\frac{1}{C}Z \leq M \leq CZ$, c'est à dire $b_\lambda(C)$. D'autre part on vérifie comme en e) que (4) est préservée par arrêt à S, quitte à remplacer C par C^2. Prenant alors S=T, on trouve

$$\frac{1}{C^2}Z_{T-} \leq Z_T \leq C^2Z_{T-}$$

c'est à dire $S(C^2)$. Ainsi (4) équivaut à B_λ.

3. INTERPRETATION DE b_λ^- , $\lambda<0$. CAS GENERAL

Nous supposons dans les n°s 3 et 4 que $\lambda<0$. La fonction x^λ étant alors convexe, toute martingale positive satisfait à $b_\lambda^+(1)$, et la moitié importante de b_λ est la condition b_λ^- . C'est à elle que nous allons nous intéresser.

Nous associons à $\lambda<0$ le nombre $p>1$

(5) $$p = 1 - \frac{1}{\lambda} \quad , \quad \lambda = \frac{-1}{p-1}$$

La condition $b_\lambda^-(K)$ s'écrit alors

(6) $$a_p(K) \quad : \quad Z_t . E[(\frac{1}{Z_\infty})^{\frac{1}{p-1}}|\underline{\underline{F}}_t]^{p-1} \leq K$$

qui est apparue maintes fois en analyse sous le nom de <u>condition</u> (A_p) <u>de</u>

Muckenhoupt (nous la notons a_p avec une minuscule, d'après la remarque 2 a)).

La fonction $E[X^r \mid \underline{\underline{F}}_t]^{1/r}$ est croissante pour $r\in]0,\infty[$, quelle que soit la v.a. positive X. Il en résulte que $E[(\frac{1}{Z_\infty})^{1/p-1}\mid\underline{\underline{F}}_t]^{p-1}$ est une fonction décroissante de p, et que la condition a_p devient donc de plus en plus faible. On écrit souvent $Z\in a_\infty$ pour exprimer qu'il existe un p et un K tels que $Z\in a_p(K)$.

PROPOSITION 1. Le processus Z satisfait à la condition $b_\lambda^-(K)=a_p(K)$ si et seulement si les opérateurs

(7) $\qquad X \longmapsto Z_t^{1/p}\, E[XZ_\infty^{-1/p}\mid\underline{\underline{F}}_t]$ [1]

sont bornés sur L^p, avec une norme ne dépassant pas $K^{1/p}$.

DEMONSTRATION. Si la condition $a_p(K)$ est satisfaite, on a pour $X\geq 0$

$$E[XZ_\infty^{-1/p}\mid\underline{\underline{F}}_t] \leq E[X^p\mid\underline{\underline{F}}_t]^{1/p}\, E[Z_\infty^{-q/p}\mid\underline{\underline{F}}_t]^{1/q}$$

où q est l'exposant conjugué de p. Donc

$$Z_t E[XZ_\infty^{-1/p}\mid\underline{\underline{F}}_t]^p \leq E[X^p\mid\underline{\underline{F}}_t](Z_t E[Z_\infty^{-q/p}\mid\underline{\underline{F}}_t]^{p/q})$$

mais $q/p = 1/p-1$, de sorte que la dernière parenthèse est majorée par K d'après (6), et l'opérateur (7) a une norme au plus égale à $K^{1/p}$.

Inversement, supposons que l'opérateur (7) ait une norme $\leq K^{1/p}$ dans L^p, ce qui s'écrit

$$E[Z_t E[XZ_\infty^{-1/p}\mid\underline{\underline{F}}_t]^p] \leq KE[X^p]$$

Prenons pour X la v.a. $I_A Z_\infty^{-1/p(p-1)} I_{\{Z_\infty>a\}}$, avec $a>0$, $A\in\underline{\underline{F}}_t$. Comme A est arbitraire, on en déduit

$$Z_t E[Z_\infty^{-1/p-1} I_{\{Z_\infty>a\}}\mid\underline{\underline{F}}_t]^p \leq KE[Z_\infty^{-1/p-1} I_{\{Z_\infty>a\}}\mid\underline{\underline{F}}_t]$$

L'espérance conditionnelle au second membre étant bornée, on en tire

$$Z_t E[Z_\infty^{-1/p-1} I_{\{Z_\infty>a\}}\mid\underline{\underline{F}}_t]^{p-1} \leq K$$

et il ne reste plus qu'à faire tendre a vers 0 pour obtenir (6).

REMARQUE. La proposition 1 suggère une manière naturelle de définir la condition $a_1(K)$: on écrit que les opérateurs $X\longmapsto Z_t E[XZ_\infty^{-1}\mid\underline{\underline{F}}_t]$ sont de norme $\leq K$ dans L^1, c'est à dire

$$E[XZ_t/Z_\infty] \leq KE[X]$$

et enfin $Z_t/Z_\infty \leq K$. Cela suggère encore de compléter la famille des conditions $b_\lambda(K)$ par l'inégalité suivante

---

1. A priori, le second membre n'est défini que pour $X\geq 0$. C'est donc seulement après prolongement à L^p qu'on peut parler d'opérateur en toute rigueur. Le lecteur nous pardonnera.

(8) $\quad b_{-\infty}(K) \quad : \quad \frac{1}{K}Z_t \leq Z_\infty \leq KZ_t$

et les demi-inégalités correspondantes $b^{\pm}_{-\infty}(K)$. Cette remarque est due à A. Uchiyama.

Que peut être alors $b_{+\infty}(K)$? Lorsque λ est fini (aussi pour $\lambda=0$) on a $Z\in b_\lambda(K)$ si et seulement si $Z^{-1}\in b_{-\lambda}(K)$; $Z\in b_\infty(K)$ signifie donc que $\frac{1}{KZ_t} \leq \frac{1}{Z_\infty} \leq \frac{K}{Z_t}$, inégalité qui en fait est équivalente à (8).

REMARQUES. a) L'inégalité $b^-_\lambda(K) = a_p(K)$ reste vraie lorsqu'on remplace t par un temps d'arrêt T ; les opérateurs $X \mapsto Z_T^{1/p}E[XZ_\infty^{-1/p}|\underline{\underline{F}}_T]$ ont donc tous une norme $\leq K^{1/p}$ dans L^p.

b) Ecrivons cela sous la forme suivante ($X\geq 0$)

$$E[Z_T E[XZ_\infty^{-1/p}|\underline{\underline{F}}_T]^p] \leq KE[X^p]$$

puis remplaçons X par XI_A, $A\in\underline{\underline{F}}_T$. Nous avons aussitôt

$$Z_T E[XZ_\infty^{-1/p}|\underline{\underline{F}}_T]^p \leq KE[X^p|\underline{\underline{F}}_T]$$

Introduisons une martingale positive arbitraire $Y_t=E[Y_\infty|\underline{\underline{F}}_t]$ et appliquons l'inégalité précédente avec $X = Y_\infty Z_\infty^{1/p}$. Il vient

(9) $\quad Z_T Y_T^p \leq KE[Z_\infty Y_\infty^p|\underline{\underline{F}}_T]$

Inversement, si cette inégalité est satisfaite, on peut remonter les calculs jusqu'à (7). L'inégalité (9) signifie que, pour <u>toute</u> martingale Y positive, ZY^p satisfait à $b^-_1(K)$.

4. CAS DES MARTINGALES : b^-_λ COMME INEGALITE DE NORME AVEC POIDS

Nous allons supposer maintenant que Z est une martingale positive (ce qui sous-entend que Z_∞ est intégrable : nous supposerons de plus que $E[Z_\infty]=1$ pour simplifier). Nous commençons par introduire quelques notations.

Nous désignons par $\hat{P}$ la loi de probabilité $Z_\infty P$, qui est équivalente à P : la martingale Z est la martingale fondamentale du changement de loi, et les espérances conditionnelles par rapport à la loi $\hat{P}$ sont notées de la manière suivante :

(10) $\quad \hat{E}[X|\underline{\underline{F}}_T] = \frac{1}{Z_T}E[XZ_\infty|\underline{\underline{F}}_t]$

D'une manière générale, il est commode de noter avec un $\hat{}$ les éléments de la théorie des processus relatifs à $\hat{P}$ (par exemple, $\hat{L}^r$ pour $L^r(\hat{P})$). Il y a en fait une symétrie complète entre les deux lois P et $\hat{P}$, la martingale fondamentale du changement de loi inverse étant le processus 1/Z.

Dans ces conditions, la proposition 1 admet l'interprétation suivante

PROPOSITION 1'. La martingale fondamentale Z du changement de loi satisfait à la condition $b_\lambda^-(K)=a_p(K)$ si et seulement si les opérateurs d'espérance conditionnelle $Y \mapsto E_t=E_P[Y|\underline{\underline{F}}_t]$ ont une norme $\leq K^{1/p}$ dans $\hat{L}^p$.

DEMONSTRATION. Il s'agit d'exprimer que les opérateurs (7), pour X positif, ont une norme $\leq K^{1/p}$ sur L^p, soit

$$E[Z_t E[XZ_\infty^{-1/p}|\underline{\underline{F}}_t]^p] \leq KE[X^p] \quad (X\geq 0)$$

Prenant $X=YZ_\infty^{1/p}$ $(Y\geq 0)$ cela équivaut à

$$E[Z_t E[Y|\underline{\underline{F}}_t]^p] \leq KE[Z_\infty Y^p]$$

ou encore à $\hat{E}[(E_t Y)^p] \leq K\hat{E}[Y^p]$.

REMARQUES. a) La propriété vaut aussi pour les opérateurs d'espérance $E_T = E[.|\underline{\underline{F}}_T]$ aux t.d'a. T.

b) La proposition 1' exprime que certains opérateurs importants (ici les $E[.|\underline{\underline{F}}_T]$; il y en a d'autres, tels que les opérateurs maximaux des martingales, qui sont non-linéaires) sont bornés, non seulement dans les L^p ordinaires, mais dans les $\hat{L}^p$, qui sont des espaces L^p avec poids. De là le nom d'inégalités de normes avec poids.

c) Si l'on remplace Y par YI_A $(A\in\underline{\underline{F}}_t)$ dans la dernière inégalité de la démonstration, on obtient (en posant $Y_t=E_tY$)

(11) $$Y_t^p \leq K\hat{E}[Y_\infty^p]$$

autrement dit, la martingale (Y_t) satisfait à la condition $\hat{b}_p^-(K^{1/p})$, le $\hat{b}$ signifiant que la condition est relative à $\hat{P}$. Plus généralement, on peut montrer que

si un processus Y satisfait à une condition b_μ^- $(\mu>0)$ par rapport à P, il satisfait à une condition $\hat{b}_{\mu p}^-$ par rapport à $\hat{P}$.

On peut multiplier les remarques de ce genre, mais présentent elles un intérêt quelconque ?

A toute v.a. $X\in L^1$ associons la martingale $X_t=E[X|\underline{\underline{F}}_t]$ (càdlàg.) et posons $X^* = \sup_t|X_t|$; l'opérateur non linéaire $X\mapsto X^*$ est l'opérateur maximal des P-martingales. L'inégalité de Doob nous donne aussitôt le corollaire suivant :

COROLLAIRE . Si Z satisfait à a_p, l'opérateur maximal des P-martingales est borné dans $\hat{L}^r$ pour tout $r>p$.

DEMONSTRATION. Si $X\in L^r(\hat{P})$, on a $|X|^p\in L^{r/p}(\hat{P})$, donc $\sup_t \hat{E}[|X|^p|\underline{\underline{F}}_t]\in\hat{L}^{r/p}$ d'après l'inégalité de Doob (le lecteur écrira les constantes). Or nous déduisons de (11) que $|X_t|^p \leq \hat{E}[|X|^p|\underline{\underline{F}}_t]$, donc $X^{*p} \leq \sup_t\hat{E}[|X|^p|\underline{\underline{F}}_t]$ et finalement $X^{*p}\in\hat{L}^{r/p}$, $X^*\in\hat{L}^r$.

Que se passe t'il lorsque r=p ? Nous verrons plus loin que lorsque

Z satisfait à une condition (S), l'opérateur maximal est effectivement borné dans L^p. Mais on a le résultat suivant, dû à A. Uchiyama, qui montre que la condition Zea_p(K) est <u>équivalente</u> au fait que l'opérateur maximal est de type <u>faible</u> (p,p) relativement à $\hat{P}$.

PROPOSITION 2. <u>Pour que</u> Z <u>satisfasse à</u> $a_p(K)$, <u>il faut et il suffit que l'on ait, pour toute</u> P-<u>martingale positive</u> $Y_t=E[Y_\infty|\underline{\underline{F}}_t]$

(12) $$c^p\ \hat{P}\{Y^*\geqq c\} \leqq K\hat{E}[Y^p_\infty] \qquad (c\geqq 0)$$

DEMONSTRATION. Pour montrer que (Zea_p(K))=>(12), nous écrivons la proposition 1' en un t. d'a. T

$$\hat{E}[Y^p_T] \leqq K\hat{E}[Y^p_\infty]$$

et nous prenons $T=\inf\{t : Y_t\geqq c\}$. Alors le côté gauche domine $c^p\hat{P}\{Y^*>c\}$, et le signe $\geq$ s'obtient par un passage à la limite.

Dans l'autre sens, nous fixons t, et nous appliquons (12) à la martingale $Y'_s = E[I_A Y_\infty|\underline{\underline{F}}_t]$, qui coincide avec $I_A Y$ sur $[t,\infty[$. Nous en déduisons

$$c^p\ \hat{P}\{Y_t\geqq c,\ A\} \leqq K\hat{E}[Y^p_\infty I_A]$$

et comme A est arbitraire

$$c^p I_{\{Y_t\geqq c\}} \leqq K\hat{E}[Y^p_\infty|\underline{\underline{F}}_t]$$

Soit c rationnel, et soit $A=\{K\hat{E}[Y^p_\infty|\underline{\underline{F}}_t]<c^p\}$; cette inégalité ne peut avoir lieu sur A que si $Y_t<c$ p.s. sur A, ce qui entraîne, en faisant parcourir à c l'ensemble des rationnels

$$Y^p_t \leqq K\hat{E}[Y^p_\infty|\underline{\underline{F}}_t] \text{ p.s.}$$

d'où aussitôt $\hat{E}[Y^p_t] \leqq K\hat{E}[Y^p_\infty]$, et Z$ea_p$(K) d'après la proposition 1'.

5. INTERPRETATION DE b^+_q , q>1

Nous revenons au cas général, avec une proposition semblable à la proposition 1, mais moins utile. Nous désignons par p et q deux exposants conjugués, et λ et p restent liés par (5).

PROPOSITION 3. <u>Le processus</u> Z <u>satisfait à</u> $b^+_q(K)$ <u>si et seulement si les opérateurs</u>

(13) $$X \longmapsto Z_t^{-1}E[XZ_\infty|\underline{\underline{F}}_t]$$

<u>sont bornés dans</u> L^p, <u>avec une norme au plus égale à</u> K.

DEMONSTRATION. On peut procéder directement, à la manière de la prop.1. Nous raisonnerons plutôt ainsi : on a Zeb^+_q(K) ssi $Z^{-p}eb^-_{-q/p}(K^p)$ (la vérification est immédiate sur (1)). Or -q/p=λ , donc on retrouve $b^-_\lambda(K^p) = a_p(K^p)$, et d'après la proposition 1 tout revient à écrire que les opérateurs

$$X \longmapsto (Z_t^{-p})^{1/p}\ E[X(Z_\infty^{-p})^{-1/p}|\underline{\underline{F}}_t]$$

sont de norme au plus $(K^p)^{1/p}$ dans L^p. Cela équivaut à l'énoncé.

Dans le cas des martingales, nous reprenons les notations du n°4 :

PROPOSITION 3'. <u>La martingale fondamentale</u> Z <u>du changement de loi satisfait à la condition</u> $b_q^+(K)$ <u>si et seulement si les opérateurs d'espérance conditionnelle</u> $\hat{E}_t = \hat{E}[.|\underline{\underline{F}}_t]$ <u>ont une norme</u> $\leqq K$ <u>dans</u> L^p.

DEMONSTRATION. Evidente : les opérateurs $\hat{E}_t$ sont les opérateurs (13).

REMARQUE. En rapprochant les propositions 3' et 1', on voit que

$$(Z \text{ vérifie } b_q^+(K)) \iff (1/Z \text{ vérifie } \hat{a}_p(K^p) = \hat{b}_\lambda^-(K^p))$$

6. LE <<LEMME DE GEHRING >>

Pour la première fois, nous allons faire intervenir les conditions sur les <u>sauts</u> de Z, et démontrer des résultats un peu fins. Notre version du "lemme de Gehring" , établie indépendamment par Lépingle, est une synthèse entre le lemme de Gehring tel qu'il est énoncé par Reimann-Rychener (où (Z_t) est une martingale, et dans l'énoncé $\lambda=1$ et $\mu>1$) et la "reverse Hölder inequality" de Coifman-Fefferman, dans laquelle (Z_t) satisfait à une condition $a_p = b_\lambda^-$ ($\lambda<0$) et Z est une martingale ($\mu=1$).

PROPOSITION 4. <u>Supposons que</u> Z <u>possède la propriété</u> S^+. <u>Alors si</u> Z <u>satisfait à la fois à</u> b_λ^- <u>et à</u> b_μ^+ , <u>avec</u> $\lambda<\mu$, $0<\mu$, <u>il existe</u> $\varepsilon>0$ <u>tel que</u> Z <u>satisfasse à</u> $b_{\mu+\varepsilon}^+$. [Z n'est pas nécessairement une martingale ici]

Si ce résultat est intéressant, c'est bien sûr parce que $b_{\mu+\varepsilon}^+$ est plus forte que b_μ^+ si $\mu>0$. Quitte à remplacer Z par $Z^{1/\mu+\varepsilon}$, cela revient en effet à dire que b_1^+ est plus forte que b_θ^+ si $0<\theta<1$, ce qui résulte aussitôt de la concavité de la fonction x^θ.

Nous établissons d'abord des résultats auxiliaires.

LEMME 1. <u>Soit</u> U <u>une v.a. positive</u>. <u>On suppose qu'il existe trois constantes</u> $K\geqq 0$, $\beta>0$, ε ($0<\varepsilon\leqq 1$) <u>telles que</u>

(14) $$\int_{\{U>\lambda\}} U P \leqq K\lambda^\varepsilon \int_{\{U>\beta\lambda\}} U^{1-\varepsilon} P$$

<u>Alors il existe une constante</u> C <u>et un nombre</u> $r>1$ (<u>dépendant de</u> K,β,ε) <u>tels que l'on ait</u>

(15) $$E[U^r]^{1/r} \leqq CE[U] .$$

DEMONSTRATION. Nous pouvons toujours diminuer β, car cela ne fait qu'augmenter le second membre de (14) . Nous supposons donc $\beta<1$.

Nous allons commencer par construire C et r tels que

(16) si $E[U]\leqq 1$ et $E[U^r]<\infty$, alors $E[U^r]\leqq C^r$

Nous en déduirons (15) par homogénéité, en remplaçant U par tU, lorsque $E[U^r]<\infty$. Après quoi nous lèverons cette hypothèse grâce à un artifice, comme dans la démonstration de l'inégalité de Doob usuelle.

Nous multiplions les deux membres de (14) par $a\lambda^{a-1}$ $(a>0)$ et nous intégrons de 1 à l'infini.

Côté gauche : $\int_{\{U>1\}} UP\int_1^U a\lambda^{a-1}d\lambda = \int_{\{U>1\}} (U^{1+a}-U)P$.

Côté droit : $K\int_{\{U>\beta\}} U^{1-\varepsilon}P \int_1^{U/\beta} a\lambda^{a-1+\varepsilon}d\lambda = \frac{Ka}{a+\varepsilon}\int_{\{U>\beta\}} U^{1-\varepsilon}((\frac{U}{\beta})^{a+\varepsilon}-1)P$

$\leqq k\int_{\{U>\beta\}} U^{1+a}P$ où $k=\frac{Ka}{a+\varepsilon}\beta^{-a-\varepsilon}$

$\leqq k\int_{\{U>1\}} U^{1+a}P + k$ (en effet $\int_{\{1\geqq U>\beta\}} U^{1+a}P \leqq 1$)

Choisissons a assez petit pour que $k<1$, et posons $r=1+a$. Si $E[U^r]<\infty$, $E[U]\leqq 1$, nous pouvons passer $\int_{\{U>1\}} U^rP$ du côté gauche :

$$(1-k)\int_{\{U>1\}} U^rP \leqq E[U]+k \leqq 2$$

et enfin $E[U^r] \leqq 1+ 2/1-k$, l'inégalité (16) cherchée .

Pour passer au cas général, nous remarquons que la propriété que nous avons établie (C et r ayant le sens déterminé plus haut)

$$((14) \text{ et } E[U^r]<\infty) \Rightarrow (E[U^r] \leqq C^r E[U]^r)$$

vaut, non seulement lorsque P est de masse 1, mais aussi lorsque P est bornée de masse $\geqq 1$. Si U est bornée, il n'y a rien à prouver. Si U n'est pas bornée, soit m grand, tel qu'il existe x où $U(x)=m$. Posons

$$P' = I_{\{U<m\}}P + j\varepsilon_x \quad \text{où} \quad j = \frac{1}{m}\int_{\{U\geqq m\}} UP$$

La mesure P' est de masse $\geqq 1$, et U est bornée P'-p.s. par m. Vérifions que U satisfait à (14) relativement à P' . Il en résultera que $E'[U^r] \leqq E'[U]^r = E[U]^r$, après quoi on fera tendre m vers $+\infty$.

(14) est évidente si $\lambda\geqq m$, le côté gauche étant nul. Nous voulons vérifier :

i) $\int_{\{U>\lambda\}} UP' \leqq \int_{\{U>\lambda\}} UP$. Comme les deux mesures sont égales sur $\{U<m\}$, cela revient à voir que $\int_{\{U\geqq m\}} UP' \leqq \int_{\{U\geqq m\}} UP$, ou que $jm\leqq \int_{\{U>m\}} UP$. En fait on a l'égalité.

ii) $\int_{\{U>\beta\lambda\}} U^{1-\varepsilon}P' \geqq \int_{\{U>\beta\lambda\}} U^{1-\varepsilon}P$. Comme les deux mesures coïncident sur $\{U<m\}$, et $\beta\lambda<m$, cela revient à voir que $\int_{\{U\geqq m\}} U^{1-\varepsilon}P' \geqq \int_{\{U\geqq m\}} U^{1-\varepsilon}P$, ou que $jm^{1-\varepsilon} \geqq \int_{\{U\geqq m\}} U^{1-\varepsilon}P$, ou enfin que

$\int_{\{U\geqq m\}} \frac{U}{m}P \geqq \int_{\{U\geqq m\}} (\frac{U}{m})^{1-\varepsilon}P$, ce qui est évident.

Nous donnons une autre forme du lemme 1 :

LEMME 2. Soit Z une v.a. positive, et soit $q>1$. On suppose qu'il existe une constante $K\geqq 0$, une constante $h\in]0,1[$ telles que

(17) $$\int_{\{Z>\mu\}} Z^q P \leqq K\mu^{q-1}\int_{\{Z>h\mu\}} ZP$$

Alors il existe une constante C et un exposant $q'>q$ (dépendant de q,K,h) tels que $\|Z\|_{L^{q'}} \leqq C\|Z\|_{L^q}$.

DEMONSTRATION. On pose $U=Z^q$, $\lambda=\mu^q$, $\beta=h^q$, et l'on a

$$\int_{\{U>\lambda\}} UP \leqq K\lambda^{(q-1)/q}\int_{\{U>\beta\lambda\}} U^{1/q}P$$

et on applique le lemme 1. On voit que $\varepsilon=1-\frac{1}{q}$: le lemme 2 est presque équivalent au lemme 1, mais laisse échapper le cas $\varepsilon=1$, qui est très important.

DEMONSTRATION

1) $0<\lambda<\mu$. On peut se ramener à $\lambda=1$, $\mu=q>1$ (c'est le lemme de Gehring proprement dit).

Nous posons $T = \inf\{s : Z_s\geqq\lambda\}$, et nous écrivons d'abord la propriété b_1^- :

$$\begin{aligned}\lambda P\{T<\infty\} &\leqq \int_{\{T<\infty\}} Z_T P \leqq k\int_{\{T<\infty\}} Z_\infty P\\ &= k\Big(\int_{\{T<\infty,Z_\infty>h\lambda\}} Z_\infty P + \int_{\{T<\infty,Z_\infty\leqq h\lambda\}} Z_\infty P \Big) \qquad (kh<1)\\ &\leqq k\int_{\{Z_\infty>h\lambda\}} Z_\infty P + kh\lambda P\{T<\infty\}\end{aligned}$$

d'où notre première inégalité

(*) $$\lambda P\{T<\infty\} \leqq \frac{k}{1-kh}\int_{\{Z_\infty>h\lambda\}} Z_\infty P$$

Ensuite, nous utilisons b_q^+ et(S^+) simultanément, sous la forme de l'inégalité $E[Z_\infty^q|\underline{\underline{F}}_T] \leqq KZ_{T-}^q$, majoré par $K\lambda^q$ sur $\{T<\infty\}$:

$$\begin{aligned}\int_{\{Z_\infty>\lambda\}} Z_\infty^q P &\leqq \int_{\{T<\infty\}} Z_\infty^q P = \int_{\{T<\infty\}} E[Z_\infty^q|\underline{\underline{F}}_T]P \leqq K\lambda^q P\{T<\infty\}\\ &\leqq K\frac{k}{1-kh}\lambda^{q-1}\int_{\{Z_\infty>h\lambda\}} Z_\infty P \text{ d'après (*)}\end{aligned}$$

et le lemme 2 nous donne $E[Z_\infty^{q'}]^{1/q'} \leqq CE[Z_\infty^q]^{1/q}$. Ce n'est pas encore $b_{q'}^+$, mais si nous appliquons cela au processus $(Z_{t+s}/Z_t)_{s\geqq 0}=Y_s$, p.r. à la famille de tribus $(\underline{\underline{F}}_{t+s})_{s\geqq 0}$, et à la loi $\overline{P}(B)=P(B\cap A)/P(A)$ $(A\in\underline{\underline{F}}_t)$, nous voyons que Y satisfait à b_1^-,b_q^+,S^+ avec les mêmes constantes que Z, et que de plus $\overline{E}[Y_\infty^q]$ reste borné uniformément. Donc $\overline{E}[Y_\infty^{q'}]$ l'est aussi, et c'est le résultat cherché.

2) $\lambda<0<\mu$. On peut se ramener à $\lambda<0$, $\mu=1$, et noter que $b^-_\lambda=a_p$ $(p=1-\frac{1}{\lambda})$. C'est le cas traité par Coifman et Fefferman, que nous décalquons ici.

Comme (Z_t) satisfait à a_p , nous avons pour tout temps d'arrêt T la propriété (9)

pour toute martingale positive (U_t) , $Z_T U_T^p \leq kE[Z_\infty U_\infty^p | \underline{\underline{F}}_T]$

Prenons $U_\infty = I_{\{Z_\infty \leq \beta Z_T\}}$ $(\beta<1)$. Alors

$$Z_T P\{Z_\infty \leq \beta Z_T | \underline{\underline{F}}_T\}^p \leq kE[Z_\infty I_{\{Z_\infty \leq \beta Z_T\}} | \underline{\underline{F}}_T] \leq k\beta Z_T$$

divisant par Z_T , il vient $P\{Z_\infty \leq \beta Z_T | \underline{\underline{F}}_T\} \leq (k\beta)^{1/p}$. Si β est assez petit nous pouvons appeler ce nombre 1-a, avec $0<a<1$, et alors

$$P\{Z_\infty > \beta Z_T | \underline{\underline{F}}_T\} \geq a > 0 \qquad \text{d'où}$$

$$(*) \qquad P\{Z_\infty > \beta Z_T, T<\infty | \underline{\underline{F}}_T\} \geq aI_{\{T<\infty\}}$$

Reprenons alors $T=\inf\{t : Z_t>\lambda\}$ et notons que $Z_T \leq c\lambda$ d'après (S^+) sur $\{T<\infty\}$. Ecrivons la condition b_1^+

$$E[Z_\infty I_{\{Z_\infty>\lambda\}}] \leq E[Z_\infty I_{\{T<\infty\}}] = E[E[\ldots|\underline{\underline{F}}_T]] \leq E[KZ_T I_{\{T<\infty\}}]$$
$$\leq Kc\lambda P\{T<\infty\} \leq \frac{Kc}{a}\lambda P\{Z_\infty > \beta Z_T\} \text{ d'après } (*)$$

Appliquant le lemme 1 avec $\varepsilon=1$, nous avons un $r>1$ tel que $E[Z_\infty^r]^{1/r} \leq cE[Z_\infty]$. Pour conclure à b_r^+ , on raisonne comme dans la première partie.

3) $\lambda=0<\mu$. Ce sera pour nous une occasion de petites remarques sur b_0^-.

La première, c'est que comme b_μ^+ est satisfaite , $E[Z_\infty^\mu | \underline{\underline{F}}_t]^{1/\mu} \leq kZ_t$, donc $E[\log^+ Z_\infty | \underline{\underline{F}}_t] < \infty$ p.s., et b_0^- a bien un sens. La seconde, c'est que Z satisfait à b_0^- si et seulement si Z^α satisfait à b_0^- $(\alpha>0)$. La troisième, c'est que $E[\log Z_\infty | \underline{\underline{F}}_t] \leq \log E[Z_\infty | \underline{\underline{F}}_t]$, donc

b_0^- : $Z_t \leq K\exp(E[\log Z_\infty | \underline{\underline{F}}_t]) \Rightarrow Z_t \leq KE[Z_\infty | \underline{\underline{F}}_t]$, i.e. $b_0^- \Rightarrow b_1^-$

Comme nous pouvons remplacer Z par Z^α (notre seconde remarque) nous voyons que b_0^- est plus forte que toutes les b_λ^- , $\lambda>0$, et le cas 3) est un corollaire du cas 1) (lemme de Gehring). Il figure d'ailleurs en tant que tel dans le livre de Reimann-Rychener.

COROLLAIRE. Si (Z_t) satisfait à (S^-) et à une condition a_p $(p>1)$, ainsi qu'à une condition b_θ^+ avec $\theta > -\frac{1}{p-1}$, alors (Z_t) satisfait à une condition $a_{p'}$, avec $1<p'<p$. [DEMONSTRATION : appliquer Gehring à 1/Z] .

Cela s'applique en particulier aux martingales $(\theta=1)$. Mais la condition (S^-) est moins naturelle que (S^+) pour les martingales positives.

REMARQUE. Dans le cas des martingales dyadiques (en temps discret), on a les deux énoncés suivants :

- Toute martingale strictement positive Z qui satisfait à une condition b_q^+ (q>1) satisfait à une condition $b_{q+\varepsilon}^+$ ($\varepsilon>0$) (th. de Gehring)
- Toute martingale strictement positive Z qui satisfait à une condition a_p (p>1) satisfait à une condition $a_{p-\varepsilon}$ ($0<\varepsilon<p-1$) (th. de Muckenhoupt)

Ces deux énoncés semblent exactement semblables, mais la réalité est plus complexe . En effet, dans le cas dyadique , toutes les martingales positives satisfont à la condition (S^+), de sorte que le théorème de Gehring résulte de notre proposition 4. Mais Z ne satisfait pas nécessairement à la condition (S^-), de sorte qu'on ne peut pas appliquer la prop. 4 à 1/Z. On tourne cette difficulté de la manière suivante.

Ecrivons la condition a_p pour Z

$$(18)\qquad E[Z_\infty|\underline{\underline{F}}_t].E[(\frac{1}{Z_\infty})^{1/p-1}|\underline{\underline{F}}_t]^{p-1} \leqq K$$

et posons $U_\infty = (1/Z_\infty)^{1/p-1}$, $Z_\infty = (1/U_\infty)^{1/q-1}$. Nous avons

$$(19)\qquad E[(\frac{1}{U_\infty})^{1/q-1}|\underline{\underline{F}}_t]^{q-1}E[U_\infty|\underline{\underline{F}}_t] \leqq K^{q-1}$$

et la martingale $U_t=E[U_\infty|\underline{\underline{F}}_t]$ satisfait à une condition a_q, c'est à dire à une condition b_μ^- ($\mu<0$) . Comme U satisfait à b_μ^- et b_1^+ , ainsi qu'à (S^+), la proposition 4 nous dit qu'elle satisfait à $b_{1+\varepsilon}^+$, c'est à dire (en posant $1+\varepsilon = \frac{p-1}{p'-1}$, $1<p'<p$)

$$E[U_\infty^{1+\varepsilon}|\underline{\underline{F}}_t]^{1/1+\varepsilon} \leqq CE[U_\infty|\underline{\underline{F}}_t]$$

$$E[(\frac{1}{Z_\infty})^{1/p'-1}|\underline{\underline{F}}_t]^{p'-1} \leqq C^{p-1}E[(\frac{1}{Z_\infty})^{1/p-1}|\underline{\underline{F}}_t]^{p-1}$$

et en revenant à (18), après multiplication par $E[Z_\infty|\underline{\underline{F}}_t]$

$$E[Z_\infty|\underline{\underline{F}}_t].E[(\frac{1}{Z_\infty})^{1/p'-1}|\underline{\underline{F}}_t]^{p'-1} \leqq KC^{p-1}$$

c'est à dire une condition $a_{p'}$, comme promis. Nous avons commis un léger abus de langage en parlant de la 'martingale' (U_t) sans savoir que U_∞ est intégrable : ce n'est pas grave, car d'après (18), $E[U_\infty|\underline{\underline{F}}_0]$ est une v.a. p.s. finie . Or $\underline{\underline{F}}_0$ est triviale dans le cas classique.

Revenant alors au corollaire suivant la proposition 1', nous voyons que pour les martingales dyadiques, ce corollaire est valable pour r=p aussi.

7. RETOUR AUX INEGALITES DE NORMES AVEC POIDS

Nous revenons à la situation du n° 4 : nous avons deux lois équivalentes P et $\hat{P}$, les martingales fondamentales du changement de loi

$$Z_t = E[Z_\infty | \underline{\underline{F}}_t] \ (Z_\infty = d\hat{P}/dP) \quad , \quad \hat{Z}_t = \hat{E}[\hat{Z}_\infty | \underline{\underline{F}}_t] \ (\hat{Z}_\infty = dP/d\hat{P})$$

liées par la relation $Z\hat{Z} = 1$. $\underline{\underline{F}}_{0-}$ étant triviale, $Z_{0-}=\hat{Z}_{0-}=1$. Nous désignons par $\mathcal{E}$ l'exponentielle de C. Doléans, par $\mathcal{L}$ le logarithme stochastique :

$$(20) \qquad \mathcal{E}X_t = \exp(X_t - \tfrac{1}{2}\langle X^c,X^c\rangle_t) \prod_{0 \leq s \leq t} (1+\Delta X_s)e^{-\Delta X_s} \qquad (\mathcal{E}X_{0-}=1)$$

$$(21) \qquad \mathcal{L}X_t = \int_{[0,t]} \frac{dX_s}{X_{s-}} \qquad (\mathcal{L}X_{0-}=0)$$

Dans (20), $\langle X^c,X^c\rangle$ est le crochet de la partie martingale continue de la semimartingale X, et à ce titre il semble dépendre de la loi ; mais c'est aussi la partie continue du processus croissant $[X,X]$, qui n'en dépend pas.

Nous introduisons les deux processus

$$(22) \qquad M = \mathcal{L}Z \quad ; \quad \hat{M} = \mathcal{L}\hat{Z} \qquad (\text{ noter : } \Delta M = \Delta Z/Z_- \ , \ \Delta\hat{M} = -\Delta Z/Z \ )$$

M est une martingale locale/P , $\hat{M}$ une martingale locale/$\hat{P}$; M et $\hat{M}$ sont toutes deux nulles par convention pour $t=0-$. Compte tenu de l'identité de Yor [4]

$$(23) \qquad \mathcal{E}(U)\mathcal{E}(V) = \mathcal{E}(U+V+[U,V])$$

la relation $\mathcal{E}(M)\mathcal{E}(\hat{M})=1$ nous donne

$$(24) \qquad M+\hat{M}+[M,\hat{M}] = 0$$

Soit X une semimartingale ($X_{0-}=0$) ; supposons d'abord que X n'ait aucun saut égal à -1. Alors $\mathcal{E}(X)=Y$ ne s'annule jamais, non plus que ses limites à gauche. Il en est de même de $\tilde{Y}=\mathcal{E}(Y)/Z$, et nous pouvons définir $\tilde{X}=\mathcal{L}\tilde{Y}$. Si X est une martingale locale/P, Y en est une aussi, $\tilde{Y}$ est alors une martingale locale/$\hat{P}$, et $\tilde{X}$ aussi. La correspondance entre X et $\tilde{X}$ s'écrit

$$\mathcal{E}(\tilde{X}) = \mathcal{E}(X)/Z = \mathcal{E}(X)\mathcal{E}(\hat{M}) \quad ; \quad \mathcal{E}(X)=\mathcal{E}(\tilde{X})Z = \mathcal{E}(\tilde{X})\mathcal{E}(M)$$

ce qui en utilisant (23) s'écrit

$$\tilde{X} = X+\hat{M}+[X,\hat{M}] \quad , \quad X = \tilde{X}+M+[\tilde{X},M]$$

Posons $\bar{X}=X+[X,\hat{M}]$, de sorte que $\tilde{X}=\bar{X}+\hat{M}$. La seconde relation devient $X= \bar{X}+[\bar{X},M] + \hat{M}+M+[\hat{M},M] = \bar{X}+[\bar{X},M]$ d'après (24). Nous avons donc obtenu

$$(25) \qquad \bar{X}=X+[X,\hat{M}] \ , \quad X=\bar{X}+[\bar{X},M] \quad (\text{ donc } [X,\hat{M}]= -[\bar{X},M])$$

Ces relations ont été établies lorsque X n'a aucun saut égal à -1, mais en les appliquant à tX où t est convenablement choisi, on voit qu'elles ont lieu en toutes généralité, et établissent deux bijections réciproques de l'ensemble des semimartingales sur lui même. De plus, si X est une martingale locale/P , $\bar{X}$ est une martingale locale/$\hat{P}$, et réciproquement. Il est très facile de voir que ce qu'on a obtenu ainsi est exactement l'expression du théorème de Girsanov donnée dans le sém.X, p. 377.

Nous avons écrit $\bar{X}$, et non $\hat{X}$, parce que si l'on fait X=M on trouve $\bar{X}=-\hat{M}$, d'où un certain danger de confusion.

PROPOSITION 5. <u>Supposons que</u> Z <u>satisfasse à la condition</u> (S). <u>Alors les propriétés suivantes sont équivalentes</u>

i. Z <u>vérifie une condition</u> $a_p=b_\lambda^-$,$\lambda<0$ (par rapport à P)

ii. Z <u>vérifie une condition</u> b_μ^+ , $\mu>1$ (par rapport à P)

iii. $\hat{Z}$ <u>vérifie une condition</u> $\hat{a}_p = \hat{b}_\lambda^-$, $\lambda<0$ (par rapport à $\hat{P}$)

iv. $\hat{Z}$ <u>vérifie une condition</u> $\hat{b}_\mu^+$, $\mu>1$ (par rapport à $\hat{P}$)

DEMONSTRATION. i => ii : Z vérifie b_λ^- et b_1^+ , donc $b_{1+\varepsilon}^+$ d'après la condition (S^+) et le lemme de Gehring.

ii => iii : C'est la remarque suivant la proposition 3'.

iii => iv : Même démonstration que i => ii, mais ici c'est la condition (S^+) de $1/Z$, ou (S^-) de Z, qui est utilisée.

iv => i : Remarque suivant la proposition 3'.

Nous poursuivons l'étude du changement de lois, en exprimant les conditions précédentes au moyen de M ou $\hat{M}$. Pour l'instant, notre donnée est Z ou $\hat{P}$: nous savons donc a priori que Z est une martingale/P uniformément intégrable ; le problème serait différent si notre donnée était M, Z étant définie par $Z=\mathcal{E}(M)$. On en dira un mot plus loin.

PROPOSITION 6. <u>Pour que</u> Z <u>satisfasse à</u> (S) <u>et aux conditions équivalentes de la proposition</u> 5, <u>il faut et il suffit que l'on ait</u>

v. $M\in BMO(P)$, <u>et il existe</u> $h>0$ <u>tel que</u> $1+\Delta M \geqq h$

<u>ou</u>[1]

vi. $\hat{M}\in BMO(\hat{P})$, <u>et il existe</u> $h>0$ <u>tel que</u> $1+\Delta\hat{M} \geqq h$.

DEMONSTRATION. La condition (S) s'écrit $\frac{1}{K}\leqq Z/Z_-\leqq K$, ou $\frac{1}{K} \leqq \Delta M+1 \leqq K$. Elle signifie donc que l'on a une inégalité de la forme $1+\Delta M\geqq h>0$, et que les sauts de M sont aussi bornés supérieurement. Supposons cette condition satisfaite, et montrons que i <=> ([M,M] engendre un potentiel borné). On raisonnerait de même sur $\hat{M}$ pour avoir vi .

A) La condition a_p peut s'écrire, avec $c=1/p-1$

$$E[(\frac{Z_t}{Z_\infty})^c|\underline{\underline{F}}_t] \leqq K$$

Explicitons Z en fonction de M : nous notons que Z est une semimartingale jusque à l'infini, donc M_∞ est bien défini et $[M,M]_\infty$ est une v.a. finie.

1. L'équivalence entre v et vi nous a été communiquée par M. Izumisawa.

$$E[\exp(cM_t - cM_\infty + \frac{c}{2}\langle M^c,M^c\rangle_t^\infty)\prod_{u>t}(\frac{e^{\Delta M_u}}{1+\Delta M_u})^c \mid \underline{\underline{F}}_t] \leq K$$

Or ΔM_u appartient à un intervalle $[-1+h,H]$. Sur cet intervalle on a $\frac{e^x}{1+x} \geq e^{jx^2}$, où j est une constante positive que l'on peut supposer $\leq \frac{1}{2}$. Alors nous avons

$$E[\exp(cM_t - cM_\infty + cj[M,M]_t^\infty) \mid \underline{\underline{F}}_t]$$

$$\leq E[\exp(cM_t - cM_\infty + \frac{c}{2}\langle M^c,M^c\rangle_t^\infty + cj\sum_{u>t}\Delta M_u^2) \mid \underline{\underline{F}}_t] \leq E[\ldots \mid \underline{\underline{F}}_t] \leq K$$

Soit T un t. d'a. tel que $M^T=N$ soit une vraie martingale ; nous écrivons une inégalité de Jensen

$$\exp(E[cj[N,N]_t^\infty \mid \underline{\underline{F}}_t]) = \exp(E[cN_t - cN_\infty + cj[N,N]_t^\infty \mid \underline{\underline{F}}_t])$$

$$\leq E[\exp(cN_t - cN_\infty + cj[N,N]_t^\infty) \mid \underline{\underline{F}}_t] \leq K^2 \quad (\text{n°2, remarque e}))$$

faisant tendre T vers l'infini, nous obtenons

$$\exp(E[cj[M,M]_t^\infty \mid \underline{\underline{F}}_t]) \leq K^2$$

et l'on voit que $[M,M]$ engendre un potentiel borné : M étant à sauts bornés, on a $M \in BMO$. Cette partie du raisonnement est très proche de l'article [3].

B) Inversement, supposons que M appartienne à BMO. Nous utilisons une inégalité en sens inverse, de la forme $e^{jx^2} \geq \frac{e^x}{1+x}$ pour $x \in [-1+h,H]$ - cette fois ci on supposera $j \geq 1/2$ - pour écrire

$$E[(\frac{Z_t}{Z_\infty})^c \mid \underline{\underline{F}}_t] \leq E[\exp(cM_t - cM_\infty + \frac{c}{2}\langle M^c,M^c\rangle_t^\infty + cj\sum_{u>t}\Delta M_u^2) \mid \underline{\underline{F}}_t]$$

$$\leq E[\exp(c\sup_{u>t}|M_\infty - M_t|)\exp(cj[M,M]_t^\infty) \mid \underline{\underline{F}}_t]$$

et si c est assez petit, on a les inégalités du type John-Nirenberg

$$E[\exp(2c\sup_{u>t}|M_\infty - M_t|) \mid \underline{\underline{F}}_t] \leq C_1$$

$$E[\exp(2cj[M,M]_t^\infty) \mid \underline{\underline{F}}_t] \leq C_2$$

et l'inégalité de Schwarz nous donne alors

$$E[(\frac{Z_t}{Z_\infty})^c \mid \underline{\underline{F}}_t] \leq \sqrt{C_1 C_2}$$

qui est une condition a_p .

REMARQUE. On peut régler le problème posé juste avant la proposition 6 : partons d'une martingale M qui appartient à BMO, avec des sauts $\geq -1+h$ $(h>0)$, de sorte que $Z=\mathcal{E}(M)$ est une martingale locale positive d'espérance

≤ 1 ($Z_{0-}=1$), donc une surmartingale positive. Kazamaki d'une part, et indépendamment ses élèves Izumisawa, Sekiguchi et Shiota, ont démontré le fait très remarquable que Z est <u>uniformément intégrable</u>, et même <u>bornée dans un</u> L^p, $p>1$.

Comme nous avons démontré le lemme de Gehring pour des processus qui ne sont pas nécessairement des martingales, nous pouvons donner de ce résultat une démonstration très simple. En effet

- Z satisfait à la condition (S^+)
- Z est une surmartingale, donc satisfait à $b_1^+(1)$
- Z satisfait à une condition $a_p=b_\lambda^-$ ($\lambda<0$), d'après la seconde

partie de la proposition 6 (qui repose uniquement sur les propriétés de M).

D'après le lemme de Gehring, Z satisfait à une condition $b_{1+\varepsilon}^+$:

$$E[Z_\infty^{1+\varepsilon}|\underline{\underline{F}}_t] \leq CZ_t^{1+\varepsilon}$$

Prenant t=0-, nous voyons que $E[Z_\infty^{1+\varepsilon}]\leq C$. Remplaçant M par M^T, Z par Z^T, nous avons que $E[Z_T^{1+\varepsilon}]\leq C$, et Z est donc bornée dans $L^{1+\varepsilon}$.

Voici une autre proposition, due à Kazamaki:

PROPOSITION 7. <u>Supposons que</u> Z <u>satisfasse à</u> (S) <u>et aux conditions équivalentes de la proposition</u> 5. <u>Alors l'application</u> $X\mapsto\overline{X}=X+[X,\hat{M}]$ (25) <u>est un isomorphisme</u> (d'e.v.t.) <u>entre</u> $BMO_0(P)$ <u>et</u> $BMO_0(\hat{P})$.[1]

DEMONSTRATION. Comme nous avons vu au début du n°7 que $X\mapsto\overline{X}$ est une bijection entre les martingales locales/P nulles en 0_- et les martingales locales/$\hat{P}$ nulles en 0_- , dont la bijection réciproque est du même type, il nous suffit en fait de démontrer qu'il existe des constantes γ et C telles que $\|X\|_{BMO(P)}\leq\gamma \Rightarrow \|\overline{X}\|_{BMO(\hat{P})}\leq C$.

Nous choisissons la constante γ de telle sorte que le processus $Y=\mathcal{E}(X)$ soit positif, et satisfasse aux conditions

$$(S(k)) \;:\; 1/k \leq Y/Y_- \leq k$$

$$b_{-1}^-(k) \;:\; E[Y_t/Y_\infty|\underline{\underline{F}}_t] < k \quad (\text{ donc } E[(Y_t/Y_\infty)^r|\underline{\underline{F}}_t] \leq k^r,\ 0<r<1)$$

avec une constante k dépendant seulement de γ. La possibilité d'un tel choix est une variante facile de la prop. 6. Voir aussi [ ].

D'autre part, le processus Z satisfait à (S) et à une condition b_s^+ ($s>1$) d'après la proposition 5, ii . Nous écrivons cela

$$1/\ell \leq \hat{Z}/\hat{Z}_- \leq \ell \quad , \quad E[(\hat{Z}_t/\hat{Z}_\infty)^s|\underline{\underline{F}}_t] \leq \ell^s$$

Appliquons maintenant l'inégalité de Holder avec les exposants conjugués $a=s/(s-1-v)$, $b=s/(v+1)$, où $v>0$ est assez petit pour que $b>1$, $a>1$, $av\leq 1$ (par exemple, $v=(s-1)/(s+1)$, $b=(s+1)/2$, $va=1$) :

1. La notation BMO_0 signifie que les martingales sont nulles on 0- .

$$E[(\frac{Y_t}{Y_\infty})^v(\frac{\hat{Z}_t}{Z_\infty})^{v+1}|\underline{\underline{F}}_t] \leq E[(\frac{Y_t}{Y_\infty})^{av}|\underline{\underline{F}}_t]^{1/a}\, E[(\frac{\hat{Z}_t}{\hat{Z}_\infty})^{b(v+1)}|\underline{\underline{F}}_t]^{1/b}$$

mais $av\leq 1$, $b(v+1)=s$, donc ceci est majoré par $m=k^v\ell^{v+1}$. D'autre part, en posant $\bar{Y}=Y\hat{Z}$, qui est une martingale locale/$\hat{P}$, cette inégalité peut s'écrire

$$\hat{E}[(\bar{Y}_t/\bar{Y}_\infty)^v|\underline{\underline{F}}_t] \leq m$$

c'est à dire une condition $\hat{a}_p(K)$, où p et K ne dépendent que de γ, et d'autre part $\bar{Y}$ satisfait à une condition (S), avec un coefficient qui ne dépend que de γ. Nous en déduisons que $\|\mathcal{L}\bar{Y}\|_{BMO(\hat{P})}$ est majorée par une quantité qui ne dépend que de γ (prop.6). Enfin, $\bar{X}=\mathcal{L}\bar{Y}-\hat{M}$ a une norme uniformément bornée dans BMO($\hat{P}$), et la proposition est démontrée.

Peut être cette démonstration est elle trop compliquée ? La démonstration de Kazamaki n'a été publiée en détail que dans le cas des martingales continues. En revanche, nous suivons Kazamaki de très près dans la démonstration de la proposition suivante.

PROPOSITION 8. <u>Sous les mêmes hypothèses sur</u> X, <u>l'application</u>

(26) $$X \mapsto Z_-^{-1/p}\cdot\bar{X}$$

<u>est un isomorphisme</u> (d'e.v.t.) <u>de</u> $\underline{\underline{H}}^p$ <u>sur</u> $\hat{\underline{\underline{H}}}^p$, <u>pour</u> $1\leq p<\infty$.

DEMONSTRATION. Cette application, que nous noterons $X\mapsto X'$ dans la suite de la démonstration, est bien définie pour toute semimartingale X (rappelons que le $\cdot$ désigne une intégrale stochastique en (26). D'autre part nous avons écrit $\underline{\underline{H}}^p$, $\hat{\underline{\underline{H}}}^p$, mais comme dans la proposition 7 nous nous simplifierons la vie en supposant toutes les martingales nulles en 0-.

Soit q l'exposant conjugué de p. Il nous suffit de démontrer que pour toute martingale/$\hat{P}$ bornée Y, on a pour $1<p<\infty$

(27) $$\hat{E}[\int_0^\infty |d[X',Y]_s|] \leq c_p\|X\|_{\underline{\underline{H}}^p}\,\|Y\|_{\hat{\underline{\underline{H}}}^q}$$

Si p=1, $\hat{\underline{\underline{H}}}_\infty$ doit être interprété comme BMO($\hat{P}$). En effet, X' est une martingale locale/$\hat{P}$, et en passant au sup sur les Y bornées appartenant à la boule unité de $\hat{\underline{\underline{H}}}_q$ on obtient une norme équivalente à $\|X'\|_{\hat{\underline{\underline{H}}}^p}$. Cela prouve que $X\mapsto X'$ est continue de $\underline{\underline{H}}^p$ dans $\hat{\underline{\underline{H}}}^p$. Mais d'autre part cette application est inversible sur l'ensemble des semimartingales, et son inverse correspond simplement à l'échange de P et $\hat{P}$: le même raisonnement établit donc l'isomorphisme des deux espaces.

Nous commençons par le cas où p>1. Nous avons besoin de la remarque suivante (qui aurait dû trouver sa place au début de l'exposé). Comme Z vérifie une condition b_{-a} (a>0),

$$\overline{Z}_t^a \geqq E[\frac{1}{Z_\infty^a}|\underline{\underline{F}}_t]$$

et comme la fonction x^{-r} $(r>0)$ est convexe décroissante, nous avons d'après l'inégalité de Jensen

$$Z_t^{-ar} \leqq K^{ar} E[Z^{ar}|\underline{\underline{F}}_t]$$

autrement dit, Z satisfait à toutes les conditions b_μ^- $(\mu>0)$ (les conditions sont triviales pour $\mu \geqq 1$, car Z est une martingale ; c'est l'intervalle $]0,1[$ qui nous intéresse).

Nous écrivons alors les inégalités suivantes, où la constante c_p peut varier de place en place.

$$\hat{E}[\int |d[X',Y]_s|] = \hat{E}[\int Z_{s-}^{-1/p}|d[\overline{X},Y]_s|]$$
$$\leqq c_p \hat{E}[\int Z_s^{-1/p}|d[\overline{X},Y]_s|] \qquad \text{(condition (S))}$$
$$= c_p E[Z_\infty \int Z_s^{-1/p}|d[\overline{X},Y]_s|]$$
$$= c_p E[\int Z_s^{1-1/p}|d[\overline{X},Y]_s|] = c_p E[\int Z_s^{1/q}|d[\overline{X},Y]_s|]$$
$$\to \qquad \leqq c_p E[Z_\infty^{1/q}\int|d[\overline{X},Y]_s|] \qquad \text{(propriété } b_{1/q}^- \text{)}$$
$$\leqq c_p E[([\overline{X},\overline{X}]_\infty^{1/2})(Z_\infty^{2/q}[Y,Y]_\infty)^{1/2}] \text{ (inégalité de K-W)}$$
$$\leqq c_p E[[\overline{X},\overline{X}]_\infty^{p/2}]^{1/p} E[Z_\infty[Y,Y]_\infty^{q/2}]^{1/q} \qquad \text{(Hölder)}$$

Le dernier terme est simplement $\|Y\|_{\hat{\underline{\underline{H}}}^q}$. Reste l'avant dernier. Nous avons $\overline{X} = X+A$, où $A=[X,\hat{M}]$. Donc $[\overline{X},\overline{X}] \leqq 2([X,X]+[A,A])$. Or $[A,A]_\infty = \sum \Delta X^2 \Delta\hat{M}^2$, et les sauts de $\hat{M}$ sont bornés, et finalement $[\overline{X},\overline{X}] \leqq k[X,X]$, de sorte que cet avant dernier facteur est majoré par $c_p\|X\|_{\underline{\underline{H}}^p}$.

Passons au cas où p=1. Tout subsiste sans changement jusqu'à la $\to$, après quoi on a

$$\hat{E}[\int|d[X',Y]_s|] \leqq c_1 E[\int|d[\overline{X},Y]_s|]$$

Comme Y est une martingale/$\hat{P}$ bornée, Y appartient à BMO($\hat{P}$), et il existe U∈BMO(P), avec $\|U\|_{BMO(P)} \leqq c\|Y\|_{BMO(\hat{P})}$, telle que $Y=\overline{U}=U+[U,\hat{M}]$ (prop. 7). Nous avons alors

$$[\overline{X},Y]_t = \langle\overline{X}^c,\overline{U}^c\rangle_t + \sum_0^t \Delta\overline{X}_s\Delta\overline{U}_s = \langle X^c,U^c\rangle_t + \sum_0^t \Delta\overline{X}_s\Delta\overline{U}_s$$

Mais comme $\hat{M}$ est à sauts bornés, on a $|\Delta\overline{X}_s| \leqq k|\Delta X_s|$, $|\Delta\overline{U}_s| \leqq k|\Delta U_s|$, donc

$$\int|d[\overline{X},Y|_s| \leqq (1+k^2)\int|d[X,U]_s|$$

En vertu de l'inégalité de Fefferman, nous obtenons alors une majoration par $c_1\|X\|_{\underline{\underline{H}}^1}\|U\|_{BMO} \leqq c_1'\|X\|_{\underline{\underline{H}}^1}\|Y\|_{BMO(\hat{P})}$. La proposition est établie.

BIBLIOGRAPHIE

Nous nous sommes beaucoup servis de :

[1]. H.M. REIMANN, T. RYCHENER. Funktionen beschraenkter mittlerer Oszillation, Lecture N. in M. 487, Springer 1975.

et nous avons aussi utilisé (pour le lemme de Gehring)

[2]. R.R. COIFMAN et C. FEFFERMAN. Weighted norm inequalitics for maximal functions and singular integrals. Studia Math. 51, 1974, p.241-250.

En théorie des martingales, nous avons repris notre propre article (d'ailleurs inspiré par les travaux de Kazamaki)

[3]. C. DOLEANS-DADE et P.A. MEYER. Une caractérisation de BMO. Séminaire de Probabilités XI, Lecture Notes 581, Springer 1977.

et pour le n°7, la proposition 4, p.485, de

[4]. M. YOR. Une suite remarquable de formules exponentielles. Séminaire de probabilités X, Lecture notes n°511, Springer 1976.

La proposition 2 est empruntée (avec une démonstration simplifiée) à

[5]. Akihito UCHIYAMA. Weight functions on a probability space with a sequence of non decreasing σ-fields. A paraître au Tohoku M.J.

Toute la fin de l'exposé est empruntée à l'un ou l'autre des travaux suivants (les premiers ne concernent que les martingales continues)

[6]. N. KAZAMAKI. On transforming the class of BMO martingales by a change of law. A paraître.

[7]. N. KAZAMAKI et T. SEKIGUCHI. On the transformation of some classes of martingales by a change of law. A paraître.

[8]. N. KAZAMAKI. A sufficient condition for the uniform integrability of exponential martingales. Toyama Math. Report (à paraître).

[9]. M. IZUMISAWA et N. KAZAMAKI. Weighted norm inequalities for martingales. Tohoku M.J. 29, 1977, p. 115-124.

[10] M. IZUMISAWA, T. SEKIGUCHI, Y. SHIOTA. Remark on a characterization of BMO martingales. Tohoku M. J., à paraître.

[11] N. KAZAMAKI. Transformation of H_p-martingales by a change of law. Zeitschrift W-th. A paraître.

Voir aussi dans ce volume un article de Izumisawa et Sekiguchi.

Le travail suivant n'est pas encore paru, et nous n'en avons eu communication qu'après avoir rédigé le nôtre,

[12] A. BONAMI et D. LEPINGLE. Fonction maximale et variation quadratique des martingales en présence d'un poids.

On y trouvera en particulier des inégalités avec poids concernant la variation quadratique, sujet que nous n'avons pas abordé ici.

Université de Strasbourg
Séminaire de Probabilités 1977/78

Inégalité de Hardy, semimartingales, et faux-amis

T. Jeulin et M. Yor

Introduction.

En étudiant les grossissements de filtrations, nous avons failli tomber, à plusieurs reprises, dans des affirmations-pièges (deux en particulier!). Un de nos buts ici est de signaler ces embûches au lecteur. L'intérêt de ce travail se limiterait sans doute à cela, s'i ne se trouvait que l'étude de ces pièges est menée à l'aide d'une inégalité de Hardy [3] :

(1) si $f \in L^2([0,\infty])$, et $F(x) = \frac{1}{x}\int_0^x f(u)\,du \quad (0 < x < \infty)$

alors $\|F\|_{L^2} \leq 2\,\|f\|_{L^2}$,

et est liée de façon naturelle à celle de certaines intégrales singulières où figure le mouvement brownien.

De façon plus précise, (Ω, F, P) est un espace de probabilité complet, sur lequel on suppose données deux filtrations $\mathcal{F} = (\mathcal{F}_t)_{t \geq 0}$ et $\mathcal{G} = (\mathcal{G}_t)_{t \geq 0}$, constituées de sous tribus de F , vérifiant les conditions habituelles, ainsi que :

pour tout t , $\mathcal{F}_t \subseteq \mathcal{G}_t$.

En 1977-1978, nous avons étudié, de façon assez systématique, de tels couples $(\mathcal{F}, \mathcal{G})$ pour lesquels :

(H') Toute $\mathcal{F}$ (semi-) martingale est une $\mathcal{G}$ semi-martingale (+).

(voir les articles correspondants du Séminaire XII, ainsi que Jeulin-Yor [6]).

A diverses reprises, nous avons "rencontré" les assertions suivantes :

(FA 1) Pour que (H') soit réalisée, il suffit (et il est évidemment nécessaire) qu'un système générateur $\mathcal{N}$ (au sens des espaces stables) de l'espace des $\mathcal{F}$ martingales de carré intégrable soit constitué de $\mathcal{G}$ semi-martingales.

[Cette affirmation nous a longtemps semblé particulièrement "vraisemblable" dans le cas où Card($\mathcal{N}$) = 1].

(FA 2) Si une $\mathcal{F}$ martingale localement de carré intégrable X est également une $\mathcal{G}$ semi-martingale, l'unique processus $\mathcal{G}$-prévisible, à variation finie, A tel que X - A soit une $\mathcal{G}$ martingale locale vérifie :

$$P \text{ p.s.}, \quad dA_s(\omega) \ll d\langle X,X\rangle_s(\omega) \quad ,$$

où le processus croissant $\langle X,X\rangle$ est calculé relativement à $\mathcal{F}$.

[Cette seconde affirmation a pour origines, d'une part l'analogie qui existe entre grossissement d'une filtration et changement absolument continu de probabilités, et d'autre part, le célèbre théorème de Girsanov] .

(+) Nous conservons la notation (H') que nous avions introduite en [6], où (H) désignait l'assertion beaucoup plus restrictive :

(H) Toute $\mathcal{F}$ martingale (locale) est une $\mathcal{G}$ martingale locale .

En fait, comme notre notation veut l'indiquer, il s'agit de faux-amis ;

- nous donnons un contre-exemple à (FA 1) au chapitre 2, fondé sur l'étude, menée au chapitre 1, de la filtration naturelle $\mathcal{F}$ du mouvement brownien réel $(B_t, t \geq 0)$, issu de 0, grossie à l'aide de la tribu engendrée par B_1 ;
- deux contre-exemples à (FA 2) sont exhibés au chapitre 3, l'un avec X martingale continue, l'autre avec X martingale à variation finie .

Comme nous l'a fait remarquer H. Föllmer, les résultats du chapitre 1 sont "classiques" . Ils semblent toutefois assez méconnus, ce qui nous paraît justifier une publication concise.

Par contre, ceux du chapitre 2 nous ont surpris, et semblent nouveaux. En particulier, un des sous-produits de notre étude est :

si $(B_t, t \geq 0)$ désigne le mouvement brownien réel, une condition nécessaire et suffisante pour que $\varphi \in L^2([0,1])$ vérifie :

$$\int_0^1 |\varphi(u)| \frac{|B_u|}{u} du < \infty \quad P \text{ p.s.} \qquad \text{est que} \qquad \int_0^1 \frac{|\varphi(u)|}{\sqrt{u}} du < \infty .$$

<u>Notations</u>. Outre les notations déja introduites, on appelle filtration naturelle d'un processus réel $(X_t)_{t \geq 0}$, et on note $\mathcal{F}^X$, la famille de tribus $(\sigma\{X_s, s \leq t\})_t$ rendue continue à droite , et (F, P)-complète.

Si $\mathcal{F}$ est une filtration, $\mathcal{P}(\mathcal{F})$ désigne la tribu prévisible sur $\mathbb{R}_+ \times \Omega$ associée à $\mathcal{F}$; si X est un processus réel, on note, pour simplifier, $\mathcal{P}(X)$ au lieu de $\mathcal{P}(\mathcal{F}^X)$.

1. Les mouvement brownien et processus de Poisson comme semi-martingales.

1.1. Le cas brownien.

$\mathcal{F}$ désigne, dans ce paragraphe, la filtration naturelle $\mathcal{F}^B$ d'un mouvement brownien réel $(B_t, t \geq 0)$ issu de 0. On note, pour $t \geq 0$,

$$\mathcal{G}_t = \bigcap_{\varepsilon > 0} \{\mathcal{F}_{t+\varepsilon} \vee \sigma(B_1)\}$$. On a alors le :

Théorème 1: Il existe un $\mathcal{G}$ mouvement brownien $(\beta_t, t \geq 0)$ issu de 0, tel que

(2) pour tout t, $\quad B_t = \beta_t + \int_0^{t\wedge 1} \frac{(B_1 - B_s)}{1 - s}\, ds$.

En conséquence, pour tout $N \in \mathbb{N}$, $(B_{t\wedge N}, t \geq 0)$ est une $\mathcal{G}$ quasi-martingale.

Nous procédons à la démonstration du théorème par étapes.

Etape i) : l'intégrale de Riemann qui figure en (2) est absolument convergente, car

$$I \overset{\text{déf}}{=} E\left(\int_0^1 \frac{|B_1 - B_s|}{1 - s}\, ds\right) = c \int_0^1 \frac{ds}{\sqrt{1-s}} \qquad (c = \sqrt{2/\pi}).$$

Etape ii) Montrons que $\beta_t \overset{\text{déf}}{=} B_t - \int_0^{t\wedge 1} \frac{(B_1 - B_s)}{1 - s}\, ds$

est une $\mathcal{G}$ martingale.

Puisque $(B_t, t \geq 0)$ est une $\mathcal{F}$ martingale, et $\mathcal{G}_t = \mathcal{F}_t$, pour $t \geq 1$, on peut se restreindre à l'intervalle de temps $[0,1]$.

Pour tout $t \in [0,1]$, posons $\mathcal{G}_t^! = \mathcal{F}_t \vee \sigma(B_1) = \mathcal{F}_t \vee \sigma(B_1 - B_t)$.

Soient $0 \leq s < t \leq 1$. La tribu $\mathcal{F}_s$ étant indépendante du processus

$(B_{s+h} - B_s, h \geq 0)$, on a :

$$E(B_t - B_s | \mathcal{G}'_s) = E(B_t - B_s \mid B_1 - B_s) = \frac{t-s}{1-s} (B_1 - B_s) ,$$

la dernière égalité provenant du calcul élémentaire de la L^2-projection de $(B_t - B_s)$ sur $\{ \lambda(B_1 - B_s) ; \lambda \in \mathbb{R} \}$.

Un passage à la limite dans L^1 (par exemple) entraine :

$$(3) \qquad E(B_t - B_s | \mathcal{G}_s) = \frac{t-s}{1-s} (B_1 - B_s) .$$

Il est alors immédiat de vérifier, à partir de (3) , que $(\beta_t, t \leq 1)$, et donc $(\beta_t, t \in \mathbb{R}_+)$ sont des $\mathcal{G}$ martingales.

Nota bene : le lecteur "érudit" aura déduit de (3) que $(\beta_t, t < 1)$ est une $\mathcal{G}$ martingale, après avoir remarqué que les " $\mathcal{G}$ Laplaciens approchés" de $(B_t, t < 1)$, soit :

$$A_t^h = \int_0^t \frac{E(B_{s+h} - B_s | \mathcal{G}_s)}{h} ds , \qquad h \geq 0 ,$$

sont, pour t fixé, indépendants de h (dès que $h < 1 - t$), et égaux à $\int_0^t \frac{B_1 - B_s}{1-s} ds$.

Etape iii) . A nouveau, l'ensemble des temps est $\mathbb{R}_+$ tout entier. Il résulte de l'approximation du processus croissant associé à une martingale continue par des sommes de carrés d'accroissements de cette martingale, et de la définition de β , que :

$$\langle \beta, \beta \rangle_t = \langle B, B \rangle_t = t ,$$

où le processus $\langle \beta, \beta \rangle$ (resp. $\langle B, B \rangle$) est calculé relativement à $\mathcal{G}$ (resp. $\mathcal{F}$) .

Il est alors classique que $(\beta_t, t \geq 0)$ est un $\mathcal{G}$ mouvement brownien.

Etape iv) . La seconde assertion du théorème découle de la formule (2), si l'on remarque que $V_{\mathcal{G}}(B) = I$ (cf. étape 1)),

où $V_{\mathcal{G}}(B) = \sup_{\substack{t_1 < t_2 < \dots < t_n \leq 1 \\ n \in \mathbb{N}}} E\left(\sum_{i=1}^{i=n-1} \left| E(B_{t_{i+1}} - B_{t_i} | \mathcal{G}_{t_i}) \right| \right)$.

<u>Remarque</u> : il peut être intéressant - pour d'éventuelles applications - de noter que le théorème 1 est encore valable si l'on suppose seulement que (B_t) est un $(\mathcal{F}_t)$ mouvement brownien.

On peut considérer la formule (2) comme une équation linéaire, où la fonction inconnue est $B_{\cdot}(\omega)$, et où les données sont $\beta_{\cdot}(\omega)$ et $B_1(\omega)$. A l'aide de la méthode de variation des constantes, on obtient immédiatement le :

<u>Corollaire 1.1 : Le pont brownien</u> $\{B_t - t.B_1 , t<1\}$ <u>est lié au</u> $\mathcal{G}$ <u>mouvement brownien</u> $(\beta_t, t<1)$ <u>par la formule</u> :

(4) $$B_t - tB_1 = (1-t)\int_0^t \frac{d\beta_s}{1-s} .$$

<u>En conséquence, les deux processus</u> $(B_t - tB_1 , t<1)$ <u>et</u> $(\beta_t, t<1)$ <u>ont même filtration naturelle</u>.

La formule (4) donne la "clé" de la structure de la filtration $\mathcal{G}$, que l'on explicite en cinq points :

a) $\mathcal{G}$ <u>est identique à la filtration naturelle du processus</u> $\{B_1 + \beta_t, t \geq 0\}$ (immédiat, d'après la formule (4)).

b) <u>La variable</u> B_1 <u>et le processus</u> β <u>sont indépendants</u> .

En effet, d'après le théorème 1, $\beta = (\beta_t, t \geq 0)$ est un $\mathcal{G}$ mouvement brownien, qui est donc indépendant de $\mathcal{G}_0 \supseteq \sigma(B_1)$.

Ainsi, d'après la formule (4) , on a retrouvé le résultat suivant, obtenu par V.Mackevičius [15] :

<u>pour tout</u> $x \in \mathbb{R}$, <u>la loi du mouvement brownien réel</u> $(B_t)_{0 \leq t < 1}$, <u>issu de</u> 0, <u>conditionnellement à</u> $(B_1 = x)$, <u>est celle du processus</u> $\left(tx + (1-t)\int_0^t \frac{d\beta_s}{(1-s)}, t<1 \right)$,<u>où</u> $(\beta_t, t \leq 1)$ <u>désigne un mouvement brownien réel</u>.

La conjonction de a) et b) entraine aisément :

c) $\mathcal{G}_0$ est égale à la tribu complétée de $\sigma(B_1)$.

d) Tout processus $\mathcal{G}$ prévisible H est indistinguable d'un processus de la forme $K(B_1(\omega), s, \omega)$, où $K : \mathbb{R} \times (\mathbb{R}_+ \times \Omega) \longrightarrow \mathbb{R}$ est une application $\mathcal{B}(\mathbb{R}) \otimes \mathcal{P}(\beta)$ mesurable.

Démonstration : Un argument de classe monotone permet - à l'aide de a) et b) - de ne considérer que les processus

$H(s,\omega) = f(s)\, E(\, g(B_1)\, u \mid \mathcal{G}_{s-})(\omega)$,

où $f \in b(\mathcal{B}(\mathbb{R}_+))$, $g \in b(\mathcal{B}(\mathbb{R}))$, $u \in b(\mathcal{F}^{\beta}_{\infty})$, et $(E(\, v \mid \mathcal{G}_{s-}), s \geq 0)$ désigne une version continue à gauche de la martingale $(E(\, v \mid \mathcal{G}_s), s \geq 0)$ associée à $v \in b(F)$.

Toujours d'après a) et b), on a donc :

$H(s,\omega) = f(s)\, g(B_1)\, E(\, u \mid \mathcal{F}^{\beta}_{s-})(\omega)$

à une indistinguabilité près.

L'assertion d) s'ensuit.

Enfin, une légère variation du théorème d'Ito sur la représentation des martingales du mouvement brownien permet d'énoncer :

e) Toute $\mathcal{G}$ martingale de carré intégrable $(X_t)_{t \geq 0}$ peut se représenter comme : $X_t = f(B_1) + \int_0^t H(s,\,.)\, d\beta_s$,

où $f \in L^2(\mathbb{R}, \frac{1}{\sqrt{2\pi}} \exp(-x^2/2)\, dx)$, et $H \in L^2(\Omega \times \mathbb{R}_+, \mathcal{P}(\mathcal{G}), dP\, ds)$

On considère maintenant le processus $\{\hat{B}_t = B_{(1-t)}, t \leq 1\}$, et sa filtration naturelle, notée $\{\hat{\mathcal{F}}_t\}_{t \leq 1}$. Les résultats obtenus précedemment ont une traduction immédiate à ce processus, lorsque l'on a remarqué que le processus $(\, U_t = B_{(1-t)} - B_1 \,, t \leq 1)$ est un mouvement brownien, vérifiant $U_1 = -B_1 = -\hat{B}_0$; donc, avec les notations du théorème 1, la filtration $(\hat{\mathcal{F}}_t)_{t\leq 1}$ est la filtration $(\mathcal{G}_t, t\leq 1)$ associée à $(U_t, t\leq 1)$. On peut donc énoncer - en particulier - le :

<u>Corollaire 1.2 : Il existe un</u> $(\hat{\mathcal{F}}_t)$ <u>mouvement brownien réel</u> $(\hat{\beta}_t, t\leq 1)$ <u>issu de</u> 0, <u>tel que, pour tout</u> $t \in [0,1]$, <u>on ait</u> :

$$(5) \qquad \hat{B}_t = \hat{B}_0 + \hat{\beta}_t - \int_0^t \frac{\hat{B}_s}{1-s}\, ds .$$

<u>Remarque</u> : en comparant les formules (2) et (5), on obtient aisément, à l'aide de la formule (4) :

$$(6) \qquad \hat{\beta}_t = \beta_{(1-t)} - \beta_1 + \int_{1-t}^1 ds\left(\frac{1}{s} \int_0^s \frac{d\beta_u}{1-u}\right) .$$

Après avoir étudié les processus $(B_t, t\leq 1)$ et $(\hat{B}_t, t\leq 1)$ en rapport avec les filtrations $(\mathcal{G}_t)$ et $(\hat{\mathcal{F}}_t)$ respectivement, il nous a semblé naturel de comparer les intégrales stochastiques, sur l'intervalle de temps $T = [0,1]$, par rapport à dB_s et $d\hat{B}_s$, de façon à obtenir une version stochastique de l'égalité :

$$\forall \varphi \in b(\mathcal{B}([0,1])), \quad \int_0^1 \varphi(s)\, ds = - \int_0^1 \varphi(1-s)\, d(1-s) .$$

A cet effet, remarquons que l'on ne peut prendre pour intégrands $(\varphi(t,\omega), t\leq 1)$ que des processus vérifiant : $\varphi \in \mathcal{P}(\mathcal{G})$, et $\hat{\varphi} \in \mathcal{P}(\hat{\mathcal{F}})$, où l'on note $\hat{\varphi}(t,\omega) = \varphi(1-t,\omega)$ $(t\leq 1)$. Or, on montre aisément que la tribu $\hat{\mathcal{F}}_{(1-t)} \cap \mathcal{G}_t$ $(t\leq 1)$ est la P-complétée de la tribu $\sigma\{B_1, B_t\}$. Ainsi, la classe des intégrands φ figurant dans l'énoncé de la proposition suivante est raisonnablement vaste .

<u>Proposition 2 : Soit</u> $f : \begin{array}{ccc} [0,1] \times \mathbb{R} \times \mathbb{R} & \longrightarrow & \mathbb{R} \\ (s, x, y) & \longrightarrow & f(s,x,y) \end{array}$ <u>une</u>

<u>fonction continue, telle que</u> $f'_x(s,x,y)$ <u>soit définie et continue.</u>

Alors :

$$(7)\qquad \int_0^1 f(1-s,\hat{B}_s,\hat{B}_0)\, d\hat{B}_s = -\int_0^1 f(s,B_s,B_1)\, dB_s - \int_0^1 ds\, f'_x(s,B_s,B_1)$$

Démonstration :

- par régularisation en f, et passage à la limite en probabilité, il suffit de démontrer la formule (7) pour $f \in C^\infty$.

- si $f \in C^\infty$, on applique la formule d' Ito à $F(s,\hat{B}_s,\hat{B}_0)$,entre 0 et 1 , où $F(s,x,y) = \int_0^x f(1-s,u,y)\, du$,

et où l'on considère $(\hat{B}_s,\hat{B}_0)$ comme une $(\hat{\mathcal{F}}_s)_{s\leq 1}$ semi-martingale à valeurs dans $\mathbb{R}^2$ ($\hat{B}_0$ est une semi-martingale constante !).

On fait de même avec $G(s,B_s,B_1)$, entre 0 et 1 ,
où $G(s,x,y) = \int_0^x f(s,u,y)\, du$, la filtration de référence étant ici $(\mathcal{G}_s, s\leq 1)$.

- La formule (7) découle alors de la comparaison des deux formules ainsi obtenues, et de ce que :

$$F(1,\hat{B}_1,\hat{B}_0) - F(0,\hat{B}_0,\hat{B}_0) = G(0,B_0,B_1) - G(1,B_1,B_1) .$$

Remarque : on peut également écrire la formule (7) sous la forme :

$$(7')\qquad \int_0^1 f(1-s,\hat{B}_s,\hat{B}_0)\, d\hat{B}_s = -\mathcal{E}_1\cdot\int_0^1 f(s,B_s,B_1)\, dB_s ,$$

où le symbole $\mathcal{E}_1\cdot\int$ désigne l'intégrale de Stratonovitch, pour laquelle on prend, dans une subdivision $\tau = (0 = t_0 < t_1 < \dots < t_n = 1)$ de $[0,1]$, non pas le pointage usuel de Stratonovitch $s_i = \frac{1}{2}(t_i+t_{i+1})$, mais $s_i = t_{i+1}$ (voir [14] pour toutes ces définitions, et les résultats correspondants).

Notons encore que l'on aurait pu démontrer directement (7') en approximant le membre de gauche par des sommes du type

$$\sum_{i=0}^{n} f(1-s_i,\hat{B}_{s_i},\hat{B}_0)\,(\hat{B}_{s_{i+1}} - \hat{B}_{s_i}) ,$$

où $0 = s_0 < s_1 < \dots < s_{n+1} = 1$, et en faisant le changement de variables $t_i = 1 - s_i$.

1.2. Le cas poissonnien.

Nous adoptons des notations semblables à celles du paragraphe 1.1 : $\mathcal{F}$ désigne la filtration naturelle du processus de Poisson $(N_t, t \geq 0)$ issu de 0, et pour tout $t \geq 0$, $\mathcal{G}_t = \bigcap_{\varepsilon > 0} \{\mathcal{F}_{t+\varepsilon} \vee \sigma(N_1)\}$.

On note encore $\tilde{N}_t = N_t - t$ la $\mathcal{F}$ martingale compensée du processus croissant (N_t).

Le principal intérêt du théorème suivant réside sans doute dans la comparaison des similitudes et des différences qu'il présente avec son analogue brownien, le théorème 1 .

Théorème 1' : Il existe une $\mathcal{G}$ martingale à variation finie $(\tilde{\eta}_t, t \geq 0)$ telle que :

$$(8) \qquad \tilde{N}_t = \tilde{\eta}_t + \int_0^{t\wedge 1} \left(\frac{\tilde{N}_1 - \tilde{N}_s}{1 - s} \right) ds ,$$

formule que l'on peut encore écrire :

$$(8') \qquad N_t = \tilde{\eta}_t + \int_0^{t\wedge 1} \left(\frac{N_1 - N_s}{1 - s} \right) ds + (t - 1)^+ .$$

De plus, l'amplitude des sauts de $\tilde{\eta}$ est 1 , mais $\tilde{\eta}$ n'est pas un $\mathcal{G}$ processus de Poisson, le processus croissant $\mathcal{G}$ prévisible attaché à $\tilde{\eta}$ étant identique à :

$$(8'') \qquad \langle \tilde{\eta}, \tilde{\eta} \rangle_t = \int_0^{t\wedge 1} \left(\frac{N_1 - N_s}{1 - s} \right) ds + (t - 1)^+ .$$

Démonstration :

- la démonstration de la formule (8) est très semblable à celle de la formule (2), et repose essentiellement sur le résultat suivant : si $0 < s < t < 1$, on a :

$$E(N_t - N_s \mid \mathcal{F}_s \vee \sigma(N_1)) = E(N_t - N_s \mid N_1 - N_s) = \frac{t-s}{1-s} (N_1 - N_s) .$$

- La formule (8') découle immédiatement de (8).
- Il résulte de (8'), par exemple, que :

$[\tilde{\eta},\tilde{\eta}] = [N,N] = N$, et donc, $\langle \tilde{\eta},\tilde{\eta} \rangle$ est le $\mathcal{G}$ compensateur prévisible de N, soit, toujours d'après (8') :

$$\int_0^{t\wedge 1} \left(\frac{N_1 - N_s}{1 - s}\right) ds + (t-1)^+ .$$

Le lecteur établira maintenant sans peine les corollaires du théorème 1 ', analogues aux corollaires 1.1 et 1.2, après avoir remarqué que $(U'_t = N_1 - N_{(1-t)-}, t \leq 1)$ est un processus de Poisson.

Nous terminons ce paragraphe par une remarque importante : toute $\mathcal{F}$ martingale locale étant à variation finie, c'est également une $\mathcal{G}$ semi-martingale (i.e. l'hypothèse (H') est vérifiée). Nous verrons au chapitre 2 que, par contre, (H') n'est pas vérifiée dans le cas brownien étudié en 1.1 .

2. Intégrales stochastiques et semi-martingales.

Dans tout ce second chapitre, nous nous plaçons dans le "cas brownien" étudié au paragraphe 1.1 , dont nous reprenons les notations; rappelons que $(\mathcal{F}_t)$ désigne la filtration naturelle du mouvement brownien réel $(B_t, t \geq 0)$ issu de 0, et pour tout t, on note :

$$\mathcal{G}_t = \bigcap_{\varepsilon > 0} \left\{ \mathcal{F}_{t+\varepsilon} \vee \sigma(B_1) \right\} .$$

2.1 . $\mathcal{F}$ martingales et $\mathcal{G}$ semi-martingales.

Conformément à ce que nous avons annoncé dans l'introduction, nous caractérisons maintenant les $\mathcal{F}$ martingales qui sont des $\mathcal{G}$ semi-martingales.

Théorème 3 : Soit $(X_t, t \geq 0)$ une $\mathcal{F}$ martingale locale, continue, nulle en 0 . Il existe alors φ , processus $\mathcal{F}$ prévisible tel que :

$$\forall t \geq 0, \quad \int_0^t \varphi^2(s)\, ds < +\infty \ P \text{ p.s., et } \quad X_t = \int_0^t \varphi(s)\, dB_s \quad .$$

Les assertions suivantes sont équivalentes :

(i) X est une $\mathcal{G}$ semi-martingale.

(ii) $\displaystyle\int_0^1 |\varphi(s)| \frac{|B_1 - B_s|}{1 - s}\, ds < \infty \quad P$ p.s.

(iii) $\displaystyle\int_0^1 \frac{|\varphi(s)|}{\sqrt{1-s}}\, ds < \infty \quad P$ p.s.

De plus, si ces conditions sont réalisées, la $\mathcal{G}$ décomposition canonique de X est donnée par :

$$(\mathcal{S}) \quad X_t = \int_0^t \varphi(s)\, d\beta_s + \int_0^{t \wedge 1} \varphi(s) \frac{B_1 - B_s}{1 - s}\, ds \quad .$$

Avant de démontrer le théorème, nous en donnons deux conséquences immédiates.

Corollaire 3.1 : L'hypothèse (H') n'est pas vérifiée pour le couple $(\mathcal{F}, \mathcal{G})$, i.e.: il existe des $\mathcal{F}$ martingales de carré intégrable qui ne sont pas des $\mathcal{G}$ semi-martingales.

Démonstration : ψ désignant une fonction définie sur $]0,1[$, posons $\varphi(s) = \psi(1-s) \quad (s \in]0,1[\ )$, et $\varphi = 0$ sur $\complement]0,1[$.
Pour démontrer le corollaire, il suffit de construire $\psi \in L^2([0,1])$,

et vérifiant $\displaystyle\int_0^1 \frac{|\psi(s)|}{\sqrt{s}}\, ds = \infty$.

Les fonctions $\psi(s) = s^{-\frac{1}{2}} (-\log s)^{-\alpha} 1_{(0 < s < \frac{1}{2})}$

conviennent, lorsque $\frac{1}{2} < \alpha \leq 1$.

<u>Corollaire 3.2</u> : (1) $\int_{0+} \frac{B_u^2}{u^2}\, du = \int^{1^-} \frac{(B_1 - B_s)^2}{(1-s)^2}\, ds = \infty$ P p.s.

<u>Démonstration</u> : $(B_1 - B_{(1-u)}, u \leq 1)$ étant un mouvement brownien réel issu de 0, il suffit de montrer :

$$\int^{1^-} \frac{(B_1 - B_s)^2}{(1-s)^2}\, ds = \infty \quad \text{P p.s.}$$

Or, d'après la démonstration du corollaire précédent, il existe une fonction $\varphi \in L^2([0,1])$ telle que

$\int_0^1 |\varphi(s)| \frac{|B_1 - B_s|}{1-s}\, ds$ ne soit pas P p.s. finie. En fait, d'après la loi 0-1, cette dernière intégrale est P p.s. infinie.

Donc, P p.s., la fonction $s \longrightarrow (B_1 - B_s)(\omega)\,(1-s)^{-1}$ n'appartient pas à $L^2([0,1])$, d'où (10).

<u>Remarque</u>: En supposant que $\int_{0+} \frac{B_u^2}{u^2}\, du < \infty$ P p.s, le lecteur obtiendra une démonstration par l'absurde, très rapide, de (10), par application de la formule d' Ito à $(B_t^2/2t)$ sur l'intervalle $[\varepsilon, a]$ $(0<\varepsilon<a)$, et en faisant tendre ε vers 0.

<u>Début de la démonstration du théorème 3</u> :

1) Si φ est borné, l'intégrale stochastique de φ par rapport à B ne dépend pas de la filtration par rapport à laquelle B est une semi-martingale. On peut donc écrire, d'après la formule (2) :

$$(*) \quad X_t = \int_0^t \varphi(s)\, d\beta_s + \int_0^{t\wedge 1} \varphi(s) \frac{B_1 - B_s}{1-s}\, ds .$$

Si on suppose seulement que, pour tout t, $\int_0^t \varphi^2(s)\, ds < \infty$ P p.s., un passage à la limite (portant sur φ, pour la convergence en probabilité) permet de remarquer que la formule (*) est encore valide pour tout $t < 1$.

2) Montrons l'équivalence de (i) et (ii) :

- si la condition (ii) est vérifiée, l'égalité (✱), valable pour $t < 1$, se prolonge par continuité à $t = 1$, et donc à tout $t \in \mathbb{R}_+$. X est donc une $\mathcal{G}$ semi-martingale, qui vérifie (✱) ≡ (9) !

- inversement, si X est une $\mathcal{G}$ semi-martingale, l'unique processus $\mathcal{G}$ adapté, continu, à variation finie, A tel que X - A soit une $\mathcal{G}$ martingale locale, vérifie, d'après (✱) :

$$\forall t<1 , \; A_t = \int_0^t \varphi(s) \frac{B_1 - B_s}{1 - s} ds .$$

On a donc : $\int_{]0,1]} |dA_s| = \int_0^1 ds\, |\varphi(s)| \frac{|B_1 - B_s|}{1 - s} ds < \infty$ P p.s. ,

c'est à dire (ii).

3) L'équivalence de (iii) et (ii) résulte en particulier de la

<u>Proposition 4</u> : <u>Soit</u> φ <u>un processus</u> $\mathcal{F}$ <u>prévisible tel que</u> $\forall t \geq 0, \int_0^t \varphi^2(s)\, ds < \infty$ P p.s. <u>Alors</u> :

$$\left\{ \int_0^1 |\varphi(s)| \frac{|B_1 - B_s|}{1 - s} ds < \infty \right\} = \left\{ \int_0^1 \frac{|\varphi(s)|}{\sqrt{1 - s}} ds < \infty \right\} \quad \text{P p.s.}$$

<u>Remarque 4'</u> : Il découle du point 1) de la démonstration du théorème 3 que, pour tout processus $\mathcal{F}$ prévisible φ tel que $\int_0^1 \varphi^2(s)\, ds < +\infty$ P p.s. ,

$$\lim_{t \uparrow\uparrow 1} \int_0^t \varphi(s) \frac{B_1 - B_s}{1 - s} ds \quad \text{existe et est finie P p.s.}$$

La démonstration de la proposition 4 repose sur quelques lemmes préliminaires. En particularisant beaucoup les résultats de Lenglart [8] , on peut énoncer comme suit le premier de ces lemmes :

Lemme 5 : Soient $(H_t)_{t \geq 0}$ et $(K_t)_{t \geq 0}$ deux processus positifs, nuls en 0, à trajectoires continues, adaptés à une filtration $\mathcal{F}$, et vérifiant :

1) $\forall t$, $E(H_t + K_t) < +\infty$

2) $H - K$ est une $\mathcal{F}$ martingale .

Alors $(\sup_t H_t < \infty) = (\sup_t K_t < \infty)$ P p.s.

Le lemme suivant, très simple, établit un lien entre les projections optionnelle, et duale prévisible, d'un processus croissant :

Lemme 6 : Soient $\mathcal{F}$ une filtration , et A un processus croissant, non nécessairement $\mathcal{F}$ adapté, tel que $\forall t, E(A_t) < \infty$. Alors :

a) ${}^oA - A^p$ est une $\mathcal{F}$ martingale .

b) $(A_\infty < \infty) \supseteq (A^p_\infty < \infty)$ P p.s.

Démonstration : a) pour tout couple (s,t) vérifiant: $0 \leq s < t$, on a :

$E({}^oA_t - {}^oA_s | \mathcal{F}_s) = E(A_t - A_s | \mathcal{F}_s) = E(A^p_t - A^p_s | \mathcal{F}_s)$.

b) Soient T_n les temps d'arrêt prévisibles définis par

$T_n = \inf(t, A^p_t \geq n)$.

$(A^p < +\infty) = \bigcup_n (T_n = +\infty)$ et $E(A_{T_n-}) = E(A^p_{T_n-}) \leq n$,

soit $A_\infty < +\infty$ sur $\bigcup_n (T_n = \infty)$.

Enfin, dans le dernier lemme préliminaire, on présente l'inégalité de Hardy [3] (1) sous une forme qui nous convient pour la suite. On passe de la forme "classique" de l'inégalité de Hardy à l'énoncé ci-dessous par un changement de variable élémentaire.

---

(1) voir aussi Rudin ([12], p.72) .

<u>Lemme 7</u> : <u>Soit</u> $f \in L^2([0,1])$. <u>Pour tout</u> $x \in [0,1[$, <u>on pose</u> :

$$F(x) = \int_0^x \frac{f(u)}{1-u}\,du$$

. <u>Alors</u> :

a) $(1-x)^{\frac{1}{2}} F(x) \to 0$ <u>quand</u> $x \uparrow\uparrow 1$.

b) $\|F\|_{L^2([0,1])} \leqslant 2 \|f\|_{L^2([0,1])}$

<u>Démonstration de la proposition 4</u> :

Quitte à arrêter le processus $\int_0^t \varphi^2(s)\,ds$, nous pouvons supposer que $E(\int_0^\infty \varphi^2(s)\,ds) < \infty$. En conséquence, pour tout $t<1$, on a :

$$E(\int_0^t |\varphi(s)| \frac{|B_1 - B_s|}{1-s}\,ds) = c\,E(\int_0^t |\varphi(s)| \frac{ds}{\sqrt{1-s}}) < \infty \qquad (c = \sqrt{\frac{2}{\pi}}).$$

Nous prenons maintenant pour intervalle de temps $T = [0,1[$ et nous allons utiliser les lemmes 5 et 6 avec la filtration $\mathcal{F}$ (on se ramène de $[0,\infty[$ à $[0,1[$ par le changement de temps $t \to \frac{t}{1+t}$).

Posons alors $A_t = \int_0^t |\varphi(s)| \frac{|B_1 - B_s|}{1-s}\,ds$.

Avec les notations du lemme 6, on a pour tout t :

$$^oA_t = E(A_t \,|\, \mathcal{F}_t) = \int_0^t \frac{ds\ |\varphi(s)|}{1-s} E(|B_1 - B_s| \,|\, \mathcal{F}_t)$$

et $$A^p_t = \int_0^t |\varphi(s)| \frac{{}^o(|B_1 - B_\cdot|)_s}{1-s}\,ds = c\int_0^t \frac{|\varphi(s)|}{\sqrt{1-s}}\,ds .$$

On peut maintenant appliquer le lemme 5 à $H = {}^oA$ et $K = A^p$, car K est continu, ainsi que H, puisque H - K , martingale pour la filtration brownienne $(\mathcal{F}_t)_{t<1}$, est continue.

Il résulte alors du lemme 5 que :

$$\{\sup_t H_t < \infty\} = \{\int_0^1 ds \frac{|\varphi(s)|}{\sqrt{1-s}} < \infty\} \quad P \text{ p.s.}$$

Le processus $(H_t, t<1)$ étant continu, il nous suffit de démontrer que :

$$\{\limsup_{t\uparrow\uparrow 1} H_t < \infty\} = \{\int_0^1 ds\,|\varphi(s)|\,\frac{|B_1 - B_s|}{1-s} < \infty\} \quad P \text{ p.s.}$$

En fait, nous allons prouver :

$$(11) \quad \limsup_{t\uparrow\uparrow 1} H_t \leqslant \int_0^1 ds\,|\varphi(s)|\,\frac{|B_1 - B_s|}{1-s} \qquad P \text{ p.s.} ,$$

ce qui terminera la démonstration grâce au lemme 6-b) .

Majorons d'abord H_t comme suit :

$$H_t \leqslant \int_0^t ds\,\frac{|\varphi(s)|}{1-s}\,\{E(|B_1 - B_t|\,|\mathcal{F}_t) + |B_t - B_s|\} .$$

$$(12)\ H_t \leqslant c\sqrt{1-t}\int_0^t ds\,\frac{|\varphi(s)|}{1-s} + |B_1 - B_t|\int_0^t ds\,\frac{|\varphi(s)|}{1-s} + \int_0^1 ds|\varphi(s)|\frac{|B_1 - B_s|}{1-s}$$

Or, d'après le lemme 7-a), $\limsup_{t\uparrow\uparrow 1} \sqrt{1-t}\int_0^t ds\,\frac{|\varphi(s)|}{1-s} = 0$.

En outre, la fonction déterministe $s \to E(|\varphi(s)|)$ appartient à $L^2([0,1])$ et donc, le lemme 7-a) entraine :

$$\limsup_{t\uparrow\uparrow 1} E(|B_1 - B_t|\int_0^t ds\,\frac{|\varphi(s)|}{1-s}) = \limsup_{t\uparrow\uparrow 1} c\sqrt{1-t}\int_0^t \frac{E(|\varphi(s)|)}{1-s}ds = 0 .$$

Nous allons montrer maintenant que

$$(B_1 - B_t)\int_0^t ds\,\frac{|\varphi(s)|}{1-s} \quad \text{converge } P \text{ p.s. lorsque } t\uparrow\uparrow 1 .$$

Cette expression convergeant dans L^1 vers 0, elle converge donc P p.s. vers 0 . Posons à cet effet

$$\Phi(t) = \int_0^t ds\,\frac{|\varphi(s)|}{1-s} ;$$

il vient d'après la formule d'Ito, pour tout $t<1$:

$$(B_1 - B_t)\,\Phi(t) = -\int_0^t \Phi(s)\,dB_s + \int_0^t ds\,(B_1 - B_s)\,\frac{|\varphi(s)|}{1-s} .$$

L'intégrale de Riemann converge p.s. lorsque $t\uparrow\uparrow 1$ d'après la remarque 4'. D'autre part, d'après le lemme 7-b), $\int_0^1 \Phi^2(s)\,ds < \infty$ P p.s., et donc l'intégrale stochastique $\int_0^t \Phi(s)\,dB_s$

converge P p.s. lorsque $t \uparrow\uparrow 1$ vers $\int_0^1 \Phi(s)\, dB_s$. Finalement, l'inégalité (11) découle de la majoration (12), et des résultats établis à sa suite.

L'équivalence entre (ii) et (iii) [théorème 3] suggère diverses généralisations, dont celle-ci :

<u>Proposition 8</u> : <u>Soit</u> φ <u>un processus</u> $\mathcal{F}$ <u>prévisible tel que</u> : $\int_0^1 \varphi^2(s)\,(1-s)\,ds < \infty$ P <u>p.s. Alors</u> :

$$\left\{\int_0^1 ds\, |\varphi(s)| < \infty\right\} = \left\{\int_0^1 ds\, \frac{|\varphi(s)|}{1-s}(B_1 - B_s)^2 < \infty\right\} \quad \text{P } \underline{\text{p.s.}}$$

La démonstration repose sur un résultat élémentaire d'intégration, à savoir :

<u>Lemme 9</u> : <u>Soit</u> $g : [0,1] \to \mathbb{R}$ <u>une fonction continue décroissante, telle que</u> $g(1) = 0$. <u>Alors, pour toute</u> $f \geq 0$ <u>vérifiant</u> $\int_0^1 f(u)\,g(u)\,du < \infty$, <u>on a</u> $\lim_{t\uparrow\uparrow 1} g(t)\int_0^t f(u)\,du = 0$.

<u>Démonstration</u> : g étant décroissante,

$$g(t)\, f(u)\, 1_{[0,t]}(u) \leq f(u)\, g(u),$$

et $\forall u \leq 1$, $g(t)\, f(u)\, 1_{[0,t]}(u) \leq g(t)\, f(u) \xrightarrow[(t\to 1)]{} 0$;

le résultat découle du théorème de convergence dominée de Lebesgue.

<u>Démonstration de la proposition 8</u> :

On peut évidemment supposer $\varphi \geq 0$, et, par localisation, renforcer l'hypothèse initiale en $E\left(\int_0^1 \varphi^2(s)\,(1-s)\,ds\right) < \infty$.
On peut alors écrire, pour tout $t < 1$:

$$\int_0^t ds \, \frac{\varphi(s)}{1-s}(B_1-B_s)^2 = -\int_0^t \varphi(s)(B_1-B_s)d\beta_s + \int_0^t \varphi(s)(B_1-B_s)dB_s$$

$$= -\int_0^t \varphi(s)(B_1-B_s)d\beta_s + (B_1-B_t)\int_0^t \varphi(s)dB_s + \int_0^t (\varphi.B)_u dB_u + \int_0^t \varphi(u)du \, ,$$

soit $\int_0^t ds \, \frac{\varphi(s)}{1-s}(B_1-B_s)^2 - \int_0^t \varphi(s)ds = a_t + b_t + c_t$,

où a_t est la $\mathcal{G}$ martingale locale $-\int_0^t \varphi(s)(B_1-B_s)\, d\beta_s$,

b_t la $\mathcal{F}$ martingale locale $\int_0^t (\varphi.B)_u \, dB_u$

et $c_t = (B_1-B_t)\int_0^t \varphi(s)\, dB_s$.

Remarquons que $(a_t, t<1)$ et $(b_t, t<1)$ sont de carré intégrable, puisque, pour tout $t<1$,

$$E([a,a]_t) = E(\int_0^t \varphi^2(s)(B_1-B_s)^2 ds) = E(\int_0^t \varphi^2(s)(1-s)\, ds)$$
$$\leq E(\int_0^1 \varphi^2(s)\,(1-s)\, ds) < \infty \, , \text{ et}$$

$$E([b,b]_t) = E(\int_0^t (\varphi.B)_u^2 \, du) = E(\int_0^t (\int_0^u \varphi^2(s)ds)\, du)$$
$$= E(\int_0^t \varphi^2(s)\,(t-s)\, ds) \leq E(\int_0^1 \varphi^2(s)\,(1-s)\, ds) < \infty .$$

D'autre part, on a :

$$E(c_t^2) = (1-t)\, E(\int_0^t \varphi^2(s)ds) = (1-t)\int_0^t E(\varphi^2(s))\, ds,$$

expression qui converge vers 0 quand $t \to 1$ d'après le lemme 9 .

Par suite, le processus $(\int_0^t ds \, \frac{\varphi(s)}{1-s}(B_1-B_s)^2 - \int_0^t ds\, \varphi(s) \, , \, t<1)$ converge dans L^2 vers $-\int_0^1 \varphi(s)(B_1-B_s)d\beta_s + \int_0^1 (\varphi.B)_u \, dB_u$,

d'où la proposition 8 .

2.2. Sur la convergence de certaines intégrales riemanniennes.

Nous avons essayé de généraliser la proposition 8 en étudiant des intégrales du type $\int_0^1 \varphi(s)\,|B_1 - B_s|^p\,ds$; nous n'avons obtenu de résultats que dans le cas déterministe, résultats que nous présentons après avoir changé s en (1 -s) !

Proposition 10 : Soit $f :]0,1] \to \mathbb{R}_+$, telle que $\int_a^1 f(u)du < \infty$ pour tout $a > 0$. Notons $B_t^* = \sup_{s \leqslant t} |B_s|$, $S_t = \sup_{s \leqslant t} B_s$ et L_t le temps local de B en 0, pris en t. Alors, pour tout $p > 0$, les cinq intégrales suivantes sont simultanément finies, ou infinies P p.s. :

(i) $\int_0^1 f(u)\,|B_u|^{2p}\,du$, (ii) $\int_0^1 f(u)\,S_u^{2p}\,du$,

(iii) $\int_0^1 f(u)\,L_u^{2p}\,du$, (iv) $\int_0^1 f(u)(B_u^*)^{2p}du$, (v) $\int_0^1 f(u)\,u^p\,du$.

Démonstration : 1) notons encore $T_t = \sup_{s \leqslant t}(-B_s)$; T, S et L ont même loi et $T \leqslant B^*$, $S \leqslant B^*$, $|B| \leqslant B^* \leqslant T + S$. En outre, d'après un théorème de Paul Lévy, S - B a même loi que $|B|$; soit c_p une constante universelle telle que :

$$(x + y)^{2p} \leqslant c_p(x^{2p} + y^{2p}) \qquad (x, y \in \mathbb{R}_+) \text{ ; alors :}$$

$$\int_0^1 f(u)\,S_u^{2p}\,du \leqslant c_p\left\{\int_0^1 f(u)\,(S_u - B_u)^{2p}\,du + \int_0^1 f(u)\,|B_u|^{2p}\,du\right\}.$$

(i), (ii), (iii) et (iv) convergent (ou divergent) donc simultanément. De même,

$$E\left(\int_0^1 f(u)\,|B_u|^{2p}\,du\right) = \left(\int_0^1 f(u)\,u^p\,du\right). E(|B_1|^{2p})$$

et la convergence de (v) implique celle de (i) .

2) Nous supposons maintenant que (i) converge. $(B_1 - B_{(1-u)}, u \leq 1)$ a même loi que $(B_u, u \leq 1)$; par suite, (i) et (iv) convergeant simultanément, $\int_0^1 f(1-u) \sup(|B_1 - B_s|^{2p}, u \leq s \leq 1)\, du$ est P p.s. finie ;

en particulier, d'après le lemme 9 ,

$$(13) \quad \limsup_{t \to 1_-} \left\{ |B_1 - B_t|^{2p} \int_0^t f(1-v)\, dv \right\}$$
$$\leq \limsup_{t \uparrow\uparrow 1} \left\{ \sup(|B_1 - B_s|^{2p}, t \leq s \leq 1) \int_0^t f(1-v)\, dv \right\} = 0 .$$

Particularisons encore : $|B_1 - B_t|^{2p} \int_0^t f(1-v)\, dv$ converge vers 0 en probabilité quand t tend vers 1 , d'où pour tout $\varepsilon > 0$,

$$\overline{\lim_{t \uparrow\uparrow 1}} P(|B_1 - B_t|^{2p} \int_0^t f(1-v) dv > \varepsilon)$$
$$= \overline{\lim_{t \uparrow\uparrow 1}} P(|B_1|^{2p} > \varepsilon \left[(1-t)^p \int_0^t f(1-v)\, dv \right]^{-1}) = 0 ,$$

ce qui nécessite :

$$(14) \quad \overline{\lim_{t \uparrow\uparrow 1}} (1-t)^p \int_0^t f(1-v)\, dv = \overline{\lim_{t \to 0}}\, t^p \int_t^1 f(v)\, dv = 0 .$$

3) Supposant toujours que (i) converge, notons (voir la démonstration de la proposition 4) ,

$$A_t = \int_0^t f(1-v)\, |B_1 - B_v|^{2p}\, dv \qquad (E(A_t) < +\infty \quad \text{pour tout } t < 1) ,$$

$$H_t = {}^oA_t , \; K_t = A_t^{(p)} = \int_0^t (1-v)^p f(1-v)\, dv \qquad (t < 1) .$$

K est continu, H - K est une martingale (lemme 6-a)) de la filtration brownienne, donc est continue. Par suite (lemme 5), $\overline{\lim_{t \uparrow\uparrow 1}} H_t$ est fini si, et seulement si (v) converge.

Mais nous pouvons majorer (voir la démonstration de la proposition 4) H_t par :

$$(12') \quad c_p(1-t)^p\int_0^t f(1-v)dv + c_p^2 \, |B_1 - B_t|^{2p} \int_0^t f(1-v)\, dv$$

$$+ \, c_p^2 \int_0^t f(1-v) \, |B_1 - B_v|^{2p} \, dv \quad ;$$

d'après (13) et (14), on a donc :

$$\left\{\int_0^1 f(1-v) \, |B_1 - B_v|^{2p} \, dv < \infty\right\} \subseteq \left\{\limsup_{t \uparrow\uparrow 1} H_t < \infty\right\} \quad ;$$

la convergence de (i) implique donc celle de (v).

Exemples : 1) $\displaystyle\int_0^1 \frac{B_u^2}{u^2} \, du = \infty$ P p.s.

2) Si $f \in L^1_{loc}(\,]0,1]\,)$, $f \geq 0$,

$$\int_0^1 f(u) \frac{|B_u|}{u} du < \infty \quad \text{si, et seulement si} \quad \int_0^1 \frac{f(u)}{\sqrt{u}} \, du < \infty \; ,$$

$$\int_0^1 f(u) \, \frac{B_u^2}{u} \, du < \infty \quad \text{si, et seulement si} \quad \int_0^1 f(u) \, du < \infty \; ;$$

on retrouve ainsi (heureusement!) les conclusions des propositions 4 et 8, dans le cas où φ est déterministe.

Divers théorèmes d'équivalence en loi nous permettent de déduire de la proposition 10 , la convergence ou la divergence d'autres intégrales riemanniennes.

Proposition 11 : 1) Soit $(B_t, t \geq 0)$ un mouvement brownien réel issu de 0. On note $T_1 = \inf(\, t \geq 0, \, B_t = 1\,)$. Alors, pour tout p tel que $1 \leq p < 2$, on a : $\displaystyle\int_0^{T_1} \frac{ds}{(1-B_s)^p} < \infty$ P p.s., mais : $\displaystyle\int_0^{T_1} \frac{ds}{(1-B_s)^2} = \infty$ P p.s.

2) Soit $(R_3(t), t \geq 0)$ un processus de Bessel d'ordre 3, issu de 0 . Alors, pour tout p tel que $1 \leq p < 2$, on a :

$$\int_{0+} \frac{du}{R_3(u)^p} < \infty \quad \text{P p.s., mais} \quad \int_{0+} \frac{du}{R_3(u)^2} = \infty \quad \text{P p.s.}$$

Démonstration : soit p tel que $1 \leq p \leq 2$.

1) La convergence de l'intégrale $\int_0^{T_1} ds\, (1-B_s)^{-p}$ équivaut évidemment à celle de $J \overset{\text{déf.}}{=} \int_0^{T_1} ds\, 1_{(B_s \geq 0)} (1-B_s)^{-p}$.

Si, pour tout $a \in \mathbb{R}$, $L^a_{T_1}$ désigne le temps local en a de $(B_t, t \geq 0)$, pris au temps $t = T_1$ (d'après le théorème de Trotter, il existe une version continue de: $a \to L^a_{T_1}$), on a :

$$J = \int_0^1 da\, (1-a)^{-p} L^a_{T_1} .$$

Or, d'après un théorème de D. Ray [11] et F. Knight [7], le processus $(L^{1-a}_{T_1}, 0 \leq a \leq 1)$ a même loi que le carré d'un processus de Bessel d'ordre 2, issu de 0.

Ainsi, si (X,Y) désigne un mouvement brownien à valeurs dans $\mathbb{R}^2$, issu de 0, la variable J a même loi que

$$\int_0^1 da\, (1-a)^{-p} \left\{ X^2_{(1-a)} + Y^2_{(1-a)} \right\} = \int_0^1 db\, b^{-p} (X^2_b + Y^2_b) .$$

Cette dernière intégrale est d'espérance finie si $1 \leq p < 2$, et on a prouvé ci-dessus qu'elle est infinie P p.s. si $p = 2$.

2) Rappelons que: $\lim_{t \to \infty} R_3(t) = \infty$ P p.s.

Donc, si l'on note $\tau_1 = \sup(t, R_3(t) = 1)$, on a $P(\tau_1 < \infty) = 1$.

Ainsi, la convergence de $\int_{0+} du\, R_3(u)^{-p}$ équivaut à celle de

$$K \overset{\text{déf.}}{=} \int_0^{\tau_1} du\, 1_{(R_3(u) \leq 1)} R_3(u)^{-p}$$

$$= \int_0^1 da\, a^{-p} \ell^a_{\tau_1} = \int_0^1 da\, a^{-p} \ell^a_\infty ,$$

où, pour tout $a > 0$, $(\ell^a_t, t \geq 0)$ désigne le temps local en a de R_3 (à nouveau, il existe une version bicontinue en (a,t) de ℓ).

Un second théorème dû à D. Ray et F. Knight affirme que le processus $(\ell^a_\infty, a \geq 0)$ a pour loi celle du carré d'un processus de Bessel d'ordre 2, d'où le résultat cherché, d'après l'argument utilisé dans la démonstration précédente.

Remarque : Le premier auteur étudie, dans un prochain article [5], l'hypothèse (H') relativement à la filtration naturelle $\mathcal{F}$ du mouvement brownien réel, et à $\mathcal{G}$ définie par :

pour tout t, $\mathcal{G}_t = \bigcap_{\varepsilon > 0} \{\mathcal{F}_{t+\varepsilon} \vee \sigma(T_1)\}$.

Il montre, en particulier, que (B_t) est une $\mathcal{G}$ semi-martingale, et l'intégrale $\int_0^{T_1} \frac{ds}{(1-B_s)^2}$ joue alors un rôle analogue à celui joué par $\int_0^1 \frac{(B_1-B_s)^2}{(1-s)^2} ds$ dans notre étude du grossissement de $\mathcal{F}$ à l'aide de B_1 .

3. Grossissement de filtration et théorème de Girsanov.

On donne ici deux contre-exemples à (FA 2) (pour la formulation de cette assertion, se reporter à l'introduction).

3.1 . Le cas discontinu.

$\mathcal{G}$ désigne ici la filtration naturelle d'un mouvement brownien réel, issu de 0. D'après Dudley et Gutmann [2] , il existe un processus de Poisson $(N_t)_{t\geq 0}$, nul en 0, adapté à la filtration $\mathcal{G}$. Notons $(\mathcal{F}_t)$ sa filtration naturelle .

Alors, si $(\tilde{N}_t = N_t - t,\ t \geq 0)$ est la martingale compensée (pour $\mathcal{F}$) de (N_t), $\tilde{N}$ est un processus $\mathcal{G}$ prévisible à variation finie . Ainsi, (FA 2) n'est pas vérifiée, puisque $d\tilde{N}_t$ n'est pas absolument continue par rapport à $d\langle\tilde{N},\tilde{N}\rangle_t = dt$ (le crochet est évidemment relatif à la filtration $\mathcal{F}$).

Notons encore que, dans ce cas, l'hypothèse (H') est vérifiée, puisque toute $\mathcal{F}$ martingale (locale) est à variation finie .

3.2. Le cas continu.

$\mathcal{G}$ désigne encore la filtration naturelle d'un mouvement brownien réel B, issu de 0 . Pour tout $t \geq 0$, on note $S_t = \sup_{s \leq t} B_s$, et $Y_t = 2 S_t - B_t$. J. Pitman [10] a montré que Y est un processus de Bessel d'ordre 3. D'après ce résultat, si l'on désigne par $(\mathcal{F}_t)$ la filtration naturelle de Y, il découle de Jeulin [4] que $(\mathcal{F}_t)$ est la filtration naturelle du mouvement brownien réel

$$(15) \qquad \beta = Y - \int_0^{\cdot} \frac{1}{Y_s} \, ds \quad .$$

D'après (15), β est une $\mathcal{G}$ semi-martingale telle que β - A soit une $\mathcal{G}$ martingale, si l'on note $A = 2S - \int_0^{\cdot} \frac{1}{Y_s} \, ds$.

Mais, (FA 2) n'est pas vérifiée, dA n'étant pas absolument continue par rapport à $d\langle \beta,\beta \rangle_s = ds$.

En effet, la propriété de densité de temps d'occupation pour les temps locaux d'une semi-martingale entraine que :

$$\text{pour tout } t, \int_0^t 1_{(S_s - X_s = 0)} \, ds = 0 \ ;$$

$$\text{par contre, } \int_0^t 1_{(S_s - X_s = 0)} \, dA_s = 2 \int_0^t 1_{(S_s = X_s)} \, dS_s = 2 S_t \neq 0 \ .$$

Pour être complets, notons que contrairement à ce qui se passait en 3.1 , la propriété (H') n'est pas vérifiée pour le couple ($\mathcal{F}$, $\mathcal{G}$). En effet, une légére variante des arguments utilisés pour démontrer l'équivalence de (i) et (ii) au théorème 3 montre que, pour que (H') soit vérifiée, il faudrait, en particulier, que pour toute $f \in L^2_+([0,1], ds)$, l'intégrale $\int_{0+} f(s) \, |dA_s|$ soit convergente.

Les mesures dS_u et du étant étrangères (on vient de le remarquer), on a : $|dA_s| = 2 \, dS_s + \frac{1}{Y_s} ds$.

D'où $\int_{0+} f(s) \, |dA_s| < \infty$ P p.s. $\Rightarrow \int_{0+} f(s) \, dS_s < \infty$ P p.s.

Soit alors $g(u) = u^{-\frac{1}{2}} (-\log u)^{-p} \, 1_{(0 < u \leq \frac{1}{2})}$ $(\frac{1}{2} < p \leq 1)$

et $f(s) \overset{\text{déf.}}{=} \int_s^1 \frac{g(u)}{u} du$.

$\int_{0+} f(s) \, dS_s = \int_{0+} S_u \frac{g(u)}{u} du = \infty$ (Proposition 10) ;

(H') n'est donc pas vérifiée .

3.3. Remarque finale.

Hormis les deux cas que nous venons d'étudier , de nombreux exemples de grossissement de filtration que nous avons rencontré vérifient (FA 2) ; citons, par exemple :

- le grossissement d'une filtration à l'aide d'une partition dénombrable d'ensembles $\mathcal{F}_\infty$ mesurables (P.A. Meyer [9]) ;
- le grossissement d'une filtration $\mathcal{F}$, pour faire d'une fin d'ensemble $\mathcal{F}$ optionnel un $\mathcal{G}$ temps d'arrêt (M. Barlow [1] et Jeulin-Yor [6] , par exemple) ;
- voir aussi le paragraphe A de [6]; etc...

Indiquons enfin que, si l'on tient encore, après les deux contre-exemples précédents, à rapprocher grossissement de filtration et changement de probabilités, via "le théorème de Girsanov", il faut s'autoriser à considérer des couples de probabilités P et Q quelconques (i.e. sans relation d'absolue continuité). La variante du théorème de Girsanov obtenue dans ce cadre général (Yoeurp-Yor [13]) ne fait plus alors apparaître de relation d'absolue continuité entre mesures aléatoires, comme c'était le cas lorsque Q $\ll$ P .

<u>Références</u>. a) <u>références générales</u> .

[1] <u>M. Barlow</u> : Study of a filtration expanded to include an honest time . Z.für Wahr, 44(1978),307-323.

[2] <u>R.M. Dudley et S. Gutmann</u> : Stopping times with given laws. Séminaire de Probabilités XI,Lect. Notes in Math. 581 , 1977 .

[3] <u>G.H. Hardy</u> : Note on a theorem of Hilbert. Math. Zeitschrift 6 (1920), 314-317.

[4] <u>T. Jeulin</u> : Grossissement d'une filtration et applications (dans ce volume)

[5] <u>T. Jeulin</u> : Variables aléatoires et grossissement d'une filtration (en préparation).

[6] <u>T. Jeulin</u> et <u>M. Yor</u> : Nouveaux résultats sur le grossissement des tribus (à paraître aux Annales de l' ENS, 1978).

[7] <u>F.B. Knight</u> : Random walks and a sojourn density process of Brownian motion. TAMS 109 (1963), 56-86 .

[8] <u>E. Lenglart</u> : Convergence comparée de processus . (à paraître à : Stochastics , 1979).

[9] <u>P.A. Meyer</u> : Sur un théorème de J. Jacod (Séminaire de Probabilités XII,Lect. Notes in Math. 649, 1978).

[10] <u>J. Pitman</u> : One dimensional Brownian motion and the three dimensional Bessel process. Adv.in Proba. 7 (1975) 511-526 .

[11] D. Ray : Sojourn times of Diffusion processes
Illinois J. Math. 7 (1963), 615-630 .

[12] W. Rudin : Real and Complex Analysis. Mc Graw Hill (1966) .

[13] Ch. Yoeurp et M. Yor : Espace orthogonal à une semi-martingale, applications.(A paraître au Z.f.W. 1978).

[14] M. Yor : Sur quelques approximations d'intégrales stochastiques. Séminaire de Probabilités XI,Lect. Notes in Math. 581 , 1977 .

b)références relatives au paragraphe I

[15] V.Mackevičius: Formula for Conditional Wiener Integrals. Int. Symposium on Stoch. Diff. Equations. August 28-Sept.2 ,1978, Vilnius. Abstracts of Communications.

[16] B.Jamison: The Markov Processes of Schrödinger . Z. fur Wahr. ,32, 323-331, 1975.

[17] J.Yeh: Inversion of Conditional Wiener Integrals. Pacific J.Math,59,2, 623-638, 1975 .

Université P. et M. Curie
Laboratoire de Probabilités
2, Place Jussieu - Tour 56
75230 PARIS CEDEX 05

Sur l'expression de la dualité entre H^1 et BMO

T. Jeulin et M. Yor

Introduction

Un théorème de représentation, dû à Herz et Lépingle constitue un des piliers de l'étude sur la topologie $\sigma(H^1, BMO)$ menée en [1], et nous a incité ensuite à apporter quelques précisions sur l'expression de la dualité entre H^1 et BMO.

Ainsi, on étudie dans cette note la question suivante : pour quels couples de martingales $(X,Y) \in H^1 \times BMO$, a-t-on

$$E(|X_\infty Y_\infty|) < \infty \quad \text{et} \quad (X,Y)_{H^1 \times BMO} = E(X_\infty Y_\infty) \ ?$$

0 - Soit $(\Omega, \underline{\underline{F}}, \underline{\underline{F}}_t, P)$ un espace de probabilité filtré, où $(\underline{\underline{F}}_t)$ est une filtration vérifiant les conditions habituelles. On suppose, de plus, $\underline{\underline{F}} = \bigvee_t \underline{\underline{F}}_t$, ce qui permet d'identifier systématiquement une variable $X \in L^1(\underline{\underline{F}})$ avec la martingale càdlàg uniformément intégrable $X_t = E(X|\underline{\underline{F}}_t)$.

1 -Le critère suivant d'appartenance à BMO est le pendant, en théorie des martingales, du résultat analogue sur l'espace fonctionnel $BMO(\mathbb{R}^d)$ (cf [2], p.136, lemme3).

Proposition 1: Soit $X \in L^2(\underline{\underline{F}}_\infty)$.
X appartient à BMO si, et seulement si, il existe un processus adapté, continu à gauche Z, et une constante c tels que: pour tout t.a T, $1_{(T<\infty)} Z_T \in L^2$ et $E\{(X-Z_T)^2 \mid \underline{\underline{F}}_T\} \leq c^2$, sur $(T<\infty)$.
De plus, on a alors: $\|X\|_{BMO} \leq 2c$.

Démonstration:

a) Si $X\in BMO$, le processus $Z=X_-$ et la constante $c=\|X\|_{BMO}$ vérifient les conditions demandées.

b) Inversement, s'il existe un processus Z et une constante c satis--faisant les hypothèses, on a, pour tout t.a. T, sur $(T<\infty)$:

$$(E(X|\underline{\underline{F}}_T) - Z_T)^2 \leq E\{(X-Z_T)^2|\underline{\underline{F}}_T\}\leq c^2 .$$

D'après le théorème de section optionnel, on a donc: $(X_t-Z_t)^2\leq c^2$, hors d'un ensemble évanescent.

La continuité à gauche de Z entraine que : $(X_{t-}-Z_t)^2\leq c^2$, hors du même ensemble.

Pour tout t.a. T, on a donc, sur $(T<\infty)$:

$$E\{(X-X_{T-})^2|\underline{\underline{F}}_T\}\leq 2E\{(X-Z_T)^2 + (Z_T-X_{T-})^2|\underline{\underline{F}}_T\}\leq 4c^2 .$$

X appartient donc à BMO, et $\|X\|_{BMO}\leq 2c$.

On déduit de la proposition 1 deux résultats de stabilité relatifs à l'espace BMO;

Corollaire : a) Si $L: \mathbb{R}^n\to\mathbb{R}$ est une application lipschitzienne, et si $f^1,\dots,f^n$ sont n variables de BMO, alors $L(f^1,\dots,f^n)\in BMO$.

De plus, si k est une constante de Lipschitz de L (pour la norme euclidienne), on a:

$$\|L(f^1,\dots,f^n)\|_{BMO}\leq 2k\left\{\sum_{i=1}^{n}\|f^i\|^2_{BMO}\right\}^{1/2}$$

b) Si $f\in BMO$, alors $f^*=\sup_t|f_t|\in BMO$, et $\|f^*\|_{BMO}\leq 4\|f\|_{BMO}$.

Démonstration: a) Par définition de k, on a, pour tout t.a. T, en posant $f=(f^1,\dots,f^n)$: $E\{(L(f) - L(f_{T-}))^2|\underline{\underline{F}}_T\}\leq c^2$,

où $c=k\left\{\sum_{i=1}^{n}\|f^i\|^2_{BMO}\right\}^{1/2}$.

On applique la proposition 1, avec $Z=L(f_-)$.

b) Soit $f\in BMO$, et soit T un temps d'arrêt. D'après l'inégalité de Doob pour p = 2, utilisée pour toutes les martingales $f'_t = f_{S+t}-f_{S-}$, avec $S=T_A$, $A\in F_T$, on a:

$$E\left[(f^*-f^*_{T-})^2|\underline{\underline{F}}_T\right]\leq 4\, E\left[(f_\infty-f_{T-})^2|\underline{\underline{F}}_T\right]\leq 4\|f\|^2_{BMO} .$$

(f^*_t désigne ici le processus croissant $\sup_{s\leq t}|f_s|$).

On applique la proposition 1, avec $Z=f^*_-$, et $c=2$.

2 - Rappelons la représentation de BMO obtenue par Herz et Lépingle (cf [3]) :

si $Y \in$ BMO, il existe un processus $(B_t, t \geq 0)$, non adapté en général, à variation bornée, tel que :

a) $\int_0^\infty |dB_s| \leq C \quad \|Y\|_{BMO}$, où C est une constante universelle ;

b) $Y = A_\infty$, où A est la projection duale optionnelle de B ;

c) pour tout $X \in H^1$, on a :

$$(1) \qquad E([X,Y]_\infty) = E(\int_0^\infty X_s \, dB_s)$$

(l'intégrale figurant en (1) a bien un sens ; car $E(\int_0^\infty |X_s||dB_s|) \leq E(X^*) \| \int_0^\infty |dB_s| \|_{L^\infty}$.

Pour illustrer le paragraphe précédent, cherchons une représentation de Herz pour $|Y|$, si $Y \in$ BMO est représenté au moyen de B, vérifiant a), b), c) .

On a, d'après b) ,

$$|Y| = |A_\infty| = \int_{[0,\infty]} \mathrm{sgn}(A_{s-}) dA_s + \sum_{0 \leq s} \{ |A_s| - |A_{s-}| - \mathrm{sgn}(A_{s-}) \Delta A_s \}$$
$$= \int_{[0,\infty]} H_s \, dA_s \ ,$$

si l'on pose $A_{0-} = 0$, et

$$H_s = \mathrm{sgn}(A_{s-}) 1_{(\Delta A_s = 0)} + 1_{(\Delta A_s \neq 0)} \frac{|A_s| - |A_{s-}|}{\Delta A_s} .$$

H étant optionnel, borné, on peut prendre pour B', représentation de Herz de $|Y|$: $B'_t = \int_{[0,t]} H_s \, dB_s$.

Revenons à la formule (1), pour justifier l'égalité :

$$(1') \quad \text{si } X \in H^1 , Y \in \text{BMO}, \quad E([X,Y]_\infty) = E(\int_0^\infty X_s \, dA_s)$$

En effet, on a :

(2) $E(\int_0^\infty |X_s||dA_s|) < \infty$.

Pour montrer cela, on peut supposer B (et donc A) croissant, quitte à décomposer B en $\int_0^\cdot |dB_s| - (\int_0^\cdot |dB_s| - B)$. On a donc :

$$E(\int_0^\infty |X_s| dA_s) = \lim_n \uparrow E(\int_0^\infty (|X_s| \wedge n)\, dA_s)$$

$$= \lim_n \uparrow E(\int_0^\infty (|X_s| \wedge n)\, dB_s$$

$$\leq E(X^*) \| \int_0^\infty dB_s \|_{L^\infty} .$$

(2) étant vraie, on obtient, en approximant X_s par $X_s^{(n)} = (X_s \wedge n) \vee (-n)$:

$$E(\int_0^\infty X_s\, dA_s) = \lim_n E(\int_0^\infty X_s^{(n)}\, dA_s)$$

$$= \lim_n E(\int_0^\infty X_s^{(n)}\, dB_s) = E(\int_0^\infty X_s\, dB_s) \text{ , d'où } (1').$$

Il est maintenant tentant d'écrire, d'après (1') :

(3?) $$E([X,Y]_\infty) = E(\int_0^\infty X_s\, dA_s) \underset{(\alpha)}{=} E(X_\infty Y_\infty) ,$$

en invoquant, pour "justifier" (α), le fait que la projection optionnelle du processus constant X_∞ est X_s ! Or, le membre de droite de (3?) n'est en général pas défini, car $XY \notin L^1$.
Toutefois, on a la :

Proposition 2 : si X est une variable positive de H^1 , et $Y \in$ BMO, on a : $E(X|Y|) < \infty$ et

(3_+) $E([X,Y]_\infty) = E(XY)$.

Démonstration :

Comme précédemment, on peut supposer que le processus B figurant dans la décomposition de Herz est croissant (ce qui entraine $Y \geq 0$).

D'après la formule (1'), on a , en prenant pour $X_s^{(n)}$ une version càdlàg de $E(X \wedge n \mid \underline{F}_s)$:

$$E([X,Y]_\infty) = \lim_n \uparrow E(\int_0^\infty X_s^{(n)}\, dA_s)$$

$$= \lim_n \uparrow E((X \wedge n)\, Y)$$

$$= E(XY)$$

On a ainsi montré, en même temps, les deux résultats cherchés, car $E(|[X,Y]_\infty|)$ est fini, ce qui provient de l'inégalité de Fefferman.

On déduit de la proposition 2 le :

Corollaire : soit X une variable aléatoire telle qu'il existe $Y \in BMO$ vérifiant $E(|XY|) = \infty$. Alors, $|X| \notin H^1$.

Autrement dit, en général, contrairement à l'espace BMO (voir ci-dessus) et aux espaces H^p , pour $1 < p < +\infty$ (rappelons qu'alors $H^p \simeq L^p$), la fonction "valeur absolue" $x \longrightarrow |x|$ ne conserve pas l'espace H^1 . Il en est de même pour la multiplication par une fonction $\varphi \in L^\infty$ (si $X \in H^1$, mais $|X| \notin H^1$, prendre φ = sgn(X)).

Remarque : l'opération de multiplication par n'importe quelle $\varphi \in L^\infty$ ne conserve pas non plus, en général, l'espace BMO, comme l'a remarqué Dellacherie, en étudiant l'exemple d'espace filtré qui termine l'article [1].

3 - Les résultats précédents incitent à s'intéresser à l'espace de Banach $K^1 = \{ X \; / \; \|X\|_{K^1} = \| \, |X| \, \|_{H^1} < \infty \}$

Remarquons immédiatement que $K^1 = H^1_+ - H^1_+$.

D'autre part, on a la caractérisation suivante de K^1 :

Proposition 3 , soit $X : (\Omega, \underline{F}) \longrightarrow \mathbb{R}$ une variable aléatoire . Les assertions suivantes sont équivalentes :

i) $X \in K^1$

ii) $\forall Y \in BMO$, $E(|XY|) < +\infty$.

Démonstration

D'après la proposition 2, i) implique ii) .

Inversement, supposons ii) vérifiée. On peut évidemment supposer $X \geqslant 0$. Rappelons que $E(X^*) = \sup_L E(X_L)$, où L varie parmi toutes les variables aléatoires positives .

Si $E(X^*) = \infty$, il existe donc, pour tout n, une variable positive $L^{(n)}$ telle que $E(X_{L^{(n)}}) \geq 4^n$.

Notons $A^{(n)}$ la projection duale optionnelle du processus croissant (non adapté en général) $1_{(L^{(n)} \leq \, .)}$, et $A_\infty^{(n)} = Y^{(n)}$.

On sait alors que $Y^{(n)} \in$ BMO, et il existe une constante universelle C telle que $\| Y^{(n)} \|_{BMO} \leq C$ ([4] , th.4, p.334) .

Posons maintenant $Y = \sum_n 2^{-n} Y^{(n)}$.

Cette série converge normalement dans BMO, vers Y, qui appartient à BMO_+ . D'autre part, on a :

$$E(XY) = \sum_n 2^{-n} E(XY^{(n)}) = \sum_n 2^{-n} E(X_{L(n)}) = \infty ,$$

ce qui contredit ii) .

Si $X \in H^1$, mais $X \notin K^1$, il est maintenant naturel de chercher à déterminer les variables $Y \in$ BMO, pour lesquelles on a l'égalité

(3) $E([X,Y]_\infty) = E(XY)$.

On a, à ce sujet, la réponse partielle suivante :

<u>Proposition 4</u> : <u>soit</u> $X \in H^1$. <u>Si</u> $Y \in$ BMO, <u>et admet une représentation de Herz</u> $Y_\infty = A_\infty$, <u>avec</u> A , <u>processus optionnel à variation bornée, tel que</u> :

$$E(|X| \int_0^\infty |dA_s|) < \infty ,$$

<u>alors , on a</u> :

$E(|XY|) < \infty$, <u>et</u> (3) : $E([X,Y]_\infty) = E(XY)$.

<u>Démonstration</u>

On a $|Y| = |A_\infty| \leq \int_0^\infty |dA_s|$, d'où $E(|XY|) < \infty$.

D'autre part, on a : $E([X,Y]_\infty) = E(\int_0^\infty X_s \, dA_s)$

$$= \lim_n E(\int_0^\infty X_s^{(n)} \, dA_s) ,$$

où $X_s^{(n)}$ est une version càdlàg de $E((X \wedge n) \vee (-n) \mid \underline{\underline{F}}_s)$.

La dernière égalité est en effet justifiée par le théorème de convergence dominée de Lebesgue, puisque

$|X_s^{(n)}| \leq E(|X| \,|\, \underline{F}_s)$, et $E(\int_0^\infty E(|X| \,|\, \underline{F}_s)|dA_s|) = E(|X|\int_0^\infty |dA_s|) < \infty$, par hypothèse .

On a donc : $E([X,Y]_\infty) = \lim_n E(X_\infty^{(n)} A_\infty)$

$= \lim_n E(X_\infty^{(n)} Y_\infty) = E(XY)$.

<u>Remarque</u> : on ne sait pas si (3) est vraie sous la seule condition $E(|XY|) < +\infty$.

D'après la stabilité de BMO par l'application valeur absolue, on peut toujours se ramener au cas où Y est positif. Mais, ceci ne résoud pas le problème posé, car il semble improblable que tout $Y \in BMO_+$ puisse admettre une représentation de Herz à l'aide d'un processus <u>croissant</u> A .

4 - Nous nous proposons maintenant d'établir quelques résultats sur $(K^1)'$, le dual de K^1 , et la dualité $K^1 x (K^1)'$.

Auparavant, indiquons quelques résultats immédiats sur l'espace K^1:

- on a les injections continues suivantes :

(4) $L \log^+ L \hookrightarrow K^1 \hookrightarrow H^1$;

- K^1 est stable par multiplication par L^∞ ;

- il résulte des propositions 2 et 3 que,

sur K^1 , la norme H^1 équivaut à $X \rightarrow \sup_{\|Y\|_{BMO} \leq 1} E(XY)$

Par contre, on déduit aisément de la proposition (1') que la norme de K^1 (définie sur K^1 !) équivaut à :

$$X \longrightarrow \sup_{\|Y\|_{BMO} \leq 1} E(|XY|) .$$

Contrairement à ce qui se passe pour le couple (H^1,BMO), la dualité entre K^1 et $(K^1)'$ s'exprime très simplement :

Proposition 5 : toute forme linéaire continue sur K^1 peut se représenter au moyen d'une variable L par la formule :

$$\ell(X) = E(XL) \qquad (X \in K^1),$$

L vérifiant : $E(|XL|) < +\infty$, pour toute variable $X \in K^1$.

Démonstration

Soit ℓ une forme linéaire continue sur K^1 ; $\ell|_{H^2}$ est continue pour la norme H^2.

Il existe donc $L \in L^2$ telle que : $\forall X \in H^2,\ \ell(X) = E(XL)$.

Notons $b = \mathrm{sgn}(L)$, en posant, par exemple, $\mathrm{sgn}(0) = 1$.

Alors, on a, pour tout $X \in H^2$, $\ell(bX) = E(X|L|)$.

Soit maintenant $X \in K^1_+ = H^1_+$. Les variables $(X \wedge n)$ convergent vers X dans K^1 ; en effet, $X - (X \wedge n) = (X - n)^+$ vérifie :

$$P([(X - n)^+]^* \geq c) \leq \frac{1}{c} E((X - n)^+),$$

d'après l'inégalité de Doob.

Ainsi, la suite $[(X - n)^+]^*$ converge en probabilité vers 0 et est dominée dans L^1 par X^* ; elle converge donc dans K^1, ce qui est le résultat cherché.

D'après la continuité de ℓ et le théorème de Beppo-Levi, on a donc:

$$\forall X \in K^1_+,\ \ell(bX) = E(X|L|)$$

(en particulier, pour tout $X \in K^1$, $E(|XL|) < \infty$) .

Par différence, on a donc :

$$\forall X \in K^1,\ \ell(bX) = E(X|L|),$$

et finalement $\ell(X) = \ell(b(bX)) = E(bX|L|) = E(XL)$.

Les injections continues duales de (4) permettent de préciser les propriétés d'intégrabilité de $L \in (K^1)'$.

Proposition 6 : soit $L \in (K^1)'$; notons $\|L\|_*$ sa norme dans $(K^1)'$. On a alors :

$$E(\exp|L|) \leq \frac{1}{1 - e\,\|L\|_*} \quad \text{si} \quad \|L\|_* < \frac{1}{e} .$$

Démonstration

On a $\| |L| \|_* = \|L\|_*$; en outre, pour tout p, $1 < p < +\infty$, on a, d'après l'inégalité de Doob (q conjugué de p) :

$$|E(LX)| \leq \|L\|_* \; E(|X|^*) \leq \|L\|_* \, \||X|^*\|_p \leq q \; \|L\|_* \, \|X\|_p .$$

Par suite, pour tout $q \geq 1$, $E(|L|^q) \leq q^q \; \|L\|_*^{\,q}$, d'où

$$E(\exp|L|) = \sum_n \frac{1}{n!} E(|L|^n) \leq \sum_n \frac{1}{n!} n^n \; \|L\|_*^{\,n}$$
$$\leq \sum_n (e \|L\|_*)^n = \frac{1}{1 - e\,\|L\|_*} \quad \text{si} \quad \|L\|_* < \frac{1}{e} .$$

Etudions maintenant quelques propriétés de stabilité de $(K^1)'$:

- L^∞ opérant continument (par multiplication) sur K^1, il fait de même sur son dual $(K^1)'$;
- on a aussi la :

Proposition 7 : soit L une variable aléatoire . Dès que l'une des trois variables L, $|L|$ et L^* appartient à $(K^1)'$, il en est de même des deux autres.

Démonstration :

Il est clair que $\|L\|_* = \| |L| \|_* \leq \|L^*\|_*$.

Considérons alors $L \in (K^1)'$; pour toute variable θ, et pour tout X de K^1, on a :

$$E(X L_\theta) = E(\int_0^\infty L_s \, dC_s)$$

où C est la projection duale optionnelle de $X 1_{(\theta \leq s)}$.

On peut donc écrire :

$$|E(X L_\theta)| = | E(C_\infty L)| \leqslant \| L \|_* \| C_\infty \|_{K^1} .$$

Or $E(|C|_\infty | \underline{\underline{F}}_t) \leqslant E(\int_0^\infty |dC_s| \,|\, \underline{\underline{F}}_t)$

$$\leqslant E(|X| 1_{(t<\theta)} | \underline{\underline{F}}_t) + \int_0^t |dC_s| \text{ , d'où :}$$

$$(|C_\infty|)^* \leqslant \int_0^\infty |dC_s| + |X|^* \quad \text{et} \quad \| C_\infty \|_{K^1} \leqslant \| X \|_{K^1} + \| X \|_{L^1} ;$$

on a donc $\| L_\theta \|_* \leqslant 2 \quad \| L \|_*$;

en outre, il existe une suite θ_n telle que $|L_{\theta_n}|$ croisse vers L^* .

On obtient ainsi $\| L^* \|_* \leqslant 2 \quad \| L \|_*$.

Compte tenu des remarques faites précédemment, l'espace $(K^1)'$ contient l'ensemble $L^\infty \times BMO = (g = \varphi f \mid \varphi \in L^\infty , f \in BMO)$.

De plus, on a le :

<u>Lemme</u> : $L^\infty \times BMO$ <u>est un espace vectoriel</u> .

<u>Démonstration</u> : le seul problème est de montrer que $\varphi_1 f_1 + \varphi_2 f_2$ ($\varphi_1 \in L^\infty$, $f_1 \in BMO$) peut se mettre sous la forme φf (avec des notations évidentes) . Pour cela il suffit de prendre :

$$\varphi = \frac{\varphi_1 f_1 + \varphi_2 f_2}{|f_1| + |f_2|} \, 1_{(|f_1| + |f_2| \neq 0)}$$

qui appartient bien à L^∞ et $f = |f_1| + |f_2|$, qui appartient à BMO, d'après la proposition 1 .

Reprenons l'exemple étudié en [1] :

$(\Omega , \underline{\underline{F}}^\circ)$ est l'intervalle $]0,1[$, muni de sa tribu borélienne, P est la mesure de Lebesgue; $(\underline{\underline{F}}^\circ_t)$ est la plus petite famille de tribus continue à droite pour laquelle la variable aléatoire

$$S : w \longrightarrow S(w) = 1 - w \qquad (w \in]0,1[\;)$$

est un temps d'arrêt. On complète pour la mesure de Lebesgue et on adjoint les ensembles de mesure nulle aux $\underline{\underline{F}}_t^o$, ce qui donne la filtration $(\underline{\underline{F}}_t)$. On se limite à $t \leq 1$.

Soit $X \in L^1$; on note $MX(w) = \frac{1}{w} \int_0^w X(u)\,du$.

On peut alors prendre :

$$\|X\|_{H^1} = \|X\|_{L^1} + \|MX\|_{L^1}$$

$$\|X\|_{BMO} = \|X\|_{L^1} + \|X - MX\|_{L^\infty} .$$

A l'aide du théorème de Fubini, on montre que l'appartenance de X à K^1 équivaut à :

$$\|X.B_o\|_{L^1} < +\infty$$

où B_o est l'élément de BMO défini par $B_o(w) = \log \frac{e}{w}$ ($w \in]0,1[$

Par suite $(K^1)' = \{ V \mid V = B_o \times L \ , L \in L^\infty \}$.

On a dans cet exemple (**) $(K^1)' = L^\infty \times BMO$.

Il est naturel de se demander si ce résultat est vrai en général. Nous ne savons pas répondre à cette question.

Références :

[1] DELLACHERIE C.,MEYER P.A.,YOR M. : Sur certaines propriétés des espaces de Banach H^1 et BMO . Séminaire de Probabilité XII,Lecture Notes in Math. 649 , Springer (1978).

[2] MEYER P.A.: Le dual de $H^1(\mathbb{R}^\nu)$: démonstrations probabilistes. Séminaire de Probabilités XI, Lecture Notes in Math. n°581 , Springer (1977) .

[3] MEYER P.A. : Sur un théorème de C. Herz et D. Lépingle . Séminaire de Probabilités XI,Lecture Notes in Math. n° 581 ; Springer (1977).

[4] MEYER P.A. : Un cours sur les intégrales stochastiques,Chapitre V: Les espaces H^1 et BMO. Séminaire de Probabilités X, Lecture Notes in Math. n° 511 , Springer (1976).

Université de Strasbourg
Séminaire de Probabilités 1977/78

INEGALITES DE CONVEXITE POUR LES PROCESSUS CROISSANTS ET LES SOUSMARTINGALES

par C. Dellacherie

Nous donnons ici une démonstration simple de l'extension due à Garsia et Neveu de l'inégalité de Burkholder-Davies-Gundy relative à un processus croissant et une de ses projections duales. Puis, nous généralisons, dans le même esprit, l'inégalité classique de Doob sur la norme L^p d'une sousmartingale. Le texte qui suit reprend, sans grandes modifications, une deuxième rédaction du paragraphe concernant ces inégalités dans le deuxième tome à paraitre du livre rose (nous n'en garantissons pas la couleur) : la troisième (et dernière ?) rédaction étant quelque peu différente, il m'a semblé intéressant de publier celle-ci, ne serait ce que pour les délais de publication...

Rappelons d'abord un peu de terminologie, en nous plaçant sous les conditions habituelles. Un <u>processus croissant brut</u> est un processus $B=(B_t)$ indexé par $\overline{\mathbb{R}}_+$ dont les trajectoires sont des fonctions croissantes à valeurs dans $\overline{\mathbb{R}}_+$; un tel processus n'est pas forcément adapté, et peut avoir un saut en 0 (i.e. $0 \neq B_0$) et à l'infini (i.e. $B_{\infty-} \neq B_\infty$). Nous supposons par la suite que B_∞ est intégrable (et donc p.s. fini).

Le <u>potentiel gauche</u> Z^g <u>de</u> B est, suivant Azéma, la projection optionnelle du processus $(B_\infty - B_{t-})$. Si A est la projection duale optionnelle de B, on a, pour tout temps d'arrêt T,

$$\text{(o)}\quad Z^g_T = E[B_\infty - B_{T-}|\underline{\underline{F}}_T] = E[A_\infty - A_{T-}|\underline{\underline{F}}_T] = E[A_\infty|\underline{\underline{F}}_T] - A_{T-}$$

On en déduit que Z^g est aussi le potentiel gauche de A et que c'est un processus làglàd (sans être càdlàg en général - c'est en fait un exemple typique de surmartingale forte). Si $B_0 = 0$, le <u>potentiel</u> Z <u>de</u> B est, plus classiquement, la projection optionnelle du processus $(B_\infty - B_t)$. Si $\hat{A}$ est cette fois la projection duale prévisible de B, on a, pour tout t.d'a. T,

(p) $Z_T = E[B_\infty - B_T | \underline{\underline{F}}_T] = E[\hat{A}_\infty - \hat{A}_T | \underline{\underline{F}}_T] = E[\hat{A}_\infty | \underline{\underline{F}}_T] - \hat{A}_T$

On en déduit que Z est aussi le potentiel de $\hat{A}$ et que c'est une surmartingale càdlàg (c'est un "vrai" potentiel si $B_{\infty-} = B_\infty$). Enfin, écrivant (o) et (p) pour tout t.d'a. prévisible, on s'aperçoit que la version continue à gauche Z_- de Z est égale à la projection prévisible de Z^g.

Nous passons maintenant aux inégalités de convexité annoncées. Dans tout ce qui suit, nous adoptons les notations suivantes : ϕ est une fonction croissante, continue à droite, de $\mathbb{R}_+$ dans $\mathbb{R}_+$ et

$$\Phi(t) = \int_0^t \phi(s)\, ds$$

est donc une fonction convexe, croissante, nulle en 0, sur $\mathbb{R}_+$. Il est clair que l'on a $\Phi(t) \leq t\phi(t)$ pour tout t ; lorsque $\Phi(t) = t^p$ pour $p \in [1,\infty[$, on a $t\phi(t)/\Phi(t) = p$. De manière générale, nous associons à notre fonction convexe Φ trois constantes p, $\bar{p}$ et q appartenant à $[1,\infty]$ comme suit :

$$p = \sup_{t\,:\,\phi(t) \neq 0} t\phi(t)/\Phi(t)$$

$$\bar{p} = \inf_{t\,:\,\phi(t) \neq 0} t\phi(t)/\Phi(t)$$

$$q = \bar{p}/(\bar{p}-1) \text{ , exposant conjugué de } \bar{p}$$

On a alors, pour tout $t \geq 0$,

$$\bar{p}\Phi(t) \leq t\phi(t) \leq p\Phi(t)$$

avec égalité ssi $\Phi(t)$ est proportionnelle à t^p. On dit que Φ est <u>modéré</u> si p est fini (on peut montrer que cela équivaut à l'existence d'une constante C telle que l'on ait $\Phi(2t) \leq C\Phi(t)$ pour tout t ; voir l'appendice) ; nous verrons en appendice que, lorsque Φ est une "fonction de Young" , la finitude de q correspond essentiellement à la modération de la fonction conjuguée Ψ de Φ. On associe aussi à la fonction convexe Φ une seminorme $\|.\|_\Phi$ en posant, pour toute v.a. X ,

$$\|X\|_\Phi = \inf \{\lambda > 0 : E[\Phi(|X|/\lambda) \leq 1\} \leq \infty \quad ;$$

lorsque $\Phi(t) = t^p$, on obtient la norme de L^p, notée $\|.\|_p$. Il est clair que $\|.\|_\Phi$ est positivement homogène ; d'autre part, Φ étant croissante et convexe, la sous-additivité de $\|.\|_\Phi$ résulte de l'inégalité , pour a,b >

$$\Phi(|X+Y|/(a+b)) \leq \Phi((|X|+|Y|)/(a+b)) \leq \frac{a}{a+b}\Phi(\frac{|X|}{a}) + \frac{b}{a+b}\Phi(\frac{|Y|}{b}) .$$

Nous entrons maintenant dans le vif du sujet en démontrant un petit lemme analytique : c'est lui qui nous permettra de donner des démonstrations simples des inégalités annoncées plus haut.

LEMME.- <u>Soient</u> U <u>et</u> V <u>des v.a. positives telles que</u>

$$E[U\phi(U] < \infty \qquad , \qquad E[U\phi(U)] \leq E[V\phi(U)]$$

On a alors

$$E[\Phi(U)] \leq E[\Phi(V)]$$

DEMONSTRATION. Soit ψ l'inverse continue à droite de ϕ, à valeurs dans $[0,\infty]$: $\psi(t) = \inf\{s : \phi(s) > t\}$; ψ est finie sur $[0,\phi(\infty)[$. L'interprétation géométrique de $\Phi(t)$ comme aire du sous-graphe de ϕ entre 0 et t fournit les égalité et inégalité suivantes, pour $u,v \geq 0$,

(a) $u\phi(u) = \Phi(u) + \int_0^{\phi(u)} \psi(s)\,ds$

(b) $v\phi(u) \leq \Phi(v) + \int_0^{\phi(u)} \psi(s)\,ds$ (faire un dessin)

Si $E[U\phi(U)]$ est fini, il en est de même de $E[\int_0^{\phi(U)} \psi(s)\,ds]$ d'après (a) si bien que l'on peut retrancher cette quantité des deux membres de l'inégalité supposée $E[U\phi(U)] \leq E[V\phi(U)]$. Compte tenu de (a) et (b), on obtient alors l'inégalité voulue $E[\Phi(U)] \leq E[\Phi(V)]$.

Voici maintenant les inégalités dues essentiellement à Garsia et Neveu

THEOREME.- Soit A un processus croissant optionnel (resp prévisible) dont le potentiel gauche (resp potentiel) Z soit majoré par une martingale càdlàg $Y_t = E[Y_\infty | \underline{\underline{F}}_t]$. On a alors

1) $E[\Phi(A_\infty)] \leq E[Y_\infty \phi(A_\infty)]$,

2) $E[A_\infty \phi(A_\infty)] \leq E[pY_\infty \phi(A_\infty)]$,

où p est la constante associée à Φ plus haut,

3) $E[\Phi(A_\infty)] \leq E[\Phi(pY_\infty)]$

et donc, par homogénéité,

4) $\|A_\infty\|_\Phi \leq p\|Y_\infty\|_\Phi$.

DEMONSTRATION. Nous remarquons d'abord que, d'après le théorème de convergence monotone, on peut supposer A majoré par une constante, quitte à remplacer A par $A \wedge n$ et à faire tendre n vers l'infini. On est alors assuré que $E[\Phi(A_\infty)]$ et $E[A_\infty \phi(A_\infty)]$ sont finis ; 3) résulte alors de 2) d'après le lemme, et 2) de 1) puisque $A_\infty \phi(A_\infty)$ est majoré par $p\Phi(A_\infty)$. Reste donc à démontrer 1). Nous remarquons d'abord que l'on a

(a) $\Phi(A_\infty) \leq \int_{[0,\infty]} \phi(A_s)\,dA_s$,

inégalité résultant de la formule du changement de variable pour les intégrales de Stieltjès, mais que l'on peut aussi démontrer comme suit : si $C = (C_t)$ est le changement de temps associé à A , on a

$$\Phi(A_\infty) = \int_0^{A_\infty} \phi(s)\,ds \leq \int_0^{A_\infty} \phi(A_{C_s})\,ds = \int_{[0,\infty]} \phi(A_s)\,dA_s$$

Intégrons par parties le 2ème membre de (a) : on obtient

(b) $\Phi(A_\infty) \leq \int_{[0,\infty]} (A_\infty - A_{s-})\,d\phi(A_s)$

Maintenant, dans le cas optionnel, Z est la projection optionnelle du processus $(A_\infty - A_{t-})$, si bien que, $\phi(A)$ étant un processus croissant optionnel, l'espérance du second membre de (b) est égale à celle de $\int_{[0,\infty]} Z_s\, d\phi(A_s)$. Comme Z est majoré par Y , il résulte de (b) que

$$E[\Phi(A_\infty)] \leq E[\int_{[0,\infty]} Y_s\, d\phi(A_s)] = E[Y_\infty \phi(A_\infty)],$$

la dernière égalité provenant aussi du fait que (Y_t) est la projection optionnelle du processus "constant" (Y_∞) et que $\phi(A)$ est optionnel. Dans le cas prévisible, ce dernier est prévisible et Y_- , qui est aussi la projection prévisible de Y , majore Z_- , projection prévisible du processus $(A_\infty - A_{t-})$, si bien que l'on obtient aussi $E[\Phi(A_\infty)] \leq E[Y_\infty \phi(A_\infty)]$

REMARQUES. i) Si A est la projection duale optionnelle (resp prévisible) du processus croissant brut B , on peut prendre $Y_\infty = B_\infty$, d'où l'on a

$$\|A_\infty\|_\Phi \leq p\|B_\infty\|_\Phi ,$$

inégalité de Burkholder-Davis-Gundy.

ii) Si on prend $\phi_a(t) = 1_{[a,\infty[}(t)$, avec $a \in \mathbb{R}_+$, on a $\Phi_a(t) = (t-a)^+$ si bien que l'inégalité 1) du théorème s'écrit dans ce cas

$$\int_{\{A_\infty \geq a\}} (A_\infty - a)\, dP \leq \int_{\{A_\infty \geq a\}} Y_\infty\, dP$$

On retrouve par ailleurs l'inégalité générale 1) en intégrant les deux membres de cette dernière inégalité par rapport à $d\phi(a)$: c'est la démarche adoptée par Garsia et Neveu pour démontrer 1) .

COROLLAIRE.- Soit A un processus croissant optionnel (resp prévisible) dont le potentiel gauche (resp potentiel) Z soit majoré par une constante $c > 0$ - ce qui est en particulier le cas si A est projection duale d'un processus croissant brut B majoré par c . On a alors,

a) pour tout entier n ,

$$E[A_\infty^n] \leq n!\, c^n$$

b) pour $0 < \lambda < 1/c$,

$$E[\exp(\lambda A_\infty)] \leq 1/(1-\lambda c)$$

DEMONSTRATION. Si on applique l'inégalité 1) du théorème à la fonction $\Phi(t) = t^n$, on obtient $E[A_\infty^n] \leq ncE[A_\infty^{n-1}]$, d'où la première inégalité, par récurrence. Si on applique 1) à la fonction $\Phi(t) = e^{\lambda t} - 1$, on obtient $E[\exp(\lambda A_\infty) - 1] \leq c\lambda E[\exp(\lambda A_\infty)]$, d'où la seconde inégalité si $\exp(\lambda A_\infty)$ est intégrable ; le cas général s'obtient par troncation.

Nous passons maintenant au théorème généralisant l'inégalité de Doob. Un théorème de ce type, mais, disons, un peu maladroit, a déjà été donné par Neveu dans son livre sur les martingales discrètes ; par ailleurs, Meyer avait obtenu un énoncé un peu moins bon que celui que nous donnons, mais ayant l'avantage de mettre en évidence une dualité entre ce théorème et le théorème précédent (voir la "troisième rédaction" !).

THEOREME.- Soit $X=(X_t)_{t\in\overline{\mathbb{R}}_+}$ une sous-martingale càdlàg positive achevée et soit A le processus croissant optionnel défini par $A_t=\sup_{s\leq t} X_s$. On a alors

1) $E[A_\infty\phi(A_\infty)] \leq E[X_\infty\phi(A_\infty)]+E[\Phi(A_\infty)]$,

2) $E[A_\infty\phi(A_\infty)] \leq E[qX_\infty\phi(A_\infty)]$

où q est la constante associée à Φ plus haut,

3) $E[\Phi(A_\infty)] \leq E[\Phi(qX_\infty)]$

et donc, par homogénéité,

4) $\|A_\infty\|_\Phi \leq q\|X_\infty\|_\Phi$.

DEMONSTRATION. Dans le cas où $E[A_\infty\phi(A_\infty)]$ est fini, 3) résulte de 2) d'après le lemme, et 2) de 1) puisque $\Phi(A_\infty)$ est majoré par $A_\infty\phi(A_\infty)/\bar{p}$ et que $q=\bar{p}/(\bar{p}-1)$. Il n'est cependant pas évident ici, contrairement à ce qui se passait dans la démonstration du premier théorème, que l'on peut tronquer A de sorte à avoir $E[A_\infty\phi(A_\infty)]<\infty$. On s'en tire pourtant en faisant la remarque cruciale suivante : comme $A_t=\sup_{s\leq t}X_s$, on a $X_t(\omega)=A_t(\omega)$ chaque fois que t est un temps de saut ou un point de croissance à droite de $s\to A_s(\omega)$ - autrement dit, on a $X=A$ sur le support droit de dA -, si bien que l'on a $X_.(\omega)=A_.(\omega)$ $dA(\omega)$-p.s.. Nous modifions alors notre énoncé en affaiblissant son hypothèse : nous demandons seulement que A soit un processus croissant optionnel et X une sousmartingale càdlàg positive achevée tels que l'on ait $X\geq A$ dA-p.s. . Il est alors possible de supposer A majoré par une constante, quitte à remplacer A par $A\wedge n$ et à faire tendre ensuite n vers l'infini. Par ailleurs, nous pouvons supposer ϕ continue car, dans le cas général, ϕ est limite d'une suite décroissante de fonctions continues et croissantes et, A_∞ étant supposé borné, les inégalités de l'énoncé passent à la limite. Il nous reste donc à démontrer 1) dans ces conditions. En intégrant par parties, on a l'égalité

$$A_\infty\phi(A_\infty) = \int_{[0,\infty]} A_s\,d\phi(A_s) + \int_{[0,\infty]} \phi(A_{s-})\,dA_s$$

Comme on a $X\geq A$ dA-p.s., que X et A sont continus à droite et que ϕ est continue, on a encore $X\geq A$ $d\phi(A)$-p.s. - le support droit de $d\phi(A)$ est égal au support droit de dA - , et donc on a

$$\int_{[0,\infty]} A_s\,d\phi(A_s) \leq \int_{[0,\infty]} X_s\,d\phi(A_s) .$$

On a d'autre part l'inégalité

$$\int_{[0,\infty]} \phi(A_{s-})\,dA_s \leq \Phi(A_\infty),$$

inégalité résultant de la formule de changement de variable pour les intégrales de Stieltjès, mais que l'on peut aussi démontrer comme suit si $C=(C_t)$ est le changement de temps associé à A, on a

$$\Phi(A_\infty)=\int_0^{A_\infty}\phi(s)\,ds \geq \int_0^{A_\infty}\phi(A_{C_{s-}})\,ds=\int_{[0,\infty]}\phi(A_{s-})\,ds\ .$$

D'où, finalement, l'inégalité

$$A_\infty\phi(A_\infty)\leq\int_{[0,\infty]}X_s\,d\phi(A_s)+\Phi(A_\infty)$$

Maintenant, $\phi(A)$ est un processus croissant optionnel, et la sous-martingale X est majorée par la projection optionnelle du processus "constant" (X_∞) (i.e. la martingale càdlàg $(E[X_\infty|\underline{\underline{F}}_t])$), si bien que l'espérance de $\int_{[0,\infty]}X_s\,d\phi(A_s)$ est majorée par celle de $X_\infty\phi(A_\infty)$. D'où finalement, l'inégalité 1) de l'énoncé.

REMARQUES. i) Si on prend $\phi_a(t)=1_{[a,\infty[}(t)$, avec $a\in\mathbb{R}_+$, on a $\Phi_a(t)=(t-a)^+$ et $t\phi_a(t)-\Phi_a(t)=a.1_{[a,\infty[}(t)$. L'inégalité 1) s'écrit alors

$$\int_{\{A_\infty\geq a\}}a\,dP\leq\int_{\{A_\infty\geq a\}}X_\infty\,dP\ ,$$

qui n'est autre que l'inégalité maximale de Doob. On retrouve par ailleurs l'inégalité générale 1) en intégrant les deux membres de cette dernière inégalité par rapport à $d\phi(a)$. Ceci est la démarche adoptée pour démontrer 1) dans la "troisième rédaction". La démarche que nous avons adoptée est sans doute un peu plus pénible, mais a l'avantage de mettre en évidence l'importance de l'égalité de X et de A sur le support droit de A. Cette dernière a été mise aussi à profit (indépendamment de nous) par Yor et al. dans leurs travaux sur le temps local.

ii) Voici une autre conséquence intéressante de l'égalité dont nous venons de parler. Soit M une martingale continue, que nous supposons ≥ 1 pour éviter toute difficulté, et soit $M_t^*=\sup_{s\leq t}M_t$. On a alors

$$E[M_\infty^*]=E[\int_{[0,\infty]}dM_t^*]=E[\int_{[0,\infty]}\frac{M_t}{M_t^*}\,dM_t^*]$$

$$=E[M_\infty\operatorname{Log}M_\infty^*]\geq E[M_\infty\operatorname{Log}M_\infty]$$

Par ailleurs, on sait - autre inégalité de Doob - que l'on a

$$E[M_\infty^*]\leq 2\,(1+E[M_\infty\operatorname{Log}M_\infty])$$

et on comprend alors pourquoi cette inégalité est optimale (en un certain sens) en ce qui concerne l'intégrabilité de M_∞^*.

APPENDICE

Voici d'abord la voie la plus rapide, à ma connaissance, pour démontrer que la modération de Φ, soit

(1) $p=\sup_t t\phi(t)/\Phi(t)<\infty$ (avec $0/0=1$),

est équivalente à la propriété suivante

(2) $\exists a > 1$ tel que $c = \sup_t \Phi(at)/\Phi(t) < \infty$ (avec $0/0 = 1$) ,

ou encore à celle-ci, manifestement équivalente à (2),

(3) $$c = \sup_t \Phi(2t)/\Phi(t) < \infty$$

D'abord, de l'inégalité évidente (ϕ étant croissante)

$$t\phi(t) \leq \int_t^{2t} \phi(s)\, ds = \Phi(2t) - \Phi(t)$$

on déduit immédiatement que (3) implique (1). Inversement, si Φ est modérée, on a, pour tout $u \geq 0$,

$$p\Phi(u) \geq u\phi(u) \geq (p+1)\int_{\frac{pu}{p+1}}^{u} \phi(s)\, ds = (p+1)[\Phi(u) - \Phi(\tfrac{pu}{p+1})]$$

et donc, en faisant le changement de variable $t = pu/(p+1)$, on a $\Phi(\frac{p+1}{p}t) \leq (p+1)\Phi(t)$: d'où (3), avec $a = \frac{p+1}{p}$.

Nous disons maintenant quelques mots sur les fonctions de Young et montrons que la finitude de $q = \bar{p}/(\bar{p}-1)$, où $\bar{p} = \inf_t t\phi(t)/\Phi(t)$ (avec $0/0 = \infty$), est impliquée par la modération de la fonction conjuguée Ψ de Φ.

Notre fonction convexe Φ est dite <u>de Young</u> si $\Phi(t)/t$ tend vers l'infini quand t tend vers l'infini. Cela revient à dire que l'inverse continue à droite ψ de ϕ (cf la démonstration du lemme) est finie partout, si bien que $\Psi(t) = \int_0^t \psi(s)\, ds$ est une nouvelle fonction de Young, appelée <u>fonction conjuguée</u> de Φ. On a alors, pour tout $t \geq 0$,

$$t\phi(t) = \Phi(t) + \Psi[\phi(t)]$$

(cf la démonstration du lemme). Maintenant, l'inégalité $\Phi(t) \leq t\phi(t)/\bar{p}$ s'écrit encore $t\phi(t) - \Psi[\phi(t)] \leq t\phi(t)/\bar{p}$, soit encore

$$t\phi(t) \leq q\,\Psi[\phi(t)]$$

Or, comme on a $t \leq \psi[\phi(t)]$, on voit que la finitude de $\sup_u u\psi(u)/\Psi(u)$ entraine celle de q . Si ϕ est un homéomorphisme de $\mathbb{R}_+$, on a même $q = \sup_u u\psi(u)/\Psi(u)$; je n'ai pas eu le courage de chercher si, en général, la finitude de q implique la modération de Ψ .

Université de Strasbourg 1977 - 1978
Séminaire de Probabilités

THEOREME DE SEPARATION DANS LE PROBLEME D'ARRET OPTIMAL

par J. SZPIRGLAS et G. MAZZIOTTO

I - INTRODUCTION.

On considère un processus positif Y défini sur un espace de probabilité $(\Omega, \underline{\underline{A}}, \mathbb{P})$ muni d'une filtration $\underline{\underline{F}}$ de sous-tribus de $\underline{\underline{A}}$ et d'une sous-filtration $\underline{\underline{G}}$ de $\underline{\underline{F}}$ (i.e. $\underline{\underline{G}}_t \subset \underline{\underline{F}}_t \ \forall t$) vérifiant toutes deux les conditions habituelles de (3). On note $(\Omega, \underline{\underline{A}}, \underline{\underline{G}}, \underline{\underline{F}}, \mathbb{P})$ un tel ensemble. L'arrêt optimal consiste à maximiser $E(Y_T)$ lorsque T décrit la classe $\underline{\underline{T}}(\underline{\underline{F}})$ des $\underline{\underline{F}}$-temps d'arrêt. On se propose de montrer que, sous certaines hypothèses, le même maximum est obtenu en parcourant seulement la classe $\underline{\underline{T}}(\underline{\underline{G}})$ des $\underline{\underline{G}}$-t.a..

La notion d'enveloppe de Snell, introduite par Mertens (8) permet de résoudre le problème d'arrêt optimal. Nous nous réfèrerons constamment dans la suite au travail de M. A. Maingueneau (7) publié dans le séminaire précédent.

On montre ici que pour un processus Y, $\underline{\underline{G}}$-optionnel, l.à.d.-l.à.g., de la classe (D), les enveloppes de Snell $Z(\underline{\underline{F}})$ et $Z(\underline{\underline{G}})$, définies sur la filtration $\underline{\underline{F}}$, respectivement $\underline{\underline{G}}$, coïncident dès que l'ensemble $(\Omega, \underline{\underline{A}}, \underline{\underline{G}}, \underline{\underline{F}}, \mathbb{P})$ possède la propriété (K) suivante :

(K) | Pour tout t , toute v.a. X, bornée, $\underline{\underline{F}}_t$-mesurable vérifie :
$E(X / \underline{\underline{G}}_t) = E(X / \underline{\underline{G}}_\infty)$ p.s.

Cette hypothèse est essentielle dans les problèmes d'intégration stochastique où intervient un changement de filtration (cf. Brémaud-Yor (2)), en particulier en théorie du filtrage (cf. (2) et Szpirglas-Mazziotto (9)). D'autre part, une telle hypothèse est naturelle dans de nombreux exemples tirés de la théorie des processus de Markov comme nous l'a montré N. El Karoui au cours de fructueuses discussions. En appliquant ce résultat d'indistinguabilité de $Z(\underline{\underline{F}})$ et $Z(\underline{\underline{G}})$ au problème d'arrêt optimal, on montre en particulier, que tout $\underline{\underline{G}}$-t.a. optimal sur $\underline{\underline{T}}(G)$ l'est aussi relativement à $\underline{\underline{T}}(F)$. Le théorème de séparation du contrôle et du filtrage apparaît comme une application de ce résultat à un modèle de filtrage.

II - ENVELOPPE DE SNELL ET CHANGEMENT DE FILTRATION.

1 - Enveloppe de Snell : On rappelle ici les résultats dus à Mertens [8].

Théorème 1 : Sur l'espace $(\Omega, \underline{\underline{A}}, \underline{\underline{F}}, \mathbb{P})$, soit Y un processus positif, l.à.d. - l.à.g., $\underline{\underline{F}}$-optionnel de classe(D) Il existe un unique processus $\underline{\underline{F}}$-optionnel, Z, appelé l'enveloppe de Snell de Y relativement à $\underline{\underline{F}}$ tel que pour tout t.a. T :

$$Z_T = \underset{\{S\in\underline{\underline{T}}(\underline{\underline{F}}):S\geq T\}}{\mathbb{P}\text{-ess sup}} E(Y_S / \underline{\underline{F}}_T)$$

De plus :

a) Z est la plus petite surmartingale forte qui majore Y.

b) Z est l.à.d. - l.à.g. et $Z = \sup(Y, Z^+)$ où Z^+ désigne la régularisée à droite de Z.

c) Z admet la décomposition de Mertens suivante :

$$Z_t = M_t - B_t - A_{t-}$$

avec M une martingale uniformément intégrable (u.i.), A un processus croissant adapté et B un processus croissant prévisible purement discontinu.

2 - Changement de filtration et propriété (K) : Le théorème principal de cette étude est le suivant :

Théorème 2 : Soit Y un processus positif, $\underline{\underline{G}}$-optionnel, l.à.d.-l.à.g., de la classe (D), défini sur l'espace $(\Omega, \underline{\underline{A}}, \underline{\underline{G}}, \underline{\underline{F}}, \mathbb{P})$ possédant la propriété (K). Alors, les enveloppes de Snell, $Z(\underline{\underline{G}})$ et $Z(\underline{\underline{F}})$, de Y, relativement aux filtrations $\underline{\underline{G}}$ et $\underline{\underline{F}}$, sont indistinguables.

On utilise les lemmes suivants :

Lemme 3 : Sur l'espace $(\Omega, \underline{\underline{A}}, \underline{\underline{G}}, \underline{\underline{F}}, \mathbb{P})$ possédant la propriété (K), toute $(\underline{\underline{G}}, \mathbb{P})$-surmartingale forte est une $(\underline{\underline{F}}, \mathbb{P})$-surmartingale forte.

Démonstration : Il est montré dans Brémaud-Yor [2], qu'une formulation équivalente de la propriété (K) était : "toute $(\underline{\underline{G}}, \mathbb{P})$-martingale uniformément intégrable est une $(\underline{\underline{F}}, \mathbb{P})$-martingale". Le résultat découle alors de la décomposition de Mertens de la $(\underline{\underline{G}}, \mathbb{P})$-surmartingale forte.

Lemme 4 : Sur l'espace $(\Omega, \underline{\underline{A}}, \underline{\underline{G}}, \underline{\underline{F}}, \mathbb{P})$, soit Y un processus $\underline{\underline{G}}$-optionnel de classe (D) (relativement aux $\underline{\underline{G}}$-t.a.). Si l'espace possède la propriété (K), alors Y est aussi de classe (D) relativement à $\underline{\underline{F}}$.

Démonstration : Un processus est dit de classe (D) relativement à $\underline{\underline{G}}$ si l'ensemble $\{Y_T, T \in T(\underline{\underline{G}})\}$ est équiintégrable. D'après un théorème de Mertens, rappelé par Emery dans ce séminaire [4]un processus $\underline{\underline{G}}$-optionnel Y est de classe (D) si , et seulement si il est majoré par une martingale uniformément intégrable M. D'après la propriété (K), cette $\underline{\underline{G}}$-martingale est aussi une $\underline{\underline{F}}$-martingale u.i. et le lemme est démontré.

Démonstration du théorème 2 : Les enveloppes de Snell $Z(\underline{\underline{G}})$ et $Z(\underline{\underline{F}})$ sont bien définies du fait que Y est $\underline{\underline{G}}$-optionnel et d'après le lemme 4, de classe D relativement aux filtrations $\underline{\underline{G}}$ ou $\underline{\underline{F}}$. D'après le lemme 3, $Z(\underline{\underline{G}})$ est aussi une $(\underline{\underline{F}}, \mathbb{P})$-surmartingale forte qui majore Y, donc d'après le théorème 1 :

$$Z\ (G) \geqslant Z\ (\underline{\underline{F}})$$

D'autre part, on vérifie que la $(\underline{\underline{G}}, \mathbb{P})$-projection optionnelle ${}^{o\underline{\underline{G}}} Z\ (F)$ de $Z\ (F)$ est une $(\underline{\underline{G}}, P)$- surmartingale forte qui majore Y, donc :

$${}^{o\underline{\underline{G}}} Z\ (\underline{\underline{F}}) \geqslant Z\ (\underline{\underline{G}}) \geqslant Z\ (\underline{\underline{F}})$$

On en déduit que $Z\ (\underline{\underline{G}})$ et $Z\ (\underline{\underline{F}})$ ne peuvent être que des modifications de la surmartingale forte ${}^{o\underline{\underline{G}}} Z\ (\underline{\underline{F}})$. Par suite $Z^+\ (\underline{\underline{F}})$, la régularisée à droite de $Z\ (\underline{\underline{F}})$ est $\underline{\underline{G}}$-optionnelle. D'après le théorème 1, $Z\ (\underline{\underline{F}}) = \sup\ (Z^+\ (\underline{\underline{F}}), Y)$ et est donc $\underline{\underline{G}}$-optionnel. On obtient alors :

$${}^{o\underline{\underline{G}}} Z\ (\underline{\underline{F}}) = Z\ (\underline{\underline{G}}) = Z\ (\underline{\underline{F}}).$$

III - APPLICATION A L'ARRET OPTIMAL .

Le problème d'arrêt optimal défini au paragraphe (I) est résolu en étudiant un problème plus général introduit par J.M. Bismut, on se réfère pour cela à l'exposé de M.A. Mainguenea (7). Un système d'arrêt est un quadruplet $\tau = (T, U, V, W)$ où T est un $\underline{\underline{F}}$-t.a., (U, V, W) une partition dans $\underline{\underline{F}}_T$ de Ω, telle que T est non nul sur U, fini sur W et T_U prévisible. On munit l'ensemble des systèmes d'arrêt (qui contient tous les t.a.) d'une relation d'ordre. Soit Y un processus positif, l.à.d.- l.à.g., $\underline{\underline{F}}$-optionnel, de classe (D) et Z son enveloppe de Snell ; on dit que τ est optimal pour le problème $(Y, \underline{\underline{F}}, \mathbb{P})$ si

$$E\,(Y_T^- \cdot 1_U + Y_T\, 1_V + Y_T^+\, 1_W) = E\,(Z_\circ)$$

Il est montré dans (7) que l'ensemble des systèmes d'arrêt optimaux est toujours non vide (ce qui n'était pas le cas des t.a.) et admet des bornes inférieure et supérieure qui s'expriment à partir du processus et de l'enveloppe de Snell. On en déduit facilement le résultat suivant :

Théorème 5 : Soit Y un processus positif, l.à.d.- l.à.g., $\underline{\underline{G}}$-optionnel de classe (D) défini sur l'espace $(\Omega, \underline{\underline{A}}, \underline{\underline{G}}, \underline{\underline{F}}, \mathbb{P})$ possédant la propriété (K). Alors, tout $\underline{\underline{G}}$-système d'arrêt optimal (pour le problème $(Y, \underline{\underline{G}}, \mathbb{P})$) est un $\underline{\underline{F}}$-système d'arrêt optimal. De plus, les ensembles des $\underline{\underline{G}}$ et $\underline{\underline{F}}$-systèmes d'arrêt optimaux ont les mêmes bornes supérieure et inférieure.

On a un théorème analogue sur les t.a. si Y possède les propriétés de régularité supplémentaires assurant (cf. (7)) qu'il existe des vrais t.a. (i.e. $\tau = (T, \emptyset, \Omega, \emptyset)$) parmi les systèmes d'arrêt optimaux.

IV - THEOREME DE SEPARATION.

1 - Le problème d'"observation incomplète" : On considère le problème d'arrêt optimal suivant ; sur un espace de probabilité $(\Omega, \underline{\underline{A}}, \mathbb{P})$ muni d'une filtration $\underline{\underline{E}}$, est défini un processus $\underline{\underline{E}}$-optionnel, X, le "signal", qui représente l'état interne d'un système donné. Celui-ci n'est connu que par l'intermédiaire d'un processus Z, "l'observation", qui engendre une sous-filtration $\underline{\underline{F}}$

de $\underline{\underline{E}}$. On a ainsi construit un modèle de filtrage $(\Omega, \underline{\underline{A}}, \underline{\underline{F}}, \underline{\underline{E}}, \mathbb{P})$. Il s'agit de maximiser sur l'ensemble des $\underline{\underline{E}}$-t.a., c'est-à-dire dépendant de l'observation Z, la quantité $E(Y_T)$; avec Y un processus $\underline{\underline{E}}$-optionnel donné. La difficulté de ce genre de problème vient de ce que la liaison entre Y et Z est trop complexe pour autoriser une résolution directe ; en effet, Y et Z dépendent tous deux de X qui lui à priori est inconnu. Le théorème de séparation ramène ce problème au problème classique, dit en "observation complète", d'arrêt optimal de Y relativement à la filtration $\underline{\underline{G}}$ engendrée par un processus $\widehat{X}$ que l'on peut construire à partir de l'observation Z.

On choisit comme processus $\widehat{X}$ ici, le processus de filtrage Π de X relativement à la filtration $\underline{\underline{E}}$. Celui-ci est défini de l'espace $(\Omega, \underline{\underline{A}}, \underline{\underline{F}}, \underline{\underline{E}}, \mathbb{P})$ dans l'ensemble des probabilités sur S, espace où X prend ses valeurs et qu'on suppose par exemple polonais. A toute fonction borélienne bornée f sur S, le filtre Π associe le processus à valeurs réelles $\Pi.(f)$ qui est la $(\underline{\underline{E}}, \mathbb{P})$-projection optionnelle du processus $f(X)$. On note $\underline{\underline{G}}$ la filtration naturelle de Π, convenablement complétée. On montre que, sous des hypothèses assez générales, le processus Π peut être obtenu soit sous forme explicite par la formule de Kallianpur-Striebel, soit comme solution d'équations différentielles stochastiques à valeurs mesure dépendant de Z (cf. [9])

2 - <u>Le théorème de séparation</u> : On fait sur le processus Π l'hypothèse (H1) suivante, satisfaite en particulier dans le modèle de filtrage classique de Kunita [6] où X est un Markov.

(H1) Le processus de filtrage Π est un processus de Markov, relativement à la filtration $\underline{\underline{E}}$, continu pour la topologie de la convergence étroite.

On montre alors facilement, grâce au caractère markovien de Π, que l'espace $(\Omega, \underline{\underline{A}}, \underline{\underline{G}}, \underline{\underline{E}}, \mathbb{P})$ possède la propriété (K). On suppose de plus :

(H2) Le processus Y est de la forme

$$Y_t = \int_0^{t\wedge 1} f(X_s)\, ds + g(X_{t\wedge 1})$$

avec f borélienne bornée sur S et g continue.

La $(\underline{\underline{F}}, \mathbb{P})$-projection optionnelle du processus Y est le processus continu $\underline{\underline{G}}$-adapté défini par :

$$^{o}Y_t = \int_0^{t\wedge 1} \Pi_s (f)\, ds + \Pi_{t\wedge 1} (g)$$

On démontre alors le théorème de séparation :

Théorème 6 : Avec les notations ci-dessus et sous les hypothèses (H1) et (H2), on a :

1) $\sup_{T \in T(\underline{\underline{F}})} E (Y_T) = \sup_{T \in T(\underline{\underline{G}})} E (Y_T)$

2) L'ensemble des $\underline{\underline{G}}$-t.a. qui maximisent $E(Y_T)$ sur $T(\underline{\underline{G}})$ est non vide et c'est l'ensemble des t.a. optimaux pour le problème $(^{o}Y, \underline{\underline{G}}, \mathbb{P})$.

3) L'ensemble des $\underline{\underline{F}}$-t.a. qui maximisent $E(Y_T)$ est compris entre le plus grand et le plus petit des $\underline{\underline{G}}$-t.a. optimaux pour le problème $(^{o}Y, \underline{\underline{G}}, \mathbb{P})$.

Démonstration : Il est montré dans (7) que si Y est suffisamment régulier, les notions de domaine d'arrêt optimal peuvent être remplacées par celles, plus classiques, de temps d'arrêt optimal dans les énoncés du III. La continuité du processus ^{o}Y est ici suffisante : il est bien connu (cf. Bismut (1) ; Engelbert (5)) qu'il existe des $\underline{\underline{G}}$-t.a. optimaux pour le problème $(^{o}Y, \underline{\underline{G}}, \mathbb{P})$. D'autre part, on a par définition de la projection optionnelle :

$$E (Y_T) = E (^{o}Y_T) \text{ pour tout } \underline{\underline{F}}\text{-t.a. (et donc } \underline{\underline{G}}\text{-t.a.)}.$$

Cette remarque entraîne 2), puis 1) et 3) en appliquant le théorème 6.

BIBLIOGRAPHIE.

(1) J.M. BISMUT : Contrôle stochastique, jeux et temps d'arrêt ; applications de la théorie probabiliste du potentiel. Z. Wahr. verw. Geb. 39, 315-338 (1977).

(2) P. BREMAUD-M. YOR : Changes of filtration and of probability measures. A paraître.

(3) C. DELLACHERIE-P.A. MEYER : Probabilités et potentiel. Hermann (1975).

(4) M. EMERY : Sur un théorème de J.M. Bismut. ZfW, 44, 1978, p.141-144.

(5) H.J. ENGELBERT : On optimal stopping rules for Markov processes. Theor. Prob. Appl. 18, N° 2, 304-311 (1973).

(6) H. KUNITA : Asymptotic behavior of the non linear filtering errors of Markov processes. J. Mult. Anal., Vol. 1, N° 4 (Dec. 1971).

(7) M.A. MAINGUENEAU : Temps d'arrêt optimaux et théorie générale. Séminaire de probabilités XII. Lecture Notes in M. 649 (Springer-Verlag 1978).

(8) J.F. MERTENS : Théorie des processus stochastiques généraux. Applications aux martingales. Z. Wahr. verw. Geb. 22, 45-68 (1972).

(9) J. SZPIRGLAS-G. MAZZIOTTO : Modèle général de filtrage non linéaire et équations différentielles stochastiques associées. C.R. Acad. Sc. Paris. (A paraître).

Centre National d'Etudes des Télécommunications
Centre de fiabilité
196 rue de Paris 92 220 Bagneux

Université de Strasbourg
Séminaire de Probabilités 1977/78

MARTINGALES ET CHANGEMENTS DE TEMPS

par Yves LE JAN

INTRODUCTION. On sait que la théorie du potentiel et la théorie des martingales présentent de nombreuses analogies. L'idée de ce travail fut de chercher l'analogue, en théorie des martingales, de la "formule de Douglas" (établie par Douglas [4] dans le cas du disque, généralisée par exemple dans [3], [9], [10]). Cette formule exprime l'énergie d'une fonction f, harmonique dans un ouvert borné D de $\mathbb{R}^n$ de frontière régulière δ comme une intégrale

$$\int_{\delta\times\delta} (f(y)-f(x))^2 \,\Theta(dx,dy)$$

où Θ est une mesure sur $\delta\times\delta$ privé de la diagonale. En utilisant la filière habituelle, qui passe par les processus de Markov, on peut voir que la "version probabiliste" de cette formule est une expression du processus croissant prévisible associé à la partie discontinue d'une martingale changée de temps. Nous verrons cela plus en détail au paragraphe III.

La voie suivie dans cet exposé est inverse de celle que nous venons d'évoquer brièvement. Nous partons d'un changement de temps très général en suivant un travail récent de Nicole Karoui et Gérard Weidenfeld [7], qui a grandement facilité notre approche du problème. Après quelques généralités, nous étudions le changement de temps dans l'intégrale stochastique, et la décomposition en partie continue et partie discontinue d'une martingale changée de temps.

Nous pouvons ainsi retrouver des formules de balayage de la théorie des processus de Markov et de la théorie du potentiel.

Cet article a été amélioré à la suite de discussions avec P.A. Meyer. Nous lui devons notamment l'emploi des semi-martingales jusqu'à l'infini, et l'exemple II.5.

I. GENERALITES

1. Nous considérons dans toute la suite un espace probabilisé $(\Omega,\underline{\underline{F}},P)$ et une filtration $(\underline{\underline{F}}_t)$ vérifiant les conditions habituelles, ainsi qu'un processus croissant $(C_t)_{t\in\mathbb{R}_+}$, adapté et continu à droite. On n'exige pas que C soit fini, ni que C_0 soit nul ; on convient que $C_\infty=+\infty$, et l'on pose

(1) $\qquad j_t = \inf\{ s : C_s>t\}$ (en particulier, $j_\infty=+\infty$)

l'inverse à droite de (C_t). On prendra garde que les conventions à l'infini ne sont pas celles de [7]. On note $Z=j_{\infty-} = \inf\{ s : C_s=+\infty \}$.

On retrouve C comme inverse à droite de j :

(1') $\qquad C_t = \inf\{ s : j_s>t \} \qquad (C_\infty=+\infty)$

et on pose $C_{\infty-} = \overline{Z}$. On convient que $C_t=j_t=0$ pour $t<0$.

Nous posons aussi $B_t=C_{t-}$, $i_t=j_{t-}$ (en particulier $B_t=i_t=0$ pour $t\leq 0$, $B_\infty=\overline{Z}$, $i_\infty=Z$). Ces deux fonctions sont les inverses à gauche des fonctions j et C respectivement :

(2) $\qquad i_t = \inf\{ s : C_s\geq t \} \qquad (0\leq t\leq\infty)$

(2') $\qquad B_t = \inf\{ s : j_s\geq t \} \qquad (0\leq t\leq\infty)$

et on a les équivalences suivantes

(3) $\qquad t\leq j_s \iff B_t\leq s \quad , \quad s\leq C_t \iff i_s\leq t$

Les notations suivantes sont classiques en théorie du balayage, au moins les deux premières

(4) $\qquad D_t=j_{C_t}\ ,\ \ell_t=i_{B_t} \quad ; \quad \overline{\ell}_t=B_{i_t}\ ,\ \overline{D}_t=C_{j_t}$

Soit M l'ensemble des points de croissance de C (y compris 0 si $C_0>0$, et $+\infty$ si $C_t<\infty$ pour tout t) ; M est un fermé aléatoire optionnel contenu dans $[0,Z]$, et l'on a

(5) $\qquad D_t= \inf\{ s : s\in M, s>t \} \quad , \quad \ell_t = \sup\{ s : s\in M, s<t \}$

$\overline{D}$ et $\overline{\ell}$ ont des interprétations analogues au moyen de l'ensemble $\overline{M}$ des points de croissance de j.

Les v.a. j_t et D_t sont des temps d'arrêt de $(\underline{\underline{F}}_t)$; on vérifie aisément que les deux filtrations suivantes satisfont aux conditions habituelles

$$\overline{\underline{\underline{F}}}_t = \underline{\underline{F}}_{j_t} \quad , \quad \widetilde{\underline{\underline{F}}}_t = \underline{\underline{F}}_{D_t} \qquad (\overline{\underline{\underline{F}}}_{0-} = \widetilde{\underline{\underline{F}}}_{0-} = \underline{\underline{F}}_{0-})$$

Nous nous intéresserons surtout à la première, qui est la filtration changée de temps de $(\underline{\underline{F}}_t)$. Comme $t\leq D_t$ pour tout t, on a $\underline{\underline{F}}_t\subset\widetilde{\underline{\underline{F}}}_t$.

Soit X un processus indexé par $[0,\infty]$ (on conviendra que $X_t=0$ pour $t<0$). Nous désignerons par JX le processus (X_{j_t}), par CX le processus (X_{C_t}), par DX le processus (X_{D_t}) (DX=CJX) ; enfin par IX et BX les processus (X_{i_t}) et (X_{B_t}), nuls respectivement pour $t<C_0$ et $t<j_0$.

2. Les résultats de la proposition suivante figurent, parmi d'autres, dans [7]. Nous en donnons une démonstration directe.

PROPOSITION 1. a) Si X est un processus càdlàg adapté à $(\underline{\underline{F}}_t)$, JX est càdlàg adapté à $(\overline{\underline{\underline{F}}}_t)$. Si X est optionnel par rapport à $(\underline{\underline{F}}_t)$, JX est optionnel par rapport à $(\overline{\underline{\underline{F}}}_t)$.

b) Si T est un temps d'arrêt de $(\underline{\underline{F}}_t)$, B_T et $C_T\wedge\overline{Z}$ sont des temps d'arrêt de $(\overline{\underline{\underline{F}}}_t)$.

c) Si T est un t. d'a. de $(\overline{\underline{\underline{F}}}_t)$, j_T est un t.d'a. de $(\underline{\underline{F}}_t)$, et $\overline{\underline{\underline{F}}}_T=\underline{\underline{F}}_{j_T}$.

<u>Démonstration</u>. a) est évident. Pour établir b), on applique a) à $X=1_{[T,\infty]}$, alors $JX=1_{[B_T,\infty]}$, donc B_T est un t. d'a. de $(\underline{\underline{F}}_t)$, et on passe à $C_T\wedge Z$ en remarquant que $C_T\wedge Z = \lim_n B_{T+1/n}$. Pour établir c), nous commençons par le cas où T est étagé, prenant la valeur t_k sur $A_k \in \overline{\underline{\underline{F}}}_{t_k} = \underline{\underline{F}}_{j_{t_k}}$; alors $j_T = \inf_k (j_{t_k})_{A_k}$ est un t.d'a. de $(\underline{\underline{F}}_t)$. D'autre part $A \in \overline{\underline{\underline{F}}}_T \iff A \cap A_k \in \overline{\underline{\underline{F}}}_{t_k}$ pour tout k $\iff A \in \underline{\underline{F}}_{j_T}$. Le cas général s'obtient en approchant T par une suite décroissante de t.d'a. étagés.

REMARQUE 1. Le processus croissant (j_t) est adapté à $(\underline{\underline{F}}_t)$; d'après (3) , C_t est un temps d'arrêt de $(\overline{\underline{\underline{F}}}_t)$; c) nous donne alors que $\overline{\underline{\underline{F}}}_{C_t} = \underline{\underline{F}}_{jC_t} = \underline{\underline{F}}_{D_t} = \tilde{\underline{\underline{F}}}_t$ Ainsi le changement de temps inverse fait passer de $(\overline{\underline{\underline{F}}}_t)$ à $(\tilde{\underline{\underline{F}}}_t)$, et on obtient sans nouveau travail les résultats suivants

a') Si X est optionnel par rapport à $(\overline{\underline{\underline{F}}}_t)$, CX est optionnel par rapport à $(\tilde{\underline{\underline{F}}}_t)$.

b') Si T est un t.d'a. de $(\overline{\underline{\underline{F}}}_T)$, i_T et $j_T\wedge Z$ sont des t.d'a. de $(\tilde{\underline{\underline{F}}}_t)$

c') Si T est un t.d'a. de $(\tilde{\underline{\underline{F}}}_T)$, C_T est un t.d'a. de $(\overline{\underline{\underline{F}}}_t)$, et $\tilde{\underline{\underline{F}}}_T = \overline{\underline{\underline{F}}}_{C_T}$.

REMARQUE 2. On voit sans peine que si T est un t.d'a. de $(\tilde{\underline{\underline{F}}}_t)$, $D_T = j_{C_T}$ est un t.d'a. de $(\underline{\underline{F}}_t)$ et $\tilde{\underline{\underline{F}}}_T = \overline{\underline{\underline{F}}}_{C_T} = \underline{\underline{F}}_{D_T}$. Appliquant cela à $T=j_t$, on voit que $\tilde{\underline{\underline{F}}}_{j_t} = \underline{\underline{F}}_{D_{j_t}}$. Si l'ensemble M des points de croissance de C est sans point isolé, on a $D_{j_t} = j_t$, et on peut remplacer en a),b) la famille $(\underline{\underline{F}}_t)$ par la famille plus riche $(\tilde{\underline{\underline{F}}}_t)$. C'est le cas dans l'exemple fondamental où (C_t) est une fonctionnelle additive d'un processus de Hunt, à support fin régulier.

3. Calcul des sauts d'un processus changé de temps

Nous introduisons l'ensemble G des points de croissance à gauche de (B_t), l'ensemble $\overline{G}$ des points de croissance à gauche de (i_t) ; G est aussi l'ensemble des points d'accumulation à gauche de M . Les sauts de C précédés d'un palier de C sont des points de croissance à gauche de C ($C_s < C_t$ pour tout s<t) mais non de B, et n'appartiennent pas à G - en particulier, O n'appartient pas à G. De même pour $\overline{G}$. On a

(6) $\quad G = \{ t \in [0,\infty] : i \circ B(t) = t \} = \{ t \in [0,\infty] : \ell(t) = t \}$

(6') $\quad \overline{G} = \{ t \in [0,\infty] : B \circ i(t) = t \} = \{ t \in [0,\infty] : \overline{\ell}(t) = t \}$

Le processus (ℓ_t) étant $(\underline{\underline{F}}_t)$-prévisible, G est $(\underline{\underline{F}}_t)$-prévisible (de même pour $\overline{G}$). D'autre part, les formules (6)-(6') nous donnent

LEMME I.1. $i|_{\overline{G}}$ et $B|_G$ <u>sont des bijections réciproques l'une de l'autre</u> (évident à partir de $G = \{i \circ B = \text{identité}\}$, $\overline{G} = \{B \circ i = \text{identité}\}$).

LEMME I.2. Soit X un processus càdlàg sur $[0,\infty]$. Les sauts du processus càdlàg JX sont donnés par

(7) $\Delta(JX)_t = X_{j_t} - X_{i_t} + \Delta X_{i_t} 1_{\{t\in\overline{G}\}}$

En particulier, si $\Delta X=0$ sur G on a $\Delta(JX)_t = X_{j_t} - X_{i_t}$.

Démonstration. Nous avons $(JX)_t = X_{j_t}$; la formule (7) équivaut donc à la suivante, où l'on a écrit X^- au lieu de X_- pour la clarté des notations

$$(JX)_{t-} = X_{i_t} \text{ si } t\notin\overline{G} \quad , \quad (JX)_{t-} = X^-_{i_t} \text{ si } t\in\overline{G} .$$

Or si $t\notin\overline{G}$ on a $j_s=i_t$ pour $s<t$ assez voisin de t, donc $(JX)_{t-}=X_{i_t}$. Si $t\in\overline{G}$ lorsque $s\uparrow t$, $s<t$ on a $j_s\uparrow i_t$, $j_s<i_t$, d'où la seconde relation. Enfin, la dernière phrase vient du lemme 1.1 : $t\in\overline{G} \Leftrightarrow i_t\in G$.

REMARQUES . a) La formule 7 est vraie pour $t=0$ et $t=\infty$.

b) Si l'on a $X_{j_t} - X_{i_t} = 0$ pour tout t (y compris pour t=0, ce qui signifie avec nos conventions que $X_{j_0}=0$), la formule (7) se réduit à

$$\Delta(JX)_t = \Delta X_{i_t} 1_{\{t\in\overline{G}\}}$$

Comme on a $j_t=D_{i_t}$, il suffit de montrer que les processus (X_t) et (X_{D_t}) sont indistinguables, et par continuité à droite, que l'on a $X_t=X_{D_t}$ p.s. pour tout t.

4. Balayage

Soit (A_t) un processus à variation intégrable[1] (non nécessairement adapté). Nous appellerons J-balayé de A, et nous noterons $A^{(B)}$ - cette notation étant justifiée par la formule (8) ci-dessous - le compensateur prévisible de JA par rapport à $(\overline{\underline{F}}_t)$.

Par exemple, si X est un potentiel de la classe (D) par rapport à $(\underline{F}_t)$, et si A est le processus croissant prévisible engendrant X, X-A est une martingale uniformément intégrable, donc JX-JA est une martingale uniformément intégrable de $(\overline{\underline{F}}_t)$ (noter toutefois que JX n'est pas nécessairement un potentiel si $Z<\infty$), et le processus croissant prévisible (pouvant sauter à l'infini) qui engendre JX est le balayé $A^{(B)}$.

Revenons au cas général. Si H est un processus mesurable borné, on vérifie aisément par classes monotones, à partir de (3), que

$$\int_{[0,\infty]} H_s dJA_s = \int_{[0,\infty]} BH_s \, dA_s$$

Intégrons, en supposant H $(\overline{\underline{F}}_t)$-prévisible ; alors BH est $(\underline{F}_t)$-prévisible (cf. lemme II.1 ci-dessous), et nous avons

---

1. A peut sauter en 0 et à l'infini.

(8) $$E[\int_{[0,\infty]} H_s dJA_s] = E[\int_{[0,\infty]} H_s dA_s^{(B)}] = E[\int_{[0,\infty]} BH_s dA_s]$$

Cette formule montre que $A^{(B)}$ ne change pas si l'on remplace A par son compensateur $(\underline{\underline{F}}_t)$-prévisible.

REMARQUE. Si A est $(\underline{\underline{F}}_t)$-prévisible et porté par G ($1_G*A=A$), on a $(JA)_t = A_{j_t} = A_{i_t}$, qui est $(\overline{\underline{\underline{F}}}_t)$-prévisible (raisonnement direct, ou remarque suivant le lemme II.1 plus bas). On a donc $A^{(B)}=JA$.

II. MARTINGALES CHANGEES DE TEMPS

1. Nous désignons par $\underline{\underline{M}}^2$ ($\underline{\underline{M}}^1$) l'espace des martingales de carré intégrable (resp. uniformément intégrables) de la famille $(\underline{\underline{F}}_t)$. Comme nous ne supposons pas que $\underline{\underline{F}}_\infty = \underline{\underline{F}}_{\infty-}$, les éléments de $\underline{\underline{M}}^1$, $\underline{\underline{M}}^2$ doivent être considérés comme des processus indexés par $[0,\infty]$, pouvant présenter un saut à l'infini. Le sens des notations analogues $\overline{\underline{\underline{M}}}^2$, $\widetilde{\underline{\underline{M}}}^1$ ... est évident.

PROPOSITION 2. <u>Pour tout</u> $X\in\underline{\underline{M}}^1$ <u>on a</u> $JX\in\overline{\underline{\underline{M}}}^1$, <u>et pour tout</u> $\overline{X}\in\overline{\underline{\underline{M}}}^1$ <u>il existe</u> $X\in\underline{\underline{M}}^1$ <u>unique tel que</u> $\overline{X}=JX$. <u>On a le même énoncé pour</u> $\underline{\underline{M}}^2$ <u>et</u> $\overline{\underline{\underline{M}}}^2$.

<u>Démonstration</u>. On a d'après le théorème d'arrêt de Doob

$$JX_t = X_{j_t} = E[X_\infty | \underline{\underline{F}}_{j_t}] = E[X_\infty | \overline{\underline{\underline{F}}}_t]$$

donc $JX=\overline{X}$ est une martingale uniformément intégrable de $(\overline{\underline{\underline{F}}}_t)$. Avec nos conventions, on a $X_\infty = \overline{X}_\infty$, et il est alors immédiat de vérifier que tout $\overline{X}\in\overline{\underline{\underline{M}}}^1$ est égal à JX, où X est la martingale $E[\overline{X}_\infty | \underline{\underline{F}}_t]$. L'unicité est claire.

REMARQUE. En effectuant le changement de temps inverse, on obtient le résultat suivant : si $\overline{X}\in\overline{\underline{\underline{M}}}^1$, alors $C\overline{X}\in\underline{\underline{M}}^1$, et C établit une bijection entre $\overline{\underline{\underline{M}}}^1$ et $\widetilde{\underline{\underline{M}}}^1$. Rappelons que les martingales <u>locales</u> se comportent mal dans les changements de temps ([8],[12]).

2. <u>Changement de temps dans l'intégrale stochastique</u>

Nous rappelons d'abord la notion de <u>semimartingale jusqu'à l'infini</u> par rapport à $(\underline{\underline{F}}_t)$: c'est un processus X indexé par $[0,\infty]$, càdlàg et adapté à $(\underline{\underline{F}}_t)$, tel que si l'on effectue un isomorphisme entre l'ensemble de temps $[0,\infty]$ et l'ensemble de temps $[0,1]$, le processus $(X'_t)_{0\leq t\leq 1}$ obtenu par transport de structure soit prolongeable au delà de 1 en une semimartingale. On peut montrer[1] que cette propriété équivaut à la suivante : il existe une loi Q équivalente à P telle que, pour la loi Q, X admette une décomposition X=M+A, où A est un processus à variation intégrable, M une martingale uniformément intégrable.

1. Séminaire de Probabilités XI, p. 483 (théorème de Stricker).

Voici un lemme facile, qui aurait pu figurer au paragraphe 1

LEMME II.1. Soit H un processus prévisible par rapport à $(\overline{\underline{\underline{F}}}_t)$ (indexé par $[0,\infty]$). Alors BH est prévisible par rapport à $(\underline{\underline{F}}_t)$.

Démonstration. Nous prenons pour H un processus de la forme

$$(*)\quad H= h_0 1_{\{0\}}+ \Sigma_i h_i 1_{]t_i,t_{i+1}]} \quad (h_0 \in \overline{\underline{\underline{F}}}_{0-}^{(1)},\ 0=t_0<t_1\ldots\leq+\infty,\ h_i \in \overline{\underline{\underline{F}}}_{t_i}).$$

Alors d'après (3)

$$BH= h_0 1_{\{0\}}+ \Sigma_i h_i 1_{]j_{t_i},j_{t_{i+1}}]} \quad (h_0 \in \underline{\underline{F}}_{0-}\ ;\ h_i \in \underline{\underline{F}}_{j_{t_i}})$$

qui est bien prévisible par rapport à $(\underline{\underline{F}}_t)$. On raisonne ensuite par classes monotones.

REMARQUE. En effectuant le changement de temps inverse, on voit que si K est un processus prévisible par rapport à $(\underline{\underline{F}}_t)$ (ou même à $(\tilde{\underline{\underline{F}}}_t)$ si M est sans point isolé ; cf. la remarque 2 après la prop.1), IK est prévisible par rapport à $(\overline{\underline{\underline{F}}}_t)$.

PROPOSITION 3. Soit X une semimartingale jusqu'à l'infini par rapport à $(\underline{\underline{F}}_t)$; alors JX est une semimartingale jusqu'à l'infini par rapport à $(\overline{\underline{\underline{F}}}_t)$.

Si H est prévisible borné par rapport à $(\overline{\underline{\underline{F}}}_t)$, on a alors

$$(9)\qquad \int_{[0,\infty]} H_s dJX_s = \int_{[0,\infty]} BH_s dX_s \quad \text{p.s.}$$

Démonstration. Quitte à remplacer P par une loi équivalente, nous pouvons supposer que X=M+A, où A est à variation intégrable et M appartient à $\underline{\underline{M}}^1$. Alors JA est à variation intégrable, et JM appartient à $\overline{\underline{\underline{M}}}^1$ (prop. 2). Donc JX=JM+JA est une semimartingale jusqu'à l'infini.

La formule (9) est évidente lorsque H est de la forme (*), et on l'étend à tous les processus prévisibles bornés par un raisonnement de classes monotones.

REMARQUE. En appliquant ce qui précède au changement de temps inverse, on voit que si Y est une semimartingale jusqu'à l'infini par rapport à $(\overline{\underline{\underline{F}}}_t)$, K un processus prévisible borné par rapport à $(\underline{\underline{F}}_t)$, alors CY est une semimartingale jusqu'à l'infini par rapport à $(\underline{\underline{F}}_t)$ et l'on a

$$(10)\qquad \int_{[0,\infty]} K_s dCY_s = \int_{[0,\infty]} IK_s dY_s \quad \text{p.s.}$$

3. Partie martingale continue d'une semimartingale changée de temps.

Dans cette section, nous considérons une semimartingale jusqu'à l'infini X par rapport à $(\underline{\underline{F}}_t)$, et nous désignons par X^c sa partie martingale

1. On rappelle que $\overline{\underline{\underline{F}}}_{0-}=\underline{\underline{F}}_{0-}$.

locale continue, et par $(JX)^c$ la partie martingale locale continue de JX par rapport à $(\overline{\underline{F}}_t)$. Notre but est de démontrer la proposition suivante, où G est l'ensemble $(\underline{F}_t)$-prévisible défini au n° I.3.

PROPOSITION 4. <u>On a</u> $(JX)^c=J(1_G*X^c)$.

<u>Démonstration</u>. Nous commençons par le cas où $X\in\underline{M}^2$. Posons $1_G*X^c=U$, $X^d=V$, $1_{G^c}*X^c=W$. Ces trois processus appartiennent à $\underline{M}^2$, donc JU, JV, JW appartiennent à $\overline{\underline{M}}^2$ (prop.2). Nous allons prouver

a) JU est continue

b) JV est purement discontinue

c) JW est purement discontinue .

a) Soit δ l'intervalle stochastique $]t,D_t]$. On a $1_\delta*U= 1_\delta*(1_G*X^c) = 1_{\delta\cap G}*X^c=0$. Autrement dit, $U_{D_t}=U_t$ p.s. pour tout t, donc (remarque suivant le lemme I.2) $U_{j_t}=U_{i_t}$ pour tout t, et comme U est continue sur G le lemme I.2 entraîne que U est continue.

b) V est limite dans $\underline{M}^2$ de martingales V^n à variation intégrable, donc JV est limite dans $\overline{\underline{M}}^2$ des martingales JV^n à variation intégrable, et JV est donc purement discontinue.

c) Désignons par $]S_n^\varepsilon,T_n^\varepsilon[$ le n-ième intervalle contigu à M dont la longueur dépasse ε (s'il n'existe pas de tel intervalle, on a $S_n^\varepsilon=T_n^\varepsilon=+\infty$). Posons $R_n^\varepsilon=S_n^\varepsilon+\varepsilon$, qui est un temps d'arrêt (cf. [2]). Soit aussi

$$W_k^\varepsilon = \Sigma_1^k\, 1_{]R_n^\varepsilon,T_n^\varepsilon]}*W$$

Comme $W=1_{G^c}*W$, on a dans $\underline{M}^2$ $W=\lim_{\varepsilon\to 0}\lim_{k\to\infty} W_k^\varepsilon$, donc aussi dans $\overline{\underline{M}}^2$ $JW = \lim_{\varepsilon\to 0} \lim_{k\to\infty} JW_k^\varepsilon$, et finalement il suffit de montrer que JW_k^ε est purement discontinue. Or $1_{]R_n^\varepsilon,T_n^\varepsilon]}*W =(W_{t\wedge T_n^\varepsilon}-W_{R_n^\varepsilon})1_{\{t\geq R_n^\varepsilon\}}$, et il en résulte que non seulement JW_k^ε est à variation intégrable, mais qu'elle est la somme de ses sauts (sans compensation). Ainsi JW appartient à la classe des "martingales de sauts", étudiée dans [11], qui est plus restreinte en général que celle des martingales purement discontinues.

Passons maintenant au cas des semimartingales. Revenons à la définition des semimartingales jusqu'à l'infini (début du n° II.2) : ramenant $[0,\infty]$ sur $[0,1]$, nous définissons un processus $(X'_t)_{0\leq t\leq 1}$, prolongeable au delà de 1 en une semimartingale $(X'_t)_{t\in\mathbb{R}_+}$; X' admet une décomposition X'=M'+A', où M' est une martingale locale nulle en 0 à sauts bornés, A' un processus à variation finie, et l'on a $X'^c=M'^c+A'^c = M'^c$. De plus, il existe des temps d'arrêt $T'_n\uparrow+\infty$ tels que M' arrêtée à T'_n soit une martingale bornée. Arrêtant tout à 1 et revenant à la situation initiale, nous obtenons :

$X=M+A$, où M est une martingale locale nulle en 0, à sauts bornés, qui est une semimartingale jusqu'à l'infini, et A est à variation finie sur $[0,\infty]$; $X^c=M^c$ est une semimartingale jusqu'à l'infini ; il existe des $T_n\uparrow+\infty$ tels que M^{T_n} soit une martingale bornée, et que $P\{T_n<\infty\}\underset{n\to\infty}{\longrightarrow} 0$.

Décomposons M en 1_G*M^c+N, et montrons que $(JX)^c=J(1_G*M^c)$.

Tout d'abord, A étant à variation finie, JA est à variation finie, et donc $(JA)^c=0$.

Ensuite, posons $S_n=B_{T_n}$, qui est un t.d'a. de $(\overline{\underline{\underline{F}}}_t)$ (prop.1). Sur $[0,S_n[$, JN coincide avec $J(N^{T_n})$, qui est sans partie martingale continue d'après la première partie. Sur $[0,S_n]$, JN s'écrit donc $J(N^{T_n})+L$, où L est à variation finie, et donc $(JN)^c=0$ sur $[0,S_n]$. Comme $P\{T_n<\infty\}\to 0$, on a $P\{S_n<\overline{Z}\}\to 0$, donc $(JN)^c=0$ sur $[0,\overline{Z}]$; comme JN est arrêtée à $\overline{Z}$, on a $(JN)^c=0$.

Il reste donc seulement à montrer que si l'on pose $U=1_G*M^c$, JU est une martingale locale continue. La continuité est facile (cf. la partie a) au début de la démonstration). M^{T_n} est bornée, donc appartient à $\underline{\underline{M}}^2$, donc $(M^c)^{T_n}$ et U^{T_n} sont dans $\underline{\underline{M}}^2$. Comme U est constante sur $[T_n,D_{T_n}]$, JU coincide avec $J(U^{T_n})$, non seulement sur $[0,S_n[$, mais sur $[0,C_{T_n}]$. Comme $P\{T_n<\infty\}\to 0$, il en est de même de $P\{C_{T_n}<\infty\}$, et JU arrêtée à C_{T_n} appartient à $\overline{\underline{\underline{M}}}^2$, donc JU est bien une martingale locale, et la proposition est établie.

4. Processus croissants associés à JX

Nous commençons par quelques remarques simples :

REMARQUES 1. a) Si $X\in\underline{\underline{M}}^2$, $X^2-\langle X\rangle$ appartient à $\underline{\underline{M}}^1$, donc $(JX)^2-JX$ appartient à $\overline{\underline{\underline{M}}}^1$. Par conséquent, $\langle JX\rangle$ est le J-balayé de $\langle X\rangle$ ou de $[X]$.

b) Plus précisément, on a identifié dans la proposition 4 $(JX)^c$ et $(JX)^d$; $\langle (JX)^c\rangle$ est le J-balayé de $\langle 1_G*X^c\rangle = 1_G*\langle X^c\rangle$, c'est à dire

(11) $\langle (JX)^c\rangle = [(JX)^c] = (1_G*\langle X^c\rangle)^{(B)} = J(1_G*\langle X^c\rangle)$

(n° I.4, remarque suivant la formule (8)). De même

(12) $\langle (JX)^d\rangle = (1_G*\langle X^d\rangle + 1_{G^c}*\langle X\rangle)^{(B)} = J(1_G*\langle X^d\rangle) + (1_{G^c}*\langle X\rangle)^{(B)}$.

On a d'autre part la proposition suivante :

PROPOSITION 5. <u>Soit</u> X <u>une semimartingale jusqu'à l'infini</u>. <u>On a</u>

(13) $[J(1_G*X)] = J(1_G*[X])$; $[J(1_{G^c}*X)]_t = \sum_{s\leq t}(X_{j_s}-X_{i_s})^2$.

<u>Démonstration</u>. Posons $1_G*X=H$, $1_{G^c}*X=K$. Nous avons $K=1_{G^c}*K$, donc $K^c=1_{G^c}*K^c$, et finalement $1_G*K^c=0$. D'après la proposition 4, JK n'a pas

de partie martingale locale continue, et par conséquent

$$[JK]_t = \sum_{s\leq t} \Delta(JK)_s^2 = \sum_{s\leq t} (K_{j_s} - K_{i_s})^2$$

d'après le lemme I.2, puisque K n'a pas de saut sur G. D'autre part, on a $H_{j_s} - H_{i_s} = 0$ (cf. a) dans la démonstration de la prop. 4), donc $K_{j_s} - K_{i_s} = X_{j_s} - X_{i_s}$, et la seconde des formules (13) est établie.

Passons à H. Comme $H_{j_s} - H_{i_s} = 0$ pour tout s, le lemme I.2 nous donne

$$\Delta[JH]_t = (\Delta(JH)_t)^2 = (\Delta H_{i_t} 1_{\{t\in\overline{G}\}})^2$$

D'autre part, on a aussi $1_G * [H] = [H]$, donc d'après le lemme I.2 $\Delta(J[H])_t = \Delta[H]_{i_t} 1_{\{t\in\overline{G}\}}$. Dans la première formule (13), les deux membres ont donc les mêmes sauts. Il reste à examiner les parties continues.

D'après la proposition 4, la partie martingale locale continue de JH est $J(H^c)$. Posons $Y = (H^c)^2 - [H^c]$; Y est une semimartingale jusqu'à l'infini, continue, satisfaisant à $1_G * Y = Y$ (car $Y = 2H^c_- * H^c$, et on a $1_G * H^c = H^c$), et c'est une martingale locale. Donc $Y = Y^c$. D'après la proposition 4, la partie martingale locale continue de JY est $J(1_G * Y^c) = JY$, donc JY est une martingale locale. Autrement dit, $(J(H^c))^2 - J[H^c]$ est une martingale locale. D'autre part, $J[H^c]$ est continu d'après le lemme I.2. Finalement, cela exprime que

$$[J(H^c)] = J[H^c]$$

et la première des formules (13) en résulte aussitôt.

REMARQUES 2. a) Les formules (13) ne nous permettent pas de calculer [JX] par simple addition. On a en effet, avec les notations de la démonstration

$$[JX] = [JH] + [JK] + 2[JH, JK]$$

Comme JK est sans partie martingale continue, ce dernier crochet se réduit à une somme de sauts, mais JH et JK peuvent avoir des sauts communs. D'après le lemme I.2,

$$(14) \qquad [JH, JK]_t = \sum_{s\leq t} \Delta X_{i_s} (X_{j_s} - X_{i_s}) 1_{\{s\in\overline{G}\}}$$

car si $s\notin\overline{G}$ on a $\Delta(JH)_s = H_{j_s} - H_{i_s} = 0$, et si $s\in\overline{G}$ on a $i_s \in G$, donc $\Delta K_{i_s} = 0$, $\Delta(JK)_s = K_{j_s} - K_{i_s} = X_{j_s} - X_{i_s}$, $\Delta(JH)_s = \Delta H_{i_s} = \Delta X_{i_s}$.

b) Supposons que X appartienne à $\underline{\underline{M}}^2$; alors H et K appartiennent à $\underline{\underline{M}}^2$ et sont orthogonales, HK appartient à $\underline{\underline{M}}^1$, donc J(HK) appartient à $\underline{\underline{M}}^1$, et [JH, JK] est une martingale locale. La proposition 5 nous donne alors par addition que <JX> est la somme des compensateurs prévisibles de [JH] et [JK]. Le premier est $\langle JH\rangle = (1_G * \langle H\rangle)^{(B)} = J(1_G * \langle H\rangle) = J(1_G * \langle X\rangle)$. D'autre part, on a $[JK]=JW$ d'après (13), où W est le processus croissant

(15) $$W_t = \sum_{\substack{s\in M^{\to} \\ D_s \leq t}} (X_{D_s} - X_s)^2$$ où $M^{\to}$ est l'ensemble des extrémités gauches d'intervalles contigus à M

Donc on a $\langle JK\rangle = W^{(B)}$. Rapprochant les formules

$$\langle JX\rangle = J(1_G*\langle X\rangle) + (1_{G^c}*\langle X\rangle)^{(B)} \quad \text{(addition de (11) et (12))}$$

$$\langle JX\rangle = J(1_G*\langle X\rangle) + W^{(B)} \quad \text{(qui vient d'être établie)}$$

on obtient que

(16) $$W^{(B)} = (1_{G^c}*\langle X\rangle)^{(B)}.$$

5. Un exemple.

Considérons sur un même espace probabilisé complet deux filtrations. La première, notée $(\underline{\underline{U}}_t)$, satisfait aux conditions habituelles. La seconde, notée $(\underline{\underline{V}}_t)$, est la filtration naturelle d'un subordinateur (j_t) sans partie continue, tel que $j_0=0$. On suppose que $\underline{\underline{U}}_\infty$ et $\underline{\underline{V}}_\infty$ sont indépendantes, et l'on pose $\underline{\underline{F}}_t=(\underline{\underline{U}}_t\otimes\underline{\underline{V}}_t)_+ \vee \underline{\underline{N}}$, où $\underline{\underline{N}}$ est la tribu engendrée par les ensembles négligeables. Il est très facile de vérifier que toute martingale (locale) par rapport à $(\underline{\underline{U}}_t)$ est encore une martingale (locale) par rapport à $(\underline{\underline{F}}_t)$.

Soit X une telle martingale, que nous supposons pour simplifier de carré intégrable. Comme (j_t) est purement discontinu, son inverse à droite (C_t) ne croît que sur un ensemble M négligeable au sens de Lebesgue, et l'ensemble G est négligeable au sens de Lebesgue. Si $\langle X\rangle$ est absolument continu par rapport à la mesure de Lebesgue[1], on a donc $1_G*X=0$, et les propositions 4 et 5 nous disent que

- JX est purement discontinue, et même une "martingale de sauts".
- $[JX]_t = \Sigma_{s\leq t} (X_{j_s} - X_{i_s})^2$.

III. APPLICATIONS AUX PROCESSUS DE MARKOV

1. Le cas général

Nous désignons maintenant par (ξ_t) un processus de Hunt, d'espace d'états E ; la loi initiale est notée μ . Nous allons appliquer les résultats précédents en prenant pour (C_t) une fonctionnelle additive continue de ξ, de support fin $\overline{E}$. Il est bien connu que le processus changé de temps associé $\overline{\xi}_t=\xi_{j_t}$ est un processus de Markov d'espace d'états $\overline{E}$; c'est encore un processus de Hunt si $\overline{E}$ est <u>projectif</u> (cf. [1]), hypothèse que nous ferons dans la suite. L'ensemble M des points de croissance de C est indistinguable de $\{t : \xi_t\in\overline{E}\}$, et l'ensemble G est égal à $M\backslash M^{\leftarrow}$, où $M^{\leftarrow}$ est

1. Cette hypothèse est elle vraiment nécessaire ?

l'ensemble des extrémités droites d'intervalles contigus à M. On rappelle que $\bar{E}$, support fin d'une fonctionnelle additive continue, est un ensemble "finement parfait", et que M est un ensemble parfait aléatoire.

Soit f un potentiel régulier sur E, que nous supposerons borné pour fixer les idées ; f est engendré par une fonctionnelle additive continue (A_t), et le processus $X_t = f(\xi_t)+A_t$ est une martingale de carré intégrable pour la loi P_μ. La restriction $\bar{f}=f|_{\bar{E}}$ est alors un potentiel pour le processus $(\bar{\xi}_t)$, dont la fonctionnelle additive $\bar{A}_t$ associée est égale à $A_t^{(B)}-A_0^{(B)}$ (une fonctionnelle additive est nulle en 0). Nous simplifierons un peu en supposant μ portée par $\bar{E}$ (ainsi $j_0=0$, $A^{(B)}=\bar{A}$). Nous supposons maintenant que f est harmonique hors de $\bar{E}$, i.e. que A est portée par $\bar{E}$. Alors $JA=A^{(B)}=\bar{A}$ (fin du §I), $\bar{f}$ est un potentiel régulier sur $\bar{E}$, et la martingale changée de temps $\bar{X}=JX$ est égale à $\bar{f}(\bar{\xi}_t)+\bar{A}_t$. On a d'après (11)

$$(17)\qquad <\bar{X}^c>_t = \int_0^{j_t} 1_G(s)d<X^c>_s = \int_0^{j_t} 1_{\bar{E}}(\xi_s)d<X^c>_s$$

Une formule analogue a été établie en théorie du potentiel : cf [10], III.1.1. On remarquera que la partie martingale continue de $\bar{X}$ est aussi la partie martingale continue de la semimartingale $f\circ\bar{\xi}_t$.

REMARQUE. Il arrive assez fréquemment, en théorie des processus de Markov, que l'on ait $d<X>_t \ll dt$ pour toute martingale de carré intégrable X. On a alors $\int_0^{\cdot} 1_G(s)d<X^c>_s=0$ dès que $\int_0^{\cdot} 1_G(s)ds=0$, c'est à dire dès que $\bar{E}$ est un ensemble de potentiel nul (ce qui est une hypothèse normale pour une "frontière"). La martingale changée de temps $\bar{X}$ est alors purement discontinue, et c'est même une martingale de sauts si X est continue. Cela s'applique en particulier au cas où ξ est un mouvement brownien, $\bar{E}$ la frontière d'un "bon" ouvert.

Interprétons maintenant la formule (16). Le processus croissant W de (15) vaut, puisque A est constante sur les intervalles fermés contigus à M

$$(18)\qquad W_t = \sum_{\substack{s\in M^{\rightarrow}\\ D_s\leq t}} (f(\xi_{D_s})-f(\xi_s))^2$$

Nous avons aussi

$$[X^d]_t = \Sigma_{s\leq t}\,\Delta X_s^2 = \Sigma_{s\leq t}\,(f(\xi_s)-f(\xi_{s-}))^2$$

où nous avons utilisé la continuité de A, et le fait que $f(\xi_{s-})=(f\circ\xi)_{s-}$ (ξ est un processus de Hunt). Par conséquent

$$<X^d>_t = \int_0^t\int_E (f(\xi_s)-f(z))^2N(\xi_s,dz)dK_s$$

où (N,K) est un système de Lévy de ξ. De la même manière, $\bar{\xi}$ étant un processus de Hunt, on peut écrire

(19) $$< (JX)^d >_t = < \overline{X}^d >_t = \int_0^t \int_{\overline{E}} ((f(\overline{\xi}_s)-f(z))^2 \overline{N}(\overline{\xi}_s,dz)d\overline{K}_s$$

où $(\overline{N},\overline{K})$ est un système de Lévy de $\overline{\xi}$ (et où on a simplement écrit f au lieu de $\overline{f}$). Ainsi la formule (12) nous donne, compte tenu de (16)

(20) $$\int_0^t \int_{\overline{E}} (f(\overline{\xi}_s)-f(z))^2 \overline{N}(\overline{\xi}_s,dz)d\overline{K}_s$$

$$= \int_0^{j_t} \int_E (f(\xi_s)-f(z))^2 N(\xi_s,dz) 1_{\overline{E}}(\xi_s)dK_s{}^{(1)} + W_t^{(B)}$$

W étant défini par (18). Cette formule peut aussi se déduire de l'expression suivante du système de Lévy de $\overline{\xi}$, facile à établir à partir des résultats de I.3 et I.4 ci-dessus : soient f et g deux fonctions positives sur E, à supports disjoints. Soit H le processus croissant

$$H_t = \sum_{\substack{s \in \overrightarrow{M} \\ D_s \leq t}} f(\xi_{D_s}) g(\xi_s)$$

Alors

(21) $$\int_0^t g(\overline{\xi}_{s-})\overline{N}f(\overline{\xi}_s)d\overline{K}_s = \int_0^{j_t} g(\xi_{s-})Nf(\xi_s)1_{\overline{E}}(\xi_s)dK_s + H_t^{(B)} .$$

Des formules analogues ont été établies en théorie des processus de Markov : voir par exemple [5], [6], [13], [14].

2. La formule de Douglas

Nous pouvons maintenant revenir à la formule de Douglas citée dans l'introduction . Nous ne cherchons pas à préciser ni à affaiblir les conditions de régularité - en fait, on peut toujours écrire une "formule de Douglas" pour une fonction harmonique d'énergie finie dans un ouvert D, en considérant sa frontière de Martin - mais nous voulons seulement montrer que cette formule est naturellement associée au changement de temps, et donner une interprétation probabiliste de la mesure de Naim $\Theta(dx,dy)$.

Soit donc D un ouvert borné de $\mathbb{R}^n$, de frontière régulière δ, et soit V un voisinage ouvert borné de $\overline{D}$. Nous désignons par (ξ_t) le mouvement brownien dans V (i.e. tué à la sortie de V), par G le noyau potentiel correspondant (si λ est une mesure, $G\lambda$ est le potentiel de Green de λ). Nous prenons pour μ la mesure associée au potentiel capacitaire de D : $G\mu(x) = E_x\{T_D<\zeta\}$ pour tout $x \in V$; μ est positive et bornée, et $G\mu=1$ sur $\overline{D}$.

Nous prenons pour f un potentiel borné dans V, harmonique dans D, avec la convention usuelle $f(\xi_t)=0$ pour $t \geq \zeta$ (d'une manière générale, nous écrivons t au lieu de $t \wedge \zeta$ dans les formules ci-dessous). La fonctionnelle

1. $1_G(s) = 1_{\overline{E}}(\xi_s)$ dK-p.s., puisque K est continue.

additive A qui engendre f est portée par $V\setminus D$. Nous prendrons pour (C_t) un temps local de $V\setminus D$, c'est à dire une fonctionnelle additive continue de (ξ_t) dont le support fin est $V\setminus D$; avec les notations précédentes, on a donc $V\setminus D = \overline{E}$. Comme la mesure initiale μ est portée par la frontière de D, on a $J_0=0$ p.s..

L'énergie de f, considérée comme fonction harmonique dans D, est égale à l'intégrale de Dirichlet $\int_D \|\text{grad}f(x)\|^2 dx$; or la mesure μG est égale sur D à la mesure de Lebesgue, et cette énergie vaut donc aussi

$$(22)\quad \int_{V\times V} \mu(dy)G(y,x)dx\ \|\text{grad}f(x)\|^2 1_D(x) = E_\mu[\int_0^\infty \|\text{grad}f(\xi_s)\|^2 1_D(\xi_s)\, ds\ ]$$

(d'après la symétrie de la fonction de Green).

Posons d'autre part $X_t=f(\xi_t)+A_t$. La formule d'Ito nous donne

$$(23)\qquad \langle X\rangle_t = \langle X^c\rangle_t = \int_0^t \|\text{grad}f(\xi_s)\|^2 ds$$

et nous recopions la formule (17)

$$(24)\qquad \langle \overline{X}^c\rangle_t = \int_0^{j_t} 1_{V\setminus D}(\xi_s)\|\text{grad}f(\xi_s)\|^2 ds$$

Donc

$$E[\int_0^{j_t} 1_D(\xi_s)\|\text{grad}f(\xi_s)\|^2 ds] = E[\ \langle X\rangle_{j_t} - \langle \overline{X}^c\rangle_{j_t}\ ] = E[\langle \overline{X}_t\rangle - \langle \overline{X}^c\rangle_t] = E[\langle \overline{X}^d\rangle_t]$$

qui vaut d'après la formule (19)

$$E[\ \int_0^t\int_{V\setminus D} ((f(\overline{\xi}_s)-f(z))^2 \overline{N}(\overline{\xi}_s,dz)\ d\overline{K}_s\ ]^{(1)}$$

En fait, l'intégration sur $V\setminus D$ peut être remplacée par une intégration sur δ, car le système de Lévy ne charge que δ du fait de la continuité de ξ. Faisant tendre t vers l'infini, on déduit de (22) la valeur suivante de l'énergie de f

$$E_\mu[\ \int_0^\infty \int_\delta (f(\overline{\xi}_s)-f(z))^2 \overline{N}(\overline{\xi}_s,dz)d\overline{K}_s] = \int_{\delta\times\delta} (f(y)-f(z))^2 \Theta(dy,dz)$$

où Θ est la mesure positive sur $\delta\times\delta$ privé de la diagonale, donnée par

$$(25)\qquad \iint h(y,z)\Theta(dy,dz) = E_\mu[\int_0^\infty \int_\delta h(\overline{\xi}_s,z)\overline{N}(\overline{\xi}_s,dz)d\overline{K}_s\ ]$$

où h est borélienne positive, nulle sur la diagonale.

Tout ce que nous avons fait ici pour un potentiel borné f dans V, harmonique dans D, s'étend aussitôt à une <u>différence</u> de tels potentiels.

Soit maintenant g une fonction de classe C^2 sur δ ; si δ est suffisamment régulière, g est la trace sur δ d'une fonction γ sur V, de classe C^2

---

1. Dans le cas qui nous occupe, on peut prendre $d\overline{K}_s=ds$.

et à support compact dans V ; γ est le potentiel de Green de la mesure (à support compact) $-\Delta\gamma=\lambda$, et la fonction

$$f(x)= H_\delta\gamma(x) = E_x[\gamma(\xi_{T_\delta})]$$

est le potentiel de Green de la mesure (bornée, portée par δ) balayée de λ sur δ . Donc f est une différence de potentiels bornés, et le calcul précédent s'applique à f. D'autre part, f coincide dans D avec le prolongement harmonique de g par l'intégrale de Poisson.

La formule de Douglas est donc établie pour les prolongements harmoniques de fonctions de classe C^2 sur δ ; il reste à l'étendre à toutes les fonctions harmoniques d'énergie finie dans D, ce que nous ne ferons pas ici.

Le même argument montre que Θ est une mesure de Radon sur $\delta\times\delta$ privé de la diagonale. En effet, si g est une fonction de classe C^2 sur δ, nous avons que $\iint_{\delta\times\delta}(g(y)-g(z))^2\Theta(dy,dz) < \infty$ d'après les lignes précédentes. Appliquant cela aux fonctions coordonnées d'indice 1,...,n et ajoutant, on voit que $\iint_{\delta\times\delta} \|y-z\|^2\Theta(dy,dz)<\infty$, donc Θ attribue une masse finie à tout compact de $\delta\times\delta$ disjoint de la diagonale.

REFERENCES

(1) BLUMENTHAL, R.M. GETOOR, R.K.: *"Markov processes and potentiel theory". N.Y. Academic Press (1968).*

(2) DELLACHERIE, C. : *"Capacités et processus stochastiques". Springer Verlag (1972).*

(3) DOOB, J.L. : *"Boundary properties of functions with finite Dirichlet integrals". Ann. Inst. Fourier Grenoble 12, 573-621 (1962).*

(4) DOUGLAS, J. : *"Solution of the problem of Plateau." Trans. Amer. Math soc. 33, 263-321 (1931).*

(5) GETOOR, R.K. SHARPE, M.J. : *"Last exit times and additive fonctionnals". Annals of Prob. 1, 550-569 (1973).*

(6) EL-KAROUI, N. REINHARD, H. : *"Compactification et balayage de processus droits". Astérisque 21 (1975).*

(7) EL-KAROUI, N. WEIDENFELD, G. : *"Théorie générale et changement de temps". Séminaire de Probabilités XI. Lectures Notes n° 581. Springer Verlag (1977).*

(8) KAZAMAKI, N. : "*Changes of time, stochastic integrals and weak martingales*". *Z. für Wahrs. Th.* 22, 25-32 (1972) .

(9) KUNITA, H. : "*Boundary conditions for multidimensional diffusion processes*". *Kyoto J. of Maths* 1970, 273-335.

(10) LE JAN, Y. : "*Mesures associées à une forme de Dirichlet - Applications*" A paraître à la revue de la S.M.F.

(11) LE JAN, Y. : "*Temps d'arrêt stricts et martingales de sauts.*" A paraître.

(12) MEYER, P.A. : "*Un cours sur les intégrales stochastiques*". *Séminaire de Probabilités X. Lectures Notes n° 511.* Springer Verlag (1976) .

(13) MOTOO, M. : "*Application of additive functionnals to the boundary problem of Markov processes*". 5th Berkeley symp. II Part 2,75-110(1967).

(14) SILVERSTEIN, M. : "*Symetric Markov processes*". *Lectures Notes n° 426* Springer Verlag (1974) .

Yves Le Jan
Laboratoire de Probabilités
Université Paris VI
2 Place Jussieu T.56
75230 Paris Cedex 05

(L.A. associé au CNRS)

QUELQUES EPILOGUES

Marc YOR

J'ai rassemblé ci-dessous, à la demande de P.A. Meyer, divers résultats qui sont autant de réponses à des questions posées, de façon plus ou moins explicite, dans les deux précédents volumes du Séminaire.

$[\Omega,\mathcal{F},(\mathcal{F}_t),P]$ est un espace de probabilité filtré vérifiant les conditions habituelles... $\mathcal{P}$ est la tribu prévisible associée à $(\mathcal{F}_t)$.

1. ESPERANCES CONDITIONNELLES ET OPERATEURS D'INTEGRALE STOCHASTIQUE

Si $(f_t)_{t\geq 0}$ est un processus prévisible borné, et $X\in\mathcal{U}\overset{\text{déf}}{=}L^2(\mathcal{F}_\infty,P)$, on note :

$$K_f(X) = f_0 X_0 + \int_0^\infty f(s)dX_s,$$

où $(X_t)_{t\geq 0}$ désigne la martingale continue à droite, de variable terminale X. On définit ainsi un opérateur borné K_f de $\mathcal{U}$ dans lui-même, appelé opérateur d'intégrale stochastique.

Dans le Séminaire XI, p. 373, Dellacherie et Stricker demandent de caractériser les sous-tribus $\mathcal{G}$ de $\mathcal{F}_\infty$, $(\mathcal{F}_\infty,P)$ complètes, telles que $E(.|\mathcal{G})$, considéré comme opérateur de $\mathcal{U}$ dans lui-même, soit un opérateur d'intégrale stochastique.

Jeulin et Yor ([1] , proposition 8) ont montré que $\mathcal{G}$ vérifie la propriété en question si, et seulement si, il existe un $(\mathcal{F}_t)$ temps d'arrêt T, et un ensemble $B\in\mathcal{F}_{T-}$, tels que : T_B est prévisible, et

$$\mathcal{G} = \{C\in\mathcal{F}_T\ ;\ \exists\, C_{T-}\in\mathcal{F}_{T-}\ ,\ C\cap B = C_{T-}\cap B\}.$$

2. GROSSISSEMENT DE FILTRATION, ET NORMES H^p DE SEMI-MARTINGALES

2.1. Outre la filtration $(\mathcal{F}_t)_{t \geq 0}$, on suppose donnée une seconde filtration $(\mathcal{G}_t)_{t \geq 0}$, vérifiant les conditions habituelles, et telle que :

a) pour tout t, $\mathcal{F}_t \subseteq \mathcal{G}_t \subseteq \mathcal{F}$.

b) toute $(\mathcal{F}_t)$ semi-martingale est une $(\mathcal{G}_t)$ semi-martingale.

Si X est une $(\mathcal{F}_t)$ martingale locale, on note $\overline{X}$ la $(\mathcal{G}_t)$ martingale locale figurant dans la décomposition canonique de X, considérée comme $(\mathcal{G}_t)$ semi-martingale spéciale.

D'après ([1], proposition 12), il existe, pour tout $p \in [1,\infty[$, une constante universelle c_p telle que $||\overline{X}||_{H^p(\mathcal{G})} \leq c_p ||X||_{H^p(\mathcal{F})}$, ce qui répond de façon affirmative à la question posée par Jeulin et Yor, dans le Séminaire XII, p. 96.

2.2. Particularisons encore la situation : L désigne la fin d'un ensemble $(\mathcal{F}_t)$ optionnel, et pour tout $t > 0$, $\mathcal{G}_t$ est la tribu engendrée par $\mathcal{F}_t$ et $(t < L)$. M. Barlow d'une part, Jeulin et Yor d'autre part, ont montré que les hypothèses faites en 2.1 sont vérifiées pour le couple de filtrations $(\mathcal{F},\mathcal{G})$. De plus, d'après ([1], proposition 14), pour tout $p \in [1,\infty[$, il existe deux constantes universelles k_p et K_p telles que

$$k_p ||Y||_{H^p(\mathcal{G})} \leq ||Y||_{H^p(\mathcal{F})} \leq K_p ||Y||_{H^p(\mathcal{G})},$$

pour toute $(\mathcal{F}_t)$ semi-martingale Y.

2.3. Considérons à nouveau un couple de filtrations générales satisfaisant les hypothèses :

a) pour tout t, $\mathcal{F}_t \subseteq \mathcal{G}_t \subseteq \mathcal{F}$.

c) il existe un espace de Banach Θ constitué de $(\mathcal{F}_t)$ martingales uniformément intégrables, et vérifiant :

c.1) l'application : $X \to X_\infty$, de Θ dans $L^1(\hat{\mathcal{F}},P)$, est continue

c.2) toute $(\hat{\mathcal{F}}_t)$ martingale $X \in \Theta$ est une $(\mathcal{G}_t)$ quasi-martingale.

Les hypothèses faites ci-dessus entraînent l'existence d'une constante $c_{\Theta,\mathcal{G}}$ telle que :

$$\forall X \in \Theta, \; V_{\mathcal{G}}(X) \leq c_{\Theta,\mathcal{G}} \, ||X||_\Theta .$$

Démonstration : Notons $\mathcal{A}$ l'ensemble des couples $\alpha = (\underline{t},\underline{a})$, où $\underline{t} = (0=t_0 < t_1 < \ldots . < t_n < \infty)$, et $\underline{a} = (a_1, - , a_n)$, avec, pour tout $i \leq n$, a_i variable $\mathcal{G}_{t_i}$ mesurable, bornée par 1. (n varie dans $\mathbb{N}$).

D'après c.1), pour tout $\alpha \in \mathcal{A}$, l'application

$X \to \ell_\alpha(X) = E\left[\sum_{i \leq n-1} a_i(X_{t_{i+1}} - X_{t_i})\right] + E[a_n X_{t_n}]$ est une forme linéaire continue sur Θ,

et, d'après c.2), pour tout $X \in \Theta$, $V_{\mathcal{G}}(X) = \sup_{\alpha \in \mathcal{A}} \ell_\alpha(X) < \infty$. L'existence de $c_{\Theta,\mathcal{G}}$ découle alors du théorème de la borne uniforme.

Cette remarque donne une explication générale de l'existence des constantes $c_{\Theta,\mathcal{G}}$ dans les articles de Dellacherie et Meyer (Séminaire XII, page 74, $\Theta = H^1(\mathcal{F})$), et P.A. Meyer (Sém. XII, p. 60, Θ= BMO($\mathcal{F}$))

2.4. Rappelons le cadre de l'étude faite par P.A. Meyer dans la note : "Sur un théorème de J. Jacod" (Sém. XII, p. 57-60).

Soit $\pi = (A_i)_{i \in \mathbb{N}}$ une partition dénombrable d'ensembles $\mathcal{F}$-mesurables, et de probabilité strictement positive, pour tout i. Pour tout t, on note $\mathcal{G}_t$ la tribu engendrée par $\mathcal{F}_t$ et π. P.A. Meyer montre alors que toute $(\mathcal{F}_t)$ semi-martingale est une $(\mathcal{G}_t)$ semi-martingale, et que si, de plus, la partition π est d'entropie finie,

d) toute martingale de BMO ($\mathcal{F}$) est une $\mathcal{G}$-quasi-martingale.

On va donner ci-dessous une condition nécessaire et suffisante pour que d) soit réalisée.

D'après 2.3,

$$d) \Longleftrightarrow \sup_{\|X\|_{BMO(\mathcal{F})} \leq 1} \sup_{\alpha \in \mathcal{C}t} \ell'_\alpha(X) < \infty,$$

où, avec les notations de 2.3, on note $\ell_\alpha(X) = \ell'_\alpha(X) + E[a_n X_{t_n}]$. Pour tout $j \in \mathbb{N}$, notons $N^j_t = P(A_j \mid \mathcal{F}_t)$ (version continue à droite). On a :

$$\ell'_\alpha(X) = E[\Sigma_{i \leq n-1} a_i(X_{t_{i+1}} - X_{t_i})]$$

$$= \Sigma_j E[\Sigma_i a_i 1_{A_j}(X_{t_{i+1}} - X_{t_i})]$$

Pour tout j, il existe a^j_i v.a. $\mathcal{F}_{t_i}$-mesurable, bornée par 1 en valeur absolue.

D'où $\ell'_\alpha(X) = \Sigma_j E(\Sigma_i a^j_i(X_{t_{i+1}} N^j_{t_{i+1}} - X_{t_i} N^j_{t_i}))$

$$= \Sigma_j E(\Sigma_i a^j_i(<X,N^j>_{t_{i+1}} - <X,N^j>_{t_i})),$$

et finalement :

$$\sup_{\alpha \in \mathcal{C}t} \ell'_\alpha(X) = \Sigma_j E(\int_0^\infty |d<X,N^j>_s|).$$

Cette expression explicite permet d'écrire :

$$\sup_{\alpha \in \mathcal{C}t} \ell'_\alpha(X) = \sup_{J \in \mathbb{N}} \sup_{f_j \in \mathcal{P}, |f_j| \leq 1} E\left[<X ; \sum_{j \leq J} f_j . N^j>_\infty\right],$$

et donc, par interversion des supremum,

$$d) \Longleftrightarrow \infty > \sup_{J \in \mathbb{N}} \sup_{f_j \in \mathcal{P}; |f_j| \leq 1} \sup_{\|X\|_{BMO(\mathcal{F})} \leq 1} E\left[<X, \sum_{j \leq J} f_j . N^j>_\infty\right]$$

Or, puisque le dual de H^1 est BMO, il existe deux constantes universelles c et c' telles que, pour tout $Y \in H^1(\mathcal{F})$,

$$c\|Y\|_{H^1(\mathcal{F})} \leq \sup_{\|X\|_{BMO(\mathcal{F})} \leq 1} E[<X,Y>_\infty] \leq c' \|Y\|_{H^1(\mathcal{F})}.$$

En conséquence,

$$d) \iff A \overset{\text{déf}}{=} \sup_{J \in \mathbb{N}} \sup_{f_j \in \mathcal{P}\,;\,|f_j| \leq 1} \left\| \sum_{j \leq J} f_j . N^j \right\|_{H^1(\mathcal{F})} < \infty.$$

Remarques :

1) La condition de Meyer : (π est d'entropie finie) implique : $\Sigma_j \, ||N^j||_{H^1(\mathcal{F})} < \infty$, condition plus restrictive que : $A < \infty$.

2) Les arguments utilisés précédemment permettent également de montrer, pour tout $p \in]1,\infty[$, l'équivalence de

d_p) toute martingale de $H^p(\mathcal{F})$ est une $\mathcal{G}$-quasi-martingale et

$$A_q = \sup_{J \in \mathbb{N}} \sup_{f_j \in \mathcal{P}\,;\,|f_j| \leq 1} \left\| \sum_{j \leq J} f_j . N^j \right\|_{H^q(\mathcal{F})} < \infty \text{ , où } \frac{1}{p}+\frac{1}{q} = 1.$$

3. CONVERGENCE DE MARTINGALES DANS L^1 ET DANS H^1.

Dans l'étude faite dans le Séminaire XII sur la représentation des martingales à partir du théorème de Douglas (p. 278, et suivantes), le résultat suivant joue un rôle important.

Proposition 1. Soit M une martingale locale. Soient (Y_t^n), (Y_t) des martingales uniformément intégrables telles que Y_∞^n converge dans L^1 vers Y_∞. Si les martingales Y^n admettent des représentations comme intégrales stochastiques prévisibles par rapport à M : $Y_t^n = \int_0^t \phi_s^n \, dM_s$, il existe un processus prévisible ϕ tel que $Y_t = \int_0^t \phi_s \, dM_s$.

L'espace $\mathcal{L}^1(M)$ des intégrales stochastiques prévisibles $\int_0^\cdot \phi(s)dM_s$, qui appartiennent à H^1, étant fermé pour la convergence dans H^1 fort, la proposition précédente découle immédiatement du résultat suivant ([2], Corollaire 3.1).

Proposition 2. Soient (Y_t^n), (Y_t) des martingales uniformément intégrables, telles que Y_∞^n converge vers Y_∞ dans L^1. Il existe alors une sous-suite (n_k) de $\mathbb{N}$ et une suite de t.a $(T_j)_{j\in\mathbb{N}}$ croissant vers $+\infty$ P p.s, telles que :

- pour tout couple (j,k), $(Y^{n_k})^{T_j}$, $Y^{T_j} \in H^1$.
- pour tout $j \in \mathbb{N}$, $(Y^{n_k})^{T_j} \xrightarrow[H^1]{(k\to\infty)} Y^{T_j}$.

Ceci permet de simplifier considérablement la rédaction faite dans le Séminaire XII (p. 279 et suivantes) en remplaçant les arguments de convergence faible dans L^1 ou H^1, par des arguments analogues de convergence forte dans les mêmes espaces.

4. TEMPS LOCAUX

4.1. En [3], J. Walsh exhibe une famille de semi-martingales réelles, continues, qui prennent à la fois des valeurs positives et négatives, et dont le temps local en 0 est discontinu : il s'agit des " skew Brownian motion" de paramètre $\alpha \neq 1/2$.

On veut ici donner des exemples généraux (en fait, très liés à ceux de Walsh) d'une telle situation.

Soit M une martingale locale continue, nulle en 0, mais non nulle. Son temps local en 0 - soit L^o - n'est donc pas nul (pourquoi ?). De plus, si $X=a\,M^+ + b\,M^-$, avec $ab<0$, X prend à la fois des valeurs positives et négatives. D'après la formule de Tanaka, si l'on note $V = (\frac{a+b}{2})L^o$, $X-V$ est une martingale locale. D'après ([4], théorème 2, iv), c), le saut du temps local de X en $x=0$, soit $\mathcal{L}_t^o - \mathcal{L}_t^{o-}$, est égal à :

$$2\int_0^t 1_{(X_s=0)}dV_s = 2\int_0^t 1_{(M_s=0)}dV_s = (a+b)\,L_t^o.$$

Ainsi, lorsque $ab<0$, et $a+b\neq 0$, la semi-martingale $X = a\,M^+ + b\,M^-$ répond à la demande de J. Walsh.

4.2. A l'aide d'arguments de projection duale prévisible, Azéma et Yor ont montré en ([5], Corollaire 13) que M martingale continue de carré intégrable appartient à BMO si, et seulement si, il existe une constante C

telle que, pour tout t.a T : $E\left[\sup_{s \geq T} (M_s - M_\infty)^2 / \widehat{\mathcal{F}_T}\right] \leq C$ P p.s.

En fait, P.A. Meyer nous a fait remarquer que cette caractérisation de BMO découle simplement de l'inégalité de Doob dans L^2.

Montrons, de façon générale, que M, martingale de carré intégrable, appartient à BMO si, et seulement si, il existe une constante C telle que :

$$\forall T \text{ t.a, } E\left[\sup_{s \geq T} (M_{s-} - M_\infty)^2 / \widehat{\mathcal{F}_T}\right] \leq C.$$

La condition est évidemment suffisante ; inversement, si $M \in BMO$,

$$B_T \overset{\text{déf}}{=} E\left[\sup_{s \geq T} (M_{s-} - M_\infty)^2 / \widehat{\mathcal{F}_T}\right]$$

$$\leq 2\{E\left[\sup_{s \geq T} (M_s - M_{T-})^2 / \widehat{\mathcal{F}_T}\right] + ||M||^2_{BMO}\}$$

$$\leq 2\{4\, E\left[(M_\infty - M_{T-})^2 / \widehat{\mathcal{F}_T}\right] + ||M||^2_{BMO}\}$$

$$\leq 10\, ||M||^2_{BMO}, \text{ cqfd.}$$

REFERENCES (dans l'ordre d'apparition dans le texte).

[1] T. JEULIN et M. YOR : Nouveaux résultats sur le grossissement des tribus Annales Scientifiques ENS, t. 11, n° 3 (1978).

[2] M. YOR : Convergence de martingales dans L^1 et dans H^1. C.R.A.S., t. 286, p. 571-573 (1978).

[3] J.B. WALSH : A diffusion with a discontinuous local time. in : Temps locaux. Astérique 52-53, 1978.

[4] M. YOR : Sur la continuité des temps locaux associés à certaines semi-martingales ; in : Temps locaux.

[5] J. AZEMA et M. YOR : En guise d'introduction, in : Temps locaux.

EN CHERCHANT UNE DÉFINITION NATURELLE DES INTÉGRALES STOCHASTIQUES OPTIONNELLES

Marc YOR

Introduction :

On obtient, au paragraphe 1, une variante de l'inégalité de Fefferman. On utilise cette inégalité pour associer à tout processus optionnel (mince) H, tel que le processus croissant $(\sum_{s\leq\cdot} H_s^2)^{1/2}$ soit localement intégrable, une martingale locale ${}^{m}H$: cette construction contient à la fois le théorème de Chou et Lépingle (cf, Chou [1] et Lépingle [6]), la théorie des intégrales stochastiques optionnelles par rapport à une martingale locale (P.A. Meyer [7], page 343), et une bonne partie de la théorie de l'intégration stochastique par rapport à une mesure aléatoire (voir, par exemple, Jacod [5], et les travaux plus anciens de Skorokhod [9] relatifs aux diffusions, et K. Ito [3] pour les P.A.I.).

Au paragraphe 2, on esquisse une nouvelle définition des intégrales stochastiques optionnelles qui permet d'éliminer les "défauts" de l'intégrale $H\cdot M$ construite par P.A. Meyer en [7] (rappelons que, si M est une martingale locale, si H et K sont deux processus optionnels bornés, on a, en général : $\Delta(H\cdot M) \neq H\Delta M$, et $H\cdot(K\cdot M) \neq (HK)\cdot M$)).

Disons tout de suite que la clé de ces difficultés nous semble être de définir $H\cdot M$ (on notera plutôt le nouvel objet $H*M$) comme semi-martingale, même si M est une martingale locale.

Les "défauts" précédents disparaissent alors, mais il y a un revers à la médaille : il faut se restreindre à certaines sous-classes de processus optionnels (voir la définition 2.1 pour plus de précision).

0. Notations :

$(\Omega,\mathcal{F},P)$ est un espace de probabilité complet, muni d'une filtration $(\mathcal{F}_t)$ vérifiant les conditions habituelles. On emploie souvent l'abréviation "t.a" pour : $(\mathcal{F}_t)$ temps d'arrêt.

$\mathcal{O}$(resp : $\mathcal{P}$) désigne la tribu optionnelle (resp : prévisible) sur $\Omega \times \mathbb{R}_+$.

$\mathcal{S}$ (resp : $\mathcal{L},\mathcal{A},\mathcal{V}$) désigne l'espace des semi-martingales,

resp : - des martingales locales.
- des processus adaptés à variation bornée.
- des processus prévisibles à variation bornée.

Si Z est un processus mesurable borné, on note ${}^oZ$ (resp : $\tilde{Z}$) sa projection optionnelle (resp : prévisible). On conservera la notation $\tilde{Z}$ pour l'extension de la projection prévisible faite en 1.2.

1. Une remarque sur l'inégalité de Fefferman et quelques conséquences :

1.1. Adoptons un point pédagogique : supposons que, connaissant la théorie des intégrales stochastiques par rapport à une martingale continue, le lecteur, ignorant de la théorie "discontinue", cherche à construire les intégrales stochastiques optionnelles.

Si $M \in \mathcal{L}$, et $H \in b(\mathcal{O})$, l'intégrale $H\bullet M$, à définir, devra vérifier, par linéarité :

$$H\bullet M = H\,1_{(\Delta M\neq 0)}\bullet M + H\,1_{(\Delta M=0)}\bullet M$$

$$=(H\,1_{\Delta M\neq 0})\bullet M^d + H\bullet M^c$$

(au moins par analogie avec les intégrales de Stieltjes !)

L'intégrale $H\cdot M^c = (\tilde{H})\cdot M^c$ étant définie, il ne reste plus qu'à construire l'intégrale stochastique de processus optionnels minces (ici : $H\,1_{\Delta M\neq 0}$) par rapport à une martingale somme compensée de sauts.

En fait, l'idée conductrice - pour la suite - est de considérer globalement le processus $H\,\Delta M$, plutôt que $H\,1_{(\Delta M\neq 0)}$ et la martingale M^d.

A ce propos, signalons que "l'esprit" du paragraphe 1 est très voisin de celui de l'article de Jacod [5], mais les méthodes employées dans ces deux articles sont très différentes.

.2. Soit z un processus optionnel tel que le processus croissant $\Sigma_t = (\sum_{s\leq t} z_s^2)^{1/2}$ soit localement intégrable.

D'après la proposition 2 de l'article de Chou [1], il existe une suite de t.a prévisibles T_n, croissant P ps vers $+\infty$, tels que $E\left[\Sigma_{T_n}\right] < \infty$. Pour tout n, et tout t.a T, on a alors :

$$E\left[|z_{T\wedge T_n}|\right] < \infty.$$

Les t.a T_n étant prévisibles, il suffit, pour définir la projection prévisible $\tilde{z}$ de z, de définir celles des z^{T_n}, pour tout n (et celles-ci se recolleront bien).

Or, pour n fixé, si $z' = z^{T_n}$, il existe un processus prévisible $(\tilde{z}')$, unique à une indistinguabilité près, tel que :

pour tout t.a prévisible S, $E\left[z'_S \mid \mathcal{F}_{S-}\right] = \tilde{z}'_S$ P p.s sur $(S < \infty)$.

($\tilde{z}'$ s'obtient par passage à la limite à partir des projections prévisibles des processus $(z'\wedge n)\vee -n)$.

Enfin, on montre aisément que le processus $Z - \tilde{Z}$ est mince.

1.3. Soit Z un processus optionnel mince.

Utilisant toujours le processus Σ, on note, pour tout $p \in [1,\infty]$: $||Z||_{\Lambda^p} = ||\Sigma_\infty||_{L^p}$, et $||Z||_{\Lambda^*} = \left\| \underset{T\ \text{t.a}}{\text{ess sup}} \{E(\Sigma_\infty^2 - \Sigma_{T-}^2 \mid \mathcal{F}_T)\}^{1/2} \right\|_{L^\infty}$,

puis on définit les espaces :

$\Lambda^p = \{Z$ processus optionnel/ $||Z||_{\Lambda^p} < \infty\}$ $(1 \leq p \leq \infty)$

et $\Lambda^* = \{Z$ processus optionnel/ $||Z||_{\Lambda^*} < \infty\}$.

Pour $1 \leq p < \infty$, on obtient aisément les résultats suivants :

- si $\frac{1}{p} + \frac{1}{q} = 1$, $Z \in \Lambda^p$, $Z' \in \Lambda^q$, on a :

$$E(\sum_s |Z_s Z'_s|) \leq ||Z||_{\Lambda^p} \, ||Z'||_{\Lambda^q},$$

d'après l'inégalité d'Hölder.

- Λ^p est un espace de Banach.

- si $1 < p < \infty$, le dual de Λ^p est Λ^q et la dualité entre ces espaces s'exprime au moyen de $(Z,Z')_{\Lambda^p \times \Lambda^q} = E(\sum_s Z_s Z'_s)$.

En ce qui concerne les espaces Λ^1 et Λ^*, on a le :

<u>Théorème 1.1.</u> :

1) <u>Pour tous</u> $Z \in \Lambda^1$, et $Z' \in \Lambda^*$, <u>on a</u> :

$$E(\Sigma_s |Z_s Z'_s|) \leq \sqrt{2}\, ||Z||_{\Lambda^1} \, ||Z'||_{\Lambda^*}.$$

2) <u>Le dual de</u> Λ^1 <u>est</u> Λ^*, <u>et la dualité entre ces deux espaces s'exprime au moyen de</u> :

$$(Z,Z')_{\Lambda^1 \times \Lambda^*} = E(\Sigma_s Z_s Z'_s).$$

Démonstration :

1) On suit, pas à pas, la démonstration de l'inégalité de Fefferman donnée par Meyer en [7] (p.337), en faisant les seuls changements suivants :

on note $C_t = \sum_{s\leq t} z_s^2$, (U_t) le processus égal identiquement à 1, et

on remplace $[N,N]_t$ par $\sum_{s\leq t} z'^2_s$.

2) On s'inspire également de la démonstration donnée par Meyer en [7] (p.339) pour montrer que le dual de H^1 est BMO. Toutefois, ici, le raisonnement se simplifie beaucoup :

- d'après la première partie du théorème, Λ^* s'identifie à un sous-espace de $(\Lambda^1)'$.

- Inversement, soit $\ell \in (\Lambda^1)'$. Alors, $\ell|_{\Lambda^2}$ est continue pour la norme $||\cdot||_{\Lambda^2}$. Λ^2 étant un espace de Hilbert, il existe $V \in \Lambda^2$ tel que : pour tout $z \in \Lambda^2$, $\ell(z) = E(\Sigma_s z_s V_s)$.

Montrons que $V \in \Lambda^*$, c'est à dire qu'il existe une constante γ telle que : $\underset{T\ \text{t.a}}{\text{ess sup}}\ E(\sum_{s\geq T} V_s^2/\mathcal{F}_T) \leq \gamma$, ou, ce qui est équivalent :

pour tout T t.a, $E(\sum_{s\geq T} V_s^2) \leq \gamma\, P(T < \infty)$.

Si l'on note $z = 1_{[T,\infty[} V$, on a :

$$||z||_{\Lambda^1} \leq ||z||_{\Lambda^2} P(T<\infty)^{1/2}.$$

Or, on a : $$||z||^2_{\Lambda^2} = E\left[\sum_s z_s V_s\right] \leq C\ ||z||_{\Lambda^1} \text{ , où}$$

C est une constante ne dépendant que de ℓ.

D'où : $$||z||^2_{\Lambda^2} \leq C\ ||z||_{\Lambda^2} P(T<\infty)^{1/2}.$$

Si l'on divise par $||Z||_{\Lambda^2}$, on trouve : $||Z||_{\Lambda^2} \leq C\ P(T < \infty)^{1/2}$,

et on peut donc prendre $\gamma = C^2$.

Enfin, l'égalité $\ell(Z) = E(\Sigma_s Z_s V_s)$, valable pour tout $Z \in \Lambda^2$,

se prolonge à tout Λ^1, en vertu du lemme suivant.

Lemme 1.2. : Λ^∞ (et donc Λ^2....) est dense dans Λ^1.

Démonstration :

Soit $Z \in \Lambda^1$. Si l'on note $_nZ = (Z \wedge n) \vee -n$ $(n \in \mathbb{N})$, alors le processus $_nZ$ appartient à Λ^1, pour tout $n \in \mathbb{N}$, et la suite $\{_nZ\}$ converge vers Z dans Λ^1.

Pour n fixé, posons $Z' = {}_nZ$. Si l'on note :

$$T_p = \inf\{t \ /\ \sum_{s \leq t} (Z'_s)^2 \geq p\},$$

pour tout p, $Z'^{(p)} = 1_{\left(o,T_p\right)} Z'$ appartient à Λ^∞.

D'après le théorème de convergence dominée de Lebesgue, $Z'^{(p)}$ converge vers Z' dans Λ^1, lorsque p tend vers $+\infty$.

Voici une conséquence importante du théorème 1.1. :

Théorème 1.3. :

Soit Z un processus optionnel tel que le processus croissant $\Sigma_t = (\sum_{s \leq t} Z_s^2)^{1/2}$ soit localement intégrable

(Z est donc un processus mince, et on écrit par la suite : $Z \in \Lambda^1_{loc}$).

Il existe alors une martingale locale, et une seule, valant Z_o en 0, $L \overset{\text{déf}}{=} m_Z$ telle que, pour toute martingale bornée N, le processus $LN - \sum_{s<\cdot} Z_s \Delta N_s$ soit une martingale locale.

<u>De plus, il existe des constantes universelles</u> c_p (pour tout p, $1 \leq p < \infty$) <u>et</u> c_* <u>telles que</u> :

(1) $$||^m\mathcal{Z}||_{H^p} \leq c_p \, ||\mathcal{Z}||_{\Lambda^p}, \text{ et } ||^m\mathcal{Z}||_{BMO} \leq c_* \, ||\mathcal{Z}||_{\Lambda^*},$$

<u>où</u> H^p <u>et</u> BMO <u>désignent les espaces usuels de martingales.</u>

<u>Démonstration</u> :

Si $\mathcal{Z} = \mathcal{Z}_0 1_{[0]}$, on prend $^m\mathcal{Z}$ la martingale locale constante, et égale à $\mathcal{Z}_0$.

Si $\mathcal{Z} \in \Lambda^1_{loc}$, quitte à décomposer ce processus en :

$\mathcal{Z} = \mathcal{Z}_0 1_{[0]} + \mathcal{Z} 1_{]0,\infty[}$, on peut supposer $\mathcal{Z}_0 = 0$, ce que l'on fait dans la suite.

1) Remplaçons à nouveau (comme dans la démonstration du lemme 1.2.) le processus $\mathcal{Z}$ par les processus ${}_n\mathcal{Z} = (\mathcal{Z} \wedge n) \vee -n$ $(n \in \mathbb{N})$. Pour n fixé, notons $\mathcal{Z}' = {}_n\mathcal{Z}$. Le processus $\sum_{s \leq t} (\mathcal{Z}'_s)^2$ est localement intégrable, et, le processus de ses sauts est majoré, en valeur absolue, par n : par arrêt, on peut donc supposer que $E\left[\sum_s (\mathcal{Z}'_s)^2\right] < \infty$.
L'inégalité de Schwarz implique que, pour toute martingale N, on a :

$$E\left[\sum_s |\mathcal{Z}'_s \Delta N_s|\right]^2 \leq E\left[\sum_s (\mathcal{Z}'_s)^2\right] E\left[\sum_s (\Delta N_s)^2\right].$$

L'espace $\underline{M}$ des martingales de carré intégrable est un espace de Hilbert pour le produit scalaire $(M,N) = E\left[M_\infty N_\infty\right] = E\left[[M,N]_\infty\right]$:

il existe donc une martingale $^m(\mathcal{Z}') \in \underline{\underline{M}}$ telle que :

(2) $$\forall N \in \underline{\underline{M}}, \qquad E\left[\sum_s \mathcal{Z}'_s \Delta N_s\right] = E\left[{}^m\mathcal{Z}'_\infty N_\infty\right]$$

2) Les martingales localement de carré intégrable ${}^{m}({}_{n}Z)$ ainsi construites par recollement, à partir de 1), revenons à Z que l'on arrête encore à une suite de t.a, de façon à pouvoir supposer :

$$E\left[(\sum_s Z_s^2)^{1/2}\right] < \infty.$$

En faisant varier N parmi une famille de martingales bornées, faiblement denses dans la boule unité de BMO, et en appliquant le théorème 1.1. à $Z' = \Delta N$, on a, d'après (2), pour tout couple $(p,q) \in \mathbb{N}^2$:

$$||{}^{m}({}_{p}Z) - {}^{m}({}_{q}Z)||_{H^1} \leq C\, E\left[\{\sum_s({}_{p}Z_s - {}_{q}Z_s)^2\}^{1/2}\right],$$

où C est une constante universelle.

La suite $\{{}_{p}Z\}_{p\in\mathbb{N}}$ convergeant vers Z dans Λ^1, la suite $\{{}^{m}({}_{p}Z),\ p\in\mathbb{N}\}$ est de Cauchy dans H^1. On note ${}^{m}Z$ sa limite.

On a alors :

$$(3) \qquad \forall N \in BMO\ , \quad E\left[[{}^{m}Z,N]_\infty\right] = E\left[\sum_s Z_s\ \Delta N_s\right].$$

Remplaçant N par N^T (T t.a), on obtient, par un argument classique, que les processus $[{}^{m}Z,N] - \sum_{s\leq\cdot} Z_s\Delta N_s$, et donc ${}^{m}ZN - \sum_{s\leq\cdot} Z_s\Delta N_s$ sont des martingales locales.

3) L'existence des constantes c_p $(1 \leq p < \infty)$ découle aisément de l'égalité (3), où l'on fait varier N parmi une famille de martingales bornées, denses dans la boule unité de H^q (si $1 \leq p < \infty$, et $\frac{1}{p} + \frac{1}{q} = 1$), on faiblement denses dans la boule unité de BMO (si $p = 1$, et l'on applique encore le théorème 1.1.).

4) Soit $z \in \Lambda^*$.

D'après le théorème 1.1., l'application $M \longrightarrow E\left[\sum_s (\Delta M_s) z_s\right]$ est continue sur H^1. Il existe donc une martingale, que l'on note z^m, qui appartient à BMO, et telle que :

$$(4) \qquad \forall M \in H^1, \qquad E\left[[M, z^m]_\infty\right] = E\left[\sum_s \Delta M_s z_s\right]$$

Comme $E\left[\sum_s z_s^2\right] < \infty$, on sait, d'après le théorème 1.2., que ${}^m z \in \underline{\underline{M}}$, et que :

$$\forall M \in \underline{\underline{M}}, \qquad E\left[[M, {}^m z]_\infty\right] = E\left[\sum_s \Delta M_s z_s\right].$$

Finalement, on a donc :

$$\forall M \in \underline{\underline{M}}, \qquad E\left[[M, z^m]_\infty\right] = E\left[[M, {}^m z]_\infty\right]$$

D'où : ${}^m z = z^m \in$ BMO.

On déduit alors de l'égalité (4) l'existence d'une constante universelle c_* telle que : $\qquad ||{}^m z||_{BMO} \leq c_* \, ||z||_{\Lambda^*}$.

Remarque : Il découle des parties 3) et 4) de la démonstration du théorème 1.3. que l'égalité :

$$E\left[[{}^m z, N]_\infty\right] = E(\Sigma_s \, z_s \, \Delta N_s)$$

est vérifiée dès que : $\quad - \; z \in \Lambda^p \; (1 < p < \infty)$ et $N \in H^q$

$- \; z \in \Lambda^1$ et $N \in$ BMO

$- \; z \in \Lambda^*$ et $N \in H^1$.

Notons maintenant quelques propriétés remarquables de l'application $z \longrightarrow {}^m z$, définie sur l'espace :

$$\Lambda^1_{loc} = \{z \in \mathcal{G} \,|\, \Sigma = (\sum_{s \leq \cdot} z_s^2)^{1/2} \text{ est localement intégrable}\},$$

et à valeurs dans l'espace $\mathcal{L}$ des martingales locales :

$\Pi.1)$ si $Z \in \Lambda^1_{loc}$, ${}^mZ$ est somme compensée de sauts.

$\Pi.2)$ si $Z \in \Lambda^1_{loc}$, on calcule aisément le processus des sauts de ${}^mZ$ comme suit :

$(\sigma-1)$ - si T est un t.a totalement inaccessible ,

$$\Delta({}^mZ)_T = Z_T \text{ sur } (T < \infty)$$

$(\sigma-2)$ - si T est un t.a prévisible, $\Delta({}^mZ)_T = Z_T - \tilde{Z}_T$, sur $(0 < T < \infty)$.

Mais, $\tilde{Z}$ étant un processus prévisible mince, on a $\tilde{Z}_T = 0$ pour tout t.a T totalement inaccessible.

Ainsi, on peut écrire : (5) $\Delta({}^mZ) = Z - \tilde{Z}$ sur $]0,\infty[$.

Indiquons succintement la démonstration des points $(\sigma-1)$ et $(\sigma-2)$: en vertu de l'inégalité (1) (théorème 1.3., pour $p = 1$), et par convergence dans H^1 , on peut supposer $Z \in \Lambda^2$.

Notons $\underline{\underline{M}}(T)$ l'espace (stable) des martingales de carré intégrable, sommes compensées des sauts, continues hors de $[T]$. On sait que $\underline{\underline{M}}(T)^{\perp}$ est constitué des martingales de carré intégrable qui ne sautent pas en T. Ainsi, si l'on pose $Z^{(T)} = Z_T 1_{(T\leq t)} - A_t$, où A_t est le compensateur prévisible de $Z_T 1_{(T\leq t)}$, lorsque T est totalement inaccessible, resp : $Z^{(T)} = (Z_T - \tilde{Z}_T)1_{(0<T\leq t)}$ lorsque T est prévisible, tout revient à montrer que ${}^mZ - Z^{(T)}$ est orthogonale à $\underline{\underline{M}}(T)$, ce qui découle immédiatement de la caractérisation de ${}^mZ$ (théorème 1.3.).

Les propriétés $\Pi.1)$ et $\Pi.2)$ ont, bien sûr, de nombreuses conséquences : en particulier,

- si $Z \in \Lambda^1_{loc}$, et est, de plus, prévisible, alors : ${}^mZ = Z_0$.
- si $Z \in \Lambda^1_{loc}$, et H est un processus prévisible localement borné, alors : $H Z \in \Lambda^1_{loc}$, et ${}^m(HZ) = \int_{0-}^{\cdot} H_s \, d\, {}^mZ_s$.

Toutefois, la conséquence la plus importante de $\Pi.1)$ et $\Pi.2)$ est, à notre avis, la suivante :

Proposition 1.4. :

Il existe des constantes universelles c'_p $(1 \leq p < \infty)$ et c'_* telles que, pour tout $Z \in \Lambda^1_{loc}$, on ait :

$$\|\tilde{Z}\|_{\Lambda^p} \leq c'_p \|Z\|_{\Lambda^p} \quad ; \quad \|\tilde{Z}\|_{\Lambda^*} \leq c'_* \|Z\|_{\Lambda^*}.$$

Remarque :

En [11], D. Lépingle a donné une démonstration de l'existence de c'_1, différente de celle-ci.

Démonstration :

Comme $\tilde{Z}_0 = Z_0$, on peut se ramener au cas où $Z_0 = 0$. D'après (5), on a donc, pour $1 \leq p < \infty$:

$$\begin{aligned}\|\tilde{Z}\|_{\Lambda^p} &\leq \|\Delta({}^mZ)\|_{\Lambda^p} + \|Z\|_{\Lambda^p} \\ &\leq \|{}^mZ\|_{H^p} + \|Z\|_{\Lambda^p} \\ &\leq (c_p+1)\,\|Z\|_{\Lambda^p}, \text{ d'après les inégalités (1).}\end{aligned}$$

On fait un raisonnement analogue pour Λ^*.

Pour conclure cette section, énonçons encore une conséquence du théorème 1.3.

Proposition 1.5.

Soit H un processus optionnel.

Les deux assertions suivantes sont équivalentes :

a) H est $\mathcal{P}$-approchable, c'est à dire : il existe $H' \in \mathcal{P}$, tel que : $H - H' \in \Lambda^1_{loc}$.

b) il existe une martingale locale N et un processus prévisible P tels que : $H = N + P$.

<u>Démonstration</u> : b) $\Longrightarrow$ a) : prendre $H' = P + N_-$

a) $\Longrightarrow$ b) : on peut évidemment remplacer H par H-H', et supposer ainsi que $H \in \Lambda^1$. D'après la formule (5), on a donc :

$$H = \Delta({}^m H) + \tilde{H}$$
$$= {}^m H + (\tilde{H} - {}^m H_-)$$

On a donc b) , avec $N = {}^m H$, et $P = \tilde{H} - {}^m H_-$

<u>Remarque</u> :

On peut remplacer b) par la variante équivalente :

b') il existe une martingale locale N', somme compensée de sauts, et un processus prévisible P' tels que : $H = N' + P'$.

Cette décomposition de H est unique, si l'on suppose $N'_o = 0$.

<u>1.4.</u> Retournons au début de la section <u>1.3.</u> : ayant étudié les espaces $\Lambda^p (1 \leq p < \infty)$ et Λ^* de processus <u>optionnels</u> (minces), il est naturel de s'intéresser aux espaces $\tilde{\Lambda}^p (1 \leq p < \infty)$ et $\tilde{\Lambda}^*$ de processus <u>prévisibles</u> (minces) définis comme suit :

$$\tilde{\Lambda}^p = \{z \in \mathcal{P} \;\Big|\; \|z\|_{\tilde{\Lambda}^p} \overset{\text{déf}}{=} \|z\|_{\Lambda^p} < \infty\}$$

$$\tilde{\Lambda}^* = \{z \in \mathcal{P} \;\Big|\; \|z\|_{\tilde{\Lambda}^*} = \Big\| \underset{T \text{ t.a prévisible}}{\text{ess sup}} \Big(E\{\sum_{s \geq T} z_s^2 \,\Big|\, \mathcal{F}_{T-}\}\Big)^{1/2} \Big\|_{L^\infty} < \infty\}$$

Il est très aisé d'obtenir la version prévisible des résultats déjà connus pour les espaces $\Lambda^p (1 \leq p < \infty)$ et Λ^* (début de la section <u>1.3.</u>, jusqu'au lemme 1.2. compris).

En particulier, l'inégalité de Fefferman "prévisible" s'énonce : pour tous $z \in \tilde{\Lambda}^1$ et $z' \in \tilde{\Lambda}^*$, on a :

$$E(\sum_s |z_s z'_s|) \leq \sqrt{2}\, \|z\|_{\tilde{\Lambda}^1} \|z'\|_{\tilde{\Lambda}^*}.$$

De plus, $\tilde{\Lambda}^* = \{Z \in \mathcal{P} \mid Z \in \Lambda^*\}$.

Toutefois, si la norme $\tilde{\Lambda}^p$ est, pour tout $p \in [1,\infty[$, la restriction de la norme Λ^p à $\tilde{\Lambda}^p$, il n'en est pas de même des normes $\tilde{\Lambda}^*$ et Λ^*.

Cependant, on a le :

Lemme 1.6. :

Si Z est un processus prévisible, on a :

$$||Z||_{\tilde{\Lambda}^*} \leq ||Z||_{\Lambda^*} \leq \sqrt{2}\, ||Z||_{\tilde{\Lambda}^*}.$$

Démonstration :

L'inégalité $||Z||_{\tilde{\Lambda}^*} \leq ||Z||_{\Lambda^*}$ découle de l'inclusion : $\mathcal{F}_{T-} \subseteq \mathcal{F}_T$, utilisée ici pour T t.a prévisible.

Inversement, pour tout t.a prévisible T, Z_T est $\mathcal{F}_{T-}$-mesurable, et donc : $|Z_T| \leq ||Z||_{\tilde{\Lambda}^*}$. D'après le théorème de section prévisible, on a donc : $|Z| \leq ||Z||_{\tilde{\Lambda}^*}$, hors d'un ensemble évanescent.

Si T est un t.a quelconque, on a donc :

$$E\left(\sum_{s \geq T} Z_s^2 \,\middle|\, \mathcal{F}_T\right) \leq ||Z||^2_{\tilde{\Lambda}^*} + E\left(\sum_{s>T} Z_s^2 \,\middle|\, \mathcal{F}_T\right)$$

Or, $$E\left(\sum_{s>T} Z_s^2 \,\middle|\, \mathcal{F}_T\right) = \lim_{n\uparrow\infty} E\left(E\left\{\sum_{s \geq T+\frac{1}{n}} Z_s^2 \,\middle|\, \mathcal{F}_{(T+\frac{1}{n})^-}\right\} \,\middle|\, \mathcal{F}_T\right)$$

$$\leq ||Z||^2_{\tilde{\Lambda}^*}.$$

Finalement, on a donc : $||Z||_{\Lambda^*} \leq \sqrt{2}\, ||Z||_{\tilde{\Lambda}^*}$.

1.5. Dégageons maintenant les rapports qui existent entre le théorème 1.3., et les différentes constructions d'intégrales stochastiques optionnelles.

r-1) si $Z \in \Lambda^1_{loc}$, ${}^mZ$ est l'unique martingale locale, valant Z_0 en 0 somme compensée de sauts, dont le processus de sauts est $Z-\tilde{Z}$ (sur $]0,\infty[$). Ainsi, avec une construction différente, on a retrouvé la martingale locale construite par Chou (1) et Lépingle (6), lorsque $Z \in \Lambda^1_{loc}$, et $\tilde{Z} = 0$.

r-2) Si M est une martingale nulle en 0, somme compensée de sauts, et H un processus optionnel tel que $H\,\Delta M \in H^1$, la martingale locale ${}^m(H\,\Delta M)$ n'est autre que l'intégrale stochastique optionnelle $H{\cdot}M$.

r-3) Enfin, les liens entre intégration stochastique par rapport à une mesure aléatoire et le théorème de Chou et Lépingle ont été étudiés par J. Jacod en [5].

Soulignons encore que l'apport du présent paragraphe est essentiellement de donner une autre démonstration du théorème de Chou et Lépingle.

1.6. Remarque : Pour compléter l'étude menée dans ce paragraphe, signalons une autre variante de l'inégalité de Fefferman, qui se démontre aussi en suivant pas à pas P.A. Meyer en [7] (p. 337) : si M,N sont deux martingales locales, U et V deux processus optionnels, on a :

$$E\left[\int_0^\infty |U_s|\,|V_s|\,|\,d[M,N]_s|\right]$$

$$\leq \sqrt{2}\; E\left[\left(\int_0^\infty U_s^2\, d(M,M)_s\right)^{1/2}\right] \left\{\sup_{T\ \text{t.a}} \frac{\left(E\int_{[T,\infty]} V_s^2\, d[N,N]_s\right)}{P(T<\infty)}\right\}^{1/2}.$$

De plus, si N est une martingale locale, et V un processus optionnel tels que :
$$\sup_{T\ \text{t.a}} \frac{E\left(\int_{[T,\infty]} V_s^2\, d[N,N]_s\right)}{P(T<\infty)} < \infty,$$

la martingale $V{\cdot}N$ - qui appartient à $\underline{\underline{M}}$ - appartient en fait à BMO, et l'on a :

$$\forall M \in H^1, \quad E((V\cdot[M,N])_\infty) = E([M, V\cdot N]_\infty)$$

2. Une définition naturelle de certaines intégrales stochastiques optionnelles:

2.1. Soit X une semi-martingale.

Nous aurons besoin de la

Définition 2.1.

Un processus optionnel H est dit $\mathcal{P}$-approchable pour X s'il existe un processus H' prévisible, localement borné, tel que : (a-1) H-H' <u>est un processus mince</u>

(a-2) <u>pour tout t,</u> $\sum_{s\leq t} |(H_s - H'_s)\,\Delta X_s| < \infty$

On dit alors que H' approche H, pour X.

Remarquons que : - l'ensemble des processus optionnels $\mathcal{P}$-approchables pour X est un espace vectoriel.

- si l'on se restreint aux processus $\mathcal{P}$-approchables pour X, qui sont, de plus, localement bornés, ils forment une algèbre.

- un processus optionnel localement borné est $\mathcal{P}$-approchable pour X si, et seulement si, il l'est pour une martingale locale M qui apparaît dans une décomposition additive de $X = M + A$ $(M \in \mathcal{L}$, $A \in \mathcal{A})$.

2.2. Indiquons maintenant deux propriétés que l'on souhaiterait être vérifiées par les intégrales optionnelles $H * X$ (que l'on se propose de définir ; voir l'introduction) :

(p-1) si H est un processus prévisible localement borné,

$$H * X = H\cdot X$$

(p-2) si H est un processus optionnel mince

tel que : $\forall t$, $\sum_{s\leq t} |H_s \Delta X_s| < \infty$,

alors : $(H * X)_t = \sum_{s\leq t} H_s \Delta X_s$.

Ainsi, si H est un processus optionnel $\mathcal{P}$-approchable (et si H' approche H) pour X, on doit définir, par linéarité, d'après (p-1) et (p-2) :

$$(6) \quad H * X = H'\cdot X + \sum_{s\leq \cdot} (H_s - H'_s)\,\Delta X_s .$$

Cette définition est bien licite, comme le prouve la

<u>Proposition 2.2.</u> :

<u>La formule</u> (6) <u>est cohérente, i.e : elle ne dépend pas du processus prévisible</u> H' <u>qui approche H pour X.</u>

<u>Démonstration</u> :

Soit $X = M + A$ une décomposition additive de X, avec $M \in \mathcal{L}$, $A \in \mathcal{A}$.

Soit H" un second processus prévisible qui approche H pour X.

L'intégration par rapport à dA ne posant aucun problème, tout revient à montrer l'égalité :

$$(7) \qquad (H'-H'')\cdot M = \sum_{s\leq \cdot} (H'_s - H''_s)\,\Delta M_s .$$

Or, le processus prévisible H' - H" étant mince (d'après (a-1)), l'ensemble aléatoire $(H' \neq H'')$ est une réunion dénombrable de graphes disjoints de t.a prévisibles ([2], p. 138).

Ainsi, la martingale locale $N = (H' - H'')\cdot M$ est une somme compensée de sauts, n'a que des sauts prévisibles, et vérifie :

$\forall t, \ \sum_{s\leq t} |\Delta N_s| < \infty.$

D'après la thèse de Yoeurp ([10], théorème 1.6.,3) , on a alors :

$N_t = \sum_{(s\leq t)} (\Delta N_s)$, c'est à dire (7) ■

2.3. Montrons maintenant le caractère "naturel" de la formule - définition (6) :

(n-1) si $A \in \mathcal{A}$, et $H \in b(\mathcal{O})$, l'intégrale $H * A$ est bien définie : en effet, H est $\mathcal{P}$-approchable pour A, par sa projection prévisible $H' = \tilde{H}$. De plus, $H * A$ coïncide avec l'intégrale de Stieltjes $\int_0^{\cdot} H_s \, dA_s$ (heureusement !).

(n-2) si $X \in \mathcal{A}$, et H est $\mathcal{P}$-approchable pour X, on a :

$$\Delta(H * X) = H \, \Delta X$$

(n-3) si H, $K \in b(\mathcal{O})$, et sont $\mathcal{P}$-approchables pour $X \in \mathcal{A}$ (respectivement par H' et K'), alors H* (K*X) et HK * X sont bien définies (c'est facile) et sont égales.

En effet, on a :

$$H *(K * X) = H * \left[K'\cdot X + \sum_{s\leq \cdot} (K_s - K'_s)\, \Delta X_s\right]$$

$$= H * (K'\cdot X) + \sum_{s\leq \cdot} H_s (K_s - K'_s) \Delta X_s, \text{ d'après (n-1).}$$

$$= H'K'\cdot X + \sum_{s\leq \cdot} (H_s - H'_s) K'_s \Delta X_s + \sum_{s\leq \cdot} H_s (K_s - K'_s)\, \Delta X_s$$

$$= (H'K')\cdot X + \sum_{s\leq \cdot} (H_s K_s - H'_s K'_s)\, \Delta X_s$$

$$= HK * X.$$

2.4. Faisons maintenant le lien entre les deux intégrales stochastiques optionnelles H * M et H · M : supposons donc que M soit une martingale locale nulle en 0, et que H soit $\mathcal{P}$-approchable pour M (par H'). On a la

Proposition 2.3. :

H * M est une semi-martingale spéciale si, et seulement si, le processus $\sum_{s\leq \cdot} |(H_s - H'_s)\, \Delta M_s|$ est localement intégrable

Dans ce cas, l'intégrale optionnelle H · M est bien définie ; c'est, de plus, la martingale locale N qui figure dans la décomposition canonique de la semi-martingale spéciale H * M.

Démonstration :

La première assertion est immédiate, d'après (6). D'autre part, H' étant localement borné, H ·M est définie dès que : $\{\sum_{s\leq \cdot} (H_s - H'_s)^2\, (\Delta M_s)^2\}^{1/2}$ est localement intégrable.

Or, ce processus est majoré par $\sum_{s<\cdot} |(H_s - H'_s)\, \Delta M_s|$, qui est localement intégrable, par hypothèse.

Enfin, d'après le lemme de Yoeurp ([10], lemme 2.3.), on a, pour toute martingale locale R :

$$[N,R] - [H * M, R] \in \mathcal{L}$$

Or, $$[H * M,R] = H\cdot [M, R]$$

D'où : $[N , R] - H\cdot [M, R] \in \mathcal{L}$. Or, cette propriété est caractéristique de $H\cdot M$, et donc : $H\cdot M = N$ ∎

2.5. Donnons quelques exemples de calcul de $H * M$, lorsque M est une martingale locale :

- si T est un t.a, alors $H = 1_{[0,T[}$ est $\mathcal{P}$-approchable pour M, par $H' = 1_{[0,T]}$.

On a donc : $(1_{[0,T[} * M)_t = M_{t\wedge T} - \Delta M_T\, 1_{(T \leq t)}$

D'après la proposition 2.3., on a :

(8) $$(1_{[0,T[}\cdot M)_t = M_{t\wedge T} - \Delta M_T\, 1_{(T \leq t)} + B_t,$$

où $B = (\Delta M_T\, 1_{T\leq \cdot})^{\sim}$. (la formule (8) est dûe, à notre connaissance, à M. Pratelli ; cf [8], p. 416)

- si $H = N$ est une martingale locale, c'est un processus $\mathcal{P}$-approchable pour M, par $H' = \tilde{N} = N_-$.

On obtient alors $$(N * M)_t = (N_-\cdot M)_t + \sum_{(s\leq t)} \Delta N_s\, \Delta M_s$$

$$= (N_-\cdot M)_t + [N,M]^d_t$$

Dans le cas où $[N,M]$ est localement intégrable, on obtient, d'après la proposition 2.3. :

(9) $$N\cdot M = N_-\cdot M + [N,M] - \langle N,M\rangle$$

et donc : (10) $\Delta N \cdot M = [N,M] - \langle N,M \rangle$

(on retrouve ainsi la formule de Pratelli - Yoeurp, lorsque N=M ; cf [7], 37, p.276).

Noter aussi que ΔN est $\mathcal{S}$-approchable pour M, par H'=0, et que l'on peut définir $N * M$ (et $\Delta N * M$) pour tout couple de martingales locales, sans condition d'intégrabilité (contrairement aux intégrales $N \cdot M$ et $\Delta N \cdot M$).

2.6. Finalement, cette présentation des intégrales stochastiques optionnelles me semble surtout être avantageuse d'un point de vue pédagogique (et je remercie J.Azéma et J. de Sam Lazaro, dont les questions et les préoccupations de cet ordre m'ont amené à écrire cette note) : en effet, dans de nombreux cas concrets, il est facile d'expliciter $H * M$, et donc d'en déduire $H \cdot M$, d'après la proposition 2.3. (voir les exemples).

Références :

[1] C.S. CHOU : Le processus des sauts d'une martingale locale Sém. Probas XI, Lect. Notes in Math n° 581, Springer (1977).

[2] C. DELLACHERIE : Capacités et processus stochastiques. Springer-Verlag (1972).

[3] K.ITO : Spectral type of the shift transformation of differential processes with stationary increments. T.A.M.S. 1956, pp. 253-263.

[4] J. JACOD : Multivariate point processes : predictable projection, Radon - Nikodym derivatives, representation of martingales. Zeitschrift für Wahr., 31, 1975, pp. 235-253.

(5) J. JACOD : Sur la construction des intégrales stochastiques et les sous-espaces stables de martingales. Sém. Probas XI, Lect. Notes in Math. n° 581, Springer (1977).

(6) D. LEPINGLE : Sur la représentation des sauts des martingales. Sém. Probas XI, Lect. Notes in Math. n° 581, Springer (1977).

(7) P.A. MEYER : Un cours sur les intégrales stochastiques. Sém. Probas X, Lect. Notes in Math n° 511, Springer (1976).

(8) M. PRATELLI : Espaces fortement stables de martingales de carré intégrable. Sém. Probas X, Lect. Notes in Math n° 511, Springer (1976)

(9) A.V. SKOROKHOD : Studies in the theory of random processes.

(10) CH. YOEURP : Décomposition de martingales locales et formules exponentielles. Sém. Probas X, Lect. Notes in Math n° 511, Springer (1976).

(11) D. LEPINGLE : Une inégalité de martingales. (à paraître au Séminaire de Probabilités XII, (1978)).

LES FILTRATIONS DE CERTAINES MARTINGALES
DU MOUVEMENT BROWNIEN DANS $\mathbb{R}^n$

Marc YOR (*)

INTRODUCTION :

Si X est un mouvement brownien à valeurs dans $\mathbb{R}^n$, issu de l'origine, et A une matrice $n \times n$, à coefficients réels, on étudie la filtration $\mathcal{M}^A$ de la martingale $M^A = \int_0^{\cdot} (AX_s , dX_s)$.

On obtient principalement les résultats suivants :

- Si A est symétrique, $\mathcal{M}^A$ est la filtration d'un mouvement brownien à valeurs dans $\mathbb{R}^k$, issu de 0, où k est le nombre de valeurs propres distinctes et non nulles de A.
- Les seules matrices A pour lesquelles toute martingale relative à $\mathcal{M}^A$ puisse se représenter comme intégrale stochastique par rapport à M^A sont les matrices $A = c\tilde{R}I_r R$, où R est une matrice orthogonale, c une constante, et I_r la matrice $n \times n$, diagonale, dont les r premiers éléments diagonaux sont égaux à 1, et les $(n-r)$ autres égaux à 0.

(*) Membre du Laboratoire associé au C.N.R.S, n° 224
"Processus Stochastiques et Applications".
Tour 56, 4, Place Jussieu
75230 PARIS CEDEX 05.

1. PRELIMINAIRES.

1.1 Notations et remarques :

- (Ω,F,P) est un espace de probabilité complet, muni d'une filtration $\mathcal{F} = (\mathcal{F}_t)_{t \geq 0}$ vérifiant les conditions habituelles. Toute sous-filtration $\mathcal{G}$ de $\mathcal{F}$, c'est-à-dire :
toute filtration $\mathcal{G} = (\mathcal{G}_t)_{t \geq 0}$ telle que, pour tout t, $\mathcal{G}_t \subseteq \mathcal{F}_t$ (ce que l'on note aussi $\mathcal{G} \subseteq \mathcal{F}$), utilisée dans la suite, vérifie également les conditions habituelles.

- Soit $Z : \Omega \times \mathbb{R}_+ \longrightarrow \mathbb{R}^p$ un processus. On note $\mathcal{F}(Z)$ la filtration naturelle de Z, c'est-à-dire :
$(\mathcal{F}^o_t(Z) = \sigma\{Z_s , s \leq t\} , t \geq 0)$ rendue (F,P) complète et continue à droite.

- Si Z et Z' sont deux tels processus, respectivement à valeurs dans $\mathbb{R}^p$ et $\mathbb{R}^q$, on dit que :

  - Z domine Z' (ou : Z' est dominé par Z) si $\mathcal{F}(Z') \subseteq \mathcal{F}(Z)$

  - Z équivaut à Z' (ou : Z et Z' sont équivalents)

si : $\mathcal{F}(Z') = \mathcal{F}(Z)$.

- Dans tout l'article, X est un mouvement brownien à valeurs dans $\mathbb{R}^n$, vérifiant $X_o = 0$, et dont les composantes sont notées X^i $(1 \leq i \leq n)$[(1)]

---

(1) Soulignons l'importance qu'il y a -en particulier dans cet article- à distinguer un mouvement brownien à valeurs dans $\mathbb{R}^n$, de n mouvements browniens réels $(X^i)_{1 \leq i \leq n}$, qui ne sont pas -en général- indépendants.

On note $\mathbb{M}_n$ l'ensemble des matrices réelles $n \times n$. L'objet de l'article est l'étude de la filtration $\mathcal{M}^A = \mathcal{F}(M^A)$, où

$M^A = \int_0^{\cdot} (AX_s , dX_s)$, $A \in \mathbb{M}_n$, et $(\, , \,)$ désigne le produit scalaire usuel de $\mathbb{R}^n$.

Nous énonçons maintenant deux lemmes de domination, particulièrement importants dans la suite.

Lemme 1 : Pour toute matrice $\Gamma \in \mathbb{M}_n$, les processus $(\Gamma X,X)$ et $M^{\Gamma+\tilde{\Gamma}}$ sont équivalents. En particulier, si Γ est symétrique, $(\Gamma X,X)$ équivaut à M^{Γ}.

Démonstration :

C'est une conséquence de l'identité :

$$(\Gamma X_t,X_t) = \int_0^t ((\Gamma+\tilde{\Gamma})\, X_s, dX_s) + \text{trace}\,(\Gamma)t,$$

obtenue à l'aide de la formule d'Ito.

Lemme 2 : Si M et N sont deux martingales continues telles que M domine N, alors M domine également $\langle M,N\rangle$.

Démonstration :

Ce résultat découle immédiatement de l'approximation, en probabilité, pour tout t, de $\langle M,N\rangle_t$, par des expressions de la forme

$$\sum_{i=1}^{k} (M_{t_{i+1}} - M_{t_i})\,(N_{t_{i+1}} - N_{t_i}) \quad (0 \le t_i \le t).$$

1.2 La filtration du processus de Bessel d'ordre n.

Théorème 1 :

Soit X mouvement brownien à valeurs dans $\mathbb{R}^n$, issu de l'origine.

1) Si $n=1$, $|X|$ équivaut au mouvement brownien

$$X' = \int_0^{\cdot} \text{sgn}(X_s)\, dX_s .$$

2) Si $n > 1$, $|X| = (\Sigma (X^i)^2)^{1/2}$ équivaut au mouvement brownien réel

$$B = \int_0^{\cdot} |X_s|^{-1} \left(\sum_{i=1}^{n} X_s^i \, dX_s^i \right)$$

Remarques :

1) Pour tout n, et tout $t \leq +\infty$, on a :

$\mathcal{F}_t(|X|) \subsetneq \mathcal{F}_t(X)$.

2) En [3] (proposition 14), les résultats du théorème 1 ont été obtenus pour X mouvement brownien à valeurs dans $\mathbb{R}^n$, vérifiant $P(X_0 = x) = 1$, où $x \in \mathbb{R}^n$, $x \neq 0$.

Toutefois, la démonstration faite pour 1) est toujours valable lorsque $x = 0$; elle a été faite indépendamment par D. Lane [1].

Démonstration (1) du théorème 1 :

D'après la seconde remarque, il suffirait de prouver 2). Cependant, la méthode utilisée ici est valable pour $n \geq 1$. Notons $\rho = |X|^2$.

D'après la formule d'Ito, on a, pour tout t : $\rho_t = 2 \int_0^t \underset{\sim}{\rho_s} \, dB_s + nt$

(on note encore B pour X' si $n = 1$).

On en déduit, tout d'abord, que ρ domine B, car ce dernier processus peut s'écrire : $B_t = \int_0^t \frac{1}{2\rho_s} d(\rho_s - ns)$.

Inversement, d'après T. Yamada [2], ρ est la solution de l'équation en H : $H_t = 2 \int_0^t f(H_s) \, dB_s + nt$, où $f(x) = \sqrt{|x|}$ est une fonction de $\mathbb{R}$ dans lui-même, höldérienne d'ordre $1/2$; il s'ensuit, toujours d'après [2], que ρ est adapté à la filtration $\mathcal{F}(B)$.

---

(1) Cette démonstration est dûe à T. Jeulin, que je remercie vivement de m'avoir autorisé à la publier ici.

Du lemme 1, on déduit la conséquence suivante du théorème 1 :

Corollaire :

On utilise les notations du théorème 1.

La martingale $M^I = \int_0^\cdot \sum_{i=1}^n X_s^i \, dX_s^i$ équivaut à X' si $n=1$ et à B si $n > 1$.

2. Etude de la filtration $\mathcal{M}^A$, pour A matrice symétrique.

Remarquons tout d'abord que si $A, A' \in \mathbb{M}_n$ sont liées par la relation $A' = \tilde{R}AR$, où $R \in \mathbb{M}_n$ est une matrice orthogonale, les martingales

$$M^A = \int_0^\cdot (AX_s, dX_s) \quad \text{et} \quad M^{A'} = \int_0^\cdot (A'X_s, dX_s)$$

ont même loi ; en effet, on a aussi :

$M^{A'} = \int_0^\cdot (AX_s', dX_s')$, où $X' = RX$ est également un mouvement brownien à valeurs dans $\mathbb{R}^n$. En particulier, $\mathcal{M}^A$ et $\mathcal{M}^{A'}$ ont même structure.

On peut maintenant énoncer le :

Théorème 2 :

Si $A (\in \mathbb{M}_n)$ est symétrique, $\mathcal{M}^A$ est la filtration d'un mouvement brownien à valeurs dans $\mathbb{R}^k$, issu de 0, où k est le nombre de valeurs propres distinctes et non nulles de A.

Démonstration :

- Montrons tout d'abord que M^A domine (A^pX,X), pour tout $p \geq 1$.

D'après le lemme 2, M^A domine $\langle M^A, M^A\rangle$ et donc $\frac{d\langle M^A,M^A\rangle}{dt} = (A^2X,X)$.

D'autre part, d'après le lemme 1, (A^2X,X) équivaut à M^{A^2}.

D'après le lemme 2, M^A domine donc $\frac{d\langle M^A,M^{A^2}\rangle}{dt} = (A^3X,X)$, et

$$\frac{d\langle M^{A^2},M^{A^2}\rangle}{dt} = (A^4X,X).$$

Lorsque l'on itère ce procédé, il apparaît que M^A domine $(A^p X,X)$, pour tout $p \in \mathbb{N}^*$

- D'après la remarque débutant le paragraphe 2, on peut supposer A identique à la matrice diagonale

$$\begin{pmatrix} \lambda_1 & & & 0 \\ & \lambda_2 & & \\ & & \ddots & \\ 0 & & & \lambda_n \end{pmatrix}$$

De plus, on peut supposer que les p_1 premiers termes λ_i sont égaux (à $\mu_1 \neq 0$), les p_2 suivants égaux (à $\mu_2 \neq 0$) et ainsi de suite jusqu'à k, avec $p_1 + \ldots + p_k = r$, $p_i \in \mathbb{N}^*$, les réels μ_i étant deux à deux distincts, et enfin que les (n-r) derniers termes diagonaux sont nuls

Notons $Z_1 = \sum_{i=1}^{p_1} (X^i)^2$, et plus généralement :

$$Z_\ell = \sum_{p_1 + \ldots + p_{\ell-1} + 1}^{p_1 + \ldots + p_\ell} (X^i)^2 \qquad (1 \leq \ell \leq k)$$

A l'aide de ces notations, on peut écrire, pour tout $p \geq 1$:

$$(A^p X,X) = \sum_{\ell=1}^{k} \mu_\ell^p Z_\ell$$

Les réels μ_ℓ $(1 \leq \ell \leq k)$ étant 2 à 2 distincts et non nuls, le

déterminant $\begin{vmatrix} \mu_1 & \mu_2 & \ldots & \mu_k \\ \mu_1^2 & \mu_2^2 & \ldots & \mu_k^2 \\ \vdots & & & \\ \mu_1^k & \mu_2^k & \ldots & \mu_k^k \end{vmatrix}$ n'est pas nul, car il est égal au produit de $\prod_{\ell=1}^{k} \mu_\ell$ par le déterminant de Van der Monde de paramètres $(\mu_1, \ldots, \mu_k)$. Donc, les processus Z_ℓ $(1 \leq \ell \leq k)$ sont dominés par M^A, et inversement, M^A, qui équivaut à $(AX,X) = \sum_{\ell=1}^{k} \mu_\ell Z_\ell$, est dominé par le processus $Z = (Z_1, \ldots, Z_k)$.

D'après le théorème 1, chaque processus Z_ℓ équivaut à un mouvement brownien réel, issu de 0, X'_ℓ. Les processus Z_ℓ étant indépendants, les mouvements browniens X'_ℓ le sont aussi, et finalement $X' = (X'_1, \ldots, X'_k)$ est un mouvement brownien à valeurs dans $\mathbb{R}^k$, équivalent à M^A.

Corollaire 1 :

$\mathcal{F}(X^1 X^2)$ est la filtration d'un mouvement brownien à valeurs dans $\mathbb{R}^2$, issu de 0. Plus précisément, si l'on note Y le mouvement brownien de composantes :

$Y^1 = \frac{1}{\sqrt{2}} (X^1 + X^2)$ et $Y^2 = \frac{1}{\sqrt{2}} (X^1 - X^2)$, la filtration $\mathcal{F}(X^1 X^2)$ est celle du mouvement brownien $Y' = (Y'^1, Y'^2)$, où :

$$Y'^1 = \int_0^{\cdot} \operatorname{sgn}(Y^1_s)\, dY^1_s \quad \text{et} \quad Y'^2 = \int_0^{\cdot} \operatorname{sgn}(Y^2_s)\, dY^2_s.$$

Démonstration :

D'après la formule d'Ito, $X^1 X^2 = M^A$, où $A = \begin{pmatrix} 0 & 1 \\ 1 & 0 \end{pmatrix}$.

Cette matrice se diagonalise sous la forme $A = R\begin{pmatrix} 1 & 0 \\ 0 & -1 \end{pmatrix}R$,

avec $R = \frac{1}{\sqrt{2}} \begin{pmatrix} 1 & 1 \\ 1 & -1 \end{pmatrix}$. Remarquons que $Y = RX$, et $M^A = \int_0^{\cdot} Y^1\, dY^1 - Y^2\, dY^2$.

D'après la démonstration du théorème 2, M^A équivaut au processus $((Y^1)^2, (Y^2)^2)$, lui-même équivalent à Y' (théorème 1).

Corollaire 2 : (1)

Si $A \in \mathbb{M}_n$, $A \neq 0$, la filtration $\mathcal{M}^A$ est celle de $(k+1)$ mouvements browniens réels $(Y^i)_{1 \leq i \leq k+1}$, issus de 0, où :

- k est le nombre de valeurs propres distinctes et non nulles de $B = \tilde{A}A$.
- Dans le cas général, $(Y^1, -, Y^k)$ est un mouvement brownien à valeurs dans $\mathbb{R}^k$, équivalent à (BX,X).
- Dans le cas où $\tilde{A}A^2 = 0$, $(Y^1, -, Y^{k+1})$ est le mouvement brownien à valeurs dans $\mathbb{R}^{k+1}$.

Remarque :

Dans le dernier cas, on montre aisément que la dimension de l'image de B , et donc k , sont inférieurs ou égaux à la partie entière de $\frac{n}{2}$.

Démonstration :

Quitte à effectuer un changement de base orthogonale, on peut supposer dans toute la démonstration, que B est une matrice diagonale de la forme

$$\begin{pmatrix} \lambda_1 & & & & \\ & \ddots & & 0 & \\ & & \ddots & & \\ & 0 & & \lambda_r & \\ & & & & 0 \end{pmatrix}$$

,où pour tout i, $1 \leq i \leq r$ $(r \leq n)$, on a $\lambda_i \neq 0$.

Remarquons que le processus $|AX_s|^2 = \sum_{i=1}^{r} \lambda_i (X_s^i)^2$ s'annule au plus, $dP(\omega)$ p.s, sur un ensemble de mesure de Lebesgue nulle : en effet, les coefficients λ_i sont strictement positifs, et un mouvement brownien réel ne s'annule, $dP(\omega)$ p.s, que sur un ensemble de mesure de Lebesgue nulle. La martingale locale

$\int_0^t \frac{(AX_s, dX_s)}{|AX_s|}$ est donc bien définie, et a pour processus croissant t : c'est donc un mouvement brownien réel, que l'on note Y^{k+1}.

---

(1) Comme on l'a signalé en 1.1, la distinction entre un mouvement brownien à valeurs dans $\mathbb{R}^p$, et p mouvements browniens réels est essentielle.

D'après le théorème 2, le processus $|AX|^2 = (BX,X)$ est équivalent à un mouvement brownien $(Y^1 ,\ldots, Y^k)$, à valeurs dans $\mathbb{R}^k$, où k est défini dans l'énoncé.

Comme $|AX|$ est dominé par M^A, et que inversement, $M^A = \int_0^{\cdot} |AX_s| dY_s^{k+1}$, on en déduit le résultat pour le cas général.

Dans le cas où $\tilde{A}A^2 = 0$, l'image de la matrice A est donc contenue dans $\mathrm{Ker}(B)$, et on a :

$$Y^{k+1} = \sum_{i=r+1}^{n} \int_0^{\cdot} \frac{(AX)_s^i \, dX_s^i}{|AX_s|}$$

Par ailleurs, d'après les théorèmes 1 et 2, tout mouvement brownien $(Y^1 ,\ldots, Y^k)$ à valeurs dans $\mathbb{R}^k$, équivalent à $|AX|$, est une intégrale stochastique matricielle par rapport à $(X^1 ,\ldots, X^r)$.

On en déduit que deux quelconques des mouvements browniens réels Y^i $(1 \leq i \leq k+1)$ sont orthogonaux, en tant que martingales, et donc que $(Y^1 ,\ldots, Y^{k+1})$ est un mouvement brownien à valeurs dans $\mathbb{R}^{k+1}$ ■

3. Les martingales M^A qui ont la propriété de représentation prévisible.

3.1 Une définition et un contre-exemple :

Rappelons que, si N est une $(\mathcal{F},P)$ martingale locale continue (réelle), c'est aussi une $(\mathcal{F}(N),P)$ martingale locale continue : en effet, les $\mathcal{F}(N)$ -temps d'arrêt $T_n = \inf \{t \ / \ |N_t| \geq n\}$ $(n \in \mathbb{N})$ réduisent N. On peut alors poser la :

Définition :

On dit que N a la propriété de représentation prévisible si toute $(\mathcal{F}(N),P)$ martingale réelle bornée L, peut s'écrire :

$L = c + \int_0^{\cdot} \phi_s \, dN_s$, où $c \in \mathbb{R}$, et ϕ est un processus $\mathcal{F}(N)$-prévisible, convenablement intégrable.

Remarques :

1) Il est équivalent, dans la définition, de remplacer "martingale bornée" par "martingale locale". (cf. [4], théorème 2).

2) En [1], D. Lane a étudié, dans le cas $n = 1$, la propriété de représentation prévisible pour les martingales $M^f = \int_0^{\cdot} f(X_s)\, dX_s$, où f varie dans une classe importante de fonctions réelles continues.

En relation avec la définition, rappelons brièvement que :

- d'après un célèbre théorème d'Ito, le mouvement Brownien réel possède la propriété de représentation prévisible.
- plus généralement, il y a identité entre les martingales locales (continues ou non) qui ont la propriété de représentation prévisible, et celles dont la loi est extrémale dans l'ensemble des lois de toutes les martingales locales (voir par exemple [4], théorème 1).

En 1975, H. Kunita m'a indiqué comme exemple de martingale n'ayant pas la propriété de représentation prévisible (1), celui de :

$$Z = \int_0^{\cdot} X^1\, dX^2 .$$

En effet, d'après le lemme 2, Z domine $(X^1)^2$, qui équivaut, d'après le lemme 1, à : $\int_0^{\cdot} X^1\, dX^1$.

Or, cette martingale est orthogonale à Z, qui ne saurait donc avoir la propriété de représentation prévisible.

Le théorème 2 permet en fait de dégager complètement la structure de $\mathfrak{F}(Z)$.

Dans ce but, remarquons que : a) $Z = M^A$, avec $A = \begin{pmatrix} 0 & 0 \\ 1 & 0 \end{pmatrix}$.

b) $A^2 = 0$.

---

(1) Cet exemple semble maintenant faire partie du folklore de l'étude des martingales continues. A. Shyriaev a cité le même exemple à J. Jacod, et D. Lane m'a signalé avoir construit un exemple très voisin avec S. Orey.

En conséquence, d'après le corollaire 2 du théorème 2, Z équivaut à un mouvement brownien Y, à valeurs dans $\mathbb{R}^2$, et on déduit aisément de la démonstratioı de ce corollaire que l'on peut prendre pour Y le processus de composantes :

$$Y^1 = \int_0^{\cdot} \operatorname{sgn}(X_s^1)\, dX_s^1 \ , \text{ et } \ Y^2 = \int_0^{\cdot} \operatorname{sgn}(X_s^1)\, dX_s^2 .$$

3.2 <u>Caractérisation des martingales M^A qui ont la propriété de représentation prévisible.</u>

<u>Théorème 3</u> :

<u>Les matrices</u> $A \in \mathbb{M}_n$ <u>telles que</u> $M^A = \int_0^{\cdot} (AX_s\ ,\ dX_s)$ <u>ait la propriété de représentation prévisible sont les matrices</u> $A = c\tilde{R}I_rR$, <u>où</u> $c \in \mathbb{R}$, $R \in \mathbb{M}_n$ <u>est une matrice orthogonale,</u> I_r <u>est la matrice diagonale, dont les</u> r $(1 \leq r \leq n)$ <u>premiers éléments diagonaux sont égaux à</u> 1 , <u>et les</u> $(n-r)$ <u>autres égaux à 0.</u>

<u>Démonstration</u> :

- Le cas $A=0$ (qui correspond dans l'énoncé à $c=0$) est trivial, et on suppose dans la suite $A \neq 0$.

- Soit $A \in \mathbb{M}_n$. D'après le lemme 2, le processus $\frac{d \langle M^A, M^A\rangle}{dt} = (BX,X)$,

  où $B = \tilde{A}A$, est dominé par M^A. Il en est donc de même de la martingale $M^B = \int_0^{\cdot} (BX_s\ ,\ dX_s)$, d'après le lemme 1.

  Ainsi, si M^A a la propriété de représentation prévisible, il existe un processus ϕ , $\mathcal{M}^A$ prévisible, tel que :

(1) $$M^B = \int_0^{\cdot} \phi(s)\, dM_s^A$$

Remarquons que, comme pour tout t, $E\left((M_t^B)^2\right) < \infty$, on a :

$$\forall t,\ E\int_0^t \phi^2(s)\ (AX_s\ ,\ AX_s)ds < \infty$$

De (1) , on déduit, en identifiant les intégrands par rapport à dX :

$$BX_s = \phi(s)\ AX_s \ , \ dP\ ds\ ps.$$

Il existe donc s, réel strictement positif, tel que :

$$E\left(\phi^2(s)\ (AX_s\ , AX_s)\right) < \infty$$

et

$$BX_s = \phi(s)\ AX_s \quad P\ ps.$$

On peut donc prendre l'espérance conditionnelle par rapport à X_s des deux membres de la dernière égalité :
il existe alors une fonction borélienne $\psi : \mathbb{R}^n \to \mathbb{R}$
telle que $BX_s = \psi(X_s)\ AX_s \quad P$ ps.

et donc :

(2) $$Bx = \psi(x)\ Ax\ , \quad dx\ ps.$$

On définit la fonction $\psi_o : \mathbb{R}^n \to \mathbb{R}$, suivante :

si $x \in (\text{Ker } A)$, $\psi_o(x) = 0$

si $x \notin (\text{Ker } A)$, $\psi_o(x) = \dfrac{(Bx,Ax)}{|Ax|^2}$.

On a donc, d'après (2), $Bx = \psi_o(x)\ Ax$ dx ps, sur $\complement(\text{Ker } A)$.
Or, $\complement(\text{Ker } A)$ est un ouvert de $\mathbb{R}^n$, et sur cet ouvert, les fonctions $x \longrightarrow Bx$ et $x \longrightarrow \psi_o(x)\ Ax$ sont continues.
L'égalité (3) $Bx = \psi_o(x)\ Ax$ a donc lieu partout sur $\complement(\text{Ker } A)$, et donc sur tout $\mathbb{R}^n$ (sur Ker A, les deux membres sont nuls).
$B = \tilde{A}A$ est symétrique, et donc diagonalisable dans une base orthogonale (pour $\mathbb{R}^n$) de vecteurs propres $(e_i)_{i \leqq n}$ (avec la matrice de passage orthogonale R).

D'après (3), si la valeur propre λ_i (pour B) correspondant à e_i n'est pas 0, on a :

(4) $$\lambda_i e_i = \psi_o(e_i)Ae_i \neq 0,$$

donc e_i est un vecteur propre de A.

Si $Be_i = 0$, on a alors $(\tilde{A}Ae_i, e_i) = 0$, et donc $|Ae_i| = 0$, c'est-à-dire $Ae_i = 0$.

A admet donc pour vecteurs propres, la même base (e_i) (orthogonale) de vecteurs propres que B : elle est donc symétrique.

D'après le théorème 2, et le théorème classique d'Ito sur la représentation des martingales d'un mouvement brownien à valeurs dans $\mathbb{R}^k$, toute $\mathcal{M}^A$-martingale se représente donc comme la somme d'intégrales stochastiques par rapport à k mouvements browniens réels indépendants. Pour que toute martingale puisse se représenter comme intégrale stochastique par rapport à <u>une</u> martingale fondamentale (à savoir, M^A, sous notre hypothèse), il est nécessaire que $k = 1$, c'est-à-dire (théorème 2) que toutes les valeurs propres non nulles de A soient égales ; on en déduit que A peut s'écrire sous la forme annoncée.

Inversement, si A s'écrit sous cette forme, on peut supposer, d'après la remarque débutant le paragraphe 2, que $A = I_r$.

Autrement dit, quitte à prendre $n = r$, il s'agit de montrer que $M^I = \sum_{i=1}^{n} \int_0^{\cdot} X_s^i \, dX_s^i$ a la propriété de représentation prévisible.

Or, d'après le corollaire du théorème 1, M^I équivaut à un mouvement brownien réel γ (qui a la propriété de représentation prévisible), et les processus $\langle M^I, M^I\rangle_t$ et $\langle\gamma,\gamma\rangle_t (= t)$ sont équivalents (au sens des mesures positives sur la tribu prévisible associée à $\mathfrak{F}(M^I)$!) : il est alors immédiat que M^I a la propriété de représentation prévisible.

Concluons ce travail par l'énoncé d'une conjecture : le théorème 2, et l'étude individuelle de filtrations $\mathcal{M}^A$ associées à certaines réduites de Jordan $A \in \mathbf{M}_n$, semblent indiquer que, pour toute $A \in \mathbf{M}_n$, M^A équivaut à un mouvement brownien à valeurs dans $\mathbb{R}^k$ (k = ?) issu de 0.

RÉFÉRENCES :

(1) D. LANE : "On the fields of some Brownian martingales". Annals of Proba. (à paraître).

(2) T. YAMADA : "Sur une construction des solutions d'équations différentielles stochastiques dans le cas non lipschitzien" Sém. Probas XII. Lect. Notes in Maths 649, Springer (1978).

(3) M. YOR : "Sur les théories du filtrage et de la prédiction". Sém. Probas XI. Lect. Notes in Maths. 581, Springer (1977).

(4) M. YOR : "Remarques sur la représentation des martingales comme intégrales stochastiques". Sém. Probas XI. Lect. Notes in Math. 581, Springer (1977).

Université de Strasbourg
Séminaire de Probabilités 1977/78

DEMONSTRATION SIMPLE D'UN RESULTAT SUR LE TEMPS LOCAL

par CHOU Ching-Sung

Dans le cours de P.A. Meyer sur les intégrales stochastiques ([1], p. 365), on démontre : si X est une semimartingale, la somme

(1) $$\sum_{0<s\leq t} I_{\{X_{s-}\leq 0\}}X_s^+ + I_{\{X_{s-}>0\}}X_s^-$$

est p.s. finie pour t fini. Ce résultat avait aussi été démontré par P. Millar [2] pour les processus à accroissements indépendants. P.A. Meyer a posé le problème d'arriver à comprendre pourquoi cette somme est finie, et C. Stricker a suggéré une relation avec les nombres de montées et descentes de Doob. En suivant cette idée nous allons arriver ici à une démonstration très facile à comprendre.

D'abord, d'après C. Stricker [3], nous pouvons changer de loi pour nous ramener au cas où $X=X_0+M+A$, où $X_0 \in L^1$, M est une martingale de carré intégrable sur [0,t], A un processus à variation intégrable sur [0,t]. Puis en remplaçant X par le processus arrêté X^t, nous pouvons supposer que cette décomposition existe sur $[0,\infty]$. Il est très facile de vérifier que toutes les intégrales stochastiques $\int_0^\infty \varphi_s dX_s$, où φ est prévisible et $0\leq\varphi\leq 1$, sont bornées dans L^1 par un même nombre m.

Soit $a>0$. Considérons les temps d'arrêt $T_0^a=0$, puis

$$T_1^a = \inf\{t>T_0^a : X_t\leq \frac{a}{2}\} \quad , \quad T_2^a = \inf\{t>T_1^a : X_t\geq a\}$$

$$T_3^a = \inf\{t>T_2^a : X_t\leq \frac{a}{2}\} \quad , \quad T_3^a = \inf\{t>T_3^a : X_t\geq a\} \quad , \quad \text{etc.}$$

La somme $(X_{T_2}-X_{T_1})+(X_{T_4}-X_{T_3})+\ldots$ est une intégrale $\int_0^\infty \varphi_s dX_s$, $0\leq\varphi\leq 1$, donc elle est intégrable, et son espérance est majorée par m. D'autre part, tous les termes de cette somme (qui n'a qu'un nombre fini de termes $\neq 0$) sont positifs, sauf peut être le dernier terme non nul, majoré par $2X^*$ en valeur absolue. On en déduit que $E[U^a] \leq m+2E[X^*]$, avec

$$U^a = |X_{T_2}-X_{T_1}|+|X_{T_4}-X_{T_3}| + \ldots$$

Posons aussi

$$V^a = \sum_{0<s} I_{\{X_{s-}\leq 0, X_s\geq a\}}X_s$$

Si $s>0$ est tel que $X_{s-}\leq 0$, $X_s\geq a$, soit 2k le dernier entier pair tel que $T_{2k}<s$. La condition $X_{s-}\leq 0$ entraîne $T_{2k+1}<s$, et comme $T_{2k+2}\geq s$, $X_s\geq a$ on a $T_{2k+2}=s$. Donc $V^a \leq U^a$ et

$$E[V^a] \leq m + 2E[X^*] \text{ indépendamment de a}$$

Il ne reste plus qu'à faire tendre a vers 0, pour trouver que la somme (1) est intégrable.

Dans le travail de N. El Karoui Sur les montées des semi-martingales, le cas discontinu (Temps locaux, Astérisque n°52-53, S.M.F. 1978), la théorie du temps local est reliée aux nombres de montées. Le seul résultat de la théorie du temps local utilisé est le suivant : si J est un ensemble optionnel tel que $\{ s : s \in J, X_{s-}=0\}$ soit à coupes dénombrables, alors $\int_0^t 1_J(s) 1_{\{X_{s-}=0\}} dX_s$ est à variation finie. Il suffit de démontrer pour cela que :

Proposition . Si X est une semi-martingale, de décomposition X=M+A, alors $\int_0^t 1_{\{X_{s-}=0\}} dM_s^d$ est un processus à variation finie.

M. Stricker nous a signalé que cette proposition se déduit facilement de ce qui précède.

Démonstration. Soit (N_t) la martingale locale purement discontinue $N_t = \int_0^t 1_{\{X_{s-}=0\}} dM_s^d$. Nous avons

$$\Delta N_t = 1_{\{X_{t-}=0\}} \Delta M_t = 1_{\{X_{t-}=0\}} [\Delta X_t - \Delta A_t]$$

Comme $\Sigma_{t \leq u} 1_{\{X_{t-}=0\}} |\Delta X_t| < \infty$ pour u fini, on a le même résultat pour $\Sigma_{t \leq u} |\Delta N_t|$. D'après un théorème de Yoeurp (Séminaire X, p. 440, lemme 1.5), cela entraîne que N est à variation finie.

BIBLIOGRAPHIE

[1] P.A. Meyer . Un cours sur les intégrales stochastiques. Sém. Prob. X, Lecture Notes in M. 511, Springer 1976.

[2] P.W. Millar . Stochastic integrals and processes with stationary independent increments. Proc. 6-th Berkeley Symp., Vol. III, p. 307-332 (1972).

[3] C. Stricker . Quasimartingales, martingales locales, semi-martingales et filtration naturelle. ZfW 39, 1977, p. 55-64.

Mathematics Department
National Central University
Chung-Li , Taiwan

Université de Strasbourg
Séminaire de Probabilités 1977/78

TEMPS LOCAL ET BALAYAGE DES SEMI-MARTINGALES[1]

par Nicole EL KAROUI

En utilisant des techniques classiques en balayage de processus de Markov, nous dégageons le lien entre le temps local en zéro d'une semi-martingale X, et les balayés de certains processus à variation finie, sur l'ensemble des zéros de X. Nous généralisons en particulier les résultats de [2], établis lorsque X est une martingale continue. Le temps local est alors obtenu comme la projection duale optionnelle d'un processus à variation finie, qui ne croît que sur les extrémités gauches des excursions de X hors de 0, et peut être approximé par un processus à variation finie lié aux excursions de longueur plus grande que ε.

On applique ensuite les résultats précédents aux semi-martingales X-a et, intégrant en a, on obtient comme en [2] une caractérisation du processus croissant [X,X] associé à une martingale.

I. BALAYAGE EN THEORIE GENERALE

Nous rappelons dans ce paragraphe, un certain nombre de résultats classiques en théorie des processus de Markov, sur le balayage sur un ensemble aléatoire ([8]).

Sur un espace filtré $(\Omega, \underline{\underline{F}}, \underline{\underline{F}}_t, P)$, satisfaisant aux conditions habituelles, est défini un ensemble aléatoire H, progressivement mesurable et fermé à droite, c.à.d. que, pour chaque ω, la coupe H_ω de H, définie par : $H_\omega = \{ t>0 : (\omega,t)\in H\}$ est un ensemble fermé à droite de $\mathbb{R}^+$. Il est alors bien connu ([3]) que la fermeture $\overline{H}$ de H est un ensemble optionnel.

Deux processus jouent un rôle important dans la description de H :

a) Le processus croissant, continu à droite, non adapté (D_t) défini par

1. Note de la rédaction du séminaire . Cet article porte sur un sujet voisin de celui de Yor : sur le balayage des semi-martingales continues, et aussi de l'article de Le Jan : martingales et changement de temps. Nous n'avons pas du tout suggéré de modifications aux divers auteurs, car nous espérons que le lecteur appréciera ces très différentes variations sur le même thème du balayage. Signalons simplement, pour éviter des confusions, que le processus noté (ℓ_t) par N. El Karoui correspond à celui qui est noté (τ_t) par Yor, et non au (ℓ_t) de Yor ou de Stricker plus bas.

$$D_t = \inf\{ s>t : s\in H \}$$

b) Le processus croissant, continu à gauche, adapté donc prévisible

$$\ell_t = \sup\{ s<t : s\in H \}$$

Notons que pour chaque t, D_t est un $\underline{\underline{F}}$-temps d'arrêt et que

$$\overline{H} = \overline{\cup_{r\in\mathbb{Q}} [D_r]} \quad \text{où } D_r = \{(\omega,t) : t=D_r(\omega),\ t<\infty\}$$

Le processus ℓ_t est l'inverse à gauche du processus croissant D_t. On pose $G=\{(\omega,s) : \ell_s=s\}$, de sorte que les temps de sauts de ℓ_t sont inclus dans G^c, et que l'on a $\overline{H}=H\cup G$.

DEFINITION 1. <u>Soit</u> A <u>un processus à variation intégrable</u>, <u>non nécessairement adapté</u>. <u>On appelle</u> H-<u>balayée optionnelle</u> (<u>resp. prévisible</u>) <u>du processus</u> A, <u>la projection duale optionnelle</u> (<u>resp. prévisible</u>) <u>du processus à variation intégrable</u> A^H <u>défini par</u> : $A^H_t = A_{D_t} - A_{D_0}$. <u>On la désigne par</u> ${}^oA^H$ (<u>resp</u>. ${}^pA^H$).

REMARQUE. En théorie des processus de Markov, on suppose de plus que l'ensemble aléatoire H est homogène. On appelle alors <u>temps local de</u> H, la fonctionnelle additive L^H définie par : $\int_0^t e^{-s} dL^H_s$ est la H-balayée prévisible de $\int_0^t e^{-s} ds$.

La formule du changement de variables permet de préciser un peu la structure des H-balayées.

En effet, l'inégalité $D_0 < s \leq D_t$ est équivalente à $0<\ell_s \leq t$, et on a donc : $A^H_t = \int 1_{\{0<\ell_s\leq t\}} dA_s$. Plus généralement, si Z est un processus mesurable positif, on a

(1) $$\int Z_s dA^H_s = \int Z_{\ell_s} 1_{\{0<\ell_s\}} dA_s$$

En particulier, si le processus A est porté par G, les processus A et A^H sont indistinguables.

Les processus dont les H-balayées présentent le plus d'intérêt sont donc ceux qui sont portés par G^c. Le processus A^H est alors purement discontinu. En effet, si $H^{\rightarrow}$ désigne l'ensemble des extrémités gauches des intervalles contigus à $\overline{H}$, il est facile de voir que

$$G^c = \{ s : \exists g\in H^{\rightarrow} ,\ g<s\leq D_g\} = \cup_{g\in H^{\rightarrow}}]\!]g,D_g]\!]$$ [1]

et donc que

(2) $$A^H_t = \int_{D_0}^{D_t} 1_{\{0<\ell_s<s\}} dA_s = \Sigma_{0<g\in H^{\rightarrow},\ g\leq t} (A_{D_g} - A_g)$$

1.On a aussi $G^c = \cup_{r\in Q}]\!]r,D_r]\!]$; G^c est l'ensemble prévisible noté L dans l'article de Meyer-Stricker-Yor plus bas.

Rappelons que l'ensemble $H^{\rightarrow}$ est généralement cité comme un bon exemple d'ensemble qui est progressivement mesurable, mais qui le plus souvent n'est pas optionnel. On peut le décomposer en deux ensembles disjoints, l'un $H_{\pi}^{\rightarrow}$ qui ne contient aucun graphe de temps d'arrêt, l'autre $H_{b}^{\rightarrow}$, qui est une réunion dénombrable de graphes de temps d'arrêt. Pour plus de détails, voir [8] et [5].

La proposition suivante sera utilisée par la suite :

PROPOSITION 2. <u>Soit</u> A <u>un processus à variation intégrable</u> (<u>non adapté</u>). <u>On suppose que</u> A <u>est une martingale par rapport à</u> $(\underline{\underline{F}}_{D_t})$, <u>et que l'on a</u> $E[\Delta A_T 1_{\{T<\infty\}}]=0$ <u>pour tout temps d'arrêt</u> T <u>de la famille</u> $(\underline{\underline{F}}_t)$. <u>Alors la projection duale optionnelle de</u> A (<u>par rapport à</u> $(\underline{\underline{F}}_t)$) <u>est nulle</u>.

DEMONSTRATION. Puisque A est une $(\underline{\underline{F}}_{D_t})$-martingale, sa projection duale prévisible par rapport à $(\underline{\underline{F}}_{D_t})$, donc aussi par rapport à $(\underline{\underline{F}}_t)$, est nulle. D'autre part, A ne chargeant aucun graphe de temps d'arrêt, ses projections duales optionnelle et prévisible sont égales.

2. H-BALAYEES DES SEMI-MARTINGALES

Nous considérons dans tout ce paragraphe, une semi-martingale X appartenant à $\underline{\underline{H}}^1$, de décomposition canonique $X=X_0+M+V$, où M est une martingale de $\underline{\underline{H}}^1$ nulle en 0, et V est un processus à variation intégrable prévisible. Pour tout ce qui concerne les semi-martingales, nous renvoyons systématiquement au cours sur les intégrales stochastiques de P.A. Meyer ([9]), et pour les temps locaux des semi-martingales, à [1].

Nous supposons que l'ensemble aléatoire H est contenu dans $\{ s : X_s=0\}$. Alors $\bar{H}$ est contenu dans $\{ s : X=0 \text{ ou } X_-=0 \}$.

Nous nous proposons d'établir une relation entre le temps local de X en 0, et les passages dans H, généralisant ainsi les résultats de [2], établis pour les martingales continues. Pour la clarté de l'exposé, nous rappelons d'abord un certain nombre de formules sur les temps locaux.
$L^o(X)$ désignant le temps local de X au point 0, et X^+ la partie positive de X, on a

(3) $X_t^+ = X_0^+ + \int_0^t 1_{\{X_{s-}>0\}} dX_s + \frac{1}{2}L_t^o(X) + \Sigma_{0<s\leqq t}(1_{\{X_{s-}>0>X_s\}}+1_{\{X_{s-}\leqq 0<X_s\}})|X_s|$

(4) $\frac{1}{2}(L_t^o(X)-L_t^o(-X))= \int_0^t 1_{\{X_{s-}=0\}} dX_s - \Sigma_{0<s\leqq t} 1_{\{X_{s-}=0\}} X_s$

(5) Si X est une semi-martingale positive, $L_t^o(-X)=0$ pour tout t.

Le calcul simple, qui permet d'établir la proposition suivante, est à la base de ce travail.

PROPOSITION 3. <u>Soit</u> X <u>une semi-martingale de</u> $\underline{\underline{H}}^1$, <u>de décomposition canonique</u> $X=X_0+M+V$. <u>Soit</u> Z <u>un processus prévisible tel que la semi-martingale</u>

$$Y_t = \int_0^t Z_{\ell_s} 1_{\{\ell_s>0\}} dX_s$$

appartienne à $\underline{\underline{H}}^1$. *On a alors*[1]

(6) $$Y_t = Z_{\ell_t} 1_{\{\ell_t>0\}} X_t$$

ou encore

(6') $$Z_{\ell_t} X_t 1_{\{\ell_t>0\}} = \int_0^t Z_{\ell_s} 1_{\{0<\ell_s<s\}} dX_s + \Sigma_{0<s\leq t}\, 1_{\{\ell_s=s\}} Z_s X_s$$
$$+ \frac{1}{2}\int_0^t Z_s 1_{\{\ell_s=s\}} (dL_s^0(X) - dL_s^0(-X))$$

Le processus (non adapté)

(7) $$K_u = X_\infty 1_{\{0<\ell_\infty\leq u\}} - \Sigma_{0<s\leq u}\, 1_{\{\ell_s=s\}} X_s - \Big(\int_0^{\cdot} 1_{\{\ell_s<s\}} dV_s\Big)_u^H$$

est à variation intégrable, et l'on a aussi

(8) $$K_u = \int_{D_0}^{D_u} 1_{\{\ell_s<s\}} dM_s + \frac{1}{2}\int_0^u 1_{\{\ell_s=s\}} (dL_s^0(X) - dL_s^0(-X)) = \Sigma_{0<g\leq u,\, g\in H^{\rightarrow}} (M_{D_g} - M_g$$

En particulier, le processus $K_u - \frac{1}{2}\int_0^u 1_{\{\ell_s=s\}} (dL_s^0(X) - dL_s^0(-X))$ *est une martingale de* $\underline{\underline{H}}^1$ *par rapport aux tribus* $\underline{\underline{F}}_{D_t}$.

DEMONSTRATION. Nous commençons par la formule (6). Si Z est un processus élémentaire de la forme $1_{]\!]0,S]\!]}$, Z_ℓ est le processus $1_{]\!]D_0,D_S]\!]}$, tandis que Y_t est égal à $1_{\{t>D_0\}}(X_{D_S\wedge t} - X_{D_0}) = 1_{\{D_S\geq t>D_0\}} X_t$, car X_{D_0} (resp. X_{D_S}) est nul sur $\{D_0<\infty\}$ (resp. $\{D_S<\infty\}$). On a donc bien $Y_t = Z_{\ell_t} 1_{\{\ell_t>0\}} X_t$, et l'identité (6) s'étend alors facilement à un processus prévisible Z pour lequel Y appartient à $\underline{\underline{H}}^1$.

Etablir (6') revient alors à montrer que le second membre est égal à l'intégrale stochastique Y_t, ce qui peut s'écrire

$$\int_0^t Z_{\ell_s} 1_{\{\ell_s=s\}} dX_s = \Sigma_{0<s\leq t}\, 1_{\{\ell_s=s\}} Z_s X_s + \frac{1}{2}\int_0^t Z_s 1_{\{\ell_s=s\}} (dL_s^0(X) - dL_s^0(-X))$$

Or l'ensemble $\{ s : \ell_s=s \}$ est contenu dans $\{ s : X_{s-}=0\}$. On évalue l'intégrale stochastique $\int_0^{\cdot} 1_{\{X_{s-}=0\}} dX_s$ par la formule (4), puis on intègre le processus $(Z_{\ell_s} 1_{\{\ell_s=s\}})$ par rapport à la semi-martingale (à variation finie) obtenue.

La formule (6') peut se simplifier légèrement si H est exactement l'ensemble des zéros de X : en effet, $L^0(X)$ et $L^0(-X)$ sont continus et portés par $\{X=0\}$, donc par H, donc par $\{ s : \ell_s=s\}$, et on peut alors supprimer l'indicatrice.

Dans la formule (6'), prenons $t=+\infty$, $Z=1_{]\!]0,u]\!]}$, et écrivons que

---

1. Cf. le théorème 1 de l'article de Yor plus bas (N.d.l.r.).

$dX = dM + dV$ sur $]0,\infty[$. Nous obtenons

$$X_\infty 1_{\{0<\ell_\infty \leq u\}} = \int_0^\infty 1_{\{0<\ell_s \leq u\}} d(M+V)_s + \Sigma_{0<s\leq u} 1_{\{\ell_s = s\}} X_s$$
$$+ \frac{1}{2}\int_0^u 1_{\{\ell_s=s\}}(dL_s^o(X)-dL_s^o(-X))$$

Dans la première intégrale au second membre, nous remplaçons $\{0<\ell_s \leq u\}$ par $\{D_0<s\leq D_u\}$, et nous obtenons la première égalité (8). Le fait que K est à variation intégrable (plutôt que simplement à variation finie) se ramène au résultat analogue sur $\Sigma_{0<s\leq u} 1_{\{\ell_s=s\}} X_s$, qui s'étudie aisément sur (3) ou (4).

Reste donc à établir la seconde égalité (8). Pour cela, nous écrivons le dernier membre de (8) comme la somme (qui se trouvera être absolument convergente)

$$\Sigma_{g\in H^{\rightarrow}, 0<g\leq u}[(X_{D_g}-X_g)-(V_{D_g}-V_g)]$$

La somme relative à V est absolument convergente (et représente même un processus à variation intégrable), du fait que V est à variation intégrable ; elle est égale au dernier terme à droite de (7). Dans la somme relative à X, seul un terme X_{D_g} peut être non nul : celui qui correspond à $g=\ell_\infty$, présent seulement si $\ell_\infty \leq u$. Il reste donc seulement à évaluer $\Sigma_{g\in H^{\rightarrow}, 0<g\leq u} X_g$, et on vérifie très facilement que cette somme est égale à $\Sigma_{0<s\leq u} 1_{\{\ell_s=s\}} X_s$, absolument convergente d'après (3) ou (4). On a donc retrouvé l'expression (7) de K.

Pour finir, on remarque que $N_t = \int_0^t 1_{\{\ell_s<s\}} dM_s$ est une martingale de $\underline{\underline{H}}^1$ par rapport à $(\underline{\underline{F}}_t)$, donc $N_t^H = N_{D_t} - N_{D_0}$ est une martingale de $\underline{\underline{H}}^1$ par rapport à $(\underline{\underline{F}}_{D_t})$, d'où la dernière affirmation.

REMARQUE. A l'exception de cette dernière affirmation, la seule propriété de la décomposition X=M+V que l'on a utilisée dans la démonstration est le fait que V est à variation intégrable.

Si l'on écrit (8) avec M=X, V=0, on obtient

$$\int_{D_0}^{D_u} 1_{\{\ell_s<s\}} dX_s = X_\infty 1_{\{0<\ell_\infty \leq u\}} - \Sigma_{0<s\leq u} 1_{\{\ell_s=s\}} X_s$$
$$- \frac{1}{2}\int_0^u 1_{\{\ell_s=s\}}(dL_s^o(X)-dL_s^o(-X)) .$$

Si X est à variation intégrable, on peut prendre M=0, X=V, et alors (8) se réduit à

$$\frac{1}{2}\int_0^u 1_{\{\ell_s=s\}}(dL_s^o(X)-dL_s^o(-X)) = 0$$

qui n'est pas particulièrement intéressant, car $L^o(X)$ et $L^o(-X)$ eux mêmes sont nuls ([1], p. 33, corollaire 3).

Les conséquences de cette proposition sont simples et nombreuses. Nous leur consacrerons le paragraphe suivant, nous bornant pour l'instant à celle-ci :

COROLLAIRE 4. Sous les hypothèses de la proposition 3, le processus K a pour projection duale optionnelle

$$B_t = \frac{1}{2}\int_0^t 1_{\{\ell_s=s\}}(dL_s^o(X)-dL_s^o(-X))$$

PREUVE : D'après la formule (8), K-B satisfait aux hypothèses de la proposition 2. Sa projection duale optionnelle est donc nulle.

Nous terminons ce paragraphe par un résultat d'approximation qui se déduit aisément des égalités (8). Au cours de la démonstration, nous mettrons en évidence une suite de martingales, sommes de leurs sauts, qui convergent dans $\underline{\underline{H}}^1$ vers une martingale qui ne possède plus cette propriété remarquable. Pour plus de détails concernant ces martingales, voir [7][1].

PROPOSITION 5. Sous les hypothèses de la proposition 3, les processus à variation finie B_t^ε (non adaptés) définis par

$$B_t^\varepsilon = \Sigma_{0<g\leq t, g\in H^{\rightarrow}} 1_{\{g+\varepsilon\leq D_g\}}(X_{g+\varepsilon}-X_g)$$

convergent vers B_t dans L^1, uniformément en t.

DEMONSTRATION. Rappelons que, d'après (8), le processus $\overline{N}_t=K_t-B_t$ est une martingale des tribus $\underline{\underline{F}}_{D_t}$, égale à $\int_{D_0}^{D_t} 1_{\{\ell_s<s\}}dM_s$, et que l'on a $\Delta\overline{N}_s = \Delta K_s = 1_{\{s\in H^{\rightarrow}\}}(M_{D_s}-M_s)$. Nous allons approximer la martingale $\overline{N}$ par une suite de $\underline{\underline{F}}_{D_t}$-martingales sommes de leurs sauts.

Posons $\overline{N}_t^\varepsilon = \int_{D_0}^{D_t} 1_{\{\ell_s+\varepsilon<s\}}dM_s$; il est clair que $\overline{N}^\varepsilon$ est une $\underline{\underline{F}}_{D_t}$-martingale qui converge dans $\underline{\underline{H}}^1$ vers $\overline{N}$. Nous avons d'autre part

$$\{ s : \ell_s+\varepsilon<s\} = \cup_n]\!] L_n^\varepsilon+\varepsilon, T_n^\varepsilon]\!]$$

où L_n^ε, T_n^ε désignent respectivement les extrémités gauche et droite du n-ième intervalle contigu à $\overline{H}$, de longueur plus grande que ε. Il est bien connu (voir [3]) que $L_n^\varepsilon+\varepsilon$ et T_n^ε sont des temps d'arrêt. Donc $\overline{N}_t^\varepsilon$ est somme de ses sauts, et l'on a

$$\overline{N}_t^\varepsilon = \Sigma_n 1_{\{L_n^\varepsilon\leq t\}}(M_{T_n^\varepsilon} - M_{L_n^\varepsilon+\varepsilon})$$

Il reste à expliciter la différence $\overline{N}-\overline{N}^\varepsilon$:

$$\overline{N}_t-\overline{N}_t^\varepsilon = \Sigma_{0<g\leq t,\ g\in H^{\rightarrow}} 1_{\{g+\varepsilon\leq D_g\}}(X_{g+\varepsilon}-X_g) - \frac{1}{2}\int_0^t 1_{\{\ell_s=s\}}(dL_s^o(X)-dL_s^o(-X))$$
$$- \int_0^t 1_{\{0<\ell_s<s<\ell_s+\varepsilon\}} dV_s \quad - \quad \Sigma_{0<g\leq t,\ g\in H^{\rightarrow}} 1_{\{D_g<g+\varepsilon\}}X_g$$

1. Et l'article de Le Jan dans ce volume (n.d.l.r.).

La première ligne est égale à $B_t^\varepsilon - B_t$. Quant à la seconde, les deux processus V_t et $\Sigma_{0<g\leq t,\ g\in H^{\to}} X_g$ étant à variation intégrable, elle converge vers 0 p.s. et dans L^1, uniformément en t, lorsque ε tend vers 0. La proposition 5 en résulte.

REMARQUES . a) En fait la convergence est un peu meilleure que ne l'indique l'énoncé : $\sup_t |B_t - B_t^\varepsilon|$ tend vers 0 dans L^1. La démonstration donne aussitôt ce résultat.

b) On établit exactement de la même façon que, pour tout processus prévisible Z, tel que la semi-martingale Y de la proposition 3 appartienne à $\underline{\underline{H}}^1$, le processus

$$\Sigma_{0<g\leq t, g\in H^{\to}} Z_g 1_{\{g+\varepsilon\leq D_g\}}(X_{g+\varepsilon}-X_g)$$

converge (dans L^1 uniformément en t, ou au sens de a) ci-dessus) vers $\frac{1}{2}\int_0^t 1_{\{\ell_s=s\}} Z_s(dL_s^0(X)-dL_s^0(-X))$

3. BALAYAGE ET TEMPS LOCAL

Nous allons exploiter la proposition 3 en l'appliquant à la semi-martingale X^+ et à l'ensemble H égal à $\{X=0\}$. On rappelle que $L_t^0(X)=L_t^0(X^+)$.

THEOREME 6. <u>Soient</u> X <u>une semi-martingale de</u> $\underline{\underline{H}}^1$, <u>de décomposition</u> $X = X_0+M+V$, <u>et</u> H <u>l'ensemble</u> $\{X=0\}$. <u>Les identités suivantes sont satisfaites</u>

$$(9)\quad \Sigma_{0<g\leq t,\ g\in H^{\to}} (M_{D_g}-M_g) = \int_{D_0}^{D_t} 1_{\{\ell_s<s\}} dM_s + \frac{1}{2}(L_t^0(X)-L_t^0(-X))$$

$$(10)\quad \Sigma_{0<g\leq t,\ g\in H^{\to}} \int_{]g,D_g]} 1_{\{X_{s-}>0\}} dM_s = \int_{D_0}^{D_t} 1_{\{\ell_s<s\}} 1_{\{X_{s-}>0\}} dM_s + \frac{1}{2}L_t^0(X)$$

<u>En particulier, la projection duale optionnelle de</u>

$$(11)\quad X_\infty^+ 1_{\{0<\ell_\infty\leq t\}} - \Sigma_{0<g\leq t, g\in H^{\to}} \Sigma_{g\leq s<D_g} (1_{\{X_{s-}>0>X_s\}}+1_{\{X_{s-}\leq 0<X_s\}})|X_s|$$
$$- \int_{D_0}^{D_t} 1_{\{0<\ell_s<s\}} 1_{\{X_{s-}>0\}} dV_s$$

<u>est égale à</u> $\frac{1}{2}L_t^0(X)$.

<u>Par ailleurs, le processus</u> $\Sigma_{0<g\leq t} 1_{\{g+\varepsilon\leq D_g\}}(X_{g+\varepsilon}^+-X_g^+)$ <u>converge uniformément en</u> t <u>dans</u> L^1 <u>vers</u> $\frac{1}{2}L_t^0(X)$.

PREUVE : La formule (9) recopie (8), avec des simplifications dues au fait que H est exactement l'ensemble des zéros de X (suppression de $1_{\{\ell_s=s\}}$). La formule (10) est encore (8), mais appliquée à X^+, dont la décomposition $X_0^+ + M'+V'$ est donnée par la formule (4) :

$$M'_t = \int_0^t 1_{\{X_{s-}>0\}} dM_s \quad , \quad V'_t = \int_0^t 1_{\{X_{s-}>0\}} dV_s + \Sigma_{0<s\leq t} (\ldots)|X_s| + \tfrac{1}{2}L^0_t(X)$$

et dont le temps local en 0 est donné par $L^0_t(X^+)=L^0_t(X)$, $L^0_t(-X^+)=0$.
Il est peut être intéressant de noter que

$$\int_{D_0}^{D_t} 1_{\{\ell_s<s\}} 1_{\{X_{s-}>0\}} dM_s = \int_0^{\infty} 1_{\{0<\ell_s<s\wedge t\}} 1_{\{X_{s-}>0\}} dM_s$$

ce qui permet de transformer un peu (9), et plus généralement les intégrales analogues dans d'autres expressions. La formule (11) exprime le corollaire 4 , le processus K étant celui que fournit la formule (7) associée à X^+. Enfin, la dernière affirmation est la proposition 5, écrite pour X^+.

REMARQUES. a) Si X est une martingale continue, le théorème 6 n'est en fait qu'une version un peu plus précise des propositions 5 et 8 de [2].

b) Le résultat d'approximation est à rapprocher de [6], où il est établi que, pour le mouvement brownien, $\sqrt{2\pi/\varepsilon}\ \Sigma_{0<g\leq t, g\in H^{\rightarrow}} 1_{\{g+\varepsilon\leq D_g\}}$ converge p.s. vers le temps local en 0.

Il reste à établir le lien avec les temps locaux markoviens, ce que nous ferons brièvement dans le corollaire suivant .

COROLLAIRE 7. <u>Sur l'espace canonique</u> Ω^o <u>des trajectoires càdlàg. à valeurs réelles, muni des coordonnées</u> Y_t, <u>des tribus naturelles</u> $\underline{\underline{F}}^o$, $\underline{\underline{F}}^o_t$, <u>des opérateurs de translation</u> θ_t , <u>on se donne une famille de probabilités</u> P^x <u>telle que le système</u> (Ω, $\underline{\underline{F}}^o_t$, Y_t , θ_t, P^x) <u>soit un processus de Markov fort</u>. <u>On suppose en outre que, pour toute loi</u> P^x, <u>le processus</u> (Y_t) <u>est une semi-martingale par rapport à la famille</u> $(\underline{\underline{F}}^o_t)$, <u>rendue continue à droite et convenablement complétée</u>.

<u>Il existe alors une fonctionnelle additive</u> $L^0_t(Y)$ <u>sur</u> Ω, <u>qui est pour tout</u> x, <u>une version du temps local en</u> 0 <u>de la semimartingale</u> Y <u>sous</u> P^x. <u>Désignons par</u> D <u>le temps d'entrée de</u> Y <u>au point</u> 0. <u>Si</u> $L^0(Y)$ <u>n'est pas identiquement nul</u>, <u>on a</u> $P^0\{D=0\}=1$, <u>et</u> $\int_0^t e^{-s} dL^0_s$ <u>est proportionnel à la partie continue de la balayée optionnelle de</u> $(1-e^{-t})$ <u>sur l'ensemble des zéros de</u> Y.

DEMONSTRATION. L'étude de [4] montre qu'on peut choisir des versions des intégrales stochastiques indépendantes de la loi initiale. La relation (3) prouve donc l'existence d'une version du temps local indépendante de la loi initiale, qui soit en même temps une fonctionnelle additive (car $Y^+_t - Y^+_0$ est une fonctionnelle additive). Si $L^0(Y)$ n'est pas identiquement nul, l'ensemble $H^{\rightarrow} \cap \{(\omega,t) : P^{Y_t(\omega)}\{D=0\}=1\}$, qui d'après [8] est la partie de $H^{\rightarrow}$ qui ne contient aucun graphe de temps d'arrêt, est non vide. Ceci entraîne que $P^0\{D=0\}=1$.

Le processus Y étant markovien, toutes les fonctionnelles additives continues, à support dans l'ensemble $\{Y=0\}$, sont proportionnelles. Or la partie continue de la balayée optionnelle de $(1-e^{-t})$ est égale à $\int_0^t e^{-s} 1_{\{Y_s=0\}} ds$ + la projection duale optionnelle du processus

$$\Sigma_{0<g\leqq t, g\in H^{\to}} 1_{\{Y_g=0\}}(e^{-g}-e^{-D_g}) .$$

REMARQUE. Toutefois, on peut avoir $P^0\{D=0\}=1$ sans que Y possède une partie martingale continue (c'est le cas de certains processus à accroissements indépendants sans partie gaussienne). On a alors $L^0(Y)=0$, le temps local en 0 au sens des semi-martingales est identiquement nul, tandis que le temps local "markovien" est bien une fonctionnelle additive non identiquement nulle, qui croît uniquement sur l'ensemble des zéros de Y.

Nous allons indiquer maintenant une variante de la formule (11), qui s'obtient en appliquant la proposition 3 et son corollaire 4 à la semimartingale X^+ et à l'ensemble $H=\{X^+=0\}=\{X\leq 0\}$, lorsque X est une martingale continue à droite, qui appartient à $\underline{\underline{H}}^1$. Nous rappelons les faits suivants

. $L_t^0(X^+)=L_t^0(X)$, et $L_t^0(-X^+)=0$

. Le processus à variation finie dans la décomposition canonique $X^+=X_0^++M+V$ est $V_t = \frac{1}{2}L_t^0(X) + \Sigma_{0<s\leqq t} (1_{\{X_{s-}\leqq 0\}}X_s^+ + 1_{\{X_{s-}>0\}}X_s^-)$

D'après la proposition 3 et son corollaire, $\frac{1}{2}L_t^0$ est projection duale optionnelle du processus à variation finie

$$K_t = X_\infty^+ 1_{\{0<\ell_\infty\leqq t\}} - \Sigma_{0<s\leqq t} 1_{\{\ell_s=s\}}X_s^+ - \int_{D_0}^{D_t} 1_{\{\ell_s<s\}} dV_s .$$

Nous évaluons les différents termes. Le premier reste tel quel. Dans le second, on remarque que $(X_{s-}<0) \Rightarrow (\ell_s=s) \Rightarrow (X_{s-}\leqq 0)$, donc cette première somme s'écrit

$$\Sigma_{0<s\leqq t} 1_{\{\ell_s=s\}}X_s^+ = \Sigma_{0<s\leqq t} 1_{\{X_{s-}\leqq 0\}}X_s^+ - \Sigma_{0<s\leqq t} 1_{\{X_{s-}=0, \ell_s<s\}}X_s^+$$

Dans le troisième terme, nous regardons la contribution des trois morceaux de V : celle de L^0 est nulle , celle de $\Sigma_{s\leqq t,\ X_{s-}\leqq 0}$ se réduit à $\Sigma_s 1_{\{X_{s-}=0,\ \ell_s<s\}}X_s^+$, celle de $\Sigma_{s\leqq t,\ X_{s-}>0}$ figure au complet, on peut supprimer $1_{\{\ell_s<s\}}$. D'autre part, la sommation porte sur les $s\in]D_0,D_t]$, et il est intéressant de mettre en évidence la contribution de $]0,t]$. Ainsi on peut écrire : $\frac{1}{2}L_t^0(X)$ est projection duale optionnelle du processus

$$(12)\quad K_t = X_\infty^+ 1_{\{0<\ell_\infty \leq t\}} - \Sigma_{0<s\leq t} (1_{\{X_{s-}\leq 0\}} X_s^+ + 1_{\{X_{s-}>0\}} X_s^-) - 1_{\{t<D_t\}} 1_{\{X_{D_t-}>0\}} X_{D_t}^- + 1_{\{0<D_0<t\}} 1_{\{X_{D_0-}>0\}} X_{D_0}^- - \Sigma_{t<s<D_t} 1_{\{X_{s-}=0\}} X_s^+$$

Faisant passer la seconde ligne du même côté que $L_t^0(X)$, on voit que

$$(13)\quad \tfrac{1}{2}L_t^0(X) + \Sigma_{0<s\leq t} (1_{\{X_{s-}\leq 0\}} X_s^+ + 1_{\{X_{s-}>0\}} X_s^-)$$

est projection duale optionnelle d'un certain processus à variation finie, somme des lignes 1,3 et 4.

Maintenant, nous écrivons le même résultat pour la semi-martingale $X^a=(X-a)^+$, avec l'ensemble $H^a=\{X\leq a\}$ et les processus ℓ^a et D^a correspondants, et nous intégrons en a, à la manière de [2] . Le processus croissant (13) nous donne après intégration $\frac{1}{2}[X,X]_t$ (voir [1], p.197). L'intégration des différents termes de (12) est possible de manière explicite. Par exemple, la dernière ligne donne 0, la première donne

$$\tfrac{1}{2}[(X_\infty - {}_*X_0)^2 - (X_\infty - {}_*X_t)^2] \quad \text{avec } {}_*X_t = \inf_{u\geq t} X_u$$

A la troisième ligne, le premier terme donne

$$\tfrac{1}{2}\Sigma_{s>t}\, \Delta({}_*X_s^t)^2 \qquad \text{où } {}_*X_s^t = \inf_{t\leq u\leq s} X_u$$

et le second

$$\tfrac{1}{2}\Sigma_{s\leq t}\, \Delta({}_*X_s^0)^2$$

Malheureusement, ces résultats ne peuvent servir à démontrer des inégalités de Burkholder, à la manière de [2], du fait que les processus ne sont pas croissants, mais seulement à variation finie (et si $X\notin \underline{\underline{H}}^2$, on travaille avec des mesures qui ne sont ni positives, ni bornées).

[1] Temps locaux. Astérisque n° 52-53, S.M.F. 1978.

[2] J.Azéma et M. Yor. En guise d'introduction. Astérisque 52-53. S.M.F. 1978.

[3] C. Dellacherie. Capacités et processus stochastiques. Springer.

[4] C. Doléans-Dade. Intégrales stochastiques par rapport à une famille de probabilités. Sém. Prob.IV, Lect. Notes n°124, Springer 1970

[5] N. El Karoui, H. Reinhard. Compactification et balayage de processus droits. Astérisque n°21, S.M.F. 1975.

[6] K. Ito, H.P. McKean. Diffusion processes and their sample paths. Springer 1965.

[7] Y.Le Jan. Martingales de sauts. Z. fur W. 1978.

[8] B. Maisonneuve, P.A. Meyer. Ensembles aléatoires markoviens homogènes. Sém. Prob. VIII , Lect. Notes n°381, Springer 1974.

[9] P.A. Meyer. Un cours sur les intégrales stochastiques. Sém. Prob.X. Lect. Notes n°511, Springer 1976.

Université de Strasbourg
Séminaire de Probabilités 1977/78

SUR LE BALAYAGE DES SEMI-MARTINGALES CONTINUES

par Marc YOR

INTRODUCTION

Soit $\mathbf{H}$ un ensemble aléatoire optionnel fermé, qui reste fixé dans tout l'article ($\mathbf{H}$ sera presque toujours l'ensemble des zéros d'une semi-martingale continue X, qui restera fixée elle aussi : dans ce cas, $\mathbf{H}$ est prévisible). Pour tout $t \geqq 0$, on note

$$\tau_t(\omega) = \sup\{ s<t \mid (s,\omega)\in\mathbf{H} \} , \quad D_t(\omega) = \inf\{ s>t \mid (s,\omega)\in\mathbf{H} \}$$

avec les conventions usuelles $\sup(\emptyset)=0$, $\inf(\emptyset)=+\infty$. Si A est un processus croissant intégrable, il existe, d'après la théorie générale des processus, un unique processus croissant intégrable prévisible B, nul en 0, tel que l'on ait pour tout processus prévisible borné Z, nul en 0 :

$$(1) \qquad E[\int_0^\infty Z_s dB_s] = E[\int_0^\infty Z_{\tau_s} dA_s]$$

On appelle B le (processus croissant) <u>balayé</u> de A (sous-entendu : relativement à $\mathbf{H}$), et on le note $A^{(b)}$. Lorsque $\mathbf{H}$ est prévisible, $A^{(b)}$ est porté par $\mathbf{H}$.

L'un des buts de l'article, poursuivi aux paragraphes 2 et 3, est de calculer, de façon aussi "explicite" que possible, les balayés de certains processus croissants qui interviennent dans la théorie des semi-martingales continues.

Toutefois, la motivation essentielle du travail est de donner une présentation unifiée, développée dans les paragraphes 1 et 2, des différents calculs de martingales qui apparaissent dans l'article d'Azéma [1], et deux articles d'Azéma et Yor ([2] et [3]). Indiquons succinctement que cette présentation repose sur le résultat suivant : si $(Y_t, t\geqq 0)$ est une semi-martingale continue nulle sur H, et Z est un processus prévisible borné, on a

$$(2) \qquad Y_t Z_{\tau_t} = Y_0 Z_0 + \int_0^t Z_{\tau_s} dY_s \quad .$$

Cette formule permet également de mieux comprendre une "pathologie" apparue dans le grossissement d'une filtration à l'aide d'une fin d'ensemble optionnel : le paragraphe 4 est consacré à ce sujet. La pathologie en question nous semble pouvoir se résumer à ceci : si Y est une martingale locale continue nulle sur H, le processus $(Y_t Z_{\tau_t})$ est une martingale locale d'après la formule (2). Mais ceci n'est plus vrai lorsque l'on remplace l'hypothèse : Z <u>est prévisible</u> par l'hypothèse : Z <u>est progressivement mesurable</u> (cf. le paragraphe 4).

Enfin, en appendice, on caractérise une classe de semi-martingales positives particulièrement bien adaptées au procédé de balayage sur H présenté ici.

NOTATIONS. $(\Omega, \underline{\underline{F}}, \underline{\underline{F}}_t, P)$ est un espace probabilisé filtré vérifiant les conditions habituelles.

$(X_t)_{t \geq 0}$ désignera dans toute la suite une semi-martingale continue, qui restera fixée. Pour tout $a \in \mathbb{R}$, on note $H^a = \{t : X_t = a\}$, $\tau_t^a = \sup\{s<t \mid X_s = a\}$ et $\tau^a = \lim_{t\uparrow\infty} \tau_t^a$. Si a=0, on note simplement H, τ_t, τ à la place de H^0, τ_t^0, τ^0.

On utilisera encore les notation et résultat suivants, tirés de [9] : il existe une application mesurable $L : \mathbb{R}\times\mathbb{R}_+\times\Omega \to \mathbb{R}_+$ (notée $(a,t,\omega) \mapsto L_t^a(\omega)$) telle que, pour tout $a \in \mathbb{R}$, L^a soit le temps local de X en a (voir [12] pour des résultats de continuité bien meilleurs, qui ne seront pas utilisés ici).

La notation H a donc deux significations : celle d'un ensemble optionnel fermé comme dans l'introduction, et celle de l'ensemble $H^0 = \{X=0\}$. Les quelques résultats relatifs à la première signification seront précédés de la mention "cas général" , tandis que les autres ne font l'objet d'aucune indication.

Les intégrales stochastiques notées $\int_0^t$ sont toujours étendues à l'intervalle $]0,t]$ ouvert en 0.

1. DES SEMI-MARTINGALES BIEN SIMPLES...

Z désigne toujours, dans ce paragraphe, un processus prévisible localement borné.

Nous commençons par établir en toute généralité la formule (2).

THEOREME 1 (Cas général). a) <u>Le processus</u> $Z'_t = Z_{\tau_t}$ <u>est prévisible et localement borné</u>.

b) <u>Soit</u> Y <u>une semi-martingale telle que</u> $Y_{D_t} = 0$ <u>pour tout</u> t. <u>Alors on a</u>

(2) $$Y_t Z_{\tau_t} = Y_0 Z_0 + \int_0^t Z_{\tau_s} dY_s .$$

<u>En particulier, le processus</u> YZ_τ <u>est une semi-martingale</u> (<u>continue si</u> Y <u>est continue, une martingale locale si</u> Y <u>en est une</u>).

c) $(YZ_\tau)^c = \int_0^{\cdot} Z_{\tau_s} dY_s^c$ <u>et</u> $\langle (YZ_\tau)^c, (YZ_\tau)^c \rangle = \int_0^{\cdot} Z_{\tau_s}^2 d\langle Y^c, Y^c \rangle_s$

d) <u>Si</u> Y <u>est une martingale locale continue, et</u> Λ <u>désigne le temps local</u>

de Y en 0, le temps local Λ' de $Y'=YZ_\tau$ en 0 est donné par

(3) $$\Lambda'_t = \int_0^t |Z_{\tau_s}| d\Lambda_s \qquad \text{(voir Remarque 2)}$$

Démonstration du théorème. a) Montrons que $Z'=Z_\tau$ est prévisible. Un argument de classe monotone permet de se ramener au cas où $Z=1_{[0,T]}$, avec T temps d'arrêt. On a alors : $Z'=1_{[0,D_T]}$, et Z' est bien prévisible. Il est évident que si Z est localement borné, Z' l'est aussi, car on a toujours $\tau_t \leq t$.

b) Pour établir la formule (2), on peut ici encore se limiter au cas où Z est de la forme $1_{[0,T]}$. On a alors

$$Y_t Z_{\tau_t} = Y_t 1_{[0,D_T]}(t) = Y_{t\wedge D_T} \quad \text{car } Y_{D_T}=0 .$$

Puis

$$Y_{t\wedge D_T} = Y_0 + \int_0^t 1_{[0,D_T]}(s)dY_s = Y_0 Z_0 + \int_0^t Z_{\tau_s} dY_s .$$

c) est une conséquence immédiate de la formule (2). Pour établir d), nous écrivons la définition du temps local de Y en 0

$$|Y_t| = |Y_0| + \int_0^t \operatorname{sgn}(Y_s)dY_s + \Lambda_t$$

où nous pouvons convenir que $\operatorname{sgn}(0)=0$ du fait que Y est une martingale locale (cf. [2], p.12, théorème 16). Ecrivons alors la formule (2) en remplaçant Z par $|Z|$, Y par $|Y|$

$$|Y_t Z_{\tau_t}| = |Y_0 Z_0| + \int_0^t |Z_{\tau_s}| d|Y_s| = |Y_0 Z_0| + \int_0^t |Z_{\tau_s}| \operatorname{sgn}(Y_s)dY_s + \int_0^t |Z_{\tau_s}| d\Lambda_s$$

dans la dernière expression, l'intégrale stochastique peut aussi s'écrire $\int_0^t \operatorname{sgn}(Z_{\tau_s})\operatorname{sgn}(Y_s)d(YZ_\tau)_s$, et d'après notre convention sur le signe, on peut remplacer $\operatorname{sgn}(Z_{\tau_s})\operatorname{sgn}(Y_s)$ par $\operatorname{sgn}(Y'_s)$. Ainsi

$$|Y'_t| = |Y'_0| + \int_0^t \operatorname{sgn}(Y'_s)dY'_s + \int_0^t |Z_{\tau_s}| d\Lambda_s$$

ce qui prouve (3).

REMARQUES. 1) La semi-martingale Y étant continue à droite, la condition ($Y_{D_t}=0$ pour tout t) est équivalente à : ($Y_{D_t}=0$ pour tout t rationnel), et à l'annulation de Y en tous les points de H, à l'exception peut être des extrémités gauches non isolées d'intervalles contigus à H.

2) La formule (3) n'est pas valable en général pour les semi-martingales continues - elle entraînerait en effet, lorsque $Z=-1$ identiquement, que les semi-martingales Y et $-Y$ ont même temps local en 0, ce qui n'est pas toujours vrai (la convention $\operatorname{sgn}(0)=-1$ est dissymétrique). Toutefois, on peut remplacer (3) par une formule à peine plus compliquée, et entièrement générale.

En effet, le raisonnement du théorème 1 montre que la formule (3) est vraie pour les temps locaux (que nous notons provisoirement (θ_t) et (θ'_t)) des semi-martingales continues (Y_t) et (Y'_t), calculés avec la convention sgn(0)=0 . Or il est clair que l'on a par exemple

$$\theta_t = \Lambda_t - \int_0^t 1_{\{Y_s=0\}} dY_s$$

On en déduit alors sans peine la formule générale

$$(3') \qquad \Lambda'_t = \int_0^t |Z_{\tau_s}| d\Lambda_s - 2\int_0^t Z^-_{\tau_s} 1_{\{Y_s=0\}} dY_s$$

En particulier, la formule (3) est vraie si Z est positif .

3) Stricker a démontré récemment, par une méthode tout à fait différente, que si le processus Z est progressivement mesurable borné (les hypothèses sur Y restant les mêmes), le processus $Y'=Z_\tau Y$ est une semimartingale. Nous examinerons dans un autre exposé [1] ce qui subsiste de la formule (2) dans cette situation.

Nous dégageons maintenant quelques conséquences immédiates du théorème 1, dans la situation ($H=\{X=0\}$, etc) qui fait l'objet principal de l'article, et avec les notations correspondantes. Toutefois, dans le premier corollaire, il suffit que X (continue) soit nulle sur H.

COROLLAIRE 1.1. Si $f : \mathbb{R} \to \mathbb{R}$ est la différence de deux fonctions convexes, et $f(0)=0$, on a

$$(4) \quad f(X_t)Z_{\tau_t} = f(X_0)Z_0 + \int_0^t Z_{\tau_s} d\{f(X_s)\}$$
$$= f(X_0)Z_0 + \int_0^t Z_{\tau_s} f'_g(X_s)dX_s + \frac{1}{2}\int_{\mathbb{R}} \mu(da)\int_0^t Z_{\tau_s} dL^a_s ,$$

où f'_g désigne la dérivée à gauche de f, et μ la dérivée seconde de f au sens des distributions.

Démonstration : La première ligne est la formule (2), et la seconde s'en déduit en évaluant $d\{f(X_s)\}$ par la formule d'Ito.

COROLLAIRE 1.2. Si (Z_t) est un processus prévisible localement borné, il existe une semi-martingale continue W dont le temps local en 0 est $\int_0^\cdot |Z_s| dL_s$

Démonstration : on peut supposer Z positif, et l'on prend alors $W_t=Z_{\tau_t}X_t$. D'après la remarque 2 ci-dessus, le temps local de W en 0 est $\int_0^\cdot Z_{\tau_s} dL_s$; mais L est porté par H, et sur H on a $Z_{\tau_s}=Z_s$.

COROLLAIRE 1.3. Soit $f : \mathbb{R} \to \mathbb{R}$ une fonction borélienne localement bornée. Alors $X_t f(L_t)$ est une semi-martingale continue (une martingale locale

---

1. Voir dans ce volume l'exposé de Meyer, Stricker et Yor sur le balayage.

si X en est une). Si f est positive, ou si X est une martingale locale, le temps local de cette semi-martingale en 0 est égal à $\int_0^{L_t}|f(x)|dx$.
Démonstration : On applique le théorème 1 avec $Z_t=f(L_t)$ (ce processus vérifie : $Z_t=Z_{\tau_t}$).

Nous faisons maintenant une digression relative à l'extension du corollaire 1.2 à certains processus prévisibles non localement bornés, dans le cas où X est une martingale locale continue.
THEOREME 2. Supposons que X soit une martingale locale continue[1]. Soit Z un processus prévisible tel que : $\forall\, t,\ \int_0^t|Z_s|dL_s < \infty$ P-p.s. . Alors

1) Le processus $X'_t = X_tZ_{\tau_t}$ est une martingale locale. Si l'on a $X_0Z_0\in L^1$, $E[\int_0^\infty|Z_s|dL_s] < \infty$, X' est une martingale uniformément intégrable, avec :

(5) $\qquad \|X'\|_1 = E[|X_0Z_0|+\int_0^\infty |Z_s|dL_s]$ ($= \|X'_\infty\|_{L^1}$ par définition)

2) L'intégrale stochastique $\int_0^t Z_{\tau_s}dX_s$ existe pour tout t, et l'on a

$$X'_t = X_tZ_{\tau_t} = X_0Z_0 + \int_0^t Z_{\tau_s}dX_s$$

3) Le temps local de X' en 0 est égal à $\int_0^{\cdot}|Z_s|dL_s$.

Démonstration : Nous supposons d'abord que X appartient à H^1, et que Z est borné. Alors tous ces résultats sont contenus dans le théorème 1, à l'exception de la seconde partie de 1). Il est clair que $\sup_t|X'_t|\in L^1$, donc $X'\in H^1$. Ensuite, la martingale locale $|X'_t|-\int_0^t|Z_s|dL_s$ appartient à H^1, et on a donc

$$E[|X'_\infty|-|X'_0|] = E[\int_0^\infty|Z_s|dL_s]$$

c'est à dire (5).

Supposons ensuite que Z ne soit pas nécessairement borné, mais que l'on ait $X_0Z_0\in L^1$, $E[\int_0^\infty|Z_s|dL_s]<\infty$ (toujours avec $X\in H^1$) . Posons $Z^n=ZI_{\{|Z|\leq n\}}$ et introduisons les martingales X'^n correspondantes, qui forment d'après (5) une suite de Cauchy en norme $\|\ \|_1$. Comme ces martingales, d'autre part, convergent simplement vers X', il résulte de l'inégalité maximale de Doob que leur limite en norme $\|\ \|_1$ est indistinguable de X'. D'après [13], il existe des temps d'arrêt $T_m\uparrow\infty$ tels que

$$\text{pour tout } m\ ,\quad (X'^n)^{T_m} \to (X')^{T_m} \quad \text{dans } H^1$$

Or $[X'^n,X'^n]_{T_m} = \int_0^{T_m} Z^2_{\tau_s}I_{\{|Z_s|\leq n\}}d[X,X]_s$; il résulte du lemme de Fatou que $E[(\int_0^{T_m}Z^2_{\tau_s}d[X,X]_s)^{1/2}] < \infty$ pour tout m, donc l'intégrale stochastique $\int_0^t Z_{\tau_s}dX_s$ existe, et la formule

1. Si X n'est pas continue, il faut utiliser $\mathcal{L}_t$ au lieu de L_t ([12], p.25)

$$X_t Z^n_{\tau_t} = X_0 Z^n_0 + \int_0^t Z^n_{\tau_s} dX_s$$

passe à la limite. L'ensemble des martingales uniformément intégrables étant fermé en norme dans l'espace des martingales bornées dans L^1, X' est uniformément intégrable.

Le processus $|X'_t| - \int_0^t |Z^n_s| dL_s$ est une martingale uniformément intégrable pour tout n ; passant à la limite en norme $\| \|_1$, on voit que $|X'_t| - \int_0^t |Z_s| dL_s$ est une martingale uniformément intégrable ; on en déduit, d'une part que $\int_0^t |Z_s| dL_s$ est le processus croissant prévisible décomposant la sousmartingale $(|X'_t|)$, c'est à dire 3), et d'autre part la formule (5) comme on l'a fait plus haut lorsque Z était borné.

Enfin, on passe sans difficulté, par arrêt, au cas où X est une martingale locale continue quelconque, et Z un processus tel que $\int_0^t |Z_s| dL_s < \infty$ p.s..

REMARQUES. a) Il résulte en particulier de (5) que, si Z est négligeable pour la mesure $\mu(ds \times d\omega) = dL_s(\omega) dP(\omega)$, le processus $X_t Z_{\tau_t}$ est évanescent.

b) La formule (5) est tout à fait analogue à la formule

$$\|Z \cdot X\|_2^2 = E[Z_0^2 X_0^2 + \int_0^t Z_s^2 d[X,X]_s]$$

qui est à la base de la théorie de l'intégrale stochastique. Le théorème 2 est étroitement lié à l'article [14], où l'on prouve que si M est une martingale locale continue nulle en 0, de temps local en 0 noté Λ, les rapports mutuels des quantités $E[\Lambda_\infty^{1/2}]$, $E[(M^*_\infty)^{1/2}]$, $E[\langle M,M\rangle_\infty^{1/4}]$ sont bornés par des constantes universelles (appliquer cela avec $M = Z_\tau \cdot X$)[1].

Il existe une classe de semi-martingales continues qui se prête particulièrement bien à certaines applications du théorème 1. Elle est constituée par les semi-martingales continues X, dont la décomposition canonique X=N+V (N martingale locale, V processus à variation finie, continu et nul en 0) vérifie

(6) $\quad dV_s$ <u>est portée par</u> $\{s \mid X_s = 0\}$

Nous notons (Σ) cette classe de semi-martingales, et (Σ_0^+) la classe des éléments de (Σ), positifs et nuls en 0. (Σ) contient évidemment toutes les martingales locales continues (mais ne contient, par contre, aucun processus continu, adapté, à variation finie, autre que 0). Voici deux exemples d'éléments de (Σ_0^+)

(σ.1) Si M est une martingale locale continue, et $S_t = \sup_{s \leq t} M_s$, alors X=S-M appartient à (Σ_0^+).

(σ.2) Si M est une martingale locale continue, $|M|$ appartient à (Σ_0^+).

1. Le lecteur pourra en déduire une autre démonstration du théorème 2.

Nous montrerons dans l'appendice que <u>tout élément de</u> (Σ_o^+), en particulier tout élément du type $(\sigma.2)$, <u>est du type</u> $(\sigma.1)$.

Nous pouvons alors revenir aux corollaires du théorème 1.

COROLLAIRE 1.4. <u>On suppose que la semi-martingale continue</u> $X=N+V$ <u>appartient à</u> (Σ). <u>Comme d'habitude</u> $H=\{X=0\}$. <u>Alors pour tout processus prévisible localement borné</u> Z, <u>le processus</u>

(7) $$X_t Z_{\tau_t} - \int_0^t Z_s dV_s$$

<u>est une martingale locale</u>. <u>En particulier</u>

- <u>Si</u> M <u>est une martingale locale continue</u>, $S_t = \sup_{s\leq t} M_s$, <u>et</u> $X=S-M$, <u>alors</u>

(7') $X_t Z_{\tau_t} - \int_0^t Z_s dS_s$ <u>est une martingale locale</u> .

- <u>Si</u> M <u>est une martingale locale continue de temps local</u> Λ <u>en</u> 0, <u>et</u> $X = |M|$, <u>alors</u>

(7") $|M_t| Z_{\tau_t} - \int_0^t |Z_s| d\Lambda_s$ <u>est une martingale locale</u>.

<u>Démonstration</u> . Nous savons d'après le théorème 1 que $X_t Z_{\tau_t} = X_0 Z_0 + \int_0^t Z_{\tau_s}(dV_s + dN_s)$. On remarque que l'intégrale par rapport à N est une martingale locale, et que l'intégrale par rapport à V peut s'écrire $\int_0^t Z_s dV_s$ d'après (6). Le reste est évident.

En particulier, soit f une fonction borélienne localement bornée sur $\mathbb{R}$, et soit $F(x)=\int_0^x f(u)du$. Prenons pour Z le processus $f(V_t)$; comme on a $V_t = V_{\tau_t}$, on obtient que

(8) $$X_t f(V_t) - F(V_t) \text{ est une martingale locale}$$

Comme cas particuliers, on retrouve dans les cas $(\sigma.1)$ et $(\sigma.2)$, avec les notations correspondantes, les martingales locales découvertes par Azéma en [1], et qui jouent un rôle fondamental dans Azéma-Yor [3] :

(8') $(S_t - M_t) f(S_t) - F(S_t)$ est une martingale locale

(8") $|M_t| f(\Lambda_t) - F(\Lambda_t)$ est une martingale locale .

Plus généralement, il existe une formule analogue à (8) pour des processus de la forme $F(X_t, V_t)$, avec une fonction $F \in C^{2,1}(\mathbb{R}_x \times R_y)$. L'utilisation conjointe de la formule d'Ito et de la propriété (6) permet d'écrire que le processus

$$F(X_t, V_t) - \int_0^t (F'_x + F'_y)(0, V_s) dV_s - \frac{1}{2}\int_0^t F''_{x^2}(X_s, V_s) d\langle X^c, X^c\rangle_s$$

est une martingale locale. D'autre part, la formule (8) donne le même résultat pour le processus

$$X_t (F'_x + F'_y)(0, V_t) - \int_0^t (F'_x + F'_y)(0, V_s) dV_s$$

Par différence, il vient que le processus suivant est une martingale locale :

(9) $F(X_t,V_t) - X_t\{F'_x+F'_y\}(0,V_t) - \frac{1}{2}\int_0^t F''_{x^2}(X_s,V_s)d\langle X^c,X^c\rangle_s$

ce qui donne les martingales locales suivantes

- dans le cas (σ.1), avec un changement de variables élémentaire

(9') $F(M_t,S_t) -(S_t-M_t)F'_y(S_t,S_t) - \frac{1}{2}\int_0^t F''_{x^2}(M_s,S_s)d\langle M,M\rangle_s$

- dans le cas (σ.2)

(9") $F(|M_t|,\Lambda_t) -|M_t|\{F'_x+F'_y\}(0,\Lambda_t) - \frac{1}{2}\int_0^t F''_{x^2}(|M_s|,\Lambda_s)d\langle M,M\rangle_s$

ou la variante suivante, lorsqu'on s'intéresse plutôt à $F(M_t,\Lambda_t)$

(9"') $F(M_t,\Lambda_t)-|M_t|F'_y(0,\Lambda_t) - \frac{1}{2}\int_0^t F''_{x^2}(M_s,\Lambda_s)d\langle M,M\rangle_s$.

2. CALCUL DES PROCESSUS BALAYES DE CERTAINS PROCESSUS CROISSANTS

Reprenons tout d'abord la définition du processus balayé (sous-entendu : relativement à $\mathbf{H}=\{X=0\}$) d'un processus croissant intégrable A. Si l'on associe à tout processus prévisible borné Z le nombre $E[\int_{0-}^{\infty} 1_{\{\tau_s>0\}} Z_{\tau_s} dA_s]$ on définit une mesure μ sur la tribu prévisible, qui ne charge pas les ensembles prévisibles évanescents, et ne charge pas $\{0\}\times\Omega$. D'après la théorie générale des processus, il existe alors un processus croissant intégrable prévisible B, nul en 0, tel que $\mu(Z)=E[\int_0^{\infty} Z_s dB_s]$. Ainsi

(1) $E[\int_0^{\infty} Z_s dB_s] = E[\int_0^{\infty} Z_{\tau_s} dA_s]$ pour tout processus prévisible Z, borné et nul en 0 .

On écrit $B=A^{(b)}$. Indiquons quelques propriétés immédiates des processus balayés ainsi définis : $\mathbf{H}=\{X=0\}$ étant prévisible

(i) $dP(\omega)$ p.s., la mesure $dB_s(\omega)$ est portée par $\mathbf{H}$.

Ainsi, $A=A^{(b)}$ si et seulement si A est prévisible, et la mesure $dA_.$ est p.s. portée par $\mathbf{H}$.

(ii) Si Z est un processus prévisible borné, et C désigne le processus croissant $\int_0^{\cdot} Z_{\tau_s} dA_s$, on a

$$C^{(b)} = \int_0^{\cdot} Z_{\tau_s} dA_s^{(b)}$$

(iii) Pour tout t, notons $\underline{\underline{F}}_{\tau_t}$ la tribu, contenue dans $\underline{\underline{F}}_t$

$$\underline{\underline{F}}_{\tau_t} = \{ A\in\underline{\underline{F}}_{\infty} \mid \forall s \ \exists A_s\in\underline{\underline{F}}_s ,\ A\cap\{\tau_t\leq s\}=A_s\cap\{\tau_t\leq s\} \}$$

La famille $(\underline{\underline{F}}_{\tau_t})$ est alors croissante et continue à droite. Si l'on désigne par A' la projection duale prévisible de A par rapport à cette famille, on a alors $A^{(b)}=A'^{(b)}$.

L'application $A \mapsto A^{(b)}$ se prolonge par linéarité aux différences de processus croissants intégrables, i.e. aux processus à variation intégrable.

Pour $1 \leq k < \infty$, nous notons H_c^k l'espace des semi-martingales continues $Y = U+B$ (U martingale locale, B processus prévisible à variation finie, nul en 0 ; U et B sont alors continus) telles que

$$(10)\quad \|Y\|_{H_c^k} = \| \langle U,U\rangle_\infty^{1/2} + \int_0^\infty |dB_s| \|_{L^k} < \infty$$

(H_c^k est un espace de Banach pour la norme ainsi définie). On a démontré en [11] que, si Y appartient à H_c^k , la semi-martingale $|Y|^k$ appartient à H_c^1 .

On rappelle que l'on a posé $\tau_\infty = \tau$ (τ est la fin de l'ensemble prévisible $\mathbf{H}$). Pour toute variable aléatoire $V \in L^1$, le processus

$$(11)\quad W_t = V I_{\{0<\tau\leq t\}}$$

est à variation intégrable, nul en 0 (non adapté en général). Nous noterons $T(V)$ la projection duale prévisible de W .

On peut maintenant énoncer le théorème suivant, qui est une conséquence immédiate du théorème 1 :

THEOREME 3. <u>Soit</u> $Y=U+B$ <u>une semimartingale continue nulle sur</u> $\mathbf{H}$ [1]. <u>On suppose que</u> Y <u>appartient à</u> H_c^1 (ou, un peu plus généralement, que B est à variation intégrable, U une martingale uniformément intégrable : cela couvre le cas des sous-martingales positives continues, bornées dans L^1). <u>On pose</u> $Y_\infty = \lim_{t\to\infty} Y_t$.

<u>Alors, pour tout processus prévisible borné</u> Z, <u>nul en</u> 0, <u>on a</u>

$$(12)\quad E[Y_\infty Z_\tau 1_{\{\tau<\infty\}}] = E[\int_0^\infty Z_{\tau_s} dB_s]$$

<u>ou, avec nos notations</u>

$$(12')\quad B^{(b)} = T(Y_\infty) = (Y_\infty 1_{0<\tau\leq \cdot})^{(p)}$$

<u>En particulier</u>, <u>si</u> B <u>est porté par</u> $\mathbf{H}$, <u>on a</u>

$$(12'')\quad B = T(Y_\infty)$$

<u>Démonstration</u> : D'après la formule (2), $Y_t Z_{\tau_t} - \int_0^t Z_{\tau_s} dB_s = \int_0^t Z_{\tau_s} dU_s$ est une martingale locale nulle en 0.

Les conditions d'intégrabilité imposées à Y entraînent qu'elle appartient à la classe (D). On a donc pour t fini

$$E[Y_t Z_{\tau_t}] = E[\int_0^t Z_{\tau_s} dB_s]$$

et des deux côtés, nous avons des variables uniformément intégrables en t.

---

1. Il y a un énoncé correspondant dans le « cas général ». Nous le donnons en remarque après la démonstration.

Faisons tendre t vers l'infini. Si $\tau<\infty$, $Z_{\tau_t}=Z_\tau$ pour t assez grand, et $Y_t Z_{\tau_t} \to Y_\infty Z_\tau$. Si $\tau=\infty$, $\mathbf{H}$ s'accumule à l'infini et $Y_\infty=0$. On obtient donc (12) par passage à la limite.

REMARQUE. La démonstration repose uniquement sur la formule (2). Le résultat reste donc vrai sous les hypothèses suivantes

- $\mathbf{H}$ est optionnel fermé,
- $Y=U+B$ est une semimartingale continue à droite telle que $Y_{D_t}=0$ pour tout t ; Y appartient à H^1 (ou plus généralement, U est une martingale uniformément intégrable, et B est à variation intégrable).

Cette remarque étant faite, nous revenons au cas où $\mathbf{H}=\{X=0\}$. Nous écrivons comme d'habitude $X=N+V$ (décomposition canonique) et pour tout k tel que $X\in H^k_c$, nous désignons par $|X|^k=U(k)+B(k)$ la décomposition canonique de la semi-martingale $Y=|X|^k\in H^1_c$. En particulier si $X\in H^1_c$, on a d'après la formule d'Ito

$$B(1) = \int_0^{\cdot} \operatorname{sgn}(X_s)dV_s + L$$

et pour tout $k\in]1,\infty[$, si $X\in H^k_c$

$$B(k) = k\int_0^{\cdot} |X_s|^{k-1}\operatorname{sgn}(X_s)dV_s + \frac{k(k-1)}{2}\int_0^{\cdot} |X_s|^{k-2}d\langle X^c,X^c\rangle_s .$$

Avec ces notations, on peut énoncer les conséquences suivantes du théorème 3 .

COROLLAIRE 3.1. <u>Soit</u> $k\in[1,\infty[$. <u>Si</u> $X=N+V$ <u>appartient à</u> H^k_c , <u>on a</u>

(13) $$(B(k))^{(b)} = \hat{T}(|X_\infty|^k) = (|X_\infty|^k 1_{0<\tau\leq \cdot})^{(p)}$$

<u>En particulier</u>, <u>si</u> $X\in(\Sigma)$, <u>on a</u>

(13') - <u>pour</u> $k=1$, $L-V = T(|X_\infty|)$

(13") - <u>pour</u> $k>1$, $\frac{k(k-1)}{2}\left(\int_0^{\cdot} |X_s|^{k-2}d\langle X^c,X^c\rangle_s\right)^{(b)} = T(|X_\infty|^k)$

<u>Démonstration</u> : (13) résulte de (12') appliqué à $Y=|X|^k$. Si $X\in(\Sigma)$, la première intégrale dans les formules donnant B(k) est un processus prévisible porté par $\mathbf{H}$ (donc identique à son balayé), qui vaut 0 si $k>1$, et $-V$ si $k=1$ (en raison de la convention $\operatorname{sgn}(0)=-1$).

COROLLAIRE 3.2. a) <u>Si</u> $X=S-M$, <u>où</u> M <u>est une martingale continue de</u> H^1_c <u>et</u> $S_t=\sup_{s\leq t} M_s$, <u>on a</u>

(14) $$S = T(S_\infty-M_\infty) = ((S_\infty-M_\infty)1_{0<\tau\leq \cdot})^{(p)}$$

b) <u>Si</u> $X=|M|$, <u>où</u> M <u>est une martingale continue uniformément intégrable, dont le temps local en</u> 0 <u>est</u> Λ, <u>alors</u>

(15) $$\Lambda = T(|M_\infty|) = (|M_\infty| 1_{0<\tau\leq \cdot})^{(p)}$$

c) <u>Si</u> $X=N$ <u>et</u> M <u>sont deux martingales continues de carré intégrable</u> :

(16) $$<M,N>^{(b)} = T(M_\infty N_\infty) = (M_\infty N_\infty 1_{\{0<\tau\leq .\}})^{(p)}$$

<u>Démonstration</u> : a) On a montré, dans l'appendice de [3], que le temps local en 0 de $X=S-M$ est $L=2S$, donc $L-V=S$. La formule (14) est donc une conséquence de (13').

b) De même, si $X=|M|$, il résulte de ([10], proposition 2) que $L=2\Lambda$. D'après la formule de Tanaka, on a $V=\Lambda$. Finalement, $L-V=\Lambda$, et on applique (13').

c) On applique la formule (13) à $Y=MN$, qui appartient à H^1_c.

REMARQUES. a) D'après le << cas général >> qui suit le théorème 3, la formule (16) reste vraie lorsque M et N sont deux martingales de carré intégrable (non nécessairement continues) telles que MN soit nulle en tous les instants D_t (noter la symétrie entre M et N dans cet énoncé)

b) Soit Z un processus prévisible borné ; dans la formule (16), prenons pour M l'intégrale stochastique $\int_0^\cdot Z_s d<N,N>_s$. Alors

$$(\int_0^\cdot Z_s d<N,N>_s)^{(b)} = T(N_\infty \int_0^\infty Z_s dN_s)$$

Profitons de cette formule pour souligner que, si A est un processus croissant intégrable, le calcul de $A^{(b)}$ ne donne, a priori, aucun renseignement sur celui de $(\int_0^\cdot Z_s dA_s)^{(b)}$ (sauf dans le cas, mentionné en (ii) au début du paragraphe, d'un processus de la forme (Z_{τ_t})).

Revenons au corollaire 3.1. Pour simplifier les notations, nous posons si $X\in H^k_c$

$$(B(k))^{(b)}= C(k) \quad , \quad H = <X^c,X^c>^{(b)}$$

PROPOSITION 4. <u>Soient</u> $p,q \in [1,\infty[$ <u>et</u> $X\in H^{p\vee q}_c$. <u>Alors les mesures aléatoires</u> $dC(p)$ <u>et</u> $dC(q)$ <u>sur</u> $\mathbb{R}_+$ <u>sont p.s. équivalentes</u>.

Cela résulte aussitôt de la formule (13).

COROLLAIRE 4.1. <u>Si</u> X <u>est une martingale de carré intégrable, les mesures aléatoires</u> dL_s <u>et</u> dH_s <u>sur</u> $\mathbb{R}_+$ <u>sont p.s. équivalentes</u>.

En effet, on a $L=C(1)$ (formule (13')) et $H=C(2)$ (formule (13")).

REMARQUES. a) Ce résultat est étroitement lié à la remarque b) suivant le théorème 2 : en effet, si A est un ensemble prévisible, négligeable pour la mesure aléatoire dL, et si l'on note $Z=1_A$, le processus croissant $\int_0^\cdot Z_s dL_s$ est nul, et donc, d'après la remarque que l'on vient de mentionner, $\int_0^\cdot Z^2_{\tau_s} d<X,X>_s =0$. Donc A est négligeable pour dH. Le même raisonnement en sens inverse permet d'établir l'équivalence des deux mesures sur la tribu prévisible (et, comme elles sont prévisibles, leur équivalence p.s.).

b) Il est intéressant de remarquer que $H=\langle X,X\rangle^{(b)}$ est, lui aussi, le temps local en 0 d'une martingale locale continue. En effet, d'après le corollaire 4.1, on peut écrire $dH=ZdL$, où Z est un processus prévisible, et H est alors le temps local en 0 de $X'=XZ_\tau$.

Nous préparons maintenant le paragraphe 3, en appliquant les formules précédentes, pour k=1 ou 2 (nous laisserons de côté les autres valeurs, pour simplifier l'exposé), aux semi-martingales continues

$$Y_t=(X_t-a)^+=(X_0-a)^++\int_0^t 1_{\{X_s>a\}}dX_s + \frac{1}{2}L_t^a$$

<u>Si</u> X=N+V <u>est une semi-martingale continue, et</u> Z <u>est un processus prévisible borné nul en</u> 0, <u>on a</u>

(17) <u>si</u> $X\in H_c^1$, $E[(X_\infty-a)^+Z_{\tau^a}] = E[\int_0^\infty Z_{\tau_s^a}1_{\{X_s>a\}}dV_s]+\frac{1}{2}E[\int_0^\infty Z_s dL_s^a]$

(18) <u>si</u> $X\in H_c^2$, $E[((X_\infty-a)^+)^2Z_{\tau^a}] = 2E[\int_0^\infty Z_{\tau_s^a}(X_s-a)^+dV_s]+E[\int_0^\infty Z_{\tau_s^a}1_{\{X_s>a\}}d\langle X^c,X^c\rangle_s]$

où $1_{\{\tau^a<\infty\}}$ est sous-entendu du côté gauche. Ces formules correspondent à (13') pour k=1, (13") pour k=2, avec les légères modifications tenant au remplacement de $|x|$ par x^+.

3. INTEGRATION EN a DES FORMULES PRECEDENTES

Nous allons avoir besoin de notations abrégées, qu'il faut d'abord expliquer. Comme d'habitude, nous notons Z·Y l'intégrale de Stieltjes d'un processus mesurable Z par rapport à un processus à variation finie Y, ou l'intégrale stochastique d'un processus prévisible Z par rapport à une semi-martingale Y (sous réserve, bien entendu, que ces intégrales existent). Nous introduirons d'autre part un autre symbole $W*K$. Ici

- W est un <u>processus</u> à variation finie, continu, adapté ou non ;
- K n'est pas un processus, mais une famille de processus (K_t^r) dépendant (mesurablement) d'un paramètre $r\in\mathbb{R}_+$;

et alors $W*K$ est le <u>processus</u> $(W*K)_s = \int_0^\infty dW(r)K_s^r$.

Il faut bien entendu que cette intégrale ait un sens. Dans tous les cas de ce paragraphe, nous aurons

$$\int_0^\infty |dW_s(\omega)|<\infty \text{ p.s.} \quad \text{et} \quad \sup_{r,s}|K_s^r(\omega)|<\infty \text{ p.s.} \quad ;$$

il n'y aura donc aucune difficulté. Mieux encore : $K^r_\cdot$ sera pour tout r un processus (non adapté) à variation finie, et nous aurons

$$\sup_r \int_{[0,\infty[}|dK_s^r(\omega)| < \infty \text{ p.s.}$$

Alors $W*K$ est un processus à variation finie (non adapté).

Revenons à notre semi-martingale continue de référence X . Nous définissons les processus (I_t^r), (J_t^r) , dépendant du paramètre r

$$I_t^r = \sup_{t \leqq u \leqq r} X_u \text{ si } t \leqq r \text{ , } X_r \text{ si } t \geqq r$$

$$J_t^r = \inf_{t \leqq u \leqq r} X_u \text{ si } t \leqq r \text{ , } X_r \text{ si } t \geqq r$$

Ces deux processus sont continus, non adaptés ; le premier est décroissant, le second croissant. Nous écrivons simplement I_t, J_t pour I_t^∞, J_t^∞, et nous posons

$$\alpha_t = (I_0 - X_\infty)^2 - (I_t - X_\infty)^2 \quad , \quad \beta_t = (J_0 - X_\infty)^2 - (J_t - X_\infty)^2$$

deux processus croissants continus, non adaptés, intégrables dès que $X \in H_c^2$.

Etablissons, pour la suite du paragraphe, le

LEMME 5. Soit (W_t) un processus continu, à variation finie sur $[0,\infty]$, tel que

$$E[(\int_0^\infty |dW_s|)^2] < \infty$$

Supposons que $X \in H_c^2$. Alors pour tout processus mesurable borné Z nul en 0, on a

(19) $$\int da \, E[\int_0^\infty Z_{\tau_s^a} 1_{\{X_s > a\}} dW_s] = E[\int_0^\infty Z_u d(W*J)_u]$$

Démonstration : Remarquons tout d'abord que les hypothèses d'intégrabilité faites sur W et X entrainent que le membre de droite de (19) est bien défini. Ainsi, pour vérifier que le membre de gauche est bien défini, et démontrer l'égalité, il suffit de se restreindre au cas où W est croissant et Z positif. D'après le théorème de Fubini, le côté gauche est égal à

$$E[\int_0^\infty dW_s \int da \, Z_{\tau_s^a} 1_{\{X_s > a\}}]$$

et il suffit de vérifier que, pour s fixé , on a $\int da Z_{\tau_s^a} 1_{\{X_s > a\}} = \int_0^\infty Z_u dJ_u^s$, Or on sait que $\int_0^\infty Z_u dJ_u^s = \int_{J_0^s}^{J_\infty^s} Z_{\varphi(v)} dv$, où $\varphi(v) = \sup\{u : J_u^s \leqq v\}$ ($\sup(\emptyset) = 0$). Si $Z_0 = 0$, on peut supprimer la borne inférieure J_0^s, et la borne supérieure de l'intégrale vaut $J_\infty^s = X_s$. Quant au calcul de $\varphi(v)$, pour $J_s^0 < v < J_\infty^s$ on vérifie aisément que $\varphi(v) = \tau_s^v$, d'où l'égalité cherchée.

Dans le théorème suivant, il faut bien se rappeler que les processus tests sont des processus prévisibles Z bornés nuls en 0 : la projection duale prévisible néglige donc le saut en 0 des processus croissants.

THEOREME 6. Soit $X = N + V \in \underline{\underline{H}}_c^2$. Alors

(20) $$< X^c, X^c > = (\beta - 2(V*J))^{(p)} = (\alpha - 2(V*I))^{(p)}$$

DEMONSTRATION. Il suffit de démontrer la première relation : la seconde s'en déduit en remplaçant X par -X.

Intégrons par rapport à da les deux membres de l'égalité (17). Le côté droit nous donne, d'après l'identité $<X^c,X^c> = \int L^a da$ et le lemme 5

$$E[\int_0^\infty Z_u d(V*J)_u] + \frac{1}{2}E[\int_0^\infty Z_u d<X^c,X^c>_u]$$

D'autre part, le côté gauche de (17) devient, d'après l'argument de la fin de la démonstration du lemme 5 (avec $s=\infty$)

$$\int da\ E[(X_\infty -a)^+ Z_{\tau^a}] = E[\int dJ_u(X_\infty -J_u)Z_u] = \frac{1}{2}E[\int Z_u d\beta_u].$$

THEOREME 7 . <u>Soit</u> $X\in H^3_c$. <u>Les deux processus à variation intégrable suivants</u>

$$\frac{1}{3}[(J_. -X_\infty)^3-(J_0-X_\infty)^3] \quad \underline{et} \quad 2[(X.V)*J - V*(X.J)] + <X^c,X^c>*J$$

<u>ont même projection duale prévisible</u>. <u>Il en est de même des deux suivants</u>

$$\frac{1}{3}[(I_. -X_\infty)^3-(I_0-X_\infty)^3] \quad \underline{et} \quad 2[(X.V)*I - V*(X.I)] + <X^c,X^c>*I$$

<u>Démonstration</u> : Analogue à celle du théorème 6, la formule (18) remplaçant (17). Pour être tout à fait rigoureux dans l'application du lemme 5 à $W=<X^c,X^c>$, on doit supposer d'abord $X\in H^4_c$. Le théorème 7 pour $X\in H^3_c$ s'en déduit par localisation et passage à la limite.

Nous avons défini plus haut (proposition 4) le processus croissant H, balayé de $<X^c,X^c>$ sur $\mathbf{H}=\{X=0\}$. De la même manière, nous désignons par H^a le balayé de $<X^c,X^c>$ sur $\mathbf{H}^a=\{X=a\}$. Nous supposerons choisie une version de ces processus telle que l'application $(a,s,\omega)\longmapsto H^a_s(\omega)$ soit mesurable. Il résulte de ([9], proposition 4) qu'un tel choix est toujours possible lorsque l'espace $L^1(\Omega,\underline{\underline{F}},P)$ est séparable.

Avec ces notations, nous avons

THEOREME 8. <u>Soit</u> $X\in H^3_c$. <u>Alors</u> $\hat{H}= \int H^a da$ <u>est un processus croissant intégrable, projection duale prévisible de</u> $<X^c,X^c>*(J-I)$.

<u>Démonstration</u> : Remarquons tout d'abord que (toujours d'après l'argument de la fin de la démonstration du lemme 5)

$$E[\hat{H}_\infty] = \int da E[H^a_\infty] = \int da E[\int_0^\infty 1_{\{\tau^a_s>0\}} d<X^c,X^c>_s] = E[\int_0^\infty d(<X^c,X^c>*(J-I))_s]$$

On voit donc que l'hypothèse : $X\in H^3_c$ entraîne alors : $E[\hat{H}_\infty]<\infty$.

Sachant alors que $\hat{H}$ est un processus croissant intégrable, nous pouvons écrire pour Z prévisible borné nul en 0

$$E[\int_0^\infty Z_s d\hat{H}_s] = \int da\ E[\int_0^\infty Z_{\tau^a_s} d<X^c,X^c>_s] = E[\int_0^\infty Z_u d(<X^c,X^c>*(J-I))_u]$$

d'où le résultat annoncé.

Nous considérons, pour terminer ce paragraphe, le cas particulièrement intéressant où $X\epsilon H^3_c$ est une martingale . D'après le corollaire 4.1, les mesures bornées sur la tribu prévisible $dP(\omega)dH^a_s(\omega)$ et $dP(\omega)dL^a_s(\omega)$ sont équivalentes. D'autre part, si $L^1(\Omega,\underline{\underline{F}},P)$ est séparable, la tribu prévisible est séparable aux ensembles évanescents près. Ces mesures dépendant mesurablement du paramètre a, il résulte d'un théorème classique de Doob qu'il existe une fonction mesurable $(a,s,\omega)\longmapsto u^a_s(\omega)$, telle que

$$\text{pour tout } a, \text{ on ait pour presque tout } \omega : \ dH^a_\bullet(\omega)=u^a_\bullet(\omega)dL^a_\bullet(\omega) .$$

Rappelons une fois de plus que, pour tout a, la mesure $dL^a_\bullet(\omega)$ est p.s. portée par $\{ s : X_s(\omega)=a\}$. On en déduit immédiatement la

PROPOSITION 9. Si $X\epsilon H^3_c$ est une martingale, les mesures prévisibles $d\hat{H}$ et $d\langle X,X\rangle$ sont équivalentes, et on a pour presque tout ω

$$d\hat{H}_\bullet(\omega) = u_\bullet^{X_\bullet(\omega)} d\langle X,X\rangle_\bullet(\omega) .$$

4. A PROPOS D'UNE PATHOLOGIE

Soit L une variable aléatoire positive. Nous définirons la tribu $\underline{\underline{F}}^o_L$ de la manière suivante ("o" signifie "optionnel")

$$\underline{\underline{F}}^o_L = \{ A\epsilon\underline{\underline{F}}_\infty | \ \exists \ Z \text{ processus optionnel, } 1_A=Z_L \text{ sur } \{L<\infty\} \}$$

on définit de même les tribus $\underline{\underline{F}}^p_L$, $\underline{\underline{F}}^\pi_L$ en remplaçant l'adjectif "optionnel" respectivement par "prévisible" et "progressivement mesurable" .

Le cas où L est la fin d'un ensemble optionnel a été particulièrement étudié. M.Barlow [4], C. Dellacherie [5] (et aussi T.Jeulin dans un travail non publié) ont remarqué[1] que l'on peut avoir simultanément

$$\underline{\underline{F}}^o_L = \underline{\underline{F}}^p_L \quad ; \quad \underline{\underline{F}}^o_L \neq \underline{\underline{F}}^\pi_L$$

Cela se produit, par exemple, lorsque L est le dernier zéro du mouvement brownien avant l'instant 1. Nous nous proposons d'englober ces résultats dans un cadre plus général.

PROPOSITION 10 . Soit X une martingale continue, uniformément intégrable, nulle en 0 , mais non nulle . Soit $\tau = \sup\{t \mid X_t=0\}$. **Alors** :

1) $\underline{\underline{F}}^o_\tau=\underline{\underline{F}}^p_\tau$
2) $E[X_\infty|\underline{\underline{F}}^o_\tau]=0$, $E[X_\infty|\underline{\underline{F}}^\pi_\tau]\neq 0$. En conséquence, $\underline{\underline{F}}^\pi_\tau \neq \underline{\underline{F}}^o_\tau$.

(Pour simplifier, on suppose que τ est p.s. fini dans la démonstration).

Démonstration : On a montré en [2] que si $\mathbf{H}=\{s|X_s=0\}$, et $\mathbf{H}^{\rightarrow}$ désigne l'ensemble des extrémités gauches des intervalles contigus à $\mathbf{H}$, alors l'ensemble $[S]\cap\mathbf{H}^{\rightarrow}$ est évanescent pour tout temps d'arrêt S. Comme le point $\tau(\omega)$ appartient à $\mathbf{H}^{\rightarrow}$, on a $P\{S=\tau\}=0$ pour tout temps d'arrêt S.

Soit K un processus optionnel borné, et soit J sa projection prévisible. L'ensemble $\{K\neq J\}$ est alors réunion d'une suite de graphes de temps d'arrêt, et il résulte de ce qui précède que l'on a $K_\tau=J_\tau$ p.s., donc $\underline{\underline{F}}^o_\tau\subset\underline{\underline{F}}^p_\tau$, et

1. Ainsi que P. Millar [15]

enfin $\underline{\underline{F}}^o_\tau = \underline{\underline{F}}^p_\tau$.

2) Il nous suffit donc de montrer que $E[X_\infty | \underline{\underline{F}}^p_\tau]=0$. D'après le théorème 1, pour tout processus prévisible borné (Z_t), $(Z_{\tau_t} X_t)$ est une martingale uniformément intégrable. Donc

$$E[Z_\tau X_\infty] = E[Z_0 X_0] = 0$$

et cela exprime que $E[X_\infty | \underline{\underline{F}}^p_\tau] = 0$.

Mais d'autre part, définissons un processus progressivement mesurable Z par

$$Z_t = \overline{\lim}_{h\downarrow\downarrow 0} 1_{\{X_{t+h}>0\}} - \overline{\lim}_{h\downarrow\downarrow 0} 1_{\{X_{t+h}<0\}}$$

et remarquons que $Z_{\tau_t} X_t = |X_t|$. Nous avons donc

$$E[|X_\infty| | \underline{\underline{F}}^\pi_\tau] = Z_\tau E[X_\infty | \underline{\underline{F}}^\pi_\tau]$$

X étant non nulle, le côté gauche n'est pas nul, donc $E[X_\infty | \underline{\underline{F}}^\pi_\tau] \neq 0$.

REMARQUE. Conformément au résultat de Stricker mentionné dans la remarque 3) suivant le théorème 1, on constate que le processus $(Z_{\tau_t} X_t)$ est une semi-martingale. Mais ce n'est pas une martingale, et la formule (2) ne peut donc être correcte lorsque Z est progressivement mesurable.

APPENDICE : CARACTERISATION DE CERTAINES SEMI-MARTINGALES POSITIVES

Comme cela a été annoncé dans le paragraphe 1, on caractérise ici les semi-martingales de (Σ^o_+).

THEOREME. Soit X une semi-martingale continue, nulle en 0, à valeurs positives ou nulles. On note X=N+V la décomposition canonique de X (N est une martingale locale, V un processus continu à variation finie, nul en 0). Les propriétés suivantes sont équivalentes

i) La mesure dV_s est portée par $H=\{s | X_s=0\}$.

ii) $\int_0^{\cdot} 1_{\{X_s\neq 0\}} dX_s$ est une martingale locale.

iii) Il existe une martingale locale continue M, nulle en 0, telle que, si l'on note $S_t = \sup_{s\leq t} M_s$, on ait $X=S-M$.

La classe des semi-martingales satisfaisant à la propriété i) a été notée (Σ^o_+) au paragraphe 1 (cf. la formule (6)) .

Nous commençons par quelques rappels. X=N+V étant une semi-martingale continue et nulle en 0, pour l'instant sans propriété supplémentaire, on montre dans [8], chap. VI, que le processus des temps locaux de X , soit $((L^a_t), t\geq 0, a\in\mathbb{R})$ vérifie la propriété suivante de densité d'occupation

(a) $\forall f$ borélienne bornée, $\forall t$, $\int_0^t f(X_s) d\langle M,M\rangle_s = \int_{\mathbb{R}} f(a) L^a_t \, da$

Prenant $f=1_{\{0\}}$, on en déduit que $\int_0^{\cdot} 1_{\{X_s=0\}} dN_s = 0$, et par conséquent

(b) $\int_0^{\cdot} 1_{\{X_s=0\}} dX_s = \int_0^{\cdot} 1_{\{X_s=0\}} dV_s$, processus continu à variation finie

Montrons alors l'équivalence de i) et ii). Si l'on a i), on a $V_t = \int_0^t 1_{\{X_s=0\}} dV_s = \int_0^t 1_{\{X_s=0\}} dX_s$, donc par différence $N_t = X_t - V_t = \int_0^t 1_{\{X_s \neq 0\}} dX_s$, et ii) est satisfaite. Inversement, si l'on a ii), la formule

$$X_t = \int_0^t 1_{\{X_s \neq 0\}} dX_s + \int_0^t 1_{\{X_s=0\}} dX_s$$

donne une décomposition de X en une martingale locale et un processus à variation finie continue, qui doit être identique à la décomposition X= N+V. En particulier, on a d'après (b)

$$V_t = \int_0^t 1_{\{X_s=0\}} dX_s = \int_0^t 1_{\{X_s=0\}} dV_s$$

d'où la propriété i).

Il est clair que iii)=>i), car si X=S-M, on a S=V, N=-M, et la mesure $dS_s(\omega)$ est portée par l'ensemble $\{s \mid S_s = M_s\} = \{s \mid X_s = 0\}$.

Reste l'implication i)=>iii), qui est la seule délicate. Tout d'abord, le calcul du temps local en 0 d'une semi-martingale positive et continue ([10] , proposition 2) permet d'écrire

$$L_t^0 = 2\int_0^t 1_{\{X_s=0\}} dV_s$$

Ce processus à variation finie est donc en fait croissant, et la propriété i) entraîne que V <u>est croissant</u> , et que $V = \frac{1}{2}L^0$. Les processus X,N,V sont donc liés par les relations

α) X=N+V

β) V est croissant, et dV_s est portée par $\{s \mid X_s = 0\}$

Le couple (X,V) est donc l'unique solution du problème de la réflexion associé à N ([6], théorème I.1.2), et alors la forme explicite de la solution (même référence) est

$$V_t = \sup_{s \leq t} N_s^- \quad , \quad X_t = N_t + V_t$$

c'est à dire iii) avec M=-N.

REMARQUE. Il résulte de cette démonstration que le temps local en 0 de la semi-martingale X=S-M est égal à 2S.

COROLLAIRE. <u>Si</u> M <u>est une martingale locale continue</u>, <u>nulle en</u> 0, <u>la semi-martingale</u> X=|M| <u>appartient à</u> (Σ_+^0).

En effet, la décomposition canonique de X est donnée par la formule de Tanaka, donc V est le temps local de M en 0, et on sait qu'il est porté par $\{s \mid M_s = 0\} = \{s \mid X_s = 0\}$.

Voici un dernier résultat qui complète ceux de [7]. Rappelons que si

$(Y_t)_{t\geq 0}$ est un processus réel, on appelle filtration naturelle de Y la plus petite filtration, continue à droite et P-complète, contenant la filtration $\underline{\underline{F}}^o_t=\sigma\{Y_s, s\leq t\}$. On peut maintenant énoncer

PROPOSITION. Soit X une semi-martingale de la classe (Σ^o_+), admettant la représentation X=S-M donnée par iii). Alors M est adaptée à la filtration naturelle de X.

Démonstration : Nous avons vu dans la démonstration précédente que

$$S=V = \int_0^{\cdot} 1_{\{X_s=0\}} dX_s \quad \text{(formule (b)).}$$

Or X est une semi-martingale par rapport à sa filtration naturelle, d'après un théorème général de Stricker, et l'intégrale stochastique est la même pour les deux filtrations. Donc S est adapté à la filtration naturelle de X, et il en est de même pour M=S-X.

REMARQUES. a) Inversement, il est évident que S est adapté à la filtration naturelle de M, et il en est de même pour X=S-M.

b) Du fait que M est une martingale locale continue, adaptée à la filtration naturelle de X, il est facile de déduire que M est une martingale locale par rapport à la filtration naturelle de X (la continuité joue ici un rôle essentiel). Donc X admet la même décomposition canonique

$$X = S-M = V+N \qquad (V=S,\ N=-M)$$

par rapport à la filtration de départ et par rapport à sa filtration naturelle (en particulier, X appartient aussi à la classe (Σ^o_+) par rapport à sa filtration naturelle).

REFERENCES

La référence TL désigne : Temps Locaux, Astérisque n°52-53, Soc. Math. France, 1978.

[1] J. Azéma : Représentation multiplicative d'une surmartingale bornée. Z.f.W. 45, 1978, p. 191-212.

[2] J. Azéma et M. Yor : En guise d'introduction. TL, p. 3-16.

[3] J. Azéma et M. Yor : Une solution simple au problème de Skorokhod. A paraître, Sem. Prob. XIII, Lect. Notes in M., Springer 1979.

[4] M. Barlow : Study of a filtration expanded to include an honest time. Z.f.W. 44, 1978, p. 307-324.

[5] C. Dellacherie : Supports optionnel et prévisible d'une P-mesure et applications. Sém. Prob. XII, Lect. Notes in M. 649, Springer 1978.

[6] N. El Karoui et M. Maurel : Un problème de réflexion et ses applications au temps local et aux équations différentielles stochastiques sur $\mathbb{R}$. TL, p. 117-144.

[7] M. Maurel et M. Yor : Les filtrations de $|X|$ et de X^+, lorsque X est une semi-martingale continue. TL, p. 193-196.

[8] P.A. Meyer : Un cours sur les intégrales stochastiques. Sém. Prob. X, Lect. Notes in M. 511, Springer 1976.

[9] C. Stricker et M. Yor : Calcul stochastique dépendant d'un paramètre. Z.f.W. 45, 1978, p. 109-134.

[10] Ch. Yoeurp : compléments sur les temps locaux et les quasi-martingales. TL, p. 197-218.

[11] M. Yor : Remarques sur les normes H^p de (semi-)martingales. C.R. A.S. Paris, 287, 1978, p. 461-464.

[12] M. Yor : Sur la continuité des temps locaux associés à certaines semimartingales. TL, p. 23-36.

[13] M. Yor : Convergence de martingales dans L^1 et dans H^1. C.R.A.S. Paris, 286, 1978, p. 571-573.

[14] E. Lenglart : Relation de domination entre deux processus. Ann. Inst. Henri Poincaré, 13, 1977, p. 171-172.

[15] P.W. Millar : Germ σ-fields and the natural state space of a Markov process. Z. für W-th. 39, 1977, p. 85-101

Note sur les épreuves : le théorème 1 sous sa forme générale est établi indépendamment dans un article de Nicole El Karoui, plus haut dans ce même volume.

Université de Strasbourg
Séminaire de Probabilités 1977/78

SEMIMARTINGALES ET VALEUR ABSOLUE

par C. STRICKER

P.A. Meyer a démontré dans [5] que si X est une semimartingale, $|X|$ en est une aussi. C. Yoeurp a établi le même résultat pour les quasimartingales, et il a montré par ailleurs que si X est une semimartingale continue, et si $|X|$ est une quasimartingale, alors X est une quasimartingale (voir [8])

Depuis lors, deux démonstrations très simples du premier résultat de Yoeurp ont été découvertes, l'une par Jeulin [4], qui n'exige rien que la définition des quasimartingales, l'autre par Meyer à partir de la décomposition de Rao. Nous en indiquons ici une troisième, qui conduit à une remarque supplémentaire sur les espaces H^p.

En ce qui concerne le second résultat de Yoeurp, nous montrons que l'on peut supprimer la condition que X soit une semimartingale. Le théorème de Yoeurp apparaît comme un cas particulier d'un résultat plus général sur le " renversement des excursions d'une semimartingale", qui contient aussi une importante remarque d'Azéma et Yor [1], [10].

La rédaction définitive de cette note a beaucoup profité de discussions avec P.A. Meyer et M. Yor. Nous les en remercions ici.

Soit $(\Omega,\underline{\underline{F}},P,(\underline{\underline{F}}_t))$ un espace probabilisé filtré vérifiant les conditions habituelles. On rappelle qu'un processus càdlàg. adapté $(X_t)_{t\in\mathbb{R}_+}$ est une quasimartingale si $X_t \in L^1$ pour tout t, et $Var(X)=\sup_\tau Var_\tau(X)<\infty$, où $\tau=(t_i)_{0\leq i\leq n}$ parcourt l'ensemble des subdivisions finies de $\mathbb{R}_+$, et

$$Var_\tau(X)=Var^o_\tau(X) + E[|X_{t_n}|] \text{ , où } Var^o_\tau(X) = E[\sum_{i=0}^{n-1}|E[X_{t_{i+1}}-X_{t_i}|\underline{\underline{F}}_{t_i}]|]$$

Il est commode, pour des raisons techniques, d'introduire aussi $Var^o(X)=\sup_\tau Var^o_\tau(X)$.

Toute quasimartingale est une semimartingale, et inversement (Dellacherie [2]), si X est une semimartingale, il existe une loi Q équivalente à P pour laquelle X est une quasimartingale sur tout intervalle fini.

Rappelons d'autre part une définition possible des espaces H^p de semimartingales (voir par exemple [6]): X appartient à H^p si et seulement si X est une semimartingale spéciale, admettant la décomposition canonique $X=M+A$ (M est une martingale locale, A un processus à variation finie prévisible nul en 0) telle que $M^*\in L^p$, $\int_0^\infty|dA_s|\in L^p$. Comme on a $M^*\leq X^*+A^*\leq$

$X^* + \int_0^\infty |dA_s|$, et de même $X^* \leqq M^* + \int_0^\infty |dA_s|$, on peut prendre comme norme sur l'espace H^p

$$\|X\|_{H^p} = \|X^* + \int_0^\infty |dA_s|\|_{L^p}$$

En particulier, on montre assez facilement que $\|X\|_{H^1} = E[X^*] + \mathrm{Var}^\circ(X)$.

Voici le premier résultat de Yoeurp, que nous démontrons directement pour les fonctions convexes lipschitziennes, en adaptant le raisonnement par lequel on prouve ([5], p.362) que les fonctions convexes transforment les semimartingales en semimartingales.

PROPOSITION 1. Soit f une fonction convexe, positive et nulle en 0, lipschitzienne de rapport K. Soit K une quasimartingale. Alors $f \circ X$ est une quasimartingale, et $\mathrm{Var}(f \circ X) \leq 2K\mathrm{Var}(X)$.

DEMONSTRATION. X se décompose de manière unique en une somme X=M+A, où M est une martingale locale, A est un processus prévisible à variation intégrable nul en 0. Nous allons supposer d'abord que M est une martingale uniformément intégrable. Nous avons pour s<t

$$\begin{aligned} E[f(X_t)-f(X_s)|\underline{\underline{F}}_s] &= E[f(M_t+A_t)-f(M_t+A_s)+f(M_t+A_s)-f(M_s+A_s)|\underline{\underline{F}}_s] \\ &\geqq E[f(M_t+A_t)-f(M_t+A_s)|\underline{\underline{F}}_s] \quad (\text{ inégalité de Jensen }) \\ &\geqq -KE[|A_t-A_s||\underline{\underline{F}}_s] \quad (\text{ condition de Lipschitz }) \end{aligned}$$

Le processus $Y_t = f(X_t) + K\int_0^t |dA_s|$ est donc une sousmartingale positive, et l'on a $\mathrm{Var}^\circ(Y) \leqq E[Y_\infty] = E[f(X_\infty) + K\int_0^\infty |dA_s|]$. D'autre part

$$\begin{aligned} \mathrm{Var}(f\circ X) &= E[f\circ X_\infty] + \mathrm{Var}^\circ(f\circ X) \leqq E[f\circ X_\infty] + E[K\int_0^\infty |dA_s|] + \mathrm{Var}^\circ(Y) \\ &\leqq 2E[f(X_\infty)] + 2E[K\int_0^\infty |dA_s|] \leqq 2KE[|X_\infty|] + 2K\mathrm{Var}^\circ(X) \\ &= 2K\mathrm{Var}(X). \end{aligned}$$

Pour lever l'hypothèse faite sur M, on applique ce qui précède aux processus X^{T_n} , où les temps d'arrêt T_n croissent vers $+\infty$ et réduisent M, et on utilise le fait que l'arrêt diminue la variation (cela se voit sur la décomposition de Rao). Puis on fait tendre n vers $+\infty$.

REMARQUE. Nous avons un peu détaillé la démonstration, afin d'obtenir la constante 2 indiquée par Jeulin ou Meyer, et qui est la meilleure possible (prendre le cas où X est une martingale nulle en 0 et uniformément intégrable, et où $f(x)=|x|$). Si l'on ne s'intéresse pas à la constante, on peut aller beaucoup plus vite.

COROLLAIRE. Si $X \in H^1$, on a $\|f\circ X\|_{H^1} \leqq 2K\|X\|_{H^1} < \infty$.

Ce corollaire est une conséquence évidente de la proposition 1, compte tenu de la définition de la norme de H^1.

Passons à H^p, p>1 (nous n'étudions que le cas de la fonction $f(x)=|x|$). Nous démontrons, par la même méthode mais avec des calculs plus laborieux que dans le cas p=1, la proposition suivante (cf. Yor [6]).

PROPOSITION 2. <u>Si</u> $X\in H^p$, <u>on a</u> $|X|^p\in H^1$, <u>avec</u> $\| \, |X|^p \, \|_{H^1} \leqq c_p \| X \|_{H^p}$

DEMONSTRATION. Les calculs reposent sur l'inégalité suivante, où u et v sont positifs

$$|u^p-v^p| \leqq p|u-v|(\sup(u,v))^{p-1}$$

d'où l'on tire, pour u et v réels

(1) $|v|^p-p(\sup(|u|,|v|))^{p-1}|u-v| \leqq |u|^p \leqq |v|^p+p(\sup(|u|,|v|))^{p-1}|u-v|$

Reprenons la décomposition X=M+A de la proposition 1 ; comme $X\in H^p$, M est bornée dans L^p. Ecrivons (1) en prenant $u=M_t+A_t$, $v=M_t+A_s$, donc $|u-v| \leqq \int_s^t |dA_r|$, $\sup(|u|,|v|) \leqq |X_t|+\int_s^t |dA_r| \leqq X^* + \int_0^\infty |dA_r|$, v.a. que nous noterons Y, et qui appartient à L^p. Nous obtenons

$$|M_t+A_s|^p - p\int_s^t |dA_r| \, Y^{p-1} \leqq |M_t+A_t|^p \leqq |M_t+A_s|^p + p\int_s^t |dA_r| \, Y^{p-1}$$

Retranchons $|M_s+A_s|^p$, conditionnons par $\underline{\underline{F}}_s$ en remarquant que

$$E[|M_t+A_s|^p-|M_s+A_s|^p|\underline{\underline{F}}_s] \geqq 0$$

Il vient

$$| \, E[|M_t+A_t|^p-|M_s+A_s|^p|\underline{\underline{F}}_s] \, | \leqq E[|M_t+A_s|^p-|M_s+A_s|^p+ pY^{p-1}\int_s^t |dA_r| \, |\underline{\underline{F}}_s]$$

Soit maintenant une subdivision finie $\tau=(t_i)_{0\leqq i\leqq n}$. L'inégalité précédente nous donne

$$\mathrm{Var}_\tau(|X|^p) \leqq E[\sum_{i=0}^{n-1}(|M_{t_{i+1}}+A_{t_i}|^p-|M_{t_i}+A_{t_i}|^p)+pY^{p-1}\int_0^{t_n}|dA_r| + |X_{t_n}|^p]$$

$$\leqq E[|M_{t_n}+A_{t_{n-1}}|^p+\sum_{i=0}^{n-1}(|M_{t_i}+A_{t_{i-1}}|^p-|M_{t_i}+A_{t_i}|^p) +pY^{p-1}\int..+|X_{t_n}|^p]$$

Nous majorons $|M_{t_n}+A_{t_{n-1}}|$ et $|X_{t_n}|$ par $X^*+\int_0^\infty |dA_s|=Y$; de même, $\int_0^{t_n} |dA_r|$ est majoré par Y. Pour la somme, nous appliquons à nouveau (1) :

$$||M_{t_i}+A_{t_{i-1}}|^p-|M_{t_i}+A_{t_i}|^p| \leqq p\int_{t_{i-1}}^{t_i}|dA_s| \, Y^{p-1}$$

d'où une somme majorée par pY^p. Finalement, il vient

$$\mathrm{Var}_\tau(|X|^p) \leqq E[2(1+p)Y^p] = 2(1+p)\|X\|_{H^p}$$

Nous passons au second résultat de Yoeurp. Nous voulons montrer que

PROPOSITION 3. Si X est un processus adapté continu, et si $|X|$ est une quasimartingale, X en est une aussi, et $\mathrm{Var}(X) \leq \mathrm{Var}(|X|)$.

COROLLAIRE. Avec les mêmes notations, si $|X|$ est une semimartingale, X en est une aussi.

Pour passer de la proposition 3 au corollaire, il suffit de remplacer P par une loi Q équivalente, pour laquelle $|X|$ devient une quasimartingale sur tout intervalle fini (cf. [2], théorème 5).

REMARQUE. Revenons à la proposition 3 . Si $|X|$ appartient à H^1, il est clair que X appartient à H^1, avec une norme majorée par celle de $|X|$. On retrouve ainsi un résultat de Yor [6], sous des hypothèses plus faibles.

Nous allons donner à la proposition 3 une forme plus générale. Soit M l'ensemble $\{X=0\}=\{|X|=0\}$. On pose comme d'habitude

$$D_t(\omega) = \inf\{s>t \ , \ (s,\omega)\in M\}$$

et

$$\tau_t(\omega) = \sup\{s<t \ , \ (s,\omega)\in M\} \ , \ \ell_t(\omega) = \sup\{s\leq t, \ (s,\omega)\in M\}$$

posons aussi $Z_t=|X_t|$, $Y_t=X_t$, $\varepsilon_t=\mathrm{sgn}(Y_t)$ (on convient que $\mathrm{sgn}(0)=1$ par exemple). Le processus $K_t = \limsup_{s\downarrow\downarrow t} \varepsilon_s$ est progressif ; on a $|K|\leq 1$ et

$$Y_t = K_{\ell_t} Z_t = K_{\tau_t} Z_t$$

(les processus ℓ_t et τ_t ne diffèrent qu'aux extrémités droites d'intervalles contigus à M, points où Z s'annule). La proposition 3 est donc un cas particulier de la proposition suivante :

PROPOSITION 4. Soient Z une quasimartingale, M un ensemble progressif fermé à droite, K un processus progressif tel que $|K|\leq 1$. On suppose que $Z_{D_t}=0$ pour tout t, sur $\{D_t<\infty\}$. On pose

$$Y_t = K_{\ell_t} Z_t = K_{\tau_t} Z_t$$

Alors Y est une quasimartingale, et l'on a $\mathrm{Var}(Y)\leq 3\mathrm{Var}(Z)$ (si $Z\geq 0$, on peut remplacer 3 par 1).

Avant de démontrer ce théorème, disons que cet énoncé a été suggéré par une formule établie par Azéma et Yor, dans le cas où le processus K est prévisible. On a alors explicitement

$$Y_t = \int_0^t K_{\tau_s} dZ_s \quad \text{(le processus } K_\tau \text{ étant prévisible)}$$

Cette formule a une grande importance dans la théorie des temps locaux. Il faut remarquer la signification probabiliste du processus Y, lorsque K ne prend que les valeurs ±1 : Y s'obtient en "renversant" de manière aléatoire les excursions de Z hors de l'ensemble H où Z s'annule.

DEMONSTRATION. Comme ℓ_t est $\underline{\underline{F}}_t$-mesurable, K_{ℓ_t} est $\underline{\underline{F}}_t$-mesurable, et Y est adapté. Vérifions que Y est continu à droite : il n'y a aucun problème dans le complémentaire de $\overline{M}$, ni aux points de M isolés à droite. Si $t\in M$ n'est pas isolé à droite, on a $D_t=t$, donc $Y_t=0$. La continuité à droite de Y résulte alors du fait que $|Y_t|\leq|Z_t|$ et que $Z_{t+}=Z_t=0$.

Il nous suffit de démontrer que, pour toute subdivision $\sigma=(s_i)_{0\leq i\leq n}$, on a $Var_\sigma(Y) \leq 3Var(Z)$. Pour tout $i<n$, posons $T_i=s_{i+1}\wedge D_{s_i}$, et introduisons la subdivision[1] aléatoire $\tau=(s_0,T_0,s_1,T_1\ldots s_{n-1},T_n,s_n)$; on sait que $Var_\sigma(Y)\leq Var_\tau(Y)$, et que $Var_\tau(Z)\leq Var(Z)$ (ce dernier point est trivial pour les surmartingales positives, et s'étend aux quasimartingales par la décomposition de Rao). En fin de compte, il suffit de démontrer que $Var_\tau(Y) \leq 3Var(Z)$.

Nous avons pour tout i

$$E[Y_{T_i}-Y_{s_i}|\underline{\underline{F}}_{s_i}] = E[K_{\ell_{T_i}}Z_{T_i}-K_{\ell_{s_i}}Z_{s_i}|\underline{\underline{F}}_{s_i}] = E[K_{\ell_{s_i}}(Z_{T_i}-Z_{s_i})|\underline{\underline{F}}_{s_i}]$$
$$= K_{\ell_{s_i}}E[Z_{T_i}-Z_{s_i}|\underline{\underline{F}}_{s_i}]$$

(en effet, K_{ℓ_t} garde la valeur constante $K_{\ell_{s_i}}$ sur tout l'intervalle $[s_i,T_i]$ si $T_i<D_{s_i}$; si $T_i=D_{s_i}$, on a $\ell_{T_i}\neq\ell_{s_i}$, mais le changement n'a aucune importance car $Z_{T_i}=0$). Prenant une valeur absolue, puis une espérance, nous obtenons

$$(2)\quad E[\ \Sigma|E[Y_{T_i}-Y_{s_i}||\underline{\underline{F}}_{s_i}]|\ ] \leq E[\ \Sigma|E[Z_{T_i}-Z_{s_i}|\underline{\underline{F}}_{s_i}]|\ ]$$

De même, nous avons $Y_{T_i}=0$ sur $\{T_i<s_{i+1}\}$, donc

$$|E[Y_{s_{i+1}}-Y_{T_i}|\underline{\underline{F}}_{T_i}]|=|E[Y_{s_{i+1}}I_{\{T_i<s_{i+1}\}}|\underline{\underline{F}}_{T_i}]|\leq E[|Z_{s_{i+1}}|I_{\{\ \}}|\underline{\underline{F}}_{T_i}]$$
$$= |E[|Z_{s_{i+1}}|-|Z_{T_i}||\underline{\underline{F}}_{T_i}]|$$

ou encore

$$(3)\quad E[\ \Sigma|E[Y_{s_{i+1}}-Y_{T_i}||\underline{\underline{F}}_{T_i}]| \leq E[\ \Sigma|E[|Z_{s_{i+1}}|-|Z|_{T_i}|\underline{\underline{F}}_{T_i}]|$$

Ajoutons (2) et (3) : il vient $Var_\tau(Y) \leq Var_\tau(Z)+Var_\tau(|Z|) \leq Var(Z)+Var(|Z|) \leq 3Var(Z)$ d'après la proposition 1 .Si $Z=|Z|$, on obtient simplement $Var_\tau(Y) \leq Var_\tau(Z)$.

COROLLAIRE. Si $Z\in\underline{\underline{H}}^1$, on a aussi $Y\in\underline{\underline{H}}^1$.

En effet, il est clair que $Y^*\leq Z^*$. Si K est prévisible, la formule d'Azéma-Yor entraîne que $\|Y\|_{\underline{\underline{H}}^p} \leq c\|Z\|_{\underline{\underline{H}}^p}$ pour $p<\infty$, mais on ne sait rien de tel pour K progressif.

1. Les points de τ ne sont pas tous distincts

REFERENCES

[1] AZEMA (J.) et YOR (M.). En guise d'introduction. Temps Locaux, Astérisque n° 52-53, Soc. Math. France 1978.

[2] DELLACHERIE (C.). Quelques applications du lemme de Borel-Cantelli à la théorie des semimartingales. Sém. Prob. XII, Lect. Notes 649, Springer 1978, p. 742-745.

[3] DELLACHERIE (C.) et MEYER (P.A.). Probabilités et Potentiels, chap. VI (à paraître).

[4] JEULIN (T.). Partie positive d'une quasimartingale. C.R.A.S. Paris, t. 287, 1978, p. 351-352.

[5] MEYER (P.A.). Un cours sur les intégrales stochastiques. Sém. Prob. X, Lect. Notes 511, Springer 1976.

[6] MEYER (P.A.). Sur un théorème de J. Jacod. Sém. Prob. XII, Lect. Notes Notes in M. 649, Springer 1978, p. 57-60.

[7] STRICKER (C.). Quasimartingales, martingales locales, semimartingales et filtration naturelle. ZfW 39, 1977, p. 55-63.

[8] YOEURP (C.). Compléments sur les temps locaux et les quasimartingales. Astérisque 52-53, 1978, Soc. Math. France, p. 197-218.

[9] YOR (M.). Une remarque sur les espaces H^p de semimartingales. C.R. A.S. Paris, t. 287, 1978, p.

[10] YOR (M.). Sur le balayage des semi-martingales continues. A paraître.

I.R.M.A.
Laboratoire associé au CNRS
rue du Gal Zimmer
67084 Strasbourg-Cedex.

Université de Strasbourg
Séminaire de Probabilités 1977/78

SUR UNE FORMULE DE LA THEORIE DU BALAYAGE

par P.A. MEYER, C. STRICKER et M. YOR

Cette note complète à la fois l'exposé " sur la valeur absolue d'une semimartingale" du second auteur, et l'exposé " sur le balayage des semimartingales continues" du dernier , exposés auxquels on se référera ci-dessous sous le nom d'exposé I ou II. Les notations sont celles de l' exposé II. Rappelons les brièvement. $\mathbf{H}$ est un fermé aléatoire optionnel. On désigne par $\mathbf{H}^{\rightarrow}$ l'ensemble des extrémités gauches d'intervalles contigus à $\mathbf{H}$, par $\mathbf{H}^*$ l'ensemble des extrémités gauches <u>non isolées</u> de tels intervalles. On pose

$$D_t = \inf\{\, s>t : s\in \mathbf{H} \,\}$$
$$\tau_t = \sup\{\, s<t : s\in \mathbf{H} \,\}$$
$$\ell_t = \sup\{\, s\leqq t : s\in \mathbf{H} \,\}$$

On désigne par K un processus progressif borné, par k le processus (K_{τ_t}). Il n'y a pas de difficulté à vérifier que k est progressif, et nous désignons par $\varkappa$ sa projection prévisible ; si K est prévisible, k l'est aussi, donc $k=\varkappa$, et l'on montre dans l'exposé II que

(1) $$k_tY_t = k_0Y_0 + \int_0^t k_s dY_s \quad \left(\begin{array}{l}\text{Y est une semimartingale telle}\\ \text{que } Y_{D_t}=0 \text{ pour tout t sur } \{D_t<\infty\}\end{array}\right.$$

En particulier, (k_tY_t) est une semimartingale. On montre dans l'exposé I un résultat moins explicite : kY est toujours une semimartingale pour K progressif borné. Notre but est d'écrire, dans ce cas, une formule aussi proche de (1) que possible, et de la commenter ensuite.

THEOREME 1. <u>Si</u> K <u>est progressif</u>, <u>on a la formule</u>

(2) $$k_tY_t = k_0Y_0 + \int_0^t \varkappa_s dY_s + \Sigma_{0<s\leqq t,\, s\in \mathbf{H}^*} (k_s-\varkappa_s)Y_s + \mathcal{R}_t$$

<u>où</u> $\mathcal{R}$ <u>est un processus à variation finie</u>, <u>adapté</u>, <u>continu</u>, <u>constant dans tout intervalle contigu à</u> $\mathbf{H}$. (On écrira $\mathcal{R}^K$ au lieu de $\mathcal{R}$ si nécessaire)

Nous ne savons pas expliciter $\mathcal{R}$, et il y a certainement beaucoup à faire sur cette question, en analogie avec la théorie des excursions des processus de Markov hors d'un ensemble régénératif.

DEMONSTRATION. a) Nous vérifions d'abord que la somme qui figure du côté droit de (2) a un sens. Cela tient au fait que le processus $k-\varkappa$ est borné, et que l'on a $Y_{s-}=0$ en tout point de $\mathbf{H}^*$, de sorte que

$$\Sigma_{0<s\leqq t,\ s\in \mathbf{H}^*} |Y_s| \leqq \Sigma_{s\leqq t} \left(I_{\{Y_{s-}\leqq 0\}}Y_s^+ + I_{\{Y_{s-}\geqq 0\}}Y_s^-\right)$$

et le second membre est un processus croissant à valeurs finies, d'après la théorie du temps local (séminaire X, p. 365, formule (12.4)).

b) Il en résulte que le processus

$$Z_t = k_t Y_t - k_0 Y_0 - \int_0^t \varkappa_s dY_s - \Sigma_{0<s\leqq t,\ s\in H^*} (k_s - \varkappa_s) Y_s$$

est une semimartingale nulle en 0. Nous allons montrer que Z n'a pas de partie martingale continue, n'a pas de sauts, est constante sur les intervalles contigus à H, et cela établira le théorème 1.

i) Soit h rationnel. Sur l'ensemble (prévisible) $]h,D_h]$, le processus k garde la valeur constante K_{ℓ_h} , qui est $\underline{\underline{F}}_h$-mesurable. Donc $kI_{]h,D_h]}$ est prévisible, et il est égal à sa projection prévisible $\varkappa I_{]h,D_h]}$.

Autrement dit, $k=\varkappa$ sur l'ensemble prévisible $L=\cup_h\ ]h,D_h]$, qui contient H^c.

Sur $]h,D_h]$, la semimartingale Z est constante. Il en résulte que Z n'a pas de sauts sur L, et que $\langle Z^c,Z^c\rangle$ ne charge pas L.

ii) Rappelons que, si X est une semimartingale, on a $I_{\{X_-=0\}}\cdot X^c=0$ (sém. X, p. 366, formule (12.5)). Il en résulte que $I_A\cdot X^c=0$ pour tout ensemble prévisible $A\subset\{X=0\}$, donc $I_A\cdot X$ est sans partie martingale continue.

Ici, L^c est contenu dans $\{Y=0\}$ et dans $\{kY=0\}$. Donc $I_{L^c}\cdot Y$ et $I_{L^c}\cdot(kY)$ sont sans partie martingale continue. Par différence, la même chose est vraie de $I_{L^c}\cdot Z$. Nous l'avons vue plus haut pour $I_L\cdot Z$, et finalement on obtient que $Z^c=0$.

iii) D'après i), Z n'a pas de saut sur L. Tout point de L^c est limite d'éléments de **H** du côté gauche, donc Y_- y est nul. S'il est aussi point limite de **H** du côté droit, Y y est nul, et Z n'a pas de saut. Reste donc à examiner ce qui se passe en un point $s\in H^*$. On a $Y_{s-}=0$, donc le saut de kY vaut k_sY_s ; le saut de l'intégrale stochastique vaut $\varkappa_s\Delta Y_s=\varkappa_sY_s$, et compte tenu de la somme, on voit que $\Delta Z_s=0$. ▯

REMARQUES SUR LA FORMULE (2) : ECRITURES EQUIVALENTES

Nous allons faire une série de remarques sur la formule (2) : d'une part, en lui donnant différentes formes, qui se prêtent plus ou moins bien à un calcul, et d'autre part, en indiquant certains cas particuliers où l'on sait évaluer le processus $\mathfrak{K}$. Nous commençons par les remarques du premier type.

a) Dans la formule (2), on peut remplacer $\Sigma_{0<s\leqq t,\ s\in H^*} (k_s-\varkappa_s)Y_s$ par $\Sigma_{0<s\leqq t,\ s\in H^*} (k_s-\varkappa_s)\Delta Y_s$, ou même par $\Sigma_{0<s\leqq t} (k_s-\varkappa_s)\Delta Y_s$. En effet, le

passage de la première somme à la seconde se fait en remarquant que sur H^* on a $Y_{s-}=0$, donc $Y_s=\Delta Y_s$. Pour voir que les deux dernières sommes sont égales, on écrit que $\mathbb{R}_+^*\times\Omega$ est réunion de H^*, de L , et de $L^c\backslash H^*$. La troisième somme se décompose donc en trois termes. Le premier est égal à la seconde somme. Le second est nul, car nous avons vu dans la démonstration du théorème 1 que $k-\kappa$ est nul sur L. Le dernier est nul, car les points de $L^c\backslash H^*$ sont les points de H qui ne sont isolés ni à droite, ni à gauche, et ΔY y est donc nul.

b) Rappelons quelques résultats de [1], relatifs à l'intégrale stochastique non compensée de processus optionnels. Soit X un processus optionnel (que nous supposons borné pour simplifier). Nous disons qu'un processus prévisible X' approche X (relativement à la semimartingale Y) si

1) l'ensemble $\{X\neq X'\}$ est mince (et nous ajoutons ici : X' est borné)
2) la somme $\sum_{s\leq t} |X_s-X'_s||\Delta Y_s|$ est p.s. finie pour t fini,

et nous posons alors

(3) $\quad (nc)\int_0^t X_s dY_s = \int_0^t X'_s dY_s + \Sigma_{0<s\leq t} (X_s-X'_s)\Delta Y_s$ (nc : non compensé)

Le côté droit ne dépend pas du choix du processus prévisible X' approchant X, ce qui justifie la notation. L'article [1] n'aborde pas le cas où X est progressif borné, mais l'extension est immédiate : X et sa projection optionnelle X^o ne diffèrent que sur un ensemble progressif ne contenant aucun graphe de temps d'arrêt ; on remplace la condition 1) par : $\{X^o\neq X'\}$ est mince , et on conserve la formule (3) - ce qui revient à dire que

$$(nc)\int_0^t X_s dY_s = (nc)\int_0^t X^o_s dY_s$$

Dans ces conditions, revenons à la formule (2) : l'ensemble $\{k\neq\kappa\}$ est mince, et nous avons vu que la somme $\Sigma_{0<s\leq t}|k_s-\kappa_s||\Delta Y_s|$ - qui peut en fait être restreinte à H^* - est p.s. finie pour t fini. Autrement dit, k est approchable par sa projection prévisible κ , et l'on a

(4) $\qquad k_tY_t = k_0Y_0 + (nc)\int_0^t k_s dY_s + R_t$

c) Supposons que le processus k admette des limites à gauche (il en est ainsi si K lui même en admet) et montrons que le processus k_- approche k relativement à Y. Tout d'abord, si k admet des limites à gauche, il en est de même de κ, et il est facile de vérifier que les processus k_- et κ_- sont indistinguables (vérifier que κ_- est projection prévisible de k_-, qui est prévisible). Donc $\{k^o\neq k_-\}\subset\{k^o\neq\kappa\}\cup\{\kappa\neq\kappa_-\}$ est mince. D'autre part, on vérifie comme plus haut que

$$\sum_{s\leq t} |k_s-k_{s-}||\Delta Y_s| = \Sigma_{s\leq t,\ s\in H^*} |k_s-k_{s-}||Y_s| < \infty \text{ p.s. pour t fini}$$

La formule (2) ou (4) prend donc la forme

(5) $$k_tY_t = k_0Y_0 + \int_0^t k_{s-}dY_s + \Sigma_{0<s\leq t,\ s\in H^*}(k_s-k_{s-})Y_s + R_t$$

d) Revenons au processus K de départ. Le cas le plus important en pratique est celui où K est progressif borné, constant sur les intervalles [u,v[contigus à **H**, ce qui revient à dire que $K_t=K_{\ell_t}$ pour tout t. D'ailleurs, si K est progressif borné quelconque, on ne modifie pas k en remplaçant le processus (K_t) par le processus (K_{ℓ_t})[1], constant sur les intervalles [u,v[contigus à **H**. On ne perd donc pas de généralité en faisant cette hypothèse.

Les processus K et k ne diffèrent alors qu'en des points t où $\ell_t \neq \tau_t$, et en ces points Y s'annule : les processus KY et kY sont donc égaux. De même, $k_0Y_0 = K_0Y_0$, et K=k aux points de H^*.

Lorsque le processus K est pourvu de limites à gauche, il en est de même de k, et les processus K_- et k_- sont indistinguables. La formule (5) s'écrit alors sous une forme qui ne fait plus intervenir explicitement que K lui même :

(6) $$K_tY_t = K_0Y_0 + \int_0^t K_{s-}dY_s + \Sigma_{0<s\leq t,\ s\in H^*}(K_s-K_{s-})Y_s + R_t .$$

REMARQUES SUR LA FORMULE (2) : CAS OU L'ON SAIT CALCULER R

a) Prenons d'abord une semi-martingale continue Y , et H={Y=0}, avec

(7) $$K_t = \liminf_{s\downarrow\downarrow t} (1_{\{Y_s>0\}} - 1_{\{Y_s\leq 0\}})$$

Quelles sont les valeurs de K ?

- si $t\in H^c$, K_t est le signe de l'excursion de Y en cours,
- aux points $t\in H^{\rightarrow}$, K_t est le signe de l'excursion qui commence en t,
- aux points $t\in H$ non isolés à droite, $K_t=-1 = \mathrm{sgn}(Y_t)$, avec la convention sgn(0)=-1 que l'on fait toujours en théorie du temps local.

Les processus K et k ne diffèrent qu'aux points de H isolés à gauche : en un tel point, k est le signe de l'excursion finissante . Le processus $K_tY_t = k_tY_t$ est égal à $|Y_t|$.

Introduisons d'autre part le processus prévisible

(8) $$\gamma_t=\mathrm{sgn}(Y_t) , \quad \text{avec } \mathrm{sgn}(0)=-1$$

Où diffèrent k et γ ? uniquement en des extrémités d'intervalles contigus à $\dot{H}$, donc sur un ensemble à coupes dénombrables. L'ensemble $\{k^0\neq\gamma\}$ est un ensemble optionnel, contenu dans la réunion de $\{k\neq k^0\}$ et de $\{k\neq\gamma\}$.

---

(1) Il n'est pas difficile de vérifier que ce processus est progressif.

Il est donc négligeable pour toute P-mesure associée à un processus croissant intégrable continu (adapté) A, et il en est de même de $\{\varkappa\neq\gamma\}$. Mais alors les i.s. $\gamma\cdot Y$ et $\varkappa\cdot Y$ sont égales, et la formule (2) s'écrit

$$|Y_t| = |Y_0| + \int_0^t \gamma_s dY_s + R_t$$

qui est identique à la formule de Tanaka : ainsi R est le temps local de Y en 0. On notera que cette identification dépend du choix particulier de K, correspondant bien à la convention sgn(0)=-1.

b) Voici un second cas où l'on sait calculer R :

THEOREME 2. Si K est optionnel, on a $R=0$.

DEMONSTRATION. Par un raisonnement de classes monotones, on se ramène au cas de générateurs de la tribu optionnelle, à choisir convenablement : nous prendrons $K=I_{[T,\infty[}$, où T est un temps d'arrêt, mais la démonstration utilisera simplement le fait que K est un processus croissant purement discontinu. Quitte à remplacer (K_t) par (K_{ℓ_t}), qui est encore continu à droite, croissant et purement discontinu - opération qui ne modifie pas R - nous pouvons supposer que K est constant sur les intervalles contigus à $\mathbf{H}$, et écrire la formule (6)

$$K_tY_t = K_0Y_0 + \int_0^t K_{s-}dY_s + \sum_{\substack{0<s\leq t \\ s\in\mathbf{H}^*}} Y_s\Delta K_s + R_t$$

et en fait on peut supprimer la restriction $s\in\mathbf{H}^*$ dans la somme , car $Y_s\Delta K_s$ est nul pour $s\notin\mathbf{H}^*$. Comparant cela à la formule d'intégration par parties

$$K_tY_t = K_0Y_0 + \int_0^t K_{s-}dY_s + \int_0^t Y_s dK_s$$

on voit que R est la partie continue du processus à variation finie $\int_0^t Y_s dK_s$. Mais K est purement discontinu, donc $R=0$.

Voici une conséquence de ce théorème. Décomposons (à la manière des travaux de Maisonneuve sur les ensembles régénératifs) l'ensemble $\mathbf{H}^*$ en deux ensembles progressifs : $\mathbf{H}^*_b$, qui est une réunion dénombrable de graphes de temps d'arrêt, et qui est donc optionnel, et $\mathbf{H}^*_\pi$, qui ne rencontre aucun graphe de temps d'arrêt. L'ensemble $\mathbb{R}_+\times\Omega$ est réunion de quatre ensembles E_i (i=1,2,3,4) :

$E_1 = L = \cup_{h\in\mathbf{Q}}]h,D_h]$

E_2 est l'ensemble des points de $\mathbf{H}$ qui ne sont isolés, ni à droite, ni à gauche

$E_3 = \mathbf{H}^*_b$, $E_4 = \mathbf{H}^*_\pi$

Tout processus progressif borné K peut donc se décomposer en une somme de quatre processus K^i ($=K1_{E_i}$). Si i=1 ou 2, les processus $k^i_t=K^i_{\tau_t}$ sont nuls, et il en est de même des processus $\mathfrak{R}^i$ correspondants. Si i=3, le processus K^3 est optionnel, donc $\mathfrak{R}^3=0$ d'après le théorème 2. Finalement, on voit que $\mathfrak{R}=\mathfrak{R}^4$.

b) Nous montrons maintenant une propriété de continuité absolue des mesures $d\mathfrak{R}_s$, qui nous servira un peu plus loin à obtenir une formule de représentation (peu explicite) de ces processus.

Nous commençons par remarquer qu'il existe un processus croissant intégrable U tel que, pour tout processus prévisible borné X, nul en 0

(9) $\quad \left(E[\int_0^\infty |X_s| dU_s] = 0 \right) \Rightarrow \left(\int_0^{\cdot} X_s dY_s = 0 \right)$

Nous désignons alors par V le <u>balayé</u> de U sur H.

THEOREME 3. <u>Toute mesure</u> $d\mathfrak{R}_s$ <u>est absolument continue par rapport à</u> dV_s.

DEMONSTRATION. Les processus $\mathfrak{R}$ et V étant prévisibles, il nous suffit de montrer : si (ε_s) est un processus prévisible borné tel que $\varepsilon \cdot V=0$, nul en 0[1], on a aussi $\varepsilon \cdot \mathfrak{R}=0$.

Nous avons $0 = E[\int_0^\infty |\varepsilon_s| dV_s] = E[\int_0^\infty |\varepsilon_{\tau_s}| dU_s]$, donc $\int_0^{\cdot} \varepsilon_{\tau_s} dY_s = 0$ d'après (9). Comme ε est prévisible, on peut appliquer (1), et en déduire que le produit $\varepsilon_\tau Y$ est nul . Il en est de même alors du produit $\varepsilon_\tau K_\tau Y$. Appliquant à nouveau la formule (1), cette fois à la semimartingale $K_\tau Y = kY$, nous obtenons d'après la formule (2)

$$0 = \int_0^{\cdot} \varepsilon_{\tau_s} d(kY)_s = \int_0^{\cdot} \varepsilon_{\tau_s} \varkappa_s dY_s + \Sigma_{\cdots} \varepsilon_{\tau_s} (k_s - \varkappa_s) Y_s + \int_0^{\cdot} \varepsilon_{\tau_s} d\mathfrak{R}_s$$

Or l'intégrale stochastique du côté droit peut être considérée comme l'i.s. de $\varkappa$ par rapport à $\int_0^{\cdot} \varepsilon_{\tau_s} dY_s = 0$. Elle est donc nulle. Le second terme est un processus à variation finie purement discontinu, le troisième un processus à variation finie continu : ils sont donc nuls tous deux, et finalement $\int_0^{\cdot} \varepsilon_{\tau_s} d\mathfrak{R}_s = 0$. Comme $\mathfrak{R}$ est continu porté par H, on peut remplacer τ_s par s, et on a le résultat désiré.

REMARQUE. $\mathfrak{R}$ est en fait absolument continu par rapport à la partie continue de V.

La démonstration montre plus généralement que : si V est un processus croissant intégrable nul en 0, prévisible, tel que pour tout processus prévisible borné ε, nul en 0

$$\left(E[\int_0^\infty |\varepsilon_s| dV_s] = 0 \right) \Rightarrow \left(\int_0^{\cdot} \varepsilon_{\tau_s} dY_s \ (= \varepsilon_\tau Y) = 0 \right)$$

alors tout $\mathfrak{R}$ est absolument continu par rapport à V, et même par rapport à la partie continue de $I_H \cdot V$. En voici deux exemples :

1) Si Y est une <u>martingale locale continue</u> de temps local L, on montre

---

1. On peut supposer cela, car $\mathfrak{R}_0=0$.

dans l'exposé II, proposition 4 et corollaire 4.1, que la mesure dL est équivalente à la balayée de $\langle Y,Y\rangle$ sur **H**. On peut donc prendre V=L.

2) Soit J un processus croissant intégrable non adapté, nul en 0, tel que la mesure dJ soit portée par $\mathbf{H}^{\rightarrow}$, et que tout ensemble J-négligeable contenu dans $\mathbf{H}^{\rightarrow}$ soit évanescent. Soit V la projection duale prévisible de J . Alors si ε est prévisible V-négligeable, ε est aussi J-négligeable, donc évanescent sur $\mathbf{H}^{\rightarrow}$, le processus ε_τ est nul hors de **H** , et $\varepsilon_\tau Y=0$. Donc $\mathfrak{R}$ est absolument continu par rapport à la partie continue de $I_{\mathbf{H}}\cdot V$. Il existe toujours de tels processus J, parce que $\mathbf{H}^{\rightarrow}$ est à coupes dénombrables.

APPLICATION. Nous pouvons écrire pour tout processus progressif borné K, en explicitant la dépendance de $\mathfrak{R}^K$ par rapport à K :

(10) $$\mathfrak{R}^K_s(\omega) = \int_0^t r_s(\omega,K)dV_s(\omega)$$

où $(r_s(\cdot,K))_s$ est un processus prévisible. Nous allons chercher maintenant ce que l'on peut dire de la dépendance en K de ce processus : peut on interpréter r comme un noyau ? On y reviendra dans le théorème 5.

NORME DANS H^p DE LA SEMIMARTINGALE kY

Il est absolument clair sur la formule (1) que, si K est prévisible borné par 1 en valeur absolue, on a pour $1\leqq p<\infty$

$$\| kY \|_{H^p} \leqq c_p \| Y \|_{H^p} \quad (1)$$

(si la norme de H^p est bien choisie, par exemple

$$\|Y\|_{H^p} = \sup \|(J\cdot Y)_t\|_{L^p}\text{ , où J est prévisible borné par 1, et } t\in\mathbb{R}_+$$

on a même $c_p=1$ pour tout p). A t'on le même résultat lorsque K est progressif ?

Nous commençons par quelques remarques : on peut évidemment supposer $Y\in H^p$; dans la formule (2),

- Il n'y a aucun problème concernant $k_0Y_0 + \int_0^t \varkappa_s dY_s$, puisque k et $\varkappa$ sont bornés par 1 en valeur absolue.
- D'après la formule de Tanaka usuelle, nous avons

$$\| \Sigma_{s\leqq t}\, I_{\{Y_{s-}<0\}}Y_s^+ + I_{\{Y_{s-}>0\}}Y_s^- + L_t \|_{L^p} \leqq \| |Y_\infty| + |Y_0| + |\int_0^\infty \mathrm{sgn}(Y_{s-})dY_s| \|_{L^p}$$

L désignant ici le temps local de Y en 0. On en déduit sans peine que

$$\| \Sigma_{0<s\leqq t,\ s\in\mathbf{H}^*} |k_s-\varkappa_s|\,|Y_s| \|_{L^p} \leqq c_p \|Y\|_{H^p}$$

Le seul terme qui fait problème est donc $\mathfrak{R}_t$. Cependant, par différence nous obtenons aussitôt

(11) $$\|\mathfrak{R}_t\|_{L^p} \leqq c_p \|Y\|_{H^p}$$

où c_p ne dépend pas de t. Dans ces conditions, nous pouvons montrer

1. La constante c_p varie de place en place.

THEOREME 4. <u>On a si</u> $|K| \leqq 1$ <u>et</u> $1 \leqq p < \infty$

(12) $\| \int_0^\infty |d\mathfrak{R}_s| \|_{L^p} \leqq c_p \|Y\|_{H^p}$

(13) $\|kY\|_{H^p} \leqq c_p \|Y\|_{H^p}$

DEMONSTRATION. Nous établirons seulement (12), car (13) s'en déduit immédiatement, compte tenu des remarques précédentes.

Soit ε un processus prévisible, borné par 1 en valeur absolue, tel que $\varepsilon_0 = 0$ et $\int_0^\cdot \varepsilon_s d\mathfrak{R}_s = \int_0^\cdot |d\mathfrak{R}_s|$. Comme $\mathfrak{R}$ est continu porté par $\mathbf{H}$, nous avons aussi $\int_0^\cdot \varepsilon_{\tau_s} d\mathfrak{R}_s = \int_0^\cdot |d\mathfrak{R}_s|$. D'après le raisonnement du théorème 3, si nous remplaçons K par εK (encore borné par 1), le processus $\mathfrak{R}^{\varepsilon K}$ correspondant est égal à $\int_0^\cdot \varepsilon_{\tau_s} d\mathfrak{R}_s$. La relation (11) appliquée à εK nous donne donc (12).

Nous revenons à (10). Nous ne savons pas montrer que $K \mapsto r_\cdot(\cdot,K)$ est un noyau, mais un peu moins seulement :

THEOREME 5. <u>Supposons que</u> Y <u>appartienne à</u> H^1. <u>Alors l'application</u> $K \mapsto r_\cdot(\cdot,K)$ <u>est une mesure vectorielle à valeurs dans</u> $L^1(\mathbb{R}_+ \times \Omega, \mathcal{P}, d\mu)$, <u>où</u> $\mathcal{P}$ <u>désigne la tribu prévisible, et</u> μ <u>la</u> P-<u>mesure associée à</u> V.

DEMONSTRATION. Cette fonction est manifestement additive. Pour montrer qu'elle est complètement additive dans L^1 fort, il suffit de montrer (théorème de Pettis : [2], p. 318) qu'elle est complètement additive dans L^1 faible, ou encore, que si des K^n progressifs uniformément bornés convergent simplement vers 0, on a pour tout processus prévisible ε, borné par 1 en valeur absolue

$$\lim_{n\to\infty} E[\int_0^\infty r_s(\cdot,K^n)\varepsilon_s dV_s] = \lim_{n\to\infty} E[\int_0^\infty \varepsilon_s d\mathfrak{R}_s^{K^n}] = 0$$

Or nous avons vu plus haut que cette dernière intégrale n'est autre que $E[\mathfrak{R}_\infty^{\varepsilon K^n}]$ (la possibilité de prendre $t=\infty$ résulte ici de la formule (12)). Quitte à remplacer K^n par εK^n, nous sommes donc ramenés au cas où $\varepsilon=1$. Mais alors nous écrivons la formule (2)

$$\mathfrak{R}_t^{K^n} = K_t^n Y_t - K_0^n Y_0 - \int_0^t \kappa_s^n dY_s - \Sigma_{\substack{s \leq t \\ s \in H^*}} (k_s^n - \kappa_s^n) Y_s$$

qui tend vers 0 dans L^1, tandis que, d'après la formule (12)

$$E[|\mathfrak{R}_\infty^{K^n} - \mathfrak{R}_t^{K^n}|] \leqq c_1 \|Y - Y^t\|_{H^1}$$

qui est petit, uniformément en n, lorsque t est assez grand.

COROLLAIRE. <u>Si des</u> K^n <u>progressifs uniformément bornés tendent simplement vers</u> 0 , <u>on a</u> $\lim_n E[\int_0^\infty |d\mathfrak{R}_s^{K^n}|] = 0$ (en supposant toujours $Y \in H^1$).

Le cas où $Y \notin H^1$ ne donne pas lieu à un énoncé aussi simple, mais dans bien des cas on peut se ramener à H^1 par arrêt. De toute façon, il existe toujours une loi Q équivalente à P, pour laquelle Y appartient à H^1 sur tout intervalle fini : on aura donc un énoncé analogue à celui du corollaire, avec $\lim_n \int_0^t |d\mathfrak{R}_s^{K^n}| = 0$, en probabilité, pour tout t fini.

Nous achevons en traitant un cas où l'on sait établir que le processus $(k_t Y_t)$ est une semimartingale, alors que K n'est pas borné.

THEOREME 6 . Supposons que Y soit une martingale locale continue, et que l'on ait (avec les notations du théorème 1)

(14) $$\int_0^t k_s^2 d\langle Y,Y\rangle_s < \infty \quad \text{pour tout } t \text{ fini}$$

Alors $(k_t Y_t)$ est une semimartingale (continue).

DEMONSTRATION. Nous allons en dire un peu plus dans la démonstration, en déterminant la forme de cette semimartingale. On peut supposer que $K_0=0$, puis que K (et donc k) est positif, ce qui donne un sens à la projection prévisible $\varkappa$ de k . D'autre part, $\langle Y,Y\rangle$ ne charge pas $\{Y=0\}$, ce processus croissant est donc porté par L, et sur L on a $k=\varkappa$. Donc l'intégrale stochastique $\varkappa.Y$ existe d'après (14), et nous allons montrer que

(15) $$k_t Y_t = \int_0^t \varkappa_s dY_s + \mathfrak{R}_t \quad , \text{ où } \mathfrak{R} \text{ est continu à variation finie, porté par } \mathbf{H} .$$

Par arrêt, on peut supposer que $\varkappa.Y$ est bornée. Posons $K_t^n = K_t \wedge n$, et appliquons les résultats antérieurs à K^n et à Y^+ : nous avons, L étant le temps local de Y en 0 , $\bar{\mathfrak{R}}^n$ un processus continu à variation finie

$$k_t^n Y_t^+ = \int_0^t \varkappa_s^n dY_s^+ + \bar{\mathfrak{R}}_t^n = \int_0^t \varkappa_s^n \operatorname{sgn}(Y_s) dY_s + \frac{1}{2}\int_0^t \varkappa_s^n dL_s + \bar{\mathfrak{R}}_t^n$$

Le côté gauche est une semi-martingale positive, continue , que nous notons Z^n ; sa décomposition canonique $Z^n = M^n + V^n$ figure du côté droit, et on voit que V^n est porté par l'ensemble $\{Z^n=0\}$. Autrement dit, Z^n appartient à la classe (Σ_+^o) de l'exposé de Yor, et on a alors, d'après l'appendice de cet exposé

$$V_t^n = \frac{1}{2}\int_0^t \varkappa_s^n dL_s + \bar{\mathfrak{R}}_t^n = \sup_{0 \leq s \leq t} -\int_0^s \varkappa_s^n \operatorname{sgn}(Y_s) dY_s$$

Lorsque $n \to \infty$, les martingales $(\varkappa^n \operatorname{sgn}(Y)).Y$ convergent dans H^2 vers $M = (\varkappa \operatorname{sgn}(Y)).Y$, et donc le côté gauche converge aussi (uniformément en probabilité) vers le processus croissant continu $\mathfrak{R}_t^+ = \sup_{0 < s \leq t} (-M_s)$. Il en résulte que

$$k_t Y_t^+ = \int_0^t \varkappa_s \operatorname{sgn}(Y_s) dY_s^+ + \mathfrak{R}_t^+$$

ce qui prouve que $k_t Y_t^+$ est une semimartingale. On fait le même raisonnement avec $k_t Y_t^-$, et on obtient par différence la formule (15) (en utilisant le fait que $I_{\{Y_s=0\}}.Y = 0$ pour une martingale locale continue). Il reste seulement à voir que $\mathfrak{R}$ est porté par $\mathbf{H}$, ou encore, que $\mathfrak{R}$ ne charge pas les intervalles $]h, D_h]$, ce qui est facile.

REFERENCES

[1] M. Yor. : En cherchant une définition naturelle de l'intégrale stochastique optionnelle. Dans ce volume.

[2] N. Dunford et J.T. Schwartz : Linear operators, Part 1. Interscience, New York 1963.

Université de Strasbourg
Séminaire de Probabilités 1977/78

CONSTRUCTION DE QUASIMARTINGALES S'ANNULANT SUR UN ENSEMBLE DONNE

par P.A. Meyer

Dans l'article de Yor " sur le balayage des semi-martingales continues", Yor travaille sur un ensemble aléatoire M de la forme $\{X=0\}$, où X est une semi-martingale continue. Il est naturel de se demander quels sont les ensembles aléatoires fermés qui peuvent se représenter ainsi. On voudrait ici faire quelques remarques évidentes sur cette question, sans prétendre résoudre le problème en toute généralité (et sans prétendre, surtout, aborder le problème plus difficile qui consiste à caractériser les ensembles de zéros des martingales, continues ou non).

Nous nous plaçons sur un espace $(\Omega,\underline{\underline{F}},P,(\underline{\underline{F}}_t))$ habituel, désignons par M un ensemble aléatoire progressif fermé à droite. On pose comme d'habitude $D_t(\omega)=\inf\{s>t : (s,\omega)\in M\}$, $\ell_t(\omega)=\sup\{s\leqq t : (s,\omega)\in M\}$, et $A_t=t-\ell_t$ (A_t est l'<u>âge</u> en théorie du renouvellement).

Notre première remarque est que le processus A est adapté, continu à droite, et que sa variation totale sur $[0,t]$ est au plus 2t. D'autre part, l'ensemble des zéros de A est $\overline{M}\cup\{0\}$. Si M ne contient pas 0, il faut donc modifier légèrement le processus pour avoir une semimartingale dont l'ensemble des zéros est exactement $\overline{M}$, mais cela ne présente aucune difficulté. <u>Sans la continuité, le problème est donc trivial</u>.

Pour essayer de construire une semimartingale " aussi continue que possible" dont l'ensemble des zéros soit $\overline{M}$, nous modifions alors A de la manière suivante, en un processus à variation finie continu (non adapté). Sur tout intervalle contigu $]a,b[$, nous suivons le graphe de (A_t) jusqu'à l'instant $a+1\wedge\frac{b-a}{2}$, puis nous joignons au point (b,0) par un segment de droite (horizontal si $b=+\infty$). Le processus (B_t) ainsi construit admet $\overline{M}\cup\{0\}$ comme ensemble d'annulation - désormais nous laissons de côté la petite difficulté en 0 - <u>il est continu</u>, $\geqq 0$, et sa variation totale sur $[0,t]$ est au plus 2t.

Nous désignons maintenant par X la <u>projection optionnelle</u> de B, qui est un processus càdlàg. régulier, positif. D'après une remarque de Stricker, on a pour tout t $\mathrm{Var}_{[0,t]}(X)\leqq 2t$, où Var désigne la variation moyenne par rapport à la famille $(\underline{\underline{F}}_t)$: donc X est une quasimartingale sur tout intervalle $[0,t]$, et en particulier une semimartingale.

Comme B est nul sur l'ensemble optionnel $\overline{M}$, il en est de même de X. Vérifions que X ne s'annule pas hors de $\overline{M}$. D'après le théorème de section, il suffit de montrer que pour tout temps d'arrêt T dont le graphe est disjoint de $\overline{M}$, on a p.s. $X_T>0$ sur $\{T<\infty\}$. Or l'ensemble $H=\{X_T=0,T<\infty\}$ appartient à $\underline{\underline{F}}_T$, donc $\int_H B_T P=\int_H X_T P=0$. Comme le graphe de T est disjoint de $\overline{M}$, B_T est strictement positif sur $\{T<\infty\}$, et cette condition entraîne que H est négligeable. On peut montrer de même que X_- ne s'annule pas hors de $\overline{M}$.

Reste à étudier la continuité de X. Tout d'abord, les discontinuités d'un processus régulier sont portées par des graphes de temps prévisibles T tels que $\underline{\underline{F}}_T\neq\underline{\underline{F}}_{T-}$, et de temps totalement inaccessibles. Dans le cas d'une famille de tribus comme celle du mouvement brownien, ni les uns ni les autres n'existent, <u>et donc</u> X <u>est continu</u> . Ainsi, pour la famille naturelle du mouvement brownien, tout ensemble aléatoire fermé est l'ensemble des zéros d'une semimartingale continue.

Dans le cas général, on ne peut espérer la continuité de X dans les intervalles contigus à M : ce qu'on peut espérer raisonnablement, c'est que X soit continu <u>aux points de $\overline{M}$</u> , c'est à dire que X_- soit nul sur $\overline{M}$. C'est bien clair aux points de $\overline{M}$ non isolés à gauche, et la seule difficulté tient aux extrémités droites d'intervalles contigus, i.e. aux temps d'arrêt D_t .

Mais on peut faire une remarque évidente : si X_- s'annule aux D_t, alors on a $\overline{M}=\{X_-=0\}$, <u>donc $\overline{M}$ est prévisible</u>. Inversement, si $\overline{M}$ est prévisible , les temps d'arrêt $D_t^- = \inf\{s\geq t : s\in M\}$ sont des temps prévisibles dont le graphe passe dans M. Or en un tel temps T on a $X_{T-}=E[X_T|\underline{\underline{F}}_{T-}]=0$, et X y est bien continu.

Ainsi nous avons montré : tout fermé aléatoire optionnel est l'ensemble des zéros d'une semimartingale positive régulière (qui est même une quasimartingale sur tout intervalle fini). Celle-ci est continue aux points de l'ensemble si et seulement si l'ensemble est prévisible.

Si les débuts D_t sont totalement inaccessibles, le processus A est lui même régulier, et la construction n'a amené aucun progrès.

CONDITIONAL EXCURSION THEORY

by

David Williams

1. The purpose of this note is to draw attention to CMO formulae, that is, 'conditional' versions of the Motoo-Okabe formula (of Theorem VIII.1 of Maisonneuve [3]) in which the sample paths of the 'process on the boundary' are assumed known. Various CMO formulae have long been used - often with more intuition than formal 'rigour' - in constructing sample paths of Markov chains. The type of general CMO formulae for Markov processes which I have in mind will be intuitively obvious from the special case described here.

Walsh ([4]) has recently provided very illuminating explanations of the theorems of Knight and Ray on diffusion local time, and of other Markovian properties in the space variable. The CMO formulae establish Walsh's conjecture that, for diffusions with known initial and final values, martingales relative to the excursion fields can jump only at the process minimum M (whence any excursion-field stopping 'time' S with $P\{S = M\} = 0$ is previsible).

This brief note is merely intended to generate interest. It is not very polished. I stick to my favourite diffusion, '3-dimensional' Bessel process, BES(3) so as to be able to provide cross-checks on some complicated formulae. I hope that a more complete version of some of these ideas (with much less cavalier use of the word 'obvious') will soon take shape at Swansea.

2. Let Ω be the space $C(\mathbb{R}^+, \mathbb{R}^+)$ of continuous paths with state-space $[0,\infty)$. Let X be the coordinate process:

$$X(t,\omega) \equiv X_t(\omega) \equiv \omega(t) \; ; \quad X(\infty,\omega) \equiv \partial \, .$$

Fix x in $(0,\infty)$, and make the following definitions:

$$F \equiv [0,x] \; ; \quad T \equiv \inf\{t > 0 : X_t \in F\} \; ;$$

$$H(t) \equiv \text{measure}\{s \le t : X_s \in F\} ; \quad H \equiv H(\infty) ;$$

$$\rho(\tau) \equiv \inf\{t : H(t) > \tau\} ; \quad Y(\tau) \equiv X \circ \rho(\tau) .$$

(By the usual convention that $\inf \emptyset \equiv \infty$, $Y(\tau) = \partial$ for $\tau \ge H$.)

The σ-algebra $\mathcal{E}_x$ determined by excursions below x is defined as follows:

$$\mathcal{E}_x \equiv \sigma\{Y(\tau) : 0 \le \tau < \infty\} .$$

This agrees with Walsh's definition for the diffusion case.

In the situations which concern us, the local time:

$$L_x^Y(\tau) \equiv \lim_{h \downarrow 0} \frac{\text{measure}\{\sigma \le \tau : Y(\sigma) \in (x-h, x)\}}{2h}$$

exists.

We use the functional notation for measures, so that we do not require differer symbols for probability and expectation. Define:

BES^y to be the law of '3-dimensional' Bessel process starting at y ;

BM^y to be the law of Brownian motion starting at y ;

ITO^x to be the Itô excursion law (characteristic measure) at boundary point x for reflecting Brownian motion on $[x,\infty)$, with the Itô-McKean normalisation of local time at x.

Fix $\lambda > 0$, and define

$$\gamma \equiv (2\lambda)^{\frac{1}{2}} .$$

The appearance of γ in the CMO formulae derives from the well-known fact that

$$ITO^x\{1 - \exp(-\lambda T)\} = \gamma .$$

3. <u>FIRST-ORDER CMO FORMULAE FOR BES(3)</u>.

<u>Let</u> f <u>be a bounded Borel function on</u> $[0,\infty)$ <u>and let</u> ξ <u>be an exponentially distributed variable of rate</u> λ <u>which is independent of</u> X.

<u>Then</u>, <u>on the set</u> $\{T = \infty\}$, <u>we have</u>:

(1) $$BES^b\{f(X_\xi) | \mathcal{E}_x\} = BES^{b-x}\{f(x + X_\xi)\} .$$

On the set $\{T < \infty\}$, we have:

(2) $$\mathrm{BES}^b\{f(X_\xi);\ T > \xi \mid \mathcal{G}_x\}$$

$$= \mathrm{BM}^b\{f(X_\xi);\ T > \xi\}\ ;$$

(3) $$\mathrm{BES}^b\{f(X_\xi);\ T < \xi;\ X_\xi \in F \mid \mathcal{G}_x\}$$

$$= \mathrm{BM}^b\{T < \xi\} \int_0^H \lambda \exp[-\lambda\tau - \gamma L_x^Y(\tau)]\, f(Y_\tau)\, d\tau$$

(4) $$\mathrm{BES}^b\{f(X_\xi);\ T < \xi;\ X_\xi \notin F;\ \xi < \rho(H-) \mid \mathcal{G}_x\}$$

$$= \mathrm{BM}^b\{T < \xi\}\ \mathrm{ITO}^x\{f(X_\xi);\ \xi < T\} \int_0^H \exp[-\lambda\tau - \gamma L_x^Y(\tau)]\, dL_x^Y(\tau)\ ;$$

(5) $$\mathrm{BES}^b\{f(X_\xi);\ T < \xi;\ X_\xi \notin F;\ \xi > \rho(H-) \mid \mathcal{G}_x\}$$

$$= \mathrm{BM}^b\{T < \xi\}\ \mathrm{BES}^0\{f(x + X_\xi)\} \exp[-\lambda H - \gamma L_x^Y(H)]\ .$$

Proof. The above formulae seem to me to be obvious given Itô excursion theory ([2]) and Theorem 3.1 of Williams [5].

4. The reason that I believe the formulae is that they 'integrate out' correctly. If, for example, formula (3) is correct, then we must have, for $b \le x$,

(3*) $$\mathrm{BES}^b\{\int_0^H \exp[-\lambda\tau - \gamma L_x^Y(\tau)]\, f(Y_\tau)\, d\tau\} = h(b)\ ,$$

where

$$h(b) \equiv \mathrm{BES}^b\{\int_0^\infty e^{-\lambda t} f(X_t)\, I_F(X_t)\, dt\}\ .$$

Now (see, for example, [5]) it is well known that, for $b < x$,

$$bh(b) = \gamma^{-1} e^{-\gamma b} \int_0^b 2y \sinh(\gamma y)\, f(y)\, dy + \gamma^{-1} \sinh(\gamma b) \int_b^x 2y e^{-\gamma y} f(y)\, dy\ .$$

Thus, h is bounded near 0, h satisfies

$$\lambda h - \tfrac{1}{2} h'' - b^{-1} h' = 0 \quad \text{on} \quad (0,x)\ ,$$

and h obeys the elastic-barrier condition:

$$[xh(x)]' + \gamma x h(x) = 0\ .$$

These facts confirm (3*) (but not, of course, (3)!).

With a little effort, you can check that (4) integrates out properly, using (among other things) the results:

$$\mathrm{ITO}^x\{f(X_\xi);\ \ \xi < T\} = 2\lambda\int_x^\infty e^{-\gamma(y-x)} f(y)\,dy\ ;$$

$$\mathrm{BES}^b\{\int_0^H \exp[-\lambda\tau - \gamma L_x^Y(\tau)]\,dL_x^Y(\tau)\} = (\gamma b)^{-1}\sinh(\gamma b)xe^{-\gamma x}.$$

5. Formulae (1)-(5) determine the martingale Z, where

$$Z_x \equiv \mathrm{BES}^b\{f(X_\xi)\,|\,\mathcal{G}_x\},$$

and show that Z is continuous in x except perhaps at $x = M$, where

$$M \equiv \inf\{X(t) : t \geq 0\}.$$

It is clear that what we must do now is to transfer the proof of Meyer's celebrated previsibility theorem for Markov processes 'from time to space'. If you consult pages 36-38 of Getoor [1], you will see that Walsh's conjecture will follow once we prove the following result.

THEOREM. Let $n \in \mathbb{N}$ and let $\xi_1,\xi_2,\ldots,\xi_n$ be exponentially distributed variables (of rates $\lambda_1,\lambda_2,\ldots,\lambda_n$) such that $\xi_1,\xi_2,\ldots,\xi_n$ and X are independent. Let $f_1,f_2,\ldots,f_n$ be bounded continuous functions on $[0,\infty]$. Then the martingale

(6) $$x \to \mathrm{BES}^b\{f_1(X_{\xi_1})f_2(X_{\xi_1+\xi_2})\ldots f_n(X_{\xi_1+\xi_2+\ldots+\xi_n})\,|\,\mathcal{G}_x\}$$

is continuous except perhaps at $x = M$.

(The fact that this theorem implies Walsh's conjecture is easier to establish than the corresponding result in Getoor [1] where the ξ variables are not added together.)

6. Instead of working through all the tedious details of a full proof of the theorem, let us look at one case which gives the key 'inductive' idea.

Let ξ and η be exponential variables (of rates λ,μ respectively) such that ξ,η and X are independent. Then we have the following extension of (4): if f and g are bounded Borel functions on $[0,\infty)$,

(7) $$\mathrm{BES}^b\{f(X_\xi)g(X_{\xi+\eta});\ T < \xi;\ X_\xi \notin F;\ \xi < \rho(H-)\,|\,\mathcal{G}_x\}$$
$$= \mathrm{BM}^b\{T < \xi\}\int_0^H \exp[-\lambda\tau - \gamma L_x^Y(\tau)]\,A_x\,dL_x^Y(\tau) \quad \text{on } \{T<\infty\}$$

where A_x is a shorthand for the expression (depending on many 'parameters'):

$$A_x \equiv 2\lambda \int_x^\infty e^{-\gamma(y-x)} f(y) \, [\mathrm{BES}^y\{g(X_\eta)|Y\}] \circ \theta_\tau^Y \, dy .$$

Here, $\theta_\tau^Y = \theta_{\rho(\tau)}$ shifts Y through Y-time τ. Of course, equation (7) relies heavily on the Markovian property of the Itô excursion. Given Itô's results, equation (7) is at least intuitively obvious (and perhaps obvious). You can check if you wish, that equation (7) integrates out properly.

The theorem for the case when $n = 2$ follows easily from second-order CMO formulae such as (7).

REFERENCES

1. GETOOR, R.K., Markov processes: Ray processes and right processes, Springer Lecture Notes in Mathematics, 440 (1975).
2. ITÔ, K., Poisson point processes attached to Markov processes, Proc. 6th Berkeley Sympos. Math. Statist. Probab., vol.III, 225-40 (1971)
3. MAISONNEUVE, B., Systèmes régénératifs, Astérisque 15, Société Mathématique de France (1974).
4. WALSH, J.B., Excursions and local time, in Temps locaux (ed. Azéma, Yor), Astérisque 52-53, Société Mathématique de France (1978).
5. WILLIAMS, D., Path decomposition and continuity of local time for one-dimensional diffusions, Proc. London Math. Soc. (3rd series) 28, 738-68 (1974)

Department of Pure Mathematics
University College
Swansea SA2 8PP
Great Britain

PROBLEMES A FRONTIERE LIBRE ET ARBRES DE MESURES

par Jean-Michel Bismut

Une classe importante de problèmes d'optimisation stochastique consiste dans la détermination de frontières optimales associées à l'arrêt ou la transition d'une loi de processus de Markov vers une autre loi. Les problèmes de frontière les plus simples sont les problèmes d'arrêt optimal : ils ont reçu une solution complète dans [6]. Une autre classe de problèmes est la détermination de frontières de transition pour des processus alternants [2]. Dans ce cas on considère deux lois de processus de Markov P et P'. On construit un nouveau processus qui suit la loi de P jusqu'au temps d'arrêt T_1, la loi de P' jusqu'au temps d'arrêt T_2, la loi de P jusqu'au temps d'arrêt T_3 etc... On doit alors choisir $T_1,T_2,\ldots,T_n\ldots$ de manière à maximiser :

$$E\left(\sum_{1}^{+\infty}\left(g'(x_{T_{2i-1}})+g(x_{T_{2i}})\right)\right) \tag{0.1}$$

Un tel problème a reçu une solution complète dans [2] par des techniques de balayage. L'étude fine des relations d'ordre sur les mesures associées aux cônes K et K' de fonctions fortement surmédianes pour P et P' permet de résoudre complètement le problème. Si R et R' sont les opérateurs de réduite relativement à K et K', on se ramène en effet à étudier le système

$$\begin{aligned} f &= R(f'+g) \\ f' &= R'(f+g') \end{aligned} \tag{0.2}$$

On démontre alors sous des conditions très faibles l'existence d'une solution minimale pour le système (0.2) et la régularité des solutions lorsque les processus considérés sont de Feller et vérifient une hypothèse de "réduite continue". Cette hypothèse est en particulier vérifiée par les diffusions de Stroock et Varadhan [13] et les diffusions avec sauts de Stroock [14].

Nous allons étudier ici un problème plus difficile. On va en effet se donner trois lois (où $d \geq 3$ lois) de processus de Markov droits P^1, P^2, P^3. A partir d'une chaîne croissante de temps d'arrêt $T_1, T_2, \ldots, T_n$ et d'une suite $(m_1, m_2, \ldots, m_n)$ de variables aléatoires à valeurs dans $\{1,2,3\}$ telle que $m_1 = 1$ et que m_{i+1} est F_{T_i}-mesurable, on construit un processus cad qui suit la loi P^{m_1} pour $t \leq T_1$, la loi P^{m_2} pour $T_1 \leq t \leq T_2$, la loi P^{m_3} pour $T_2 \leq t \leq T_3 \ldots$

Si $\{g^{ij}\}_{i \neq j}$ est une famille de six fonctions, on veut maximiser en $(T_1, \ldots, T_n \ldots), (m_1, \ldots, m_n, \ldots)$ le critère

(0.3) $$E\left(\sum_{1}^{+\infty} g^{m_i m_{i+1}}(x_{T_i})\right).$$

On doit ainsi déterminer six frontières de transition A^{ij} de i vers j.

On pourra se représenter P^1, P^2, P^3 comme les différents régimes de fonctionnement d'un "engin" dans un environnement aléatoire. Compte tenu des coûts de transition d'un régime vers l'autre, ou des coûts de fonctionnement de chaque régime -- voir [2] - section 3-- on doit déterminer les frontières optimales de transition.

Dans la section 1, on pose les hypothèses du problème. On introduit une suite de fonctions fortement surmédianes relativement à P^1, P^2, P^3, qu'on note (f_n^1, f_n^2, f_n^3), et on exprime ces fonctions à l'aide de la notion d'arbre de mesures. On donne des conditions sous lesquelles cette suite converge vers (f^1, f^2, f^3), et on montre que ce triplet est la solution minimale du système

(0.4) $$f^i = R^i[(f^j + g^{ij}) \vee (f^k + g^{ik})] \qquad \{i,j,k\} = \{1,2,3\}.$$

Dans la section 2, on étudie la régularité des solutions de (0.4) , et on démontre l'existence de solutions pour le problème de maximisation de (0.3). Dans la section 3, on étudie la dépendance continue des solutions de (0.4) en fonction des données $\{g^{ij}\}$.

On utilisera constamment les résultats de [2].

1. HYPOTHESES.

E désigne un espace lusinien métrisable, auquel on adjoint un point cimetière δ où toutes les fonctions définies sur E s'annulent.

Ω est l'espace des fonctions continues à droite définies sur R^+ à valeurs dans $E \cup \{\delta\}$.

x^1, x^2, x^3 sont trois processus de Markov droits [15], transients, à durée de vie finie, ayant comme cimetière δ.

$P^1_\lambda, P^2_\lambda, P^3_\lambda$ sont les mesures sur Ω associées à x^1, x^2, x^3, quand la mesure d'entrée est λ.

On fait l'hypothèse que les fonctions excessives pour x^1, x^2, x^3 sont boréliennes.

Pour $i = 1,2,3$, K^i est le cône des fonctions fortement surmédianes pour le processus x^i.

On pose alors la définition suivante :

DEFINITION 1.1. : Si λ et μ sont des mesures bornées sur E on écrit $\lambda \overset{i}{<} \mu$ si pour tout $f \in K^i$ bornée, on a :

$$<\mu, f> \leqslant <\lambda, f> \tag{1.1}$$

Par le Théorème de Rost [1] , [12], si λ et μ sont $\geqslant 0$, pour que $\lambda \overset{i}{<} \mu$, il faut et il suffit qu'il existe un temps d'arrêt T randomisé pour P^i_λ tel que pour h borélienne bornée on ait

$$<\mu, h> = E^{P^i_\lambda} 1_{T<+\infty} h(x_T) \tag{1.2}$$

R^i est l'opérateur de réduite associé à K^i. Si h est borélienne, $R^i h$ est borélienne. En effet ce résultat est vrai quand h est continue, car $R^i h$ est excessive. On applique alors le Théorème des classes monotones [8]-I. T 20.

De plus par les résultats de Mertens et Rost [17]-[12], si λ est une mesure bornée ≥ 0 sur E, on a :

$$(1.3) \qquad <\lambda, R^i h> \;=\; \sup_{\substack{\mu \geq 0 \\ \lambda \overset{i}{<} \mu}} <\mu, h>$$

a) Définition des arbres.

On considère un arbre dont les branches sont construites de la manière suivante :

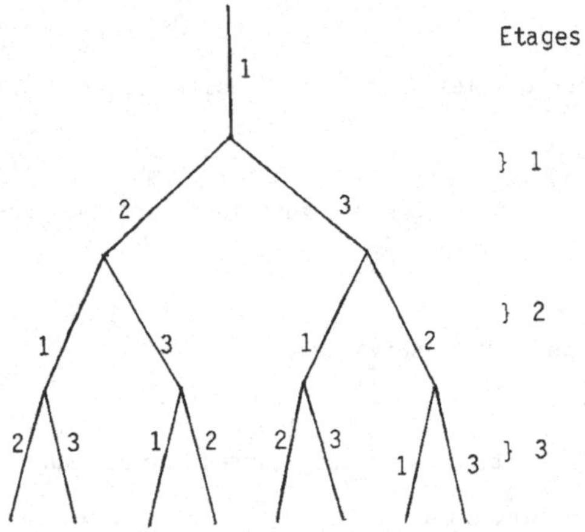

Figure 1

- chaque branche est indexée par l'un des indices 1,2,3.
- la branche d'indice i se divise en deux branches d'indices j et k avec $\{i,j,k\} = \{1,2,3\}$.

Le type de l'arbre est l'indice de la branche mère (sur la figure 1, il est de type 1)

On définit alors les arbres de mesures.

<u>DEFINITION</u> 1.2. : Soit λ une mesure ≥ 0 bornée sur E. On appelle arbre de mesures de type i et d'origine λ la donnée d'une famille de mesures bornées $\geqslant 0$ indicées par les branches de l'arbre telle que :

a) la branche mère porte la mesure λ.

b) Si 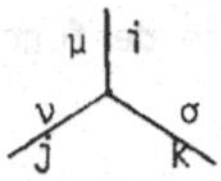

est un noeud de l'arbre, si μ,ν,σ sont les mesures associées aux branches $|$, $/$, $\backslash$, on a

(1.4) $$\mu \overset{i}{<} \nu + \sigma$$

L'ensemble des arbres de mesure de type i et d'origine λ est noté A^i_λ.

La longueur $|M|$ d'un arbre M est le nombre minimum d'étages (voir figure 1) tel que pour les étages de rang strictement supérieur, les mesures indicées par les branches de ces étages soient nulles.

La masse $\|M\|$ d'un arbre est définie par

(1.5) $$\|M\| = \sum_{\mu \in M} |\mu|$$

(on ne compte pas λ dans (1.5)).

$|M|$ et $\|M\|$ peuvent être infinis.

A tout arbre de mesures M on associe six mesures. En effet, pour tout couple d'indices (i,j), avec $(i,j) \in \{1,2,3\}$, $i \neq j$, on définit la mesure μ_{ij} par

(1.6) $$\mu^{ij} = \sum_{\substack{\mu \in M \\ \mu \underset{j}{/} \, | \, i}} \mu$$

(i.e. on ne somme que les mesures indicées par les branches j provenant d'une branche i)

Soit (g^{ij}) six fonctions boréliennes bornées indicées par $(i,j) \in \{1,2,3\}$ avec $i \neq j$.

Tout arbre M de masse finie opère sur (g^{ij}) par

(1.7) $$<M,(g^{ij})> = \sum \mu^{ij} g^{ij}$$

b) Un schéma itératif

On définit par récurrence la suite de fonctions

(1.8) $$f_1^i = R^i(g^{ij} \vee g^{ik})$$
$$f_{n+1}^i = R^i((f_n^j + g^{ij}) \vee (f_n^k + g^{ik})) \quad \{i,j,k\} = \{1,2,3\}.$$

On a alors le résultat suivant :

PROPOSITION 1.1. : Pour toute mesure ≥ 0 bornée λ, on a

(1.9) $$<\lambda, f_n^i> = \sup_{\substack{M \in A_\lambda^i \\ |M| \leq n}} <M,(g^{k\ell})>$$

Preuve : On raisonne par récurrence sur n. On sait que par (1.3)

(1.10) $$<\lambda, f_1^i> = \sup_{\tilde{\mu} \geq 0 \quad \lambda \overset{i}{<} \tilde{\mu}} <\tilde{\mu}, g^{ij} \vee g^{ik}>$$

Si $\tilde{\mu}$ vérifie les conditions de (1.10), on pose

(1.11) $$\nu = 1_{g^{ij} \geq g^{ik}} \tilde{\mu} \qquad \sigma = 1_{g^{ij} < g^{ik}} \tilde{\mu}$$

Donc
(1.12) $$\lambda \overset{i}{<} \nu + \sigma$$

L'arbre $M =$ 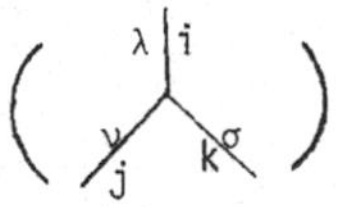

est donc de longueur 1 et appartient à A_λ^i. De plus

(1.13) $$<M,(g^{k\ell})> = <\tilde{\mu}, g^{ij} \vee g^{ik}>$$

Donc

(1.14) $$<\lambda, f_1^i> \leqslant \sup_{\substack{M \in A_\lambda^i \\ |M| \leqslant 1}} <M, (g^{k\ell})>$$

Inversement soit $M =$ 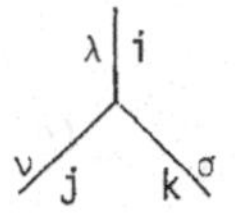

un arbre $\in A_\lambda^i$ de longueur 1. Alors comme $\lambda \overset{i}{<} \nu + \sigma$, on a

(1.15) $$<\lambda, f_1^i> \geqslant <\nu+\sigma, f_1^i> = <\nu, f_1^i> + <\sigma, f_1^i>$$

$$\geqslant <\nu, g^{ij}> + <\sigma, g^{ik}> = <M, (g^{k\ell})>$$

De (1.14),(1.15), on tire donc l'égalité dans (1.9) pour $n = 1$.

Supposons le résultat vrai jusqu'à l'ordre n. On a encore :

(1.16) $$<\lambda, f_{n+1}^i> = \sup_{\substack{M \in A_\lambda^i \\ |M| \leqslant 1}} <M, [f^j + g^{ij}, f^k + g^{ik}]>$$

où M n'agit effectivement que sur les deux fonctions $f^j + g^{ij}$, $f^k + g^{ik}$.

(1.16) peut s'écrire :

(1.17) $$<\lambda, f_{n+1}^i> = \sup_{\substack{\nu, \sigma \geqslant 0 \\ \lambda \overset{i}{<} \nu+\sigma}} (<\nu, f_n^j + g^{ij}> + <\sigma, f_n^k + g^{ik}>)$$

En appliquant la récurrence pour calculer $<\nu, f_n^j>$ et $<\sigma, f_n^k>$, on vérifie qu'en juxtaposant à l'arbre M de longueur 1 des arbres de longueur n, on a encore (1.9). □

La formule (1.9) a une interprétation très simple à l'aide de temps d'arrêt. En effet par [17]-[12], on sait que pour h borélienne bornée,

(1.18) $$<\lambda, R^j h> = \sup_{T \text{ temps d'arrêt}} E^{P_\lambda^j} 1_{T<+\infty} h(x_T)$$

On peut donc, en remplaçant les opérateurs R^j par leurs expression (1.18), exprimer chaque $<\lambda, f_n^i>$ à l'aide d'une chaîne de temps d'arrêt $T_1, \dots, T_n$. Pour simplifier, on écrira seulement l'expression de $<\lambda, f_2^1>$. On a :

(1.19) $$<\lambda, f_2^i> = \sup E^{P_\lambda^i}(1_{T_i<+\infty}[(g^{ij} + f_1^j) \vee (g^{ik} + f_1^k)](x_{T_i}))$$

On vérifie trivialement qu'on peut supposer que $[T_i] = [T_{ij}] \cup [T_{ik}]$, où T_{ij} et T_{ik} sont des temps d'arrêt de graphes disjoints, et qu'alors

$$(1.20) \qquad <\lambda, f_2^i> = \operatorname{Sup} E^{P_\lambda^i}[1_{T_{ij}<+\infty}(g^{ij} + f_1^j)(x_{T_{ij}}) + 1_{T_{ik}<+\infty}(g^{ik} + f_1^k)(x_{T_{ik}})]$$

et donc

$$(1.21) \qquad <\lambda . f_2^i> = \operatorname{Sup} E[1_{T_{ij}<+\infty}(g^{ij}(x_{T_{ij}}) + 1_{T_3<+\infty}(g^{ji} \vee g^{jk})(x_{T_3})) + 1_{T_{ik<+\infty}}(g^{ik}(x_{T_{ik}}) + 1_{T_3<+\infty}(g^{ki} \vee g^{kj})(x_{T_3}))]$$

où le processus a la loi P^i jusqu'au temps $T_i = T_{ij} \wedge T_{ik}$, la loi $P^j_{x_{T_i}}$ jusqu'au temps T_3 si $T_i = T_{ij}$, la loi $P^k_{x_{T_i}}$ jusqu'au temps T_3 si $T_i = T_{ik}$.

La notion d'arbre de mesures est ainsi intuitivement justifiée.

c) Convergence de la suite

Comme les g^{ij} sont nulles en δ, les $\{f_n^i\}$ sont $\geqslant 0$.
On vérifie immédiatement qu'elles forment une suite croissante.
Elles convergent donc vers les fonctions $\{f^i\}$ qui sont fortement surmédianes par rapport à x^i et $\geqslant 0$. On a immédiatement

<u>THEOREME</u> 1.1. : pour toute mesure $\geqslant 0$ finie λ, on a

$$(1.22) \qquad <\lambda, f^i> = \operatorname*{Sup}_{\substack{M \in A_\lambda^i \\ |M| < +\infty}} <M, (g^{ij})>$$

De plus les $\{f^i\}$ sont solution du système de trois équations

$$(1.23) \qquad f^i = R^i((f^j + g^{ij}) \vee (f^k + g^{ik}))$$

<u>Preuve</u> : c'est immédiat par passage à la limite dans (1.8) et (1.9) □.

d) Une formule pour les $\{f^i\}$.

On va maintenant donner une formule d' une remarquable simplicité pour les $\{f^i\}$ On suppose en effet que les $\{f^i\}$ sont bornées.

On a alors trivialement

(1.24) $$f^i - f^j \geq g^{ij}$$

Inversement si on suppose qu'il existe des $\tilde{f}^i \in K^i \geq 0$ bornées telles que

(1.25) $$\tilde{f}^i - \tilde{f}^j \geq g^{ij}$$

on vérifie par récurrence que $f_n^i \leq \tilde{f}^i$, et donc que les $\{f^i\}$ sont bornées. La condition d'interpolation (1.25) est donc nécessaire et suffisante pour que les $\{f^i\}$ soient bornées.

On a alors le résultat très simple suivant :

<u>PROPOSITION</u> 1.2. : Soit λ une mesure ≥ 0 finie, M un élément de A_λ^i de masse finie. Alors on a :

(1.26)
$$\lambda \overset{i}{\leq} \mu^{ij} - \mu^{ji} + \mu^{ik} - \mu^{ki}$$
$$0 \overset{j}{\leq} \mu^{ji} - \mu^{ij} + \mu^{jk} - \mu^{kj}$$
$$0 \overset{k}{\leq} \mu^{ki} - \mu^{ik} + \mu^{kj} - \mu^{ik}$$

<u>Preuve</u> : Nous donnons une démonstration rapide de ce résultat. Démontrons la première ligne de (1.26). Dans la somme donnant les μ^{ij} et μ^{ik} se trouvent incorporées les mesures ν et σ apparaissant sur la tête de l'arbre

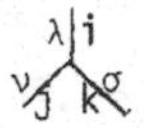

telles que $\lambda \overset{i}{\leq} \nu+\sigma$. Il suffit donc de démontrer la ligne 1 de (1.26) en remplaçant λ par 0, et en ne comptant que les mesures apparaissant dans les étages ≥ 2. On remplace donc μ^{ij} et μ^{ik} par $\tilde{\mu}^{ij}$ et $\tilde{\mu}^{ik}$.

Les mesures apparaissant dans $\tilde{\mu}^{ij}$ ou $\tilde{\mu}^{ik}$ se trouvent placées sur l'arbre selon les deux schémas suivants

(1.27)

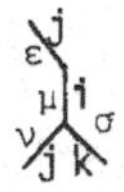

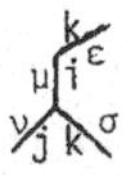

et donc

(1.28) $$\mu^{ji} + \mu^{ki} \overset{i}{\leq} \tilde{\mu}^{ij} + \tilde{\mu}^{ik}.$$

Comme la masse de M est finie, on peut bien écrire (1.28) sous la forme (1.26). On démontre les autres lignes de la même manière. □

On a alors le résultat fondamental suivant :

THEOREME 1.2. : Pour toute mesure $\lambda \geqslant 0$ finie, on a

$$< \lambda, f^i > = \text{Sup } \Sigma \mu^{ij} g^{ij} \tag{1.29}$$

où les μ^{ij} sont des mesures $\geqslant 0$ finies telles que (1.26) est vérifiée.

Preuve : Par le Théorème 1.1 et la Proposition 1.2, $< \lambda, f^i >$ est inférieur au membre de droite de (1.29). Montrons l'inégalité inverse.
Soit donc (μ^{ij}) une famille de mesures $\geqslant 0$ finies vérifiant (1.26).
Comme les f^j sont bornées, on a :

$$\begin{aligned} < \lambda, f^i > &\geqslant < \mu^{ij} - \mu^{ji} + \mu^{ik} - \mu^{ki}, f^i > \geqslant < \mu^{ij}, f^j + g^{ij} > \\ &+ < \mu^{ji}, g^{ji} - f^j > + < \mu^{ik}, f^k + g^{ik} > + < \mu^{ki}, g^{ki} - f^k > \\ &= < \mu^{ij}, g^{ij} > + < \mu^{ji}, g^{ji} > + < \mu^{ik}, g^{ik} > + < \mu^{ki}, g^{ki} > \\ &\qquad + < \mu^{ij} - \mu^{ji}, f^j > + < \mu^{ik} - \mu^{ki}, f^k > \end{aligned} \tag{1.30}$$

$$\begin{aligned} < \mu^{ij} - \mu^{ji}, f^j > &\geqslant < \mu^{jk} - \mu^{kj}, f^j > \geqslant < \mu^{jk}, g^{jk} > + < \mu^{kj}, g^{kj} > \\ &\qquad + < \mu^{jk}, f^k > - < \mu^{kj}, f^k > \end{aligned} \tag{1.31}$$

De plus

$$< \mu^{ik} - \mu^{ki} + \mu^{jk} - \mu^{kj}, f^k > \geqslant 0. \tag{1.32}$$

De (1.30)-(1.31), (1.32), on déduit bien que $< \lambda, f^i >$ majore le membre de droite de (1.29). □.

L'interprétation de (1.29) est intéressante. En effet, on va monter qu'à toute famille (μ^{ij}) de mesures $\geqslant 0$ finies vérifiant (1.26), on peut associer un arbre de mesures. On a en effet :

THEROREME 1.3. Soit (μ^{ij}) une famille de mesures $\geqslant 0$ finies vérifiant (1.26) Il existe un arbre M' et des mesures $\geqslant 0$ finies μ''^{ij} vérifiant (1.26) avec $\lambda = 0$ tels que si (μ'^{ij}) est la famille de mesures associée à l'arbre M', on a :

(1.33) $$\mu^{ij} = \mu'^{ij} + \mu''^{ij}$$

<u>Preuve</u> : Nous allons construire l'arbre de mesures de proche en proche.

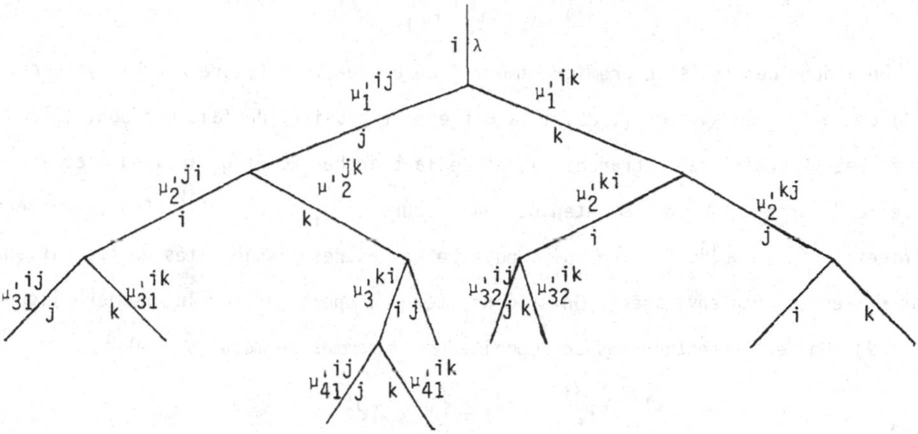

<u>Figure 2</u>

On a :

(1.34) $$\lambda + \mu^{ji} + \mu^{ki} \overset{i}{\prec} \mu^{ij} + \mu^{ik}$$

Par un résultat de Meyer-Mokobodzki-Rost [9], on peut trouver des mesures $v_1, v_2 \geq 0$ telles que

(1.35) $$\mu^{ij} + \mu^{ik} = v_1 + v_2 \qquad \lambda \overset{i}{\prec} v_1 \qquad \mu^{ji} + \mu^{ki} \overset{i}{\prec} v_2$$

Soit a et $(1-a)$ la densité de μ^{ij} et μ^{ik} par rapport à $\mu^{ij} + \mu^{ik}$. On a

(1.36) $$\mu^{ij} = av_1 + av_2$$
$$\mu^{ik} = (1-a)v_1 + (1-a)v_2.$$

En posant

(1.37) $$\mu'^{ij}_1 = av_1 \qquad \mu^{ij}_1 = av_2 \qquad \mu'^{ik}_1 = (1-a)v_1 \qquad \mu^{ik}_1 = (1-a)v_2$$

on a

(1.38) $$\mu^{ij} = \mu'^{ij}_1 + \mu^{ij}_1 \qquad \lambda \overset{i}{\prec} \mu'^{ij}_1 + \mu'^{ik}_1$$
$$\mu^{ik} = \mu'^{ik}_1 + \mu^{ik}_1 \qquad 0 \overset{i}{\prec} \mu^{ij}_1 - \mu^{ji} + \mu^{ik}_1 - \mu^{ki}.$$

En reportant (1.38) dans les deux dernières lignes de (1.26), on obtient donc

$$(1.39)\qquad \begin{aligned} \mu_1'^{ij} &\overset{j}{<} \mu^{ji} - \mu_1^{ij} + \mu^{jk} - \mu^{kj} \\ \mu_1'^{ik} &\overset{k}{<} \mu^{ki} - \mu_1^{ik} + \mu^{kj} - \mu^{jk} \\ 0 &\overset{i}{<} \mu_1^{ij} - \mu^{ji} + \mu_1^{ik} - \mu^{ki} \end{aligned}$$

On a donc construit le premier rameau d'un arbre (voir figure 2). Le système (1.39) est proche du système (1.26) ; la différence provient du fait que sont mêlées les mesures provenant de la branche j et de la branche k, et qu'au lieu d'avoir une seule "source" λ, on a maintenant deux "sources" $\mu_1'^{ij}$ et $\mu_1'^{ik}$. Seules ont été modifiées μ^{ij} en μ_1^{ij}, μ^{ik} en μ_1^{ik}, puisque les autres possibilités de transition n'ont pas encore été envisagées. On va donc itérer l'opération sur la première ligne de (1.39). On peut effectuer les décompositions en sommes de mesures $\geqslant 0$:

$$(1.40)\qquad \begin{aligned} \mu^{ji} &= \mu_2'^{ji} + \mu_2^{ji} & \qquad \mu_1'^{ij} &\overset{j}{<} \mu_2'^{ji} + \mu_2'^{jk} \\ \mu^{jk} &= \mu_2'^{jk} + \mu_2^{jk} & \qquad 0 &\overset{j}{<} \mu_2^{ji} - \mu_1^{ij} + \mu_2^{jk} - \mu^{kj} \end{aligned}$$

On a donc maintenant

$$(1.41)\qquad \mu_1'^{ik} \overset{k}{<} \mu^{ki} - \mu_1^{ik} + \mu^{kj} - \mu_2'^{jk} - \mu_2^{jk}.$$

On en déduit les décompositions

$$(1.42)\qquad \begin{aligned} \mu^{ki} &= \mu_2'^{ki} + \mu_3'^{ki} + \mu_3^{ki} & \qquad \mu_1'^{ik} &\overset{k}{<} \mu_2'^{ki} + \mu_2'^{kj} \\ \mu^{kj} &= \mu_2'^{kj} + \mu_3'^{kj} + \mu_3^{kj} & \qquad \mu_2'^{jk} &\overset{k}{<} \mu_3'^{ki} + \mu_3'^{kj} \qquad 0 \overset{k}{<} \mu_3^{ki} - \mu_1^{ik} + \mu_3^{kj} - \mu_2^{jk} \end{aligned}$$

qu'on reporte sur la figure 2.

Les mesures $(\mu^{k\ell})$ ont toutes subi une première décomposition. Revenons alors à la ligne i dans (1.39). On a

$$(1.43)\qquad 0 \overset{i}{<} \mu_1^{ij} - (\mu_2'^{ji} + \mu_2^{ji}) + \mu_1^{ik} - \mu_2'^{ki} - \mu_3'^{ki} - \mu_3^{ki}.$$

On a ainsi les décompositions

$$(1.44)\qquad \begin{aligned} \mu_1^{ij} &= \mu_{31}'^{ij} + \mu_{32}'^{ij} + \mu_{41}'^{ij} + \mu_5^{ij} \\ \mu_1^{ik} &= \mu_{31}'^{ik} + \mu_{32}'^{ik} + \mu_{41}'^{ik} + \mu_5^{ik} \end{aligned} \qquad \begin{aligned} \mu_2'^{ji} &\overset{i}{<} \mu_{31}'^{ij} + \mu_{31}'^{ik} \\ \mu_2'^{ki} &\overset{i}{<} \mu_{32}'^{ij} + \mu_{32}'^{ik} \\ \mu_3'^{ki} &\overset{i}{<} \mu_{41}'^{ij} + \mu_{41}'^{ik} \\ 0 &\overset{i}{<} \mu_5^{ij} - \mu_2^{ji} + \mu_5^{ik} - \mu_3^{ki} \end{aligned}$$

qu'on reporte encore sur la figure 2. On a de plus

$$\begin{aligned}
(1.45) \qquad & \mu^{ij} = \mu_1'^{ij} + \mu_{31}'^{ij} + \mu_{32}'^{ij} + \mu_{41}'^{ij} + \mu_5^{ij} \\
& \mu^{ik} = \mu_1'^{ik} + \mu_{31}'^{ik} + \mu_{32}'^{ik} + \mu_{41}'^{ik} + \mu_5^{ik} \\
& \mu^{ji} = \mu_2'^{ji} + \mu_2^{ji} \\
& \mu^{jk} = \mu_2'^{jk} + \mu_2^{jk} \\
& \mu^{ki} = \mu_2'^{ki} + \mu_3'^{ki} + \mu_3^{ki} \\
& \mu^{kj} = \mu_2'^{kj} + \mu_3'^{kj} + \mu_3^{kj} \\
& 0 \overset{j}{<} \mu_2^{ji} - (\mu_{31}'^{ij} + \mu_{32}'^{ij} + \mu_{41}'^{ij} + \mu_5^{ij}) + \mu_2^{jk} - (\mu_2'^{kj} + \mu_3'^{kj} + \mu_3^{kj}) \\
& 0 \overset{k}{<} \mu_3^{ki} - (\mu_{31}'^{ik} + \mu_{32}'^{ik} + \mu_{41}'^{ik} + \mu_5^{ik}) + \mu_3^{kj} - \mu_2^{jk} \\
& 0 \overset{i}{<} \mu_5^{ij} - \mu_2^{ji} + \mu_5^{ik} - \mu_3^{ki} .
\end{aligned}$$

On peut donc réitérer l'opération de manière à parcourir les lignes i, j, k dans l'ordre $i - j - k$.

On construit ainsi une suite "croissante" d'arbres M_n de longueur finie dont toutes les branches à distance finie vont être couvertes après un nombre fini d'itérations. On définit ainsi ${}^n\mu'^{ij}$, ${}^n\mu'^{ik}$ comme les sommes de mesure d'indice ij, ik associées à l'arbre M^n, et on a

$$\begin{aligned}
& \mu^{ij} = {}^n\mu'^{ij} + {}^n\mu''^{ij} \\
(1.46) \qquad & \mu^{ik} = {}^n\mu'^{ik} + {}^n\mu''^{ik} \\
& 0 \overset{i}{<} {}^n\mu''^{ij} - {}^n\mu''^{ji} + {}^n\mu''^{ik} - {}^n\mu''^{ki} - {}^n\tilde{\mu}^{ji} - {}^n\tilde{\mu}^{ki} \\
& \text{etc...}
\end{aligned}$$

où ${}^n\tilde{\mu}^{ji}$ (resp. ${}^n\tilde{\mu}^{ki}$) est une somme de mesures extraites des mesures d'indice ji (resp. ki) de l'arbre M^n sur des branches d'étage de plus en plus grand tendant vers $+\infty$. Grâce à (1.46) la suite croissante de mesures ${}^n\mu'^{ij}$ converge vers μ'^{ij}. Donc ${}^n\tilde{\mu}^{ji}$ est une suite de restes de séries convergentes et tend vers 0. Enfin ${}^n\mu''^{ij}$ converge vers μ''^{ij}. On a naturellement le même résultat pour les autres indices.

On a alors

(1.47) $$\mu^{ij} = \mu'^{ij} + \mu''^{ij}.$$

De plus, si $f \in K^i$ est bornée, on a :

(1.48) $$< \mu''^{ji} + \mu''^{ki}, f > \geqslant < \mu''^{ij} + \mu''^{ik}, f >$$

et donc

(1.49) $$0 \overset{j}{<} \mu''^{ij} - \mu''^{ji} + \mu''^{ik} - \mu''^{ki}. \quad \square$$

Dans la maximisation de (1.29), on peut ne pas tenir compte des (μ''^{ij}), car de (1.30) (avec $\lambda = 0$), on tire que

(1.50) $$0 \geqslant \Sigma \mu''^{ij} g^{ij}.$$

2. Existence de la solution du problème d'optimisation.

E est maintenant un espace métrisable localement compact dénombrable à l'infini. $\bar{\mathcal{C}}$ est l'ensemble des fonction continues bornées sur E. $\bar{E}$ est le compactifié de Stone-Cech de E. $\mathcal{M}^b$ est l'ensemble des mesures bornées sur E, $\bar{\mathcal{M}}$ le dual de $\bar{\mathcal{C}}$, i.e. l'ensemble des mesures bornées régulières sur $\bar{E}$.

x est un processus de Feller à valeurs dans $E \cup \{\delta\}$ à durée de vie finie ζ, dont le noyau potentiel est fini. K (resp. $\bar{K}$) est l'ensemble des fonctions fortement surmédianes (resp. appartenant à $\bar{\mathcal{C}}$). R est l'opérateur de réduite par rapport à K.

On définit une relation d'ordre sur $\bar{\mathcal{M}}$:

(2.1) $$\lambda < \mu \Leftrightarrow \forall\ f \in \bar{K} \quad < \mu, f > \leqslant < \lambda, f > .$$

Si $\lambda, \mu \in \mathcal{M}^b$, $\lambda < \mu$ est équivalent à

(2.2) $$\forall f \in K \text{ bornée} \quad < \mu, f > \leqslant < \lambda, f >$$

En effet en prenant les décompositions de Jordan-Hahn de λ et μ, on peut supposer λ et $\mu \geqslant 0$. Alors si $\phi \in \mathcal{C}_0$ (espace des fonctions continues tendant vers 0 à l'infini) et est $\geqslant 0$, $V\phi \in \bar{K}$ et donc

(2.3) $$< \mu, V\phi > \leqslant < \lambda, V\phi >$$

On a encore (2.3) pour ϕ universellement mesurable. Comme par [8]-IX-T64 toute fonction excessive est limite d'une suite croissante de potentiels de fonctions universellement mesurables, on a (2.2) pour f excessive. L'extension de (2.2) à $f \in K$ résulte de [1]-[12].

On a alors le résultat suivant :

<u>THEOREME</u> 2.1. Les propriétés suivantes sont équivalentes :

a) Pour tout $h \in \bar{\mathscr{C}}$, $Rh \in \bar{\mathscr{C}}$

b) Pour tout $x \in E, \{\mu \in \mathcal{M}^b ; \mu \geq 0 ; \varepsilon_x < \mu\} = \{\mu \in \bar{\mathcal{M}} ; \mu \geq 0 ; \varepsilon_x < \mu\}$.

c) Pour toute fonction h s.c.s. bornée, Rh est s.c.s. (et est l'inf des éléments de $\bar{K} \geq h$).

d) Si L est un compact de $E, \{\mu \in \mathcal{M}^b ; \mu \geq 0 ; \exists\, x \in L \ \ \varepsilon_x < \mu\}$. est étroitement compact.

e) Pour tout fermé F de E, $P_x(D_F < \zeta)$ est une fonction s.c.s..

<u>Preuve</u> : C'est le Théorème 1 de l'appendice de [2]. □

Dans [2] les propriétés équivalentes du Théorème sont reliées à la vitesse à laquelle x quitte le voisinage d'un point.

Par les résultats de [3] , les diffusions de Stroock et Varadhan [13] et les diffusions à sauts de Stroock [14] tuées par une exponentielle e^{-pt} avec $p > 0$ possèdent ces propriétés.

On suppose ici que x^1, x^2, x^3 possèdent toutes les propriétés du processus x ainsi que les propriétés équivalentes du Théorème 2.1.

On suppose enfin que les g^{ij} sont des fonctions continues (resp. s.c.s.) bornées telles qu'il existe $\tilde{f}^i \in \bar{K}^i$ $(i=1,2,3)$ et $\beta > 0$ tels que,

$$\tilde{f}^i - \tilde{f}^j \geq g^{ij} + \beta. \tag{2.4}$$

On a alors le résultat fondamental :

THEOREME 2.2. Si les g^{ij} sont continues (resp. s.c.s.) les fonctions $\{f_n^i\}$ forment une suite croissante de fonctions continues (resp. s.c.s.) convergent uniformément sur tout compact (resp. simplement) vers les fonctions continues (resp. s.c.s.) f et f'.

Preuve : La preuve est très proche de la preuve du Théorème 2.4. de [2]

On vérifie par récurrence que les fonctions $\{f_n^i\}$ sont continues (resp. s.c.s.). Si les (g^{ij}) sont continues, les (f^i) sont donc s.c.i. et majorées par les $\tilde{f}^i$ donc bornées.

Montrons que les f^i sont s.c.s..

Si h est une fonction s.c.s. bornée définie sur E, on peut la prolonger en une fonction définie sur $\bar{E}$ en posant

$$h = \inf_{h' \in \bar{\mathcal{C}} \geq h} h' .$$

On prolonge ainsi les g^{ij} à $\bar{E}$. Comme les $\tilde{f}^i$ sont dans $\bar{\mathcal{C}}$ on a

(2.5) $$\tilde{f}^i - \tilde{f}^j \geq g^{ij} + \beta \quad \text{sur } \bar{E}.$$

Pour toute famille de six fonctions $u^{ij} \in \bar{\mathcal{C}}$ et pour $x \in E$ on pose

(2.6) $$F_x((u^{ij})) = \inf_{\substack{\bar{f}^i \in \bar{K}^i \\ g^{ij} + u^{ij} \leq \bar{f}^i - \bar{f}^j}} \bar{f}^1(x)$$

F_x est une fonction convexe sur $\bar{\mathcal{C}}^6$, qui majore f^1.

De plus, grâce à (2.5) si les (u^{ij}) vérifient $\|u^{ij}\| < \beta$, alors $F_x((u^{ij})) \leq \tilde{f}^1(x)$. Par [7], F_x étant convexe et bornée sur une boule de centre 0 dans $\bar{\mathcal{C}}^6$ est continue en 0.

Calculons alors la duale de F_x sur $\bar{\mathcal{C}}^6$ au sens de [10]-[11]. Pour toute famille $(\mu^{ij}) \in \bar{\mathcal{M}}^6$, on a

(2.7) $$F_x^*((\mu^{ij})) = \sup_{\substack{\bar{f}^i \in \bar{K}^i \\ g^{ij} + u^{ij} \leq \bar{f}^i - \bar{f}^j}} \Sigma < \mu^{ij}, u^{ij} > - \bar{f}^1(x)$$

Si l'un des μ^{ij} est <0, $F_x^*((\mu^{ij}))$ est égal à $+\infty$.

Si les μ^{ij} sont ≥ 0 comme $\bar{f}^i - \bar{f}^j - g^{ij}$ est s.c.i. bornée, on a

$$(2.8) \qquad \sup_{\substack{\bar{f}^i \in \bar{K}^i \\ g^{ij}+u^{ij} \leq \bar{f}^i - \bar{f}^j}} <\mu^{ij},u^{ij}> = <\mu^{ij},\bar{f}^i> - <\mu^{ij},\bar{f}^j> - <\mu^{ij},g^{ij}>$$

Donc si les μ^{ij} sont ≥ 0, il vient

$$(2.9) \qquad F_x^*((\mu^{ij})) = -\Sigma(<\mu^{ij},g^{ij}> + \sup_{\bar{f}^i \in \bar{K}^i} <\mu^{ij} - \mu^{ji} + \mu^{ik} - \mu^{ki}, \bar{f}^i>) - \bar{f}^1(x).$$

Donc

$$(2.10) \qquad F_x^*((\mu^{ij})) = \begin{cases} -\Sigma <\mu^{ij},g^{ij}> & \text{si les } \mu^{ij} \text{ sont } \geq 0 \text{ et si les conditions (1.26) sont formellement vérifiées avec } \lambda = \varepsilon_x, i=1 \\ +\infty & \text{ailleurs.} \end{cases}$$

Comme F_x est continue en 0, on a, par [10]-[11] :

$$(2.11) \qquad F_x^{**}((0)) = F_x((0))$$

ou encore

$$(2.12) \qquad F_x((0)) = \sup_{\substack{\mu^{ij} \geq 0 \in \bar{\mathcal{M}}^6 \\ \text{conditions (1.26) formelles.}}} \Sigma\, \mu^{ij} g^{ij}$$

Rappelons qu'ici les μ^{ij} sont dans $\bar{\mathcal{M}}$ et qu'on ne peut à priori conclure à l'égalité de $F_x((0))$ avec $f^1(x)$ en utilisant (1.29), où les μ^{ij} sont dans $\mathcal{M}^b$.

On procède alors comme dans la preuve du Théorème 2.4. de [2]. On montre en effet que les $\{f_n^i\}$ peuvent être prolongées à tout $\bar{E}$ en une suite croissante de fonctions s.c.s. majorée par $\tilde{f}^i$, et telle que les f^i limite des f_n^i sur $\bar{E}$ sont i-fortement surmédianes sur tout $\bar{E}$, i.e. si λ et μ sont des éléments de $\bar{\mathcal{M}}$ tels que $\lambda \overset{i}{<} \mu$, alors $<\mu,f^i> \leq <\lambda,f^i>$.

f^1 peut donc être prolongée en une fonction i-fortement surmédiane sur tout $\bar{E}$. Donc si $x \in E$ et si les (μ^{ij}) sont des éléments ≥ 0 de $\bar{\mathcal{M}}$ vérifiant formellement les conditions de (1.26) avec $\lambda = \varepsilon_x$, en raisonnant formellement comme dans (1.30)-(1.31)-(1.32), on a :

(2.13)
$$f^1(x) \geq \Sigma\, \mu^{ij} g^{ij}$$

et donc $f^1(x) \geq F_x((0))$. Donc

(2.14)
$$f^1(x) = F_x((0))$$

f^1 étant un inf de fonctions continues est s.c.s.

La convergence uniforme des f_n^i quand les g^{ij} sont continues résulte du Théorème de Dini. □

On pose

$$A^{ij} = (f^i - f^j = g^{ij}).$$

Si les g^{ij} sont continues, les A^{ij} sont fermés. Si les g^{ij} sont s.c.s., les A^{ij} sont boréliens et de plus

$$A^i = A^{ij} \cup A^{ik}$$

est finement fermé pour x^i par [6]-II.

On va construire explicitement un arbre de mesures réalisant le sup dans (1.29).

Le processus part avec la loi d'entrée λ suivant la loi i. Soit D_{A^i} . de début de A^i. Comme A^i est i-finement fermé, $x_{D_{A^i}} \in A^i$. Si $x_{D_{A^i}} \in A^{ij}$ le processus suit ensuite la loi j. Si $x_{D_{A^i}} \notin A^{ij}$, il suit la loi k (le choix de j plutôt que k sur $A^{ij} \cap A^{ik}$ est arbitraire).

Soit $\mu_1'^{ij}$ la mesure définie par $\langle \mu_1'^{ij}, h \rangle = E^{P^i_\lambda} 1_{D_{A^i} < \zeta}\, 1_{x_{D_{A^i}} \in A^{ij}}\, h(x_{D_{A^i}})$, $\mu_1'^{ik}$ la mesure définie par $\langle \mu_1'^{ik}, h \rangle = E^{P^i_\lambda}(1_{D_{A^i} < \zeta}\, 1_{x_{D_{A^i}} \notin A^{ij}}\, h(x_{D_{A^i}}))$. On réitère la procédure sur chaque branche de l'arbre. On prend comme convention qu'en cas d'ambiguité, on préfère j à k, i à k, i à j.

On construit ainsi un arbre M de mesures. Soit (μ'^{ij}) les mesures (éventuellement non bornées) associées à M.

On a alors

THEOREME 2.3. : (f^1,f^2,f^3) est le seul triplet de fonctions s.c.s. bornées solution de (1.23). De plus les mesures μ'^{ij} sont bornées et réalisent le sup dans (1.29).

Preuve : Soit (f^i) un triplet de solutions s.c.s. bornées de (1.23) Comme il n'y aura pas d'ambiguïté, on les note encore comme les f^i construits précédemment . Les Λ^{ij} désignent les objets construits précédemment pour ces "nouveaux" f^i.

Par un résultat de [6] on a :

$$<\lambda,f^i> = <\lambda,Q^{A^i}[(f^j+g^{ij})\vee(f^k+g^{ik})]> = <\mu_1'^{ij},(f^j+g^{ij})> + <\mu_1'^{ik},f^k+g^{ik}>$$

ou encore

$$<\lambda,f^i> = <\mu_1'^{ij},g^{ij}> + <\mu_1'^{ik},g^{ik}> + <\mu_1'^{ij},f^j> + <\mu_1'^{ik},f^k>$$

En itérant n fois, il vient

$$<\lambda,f^i> = \sum_{\substack{m<n \\ k\ell}} <\mu_m'^{k\ell},g^{k\ell}> + \Sigma <\mu_n'^{k\ell},f^\ell> \tag{2.15}$$

ou encore si ${}^n\mu'^{k\ell}$ représente la somme des mesures $\mu_m'^{k\ell}$ jusqu'à l'étage n

$$<\lambda,f^i> = \Sigma <{}^n\mu'^{k\ell},g^{k\ell}> + \Sigma <\mu_n'^{k\ell},f^\ell> \tag{2.16}$$

Comme $g^{k\ell} \leq \tilde{f}^k - \tilde{f}^\ell - \beta$, on a

$$\begin{aligned} <\lambda,f^i> \leq\ & <{}^n\mu'^{ij} - {}^n\mu'^{ji} + {}^n\mu'^{ik} - {}^n\mu'^{ki},\tilde{f}^i> + \\ & + <{}^n\mu'^{ji} - {}^n\mu'^{ij} + {}^n\mu'^{jk} - {}^n\mu'^{kj},\tilde{f}^j> + \\ & + <{}^n\mu'^{ki} - {}^n\mu'^{ik} + {}^n\mu'^{kj} - {}^n\mu'^{jk},\tilde{f}^k> + \Sigma <\mu_n'^{k\ell},f^\ell> - \beta <\Sigma\, {}^n\mu'^{k\ell},1> \end{aligned} \tag{2.17}$$

Comme les $\{{}^n\mu'^{k\ell}\}$ vérifient les conditions (1.26), il vient

$$<\lambda,f^i> \leq <\lambda.\tilde{f}^i> + \Sigma <\mu_n'^{k\ell},f^\ell> - \beta <\Sigma\, {}^n\mu'^{k\ell},1> \tag{2.18}$$

Or on a :

$$<\mu_1'^{ij} + \mu_1'^{ik},1> \leq <\lambda,1> \tag{2.19}$$

Par récurrence, on en déduit que $\Sigma <\mu_j'^{k\ell},1>$ décroit avec j, et que donc

(2.20) $$\sum_{k\ell} \langle \mu_n^{\prime k\ell}, 1 \rangle \leqslant \langle \lambda, 1 \rangle .$$

Comme les $\{f^\ell\}$ sont bornées, de (2.18), on tire

(2.21) $$\beta < \sum_{k\ell} {}^n\mu^{\prime k\ell}, 1 > \leqslant K$$

où K ne dépend pas de n.

La famille de mesures $\{{}^n\mu^{\prime k\ell}\}$ est donc bornée, et les mesures limites $\{\mu^{\prime k\ell}\}$ sont également bornées. Ceci implique en particulier que $\lim_{n \to +\infty} \Sigma \langle \mu_n^{\prime k\ell}, f^\ell \rangle = 0$. De (2.15)-(2.18)-(2.22), on tire

(2.22) $$\langle \lambda, f^i \rangle = \Sigma \langle \mu^{\prime k\ell}, g^{k\ell} \rangle .$$

Or les $\{\mu^{\prime k\ell}\}$ vérifient le système (1.26). Donc $\langle \lambda, f_i \rangle$ est inférieur au sup dans (1.29). Comme $f^i - f^j \geqslant g^{ij}$, par le raisonnement utilisé au début de la section 2. c), les $\{f^i\}$ utilisés ici majorent les vrais $\{f^i\}$. De (2.22), on tire qu'ils leur sont égaux. □

3. Dépendances continues.

Dans [2], nous avons étudié la dépendance continue des solutions de (0.2) en fonction des données g et g' et des paramètres définissant les processus--dans [2] les dérives de diffusions-- parce que nous avions en vue la détermination simultanée de domaines de transition et de contrôles optimaux. Ici, nous nous contenterons de faire varier en toute généralité les g^{ij}, mais les méthodes utilisées ici ainsi que les techniques de [3]-[4] permettent d'étudier aussi les variations des dérives.

On reprend toutes les hypothèses de la section 2. On a tout d'abord le résultat élémentaire :

PROPOSITION 3.1. : Si h_n est une suite de fonctions continues uniformément bornée convergeant uniformément sur tout compact vers h, $R^i h_n$ converge vers $R^i h$ uniformément sur tout compact.

Preuve : Soit x_n une suite de points de E convergeant vers $x \in E$. Par le Théorème 2.1, il existe $\mu_n \geq 0$ telle que $\varepsilon_{x_n} \overset{i}{<} \mu_n$ et que

$$R^i h_n(x_n) = \langle \mu_n, h_n \rangle . \tag{3.1}$$

Par le Théorème 2.1 les $\{\mu_n\}$ forment une suite étroitement relativement compacte. Soit $\{\mu_{n_k}\}$ une sous-suite extraite convergeant vers μ. Comme pour $\phi \in \mathscr{C}^0 \geq 0$, $\langle \mu_{n_k}, V^i\phi \rangle \leq V^i\phi(x_{n_k})$, on a $\langle \mu, V\phi \rangle \leq V\phi(x)$, et donc $\varepsilon_x \overset{i}{<} \mu$. De plus

$$\langle \mu, h \rangle = \lim \langle \mu_{n_k}, h_{n_k} \rangle \tag{3.2}$$

et donc comme $R^i h(x) \geq \langle \mu, h \rangle$, on a :

$$R^i h(x) \geq \limsup R^i h_n(x_n). \tag{3.3}$$

De même, il existe $\nu_n \geq 0$ telle que $\varepsilon_{x_n} \overset{i}{<} \nu_n$ et que

$$R^i h(x_n) = \langle \nu_n, h \rangle \tag{3.4}$$

On peut trouver $\{\nu_{n_k}\}$ convergeant étroitement vers ν telle que $\varepsilon_x \overset{i}{<} \nu$, et comme $R^i h$ est continue, il vient

$$Rh(x) = \langle \nu, h \rangle . \tag{3.5}$$

De plus

$$\langle \nu_{n_k}, h_{n_k} \rangle \leq R^i h_{n_k}(x_{n_k}) \tag{3.6}$$

$$\lim \langle \nu_{n_k}, h_{n_k} \rangle = \langle \nu, h \rangle .$$

Donc

$$R^i h(x) \leq \liminf R^i h_n(x_n). \tag{3.7}$$

De (3.3) et (3.7), on tire bien la Proposition. □

On a enfin le Théorème de dépendance continue :

THEOREME 3.1. Soit $(g^{ij,n})$ une famille de fonctions continues uniformément bornées convergeant uniformément vers (g^{ij}) sur tout compact de E. On suppose que $\tilde{f}^{i,n} \in \bar{K}^i$ et qu'il existe $\beta > 0$ indépendant de n tel que $\tilde{f}^{i,n} - \tilde{f}^{j,n} \geqslant g^{ij,n} + \beta$ et qu'il existe $\tilde{f}^i \in \bar{K}^i$ tels que $\tilde{f}^i - \tilde{f}^j \geqslant g^{ij} + \beta$.
On suppose enfin que les $\tilde{f}^{i,n}$ et $\tilde{f}^i$ sont uniformément bornées.

Alors les suites de fonctions continues $(f^{i,n})$ construite au théorème 2.3 relativement aux $(g^{ij,n})$ est uniformément bornée et converge uniformément sur tout compact vers les fonctions (f^i) associés aux (g^{ij}).

Preuve : Comme les $\{f^{i,n}\}$ sont majorées par les $\{\tilde{f}^{i,n}\}$, elles restent uniformément bornées.

Grâce à la Proposition 3.1, on vérifie par récurrence que pour tout j, les approximations $\{f_j^{i,n}\}$ construites à la Section 1 convergent vers $\{f_j^i\}$ quand $n \longrightarrow +\infty$.

Si $x_n \longrightarrow x$, on a :

(3.8) $$\liminf_{n \to +\infty} f^{i,n}(x_n) \geqslant \lim_{n \to +\infty} f_j^{i,n}(x_n) = f_j^i(x)$$

et donc

(3.9) $$\liminf_{n \to +\infty} f^{i,n}(x_n) \geqslant f^i(x).$$

Montrons l'inégalité inverse. Soit M une constante majorant les $\tilde{f}^{i,n}$.

Si les mesures $\geqslant 0$ finies $\{\mu'^{k\ell,n}\}$ sont les mesures construites au Théorème 2.3 pour les $\{g^{ij,n}\}$ et $\lambda = \varepsilon_{x_n}$, de (2.18), on tire que

(3.10) $$\beta \sum_{k,\ell} < \mu'^{k\ell,n}, 1 > \leqslant (\tilde{f}^{i,n} - f^{i,n})(x_n) \leqslant M.$$

où M ne dépend pas de n.

De plus, on sait que pour n fixé, si $\mu_j^{\prime k\ell,n}$ représente la somme des mesures de l'arbre associé aux $(g^{ij,n})$ avec $\lambda = \varepsilon_{x_n}$ à l'étage j, $\sum_{k\ell} < \mu_j^{\prime k\ell,n}, 1 >$ décroît quand j croît.

Soit $\varepsilon > 0$ et soit j un entier tel que

$$(3.11) \qquad \sum_{k\ell} < \mu_j^{\prime k\ell,n}, 1 > \; \geq \frac{\varepsilon\beta}{M} .$$

Alors les sommes $\sum_{k\ell} < \mu_i^{\prime k\ell,n}, 1 >$ sont $\geq \frac{\varepsilon\beta}{M}$ pour $i \leq j$. De (3.10), on tire que

$$(3.12) \qquad \frac{j\varepsilon\beta^2}{M} \leq M.$$

Donc pour $j \geq \frac{M^2}{\varepsilon\beta^2} + 1$, on a :

$$(3.13) \qquad \sum_{k\ell} < \mu_j^{\prime k\ell,n}, 1 > \; \leq \frac{\varepsilon\beta}{M} .$$

Or chacun des sous-arbres dont les sommets sont situés au bas de l'étage j est un sous-arbre optimal pour la mesure d'entrée associée $\mu_j^{\prime k\ell,n}$: c'est en effet évident par la construction du Théorème 2.3. Donc, de (2.18), on tire que :

$$(3.14) \qquad \beta \sum_{\substack{k\ell \\ j'>j}} < \mu_{j'}^{\prime k\ell,n}, 1 > \; \leq M \sum_{k\ell} < \mu_j^{\prime k\ell,n}, 1 > \; \leq \varepsilon\beta$$

i.e.

$$(3.15) \qquad \sum_{\substack{k\ell \\ j'>j}} < \mu_{j'}^{\prime k\ell,n}, 1 > \; \leq \varepsilon .$$

On va alors montrer que les $\mu^{\prime k\ell,n}$ vérifient un critère de compacité de Prokhorov.

En effet

$$(3.16) \qquad \mu^{\prime k\ell,n} = \sum_{j' \leq j} \mu_{j'}^{\prime k\ell,n} + \sum_{j'>j} \mu_{j'}^{\prime k\ell,n}.$$

Soit $\eta > 0$. Choisissons $j_\eta = \left[\frac{2M^2}{\eta\beta^2}\right] + 2$. Alors de (3.15), on tire que

$$(3.17) \qquad \sum_{j'>j} < \mu_{j'}^{k\ell,n}, 1 > \; \leq \frac{\eta}{2} .$$

Les mesures $\{\mu_{j'}^{\prime k\ell,n}\}_{n\in N, j'\leqslant j}$ vérifient un critère de Prokhorov. En effet comme $\varepsilon_{x_n} \overset{i}{<} \mu_1^{\prime ij} + \mu_1^{\prime ik}$, par le Théorème 2.1, les $\mu_1^{\prime ij} + \mu_1^{\prime ik}$ vérifient un critère de Prokhorov. Il suffit alors de vérifier que si ρ varie dans un ensemble étroitement compact R de mesures de masse $\leqslant 1$ $\{\sigma \geqslant 0 \; ; \exists \rho \in R \;\; \rho \overset{i}{<} \sigma\}$ est étroitement relativement compact. On peut alors procéder par récurrence sur l'indice j' jusqu'ici j.

Si $\rho \overset{i}{<} \sigma$, il existe un temps d'arrêt T algébrique éventuellement randomisé tel que :

$$< \sigma, h > = E^{P^i_\rho} 1_{T<\zeta} h(x_T) = \int E^{P^i_x} 1_{T<\zeta} h(x_T) d\rho(x).$$

Soit K un compact tel que $\rho({}^cK) < \varepsilon/2$ quand $\rho \in R$. Par le Théorème 2.1, il existe un compact K' tel que si $x \in K$, $E^{P^i_x} 1_{T<+\infty} 1_{x_T \notin K'} < \frac{\varepsilon}{2}$. Donc

(3.18) $$< \rho, 1_{{}^cK'} > < \varepsilon$$

Les $\{\mu^{\prime k\ell,n}\}$ vérifient donc un critère de Prokhorov.

On en extrait une sous-suite étroitement convergente vers $\{\mu^{\prime k\ell}\}$ qu'on note $\{\mu^{\prime k\ell,n_j}\}$. Les $\{\mu^{\prime k\ell}\}$ vérifie trivialement (1.26) pour $\lambda = \varepsilon_x$.

Or :

(3.19) $$f^i(x_n) = \Sigma < \mu^{\prime k\ell,n}, g^{k\ell,n} >$$

Donc

(3.20) $$\lim f^i(x_{n_k}) = \Sigma < \mu^{\prime k\ell}, g^{k\ell} > \leqslant f^i(x)$$

et ainsi

(3.21) $$f^i(x) \geqslant \lim\sup f^i(x_n).$$

De (3.9) et (3.21), on déduit bien le Théorème. □

- BIBLIOGRAPHIE -

[1] AZEMA J., MEYER P.A. : Une nouvelle représentation du type de Skorokhod, Séminaire de Probabilités n° 8. Lecture Notes in Mathematics 381, 1-10. Berlin-Heidelberg-New-York : Springer 1974.

[2] BISMUT J.M. : Contrôle des processus alternants et applications. Z. Wahrscheinlichkeitstheorie verw. Gebiete, A paraître.

[3] BISMUT J.M. : Dualité convexe, temps d'arrêt optimal et contrôle stochastique. Z. Warhrscheinlichkeitstheorie verw. Gebiete, 38, 169-198 (1977).

[4] BISMUT J.M. : Sur un problème de Dynkin. Z. Wahrscheinlichkeitstheorie verw. Gebiete, 39, 31-53 (1977).

[5] BISMUT J.M. : Probability theory methods in zero-sum stochastic games. SIAM J. of Control and Optimization, 15, 539-545 (1977).

[6] BISMUT J.M., SKALLI B. : Temps d'arrêt optimal, théorie générale des processus et processus de Markov. Z. Wahrscheinlichkeitstheorie verw. Gebiete, 39, 301-314 (1977).

[7] BOURBAKI N. : Espaces vectoriels topologiques. Eléments de Mathématiques. Livre V. Chapitres I et II. Paris:Hermann1966

[8] MEYER P.A. : Probabilités et Potentiels. 1° édition. Paris : Hermann 1966.

[9] MEYER P.A. : Le schéma de remplissage en temps continu, d'après H. Rost. Séminaire de Probabilités n° 6, p 130-150. Lecture Notes in Mathematics n° 258. Berlin-Heidelberg-New-York : Springer 1972.

[10] MOREAU J.J. : Fonctionnelles convexes. Séminaire d'équations aux dérivées partielles. Collège de France 1966-1967.

[11] ROCKAFELLAR R.T. : Convex analysis. Princeton : Princeton University Press 1972.

[12] ROST H. : The stopping distribution of a Markov process. Inventiones Math., 14, 1-16 (1971).

[13] STROOCK D.W., WARADHAN S.R.S. : Diffusion processes with continuous coefficients. Comm. Pure and Appl. Math., XXII, 345-400, 479-530 (1969).

[14] STROOCK D.W. : Diffusion processes with Levy generators. Z. Wahrscheinlichkeitstheorie verw. Gebiete. 32, 209-244 (1975).

- BIBLIOGRAPHIE - (suite)

[15] GETOOR. R.K. : Ray Processes and Right processes. Lecture Notes in Mathematics n° 440. Berlin-Heidelberg-New-York Springer 1975 .

[16] MERTENS J.F. : Théorie des processus stochastiques généraux. Application aux surmatingales. Z. Wahrscheinlichkeitstheorie verw. Gebiete, 22, 45-68 (1972).

[17] MERTENS J.F. : Strongly supermedian functions and optimal stopping. Z. Wahrscheinlichkeitstheorie werw. Gebiete, 26, 119-139 (1973).

Université Paris-Sud (Orsay)

Département de Mathématiques

F-91405 Orsay

Un théorème de J.W. Pitman

(T. Jeulin , avec un appendice de M. Yor)

Le but de cette note est de donner une nouvelle démonstration d'un théorème dû à J.W. Pitman ([5]) :

Théorème : a) Soit X_t un mouvement brownien réel issu de 0, et soit $S_t = \sup_{s \leq t} X_s$. Alors $2S-X$ a même loi qu'un processus de Bessel d'ordre 3 issu de 0 .

a') Soit Z_t un processus de Bessel d'ordre 3 issu de 0, et soit $J_t = \inf_{s \geq t} Z_s$. Alors $2J-Z$ est un mouvement brownien .

Rappelons d'abord, en suivant Pitman, que les assertions a) et a') sont équivalentes.

Considérons en effet l'ensemble U (resp. V) des applications continues $u : \mathbb{R}_+ \to \mathbb{R}$ (resp. $v : \mathbb{R}_+ \to \mathbb{R}_+$) telles que $u(0) = 0$ et $\sup_t u(t) = +\infty$ (resp. $v(0) = 0$ et $\lim_{t \to +\infty} v(t) = +\infty$). On munit en outre U et V de la topologie de la convergence compacte et on note $\underline{\underline{U}}$ et $\underline{\underline{V}}$ leurs tribus boréliennes respectives.

Pour $u \in U$, définissons $\bar{u}(t) = \sup_{s \leq t} u(s)$, et pour $v \in V$, $\underline{v}(t) = \inf_{s \geq t} v(s)$. Soit en outre q un réel, $q > 1$.

On vérifie facilement que les applications [mesurables]

$$(1) \qquad \begin{array}{l} U \xrightarrow{f_q} V \\ u \longrightarrow f_q(u) = q\bar{u} - u \end{array} \qquad \text{et} \qquad \begin{array}{l} V \xrightarrow{g_q} U \\ v \longrightarrow g_q(v) = (q/q-1)\, \underline{v} - v \end{array}$$

sont réciproques et que : (1') $\underline{f_q(u)} = (q-1)\, \bar{u}$.

Notons P_o (resp. Q_o) la probabilité sur $(U,\underline{\underline{U}})$ (resp. $(V,\underline{\underline{V}})$) faisant des applications coordonnées un mouvement brownien (resp. un processus de Bessel d'ordre 3) issu de 0 . a) et a') signifient :

a") $\quad Q_o = f_2(P_o)$.

Notons cependant la proposition élémentaire suivante :

<u>Proposition</u> : <u>Soit X_t un mouvement brownien réel issu de</u> 0 , <u>et soit</u> $S_t = \sup_{s \leq t} X_s$. <u>Soit en outre</u> q <u>un réel</u>, $q > 1$. <u>Une condition nécessaire (et donc suffisante, d'après le théorème de Pitman) pour que</u> $qS-X$ <u>soit un processus de Markov homogène est</u> : $q = 2$.

<u>Démonstration</u> : soient $R_t = qS_t - X_t$, $I_t = \inf_{s \leq t} R_s = (q-1)\, S_t$ (d'après $\bar{1}'$)). Pour que R soit un processus de Markov homogène, il est nécessaire qu'il existe une fonction [universellement mesurable] $h : \mathbb{R} \to \mathbb{R}$ telle que, pour tout $t > 0$,

$E(I_t \mid R_t) = (q-1)\, E(S_t \mid R_t) = (q-1)\, h(R_t)$ p.s. .

La loi de (X_t, S_t) ayant pour densité

$$\varphi(a,b) = \left(\frac{2}{\pi t^3}\right)^{\frac{1}{2}} (2b-a) \exp\left(-\frac{(2b-a)^2}{2t}\right) 1_{(a^+ \leq b)}$$

par rapport à la mesure de Lebesgue sur $\mathbb{R}^2$ ([3] page 195), on obtient, pour $q \neq 2$,

$$(q-2)\, E(S_t \mid R_t) = R_t - t^{\frac{1}{2}}\, k_q(t^{-\frac{1}{2}} R_t)$$

avec $$k_q(r) = \left(\int_{\frac{r}{q-1}}^{r} u^2 \exp\left(-\frac{u^2}{2}\right) du \right) \left(\int_{\frac{r}{q-1}}^{r} u \exp\left(-\frac{u^2}{2}\right) du \right)^{-1} .$$

(Pour $q = 2$, $h(x) = \frac{1}{2}x$ convient !) .

Le fait que la condition soit suffisante est l'objet de la suite ...

Adoptant maintenant une démarche inverse de celle de Pitman (+), nous allons démontrer (ou plutôt redécouvrir...) l'énoncé a').

Z est donc un processus de Bessel d'ordre 3, issu de 0, défini sur un espace probabilisé complet filtré (Ω, $\underline{\underline{F}}$, $\underline{\underline{F}}_t$, P) vérifiant les conditions habituelles : Z est une ($\underline{\underline{F}}_t$)-semi-martingale continue positive, nulle en 0, telle que, par une application classique de la formule d' Ito :

$$B_t = Z_t - \int_0^t \frac{1}{Z_s}\, ds \quad \text{soit un } (\underline{\underline{F}}_t)\text{-mouvement brownien .}$$

Pour simplifier, on suppose que ($\underline{\underline{F}}_t$) est la filtration ($\underline{\underline{Z}}_t$) engendrée par Z , dûment complétée.

Soit $X = 2J-Z$ et soit ($\underline{\underline{X}}_t$) la filtration [dûment complétée] engendrée par X . De (1') vient : $J_t = \sup_{s \leq t} X_s$, d'où $\underline{\underline{Z}}_t \subset \underline{\underline{X}}_t$; pour $s \leq t$, $J_s = \inf(J_t \,;\, \inf_{s \leq u \leq t} Z_u)$ (voir [5] ,p.522, pour le même résultat dans le cas discret), d'où : $\underline{\underline{X}}_t = \underline{\underline{Z}}_t \vee \sigma(J_t)$.

En outre si, pour $a \in \mathbb{R}_+^*$, $T_a = \inf(t,\ X_t = a)$ et $\sigma_a = \sup(t,\ Z_t = a)$, alors $T_a = \sigma_a$ ((1')), σ_a est fin d'ensemble ($\underline{\underline{Z}}_t$)-prévisible, T_a est un ($\underline{\underline{X}}_{t+}$)-temps d'arrêt , et on déduit de l'égalité : $(J_t > a) = (\sigma_a < t)$, pour tout couple (a,t) , que :

($\underline{\underline{X}}_{t+}$) <u>est la plus petite filtration continue à droite, contenant</u> ($\underline{\underline{Z}}_t$) <u>et faisant des variables</u> (T_a, $a \in \mathbb{R}_+^*$) <u>des temps d'arrêt</u> .

Cette caractérisation de la filtration ($\underline{\underline{X}}_{t+}$) nous a incité à utiliser des résultats sur les grossissements successifs des filtrations à l'aide de fins d'ensembles optionnels, pour montrer que Z est une ($\underline{\underline{X}}_{t+}$)-semi-martingale (et plus exactement que $(Z_s)_{s \leq t}$ est une $(\underline{\underline{X}}_{s+})_{s \leq t}$-quasi-martingale) , puis que $X = 2J - Z$ est une

(+) Cf. la remarque de M. Yor en appendice .

$(\underline{\underline{X}}_{t+})$-martingale, qui ne saurait être autre qu'un mouvement brownien, puisque $[X,X]_t = [Z,Z]_t = [B,B]_t = t$.

Introduisons quelques notations supplémentaires : $\mathcal{A}$ est l'ensemble des suites croissantes $\alpha : \mathbb{N} \to \mathbb{R}_+$, telles que $\alpha(0) = 0$ et $\alpha(n) = +\infty$ pour un $n \in \mathbb{N}$. Pour $\alpha \in \mathcal{A}$, on désigne par $(\underline{\underline{Z}}_t^\alpha)$ la plus petite filtration continue à droite contenant $(\underline{\underline{Z}}_t)$ et faisant des $(T_{\alpha(n)}, n \in \mathbb{N})$ des temps d'arrêt . $\underline{\underline{P}}$ (resp. $\underline{\underline{P}}^\alpha$, resp. $\overline{\underline{\underline{P}}}$) désigne la tribu $(\underline{\underline{Z}}_t)$- (resp. $(\underline{\underline{Z}}_t^\alpha)$-, resp. $(\underline{\underline{X}}_{t+})$-) prévisible .

$\bigcup_{\alpha \in \mathcal{A}} \underline{\underline{P}}^\alpha$ <u>est une algèbre de Boole engendrant</u> $\overline{\underline{\underline{P}}}$; en outre , les $(T_a, a \in \mathbb{R}_+^*)$ étant des fins d'ensembles $\underline{\underline{P}}$-mesurables, il résulte de ([2] , lemme 17) (voir aussi [1]) que $\underline{\underline{P}}^\alpha$ est la tribu sur $\mathbb{R}_+ \times \Omega$ engendrée par $\underline{\underline{P}}$ et les intervalles stochastiques $( ]\!] T_{\alpha(n)}, T_{\alpha(n+1)}]\!] , n \in \mathbb{N})$. Par suite ([2] , lemme 17 et proposition 18) :

i) <u>si</u> H <u>est un processus mesurable positif, nul en</u> 0, <u>sa projection</u> $^{(\alpha)-p}H$ <u>sur</u> $\underline{\underline{P}}$ <u>est donnée par</u> :

$$(2) \quad {}^{(\alpha)-p}H = \sum_{n \in \mathbb{N}} 1_{]\!]T_{\alpha(n)}, T_{\alpha(n+1)}]\!]} \frac{{}^p(H 1_{]\!]T_{\alpha(n)}, T_{\alpha(n+1)}]\!]})}{Y_-^{\alpha(n+1)} - Y_-^{\alpha(n)}}$$

<u>où</u> Y^a <u>est la</u> $(\underline{\underline{Z}}_t)$-<u>surmartingale</u> $^o(1_{[\![0,T_a[\![})$, <u>dont on note</u> M^a <u>la partie martingale</u> .

(On fait la convention 0/0 = 0 , et pour U processus mesurable positif, ^pU (= ^oU) désigne la projection $(\underline{\underline{Z}}_t)$-prévisible (= optionnelle) de U) .

ii) B <u>est une</u> $(\underline{\underline{Z}}_t^\alpha)$-<u>semi-martingale et</u>

$$(3)\quad B_t^\alpha = B_t - \int_0^t \sum_{n\in N} 1_{(T_{\alpha(n)} < s \leq T_{\alpha(n+1)})} \frac{d\langle B, M^{\alpha(n+1)} - M^{\alpha(n)}\rangle_s}{Y_s^{\alpha(n+1)} - Y_s^{\alpha(n)}}$$

<u>est un</u> $(\underline{\underline{Z}}_t^\alpha)$-<u>mouvement brownien</u> .

(Les crochets obliques sont relatifs à la filtration $(\underline{\underline{Z}}_t)$).

<u>Explicitons</u> : pour un processus de Bessel d'ordre 3, issu de $x \in \mathbb{R}_+$, la probabilité d'atteinte d'un point $a \in \mathbb{R}_+$ est égale à $\inf(1, a/x)$. La propriété de Markov forte de Z donne alors ([2] , lemme 21) :

$$(4)\quad Y^a = \inf(1, \frac{a}{Z}) .$$

La formule d'Ito pour les fonctions convexes donne :

$$(5)\quad M^a = 1 - a \int_0^\cdot 1_{(a<Z_s)} \frac{1}{Z_s^2}\, dB_s .$$

On a donc : Z est une $(\underline{\underline{Z}}_t^\alpha)$-semi-martingale continue, de décomposition canonique : (6) $Z = B^\alpha + C^\alpha$, où

$$(6)\quad C_t^\alpha = \int_0^t \sum_{n\in N} 1_{(T_{\alpha(n)} < s \leq T_{\alpha(n+1)})} 1_{(Z_s \leq \alpha(n+1))} \frac{ds}{Z_s - \alpha(n)} .$$

Nous en venons au point crucial :

<u>Lemme 1</u>: C^α <u>est la projection duale</u> $(\underline{\underline{Z}}_t^\alpha)$-<u>prévisible du processus croissant</u> 2J . <u>En outre, pour tout</u> $t \in \mathbb{R}_+$, <u>pour tout</u> H $\underline{\underline{P}}^\alpha$-<u>mesurable borné</u> ,

$$(7)\quad E(\int_0^t H_s\, dZ_s) = 2\, E(\int_0^t H_s\, dJ_s) .$$

<u>Démonstration</u> : a) Soit H un processus $\underline{\underline{P}}^\alpha$-mesurable borné, nul en 0 . D'après (2) , pour tout $t \in \mathbb{R}_+$,

$$E\left(\int_0^t H_s\, dJ_s\right) \overset{(2)}{=}$$

$$\sum_{n\in\mathbb{N}} E\left\{\int_0^t 1_{(T_{\alpha(n)} < s \leq T_{\alpha(n+1)})} \frac{{}^p(H1_{]\!]T_{\alpha(n)},T_{\alpha(n+1)}]\!]})_s}{Y_s^{\alpha(n+1)} - Y_s^{\alpha(n)}} dJ_s\right\} =$$

$$\sum_{n\in\mathbb{N}} E\left\{\int_0^t 1_{(\alpha(n) < Z_s \leq \alpha(n+1))} \frac{{}^p(H1_{]\!]T_{\alpha(n)},T_{\alpha(n+1)}]\!]})_s}{Y_s^{\alpha(n+1)} - Y_s^{\alpha(n)}} dJ_s\right\}$$

puisque $(T_{\alpha(n)} < s \leq T_{\alpha(n+1)}) = (\alpha(n) < J_s \leq \alpha(n+1))$ et que le processus croissant J est porté par $(s \mid J_s = Z_s)$.

J^p désignant la projection duale $(\underline{\underline{Z}}_t)$-prévisible de J, on obtient à l'aide de (4) : $E\left(\int_0^t H_s\, dJ_s\right) =$

$$\sum_{n\in\mathbb{N}} E\left(\int_0^t 1_{(\alpha(n) < Z_s \leq \alpha(n+1))} \frac{Z_s\, {}^p(H1_{]\!]T_{\alpha(n)},T_{\alpha(n+1)}]\!]})_s}{Z_s - \alpha(n)} dJ_s\right) =$$

$$\sum_{n\in\mathbb{N}} E\left(\int_0^t H_s 1_{(T_{\alpha(n)} < s \leq T_{\alpha(n+1)})} . 1_{(Z_s \leq \alpha(n+1))} \frac{Z_s}{Z_s - \alpha(n)} dJ_s^p\right).$$

b) Il nous reste à calculer J^p. Or, pour un processus de Bessel d'ordre 3, issu de $x \in \mathbb{R}_+$,

$$E_x(J_0) = \int_0^\infty P_x(J_0 > y)dy = \int_0^x P_x(T_y = \infty)dy = \int_0^x \left(1 - \frac{y}{x}\right) dy = \tfrac{1}{2} x .$$

La propriété de Markov donne donc, pour tout $(\underline{\underline{Z}}_t)$-temps d'arrêt T, T fini, $E(Z_T) = 2\,E(J_T)$,

soit $Z-2J$ est $(\underline{\underline{Z}}_t)$-innovant, ou $Z-2J^p$ est une $(\underline{\underline{Z}}_t)$-martingale locale, soit $J^p = \tfrac{1}{2}\int_0^{\cdot} \frac{1}{Z_s} ds$.

c) Si H est $\underline{\underline{P}}^{\alpha}$-mesurable, borné par $h \in \mathbb{R}_+$,

$[H\cdot B^{\alpha}, H\cdot B^{\alpha}]_t = \int_0^t H_s^2\, ds$ est majoré par $h^2 t$.

$H\cdot B^{\alpha}$ est donc une $(\underline{\underline{Z}}^{\alpha}_t)$-martingale de carré intégrable, nulle en 0, donc d'espérance nulle ; (6) implique alors (7).

<u>Lemme 2</u> : <u>pour tout</u> $t \in \mathbb{R}_+$, $(Z_s)_{s \leq t}$ <u>est une</u> $(\underline{\underline{X}}_{s+})_{s \leq t}$ <u>-quasi-martingale</u>.

<u>Démonstration</u> : $s \to Z_s$ étant continu dans L^1, il suffit de montrer que, pour tout t, $(Z_s)_{s \leq t}$ est une $(\underline{\underline{X}}_s)_{s \leq t}$ -quasi-martingale.

Pour toute subdivision $\mathcal{S} = (0 = t_0 < t_1 < \ldots < t_n < t_{n+1} = t)$ de $[0,t]$,

on note $\mathrm{Var}(Z, \mathcal{S}, \underline{\underline{X}}, t) = \left(\sum_{i=0}^{n} E\left\{ \left| E(Z_{t_{i+1}} - Z_{t_i} \mid \underline{\underline{X}}_{t_i}) \right| \right\} \right) + E(Z_t)$,

et on veut montrer que $\mathrm{Var}(Z, \underline{\underline{X}}, t) = \sup_{\mathcal{S}} \mathrm{Var}(Z, \mathcal{S}, \underline{\underline{X}}, t)$ est finie pour tout t. Or,

$$\mathrm{Var}(Z, \mathcal{S}, \underline{\underline{X}}, t) - E(Z_t)$$

$$= \sup\left(\sum_{i=0}^{n} E(U_{t_i}(Z_{t_{i+1}} - Z_{t_i})) \; ; \; |U_{t_i}| \leq 1 \; ; \; U_{t_i} \; \underline{\underline{X}}_{t_i}\text{-mesurable} \right)$$

$$= \sup\left(\sum_{i=0}^{n} E(V_{t_i}(Z_{t_{i+1}} - Z_{t_i})) \; ; \; |V_{t_i}| \leq 1 \, , \; V_{t_i} \; \underline{\underline{Z}}^{\alpha}_{t_i}\text{-mesurable pour un } \alpha \in \mathcal{A} \right)$$

$$\leq \sup\left\{ E\left(\int_0^t H_s\, dZ_s\right) \; ; \; |H| \leq 1 \, , \; H \; \underline{\underline{P}}^{\alpha}\text{-mesurable pour un } \alpha \in \mathcal{A} \right\}$$

$$\overset{(7)}{=} \sup\left\{ 2\, E\int_0^t H_s\, dJ_s \right) \; ; \; |H| \leq 1 \, , \; H \; \underline{\underline{P}}^{\alpha}\text{-mesurable pour un } \alpha \in \mathcal{A} \right\}$$

$$= E(Z_t) = (2t/\pi)^{\frac{1}{2}}$$, d'où le lemme 2.

Le lemme 2 et l'égalité (7), pour tout $\alpha \in \mathcal{A}$, et H processus $\underline{\underline{P}}^{\alpha}$-mesurable borné, entrainent, par application du théorème de classe monotone, que (7) est encore valable pour tout processus H $\bar{\underline{\underline{P}}}$-mesurable borné. Ceci équivaut à dire que : Z-2J est une $(\underline{\underline{X}}_{t+})$-martingale continue, cqfd.

Remarques : 1) La filtration ($\underline{\underline{X}}_t$) est en fait continue à droite .

2) Il ne faut pas déduire hâtivement du lemme 2 que toute ($\underline{\underline{Z}}_t$)-martingale est une ($\underline{\underline{X}}_t$)-semi-martingale, la fausseté de cette assertion ayant été prouvée dans l'article sur les "faux-amis", écrit avec M. Yor, dans ce volume .

Appendice .

Sur le supremum du mouvement brownien :

les théorèmes de P. Lévy et J. Pitman .

(M. Yor)

1 . Une question de J. Pitman.

Contrairement à T. Jeulin, nous avons essayé de donner une démonstration du théorème de Pitman présenté sous sa première forme (cf. le début de l'exposé de Jeulin) que nous rappelons :

Théorème A1 (J. Pitman): Soit $(X_t)_{t \geq 0}$ un mouvement brownien réel, issu de 0, et soit $S_t = \sup_{s \leq t} X_s$. Alors, Z = 2S - X est (en loi) un processus de Bessel d'ordre 3, issu de 0 .

Remarquons tout de suite, d'après Pitman, que :

$S_t = J_t \; (\overset{\text{déf}}{=} \inf_{s \geq t} Z_s)$, pour tout t .

On note encore ($\underline{\underline{Z}}_t$) (resp. ($\underline{\underline{X}}_t$)) la filtration naturelle de Z (resp. X) convenablement complétée, et rendue continue à droite .

En fait, notre approche ne semble pas pouvoir aboutir à la preuve complète du théorème A1 . Plus modestement, nous répondons seulement ici à une question de Pitman ([5] ,p.523, fin de la note(ii)) en faisant la remarque suivante : si l'on sait déjà (par une méthode ou une autre) que $(Z_t)_{t \geq 0}$ est un processus de Markov (inhomogène) - en fait, on utilisera uniquement :

$$(*) \quad \forall t, \quad E(J_t \mid \underline{\underline{Z}}_t) = E(J_t \mid Z_t) \quad -$$

alors on peut montrer facilement que $(Z_t)_{t \geq 0}$ est un processus de Bessel d'ordre 3, issu de 0 .

2. Sur les processus de Bessel d'ordre n ($n \in \mathbb{N}^*$).

Si $(\rho_t, t \geq 0)$ est un processus de Bessel d'ordre n, issu de 0, i.e.: si $\rho_t = \| B_t \|$, où (B_t) est un mouvement brownien à valeurs dans $\mathbb{R}^n$, issu de 0, et $\| . \|$ désigne la norme euclidienne, il découle d'une application simple de la formule d'Ito que :

(a) $(\rho_t^2 - nt, t \geq 0)$ est une martingale continue, de processus croissant égal à $4 \int_0^t \rho_s^2 \, ds$.

L'intérêt de cette remarque provient du résultat d'unicité suivant, dû à T.Jeulin ([2]) qui emploie pour cela des résultats de T.Yamada ([6]) sur les équations différentielles stochastiques à coefficients höldériens, d'ordre $\alpha < 1$ (en fait, ici $\alpha = \frac{1}{2}$) :

(b) Si, sur un espace de probabilité filtré, $(\rho_t, t \geq 0)$ est un processus à valeurs positives, nul en 0, qui vérifie (a) , ρ est (en loi) un processus de Bessel d'ordre n .

3. Retour au théorème de Pitman.

Comme annoncé dans le paragraphe 1 , nous admettons (*), et démontrons le théorème A1 .

Si deux processus H et K, adaptés à une filtration $(\underline{\underline{F}}_t)$ diffèrent d'une $(\underline{\underline{F}}_t)$-martingale locale, on note : $H \equiv K \quad (\text{mod. } (\underline{\underline{F}}_t))$.

Appliquant la formule d'Ito à Z^2 , il vient :

$$Z_t^2 = 2\int_0^t Z_s \, dZ_s + t$$

$$(1) \qquad = -2\int_0^t Z_s \, dX_s + 4\int_0^t Z_s \, dS_s + t .$$

Il résulte déjà de cette formule que :

(c) Z^2 est une semi-martingale continue pour $(\underline{\underline{X}}_t)$ (et donc pour $(\underline{\underline{Z}}_t)$), et le processus croissant de la partie martingale continue de Z^2 (qui est le même relativement à $(\underline{\underline{X}}_t)$ et à $(\underline{\underline{Z}}_t)$) est $4\int_0^t Z_s^2 \, ds$.

Revenons à (1). La mesure aléatoire dS_s étant portée par $\{s \mid X_s = S_s\}$, on a :

$$Z_t^2 \equiv t + 4\int_0^t X_s \, dS_s \quad (\text{mod. } (\underline{\underline{X}}_t))$$
$$\equiv t + 4\, X_t S_t \quad (\text{mod. } (\underline{\underline{X}}_t)) ,$$

par intégration par parties.

En utilisant la formule : $2S_t = Z_t + X_t$, il vient :

$$Z_t^2 \equiv t + 2\, X_t (Z_t + X_t) \quad (\text{mod. } (\underline{\underline{X}}_t))$$
$$\equiv 3t + 2\, X_t Z_t \quad (\text{mod. } (\underline{\underline{X}}_t)) ,$$

et donc : (2) $Z_t^2 - 3t \equiv 2\, E(X_t \mid \underline{\underline{Z}}_t)\, Z_t \quad (\text{mod. } (\underline{\underline{Z}}_t))$.

Or, d'après (*) , et la connaissance de la loi conjointe du couple (X_t, S_t) - pour t fixé - (voir l'exposé de Jeulin) , on a :

$$2\, E(S_t \mid \underline{\underline{Z}}_t) = Z_t , \quad \text{d'où : } E(X_t \mid \underline{\underline{Z}}_t) = 0 .$$

D'après (2) et (c), $\rho = Z$ vérifie (a) pour n = 3, et est donc, d'après (b), un processus de Bessel d'ordre 3 .

4. Le théorème de P. Lévy.

La méthode utilisée précédemment permet aussi de démontrer très simplement le

Théorème A2 (P.Lévy) : Soit $(X_t)_{t\geq 0}$ un mouvement brownien réel, issu de 0, et soit $S_t = \sup_{s\leq t} X_s$. Alors $Y = S - X$ est (en loi) un processus de Bessel d'ordre 1 , issu de 0 .

Démonstration : D'après la formule d'Ito, on a :

$$Y_t^2 = 2\int_0^t Y_s \, dY_s + t = -2\int_0^t Y_s \, dX_s + t ,$$

car la mesure aléatoire dS_s est portée par $\{ s \mid X_s = S_s \}$.
En conséquence, $\rho = Y$ vérifie (a) avec $n = 1$, et est donc , d'après (b), un processus de Bessel d'ordre 1 .

Remarque finale : Toute la difficulté de l'étude du processus Z provient de ce que, pour tout $t > 0$, $\underline{\underline{Z}}_t \subsetneq \underline{\underline{X}}_t$
(en fait, $\underline{\underline{X}}_t = \underline{\underline{Z}}_t \vee \sigma(S_t)$; voir l'exposé de Jeulin).

Par contre, l'étude de Y est rendue aisée par l'égalité

(3) $\underline{\underline{Y}}_t = \underline{\underline{X}}_t$, pour tout t .

Cette égalité découle immédiatement de

(3') $$\forall t , \quad X_t = \int_0^t 1_{(Y_s \neq 0)} \, dY_s ,$$

laquelle résulte des deux arguments suivants :

- dS_s est portée par $\{ s \mid Y_s = 0 \}$, et
- $d\langle X,X\rangle_s = d\langle Y,Y\rangle_s$ ne charge pas $\{ s \mid Y_s = 0 \}$ ([4], chap. VI).

Références :

[1] Dellacherie C. ,Meyer P.A. : A propos du travail de Yor sur le grossissement des tribus. Séminaire de Probabilités XII, Lect. Notes in Math. 649, Springer 1978 .

[2] Jeulin T. : Grossissement d'une filtration et applications (dans ce volume)

[3] Lévy P. : Processus stochastiques et mouvement brownien. Paris 1948..

[4] Meyer P.A. : Un cours sur les intégrales stochastiques. Séminaire de Probabilités X, Lect. Notes in Math. 511 , Springer 1976.

[5] Pitman J.W. : One dimensional Brownian motion and the three-dimensional Bessel Process. Adv. Appl. Prob. 7,511 -526, 1975 .

[6] Yamada T. : Sur une construction des solutions d'équations différentielles stochastiques dans le cas non-lipschitzien. Séminaire de Probabilités XII, Lect. Notes in Math. 649, Springer 1978

MESURES DE PROBABILITE SUR LES ENTIERS ET ENSEMBLES PROGRESSIONS

par Photius NANOPOULOS

INTRODUCTION : Notons $\mathbb{N}^*$ l'ensemble des nombres entiers strictement positifs, et $\mathcal{E}$ la classe des sous ensembles de $\mathbb{N}^*$ qui sont de la forme $a\mathbb{N}^* = \{ an | n \in \mathbb{N}^* \}$ avec $a \in \mathbb{N}^*$. Les ensembles $a\mathbb{N}^*$, seront appelés "ensembles progression". Contrairement à l'usage établi, nous appellerons "mesure" sur une algèbre ou une tribu de parties de $\mathbb{N}^*$, toute application additive μ, à valeurs dans l'intervalle $[0,1]$, vérifiant $\mu(\mathbb{N}^*)=1$. Nous supposerons que toutes les mesures considérées sont définies sur l'algèbre $\mathcal{G}$ engendrée par les ensembles progression.

A toute mesure μ on associe une fonction $h:\mathbb{N}^* \to [0,1]$, définie par

$$(1) \qquad h(a)=\mu(a\mathbb{N}^*) \text{ pour tout } a \in \mathbb{N}^*.$$

La fonction h sera appelée "fonction-progression de μ".

Le but de cet exposé est de caractériser toutes les applications $h:\mathbb{N}^* \to [0,1]$ qui sont fonction-progression d'une mesure. Ceci sera fait d'abord dans le cas général, puis dans le cas (plus intéressant à cause de l'unicité du prolongement) où μ est σ-additive. On en déduira alors deux représentations des mesures σ-additives définies sur l'ensemble $\mathcal{P}(\mathbb{N}^*)$, possédant la propriété d'indépendance c'est-à-dire, des mesures σ-additives μ, vérifiant,

$$(2) \qquad \mu(a\mathbb{N}^* \cap b\mathbb{N}^*) = \mu(a\mathbb{N}^*) \cdot \mu(b\mathbb{N}^*)$$

pour tout couple (a,b) d'entiers premiers entre eux.

Ces mesures sont importantes dans l'étude probabiliste des fonctions arithmétiques additives. En effet on sait que les fonctions (β_p;p premier), où $\beta_p(m)$ est le plus grand $k \in \mathbb{N}$ tel que p^k divise m, sont stochastiquement indépendantes par rapport à une mesure μ, si et seulement si μ possède la propriété d'indépendance.

NOTATIONS: Dans tout ce qui suit $\mathbb{P}$ désignera l'ensemble de nombres premiers privé de 1; la lettre p désignera exclusivement un élément de $\mathbb{P}$. Ainsi $\sum_p$, $\prod_p$, $\bigcap_p$, etc sont des opérations sur $\mathbb{P}$.

Institut de Recherche Mathématique Avancée, Laboratoire Associé au C.N.R.S. ,

7, rue René Descartes, 67084 STRASBOURG-CEDEX .

Pour a, b $\in \mathbb{N}^*$ on désigne par $a \vee b$, (resp. $a \wedge b$) le plus petit commun multiple (resp. le plus grand commun diviseur) de a et b. L'expression "a divise b" (resp. "a ne divise pas b"), sera notée $a|b$ (resp. $a \nmid b$).
Une application $f: \mathbb{N}^* \to \mathbb{R}$ est dite <u>multiplicative</u> si pour tout couple (a,b) d'entiers premiers entre eux on a : $f(ab)=f(a)f(b)$, et si $f(1)=1$. Ainsi la fonction identiquement nulle n'est pas multiplicative.

§ ENSEMBLES ET FONCTIONS PROGRESSION

Pour tout couple d'entiers (a,b) on a la relation

$$(1.1) \qquad a\mathbb{N}^* \cap b\mathbb{N}^* = (a \vee b)\mathbb{N}^*$$

ce qui montre que la classe $\mathcal{E}$ des ensembles progression est stable pour l'intersection finie; par conséquent la connaissance des valeurs qu'une mesure prends sur $\mathcal{E}$ détermine la mesure sur l'algèbre τ engendrée par $\mathcal{E}$.

D'autre part d'après le théorème de décomposition en facteurs premiers on a,

$$(1.2) \qquad \text{pour tout } n \in \mathbb{N}^*, \quad n = \prod_p p^{\beta_p(n)}.$$

La relation (1.2) exprimée sous forme ensembliste s'écrit,

$$(1.3) \qquad \text{pour tout } n \in \mathbb{N}^*, \quad \{n\} = \bigcap_p \left(p^{\beta_p(n)}\mathbb{N}^* - p^{\beta_p(n)+1}\mathbb{N}^*\right)$$

Par conséquent la tribu engendrée par $\mathfrak{T}$ est égale à $\mathcal{P}(\mathbb{N}^*)$ et de ceci on déduit la proposition suivante,

<u>PROPOSITION 1.1.- Si deux mesures ont même fonction-progression elles sont égales sur $\mathcal{C}$; si de plus elles sont toutes deux σ-additives, alors elles sont égales sur</u> $\mathcal{P}(\mathbb{N}^*)$.

On constate donc que la fonction-progression d'une mesure σ-additive μ, détermine μ sur toutes les parties de $\mathbb{N}^*$. Ceci n'est pas le cas si μ n'est pas σ-additive.

Nous donnons quatre exemples de mesures sur $\mathbb{N}^*$ choisis à cause du rôle qu'ils jouent en théorie probabiliste de nombres.

EXEMPLE 1 Lois uniformes

Pour tout entier k notons ε_k la mesure de Dirac au point k , et pour $n \geq 1$ posons,

$$\nu_n = \frac{1}{n}\sum_{k=1}^{n} \varepsilon_k$$

C'est la loi uniforme sur l'ensemble $\{1,2,\dots, n\}$ et sa fonction-progression h_n est donnée par

$$h_n(a) = \frac{1}{n}[{}^n/a] \quad , \quad a \in \mathbb{N}^* ,$$

où pour $x \in \mathbb{R}$, $[x]$ désigne la partie entière de x.

EXEMPLE 2 Lois ζ_s

Pour $s \in \mathbb{R}$, $s>1$, on pose: $\zeta_s = \frac{1}{\zeta(s)} \sum_{n\geq 1} n^{-s}\varepsilon_n$,

où $\zeta(s)$ est la fonction de Riemann . La fonction progression de ζ_s est

$$h_s(a) = a^{-s} \qquad a \in \mathbb{N}^* .$$

EXEMPLE 3 Lois Géométriques

Considérons la suite $(p_n, n\geq 1)$ de tous les nombres premiers ordonnés selon leur ordre naturel, et pour tout $n\geq 1$ notons $\mathbb{N}_n$ l'ensemble de tous les entiers m qui sont de la forme

$$m = p_1^{k_1}\dots p_n^{k_n} , \text{ avec } k_i \geq 0, \text{ pour } i=1,\dots,n.$$

On définit alors une mesure τ_n sur $\mathbb{N}^*$ en posant :

$$\tau_n\{m\} = \begin{cases} \frac{1}{m}(1-\frac{1}{p_1})\dots(1-\frac{1}{p_n}) & \text{si } m \in \mathbb{N}_n \\ 0 & \text{sinon.} \end{cases}$$

Il est facile de vérifier que la fonction-progression de τ_n est

$$h_n(a) = \begin{cases} \frac{1}{a} & \text{si } a \in \mathbb{N}_n \\ 0 & \text{sinon.} \end{cases}$$

EXEMPLE 4 Mesures invariantes par translation.

Une mesure τ, sur $\mathbb{N}^*$, est invariante par translation si pour tout $A \subset \mathbb{N}^*$ et $k \in \mathbb{N}^*$, on a :

$$\tau(A+k) = \tau(A)$$

Si τ est une mesure invariante par translation alors de la relation

$$\mathbb{N}^* = \bigcup_{k=0}^{a-1} (a\,\mathbb{N}^*-k)$$

on déduit que pour tout $a \in \mathbb{N}^*, \tau(a\,\mathbb{N}^*) = \frac{1}{a}$, ce qui veut dire que la fonction-progression de τ est

$$h\,(a)=a^{-1} \qquad a\in \mathbb{N}^*$$

On constate que toutes les mesures invariantes par translation ont même fonction-progression, ce qui veut dire que l'algèbre $\mathcal{G}$ est contenue (strictement) dans la classe des sous ensembles " naturellement mesurables " de $\mathbb{N}^*$ (c.f. L.DUBINS et D.MARGOLIES [3]

En fait on peut montrer en utilisant le théorème de Dirichlet sur les progressions arithmétiques que tout ensemble de la forme $a\,\mathbb{N}^*+b$, avec $a\geq 3$ et $a \wedge b = 1$ n'appartient pas à $\mathcal{G}$, et par conséquent $\mathcal{G}$ est strictement contenue dans l'algèbre $\mathcal{P}$ de sous ensembles périodiques de $\mathbb{N}^*$.

§ 2. PLONGEMENT DE $\mathbb{N}^*$dans $\mathbb{N}^\infty$.

Le théorème de factorisation de l'arithmétique (formule (1.2)) permet d'associer à tout entier $n\in \mathbb{N}^*$ la suite

$$\psi(n)= (\beta_{p_1}(n),\beta_{p_2}(n),\dots)$$

où $p_1,p_2,\dots$ est la suite des nombres premiers ordonnés par leur ordre naturel.

On définit ainsi une application $\psi: \mathbb{N}^*\to S$, où S est l'ensemble de suites à éléments dans $\mathbb{N}$, n'ayant qu'un nombre fini d'éléments non nuls.

Munissons $\mathbb{N}^*$de la relation d'ordre ($\geq$) induite par la relation de divisibilité (i.e. $m\geq n$ si m divise n), et l'espace produit $\mathbb{N}^\infty$ de la relation d'ordre induite par les relations ordinaires sur les coordonnées (i.e. pour $x,y \in \mathbb{N}^\infty$, $x \leq y$, si pour tout $k \in \mathbb{N}^*$, x_k est inférieur ou égal à y_k).

Alors $\psi:(\mathbb{N}^*,\geq)\to(S,\geq)$ est une application bijective croissante et l'image par ψ d'un ensemble-progression $a\mathbb{N}^*$est le cône $C_{\psi(a)}$ de S où,

$$C_x = \{y \in S \mid x \leq y\}.$$

Il en résulte que l'algèbre $\mathcal{G}$ sur $\mathbb{N}^*$engendrée par les ensembles progression peut être identifiée à l'algèbre sur S engendrée par les cônes, que nous noterons $\mathcal{J}$.

Considérons une mesure ν sur $\mathbb{N}^*$ et posons $\mu = \nu \circ \psi^{-1}$. Si h est la fonction-progression de ν alors la relation $\psi\,(a\,\mathbb{N}^*) = C_{\psi(a)}$ entraine

$$(2.1) \quad \mu\,(C_x) = h\,(\psi^{-1}(x)) \qquad x \in S.$$

Pour $x \in S$ posons $H\,(x) = \mu\,(C_x)$ et remarquons que la fonction H détermine parfaitement la fonction-progression h.

Comme S est un sous ensemble du produit infini $S' = \mathbb{N}^{\infty}$ et μ une mesure sur S' on peut considérer les marges de dimension finie de μ . On constate que les sous espaces de dimension finie de S sont déterminés pour les sous ensembles finis de $\mathbb{P}$. Ainsi par exemple le sous espace $\mathbb{N}^n = \{ x \in S \mid \forall k > n$, $x_k = 0 \}$ est l'image par Φ de l'ensemble $\mathbb{N}_n$ de l'exemple 3 du § 1.

Le système $\{ \mu_n = \mu \circ \pi_n^{-1}$, $n \geq 1\}$, où π_n est la projection de $S \to \mathbb{N}^n$ est le système de marges de dimension finie de μ . Pour tout $n \geq 1$, μ_n est une mesure définie sur l'algèbre $\mathfrak{C}_n$ sur $\mathbb{N}^n$, engendrée par les cônes de $\mathbb{N}^n$, et comme $\mathfrak{F} = \bigcup_n \mathfrak{F}_n$,(où $\mathfrak{F}_n = \pi_n^{-1}(\mathfrak{C}_n)$, on a :

$$(2.2) \qquad \mu(\pi_n^{-1}(A)) = \mu_n(A), \quad \text{pour tout } A \in \mathfrak{C}_n.$$

Il est bien connu que si les $(\mu_n , n \geq 1)$ sont des mesures sur $(\mathbb{N}^n, \mathfrak{C}_n)$ qui forment un système consistant alors la relation (2.2) détermine d'une manière unique une mesure μ sur $(S, \mathfrak{F})$ dont le système de marges est $(\mu_n, n\geq 1)$.

En général μ n'est pas σ-additive, même si pour tout $n\geq 1$ μ_n l'est. Comme cas typique nous donnons les lois "géométriques" $(\tau_n, n\geq 1)$ définies dans l'exemple 3 du § 1. Il est facile de voir que toute mesure τ invariante par translation (exemple 4, §1) admet $(\tau_n, n\geq 1)$ comme système de marges; or bien que pour tout n, τ_n est σ additive, τ ne l'est pas. Cependant dans le cas où toutes les μ_n sont σ-additives il existe une mesure σ-additive μ' sur $(S', \mathfrak{F}')$, (où $\mathfrak{F}', \pi_n'$,etc. sont définis sur S' exactement comme $\mathfrak{F}, \pi_n$,etc sur S), déterminée d'une manière unique par la relation.

$$(2.3) \quad \mu'(\pi_n'^{-1}(A)) = \mu_n(A) \quad \text{pour } A \in \mathfrak{C}_n.$$

On verra au § 3 que $S \in \sigma(\mathfrak{F}')$ et que μ est σ-additive sur $(S, \mathfrak{F})$ si et seulement si $\mu'(S)=1$.

§ 3 CARACTERISATION DES FONCTIONS-PROGRESSIONS

Il est évident que si h est la fonction progression d'une mesure μ alors

(i) $h(1) = \mu(\mathbb{N}^*) = 1$

(ii) si $a \mid b$ alors $b\mathbb{N}^* \subset a\mathbb{N}^*$ et par conséquent $h(a) \geq h(b)$.

Plus généralement si a divise chacun des entiers $b_1, \ldots, b_n$ alors

$$\bigcup_{i=1}^{n} (b_i\mathbb{N}^*) \subset a\mathbb{N}^*$$

ce qui implique

$$h(a) \geq h[b_1,\ldots,b_n]$$

où,

$$h[b_1,\ldots,b_n] = \sum_{k=1}^{n}(-1)^{k-1}\sum_{1\leq i_1\leq\ldots\leq i_k\leq n} h(b_{i_1}\vee\ldots\vee b_{i_k}).$$

(iii) En particulier pour tout $a \in \mathbb{N}^*$ et tout vecteur $(k_1,\ldots,k_n)$ à coordonnées dans $\mathbb{N}$ on a :

$$h(a)\geq h[ap_1^{k_1},\ldots,ap_n^{k_n}]$$

Si de plus on suppose que μ est σ-additive alors on a :

(iv) Pour tout $p \in \mathbb{P}$, $h(p^k)$ décroit vers zéro lorsque $k\to\infty$.

(v) $\lim_{n\to\infty}\lim_{m\to\infty} h[p_{n+1},\ldots, p_{n+m}] = 0$

La relation (v) tient au fait que

$$h[p_{n+1},\ldots,p_{n+m}] = \mu\,(\bigcup_{i=1}^{m} p_{n+i}\,\mathbb{N}^*) \underset{m\to\infty}{\to} \mu(\bigcup_{i\geq n} p_i\,\mathbb{N}^*).$$

Ces considérations mènent au premier théorème sur la caractérisation des applications $h: \mathbb{N}^*\to[0,1]$ qui sont fonctions-progression d'une mesure.

<u>THEOREME 3.1.</u> <u>Soit h une application de $\mathbb{N}^*$ dans $[0,1]$.</u>

1) <u>h est fonction-progression d'une mesure (simplement additive) si et seulement si elle satisfait aux conditions (c_1) et (c_2) ci-dessous</u> :

(c_1) $h(1) = 1$

(c_2) Pour tout $a \in \mathbb{N}^*$, tout $n \in \mathbb{N}^*$, et tout vecteur $(k_1,\ldots,k_n) \in \mathbb{N}^*$ on a:

$$h(a) \geq h[ap_1^{k_1},\ldots, ap_n^{k_n}]$$

2) <u>h est fonction-progression d'une mesure σ-additive si et seulement si elle satisfait à (c_1) et (c_2) ci-dessus ainsi qu'aux deux conditions supplémentaires (c_3) et (c_4) ci-dessous.</u>

(c_3) $\forall\, p \in \mathbb{P}$, $\lim_{k\to\infty} h(p^k) = 0$

(c_4) $\lim_{n\to\infty}\lim_{m\to\infty} h[p_{n+1},\ldots, p_{n+m}] = 0$.

Preuve. La nécessité des conditions a été démontrée dans les deux cas et ainsi il reste à démontrer qu'elles sont suffisantes. En reprenant la discussion du paragraphe 2, nous introduisons la fonction $H:S\to[o,1]$ définie par

$$H(x)= h(\psi^{-1}(x)).$$

Les conditions (c_i), $i=1,2,3,4$, sur h, peuvent être traduites en des conditions équivalentes (D_i), $i=1,2,3,4$, sur H, de la façon suivante :

(D_1) $H(o)=1$.

(D_2) pour tout $x \in S$, tout $n \in \mathbb{N}^*$ et tout vecteur $(k_1,\dots,k_n) \in \mathbb{N}^n$ on a:

$$H(x)\geq H[x^1,\dots,x^n]$$

où, x^i est définit par,

$$x^i_j=\begin{cases} x_j & \text{si } j\neq i \\ x_i+k_i & \text{si } j=i \end{cases},$$

et

$$H[x^1,\dots,x^n] =\sum_{k=1}^{n} (-1)^{k+1} \sum_{1\leq i_1<\dots<i_k\leq n} H(x^{i_1}\vee\dots\vee x^{i_k}).$$

(D_3) $\forall\ i\geq 1\ \lim_{k\to\infty} H(k\cdot u^i) = o$

(D_3) $\lim_{n\to\infty} \lim_{m\to\infty} H[u^{n+1},\dots,u^{n+m}]= 0$

où $u^i= \psi(p_i)$ est l'élément de S ayant toutes ces coordonnées nulles sauf la i-ème qui est égale à 1.

Preuve de 1). Sur $\mathbb{N}^n$ définissons la fonction

$$(1)\ H_n(x_1,\dots,x_n) = H(x_1,\dots,x_n,0,0,\dots).$$

On déduit des conditions (D_1) et (D_2) que pour tout $n\geq 1$ la fonction H_n vérifie

(i) H_n est décroissante et $H_n(0,\dots,0) = 1$.

(ii) Pour tout rectangle $\{[k_i, k_i+m_i],\ i=1,\dots,n\}$ de $\mathbb{N}^n$

$$\Sigma \pm H_n(k_1+\theta_1 m_1,\dots,k_n+\theta_n m_n) \geq 0$$

où la sommation est effectuée sur les 2^n vecteurs $(\theta_1,\dots,\theta_n) \in \{o,1\}^n$ et le signe $(\pm)$ est + ou - selon que le nombre de coordonnées nulles de $(\theta_1,\dots,\theta_n)$ est pair ou impair.

Comme des problèmes de continuité ne se posent pas on déduit des résultats classiques sur les fonctions de répartition (c.f. [1] p.226) que H_n est fonction de répartition d'une mesure μ_n sur $(\mathbb{N}^n, \mathcal{C}_n)$; c'est-à-dire que

$$(2)\ \forall\, x \in \mathbb{N}^n,\ H_n(x) = \mu_n \{y \in \mathbb{N}^n \mid x \leq y\}.$$

D'autre part, on déduit de la définition de H_n, que le système de mesures $(\mu_n, n \geq 1)$ est consistant; par conséquent il existe une mesure unique (simplement additive) sur $(S, \mathfrak{F})$ vérifiant :

$$(3)\ \mu\ (\pi_n^{-1}\ (A)) = \mu_n\ (A)\ ,\ A \in \mathcal{C}_n\ .$$

Posons $\nu = \mu \circ \psi$, mesure sur $\mathbb{N}^*$, et montrons que la fonction progression de ν coïncide avec h.

Pour $a \in \mathbb{N}^*$, choisissons n tel que, pour tout $k \geq n, p_k$ ne divise pas a. Alors on a

$$(4)\ C_{\psi(a)} = \pi_n^{-1}\ (\ C^n_{\pi_n(\psi(a))})$$

et par conséquent

$$\nu\ (a\,\mathbb{N}^*) = \mu\ (\psi(a\,\mathbb{N}^*)) = \mu\ (C_{\psi(a)})\ .$$

De (3) et (4) on déduit que

$$\nu\ (a\,\mathbb{N}^*) = \mu_n\ (C^n_{\pi_n}\ (\psi(a))) = H_n\ (\pi_n(\psi(a))) = H\ (\psi(a)) = h(a).$$

<u>Preuve de 2)</u> Tout d'abord remarquons que (D_3) implique que pour tout $n \geq 1$ on a :

$$(iii)\quad \forall\ k=1,\dots,n \qquad \lim_{x_k \to \infty} H_n(x) = 0.$$

Les conditions (i) (ii) et (iii) impliquent que la mesure μ_n dans (2) est σ-additive sur $(\mathbb{N}^n, \mathcal{C}_n)$. On a donc un système consistant $(\mu_n,)$ de marges σ-additives, mais ceci ne suffit pas pour assurer la σ-additivité de μ sur $(S, \mathfrak{F})$. Toutefois le théorème de Kolmogorov (c.f.[1] p.228) implique l'existence d'une mesure σ-additive μ' (et une seule), sur $(S', \mathfrak{F}')$ vérifiant :

$$(4)\ \mu'\ (\pi_n'^{-1}\ (A)) = \mu_n\ (A),\ \text{pour } A \in \mathcal{C}_n.$$

Montrons maintenant que (D_4) implique que μ est σ-additive. Pour cela, pour tout $m \in \mathbb{N}^*$, $n \in \mathbb{N}^*$, posons

$$S'_{n,m} = \{x \in S' \mid x_{n+1} = \dots = x_{n+m} = 0\}$$

et

$$S_{n,m} = S \cap S'_{n,m}$$

Ainsi pour tout $n \geq 1$ fixé, les suites d'ensembles $(S'_{n,m} ; m \geq 1)$ et $(S_{n,m} ; m \geq 1)$ décroissent vers le même ensemble S_n, où

$$S_n = \{x \in S \mid \forall\, k \geq n+1 \quad , x_k = 0\}$$

et la suite $(S_n ; n \geq 1)$ croît vers S.

De (3) et (4) on déduit que pour tout $n,m \in \mathbb{N}^*$

$$\mu(S_{n,m}) = \mu'(S'_{n,m})$$

et comme μ' est σ-additive

$$\mu'(S) = \lim_{n\to\infty} \lim_{m\to\infty} \mu\,(S'_{n,m}\,).$$

Or $\mu(S_{n,m}) = 1 - H\,[u^{n+1},\ldots,u^{n+m}]$ et ainsi de (D_4) on déduit que $\mu(S) = 1$.

Il en résulte que μ est la restriction de μ' sur S et comme μ' est σ-additive μ l'est aussi. Comme dans 1) on déduit que la mesure $\nu = \mu\circ\phi$ sur $\mathbb{N}^*$ est σ-additive et sa fonction-progression coïncide avec h. □

§ 4) LA PROPRIETE D'INDEPENDANCE

L'étude du comportement asymptotique des fonctions arithmétiques additives par rapport aux lois uniformes $(\nu_n \; ; n \geq 1)$ (c.f. [2],[4] est basée sur le fait que les fonctions $(\beta_p \; ; p \in \mathbb{P})$ sont ν_n- asymptotiquement indépendantes. L'étude analogue par rapport aux lois $(\zeta_s \; ; s > 1)$ (c.f.[5],[6],[7]) donne des résultats plus élégants grâce au fait que les fonctions $(\beta_p \; ; p \in \mathbb{P})$ sont ζ_s-indépendantes pour tout $s > 1$.

Par ailleurs les fonctions β_p sont indépendantes en tant que v.a.pour d'autres familles intéressantes comme les lois géométriques et les mesures invariantes par translation.

DEFINITION 4.1. Une mesure P sur $\mathbb{N}^*$ possède la"propriété d'indépendance" si les fonctions $(\beta_p \; ; p \in \mathbb{P})$ sont P-indépendantes.

On désignera par $\mathcal{P}_a$ (resp. $\mathcal{P}_\sigma$) l'ensemble de mesures de probabilité simplement additives (resp. σ-additives) possédant la propriété d'indépendance.

Si on connaît la fonction-progression h de P, alors il est facile de voir si $P \in \mathcal{P}_a$ grâce au théorème suivant :

THEOREME 4.1 Une mesure P est dans $\mathcal{P}_a$ si et seulement si sa fonction-progession h est multiplicative.

Preuve : Immédiate d'après la relation

$$a\,\mathbb{N}^* = \bigcap_{p|a} p^{\beta_p(a)}\mathbb{N}^* \ .$$

Remarque : Posons nous la question de savoir quelles applications $h : \mathbb{N}^* \to [0,1]$ sont fonction-progression d'une mesure $P \in \mathcal{P}_a$. En combinant les théorèmes 3.1 et 4.1 on constate qu'il faut et il suffit que h satisfait aux conditions (c_1) et (c_2) et qu'elle soit multiplicative. Toutefois la multiplicativité de h implique que les conditions (c_1) et (c_2) ne sont plus indépendantes.

THEOREME 4.2. Une application $h : \mathbb{N}^* \to [o,1]$ est la fonction-progession d'une mesure $P \in \mathcal{P}_a$, si et seulement si elle vérifie

(c_1') h est multiplicative

(c_2') pour tout $p \in \mathbb{P}$, la suite $(h(p^k)\ ;\ k \geq 1)$ est décroissante.

Preuve : Il est évident que les conditions (c_1') et (c_2') sont nécessaires. Pour montrer qu'elles sont suffisantes il suffit de montrer qu'il existe une mesure P admettant pour fonction-progression h, car d'après le théorème 4.1, et (c_1'), on est assuré que $P \in \mathcal{P}_a$. Montrons donc que les conditions (c_1) et (c_2) du théorème 3.1. sont vérifiées. Puisque h est multiplicative, $H(1)= 1$, d'où (c_1). Pour montrer (c_2) on utilisera l'identité.

$$(1) \qquad (x_1 - y_1)\dots(x_n - y_n) = x_1\dots x_n - \sum_{m=1}^{n} (-1)^{m+1} \Sigma_m' \, y_{i_1}\dots y_{i_m} x_{j_1}\dots x_{j_{n-m}}$$

où le symbole Σ_m' indique la sommation sur tous les sous-ensembles $\{i_1,\dots,i_m\}$ de $\{1,\dots,n\}$ ayants m éléments et $\{j_1,\dots,j_{n-m}\} = \{1,\dots,n\} - \{i_1,\dots,i_m\}$.

Soit $a = p_1^{l_1}\dots p_n^{l_n}$ un entier et $(k_1,\dots,k_n)$ un élément de $\mathbb{N}^n$. Avec les notations du théorème 3.1., la différence

$$D = h(a) - h[a\, p_1^{k_1},\dots,p_n^{k_n}]$$

s'écrit ;

$$D = h(a) - \sum_{m=1}^{n} (-1)^{m+1} \Sigma_m' \, h(a p_{i_1}^{k_{i_1}}\dots\dots p_{i_m}^{k_{i_m}})$$

et puisque h est multiplicative on a,

$$D = \prod_{i=1}^{n} h(p_i^{l_i}) - \sum_{m=1}^{n} (-1)^{m+1} \Sigma_m' \, h(p_{i_1}^{l_{i_1}+k_{i_1}})\dots h(p_{i_m}^{l_{i_m}+k_{i_m}}) h(p_{j_1}^{l_{j_1}})\dots h(p_{j_{n-m}}^{l_{j_{n-m}}}).$$

L'identité (1) implique que

$$D = \prod_{1}^{n} (h(p_i^{l_i}) - h(p_i^{l_i+k_i}))$$

et d'après (c_2') on en déduit que $D \geq 0$, d'où (c_2).

On peut maintenant en déduire facilement le résultat analogue pour les mesures σ-additives.

Théorème 4.3. Une application $h: \mathbb{N}^* \to [0,1]$ est la fonction-progression d'une mesure $\mu \in \mathcal{P}_\sigma$ si et seulement si elle vérifie,

(c_1') h est multiplicative ,

(c_2') pour tout $p \in \mathbb{P}$ la suite $(h(p^k), k \geq 1)$ est décroissante ,

(c_3') pour tout $p \in \mathbb{P}$ $\lim_{k\to\infty} h(p^k) = 0$,

(c_4') $\sum_p h(p) < \infty$.

Preuve : Nécessité: Les conditions (c_1') (c_2') et (c_3') découlent directement des définitions tandis que (c_4') s'obtient en appliquant le lemme de Borel-Cantelli aux ensembles $(p\,\mathbb{N}$, $p \in \mathbb{P})$ qui vérifient, $\lim_p \sup(p\,\mathbb{N}) = \emptyset$.

Suffisance : D'après le théorème 4.2. on sait qu'il existe $\mu \in \mathcal{P}_a$ ayant h comme fonction-progression, et d'après le théorème 3.1. il suffit de montrer que (c_4) est vérifiée. Dans ce but on remarque que

$$h[p_{n+1},\dots,p_{n+m}] = \mu\left(\bigcup_{i=1}^{m} p_{n+i}\,\mathbb{N}\right) \leq \sum_{i=n+1}^{m} h(p_i)$$

et par conséquant pour tout $n \in \mathbb{N}$ on a

$$\lim_{m\to\infty} h[p_{n+1},\dots,p_{n+m}] \leq \sum_{i>n} h(p_i)$$

et ainsi (c_4) est une conséquence de (c_4') □

§ 5. CONSTRUCTION DE MESURES VERIFIANT LA PROPRIETE D'INDEPENDANCE ; LE THEOREME DE REPRESENTATION.

Les théorèmes 4.2. et 4.3. fournissent une première méthode de construction de mesures ayant la propriété d'indépendance, à l'aide de fonctions-progression, c'est-à-dire des mesures que l'on désire attribuer aux ensembles progressions. Cependant dans le cas de mesures σ-additives on peut donner une autre méthode en examinant les masses ponctuelles.

Soit $P \in \mathcal{P}_\sigma$ admettant pour fonction-progression h. La relation (1.3) implique que pour tout $n \in \mathbb{N}^*$ on a,

$$(5.1) \quad P\{n\} = \prod_p \left(h(p^{\beta_p(n)}) - h(p^{\beta_p(n)+1})\right).$$

Supposons en un premier temps que

$$P\{1\} = \prod_p (1-h(p)) > 0.$$

Ceci est équivalent à dire que pour tout p, $h(p) > 1$.

Pour simplifier l'écriture, posons

$$\Delta_p(n) = h(p^{\beta_p(n)}) - h(p^{\beta_p(n)+1})$$

et associons à P la fonction $\varphi : \mathbb{N}^* \to \mathbb{R}^+$ définie par

$$(5.2) \quad \varphi(n) = \prod_{p|n} \frac{\Delta_p(n)}{1-h(p)}$$

Il est facile de vérifier que φ est une fonction multiplicative et que pour tout $n \in \mathbb{N}^*$ on a,

$$(5.3) \qquad P\{n\} = c\,\varphi(n)$$

où

$$c^{-1} = \sum_{n\geq 1} \varphi(n)\ .$$

Les deux fonctions multiplicatives h et φ se déterminent mutuellement par les relations (5.4) et (5.5) ci-dessous.

$$(5.4) \qquad \varphi(p^k) = (h(p^k) - h(p^{k+1}))\,(1-h(p))^{-1}$$

$$(5.5) \qquad h(p^k) = \left(\sum_{i\geq k} \varphi(p^i)\right)\left(\sum_{i\geq 0} \varphi(p^i)\right)^{-1},$$

valables pour tout $p \in \mathbb{P}$ et tout $k \in \mathbb{N}$.

Lemme 5.1. La relation (5.3) définit une application bijective entre les éléments $P \in \mathcal{P}_\sigma$ vérifiant $P\{1\} > 0$ et l'ensemble de fonctions multiplicatives φ positives et sommables.

Preuve Il est clair que la correspondance $P \to \varphi$ est injective. Pour montrer qu'elle est surjective considérons φ multiplicative, positive et sommable et définissons P par (5.3). Considérons également la fonction multiplicative h définie à l'aide de φ par (5.5). La fonction h vérifie

$$\text{(i) } \forall\, p \in \mathbb{P} \quad h(p) < 1 .$$

$$\text{(ii) } \sum_p h(p) < \infty$$

Ainsi du Théorème 4.3., on déduit l'existence de $P' \in \mathcal{P}_a$ admettant h comme fonction-progression. De (i) et (ii) on déduit que

$$P'\{1\} = \prod_p (1-h(p)) > 0 .$$

La fonction φ' associée à P' par (5.2) est égale à φ ce qui implique $P=P'$. □

Pour éliminer la condition $P\{1\} > 0$, on aura besoin du lemme suivant.

Lemme 5.2. Soit $P \in \mathcal{P}_\sigma$ et h sa fonction-progression.
Posons

$$e = \inf \{n \in \mathbb{N}^* \mid P\{n\} > 0\}$$

alors on a :

1) $P((e\mathbb{N}^*)^c) = 0$

2) $\forall\, p \in \mathbb{P}$, $\beta_p(e) = \inf\{k \geq 0 \mid h(p^k) > h(p^{k+1})\}$

3) Pour tout $a \in \mathbb{N}^*$, il vient, en posant $e_a = \prod_{p \mid a} p^{\beta_p(e)}$,
$h(e\, a) = h(e_a\, a)$.

Preuve : Pour $p \in \mathbb{P}$ posons

$$\text{(i) } u_p = \inf\{k \geq 0 \mid h(p^k) > h(p^{k+1})\}.$$

Du théorème 4.3. , on déduit qu'il existe un entier a, tel que, $\forall\, p \in \mathbb{P}$, $\beta_p(a) = u_p$. Montrons que a = e. De(5.1) et de(1) on obtient $P\{a\} > 0$, et par conséquent $e \leq a$. D'autre part (5.1) implique aussi que

$$\text{Pour tout } p ,\ h(p^{\beta_p(e)}) > h(p^{\beta_p(e)+1})$$

et par conséquent pour tout p on a,

$$u_p \leq \beta_p(e)$$

ce qui entraine $a \leq e$. Ceci prouve le point 2). Pour montrer 3) on remarque que

$$\text{(ii) } h(p^{\beta_p(e)}) = 1 \quad \text{pour tout } p$$

et ainsi $\forall\, a \in \mathbb{N}$, $h(ea) = h(e_a\, a)$,
ce qui démontre 3).

En choisissant dans 3), $a = 1$ on obtient $h(e) = 1$, ce qui implique 1). □

On est maintenant en mesure de démontrer le théorème de représentation.

THEOREME 5.1. Une mesure σ-additive P a la propriété d'indépendance si et seulement si pour tout $n \in \mathbb{N}^*$ on a,

$$(5.6) \quad P\{n\} = \begin{cases} c\varphi(\frac{n}{e}) & \text{si } e \mid n \\ 0 & \text{sinon} \end{cases},$$

où $e \in \mathbb{N}^*$ et φ est une fonction multiplicative positive et sommable de somme c^{-1}.

Preuve : Considérons $P \in \mathcal{P}_\sigma$ et posons $e = \inf\{n \in \mathbb{N}^* ; P\{n\} > 0\}$. On définit alors une mesure σ-additive P' en posant pour tout $n \in \mathbb{N}^*$

$$(i) \quad P'\{n\} = P\{e\,n\},$$

de sorte que les fonctions-progression h et h' de P et P' vérifient

$$(ii) \quad h'(a) = h(e\,a) \quad \text{pour tout } a \in \mathbb{N}^*.$$

Si a et b sont deux entiers premiers entre eux alors $e_{ab} = e_a\, e_b$ et ainsi

$$h'(ab) = h(e\,a\,b) = h(e_a\, a\, e_b\, b) = h(e\,a)h(e\,b) = h'(a)\, h'(b).$$

Par conséquent h' est multiplicative et ainsi $P' \in \mathcal{P}_\sigma$. D'autre part $P'\{1\} = P\{e\} > 0$, et du lemme 5.1. , on déduit l'existence d'une fonction multiplicative φ , positive et sommable telle que

$$(iii) \quad P'\{n\} = c\,\varphi(n) \text{ , pour tout } n \in \mathbb{N}^*.$$

De (i) et (iii) on déduit que P et φ vérifient (5.6).

Réciproquement si P et φ vérifient (5.6) alors la relation (iii) ci-dessus définit $P' \in \mathcal{P}_\sigma$ dont la fonction-progression h' est liée à la fonction-progression h de P par la relation

$$(iv) \quad h(a) = h'\left(\frac{eva}{e}\right) \quad \text{pour tout } a \in \mathbb{N}^*.$$

De la définition de e_a on déduit que

$$\frac{eva}{e} = \frac{e_a va}{e_a}$$

et ainsi pour a et b premiers entre eux, on a ,

$$h(ab) = h'\left(\frac{e_{ab}\ v\ (ab)}{e_{ab}}\right) = h'\left(\frac{(e_a\ v\ a)(e_b\ v\ b)}{e_a e_b}\right) =$$

$$= h'\left(\frac{e_a\ v\ a}{e_a}\right) h'\left(\frac{e_b\ v\ b}{e_b}\right) = h(a)h(b).$$

Il en résulte que h est multiplicative, et ainsi $P \in \mathcal{P}_\sigma$. □

Références :

[1] BILLINGSLEY,Patrick (1968). Convergence of Probability Measures. Wiley,New York.

[2] BILLINGSLEY,Patrick (1974). Probabilistic methods in the theory of numbers. Ann. Prob. 2 (5) 749-791.

[3] DUBINS, Lester and MARGOLIES David (1978). Unpublished work on naturally integrable functions on amenable groups.

[4] KUBILIUS, J.(1964). Probabilistic methods in the theory of numbers. Amer. Math. Soc. Translations 11. (Translation of the second Russian edition of 1962).

[5] NANOPOULOS, Photius (1975). Lois de Dirichlet sur $\mathbb{N}^*$ et pseudo-probabilités. C.R.A.S. Paris 280, 1543 - 1546 .

[6] NANOPOULOS, Photius (1977). Lois zêta et fonctions arithmétiques additives. Loi faible de grands nombres. C.R.A.S. Paris 285, 875-877

[7] NANOPOULOS, Photius (1978) lois zêta et fonctions arithmétiques additives. Convergence vers une loi normale (A paraître aux C.R.A.S.).

Université de Strasbourg
Séminaire de Probabilités 1977/78

ON THE UNIQUENESS OF OPTIMAL CONTROLS

by Masatoshi FUJISAKI

INTRODUCTION.

There are many works concerning the existence of optimal controls under various conditions. The purpose of this paper is to give some criteria for the uniqueness of optimal controls.

In § 1 we discuss the uniqueness of optimal controls in the completely observable case, under the hypotheses of Ikeda-Watanabe [2]. In this case we can easily give simple criteria for the uniqueness of the optimal control whose existence is proved in [2].

In § 2 we consider the same problem, but in the partially observable case (Fujisaki [1]). The control system is more complicated, and uniqueness becomes more difficult to prove.

§ 1. COMPLETELY OBSERVABLE CASE.

Let T be a positive number. Loosely speaking, the control problem is the following. One considers a process $(X_t)_{0\leqq t\leqq T}$ with values in $\mathbb{R}^n$ and continuous paths, solution (in the sense of law) of the following differential equation

$$(1.1) \qquad dX_t = u_t dt + d\beta_t \qquad X_0 = x$$

where x is a vector in $\mathbb{R}^n$, and $u_t=\psi(t, X_s, 0\leqq s\leqq t)$, the control, is a given functional of the process X (u_t depends on the information obtained from the data X_s, $s\leqq t$). The equation (1.1) in the sense of law means that the law of the process

$$\beta_t = X_t - x - \int_0^t u_s ds$$

is the same as that of standard n-dimensional brownian motion. Then our optimization problem consists in finding a control u in a suitable class, such that the process X minimizes a cost function

$$(1.2) \qquad J = E[\int_0^T f(t,|X_t|)dt \,]$$

where f(t,x) is a $\mathbb{R}^1_+$-valued function over the product space $[0,T]\times\mathbb{R}^1_+$, which for each t is increasing w.r. to x.

Now we define the class of controls precisely. Since J depends only on the law of the process X, we may assume first that X_t is the coordinate mapping w_t at time t on the Banach space $W=\underline{C}^n$ of all $\mathbb{R}^n$-valued continuous functions over [0,T], with uniform norm. $\underline{\underline{B}}^n$ is the topological Borel field of $W=\underline{\underline{C}}^n$ (also generated by all cylinder sets), and $\underline{\underline{B}}^n_t$ is the sub-σ-field generated by the cylinder sets up to time t. Let Ψ be the class of all $\mathbb{R}^n$-valued functions $\psi(t,w)$ over $[0,T]\times W$ satisfying the following three conditions

(Ψ.1) $\psi(t,w)$ is measurable in (t,w)

(Ψ.2) for each t, $w\mapsto\psi(t,w)$ is measurable w.r. to $\underline{\underline{B}}^n_t$

(Ψ.3) $|\psi(t,w)|\leq 1$ for all (t,w)

Ψ will be called the class of all <u>admissible functionals</u>.

By Girsanov's theorem we have the following proposition on the existence of solutions of equation (1.1) :

PROPOSITION 1.1. For any $\psi\in\Psi$, there is a unique law P^ψ on $\underline{\underline{C}}^n=W$ such that under P^ψ

$$w_0=x \text{ a.s.} \qquad w_t-w_0-\int_0^t\psi(s,w)ds \quad \text{is a standard n-dimensional brownian motion}$$

There are several ways of constructing the law P^ψ. The first one is the following (a second one will be given later). Start with a Wiener probability law P on W, that is, the unique law under which $(w_t)_{0\leq t\leq T}$ is a standard n-dimensional Brownian motion, and assume the stochastic differential equation on W

$$dX_t = \psi(t,X)dt + dw_t \qquad X_0=x$$

has a unique solution in the pathwise sense. Then the law of the process X is equal to P^ψ.

Since there is a unique law P^ψ associated to ψ, we may also define the cost associated to ψ

$$J(\psi) = E^\psi\left[\int_0^T f(t,|w_t|)dt\right]$$

We say that an admissible functional ψ^o is <u>optimal</u> if

$$(1.3) \qquad J(\psi^o) = \inf_{\psi\in\Psi} J(\psi)$$

The following theorem relative to the existence of optimal functionals is due to Ikeda-Watanabe [2]

THEOREM 1.2. There exists an admissible optimal functional ψ^o and moreover it can be written in the following explicit form

$$(1.4) \qquad \psi^o(t,w)= U(w_t)$$

$$(1.5) \qquad U(x)= -x/|x| \text{ for } x\neq 0 \ , \quad U(x)=0 \text{ for } x=0$$

Besides that, the law P^{ψ^o} can be constructed by the above method : the stochastic differential equation :

(1.6) $$dX_t = U(X_t)dt + dw_t \qquad X_0=x$$

(w.r. to Wiener measure) has a unique solution in the pathwise sense.

Let us now return to the general case : any process $(X_t)_{0\leq t\leq T}$ with values in $\mathbb{R}^n$ and continuous paths, over some probability space $(\Omega,\underline{\underline{F}},P)$, defines a mapping from Ω to $W=\underline{\underline{C}}^n$, still denoted by X : $X(\omega)$ is the path $t\mapsto X_t(\omega)$. This mapping is measurable. A <u>control</u> for X is a process $(u_t)_{0\leq t\leq T}$ which can be written as $u_t(\omega)=\psi(t,X(\omega))$ for some $\psi\in\Psi$. We say that a pair (X,ψ) is an <u>admissible system</u> , or that the control (u_t) is an <u>admissible control</u> if X and u satisfy the stochastic differential equation (1.1), or equivalently, if the image law of P under the mapping X is the law P^ψ.

In the canonical situation ($\Omega=W$, $X_t=w_t$), X is the identity mapping, and controls are the same as functionals.

Before we study uniqueness, we need some preliminaries and notations. First of all, let us describe the second way of constructing the law P^ψ, on $W=\underline{\underline{C}}^n$, for given $\psi\in\Psi$. We start again with a Wiener probability measure P on W, but this time such that $w_0=x$ P-a.s.. Then we set

(1.7) $$\rho_t(\psi) = \exp(\int_0^t \psi(s,w)dw_s - \frac{1}{2}\int_0^t |\psi(s,w)|^2 ds)$$

Since $\psi(t,w)$ is bounded, it is well known that $(\rho_t(\psi), \underline{\underline{B}}_t^n , P)$ is a uniformly integrable martingale for $0\leq t\leq T$. If we define a measure P^ψ by

(1.8) $$dP^\psi = \rho_T(\psi)dP$$

then P^ψ is the same measure as in proposition 1.1. Note that, since ρ is a martingale, the density of P^ψ w.r. to P over $\underline{\underline{B}}_t^n$ is $\rho_t(\psi)$.

To see this, we remark that from Girsanov's theorem, the stochastic process given by

(1.9) $$\tilde{w}_t = w_t - w_0 - \int_0^t \psi(t,w)dt$$

is a standard brownian motion under the law (1.8). Therefore equation (1.1) is satisfied and we know it has a unique solution in the sense of law.

Therefore we also have the following result which shows that $J(\psi)$ depends on $\rho_T(\psi)$ only

(1.10) $$J(\psi) = E^\psi[\int_0^T f(t,|w_t|)dt] = E[\rho_T(\psi)\int_0^T f(t,|w_t|)dt]$$

Let $F(t,w)$ be a non-negative Borel function defined on $[0,T]\times\underline{\underline{C}}^n$ which is increasing in the following sense : for any t, $0\leq t\leq T$,

(1.11) If w^1 and w^2 belong to $\underline{\underline{C}}^n$ and $|w^1(s)| \leqq |w^2(s)|$ for all $s \in [0,t]$, then $F(t,w^1) \leqq F(t,w^2)$.

Then, by Ikeda-Watanabe [2], as a corollary to Theorem 1.2, we have the following result. If $\psi°$ is the optimal functional (1.4), and if (X,ψ) is any admissible system on any probability space Ω, then

(1.12) $$E^{\psi°}[F(t,w)] \leqq E[F(t,X(\omega))], \quad 0 \leqq t \leqq T$$

This can be translated into a result which involves only Wiener measure, namely that, for any $\psi \in \Psi$ and any $t \leqq T$

(1.13) $$E[\rho_t(\psi°)F(t,w)] \leqq E[\rho_t(\psi)F(t,w)] .$$

For each t, $0 \leqq t \leqq T$, denote by $\widetilde{\underline{\underline{B}}}^n_t$ the sub-σ-field of $\underline{\underline{B}}^n_t$, which is generated by the random variables $|w_s|$, $s \leqq t$. Then we can give very easily the following characterization of the functional $\psi°$:

THEOREM 1.3. The functional $\psi°$ satisfies the following properties

(U1) Inequality (1.13) holds for any admissible functional ψ

(U2) For each t, $\rho_t(\psi°)$ is $\widetilde{\underline{\underline{B}}}^n_t$-measurable

If ψ' is any admissible functional satisfying these conditions, then $\psi'(t,w)=\psi°(t,w)$ a.s. with respect to the product measure dtdP.

PROOF. We already know that (U1) is satisfied. By (1.7)

$$\rho_t(\psi°) = \exp\left(- \int_0^t \frac{(w_s,dw_s)}{|w_s|} - \frac{1}{2}t \right)$$

where $(w_s,dw_s) = \sum_{i=1}^n w^i_s dw^i_s$. On the other hand, $|w_s|^2 = \sum_{i=1}^n |w^i_s|^2$, so that $d(|w_s|^2) = 2(w_s,dw_s) + n\,dt$, and $\int_0^t \frac{(w_s,dw_s)}{|w_s|} = \frac{1}{2}\int_0^t \frac{1}{|w_s|}(d|w_s|^2 - n\,dt)$ is $\widetilde{\underline{\underline{B}}}^n_t$-measurable . It is shown in [4] that this process is a 1-dimensional brownian motion.

To prove uniqueness, we remark that if ψ' is another functional with the same properties, we must have for any t

$$E[\rho_t(\psi°)F(t,w)] = E[\rho_t(\psi')F(t,w)]$$

Taking F(t,w) to be $k_1(|X_{t_1}(w)|)\ldots k_m(|X_{t_m}(w)|)$, where $k_1,\ldots,k_m$ are increasing functions on $[0,\infty[$ and $t_1 \leqq t,\ldots,t_m \leqq t$, we deduce very easily that $\rho_t(\psi°) = \rho_t(\psi')$ a.s. for each t. Since these processes are continuous, they a.s. have the same paths.

1. Looking a little more closely at the proof, we may restrict the class of functions F(s,w) to those which are adapted to the family $(\underline{\underline{B}}^n_s)$.

On the other hand, equality of these processes implies that of the processes

$$\int_0^t \psi^\circ(s,w)dw_s = \int_0^t \frac{d\rho_s(\psi^\circ)}{\rho_s(\psi^\circ)} \quad , \quad \int_0^t \psi'(s,w)dw_s = \int_0^t \frac{d\rho_s(\psi')}{\rho_s(\psi')}$$

The square integrable martingale $\int_0^t (\psi^\circ(s,w)-\psi'(s,w))dw_s$ then is equal to 0, and so is its increasing process $\int_0^t (\psi^\circ(s,w)-\psi'(s,w))^2 ds$. The theorem follows at once.

§ 2. PARTIALLY OBSERVABLE PROBLEM

In this section we intend to apply the preceding results to the partially observable case. Then the situation is more complicated so that there are few works relative to the existence theorem of optimal controls, except linear ones. Here we shall adopt a linear control system as formulated by Fujisaki [1]. First we describe this problem and the previously known results, and next we give some uniqueness results.

Here equation (1.1) is replaced by a system

$$\text{(2.1)} \qquad \begin{aligned} d\theta_t &= u_t dt + d\beta_t & \theta_0 &= \text{a given random variable} \\ d\zeta_t &= a_t\theta_t dt + d\gamma_t & \zeta_0 &= 0 \end{aligned}$$

to be solved in the law sense. Here (β_t) and (γ_t), $0 \leqq t \leqq T$, are independent m-dimensional and n-dimensional brownian motions respectively, with $\beta_0=0$, $\gamma_0=0$[1], (θ_t) is an $\mathbb{R}^m$-valued process called the <u>state of channel</u> , (ζ_t) is an $\mathbb{R}^n$-valued process called the <u>output</u> , a_t is an (n,m) matrix (non random, measurable and bounded as a function of t) such that $a_t^* a_t = cI_m$, where c is a positive constant and I_m is the m-identity matrix (we denote by * the transpose of any matrix or vector ; vectors are always meant to be column ones). Finally, $u=(u_t)$ is the <u>control</u> , which may depend upon the a priori distribution of θ_0 and the information obtained on $\{\zeta_s, s \leqq t\}$, but not on $\{\theta_s , s \leqq t\}$ - this is why the problem is called partially observable. The cost function will depend only on the process (θ_t) and will have the following form

$$\text{(2.2)} \qquad J(u) = E[\int_0^T f(\theta_t)dt]$$

where f(x) is a non-negative function on $\mathbb{R}^m$, for instance

(1) $f(x) = |x|^2$ (2) $f(x)=0$ ($|x| \leqq H$) , $=1$ ($|x|>H$)

1. In the paper [1] $d\beta_t$ and $d\gamma_t$ are replaced by $B_t d\beta_t$ and $b_t d\gamma_t$ with (non random) orthogonal matrices B_t and b_t. If the system is to be solved in the sense of law, this makes no difference.

where H is a positive constant. Especially, in the 1-dimensional case, f(x) is always taken as an increasing function of $|x|$.

Next we define the class of admissible controls in the same manner as in the completely observable case. Define $\underline{\underline{C}}^n$, $\underline{\underline{C}}^m$, $\underline{\underline{C}}^{n+m}$ as in the preceding section (i.e. Banach spaces of continuous functions over $[0,T]$, with the uniform norm), and the obvious notation for the corresponding σ-fields. Denote by Φ the class of $\mathbb{R}^m$-valued functions $\varphi(t,w)$ over $[0,T]\times\underline{\underline{C}}^n$ satisfying the same three conditions as Ψ in section 1, except for "$\mathbb{R}^n$-valued" . For simplicity we shall work only on the canonical space $W=\underline{\underline{C}}^{m+n}=\underline{\underline{C}}^m\times\underline{\underline{C}}^n$, denoting by Θ the projection map of $\underline{\underline{C}}^{m+n}$ onto $\underline{\underline{C}}^m$, by ζ the corresponding map onto $\underline{\underline{C}}^n$, and by $\Theta_t(w)$, $\zeta_t(w)$ the corresponding values at time t. Then the control $u_t(w)$ is equal to $\varphi(t,\zeta(w))$, and we can again identify controls and functionals.

We again have a proposition similar to proposition 1.1 :

PROPOSITION 2.1. Given any $\varphi\in\Phi$ and any probability law μ on $\mathbb{R}^m$, there exists a unique law on $W=\underline{\underline{C}}^{m+n}$ such that

1) $\Theta_t(w)-\Theta_0(w) - \int_0^t \varphi(s,\zeta(w))ds$ and $\zeta_t(w)-\zeta_0(w)-\int_0^t a_s\Theta_s(w)ds$

are independent m-dimensional and n-dimensional brownian motions

2) $\zeta_0= 0$ a.s. and the law of Θ_0 is μ .

That is, equation (2.1) is satisfied in the sense of law. We shall denote this law by $P^{\varphi,\mu}$ or simply P^{φ} if no confusion can arise.

The cost corresponding to this law can be denoted by $J(\varphi,\mu)$ or $J(\varphi)$ if no confusion can arise. A functional φ^o, or the corresponding control $u_t^o(w)=\varphi^o(t,\zeta(w))$, is said to be <u>optimal</u> (for a given μ) if

(2.3) $$J(\varphi^o,\mu) = \inf_{\varphi\in\Phi} J(\varphi,\mu)$$

For convenient choices of the cost function (for instance f(x) given by (2) after (2.2)) and of the measure μ, one can again give an explicit description of an optimal control.

THEOREM 2.2 (Fujisaki [1]). If the initial distribution μ of Θ_0 is normal $N(m,\sigma^2)$, where m is an m-vector and σ^2 is an (m,m)-matrix of the type cI_m , $c>0$, then there exists some optimal $\varphi\in\Phi$ such that the control $u_t=\varphi(t,\zeta)$ can be represented as

(2.4) $$u_t = U(m_t)$$

where $U(x)$, $x\in\mathbb{R}^m$ is given by (1.5), and $m_t=E^{\varphi}[\Theta_t|\zeta_s,s\leqq t]$.

We are going now to apply section 1 to the partially observable problem. Since there are essential computational difficulties in the multidimensional case, we are going to assume that m=n=1. Let $\underline{\underline{G}}$ be the class of all real valued functions $g(x,\alpha)$ over $\mathbb{R}^1\times\mathbb{R}^1$ which satisfy the following condition : if $\eta(x,\alpha,\sigma^2)$ is the normal density with mean α and variance σ^2, then

$$(2.5)\qquad \tilde{g}(\sigma^2,\alpha) = \int g(x,\alpha)\eta(x,\alpha,\sigma^2)dx$$

depends only on $\sigma^2, |\alpha|$, is non-negative and increases with $|\alpha|$ (this implies that g itself is non-negative ; functions $g(x,\alpha)=f(|x|)$, where f is a non-negative increasing function on $[0,\infty[$, obviously belong to the class $\underline{\underline{G}}$).

Consider now the minimizing problem with the same control system as in theorem 2.2. , but involving a cost function of the type

$$(2.6)\qquad J(u) = E[\int_0^T g(\theta_t,m_t)dt\ ] \qquad g\in\underline{\underline{G}}$$

We shall use the following results from [1]. For simplicity we assume that a=1. It can be shown that the conditional distribution of θ_t w.r. to $\underline{\underline{F}}_t = \sigma\{\zeta_s,\ s\leq t\}$ is Gaussian $N(m_t,\ \sigma_t^2)$, where m_t is the conditional mean as in theorem (2.2), and $\sigma_t^2=E[(\theta_t-m_t)^2|\underline{\underline{F}}_t]$, that is, the conditional variance. Furthermore, they satisfy the following equations

$$(2.7)\qquad \frac{d\sigma_t^2}{dt} = 1-(\sigma_t^2)^2 \quad ,\ \sigma_0^2=\sigma^2$$

$$(2.8)\qquad dm_t = u_t dt + \sigma_t^2 d\nu_t \ ,\ m_0=m$$

where (ν_t) is a $(\underline{\underline{F}}_t)$-adapted 1-dimensional brownian motion. Note that σ_t^2 is a non random, well determined function of t only.

On the other hand, the cost function J(u) can be written as

$$(2.9)\qquad J(u)= E[\int_0^T \tilde{g}(t,m_t)dt\ ]$$

In (2.8), the control u_t is a functional $\varphi(t,\zeta)$ adapted to $(\underline{\underline{F}}_t)$, while the process (m_t) is adapted to $(\underline{\underline{F}}_t)$, but may generate smaller σ-fields. If it turns out that the control u_t can be written as a functional $\overline{\varphi}(t,m)$, then looking at (2.8) and (2.9) only we have a completely observable control problem, entirely similar to that of section 1 since $\tilde{g}(t,x)$ is, for fixed t, an increasing function of $|x|$ only. The only difference lies in the fact that we have, in (2.8), $\sigma_t^2 d\nu_t$ instead of simply $d\nu_t$.

From now on, when we look for uniqueness criteria, we shall restrict ourselves to the following subclass $\hat{\Phi}$ of Φ , which consists of those φ for which the control u_t depends only on the conditional mean $E^{\varphi}[\theta_t|\underline{\underline{F}}_t]=m_t$ We know from theorem 2.2 that this class contains optimal controls. It is easy to see that the control can be written as $\overline{\varphi}(t,m)$ with some (possibly different) $\overline{\varphi}$.

Let $\varphi(t,\zeta)=\overline{\varphi}(t,m)$ be a control of the class $\hat{\Phi}$. It is easy to construct on $\underline{\underline{C}}^1$ the law $P^{\overline{\varphi}}$ of the conditional mean process m . Let P be the fixed law on $\underline{\underline{C}}^1$ under which $\int_0^t dw_s/\sigma_s^2$ is a standard brownian motion, and such that $w_0=m$ a.s.. Then according to Girsanov's theorem, $P^{\overline{\varphi}}$ is absolutely continuous w.r. to P, with density $\rho_T(\overline{\varphi})$, given by

$$(2.10)\qquad \rho_t(\overline{\varphi}) = \exp\Big(\int_0^t (\sigma_s^2)^{-2}\overline{\varphi}(s,w)dw_s - \tfrac{1}{2}\int_0^t (\sigma_s^2)^{-2}\overline{\varphi}^2(s,w)ds \Big).$$

Since we are reduced to a completely observable problem, we may apply now the method that leads to theorem 1.3, with very small changes, to get the uniqueness results given below. However, the statements concern the functional $\overline{\varphi}$ associated with φ rather than φ itself, and so the conditions are difficult to verify.

Let $\underline{\underline{\tilde{B}}}_t^1$ be the σ-field generated by the random variables $|w_s|$, $s\leq t$. Then we have the following

PROPOSITION 2.3. Let $\overline{\varphi}^o(t,w) = U(w_t)$, where U(x) is given by (1.5). Then $\overline{\varphi}^o$ satisfies the following properties :

1) For arbitrary n (n=1,2,...), for any $g_i \in \underline{\underline{G}}$ (i=1,2,...,n) and subdivision $0\leq t_1<t_2...<t_n\leq T$ of [0,T]

$$E^{\overline{\varphi}^o}[E^{\overline{\varphi}^o}[g_1(\theta^o_{t_1},m^o_{t_1})|\underline{\underline{F}}^o_{t_1}]\times\ldots\times E^{\overline{\varphi}^o}[g_n(\theta^o_{t_n},m^o_{t_n})|\underline{\underline{F}}^o_{t_n}]]$$
$$\leq E^{\overline{\varphi}}[E^{\overline{\varphi}}[g_1(\theta_{t_1},m_{t_1})|\underline{\underline{F}}_{t_1}]\times\ldots\times E^{\overline{\varphi}}[g_n(\theta_{t_n},m_{t_n})|\underline{\underline{F}}_{t_n}]]$$

for any $\overline{\varphi}\in\hat{\Phi}$.

2) For any t, $\rho_t(\overline{\varphi}^o)$ is $\underline{\underline{\tilde{B}}}^1$-measurable.

Moreover, if another $\overline{\varphi}\in\hat{\Phi}$ satisfies these properties then it holds that $\overline{\varphi}^o(t,w)=\overline{\varphi}(t,w)$ a.e. (dtdP).

The proof depends on the preceding discussions and the following lemma :

LEMMA 2.4. Let $\overline{\varphi}$ and $\overline{\varphi}'$ be in $\hat{\Phi}$ and satisfy the formula

$$E^{\overline{\varphi}}[\int_0^T g(\theta_t,m_t)dt] = E^{\overline{\varphi}'}[\int_0^T g(\theta'_t,m'_t)dt]$$

for all g in $\underline{\underline{G}}$, where m_t and m'_t are the conditional expectations of θ_t and θ'_t corresponding to $\overline{\varphi}$ and $\overline{\varphi}'$ respectively. Then for any $t\in[0,T]$

$$(2.11)\qquad E[\rho_t(\overline{\varphi}) \mid \sigma(|w_t|)] = E[\rho_t(\overline{\varphi}') \mid \sigma(|w_t|)] \quad \text{a.e.}(P),$$

where $\sigma(|w_t|)$ is the σ-field generated by the sets $\{|w_t|<a\}$, $a>0$.

PROOF. To see that such g generate $\sigma(|w_t|)$, it is enough to take $g(x,\alpha) = g_\varepsilon(x,\alpha) = I_{(a,\infty)}(|\varepsilon x+(1-\varepsilon)\alpha|)$, $\varepsilon>0$, $\alpha>0$.

REFERENCES

[1] M. FUJISAKI. On stochastic control of a Wiener process. J. Math. Kyoto University. 18-2 (1978) p. 229-238.

[2] N. IKEDA and S. WATANABE. A comparison theorem for solutions of stochastic differential equations and its applications. Osaka J. Math. 14, 1977, p. 619-633.

[3] R.S. LIPTZER and A.N. SHIRYAEV. Statistics of stochastic processes. Izd. Nauka, 1975.

[4] M. YOR. Les filtrations de certaines martingales du mouvement brownien dans $\mathbb{R}^n$. Dans ce volume.

M. Fujisaki
Kobe University of Commerce
Kobe, Japon .

PROCESSUS DE DIFFUSION GOUVERNE PAR LA FORME DE DIRICHLET DE L'OPERATEUR DE SCHRÖDINGER

par René CARMONA

Abstract:

It is well known that Schrödinger operator is unitary equivalent to the Dirichlet operator of the ground state measure, whenever the infimum of its spectrum is actually an eigenvalue. Moreover, the Markov process governed by this Dirichlet operator plays a crucial role in the so-called Feynes-Nelson stochastic mechanics. Unfortunately, none of the various attempts to construct this process seems to be satisfactory. Indeed, either the dimension is restricted to one, or non-explosion is not proved, or the actual state space is not completely known, or the assumptions are too restrictive. The aim of the present note is to give a construction of the desired diffusion process that works in full generality, and to give some properties of the transition functions. We would like to put the emphasis on the fact that all the probabilistic techniques we use are elementary or standard. The only new ingredients are recently discovered regularity properties of Schrödinger operator.

I. INTRODUCTION, NOTATIONS, HYPOTHESES:

Commençons par énoncer les hypothèses qui seront utilisées dans toute cette rédaction:

a) V est une fonction réelle mesurable sur $\mathbb{R}^n$ qui admet une décomposition $V = V_1 - V_2$ avec $V_2 \geq 0$ et $V_2 \in L^p(\mathbb{R}^n, dx)$ pour un $p > \max\{1, n/2\}$ (+), et V_1 mesurable, bornée inférieurement, telle que pour tout compact K, il existe un nombre réel $q = q(K)$, $q \geq 2$ et $q > n/2$ pour lequel:

$$\int_K |V_2(x)|^q\, dx < \infty .$$

(+) Il est bon de remarquer que tout ce que nous allons démontrer reste vrai sous des hypothèses plus faibles sur V_2. En effet, B.Simon a montré (voir [19]) comment étendre les propriétés de l'opérateur H que nous utilisons au cas où la fonction V_2 s'écrit comme somme de fonctions U_i qui ne dépendent que de $n_i \leq n$ variables, et qui sont uniformément localement dans L^{p_i} pour un $p_i > \max\{1, n_i/2\}$

Soit alors $H = -\frac{1}{2}\Delta + V$ l'opérateur de Schrödinger défini comme somme de formes quadratiques (voir par exemple [11] ou [6]). C'est un opérateur auto-adjoint borné inférieurement sur $L^2(\mathbb{R}^n, dx)$.

b) <u>Nous supposons que la borne inférieure, soit</u> λ, <u>du spectre de</u> H <u>est une valeur propre de</u> H (ceci se produit en particulier quand V_1 tend vers l'infini).

Il existe alors une fonction propre associée, soit ψ, que l'on peut choisir positive ou nulle (à cause, par exemple, de certains résultats de théorie du potentiel à la Beurling-Deny) et normalisée (i.e. $\int_{\mathbb{R}^n} \psi(x)^2 = 1$). La fonction ψ est appelée l'état fondamental. Soit μ la mesure de probabilité définie par $d\mu(x) = \psi(x)^2 dx$ et pour toutes f et g dans l'espace $C_c^\infty(\mathbb{R}^n)$ des fonctions indéfiniment différentiables à support compact posons :

$$\delta(f,g) = \frac{1}{2}\int_{\mathbb{R}^n} \nabla f(x) . \overline{\nabla g(x)}\, dx.$$

En intégrant par parties nous obtenons $\delta(f,g) = (Df,g)_\mu$ où $(\ ,\ )_\mu$ désigne le produit scalaire de $L^2(\mathbb{R}^n, d\mu(x))$ et où D est défini par :

$$Df = -\frac{1}{2}\Delta f + \nabla h \, . \, \nabla f \qquad (1)$$

avec $h = -\text{Log}\psi$. Ainsi la forme quadratique δ est définie par un opérateur symétrique. Elle admet donc une fermeture (que nous noterons encore δ par commodité) qui est appelée la forme de Dirichlet de la mesure μ. Il existe alors un seul opérateur auto-adjoint positif dont la forme quadratique est δ. Cet opérateur est une extension de l'opérateur D défini sur $C_c^\infty(\mathbb{R}^n)$ par (1), c'est pourquoi nous le noterons encore D. L'intérêt de cet opérateur dans l'étude de l'opérateur de Schrödinger réside dans le fait qu'il lui est (à une translation près) unitairement équivalent. En fait $D = C(H-\lambda)C^{-1}$ où C est l'opérateur unitaire de $L^2(\mathbb{R}^n, dx)$ sur $L^2(\mathbb{R}^n, d\mu(x))$ défini par $Cf = \psi^{-1} f$ pour $f \in L^2(\mathbb{R}^n, dx)$.

Le but de cette rédaction est de présenter la construction du processus de diffusion gouverné par l'opérateur D et quelques unes de ses propriétés.

Nous poursuivons ce paragraphe en passant en revue les diverses approches déjà utilisées pour résoudre ce problème. Cela nous permettra de présenter de nouvelles notations et, nous osons l'espérer, justifier la présente rédaction.

δ est une forme de Dirichlet régulière dans la terminologie de M. Fukushima (voir [7] et [8]) et par conséquent, il existe un processus de Markov fort (X_t, P_x, ζ) à trajectoires continues à valeurs dans un borélien M de $\mathbb{R}^n$ dont le complémentaire est de δ-capacité nulle, avec pour temps de vie ζ et tel que pour toute fonction f dans $C_c^\infty(\mathbb{R}^n) \cap L^2(\mathbb{R}^n, d\mu(x))$ et pour tout $t>o$, $P_t f$ est une modification quasi-continue de $e^{-tD}f$ (ici $\{P_t; t\geq o\}$ est le semi-groupe associé au processus). L'approche de Fukushima a déjà été utilisée dans l'étude des formes de Dirichlet associées à l'opérateur de Schrödinger (voir par exemple [1]). Pourtant elle ne nous paraît pas satisfaisante car elle ne nous permet pas de savoir si le temps d'explosion ζ est fini ou non.

Une autre possibilité est de résoudre, pour tout $x \in \mathbb{R}^n$ l'équation intégrale stochastique :

$$d\xi_t = db_t - h(\xi_t)dt \quad , \quad \xi_o = x$$

où $\{b_t, t\geq o\}$ est un processus de mouvement brownien standard dans $\mathbb{R}^n$. C'est l'approche des tenants de la mécanique stochastique à la Feynes-Nelson (voir [14]) (+) Supposons un instant que ∇h soit localement lipschitzien. Il est alors possible de construire (sur l'espace probabilisé où est construit le mouvement brownien) un processus de Markov fort $\{\xi_t^x; t\geq o, x \in \mathbb{R}^n\}$ au temps de vie $\{\tau^x; x \in \mathbb{R}^n\}$ et d'essayer ensuite de vérifier les tests de "non-explosion" existants (voir par exemple [12]). Quand n=1 et V est une fonction indéfiniement différentiable qui tend vers $+\infty$

(+) Il semblerait que cette théorie connaisse un regain d'intérêt avec des travaux récents visant à fournir une nouvelle explication du phénomène "instanton" en mécanique quantique, et une discussion avec G. Jona-Lasinio a contribué à nous décider à écrire cette note.

lorsque $|x|$ tend vers $+\infty$, cette méthode a été employée par P.Priouret et M.Yor [17]. En général les tests ([11],[12]) ne sont satisfaits qu'au prix d'hypothèses trop restrictives sur V (*). En fait ∇h peut être très singulier : nous savons simplement que h est continue, bornée inférieurement et que ses dérivées premières (an sens des distributions) sont des fonctions localement de carré intégrable. Cette absence de régularité nous empêche aussi d'utiliser les résultats de N.I.Portenko [16] sur les processus de diffusion avec "coefficient de dérive" irrégulier.

Soit $\Omega = C(\mathbb{R}_+, \mathbb{R}^n)$ l'espace des fonctions continues de $\mathbb{R}_+$ à valeurs dans $\mathbb{R}^n$ et soit $\mathcal{F}$ la tribu de parties de Ω engendrée par les applications coordonnées :

$$X_t : \Omega \ni \omega \longrightarrow X_t(\omega) = \omega(t) \qquad t \geq o$$

Nous utiliserons le fait que $\mathcal{F}$ est aussi la tribu borélienne de la topologie de la convergence uniforme sur les compacts de $\mathbb{R}_+$. Notre but est de construire une famille $\{Q_x;\ x \in \mathbb{R}^n\}$ de mesures de probabilité sur $(\Omega, \mathcal{F})$ donnant lieu à un processus de Markov fort satisfaisant :

$$E_{Q_x}\{f(X_t)\} = f(x) - \int_o^t E_{Q_x}\{(Df)(X_s)\}ds$$

pour tous $t \geq o$, $x \in \mathbb{R}^n$ et $f \in C_c^\infty(\mathbb{R}^n)$. Pour les mêmes raisons que précédemment il n'est pas question, à partir des résultats de D.W.Stroock et S.R.S. Varadhan [20] d'utiliser la technique de localisation (voir [21]) et de contrôler l'éventuelle explosion par des tests adéquates (voir [3]). Pourtant la méthode de changement de mesures employée par D.W.Stroock et S.R.S.Varadhan s'applique sans effort car la formule dite de Cameron-Martin se réduit à la formule connue sous le nom de Feynman-Kac. En effet, bien que pouvant être très irrégulier, notre "coefficient de dérive" est très particulier

(*) Précisons que nous devons formuler nos hypothèses sur V et qu'il est très difficile d'obtenir des propriétés de régularité de h à partir de telles hypothèses.

puisque c'est un gradient(au sens des distributions).

La construction qui suit ne comporte donc aucune innovation du point de vue probailiste. Prosaïquement elle tire un profit maximum d'estimations récentes démontrées pour certaines fonctionnelles multiplicatives du mouvement brownien(appelées aussi fonctionnelles de Kac). Parmi ces résultats signalons :

$$\forall t>o, \forall r>o, \quad K(r,t) \equiv \sup_{x \in \mathbb{R}^n} E_{W_x}\{\exp[-r\int_o^t V(X_u)du]\}<+\infty \qquad (2)$$

où pour tout $x \in \mathbb{R}^n$, W_x est l'unique mesure de probabilité sur $(\Omega, \mathcal{F})$ qui fasse de $\{X_t, t \geq o\}$ un processus de mouvement brownien issu de x. Cette estimation a été démontrée indépendamment par N.I.Portenko [16] et A.M.Bertier et B.Gaveau [2], et a été raffinée depuis en ce qui concerne la dépendance de K en r et t (voir par exemple [5.Remark 3.1]) et la possibilité d'étudier des fonctions V plus générales [19].

Pour simplifier l'écriture de certaines formules (et sans que cela nuise à la généralité des résultats présentés) nous supposerons $\lambda = 0$.

II. CONSTRUCTION DU PROCESSUS :

L'état fondamental ψ est un élément de $L^2(\mathbb{R}^n, dx)$. Il est montré en [5.Prop.3.3] qu'il est possible de choisir un représentant de la classe, que nous noterons ψ, qui soit une fonction continue strictement positive sur $\mathbb{R}^n$ et telle que $\psi(x)$ tende vers o lorsque $|x|$ tend vers ∞. Nous avons alors (rappelons que nous avons fixé $\lambda = o$) :

$$\forall\, t \geq o\ ,\ \forall x \in \mathbb{R}^n\ ,\quad \psi(x) = E_{W_x}\{\psi(X_t)\exp[-\int_o^t V(X_s)ds]\} \tag{3}$$

Pour tout $t \geq o$, $\mathcal{F}_t$ désignera la tribu engendrée par les applications coordonnées X_s pour $o \leq s \leq t$.

Lemme 1 :

Pour tout $x \in \mathbb{R}^n$, *la formule :*

$$\forall\ t \geq o,\quad Q_x|_{\mathcal{F}_t} = \psi(X_o)^{-1}\ \psi(X_t)\exp\left[-\int_o^t V(X_s)ds\right].W_x|_{\mathcal{F}_t} \tag{4}$$

définit une mesure de probabilité sur $(\Omega, \mathcal{F})$ *et l'application* $\mathbb{R}^n \ni x \longrightarrow Q_x$ *est continue pour la topologie de la convergence étroite des mesures.*

Démonstration : Pour tout $t > o$ posons :

$$R_t = \psi(X_o)^{-1}\psi(X_t)\exp\left[-\int_o^t V(X_s)ds\right] \tag{5}$$

L'hypothèse (a) faite sur V implique que la variable aléatoire R_t est bien définie (au moins W_x .p.s. pour tout $x \in \mathbb{R}^n$). R_t est positive et pour tout $x \in \mathbb{R}^n$ son espérance pour W_x vaut 1 (d'après (3)). La propriété de Markov (simple) de la famille $\{W_x,\ x \in \mathbb{R}^n\}$ implique alors que $\{R_t;\ t \geq o\}$ est une $(\Omega, (\mathcal{F}_t)_{t \geq o}, W_x)$ martingale et la formule(4) définit bien des mesures de probabilités Q_x.

Pour démontrer la continuité de l'application $x \longrightarrow Q_x$ il nous suffit de fixer $t > o$ et Φ , $\mathcal{F}_t$-variable aléatoire uniformément continue, et de montrer que la fonction :

$$x \longrightarrow E_{W_x}\{\Phi R_t\} \tag{6}$$

est continue et bornée.

Pour ce faire soit $\{\varepsilon_k ; k \geq 1\}$ une suite de nombres réels strictement positifs qui tendent vers o lorsque k tend vers l'infini. Le théorème de convergence dominée de Lebesgue nous donne :

$$\lim_{k\to\infty} \sup_{x \in \mathbb{R}^n} E_x \{|\Phi_\circ\theta_{\varepsilon_k} - \Phi|^2\} = o$$

où pour tout $s \geq o$, θ_s est l'opérateur de translation usuel définit par $(\theta_s\omega)(s') = \omega(s+s')$, $\omega \in \Omega$, $s' \geq o$.

ψ étant continue et strictement positive ψ^{-1} est localement bornée. De plus, ψ étant bornée, la relation (2) implique :

$$\lim_{k\to\infty} E_{W_x}\{(\Phi_\circ\Theta_{\varepsilon_k})R_t\} = E_{W_x}\{\Phi R_t\}$$

la limite étant uniforme en x sur tout borné de $\mathbb{R}^n$. Ainsi, la fonction (6) étant visiblement bornée, pour conclure il suffit de montrer que pour tout $\varepsilon > o$ la fonction :

$$x \longrightarrow E_{W_x}\{(\Phi_\circ\Theta_\varepsilon)R_t\}$$

est continue. En fait nous avons (par la propriété de Markov) :

$$E_{W_x}\{(\Phi_\circ\Theta_\varepsilon)R_t\} = E_{W_x}\{R_\varepsilon E_{W_{X_\varepsilon}}\{\Phi R_{t-\varepsilon}\}\}$$

et pour conclure il suffit de montrer que pour tout $\varepsilon > o$ et pour toute fonction mesurable bornée f, la fonction $x \longrightarrow E_{W_x}\{f(X_\varepsilon)R_\varepsilon\}$ est continue. Mais ce résultat est contenu dans [5, Proposition 3.3.]■

Théorème :

Si les conditions (a) *et* (b) *du paragraphe I sont satisfaites il existe une et une seule famille* $\{Q_x ; x \in \mathbb{R}^n\}$ *de mesures de probabilité sur* $(\Omega, \mathcal{F})$ *qui satisfait :*

(i) - $(\Omega, \mathcal{F}, \mathcal{F}_t, X_t, \Theta_t, Q_x)$ *est un processus de Markov fort.*

(ii) - pour tout $x \in \mathbb{R}^n$ *nous avons :*

$$E_{Q_x}\{f(X_t)\} = f(x) - \int_o^t E_{Q_x}\{(Df)(X_s)\}ds \quad . \tag{7}$$

En fait le processus est fortement fellerien, récurrent, μ *est l'unique mesure invariante et la fonction* $x \longrightarrow Q_x$ *est continue pour la topologie de la convergence étroite*.

Démonstration :

ψ étant une fonction propre de H correspondant à la valeur propre o (en particulier ψ est dans le domaine de H), nous avons $-\frac{1}{2}\Delta\psi+V\psi = o$ au sens des distributions (voir [5. Proposition 4.1]) et donc :

$$V(x) = \frac{1}{2}(|\nabla h(x)|^2 - \Delta h(x))$$

pour presque tout $x \in \mathbb{R}^n$. (Rappelons que h est définie par $h=-\text{Log}\ \psi$). Si nous reportons cette expression dans la définition de R_t nous obtenons :

$$R_t = \exp[-h(X_t) + h(X_o) - \frac{1}{2}\int_o^t |\nabla h(X_s)|^2 ds + \frac{1}{2}\int_o^t \Delta h(X_s)ds]$$

Des propriétés de ψ il suit que h est une fonction continue, que ses dérivées du premier ordre (au sens des distributions) sont dans $L^2_{loc}(\mathbb{R}^n,dx)$ et que son laplacien (toujours au sens des distributions) est dans $L^1_{loc}(\mathbb{R}^n,dx)$. Des résultats de G.Brosamler [4], récemment redécouverts par P.A.Meyer [13] et A.T.Wang [22], ou encore d'un travail récent de M.Fukushima [9], découle la possibilité d'appliquer la formule de Ito pour une telle fonction h. Par conséquent, pour tout $x \in \mathbb{R}^n$ nous avons :

$$R_t = \exp[-\int_o^t <\nabla h(X_s),dX_s> - \frac{1}{2}\int_o^t |\nabla h(X_s)|^2 ds]$$

W_x-presque sûrement, ce qui implique par un argument devenu classique (voir par exemple [10], [20] ou encore [17]), que le processus $\{B_t;t\geq o\}$ défini par :

$$B_t = X_t - X_o + \int_o^t \nabla h(X_s)ds$$

est un $\{\mathcal{F}_t,Q_x\}$ -processus de mouvement brownien standard. Ainsi, $\{X_t;t\geq o\}$ considéré comme processus stochastique sur l'espace probabilisé $(\Omega,\mathcal{F},Q_x)$, est solution de l'équation intégrale stochastique :

$$X_t = x + B_t - \int_o^t \nabla h(X_s)ds . \qquad (8)$$

Remarquons que dans la situation présente (8) n'est rien d'autre qu'une famille indexée par Ω d'équations intégrales ordinaires. De toute façon, pour toute $f \in C_c^\infty(\mathbb{R}^n)$ nous pouvons appliquer la formule de Ito classique qui nous donne Q_x-p.s.:

$$f(X_t)=f(X_o)+\frac{1}{2}\int_o^t \Delta f(X_s)ds - \int_o^t \langle\nabla f(X_s),dX_s\rangle - \int_o^t \nabla h(X_s)\cdot\nabla f(X_s)\,ds$$

qui permet de prouver (7) en prenant l'espérance relativement à Q_x des deux membres. La propriété de Markov forte découle d'un argument classique (voir par exemple [15 p.425] pour le cas n=1) et l'unicité est une conséquence de la formule de Cameron-Martin [12].

μ est par construction invariante. μ est unique car sa densité est strictement positive. Le processus est récurrent car l'hypothèse a) faite sur V implique que, pour tout $x\in\mathbb{R}^n$ et pour tout $t>o$, $-\infty<\int_o^t V(X_s)ds<+\infty$, ce qui implique que la densité R_t par rapport à la mesure de Wiener W_x est strictement positive, et parce que la mesure invariante μ est finie (voir par exemple [11]). Enfin la propiété de Feller forte est claire car si f est une fonction réelle sur $\mathbb{R}^n$, mesurable et bornée, nous avons déjà remarqué que, à cause de [5. Proposition 3.3], la quantité :

$$E_{Q_x}\{f(X_t)\} = E_{W_x}\{f(X_t)R_t\}$$

dépendait continuement de x. ■

Par construction des mesures Q_x il est clair que le processus possède une densité de transition (par rapport à la mesure de Lebesque) qui est définie par :

$$q_t(x,y) = \psi(y)\psi(x)^{-1} E_{W_x}\{\exp[-\int_o^t V(X_s)ds]\,|\,X_t = y\}p_t(x,y) \tag{9}$$

où $p_t(x,y)$ est la fonction de transition du processus de mouvement brownien :

$$p_t(x,y) = (2\pi t)^{-n/2}\exp[-|x-y|^2/2t].$$

Vérifions que pour tout t>o fixé, $q_t(x,y)$ est une fonction continue du couple (x,y). Pour ce faire il suffit de montrer que la fonction :

$$\mathbb{R}^n\times\mathbb{R}^n\ni(x,y)\longrightarrow E_{W_x}\{\exp[-\int_o^t V(X_s)ds]\,|\,X_t = y\}$$

est continue. La continuité étant une notion locale, nous pouvons supposer que x et y varient dans des bornés. La probabilité qu'une trajectoire partant de x, se trouvant en y à l'instant t, sorte, avant cet instant t d'une boule de rayon α, tend vers zéro lorsque α tend vers l'infini. Ainsi donc, nous pouvons (pour démontrer la continuité) supposer que $V \in L^p(\mathbb{R}^n, dx)$ pour un $p > \max\{1, n/2\}$. Il est alors facile de conclure en développant en série l'exponentielle et en vérifiant que la fonction:

$$\mathbb{R}^n \times \mathbb{R}^n \ni (x,y) \longrightarrow E_x\{(\int_0^t V(X_s)ds)^k | X_t = y\}$$

est continue et est majorée, uniformément en x et en y, par le terme général d'une série convergente. Cette majoration peut se faire par un calcul en tout point analogue à celui de [5.Theorem 2.1] . Ce calcul montre en outre qu'il existe deux constantes positives k_1 et k_2 vérifiant :

$$\forall t>0, \forall x \in \mathbb{R}^n, \forall y \in \mathbb{R}^n, \quad q_t(x,y) \leq k_1 e^{k_2 t} \psi(y)\psi(x)^{-1} p_t(x,y) \quad (10)$$

Non seulement l'estimation ponctuelle (10) montre que $q_t(x,y)$ est bornée si t et x restent dans des compacts, mais elle montre aussi que, toujours pour t et x variant dans des compacts, $q_t(x,y)$ est au pire majorée par la fonction de transition du mouvement brownien. Ceci donne directement des propriétés d'intégrabilité que l'on démontre usuellement avec un peu plus de travail (voir par exemple [16.Lemma 2]).

Si l'espace des états de notre processus était compact, la densité $q_t(x,y)$ convergerait quand t tend vers l'infini, uniformément en x et en y, vers la densité de la mesure invariante, à savoir $\psi(y)^2$, avec une vitesse exponentielle de convergence uniforme en x. Nous ne savons pas si ce résultat reste vrai dans notre cas.

Pour tout $t>0$, pour tout $x \in \mathbb{R}^n$ et pour toute fonction mesurable positive sur $\mathbb{R}^n$, posons :

$$[T_t f](x) = E_{W_x}\{f(X_t)\exp[-\int_0^t V(X_s)ds]\}$$

Cette formule définit en fait des opérateurs T_t qui envoient continuement $L^1(\mathbb{R}^n, dx)$ et $L^2(\mathbb{R}^n, dx)$ dans $L^\infty(\mathbb{R}^n, dx)$ (voir [5. Proposition 3.1]), et considérés comme opérateurs sur $L^2(\mathbb{R}^n, dx)$, ces opérateurs constituent le semi-groupe dont le générateur infinitésimal est $-H$([5.Section 14.2]).

Soit $\{E_\lambda;\ \lambda \geq o\}$ la résolution de l'identité de H. Par le théorème spectral nous avons :

$$\forall f \in L^2(\mathbb{R}^n,dx),\quad \forall g \in L^2(\mathbb{R}^n,dx) \qquad \lim_{t\to\infty} (T_t f,g) = (f,\psi)(\psi,g)$$

où (,) désigne le produit scalaire dans $L^2(\mathbb{R}^n,dx)$. En effet :

$$(T_t f,g) = \int_o^{+\infty} e^{-\lambda t}\, dE_\lambda(f,g).$$

Si de plus o est isolé dans le spectre, il existe $\varepsilon > o$ pour lequel

$$(T_t f,g) - (f,\psi)(\psi,g) = \int_\varepsilon^{+\infty} e^{-\lambda t} dE_\lambda(f,g)$$

d'où l'on déduit :

$$|(T_t f,g) - (f,\psi)(\psi,g)| \leq \|f\|_2 \|g\|_2\, e^{-\varepsilon t}$$

où nous utilisons la notation $\|.\|_p$ pour désigner la norme de l'espace $L^p(\mathbb{R}^n,dx)$.

Si maintenant f et g sont des fonctions de $L^1(\mathbb{R}^n,dx)$, $T_1 f$ et $T_1 g$ sont dans $L^2(\mathbb{R}^n,dx)$ et donc, pour tout $t>o$ nous avons (en utilisant la même notation (,) pour désigner la dualité $\langle L^\infty(\mathbb{R}^n,dx),\, L^1(\mathbb{R}^n,dx)\rangle$) :

$$\begin{aligned}|(T_{t+2}f,g) - (f,\psi)(\psi,g)| &= |(T_t T_1 f, T_1 g) - (T_1 f,\psi)(\psi,T_1 g)|\\ &\leq \|T_1\|_{1,2}^2\, e^{-\varepsilon t} \|f\|_1 \|g\|_1\end{aligned}$$

où $\|.\|_{p,q}$ désigne la norme des opérateurs de $L^p(\mathbb{R}^n,dx)$ dans $L^q(\mathbb{R}^n,dx)$. Ceci implique :

$$\sup_{x\in\mathbb{R}^n} |[T_{t+2}f](x) - (f,\psi)\, \psi(x)| \leq \|T_1\|_{1,2}^2\, e^{-\varepsilon t} \|f\|_1$$

Mais la quantité dont on prend le sup dans le premier membre est égale à :

$$E_{W_x}\{f(X_{t+2})\exp[-\int_o^{t+2} V(X_s)ds]\} - \psi(x)\int_{\mathbb{R}^n} f(y)\psi(y)dy|$$

$$= |\int_{\mathbb{R}^n} f(y)[E_{W_x}\{\exp[-\int_o^{t+2} V(X_s)ds]\,|X_{t+2} = y\} p_{t+2}(x,y) - \psi(x)\psi(y)]dy|$$

ce qui montre que :

$$\sup_{x\in\mathbb{R}^n,\, y\in\mathbb{R}^n} \psi(x)\,|\psi(y)^{-1}\, q_{t+2}(x,y) - \psi(y)| \leq \|T_1\|_{1,2}^2\, e^{-\varepsilon t},$$

et donc :

$$\sup_{x\in\mathbb{R}^n} |q_{t+2}(x,y) - \psi^2(y)| \leq \|\psi\|_\infty\, \psi(x)^{-1}\, \|T_1\|_{1,2}^2\, e^{-\varepsilon t}$$

pour tout $x \in \mathbb{R}^n$ et pour tout $t>o$. Nous récapitulons les propriétés des densités de transition en une proposition.

Proposition:

Le processus possède une densité de transition $q_t(x,y)$ *qui, pour tout* $t > o$, *est une fonction continue en* (x,y). *Il existe deux constantes* k_1 *et* k_2 *qui vérifient*

$$\forall t > o, \quad \forall x \in R^n, \quad \forall y \in R^n, \qquad q_t(x,y) \leq k_1 e^{k_2 t} \psi(y)\psi(x)^{-1} p_t(x,y).$$

Si de plus o *est isolé dans le spectre, il existe deux constantes strictement positives* ε *et* c *telles que:*

$$\sup_{y \in R^n} \left| q_t(x,y) - \psi(y)^2 \right| \leq c\psi(x)^{-1} e^{-\varepsilon t}$$

pour tout $t > o$ *et tout* $x \in R^n$. *Il y a donc convergence uniforme de la densité de transition vers la densité de la mesure invariante, la vitesse de convergence étant exponentielle uniformément en* x *sur tout borné.*

REFERENCES

[1] S.ALBEVERIO, R.HOEGH-KROHN and L.STREIT: Energy Forms,Hamiltonians and Distorted Brownian Paths. J.Math.Phys. 18 (1977) 907-917

[2] A.M.BERTHIER et B.GAVEAU: Critère de Convergence des Fonctionnelles de Kac et Application en Mécanique Quantique et en Géométrie. J.Funct.Analysis 29 (1978) 416-424.

[3] R.N.BHATTACHARYA: Criteria for Reccurence and Existence of Invariant Measures for Multidimensional Diffusions. Ann. Proba. 6 (1978) 541-553.

[4] G.BROSAMLER: Quadratic Variation of Potentials and Harmonic Functions. Trans. Amer. Math. Soc. 149 (1970) 243-257.

[5] R.CARMONA: Regularity Properties of Schrödinger and Dirichlet Semigroups. J. Funct. Analysis (à paraitre)

[6] W.G.FARIS: Self-Adjoint Operators. Lect. Notes in Math. # 433 (1975) Springer Verlag.

[7] M.FUKUSHIMA: On the Generation of Markov Processes by Symmetric Forms. Proc. 2nd Japan-USSR Symp. Proba. Theory. Lect. Notes in Math. # 330 (1973) 46-79 Springer Verlag.

[8] M.FUKUSHIMA: Local Properties of Dirichlet Forms and Continuity of Sample Paths. Z. Wahrscheinlich. verw. Gebiete 29 (1974) 1-6.

[9] M.FUKUSHIMA: Dirichlet Spaces and Additive Functionals of Finite Energy. Conf. Inter. Math. Helsinki (1978)

[10] I.V.GIRSANOV: On Transforming a Class of Stochastic Processes by Absolutely Continuous Substitution of Measures. Theor. Prob. Appl. 5 (1960) 285-301.

[11] R.Z.KHASMINSKII: Ergodic Properties of Reccurent Diffusion Processes and Stabilization of the Solution to the Cauchy Problem for Parabolic Equations. Theor. Prob. Appl. 5 (1960) 179-196.

[12] H.P.Mc KEAN: Stochastic Integrals. Academic Press (1969).

[13] P.A.MEYER: La Formule de Ito pour le Mouvement Brownien d'apres G.Brosamler. Sem. Proba. Strasbourg 1976-77 Lect.Notes in Math. # 649 (1978) 763-769 Springer Verlag.

[14] E.NELSON: Dynamical Theories of Brownian Motion. Princeton Univ. Press (1967)

[15] S.OREY: Conditions for the Absolute Continuity of two Diffusions. Trans. Amer. Math. Soc. 193 (1974) 413-426.

[16] N.I.PORTENKO: Diffusion Processes with Unbounded Drift Coefficient. Theor. Prob. Appl. 20 (1975) 27-37.

[17] P.PRIOURET et M.YOR: Processus de Diffusion à Valeurs dans $\mathbb{R}$ et Mesures Quasi-invariantes sur $C(\mathbb{R},\mathbb{R})$. Astérisque 22-23 (1975) 247-290.

[18] B.SIMON: Quantum Mechanics for Hamiltonians Defined as Quadratic Forms. Princeton Series in Physics (1971) Priceton Univ. Press.

[19] B.SIMON: Functional Integration and Quantum Mechanics. Academic Press (livre à paraitre).

[20] D.W.STROOCK and S.R.S.VARADHAN: Diffusion Processes with Continuous Coefficients. Comm. Pure Appl. Math. 22 (1969) 345-400.

[21] C.TUDOR: Diffusions avec Explosion Construites à l'aide des Martingales Exponentielles. Rev. Roum. Math. Pures et Appl. 20 (1975) 1187-1199.

[22] A.T.WANG: Generalized Ito's Formula and Additive Functionals of Brownian Motion. Z.Wahrscheinlich. verw. Gebiete 41 (1977) 153-159.

René CARMONA

Département de Mathématiques
Université de Saint-Etienne
23 rue du Docteur P.Michelon
42100 SAINT ETIENNE

OPERATEUR DE SCHRÖDINGER A RESOLVANTE COMPACTE

par René CARMONA

Abstract:

Using standard properties of Brownian paths, we give a sufficient condition for the compactness of the resolvent of Schrödinger operator $-\frac{1}{2}\Delta+V$.

I. INTRODUCTION:

Il est bien connu que le spectre de l'opérateur de Schrödinger est discret chaque fois que la fonction potentiel V tend vers l'infini; de façon précise, si $V\in L^1_{loc}(\mathbb{R}^n)$ est bornée inférieurement et si $\lim_{|x|\to\infty} V(x) = +\infty$, alors l'opérateur $H = -\frac{1}{2}\Delta+V$ défini comme somme de formes quadratiques, possède une résolvante compacte et par conséquent, son spectre est discret (voir [3.TheoremXII.67] par exemple). Une démonstration probabiliste de ce résultat existe, elle est due à D.RAY (voir [2.Proposition 3.4]). Récemment cette propriété a été généralisée aux fonctions V de la forme $V = V_1+V_2$ avec $V_2\in L^{n/2}(\mathbb{R}^n)$ pour $n\geq 2$, inf ess $V_1(x)>-k$ pour un réel k, et:

$$\lim_{|x|\to\infty} k + \int_{S_1(x)} (V_1(y)+k)^{-1}dy = 0$$

où $S_a(x)$ désigne la boule de centre x et de rayon a>0.(voir [1]). La démonstration utilise des résultats fins sur la compacité des plongements d'espaces de Sobolev. Le but de cette note est de montrer qu'il est possible de modifier légèrement la démonstration probabiliste déja mentionnée pour obtenir un résultat encore plus général.

II. HYPOTHESES. NOTATIONS:

Nous utiliserons la représentation suivante du processus du mouvement brownien: Ω est l'espace des fonctions continues de $\mathbb{R}_+$ dans $\mathbb{R}^n$, pour tout $t\geq 0$, X_t est la fonction t-ième coordonnée ($X_t(\omega) = \omega(t)$ si $\omega\in\Omega$), et $\mathcal{F}$ est la tribu engendrée par les applications X_t pour $t\geq 0$; W_x est la mesure de Wiener du mouvement brownien issu de $x\in\mathbb{R}^n$ à l'instant $t=0$, et l'espérance relativement à W_x est notée E_x.

Une fonction réelle mesurable V définie sur $\mathbb{R}^n$ est dite de classe $\mathcal{V}$ si elle admet une décomposition $V = V_1+V_2$ avec V_1 mesurable et borné inférieurement, et $V_2 \in L^p(\mathbb{R}^n)$ pour un réel $p > \max\{1,n/2\}$ (+). Si $q \in [1,\infty]$, si $t \geq 0$, si $f \in L^q(\mathbb{R}^n)$ posons:

$$[T_t f](x) = E_x\{f(X_t)\exp[-\int_0^t V(X_s)ds]\} \qquad x \in \mathbb{R}^n.$$

Ainsi défini, $\{T_t; t \geq 0\}$ est un semi groupe exponentiellement borné d'opérateurs sur $L^q(\mathbb{R}^n)$. De plus, si V_1 est localement intégrable et si q est fini, ce semi groupe est fortement continu (voir [2.Section III]).

Soit maintenant $H = -\frac{1}{2}\Delta+V$ l'opérateur de Schrodinger défini comme somme de formes quadratiques sur $L^2(\mathbb{R}^n)$. H est un opérateur auto-adjoint borné inférieurement, et il se trouve que e^{-tH} coincide avec T_t (voir [2.Section IV.2]). Dans le paragraphe suivant nous montrerons que, sous certaines conditions, les opérateurs T_t sont compacts; les résultats cherchés sur la résolvante de H s'en déduisent par la transformation de Laplace.

III. RESULTAT:

Rappelons tout d'abord le résultat de D.Ray:

Proposition ([2.Prop.3.4])

Si $V = V_1 - V_2$ *est un potentiel de classe* $\mathcal{V}$ *qui satisfait:*

$$\forall t>0,\ \forall \gamma>0, \quad \lim_{a\to\infty} \sup_{x\in\mathbb{R}^n} E_x\{\exp[-\gamma\int_0^t V_1(X_s)ds\ ;\ |X_t| > a\} = 0 \tag{3.1}$$

alors, pour tout $t>0$ *et tout* $q \in [1,\infty]$, T_t *est un opérateur compact sur* $L^q(\mathbb{R}^n)$.

Et remarquons que:

Lemme:

L'énoncé (3.1) *est vrai si* V_1 *est une fonction réelle mesurable définie sur* $\mathbb{R}^n$ *qui satisfait:*

$$\lim_{|x|\to\infty} \int_{S_\alpha(x)} e^{-\beta V_1(y)}\, dy = 0 \tag{3.2}$$

pour un (et donc pour tout) réel $\alpha>0$, *et pour tout réel* $\beta>0$.

Démonstration:

(+) Il est bon de noter que, dans la définition de la classe $\mathcal{V}$, les hypothèses sur V_2 ne sont pas minimales. En effet il suffit de supposer que V_2 est somme de fonctions U_i qui ne dépendent que de $n_i \leq n$ variables, et qui sont uniformément localement dans L^{p_i} pour un $p_i > \max\{1,n_i/2\}$ (voir [3.page 302] pour une définition)

Soient t, γ, et ε des nombres réels strictement positifs fixés. Les trajectoires du processus de mouvement brownien sont telles qu'il existe un nombre réel $\alpha > 0$ tel que:

$$\exp[\gamma t |\inf \text{ess } V_1|] \quad W_0\{\sup_{0 \le u \le t} |X_u| > \alpha\} < \varepsilon/2 \tag{3.3}$$

et telles que pour tout $p \in [1, \infty]$ il existe une constante $c(p) > 0$ pour laquelle l'on ait pour tout $x \in \mathbb{R}^n$:

$$E_x\{|f(X_s)|\} \le c(p)\left(\int_{\mathbb{R}^n} |f(y)|^p \, dy\right)^{1/p} s^{-n/2p},$$

pour tout réel $s > 0$, et pour toute fonction mesurable f sur $\mathbb{R}^n$. Si maintenant nous fixons $p > \max\{1, n/2\}$, et si nous utilisons l'hypothèse (3.2) avec $\beta = t\gamma p$, nous obtenons l'existence d'un nombre $a > 0$ tel que:

$$|x| > a - \alpha \Rightarrow (1 - n/2p)c(p)\left(\int_{S_\alpha(x)} \exp[-t\gamma p V_1(y)] \, dy\right)^{1/p} t^{-n/2p} < \varepsilon/2 \tag{3.4}$$

Par conséquent, si $x \in \mathbb{R}^n$ est tel que $|x| \le a - \alpha$, (3.3) implique:

$$E_x\{\exp[-\gamma \int_0^t V_1(X_s) \, ds \; ; \; |X_t| > a\} \le \varepsilon/2,$$

et s'il est tel que $|x| > a - \alpha$, nous avons:

$$E_x\{\exp[-\gamma \int_0^t V_1(X_s) \, ds \; ; \; |X_t| > a\} \le (i) + (ii)$$

où:

$$\begin{aligned}
(i) &\equiv E_x\{\exp[-\gamma \int_0^t V_1(X_s) \, ds] ; \sup_{0 \le u \le t} |x - X_u| > \alpha\} \\
&\le \exp[\gamma t |\inf \text{ess } V_1|] \; W_0\{\sup_{0 \le u \le t} |X_u| > \alpha\} \\
&< \varepsilon/2
\end{aligned}$$

toujours à cause de (3.3), et:

$$\begin{aligned}
(ii) &\equiv E_x\{\exp[-\gamma \int_0^t V_1(X_s) \, ds] ; \sup_{0 \le u \le t} |x - X_u| \le \alpha\} \\
&\le \frac{1}{t}\int_0^t E_x\{\exp[-t\gamma V_1(X_s)] ; \sup_{0 \le u \le t} |x - X_u| \le \alpha\} \, ds \\
&\le \frac{1}{t}\int_0^t E_x\{\exp[-t\gamma V_1(X_s)] ; X_s \in S_\alpha(x)\} \, ds \\
&\le (1 - n/2p) \; c(p)\left(\int_{S_\alpha(x)} \exp[-t\gamma p V_1(y)] \, dy\right)^{1/p} t^{-n/2p} \\
&< \varepsilon/2,
\end{aligned}$$

où nous avons utilisé l'inégalité de Jensen et la relation (3.4) ∎

En réunissant les contenus du lemme et de la proposition ci-dessus nous obtenons la généralisation cherchée de [1.Theorem 2.2] :

Théorème:

Soit $V = V_1 - V_2$ *un potentiel de classe* $\mathcal{V}$ *tel que la relation* (3.2) *soit satisfaite pour un (et donc pour tout) réel* $\alpha > 0$, *et pour tout réel* $\beta > 0$. *Alors, pour tout* $q \in [1, \infty]$, *et pour tout* $t > 0$, T_t *est un opérateur compact sur* $L^q(\mathbb{R}^n)$.

Remarque:

Il est important de noter que notre hypothèse (3.2) n'est pas plus faible, mais équivalente à l'hypothèse faite en [1] sur la fonction V_1. Nous parlons de généralisation uniquement parce que, d'une part la classe $\mathcal{V}$ est plus large que la classe étudiée en [1], et d'autre part la propriété de compacité est prouvée pour le semi groupe engendré par l'opérateur de Schrödinger sur tous les espaces $L^q(\mathbb{R}^n)$ et non pas seulement sur $L^2(\mathbb{R}^n)$.

REFERENCES

[1] V.BENCI and D.FORTUNATO: On a Discretness Condition of the Spectrum of Schrödinger Operators with Unbounded Potential from Below. Proc. Amer. Math. Soc. 70 (1978) 163-166

[2] R.CARMONA: Regularity Properties of Shrödinger and Dirichlet Semigroups. J. Functional Analysis (à paraitre)

[3] M.REED and B.SIMON: Methods of Modern Mathematical Physics IV: Analysis of Operators. Academic Press (1978)

René CARMONA

Département de Mathématiques
Université de Saint-Etienne
23 rue du Docteur P.Michelon
42100 SAINT-ETIENNE

Grossissement d'une filtration et applications.

(T. Jeulin) [1]

Introduction.

Ce travail fait suite à la lecture de l'article de P.W. Millar : "Random times and decomposition theorems" ([20]) et à des études sur le grossissement d'une filtration faites en collaboration avec M.Yor ([12] ,[13]). On indique une nouvelle approche de la solution de quelques problèmes :
comportement d'un processus de Markov après un temps coterminal, décompositions de Williams ([24]) des trajectoires browniennes, par exemple.

Soient (Ω , $\underline{\underline{F}}$,($\underline{\underline{F}}_t$), P) un espace probabilisé filtré vérifiant les conditions habituelles et L une variable aléatoire positive ; on définit ($\underline{\underline{F}}_t^L$), la plus petite filtration continue à droite contenant ($\underline{\underline{F}}_t$) et faisant de L un temps d'arrêt .

L'étude de la filtration ($\underline{\underline{F}}_t^L$) (et plus précisément la caractérisation des processus ($\underline{\underline{F}}_t^L$)-optionnels ([7])) mène directement, lorsque L est un temps coterminal d'un processus de Markov X , au caractère markovien du processus (X_{L+t},t > 0) ([18]), tandis que, d'un résultat de dérivation de mesures ([1]), découle l'indépendance, conditionnellement à X_L, de (X_{L+t},t > 0) et (X_t,t < L) ([22]).

Dans une autre direction, l'étude des grossissements successifs de la filtration ($\underline{\underline{F}}_t$)et leur application aux semimartingales permettent une nouvelle approche des décompositions des trajectoires des diffusions réelles ([25]).

---

(1) Laboratoire de Calcul des probabilités,Université P.et M. Curie, 4,Place Jussieu, 75230 PARIS CEDEX 05.

I Rappels de théorie générale des processus.

1) Hypothèses, notations et rappels.

$(\Omega, \underline{\underline{F}}, \mathbb{P})$ est un espace probabilisé complet, muni d'une filtration continue à droite $(\underline{\underline{F}}_t)_{t\in\mathbb{R}_+}$ satisfaisant aux conditions habituelles : la tribu $\underline{\underline{F}}_0$ contient les ensembles $\mathbb{P}$-négligeables de $\underline{\underline{F}}$. On suppose en outre, pour simplifier, que $\underline{\underline{F}}_\infty = \bigvee_{t\in\mathbb{R}_+} \underline{\underline{F}}_t$ est égale à $\underline{\underline{F}}$.

Les intervalles stochastiques sont considérés sur $\mathbb{R}_+ \times \Omega$, et si H est un processus mesurable (borné) sur $\mathbb{R}_+ \times \Omega$, on note ${}^oH$ (resp. ${}^pH$) sa projection $(\underline{\underline{F}}_t)$-optionnelle (resp. prévisible) ([5]). On identifie les processus $\mathbb{P}$-indistinguables .

Rappelons quelques résultats, importants dans la suite, tirés de Dellacherie ([7]) .

Lemme 1 ([5] T2 p.126 ; [2] 3-2) : Soit M un ensemble progressivement mesurable (resp. optionnel, resp. prévisible); son adhérence $\overline{M}$ (resp. son adhérence pour la topologie gauche $\overline{M}^g$) est optionnelle (resp. optionnelle, resp. prévisible).

Lemme 2 ([7]) : Soit M un fermé gauche (resp. un fermé) mesurable. Notons $X = {}^o(1_M)$. Alors :

- ($X = 1$) est fermé gauche (resp.fermé) et est le plus grand ensemble optionnel inclus dans M .

- (${}^pX = 1$) est fermé gauche et est le plus grand ensemble prévisible inclus dans M .

Introduisons quelques notations supplémentaires : si L est une variable aléatoire $\underline{\underline{F}}$-mesurable, à valeurs dans $\overline{\mathbb{R}}_+$, on lui associe les processus :

$$\tilde{Z}^L = {}^o(1_{[\![0,L]\!]}) \quad , \quad Z^L = {}^o(1_{[\![0,L[\![}) \quad ,$$

$\tilde{A}^L$ projection duale optionnelle de $1_{[\![L,\infty[\![}$,

A^L projection duale prévisible de $1_{(0<L)} \, 1_{[\![L,+\infty[\![}$.

$\tilde{Z}^L$ est une surmartingale forte ([16]), limitée à droite et à gauche, y compris en $+\infty$; en outre ,

(1) $\tilde{Z}^L_+ = Z^L$

(2) $\tilde{Z}^L_- = Z^L_- = {}^p\tilde{Z}^L$ sur $]\!]0,+\infty[\![$

(3) $\Delta\tilde{A}^L = \tilde{Z}^L - Z^L$, $\Delta A^L = Z^L_- - {}^pZ^L$ sur $]\!]0,+\infty[\![$.

Comme cas particulier du lemme 2, avec $M = [\![0,L]\!]$, on a :

<u>Proposition 3</u> ([2] 1-4 ; [7]) :

($\tilde{Z}^L = 1$) (<u>resp</u>. ($Z^L_- = 1$) , <u>avec la convention</u> $Z^L_{0-} = 1$) <u>est le plus grand fermé optionnel (resp. fermé gauche prévisible</u>) <u>contenu dans</u> $[\![0,L]\!]$.

En particulier, L est <u>fin d'un ensemble</u> $(\underline{\underline{F}}_t)$<u>-optionnel</u> , si et seulement si $L = \sup(s, \tilde{Z}^L_s = 1)$ $\mathbb{P}$-p.s. ([12]) ; dans le cas où L est fini, cela signifie $\tilde{Z}^L_L = 1$ $\mathbb{P}$-p.s. . Dellacherie et

Meyer ([8]) ont montré que L est fin d'optionnel si, et seulement si L est <u>honnête</u> (i.e. pour tout t, L est égale à une variable $\underline{\underline{F}}_t$-mesurable sur $(L<t)$).(1)

On a en outre le

<u>Lemme 4</u> : <u>Si</u> L <u>est fin d'un ensemble optionnel</u> ,

$$\tilde{Z}^L = \sup (Z^L , 1_{(\tilde{Z}^L = 1)}) .$$

<u>Démonstration</u> :

$$0 \leq 1_{(\tilde{Z}^L<1)} (\tilde{Z}^L - Z^L) = {}^{o}(1_{[\![L]\!]} 1_{(\tilde{Z}^L_L<1)}) = 0 .$$

<u>Remarque 5</u> : Soient L et λ deux variables aléatoires, $\lambda \leq L$.

$(\tilde{Z}^L - \tilde{Z}^\lambda = 0) = \{ {}^{o}(1 - 1_{]\!] \lambda,L]\!]}) = 1 \}$ est inclus (lemme 2) dans le fermé gauche $[\![0,\lambda]\!] \cup]\!] L,+\infty [\![$. Le processus $1_{]\!] \lambda,L]\!]} \dfrac{1}{\tilde{Z}^L - \tilde{Z}^\lambda}$ est donc bien défini.

Il en est de même de : $1_{]\!] \lambda,L]\!]} \dfrac{1}{Z^L_- - Z^\lambda_-}$, d'après la " partie prévisible" du lemme 2 .

<u>2) Grossissement de la filtration</u> $(\underline{\underline{F}}_t)$.

Si L est une variable aléatoire, on note, en suivant Dellacherie et Meyer ([8]), $(\underline{\underline{F}}^L_t)_{t\in\mathbb{R}_+}$ la filtration définie par $\underline{\underline{F}}^L_t = \underline{\underline{C}}_{t+}$, où $\underline{\underline{C}}_t$ est la tribu engendrée par $\underline{\underline{F}}_t$ et $L\wedge t$. $(\underline{\underline{F}}^L_t)$ est la plus petite filtration continue à droite, contenant $(\underline{\underline{F}}_t)$ et faisant de L un temps d'arrêt. On dit que $(\underline{\underline{F}}^L_t)$ est la filtration $(\underline{\underline{F}}_t)$ grossie à l'aide de L .

(1) On peut bien sûr remplacer inégalité stricte par inégalité large .

Dans le cas où L est fin d'un ensemble $(\underline{\underline{F}}_t)$-optionnel ,

$$\underline{\underline{F}}_t^L = \left\{ A \in \underline{\underline{F}}_\infty \mid \exists A_t, B_t \in \underline{\underline{F}}_t , \ A = A_t \cap (L \leq t) + B_t \cap (t < L) \right\} .$$

On note par ailleurs $\underline{\underline{Pr}}$ (resp. $\underline{\underline{O}}$, resp. $\underline{\underline{P}}$) les tribus $(\underline{\underline{F}}_t)$-progressive (resp. optionnelle, resp. prévisible) sur $\mathbb{R}_+ \times \Omega$.

$\underline{\underline{Pr}}^L$, $\underline{\underline{O}}^L$, $\underline{\underline{P}}^L$ désignent alors les tribus $(\underline{\underline{F}}_t^L)$-progressive, optionnelle et prévisible. On associe aussi à L les tribus $\underline{\underline{F}}_{L+}$ (resp. $\underline{\underline{F}}_L$, resp. $\underline{\underline{F}}_{L-}$) engendrées par les variables aléatoires $U_L 1_{(L<+\infty)}$, où U est un processus mesurable par rapport à $\underline{\underline{Pr}}$ (resp. $\underline{\underline{O}}$, resp. $\underline{\underline{P}}$). (cf [21] ou [22]).

Afin que le lecteur ne se perde pas complètement dans ce qui peut paraître un dédale de notations, nous lui demandons quelques instants de réflexion : supposons que L soit un $(\underline{\underline{F}}_t)$-temps d'arrêt (c'est alors la fin de l'ensemble optionnel $[\![0,T]\!]$!). On sait alors que $\underline{\underline{F}}_L = \underline{\underline{F}}_{L+}$ coïncide avec la tribu définie classiquement par :

$$\left\{ A \in \underline{\underline{F}} \mid \forall t , \ A \cap (L \leq t) \in \underline{\underline{F}}_t \right\}$$

et $\underline{\underline{F}}_{L-}$ avec $\sigma\left\{ \underline{\underline{F}}_0 , A_t \cap (t < L), \ A_t \in \underline{\underline{F}}_t , \ t \in \mathbb{R}_+ \right\}$.
Ceci amène naturellement à la définition "naïve", pour toute variable aléatoire positive des tribus :

$$\underline{\underline{F}}_L^n = \left\{ A \in \underline{\underline{F}} , \ \forall t , \ \exists A_t \in \underline{\underline{F}}_t , \ A \cap (L \leq t) = A_t \cap (L \leq t) \right.$$

et $$\underline{\underline{F}}_{L-}^n = \sigma \left\{ \underline{\underline{F}}_0 , \ A_t \cap (t < L) , \ A_t \in \underline{\underline{F}}_t , \ t \in \mathbb{R}_+ \right\} .$$

Remarques :

a) Les ensembles $A_0 \times \{0\}$ ($A_0 \in \underline{\underline{F}}_0$) et $A_t \times]t,+\infty[$ ($A_t \in \underline{\underline{F}}_t$) engendrant la tribu prévisible $\underline{\underline{P}}$, il est évident, en toute généralité, que $\underline{\underline{F}}_{L-} = \underline{\underline{F}}_{L-}^n$.

b) Meyer, Smythe et Walsh ([18]) appellent <u>honnêtes</u> les variables aléatoires L vérifiant : L est $\underline{\underline{F}}^n_L$-mesurable . L'inclusion $\underline{\underline{F}}_{L-} \subset \underline{\underline{F}}^n_L$ équivaut à la propriété : (L fin d'optionnel). On verra mieux à la suite de la proposition 6 .

Enfin, avec la convention 0/0 = 0 , si U et V sont des processus mesurables bornés, on note :

$$ {}^o(U / V) = \frac{{}^o(U V)}{{}^oV} \quad \text{et} \quad {}^p(U / V) = \frac{{}^p(U V)}{{}^pV} \quad . $$

L'étude du grossissement de la filtration $(\underline{\underline{F}}_t)$ est particulièrement intéressante lorsque L est la fin d'un ensemble $(\underline{\underline{F}}_t)$-optionnel (voir par exemple [3] , [7] , [8] , [12] , [13] , [28]). La suite de l'article apporte quelques compléments aux résultats généraux obtenus dans les articles précédemment cités (voir en particulier le paragraphe II). Le résultat fondamental est ([7] , théorème 6) :

<u>Proposition 6</u> ([7] , [12]) : <u>Soit</u> L <u>fin d'ensemble</u> $(\underline{\underline{F}}_t)$-<u>optionnel</u>.

i) <u>Soit</u> H <u>un processus</u> $\underline{\underline{P}}^L$-<u>mesurable borné</u> ; <u>il existe</u> J <u>et</u> K $\underline{\underline{P}}$-<u>mesurables bornés tels que</u>(1) :

$$ H 1_{]\!]0,+\infty[\![} = J 1_{]\!]0,L]\!]} + K 1_{]\!]L,+\infty[\![} \quad . $$

<u>En conséquence</u> :

$$ J 1_{]\!]0,+\infty[\![} = {}^p(H / 1_{[\![0,L]\!]}) 1_{]\!]0,+\infty[\![} $$

$$ K = {}^p(H / 1_{]\!]L,+\infty[\![}) \quad . $$

ii) <u>Soit</u> H <u>un processus</u> $\underline{\underline{O}}^L$-<u>mesurable borné ; il existe</u> U <u>et</u> W $\underline{\underline{O}}$-<u>mesurables bornés</u>, V $\underline{\underline{Pr}}$-<u>mesurable borné , tels que</u> :

$$ H = U 1_{[\![0,L[\![} + V 1_{[\![L]\!]} + W 1_{]\!]L,+\infty[\![} $$

---

(1) H_0 est de la forme $a_0 1_{(L=0)} + b_0 1_{(L>0)}$, où a_0 et b_0 sont $\underline{\underline{F}}_0$-mesurables !

En conséquence : $U = {}^{o}(H / 1_{[\![0,L[\![})$

$V_L = H_L$

$W = {}^{o}(H / 1_{]\!]L,+\infty[\![})$.

Corollaire 7 : Soit L fin d'ensemble optionnel. Alors :

$$\underline{\underline{F}}_{L+} = \underline{\underline{F}}^{L}_{L} = \underline{\underline{F}}^{n}_{L} .$$

Remarque 8 : si L est une variable aléatoire quelconque, $\underline{\underline{P}}^L \cap]\!]0,L]\!]$ est toujours la trace de $\underline{\underline{P}}$ sur $]\!]0,L]\!]$ ([12] , lemme 1). On a donc toujours :

$$\underline{\underline{F}}_{L-} = \underline{\underline{F}}^{n}_{L-} = \underline{\underline{F}}^{L}_{L-} .$$

3) Nous terminons ce paragraphe par une digression sur les grossissements successifs de filtration, qui interviendront effectivement dans les paragraphes III et IV : de façon générale, L et λ étant deux variables aléatoires positives, il s'agit de l'étude de la filtration $(\underline{\underline{F}}^L_t)$ grossie à l'aide de λ .

Nous faisons deux remarques sur ce sujet :

a) Soient L fin d'ensemble $(\underline{\underline{F}}_t)$-optionnel et λ une variable aléatoire vérifiant : $\lambda \geqslant L$. Alors les propriétés suivantes sont équivalentes :

(i) λ est fin d'ensemble $(\underline{\underline{F}}^L_t)$-optionnel

(ii) λ est fin d'ensemble $(\underline{\underline{F}}_t)$-optionnel .

Seule l'implication (i) $\Rightarrow$ (ii) est à démontrer. Nous allons prouver que λ est honnête (pour $(\underline{\underline{F}}_t)$). En effet, pour tout couple (s,t) avec $s \leqslant t$, on a :

$$(\lambda \leqslant s) = D^L_t \cap (\lambda \leqslant t) = D^L_t \cap (L \leqslant t) \cap (\lambda \leqslant t)$$

$$= D_t \cap (L \leqslant t) \cap (\lambda \leqslant t) = D_t \cap (\lambda \leqslant t)$$

où D_t^L (resp. D_t) désigne un ensemble $\underline{\underline{F}}_t^L$ (resp. $\underline{\underline{F}}_t$) mesurable, dont l'existence est assurée par les hypothèses.

b) Il ne saurait y avoir de résultat semblable pour une variable aléatoire $\lambda \leq L$, comme le montre l'exemple suivant :

$(\underline{\underline{F}}_t)$ est la filtration engendrée par un mouvement brownien (B_t) issu de 0 (et dûment complétée), $T_a = \inf (t, B_t = a)$, $T = \inf(T_1 , T_{-1})$, $L = \sup(t \leq T, B_t = 0)$ et $\lambda = L_{(T_1 < T_{-1})}$.

λ est alors fin de l'ensemble $(\underline{\underline{F}}_t^L)$-optionnel $[\![0]\!] \cup [\![L_{(T_1 < T_{-1})}]\!]$ et

$\tilde{Z}_t^\lambda = \frac{1}{2}(1 - |B_{t\wedge T}|) + \frac{1}{2} 1_{(t=0)}$, soit $\tilde{Z}_\lambda^\lambda = \frac{1}{2}$ sur $(0 < \lambda)$.

On verra ultérieurement d'autres exemples de cette situation.

II Calculs d'espérances conditionnelles.

L étant une variable aléatoire, on a introduit au paragraphe I-2) les tribus $\underline{\underline{F}}_{L+}$, $\underline{\underline{F}}_{L}$ et $\underline{\underline{F}}_{L-}$. Nous voulons calculer, de façon aussi explicite que possible, les espérances conditionnelles par rapport à ces tribus.

1) Espérances conditionnelles relatives à $\underline{\underline{F}}_{L+}$ pour L fin d'optionnel.

Lemme 9 : *Soit L fin d'ensemble $(\underline{\underline{F}}_t)$-optionnel et soit τ un $(\underline{\underline{F}}^L_t)$-temps d'arrêt supérieur à L. Alors :*

$$\underline{\underline{F}}_{\tau+} = \underline{\underline{F}}^{\tau}_{\tau} = \underline{\underline{F}}^{L}_{\tau} \quad .$$

Supposons en outre τ strictement supérieur à L sur $(L < +\infty)$; alors :

a) $\underline{\underline{F}}_{\tau} = \underline{\underline{F}}_{\tau+}$

b) *Si h est une variable aléatoire bornée et H un processus tel que $h = H_{\tau}$ sur $(\tau < +\infty)$ (on peut toujours prendre pour H le processus constant h), on a :*

$$E(h | \underline{\underline{F}}_{\tau}) = \frac{1}{1 - Z^L_{\tau}} \; {}^{o}(H 1_{]\!]L,+\infty[\![})_{\tau}$$

$$= \frac{1}{1 - Z^L_{\tau}} \; {}^{o}(H 1_{[\![L,+\infty[\![})_{\tau} \quad .$$

Démonstration : il résulte du paragraphe I-3) que τ est fin d'ensemble $(\underline{\underline{F}}_t)$-optionnel ; on a donc, d'après le corollaire 7 ,

$$\underline{\underline{F}}_{\tau+} = \underline{\underline{F}}^{\tau}_{\tau} = \underline{\underline{F}}^{n}_{\tau} \quad ;$$

τ étant un $(\underline{\underline{F}}^L_t)$-temps d'arrêt, $\underline{\underline{F}}^n_{\tau}$ est contenue dans $\underline{\underline{F}}^L_{\tau}$; réciproquement, soit $A \in \underline{\underline{F}}^L_{\tau}$; pour tout t , $A \cap (\tau \leq t) \in \underline{\underline{F}}^L_t$; il existe donc $A_t \in \underline{\underline{F}}_t$ tel que :

$$A \cap (\tau \leq t) = A_t \cap (L \leq t) = A_t \cap (\tau \leq t) \quad ,$$

ou encore $A \in \underline{\underline{F}}^n_{\tau}$.

Supposons maintenant : τ est strictement supérieur à L sur $(L < +\infty)$.
Il résulte de la proposition 6-(ii), que $\underline{\underline{F}}^L_\tau = \underline{\underline{F}}_\tau$; d'où a) .
Si h est une variable aléatoire bornée, et H un processus tel que $H = h$ sur $(\tau < +\infty)$, notons K la projection $(\underline{\underline{F}}^L_t)$-optionnelle de H ; on a :

$$E(h \mid \underline{\underline{F}}_\tau) = E(H_\tau \mid \underline{\underline{F}}_\tau) = E(H_\tau \mid \underline{\underline{F}}^L_\tau) = K_\tau ;$$

la proposition 6 et la condition $(L < \tau)$ permettent d'écrire :

$$K_\tau = {}^o(K / 1_{]\!]L,+\infty[\![})_\tau = \frac{1}{1 - Z^L_\tau}\, {}^o(K\, 1_{]\!]L,+\infty[\![})_\tau$$
$$= \frac{1}{1 - Z^L_\tau}\, {}^o(H\, 1_{]\!]L,+\infty[\![})_\tau$$

puisque la multiplication par le processus $\underline{\underline{O}}^L$-mesurable $1_{]\!]L,+\infty[\![}$ commute avec la projection sur $\underline{\underline{O}}^L$ (qui contient $\underline{\underline{O}}$).
La dernière égalité résulte de la proposition 3 et du lemme 4 .

Appliquons en particulier le lemme aux temps $\tau = L+t$ $(t > 0)$; le théorème de convergence des martingales permet d'énoncer :

<u>Proposition 10</u> : <u>Soit</u> L <u>fin d'ensemble</u> $(\underline{\underline{F}}_t)$-<u>optionnel</u> .
a) <u>Si</u> h <u>est une variable aléatoire intégrable, on a sur</u> $(L < +\infty)$:

$$E(h \mid \underline{\underline{F}}_{L+}) = \lim_{u \downarrow\downarrow 0} \frac{{}^o(h\, 1_{[\![L,+\infty[\![})_{L+u}}{1 - Z^L_{L+u}}$$

<u>En conséquence, sur</u> $(Z^L_L < 1)$, <u>on a</u> :

$$(\alpha) \quad E(h \mid \underline{\underline{F}}_{L+}) = \frac{{}^o(h\, 1_{[\![L,+\infty[\![})_L}{1 - Z^L_L} = \frac{{}^o(h\, 1_{[\![L]\!]})_L}{1 - Z^L_L}$$

<u>et donc</u> :

(β) $\underline{\underline{F}}_{L+} = \underline{\underline{F}}_L$.

b) Si H est un processus mesurable borné, $t > 0$, on a sur $(L < +\infty)$:

$$E(H_{L+t} \mid \underline{\underline{F}}_{L+}) = \lim_{u \downarrow\downarrow 0} \frac{1}{1 - Z^L_{L+u}} \, {}^o(H_{L+t} \, 1_{[\![L,+\infty[\![})_{L+u}$$

$$= \lim_{u \downarrow\downarrow 0} \frac{1}{1 - Z^L_{L+u}} \, {}^o(H_{t-u+.} \, 1_{[\![L,+\infty[\![})_{L+u} .$$

2) Espérances conditionnelles relatives à $\underline{\underline{F}}_L$ et $\underline{\underline{F}}_{L-}$.

Soit L une variable aléatoire positive quelconque. Pour étudier les tribus $\underline{\underline{F}}_L$ et $\underline{\underline{F}}_{L-}$, nous utiliserons le résultat suivant , démontré par H. Airault et H. Föllmer ([1]) :

Théorème 11 : Soient A et B deux processus croissants prévisibles, intégrables ; on suppose de plus que A est continu.
On note Y et Z respectivement les surmartingales qu'ils engendrent, et μ^Y (resp. μ^Z) les mesures définies sur ($\mathbb{R}_+ \times \Omega$, $\underline{\underline{P}}$) par :

$$\mu^Y(ds \times d\omega) = dA_s(\omega)\, dP(\omega) \; ; \quad \mu^Z(ds \times d\omega) = dB_s(\omega)\, dP(\omega) .$$

Alors, en faisant la convention $0/0 = 0$, les expressions :

$$\lim_{\substack{u \downarrow\downarrow 0 \\ u \in \mathbb{Q}_+}} \frac{{}^o(Z - Z_{u+.})}{{}^o(Y - Y_{u+.})} \quad \text{et} \quad \lim_{\substack{u \downarrow\downarrow 0 \\ u \in \mathbb{Q}_+}} \frac{{}^P(Z - Z_{u+.})}{{}^P(Y - Y_{u+.})}$$

sont bien définies, et égales μ^Y p.s. ; de plus, elles coïncident avec $\dfrac{d\mu^Z}{d\mu^Y}$.

Remarques :

a) L'égalité, μ^Y p.s. , des deux limites découle de la continuité de A, et de ce que les limites ne diffèrent que sur une réunion dénombrable de graphes de temps d'arrêt.

b) Rappelons que $^o(Y - Y_{u+.}) = {}^o(A_{u+.} - A)$, et de même pour le couple (Z,B) . Aussi pourrait-on énoncer le théorème sans introduire les surmartingales Y et Z. Nous avons adopté cette présentation pour des commodités de notations ultérieures.

Dans la situation présente, le théorème 11 devient :

Proposition 12 : Pour tout réel $u > 0$, soit G^u le processus $G^u_t = 1_{(t < L \leq t+u)}$. Si h est une variable aléatoire intégrable , on a , sur $(L < +\infty)$:

$$E(h \mid \underline{\underline{F}}_L) = 1_{(\Delta \tilde{A}^L_L > 0)} \frac{^o(h 1_{[\![L]\!]})_L}{\Delta \tilde{A}^L_L} + 1_{(\Delta \tilde{A}^L_L = 0)} \lim_{\substack{u \downarrow\downarrow 0 \\ u \in \mathbb{Q}}} {}^o(h / G^u 1_{(\Delta \tilde{A}^L_L = 0)})_L$$

Démonstration :

a) Considérons une suite de $(\underline{\underline{F}}_t)$-temps d'arrêt à graphes disjoints (T_n) tels que $(\Delta \tilde{A}^L \neq 0) = \bigcup_n [\![T_n]\!]$.

Pour tout processus $(\underline{\underline{F}}_t)$-optionnel borné U , on peut écrire :

$$\begin{aligned} E(h U_L ; \Delta \tilde{A}^L_L \neq 0) &= \sum_n E(h U_{T_n} ; L = T_n < +\infty) \\ &= \sum_n E(U_{T_n} \frac{^o(h 1_{[\![L]\!]})_{T_n}}{\Delta \tilde{A}^L_{T_n}} ; L = T_n < +\infty) \\ &= E(U_L \frac{^o(h 1_{[\![L]\!]})_L}{\Delta \tilde{A}^L_L} ; \Delta \tilde{A}^L_L = 0) \end{aligned}$$

b) On peut maintenant se limiter au cas où $h = h\, 1_{(\Delta\tilde{A}^L_L = 0)}$ et $h \geq 0$. Notons Z^h la surmartingale $^o(h\, 1_{[\![0,L[\![})$.

On a, pour tout processus $\underline{\underline{O}}$-mesurable borné U :

$\mu^{Z^h}({}^pU) = E(h\, {}^pU_L \,;\, L < +\infty)$.

De l'égalité $\Delta\tilde{A}^L = {}^o(1_{[\![L]\!]})$, découle : $1_{(\Delta\tilde{A}^L=0)}\, {}^o(1_{[\![L]\!]}) = 0$.

En conséquence, puisque $(U \neq {}^pU)$ est réunion dénombrable de graphes de $(\underline{\underline{F}}_t)$-temps d'arrêt, on a :

$$\mu^{Z^h}({}^pU) = E(h\, U_L \,;\, L < +\infty) .$$

c) μ^{Z^h} est absolument continue par rapport à $\mu^{Z^{h_o}}$, où $h_o = 1_{(\Delta\tilde{A}^L_L = 0)}$, et de la dernière égalité de la partie b) ci-dessus, on déduit que le processus croissant prévisible, continu, $B = 1_{(\Delta\tilde{A}^L = 0)} \cdot \tilde{A}^L$ engendre la surmartingale Z^{h_o}.

d) Le processus $^o(Z^h - Z^h_{u+})$ est indistinguable de la projection $(\underline{\underline{F}}_t)$-optionnelle de $h\, G^u$. Le théorème 11 montre l'existence

$\mu^{Z^{h_o}}$- presque surement de $\lim_{\substack{u\downarrow\downarrow 0\\ u \in \mathbb{Q}}} {}^o(h / G^u\, 1_{(\Delta\tilde{A}^L_L = 0)})$.

$$\theta = 1_{(\Delta\tilde{A}^L_L = 0)} \lim_{\substack{u\downarrow\downarrow 0\\ u \in \mathbb{Q}}} {}^o(h / G^u\, 1_{(\Delta\tilde{A}^L_L = 0)})_L$$

existe donc $\mathbb{P}$-presque surement, est $\underline{\underline{F}}_L$ -mesurable et vérifie, d'après b) : pour tout U $\underline{\underline{O}}$-mesurable borné,

$$E(h\, U_L \,;\, L < +\infty) = E(\theta\, U_L \,;\, L < +\infty) .$$

La proposition 12 est démontrée .

<u>Rappel 13</u> : si L est fin d'ensemble $(\underline{\underline{F}}_t)$-optionnel, $\Delta\tilde{A}^L_L = 1 - Z^L_L$.

Une démonstration analogue donne, avec les mêmes notations :

<u>Proposition 14</u> : <u>Soit</u> h <u>une variable aléatoire intégrable. Alors sur</u> $(0 < L < +\infty)$,

$$E(h \mid \underline{\underline{F}}_{L-}) = 1_{(\Delta A_L^L = 0)} \lim_{\substack{u \downarrow\downarrow 0 \\ u \in \mathbb{Q}}} {}^{P}(h / G^u \, 1_{(\Delta A_L^L = 0)})_L + 1_{(\Delta A_L^L \neq 0)} \frac{{}^{P}(h 1_{[\![L]\!]})_L}{\Delta A_L^L}$$

3) Application au cas markovien.

Les formules établies en 1) et 2) permettent de retrouver très rapidement des résultats bien connus concernant les processus fortement markoviens : il s'agit seulement de choisir de bonnes versions de projections optionnelles ou prévisibles.

Les propositions 6 et 10, appliquées à un temps coterminal L (ou à un temps coterminal randomisé au sens de Millar ([20])), donnent immédiatement le théorème de Meyer-Smythe et Walsh ([18] , [20]).

Les propositions 13 et 14 permettent de retrouver les conclusions de Pittenger et Shih ([22]) ainsi que les résultats de Millar pour de nombreux temps coterminaux randomisés ([20] , [21]).

Ce type d'application est bien sur à rapprocher des techniques développées par Maisonneuve ([15]) ou par El Karoui et Reinhard ([10]).

Nous ne donnerons qu'une illustration :

(Ω , $\underline{\underline{F}}^{\circ}$, $(\underline{\underline{F}}_t^{\circ})$, X_t, θ_t, k_t, $\mathbb{P}_x$) est la réalisation canonique (avec opérateurs de translation θ et de meurtre k) d'un semi-groupe droit ([11]) défini sur un espace métrique séparable E, ∂ un point cimetière. Pour toute loi initiale m sur E, on note $\underline{\underline{F}}^m$ la complétée de $\underline{\underline{F}}$ sous $\mathbb{P}_m$ et $\underline{\underline{F}}_t^m$ la tribu engendrée par $\underline{\underline{F}}_t$ et les ensembles $\mathbb{P}_m$-négligeables de $\underline{\underline{F}}^m$; la filtration $(\underline{\underline{F}}_t^m)$ vérifie les conditions habituelles sous $\mathbb{P}_m$; $\underline{\underline{F}} = \bigcap_m \underline{\underline{F}}^m$, $\underline{\underline{F}}_t = \bigcap_m \underline{\underline{F}}_t^m$.

Soit alors L un temps coterminal, i.e. une variable aléatoire L positive $\underline{\underline{F}}$-mesurable, vérifiant :

i) $L\circ\theta_t = (L-t)_+$ pour tout t ;

ii) $L\circ k_s = L$ sur $(L < s)$ pour tout s ;

iii) $L\circ k_s \leq s$.

(ii) implique que L est honnête, donc est fin d'ensemble $(\underline{\underline{F}}_t^m)$-optionnel.

Soit alors C une variable $\underline{\underline{F}}^{\circ}$-mesurable ; d'après le lemme 9, sur $(L<+\infty)$ la projection $(\underline{\underline{F}}_{L+t})_{t>0}$-optionnelle de $(C\circ\theta_{L+t})_{t>0}$ est donnée par:

$$\frac{1}{1-Z^L_{L+t}}\ {}^{o}(C\circ\theta .\, 1_{[\![L,+\infty[\![})_{L+t} = \mathbb{E}_{X_{L+t}}(C / L=0) \quad \text{d'où}$$

Théorème 15 ([18]) : Avec les notations ci-dessus, $(X_{L+t}, t>0)$ est fortement markovien par rapport à la filtration $(\underline{\underline{F}}_{L+t})$, de semi-groupe de transition K_t défini par :

$$\begin{aligned} K_t f(x) &= \mathbb{E}_x(f(X_t) / L=0) \quad \text{si } g(x) = \mathbb{P}_x(L=0) > 0 \\ &= f(\partial) \quad \text{si } g(x)=0\,. \end{aligned}$$

De la proposition 12 et de la remarque 13, ainsi que de la propriété de Markov forte, vient aussi rapidement le

Théorème 16 ([22]) : Avec les notations du théorème 15, si C est une variable aléatoire $\underline{\underline{F}}^{\circ}$-mesurable bornée, on a :

a) Sur $(L<+\infty)$, pour tout $v\geq 0$,

$$\mathbb{E}(C\circ\theta_{L+v} \mid \underline{\underline{F}}_L) = 1_{(g(X_L)\neq 0)}\,\mathbb{E}_{X_L}(C\circ\theta_v / L=0)$$

$$+\ 1_{(g(X_L)=0)} \lim_{\substack{u\downarrow\downarrow 0\\ u\in\mathbb{Q}}} \mathbb{E}_{X_L}(C\circ\theta_{L+v} / 0<L\leq u\,;\, g(X_L)=0)$$

En particulier, sur $(L<+\infty)$, $\underline{\underline{F}}_L$ et $(X_{L+t}, t>0)$ sont conditionnellement indépendants par rapport à X_L.

b) Pour tout $t>0$, sur $(L<t)$,

$$\mathbb{E}(C\circ\theta_t \mid \underline{\underline{F}}_L) = 1_{(g(X_L)\neq 0)} \left\{\mathbb{E}_x(C\circ\theta_s / L=0)\right\}\Big|_{\substack{x=X_L\\ s=t-L}}$$

$$+\ 1_{(g(X_L)=0)} \lim_{\substack{u\downarrow\downarrow 0\\ u\in\mathbb{Q}}} \left\{\mathbb{E}_x(C\circ\theta_s / 0<L\leq u; g(X_L)=0)\right\}\Big|_{\substack{x=X_L\\ s=t-L}}$$

III Compléments sur le grossissement et les semi-martingales.

L'étude du grossissement de la filtration $(\underline{\underline{F}}_t)$ (voir I-2)) est liée à l'étude des $(\underline{\underline{F}}_t)$-semi-martingales. Pour tout ce qui concerne l'intégration stochastique, on utilisera ici le cours de Meyer ([19]).

Si L est fin d'un ensemble $(\underline{\underline{F}}_t)$-optionnel, il résulte de Yor ([28]) que toute $(\underline{\underline{F}}_t)$-semi-martingale est une $(\underline{\underline{F}}_t^L)$-semi-martingale (voir aussi Barlow ([3]) , Dellacherie-Meyer ([8])). En outre, la connaissance des processus $(\underline{\underline{F}}_t^L)$-prévisibles (Proposition 6-1)) permet d'expliciter la décomposition $(\underline{\underline{F}}_t^L)$-canonique des $(\underline{\underline{F}}_t)$-semi-martingales spéciales en somme d'une $(\underline{\underline{F}}_t^L)$-martingale locale et d'un processus $(\underline{\underline{F}}_t^L)$-prévisible à variation finie ([3] , [13]) .

Si $H^1(\underline{\underline{F}}_t)$ est l'espace des $(\underline{\underline{F}}_t)$-semi-martingales X telles que :

$$\|X\|_{H^1(\underline{\underline{F}}_t)} = \sup\left(E\left(\left|\int_{[0,u]} J_s \, dX_s\right|\right) ; \; J \; \underline{\underline{P}}\text{-mesurable}, |J| \leq 1 \; , \; u \in \mathbb{R}_+ \right)$$

est fini, alors $\|X\|_{H^1(\underline{\underline{F}}_t)}$ est une norme sur $H^1(\underline{\underline{F}}_t)$, $H^1(\underline{\underline{F}}_t)$ est inclus dans $H^1(\underline{\underline{F}}_t^L)$ et il existe deux constantes universelles c et C telles que $0 < c \leq C < +\infty$ et sur $H^1(\underline{\underline{F}}_t)$,

$$(4) \qquad c \, \|X\|_{H^1(\underline{\underline{F}}_t)} \leq \|X\|_{H^1(\underline{\underline{F}}_t^L)} \leq C \, \|X\|_{H^1(\underline{\underline{F}}_t)}$$

(voir [13]).

Plaçons nous maintenant dans la situation suivante : L est fin d'un ensemble $(\underline{\underline{F}}_t)$-optionnel et λ est fin d'un ensemble $(\underline{\underline{F}}_t^L)$-optionnel. On désigne la filtration $(\underline{\underline{F}}^L)_t^\lambda = (\underline{\underline{F}}^\lambda)_t^L$ par la notation $(\underline{\underline{F}}_t^{L,\lambda})$. D'après les résultats brièvement rappelés ci-dessus, toute $(\underline{\underline{F}}_t)$-semi-martingale est une $(\underline{\underline{F}}_t^L)$-semi-martingale, donc une $(\underline{\underline{F}}_t^{L,\lambda})$-semi-martingale, et, d'après un théorème de Stricker ([23] théorème 3-1), une $(\underline{\underline{F}}_t^\lambda)$-semi-martingale.

En outre, sur $H^1(\underline{\underline{F}}_t)$, les normes

$$\|X\|_{H^1(\underline{\underline{F}}_t)} \ , \ \|X\|_{H^1(\underline{\underline{F}}_t^L)} \ , \ \|X\|_{H^1(\underline{\underline{F}}_t^{L,\lambda})} \text{ et } \|X\|_{H^1(\underline{\underline{F}}_t^\lambda)}$$

sont équivalentes.

Particularisons encore la situation :

<u>Lemme 17</u> : <u>Soient</u> L <u>fin d'ensemble</u> $(\underline{\underline{F}}_t)$-<u>optionnel</u>, λ <u>fin d'ensemble</u> $(\underline{\underline{F}}_t^L)$-<u>optionnel</u>, $\lambda \leq L$, <u>et</u> H <u>un processus mesurable borné, nul en</u> 0 .

a) <u>La projection</u> $(\underline{\underline{F}}_t^{L,\lambda})$-<u>prévisible</u> ${}^{p-(L,\lambda)}H$ <u>de</u> H <u>est donnée par</u> :

$$ {}^{p-(L,\lambda)}H = {}^{p}(H/1_{[\![0,\lambda]\!]})\, 1_{[\![0,\lambda]\!]} + {}^{p}(H/1_{]\!]\lambda,L]\!]})\, 1_{]\!]\lambda,L]\!]} + {}^{p}(H/1_{]\!]L,\infty[\![})\, 1_{]\!]L,\infty[\![} \ .$$

b) <u>La projection</u> $(\underline{\underline{F}}_t^\lambda)$-<u>prévisible</u> ${}^{p-\lambda}H$ <u>de</u> H <u>est donnée par</u> :

$$ {}^{p-\lambda}H = {}^{p}(H/1_{[\![0,\lambda]\!]})\, 1_{[\![0,\lambda]\!]} + {}^{p}(H/1_{]\!]\lambda,T]\!]})\, 1_{]\!]\lambda,T]\!]} + {}^{p}(H/1_{]\!]T,\infty[\![})\, 1_{]\!]T,\infty[\![}$$

<u>où</u> T <u>est le</u> $(\underline{\underline{F}}_t)$-<u>temps d'arrêt</u>

$$T = \inf(\, t > \lambda \ , \ \tilde{Z}_t^\lambda = Z_t^L + {}^{o}(1_{[\![L]\!]} 1_{[\![\lambda]\!]})_t \ ) \ .$$

<u>En outre</u> T <u>majore</u> L <u>et est fin d'ensemble</u> $(\underline{\underline{F}}_t)$-<u>optionnel</u> .

<u>Démonstration</u> :

a) Appliquons la proposition 6-i) à la filtration $(\underline{\underline{F}}_t^L)$ et à la fin d'ensemble $(\underline{\underline{F}}_t^L)$-optionnel λ ; il existe J_1' et J_2' $\underline{\underline{P}}^L$-mesurables bornés (nuls en 0 puisque $H_0 = 0$) tels que :

$$^{p-(L,\lambda)}H = J'_1 \, 1_{[\![0,\lambda]\!]} + J'_2 \, 1_{]\!]\lambda,\infty[\![} \ .$$

La proposition 6-i) nous dit alors qu'il existe J_1, J_2 et J_3 $\underline{\underline{P}}$-mesurables bornés tels que :

$$J'_1 \, 1_{[\![0,L]\!]} = J_1 \, 1_{[\![0,L]\!]}$$

$$J'_2 = J_2 \, 1_{[\![0,L]\!]} + J_3 \, 1_{]\!]L,\infty[\![} \ .$$

Par suite,

$$^{p-(L,\lambda)}H = J_1 \, 1_{[\![0,\lambda]\!]} + J_2 \, 1_{]\!]\lambda,L]\!]} + J_3 \, 1_{]\!]L,\infty[\![} \ .$$

Reste à identifier des représentants de J_1, J_2 et J_3. On a, par exemple :

$$^{p-(L,\lambda)}H \, 1_{]\!]\lambda,L]\!]} = {}^{p-(L,\lambda)}\left(H \, 1_{]\!]\lambda,L]\!]} \right) = J_2 1_{]\!]\lambda,L]\!]} \ ,$$

d'où, par projection sur $\underline{\underline{P}}$:

$$^{p}(H \, 1_{]\!]\lambda,L]\!]}) = J_2 \, {}^{p}(1_{]\!]\lambda,L]\!]}) \ ;$$

d'après la remarque 5 nous pouvons prendre $J_2 = {}^{p}(H / 1_{]\!]\lambda,L]\!]})$.

b) Nous allons projeter sur $\underline{\underline{P}}$ le résultat de a). D'après la remarque 7-b),

$$({}^{p-\lambda}H) \, 1_{[\![0,\lambda]\!]} = {}^{p}(H / 1_{[\![0,\lambda]\!]}) \, 1_{[\![0,\lambda]\!]} \ .$$

Il reste donc à étudier le processus $\underline{\underline{P}}^{\lambda}$-mesurable continu à gauche $^{p-\lambda}(1_{]\!]\lambda,L]\!]})$. Il suffit d'évaluer, pour f_t $\underline{\underline{F}}_{t-}$-mesurable bornée et g borélienne bornée sur $\mathbb{R}_+$, $E(f_t \, g(\lambda) \ ; \lambda < t \leq L)$.

Désignons par C la projection sur $\underline{\underline{O}}^L$ de $1_{[\![0,\lambda]\!]}$. λ est fin de l'ensemble (inclus dans $[\![0,L]\!]$) ($C = 1$) ; en outre, d'après la proposition 6-ii),

$$C\, 1_{[\![0,L[\![} = 1_{[\![0,L[\![} \frac{1}{Z^L}\, {}^o(1_{[\![0,\lambda]\!]} 1_{[\![0,L[\![})$$

$$= 1_{[\![0,L[\![} \frac{1}{Z^L} (\tilde{Z}^\lambda - {}^o(1_{[\![\lambda]\!]} 1_{[\![L]\!]})) .$$

Soient alors $G = (\tilde{Z}^\lambda = Z^L + {}^o(1_{[\![\lambda]\!]} 1_{[\![L]\!]}))$,

Λ le processus ($\underline{\underline{P}}$-mesurable) défini par :

$$\Lambda_t = \sup(s < t, (\omega,s) \in G)$$

et T le $(\underline{\underline{F}}_t^\lambda)$-temps d'arrêt, $T = \inf(s > \lambda , (\omega,s) \in C)$.

Sur $]\!]\lambda,L]\!]$, $\Lambda = \lambda$; par suite, T majore L et $\Lambda = \lambda$ sur $]\!]\lambda,T]\!]$. T est un $(\underline{\underline{F}}_t^{L,\lambda})$-temps d'arrêt, majorant L ; c'est donc (d'après I-3,a)) une fin d'ensemble $\underline{\underline{O}}^L$-mesurable ; majorant L, T est (toujours d'après I-3,a)) fin d'ensemble $\underline{\underline{O}}$-mesurable.

On peut écrire :

$$\begin{aligned} E(f_t\, g(\lambda) ; \lambda < t \leq L) &= E(g(\Lambda_t)\, f_t ; \lambda < t \leq L) \\ &= E(g(\Lambda_t)\, f_t\, (Z^L_{t-} - Z^\lambda_{t-})) \\ &= E(g(\Lambda_t)\, f_t \frac{Z^L_{t-} - Z^\lambda_{t-}}{Z^T_{t-} - Z^\lambda_{t-}} ; \lambda < t \leq T) , \end{aligned}$$

soit $$p\text{-}\lambda(1_{]\!]\lambda,L]\!]}) = 1_{]\!]\lambda,T]\!]} \frac{Z^L_- - Z^\lambda_-}{Z^T_- - Z^\lambda_-}$$

et $$p\text{-}\lambda(1_{]\!]L,+\infty[\![}) = 1_{]\!]\lambda,T]\!]} \frac{Z^T_- - Z^L_-}{Z^T_- - Z^\lambda_-} + 1_{]\!]T,+\infty[\![} .$$

$\underline{\underline{P}}^\lambda$ est donc la tribu engendrée par $\underline{P}$, $[\![0,\lambda]\!]$ et $]\!]\lambda,T]\!]$, d'où b).

En vue d'une utilisation ultérieure, calculons $\tilde{Z}^T$, dans le cas où $\lambda < L$. Pour tout $(\underline{\underline{F}}_t)$-temps d'arrêt S ,

$$P(L < S \leq T ; S < +\infty) = P(L < S < +\infty \; ; \Lambda_S = \Lambda_{L_S})$$

où $L_\bullet$ est le processus ($\underline{\underline{P}}$-mesurable) défini par :
$L_t = \sup(s < t, \; \tilde{Z}^L_s = 1)$. On a donc :

$$(5) \quad \tilde{Z}^T_t = \tilde{Z}^L_t + (1 - \tilde{Z}^L_t) \cdot 1_{(\Lambda_t = \Lambda_{L_t})}$$

$$Z^T_{t-} = Z^L_{t-} + (1 - Z^L_{t-}) \cdot 1_{(\Lambda_t = \Lambda_{L_t})} \; .$$

Si ℓ est une variable aléatoire positive, notons $\tilde{M}^\ell$ la $(\underline{\underline{F}}_t)$-martingale de $BMO(\underline{\underline{F}}_t)$ telle que pour toute $(\underline{\underline{F}}_t)$-martingale Y de $H^1(\underline{\underline{F}}_t)$,
$E(Y_\ell) = E([Y,\tilde{M}^\ell]_\infty) = E(\langle Y,\tilde{M}^\ell \rangle_\infty)$
(cf. [19] , Chapitre V, théorème 11) . Le processus $\langle Y,\tilde{M}^\ell \rangle$ est à variation intégrable. En outre $\tilde{M}^\ell_t = E(\hat{A}^\ell_\infty + 1_{(\ell=\infty)} \mid \underline{\underline{F}}_t)$.

Avec les hypothèses et les notations du lemme 17, on a alors la :

<u>Proposition 18</u> : <u>Soit X une $(\underline{\underline{F}}_t)$-martingale locale</u> .

a) $$X'_t = X_t - \int_0^{t\wedge\lambda} \frac{1}{Z^\lambda_{s-}} d\langle X,\tilde{M}^\lambda\rangle_s - \int_0^{t\wedge L} 1_{(\lambda < s)} \frac{1}{Z^L_{s-} - Z^\lambda_{s-}} d\langle X,\tilde{M}^L - \tilde{M}^\lambda\rangle_s + \int_0^t 1_{(L < s)} \frac{1}{1 - Z^L_{s-}} d\langle X,\tilde{M}^L\rangle_s$$

<u>est une $(\underline{\underline{F}}^{L,\lambda}_t)$-martingale locale</u>.

b) $$X''_t = X_t - \int_0^{t\wedge\lambda} \frac{1}{Z^\lambda_{s-}} d\langle X,\tilde{M}^\lambda\rangle_s - \int_0^{t\wedge T} 1_{(\lambda < s)} \frac{1}{Z^T_{s-} - Z^\lambda_{s-}} d\langle X,\tilde{M}^T - \tilde{M}^\lambda\rangle_s + \int_0^t 1_{(T < s)} \frac{1}{1 - Z^T_{s-}} d\langle X,\tilde{M}^T\rangle_s$$

<u>est une $(\underline{\underline{F}}^\lambda_t)$-martingale locale</u>.

Démonstration : nous reprenons celle du théorème 15 de ([13]) ; b) de démontre alors comme a). Nous pouvons supposer $X_0 = 0$, puis par localisation que X appartient à $H^1(\underline{\underline{F}}_t)$. X est alors une $(\underline{\underline{F}}_t^{L,\lambda})$-semimartingale de $H^1(\underline{\underline{F}}_t^{L,\lambda})$, de décomposition canonique $X = X' + C$ en somme d'une $(\underline{\underline{F}}_t^{L,\lambda})$-martingale X' et d'un processus $(\underline{\underline{F}}_t^{L,\lambda})$-prévisible à variation intégrable C .

Pour tout processus $\underline{\underline{P}}^{L,\lambda}$-mesurable borné H nul en 0 (donc de la forme $J_1 1_{[\![0,\lambda]\!]} + J_2 1_{]\!]\lambda,L]\!]} + J_3 1_{]\!]L,\infty[\![}$ avec J_1 , J_2 et J_3 $\underline{\underline{P}}$-mesurables bornés, d'après le lemme 17-a)) , $(H\cdot X')$ est une $(\underline{\underline{F}}_t^{L,\lambda})$-martingale uniformément intégrable, d'où :

$$E((H\cdot C)_\infty) = E((H\cdot X)_\infty)$$

$$= E((H 1_{[\![0,\lambda]\!]} \cdot X)_\infty) + E((H 1_{]\!]\lambda,L]\!]} \cdot X)_\infty) + E((H 1_{]\!]L,\infty[\![} \cdot X)_\infty)$$

$$= E((J_1 \cdot X)_\lambda) + E((J_2\cdot X)_L - (J_2 \cdot X)_\lambda) - E((J_3 \cdot X)_L)$$

$$= E((J_1 \cdot \langle X,\tilde{M}^\lambda\rangle)_\infty) + E((J_2 \cdot \langle X,\tilde{M}^L - \tilde{M}^\lambda\rangle)_\infty) - E((J_3 \cdot \langle X,\tilde{M}^L\rangle)_\infty)$$

$$= E(\int_0^\lambda \frac{H_s}{Z_{s-}} d\langle X,\tilde{M}^\lambda\rangle_s) + E(\int_\lambda^L \frac{H_s}{Z_{s-}^L - Z_{s-}} d\langle X,\tilde{M}^L - \tilde{M}^\lambda\rangle_s)$$

$$- E(\int_L^\infty \frac{H_s}{1 - Z_{s-}^L} d\langle X,\tilde{M}^L\rangle_s)$$

d'après la forme explicite de J_1 , J_2 et J_3 obtenue au lemme 17-a) . C a donc bien la forme indiquée.

IV Sur un théorème de D. Williams.

Williams ([24], [25]) étudie des décompositions des trajectoires des diffusions réelles continues ; Millar ([20], [21]) remarque que les variables utilisées dans les découpages des trajectoires sont des temps "coterminaux randomisés", ce qui lui permet de retrouver des résultats explicites à l'aide de techniques markoviennes.(1)

Nous voulons donner ici une autre approche en utilisant des grossissements de filtrations et des propriétés de semi-martingales. On s'attachera surtout à démontrer complètement le

<u>Théorème 19</u> ([24]) : <u>Supposons définis sur un espace probabilisé quatre éléments aléatoires indépendants</u> :

- <u>une variable aléatoire</u> α <u>uniformément distribuée sur</u> $[0,1]$;
- <u>un mouvement brownien</u> W <u>issu de</u> 0 ;
- <u>deux processus de Bessel d'ordre</u> 3, R <u>et</u> R', <u>issus de</u> 0.

<u>On définit</u> :

$$\bar{\rho} = \inf(t, W_t = \alpha)$$
$$\bar{\sigma} = \bar{\rho} + \sup(t, R_t = \alpha)$$
$$\bar{\tau} = \bar{\sigma} + \inf(t, R'_t = 1)$$

et $\bar{W}_t = W_t 1_{(t<\bar{\rho})} + 1_{(\bar{\rho}\le t<\bar{\sigma})}(\alpha - R_{t-\bar{\rho}}) + 1_{(\bar{\sigma}\le t<\bar{\tau})} R'_{t-\bar{\sigma}}$

<u>Alors</u>, $(\bar{W}_t, t<\bar{\tau})$ <u>a même loi que</u> $(W_t, t<\tau)$, <u>où</u> $\tau = \inf(t, W_t = 1)$.

---

(1) D'autres auteurs se sont penchés sur ce genre de question ; ne pouvant tous les citer, nous renvoyons à l'historique et à la bibliographie de Millar ([20]).

On conserve les notations des paragraphes précédents et on suppose donné un $(\underline{\underline{F}}_t)$-mouvement brownien (B_t), i.e. une $(\underline{\underline{F}}_t)$-martingale continue, de processus croissant associé t ([19], III théorème 10). On note $(\underline{\underline{B}}_t)_{t\in\mathbb{R}_+}$ la filtration (dûment complétée) engendrée par (B_t).

Faisons une <u>remarque préliminaire</u> : toute $(\underline{\underline{B}}_t)$-martingale bornée est une $(\underline{\underline{F}}_t)$-martingale ([19], III théorème 10); l'hypothèse ($\mathcal{H}$) de Brémaud et Yor ([4]) est donc vérifiée . Si H est un processus $\underline{\underline{R}}_+ \otimes \underline{\underline{F}}$-mesurable borné, notons ${}^{o}H$ (resp. ${}^{o'}H$) sa projection $(\underline{\underline{F}}_t)$- (resp. $(\underline{\underline{B}}_t)$-) optionnelle ; alors :

- si H est $\underline{\underline{R}}_+ \otimes \underline{\underline{B}}_\infty$-mesurable, ${}^{o}H = {}^{o'}H$;
- si L est une variable $\underline{\underline{B}}_\infty$-mesurable positive ,

$$(*)\quad E({}^{o}H_L\,; L < +\infty) = E({}^{o'}H_L\,; L < +\infty) .$$

Les tribus $(\underline{\underline{B}}_t)$-optionnelle et $(\underline{\underline{B}}_t)$-prévisible coïncidant, on obtient, avec les notations de I :
pour toute variable L $\underline{\underline{B}}_\infty$-mesurable, $L > 0$, Z^L est une $(\underline{\underline{B}}_t)$-surmartingale positive, de décomposition $Z^L = M^L - A^L$, où M^L est une $(\underline{\underline{B}}_t)$-martingale et A^L un processus croissant $(\underline{\underline{B}}_t)$-prévisible.
En outre, $\tilde{A}^L = A^L$, d'après (*) , et $\tilde{M}^L = M^L$.

Nous supposerons dans la suite $B_0 = 0$; définissons les variables suivantes :

$$\tau = \inf(\, t,\ B_t = 1\,)$$

$$\sigma = \sup(\, t < \tau\ ,\ B_t = 0\,)$$

$$B_t^* = \sup_{s \leq t} B_s \quad \text{et} \quad \rho = \sup(\, t < \sigma\ ,\ B_t^* = B_t\,) .$$

On se trouve ainsi (avec τ , σ et ρ $\underline{\underline{B}}_\infty$-mesurables) sous les hypothèses de la proposition 18, que l'on va utiliser pour obtenir des formules de décomposition relatives aux filtrations $(\underline{\underline{F}}_t^{\sigma})$, $(\underline{\underline{F}}_t^{\sigma,\rho})$ et $(\underline{\underline{F}}_t^{\rho})$. Nous étudierons ensuite quelques propriétés des processus de Bessel, avant de démontrer le théorème de Williams.

1) Formules explicites liées au grossissement.

a) Calculs relatifs à $(\underline{\underline{F}}_t^{\delta})$.

Soit $T_y = \inf(t, B_t = y)$; si $a^+ = \sup(a,0)$, $a^- = \sup(-a,0)$, pour $y < z$, on a $P(T_y < T_z) = z^+ / (z^+ - y^-)$ $(0/0 = 0)$. Par suite, pour tout $(\underline{\underline{F}}_t)$-temps d'arrêt T ,

$$E(Z_T^{\delta} ; T < +\infty) = P(T<\delta) = P(\exists\, s,\ T < s < \tau ,\ B_s = 0) = E(1 - B^+_{T\wedge\tau}) .$$

On a donc $Z_t^{\delta} = 1 - B^+_{t\wedge\tau}$, processus continu , ce qui implique $\tilde{Z}^{\delta} = Z^{\delta}$.

Si L^0 désigne le temps local en 0 ([19]) de la martingale continue B , on a , d'après la formule de Tanaka :

$$B_t^+ = \int_0^t 1_{(B_s > 0)}\, dB_s + \tfrac{1}{2} L_t^0 \quad , \text{ d'où}$$

$$(6) \qquad \tilde{M}_t^{\delta} = 1 - \int_0^{t\wedge\tau} 1_{(B_s > 0)}\, dB_s \quad , \quad \tilde{A}_t^{\delta} = \tfrac{1}{2} L^0_{t\wedge\tau} .$$

La proposition 18 , dans la cas simple où $\lambda = L$ $(= \delta)$, donne alors :

$$(7) \qquad B_t = \bar{B}_t + \int_0^{t\wedge\delta} \frac{1}{1 - B_u}\, 1_{(B_u > 0)}\, du + \int_0^{t\wedge\tau} 1_{(\delta < u)}\, \frac{1}{B_u}\, du ,$$

où $\bar{B}$ est une $(\underline{\underline{F}}_t^{\delta})$-martingale locale continue, vérifiant $[\bar{B},\bar{B}]_t = [B,B]_t = t$,

i.e. $\bar{B}$ est un $(\underline{\underline{F}}_t^{\delta})$-mouvement brownien.

b) Calculs relatifs à $(\underline{\underline{F}}_t^{\delta,\rho})$.

Etudions d'abord la loi de $B^*_{\rho} = B^*_{\delta} = B_{\rho}$: on a $0 \leq B_{\rho} \leq 1$, et pour $0 \leq a \leq 1$, $P(B^*_{\delta} \geq a) = P(T_a < \delta) = E(Z^{\delta}_{T_a}) = 1 - a$.

B_{ρ} est uniformément distribuée sur $[0,1]$.

En outre, pour tout $(\underline{\underline{F}}_t)$-temps d'arrêt $T \leq \tau$,

$P(T < \rho) = P(T' < \delta)$

où T' est le $(\underline{\underline{F}}_t)$-temps d'arrêt $T' = \inf(t > T, B_t \geq B^*_T)$;

de $T' \leq \tau$ et $B^+_{T'} = B^*_T$, découle :

$P(T<\rho) = 1 - E(B^+_{T'}) = 1 - E(B^*_T)$, d'où

$Z^\rho_t = 1 - B^*_{t\wedge\tau}$, processus décroissant continu (donc $\tilde{Z}^\rho = Z^\rho$) et

(8) $\tilde{M}^\rho_t = 1$, $\tilde{A}^\rho_t = B^*_{t\wedge\tau}$.

D'après la proposition 18, utilisée cette fois pour $\lambda = \rho$, et $L = \delta$, il vient :

$$(9) \quad B_t = \tilde{B}_t - \int_0^{t\wedge\delta} 1_{(\rho<u)} \, 1_{(B_u > 0)} \frac{1}{B_\rho - B_u} du + \int_0^{t\wedge\tau} 1_{(\delta<u)} \frac{1}{B_u} du ,$$

où $\tilde{B}$ est un $(\underline{\underline{F}}^{\delta,\rho}_t)$-mouvement brownien (même raisonnement qu'en a)).

c) Indépendance de B_ρ et de $\tilde{B}$.

Nous allons montrer que B_ρ est indépendant de $(\tilde{B}_t)_{t\in\mathbb{R}_+}$, puis que $\rho = \inf(t, B_t = B_\rho)$.

Considérons pour cela la filtration $(\underline{\underline{\tilde{B}}}_t)$ engendrée par $(\tilde{B}_t)$, n un entier, $(t_1,t_2,\dots,t_n) \in \mathbb{R}^n_+$, f une application borélienne bornée de $\mathbb{R}^n$ dans $\mathbb{R}$ et g borélienne bornée sur $\mathbb{R}$. $\tilde{B}$ étant un $(\underline{\underline{F}}^{\delta,\rho}_t)$-mouvement brownien et ρ un $(\underline{\underline{F}}^{\delta,\rho}_t)$-temps d'arrêt ,

$$C = E(f(\tilde{B}_{t_1},\dots,\tilde{B}_{t_n}) \, g(\tilde{B}_\rho)) = E(H_\rho \, g(\tilde{B}_\rho)) ,$$

où H est une version continue de la martingale

$E(f(\tilde{B}_{t_1},\dots,\tilde{B}_{t_n}) \mid \underline{\underline{\tilde{B}}}_t)$ (voir la remarque préliminaire).

$\tilde{B}$ coïncidant avec B sur $[\![0,\rho]\!]$, la propriété de Markov donne :

$$H_\rho = \left\{ E(f(B_{t_1},\dots,B_{t_n}) \mid \underline{\underline{F}}_t) \right\}_{t=\rho} , \text{ d'où}$$

$$C = E(\int_{\mathbb{R}_+} E(f(B_{t_1},\dots,B_{t_n}) \mid \underline{\underline{F}}_t) \, g(B_t) \, dA^\rho_t)$$

$$= E(f(B_{t_1},\dots,B_{t_n}) \int_0^\tau g(B^*_t) \, dB^*_t)$$

puisque $\tilde{A}^{\rho}$ commute avec la projection $(\underline{\underline{F}}_t)$-optionnelle et que $d\tilde{A}^{\rho}$ est porté par $(B = B^*)$;

les égalités :

$$\int_0^{\tau} g(B_t^*)\, dB_t^* = \int_0^{B_\tau^*} g(u)\, du = \int_0^1 g(u)\, du \qquad P\text{-p.s.}$$

donnent alors l'indépendance annoncée. Notons $\underline{\underline{G}}_t = \sigma(B_\rho) \vee \underline{\underline{\tilde{B}}}_t$.

Si γ désigne maintenant le $(\underline{\underline{G}}_t)$-temps d'arrêt $\inf(t, \tilde{B}_t = B_\rho)$, on a $\tilde{B}_\gamma = \tilde{B}_\rho = B_\rho$ et $\tilde{B}_t \leq \tilde{B}_\gamma$ pour $t \leq \rho$;
$\tilde{B}$ étant un $(\underline{\underline{G}}_t)$-mouvement brownien,
$\inf(s > \gamma,\ \tilde{B}_s > \tilde{B}_\gamma) = \gamma$ d'où $\gamma = \rho$ P-p.s.

d) <u>Calculs relatifs à</u> $(\underline{\underline{F}}_t^{\rho})$

Appliquons à nouveau la proposition 18 et (5) avec les notations :

$$\rho' = \inf(t > \rho,\ B_t = B_t^*)$$
$$\sigma_t = \sup(s < t,\ s \leq \tau \text{ et } B_s \leq 0)$$
$$\Lambda_t = \sup(s < t,\ B_s^* = B_s)$$
$$\mu = \inf(t > \rho,\ B_t = 0)\ .$$

On a alors : $\tilde{Z}_t^{\rho'} = Z_{t-}^{\rho'} = (1 - B_{t\wedge\tau}^+) + B_{t\wedge\tau}^+\, 1_{(t<\tau)} \cdot 1_{(\Lambda_t = \Lambda_{\sigma_t})}$.

En particulier, $\tilde{Z}_{\sigma}^{\rho'} = 1$ et $B_\sigma = 0$, soit $\sigma < \rho'$ p.s. et

$$(Z_{t-}^{\rho'} - Z_{t-}^{\rho})\, 1_{(\rho < t \leq \rho')} = 1_{(\rho < t \leq \mu)} (B_\rho - B_t) + 1_{(\mu < t \leq \rho')}\ ,$$
$$(1 - Z_{t-}^{\rho'})\, 1_{(\rho' < t \leq \tau)} = B_t \cdot 1_{(\rho' \leq t < \mu)}\ .$$

Il nous reste à identifier $\tilde{M}^{\rho'}$. Notons θ le processus

$$\theta_t = 1_{(t<\tau)} \cdot 1_{(\Lambda_t = \Lambda_{\sigma_t})}\ ;$$

θ est continu à gauche, limité à droite sur $\mathbb{R}_+^*$ et à variation finie sur tout intervalle $[u,v]$ $(0 < u \leq v)$. $D_t = \theta_{t+} B_{t\wedge\tau}^+$ est une semi-martingale bornée, donc spéciale ([19] ,IV -32) s'écrivant d'une manière unique sous la forme $N_t + C_t$ (N $(\underline{\underline{B}}_t)$-martingale

locale nulle en 0, C $(\underline{\underline{B}}_t)$-prévisible à variation finie).
La formule d'Ito, appliquée entre s et t $(0 < s \leq t)$ au produit des deux semi-martingales $(\theta_{t+})_{t \geq s}$ et $(B^+_{t \wedge \tau})_{t \geq s}$ donne :

$$N_t - N_s = \int_s^t \theta_{u-} \, 1_{(B_u > 0)} \, dB_u \; ,$$

d'où pour s tendant vers 0, $N_t = \int_0^t \theta_{u-} \, . \, 1_{(B_u > 0)} \, dB_u$.

On a donc :

$$(10) \quad \tilde{M}_t^{\rho'} = 1 - \int_0^t (1 - \theta_{s-}) \, 1_{(B_s > 0)} \, dB_s \; .$$

θ_t valant en outre 1 pour $\rho < t < \rho'$, on obtient :

$$(11) \quad B_t = B'_t - \int_0^{t \wedge \rho} 1_{(\rho < s)} \frac{1}{B_\rho - B_s} \, ds + \int_0^{t \wedge \tau} 1_{(\rho' < s)} \frac{1}{B_s} \, ds \; ,$$

où B' est un $(\underline{\underline{F}}_t^{\rho})$-mouvement brownien (même raisonnement qu'en a)).
Remarquons que l'on montre comme en c) que B_ρ est indépendant de B' .

2) Quelques propriétés des processus de Bessel.

Rappelons que l'on appelle processus de Bessel d'ordre n (n entier, $n \geq 2$) tout processus identique en loi au module $|X|$ d'un mouvement brownien n-dimensionnel $X = (X^1, X^2, \ldots, X^n)$.

Deux applications de la formule d'Ito permettent d'écrire :

$$(12) \quad |X_t| = |X_0| + \Gamma_t + \frac{n-1}{2} \int_0^t \frac{1}{|X_s|} \, ds \; ,$$

où Γ_t est le mouvement brownien (réel) $\int_0^t \frac{1}{|X_s|} \left(\sum_i X_s^i \, dX_s^i \right)$.

et :

$$(13) \quad |X_t|^2 = |X_0|^2 + 2 \int_0^t |X_s| \, d\Gamma_s + nt \; .$$

En [27], Yor a montré que, si $P(X_0 = x) = 1$, $x \neq 0$, le processus de Bessel d'ordre n, $|X|$, a même filtration que Γ .Notre but principal ici est d'étendre ce résultat lorsque $P(X_o = 0) = 1$, et, finalement, lorsque X_o est une variable $\underline{\underline{F}}_o$-mesurable..

Lemme 20 : Supposons défini sur un espace probabilisé filtré $(A, \underline{\underline{A}}, (\underline{\underline{A}}_t), Q)$ (vérifiant les conditions habituelles), un $(\underline{\underline{A}}_t)$-mouvement brownien (U_t), nul en 0 . Soit C une variable aléatoire A_o-mesurable, positive et bornée. L'équation

$$(12') \quad H_t = C + U_t + \frac{n-1}{2}\int_o^t \frac{1}{H_s}\, ds \quad , \quad H \geq 0$$

a une solution et une seule. H est une $(\underline{\underline{A}}_t)$-semi-martingale continue, engendrant la même filtration que $(C + U_t)_{t \geq 0}$. En outre, H est un processus de Bessel d'ordre n, issu de C .

Démonstration : Il résulte de Yamada ([26] ,p. 117) que l'équation

$$(13') \quad K_t = C^2 + 2\int_0^t |K_s|^{\frac{1}{2}}\, dU_s + nt$$

a une solution, unique ; K est une $(\underline{\underline{A}}_t)$-semi-martingale continue, ayant même loi que le carré d'un processus de Bessel d'ordre n, issu de C .

Soit $H_t = (K_t)^{\frac{1}{2}}$ et $V_t = C + U_t + \frac{n-1}{2}\int_o^t \frac{1}{H_s}\, ds$.

Sur $(C > 0)$, K_t ne revenant pas en 0 pour $t > 0$, $\frac{1}{H}$ est localement borné , tandis que

$$\int_0^t E(\frac{1}{H_s} ; C = 0)\, ds = a_n P(C = 0) \int_o^t s^{-\frac{1}{2}}\, ds < +\infty .$$

V est donc une $(\underline{\underline{A}}_t)$-semi-martingale continue.

Considérons en outre $0 < b < a$, $S_a = \inf(t, H_t = a)$, $S'_b = \inf(t > S_a , H_t = b)$ et g une fonction de classe C^2 coïncidant avec $x \to x^{\frac{1}{2}}$ sur $[b/2, +\infty[$; appliquons la formule d'Ito à $g(K_t)$; il vient :

$$g(K_t)\, 1_{(S_a \leq t)} = 1_{(S_a \leq t)}\left\{ a + \int_{S_a}^t g'(K_s)\, dK_s + \tfrac{1}{2}\int_{S_a}^t g''(K_s)\, d\langle K,K\rangle_s \right\}$$

soit : $H_{t\wedge S'_b}\, 1_{(S_a \leq t)} = 1_{(S_a \leq t)} \left\{ a + \int_{S_a}^{t\wedge S'_b} dU_s + \frac{n-1}{2}\int_{S_a}^{t\wedge S'_b} \frac{1}{H_u}\, du \right\}$.

Il suffit de faire tendre b vers 0 (S'_b tend alors vers $+\infty$), puis a vers 0 , pour obtenir $H = V$.

Avec les notations du lemme 20, on a aussi, pour $n \geq 3$, le

<u>Lemme 21 : Soit</u> D <u>une variable aléatoire</u> $\underline{\underline{A}}_o$<u>-mesurable bornée</u>, $D > 0$; H <u>étant solution de</u> (13'), <u>notons</u> $\Sigma_D = \sup(\, s,\ H_s = D\,)$.
<u>La projection</u> $(\underline{\underline{A}}_t)$<u>-optionnelle de</u> $1_{[\![0,\ \Sigma_D]\!]}$ <u>est égale à</u>

$$\inf\left(1\ ,\ \left(\frac{D}{H}\right)^{n-2}\right) .$$

<u>Démonstration</u> :

Pour un processus de Bessel d'ordre n ($n \geq 3$) issu de $x \geq 0$, la probabilité d'atteinte de $a > 0$ est égale à $\inf(1\ ,\ (a/x)^{n-2})$, d'où :

$$P(T \leq \Sigma_D ; T < +\infty) = P(\,\exists u \geq 0,\ H_{u+T} = D\ ;\ T < +\infty\,)$$

$$= E\left(\ \inf\left(1\ ;\ \left(\frac{D}{H_T}\right)^{n-2}\right) ;\ T < +\infty\right) .$$

<u>Remarque 22</u> : Supposons que l'on veuille grossir la filtration $(\underline{\underline{A}}_t)$ à l'aide de la fin d'ensemble $(\underline{\underline{A}}_t)$-optionnel Σ_D ; la partie martingale de la surmartingale $\inf(1\ ,\ (\frac{D}{H})^{n-2})$ est, d'après la formule d'Ito pour les fonctions convexes ([19]) égale à :

$$1 - (n-2)\, D^{n-2} \int_0^t 1_{(D < H_s)} \frac{1}{H_s^{n-1}}\, dU_s .$$

Dans le cas où $n = 3$, on obtient alors en vertu de la proposition 18 :

$$(14)\quad H_t = C + \tilde{U}_t + \int_0^{t\wedge\Sigma_D} \frac{1}{H_u}\, 1_{(H_u \leq D)}\, du + \int_0^t 1_{(\Sigma_D < u)} \frac{1}{H_u - D}\, du$$

où $\tilde{U}$ est un $(\underline{\underline{A}}_t^{\Sigma_D})$-mouvement brownien, nul en 0 .

3) Décomposition des trajectoires browniennes entre 0 et τ .

Nous reprenons les notations introduites au paragraphe IV- 1).

a) Comportement entre 0 et ρ : d'après 1 -d), B_ρ , uniformément distribué sur $[0,1]$, est indépendant de B' et B = B' sur $[\![0,\rho]\!]$; $\rho = \inf(t, B'_t = B_\rho)$.

b) Comportement entre ρ et δ .

Soient $D_t = B'_\rho - B'_{t+\rho}$, $(\underline{\underline{F}}^{e}_{t+\rho})$-mouvement brownien issu de 0 , indépendant de $\underline{\underline{F}}^{e}_{\rho}$ et $Y_t = B_\rho - B_{t+\rho}$. Il découle de (11) que :

$$(15)\quad Y_t = D_t + \int_0^{t\wedge(\mu-\rho)} \frac{1}{Y_u}\,du - \int_0^{t\wedge(\tau-\rho)} 1_{(\rho'-\rho<u)} \frac{1}{B_\rho - Y_u}\,du$$

avec $\mu - \rho = \inf(t, Y_t = B_\rho)$

$\rho' - \rho = \inf(t>0, Y_t < 0)$

$\tau - \rho = \inf(t, Y_t = B_\rho - 1)$.

D'après le lemme 17 et IV 1 -d), la projection $(\underline{\underline{F}}^{e}_{t+\rho})$-prévisible du processus $1_{[\![0,\delta-\rho]\!]}$ est

$$1_{[\![0,\mu-\rho]\!]} + 1_{]\!]\mu-\rho,\rho'-\rho]\!]}\left(1 - \frac{B^+_{t+\rho}}{B_\rho}\right).$$

La projection $(\underline{\underline{F}}^{e}_{t+\rho})$-optionnelle de $1_{[\![0,\delta-\rho[\![}$ est donc

$$1_{[\![0,\mu-\rho[\![} + 1_{[\![\mu-\rho,\rho'-\rho[\![}\inf\left(1, \frac{Y_t}{B_\rho}\right) = N_t \,.\, \inf\left(1, \frac{B_\rho}{Y_t}\right)$$

où $N_t = 1 + 1_{(\mu-\rho\leq t)} \dfrac{1}{B_\rho}(Y_{t\wedge(\rho'-\rho)} - Y_{\mu-\rho})$.

Lemme 23 : a) N_t est une $(\underline{\underline{F}}^{e}_{t+\rho})$-martingale continue positive .

b) pour tout $u>0$, soit Q^u la probabilité définie sur $(\Omega, \underline{\underline{F}}^{e}_{u+\rho})$ par $Q^u = N_u \cdot P$. Alors $Q^u(\rho'-\rho \leq u) = 0$ et, sous Q^u, $(Y_{s\wedge u})_{s\in\mathbb{R}_+}$ est un processus de Bessel d'ordre 3 (arrêté en u), issu de 0 et

<u>indépendant de</u> $\underline{\underline{F}}^{\rho}_{\rho}$.

<u>Démonstration</u> :

a) $N_t = 1 + \frac{1}{B_\rho}\int_0^t 1_{(\not{t}-\rho < s \leq \rho'-\rho)}\, dD_s$ (d'après (15)) ;

N est donc une $(\underline{\underline{F}}^{\rho}_{t+\rho})$-martingale locale positive, continue ; $N_0 = 1$; pour montrer que N est une martingale, il suffit de montrer le même résultat pour $1_{(B_\rho \geq m^{-1})}.N$ ($m \in \mathbb{N}$, $m \geq 1$) ; or ceci est une conséquence de $[N,N]_t = 1 + \frac{1}{B_\rho^2}\inf(\rho'-\not{t}, (t-\not{t}+\rho)^+) \leq 1 + \frac{t}{B_\rho^2}$ et des inégalités de Burkholder-Davis-Gundy et de Doob.

b) $\rho'-\rho$ est un $(\underline{\underline{F}}^{\rho}_{t+\rho})$-temps d'arrêt ; de a) et $N_0 = 1$, $N_{\rho'-\rho} = 0$ vient : $Q^u(\Omega) = 1$, $Q^u(\rho'-\rho \leq u) = 0$.

Nous pouvons maintenant appliquer le théorème de Girsanov, dans la version donnée par Lenglart ([14]) : sous Q^u ,

$$\tilde{D}_{t\wedge u} = D_{t\wedge u} - \int_0^{t\wedge u} \frac{1}{N_s}\, d\langle D,N\rangle_s = D_{t\wedge u} - \int_0^{t\wedge u} \frac{1}{Y_s}\, 1_{(\not{t}-\rho < s \leq \rho'-\rho)}\, ds$$

est une $(\underline{\underline{F}}^{\rho}_{t+\rho})$-martingale locale continue, de processus croissant $t\wedge u$, donc un $(\underline{\underline{F}}^{\rho}_{t+\rho})$-mouvement brownien, arrêté en u . En outre, puisque $Q^u(\rho'-\rho \leq u) = 0$, (15) donne : sous Q^u

$$Y_{u\wedge t} = \tilde{D}_{t\wedge u} + \int_0^{t\wedge u} \frac{1}{Y_s}\, ds \qquad \text{d'où b) (lemme 20).}$$

Le lemme 23 (qui n'est pas autre chose que l'aspect "semi-martingale" des diffusions conditionnées de Doob...(cf. Williams [25])) permet d'étudier facilement le comportement du mouvement brownien B entre ρ et σ . Notons à cet effet $C = C(\mathbb{R}_+, \mathbb{R})$ l'espace des applications continues de $\mathbb{R}_+$ dans $\mathbb{R}$, $\underline{\underline{C}}$ sa tribu borélienne, (ξ_s) les applications coordonnées et Q_0 la probabilité sur (C, $\underline{\underline{C}}$) faisant de ξ un processus de Bessel d'ordre 3 issu de 0 .

On considère sur $(W, \underline{\underline{W}}) = (\Omega \times C, \underline{\underline{F}}_\rho^\rho \times \underline{\underline{C}})$ la probabilité $\overline{Q} = P \otimes Q_\omega$, et $\overline{Y}$ le processus défini par $\overline{Y}_t : (\omega, c) \in \Omega \times C \to \xi_t(c)$

α la variable $\alpha : (\omega, c) \to B_\rho(\omega)$.

Soient alors $f_1, f_2, \dots, f_n$ des fonctions boréliennes nulles en 0 , $t_1 < t_2 < \dots < t_n$ des nombres réels.

$$E(f_1(Y_{t_1} 1_{(t_1 < \delta - \rho)}) \dots f_n(Y_{t_n} 1_{(t_n < \delta - \rho)})) =$$

$$E(f_1(Y_{t_1}) \dots f_n(Y_{t_n}) ; t_n < \delta - \rho) =$$

$$E(f_1(Y_{t_1}) \dots f_n(Y_{t_n}) \inf(1 , \frac{B_\rho}{Y_{t_n}}) N_{t_n}) =$$

$$E_{Q^{t_n}}(f_1(Y_{t_1}) \dots f_n(Y_{t_n}) \inf(1 , \frac{B_\rho}{Y_{t_n}})) = \quad \text{(Lemme 23)}$$

$$E_{\overline{Q}} (f_1(\overline{Y}_{t_1}) \dots f_n(\overline{Y}_{t_n}) \inf (1 , \frac{\alpha}{\overline{Y}_{t_n}})) =$$

$$E_{\overline{Q}} (f_1(\overline{Y}_{t_1}) \dots f_n(\overline{Y}_{t_n}) ; t_n < \Sigma_\alpha)$$

où $\Sigma_\alpha = \sup(t, \overline{Y}_t = \alpha)$ (Lemme 21).

$(B_\rho - B_{t+\rho} ; t < \delta - \rho)$ a donc même loi qu'un processus de Bessel d'ordre 3, indépendant de $\underline{\underline{F}}_\rho^\rho$, issu de 0, et tué au dernier instant où il passe en B_ρ .

c) <u>Comportement entre δ et τ</u> .

On utilise maintenant 1-b) : $B_{t+\delta} = \tilde{B}_{t+\delta} - B_\delta + \int_0^{t \wedge (\tau-\delta)} \frac{1}{B_{u+\delta}} du$

où $\tau - \delta = \inf(t > 0, B_{t+\delta} = 1)$ et

$(\tilde{B}_{t+\delta} - \hat{B}_\delta)$ est un $(\underline{\underline{F}}_{t+\delta}^{\rho,\delta})$ -mouvement brownien, indépendant de $\underline{\underline{F}}_\delta^{\rho,\delta}$.

Le lemme 20 montre alors que $(B_{t+\delta}, t < \tau - \delta)$ a même loi qu'un processus de Bessel d'ordre 3, issu de 0, indépendant de $\underline{\underline{F}}_\delta^{\rho,\delta}$, tué au premier instant où il passe en 1 .

Bibliographie

[1] Airault H., Föllmer H. : Relative densities of semimartingales. Inventiones Math. 27, 1974, 299-327.

[2] Azéma J.: Quelques applications de la théorie générale des processus I . Inventiones Math. 18, 1972, 293-336.

[3] Barlow M.: Study of a filtration expanded to include an honest time . (à paraitre au Z.f.Wahr. ; 1977)

[4] Brémaud P., Yor M. : Changes of filtrations and of probability measures (à paraitre au Z.f.Wahr. ; 1977)

[5] Dellacherie C.: Capacités et processus stochastiques. Ergebnisse der Math. u.i. Grenzgebiete, Band 67, Springer 1972 .

[6] Dellacherie C., Meyer P.A. : Probabilités et potentiels, Hermann, 1975 .

[7] Dellacherie C.: Supports optionnels et prévisibles d'une P-mesure et applications. Séminaire de Probabilités XII, Lecture Notes in Math. 649, 515-522, Springer 1978.

[8] Dellacherie C., Meyer P.A.: A propos du travail de Yor sur le grossissement des tribus. Séminaire de probabilités XII, Lecture Notes in Math. 649, 70-77, Springer 1978.

[9] Dellacherie C., Meyer P.A.: Construction d'un processus prévisible ayant une valeur donnée en un temps d'arrêt. Séminaire de Probabilités XII, Lecture notes in Math. 649, 425-427, Springer 1978.

[10] El Karoui N., Reinhard H.: Compactification et balayage de processus droits. Astérisque 21 , 1975.

[11] Getoor R.K. : Markov processes : Ray processes and Right processes. Lecture Notes in Math. 440, Springer 1975.

[12] Jeulin T.,Yor M. : Grossissement d'une filtration,formules explicites Séminaire de probabilités XII, Lecture Notes in Math. 649,78-97, Springer 1978.

[13] Jeulin T.,Yor M.: Nouveaux résultats sur le grossissement des tribus. (à paraitre aux Annales de l'E.N.S. ; 1978)

[14] Lenglart E.: Transformation des martingales locales par changement absolument continu de probabilités. Z.f. Wahr. 39, 65-70, 1977 .

[15] Maisonneuve B.,Meyer P.A.:Ensembles aléatoires markoviens homogènes. Séminaire de Probabilités VIII,Lecture Notes in Math.381 , Springer 1974.

[16] Mertens J.F.: Théorie des processus stochastiques généraux, applications aux surmartingales. Z.f.Wahr. 22,45-68, 1972.

[17] Meyer P.A.: Processus de Markov. Lecture Notes in Math. 26, Springer 1967.

[18] Meyer P.A.,Smythe R.T.,Walsh J.B.: Birth and death of Markov processe Proc.6th Berkeley Sympos.Math.Statist.Prob.,Univ.Calif. Vol III, 295-305, 1972.

[19] Meyer P.A.: Un cours sur les intégrales stochastiques. Séminaire de Probabilités X, Lecture Notes in Math.511, Springer 1976.

[20] Millar P.W.: Random times and decomposition theorems. Proceedings of Symposia in Pure Math. Vol 31 , 91-103, 1977.

[21] Millar P.W.: A path decomposition for Markov processes. The Annals of Probability, Vol 6,n°2 , 345-348, 1978 .

[22] Pittenger A.O.,Shih C.T. : Coterminal families and the strong Markov Property. T.A.M.S., Vol 182, 1-42, 1973.

[23] Stricker C.: Quasimartingales, martingales locales et filtrations naturelles. Z.f.Wahr. 39,55-63, 1977.

[24] Williams D.: Decomposing the brownian path. Bull. Amer. Math. Soc. 76, 871-873, 1970.

[25] Williams D.: Path decomposition and continuity of local time for one-dimensionnal diffusions I, Proc. London Math.Soc.(3),28, 1974.

[26] Yamada T.: Sur la construction des solutions d'équations différentielles stochastiques dans le cas non lipschitzien. Séminaire de Probabilités XII, Lecture Notes in Math. 649, 114-131 , Springer 1978 .

[27] Yor M.: Sur les théories du filtrage et de la prédiction. Séminaire de Probabilités XI, Lecture Notes in Math. 581 , 257-297, Springer 1977.

[28] Yor.M.: Grossissement d'une filtration et semi-martingales, théorèmes généraux. Séminaire de Probabilités XII, Lecture Notes in Math. 649, 61-69, Springer 1 978.

Note : Je tiens à remercier ici M. Yor, dont les remarques et les suggestions diverses m'ont permis de clarifier certains points et d'éliminer quelques erreurs qui s'étaient glissées dans une première version de ce travail.

Université de Strasbourg
Séminaire de Probabilités 1977/78

ENCORE UNE REMARQUE SUR LA << FORMULE DE BALAYAGE >>

par C. Stricker

Cette note est un complément à l'exposé <u>Sur une formule de la théorie du balayage</u> de ce volume, par Meyer, Stricker et Yor, auquel nous renvoyons pour les notations et définitions principales. On suppose dans cet exposé que la semimartingale Y et l'ensemble aléatoire **H** sont liés par la propriété

$$Y_{D_t} = 0 \text{ pour tout } t$$

Nous voudrions montrer ici que les conclusions de l'exposé restent vraies sous une condition un peu plus faible : <u>en tout instant de la forme</u> D_t, <u>ou bien</u> $Y_{D_t}=0$, <u>ou bien</u> Y <u>traverse</u> 0 (i.e., Y présente un saut tel que $Y_{D_t}Y_{D_t-} \leqq 0$)[t].

Pour établir cela, nous remarquons d'abord qu'en tout point de **H** non isolé à droite, on a Y=0. Donc les points de **H** où Y ne s'annule pas sont des extrémités <u>gauches</u> d'intervalles contigus à **H**. Ceux d'entre eux qui sont de la forme D_t sont donc des points isolés de **H**. Nous pouvons les énumérer au moyen d'une suite (T_n) de temps d'arrêt à graphes disjoints. Posons alors

$$U = \Sigma_n Y_{T_n} I_{[T_n, D_{T_n}[}$$

Le processus U est à variation finie, avec

$$\int_0^\infty |dU_s| \leqq 2\Sigma_s \left(I_{\{Y_{s-}\leqq 0\}} Y_s^+ + I_{\{Y_{s-}\geqq 0\}} Y_s^-\right)$$

il est adapté, continu à droite, et la semimartingale Y'=Y-U est telle que $Y'_{D_t}=0$ pour tout t. Si K est un processus progressif borné, le processus $(K_{\tau_t} Y'_t)=(K_{\ell_t} Y'_t)$ est donc une semimartingale. D'autre part, le processus $(K_{\ell_t} U_t)$ est à variation finie : il faut prendre ici ℓ_t et non τ_t pour obtenir la continuité à droite. Par addition, on voit que $(K_{\ell_t} Y_t)$ est une semimartingale.

Université de Strasbourg
Séminaire de Probabilités 1977/78

PRESENTATION DE L'<<INEGALITE DE DOOB >> DE METIVIER-PELLAUMAIL

par P.A. Meyer

Dans le travail [1], Métivier et Pellaumail développent une théorie des équations différentielles stochastiques à partir de principes assez différents de ceux qu'a utilisés Catherine Doléans-Dade. Comme dans toute théorie des équations différentielles stochastiques, cependant, l'arrêt à T- joue un rôle important, et le problème qui se pose à Métivier et Pellaumail est de trouver un substitut, pour l'arrêt à T-, de l'inégalité de Doob :

Si M est une martingale de carré intégrable, et T est un temps d'arrêt, on a

(1) $$\frac{1}{4}E[M_T^{*2}] \leqq E[[M,M]_T]$$

Comme d'habitude, $M_t^* = \sup_{0 \leqq s \leqq t} |M_t|$. Voici l'inégalité de Métivier-Pellaumail :

Sous les mêmes hypothèses, si T est un temps d'arrêt >0, on a

(2) $$\frac{1}{4}E[M_{T-}^{*2}] \leqq E[[M,M]_{T-}+\langle M,M\rangle_{T-}]$$

L'hypothèse que T>0 peut être gênante, et on est tenté de la lever en se ramenant à un calcul sur l'ensemble $\underline{\underline{F}}_0$-mesurable $\{T>0\}$. C'est légitime si l'on a convenu que $\underline{\underline{F}}_0=\underline{\underline{F}}_{0-}$ pour le calcul de $\langle M,M\rangle$.

La démonstration de (2) est loin d'être évidente. Elle a été présentée par Métivier au séminaire de Strasbourg au cours de l'hiver 1977, avec ses conséquences pour la théorie des équations différentielles ; il nous semble qu'elle devrait intéresser beaucoup de lecteurs de ce volume.

CALCUL PRELIMINAIRE

Notations : $(\Omega,\underline{\underline{F}},P,(\underline{\underline{F}}_t))$ comme d'habitude ; S est un temps prévisible >0, et (H_t) est une martingale de carré intégrable, compensée d'un seul saut à l'instant prévisible S :

$$H_t = hI_{\{t\geqq S\}} \quad \text{avec } h\in L^2(\underline{\underline{F}}_S),\ E[h|\underline{\underline{F}}_{S-}] = 0 .$$

A est un élément de $\underline{\underline{F}}_S$ (mais non de $\underline{\underline{F}}_{S-}$ en général) et $\underline{\underline{G}}$ est la tribu engendrée par $\underline{\underline{F}}_{S-}$ et A . Pour alléger les notations on pose $B=A^c$, $a=P(A|\underline{\underline{F}}_{S-})$, $b=1-a = P(B|\underline{\underline{F}}_{S-})$, $k=E[h|\underline{\underline{G}}]$. Enfin, on pose

(3) $$\ell = hI_A + E[hI_B|\underline{\underline{G}}] \text{ , v.a. } \underline{\underline{F}}_S\text{-mesurable .}$$

On a $E[\ell|\underline{\underline{G}}] = E[h|\underline{\underline{G}}]$, donc $E[\ell|\underline{\underline{F}}_{S-}]=0$, d'où une nouvelle martingale de carré intégrable

$$L_t = \ell I_{\{t \geq S\}}$$

H et L sont toutes deux nulles sur $[0,S[$, toutes deux égales à h après S sur l'ensemble A : autrement dit, <u>elles sont égales sur</u> $[0,S_B[$. Le but du calcul est d'estimer L, et plus précisément d'établir

(4) $$E[[L,L]_S] \leq E[[H,H]_S I_A + \langle H,H\rangle_S I_A]$$

Nous avons d'abord $[L,L]_S=\ell^2$, $[H,H]_S=h^2$, et ces deux v.a. sont égales sur A. Tout revient donc à montrer

(5) $$E[[L,L]_S I_B] \leq E[\langle H,H\rangle_S I_A] .$$

Du côté gauche, nous écrivons $\ell^2= h^2 I_A+E[h|\underline{\underline{G}}]^2 I_B$, donc $[L,L]_S I_B=k^2 I_B$. Du côté droit, $\langle H,H\rangle_S = E[h^2|\underline{\underline{F}}_{S-}] \geq E[k^2|\underline{\underline{F}}_{S-}]$ puisque $k=E[h|\underline{\underline{G}}]$, tribu contenant $\underline{\underline{F}}_{S-}$. Il suffit donc de prouver

$$E[k^2 I_B] \leq E[I_A E[k^2|\underline{\underline{F}}_{S-}]]$$

En fait on a l'égalité : écrivons $k=XI_A+YI_B$, avec X,Y $\underline{\underline{F}}_{S-}$-mesurables. La relation $E[k|\underline{\underline{F}}_{S-}]=0$ s'écrit $Xa+Yb=0$. On a $k^2=X^2 I_A+Y^2 I_B$, donc

$$E[I_A E[k^2|\underline{\underline{F}}_{S-}]] = E[I_A(X^2a+Y^2b)] = E[X^2a^2+Y^2ab]$$

$$E[k^2 I_B] = E[Y^2b] = E[Y^2b(a+b)] = E[Y^2b^2+Y^2ab] \qquad (a+b=1 \;!\;)$$

Prenant la différence, on trouve $E[X^2a^2-Y^2b^2]=E[(Xa+Yb)(Xa-Yb)]=E[0]=0$.

DEMONSTRATION DE L'INEGALITE (2)

T étant un temps d'arrêt >0, soient S_n des temps prévisibles >0, à graphes disjoints, tels que les $[S_n]$ recouvrent la partie accessible de $[T]$. Quitte à remplacer S_n par $+\infty$ sur $\{S_n>T\}$, on peut supposer $S_n \leq T$ sur $\{S_n<\infty\}$. On pose

$$A_n=\{S_n<T\} \;,\quad B_n=A_n^c = \{ S_n=T \text{ ou } S_n=+\infty \}$$

$$h^n= \Delta M_{S_n} \;,\quad H_t^n= h^n I_{\{t \geq S_n\}}$$

et pour chaque n on fait la construction précédente, fournissant une martingale L^n qui ne saute qu'à l'instant S_n . On peut décomposer M en une série orthogonale

$$M = N + \Sigma_n H^n$$

où N est continue aux instants S_n . La série orthogonale

$$\hat{M} = N + \Sigma_n L^n$$

est aussi convergente dans L^2 d'après (4). Comme $H^n=L^n$ sur $[0,(S_n)_{B^n}[$, qui contient $[0,T[$, on a $M=\hat{M}$ sur $[0,T[$. D'après l'inégalité de

Doob usuelle pour $\hat{M}$, il suffit d'établir

$$E[[\hat{M},\hat{M}]_T] \leqq E[[M,M]_{T-}+\langle M,M\rangle_{T-}]$$

qui se ramène aux inégalités suivantes :

$$E[[N,N]_T] \leqq E[\langle N,N\rangle_{T-}] \tag{6}$$

$$E[[L^n,L^n]_T] \leqq E[[H^n,H^n]_{T-}+\langle H^n,H^n\rangle_{T-}] \tag{7}$$

(6) est immédiate : en effet, $\langle N,N\rangle$ est continu à l'instant T, donc $E[\langle N,N\rangle_{T-}]=E[\langle N,N\rangle_T]=E[[N,N]_T]$. Pour établir (7), nous remarquons que

$$[L^n,L^n]_T = [L^n,L^n]_{S^n}$$

$$[H^n,H^n]_{T-}+\langle H^n,H^n\rangle_{T-} = [H^n,H^n]_{S_n} I_{A_n} + \langle H^n,H^n\rangle I_{A_n}$$

et (7) se ramène donc à (4).

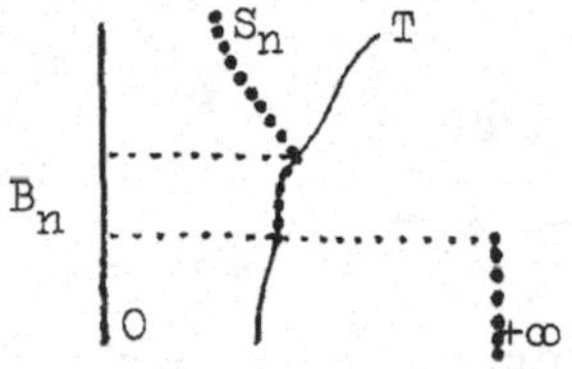

[1]. M. Métivier et J. Pellaumail. On a stopped Doob's inequality and general stochastic equations. Rapport interne n°28, Ecole Polytechnique, 1978.

SOLUTION EXPLICITE DE L'EQUATION

$$Z_t = 1 + \int_0^t |Z_{s-}| dX_s$$

de

Ch. YOEURP

<u>Introduction</u> : L'objet de cet article est d'expliciter la solution de l'équation différentielle stochastique de C. Doléans-Dade suivante :

$$Z_t = 1 + \int_0^t |Z_{s-}| dX_s \quad ,$$

où $X=(X_t)$ est une semi-martingale donnée.

On travaille sur un espace probabilisé complet $(\Omega, \mathcal{F}, P)$ muni d'une filtration croissante $(\mathfrak{F}_t)$ de sous tribus de $\mathfrak{F}$, vérifiant les conditions habituelles.

On suppose connues la théorie générale des processus ([1]) et la théorie des intégrales stochastiques ([3]). Toutes les intégrales stochastiques considérées sont nulles en 0 (i.e. $\int_0^t = \int_{]0,t]}$).

Soit $X=(X_t)$ une semi-martingale donnée[1]. d'après un théorème de C. Doléans-Dade ([2]), l'équation :

$$(1) \qquad Z_t = 1 + \int_0^t |Z_{s-}| dX_s$$

admet, dans l'ensemble des semi-martingales, une solution et une seule, qui vaut 1 pour $t=0$. Le théorème suivant donne une expression explicite de cette solution.

<u>Théorème</u> : <u>Soient</u> $T_1, \ldots, T_n, \ldots$ <u>les instants de sauts successifs de</u> X <u>d'amplitude supérieure ou égale à</u> 1 : $\bigcup_{n\geq 1} [T_n] = \{|\Delta X| \geq 1\}$.

<u>Définissons une suite de v.a.</u> $(\varepsilon_n)_{n\geq 1}$ <u>par</u> :

$$\begin{aligned} \varepsilon_n &= 1 \text{ si } \Delta X_{T_n} \geq 1 \\ &= -1 \text{ si } \Delta X_{T_n} \leq -1 \\ &= 0 \text{ si } \Delta X_{T_n} = 0 \quad (\text{i.e. si } T_n = \infty) \end{aligned}$$

<u>on pose</u> $T_0=0$, $\varepsilon_0=1$.

---

1. On ne restreint pas la généralité en supposant $X_0=0$. Nous le faisons dans toute la suite.

Alors, l'unique solution $Z = (Z_t)$ de (1) est donnée par :

$$Z_t = \sum_{n \geq o} Z_t^n 1_{[\![T_n, T_{n+1} [\![}\ ,$$ où l'on note :

$$Z_t^n = Z_{T_n}\ U^n(\varepsilon_n X)_t \quad \text{pour} \quad t \in [\![T_n, T_{n+1} [\![\ .$$

$$U^n(Y)_t = \exp(Y_t - Y_{T_n} - \tfrac{1}{2}<Y^c,Y^c>_t + \tfrac{1}{2} <Y^c,Y^c>_{T_n}) \prod_{T_n<s\leq t} (1+\Delta Y_s)e^{-\Delta Y_s}\ ,$$

$$t \in [\![T_n, T_{n+1} [\![$$

$$Z_{T_n} = (1+\Delta X_{T_1})(1+\varepsilon_1 \Delta X_{T_2})\dots(1+\varepsilon_{n-1}\Delta X_{T_n}) U^0(X)_{T_1 -}\ U^1(\varepsilon_1 X)_{T_2 -} \dots$$

$$U^{n-1}(\varepsilon_{n-1}X)_{T_n -}$$

La démonstration du théorème s'appuie sur le lemme suivant :

Lemme : Soit $x = (x_t)$ une semi-martingale nulle en o telle que $\Delta x_t \geq -1$ (resp. $\Delta x_t \leq 1$) pour tout t .

Alors, pour toute valeur initiale positive (resp. négative) z_o , $\mathcal{F}_o$ mesurable, l'unique solution de l'équation :

$$z_t = z_o + \int_0^t |z_{s-}| dx_s$$

est donnée par :

$$z_t = z_o \exp(x_t - \tfrac{1}{2} <x^c,x^c>_t) \prod_{0<s\leq t} (1+\Delta x_s)e^{-\Delta x_s} \qquad (*)$$

(resp. $z_t = z_o \exp(- x_t - \tfrac{1}{2} <x^c,x^c>_t) \prod_{0<s<t} (1-\Delta x_s)e^{\Delta x_s}$ (**))

<u>Démonstration</u> : L'expression de z_t donnée par (*) est solution de l'équation :

$$z_t = z_o + \int_0^t z_{s-}\, dx_s$$

$$= z_o + \int_0^t |z_{s-}|dx_s \quad \text{, car } z_t \text{ est positif}$$

pour tout t .

D'où le résultat désiré, d'après l'unicité de la solution. De même, z_t donné par (**) est solution de l'équation :

$$z_t = z_o - \int_0^t z_{s-}\, dx_s$$

$$= z_o + \int_0^t |z_{s-}|dx_s \quad \text{, car } z_t \text{ est négatif,}$$

pour tout t .

D'où la conclusion ∎

Revenons à la démonstration du théorème. Il suffit de résoudre l'équation (1) dans chaque intervalle $[\![T_n,T_{n+1}[\![$, en déplaçant l'origine en T_n , et en arrêtant les processus considérés en $T_{n+1}-$.

De l'équation (1), on déduit :

$$(1') \qquad Z_{T_n+t} = Z_{T_n} + \int_{T_n}^{T_n+t} |Z_{s-}|dX_s$$

Pour étudier le signe de Z_{T_n} , on prend les sauts en T_n des deux membres de (1) :

$$Z_{T_n} - Z_{T_{n-}} = |Z_{T_{n-}}|\Delta X_{T_n}$$

(2) $\quad Z_{T_n} = Z_{T_{n^-}} + |Z_{T_{n^-}}|\Delta X_{T_n} = |Z_{T_{n^-}}|(\mathrm{sig}(Z_{T_{n^-}}) + \Delta X_{T_n})$

Par conséquent, sur $\{Z_{T_n} \neq o\} \cap \{T_n < \infty\}$, on a $\mathrm{sig}(Z_{T_n}) = \mathrm{sig}(\varepsilon_n)$.

La solution de (1') sur $[\![T_n, T_{n+1}[\![$ est donnée par le lemme précédent, compte tenu du caractère local des intégrales stochastiques :

Sur $\{Z_{T_n} > o\} \cap \{T_n < \infty\}, Z_t = Z_{T_n} \exp(X_t - X_{T_n} - \frac{1}{2}\langle X^c, X^c\rangle_t + \frac{1}{2}\langle X^c, X^c\rangle_{T_n}) \prod_{T_n < s \leq t} (1+\Delta X_s)e^{-\Delta X_s}$

Sur $\{Z_{T_n} < o\} \cap \{T_n < \infty\}, Z_t = Z_{T_n} \exp(-X_t + X_{T_n} - \frac{1}{2}\langle X^c, X^c\rangle_t + \frac{1}{2}\langle X^c, X^c\rangle_{T_n}) \prod_{T_n < s \leq t} (1-\Delta X_s)e^{\Delta X_s}$

Sur $\{Z_{T_n} = o\}$, $Z_t = o$

on a donc, d'une façon condensée :

(3) $\quad Z_t = Z_{T_n} U^n(\varepsilon_n X)_t$ sur $[\![T_n, T_{n+1}[\![$.

Pour terminer, il nous reste à calculer Z_{T_n} ; La relation (2) permet d'écrire :

$$Z_{T_n} = Z_{T_{n^-}} (1 + \mathrm{Sig}(Z_{T_{n^-}})\Delta X_{T_n})$$

D'autre part, la relation (3) écrite pour (n-1) donne :

$$Z_{T_n-} = Z_{T_{n-1}} U^{n-1}(\varepsilon_{n-1}X)_{T_n-} \quad , \quad sig(Z_{T_n-}) = sig(Z_{T_{n-1}}) = sig(\varepsilon_{n-1})$$

De proche en proche, on obtient ainsi l'expression de Z_{T_n} écrite dans l'énoncé du théorème. ■

(1) C. DELLACHERIE : "Capacités et processus stochastiques". Springer-Verlag, Berlin 1972.

(2) C. DOLEANS-DADE : "On the existence and unicity of solutions of stochastic differential equations". Z. für. Wahr. 36, 93-101, 1976.

(3) P.A. MEYER : "Un cours sur les intégrales stochastiques". Sém. Proba. de Strasbourg X , Lectures Notes in Math. 511, Berlin, Springer (1976).

Université de Strasbourg
Séminaire de Probabilités 1977/78

CARACTERISATION DES SEMIMARTINGALES, D'APRES DELLACHERIE

par P.A. Meyer

Soit $(\Omega,\underline{\underline{F}},P,(\underline{\underline{F}}_t))$ un espace probabilisé filtré satisfaisant aux conditions habituelles. Nous désignons par $\underline{\underline{B}}$ l'espace des processus <u>prévisibles élémentaires</u> : un processus $(H_t)_{t>0}$ appartient à $\underline{\underline{B}}$ si et seulement s'il peut s'écrire

(1) $$H = H_0 I_{]0,t_1]} + H_1 I_{]t_1,t_2]} + \dots + H_{n-1} I_{]t_{n-1},t_n]}$$

avec $0=t_0<t_1\dots<t_n<+\infty$, les t_i étant des rationnels dyadiques, et H_i étant pour tout i une v.a. $\underline{\underline{F}}_{t_i}$-mesurable bornée.

Soit X un processus adapté, continu à droite et nul en 0. Etant donné $H\in\underline{\underline{B}}$, la variable aléatoire

(2) $$J(H) = H_0 X_{t_1} + H_1(X_{t_2}-X_{t_1}) + \dots + H_{n-1}(X_{t_n}-X_{t_{n-1}})$$

i.e. l'intégrale stochastique évidente $\int_0^\infty H_s dX_s$, ne dépend pas de la représentation (1) choisie pour H, et J définit évidemment une application linéaire de $\underline{\underline{B}}$ dans l'espace L^0 de toutes les v.a. p.s. finies sur Ω, muni de la topologie de la convergence en probabilité (L^0 est un e.v.t. métrisable complet, non localement convexe). Notre but est de démontrer le théorème suivant, dû à Dellacherie (avec l'aide de Mokobodzki pour une étape essentielle).

THEOREME 1. <u>Supposons que</u> J <u>possède la propriété suivante</u>

(a) <u>Pour toute suite</u> (H^n) <u>d'éléments de</u> $\underline{\underline{B}}$, <u>nuls hors d'un intervalle</u> $[0,N]$ <u>fixe de</u> $\mathbb{R}_+$, <u>et convergeant uniformément vers</u> 0, <u>on a</u> $\lim_n J(H^n)=0$ <u>dans</u> L^0.

<u>Alors</u> X <u>est une semimartingale</u>.

Avant de démontrer ce théorème, nous allons le commenter. Tout d'abord, il justifie a posteriori la définition des semimartingales, et suggère une nouvelle approche <<pédagogique >> de toute la théorie de l'intégrale stochastique. Dellacherie a fait un premier essai dans cette direction dans l'article qu'il a envoyé aux Actes du Congrès d'Helsinki.

Ensuite, ce théorème <u>caractérise</u> les semimartingales : on a en effet, dans l'autre sens, le résultat suivant :

(b) | <u>Pour toute suite (H^n) d'éléments de $\underline{\underline{B}}$, majorés en valeur absolue par une même constante, nuls hors d'un intervalle fixe</u> $[0,N]$, <u>et convergeant simplement vers</u> 0, <u>on a</u> $\lim_n J(H^n)=0$ dans L^0.

On notera que (b) est une propriété du type de Daniell, tandis que (a) est plutôt du type de Riesz. Rappelons rapidement comment on établit (b) : cette propriété est invariante lorsqu'on remplace P par une loi équivalente Q . D'après un théorème de Stricker ([3]), on peut choisir Q de telle sorte que X soit, sur [0,N], la somme d'une martingale de carré intégrable et d'un processus croissant intégrable, pour lesquels la propriété (b) est alors évidente.

Enfin, disons que le théorème 1 a été suggéré à Dellacherie par la lecture de l'article [2] de Métivier-Pellaumail, le premier sans doute à considérer l'« horrible » espace L^0 comme un objet digne d'intérêt dans la théorie de l'intégrale stochastique. La première version du théorème utilisait une propriété du type (b) ; c'est la discussion au séminaire qui a montré que (a) suffisait, et que la démonstration était même plus simple ! On trouvera cette démonstration ci-dessous. Un peu plus tard, G. Letta lui a apporté quelques simplifications importantes . Dellacherie devait rédiger cette démonstration « définitive » , mais cela n'a pas été fait, car elle figure en détails dans le Lecture Notes à paraître de Jacod « Calcul stochastique et problèmes de martingales ». Il nous a semblé à tous deux que la première démonstration possède quelque intérêt propre, et mérite d'être publiée[1].

DEMONSTRATION DU THEOREME 1.

1) Il nous suffit de montrer que, pour tout N fini, le processus arrêté X^N est une semimartingale. Sans changer de notation, nous remplaçons donc X par X^N. L'application J est alors continue de $\underline{\underline{B}}$, muni de la norme de la convergence uniforme, dans L^0. Nous désignons par B la boule unité de $\underline{\underline{B}}$, par A l'image J(B).

2) L'énoncé du théorème 1 est invariant par changement de loi dans la classe d'équivalence de P . Sans changer de notation, nous remplaçons donc P par une loi équivalente, telle que toutes les v.a. X_t (t dyadique) soient intégrables [la possibilité d'un tel choix est facile à établir ; voir par exemple [1]]. Nous avons alors $A \subset L^1$.

Nous prenons comme système fondamental de voisinages de 0 dans L^0 les ensembles

(3) $$V_\varepsilon = \{ f : \|f\|_0 < \varepsilon \} \quad \text{où } \|f\|_0 = E[|f| \wedge 1]$$

1. Par exemple, afin de mieux faire connaître le lemme de Cartier.

3) Nous allons construire une loi Q, équivalente à P, majorée par un multiple de P (de sorte que $A\subset L^1(Q)$), et telle que

$$(4) \qquad \sup_{f\in A} \int fQ = \alpha < +\infty \qquad (\text{ prenant } f=0, \text{ on voit que } \alpha\geqq 0 \text{ })$$

Cela suffira. En effet, prenons dans l'expression (1)

$$H_i = \text{signe de } E_Q[X_{t_{i+1}} - X_{t_i} | \underline{\underline{F}}_{t_i}]$$

et prenons $f=J(H)$. Alors

$$\int fQ = E_Q[\sum_i |E_Q[X_{t_{i+1}} - X_{t_i} | \underline{\underline{F}}_{t_i}]|] \leqq \alpha \text{ (indépendant de la subdivision } (t_i))$$

et l'on voit que X est une quasimartingale pour la loi Q, donc une semimartingale pour Q, et finalement une semimartingale pour P [Plus précisément, le processus (X_t) pour t dyadique est une quasimartingale, et il faut un petit argument pour étendre cela aux t réels, grâce à la continuité à droite de X].

4) En fait, nous allons construire une version approchée de (4) : pour tout $\varepsilon>0$, une mesure $Q=Q_\varepsilon$, majorée par P, telle que $Q(\Omega)\geqq 1-\varepsilon$ et que

$$(5) \qquad \sup_{f\in A} \int fQ = \alpha_\varepsilon < +\infty$$

Nous en déduirons (4) en prenant $Q=\sum_n \lambda_n Q_{1/n}$, où les constantes $\lambda_n>0$ sont telles que $\sum \lambda_n Q_{1/n}$ soit une loi de probabilité (comme $Q_{1/n}(\Omega)> 1-1/n$, $\sum\lambda_n = \lambda < \infty$, et Q est majorée par λP) et que $\sum \lambda_n \alpha_{1/n} = \alpha<\infty$. Q est équivalente à P : en effet, écrivons $Q_{1/n}=g_n.P$, $Q=g.P$; la condition $Q_{1/n}(\Omega)\geqq 1-1/n$ entraîne $P\{g_n=0\}\leqq 1/n$ puisque $g_n\leqq 1$, et enfin $P\{g=0\}=0$. Enfin, on a pour $f\in A$, par convergence dominée relativement à P

$$\int fQ = \int fgP = \sum \lambda_n \int fg_nP \leqq \sum \lambda_n\alpha_{1/n} = \alpha$$

5) Nous fixons donc $\varepsilon>0$, et désignons par K l'ensemble des mesures positives Q, majorées par P et telles que $Q(\Omega)\geqq 1-\varepsilon$. Si nous considérons K comme une partie de L^∞ munie de la topologie faible $\sigma(L^\infty,L^1)$, K est convexe et compacte.

L'application J étant continue de $\underline{\underline{B}}$ dans L^0, il existe un voisinage de 0 dans $\underline{\underline{B}}$ dont l'image est contenue dans V_ε . Autrement dit, si $\alpha>0$ est assez grand, $\frac{1}{\alpha}A \subset V_{\varepsilon_1}$, soit

$$\text{pour } f\in A \text{ , on a } E[\tfrac{1}{\alpha}|f|\wedge 1] \leqq \varepsilon \quad \text{, donc } P\{|f|> \alpha\} \leqq \varepsilon$$

Prenons alors $Q_f = I_{\{|f|\leqq\alpha\}}P$. Nous avons $Q_f\in K$, et $\int fQ_f \leqq \alpha$. Identifions $f\in A$ à la fonction (affine) continue $Q\longmapsto \int fQ$ sur K, et utilisons le lemme de Cartier que voici :

LEMME. *Soit* K *un espace compact, et soit* A *un ensemble convexe de fonctions continues sur* K. *Supposons que*

(6) *pour tout* $f \in A$ *il existe* $Q \in K$ *tel que* $f(Q) \leqq \alpha$

Alors il existe une loi de probabilité μ *sur* K *telle que*

pour tout $f \in A$, $\int f(Q)\mu(dQ) \leqq \alpha$.

La démonstration est donnée plus loin. Ici, K est convexe compact, et toute $f \in A$ est affine continue, donc si Q est la *résultante* de μ, on a $f(Q) \leqq \alpha$ pour tout $f \in A$, et le théorème 1 est établi.

DEMONSTRATION DU LEMME. Nous prenons $\alpha=1$. Soit $\varepsilon>0$. D'après (6), la fonction constante $1+\varepsilon$ n'appartient pas à l'adhérence de l'ensemble convexe $A-\underline{\underline{C}}^+(K)$. D'après le théorème de Hahn-Banach, il existe une mesure (signée) μ_ε sur K telle que

(7) $$\sup_{f \in A,\ g \in \underline{\underline{C}}^+(K)} \mu_\varepsilon(f-g) \leqq (1+\varepsilon)\mu_\varepsilon(1)$$

Remplaçant g par tg ($t \in \mathbb{R}_+$) et faisant tendre t vers $+\infty$, on voit que $\mu_\varepsilon(g) \geqq 0$; donc μ_ε est positive. Nous pouvons alors supposer que $\mu_\varepsilon(1)=1$, et (7) nous donne, lorsque $g=0$

$$\sup_{f \in A} \mu_\varepsilon(f) \leqq 1+\varepsilon$$

Il ne reste plus qu'à prendre pour μ une valeur d'adhérence vague de μ_ε lorsque $\varepsilon \to 0$.

REFERENCES.

[1]. C. DELLACHERIE. Quelques applications du lemme de Borel-Cantelli à la théorie des semimartingales. Sém. Prob. XII, p. 742-745, Lect. Notes 649, Springer 1978.

[2]. M. METIVIER et J. PELLAUMAIL. Mesures stochastiques à valeurs dans les espaces L^0. ZfW 40, 1977, p. 101-114.

[3]. C. STRICKER. Quasimartingales, martingales locales, semimartingales et filtration naturelle. ZfW 39, 1977, p. 55-64.

Université de Strasbourg
Séminaire de Probabilités 1977/78

UN EXEMPLE DE J. PITMAN

par M. Yor

Soit (X_t) un mouvement brownien issu de 0, et soit H l'ensemble de ses zéros. On peut se demander si <u>toutes</u> les martingales de la filtration naturelle de X qui sont nulles sur H sont de la forme $K_{\tau_t} X_t$, où K est un processus prévisible, et τ_t est le dernier zéro avant t (voir dans ce volume les articles sur le balayage). Lors de son passage à Paris en Juin 1978, Pitman nous a montré un exemple d'une intégrale stochastique $Y_t = \int_0^t h_s dX_s$, où h n'est pas constante sur les intervalles contigus à H, qui a les mêmes zéros que X. Voici cet exemple.

Nous posons $T = \inf\{t : X_t = 1\}$

$U = \inf\{t>T : X_t = 1/2\}$

$D = \inf\{t>T : X_t = 0\}$

de sorte que $T \leqq U \leqq D$. D'autre part

$V = \inf\{t>T : X_t = 3/2\}$

$W = U \wedge V$

Puis nous posons

$$h_s = 1_{]0,W]}(s) + 1_{\{W=U\}} 1_{]W,\infty[}(s) + 3.1_{\{W<U\}} 1_{]U,\infty[}(s)$$

Ce processus est prévisible. Si W=U, i.e. si $U \leqq V$, on a $h_.(\omega)=1$ et la trajectoire de $Y = \int_0^. h_s dX_s$ est égale à celle de X. Si W<U , i.e. si la trajectoire ω monte en 3/2 avant de redescendre en 1/2, la trajectoire de Y vaut

X_t pour $0 \leqq t \leqq V=W$, 3/2 pour $V \leqq t \leqq U$ $3X_t$ pour $t \geqq U$

Dans les deux cas, elle a les mêmes zéros que la trajectoire de X. Sur le dessin suivant, la trajectoire de X est en trait plein, celle de Y en pointillé :

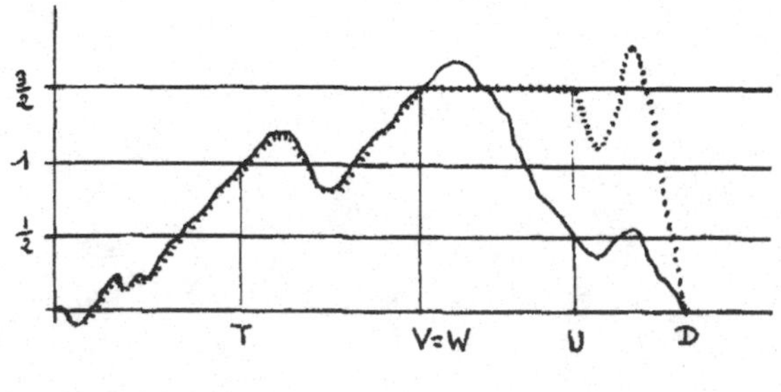

LE PROBLEME DE SKOROKHOD : COMPLEMENTS A L'EXPOSE PRECEDENT *

par Jacques Azéma et Marc Yor

Dans l'exposé précédent, l'hypothèse "μ a un moment du second ordre" est inutile pour construire le temps d'arrêt $T = \inf\{t \; ; \; S_t \geq \psi_\mu(X_t)\}$ et pour montrer que X_T a pour loi μ. L'hypothèse plus faible "μ a un moment d'ordre 1 et est centrée" suffit. Dans ce cas on ne peut évidemment pas espérer conserver l'intégrabilité de T, mais on montre au premier paragraphe de cet article que la martingale $(X_{t \wedge T})$ reste uniformément intégrable, ce qui avait été conjecturé par N.Falkner.

Au second paragraphe, on montre que la variable aléatoire $S_T = \sup_s X_{s \wedge T}$ est intégrable si et seulement si $\int_0^\infty t \log^+ t \, d\mu(t) < \infty$.

Remarquons qu'il s'agit d'une équivalence "one-sided", c'est-à-dire ne portant que sur le processus $(X^+_{t \wedge T})$, et sur $\mu|_{[0,\infty[}$ (i.e : sur X^+_T). En outre, ce résultat permet de donner des exemples simples de martingales uniformément intégrables continues qui ne sont pas dans H^1. Le fait qu'une martingale uniformément intégrable puisse être "grande" ne doit donc rien aux sauts et apparaît déjà dans le mouvement brownien. A y réfléchir de près, le résultat signalé au début du second paragraphe est un peu étonnant ; on sait bien, en effet, que si l'on quitte le domaine des martingales continues positives, H^1 ne se réduit pas à $L \log L$. Cette contradiction apparente est éclairée par un résultat d'extrémalité concernant le temps d'arrêt T qui nous a été suggéré par la lecture d'un travail récent de Dubins et Gilat[2] . Parmi tous les temps d'arrêt τ tels que la martingale $(X_{t \wedge \tau})$ soit uniformément

---

* voire "Une solution simple au problème de Skorokhod", page 90

intégrable et ait pour loi terminale μ, le temps T maximise en loi la variable aléatoire S_τ . Ce résultat est énoncé précisément au paragraphe 3.

1) Sur l'intégrabilité uniforme de la martingale $(X_{t\wedge T})$

THEOREME 1.1. Supposons que μ admette un moment d'ordre 1 et soit centrée ; la martingale $(X_{t\wedge T})$ est alors uniformément intégrable.

Pour montrer ce théorème, nous aurons besoin de reprendre l'approximation faite dans la démonstration du théorème 3.4 de [1]. Rappelons que l'on a construit une suite (μ_n) de mesures à support compact vérifiant

$$\psi_{\mu_n}(x) = \psi_n(x) = \begin{cases} o \text{ si } x \leq -n \\ \psi_\mu(x) \text{ si } -n<x\leq n \\ \psi_\mu(n) \text{ si } n<x\leq \psi_\mu(n) \\ x \text{ si } x > \psi_\mu(n) \end{cases}$$

On a de plus la relation $\bar{\mu}_n(x) = \frac{\bar{\mu}(x)}{\bar{\mu}(-n)}\left(\frac{n}{\psi_\mu(-n)+n}\right)$ si $-n < x \leq n$

On a alors le lemme suivant

LEMME 1.2. Soit $h : \mathbb{R}_+ \to \mathbb{R}_+$ une fonction convexe, nulle à l'origine, telle que $\int h(|t|)d\mu(t) < \infty$;

Alors $\lim\limits_{n\to\infty} \int h(|t|)d\mu_n(t) = \int h(|t|)d\mu(t)$

Démonstration(*). On sait que μ_n vérifie l'équation différentielle $d\mu_n = \frac{\bar{\mu}_n(x)}{\psi_n(x_+)-x}\, d\psi_n(x)$ sur l'intervalle $]-\infty,\psi(n)[$; on peut donc écrire

---

(*) Dans tout cet article, on ne fera les démonstrations que dans le cas où $\mu[x,\infty[>o\ \forall x$; le cas où μ est à support compact, ne fait qu'ajouter quelques complications techniques sans intérêt.

$$\int h(|t|)d\mu_n(t) = \int_{[-\infty,\psi(n)]} h(|t|) \frac{\bar{\mu}_n(t)}{\psi_n(t_+)-t} d\psi_n(t) + h[\psi(n)]\mu_n[\psi(n)]$$

$$= h(n)\frac{\psi((-n)_+)}{\psi((-n)_+)+n} + \int_{]-n,+n]} h(|t|)\frac{n}{\bar{\mu}(-n)[\psi(-n)+n]} d\mu(t)$$

$$+ h[\psi(n)] \frac{\bar{\mu}(n)}{\bar{\mu}(-n)} \frac{n}{\psi(-n)+n}$$

Le premier terme du second membre est équivalent, quand $n \to +\infty$, à $\frac{h(n)}{n}\int_{]-\infty,-n]} td\mu(t)$, expression que l'on peut majorer, compte tenu de la croissance de $\frac{h(x)}{x}$, par $\int_{]-\infty,-n]} \frac{h(|t|)}{|t|} |t|d\mu(t)$, qui tend vers zéro, lorsque $(n \to \infty)$.

Le second terme converge vers $\int h(|t|)d\mu(t)$, et le troisième est équivalent à $\bar{\mu}(n)\, h\left(\frac{1}{\bar{\mu}(n)} \int_{[n,\infty[} td\mu(t)\right)$, expression que l'on majore, grâce à l'inégalité de Jensen par $\int_{[n,\infty[} h(t)d\mu(t)$, qui tend vers zéro.

<u>Démonstration du théorème 1.1</u> : Les mesures (μ_n) étant à support compact, les temps d'arrêt $T_n = T_{\mu_n}$ (qui croissent vers T) réduisent la martingale $(X_{t\wedge T})$. Une condition nécessaire et suffisante pour que celle-ci soit uniformément intégrable est donc que les variables $(|X_{T_n}|, n \in \mathbb{N})$ soient uniformément intégrables.

Or, d'après le lemme précédent appliqué à la fonction $h(x)=|x|$, on a :

$\lim_{n\to\infty} E|X_{T_n}| = E|X_T|$. Les variables positives $(|X_{T_n}|, n \in \mathbb{N})$ convergeant p.s vers $|X_T|$, il est alors classique qu'elles convergent également dans L^1 vers $|X_T|$, et sont donc uniformément intégrables.

$(X_{t\wedge T})$ étant une martingale uniformément intégrable, on peut montrer le :

Corollaire 1.3. Si μ admet un moment d'ordre 1, et est centrée, alors:

1) pour tout $p < 1$, $E[\sup_t |X_{t\wedge T}|^p] \leq \frac{2}{1-p} (\int |x| d\mu(x))^p$

2) $E[\sup_t |X_{t\wedge T}|] \leq \frac{e}{e-1} (1 + \int |x| \log^+ |x| d\mu(x))$

3) pour tout $p > 1$, $\int |x|^p d\mu(x) \leq E[\sup_t |X_{t\wedge T}|^p] \leq \left(\frac{p}{p-1}\right)^p \int |x|^p d\mu(x)$

Démonstration :

1) D.Lépingle a montré en[4] que, pour toute surmartingale $Y \geq 0$, on a :

$E[\sup_t Y_t^p / \mathcal{F}_0] \leq \frac{1}{1-p} Y_0^p$, pour tout $p \in]0,1[$. On applique cela à $(Y_t^{(1)} = E(X_T^+ | \mathcal{F}_t))$ et $(Y_t^{(2)} = E(X_T^- | \mathcal{F}_t))$.

2) et 3) découlent des inégalités de Doob dans L^p $(p \geq 1)$ appliquées à $(X_{t\wedge T})$.

D'après les inégalités de Burkholder-Davis-Gundy, on a aussi :

si $\mu \in L\log L$, alors $E(\sqrt{T})$ est fini ; de même, μ admet un moment d'ordre $p \in]1,\infty[$ si, et seulement si, T admet un moment d'ordre $(p/2)$. On retrouve le cas du problème de Skorokhod proprement dit pour p=2.

2) Sur l'intégrabilité de S_T.

On dispose de la loi de S_T grâce à la proposition 3.6 de [1]. Dans le lemme qui suit nous allons donner une autre caractérisation de cette loi.

Voici d'abord quelques définitions.

On pose $\hat{\mu} = 1 - \bar{\mu} = \mu]-\infty, x[$ ($\hat{\mu}$ est continue à gauche)

$f(u) = \inf\{s \; ; \; \hat{\mu}(s) \geq u\}$ (f est l'"inverse" continue à gauche de $\hat{\mu}$; elle est définie sur $[0,1]$).

$$H(t) = \frac{1}{1-t} \int_t^1 f(s)ds \quad (0 \leq t < 1); \text{ H est continue sur } [0,1[.$$

Si enfin λ désigne la mesure de Lebesgue sur $[0,1]$, on pose $\mu^* = H(\lambda)$, et l'on a le lemme suivant

LEMME 2.1. La loi de S_T est μ^*

Démonstration : On montre facilement que H majore f, est croissante, et vérifie $H(0) = 0$. H et f sont liées par l'équation différentielle $dt\,[H(t) - f(t)] = (1-t)dH(t)$, de sorte que l'on peut écrire si $0 \leq x \leq 1$

$$(1-x) = \exp\left(-\int_0^x \frac{dH(s)}{H(s)-f(s)}\right)$$

Posons $K(u) = \inf\{t \; ; \; H(t) \geq u\}$. On a

$$\lambda\{t \; ; \; H(t) \geq x\} = 1-K(x) = \exp\left(-\int_0^{K(x)} \frac{dH(s)}{H(s)-f(s)}\right) = \exp\left(-\int_0^x \frac{ds}{s-f(K(s))}\right)$$

Il reste alors à remarquer que $H \circ \hat{\mu} = \psi$, de sorte que $\Phi = f \circ K$; on a donc

$$\mu^*[x,\infty[= \exp\left(-\int_0^x \frac{ds}{s-\Phi(s)}\right) = P[S_T \geq x], \quad \text{CQFD.}$$

Une fois le lemme 2.1 établi, le théorème suivant apparaît comme une variation (minime) sur le thème des inégalités maximales de Hardy-Littlewood [3].

THEOREME 2.2.

1) S_T est intégrable si, et seulement si $\int_0^\infty t\log^+ t \, d\mu(t) < \infty$

2) Pour tout $p > 1$, S_T^p est intégrable si, et seulement si, $\int_0^\infty t^p d\mu(t) < \infty$

Démonstration : 1) Remarquons tout d'abord que, pour tout $\alpha \in]0,1[$ tel que $f(\alpha) \geq 0$, on a l'équivalence :

$$\int_0^\infty t\log^+ t d\mu(t) < \infty \iff \int_\alpha^1 f(t)\log^+ f(t)dt < \infty$$

Calculons maintenant $E[S_T]$; on a d'après le lemme 2.1

$$E[S_T] = \int_0^\infty x \, d\mu^*(x) = \int_0^1 H(t)dt = \int_0^1 \frac{ds}{1-s} \int_s^1 f(u)du = \int_0^1 f(u)\log \frac{1}{1-u} du,$$

et l'on observe que le problème de la convergence de cette intégrale ne se pose qu'au voisinage de 1.

Supposons tout d'abord ES_T fini, ou encore $\int_0^1 dsf(s)\log \frac{1}{1-s} < \infty$; on peut écrire

$$\lim_{v \to \infty} v(1-\hat{\mu}(v)) \leq \lim_{v \to \infty} \int_{[v,\infty)} u d\mu(u) = 0$$

On a donc $\overline{\lim}_{t \to 1} (1-t)f(t) \leq \overline{\lim}_{t \to 1} f(t)[1-\hat{\mu}(f(t)] = \lim_{v \to \infty} v(1-\hat{\mu}(v)) = 0$

Pour t assez voisin de 1, f(t) est donc majoré par $\frac{1}{1-t}$; il en résulte que l'intégrale $\int_\alpha^1 f(s)\log^+ f(s)ds$ est convergente.

Inversement, supposons $\int_\alpha^1 f(s)\log^+ f(s)ds < \infty$; de l'inégalité classique

$a\log b \leq a\log a + b/_e$ on tire l'inégalité $a\log b \leq 2a\log a + \frac{2\sqrt{b}}{e}$, et

l'on peut écrire

$$\int_\alpha^1 f(s)\log \frac{1}{1-s}\, ds \leq 2\int_\alpha^1 f(s)\log f(s)ds + \frac{2}{e}\int_\alpha^1 \frac{ds}{\sqrt{1-s}} < +\infty$$

2) Soit $p > 1$. La fonction f est positive sur un intervalle $[\alpha,1]$.

On en déduit l'équivalence : $E[S_T^p] < \infty \Longleftrightarrow \int_\alpha^1 dt(\frac{1}{1-t}\int_t^1 f(s)ds)^p < \infty$

- Supposons $E[S_T^p] < \infty$; La fonction f étant croissante, on a :

$\int_\alpha^1 dt\, f(t)^p < \infty$, ce qui, par changement de variable entraîne :

$$\int_0^\infty x^p d\mu(x) < \infty$$

- Inversement, on suppose $\int_0^\infty x^p d\mu(x) < \infty$, ce qui équivaut à :

$\int_\alpha^1 f(t)^p\, dt < \infty$, et le résultat cherché découle alors de l'inégalité de

Hardy-Littlewood dans L^p, appliquée à $\phi = f\, 1_{[\alpha,1]}$.

(L'inégalité en question est : pour tout $\phi : [o,1] \to \mathbb{R}_+$,

$$(H.L)_p : \int_0^1 dt(\frac{1}{1-t}\int_t^1 \phi(s)ds)^p \leq (\frac{p}{p-1})^p \int_0^1 dt\phi(t)^p)$$

3) <u>Une propriété d'extrémalité</u>.

Dubins et Gilat [2] viennent de montrer qu'il existe une relation entre l'application : $\mu \to \mu^*$ introduite au début du §2 et la théorie des martingales. Ils ont établi le résultat suivant : si on ordonne partiellement l'ensemble des probabilités sur $\mathbb{R}$ par la relation $\gamma \leq \gamma' \Longleftrightarrow \bar{\gamma} \leq \bar{\gamma}'$, alors, pour toute probabilité μ admettant un moment d'ordre 1, l'ensemble $M(\mu)$ des probabilités qui sont distribution du suprémum (essentiel) d'une martingale uniformément intégrable dont la variable aléatoire terminale a pour loi μ , admet μ^* pour borne supérieure. De plus ils exhibent une martingale (discontinue) qui permet de montrer que $\mu^* \in M(\mu)$.

Qu'apporte à ce théorème la construction que nous avons proposée ? Essentiellement que la borne supérieure μ^* de $M(\mu)$ peut être atteinte par une martingale continue. On peut alors, en suivant toujours [2], montrer que les inégalités de Doob sont "sharp", même si l'on s'astreint à rester dans le cadre des martingales continues.

Inversement, grâce au résultat de Dubins et Gilat, on peut énoncer la propriété suivante de notre solution du problème de Skorokhod : si μ est une mesure centrée admettant un moment d'ordre 1 et si τ est un autre temps d'arrêt tel que

a) $P[X_\tau \in dx] = \mu(dx)$

b) $(X_{\tau \wedge t})$ est uniformément intégrable

alors $P[S_T \geq x] \geq P[S_\tau \geq x]$

<u>Commentaire final</u>. Il nous semble important de souligner les conséquences de la Note de Dubins et Gilat [2] :

(i) L'appartenance de μ^* à $M(\mu)$ permet de déduire les inégalités de Hardy-Littlewood [3] de celles de Doob.

(ii) Savoir que μ^* est la borne supérieure de $M(\mu)$ permet de déduire les inégalités de Doob de celles de Hardy-Littlewood.

BIBLIOGRAPHIE

[1] J.AZEMA et M.YOR : Une solution simple au problème de Skorokhod (dans ce volume)

[2] L.E.DUBINS and D.GILAT : On the distribution of maxima of martingales. Proc. of the A.M.S. Vol 68,3, 337-338, 1978

[3] G.H.HARDY and J.E.LITTLEWOOD : A maximal theorem with function - theoretic applications, Acta Math. 54, 81-116, 1930.

[4] D.LEPINGLE : Quelques inégalités concernant les martingales. Studia Math. T LIX, p.63-83 (1976)

Université de Strabourg
Séminaire de Probabilités 1977/78

A PROPOS DE LA FORMULE D'AZEMA-YOR

par Nicole El-Karoui

Cette note, rédigée après la lecture des résultats de Stricker, Yor, Meyer-Stricker-Yor contenus dans ce volume, donne une nouvelle démonstration du résultat obtenu par Stricker dans le cas progressif, et une décomposition complète des semi-martingales considérées. Elle contient aussi une interprétation un peu différente de la formule principale.

Les notations sont celles de l'exposé de ce volume temps local et balayage des semimartingales (référence [1] de la bibliographie), à une exception près : nous donnons aux notations τ_t, ℓ_t la même signification que chez Stricker, Yor, Meyer... Rappelons les rapidement.

H est un ensemble aléatoire optionnel fermé ; $D_t = \inf\{s>t : s\in H\}$; $\tau_t = \sup\{s<t : s\in H\}$. X est une semi-martingale appartenant à $\underline{\underline{H}}^1$, de décomposition canonique X=M+V, telle que $X_{D_t}=0$ pour tout t, sur $\{D_t<\infty\}$.

On peut supprimer toutes les difficultés relatives à 0 en faisant les conventions suivantes[1]: $X_t=0$, $\underline{\underline{F}}_t=\underline{\underline{F}}_0$ pour $t<0$ (alors $M_t=0$ pour $t\leqq 0$, $V_t=0$ pour $t<0$), et que $]-\infty,0]$ est contenu dans H . Les intégrales stochastiques notées $\int^t$ sont relatives à un intervalle $]a,t]$ avec $t\geqq 0$, $a<0$ (le choix de a est indifférent).

Il est bien connu que pour $X\in\underline{\underline{H}}^1$, la variable aléatoire

$$\Sigma_s 1_{\{X_{s-}=0\}}|X_s|$$

est intégrable. On en déduit sans peine (cf. [1]) que les v.a.

$$\Sigma_{g\in H^{\rightarrow}} |X_{D_g}-X_g| \quad , \quad \Sigma_{g\in H^{\rightarrow}} |M_{D_g}-M_g|$$

sont intégrables. Nous désignons par K le processus à variation intégrable non adapté

(1) $$K_t = \Sigma_{g\in H^{\rightarrow},\, g\leq t} (M_{D_g}-M_g)$$

et l'on montre dans [1] (corollaire 4) que la projection duale optionnelle de K est $\frac{1}{2}\int^t 1_{\{\tau_s=s\}}(dL_s^0(X)-dL_s^0(-X))$.

Ces rappels étant faits, on a le lemme suivant :

LEMME. Soit Z un processus progressif borné, et soit Z*K l'intégrale de Stieltjes de Z par rapport à K.

1. Comme $X\in\underline{\underline{H}}^1$, X a une limite à l'infini, que nous notons X_∞ .

1) $(Z*K)^{\circ}$ est un processus à variation intégrable continu porté par $\{s : \tau_s=s\}$.

2) Le processus $\widetilde{(Z*K)}^{\circ} = Z*K - (Z*K)^{\circ}$ est une $\underline{\underline{F}}_{D_t}$-martingale égale à Y_{D_t}, où

$$(2) \qquad Y_t = \int^t Z_{\tau_s} 1_{\{\tau_s<s\}} dM_s$$

cette dernière expression ayant un sens, car le processus $Z_{\tau_s} 1_{\{\tau_s<s\}}$ est prévisible.

<u>Preuve</u>. Il est clair que $Z*K$ est à variation intégrable. Si T est un temps d'arrêt de la famille $(\underline{\underline{F}}_t)$, l'événement $\{T\in H^{\to}\}$ appartient à $\underline{\underline{F}}_T$ et l'on a, M étant une martingale, et Z_T étant $\underline{\underline{F}}_T$-mesurable

$$E[\Sigma_{g\in H^{\to}} 1_{\{g=T\}} Z_g(M_{D_g}-M_g)] = E[1_{\{T\in H^{\to}\}} Z_T(M_{D_T}-M_T)1_{\{T<\infty\}}]=0$$

Remplaçant T par T_A ($A\in\underline{\underline{F}}_T$) on voit que la mesure associée à $(Z*K)^{\circ}$ ne charge pas le graphe $[T]$, donc $(Z*K)^{\circ}$ est continu en T. L'ensemble optionnel H portant $Z*K$ porte aussi $(Z*K)^{\circ}$; comme $(Z*K)^{\circ}$ est continu d'après ce qui précède, il est porté par $\{\tau_s=s\}$, qui ne diffère de H que par un ensemble à coupes dénombrables.

Soit $A\in\underline{\underline{F}}_{D_s}$; le processus $1_A 1_{\{D_s\leq t\}}$ étant optionnel, et les v.a. $(Z*K)^{\circ}_s$ et $(Z*K)^{\circ}_{D_s}$ étant égales, on peut écrire

$$\begin{aligned} E[1_A((Z*K)_{\infty}-(Z*K)_s)] &= E[\Sigma_{g\in H^{\to}} 1_A 1_{\{s<g\}} Z_g(M_{D_g}-M_g)] \\ &= E[\Sigma_{g\in H^{\to}} 1_A 1_{\{D_s\leq g\}} Z_g(M_{D_g}-M_g)] \\ &= E[\int^{\infty} 1_A 1_{[D_s,\infty[} d(Z*K)^{\circ}_s] \\ &= E[1_A((Z*K)^{\circ}_{\infty}-(Z*K)^{\circ}_s)] \end{aligned}$$

Autrement dit, le processus à variation intégrable continu $(Z*K)^{\circ}$ est aussi projection duale <u>prévisible</u> par rapport à $(\underline{\underline{F}}_{D_t})$ du processus à variation intégrable optionnel $Z*K$. Le processus $\widetilde{(Z*K)}^{\circ}$ est donc une martingale à variation intégrable par rapport à $(\underline{\underline{F}}_{D_t})$.

Il nous reste donc à montrer que (Y_t) a un sens, que Y_{D_t} est une somme compensée de sauts, et que ses sauts sont les mêmes que les sauts de la martingale précédente.

Notons L^{ε}_n et T^{ε}_n les extrémités gauche et droite du n-ième intervalle contigu à H de longueur $>\varepsilon$; il est bien connu que $L^{\varepsilon}_n+\varepsilon$ est un temps d'arrêt. Nous avons alors

$$Z_{\tau_s} 1_{\{\tau_s<s\}} = \lim_{\varepsilon\to 0} Z_{\tau_s} 1_{\{\tau_s+\varepsilon<s\}} = \lim_{\varepsilon} \Sigma_n Z_{L^{\varepsilon}_n} 1_{]L^{\varepsilon}_n+\varepsilon, T^{\varepsilon}_n]}(s)$$

Notons J_s le processus $Z_{\tau_s} 1_{\{\tau_s<s\}}$, J^{ε} le processus le plus à droite. Comme J^{ε} est prévisible, il en est de même de J, et les martingales

$Y^\varepsilon=J^\varepsilon.M$ convergent dans $\underline{\underline{H}}^1$ vers $Y=J.M$. Il en résulte que les martingales $(Y^\varepsilon_{D_t})$ de la famille $(\underline{\underline{F}}_{D_t})$ convergent dans $\underline{\underline{H}}^1$ vers (Y_{D_t}). Or soit $H^{\rightarrow}_\varepsilon$ la réunion des graphes des variables aléatoires L^ε_n ; on vérifie que

$$Y^\varepsilon_{D_t} = \Sigma_{g\in H^{\rightarrow}_\varepsilon, g\leqq t} Z_g(M_{D_g}-M_{g+\varepsilon})$$

Donc $(Y^\varepsilon_{D_t})$ est une somme compensée de sauts, qui ne saute que sur $H^{\rightarrow}$, avec pour saut en $g\in H^{\rightarrow}$ $Z_g 1_{\{g+\varepsilon<D_g\}}(M_{D_g}-M_{g+\varepsilon})$. Il en résulte que Y_{D_t} est une somme compensée de sauts, qui ne saute que sur $H^{\rightarrow}$, avec un saut en g égal à $Z_g(M_{D_g}-M_g)$. Ces sauts étant égaux aux sauts de $Z*K$, le lemme est établi. ▯

Nous transformons maintenant l'égalité obtenue en 2), en l'écrivant

$$(3) \qquad (Z*K)_t = (Z*K)^\circ_t + \int^{D_t} Z_{\tau_s} 1_{\{\tau_s<s\}} dM_s$$

Cette formule ne contient que M : nous y reviendrons plus loin. Cela s'écrit explicitement

$$\Sigma_{\substack{g\in H^{\rightarrow}\\ g\leqq t}} Z_g(M_{D_g}-M_g) = (Z*K)^\circ_t + \int^{D_t} Z_{\tau_s} 1_{\{\tau_s<s\}} dM_s$$

On a d'autre part la formule évidente

$$\Sigma_{\substack{g\in H^{\rightarrow}\\ g\leqq t}} Z_g(V_{D_g}-V_g) = \int^{D_t} Z_{\tau_s} 1_{\{\tau_s<s\}} dV_s$$

d'où en ajoutant

$$\Sigma_{\substack{g\in H^{\rightarrow}\\ g\leqq t}} Z_g(X_{D_g}-X_g) = (Z*K)^\circ_t + \int^{D_t} Z_{\tau_s} 1_{\{\tau_s<s\}} dX_s$$

et en tenant compte de la relation $X_{D_g}=0$ si $D_g<\infty$

$$(4) \qquad X_\infty Z_{\tau_\infty} 1_{\{\tau_\infty\leqq t\}} = \int_0^{D_t} Z_{\tau_s} 1_{\{\tau_s<s\}} dX_s + (Z*K)^\circ_t + \Sigma_{\substack{g\in H^{\rightarrow}\\ g\leqq t}} Z_g X_g$$

Dans cette dernière somme, les points isolés de H ont une contribution nulle, car X y est nul, donc on peut insérer $1_{\{\tau_g=g\}} 1_{\{X_{g-}=0\}}$. Rappelons que

$$\int^t 1_{\{X_{s-}=0\}} dX_s = \tfrac{1}{2}(L^\circ_t(X)-L^\circ_t(-X)) + \Sigma_{s\leqq t} 1_{\{X_{s-}=0\}} X_s$$

([1], formule (4)). On en déduit

$$\Sigma_{\substack{g\in H^{\rightarrow}\\ g\leqq t}} Z_g X_g = \int^t Z_s 1_{\{\tau_s=s\}} (1_{\{X_{s-}=0\}} dX_s) - \tfrac{1}{2}\int^t Z_s 1_{\{\tau_s=s\}} d(L^\circ_s(X)-L^\circ_s(-X))$$

Au second membre, nous nous permettrons de noter la première intégrale $\int^t Z_{\tau_s} 1_{\{\tau_s=s\}} dX_s$, mais il s'agit d'une fausse intégrale stochastique : elle n'a de sens avec Z progressif que parce que $1_{\{\tau_s=s\}} dX_s$ provient d'un processus à variation finie. Son écriture correcte s'obtient ainsi : tout d'abord, on peut remplacer Z par ${}^\circ Z$, car l'ensemble $\{Z\neq {}^\circ Z\}$ est négligeable pour toute mesure aléatoire optionnelle. Alors

$$\int^t {}^oZ_s 1_{\{\tau_s=s\}} dX_s = \int^t {}^pZ_s 1_{\{\tau_s=s\}} dX_s + \int^t ({}^oZ_s - {}^pZ_s) 1_{\{\tau_s=s\}} dX_s$$

$$= \int^t {}^pZ_s 1_{\{\tau_s=s\}} dX_s + \Sigma_{s\leq t} ({}^oZ_s - {}^pZ_s) 1_{\{\tau_s=s\}} X_s$$

$$= \int^t {}^pZ_s 1_{\{\tau_s=s\}} dX_s + \Sigma_{s\leq t} (Z_s - {}^pZ_s) 1_{\{\tau_s=s\}} X_s$$

car l'ensemble $\{s : X_s \neq 0, \tau_s=s\}$ est réunion dénombrable de graphes de temps d'arrêt, de sorte que Z et ${}^oZ$ sont indistinguables sur cet ensemble.

Enfin, dans la toute dernière intégrale, nous remplacerons Z par ${}^oZ$, et nous rappellerons la projection duale optionnelle de K, citée juste après la formule (1) : ce dornier terme s'écrit donc $({}^oZ*K)^o$.

Pour finir, nous avons établi le théorème suivant :

THEOREME 1. <u>On a pour tout</u> t

$$(5) \qquad X_\infty Z_{\tau_\infty} 1_{\{\tau_\infty \leq t\}} = \int^{D_t} Z_{\tau_s} 1_{\{\tau_s<s\}} dX_s + \int^t Z_{\tau_s} (1_{\{\tau_s=s\}} dX_s) + (Z*K)^o_t - ({}^oZ*K)^o_t$$

REMARQUE. La première intégrale au second membre est une vraie intégrale stochastique prévisible (on pourrait y remplacer Z par ${}^pZ$, d'ailleurs). La seconde est une intégrale de Stieltjes : on pourrait y remplacer t par D_t, car la mesure $1_{\{\tau_s=s\}} dX_s$ ne charge pas $]t,D_t]$, mais la tentation serait trop grande de regrouper le tout sous la forme $\int^{D_t} Z_{\tau_s} dX_s$, intégrale dépourvue de tout sens apparent (voir commentaire à la fin).

Maintenant, nous remplaçons $+\infty$ par t fini ; le théorème suivant donne une autre démonstration du résultat de Stricker, suivant lequel $(Z_{\tau_t} X_t)$ est une semi-martingale. Il en donne aussi une représentation explicite, et l'on retrouve le résultat de Meyer-Stricker-Yor suivant lequel le terme complémentaire est nul lorsque Z est optionnel. Mais il faut noter que la représentation obtenue pour le terme complémentaire exige que X appartienne à $\underline{\underline{H}}^1$, et dépend de la loi de probabilité utilisée.

THEOREME 2. <u>On a pour tout</u> u

$$(6) \qquad X_u Z_{\tau_u} = \int^u Z_{\tau_s} 1_{\{\tau_s<s\}} dX_s + \int^u Z_{\tau_s} (1_{\{\tau_s=s\}} dX_s) + (Z*K)^o_u - ({}^oZ*K)^o_u .$$

<u>Démonstration</u> : Nous appliquons la formule (5), avec $t=+\infty$, à la semi-martingale $X^u_t = X_{t\wedge u}$ et à l'ensemble $H^u = H\cap]-\infty,u]$. Nous avons alors $X^u_\infty Z_{\tau^u_\infty} = X_u Z_{\tau_u}$; les intégrales stochastiques ne posent pas de problème. Il faut seulement évaluer les termes complémentaires $(Z*K^u)^o_\infty - ({}^oZ*K^u)_\infty$.

Or nous avons

$$K_t^u = \Sigma_{g\in H^{\rightarrow}, g\leq t} (M_{D_g \wedge u} - M_{g\wedge u}) = \Sigma_{g\in H^{\rightarrow},\ g\leq t\wedge u} (M_{D_g\wedge u} - M_g)$$

$$K_{t\wedge u} = \Sigma_{g\in H^{\rightarrow}, g\leq t\wedge u} (M_{D_g} - M_g)$$

Donc pour H optionnel, ou même simplement progressif

$$E[\int^{\infty} H_s(dK_s^u - dK_{s\wedge u})] = E[\Sigma_{g\in H^{\rightarrow}, g\leq u} H_g(M_{D_g\wedge u} - M_{D_g})]$$

$$= E[\Sigma_{g\in H^{\rightarrow}} 1_{\{g\leq u, D_g > u\}} H_g(M_u - M_{D_g})]$$

$$= E[-H_{\ell_u} 1_{\{D_u > u\}} (M_{D_u} - M_u)] = 0$$

Les processus (K_s^u) et $(K_{s\wedge u})$, ou encore $(Z{*}K^u)_s$ et $(Z{*}K)_{s\wedge u}$ ont donc même projection optionnelle, ce qui nous donne

$$(Z{*}K^u)^o_{\infty} = (Z{*}K)^o_u \quad , \quad ({}^oZ{*}K^u)^o_{\infty} = ({}^oZ{*}K)^o_u$$

et la formule (6) est établie. ▯

Revenons maintenant à la formule (3) : on a fait remarquer qu'elle ne contient que la martingale M et l'ensemble H . Peut on exprimer les hypothèses en fonction de M et de H seulement ?

THEOREME 3 . Soient H un ensemble aléatoire fermé, M une martingale de $\underline{\underline{H}}^1$, nulle en 0 . On suppose que le processus (M_{D_t}) est à variation intégrable. Alors

1) La variation totale de M sur H est intégrable

2) Pour tout processus progressif Z borné, on a la formule (3). En particulier, si l'on pose $N_t = \int_0^t Z_{\tau_s} 1_{\{\tau_s < s\}} dM_s$, le processus (N_{D_t}) est lui aussi à variation intégrable.

Démonstration. Définissons pour tout point de $H\backslash H^{\rightarrow}$ (i.e. tout point t tel que $D_t = t$)

$$W_t = M_t$$

Aux points isolés de H, nous posons aussi $W_t = M_t$. Aux points de H^* (isolés à droite mais non à gauche) nous posons $W_t = M_{t-}$. Enfin, sur le complémentaire de H, nous posons

$$W_t = W_{\tau_t} \qquad (W_t = 0 \text{ sur } [0, D_0[\ )$$

Il est facile de voir que la variation totale de W sur $[0,\infty[$ est égale à celle du processus (M_{D_t}), et que W est adapté et continu à droite, nul en 0 . Le processus X-W est alors une semi-martingale de $\underline{\underline{H}}^1$, à laquelle on peut appliquer la théorie précédente, car $X_{D_t} = 0$ pour tout t. Il est toutefois important de remarquer que V=-W n'est pas nécessairement prévisible : cela ne fait rien, car la prévisibilité de V n'a jamais été utilisée plus haut.

La première conséquence, c'est l'intégrabilité de la variable aléatoire

$$\int_H |dW_s| + \Sigma_{g\in H^{\rightarrow}} |M_{D_g} - M_g|$$

(Ici, comme dans la première partie de l'exposé, nous convenons que $O\in H$, de sorte que cette somme comprend $|M_{D_O}|$). De plus, nous savons que $\Sigma_s 1_{\{X_{s-}=0\}} |X_s|$ est intégrable. Si l'on réduit cette somme aux points de H^*, on trouve $\Sigma_{g\in H^*} |M_g - M_{g-}|$, qui est donc aussi intégrable. Finalement, la variation totale de M sur H, c'est à dire

$$\int_H |dM_s| + \Sigma_{g\in H^{\rightarrow}} |M_{D_g} - M_g|$$

est intégrable. Le reste n'exige aucun commentaire.

Cet énoncé contient des restrictions d'intégrabilité. Mais on peut en déduire, par changement de loi, l'énoncé suivant : si X est une semi-martingale , et si le processus (X_{D_t}) est à variation finie, alors X est à variation finie sur H entier. Il suffit de changer de loi pour faire entrer X dans $\underline{\underline{H}}^1$ sur tout intervalle compact, et d'appliquer le résultat précédent à la partie martingale de X.

REFERENCES.

Voir dans ce volume les exposés sur le balayage :

[1] Temps local et balayage des semi-martingales (N. El Karoui)

[2] Sur le balayage des semi-martingales continues (M. Yor)

[3] Semimartingales et valeur absolue (C. Stricker)

[4] Sur une formule de la théorie du balayage (P.A. Meyer, C. Stricker et M. Yor).

COMMENTAIRES DU SEMINAIRE

(P.A. Meyer) Dans cet article, Nicole El Karoui a (entre autres choses) trouvé une nouvelle généralisation de l'intégrale stochastique, voisine de la << définition naturelle de l'intégrale stochastique optionnelle >> de Yor.

Soient X une semimartingale, Z un processus progressif, qu'on supposera borné pour simplifier. Nous dirons que Z est soumis à X s'il existe un ensemble prévisible H tel que

$$I_H \cdot X \text{ est à variation finie }, \quad I_{H^c} Z \text{ est prévisible}$$

(nous dirons que H soumet Z à X). Par exemple, dans l'exposé, (Z_{τ_s}) est soumis à X par $\{ s : \tau_s < s \}$.

Nous posons alors

$$Z_{\dot{H}}X = (ZI_{H^c})\cdot X + Z*(I_H\cdot X)$$

où les $\cdot$ du côté droit sont des intégrales stochastiques, et $*$ une intégrale de Stieltjes. Si H et $\bar{H}$ soumettent Z à X, il en est de même de $K=H\cap\bar{H}$ et de $L=H\cup\bar{H}$. En effet

$I_K\cdot X$ est évidemment à variation finie, et $I_L\cdot X = (I_H+I_{\bar{H}}-I_K)\cdot X$ aussi ;

$I_{L^c}Z$ est évidemment prévisible, et $I_{K^c}Z = (I_{H^c} + I_{\bar{H}^c} - I_{L^c})Z$ aussi .

Montrons alors que $Z\underset{H}{\cdot}X = Z\underset{\bar{H}}{\cdot}X$, ce qui nous permettra de supprimer la mention de l'ensemble prévisible soumettant Z à X. Par symétrie, il suffit de montrer que $Z\underset{H}{\cdot}X = Z\underset{K}{\cdot}X$, ce qui s'écrit

$$(ZI_{K^c\setminus H^c}).X = Z*(I_{H\setminus K}.X)$$

Posons $J=I_{H\setminus K} = I_{K^c\setminus H^c}$; J est prévisible, JZ est prévisible, $J\cdot X$ est à variation finie. On a alors, en utilisant à plusieurs reprises l'égalité de $\cdot$ et de $*$ pour les semimartingales à variation finie et les intégrands prévisibles, et l'associativité de l'i.s. dans le cas prévisible

$$(ZJ).X = (ZJJ)\cdot X = (ZJ).(J\cdot X) = (ZJ)*(J\cdot X) = Z*(J*(J.X)) = Z*(J.(J.X))$$

$$= Z*(JJ\cdot X) = Z*(J\cdot X) \qquad (\text{ ce qu'on voulait }).$$

Dans cette intégrale stochastique, on peut remplacer Z par sa projection optionnelle ${}^oZ$. En effet, on a $ZI_{H^c} = {}^oZI_{H^c} = {}^pZI_{H^c}$ puisque ZI_{H^c} est prévisible, et d'autre part on sait que $Z*V = {}^oZ*V$ pour tout processus à variation finie (adapté) V . D'autre part, lorsque Z est optionnel, cette intégrale est un cas particulier de l'intégrale optionnelle non compensée de Yor . En effet, Z et ${}^pZ$ ne diffèrent que sur un ensemble mince <u>contenu dans</u> H , donc le processus $\sum_{s\leq t}|Z_s-{}^pZ_s||\Delta X_s|$ est majoré par un multiple de $\sum_{s\leq t,\, s\in H}|\Delta X_s|$, qui est à variation finie, et il est immédiat que les deux intégrales stochastiques, au sens de Yor ou de N. El Karoui, sont égales.

On peut aussi remarquer que si deux processus Z et $\bar{Z}$ sont soumis à X par H et $\bar{H}$ respectivement, ils sont tous deux soumis à X par $H\cup\bar{H}$, et l'on a $(Z+\bar{Z})\cdot X = Z\cdot X + \bar{Z}\cdot X$. Cette propriété d'additivité est un avantage sur la définition de Yor.

(C.Stricker) Dans la théorie présentée plus haut, la restriction $X\in\underline{\underline{H}}^1$ est sérieuse. En effet

- dans la définition du processus K , la sommation sur les $g\in H^{\rightarrow}$ peut faire intervenir une excursion infinie. On utilise donc la propriété de martingale de M à l'infini ;
- même si X est une semimartingale sur $[0,\infty]$, on ne peut utiliser un

changement de loi pour faire entrer X dans $\underline{\underline{H}}^1$, car les formules de N. El Karoui ne sont pas invariantes par changement de loi.

Le problème se pose donc de trouver, sans cette hypothèse, une forme explicite du terme complémentaire de la « formule d'Azéma-Yor »

$$Z_{\tau_u} X_u = \int^u Z_{\tau_s} dX_s + R_u$$

où l'intégrale stochastique est prise au sens du commentaire précédent, et R_u est un processus à variation finie continu, porté par H. On peut procéder par localisation de la manière suivante.

X=M+V étant une décomposition de X, nous choisissons un temps d'arrêt T fini tel que

$$M^T \in \underline{\underline{H}}^1 \ , \quad \int^{T-} |dV_s| \in L^1$$

Alors la semimartingale $\overline{X}_t = X_t I_{\{t<T\}}$ appartient à $\underline{\underline{H}}^1$, avec la décomposition $\overline{X}=\overline{M}+\overline{V}$, où

$$\overline{M}_t = M_{t\wedge T} \ , \quad \overline{V}_t = V_t I_{\{t<T\}} - M_T I_{\{t\geq T\}}$$

et nous appliquons les résultats de N. El Karoui à $\overline{X}$ et à l'ensemble $\overline{H}= H\cup[T,\infty[$. Nous voyons que

1) La variable aléatoire $\sum_{g\in H^{\rightarrow}} |M_{D_g\wedge T} - M_{g\wedge T}|$ est intégrable, et le processus $K_t^T = \sum_{g\in H^{\rightarrow}, g\leq t} (M_{D_g\wedge T} - M_{g\wedge T})$ est à variation intégrable . On remarquera que la sommation ne porte en fait que sur les g<T.

2) $(Z*K^T)_t^o - ({}^oZ*K^T)_t^o = \int^{D_t\wedge T} Z_{\tau_s} I_{\{\tau_s<s\}} dM_s$

3) Le terme complémentaire R_u de la formule d'Azéma-Yor est égal, sur $[0,T[$, à $(Z*K^T)^o - ({}^oZ*K^T)^o$.

Nous laisserons au lecteur les détails de démonstration. Comme dans l'exposé principal, les assertions 1) et 2) peuvent s'énoncer simplement en termes de martingales locales : si M est une martingale locale telle que (M_{D_t}) soit un processus à variation finie, alors M est à variation finie sur $H\cap[0,t]$ pour tout t fini , et la martingale locale $N_t=\int^t Z_{\tau_s} I_{\{\tau_s<s\}} dM_s$ est, elle aussi, à variation finie sur H (cf. le théorème 3). Cependant, ces résultats ne sont pas vraiment des améliorations de ceux de l'exposé principal, car ils sont aussi valables sous cette forme pour les <u>semi</u>martingales, et se ramènent alors à l'exposé principal (cas $\underline{\underline{H}}^1$) par changement de loi. C'est le calcul du terme complémentaire que l'on voulait souligner ici.

ERRATUM. A la 5e page de l'exposé [1], ligne 2 (démonstration de la proposition 3) il manque $1_{\{\ell_s<s\}}$ dans la première intégrale au second membre de la formule.

MARTINGALES DE VALEUR ABSOLUE DONNEE, D'APRES PROTTER ET SHARPE.

par B. MAISONNEUVE

Gilat a montré dans [1] que, pour toute sous-martingale positive X, il existe une martingale M (définie sur un espace convenable) telle que les processus X et $|M|$ aient même loi. Ce résultat vient d'être précisé par Protter et Sharpe ([3]) dans le cas où X et X_- sont strictement positifs. Nous allons reprendre leur méthode, en la simplifiant, et généraliser un peu leurs résultats.

T désigne un ensemble totalement ordonné. Soit $X = (X_t)_{t\in T}$ une sous-martingale positive, définie sur un espace $(\Omega,\mathcal{F},P)$ et relative à une filtration $(\mathcal{F}_t)_{t\in T}$. Nous supposerons que X peut s'écrire $X = NA$, où N est une martingale positive relative à $(\mathcal{F}_t)_{t\in T}$ et A un processus croissant à valeurs réelles (finies) positives et adapté à $(\mathcal{F}_t)_{t\in T}$. Cette hypothèse est satisfaite si $T = \mathbb{R}_+$, si X est continue à droite et telle que X et X_- ne s'annulent pas, et si la filtration $(\mathcal{F}_t)$ satisfait aux conditions habituelles ; on peut alors choisir A prévisible et tel que $A_0 = 1$, d'après un résultat de Meyer et Yoeurp ([2]).

Par ailleurs, soit $(\Omega',\mathcal{F}',P')$ un espace probabilisé sur lequel se trouve définie une martingale continue à droite $(Y_a)_{a\in\mathbb{R}_+}$ telle que $|Y_a| = a$ p.s. pour tout $a \in \mathbb{R}_+$ (par exemple, on peut prendre $Y_a = B_{T_a}$, où B est un mouvement brownien réel issu de 0 et où $T_a = \mathrm{Inf}\{s : |B_s| > a\}$). La martingale Y est symétrique ; en effet, $|-Y_a| = a$ p.s. pour tout $a \in \mathbb{R}_+$ et il résulte de la proposition 2 ci-dessous (appliquée à $T = \mathbb{R}_+$, $a(t) = t$) que les processus Y et $-Y$ ont même loi.

Soit $(W, \mathcal{G}, Q)$ le produit des espaces $(\Omega, \mathcal{F}, P)$ et $(\Omega', \mathcal{F}', P')$.

PROPOSITION 1. - Dans les conditions énoncées ci-dessus le processus $(M_t)_{t\in T}$ défini sur $(W, \mathcal{G}, Q)$ par

$$M_t(\omega,\omega') = N_t(\omega) Y_{A_t(\omega)}(\omega') \qquad t \in T\ ,\quad \omega \in \Omega\ ,\quad \omega' \in \Omega'$$

est une martingale symétrique (donc centrée) ; les processus X et $|M|$ ont même loi.

Démonstration : Soit $s_1 \le s_2 \le \ldots \le s_n \le s \le t$, ces éléments étant tous dans T, et soit f une fonction borélienne positive sur $\mathbb{R}^n$. Pour établir que M est une martingale, il s'agit de montrer que

$$(1) \qquad E_Q\left[f\left(M_{s_1},\ldots,M_{s_n}\right)M_t\right] = E_Q\left[f\left(M_{s_1},\ldots,M_{s_n}\right)M_s\right] .$$

D'après le théorème de Fubini, le premier membre s'écrit

$$\int_\Omega dP(\omega)\int_{\Omega'} dP'(\omega') f\left(N_{s_1}(\omega)Y_{A_{s_1}(\omega)}(\omega'),\ldots,N_{s_n}(\omega)Y_{A_{s_n}(\omega)}(\omega')\right)N_t(\omega)Y_{A_t(\omega)}(\omega')$$

où l'on peut remplacer $A_t(\omega)$ par $A_s(\omega)$, puisque Y est une martingale sur Ω' et que $A_s(\omega) \le A_t(\omega)$; en intervertissant l'ordre des intégrations et en utilisant la propriété de martingale de N relativement à la famille $(\mathcal{F}_t)$, on peut ensuite remplacer $N_t(\omega)$ par $N_s(\omega)$, d'où l'égalité (1). La symétrie de Y et le théorème de Fubini entraînent la symétrie de M.

Remarques.

1) Gilat considère le cas des sous-martingales généralisées positives, du moins lorsque $T = \mathbb{N}$. Ici il n'y a aucune difficulté à étendre la proposition 1 à de tels processus et pour T quelconque : on remplace partout dans l'énoncé le mot martingale par le mot martingale généralisée. Rappelons que, d'une manière générale, un processus réel $(X_t)_{t\in T}$ défini sur $(\Omega, \mathcal{F}, P)$ est une (sous-)martingale généralisée relativement à la filtration $(\mathcal{F}_t)_{t\in T}$ si pour $s,t \in T$, $s \le t$

a) $A \in \mathcal{F}_s$, $\int_A |X_t|\,dP < \infty \Rightarrow E[X_t I_A \mid \mathcal{F}_s]\ (\ge) = X_s I_A$,

b) la mesure $|X_t|.P$ est σ-finie sur $\mathcal{F}_s$.

2) Soit M une martingale telle que X et $|M|$ aient même loi. La loi de M n'est en général pas uniquement déterminée par cette condition. Toutefois, si X est déterministe, c'est-à-dire si $X_t = a(t)$ où a est une application croissante de T dans $\mathbb{R}_+$, et si on exige que M soit centrée, la loi de M est uniquement déterminée, comme le montre la proposition suivante :

PROPOSITION 2. - Soit a une application croissante de T dans $\mathbb{R}_+$ et soit $T^* = \{t \in T : a(t) > 0\}$. Si $(M_t)_{t\in T}$ est une martingale centrée, définie sur un espace $(\Omega, \mathcal{F}, P)$ et telle que $|M_t| = a(t)$ p.s. pour tout $t \in T$, le processus $\left(S_t = \frac{M_t}{a(t)}\right)_{t\in T^*}$ est un processus de Markov à valeurs dans $E = \{-1, +1\}$, de fonction de transition $(P_s^t)_{s\leq t}$ donnée par

$$P_s^t(\varepsilon, \{\varepsilon'\}) = \frac{1}{2}\left(1 + \frac{a(s)}{a(t)}\varepsilon\varepsilon'\right) \qquad s,t \in T^*, \quad s \leq t, \quad \varepsilon, \varepsilon' \in E$$

et on a $P\{S_t = 1\} = \frac{1}{2}$ $\forall t \in T^*$. Il en résulte que la loi de M est uniquement déterminée.

Démonstration : On vérifie immédiatement que les noyaux P_s^t sont markoviens et vérifient la relation de Chapman-Kolmogorov. Soit $(\mathcal{F}_t)_{t\in T}$ la famille naturelle de M. La propriété de martingale de M entraîne que, si $s,t \in T^*$, $s \leq t$,

$$E[1 + S_t | \mathcal{F}_s] = 1 + \frac{a(s)}{a(t)} S_s .$$

Comme $|S_t| = 1$ p.s., le premier membre vaut $2P\{S_t = 1 | \mathcal{F}_s\}$ et par suite, pour $\varepsilon = \pm 1$

$$P\{S_t = \varepsilon | \mathcal{F}_s\} = \frac{1}{2}\left(1 + \frac{a(s)}{a(t)} S_s \varepsilon\right) = P_s^t(S_s, \{\varepsilon\}) ,$$

d'où la propriété de Markov indiquée. En prenant $s = t$, on obtient $P\{S_t = \varepsilon\} = \frac{1}{2}(1 + \varepsilon E(S_t)) = \frac{1}{2}$ puisque $E(M_t) = 0$. La loi du processus $\left(\frac{M_t}{a(t)}\right)_{t\in T^*}$ est donc déterminée, et comme $M_t = 0$ p.s. si $a(t) = 0$, la loi de M est également déterminée.

REFERENCES

[1] D. GILAT (1977) - "Every non-negative submartingale is the absolute value of a martingale". Annals of Probability 5, 475-481.

[2] Ch. YOEURP et P.A. MEYER (1976) - "Sur la décomposition multiplicative des sous-martingales positives". Séminaire de Probabilités X. Lecture Notes in Mathematics, vol. 511, 501-504, Springer.

[3] P. PROTTER and M.J. SHARPE - "Martingales with given absolute value". To appear in Ann. of Prob.

RESUME.

We improve and extend the method of Protter and Sharpe of showing Gilat's result that "every non-negative submartingale is the absolute value of a martingale", in the case where the submartingale admits a multiplicative decomposition.

-:-:-:-

Université de Strasbourg
Séminaire de Probabilités 1977/78

ON THE LEFT END POINTS OF BROWNIAN EXCURSIONS

by Martin Barlow

The following question was raised in Paris by P.A. Meyer : Given a Brownian motion B_t with natural filtration $\underline{\underline{B}}_t$, is it possible to find an expansion $(\underline{\underline{F}}_t)$ of $(\underline{\underline{B}}_t)$ such that

a) B is a semimartingale/$(\underline{\underline{F}}_t)$,

b) the set of left end points of the excursions of B from 0 is the union of a sequence $[S_n]$ of stopping times/$(\underline{\underline{F}}_t)$(i.e., is optional/$(\underline{\underline{F}}_t)$)?

Here is a brief proof that this is not possible. Let $Y=|B|$, and suppose such a filtration $(\underline{\underline{F}}_t)$ can be found. We can of course take the S_n disjoint. Let $T_n = \inf\{ t>S_n : B_t=0 \}$: S_n is a predictable stopping time/$(\underline{\underline{F}}_t)$, as the debut of a closed predictable set. Then we have

$$\int_0^t 1_{\{Y_s>0\}} dY_s = \Sigma_n \int_0^t 1_{]S_n,T_n[}(s)dY_s = \Sigma_n (Y_{T_n\wedge t} - Y_{S_n\wedge t}) = Y_t$$

since $Y_{S_n}=Y_{T_n}=0$. By difference, $\int_0^t 1_{\{Y_s=0\}} dY_s = 0$, which is wrong, this stochastic integral being equal to the local time of B at 0.

[Comments from the seminar : This example is closely related to the balayage theory given in this volume. It can be generalized in the following way, using the notations of the last paper by Nicole El Karoui. Assume that for some progressive process Z the Azéma-Yor formula

(1) $$Z_{\tau_t} X_t = \int^t Z_{\tau_s} dX_s + \mathfrak{R}_t \qquad \text{(generalized stoch. integral)}$$

has a non vanishing "remainder" $\mathfrak{R}$. Then the same formula remains valid in any expansion of $(\underline{\underline{F}}_t)$ w.r. to which X still is a semimartingale, and therefore Z cannot be optional in such an expansion. Barlow's example concerns the case where X=B , $Z_t = \limsup_{s\downarrow\downarrow t} \operatorname{sgn}(B_s)$, $Z_{\tau_t} X_t = |B_t|$, and (1) is the Tanaka formula (in this case, the generalized stochastic integral turns out to be a martingale).]

Department of Mathematics
University of Liverpool

Rectificatif à l'exposé " Estimation des densités: Risque minimax" de J. Bretagnolle et C. Huber page 342 Séminaire 1976-1977 .

Il y a plusieurs erreurs dans l'exposé. La principale est dans la démonstration de la Proposition 1 , page 346 (rétablie sur les indications de P. Assouad). L'inégalité $\bigvee_{b\in B} R_j(b) \geq \sum_j \bigwedge_{b^j\in B^j} \bigvee_{b_j\in B_j} R_j(b)$ est fausse : il faut écrire: Soit $B = \{0, 1\}^J$ ($j = 1,2,..,J$) . Le risque Bayésien pour la mesure uniforme sur B est minoré par

$2^{-J} \sum_{b\in B} \sum_j R_j(b)$. Pour j et b^j fixés, on applique la φ-inégalité triangulaire entre $\hat{f}_n 1_{A_j}$, $\underline{f}\, 1_{A_j}$ et $\underline{f}\, 1_{A_j}(1+Z_j)$, puis les inégalités (2.4) (2.5). Il vient

$R_j(b^j, b_j=1) + R_j(b'_j, b_j=0) \geq 2^{-2} D_j \exp -n \int Z_j^2\, \underline{f}\, d\mu$. Comme ce minorant ne dépend ni de b^j, ni de $\hat{f}_n$, comme B^j a 2^{J-1} éléments, le risque minimax est minoré par le minorant du risque bayésien, soit

$$\bigwedge_{\hat{f}_n} \bigvee_{g\in\Theta} R_g(\hat{f}_n) \geq 2^{-3} \sum D_j \exp -n \int Z_j^2\, \underline{f}\, d\mu .$$

Page 349 : Dans l'énoncé de la Proposition 2, il manque un n^y dans le membre de gauche de la formule (3.8) qui doit se lire:

$$(3.8) \quad \underline{\lim}_n \inf_{\hat{f}_n} \sup_{f\in F} n^y E_f(\|\hat{f}_n - f\|_p^p) \geq \frac{r}{r_0} . y^y . e^{-y} . 2^{-9-p}$$

Page 357: une puissance de p s'est perdue au cours de la démonstration. Il faut rectifier (5.1) en

$$(5.1) \quad \frac{D(\gamma,p)}{C(\gamma,p)} \leq (C\, p\gamma)^{\frac{1}{2}p} .$$

Il y a d'autres inexactitudes (moins graves) qui ne mettent pas en cause la validité des résultats. Une version révisée et plus correcte est à paraître dans Zeitschrift für Wahrscheinlichkeitstheorie .

Vol. 551: Algebraic K-Theory, Evanston 1976. Proceedings. Edited by M. R. Stein. XI, 409 pages. 1976.

Vol. 552: C. G. Gibson, K. Wirthmüller, A. A. du Plessis and E. J. N. Looijenga. Topological Stability of Smooth Mappings. V, 155 pages. 1976.

Vol. 553: M. Petrich, Categories of Algebraic Systems. Vector and Projective Spaces, Semigroups, Rings and Lattices. VIII, 217 pages. 1976.

Vol. 554: J. D. H. Smith, Mal'cev Varieties. VIII, 158 pages. 1976.

Vol. 555: M. Ishida, The Genus Fields of Algebraic Number Fields. VII, 116 pages. 1976.

Vol. 556: Approximation Theory. Bonn 1976. Proceedings. Edited by R. Schaback and K. Scherer. VII, 466 pages. 1976.

Vol. 557: W. Iberkleid and T. Petrie, Smooth S^1 Manifolds. III, 163 pages. 1976.

Vol. 558: B. Weisfeiler, On Construction and Identification of Graphs. XIV, 237 pages. 1976.

Vol. 559: J.-P. Caubet, Le Mouvement Brownien Relativiste. IX, 212 pages. 1976.

Vol. 560: Combinatorial Mathematics, IV, Proceedings 1975. Edited by L. R. A. Casse and W. D. Wallis. VII, 249 pages. 1976.

Vol. 561: Function Theoretic Methods for Partial Differential Equations. Darmstadt 1976. Proceedings. Edited by V. E. Meister, N. Weck and W. L. Wendland. XVIII, 520 pages. 1976.

Vol. 562: R. W. Goodman, Nilpotent Lie Groups: Structure and Applications to Analysis. X, 210 pages. 1976.

Vol. 563: Séminaire de Théorie du Potentiel. Paris, No. 2. Proceedings 1975-1976. Edited by F. Hirsch and G. Mokobodzki. VI, 292 pages. 1976.

Vol. 564: Ordinary and Partial Differential Equations, Dundee 1976. Proceedings. Edited by W. N. Everitt and B. D. Sleeman. XVIII, 551 pages. 1976.

Vol. 565: Turbulence and Navier Stokes Equations. Proceedings 1975. Edited by R. Temam. IX, 194 pages. 1976.

Vol. 566: Empirical Distributions and Processes. Oberwolfach 1976. Proceedings. Edited by P. Gaenssler and P. Révész. VII, 146 pages. 1976.

Vol. 567: Séminaire Bourbaki vol. 1975/76. Exposés 471-488. IV, 303 pages. 1977.

Vol. 568: R. E. Gaines and J. L. Mawhin, Coincidence Degree, and Nonlinear Differential Equations. V, 262 pages. 1977.

Vol. 569: Cohomologie Etale SGA 4½. Séminaire de Géométrie Algébrique du Bois-Marie. Edité par P. Deligne. V, 312 pages. 1977.

Vol. 570: Differential Geometrical Methods in Mathematical Physics, Bonn 1975. Proceedings. Edited by K. Bleuler and A. Reetz. VIII, 576 pages. 1977.

Vol. 571: Constructive Theory of Functions of Several Variables, Oberwolfach 1976. Proceedings. Edited by W. Schempp and K. Zeller. VI. 290 pages. 1977

Vol. 572: Sparse Matrix Techniques, Copenhagen 1976. Edited by V. A. Barker. V, 184 pages. 1977.

Vol. 573: Group Theory, Canberra 1975. Proceedings. Edited by R. A. Bryce, J. Cossey and M. F. Newman. VII, 146 pages. 1977.

Vol. 574: J. Moldestad, Computations in Higher Types. IV, 203 pages. 1977.

Vol. 575: K-Theory and Operator Algebras, Athens, Georgia 1975. Edited by B. B. Morrel and I. M. Singer. VI, 191 pages. 1977.

Vol. 576: V. S. Varadarajan, Harmonic Analysis on Real Reductive Groups. VI, 521 pages. 1977.

Vol. 577: J. P. May, E_∞ Ring Spaces and E_∞ Ring Spectra. IV, 268 pages. 1977.

Vol. 578: Séminaire Pierre Lelong (Analyse) Année 1975/76. Edité par P. Lelong. VI, 327 pages. 1977.

Vol. 579: Combinatoire et Représentation du Groupe Symétrique, Strasbourg 1976. Proceedings 1976. Edité par D. Foata. IV, 339 pages. 1977.

Vol. 580: C. Castaing and M. Valadier, Convex Analysis and Measurable Multifunctions. VIII, 278 pages. 1977.

Vol. 581: Séminaire de Probabilités XI, Université de Strasbourg. Proceedings 1975/1976. Edité par C. Dellacherie, P. A. Meyer et M. Weil. VI, 574 pages. 1977.

Vol. 582: J. M. G. Fell, Induced Representations and Banach *-Algebraic Bundles. IV, 349 pages. 1977.

Vol. 583: W. Hirsch, C. C. Pugh and M. Shub, Invariant Manifolds. IV, 149 pages. 1977.

Vol. 584: C. Brezinski, Accélération de la Convergence en Analyse Numérique. IV, 313 pages. 1977.

Vol. 585: T. A. Springer, Invariant Theory. VI, 112 pages. 1977.

Vol. 586: Séminaire d'Algèbre Paul Dubreil, Paris 1975-1976 (29ème Année). Edited by M. P. Malliavin. VI, 188 pages. 1977.

Vol. 587: Non-Commutative Harmonic Analysis. Proceedings 1976. Edited by J. Carmona and M. Vergne. IV, 240 pages. 1977.

Vol. 588: P. Molino, Théorie des G-Structures: Le Problème d'Equivalence. VI, 163 pages. 1977.

Vol. 589: Cohomologie l-adique et Fonctions L. Séminaire de Géométrie Algébrique du Bois-Marie 1965-66, SGA 5. Edité par L. Illusie. XII, 484 pages. 1977.

Vol. 590: H. Matsumoto, Analyse Harmonique dans les Systèmes de Tits Bornologiques de Type Affine. IV, 219 pages. 1977.

Vol. 591: G. A. Anderson, Surgery with Coefficients. VIII, 157 pages. 1977.

Vol. 592: D. Voigt, Induzierte Darstellungen in der Theorie der endlichen, algebraischen Gruppen. V, 413 Seiten. 1977.

Vol. 593: K. Barbey and H. König, Abstract Analytic Function Theory and Hardy Algebras. VIII, 260 pages. 1977.

Vol. 594: Singular Perturbations and Boundary Layer Theory, Lyon 1976. Edited by C. M. Brauner, B. Gay, and J. Mathieu. VIII, 539 pages. 1977.

Vol. 595: W. Hazod, Stetige Faltungshalbgruppen von Wahrscheinlichkeitsmaßen und erzeugende Distributionen. XIII, 157 Seiten. 1977.

Vol. 596: K. Deimling, Ordinary Differential Equations in Banach Spaces. VI, 137 pages. 1977.

Vol. 597: Geometry and Topology, Rio de Janeiro, July 1976. Proceedings. Edited by J. Palis and M. do Carmo. VI, 866 pages. 1977.

Vol. 598: J. Hoffmann-Jørgensen, T. M. Liggett et J. Neveu, Ecole d'Eté de Probabilités de Saint-Flour VI - 1976. Edité par P.-L. Hennequin. XII, 447 pages. 1977.

Vol. 599: Complex Analysis, Kentucky 1976. Proceedings. Edited by J. D. Buckholtz and T. J. Suffridge. X, 159 pages. 1977.

Vol. 600: W. Stoll, Value Distribution on Parabolic Spaces. VIII, 216 pages. 1977.

Vol. 601: Modular Functions of one Variable V, Bonn 1976. Proceedings. Edited by J.-P. Serre and D. B. Zagier. VI, 294 pages. 1977.

Vol. 602: J. P. Brezin, Harmonic Analysis on Compact Solvmanifolds. VIII, 179 pages. 1977.

Vol. 603: B. Moishezon, Complex Surfaces and Connected Sums of Complex Projective Planes. IV, 234 pages. 1977.

Vol. 604: Banach Spaces of Analytic Functions, Kent, Ohio 1976. Proceedings. Edited by J. Baker, C. Cleaver and Joseph Diestel. VI, 141 pages. 1977.

Vol. 605: Sario et al., Classification Theory of Riemannian Manifolds. XX, 498 pages. 1977.

Vol. 606: Mathematical Aspects of Finite Element Methods. Proceedings 1975. Edited by I. Galligani and E. Magenes. VI, 362 pages. 1977.

Vol. 607: M. Métivier, Reelle und Vektorwertige Quasimartingale und die Theorie der Stochastischen Integration. X, 310 Seiten. 1977.

Vol. 608: Bigard et al., Groupes et Anneaux Réticulés. XIV, 334 pages. 1977.

Vol. 609: General Topology and Its Relations to Modern Analysis and Algebra IV. Proceedings 1976. Edited by J. Novák. XVIII, 225 pages. 1977.

Vol. 610: G. Jensen, Higher Order Contact of Submanifolds of Homogeneous Spaces. XII, 154 pages. 1977.

Vol. 611: M. Makkai and G. E. Reyes, First Order Categorical Logic. VIII, 301 pages. 1977.

Vol. 612: E. M. Kleinberg, Infinitary Combinatorics and the Axiom of Determinateness. VIII, 150 pages. 1977.

Vol. 613: E. Behrends et al., L^P-Structure in Real Banach Spaces. X, 108 pages. 1977.

Vol. 614: H. Yanagihara, Theory of Hopf Algebras Attached to Group Schemes. VIII, 308 pages. 1977.

Vol. 615: Turbulence Seminar, Proceedings 1976/77. Edited by P. Bernard and T. Ratiu. VI, 155 pages. 1977.

Vol. 616: Abelian Group Theory, 2nd New Mexico State University Conference, 1976. Proceedings. Edited by D. Arnold, R. Hunter and E. Walker. X, 423 pages. 1977.

Vol. 617: K. J. Devlin, The Axiom of Constructibility: A Guide for the Mathematician. VIII, 96 pages. 1977.

Vol. 618: I. I. Hirschman, Jr. and D. E. Hughes, Extreme Eigen Values of Toeplitz Operators. VI, 145 pages. 1977.

Vol. 619: Set Theory and Hierarchy Theory V, Bierutowice 1976. Edited by A. Lachlan, M. Srebrny, and A. Zarach. VIII, 358 pages. 1977.

Vol. 620: H. Popp, Moduli Theory and Classification Theory of Algebraic Varieties. VIII, 189 pages. 1977.

Vol. 621: Kauffman et al., The Deficiency Index Problem. VI, 112 pages. 1977.

Vol. 622: Combinatorial Mathematics V, Melbourne 1976. Proceedings. Edited by C. Little. VIII, 213 pages. 1977.

Vol. 623: I. Erdelyi and R. Lange, Spectral Decompositions on Banach Spaces. VIII, 122 pages. 1977.

Vol. 624: Y. Guivarc'h et al., Marches Aléatoires sur les Groupes de Lie. VIII, 292 pages. 1977.

Vol. 625: J. P. Alexander et al., Odd Order Group Actions and Witt Classification of Innerproducts. IV, 202 pages. 1977.

Vol. 626: Number Theory Day, New York 1976. Proceedings. Edited by M. B. Nathanson. VI, 241 pages. 1977.

Vol. 627: Modular Functions of One Variable VI, Bonn 1976. Proceedings. Edited by J.-P. Serre and D. B. Zagier. VI, 339 pages. 1977.

Vol. 628: H. J. Baues, Obstruction Theory on the Homotopy Classification of Maps. XII, 387 pages. 1977.

Vol. 629: W.A. Coppel, Dichotomies in Stability Theory. VI, 98 pages. 1978.

Vol. 630: Numerical Analysis, Proceedings, Biennial Conference, Dundee 1977. Edited by G. A. Watson. XII, 199 pages. 1978.

Vol. 631: Numerical Treatment of Differential Equations. Proceedings 1976. Edited by R. Bulirsch, R. D. Grigorieff, and J. Schröder. X, 219 pages. 1978.

Vol. 632: J.-F. Boutot, Schéma de Picard Local. X, 165 pages. 1978.

Vol. 633: N. R. Coleff and M. E. Herrera, Les Courants Résiduels Associés à une Forme Méromorphe. X, 211 pages. 1978.

Vol. 634: H. Kurke et al., Die Approximationseigenschaft lokaler Ringe. IV, 204 Seiten. 1978.

Vol. 635: T. Y. Lam, Serre's Conjecture. XVI, 227 pages. 1978.

Vol. 636: Journées de Statistique des Processus Stochastiques, Grenoble 1977, Proceedings. Edité par Didier Dacunha-Castelle et Bernard Van Cutsem. VII, 202 pages. 1978.

Vol. 637: W. B. Jurkat, Meromorphe Differentialgleichungen. VII, 194 Seiten. 1978.

Vol. 638: P. Shanahan, The Atiyah-Singer Index Theorem, An Introduction. V, 224 pages. 1978.

Vol. 639: N. Adasch et al., Topological Vector Spaces. V, 125 pages. 1978.

Vol. 640: J. L. Dupont, Curvature and Characteristic Classes. 175 pages. 1978.

Vol. 641: Séminaire d'Algèbre Paul Dubreil, Proceedings Par 1976–1977. Edité par M. P. Malliavin. IV, 367 pages. 1978.

Vol. 642: Theory and Applications of Graphs, Proceedings, Michig 1976. Edited by Y. Alavi and D. R. Lick. XIV, 635 pages. 1978.

Vol. 643: M. Davis, Multiaxial Actions on Manifolds. VI, 141 page 1978.

Vol. 644: Vector Space Measures and Applications I, Proceedin 1977. Edited by R. M. Aron and S. Dineen. VIII, 451 pages. 197

Vol. 645: Vector Space Measures and Applications II, Proceedin 1977. Edited by R. M. Aron and S. Dineen. VIII, 218 pages. 197

Vol. 646: O. Tammi, Extremum Problems for Bounded Univale Functions. VIII, 313 pages. 1978.

Vol. 647: L. J. Ratliff, Jr., Chain Conjectures in Ring Theory. VIII, 13 pages. 1978.

Vol. 648: Nonlinear Partial Differential Equations and Applicatior Proceedings, Indiana 1976–1977. Edited by J. M. Chadam. VI, 20 pages. 1978.

Vol. 649: Séminaire de Probabilités XII, Proceedings, Strasbour 1976–1977. Edité par C. Dellacherie, P. A. Meyer et M. Weil. V 805 pages. 1978.

Vol. 650: C*-Algebras and Applications to Physics. Proceedin 1977. Edited by H. Araki and R. V. Kadison. V, 192 pages. 1978.

Vol. 651: P. W. Michor, Functors and Categories of Banach Space VI, 99 pages. 1978.

Vol. 652: Differential Topology, Foliations and Gelfand-Fuks-Coh mology, Proceedings 1976. Edited by P. A. Schweitzer. XIV, 25 pages. 1978.

Vol. 653: Locally Interacting Systems and Their Application Biology. Proceedings, 1976. Edited by R. L. Dobrushin, V. I. Kryuk and A. L. Toom. XI, 202 pages. 1978.

Vol. 654: J. P. Buhler, Icosahedral Galois Representations. III, 14 pages. 1978.

Vol. 655: R. Baeza, Quadratic Forms Over Semilocal Rings. V 199 pages. 1978.

Vol. 656: Probability Theory on Vector Spaces. Proceedings, 197 Edited by A. Weron. VIII, 274 pages. 1978.

Vol. 657: Geometric Applications of Homotopy Theory I, Proceeding 1977. Edited by M. G. Barratt and M. E. Mahowald. VIII, 459 page 1978.

Vol. 658: Geometric Applications of Homotopy Theory II, Proceeding 1977. Edited by M. G. Barratt and M. E. Mahowald. VIII, 487 page 1978.

Vol. 659: Bruckner, Differentiation of Real Functions. X, 247 page 1978.

Vol. 660: Equations aux Dérivée Partielles. Proceedings, 1977. Edi par Pham The Lai. VI, 216 pages. 1978.

Vol. 661: P. T. Johnstone, R. Paré, R. D. Rosebrugh, D. Schumache R. J. Wood, and G. C. Wraith, Indexed Categories and Their Applica tions. VII, 260 pages. 1978.

Vol. 662: Akin, The Metric Theory of Banach Manifolds. XIX, 30 pages. 1978.

Vol. 663: J. F. Berglund, H. D. Junghenn, P. Milnes, Compact Rig Topological Semigroups and Generalizations of Almost Periodici X, 243 pages. 1978.

Vol. 664: Algebraic and Geometric Topology, Proceedings, 197 Edited by K. C. Millett. XI, 240 pages. 1978.

Vol. 665: Journées d'Analyse Non Linéaire. Proceedings, 197 Edité par P. Bénilan et J. Robert. VIII, 256 pages. 1978.

Vol. 666: B. Beauzamy, Espaces d'Interpolation Réels: Topologie Géometrie. X, 104 pages. 1978.

Vol. 667: J. Gilewicz, Approximants de Padé. XIV, 511 pages. 197

Vol. 668: The Structure of Attractors in Dynamical Systems. Pr ceedings, 1977. Edited by J. C. Martin, N. G. Markley and W. Pe rizo. VI, 264 pages. 1978.

Vol. 669: Higher Set Theory. Proceedings, 1977. Edited by G. Müller and D. S. Scott. XII, 476 pages. 1978.